해양학 7e 수정판

Oceanography

An Invitation to Marine Science

***Oceanography: An Invitation to Marine Science,* Seventh Edition, International Edition**

Tom Garrison

Oceanography: An Invitation to Marine Science, Seventh Edition, International Edition by Tom Garrison
ISBN: 9780495391944

ISBN-13: 978-89-6218-515-7

Cengage Learning Korea Ltd.
14F YTN Newsquare 76 Sangamsan-ro
Mapo-gu Seoul 03926 Korea

Printed in Korea
Print Number: 02 Print Year: 2024

해양학 7e 수정판

Oceanography

An Invitation to Marine Science

Tom Garrison 지음

이상룡 · 강효진 · 김대철 · 이동섭 · 이재철 · 정익교 · 허성회 옮김

Cengage

Australia • Brazil • Canada • Mexico • Singapore • United Kingdom • United States

옮긴이 소개

이상룡(대표역자)

부산대학교 해양학과 명예교수/물리해양학

srlee@pusan.ac.kr

강효진

한국해양대학교 에너지자원공학과 명예교수/지질해양학

hjkang@hhu.ac.kr

김대철

부경대학교 에너지자원공학과 명예교수/지질해양학

dckim@pknu.ac.kr

이동섭

부산대학교 해양학과 교수/화학해양학

tlee@pusan.ac.kr

이재철

부경대학교 해양학과 (전)교수/물리해양학

jcl7157@gmail.com

정익교

부산대학교 해양학과 명예교수/생물해양학

ikchung@pusan.ac.kr

허성회

부경대학교 해양학과 명예교수/생물해양학

shhuh@pknu.ac.kr

해양학 7판 수정판

Oceanography: An Invitation to Marine Science, Seventh Edition, International Edition

제7판 수정판 1쇄 발행 | 2021년 3월 8일
제7판 수정판 2쇄 발행 | 2024년 4월 1일

지은이 | Tom Garrison
옮긴이 | 이상룡, 강효진, 김대철, 이동섭, 이재철, 정익교, 허성회
발행인 | 송성헌
발행처 | 센게이지러닝코리아㈜
등록번호 | 제313-2007-000074호(2007.3.19.)
이메일 | asia.infokorea@cengage.com
홈페이지 | www.cengage.co.kr

ISBN-13: 978-89-6218-515-7

공급처 | ㈜도서출판 북스힐
주　소 | 서울시 강북구 한천로 153길 17
도서안내 및 주문 | Tel 02) 994-0071 Fax 02) 994-0073
홈페이지 | www.bookshill.com

정가 37,000원

역자 서문

번역을 시작하면서 …

2002년 처음 Garrison 교수의 *Oceanography: An Invitation to Marine Science* 3rd ed.를 『해양학』이란 이름으로 번역하여 국내에 처음 소개한 지 10년도 더 지나는 동안 Garrison 교수의 원서는 꾸준히 판을 거듭하여 2012년에는 7판이 발행되었다. 우리 번역진들도 자연히 새로운 판의 번역에 합의하고 2012년 5월부터 번역작업을 시작하였다.

여러 차례 같이 번역작업을 해 오던 팀으로 시작은 쉽게 하였으나 전공 영역별로 각기 다른 일곱 명이 함께하다 보니 작업 진도도 마음먹은 대로 잘 나가지 않고 용어와 문체의 통일 등 늘 일어나는 문제들이 이번에도 똑같이 발생하였다. 또 편집 팀도 새로이 바뀌어 서로 적응하느라 편집과 교정에 시간이 많이 지체되었다. 하지만 신학기 개강에 맞춘다는 시간표를 지키려 서둘러 작업을 마무리하려니 아쉬움이 많이 남는다. 이 아쉬움은 이 책이 출간되고 난 후에도 기회가 닿는 대로 독자들의 많은 충고와 질정을 바탕으로 미진한 부분을 계속 고쳐 나가는 것으로 달래려 한다.

이 책은 …

Garrison 교수의 *Oceanography: An Invitation to Marine Science* 7th ed.를 번역한 것이다. 전 판에서도 그러하였지만 전체 18장으로 구성된 이번 판 역시 해양학의 전 분야를 빠짐없이 잘 망라하고 있으며 최근의 자료와 연구 업적들을 많이 소개하고 있다. 1장은 과학의 방법과 바다의 시작을, 2장은 해양학의 역사를 기술하고 있다. 통상 말하는 해양학의 각 분야는 3장부터 17장까지 15개 장에 걸쳐 짜임새 있게 서술되어 있는데, 이들 각 장은 서로의 독립성이 높아 반드시 앞에서부터가 아니라 어느 장을 먼저 보아도 이해에 지장이 없도록 구성되어 있다. 이는 해양학 자체가 워낙 여러 분야에 걸쳐 있다 보니 개론 강의일지라도 전공 분야별로 여러 교수님이 함께 강의하는 팀티칭으로 진행되는 경우가 많은데 이에 적합할 것이다. 18장은 해양환경에 관한 장으로 기후 변화의 원인과 대책에 대해 최근에 대두되는 논쟁들을 많이 소개하고 있는데 독자들이 이 논쟁의 한 편에 서서 나름대로의 주장을 펼쳐 보는 것도 좋을 것이다.

이 책은 해양학을 공부하고자 하는 학생들의 입문 강의 교재로 쓰여진 것이기는 하지만, 간단명료한 서술, 많은 사진과 자료들, 그리고 글상자에서 소개하는 재미있는 이야깃거리들은 해양학을 전공하지 않는 일반인들의 교양서로서의 역할도 충분히 할 것이며 또 해양 관련 업무에 종사하는 실무자들의 참고자료로도 손색이 없을 것이다.

각 장에는 장에서 반드시 익혀야 할 핵심개념을 제시하고 있으며 독자들이 개념점검을 통하여 학습 정도를 스스로 확인해 볼 수 있도록 하였다. 학생들의 질문은 Garrison 교수가 30여 년에 걸쳐 해양학 강의를 해 오는 동안 학생들로부터 많이 받는 질문들을 간추린 것으로 상세한 해설이 첨부되어 있어 독자들에게 많은 도움이 될 것이다. 장의 말미에 있는 익힘 문제는 장의 내용을 충실히 습득하였는지를 점검하는 목적으로 대부분의 답은 장의 내용에서 찾을 수 있을 것이다. 응용문제에는 장에 제시된 개념들을 확실히 이해하고 이들을 이용하여 나름대로의 아이디어를 더하여 풀어야 하는 것으로 계산 문제를 포함하고 있다. 이들 문제에 대해서는 해답이나 해설을 제공하지 않고 있는데 이는 답이 먼저 제시되면 독자들의 생각이 제시된 답에 고착되어 사고의 진전이 막힐 것을 우려한 것이다. 생각하고 또 생각하자. 인터넷 세상도 이곳저곳 찾아다녀 보고 또 교수님이나 선배들을 찾아다니며 독자들이 직접 답을 구해 보자.

바다를 …

바다가 없는 지구를 상상할 수 있겠는가? 바다 없는 지구에서의 생존은 불가능하다. 인류의 모든 것이 바다와 관련되어 있다. 우리가 바다를 사랑하고 알아야 하는 이유이다. 그렇다고 해양학이 머리를 싸매고 공부해야만 하는 따분한 학문은 아니다. 본 역자는 학생들이 이 책을 통하여 해양학을 공부해 나갈수록 점점 더 해양학에 빠져들기를 바란다. 해양학은 흥미로운 학문이며 즐길 수 있는 학문이다. 망망대해에서 거대한 파도를 만난 이야기를 들을 때, 거대한 오징어의 사진을 볼 때, 험난한 탐험 이야기를 들을 때, 거대한 지각이 서서히 움직이고 있는 증거를 볼 때, 옛날 소행성이 지구에 떨어졌고 달이 생성되었다는 이야기를 들을 때, 반짝이는 조류의 현미경 사진을 볼 때, 해수욕장의 사장에서 파도에 춤추는 모래알갱이를 볼 때, 텔레비전에서 거대한 쓰나미가 일본 동북해안을 덮치는 광경을 볼 때, 해산물과 해양자원의 경제적 가치가 점점 더 올라가고 있다는 자료를 접할 때, 또 기후 변화의 원인 파악과 대책의 수립에 해양학의 뒷받침이 절대적이라는 것을 알면 해양에 냉담한 학생들도 눈이 반짝거릴 것이다. 알면 사랑하게 된다. 바다를 알자!

번역을 마치고 나서 …

매번의 작업이 다 그러하지만 번역 작업을 마감하는 이 시점에도 좀 더 열심히 했더라면 하는 아쉬움이 남는다. 부족하나마 이 책이 바다를 사랑하는 모든 분들에게 조금이라도 도움이 된다면 더할 나위 없는 보람으로 느끼겠다.

그리고 …

일곱 명 번역자들의 가지각색의 원고를 처음 만났는데도 깔끔하게 편집하여 훌륭한 책으로 만들어 준 센게이지러닝 한국지사의 송성헌 사장님, 그 외 편집과 교정 등 여러 분야에서 수고해 준 모든 분들께 감사드린다.

2013년 2월
대표역자 이상룡

요약 차례

차례

Caroline von Tuempling/Getty Images

© Dave G. Houser/CORBIS

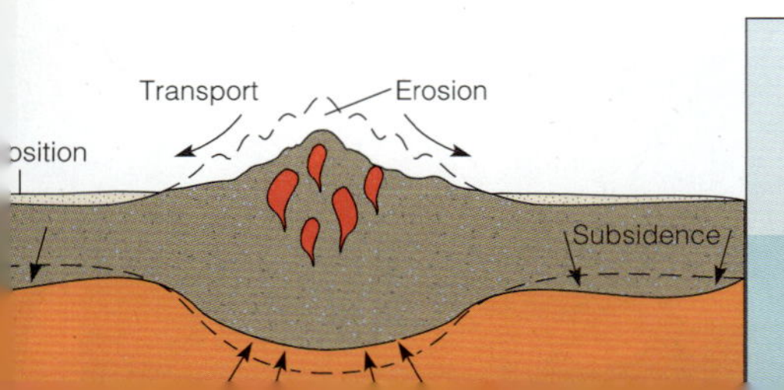

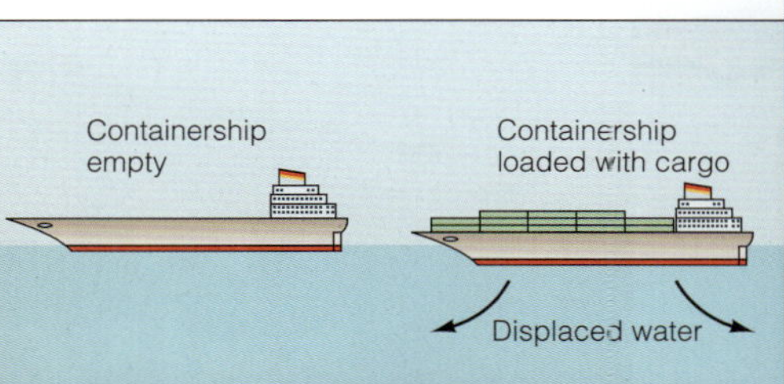

Nordicphotos/Alamy

5장 퇴적물 _ 136

6장 물과 바다의 구조 _ 162

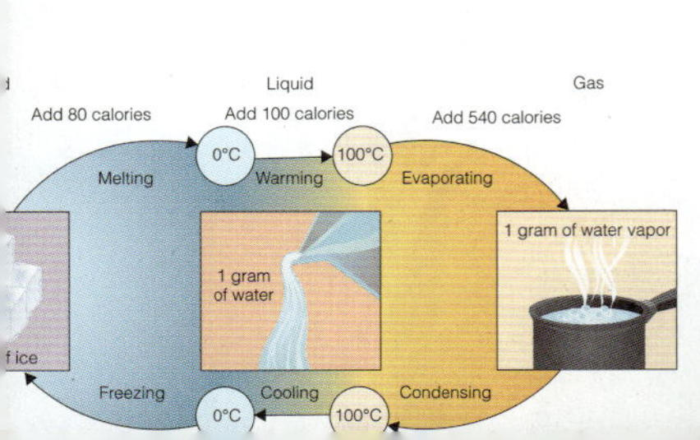

Liquid
Gas
Add 80 calories
Add 100 calories
Add 540 calories
0°C
100°C
Melting
Warming
Evaporating
1 gram of water vapor
1 gram of water
Freezing
Cooling
Condensing
0°C
100°C

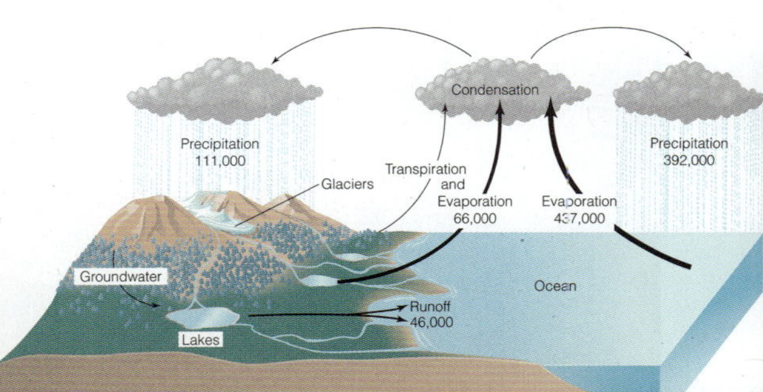

Condensation
Precipitation 111,000
Precipitation 392,000
Glaciers
Transpiration and Evaporation 66,000
Evaporation 437,000
Groundwater
Ocean
Runoff 46,000
Lakes

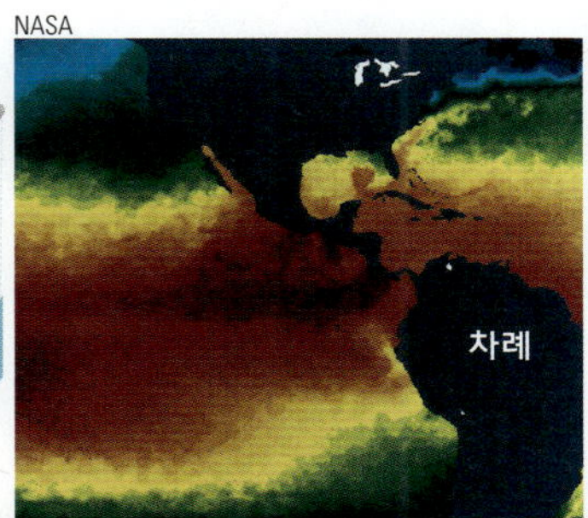

NASA

Tom Garrison

Tom Garrison

Andrew Gunners/Getty Images

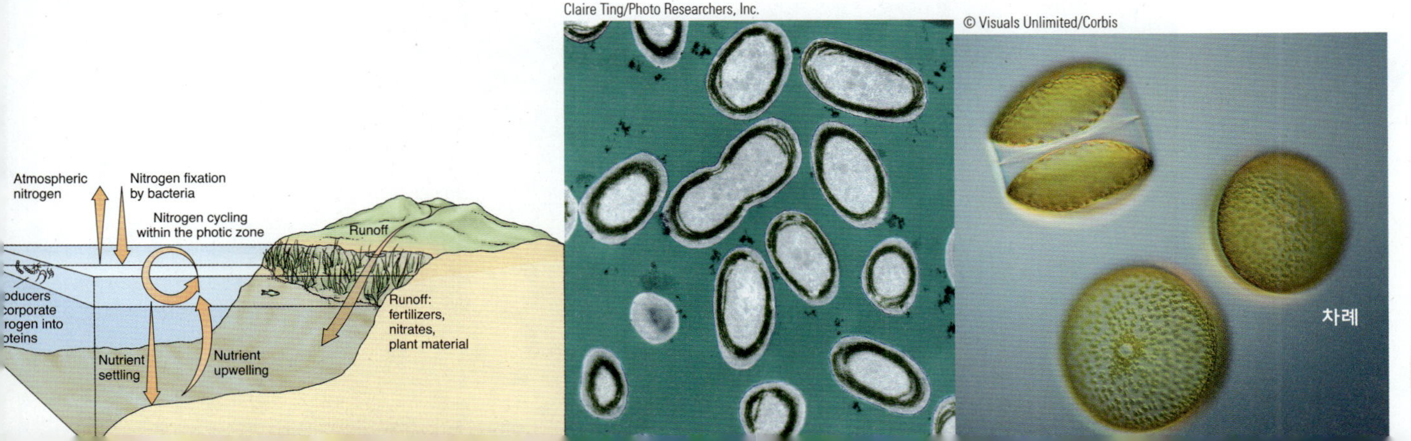

Claire Ting/Photo Researchers, Inc.
© Visuals Unlimited/Corbis

Gary Bell/Taxi/Getty Images

Stuart Westmorland/Corbis

Tom Garrison

Tom Garrison

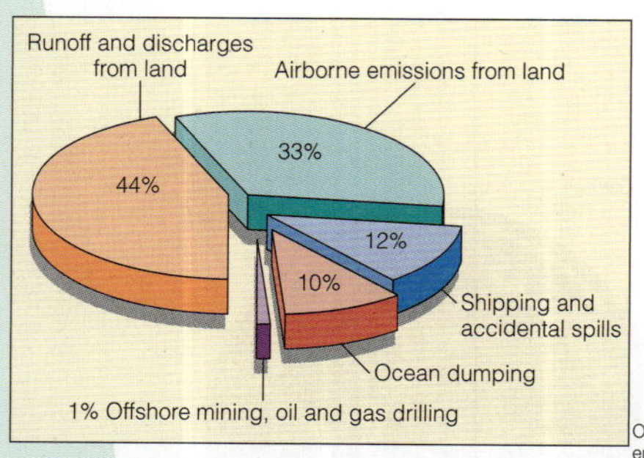
Runoff and discharges from land
Airborne emissions from land
44%
33%
12%
10%
Shipping and accidental spills
Ocean dumping
1% Offshore mining, oil and gas drilling

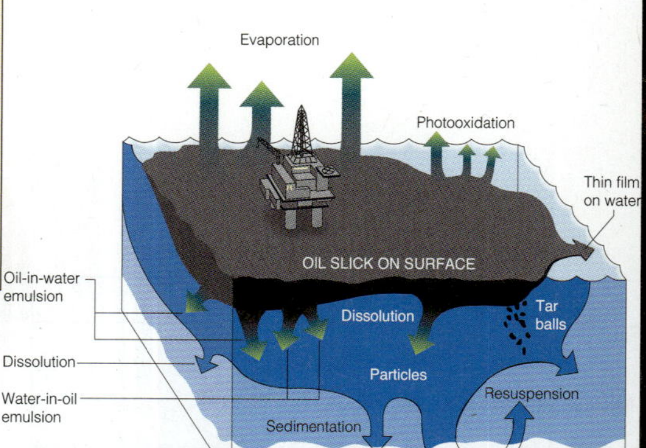
Evaporation
Photooxidation
Thin film on water
OIL SLICK ON SURFACE
Oil-in-water emulsion
Dissolution
Tar balls
Dissolution
Particles
Water-in-oil emulsion
Resuspension
Sedimentation

U.S. Coast Guard

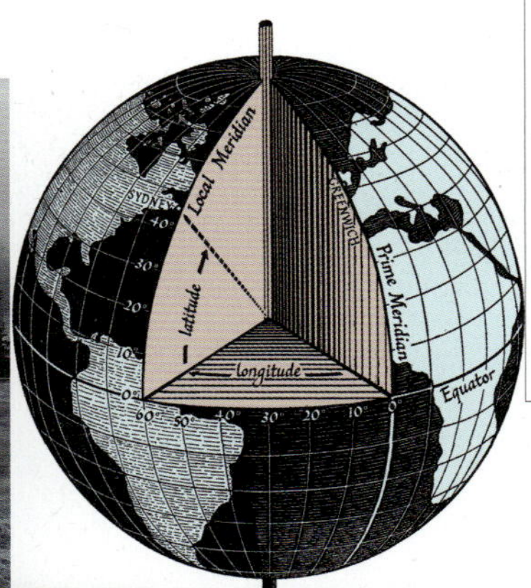

Dan Dion

Atomic number → 11; Symbol → Na; Atomic mass → 22.99

Atomic masses are based on carbon-12. Numbers in parentheses are mass numbers of most stable or best known isotopes of radioactive elements.

Period	IA(1)	IIA(2)	IIIB(3)	IVB(4)	VB(5)	VIB(6)	VIIB(7)	VIII (8)	VIII (9)	VIII (10)	IB(11)	IIB(12)	IIIA(13)	IVA(14)	VA(15)	VIA(16)	VIIA(17)	Noble Gases (18)
1	1 H 1.008																	2 He 4.003
2	3 Li 6.941	4 Be 9.012											5 B 10.81	6 C 12.01	7 N 14.01	8 O 16.00	9 F 19.00	10 Ne 20.18
3	11 Na 22.99	12 Mg 24.31											13 Al 26.98	14 Si 28.09	15 P 30.97	16 S 32.06	17 Cl 35.45	18 Ar 39.95
4	19 K 39.10	20 Ca 40.08	21 Sc 44.96	22 Ti 47.90	23 V 50.94	24 Cr 52.00	25 Mn 54.94	26 Fe 55.85	27 Co 58.93	28 Ni 58.7	29 Cu 63.55	30 Zn 65.38	31 Ga 69.72	32 Ge 72.59	33 As 74.92	34 Se 78.96	35 Br 79.90	36 Kr 83.80
5	37 Rb 85.47	38 Sr 87.62	39 Y 88.91	40 Zr 91.22	41 Nb 92.91	42 Mo 95.94	43 Tc 98.91	44 Ru 101.1	45 Rh 102.9	46 Pd 106.4	47 Ag 107.9	48 Cd 112.4	49 In 114.8	50 Sn 118.7	51 Sb 121.8	52 Te 127.6	53 I 126.9	54 Xe 131.3
6	55 Cs 132.9	56 Ba 137.3	57* La 138.9	72 Hf 178.5	73 Ta 180.9	74 W 183.9	75 Re 186.2	76 Os 190.2	77 Ir 192.2	78 Pt 195.1	79 Au 197.0	80 Hg 200.6	81 Tl 204.4	82 Pb 207.2	83 Bi 209.0	84 Po (210)	85 At (210)	86 Rn (222)
7	87 Fr (223)	88 Ra 226.0	89** Ac (227)	104 Unq (261)	105 Unp (262)	106 Unh (263)	107 Uns (262)	108 Uno (265)	109 Une (266)									

Transition Elements: groups IIIB(3) to IIB(12)

Inner Transition Elements

Lanthanide Series	6 *	58 Ce 140.1	59 Pr 140.9	60 Nd 144.2	61 Pm (145)	62 Sm 150.4	63 Eu 152.0	64 Gd 157.3	65 Tb 158.9	66 Dy 162.5	67 Ho 164.9	68 Er 167.3	69 Tm 168.9	70 Yb 173.0	71 Lu 175.0
Actinide Series	7 **	90 Th 232.0	91 Pa 231.0	92 U 238.0	93 Np 237.0	94 Pu (244)	95 Am (243)	96 Cm (247)	97 Bk (247)	98 Cf (251)	99 Es (252)	100 Fm (257)	101 Md (258)	102 No (259)	103 Lr (260)

1 시작

주요 목차

- 지구는 바다누리이다
- 해양학자는 과학적 논리로 해양을 연구한다
- 별과 바다
- 지구, 해양, 대기는 밀도의 층을 이루고 있다
- 생명은 바다에서 시작되었을 것이다
- 지구의 미래는?
- 바다가 있는 천체가 또 있을까?

핵심개념

1. 과학은 관찰할 수 있는 대상에 대하여 정보를 수집하고 연구하며 의문을 제기하는 체계적인 과정이다. 과학은 원시정보에 적절한 설명을 붙여 해석하는 과정이다. 설명(이론)은 우리의 지식이 늘어나고 관찰 능력이 높아짐에 따라 바뀔 수 있다. 따라서 모든 과학적인 이론은 잠정적인 것이라 할 수 있다.
2. 우주에서 보이는 모든 물질은 수소 원자를 포함하고 있다. 지구와 지구에 존재하는 생물들이 전부 수소 가스로 되어 있지는 않다. 주위에 보이는 무거운 원자들은 별에서 형성된 것이다. 태양계는 별의 생명이 다할 때 우주 공간으로 뿌려진 원자들이 한 곳에 응집된 결과이다.
3. 지구는 밀도 성층화되어 있다. 즉 중력으로 가장 무거운 물질(철, 니켈 등)이 중심부로 모이고 가벼운 물질은 표층으로 떠올랐다. 지구의 딱딱한 지각이 처음 형성된 것은 46억 년 전이다.
4. 현재 지구상에 존재하는 물의 대부분은 태양성운의 강착 단계 때부터 있던 것이지만 얼음 혜성이나 태양계의 소행성들이 지구에 충돌할 적에도 조금씩 더해지고 있다.
5. 지구상의 생명은 바다에서부터 시작되었다.
6. 태양계 내에서 지구 외 다른 곳에도 액체 상태의 물이 약간은 있다.

지구 표면은 얇은 대기층 아래에 액체 상태의 물이 평균 3,796 m의 두께로 덮여 있다.

바다 이야기 바다 이야기로 해양학을 시작하자. 이 장에서는 바다의 온갖 특성을 폭넓게 소개하도록 한다. 바다 탐구를 과학적인 관점에서 시작하도록 하자. 그리고 (조금은 놀랍기도 한) 현재의 바다가 어떻게 형성되어 지금의 모습을 갖추게 되었는지에 대해서 알아보도록 하자.

다른 분야와 마찬가지로 해양학 역시 호기심에서 시작되었다. 특히 "어떻게 알아낼까?"하는 질문은 자연을 이해하는 원동력이다. 우리는 보고, 듣고, 접하고, 느끼는 모든 현상과 과정에 대해 과학적인 방법 즉, 자연에 대해 체계적으로 질문을 제기하고 답하는 방법으로 잠정적인 설명을 얻게 된다. 이 장은 물론 이 책의 모든 부분을 읽어 가면서 배우게 되는 모든 지식의 버팀목인 과학 논리를 잊어서는 안 된다. 항시 의문을 제기하라.

거대한 소금물 덩어리 바다를 본 순간부터 인류는 바다에 대해 온갖 의문을 제기하고 답하는 호기심에 빠져들었다. 바닷가에 처음 도달한 인류는 바다가 얼마나 넓은지 또 바다가 얼마나 중요한지를 알지 못했다. 우주에서 지구를 내려다보면 구름이나 얼음으로 덮여 흰색으로 보이는 곳이 있기도 하지만 대부분은 파란색으로 찬란하게 빛나고 있으며 가끔은 폭풍이 휘몰아치는 곳도 보인다. 지구의 표면은 액체상의 물로 된 하나의 큰 바다로 되어 있다. 바다는 기상에 큰 영향을 주며 적절한 기온을 유지하게 한다. 지구상의 큰 도시들은 대부분 바닷가에 있다. 바다는 해상 운송 통로이기도 하며 식량의 많은 부분을 담당하고 있다. 원유와 천연가스의 약 1/3이 바다에서 나온다. 지구 표면은 약 3/4이 바다로 덮여 있어 우주에서 본다면 인류 역사의 대부분이 쓰여진 육지는 거의 보이지도 않는다. 우리 행성은 지구라기보다는 수구(水球, Oceanus)라고 불리는 것이 타당할 것이다.

1.1 지구는 바다누리이다

지구라고 잘못 이름 붙여진 이 바다 행성에 처음 도착했다고 상상해 보자.

여기저기를 둘러보다 보면 이 행성이 매우 아름답기는 하지만 정말 이러한 행성은 매우 귀하고 묘한 것임을 알게 될 것이다. 우리 은하에만도 태양과 비슷한 특성의 별이 10억 개 이상이나 있어 표면에 태양빛이 비치는 행성이 귀한 것은 아니다. 지구를 구성하는 원자도 그리 귀한 것은 아니다. 우주에는 지구에 있는 모든 종류의 원자들이 수도 없이 많이 있다. 우주에서 볼 때 지구에 파란빛이 감돌게 하는 물도 그리 귀한 것은 아니다. 다른 행성에도 물은 더 많이 있다. 계절의 변화, 자유로운 대기의 움직임, 일출과 일몰, 암석 지각, 시대에 따른 변화 등 모든 것이 귀한 것은 아니다.

여러 환경 요소들의 조화야말로 경이로운 것이다. 지구는 비교적 안정된 별인 태양 주위를 원에 가까운 타원 궤도를 따라 공전한다. 지구에는 대기가 많이 있지만 지나칠 정도로 많지는 않다. 가까이 있는 초신성들의 방사선도 그리 심각한 것은 아니다. 충분한 열을 발생시켜 내부 물질로 대기나 해양 물질을 만들기에 충분한 열을 발생시키기는 하지만 용암이 흘러 계곡을 메꾸어 버리거나 복잡한 구조의 분자들을 태워 버릴 정도로 뜨거운 것은 아니다. 무엇보다 중요한 것은 태양으로부터 적당히 떨어져 있어 지구 표면에 액체 상태의 물이 충분히 있다는 점이다. 지구는 바다누리인 셈이다.

바다(ocean)는 지구 표면에서 꺼진 곳에 가득 찬 짠물의 거대한 덩어리이다. 표면 근처에 있는 물의 97% 이상이 바다에 있고 육상 빙하, 지하수, 강, 호수 등 육지에 있는 물은 3%도 되지 않는다(**그림 1.1**).

전통적으로 바다를 대륙 또는 적도와 같은 가상적인 선으로 대양(ocean)이나 무슨 해(sea) 등으로 구분해 왔다. 사실 따져 보면 바다는 하나의 커다란 물덩어리일 뿐이지 이러한 구분과는 별 관계가 없다. 편의상 부르는 태평양, 대서양, 지중해, 발트해 등은 사실은 하나의 **바다누리**(world ocean)를 이르는 임시변통일 뿐이다. 이 책에서는 바다를 위치에 따라 (자연적인 구획에는 거의 영향 없고) 약간의 특성 차이를 보이는 하나의 집합체로 취급하는데 이는 바다와 육지, 생명과 물, 대기와 해양의 순환, 자연과 인공 환경 등의 상호 의존 관계를 강조하는 관점이다.

인간의 차원에서 보면 지구 표면에서 361,000,000 km^{2}의 면적을 차지하고 있는 바다는 매우 크다[1]. 바다의 평균 깊이는 3,796 m이며, 전체 부피는 1,370,000,000 km^3, 평균 수온은 3.9℃, 또 총 질량은 1,410,000,000 톤이나 된다. 만약 지표면의 기복을 밀어 매끈한 공처럼 둥글게 하면 지구는 2,686 m 깊이의 물로 덮일 것이다. 육지의 평균 높이는 840 m이며 바다의 평균 깊이는 이보다 4.5배나 더 깊다. 대부분의 큰 도시들은 해안가에 자리 잡고 있으며 70억 인구 중 약 절반이 해안에서 240 km 이내에 살고 있다.

행성 차원에서 본다면 바다의 존재는 아주 미미하다. 바다의 평균 깊이는 20 cm 정도의 지구본에서 잉크 자국 정도밖에 되지 않는다. 질량으로 보아도 바다가 지구에서 차지하는 부분은 0.02% 정도이며 부피로 보면 0.13% 정도이다. 바다나 대기에 있는 물보다 뜨거운 지구 내부에 있는 물이 훨씬 더 많다. 바다의 몇 가지 특성을 **그림 1.2**에 요약해 두었다.

개념점검

1. 왜 하나의 바다누리라 하는가? 태평양, 대서양, 또 7대 연해란 무슨 뜻인가?
2. 바다의 평균 깊이와 육지의 평균 높이는 어느 쪽이 더 큰가?
3. 지구에서 물은 다 바다에 있는가?

1.2 해양학자는 과학적 논리로 해양을 연구한다

해양과학(marine science) 또는 **해양학**(oceanography)이란 바다와 바다를 둘러싼 육지 그리고 바다와 관련된 생물들로부터 얻은 자료 속에 있는 통일된 원리를 찾아가는 과정이다. 해양학에는 지질학, 물리학, 생물학, 화학 등 여러 분야의 학문들은 물론이며, 이들을 바다와 그 주위에 응용하는 공학도 동원된다. 대부분의 해양학자들은 각자 고유의 연구 분야가 있지만 다른 관련 분

[1] 이 책에서는 표준(미터) 단위계를 사용한다. 다른 단위계와의 환산은 부록 I을 참조하라.

a

바다에서의 일출. 액체상의 물로 된 바다는 기후를 온화하게 하고 생물계에 큰 영향을 주며 천연 자원을 제공한다.

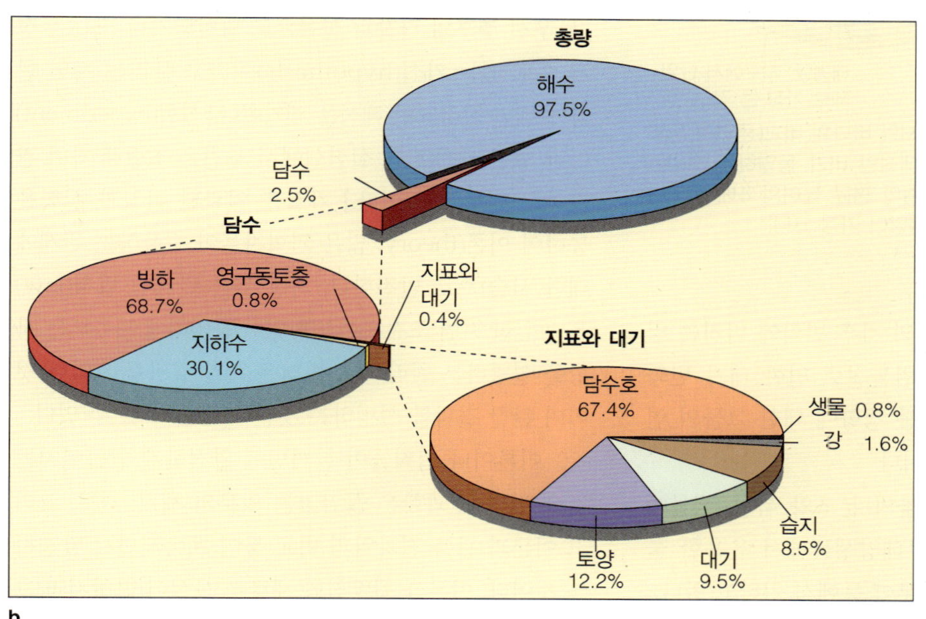

b

지표와 그 근처에 존재하는 물의 양의 상대적인 비. 97% 이상이 바다에 있다. 육상 빙하에 1.7%, 지하수에 0.8%, 강과 호수에 0.007%, 대기에 0.001%가 있을 뿐이다.

그림 1.1

야에도 친숙해야 하며 다른 분야와의 협동 연구를 마다하지 않아야 한다.

- 해양지질학자들은 지구 내부의 조성, 지각의 변동, 해저 퇴적물의 특성, 그리고 고기후와 같은 주제들을 연구 대상으로 한다. 학술적인 연구는 물론이며, 지진예측이나 유용한 지하자원의 분포와 같은 실용적인 분야도 연구 대상에 포함된다.
- 물리해양학자들은 파랑역학, 해류, 그리고 해양-대기 간의 상호작용 등을 주 연구 대상으로 한다. 오염으로 인한 대기 변화가 심각해짐에 따라 물리해양학자들의 장기 기후 변동에 관한 예측의 중요성이 점점 더 높아지고 있다.
- 화학해양학자들은 해양의 용존 고체와 기체 그리고 이들 성분이 지질학적으로 또 생물학적으로 해양에 미치는 영향 등을 전반적으로 연구한다.

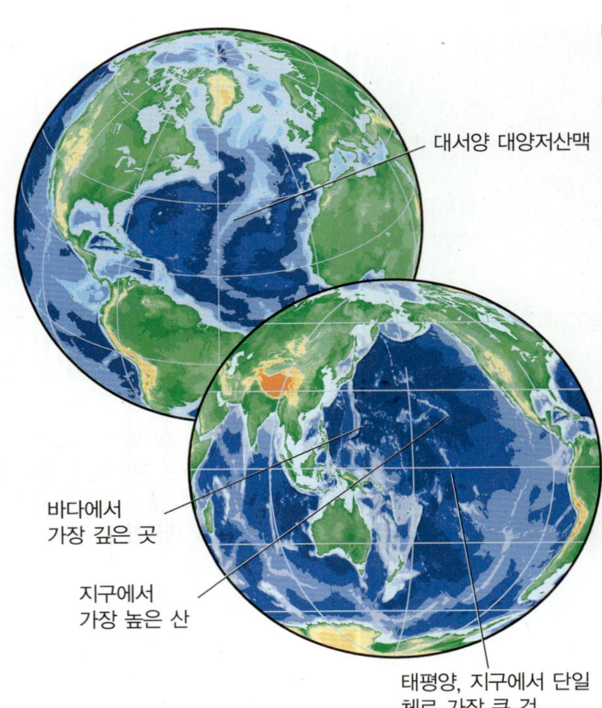

바다누리에 관한 몇 가지 통계
면적: 361,100,000 km^2
질량: 1,410,000,000 ton
부피: 1,370,000,000 km^3
평균 깊이: 3,796 m
평균 수온: 3.9°C
평균 염분: 34.482 psu
육지 평균 높이: 840 m
나이: 약 40억 년
미래: 알려져 있지 않음

그림 1.2 등면적 도법으로 본 육지와 바다의 비교(등면적 도법이란 지도에 표시되는 면적의 상대적인 비가 동일하게 그리는 도법임). 바다의 평균 깊이는 육지의 평균 높이의 4배 반이나 된다. 지구상에서 단일체로는 태평양이 가장 크다.

- 기후학자들은 해양이 지구의 기후 변화에 미치는 영향과 역할을 연구한다. 오염물질로 인한 대기 변화에 따라 장기간의 기후 변동 경향에 대한 그들의 연구는 점점 더 중요해질 것이다.
- 해양생물학자들은 해양생물의 분포와 특성, 생물에 대한 해양과 대기의 영향, 해양생물에서 유용한 물질의 추출, 그리고 수산업 분야 등에서 일하고 있다.
- 해양공학자들은 석유 플랫폼, 선박, 항만, 그리고 바다를 이용하는 데 필요한 여러 가지 구조물의 설계와 건조 분야에서 일한다.

이 외에도 기상예측, 항해 안전성 제고, 발전 방법 등 여러 해양 전문 분야가 있다. **그림 1.3**은 몇 가지 해양 연구 활동의 예이다.

해양학자들은 오래 전부터 해양의 기원, 해양 분지의 나이, 그리고 해양 생물들의 기원 등에 대해 결정적인 의문을 많이 제기했으며, 그 질문들의 상당수는 오늘날 과학으로 답할 수 있게 되었다. **과학**(science)은 눈에 보이는 자연에 관해 질문을 제기하고 그 답을 찾아내어 검토해 보는 체계적인 과정이다. 과학자들은 정보(데이터)를 수집하고 연구하지만 정보가 바로 과학은 아니다. 과학은 정보에 적합한 일반적인 설명을 찾아 원시정보를 해석하는 것이다.

과학자들의 연구는 그들이 관찰하거나 측정한 사항들을 이해하고자 하는 욕망 즉, 호기심으로부터 출발한다. 우선 추후의 관찰과 실험으로 확인되거나 또는 부정될 수도 있는 **가설**(hypothesis)이라고 불리는 자연 현상에 대한 잠정적인 해석을 제기한다.[**실험**(experiment)이란 자연 상태 또는 실험실에서 조건을 조절해 가며 관찰하는 검토 과정이다.] 가설은 일관된 관찰과 실험을 통하여 **이론**(theory, 많은 과학자들이 수용하는 관계에 대한 서술)으로 발전한다. 가장 높은 단계인 **법칙**(law)은 동일한 자연 조건에서 변함없이 동일하게 관측되는 사항을 설명하는 원리이다. 법칙은 관찰 결과를 요약한 것이며 관찰 결과를 설명하는 것은 이론이라 할 수 있다.

이론이나 법칙들이 한꺼번에 완전하게 만들어지는 것은 아니다. 과학은 끊임없는 의문의 제기, 검토, 그리고 이론과 관측 결과와의 비교 등이 계속되면서 발전하는 것이다. 이론을 뒷받침할 새로운 사실이 밝혀지면 그 이론은 더욱더 탄탄해지지만, 그렇지 못한 경우에는 이론은 수정되거나 폐기되고 새로운 해석을 찾게 된다. 과학의 힘은 일련의 진행과정을 반대로 해 볼 수 있다는 데 있다. 다시 말하면 이론이나 법칙을 이용하여 앞으로 나타날 새로운 사항들을 미리 예측해 볼 수 있다는 점이다.

흔히 말하는 **과학적인 방법**(scientific method)이란 이론을 증명하거나 기각하는 하나의 정리된 과정이다. 과학적 방법은 자연은 정연하게 진행한다는 가정에 근거한다. 즉 자연을 지배하는 법칙은 변덕스럽게 변하지 않는다는 것이다. 우리는 자연에 관해 제기된 질문들은 언젠가는 풀려질 것임을 믿는다.

a
폭풍이 치는 케이프 해터러스 외양에서 해양학자들이 해양 탐사선 오셔너스(R/V Oceanus)호의 작업 갑판에서 수온계를 계류하고 있다.

b
자료가 얻어지기 전과 후에는 고독한 사색의 시간이 필요하다. 남태평양에 있는 캘리포니아 대학의 무리어 연구소(Moorea Research Center)에서 한 학생이 정전 중임에도 랜턴을 켜 놓고 일하고 있다.

그림 1.3 해양과학은 때로 위험하고 지루하기는 하지만 매우 흥미롭다.

과학적인 방법이라 하여 하나만 있는 것은 아니다. 일군의 과학자들이 어떤 주제에 대해 관찰하고, 서술하고 보고하면 또 다른 과학자들이 다른 가설을 세운다. 과학자들이 공통으로 사용하는 방법은 말로만 하는 것이 아니라 보이는 현상에 대해 비판적인 마음가짐으로 문제해결을 위해 논리적인 접근을 하는 것이다. **그림 1.4**에 과학적인 방법의 요점이 정리되어 있다. 이 과정은 돌고 돈다는 점을 유의해야 한다. 새로운 이론이나 법칙은 항상 새로운 의문을 제기하는 법이다.

여러분들은 과학적인 방법이라는 말을 들어 본 적이 있을 것이다. 여러분들 중 누군가는 과학적인 사고는 자신의 관심대상이 아니고 또 능력 밖의 것으로 생각하고 있을지도 모르겠지만 이는 타당한 말이 아니다. 여러분들은 하루에도 여러 차례 과학적인 논리를 사용하고 있다. 오늘 오후 늦게 차의 시동을 걸었으나 차가 꼼짝을 하지 않은 경우 여러분들의 생각의 흐름을 되짚어 보자. 아마 생각과 행동은 다음과 같이 흘러갈 것이다.

1. 차의 시동이 걸리지 않는다고!
2. 왜 걸리지 않지? 다음 생각은 서구 철학에서의 매우 강력한 시발점인 "왜?"일 것이다. 즉 차의 시동이 걸리지 않는다면 그럴 만한 이유가 있을 것이며 곧 머릿속으로 갖가지 상황을 떠올릴 것이다.
3. 차의 시동을 걸려면 전기가 필요하다는 것은 알고 있으니까 차의 전조등을 켜 볼 것이다. 켜지는군. 그렇다면 전기 문제는 아니라는 것이네.
4. 차의 엔진에 연료와 공기가 같이 들어가 연소하는 것이니까 공기 주입에는 문제가 없는가? 점검 결과 문제없군.
5. 차에는 연료가 필요하지. 연료는 충분한가? 3/4이나 남았네(동시에 어제 연료 넣은 걸 기억하고 주머니에서 영수증을 확인할지도 모르지). 연료 문제는 없고.
6. 차의 시동은 이런 것들이 동시에 있어야 걸리는 것인데. 차의 보닛을 열어 전선이 끊어진 곳은 없는지 또 연결 상태는 좋은지를 살피겠지. 저런! 전선 한

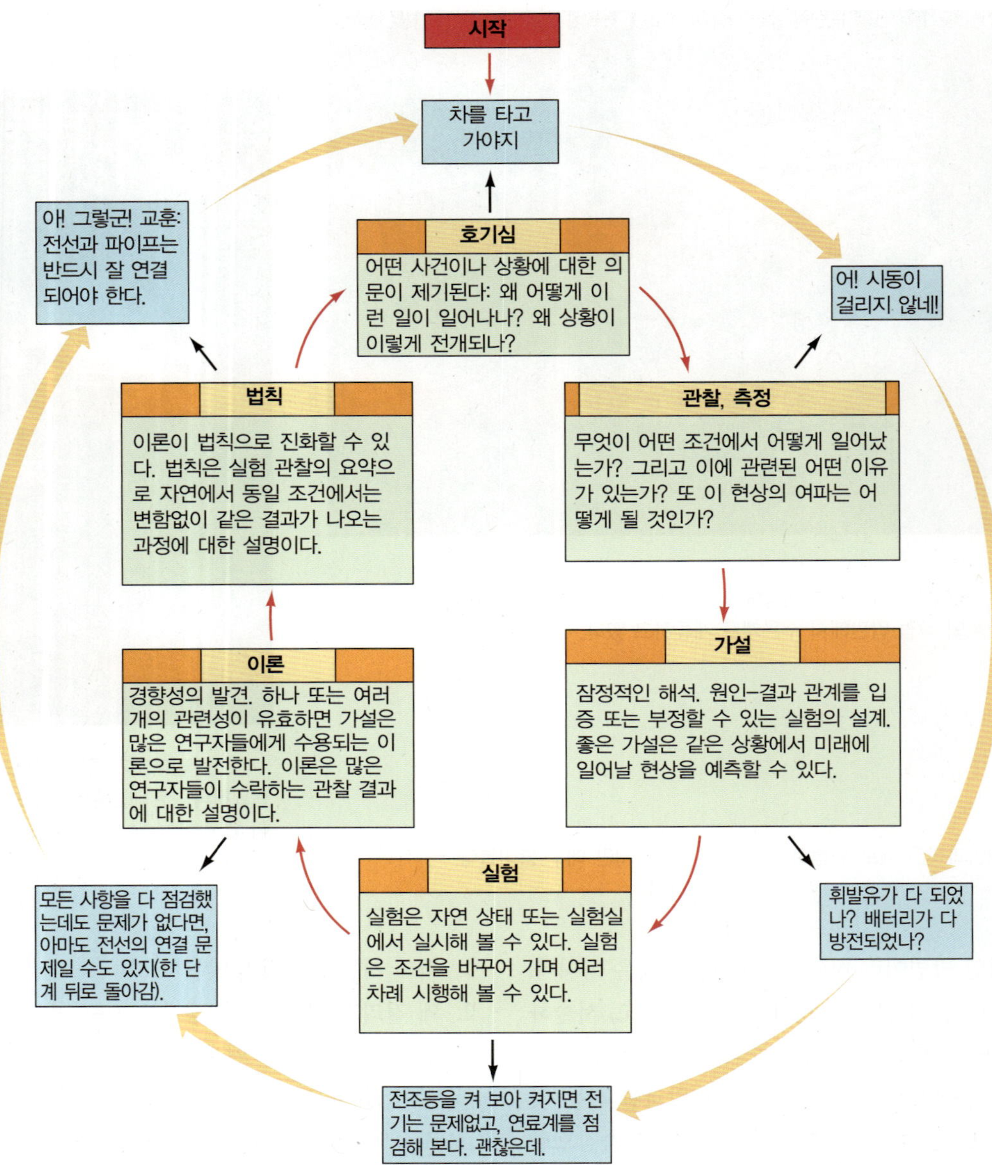

그림 1.4 관찰 결과에 물음을 제기하고 또 제기된 물음의 답을 구하는 체계적인 과정인 과학적 방법의 개요. 과학적인 방법이 하나만 있는 것은 아니다. 과학은 자료에 대한 답을 구하는 데 있어서 비판적인 자세를 갖는 데서 출발하며 문제를 푸는 데 있어서도 논리적으로 접근해야 한다. 과학적인 방법으로 관찰과 측정의 바탕 위에 진실이라는 탑을 세우기는 하지만 이 진실은 계속 발전하는 것이며 어쩌면 영원히 완성하지 못할지도 모른다. 모든 이론과 법칙은 또다시 새로운 의문을 제기하게 된다. 과학적 사실은 혼자만의 신념이 아니라 열린 토론의 장에서 검토되어야 한다.

가닥이 빠져 있네.

7. 전선을 바로 연결하고.
8. 시동이 잘 걸리는데! 과학의 승리! 의문 "왜?"에 대한 답을 얻었다.

혹은 생각이 다른 방식으로 흘러갈 수도 있다. 차의 시동 요정이 있어 여러분에게 대든다고 단정하고는, 차가 말을 듣지를 않아 차를 다시는 운전하지 못하겠다고 생각할지도 모르겠다. 혹시 차 앞에서 차 열쇠를 흔들면 차의 요정이 여러분에게 호의를 베풀어 차의 시동이 걸릴까? 하지만 이렇게는 아무것도 고칠 수 없고 차의 문제는 여러분의 손을 떠나게 될 것이다. 물론 이런 생각은 매우 비생산적이다!

이러한 사고의 과정을 자연계에 연관시켜 응용하는 것은 매우 적절한 것이기는 하지만 과학적인 방법으로 절대 진리라고 증명된 것은 하나도 없다. 지식이 쌓이고 관찰 기술이 발전하면 이론이라는 것도 바뀔 수 있다. 따라서 모든 과학적 결론들은 잠정적이라 할 수 있다. 과학은 민주주의도 아니며 인기투표도 아니다. 기후 변화나 진화 과정 등에 관한 최근의 신랄한 논쟁들을 떠올려 보자. 과학이라는 과정을 통하여 얻어진 자연에 대한 결론들이 항상 통용되며 즉시 수용되는 것은 아니다. 단지 얻어진 결론들이 추후의 다른 발견들에도 변함없이 부합된다면 진리(true)라고 생각될 뿐이다.

이 책에는 바다누리에 적용되었던 과학적인 과정의 결과들—현상, 현상에 대한 설명, 예, 전개과정, 그리고 해양과 해양이 몸담고 있는 세계(지구, 우주 등)에 대해 우리가 알고 있는 결론에 도달하게 한 결정적인 몇몇 중대한 발견들—중 몇몇들이 제시되어 있다. 과학의 결과가 바뀐다면 이 책에 나온 설명이나 관점들도 따라서 바뀌게 될 것이다.

개념점검

4. 실험이나 관찰되지 않은 주제에 대해서도 과학적인 방법을 적용할 수 있는가?
5. 과학에서 진리란 무슨 의미인가? 절대 진리라고 증명된 것이 있는가?
6. 차 앞에서 열쇠를 흔들었을 때 때마침 불어오는 바람에 늘어진 전선이 흔들리다 제자리로 돌아갔다면 어떻겠는가? 계속 시동을 여러 차례 걸다가 시동이 걸리면 어떻겠는가? 미신이 어떻게 발생하는지 알겠는가?

1.3 별과 바다

바다를 이해하기 위해서는 바다가 어떻게 형성되었고 또 시간과 함께 어떻게 진화해 왔는가를 알 필요가 있다. 바다는 지구 표면에서 단일체로는 가장 큰 것이기 때문에 바다의 형성이 지구의 기원과 관련 있다는 것은 별로 놀랄 일도 아니다. 지구의 기원은 태양계와 우리 은하의 기원과도 관련이 있다.

지구와 바다의 형성 과정은 최근에 와서야 조금씩 알려지기 시작한 것으로 그 속에는 경이로운 이야기들이 많이 있다. 이 장을 읽어 가다 지구와 바다 그리고 생물을 이루는 모든 원자들이 수십억 년 전 별에서 형성되었다는 것을 알게 되면 깜짝 놀랄 것이다. 별은 수소와 헬륨을 무거운 원소로 바꾸면서 그 수명을 다한다. 어떤 별들은 어마어마한 폭발로 합성된 원소들을 우주로 내뿜으며 생을 마감한다. 태양과 지구를 포함한 행성들은 우주의 먼지구름과 별의 폭발 잔해를 풍부히 함유한 기체가 응축된 것이다.

지구의 바다는 이러한 먼지구름에서 직접 형성된 것은 아니다. 대부분의 바다는 훨씬 뒤에 지구가 아직 어릴 때 지구 내부에서 화산 분출로 나온 수증기가 지구 외각에 잡혀 형성되었다. 수증기가 식어 바다를 형성한 것이다. 혜성도 일부 지구 표면에 물을 가져다 주었다. 곧 바다에서 생명이 발생하여 번성하였고 약 30억 년 전에 척박한 육지로 올라왔다.

지구는 별을 이루는 물질로 형성되었다 약 50년 전에 여러 연구자들이 과학적인 방법으로 바다와 지구 그리고 우주의 나이를 잠정적으로 결정하였다. 과학자들은 어떻게 물질이 합성되었는지, 어떻게 행성이 형성되었는지, 그리고 어떻게 생명이 발생할 수 있었는지에 대한 가설을 수립하였다. 아직도 많은 부분이 세밀하지 못하고 개략적이지만 이 가설들은 소립자 물리학과 분자 생물학 분야에서 최근에 발견된 중요한 사항들을 이미 오래전부터 예고하고 있었다. 자연과학에서 우주의 시작과 역사에 관한 발견들은 참으로 극적인 것이 많았다.

우주의 시작이 있었다는 것은 확실하다. 약 137억 년 전에 **대폭발**(Big Bang)이 있었을 것이다. 우주의 팽창이 시작되는 그 순간, 바로 시간이 시작되는 그 시점에는 우주의 모든 질량과 에너지가 한 점에 집중되어 있었을 것으로 생각된다. 무엇이 팽창을 일으켰는지는 모르지만 오늘도 팽창은 계속되며 아마도 수십억 년 동안 아니 영원히 계속될 것이다.

아주 초기의 우주는 상상할 수 없을 만큼 뜨거웠지만 팽창하면서 점점 식어 갔다. 대폭발 후 100~1000초 정도에 우주의 온도가 충분히 낮아져 에너지와 그때까지 가장 많이 있던 핵자들로부터 원자가 형성될 수 있었다. 이때 수소 원자가 대부분 만들어졌고 이 수소는 지금도 우주에서 가장 흔한 원자이다. 이 물질들은 대폭발 후 약 10억 년 사이에 첫 번째 은하와 별들로 응축되었다.

우리은하 속에는 별과 행성이 있다 **은하**(galaxy)란 별, 먼지, 기체, 그리고 기타 여러 가지 우주 파편들이 중력

그림 1.5 멀리서 본 우리은하의 모습. 우리가 은하 속에 있고 시야가 좋지 않아 잘 볼 수는 없지만 현재까지 관측된 결과들을 종합하여 매우 잘 표현된 것으로 보인다. 태양계는 은하 중심에서 뻗어 나온 푸른 나선팔 안에 있으며 중심에서의 거리는 팔 길이의 반보다 약간 더 멀다.

으로 모여 회전하는 집합체이다. 우주에는 약 1,000억 개의 은하가 있으며 각 은하에는 약 1,000억 개의 별들이 있다. 우리가 살고 있는 은하(**그림 1.5**)는 **우리은하**(Milky Way galaxy)(galaktos: milk)[2]라 한다.

은하를 이루는 **별**(항성, star)은 기체의 단단한 구형 집합체로 빛을 내고 있으며 흩어진 기체의 구름 파편들과 섞여 있다. 은하의 종류에는 은하 중심으로부터 뻗어 나가는 나선팔에 별들이 배열되어 있는 나선 은하(우리은하와 같은), 타원 은하, 그리고 형태가 불규칙한 은하 등이 있다. 은하에는 많은 별들이 있지만 별들 사이의 거리는 태양에서 가장 가까운 별까지의 거리도 약 42조 km 정도로 매우 멀다. 천문학자들의 연구 결과에 의하면 우주에는 우리은하에 있는 별의 숫자만큼이나 많은 은하가 있으며 우주 안에는 해안의 모래 알갱이 숫자보다 더 많은 수의 별들이 있다고 한다.[3]

태양은 아주 전형적인 별이다(**그림 1.6**). **태양계**(solar system)를 이루는 태양과 행성들은 우리은하의 중심에서 반경으로 약 3/4 되는 위치에 놓여진(우리은하의 중심에서 대략 28,000광년 떨어진) 오리온(Orion)이라 부르는 나선팔에 위치해 있다. 태양계는 은하의 중

[2] 용어의 파생 기원은 재미있기도 하고 매우 유용하므로 앞으로도 종종 제시하겠다.

[3] 2003년 7월 천문학자들은 연구 결과 우리가 알고 있는 우주 안에는 약 7×10^{22}개의 별이 있다고 발표하였다. 이는 지구상의 모든 해변과 사막에 있다고 추정하는 모래알 숫자의 약 10배에 해당한다.

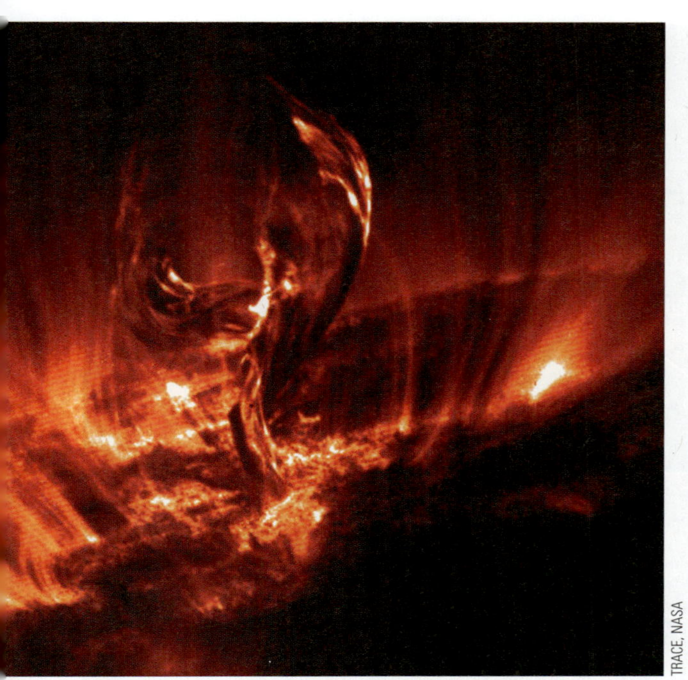

그림 1.6 태양 표면에서 분출하는 고온 가스 필라멘트. 다른 모든 별과 마찬가지로 태양은 핵융합으로 유지된다. 작은 원자가 큰 원자로 융합된다. 격렬한 반응으로 열, 빛, 물질, 방사선 등이 별에서 우주로 쏟아져 나온다. 지구는 뻗어 나오는 필라멘트 팔 정도의 크기이다.

심을 약 2억 4,000만 년의 주기로 공전하고 있는데, 이는 우리가 약 220 km/sec의 속력으로 움직이고 있다는 뜻이다. 지구는 바다가 형성된 이후 은하수를 약 20번 회전한 셈이 된다.

별에서는 가벼운 원소로 무거운 원소를 만든다 앞으로 보겠지만, 대부분의 지구 물질—물론 바다를 이루는 물질도—은 별에서 만들어진 것이다. 별은 은하 안의 거대한 먼지구름과 기체의 집합체인 성운(nebulae)에서 형성된다. 천문학자들은 망원경과 적외선 감지 인공위성 등을 이용하여 우리은하와 다른 은하에서 성운을 관측하였다. 그들은 여러 진화 단계에 있는 별들을 관측하였고 이 진화 단계는 서로 연결되어 있다고 추론하였다. 이 추론에 근거하여 별과 행성이 형성되는 과정을 설명하는 **응축이론**(condensation theory)이 수립되었다.

별의 생애는 성운이 약한 자체 중력으로 수축을 시작하면서 시작된다. 구름과 같은 이 구체는 점차적으로 수축하여 **원시별**(protostar)(*protos*: first)이라고 불리는 기체의 집합체로 응축된다. 원시별의 처음 직경은 우리 태양계의 몇 배가 될 수도 있지만 자체 중력으로 점점 작아진다. 원시별이 더욱 수축되면 압력으로 내부 온도가 올라간다. 원시별의 내부 온도가 약 1,000만 ℃에 이르면 원자핵 융합이 일어난다. 즉 수소 원자가 융합되어 헬륨을 만들게 되면서 많은 에너지를 방출한다. 급격한 에너지의 방출로 인하여 원시별은 수축을 멈추고 별이 된다(**그림 1.7** 윗부분에 이 과정이 제시되어 있다).

핵융합 반응이 일어나고 있는 별은 가지고 있는 수소 연료를 일정한 속도로 소모하면서 더 이상 수축도 팽창도 일어나지 않는 안정된 상태에 도달하게 된다. 별의 생애에서 가장 생산적이고 긴 시간 동안 별에 있는 수소의 대부분이 더 무거운 원자인 헬륨, 탄소, 산소로 변환된다. 그러나 이 안정된 상태가 영원한 것은 아니다. 별의 탄생과 소멸에 대한 성장사는 별의 초기 질량에 따라 달라진다. 태양과 비슷한 중간 크기의 별은 진화의 거의 마지막 단계에 이르면 핵에서의 헬륨 연소를 마친 후 중심핵을 둘러싼 주변 외각에서 헬륨을 연소하면서 에너지 방출량이 서서히 증가하며 별 자체는 천문학자들이 부르는 적색거성(red giant)이라는 단계로 다시 접어든다. 죽어가는 이 거성은 무거운 원자를 많이 함유한 거성의 외피층을 열맥동의 형태로 방사하게 된다. 그러나 대부분의 탄소와 산소의 화합물은 식어 가는 별의 중심부에 갇혀 버린다.

태양보다 질량이 더 큰 별의 수명은 태양보다는 짧지만 더 극적인 일생을 보낸다. 수소가 산소나 탄소와 같이 더 무거운 원자로 변환되는 것은 마찬가지이지만 크고 무거워 내부에서의 핵융합이 매우 빠른 속도로 일어나며 중심부의 높은 온도 때문에 철에 이르기까지 질량이 큰 원자를 생성한다.

질량이 큰 별의 죽음은 수소가 고갈된 중심부의 수축으로 시작되는데 이 급격한 수축은 별의 내부 온도를 급격하게 오르게 한다. 별의 수축으로 중심부로 붕괴되던 물질들이 더 떨어지지 못하게 되면 응축된 에너지는 폭발적인 팽창을 일으키며 **초신성**(supernova)이라는 단계로 전환된다. 초신성의 폭발적인 에너지 방출로 별 자신은 박살 나며 부서진 조각들은 초기에는 광속에 가까운 속도로 외부로 흩어진다. 이 폭발은 겨우 30초 정도 계속되지만 에너지는 개개의 원자핵 사이의 핵력을 능가하여 철보다 더 무거운 원소가 만들어진다. 반지를 만드는 금이나 온도계의 수은 그리고 핵발전에 쓰이는

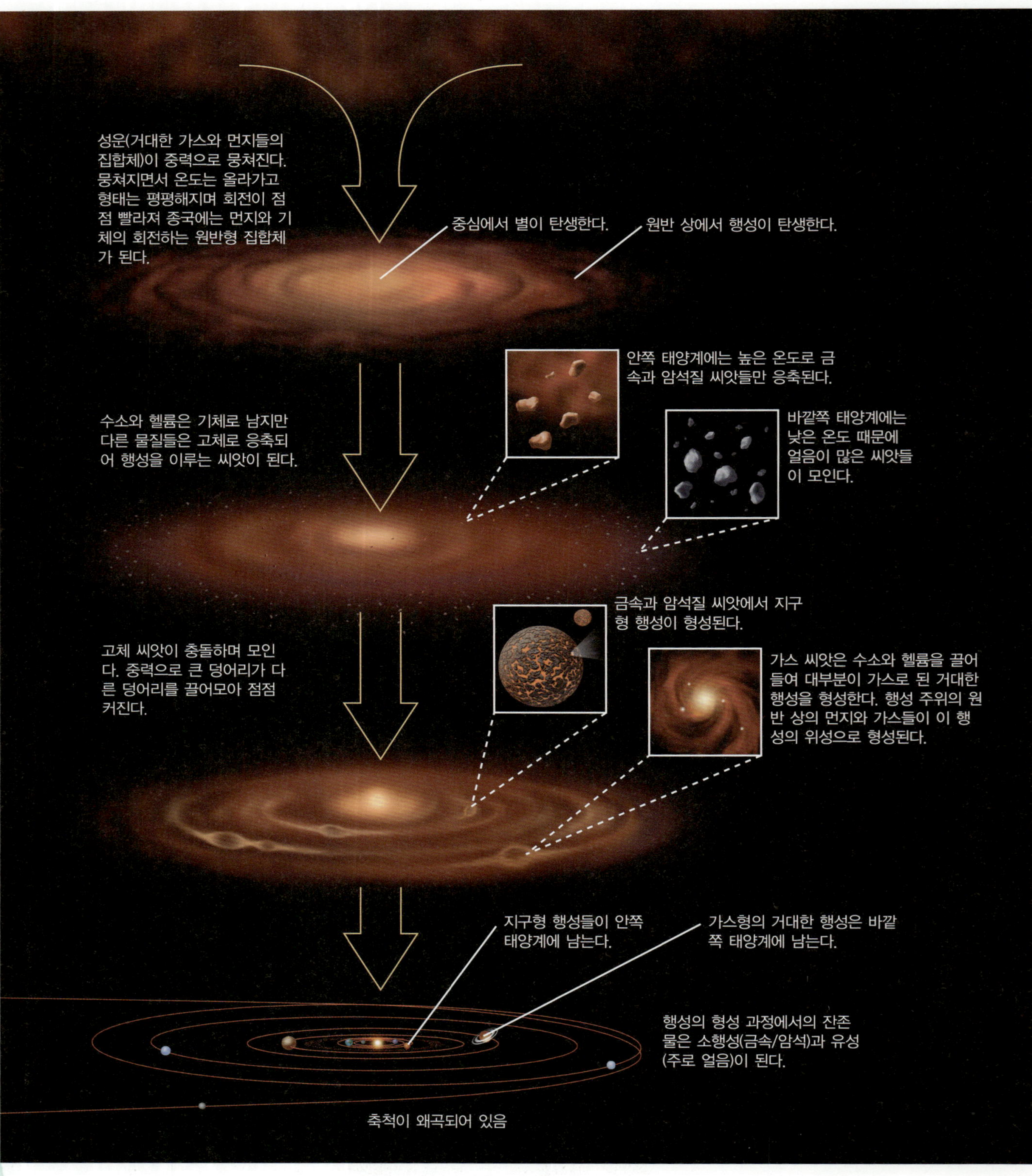

그림 1.7 은하의 나선팔에서 형성되는 태양계. 태양과 부속 행성들은 약 50억 년 전에 형성되었다.

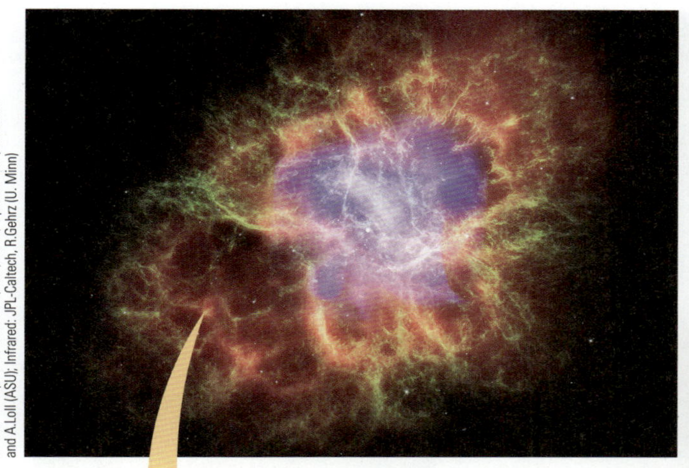

NASA - X-ray: CXC, J.Hester (ASU) et al.; Optical: ESA, J.Hester and A.Loll (ASU); Infrared: JPL-Caltech, R.Gehrz (U. Minn)

a

초신성의 잔해. 1054년 폭발하는 별의 빛이 지구에 도달하였다. 중국과 아랍의 천문학자들이 기록한 바로는 23일 동안이나 낮에도 보일 정도로 빛났다고 한다. 뻗어 나오는 필라멘트에는 폭발하는 별의 대기와 폭발하는 동안 만들어진 무거운 원자들이 포함되어 있다. 이 필라멘트는 흩어져 (b)처럼 된다.

T. Rector/University of Alaska Anchorage and NOAO/AURA/NSF

b

먼지와 가스의 가는 꼬리는 만 년 전에 초신성이 된 별의 잔해가 뻗어 나온 것이다. 이 잔해는 빠르게 움직이며 무거운 원소들이 풍부하게 포함되어 있다. 이 원소들이 먼 미래에 새로운 태양계를 형성할지도 모른다.

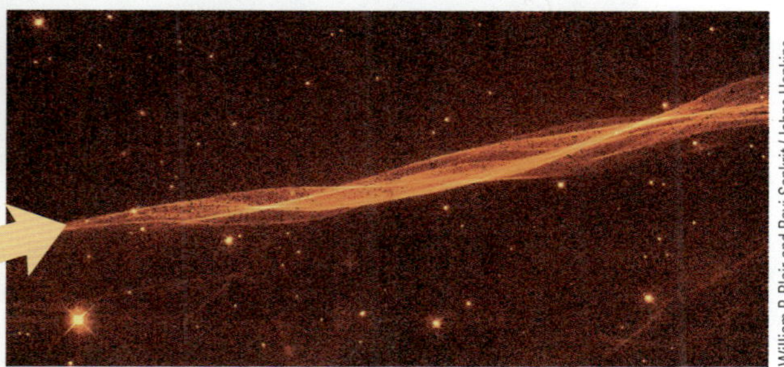

William P. Blair and Ravi Sankrit (Johns Hopkins University), NASA

c

b의 확대 모습, 무거운 원소를 포함한 채 흩어지는 성간 가스의 필라멘트.

그림 1.8

우라늄 등이 짧지만 엄청난 폭발 과정에서 만들어진다. 정상적인 핵융합을 하는 별들에서 수천만 년 이상의 기간에 만들어진 원자들과 함께 믿을 수 없을 정도로 짧은 순간에 만들어진 무거운 원자들은 우주 공간으로 흩어지게 된다(**그림 1.8**). 행성과 바다 그리고 생명체를 이루는 수소와 헬륨보다 더 무거운 모든 물질들은 이렇게 별들에 의해서 만들어지는 것이다.

태양계는 강착으로 형성되었다 지구와 지구의 바다는 초신성 폭발의 간접적인 결과이다. 폭발하는 초신성으로부터 방출된 충격파와 잔해물질들이 (태양계가 형성되었을 것으로 믿어지는) **태양계성운**(solar nebula)이라 불리는 엷은 구름과 부딪치게 되었다. 이 충돌의 와류로 태양계로의 응축이 시작되었을 것이다. 이 과정에서 태양계성운은 적어도 두 가지의 중요한 영향을 받았을 것이다. 첫째, 충격파에 의하여 태양계성운은 더욱 빨리 응축하게 되었고 회전도 빨라졌을 것이다. 둘째, 성운이 지나가는 초신성 잔해물질인 무거운 원자들을 흡수했을 것이다. 다시 말하면 별 하나의 생애가 끝나며(이 과정에서 원소들이 형성된다) 일으키는 폭발적인 붕괴로 무거운 원소를 먼지와 기체로 가득 찬 (태양계) 성운으로 되돌렸으며 여기서 태양계가 형성되었다. 행성은 모두 약 수십억 년 전에 사라진 별에서 형성된 물질로 구성되어 있으며 우리들 역시 이 별들의 먼지로부터 구성되었다. 우리들의 뼈와 두뇌는 태양계가 존재하기 오래전에 존재하던 별들의 잔존물로 만들어진 오래된 원자로 구성된 것이다.

약 50억 년 전 태양계성운은 75%의 수소와 23%의 헬륨 그리고 2%의 다른 원소로 구성된 원반 형태로 회전하고 있었다. 회전하는 스케이트 선수가 팔을 오므

그림 1.9 행성의 형성 과정. 작은 파편들이 큰 질량으로 강착되어 행성이 형성되고 있다.

리면 더욱 빨라지듯 태양계성운도 수축할수록 더욱 빨리 회전하게 되었다. 태양계성운의 중심 근처로 모인 물질들이 원시 태양을 만들었으며 중심 바깥의 물질들은 스스로 빛을 내지 못하며 태양 주위를 도는 작은 천체인 **행성**(planet)이 되었다.

그림 1.7을 다시 보자. 작은 파편들이 큰 덩어리로 응집되는 **강착**(accretion)이라고 알려진 과정을 통하여 원시태양 주위 원반에 흩어져 있던 먼지와 파편들로부터 새로운 행성이 형성되었다(**그림 1.9**). 응집이 클수록 중력이 커지며서 더 많은 파편들을 끌어들였다. 태양의 바깥쪽 행성들—목성, 토성, 천왕성, 해왕성 등—은 모두 낮은 온도에서 강착되었기 때문에 주로 메테인과 암모니아와 얼음으로 구성되어 있다. 원시태양 주변은 온도가 높아 끓는 온도가 가장 높은 금속과 몇몇 암석광물들이 고화되었다. 태양에 가장 가까운 수성은 주로 기화점이 가장 높은 철로 구성되어 있다. 그 바깥 조금 시원한 곳에서는 마그네슘, 실리콘, 물, 산소 등이 강착되었으며 메테인과 암모니아는 더 바깥 추운 곳에서 강착되었다. 지구가 물과 규소-산소 혼합물 그리고 금속들의 혼합으로 구성된 것은 태양계성운의 중간 위치에서 강착되었기 때문이다.

강착은 약 3,000만~5,000만 년 계속되었는데, 원시태양의 내부 온도가 수소를 헬륨으로 핵융합을 일으킬 수 있을 만큼 높아지면서 원시태양은 별로 진화되었다. 이 격렬한 핵반응으로 방출된 많은 복사 에너지는 행성 구역에 남아 있던 입자들을 밖으로 날려 보내 강착의 시대를 급격히 끝내었다. 오늘날 크기가 큰 외행성에서 볼 수 있는 기체들은 한때는 내행성 구역에 있던 것들이 태양에너지에 의해 밀려난 것이다(**그림 1.10**).

이 과정이 그리 희귀한 것은 아니다. 지금까지 별

그림 1.10 초기 상태의 태양계의 모습을 그린 상상도. 태양이 막 빛나기 시작했으며 태양을 둘러싼 먼지 원반 속에서 행성들이 형성되고 있다.

의 주위를 공전하는 행성을 4,300개 이상 발견하였다.

개념점검

7. 과학적인 연구로 대폭발 이전을 증명할 수 있는가?
8. 우주에서 가장 많이 볼 수 있는 원소는 무엇인가?
9. 별과 행성의 형성에 관한 응축이론의 요점을 정리해 보라.
10. 전형적인 별의 일생을 그려 보라.
11. 가장 무거운 원소(우라늄, 금 등)는 어떻게 만들어졌는가?

1.4 지구, 해양, 대기는 밀도의 층을 이루고 있다

차가운 입자들의 강착으로 형성된 초기의 지구는 전체가 균질한 상태였지만 지구 표면은 외계로부터 떨어지는 소행성, 유성, 또는 다른 우주 파편들로 인해 가열되었다. 이 열은 중력으로 인한 압축과 방사성 물질의 붕괴로 인한 열과 함께 지구 내부에 축적되어 지구 내부를 녹이기 시작하였다. 중력으로 대부분의 철이 내부로 끌려 들어가 핵을 형성하였다. 끌려 들어가는 철이 방출하는 막대한 중력 에너지는 마찰열의 형태로 방출되어 지구를 더욱 가열시켰다. 동시에 실리콘, 마그네슘, 알루미늄 및 기타 산화물 등 가벼운 광물들은 지구 표면으로 올라와 지각을 형성하였다(**그림 1.11**). **밀도성층**(density stratification)이라 부르는 이 중요한 과정은 아마 1억 년 정도 계속되었을 것이다.[4]

[4] **밀도**(density)는 물질의 상대적인 무게를 뜻하며 단위 부피당 질량으로 통상 g/cm^3 단위로 나타낸다. 순수한 물의 밀도는 1 g/cm^3이다. 화강암은 밀도가 2.7배 더 높아 2.7 g/cm^3이다.

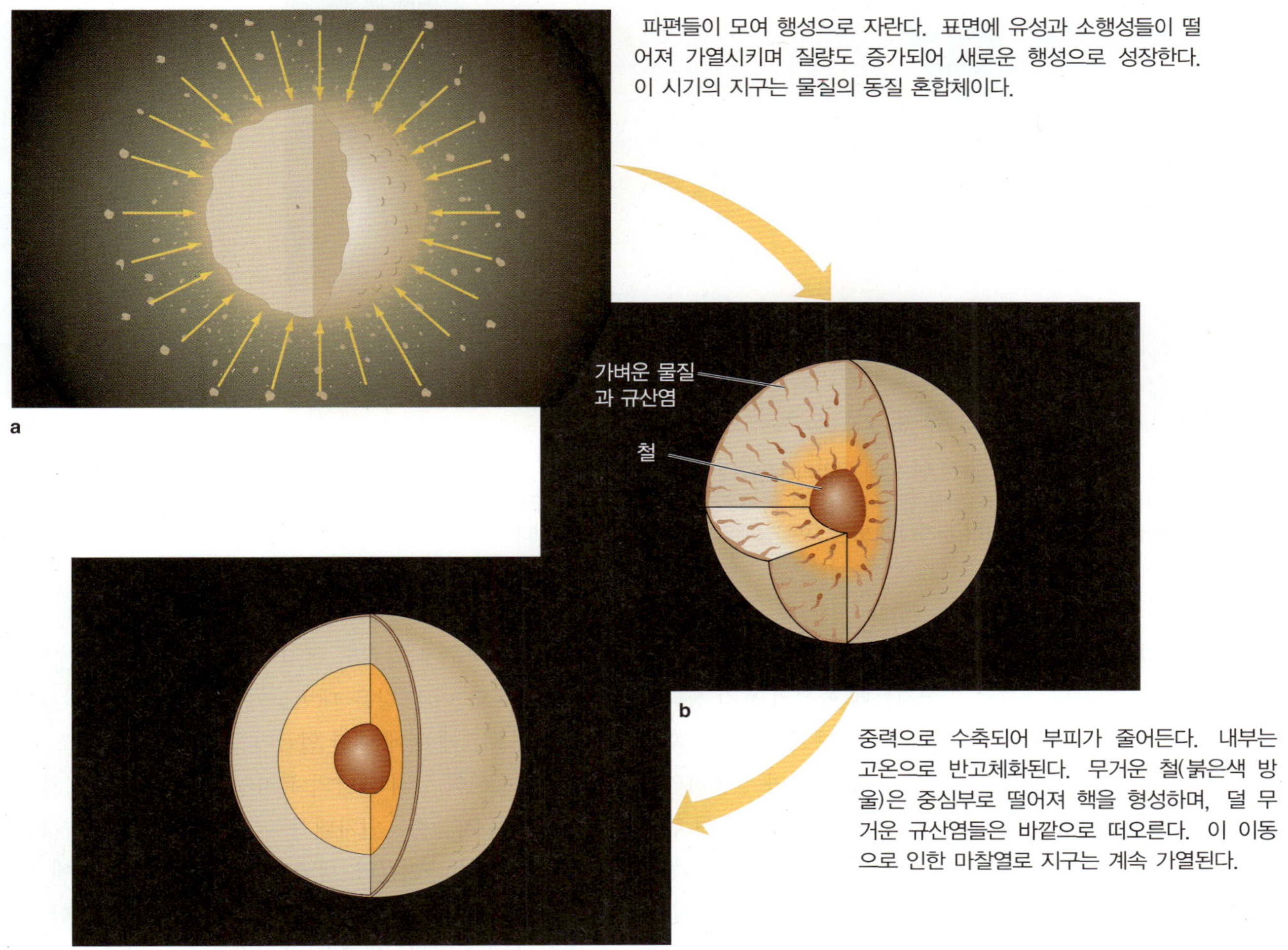

a 파편들이 모여 행성으로 자란다. 표면에 유성과 소행성들이 떨어져 가열시키며 질량도 증가되어 새로운 행성으로 성장한다. 이 시기의 지구는 물질의 동질 혼합체이다.

b 중력으로 수축되어 부피가 줄어든다. 내부는 고온으로 반고체화된다. 무거운 철(붉은색 방울)은 중심부로 떨어져 핵을 형성하며, 덜 무거운 규산염들은 바깥으로 떠오른다. 이 이동으로 인한 마찰열로 지구는 계속 가열된다.

c 내핵, 외핵, 맨틀, 지각의 형성은 밀도성층의 결과이다.

그림 1.11 지구의 형성 과정.

그림 1.12 달 형성의 첫 단계. 약 44억 년 전 화성보다 약간 큰 행성체가 막 태어난 지구와 충돌하였다. 맨틀과 지각의 암석 물질들이 튀어 나가 지구 주위에 파편의 고리를 형성하였으며 금속 물질은 지구 내부로 떨어져 핵에 합쳐졌다. 아폴로 우주인들이 가져온 달 표면의 암석의 분석 결과는 튀어 나간 암석물질들이 금방 합쳐져 우리의 달이 되었음을 보여준다.

그림 1.13 대충돌 후 수천 년 안에 우리의 달(앞쪽 평면)이 형성되었다. 이 그림에서 하늘에 꽉 차게 보이는 것은 막 태어나 달을 만든 대충돌로 붉게 타오르는 지구이다. 고리를 이루는 파편들은 지구에 떨어지기도 했으며 아직 자라나고 있는 용융 상태의 달에 떨어지기도 했다.

그리고 지구는 점점 식어 갔다. 지구 표면은 46억 년 전에 형성된 것으로 믿어지는데 형성의 초기 상태가 오래 계속되지는 않았다. 형성된 지 약 3,000만 년 후에 화성보다 약간 큰 행성체가 초기의 지구와 충돌하였다(**그림 1.12**). 충돌한 천체의 지각 암석의 파편들이 튀어 나가 지구 주위에 파편의 고리를 형성했고, 금속 성분은 지구 속으로 들어가 핵과 합쳐졌다. 이 부스러기 조각들은 금방 응축되기 시작하며 달이 되었다. **그림 1.13**은 새로 탄생한 달이 떨어지는 물체의 운동에너지로 발생한 열 때문에 아직도 빨갛게 이글거리는 모습이다. 오늘날에도 이와 같은 대변동이 일어날 수 있겠는가? 글상자 13.1에 이에 대한 언급이 있다.

역동적인 원시 태양의 복사열로 원시 지구의 가장 바깥쪽의 기체층—일차대기—이 벗겨져 나가고 지구 내부로 빨려 들어갔다. 방출된 기체가 지구 주위에 모여 이차대기를 형성하였다. 수증기를 포함한 이러한 휘발성 물질의 화산 방출을 **대기방출**(outgassing)이라고 한다(**그림 1.14a**). 뜨거운 수증기는 상승하여 차가

a

대기 방출. 지구 내부로부터 수증기, 이산화탄소, 질소 및 여러 가지 가스가 방출되어 대기로 나온다. 원시대기의 성분을 바꾸는 주요인은 화산이었으며, 그 뒤에 박테리아와 식물의 광합성에 의한 변동이 일어났다.

운 상부 대기층에 구름으로 응집되었다. 지구상의 물의 대부분은 강착 단계의 태양계성운에 있던 것이기는 하지만, 최근의 연구 결과는 지구에 충돌한 수많은 얼음 혜성들로 인해 지구에서의 물의 양은 더욱 증가되었고, 이것이 바다가 되었을 것이라는 가능성을 제시하고 있다(**그림 1.14b**).

지구 표면은 아직 뜨거워 물이 있을 수 없었고 구름층도 너무 두꺼워 태양 빛이 뚫고 들어오지는 못하고 있었다.(44억 년 전에 우주에서 지구를 보았다면 빛을 반사하는 구름층과 수증기에 꽉 싸인 구체로 보였을 것이다.) 수백만 년 후 상부 구름층이 점차 식으면서 방출되었던 수증기는 물이 되어 떨어졌다. 뜨거운 비가 쏟아져 내렸고 이는 다시 증발되어 구름이 되었다. 지구 표면이 점차 식으면서 낮은 곳으로 물이 모여 들었고 암석들로부터 여러 가지 광물들이 녹아 내렸다. 물의 일부는 다시 증발했다가 다시 떨어지곤 하였다. 이렇게 바다가 형성되어 갔다.

이런 큰 강우는 약 1,000만 년 정도 계속되었다. 이후 수백만 년 동안 화산 분출로 수증기와 여러 가지 성분의 기체 방출이 계속되었다. 바다는 점점 깊어져 갔

b

지구 표면의 물의 양은 유성에 의해서도 늘어났다. 적어도 38억 년 전까지의 초기 지구에는 유성과 소행성 같은 대형 천체들이 매우 많이 떨어졌다.

그림 1.14 바다의 기원.

으며 지각도 점점 두꺼워져 갔던 것으로 보이는데, 이는 부분적으로는 해수 성분들의 화학반응에 의한 것으로 보인다.

초기 해양의 분포와 확장에 대해서는 약간의 이견이 있다. 많은 연구자들은 암석덩어리가 해양 표면으로 솟아올라 대륙을 형성했다고 생각해 왔었다. 그러나 최근에는 약 2억 년 전에 물이 전 지구를 덮어 대륙이 잠기고 바다가 형성된 것으로 보이는 연구 결과가 나오기도 했다. 그렇지만 해양은 40억 년 전에 형성된 이후 계속 증가되었고 현재까지도 계속되고 있다: 바다의 용적은 매년 약 0.1 km^3씩 증가하는 것으로 보이는데 대부분 화산 분출 시 나오는 수증기나 운석 조각에 묻어온 물에 의한 것으로 생각된다.

이때의 바다 수온은 어떠했을까? 바다가 형성된 이후 지표면 온도는 출렁거렸다. 얼마만큼 출렁거렸는가 하는 것은 또 다른 논쟁거리이다. 처음 2억 5천만 년 동안은 여전히 뜨거웠으며 끊임없이 비도 내렸다. 그러나 이 상태가 계속된 것은 아니었다. 온도 변동은 다반사로 일어났다. 예를 들면 어떤 학자들은 8억 년과 5억 5천만 년 사이에 태양광의 변동과 지구 대기 속의 화산 분출 기체의 양과 성분의 변동으로 바다 표면이 (적도에서조차도) 얼어붙었다고 한다. 상세한 부분은 좀 복잡하지만 과학자들은 지구 탄생 이후 기후 변동(가끔은 격렬한 기후 변동)이 있었음을 확신하고 있다.[5]

초기의 대기(원시 대기, primitive atmosphere) 성분은 지금과는 매우 달랐다. 지화학자들은 이산화탄소와 수증기가 많았고 약간의 암모니아와 메테인의 흔적이 있었을 것으로 추측하고 있다. 35억 년 전에 대기 성분의 변화가 오기 시작하여 산소와 질소가 대부분인 지금의 구성으로 되었다. 변화는 이산화탄소가 바다에 녹아 탄산이 된 다음 지각의 암석과 화합하는 형태로 시작되었다. 태양광에 의한 대기 중의 수증기 분해도 큰 몫을 하였다. 그리고 약 15억 년 후 현재의 식물 선조들의 광합성으로 산소의 증가가 가속되었으며 해수와 표층 퇴적물의 광물을 산화시켰다.[지구 역사에서 산소혁명(oxygen revolution)이라고 부르는 이 기념비적인 사건을 15장에서 다시 언급한다.]

[5] 18장에서 최근의 기후 변동에 대한 주제들을 다루고 있다.

개념점검

12. 밀도성층이란 무엇인가?

13. 지구의 나이는 얼마인가?

14. 달은 어떻게 형성되었는가?

15. 바다의 형성은 최근의 일인가? 아니면 지구의 나이와 거의 같은가?

16. 현재의 지구 대기는 초기의 지구 대기와 같은가? 다른가?

1.5 생명은 바다에서 시작되었을 것이다

우리가 알고 있는 범위 안에서 생명은 많은 양의 물이 없이는 존재할 수 없다. 물은 열을 저장할 수 있으며, 온도를 조절하고, 많은 화합물들을 용해하며 또 영양물질과 배설물들을 처리할 수 있다. 이러한 특성들이 생명의 기원이 되는 복잡한 생화학 반응을 지구에서 일어나게 하는 원인이 되었을 것이다.

지구에서 생명은 몇 가지 기본적인 탄소 화합물의 복합체로 형성되었다. 탄소 화합물은 어디서 왔는가? 탄소 화합물을 구성하는 유기(즉 탄소-수소 결합을 포함하는)물질은 혜성이나 소행성 또는 행성계 형성 초기에 우리 행성계 내로 날려 들어온 행성 간 찌꺼기 입자들에 실려 지구에 들어온 것이라는 주장이 점점 더 강해지고 있다. 초기의 바다는 유기 및 무기 화합물의 걸쭉한 용액이 얇게 덮여 있는 상태였다.

실험실에서 지구의 초기 대기와 비슷한 상황하에서 화합물 용액과 기체의 혼합물을 자외선, 빛, 열, 그리고 전기 스파크에 노출시키는 실험을 했는데 이 역동적인 혼합물에서 단순구조의 당류와 생물학적으로 매우 중요한 아미노산이 생성되었다. 또 단백질과 뉴클레오타이드(세대 간 유전 정보를 전달하는 분자성분)도 생성되었다. 이 화학 반응이 일어날 수 있는 기본 요건은 취약한 큰 분자들을 파괴시킬 수 있는 자유산소를 차단하는 것이었다.

이 실험에서 생명이 탄생되었는가? 아니었다. 단지 생명의 기초를 이루는 벽돌이 합성되었을 뿐이었다. 그러나 이 실험은 지구상의 생명에 대한 일관성과 공통성에 관한 무엇인가를 말해 주고 있다. 모든 생명체에 다 존재하는 생명체의 기본 화합물이 쉽게 합성될 수 있다는 점은 우연한 일은 아닐 것이다. 이러한 화합물은 이 행성의 화학성분과 물리법칙에 따라 결정되는 것이다.

그림 1.15 생합성이 가능한 환경? 심해의 열수광상 근처의 광물질이 풍부한 곳은 그리 세지 않은 햇빛과 역동적인 환경 조건으로 생명의 기원지로 추정되기도 한다.

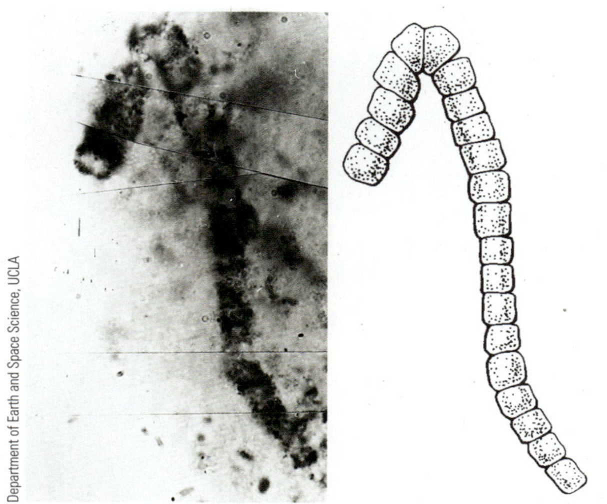

그림 1.16 광합성으로 대기 중에 산소를 공급했던 박테리아 같은 생물체의 화석(우측은 그림으로 다시 그린 것임). 이때까지 발견된 여러 가지 화석 중 가장 오래된 것으로 오스트레일리아 북서부에서 발견된 이 미화석은 약 35억 년 전의 것으로 추정된다.

이 실험에서는 생명과정에서 중요한 역할을 하는 물의 중요성이 과소평가되고 있다. 모든 생물—해파리에서부터 사막의 풀에 이르기까지—들은 세포 속에 화학물질을 저장하고 운반하는 매체로 염이 포함된 물을 갖고 있다는 것은 분명한 사실이다. 이는 자기복제를 하는—살아 있는—세포는 처음에 어딘가 바다에서 발생하였다는 사실을 강력히 증명하는 것이다. 이는 또 지구상의 모든 생명은 같은 기원과 생성 발달과정을 가진다는 점을 시사하는 것이다.

유기물질에서 생명으로 진화하는 초기 과정, 즉 **생합성**(biosynthesis) 과정은 여전히 의문에 싸여 있다. 행성을 연구하는 과학자들은 초기의 태양은 흐릿하고 태양 빛이 그리 세지 못하여 바다는 거의 300 m 정도는 얼어 있었을 것이라 한다. 얼음이 해수면을 덮고 있지만 바닷속은 상대적으로 따뜻하지 않았나 생각한다. 많이 떨어지는 소행성, 혜성, 그리고 유성군에 의한 열로 얼음이 녹았다 다시 얼곤 하였다. 2002년 화학자 베이다(Jeffrey Bada)와 라즈카노(Antonio Lazcano)는 취약한 분자 복합체를 파괴할 수 있는 대기의 유해 성분으로부터 보호되는 얼음 아래서 유기물질이 합성되고 또 축적되었을 것임을 제안하였다. 표면의 얼음 저 아래 광물질이 풍부하게 뿜어져 나오는 바닥 근처 점토질이나 황철광 더미 어딘가에서 최초의 자가번식 분자가 탄생되었을 것이다(**그림 1.15**).

생물들이 바다와 대기의 환경을 어떠한 생명도 나올 수 없도록 바꾸어 버렸기 때문에 오늘날에는 옛날과 같은 생합성이 이루어지지 못한다. 오늘날 많은 녹색식물로 대기 중에는 산소가 많아졌으며 이 산소(오존)는 지구에 닿는 유해 파장의 태양 빛을 차단한다. 또 오늘날 널리 존재하는 미생물들은 큰 유기분자들을 먹어치워 버린다.

생명이 출현한 지는 얼마나 될까? 지금까지 발견된 가장 오래된 화석은 오스트레일리아 북서부에서 나온 것으로 약 34억~35억 년 전의 것이다(**그림 1.16**). 이 화석들은 박테리아 같은 유기체의 잔해로 생명의 시작이 상당히 빨리—아마도 안정된 바다가 형성된 지 몇 억 년 정도 안에—시작되었다는 것을 보여 주고 있다. 그린란드 근처 아킬리아 섬의 오래된 암석에서 발견된 탄소 화합물의 잔존물은 지구상에서의 생명의 시작이 더 일렀다는 증거로 제시되기도 한다. 즉 약 38억 5,000만 년 전의 탄소 얼룩에서 생명체에 있는 것과 같은 형태의 화학 성분이 포함된 것이 발견되었는데 과학자들은 이를 생물의 흔적이라고 생각하고 있다. 지구와 생명체는 서로 밀접한 관계를 유지하면서 같이 진화해 온 것이다.

X-ray: NASA/CXC/SAO; Optical: NASA/STScI

그림 1.17 태양계의 최후? 15,000년 전에 폭발한 태양 비슷한 별의 바깥층을 형성했던 성운에서 가스가 작열하고 있다. 속의 고리는 중심의 별의 잔해에서 방출되는 파편들의 폭풍이다. 이 별에 행성들이 있다면 이들의 잔해도 같이 밖으로 방출될 것이다. 아마 지금부터 50억 년 후 5,000광년 떨어진 곳의 관찰자들이 이와 같은 형태로 우리 태양의 최후를 보게 될지도 모른다.

개념점검

17. 생물을 이루는 원자나 분자의 성분이 무생물의 구성 성분과 다른가? 생물을 구성하는 원자는 어디서 형성되었는가?

18. 지구에서 가장 오래된 생명의 흔적은 얼마나 되었는가? 그 근거는 무엇인가?

19. 지구의 대기는 생성 초기부터 산소가 많았는가?

1.6 지구의 미래는?

앞으로 50억 년 정도는 우리의 후손들이 지구에서 생을 영위할 것이다. 그 다음에는 다른 별들과 마찬가지로 우리의 태양도 죽어갈 것이다. 태양은 초신성이 되기에는 질량이 너무 작지만 주계열로부터 약 10억 년 정도의 냉각기 후에는 적색거성이 되어 내행성을 핵 속으로 빨아들일 것이다. 작열하는 태양 대기는 지구 궤도보다 더 크게 팽창할 것이다. 해양과 대기, 생명의 흔적, 지각, 그리고 아마도 행성 전체가 충격파에 의해 원자 상태로 되어 우주로 흩어질 것이다(**그림 1.17**). 우리의 후손들이 있다면 모두 멸망하든가 아니면 더 안전한 세계로 피난할 것이다. 연료가 다 고갈되어 에너지가 소모되고 나면 태양은 빨갛게 달아오른 숯 더미처럼 식어 가고 결국에는 까만 잿더미로 변할 것이다.

그림 1.18은 지구의 지난 역사와 미래에 관한 시간표이다.

개념점검

20. 여러분의 몸을 구성하는 원소는 거의 우주의 시작부터 있었다. 그림 1.18을 다시 한 번 더 보고 그 다음은 어떻게 될 것인지 생각해 보라.

1.7 바다가 있는 천체가 또 있을까?

표면이나 그 근처에 액체가 있는 행성은 생각보다 그리 드문 것은 아니며 물이 희귀한 것도 아니다. 태양계에서만 보더라도 목성에는 지구보다 수백 배나 많은 물이 있지만 대부분이 얼음 상태이다. 1998년에는 지구의 달에서도 남극의 분화구 깊은 곳에서 얼음이 발견되었다. 천문학자들은 우주공간에서 자유롭게 떠다니는 물 분자를 발견하기도 했지만 액체의 물을 기대하기는 어렵다.

행성에서 액체 상태의 물로 채워진 바다가 항시 존재할 수 있는 조건을 생각해 보자. 물의 행성은 반드시 항성 주위의 궤도를 따라 움직여야 하며 항성으로부터의 거리는 물이 액체로 존재할 수 있는 온도를 유지할 수 있도록 적절하게 유지되어야 한다. 대부분의 다른 별들과는 달리 물의 행성을 갖는 태양은 두세 개가 아니라 하나여야 하며 공전 주기도 너무 많은 열을 받거나 또는 너무 춥지 않도록 적절하여야 한다. 행성을 이루는 물질에는 물과 딱딱한 지각을 형성할 수 있는 성분이 포함되어 있어야 한다. 그리고 또 대기와 바닷물이 우주로 흘러나가 버리지 않도록 유지시킬 수 있을 만큼의 충분한 중력이 생길 정도의 질량을 가져야 한다.

지구의 바다와 다른 천체의 바다를 비교하는 '비교해양학'을 직업으로 선택하기에는 아직 좀 이르기는 하지만 태양계에서 액체상의 물이 있는 천체가 4개 이상은 된다고 확신하는 연구자들이 점점 늘어나고 있다.

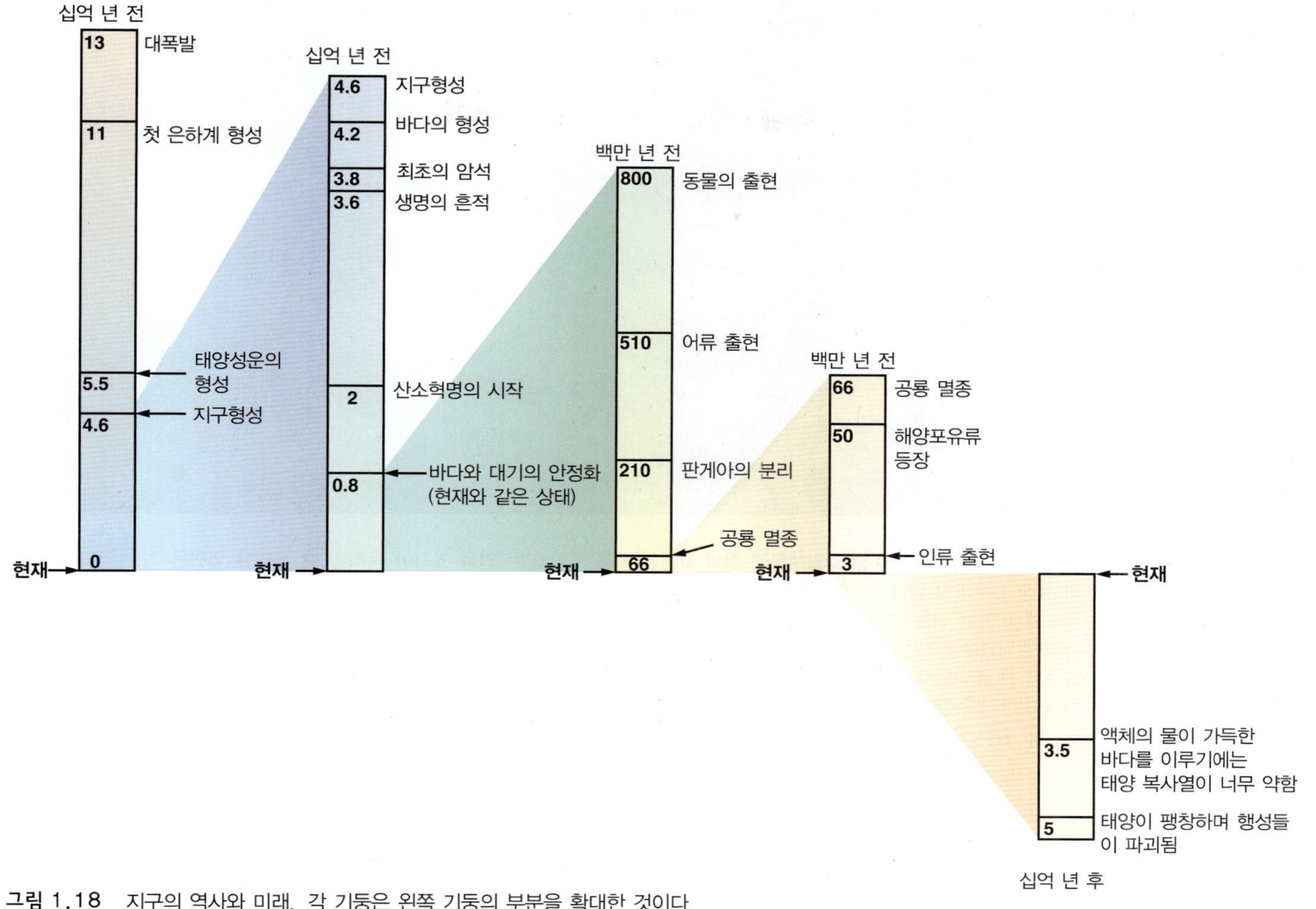

그림 1.18 지구의 역사와 미래. 각 기둥은 왼쪽 기둥의 부분을 확대한 것이다.

태양계의 또 다른 달 1997년 초 우주선 갈릴레오(Galileo)호가 목성의 위성인 유로파(Europa)를 매우 근접하여 지나가면서 보내온 사진에는 표면에 얼음과 물이 섞여 질퍽거리는 갈라진 계곡 같은 것이 보였다(**그림 1.19a, b**). 퍼즐 맞추기 조각판 같은 이 얼음 조각들은 녹아서 약간씩 이리저리 움직였다가 다시 얼어붙은 것 같은 모양이었다. 2000년 초, 갈릴레오가 다시 한 번 더 지나가며 보내온 자료에서는 자기장과 함께 얼음 아래에 소금기가 있는 액체상의 물이 있는 흔적을 볼 수 있었다.

이 바다의 부피도 놀랄 만한 것이다. 유로파는 지구의 달보다는 약간 작지만 유로파의 바다 수심은 평균 160 km이다. 아마 물의 양은 지구의 40배는 될 것이다. 유로파 내부에서 발산하는 열과 목성의 중력으로 인한 조석 마찰 등에 의해 액체 또는 진창의 상태가 가능한 것이다. 표면의 온도는 목성과 거의 같고 표면의 얼음층 두께는 8 km나 되지만 바닷속 깊은 곳과 암석 지각의 계곡 깊은 곳은 액체상의 물을 유지할 수 있을 만큼은 따듯하다. 이 외계의 바다에 대륙이 솟아 있지는 않다. 유로파의 표면 탐사 계획은 2008년에 시작되었다.

2000년 5월에 갈릴레오가 목성의 가장 큰 위성인 가니메데(Ganymede)를 탐사하여 보내온 사진 자료에서도 유로파와 똑같은 구조를 볼 수 있었다. 또 자력 탐사 자료도 얼음 지각 아래에 소금기 있는 바다가 있음을 시사하고 있다.

2005년 11월 우주탐사선 카시니(Cassini)가 토성의 위성인 엔셀라두스(Enceladus)의 뒤쪽을 근접하여 지나갔다. 카시니의 고해상도 카메라에 이 위성 표면의 갈라진 틈 사이로 얼음 결정이 있는 샘이 있는 것이 포

1997년 2월 20일 우주선 갈릴레오에 의해 촬영된 목성의 위성 유로파의 얼음이 있는 표면. 목성의 중력으로 유로파의 표면이 뒤틀리면서 얼음 표면이 갈라졌으며 내부가 가열되었다. 어떤 곳에서는 여기서 보이는 바와 같이 얼음이 큰 조각으로 갈라져 떨어졌다가 다시 퍼즐 맞추기처럼 맞붙기도 한다. 이는 얼음 조각이 움직일 때 윤활유 역할을 하는 액체의 물이 있었음을 뜻하는 것이다.

그림 1.19

NASA/Robert Sullivan

착되었다(**그림 1.20**). 메테인과 이산화탄소를 함유하고 있고 비교적 따뜻한 기후는 액체상의 물로 된 바다가 있음을 시사하고 있다.

화성 유로파나 가니메데 그리고 엔셀라두스에는 현재 얼음 바다가 있겠지만 우리의 가까운 이웃인 화성에는 먼 옛날 바다가 있었을 것으로 보인다. 32억~12억 년 전에는 지금보다 훨씬 따뜻하여 화성의 북반구 저지대는 바다로 덮여 있었을 것이다(**그림 1.21**). 연구 결과에 의하면 초기의 화성은 초기의 지구에서와 같이 이산화탄소가 많은 대기층이 두껍게 둘러싸고 있었을 것으로 보인다. 이산화탄소는 태양열을 온실 내에 가두어 두는 것과 같은 효과가 있는 온실가스이다. 화성의 대기는 물이 자유롭게 흐를 수 있을 만큼 따뜻했었다. 2001년 화성 탐사선(Mars Global Surveyor)이 보내온 표면 사진을 보면 화성 표면 암석층에서 분화구 바닥으로 해양성으로 보이는 퇴적물을 남기며 적어도 한 번은 물이 흘렀던 흔적을 볼 수 있다.

지금은 물이 어디로 갔나? 오랫동안 화성 표면의 암석들은 이산화탄소를 흡수하여 대기층이 얇아져 추워졌다. 바다의 물은 암석에 흡수되어 표면 아래에 얼어붙어 버렸다. 화성은 온실가스 역할을 하던 대기를 잃고 지난 10억 년 동안 더욱 추워졌다. 많은 양의 물이

NASA/JPL/Space Science Institute, Cassini Image PIA08386

그림 1.20 토성의 위성인 엔셀라두스의 표면에 보이는 얼음 분수.

Kees Veenenbos/Photo Researchers, Inc.

그림 1.21 물이 있는 화성 표면의 상상도. 그림은 마리너 밸리(Mariner Valley)에서 가상의 북반구의 바다로 흘러드는 흐름을 보인 것이다. 2006년과 2007년의 화성 탐사선(Mars Rover)에서 보내온 자료에 의하면 화성은 지금보다 훨씬 물이 많았던 적이 있었던 것으로 보인다.

있다 해도 대부분은 극지방에 있을 것이다(**그림 1.22**). 2008년 9월 화성 착륙선 피닉스(Phoenix Mars Lander)는 화성의 북극 대지의 얇은 퇴적층 아래의 동토층을 굴착한 바 있다.

ESA/DLR/FU Berlin (G. Neukum)

그림 1.22 2005년 유럽의 탐사선 마스 익스프레스(Mars Express)호가 화성 북반구의 넓은 평원의 이름 없는 분화구에 있는 빙하 사진을 보내왔다. 거의 자연색 그대로 보인 것으로 두께 약 200 m의 빙판이 서리 덮인 것처럼 보이는 분화구의 벽으로 둘러싸여 있다.

오늘날에도 습지가 있을 수 있겠는가? 2002년 6월 말린(Michael Malin)은 최근에 화성에서 물이 흘렀다는 명백한 증거가 될 만한 사진을 공개하였다(**그림 1.23**). 사진을 보면 지구에서 건조한 평원에서의 충적 선상지와 거의 같은 모습으로 분화구 벽에 협곡이 파여 있으며 그 끝은 부채꼴로 펼쳐져 앞치마를 널어놓은 모양이다. 이 선상지는 분화구에 의하여 교란되지도 않았고 화성 전체에서 널리 보이는 짙은 먼지층에 덮이지도 않았다. 즉 이 협곡은 매우 최근에 생긴 것이다.

타이탄 액체상의 물만 바다를 이루는가? 토성의 가장 큰 위성인 타이탄(Titan)의 표면에서는 액화탄소가 보인다. 1999년 과학자들은 하와이의 대형 천체 망원경(W. M. Keck)을 이용하여 둘레가 밝게 빛나며 차갑고 어두우며 적외선을 흡수하는 오스트레일리아 크기의 유기물 덩어리를 발견하였다. 2004년 말에 카시니가 차가운 메테인과 에테인 그리고 액화 탄소로 되어 있으며 섬과 만 그리고 반도가 있는 바다사진을 찍어 보내왔다(**그림 1.24a**). 2005년 초에는 카시니에서 타이탄

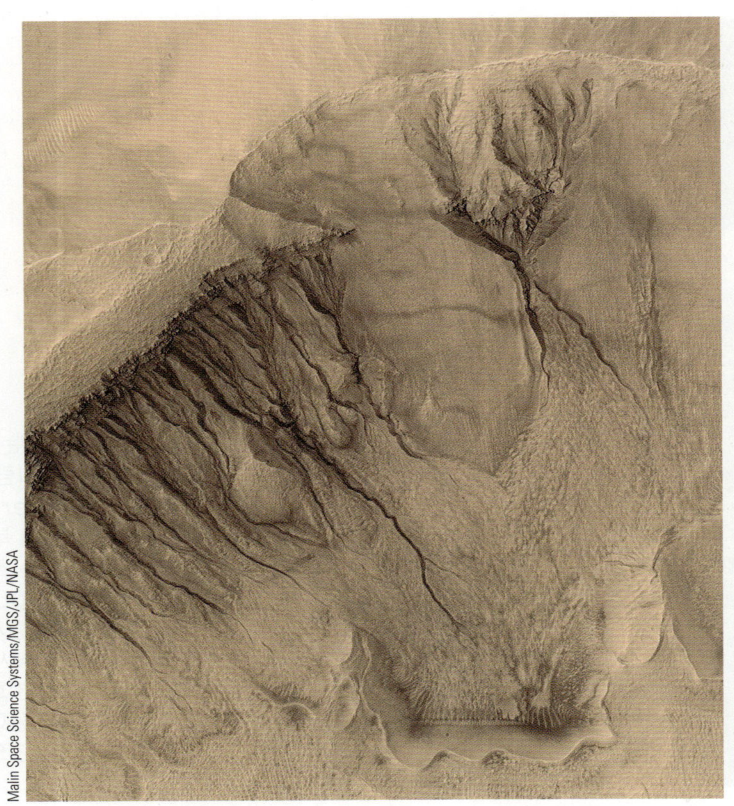

그림 1.23　화성에서 보이는 오래지 않은 협곡. 물이 흘렀음을 뜻하는 이 협곡은 약 3 km의 폭으로 큰 분화구의 남쪽을 향하는 면에 줄줄이 형성되어 있다. 과학자들은 이 골짜기들이 약 일만 년에서 백만 년 전 사이에 형성되었을 것으로 추정한다. 이는 이곳에 분화구 형태의 지형이 잘 보이지 않는 데서 추정된 나이이다.

을 탐사할 탐사선 호이겐스(Huygens, 이 위성을 발견한 네덜란드의 천문학자 이름)를 분리시켰다. 호이겐스는 딱딱한 표면에 부드럽게 안착하여 배수로 모습과 옛날 대륙 형태의 사진을 보내왔다(**그림 1.24b**)

태양계 밖의 행성들 태양계 가까이에 있는 태양 형태의 별에 있는 행성에 대해서는 약 10% 정도만이 알려져 있다. 별에서 행성의 존재는 별이 행성의 중력에 의해 약간 뒤뚱거리는 궤도를 보고 확인한다. 1996년 6월 애리조나 대학의 연구원들이 외계 행성의 대기에서 수증기, 메테인, 암모니아를 발견하였다고 발표하였으며 높은 온도(약 700°C) 때문에 액체상의 물이 있는 바다는 없다고 했다. 태양계에서 멀지 않은 곳에서 발견된 (태양보다 약간 더 작고 덜 뜨거운) 별 주위의 두 행성에서 비슷한 성질의 대기를 발견하였다(**그림 1.25**). 샌프란시스코 주립대학의 연구자들은 이 두 행성의 표면 온도가 약 85°C와 44°C인 것으로 추정하였다. 이 두 행성에는 수증기와 액체상의 물이 다 있을 가능성이 크며 비도 내리고 바다가 있을 가능성도 높다.

생명의 형성에 관해서는, 2005년 11월에 일군의 과학자들이 스피처(Spitzer) 적외선 우주 망원경으로 약 375광년 떨어진 별 주위의 행성 형성대에서 (지구에서 흔히 볼 수 있는) 기체상의 생화학적 전구세포를 발견하였다. 태양계의 강착 과정에서 기체상의 유기물의 존재가 일반적인가?

바다와 생명 산소의 존재가 생명의 존재 또는 과거의 어느 때에 생명이 존재했었던 증거가 될 수 있을까? 혹은 행성이나 그 위성에 바다가 존재한다는 증거가 될까? 지구형 행성의 대기에서 CO_2는 아주 일반적인 성분이기 때문에 많은 양의 산소를 기대하기는 어려울 것이다. 어떻든 산소는 반응성이 가장 강한 기체중의 하나임에는 틀림없다. 대기 중에 산소가 조금만 있어도 다른 물질과 반응하게 되어 있다. 화성에서 많이 보이는 붉은색의 암석은 철을 함유한 광물이 녹슨 것이다. 만약 대기 중에 다량의 자유 산소가 있다면 어떤 수단인지는 몰라도 산소를 채워 주는 어떤 메커니즘이 있을 것이다.

아마도 이 메커니즘은 생명체에 의한 것일 것이다. 식물의 광합성으로 과도한 산소가 생성되지만 광합성이 없으면 지구의 대기는 무산소 상태가 될 것이다. 이 장에서 언급했듯이 생명—적어도 지구상의 생명—은 바다에서 시작된 것이 거의 확실하다. 저 멀리 어떤 행성의 대기에 상당한 양의 산소가 있다면 바다와 생물이 존재할 가능성이 크다. 다른 별의 행성 대기에서 화학적 특징을 알아낼 기술이 곧 개발될 것으로 보인다.

개념점검

21. 태양계 내에서는 어느 곳에서 물을 찾을 수 있는가?

22. 어딘가 다른 곳에서 생명체를 만난다면 그 생명체의 화학 조성과 형태가 지구 생명체와 닮았을 것 같은가?

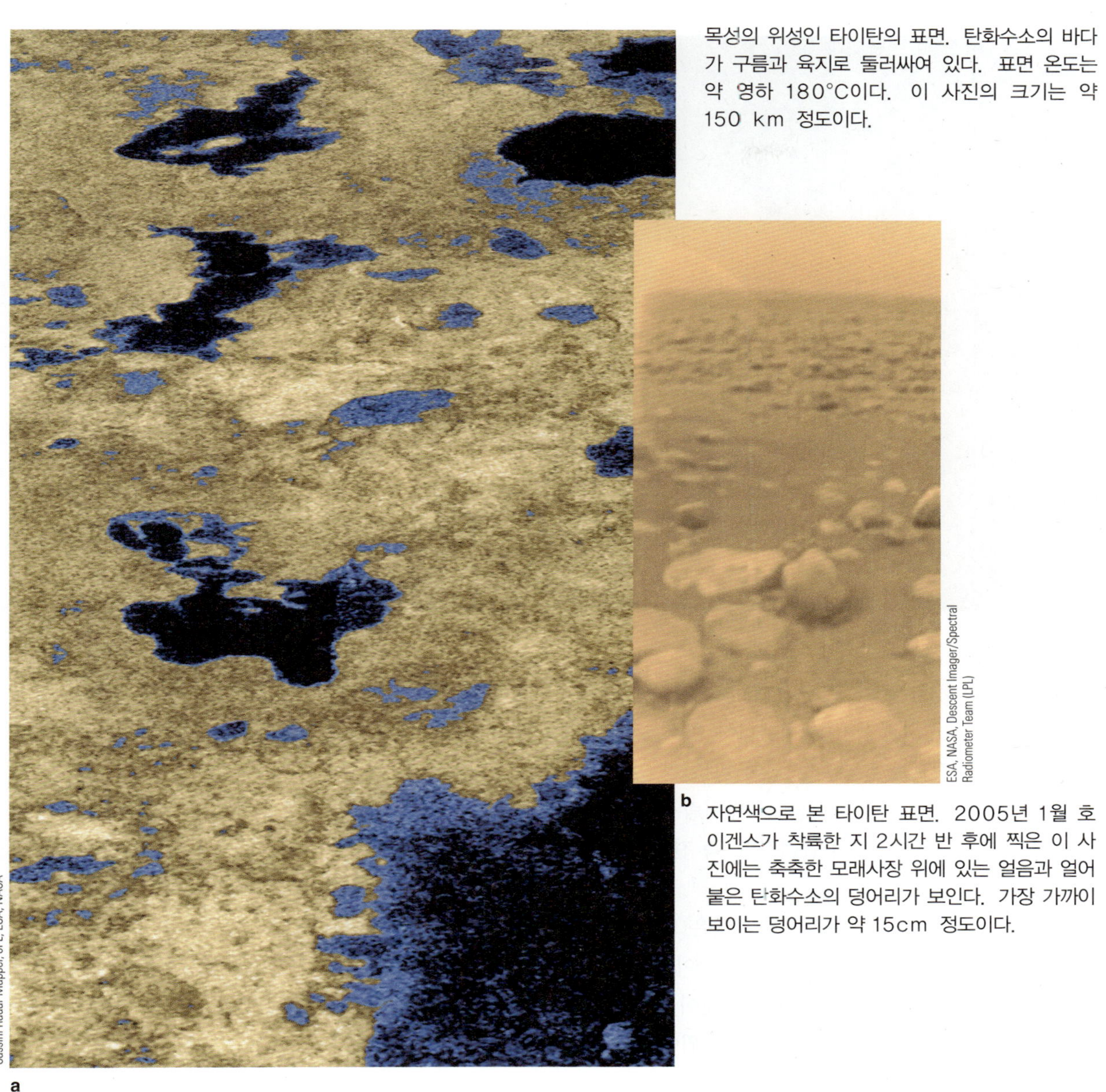

목성의 위성인 타이탄의 표면. 탄화수소의 바다가 구름과 육지로 둘러싸여 있다. 표면 온도는 약 영하 180°C이다. 이 사진의 크기는 약 150 km 정도이다.

b 자연색으로 본 타이탄 표면. 2005년 1월 호이겐스가 착륙한 지 2시간 반 후에 찍은 이 사진에는 축축한 모래사장 위에 있는 얼음과 얼어붙은 탄화수소의 덩어리가 보인다. 가장 가까이 보이는 덩어리가 약 15cm 정도이다.

a

그림 1.24

학생들의 질문

1. **당신은 "과학적인 방법으로 절대적인 진리라고 증명된 것은 없다."라고 썼다. 그렇다면 옳은 것은 무엇이란 말인가? 과학을 믿을 수 있는가?**

어떤 철학자가 "진리란 물과 같은 것이다."라고 한 적이 있다. 진리란 주위를 맴돌 뿐이지 손에 움켜쥘 수는 없는 것이다. 우리들의 자연에 대한 이해는 우리들의 자연에 대한 관찰이라는 한계를 넘을 수 없다. 즉 관찰한 만큼 이해할 뿐이다. 우리들의 관찰이 더 정확해진다면 더 정확한 결론을 얻을 수 있게 될 것이다. 그러나 관찰(관찰과 그 결과에 대한 해석)이란 결코 완벽할 수는 없기 때문에 진리란 절대적일 수 없는 것이다. 예를 들어 1920년대의 천문학자들에게는 우주는 우리은하

그림 1.25 2006년 천문학자들이 희미한 별 주위를 공전하는 지구 형태의 천체를 발견하였다. 이 행성은 지구의 5배 정도의 크기이며 공전 반경은 지구보다 훨씬 크다. 너무 멀리 떨어져 있어 직접 촬영한 것은 아니지만 표면이 그림으로 잘 표현되었다.

만으로 한정된 것이었다. 섀플리(Harlow Shapley)와 허블(Edwin Hubble) 등은 캘리포니아 윌슨 산의 새로운 대형 망원경으로 우리은하 너머 더 멀리 있는 천체를 관측하였으며 은하는 섀플리의 말처럼 "모래사장의 모래알"만큼 많다는 것이 알려졌다. 즉 진리라는 것이 변화된 것이다.

우리의 지식은 늘어 가지만, 이 지식은 모두 "자연은 질서정연하다—우리의 관찰 능력이 높아진다 해도 자연을 지배하는 법칙은 급격히 변하는 것이 아니라 일관성을 유지하고 있다."는 근본적인 가정 위에 있는 것이다. 우리가 지금까지 알고 있었던 굉장한 것들은 겨우 표면의 일부를 긁어 본 것일 뿐이다.

2. 과학자들은 어떻게 하여 지구와 태양 그리고 은하계의 나이를 알 수 있는가? 우주의 나이는 어떻게 계산하는가?

이 장에서 소개된 나이의 추정은 다른 여러 가지 자료를 사용하는 연구자들의 연구 결과들로부터 중복하여 추정된 것이다. 그중 하나는 태양과 행성들과 같은 시기에 형성된 암석이나 금속물질의 조각인 운석에서 나온 것이다. 어떤 운석은 원래의 태양성운의 잔해로 보이는 가스를 함유한 것도 있다. 비교적 최근에 많은 운석이 지구에 떨어졌다. 운석의 방사능 분석으로 이 물체가 형성된 지 얼마나 되었는지를 알 수 있다. 이 자료를 운석이나 달 또는 지구상의 오래된 암석 안의 불안정한 원자의 붕괴율과 종합하여 이 물체가 얼마나 오래되었는지 비교적 정확하게 추정할 수 있다. 어떻든 지구의 나이가 6,000년에서 10,000년 사이라는 주장을 뒷받침할 수 있는 근거는 없다.

우주의 나이에 대해서는, 2002년 2월 일단의 천문학자들이 매우 정확한 방법으로 우주의 팽창률을 관측한 바 있다. 이 결과와 다른 여러 가지 증거들을 종합하여 보면 우주의 팽창은 약 130억~140억 년 전에 시작되었다는 결론이 나온다.

3. 지구상에서 가장 오래된 암석은 언제 형성되었는가? 그리고 어디에서 발견되는가?

앞으로 3장에서 보겠지만 초기 지구의 표면을 형성했던 물질들은 지구 내부로 흘러들어 거의 볼 수 없다. 2001년 일군의 지질학자들이 퀘벡 주 북부 허드슨 만 동쪽 해안에서 대형 조류가 포함된 녹회색의 암석을 발견하였는데(**그림 1.26**), 이 암석에 포함된 희귀 원소의 분석 결과 놀랍게도 42억 8천만 년이라는 나이가 나왔다. 오래된 암석의 아주 작은 한 조각의 발견이지만, 캐나다의 이 녹암(greenstone) 지대의 암석이 현재까지 발견된 가장 오래된 암석이라고 보고 있다.

Courtesy, Jonathan O'Neil

그림 1.26 지구에서 가장 오래된 암석으로 42억 8천만 년 전에 형성된 것으로 보인다.

4. 지구의 형성 직후 곧 생명이 출현하였다. 다른 행성에서도 생명이 발생할 수 있는가?

태양 근처나 우주 속의 다른 행성에 생명이 있다는 것을 직접 또는 간접적으로라도 증명할 수 있는 것은 없다. 그러나 생명이 지구에서만 출현할 수 있었다고 가정하는 것은 너무 옹졸한 생각이다. 단순한 물질에 빛, 열, 자외선, 또는 다른 여러 종류의 에너지를 가하여 유기 분자를 합성하는 일은 아주 일반적이며 이것이 점점 더 복잡한 합성물로 자라는 것은 아주 보편적인 현상이다.

5. 다른 행성의 생물들은 지구의 생물과 같은가?

곳곳의 생물들은 서로 매우 다를 수 있다. 지구에서는 바다에서 생명이 출현하였고 모든 생물들의 몸속에는 바다 같은 것(체액)이 있다는 것을 생각해 보라. 물이 없는 행성의 생물은 매우 다를 것이다.

예를 들어 암모니아 바다가 있는 가상의 행성을 하나 생각해 보자. 이곳의 생물에는 지질 세포막에 싸인 세포 구조가 없을 것이다. 지질 세포막은 세포를 외부로부터 격리시켜 보호하는 지방 분자로 된 얇은 막인데, 암모니아는 이들이 형성되지 못하게 한다. 세포막 없이는 세포가 존재할 수 없다. 생물의 존재를 꼭 물이 있는 행성만으로 국한시킬 필요는 없다. 다른 조합의 또 다른 형태의 생물도 충분히 있을 수 있다.

6. 별은 얼마나 멀리에서 폭발하는가? 우리은하 근처에서 별이 폭발한다면 어떻게 되는가? 알아챌 수 있는가?

근처라는 것을 어떻게 보는가에 따라 다르겠지만, 결과는 별로 좋지 못할 수 있다. 그림 1.8a의 무거운 원자로 가득 찬 구름을 내보내는 격렬한 폭발을 생각해 보라. 더 큰 폭발도 있을 수 있다. 거대한 (아니 초거대) 초신성으로부터 방출되는 감마선이나 X선은 은하의 팔에 있는 모든 것들을 다 날려 버릴지도 모른다—결국 물과 단백질로 된 생물체는 하나도 살아남을 수 없을 것이다. 태양 정도의 별이 수축하며 내보내는 복사 에너지는 조금 덜 위험할 것이다. 1960년대 이후 천문학자들은 우주 감마선을 측정해 왔는데 2003년의 결과만이 초신성과 직접 관련 있다고 한다. 그리고 다행스럽게도 멀리 있는 은하에서의 것이라 한다.

요 약

이 장에서 지구가 은하계에서는 상당히 희귀한 물의 행성이라는 것을 배웠다. 표면의 71%를 덮고 있는 바다는 암석 지각과 기후에 많은 영향을 끼친다. 바다는 지구에서 가장 큰 존재로 평균 깊이는 해면위 육지의 평균 높이의 4배 반이 넘는다. 지구의 생명체는 바다에서 발생한 것이 확실하며 모든 생물들의 세포는 아직도 바다와 같은 소금물로 차 있다.

우리는 자연에 대해 체계적으로 의문을 제기하고 또 답하는 과학적인 방법으로 지구를 연구한다. 과학적인 방법을 지구의 일부분인 바다와 바다에 기대서 살아가는 생명체에 적용하는 것을 해양(과)학이라 한다.

지구와 지구에 사는 모든 생물체를 구성하는 원자는 모두 별에서 만들어진 것이다. 별은 은하의 나선 팔 어디에선가 형성되어 수소와 헬륨을 무거운 원소로 바꾸며 그 생애의 대부분을 보낸다. 아주 큰 별들은 죽을 때 대폭발을 일으키며 이 물질들을 우주로 방출한다. 태양과 지구를 포함한 행성들도 폭발하는 별의 잔해가 가득한 먼지와 가스가 뭉쳐져 생긴 것으로 보인다. 지구는 약 46억 년 전 이러한 먼지와 파편들의 강착과정으로 형성되었다.

지구 내부로 빨려 들어가는 물질들로부터 발생하는 열과 일부 핵반응으로 발생하는 열이 지구를 녹였으며 무거운 물질이 지구 중심부로 또 가벼운 물질은 표면으로 옮겨 가는 밀도성층이 일어났다. 지구의 달은 화성보다 약간 큰 물체가 지구와 충돌했을 때 떨어져 나간 조각으로 형성되었다.

바다는 그 뒤에, 지각에 있던 물이 젊은 지구 시대에 화산 폭발 등에 의해 지구 표면으로 나와 표면에 고여 형성되었다. 혜성이 그 뒤 상당한 양의 물을 더했을 것이다. 바다가 형성된 뒤 곧 생명이 탄생하였다—생명과 지구는 거의 같이 늙어 가는 것이다. 지구와 같은 바다가 있는 행성을 아직 발견하지는 못했지만, 우주에 물은 매우 많으며 물이 있는 행성이 존재할 가능성은 충분히 있다.

다음 장에서 학문과 탐구는 시대를 이어가며 전해져 왔다는 것을 배우게 된다. 항해는 필요에 의한 항해에서 과학과 지리상의 발견을 위한 항해로 확대되었다. 해양과학은 1895년 『챌린저 보고서(Challenger Report)』로 큰 획을 그었다. 이후 많은 연구소들이 설립되었으며 이 연구소와 여러 곳의 분소들은 지금의 우리들의 연구와 흔적을 후세에 전해 줄 것이다.

주요 용어

가설(hypothesis)
강착(accretion)
과학(science)
과학적인 방법(scientific method)
대기방출(outgassing)
대폭발(Big Bang)
밀도성층(density stratification)
바다(ocean)
바다누리(world ocean)
법칙(law)
별, 항성(star)
생합성(biosynthesis)
실험(experiment)
우리은하(Milky Way galaxy)
원시태양(protosun)
은하(galaxy)
응축이론(condensation theory)
이론(theory)
초신성(supernova)
태양계(solar system)
태양성운(solar nebula)
해양과학(marine science)
해양학(oceanography)
행성(planet)

학습문제

익힘문제

1. 왜 하나의 바다누리라 하는가? 대서양과 태평양, 발트해와 지중해의 관계는 어떠한가?
2. 바다의 평균 깊이와 육상 평균 높이는 어느 쪽이 더 큰가?
3. 과학적인 방법으로 자연에서 아직 검증되지 않았고 또 발견되지도 않았던 사항을 추리할 수 있겠는가?
4. 해양학에서 주요 분야는 무엇인가?
5. 지구에 존재하는 무거운 원소들은 어디서 왔는가?
6. 지구 표면에 있는 물은 어디서 왔는가?
7. 바다가 형성되기 위한 필수 조건을 생각해 볼 때, 은하계에서 바다누리가 많이 존재할 것으로 생각하는가? 가부간 그 이유는 무엇인가?
8. 지구는 3번의 뚜렷이 다른 대기를 가졌었다. 이들은 각각 어디서 왔으며, 각각의 주요 성분과 그 구성 원인은 무엇인가?
9. 지구의 나이는 얼마인가? 그리고 생명의 출현은 언제인가? 이렇게 추정하는 근거는 무엇인가?
10. 달은 어떻게 형성되었는가?
11. 생합성이란 무엇인가? 과학자들은 지구에서 언제 어디서 일어났다고 생각하는가? 그리고 오늘 오후에도 일어날 수 있겠는가?
12. 해양생물학자들은 사막의 도마뱀이나 고산 식물들을 포함한 모든 생물은 바다에서 발생하였다고 생각한다. 그 이유는 무엇이겠는가?
13. 그 옛날 어떤 일이 있어났는지 어떻게 알 수 있는가?
14. 밀도성층이란 무엇인가?

응용문제

1. 1광년이란 빛이 일 년 동안 도달하는 거리이며 빛의 속도는 300,000 km/sec이다. 상업 텔레비전 방송은 1939년에 시작되었다. 텔레비전 전파는 빛의 속도로 전파한다. 이 전파가 우주의 끝에 도달한 것을 확인하기도 전에 우주가 얼마나 큰지 어떻게 알 수 있는가?
2. 밀도란 단위 부피당 질량이다. 화강암의 밀도는 2.6 g/cm^3이며 물은 1 g/cm^3이다. 유로파나 가니메데의 크기를 안다면 이들 위성 표면의 얼음 지각 아래에 액체의 물이 많이 숨겨져 있다는 것을 어떻게 알 수 있겠는가?
3. 천문학자는 어떻게 별의 주위를 공전하는 행성의 존재를 (그 행성은 보지도 않고) 알아낼 수 있겠는가? (힌트: 공전하는 행성이 있을 때 별의 움직임은 어떻게 되는가?)

2 역사

주요 목차

- 해양에 대한 이해는 교역과 탐험 목적의 항해로 시작되었다
- 과학과 결합된 항해가 해양 연구를 진보시켰다
- 첫 과학적 탐사는 국가가 주도하였다
- 요즘 해양학은 현대 기술을 활용한다

핵심개념

1. 대양도 인류의 전파를 가로막지 못했다. 대항해시대의 유럽 탐험가는 가는 곳마다 어김없이 원주민을 만났다.
2. 뗏목이나 소형선 항해술이 뛰어난 연안부족은 경쟁에 뒤지는 부족보다 경제나 식량 조달에서 우위를 보였다. 항해술은 자원 확보를 최대화하려는 수단으로 진화했다.
3. 열강의 대항해시대와 식민지 건설이 체계적인 해양 탐사보다 앞서 이루어졌다.
4. 대영제국 해군 소속 쿡 선장의 세 차례 항해는 아마도 해양에 대한 첫 번째 과학적 탐사인 듯하다.
5. 챌린저호 탐사(1872~1876)는 오로지 연구 목적만으로 수행한 광역탐사의 효시이다.
6. 현대 해양학은 개인이나 일회성 탐사가 아니라 연구소와 정부의 컨소시엄으로 주도된다.

기후변화 사적. 이것은 바이킹의 북미 정착지를 복원한 것이다. 캐나다 뉴펀들랜드의 란세오메도스(L'Anse aus Meadows)에 있는 이 장소는 대장간, 조선소에 공급하는 목재소를 포함한 적어도 8개 동으로 이루어져 있다. 많게는 150명의 정착자가 캠프에 살았었다. 당시 북미의 기후가 온화해서 살기에 좋았다—스칸디나비아 전설에 따르면 그린란드와 이곳에는 눈이 없는 겨울이 있었고 정착지는 가축을 기르기에 더없이 좋았다고 한다. 그러나 따뜻한 기후는 금세 나빠져서 흉년이 들기 시작했다. 기근과 얼음 떼가 몰려들면서 유럽과의 교역이 단절되자 바이킹들이 더 이상 머무르기 곤란해서 10여년 만에 정착촌은 버려지게 되었다.

기후에서 확실한 것이라고는 변화뿐으로 기록이 남은 인류사 곳곳에 급작스런 기후변화가 정착지와 이주에 미친 영향이 널려 있다. 현안은 추위가 아니라 온난화이지만 란세오메도스가 말해 주는 것은 미세하게 균형을 이루고 있는 두 가지 중에서 어느 것이든지 사회를 파괴할 수 있다는 것이다.

David Muenker/Alamy

해양학 역사의 창조 역사는 하루 아침에 이루어진다. 새 역사를 만들어 낸 사람들은 바로 그날을 기억하기도 하지만 대개는 며칠 또는 몇 달에 걸친 노력의 결실이 어느 날 문득 과학 또는 예술적 직관으로 나타난다. 하루하루는 여전히 중요한 날이지만 발견자에게 자신이 평생 직업으로 선택한 분야에 첫발을 디딘 날만큼 중요한 날도 없다. 그 뒷일이 어떻든 간에 이날은 아마도 좋은 선생님과 친구들과 함께 보냈을 것이며 그 기억을 쉽사리 지울 수 없을 것이다.

몇 사람을 빼고는 이 장에 나오는 탐험가나 과학자들이 무슨 이유로 해양학에 관심을 갖게 되었는지 모른다. 하지만 옛날과 마찬가지로 현재 해양학도들이 미래의 해양학에 기여하게 될 것이 틀림없다. 해양학 발전은 이런 이에게 달려 있으며 아마 당신이 바로 그 사람일지도 모른다.

Jennie Hill Photography

그림 2.1 기원전 500년 무렵에 그리스에서 쓰이던 배의 복제품. 이 배는 무역과 지중해 바깥 대서양을 탐험하는 데 쓰였다.

2.1 해양에 대한 이해는 교역과 탐험 목적의 항해로 시작되었다

꽤 많은 시간이 흐른 다음에야 인간은 세상의 이치를 깨닫게 되었지만 천성이 조급하며 호기심이 많은 인간은 끝없이 너른 바다가 가로막고 있어도 지구상에 살 만한 곳이면 어김없이 찾아가서 살고 있다. 유럽인이 신대륙을 찾아 나서서 땅끝에 왔다 싶으면 어김없이 원주민을 만났던 일화가 이를 입증한다. 바다는 인류의 전파에 전혀 장애가 되지 못했다. 해양과학의 초창기 역사는 항해의 역사와 깊숙이 관련되어 있다.

애초에는 경제적 이유로 해양을 오가다 해상 수송은 사람들에게 신속함과 더 풍족한 식량을 대가로 제공한다. 해안 문명을 살펴보면 뗏목을 잘 만들거나 작은 배를 잘 다루는 문명이 기술이 떨어지는 경쟁자와 비교해 경제와 식량에서 경쟁 우위를 차지해 왔다는 것이 드러난다. 인류 문명의 초창기부터 바다와 바다 생물에 대해 끈기를 가지고 배우려 든 사람들이 보상을 받았다.

특정한 목적을 가지고 가장 먼저 바다를 항해(voyaging)했던 직접 증거는 지중해 무역에 대한 기록에서 찾을 수 있다. 이집트인이 선상 무역을 위해 나일 강 위에 선단을 만든 예가 있기는 하지만 실제 해상 무역은 아마도 크레타 섬 주민이거나 아니면 이 문명이 기원전 1200년경 지진과 이어진 정치적 불안 때문에 몰락한 뒤 이들의 우수한 항해술을 이어 받았던 페니키아(Phoenicia)인이었을 것으로 추측된다. 뛰어난 항해술을 지닌 페니키아인들은 지브롤터 해협을 빠져나와 영국과 서아프리카까지 교역을 하였다. 배의 구조가 간단했던 점을 감안하면 이것은 대단한 업적이다.

기원전 900~700년 전에 그리스인들은 대서양을 탐험하였다(**그림 2.1**). 초기 그리스의 항해자들은 지중해 바깥에서 해류가 북쪽에서 남쪽으로 흐르는 것을 알아냈다. 강에만 흐름이 있다고 생각했던 이들은 건너편이 보이지 않으니까 엄청나게 큰 강이라고 믿었다. 그리스어로 강은 okeanos이다. 영어의 ocean은 라틴어 ***oceanus***에 뿌리를 둔 것이다. 페니키아 사람들은 바다를 뭍처럼 편하게 생각했지만 이들도 육지가 보이지 않는 먼 바다까지 나가려 들진 않았다.

초기 항해자들은 사업을 위해 편하고 안전한 항해에 필요한 정보들, 즉 항구에 있는 암초와 각종 지형 표적물의 위치, 항해시간, 해류의 방향을 적어 두기 시작하였다. 첫 번째 **지도제작자**(cartographer)는 아마도 산지와 시장을 정기적으로 오가던 지중해 무역상들이었을 것이다. 기원전 800년쯤에 만들어진 첫 해도는 해로의 특징을 기억했다 메모한 수준에 불과했다. 이와 달리 오늘날의 해도(chart)는 물과 이에 관련한 특징을 그림으로 나타내고 있다(이에 반해 map은 지도를 가리킴).

초창기에 다른 문명 또한 바다로 여행을 하였다. 중국인은 내륙 운하망을 만들었으며 이들 중 일부는 태평양에 연결시켜 물자의 장거리 수송을 염두에 두었다. 기원전 3000년 전부터 폴리네시아인들은 남서아시아와 인도네시아 일대를 누비고 있었으며 태평양 한복판의 섬들을 하나씩 찾아내서 정착하기 시작하였다. 서로 다른 문명들 사이에 직접 접촉은 없었지만 각기 나름대로 해도와 항해술을 발전시켜 나갔다. 초기 항해자들은 모두 별이나 해가 뜨고 지는 위치를 보고 방위를 알아내는 데 능숙했다.

호기심과 상업은 용감한 이들로 하여금 더더욱 야심찬 항해를 하도록 부추겼다. 하지만 이러한 항해에는 지구의 모습과 크기에 대한 지식을 포함한 천문학적 방위 확인 기술과 조선술, (글로 끄적인 것이 아니라) 정확한 해도가 필요하였는데, 무엇보다 바다 자체에 대해 더 많이 아는 것이 필요했다. 바다에 대해 체계적인 연구를 하는 해양학은 항해에 대한 기술적인 연구에서 시작되었다.

체계적인 해양 연구가 알렉산드리아 도서관에서 시작되다 실용 측면에서 해양과학의 진보는 이집트에 있던 **알렉산드리아 도서관**(Library of Alexandria)에서 시작되었다. 기원전 3세기에 알렉산더 대제가 설립한 이 기관은 고대의 문헌을 가장 많이 보관했던 곳이다. 도서관과 이웃한 박물관은 세계 최초의 대학으로도 불릴 만하다. 학자는 일하고 연구하며 지중해 전역에서 학생이 몰려들었다. 갖가지 지식, 즉 각 나라의 특징, 무역, 신비한 자연 현상, 예술, 관광 명소, 투자 대상 등 해상 무역상의 관심거리를 망라한 것들을 수목이 우거진 안뜰 근처의 창고에 보관하였다. 배가 항구에 닿으면 법으로 이 배에 있는 모든 책(실제로는 두루마리)을 압류하여 복사하였다. 원본은 도서관에 두고 복사본을 주인에게 건네주었다. 외국에서 온 대상(caravan)도 수색을 받았다. 지중해 연안을 기술한 책들은 특히 인기가 높았다. 무역상은 이런 정보가 경쟁에 큰 도움을 준다는 사실을 재빨리 알아차렸다.

하지만 해양학은 수많은 연구 분야 가운데 일부에 불과하였다. 도서관은 고대에 600년 동안 가장 우수한 교육 기관이었으며 동시에 모든 종류의 지식을 총망라하고 있었고 또한 가장 영향력이 큰 지식의 산지였다. 기업과 대학이 협력하여 더 많은 이윤을 창출하고 이익을 분배하는 방식은 아마도 이때 처음 시도되었을 것으로 생각된다.

에라토스테네스가 지구의 모습과 크기를 정확하게 계산하다 알렉산드리아 도서관의 2대 관장(기원전 235년부터 192년까지 재임)은 천문학자이자 철학자이며 시인이었던 그리스의 **에라토스테네스**(Eratosthenes of Cyrene)였다. 이 뛰어난 학자는 지구의 둘레를 처음으로 계산하였다. 이미 기원전 6세기경 그리스에서는 피타고라스가 지구가 둥글다는 것을 알아냈는데 실제로는 에라토스테네스가 처음으로 둘레를 계산하였다.

에라토스테네스는 시에네(현재 나일 강에 아스완 댐이 있는 곳)에서 돌아온 상인들에게서 일 년에 해가 가장 긴 날에 그곳에 있는 우물 속까지 햇빛이 비춘다는 얘기를 들었다. 그는 이날 알렉산드리아에서는 곧게 꽂은 막대기에 약간의 그림자가 지는 것을 보았다. 그림자의 각도는 7도를 약간 웃돌아 원주의 1/50 정도였다. 그는 태양이 아주 먼 곳에 있어서 알렉산드리아나 시에네에 비추는 빛은 평행할 것이라 가정하였는데 이는 아주 적절한 것이었다. 만약 태양이 시에네에서 바로 머리 위에 있을 때 알렉산드리아에서는 약간 기울어 있으려면 지구 표면이 둥글게 휘어 있어야 한다고 생각하기에 이르렀다. 대체 지구의 둘레는 얼마나 될까?

대상의 보고서를 검토한 결과 두 도시의 거리는 785 km로 추산되었다. 에라토스테네스는 이제 둘레를 알아내는 데 필요한 두 가지 정보를 손에 쥔 셈이다. **그림 2.2**에 해답이 제시되어 있다. 그가 사용한 거리 단위 stadia는 500에서 600 피트 사이로 추정된다. 역사가

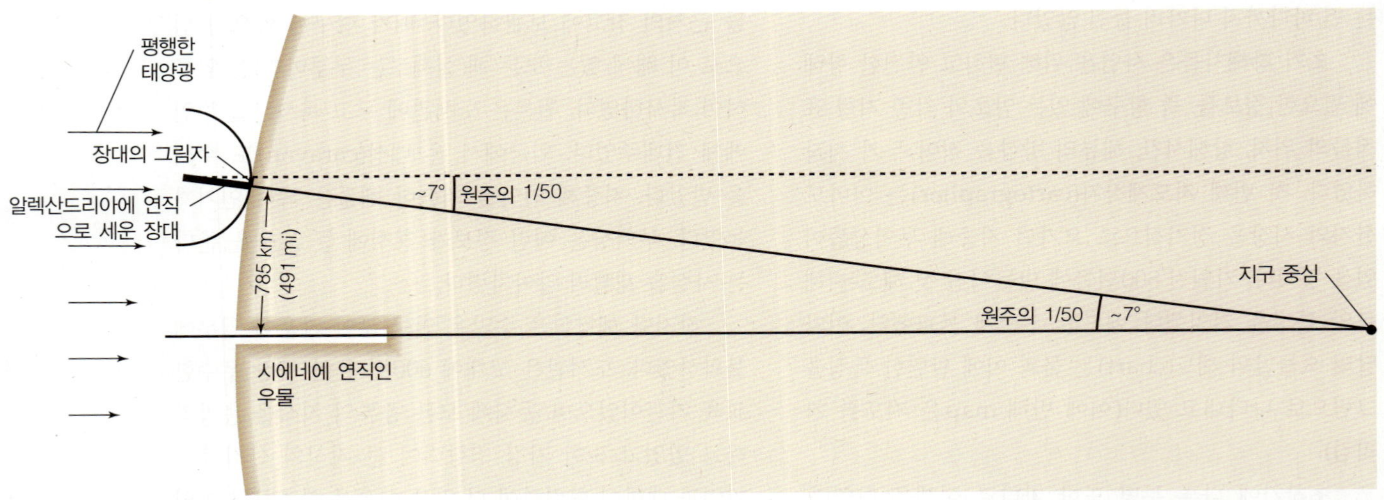

그림 2.2 에라토스테네스의 지구 둘레 계산법을 보여 주는 모식도. 본문에 설명한 바와 같이 그는 태양이 아주 멀리 있으며 지구가 둥글다는 가정 아래 간단한 기하 모형을 이용하였다. 측정값은 실제와 8%밖에 차이 나지 않았다. 이는 콜럼버스보다 1,700년이나 앞서 알려진 지식이다.(주의: 그림은 실제 축척과 다름.)

그림 2.3 기원전 3세기 무렵에 그린 세계 지도. 에라토스테네스는 지금처럼 일정 간격 격자를 쓰지 않고 주요 지형지물을 기준으로 잡아 경위도를 그려 넣었다. 나일 강 하구에 있는 알렉산드리아를 한가운데 둔 것과 각 대륙의 크기를 보면 이들의 세계관을 엿볼 수 있다.

들은 기원전 230년에 계산한 값이 실제 값에 비해 8% 밖에는 차이가 나지 않는다는 것을 밝혀냈다. 몇백 년이 지나지 않아 도서관의 학자를 만난 서양인은 지구의 대략적인 크기가 얼마나 되는지 알게 되었다.

에라토스테네스의 공헌을 제쳐 두더라도 알렉산드리아 도서관이 해양학에 차지하는 비중은 막대하다. 알렉산드리아에는 상인, 탐험가, 학자와 학생이 모여서 바다에 대해 연구하며 정보(심지어 소문마저)를 교환하는 장소가 있었다. 도서관 연구자들은 **천문항법**(celestial navigation)에 필요한 천문학적, 측지학적, 그리고 수학적 기초를 발명하였다. 이는 바다에서 천체의 위치를 기준으로 삼아 지표에서 배의 위치를 찾는 기법을 말한다.

지도 제작이 성행하기에 이르렀다. 알렉산드리아의 학자들이 처음으로 구면을 종이에 나타내는 방법을 고안하였다. 에라토스테네스는 지표를 분할하는 가상적인 선인 위도와 경도 체계를 도입했다. **위도**(latitude)는 적도와 평행한 선으로, **경도**(longitude)는 양 극을 잇는 선으로 매겼다. 에라토스테네스는 이 선을 뚜렷한 주요 지형지물을 지나도록 그렸기 때문에 편리했지만 불균등한 격자로 표기되었다(**그림 2.3**). 현재의 정규 격자는 도서관 학자이던 히파르코스(Hipparchus, 기원전 165~127년 추정)가 지표면을 360도로 나눈 것을 사용하고 있다. 이집트 출생 그리스인인 프톨레마이오스(Claudius Ptolemy, 기원후 90~160년)가 지도에서 동쪽을 오른편에, 북쪽을 위쪽에 배치하였다. 프톨레마이오스가 60진법을 써서 도를 분으로, 분을 초로 나눈 체계는 지금도 항해자들이 쓰고 있다. 위도와 경도는 **글상자 2.1**에서 설명하였다.

프톨레마이오스는 에라토스테네스의 놀랄 만한 지구 둘레 계산을 개선시키고자 하였다. 하지만 대기의

글상자 2.1 위도와 경도

구에는 가장자리나 시작점과 끝점이 없다. 그렇다면 위치를 알고 항해를 하려면 어떤 기준틀을 써야 하는가? 고대 이집트의 알렉산드리아 도서관의 지리학자들이 처음으로 이 문제를 풀고자 달려들었다. 기원전 3세기에 에라토스테네스는 주요 지점을 지나는 위경도를 그려 넣었다(그림 2.3 참조). 당시 알렉산드리아 시민의 세계관은 알렉산드리아를 가운데 놓은 것과 각 대륙의 크기에서 드러난다.

훗날 알렉산드리아의 학자들은 지구를 360도로 등분하여 격자를 그려 넣었다. 적도는 남북반구를 나누는 자연적인 분할선이 되었으나 동서를 나누는 경도에는 적도에 해당하는 것이 없었다. 별로 놀랄 것 없이 알렉산드리아는 최초로 기준 경도 0으로 지정되어 이를 기준으로 동서를 균등하게 나누었다.

기본 틀은 시간이 흘러도 유지되었으나 논란도 있었다. 적도를 위도 0으로 삼은 것은 논란거리가 아니었지만 해양국가는 모두 자기네 수도를 경도 0으로 잡는 특권을 누리고 싶어 했다. 수 세기 동안 해양국가들은 독자적인 경도 기준선이 그어진 항해도를 발행했다. 정치적 분쟁을 겪은 끝에 세계 여러 나라들은 1884년도에 영국 런던 근교의 그리니치를 지나는 자오선을 경도 0(본초자오선)으로 지정하는 데 합의했다(**그림 a~c**). 이 위치는 이미 제대로 알려져 있으며 대영제국이 오랜 기간에 걸쳐 항해와 시간 맞추기에 기울인 노고를 감안하면 현명한 선택이 아닐 수 없다.

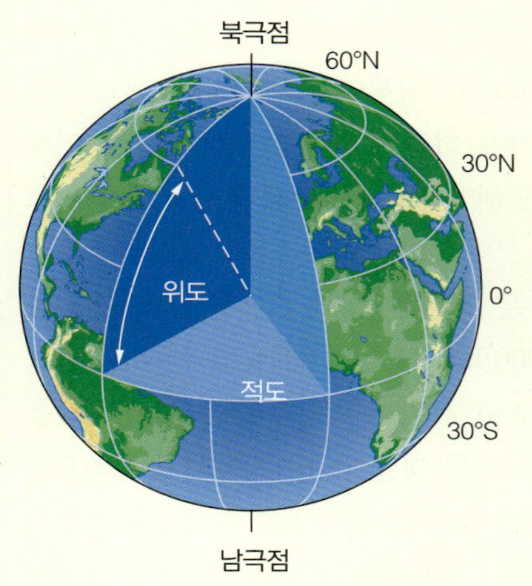

(a) 위도는 지구 중심에서 적도를 잇는 선과 지구 중심에서 측정 지역을 잇는 선 사이의 각도로 측정된다.

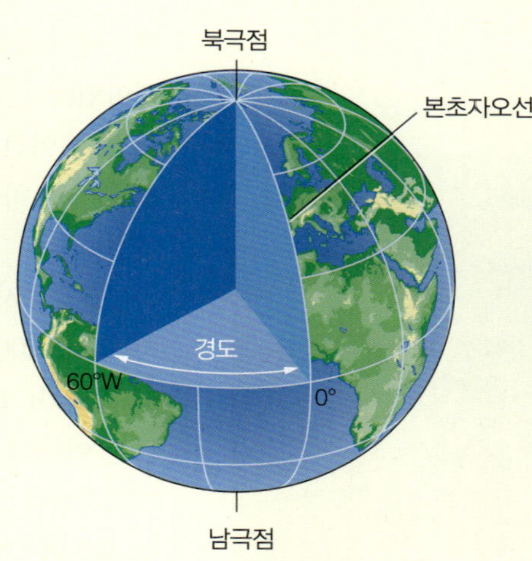

(b) 경도는 지구 중심에서 측정 지역을 향하는 선과 지구 중심에서 경도 0(본초자오선, 그리니치를 지나는 남북극을 잇는 원둘레)을 향하는 선 사이의 각도로 측정된다.

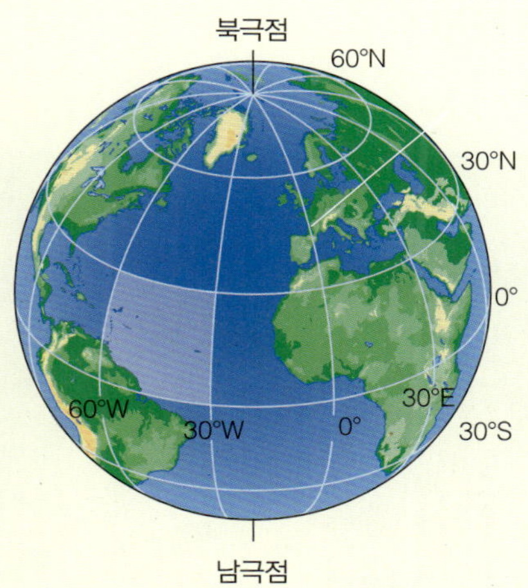

(c) 위도 간격의 길이는 언제나 같지만 경도 간격은 위도에 따라 달라진다.

굴절 효과에 영향을 받는 바람에 잘못 계산하고 말았다. 그는 지나치게 작은 추정값—참값의 70% 가량인—을 세상에 널리 유포했다. 이 실수에 더해 아시아를 너무 크게 생각한 나머지 동양과 유럽 사이의 모르는 부분을 너무 좁게 만들고 말았다. 1,500년이 더 흐른 다음에 콜럼버스로 하여금 서쪽으로 항해하면 아시아에 닿게 되리란 신념을 갖게 만든다.

알렉산드리아 도서관은 알렉산더 제국의 해체 이후에도 연명하였지만 이후 로마 통치기에 살아남지 못하였다. 마지막 도서관장을 지낸 히파티아(Hypatia)는 수학자이자 철학자이며 과학자로 촉망을 받았던 첫 번째 여성이었다. 히파티아는 알렉산드리아에서 과학과 지식의 상징으로 추앙되었으며 다신교적인 초기 기독교 신자이기도 했다. 도서관의 선교단이 마지막 관장의 지시에 따라 신을 인격화하자 알렉산드리아 총독과 시민과 적대 관계에 놓이게 되었다. 양측의 갈등이 고조되는 가운데 415년에 히파티아는 무장 괴한에 의해 무참히 살해되었고 도서관의 모든 것도 불타 없어졌다. 학자들은 뿔뿔이 흩어졌고 알렉산드리아는 고대 지식의 요람이었던 지위를 잃고 말았다. 학문적 손실은 헤아리기 어려울 정도로 엄청난 것이었고 선주들은 한동안 의존해 오던 최신 해도와 정보를 제공하는 안내소가

a
알렉산드리아 도서관의 정확한 자리는 1980년 초반까지 세상에 알려지지 않았다. 2004년에 이르러 극장과 13개의 강의실이 발굴되었다. 사진은 강의실 가운데 하나이다.

b
현대식 알렉산드리아 박물관은 2002년도 봄에 개관했다. 새 Bibliotheca Alexandria의 후원자들은 이것이 '전 세계에 대한 지식의 등대'가 되어 주기를 바란다. 이 회의장과 저장실들은 과거를 복원하려는 것이 아니라 옛날 도서관이 불어넣었던 질문을 던지는 기풍을 되살리려는 목적이 있다.

그림 2.4

사라지게 되어 영업에서 큰 손실을 보았다. 현재 남아 있는 도서관 유물이라고는 극장의 잔해와 지하 창고실과 몇몇 강의실의 바닥뿐이다(**그림 2.4**). 대체 불가한 70만 권이 넘는 두루마리의 내용과 실제 영향력은 영원히 알 길이 없다.

로마 제국이 476년에 멸망하면서 이어진 중세 암흑기에 서양 학문의 발전이 지체되었다. 유럽의 문예부흥기(Renaissance)가 찾아들기까지 천 년 동안 의약, 천문학, 철학, 수학을 위시한 여러 인문과학은 아랍인에 의해 주도되거나 이들을 거쳐 아시아에서 전해졌다. 예를 들어 아랍 대상은 사막을 여행하는 데 중국인이 발명한 나침반(그림 2.10)을 쓰고 있었으며, 인도에 계절풍이 분다는 사실을 알고 있었는데 이는 뒷날 바스쿠 다가마(Vasco da Gama)가 1498년 동아프리카에서 인도로 가는 항로를 찾아내는 데 도움을 주었다. 이에 앞서 중세 암흑기 한중간에 바이킹이 유럽 대륙 남부와 서부를 침탈했다. 한편 지구 저편에서 폴리네시아인들은 역사상 가장 걸출한 항해를 계속하고 있었다.

대양주 항해자들이 외딴섬들에 정착하다 인류 이주의 역사에서 중부와 동부 태평양의 섬들로 이주한 **폴리네시아인**(Polynesian)의 항해만큼 전설적인 것도 찾기 어렵다. 이런 항해를 하려면 바다에 대한 심오한 이해를 필요로 하는데 해양학사에서 항해에 관한 한 백미로 꼽힌다.

폴리네시아 문명은 태평양에 존재하는 네 문명 중 하나로 26,000,000 km^2에 널려 있는 일 만여 섬에 자리 잡았다(**그림 2.5**). 통틀어 대양주(Oceania) 문명을 밝힌 이들의 선조는 먼 옛날 남동아시아에서 동쪽으로 이주하였다. 전문가에 따라 견해가 조금 엇갈리지만 대략 3만 년 전에 뉴기니에 이르렀고 2만 년 전에 필리핀을 장악한 것에 동의한다. 기원전 900년과 800년 사이에는 소위 폴리네시아의 요람이라 불리는 통가 사모아 마르키즈 제도 그리고 소시에테 제도에 정착했다. 대양주 항해사들은 이미 대나무 줄기를 엮어 여기에 조개껍데기로 섬의 위치를 나타내는 해도를 사용하고 있었다(**그림 2.6**은 현재 사용하는 마이크로네시아 사람들의 막대 항해도이다).

한동안 폴리네시아가 번영하며 이들은 가까이 있어서 쉽게 찾을 수 있던 섬들을 모두 찾아내서 이주하였다. 하지만 결국 인구 과밀과 자원 부족이 문제가 되기 시작했다. 정치, 부족 간 갈등, 종교적 마찰이 사회를 동요시켰다. 폭발적인 팽창기에 '요람'에 살던 주민들이 모든 방향으로 퍼져 나갔다. 서기 300~600년에 그림 2.5에 나타낸 광대한 삼각지대에 있는 섬들 가운데 살 만한 곳에는 모두 사람이 정착하게 되었다. 이스터섬은 바람과 해류를 거슬러 나아가 찾아냈고 멀리 떨어

그림 2.5 폴리네시아 삼각지대. 폴리네시아인의 선조는 약 2만 년 전에 동남아시아 또는 인도네시아에서 뉴기니와 필리핀으로 이주했을 것으로 보인다. 중부 태평양의 섬들은 약 2,500년에 걸쳐 사람이 살게 되었는데 폭발적인 팽창으로 하와이의 여러 섬까지 찾아낸 것은 서기 400~600년이다. 그림에서 화살표는 추정된 이주 경로와 순서를 나타낸다.

진 하와이 제도도 찾아내 점령하였다. 이 섬들은 지상에서 가장 마지막으로 사람이 찾아낸 외진 곳이다.

어째서 위험을 무릅쓰고 가 보지도 않은 곳을 찾아 나서게 되었을까? 이주의 가장 큰 동기는 아마도 종교 전쟁이었을 것으로 생각된다. 만약 패한 이들이 살던 섬에서 사형을 선고받고 추방된다면 새로이 살 곳을 찾아 떠나는 수밖에 다른 선택이 없었을 것이다.

살던 섬에서 배로 여행하는 일은 오랜 전통이었지만 이주를 위해서는 이른바 혁신적인 기술이 필요했다. 바다로 나갈 무리는 많게는 100명이나 태울 수 있는 선

그림 2.6 마이크로네시아의 막대 해도. 조개껍데기로 표시된 섬은 서로 간의 지리적 관계가 아니라 카누로 섬 사이를 오갈 때 결정적인 탁월풍과 해류의 관점에서 나타낸 것이다.

체가 두 개로 된 큰 배를 고안하고 만들었다. 북쪽에 가까스로 보이는 별들을 이용해 배를 모는 기술도 완성시켰다. 물과 식량과 종자를 보관하는 새로운 기법도 창안하였다. 섬 주민 모두가 특별히 장거리 항해를 위해 마련된 선단을 타고 이주하였다(**그림 2.7**). 어떤 경우에는 화산 불꽃이 없을 경우를 대비해 배 위에 불씨를 보관하고 간 적도 있었다. 하지만 새 섬은 단지 꿈 같은 가능성에 불과하였다. 이들의 신이 안전한 항해를 기약했겠지만 탈 많은 고향을 등진 이들 가운데 얼마나 많은 무리가 굶주림과 목마름 그리고 태풍에 희생되었을까?

이런 위기의 순간에도 폴리네시아인들은 항해 지식을 갈고 다듬어 완성해 나갔다. 뱃머리에 규칙적으로 와 닿는 파도의 변화는 익숙한 뱃사람에게 수평선 너머 보이지 않는 곳에 있는 섬을 알려 주는 것이었다. 해질 무렵 새들이 날아가는 곳은 육지가 있는 방향을 알려 주는 것이다. 보이지 않는 섬의 구름과 마찬가지로 별의 위치도 어딘가 갈 길을 일러 주는 것이다. 물의 냄새, 수온과 염분, 빛깔들도 정보를 지니고 있다. 또한 태양에 대한 바람의 방향이나 배에 들러붙은 생물도 정보를 제공한다. 노을 빛과 달의 색깔 등등의 모든 미묘한 변화에도 다 뜻이 담겨 있는 것으로 세부 사항은 전통 의식을 통해 대대로 전수되었다. 폴리네시아인이 가장 집착하는 것은 항해로, 하와이 발견은 최대 업적으로 평가된다.

폴리네시아인들이 정착한 섬 가운데 하와이는 가장 멀리 떨어진 곳으로 대양을 가로질러 이들을 안내한 별들은 남반구 사람에게는 완전히 낯선 것이다. 하와이 섬들만 유독 북반구에 외따로 있다. 남쪽으로 가장 가까운 섬이라도 3,000 km나 떨어져 있다. 게다가 하와이로 가자면 뜨겁고 바람조차 없는 적도무풍대(doldrum)가 자리 잡고 있어 이들은 필시 노를 저어야 했을 것이다. 하지만 운 좋은 지식인이 서기 450년과 600년 사이에 하와이를 찾아내고야 말았다. 신이 약속한 천국에 찾아온 이들이 첫날밤 느낀 안도감과 성취감을 상상해 보라. 높은 산에 처음 올라가서 무진장해 보이는 마실 물로 처음 목을 축였을 때, 몇 달에 걸친 불안을 떨치고 단단한 뭍에 내렸을 때의 기분을 상상해 보라.

도착한 뒤 수백 년 동안 하와이 주민은 정기적으로 마르키즈 제도와 소시에테 제도(현재의 타히티와 그 일대)를 왕래하였다. 일부는 새 섬에서 가꿀 식량 종자를 구하기 위한 것이고 일부는 새 시민과 지도자를 이름하여 '신천지'로 초빙하기 위한 것이었다.

다른 문명의 항해자들이 지도에 나와 있는 해안을 따라 안전하게 항해하는 동안에 폴리네시아인들은 살아남고자 그리고 굴레에서 벗어나기 위해서 희망을 품고 망망대해에 눈을 돌렸다. 바다에 대한 탁월한 지식이 바로 이들의 보호자였다.

약탈자 바이킹이 북미를 찾아내다 중세 암흑기는 때만 되면 침입해 오는 **바이킹**(Viking)들에 의해 변화를 맞았다. 바이킹은 스칸디나비아 반도에 사는 탐험가와 보물을 탐하는 무리들로 월등하게 빠르고, 강하며 안정한 배를 지니고 있어서(**그림 2.8**) 파발마보다 빠르게 돛이나 노를 저어 강을 거슬러 올라서 경보를 울릴 틈조차 주지 않았다. 덴마크와 노르웨이 출신 바이킹은 유럽 해안을 따라 내려가며 휩쓸었다. 이들은 차례로 파리를

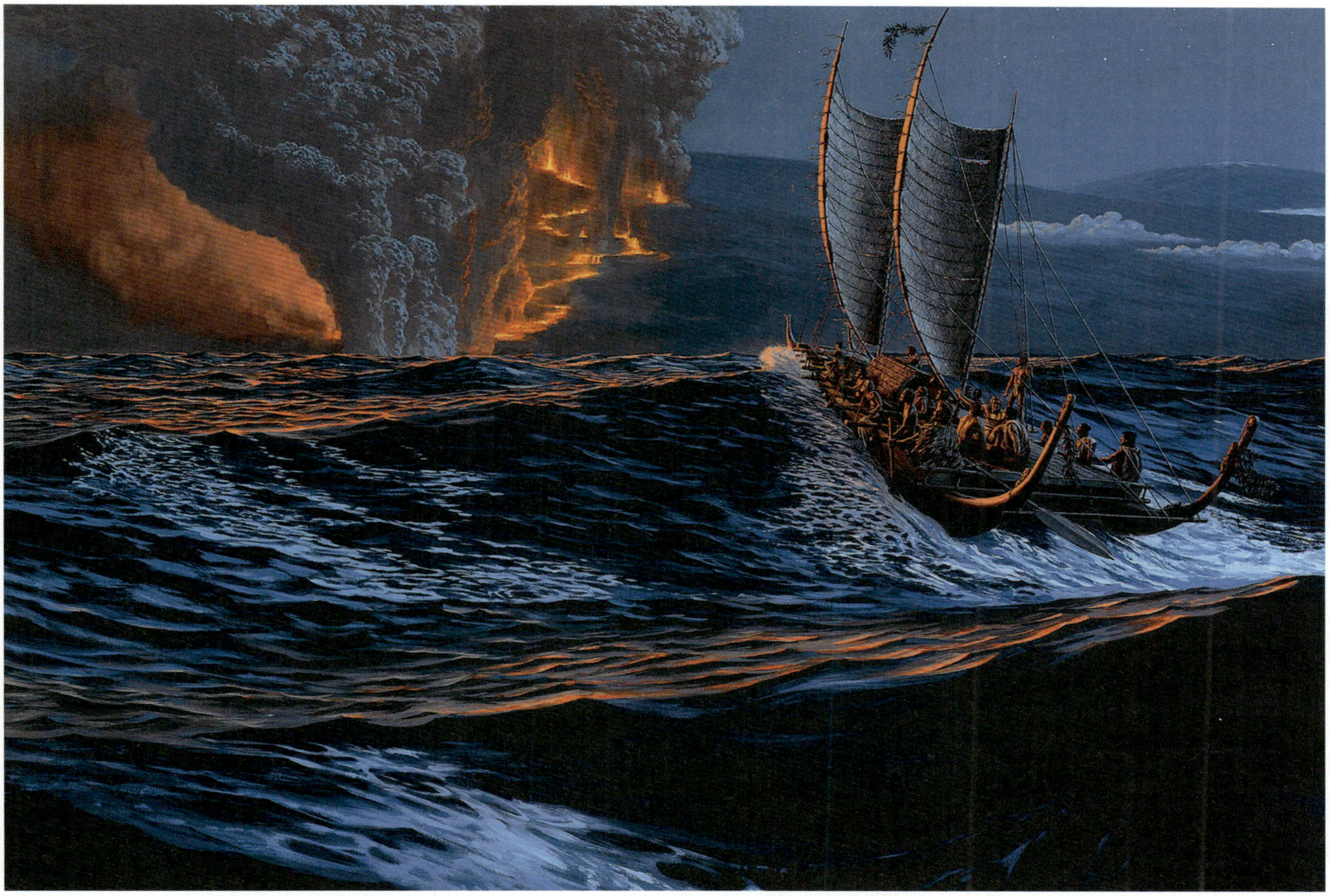

Herbert Kauainui Kane

그림 2.7 하와이 발견. "구름 너머로 무언가 어렴풋이 보였다. 기이한 구름은 믿기 어려울 정도로 거대한 산 꼭대기로 드러났다. 이 흰 산은 하늘을 받드는 기둥처럼 보였다! 우리는 경외감에 사로잡혀 밤이 되도록 바라보았다. 솟아오르는 구름의 아랫부분이 칙칙하게 붉게 비추이는 산의 남쪽 켠으로는 또 다른 산이 모습을 드러냈다. 어두워지면서 점차 밝게 빛났다. 산은 마치 불타는 듯하였다! 이날 밤에는 아무도 잠을 이루지 못했다. 밤바람에 우리가 탄 작은 배 두 척은 해안으로 밀려 부숴지고 말았다. 그리고 이 무시무시한 붉은 빛이 우리의 길을 밝혀 주었다."(화가 Herbert Kauainui Kane이 그림 싣는 것을 허락하였음.)

From SAILING SHIPS by Bjorn Landstrom, copyright © 1969 by International Book Production. Used by permission of Doubleday, a division of Random House, Inc.

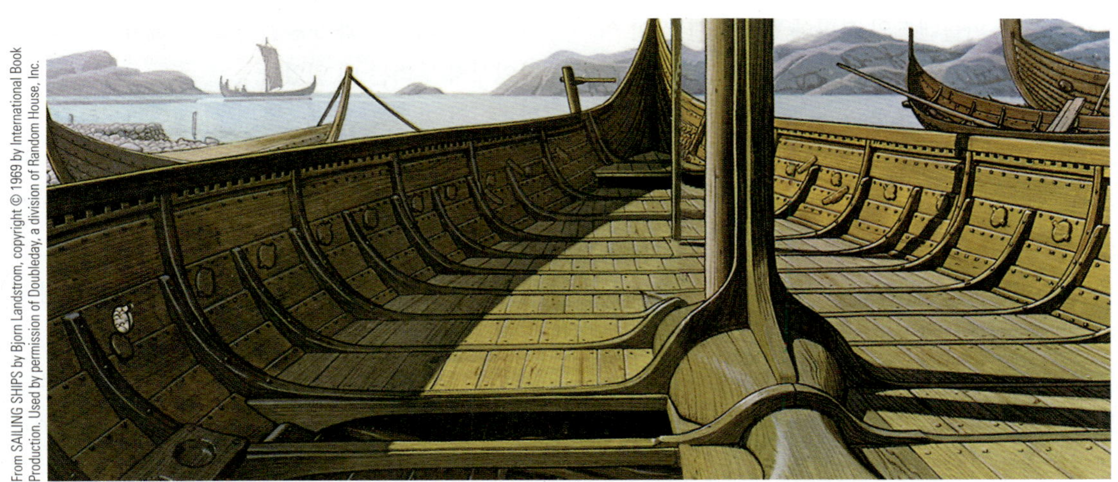

그림 2.8 서기 900년 무렵에 바이킹이 쓰던 배. 이것은 1880년 노르웨이 협만의 바닥에서 찾아내 복원한 것을 그린 것이다. 먼바다를 건너고자 견고하게 만들어진 것으로 길이 23.3미터, 너비 5.25미터 크기이다. 노는 고정되지 않은 벤치나 상자에 앉아서 저었으며 돛을 쓸 때에는 작은 원반으로 노 구멍을 막아 물이 새는 것을 막았다.

약탈하였고, 아일랜드의 수도원을 털었으며 영국을 침탈하였다. 스웨덴의 바이킹은 멀리는 키예프와 콘스탄티노플까지 쳐들어갔다. 서기 859년 바이킹은 모로코 해안에 일주일 가량 머물며 죄수를 노예로 팔거나 몸값을 받아 내기 위해 집결하였다. 모두 62척의 바이킹 배가 한데 모여 조선 기술을 과시하고, 선단의 위용을 뽐내며 배를 다루고 조종하는 멋진 장관을 연출하였다.

처음에 유럽인은 이 무뢰배들 앞에 속수무책이었지만 결국 지역 감정과 이질감을 극복하고 한데 합쳐 공동 방어선을 구축하였다. 북쪽 침입자를 몰아내기 위한 협력의 경험은 유럽에서 문예부흥이 일어나게 한 밑거름이 되었다.

영국, 프랑스, 그리고 아일랜드가 연합한 방어가 만만치 않자 노르웨이 바이킹은 서쪽으로 눈을 돌렸다. 폭풍에 쓸려[1] 항로를 벗어난 배가 아이슬란드와 그린란드를 발견하였다. 아이슬란드에는 서기 850년 무렵, 그린란드에는 995년에 주민이 정착하였다. 이에 앞서 986년 노르웨이에서 그린란드로 가던 항해사 헤르욜프손(Bjarni Herjulfsson)은 바람이 좋지 못해 목적지를 지나치고 말았다. 그는 닷새가량 처음 본 대륙 연안을 배회하였는데 상륙하거나 해도를 작성하지는 않았다. 그런데 사실은 이 대륙이 북미였다. 그의 개략적인 보고는 땅을 찾는 열풍을 일으켰다. 붉은 수염 에릭(Eric the Red)의 아들은 비야니의 배를 사들여 이곳을 찾아가 보았다. 그가 이끄는 탐험대는 연어가 득실대는 호수, 포도 덩굴과 가축을 풀어 먹일 만한 먹이도 발견하였는데 아마도 뉴펀들랜드의 북단에 상륙했던 것이 아닌가 싶다. 선전 겸 과장을 덧붙여 그는 이곳을 빈란드(Vinland, 포도주의 땅)라 불렀다.

서기 1000년 무렵에는 노르웨이 사람들이 빈란드에 정착하였다. 이들은 원주민과 원만한 관계를 맺으며 순조롭게 정착하였다. 500년 뒤 스페인 사람들이 신대륙에 왔을 때와는 달리 노르웨이인들은 원주민과 상호 협력하고 또한 이들에게 배울 것은 배우며 정착하였다. 하지만 곧이어 오해가 생기고 전쟁으로 이어져 1020년에 식민지를 포기하고 말았다. 노르웨이 사람들은 식민지를 제대로 유지시킬 만한 인구와 무기 그리고 상품을 제대로 갖추고 있지 못했던 것이다.

---

[1] 어느 작가가 썼듯이 진정한 항행과 목적지를 크게 벗어난 항해를 구별하기 어렵다.

중국인이 발견을 위한 체계적인 항해에 나서다 해양학과 지질학 그리고 지리학적 지식에 고대 중국인이 기여한 정도는 요즘 들어서야 밝혀졌다. 1086년 무렵 철학자 심괄(Shen Kuo)은 지구가 아주 나이가 많으며 육지의 모습은 오랜 기간에 걸친 퇴적물 침적, 암석의 생성, 융기와 침식으로 만들어졌을 것이라 추론했다(**그림 2.9**).(여기서 유럽 과학자 대다수는 19세기 초까지 지구의 나이가 6천 년에서 1만 년 사이라 믿고 있었다는 점을 짚고 넘어갈 필요가 있다.)

차츰 조선과 원정이 중국 통치자들의 관심을 끌기 시작했다. 유럽이 중세 암흑기에서 헤어나지 못하고 있을 즈음 **중국 항해사**(Chinese navigator)들은 점차 기술이 향상되고 배가 더욱 커지면서 바다를 마음대로 드나들게 되었다. 그러자 중국은 바깥 세상을 탐험하기로 결정하였다. 명나라 제독 정화(Zheng He)는 1405~1433년에 사상 유례를 찾아보기 어려운 대선단을 지휘하게 된다. 최소한 317척의 배와 27,500명에 달하는 인력을 동원하여 인도양과 인도네시아, 그리고 아프리카를 돌아 대서양에 진출했다 돌아오는 일곱 번의 원정에 나섰다. 원정의 목적은 신흥 명나라의 위용을 과시하고 타국인에게 우호와 친선의 뜻을 전하는 것이었다. 가장 큰 배는 9개의 돛을 지닌 길이가 134 m에 이르는 것으로(**그림 2.10**) 귀한 물건과 공예품을 지닌 거대한 보선이었다. 그런데 선단의 목적은 보화를 거두는 것이 아니라 이를 주려는 데 있었다. 실제 이 원정의 목적은 닿는 나라에 중국은 진정 유일한 문화 대국이며 다른 나라의 지식과 도움을 필요로 하지 않는 나라임을 각인시켜 두려는 데 있었다.

이런 야심 찬 항해를 위해서는 여러모로 기술 혁신이 필요했다. 나침반 말고도, 중앙 키(또는 타), 선실 수밀법, 복잡한 여러 개의 돛을 조정하는 기술은 대형 선박의 유지에 핵심적인 기술로 중국인이 처음으로 고안하였다. 1100년 무렵 유럽에 키가 도입되기 전에 장거리용 큰 배는 거친 바다에서 아주 불안정했었다. 초기 지중해 상인과 뒤이어 폴리네시아인과 바이킹은 배 오른편에 특수한 노를 써서 방향을 조정하였다(steerboard는 결국 starboard가 되었다). 잔잔한 바다에서는 그런대로 쓸 만했지만 물에 닿는 면적이 작고 바깥에서 사람이 저어야 했으므로 바다에서 멀리 나갈 때에는 방향을 유지하기 어려웠다. 배 가운데에 물속에 장착시킨 키는 이

From Science and Civilisation in China, Vol. 3, fig. 263. The Needham Research Institute, Cambridge, England

그림 2.9 11세기 중국의 화가 이공린(李公麟)의 그림에서 노출된 절벽 암석층에서 배사구조 습곡이 보이고 있다. 중국의 철학자들은 지구의 나이가 많으며 지형은 오랜 시간에 걸친 퇴적, 암석화, 융기, 침식으로 만들어진다고 인식하고 있었다. 유럽에서는 1800년대에 이를 때까지 이를 깨닫지 못했다.

런 문제를 해결해 주었다. 한편 수면 아래에 있는 방들을 여러 칸으로 나눈 것은 물이 들어차더라도 배의 일부에만 국한되므로 배가 침몰하지 않을뿐더러 수리도 할 수 있게 되었다. 돛이 배를 추진하므로 돛 양식의 개선이 항해의 성패에 크게 영향을 주었다. 중국인들은 삼각형 또는 사다리꼴 돛을 가로질러 천의 이음매에 대나무를 넣어 여러 군데를 돛대에 걸쳤다. 이런 돛은 막대에 천을 두른 베네치아식 블라인드를 닮았다. 중국인들은 바람이 바뀌어 돛을 펼칠 때에도 매번 돛대로 올라갈 필요가 없었다. 모든 조정은 갑판에서 줄을 감는 통과 줄로 가능하였다. 이런 돛 양식은 좁은 항로에서도 쉽사리 바람을 이용해 배를 나아가게 하였다.

아마도 가장 놀라운 점은 중국 선단이 재보급 없이 해상에서 4개월을 항해하며 적어도 8,000 km를 항진할 수 있었다는 데 있다. 바닷물을 증류해서 물을 만들고 선상에서 채소를 길렀으며 외교 사절에게는 호화로운 집무실을 제공했고 문화재와 과학 시료를 수집하고 목록을 작성했다.

이런 진보한 기술을 만끽했으면서도 중국인들은 1433년에 대양 탐험을 포기하였다. 정치적 기류가 바뀌었으며 '역조공' 형태에 드는 비용을 감당하기 어려워졌기 때문이다. 채 1세기가 지나지 않아 돛이 여럿인 배로 바다에 나가는 일은 범법 행위로 간주되었다. 결국 20세기 후반에 들 때까지 중국인들은 바다를 이해하는 데 대한 과학적 기여가 중단되었다. 하지만 이들의 기술이 전파되어 서구인으로 하여금 발견의 시대를 맞도록 도와주었다.

엔리케 왕자가 유럽발 대항해시대를 열다 폴리네시아와 중국과 지구 반대편에 있던 문예부흥기의 유럽인들은 배를 타고 바깥 세상 탐험에 나섰다. 하지만 이들은 그저 탐험 목적으로 나선 것이 아니었다. 모든 항해는 물

a
명의 선단에서 가장 큰 보선. 선단의 목적은 이방인에게 중국인의 호의를 보이고자 함이었다. 선단은 1405년과 1433년 사이에 태평양과 인도양을 항해하였다. 원정 말미에 정화(鄭和)는 "우리는 밤낮 없이 돛을 구름마냥 높이 펄럭이며 무려 64,000 km에 이르는 대양을 항해했고 하늘에 닿을 듯한 거대한 파도도 마주쳤으며 뿌연 아지랑이 저 너머 먼 곳에서 미개인이 사는 땅도 처음 목격했다."라고 썼다.(F. Viviano의 "China's Great Armada", *National Geographic* 208권, 2005년 7월 1호에서 인용.)

b
명의 보선의 주갑판은 면적이 4,600제곱미터로 뒷날 바스쿠 다가마나 콜럼버스가 썼던 배가 최소 10척은 올라앉을 수 있다. 가장 큰 키는 길이가 무려 11미터나 되어서 콜럼버스의 기함 니냐(Niña)의 선체 길이만 했다!(출처: Bjorn Landstrom 저 *Sailing Ships.*)

c
명의 탐사에 쓰이던 나침반. 자화시킨 숟가락을 25 cm 정사각형 동판 위에 올려놓았다. 숟가락의 손잡이는 북쪽이 아니라 남쪽을 가리킨다. 판에는 8개 주 방위를 나타내는 한자가 새겨져 있다.

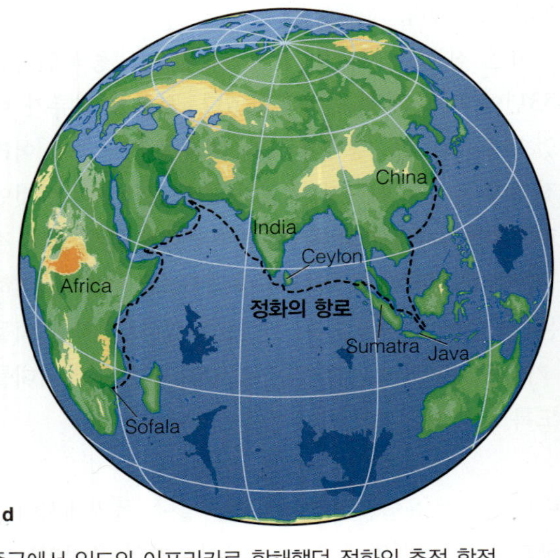

d
중국에서 인도와 아프리카로 항해했던 정화의 추정 항적.

e
개발 중인 최장거리 여객기 보잉(Boing) 777-200LR에 '정화'라는 어울리는 이름을 붙였다.

그림 2.10

그림 2.11 포르투갈의 기념비에서 포르투갈의 해상왕 엔리케 왕자가 서쪽을 응시하고 있다. 그는 1400년대 중반에 해양학과 항해술 연구를 위해 "… 모든 물길을 통해"라는 기치를 걸고 연구센터를 설립하였다.

질을 추구했다. 동서 무역은 중앙아시아와 아라비아 사막을 건너야 하는 고되고 신변도 위태로운 낙타 대상을 통해 이루어지고 있었다. 이 무역로가 1453년 터키인이 콘스탄티노플을 점령하면서 끊기고 말았다. 따라서 육로를 대신할 해로가 필요하게 되었다.

포르투갈 왕의 셋째 아들로 태어난 **해상왕 엔리케 왕자**(Prince Henry the Navigator)는 해양 탐험이 큰 돈과 성공적인 교역의 키를 쥐고 있다는 안목을 지닌 유럽인이었다(**그림 2.11**). 엔리케는 사그레스(Sagres)에 '모든 물길을 통해…' 라는 현판을 내걸고 해양학과 항해술 연구 센터를 만들었다. 그는 평생 두 번밖에 바다에 나가지 않았지만 그가 후원하던 선장들은 1451년에서 1470년까지 곳곳을 탐험하고 상세한 해도를 모아 두었다. 이들은 남쪽으로 나아가 아프리카 서해안 시장을 개척하였다. 엔리케는 탐험에 알맞은 작고 날렵한 배에 숙련된 선원을 태워 보냈다. 선원들은 기원전 4세기에 중국인들이 발명한–자북을 가리키는–**나침반**(compass)을 항해에 사용하였다(**그림 2.10c**). 아랍을 통해 12세기에 유럽에 전해졌지만 선원들은 마력을 지녔다고 믿고 있었다. 이들은 나침반을 요즘과 비슷하게 특수한 함에 넣고 밀봉한 다음 숨겨 두고 몰래 읽었다. 엔리케의 학생들은 지구가 둥글다는 것을 알고는 있었지만 프톨레마이오스가 잘못 계산한 대로 작은 줄 믿고 있었다.

항해의 대가이자 뛰어난 상인이었던 **콜럼버스**(Christopher Columbus)는 신대륙을 실수로 발견했다. 이들이 소란스럽게 도착하기 전에 대륙에는 11,000년 전부터 원주민이 살고 있었고 노르웨이 사람들도 500년 전에 이미 식민지를 세우고 스무 차례 이상 다녀갔었다. 하지만 신대륙 발견은 콜럼버스의 업적으로 돌려졌다. 그 이유가 무엇일까? 왜냐하면 특별한 선물과 과장된 이야기, 엉터리 해도와 더불어 엄청난 재물에 대한 약속이 왕실을 들뜨게 만들었기 때문이다. 콜럼버스는 북미 대륙을 한 번도 본 적이 없으면서도 장안의 화젯거리로 만들어 놓았다.

콜럼버스의 의도는 신대륙의 발견이 아니었다. 그가 원했던 것은 해의 탐험가 마르코 폴로가 200년 전에 소개했던 동방의 허황된 부국으로 가는 길이었다. 'Admiral of the Ocean Sea' 칭호에 걸맞게 그는 자신이 찾고자 하는 무역로에 대한 재정적 이득에 관심이 컸다. 그는 엔리케 왕자의 업적에 대해 잘 알고 있었으며 당대의 내로라하는 항해자들과 마찬가지로 지구가 둥글다는 사실을 알고 있었다. 서쪽으로 항해하면 그가 위도를 추측하고 있던 동방국에 가까이 갈 수 있다고 믿었다. 하지만 기대에 부푼데다가 프톨레마이오스의 자료를 사용했기 때문에 근대 항해자 가운데 지구를 가장 작게 보는 실수를 저질렀다. 그가 생각한 지구는 실제의 절반 크기에 불과했다.

착오 때문에 콜럼버스가 신대륙을 그가 바라던 인도나 일본으로 믿은 것은 놀랄 일이 아니었다. 자신이

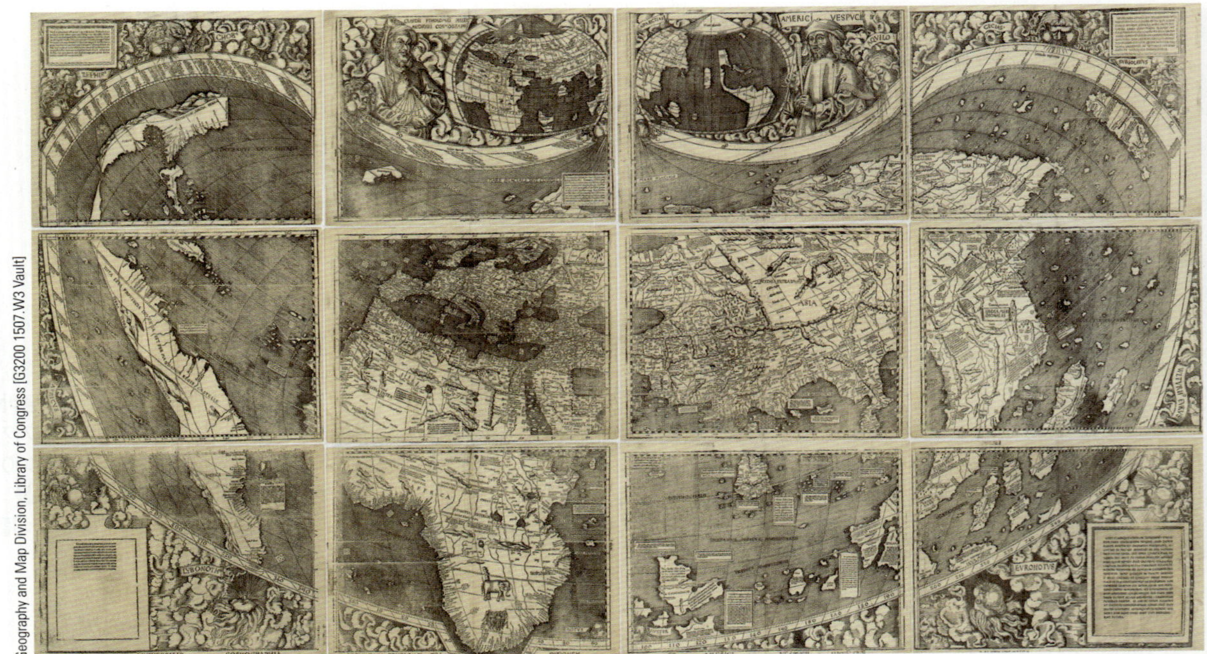

그림 2.12 서기 1507년에 발트제뮐러(Waldseemüller)가 제작한 지도. 최초로 신대륙을 아시아에서 떼어 내 아메리카라고 표기했다.

바라던 엄청나게 부유한 도시와 잘 차려입은 주민을 만나지 못한 것은 아마도 너무 북쪽이나 남쪽에 도착했기 때문이라고 생각했다. 이후 세 번이나 더 북미로 향했다. 그리고 죽을 때까지도 그가 본 곳이 아시아 해안이라고 굳게 믿었다. 훗날 자기 때문에 엄청난 변화를 겪게 될 대륙의 본토를 보지도 못했고, 그 크기가 얼마나 되는지는 물론 대륙의 배치에 대해서도 알지 못했다.

곧이어 다른 탐험가들이 합세했고 콜럼버스의 실수는 곧 정정되었다. 가장 먼저 1507년에 그린 지도에 신대륙이 표기되었다(**그림 2.12**). 이런 지도는 아마도 포르투갈 태생으로 스페인에서 활동하던 항해사 **마젤란**(Ferdinand Magellan, **그림 2.13a**)으로 하여금 서쪽으로 가서 동방에 당도하는 해로를 개척할 수 있으리라는 믿음을 갖도록 부추겼을 것이다. 하지만 지도제작자들은 아메리카 대륙과 태평양을 너무 과소평가하는 실수를 저질렀다.(그림 2.12를 **그림 2.13b**의 마젤란의 항적도와 비교해 보기 바람.) 마젤란은 필리핀에서 죽임을 당했고 나머지는 카노(Juan Sebastián El Cano)의 지휘 아래 서쪽으로 항해를 계속해서 마침내 대양일주에 성공한다. 260명을 태우고 스페인을 출발해서 3년 후에는 고작 18명만 살아 돌아왔다. 하지만 이들은 배로 세계를 한 바퀴 돌 수 있음을 증명하였다.

서기 1522년에 스페인에 귀환한 마젤란 탐험을 끝으로 유럽인의 대항해시대가 막을 내린다. 뒤이어 아메리카 대륙의 원주민과 천연자원을 약탈하는 암흑기가 찾아든다. 원주민의 제국은 무너지고, 가치를 따지기 어려운 고고학적 문화재가 유럽 전쟁에 군비를 충당하고자 또는 탐욕을 채우기 위해 녹여져 동전이 되고 말았다.

개념점검

1. 해양을 자원과 운송 수단으로 사용하는 문명은 어떤 혜택을 누리게 되는가?
2. 알렉산드리아 도서관의 문화는 그 시대에 무엇이 특별했는가? 그곳에서 계산한 지구의 크기와 모양은 어떠했는가?
3. 폴리네시아인들이 섬으로 이주하게 된 동기는 무엇이었는가? 장거리 항해는 어떻게 가능했는가?
4. 무엇이 바이킹으로 하여금 서쪽으로 진출하게 자극했는가? 그들은 발견의 대가를 충분히 챙겼는가?
5. 중국인들이 지리와 해양 탐사에 가져다 준 혁신은 무엇인가? 이들의 괄목할 만한 항해를 불시에 끝낸 이유는 무엇인가?
6. 포르투갈의 엔리케 왕자가 실제 항해자가 아닌데도 해양 탐

사의 주역으로 지명되는 이유는 어디에 있는가?

7. 대항해시대에 유럽 항해자들에게 동기를 부여한 것은 무엇인가? 그리고 이 시대는 왜 막을 내렸는가?

2.2 과학과 결합된 항해가 연구를 진보시켰다

대항해시대 이후 프랑스와 스페인에 맞서 뒤늦게 식민지 쟁탈전에 뛰어든 영국은 해군력을 크게 강화하였다. 선박은 특히 멀리 떨어진 곳에 갔을 때 안정적인 물자 보급과 정비창을 필요로 하였다. 열강은 장소를 물색하고자 탐험대를 내보냈고 특히 지구 건너편에서 보급물자를 선뜻 나서서 마련해 주는 친절한 원주민이 사는

a

포르투갈 태생으로 스페인에서 활동한 탐험가 마젤란. 그가 주도한 항해는 사상 처음으로 지구를 일주하였다.

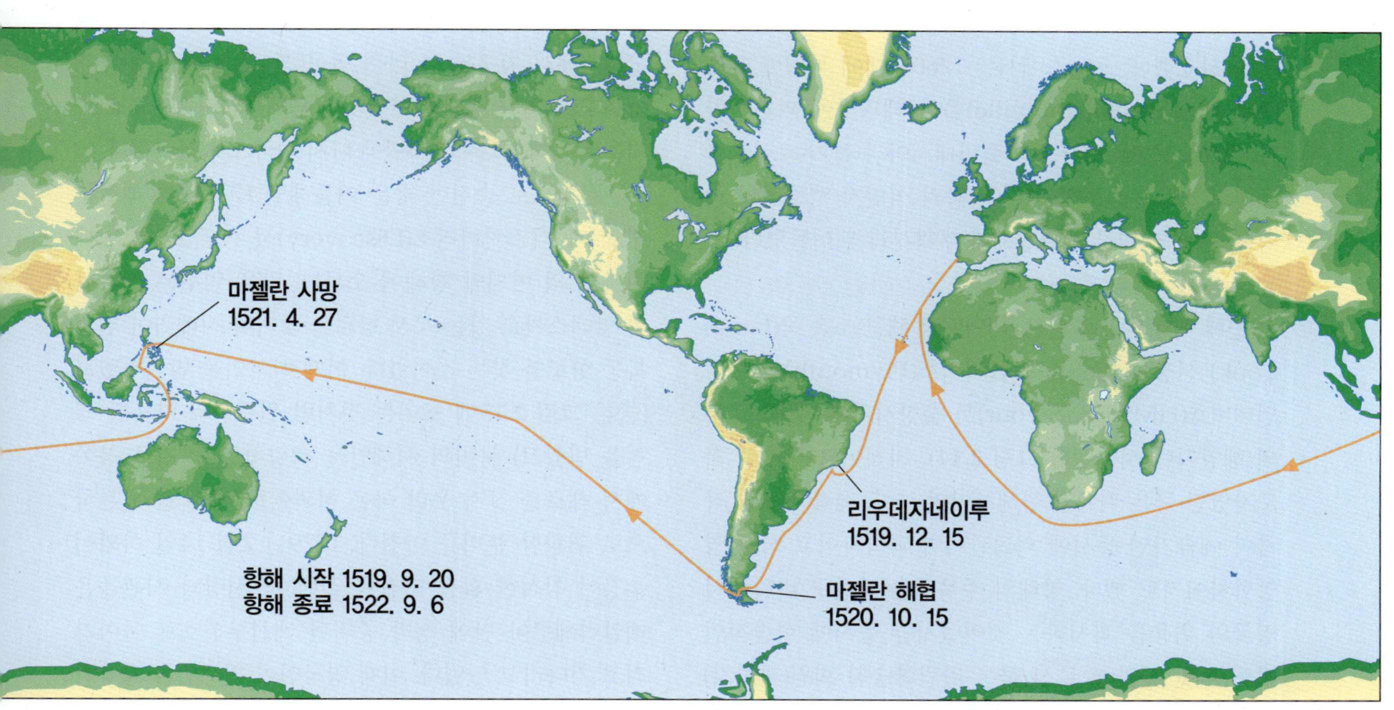

최초로 세계를 일주한 마젤란 탐험의 항적도. 그는 항해 도중 죽임을 당했으며, 260명의 선원 가운데 18명만이 3년에 걸친 힘겨운 여정에서 살아 돌아왔다.

그림 2.13

그림 2.14 대영제국 해군 소속이었던 쿡 선장의 1776년도 초상화(Nathaniel Dance 작). 최후를 맞게 되는 3차 항해 직전 모습임. 쿡은 성숙하고, 자신감에 찬 인물로 이미 두 차례에 걸쳐 세계를 일주하였으며, 남빙양까지 내려가 보았고, 뉴펀들랜드부터 뉴질랜드까지 해안선을 그려 넣었다.

곳을 선호했다. 프랑스에서는 1760년대에 부갱빌 제독(Admiral de Bougainville)을 남태평양에 파견하였다. 그는 오늘날 프랑스령 폴리네시아라 불리는 섬들을 프랑스령으로 선포하는 데 열강의 식민지 쟁탈전의 서막이 되었다. 영국도 뒤질세라 부랴부랴 뛰어들었다.

첫 번째 해양학자 쿡 선장 대영제국 해군 소속 **쿡**(James Cook) 선장이 1768년에 플리머스(Plymouth) 항에서 인데버호(HMS Endeavour)를 출항시키며 학문으로서의 해양학이 시작된다(**그림 2.14**). 지적이고 신중한 지도자였던 쿡은 뛰어난 항해사이며, 지도 제작자이고, 작가며 예술가인 동시에 외교관이며 과학자이고 식품 영양학자이기도 했다. 항해의 주목적은 남반구 바다에서 영국의 위용을 과시하는 것이었지만 동시에 학술적인 것도 여럿 있었다. 우선 쿡은 왕립학술원 회원(과학자) 몇 명을 타히티로 데리고 가서 황도를 지나는 금성의 궤적을 관찰하도록 하였다. 이 측정으로 핼리(Edmund Halley, 나중에 핼리 혜성에 이름을 남김)를 비롯한 천문학자들이 이전에 계산한 행성 궤도가 맞는다는 것을 확인하였다. 다음에는 뱃머리를 남쪽으로 돌려 몇몇 철학자들이 북반구 대륙의 무게와 균형을 맞추기 위해 꼭 있을 것이라고 믿어 왔던 상상 속의 남극 대륙을 찾아 나섰다. 쿡과 동료는 뉴질랜드를 발견해서 측량하고 지도에 올렸으며 오스트레일리아의 대보초를 찾아 역시 지도에 기록했고, 수십 개의 작은 섬들을 발견하고 멀리 떨어져 있는 섬의 자연사와 거주민에 대해 기록을 남겼고 여러 추장과 우호적인 관계를 맺기 시작했다. 그는 바타비아(지금의 Djakarta)에 상륙했을 때 부하들에게서 풍토병인 이질에 전염되어 크게 고생했지만 떨쳐 내고 전 세계를 돌아 1771년 영국에 귀환했다. 배 안을 깨끗하게 유지하고 환기를 자주 하며 식탁에 냉이, 양배추 초절임, 그리고 감귤류 추출물을 올리도록 해서 수백 년간 장기 항해 때마다 수많은 선원의 목숨을 앗아 갔던 괴혈병(비타민 C 결핍증)으로 목숨을 잃는 선원이 없었다.

해군 수뇌부는 크게 감격해서 쿡을 1772년에 사령관으로 승진시켰고 레절루션호(Resolution)와 어드벤처호(Adventure)의 지휘권을 맡겨 과학사에 길이 남을 위대한 항해가 이루어진다. 두 번째 항해에서 그는 통가와 이스터 섬을 찾아 등재했고, 태평양에서는 뉴칼레도니아를, 대서양에서는 사우스조지아를 발견한다. 그는 고위도에서 지구를 한 바퀴 돌아 본 첫 번째 인물이다. 남위 71도까지 내려가 보았지만 남극 대륙을 눈으로 보지는 못했다. 그는 1775년에 다시 영국으로 돌아갔다.

선장으로 승진한 쿡은 이듬해인 1776년에 레절루션호 과 디스커버리호(Discovery)를 이끌고 세 번째이자 그의 마지막 항해에 오른다. 맡은 임무는 캐나다와 알래스카로 가는 북서 항로를 찾거나 시베리아 위의 북동 항로를 찾는 것이었다. 이때 하와이를 발견하였고(물론 **그림 2.15**에 보이는 것처럼 원주민의 따뜻한 영접을 받았고) 북미의 서해안을 측량하였다. 지구 북쪽에서 해로를 찾지 못한 쿡은 하와이로 배를 돌려 본국으로 귀환할 준비를 마쳤다. 1779년 2월 14일 하와이 추장이 참석한 환송 만찬을 끝낸 쿡 선장과 사관들은 케알라케쿠아 만에 정박 중이던 레절루션호로 돌아가려고 기다리고 있었다. 이때 영국인이 원주민을 자극하는 일이 생겨 주민의 폭동이 일어났고 쿡은 일행과 함께 북새통에 그만 피살되고 말았다.

쿡은 탐험가이자 정확하고 사려 깊으며 완벽한 기록을 남겼기 때문에 동시에 과학자로 평가된다. 그는

그림 2.15 첫 만남. 레절루션호를 지휘하던 쿡 선장이 1778년에 하와이의 카우아이 섬 바깥에서 원주민과 만나고 나서 다음과 같은 글을 남겼다: "원주민의 배를 옆에 대기 위해 간단한 지시가 필요했다. 하지만 우리는 아무도 배 위로 올라오라고 나서서 설득할 수는 없었다. 그들은 우리가 내주는 아무 물건이나 받고는 카누에 있던 물고기를 몇 마리 건넸다. 그 가운데 쇠못과 쇠를 무척 좋아했다. 그들이 지닌 무기라고는 몇몇 카누에 있는 돌멩이가 전부였다. 그들은 우리가 돌을 원치 않는다고 생각하자 모두 바다로 던져 버렸다."

동승한 과학자들과 함께 해양 생물, 육상 동식물, 해저와 지질 층서에 대한 시료를 채취하였다. 이들은 자기 조사기록지에는 물론 학술지에 이들 시료의 특성을 남겼다. 그의 항해술은 탁월한 것으로 그가 남긴 태평양 해도는 얼마나 정확했던지 제2차 세계대전에서 연합군이 섬 공격 작전에 쓸 정도였다. 그는 정확한 결론을 내렸으며 보고서에서 자기의 발견을 과장하지 않았고 또한 여러 원주민과 외교적으로 우호적인 관계를 맺었다. 쿡 선장은 자연사, 인류학, 그리고 해양학에서 중요한 사실들을 기록하고 정확하게 해석하였다. 당시의 다른 선장과는 달리 자기 부하를 잘 보살폈다. 이 첫 번째 위대한 해양과학자는 역사상 어느 과학자나 탐험가보다 평화적으로 세계 지도를 크게 바꾸어 놓았다.

정확한 경도 측정이 해양 탐사와 해도 제작에 키로 부상하다 쿡(또는 콜럼버스나 다른 탐험가)이 자기의 위치를 어떻게 알아냈을까? 탐험가가 위치를 지도에 명확하게 표기하지 못한다면 탐험은 쓸모없게 되고 말 것이다. 집으로 돌아오지도 못하게 될뿐더러 다른 사람이 자기가 찾은 곳도 찾지 못하게 될 것이다.

콜럼버스나 그의 유럽 선조들은 밤에 뜨는 별의 위치를 보고 위도를 알아내었다. 따라서 자기가 현재 집보다 북쪽에 있는지 남쪽에 있는지 알 수 있었다. 이것은 우리도 따라 할 수 있다. 북반구에서는 간단한 각도기를 가지고 눈과 북극성이 이루는 선 사이의 각도를 재면 된다. 각도기가 가리키는 각이 대략 위도와 일치한다. 예를 들어 콜럼버스는 서인도 제도로 가기 위해 위도를 지정하고 똑바로 남쪽으로 내려간 다음에야 배를 서쪽으로 몰았다. 하지만 자기의 위치를 정확하게 알기 위해서는 위도와 함께 동서 방향의 위치를 가리키는 경도를 알아야 한다.

경도는 시계로 알아낼 수 있다. 우선 곧게 세운 막대기의 그림자를 보고 그 지역의 정오를 알아낸다. 정오는 그림자가 가장 짧을 때로 이때 시계를 정확히 정오로 맞추어 둔다. 서쪽으로 한동안 이동한 다음 정오의 시간을 읽으면 먼젓번과 다를 것이다. 시계의 정오를

Tom Garrison

a
해리슨의 첫 작품 넘버원 타임키퍼. 자동원리를 입증해 보이고자 만든 것으로 해상 사용에는 맞지 않았다.

© Mary Evans Picture Library/The Image Works

b
British Board of Longitude가 내건 현상금 2만 파운드를 타낸 넘버포 타임키퍼. 영국 그리니치 소재 국립해양박물관에 전시되어 있으며 둘 다 지금도 작동 중이다.

그림 2.16 최초의 경선의.

가리키는 시각이 이동한 곳의 정오보다 3시간 빨라졌다고 해 보자. 간단한 계산으로 이전보다 얼마나 서쪽에 있는지 알아낼 수 있다. 지구는 동쪽으로 회전하는데 24시간에 한 바퀴, 즉 360도 회전하므로 한 시간에 15도씩 회전한다. 3시간 빨라졌다면 이는 3×15도, 즉 45도만큼 서쪽에 와 있는 것이다. 시계가 정확하면 할수록(또한 정오를 정확히 알면 알수록) 정확히 얼마나 서쪽으로 왔는지 알게 된다.

시계 방법은 이론상으로는 잘 작동하지만 콜럼버스 시절에는 아니 그 뒤로도 한참 동안 시계가 너무 맞지 않아 며칠만 항해하고 나면 계산에 쓰지 못할 정도로 형편없는 수준이었다. 당시 시계는 흔들리는 배에서는 쓸모없는 추시계였다.

경도 문제를 푸는 핵심은 어떤 상황에서도, 특히 항상 흔들리는 배 위의 조건 아래에서 일정하게 작동하는 튼튼한 시계를 개발하는 데 있었다. 요크셔에서 캐비닛 제작을 하던 **해리슨**(John Harrison)이 1728년 경도 측정에 충분히 정확한 시계 만들기에 착수했다. 그가 제작한 전혀 새로운 방식의 시계는 **크로노미터**(chronometer; 시간지시자)라 불렸는데 추시계와는 전혀 딴 판인 용수철 탈진기를 쓰는 방식을 선보였다. 첫 모델은 1736년에 해상에서 시험되었고 영국 정부는 장려금으로 500파운드를 주었다. 이후 25년간 그는 세 가지 시계를 더 만들었는데 최고의 걸작은 1760년에 만든 넘버포(Number Four, **그림 2.16**)로 아마도 세계에서 가장 유명한 시계일 것이다.

이듬해에 데트포드호(Deptford)로 넘버포 시험을 하였지만 해리슨은 너무 노쇠해져 그의 아들과 동료가 대신 장비를 돌보아야 했다. 데트포드호는 대서양을 가로질러 자메이카로 향했는데 거의 정확하게 도착했다. 시계의 알려진 오차는 하루에 $2\frac{2}{3}$초로 이를 감안했을 때 시계는 하루에 5초씩 늦게 가는 것으로 나타났다. 이것을 경도로 따지면 단지 2.3 km의 오차에 해당하는 것으로 장거리 항해에 있어 당시 기준으로는 엄청난 업적이다.

기술 측면에서 넘버포는 포상감이었다. 이는 경도심사국(British Board of Longitude)이 요구한 조건을 능가하였지만 해리슨은 약속한 상금의 일부밖에 받지 못했다. 마땅히 관리는 시계의 비밀스런 부품이 대

그림 2.17 영국 그리니치에서 관광객이 경도 0도를 지나는 대원의 북쪽 연장선을 들여다보고 있다. 위도선은 복도 쪽으로 길게 낸 좌대 위에 그어져 있다.

량 생산되는 것을 확인한 다음에야 상금을 줄 생각이었다. 마찬가지로 해리슨은 일생일대의 업적이 대가 없이 공개되는 것을 꺼렸다. 그는 경쟁자들이 시계를 열어보고 복제하는 것을 꺼려 했다(실제로 그런 일이 벌어졌다). 마지막으로 1769년에 단 한 개의 복제품을 제작하였는데 일생의 성과를 모두 쏟아부은 것이었다. 쿡 선장은 마지막 두 차례 항해에 이 시계를 가지고 나갔지만, 해리슨은 1773년에 여든 살이 되어서야 국왕 조지 3세의 중재로 나머지 상금을 받을 수 있었다.

해리슨이 제작한 시계 네 개는 모두 런던 동부 그리니치에 있는 국립해양박물관(Britain's National Maritime Museum)에 전시되어 있으며 아직도 작동한다. 그리니치는 박물관 자리로 이상적이다. 1884년에 이곳 해군관측소의 경도 기준선(**그림 2.17**)을 전 세계 표준 경도 0도(본초자오선)로 제정한 역사적 배경을 가지고 있다. 에라토스테네스가 알렉산드리아를 기준 경도 0도로 제정한 이후 서구 각 나라는 위치 확인을 위한 공통적인 기준을 마련하지 않고 있었다.

해수와 퇴적물 시료 채취가 과학적 분석을 위한 자료를 제공하다 해양과학은 시료를 분석함으로써 발전한다. 크로노미터의 발달에 힘입어 바닷물, 바닥 퇴적물, 생물을 채취하는 위치를 정확하게 알게 되긴 했지만 우선 채취 자체가 쉽지 않아 애를 먹었다. 깊은 바다에서 바닥의 퇴적물이나 물을 뜨는 것은 쉬운 일이 아니다. 채취 장비를 달아맨 줄은 해류에 따라 뱀처럼 휘고 자체 무게가 엄청나서 바닥에 닿았는지를 알기가 어려웠다. 줄을 내리고 감는 일은 힘들고 시간이 많이 걸리며 또한 장비가 제대로 작동하지 않는 일도 더러 있었다. 쿡 시절에 쓰던 단순한 퇴적물 채취기는 초를 씌운 납추로 얕은 바다에 내려서 퇴적물을 뜬 다음 닻을 내려도 좋을지를 판단하는 데 쓰던 것이었다. 깊은 곳의 물을 뜨고, 퇴적물을 파 올리거나, 퍼담아 올리고 또 바닥생물 시료를 떠 담는 기구들은 나중에 개발되었다.

처음으로 깊은 바다의 시료 채취 문제를 해결한 사람이 영국의 존 로스(John Ross) 경과 그의 조카 제임스 로스(James Clark Ross) 경이다. 1818년에 북서항로를 탐색하기 위해 나선 존 로스 경은 그린란드 부근에서 채취기를 줄에 달아 수심 1,919 m에서 시료를 채취하였다. 로스 해와 남극 대륙의 빅토리아랜드를 발견한 제임스 로스 경은 남대서양에서 4,433 m와 4,893 m의 **측심**(sounding)에 성공했다.

시료 채취 방법 개발은 19세기 내내 지속되었다. 미 해군의 모리에 의해 1840년대에 완성된 측심법은 가벼운 줄에 납추를 달아 사용하는 것으로 그는 바닷속에 잠겨 감추어져 있던 대서양 해저 산맥을 발견하였다. 19세기 말에 난센은 그의 이름을 붙인 채수병을 고안하였다. 기술이 발달한 오늘날에도 심해 시료 채취는 여전히 어려운 문제로 남아 있다. 원격조정 탐사체는 깊은 곳의 시료를 채취하고 회수하며, 사진도 찍어 오지만 복잡한 전자 장비여서 운용하기가 까다롭고 비용도 많이 든다.

개념점검

8. 쿡 선장은 첫 번째 해양학자로 지명된다. 이 주장의 믿을 만한 근거를 들어 보라.
9. 경도를 결정하는 것이 왜 그리 중요한가? 위도보다 결정하기 어려운 까닭은 무엇인가? 이 문제는 어떻게 해결했는가?
10. 해양과학은 시료를 분석해서 진보한다. 그런데 시료를 채집하고 분석하는 것이 왜 어려운가?

2.3 첫 과학적 탐사는 국가가 주도하였다

쿡의 세 차례 위대한 항해는 공적이 지대하지만 순수한 학술 탐사는 아니었다. 이들은 제국을 위해 임관된 대영제국 해군 장교들로 해군의 관심사와 관련된 해도, 국제 관계, 자연 현상에 관심을 두었다. 1872~1876에 있었던 영국의 챌린저(HMS Challenger)탐사가 최초의 오로지 과학만을 위한 탐사인 것처럼 알려졌지만 이미 미국이 1838년에 비슷하지만 조금 성격이 다른 탐사를 실시했다.

미국의 해양 탐사가 미국의 자연과학의 태동에 한몫을 하다 미국에서는 할지 말지를 놓고 10년 동안 논란을 벌인 끝에 1838년에 **미국해양탐사**(United States Exploring Expedition)를 실시하였다. 이것도 해군이 주도한 탐사였지만 쿡의 경우보다는 재량권이 많이 부여되었다. 기함 빈센스와 나머지 다섯 척의 배에 승선한 과학자들의 업적은 미국에서 자연과학을 제법 대접

United States Naval Academy Museum

그림 2.18 미국해양탐사를 갓 마치고 돌아온 해군 대위 윌크스의 1812년 모습. 그는 1431년 명의 정화 이후로 가장 여러 척으로 꾸린 선단으로 탐사를 지휘하였다.

받는 학문으로 지위를 높여 주었다. 지휘관이었던 윌크스(Charles Wilkes) 대위(**그림 2.18**)가 호전적이고 비타협적이지만 않았더라도 이 탐사는 쿡이나 뒤에 실시된 챌린저탐사만큼이나 유명해졌을 뻔했다.

이 탐사는 4년 예정으로 대양 일주를 시작하였다. 미국의 깃발을 곳곳에 휘날리고, 고래를 찾으며, 광물을 수집하고, 해도를 그리는 것이 임무였고 기타 관찰과 과학 조사를 포함하였다. 한 가지 특이한 임무는 지구 속이 비어 있고 극지에 지구 내부로 통하는 구멍이 있다는 이론을 폐기시키는 것이었다.

윌크스의 대원들은 남극 동부의 너른 지역을 탐사하고 관측하여 남극에 대륙이 있음을 밝혀냈다. 오리건 영지에 대한 지도는 이 팀이 제작한 241개 지도 가운데 하나로 1841년에 제작되었는데 이듬해 프레몬트(John C. Fremont) 대령이 제작한 로키 산맥 지도와 합치면 아주 훌륭한 것이었다. 이때 하와이 정밀 탐사가 이루어졌고 윌크스는 대원들을 이끌고 하와이의 제일 큰 섬에서 가장 높은 두 화산 봉우리 가운데 하나인 마우나로아를 등정하였다. 탐사에 참가했던 뛰어난 지질학자

그림 2.19 해상풍과 해류 자료를 수집했던 모리. 그는 아마도 최초로 해양학을 전업으로 택한 사람인 듯하다.

데이나(James Dwight Dana)는 환초 생성에 대한 다윈의 가설(12장 참조)이 옳았음을 입증하였다. 이 탐사로 과학 시료와 문화재를 많이 수집하여 이제 갓 설립된 스미스소니언 박물관의 전시실을 채워 주었다. 예상했겠지만 극지방의 구멍은 발견되지 않았다.

귀환 후에 윌크스와 과학자 팀은 지도와 글 삽화로 이루어진 총 19권의 보고서를 제출하였다. 이 보고서는 미국 과학사에 한 획을 긋는 이정표가 되었다.

모리가 전 세계 바람과 해류의 양상을 밝히다 윌크스의 탐험이 끝나 가던 무렵에 버지니아 출신 전직 해군 장교 **모리**(Matthew Maury, **그림 2.19**)는 상업과 군사적 목적으로 바람과 해류를 찾는 데 관심을 가지게 되었다. 마차 사고로 다리를 절게 된 모리는 1842년에 미국 Navy's Depot of Chart and Instruments의 소장으로 임명되었다. 여기서 일하며 그는 홀대받던 항해일지 더미가 정기적으로 수온과 풍향 등 보물 같은 자료를 기록하고 있음을 발견하고 이것들에 대해 연구하였다. 이런 정보들을 토대로 1847년에 제대로 된 바람과 해류에 대한 지도를 발행하였다. 그는 새 항해 일지를 보여 주는 대가로 항해자들에게 이 지도를 무료로 제공하고자 발행하기 시작하였다.

차츰 지구 규모의 바람과 해류가 모습을 드러내기 시작했다. 모리는 수집가이지 과학자는 아니었으며 해상 무역을 중흥시키려는 데 각별한 관심을 지니고 있었다. 해류에 대한 이해는 **프랭클린**(Benjamin Franklin)의 연구에 기초를 두고 있었다. 이보다 100여 년 전에 프랭클린은 가장 빠른 배가 늘 가장 빠르지는 않다는 앞뒤가 맞지 않는 사실에 마주쳤다. 다시 말해 유럽행 배의 경우 빠른 배가 늘 먼저 돌아오지는 않더라는 것이다. 프랭클린의 사촌으로 낸터킷에서 상인이었던 폴저(Tim Folger)는 이 수수께끼를 듣고는 자신이 알아낸 '멕시코만류(Gulf Stream)'를 대충 기록한 지도를 보내 주었다. 선장들은 유럽으로 갈 때는 이 해류를 타서 배의 속도를 높이고 돌아올 때는 피해서 배의 속도가 줄지 않도록 해서 느린 배로도 보다 빠르게 왕래했던 것이다. 프랭클린은 1769년에 최초로 해류를 표기한 지도를 출판하였다(**그림 2.20**).

하지만 전 세계 바람과 해류의 양상을 가장 먼저 파악한 것은 모리였다. 자신의 분석을 바탕으로 원양 항해 때 어떤 방향으로 배를 모는 것이 가장 효율적인지에 대한 지침서를 발행하였다. 이 지침서는 즉각 전 세계의 관심을 끌었다. 그는 미국 동해안에서 리우데자네이루로 가는 운항일수를 열흘, 오스트레일리아까지는 20일이나 줄였다. 그의 업적은 1884년 캘리포니아에서 골드러시(gold rush)가 일어났을 때 더욱 유명세를 탔다. 케이프혼에서 캘리포니아로 가는 기존 운항일수를 무려 한 달이나 앞당겼기 때문이다. 미국 해도에는 지금도 "모리가 미해군 대위로 근무하던 시절의 연구에 근거함"이란 글귀가 적혀 있을 정도이다. 그의 최고의 업적은 1855년에 발간한 *The Physical Geology of the Sea*라는 저서로 그의 발견을 담고 있다.

많은 학자들이 모리를 물리해양학의 시조로 들기도 하는데 아마도 이 분야 연구를 천직으로 여기고 체계적으로 연구한 첫 번째 전업직 인물이 아닌가 싶다.

첫 과학 탐사인 챌린저 탐사가 성사되다 순수하게 해양과학에 목적을 두고 실시한 해양 탐사는 스코틀랜드의 에든버러 대학교에서 자연사를 담당하던 톰슨(Charles Wyville Thompson) 교수와 캐나다 출신 제자 머레이(John Murray)에 의해 잉태되었다. 이들은 호기심과 1831~1836년에 비글호(HMS Beagle)에 탔던 다윈의

Library of Congress

그림 2.20 프랭클린이 1769년에 발간한 멕시코만류 체계도. 그의 사촌 폴저가 미국 고래잡이들이 멕시코만류를 이용하는 방법을 안다는 사실을 발견했다. 다른 이들 특히 영국의 선박 소유주들은 아직 잘 모르고 있었다. 자신이 선장이기도 했던 폴저가 낸터컷의 고래잡이들에게 보낸 편지 가운데 이런 글이 전해 온다: "… 대서양을 건너는 중 가끔 해류를 거슬러 가거나 곧 그럴 배들을 만나 얘기해 주었다. 우리는 그들이 해류를 거슬러 가고 있다고 알려 주었고 매시간 3마일은 손해 보고 있으니 해류를 가로질러 가라고 일러 주었다. 하지만 그들은 미국 어부의 말을 귀담아 듣기에는 너무 똑똑했다."

항해에 자극을 받아 왕립학술원과 정부에 대고 전 세계를 일주하는 길고 고된 항해를 위해 군함과 숙달된 선원을 지원해 달라고 설득하였다. 톰슨과 머레이는 이 사업을 위해 **해양학**(oceanography)이라는 용어를 만들어 내었다. 글자만으로는 해도 제작을 뜻하지만 점차 바다의 과학이란 의미를 지니게 되었다. 열성에 감복한 학술원과 글래드스톤 수상 내각은 이 탐사로 발생되는 재정 이익은 모두 영국 왕실에 귀속시킨다는 단서를 달고 지원을 약속하였다. 후원은 이루어졌고 과학자들은 계획을 세웠다.

챌린저호는 2,306톤짜리 범선인 전함(corvette, **그림 2.21**)으로 1872년 12월 21일에 출발하여 4년간 총 127,000 km를 항해하였다. 선장은 영국 해군 장교였지만 항로는 여섯 명으로 이루어진 과학자들이 결정했다. 항로는 **그림 2.22**에 그려져 있다.

챌린저 탐사(Challenger expedition)의 중요한 목적 중 하나는 에든버러 대학의 교수 포브스(Edward Forbes)가 주장한 심해무동물설(549 m 이하에서는 수압이 크고 빛이 없기 때문에 동물이 살지 않는다는 학설)을 검증하는 것이었다. 갑판에 설치한 증기 권양기(winch)는 심해 시료 채취를 가능하게 해 주어서 필리핀 인근에서는 무려 8,185 m 수심에서도 채집이 이루어졌다. 탐사에서는 총 362개 조사점에서 492번에 걸쳐 기계식 채니기와 그물을 달고 수심을 측정하였다. 그리고 이 중 133번은 바닥 끌기(dredging)를 하여 본 결과 포브스의 주장이 틀렸음이 명백하게 드러났다. 채집기를 올릴 때마다 갑판은 처음 보는 동물로 가득 찼다. 생물학자는 새로운 동물을 무려 4,717종이나 발견하였다. **그림 2.23**은 챌린저호의 과학자들이 시료들을 조사하는 것을 보여 주고 있다.

조사 기간에 과학자들은 수온과 염분, 밀도를 측정하였다. 값을 읽을 때마다 심해의 물리 구조가 차츰 밝혀지기 시작했다. 과학자들은 최소한 151번에 걸쳐 중층 저인망 시료를 채집했고 77개의 해수 시료를 실험실에 가져가서 나중에 분석하기 위해 보관하였다. 이 탐사로 해류와 해양 기상 그리고 퇴적물의 분포에 대한 새로운 정보를 획득하였다. 산호초의 위치와 모습이 해도에 새로 그려 넣어졌다. 수천 파운드에 달하는 생물 시료가 검색을 위해 박물관으로 옮겨졌다. 해저에선 광물이 풍부한 갈색 퇴적물 덩어리인 망가니즈단괴를 발견하여 심해 채광에 대한 관심을 불러일으켰다. 작업은 고통스러운 반복이었다. 결국 269명 선원 가운데 1/4이 뱃일을 그만두었다.

막노동이었지만 최초의 학술 탐사는 그야말로 대성공이었다. 심해 생물의 발견으로 말미암아 해양생물학이라는 학문이 탄생하였다. 보고서에서 다룬 주제의 범위와 내용의 정확성과 자세함 그리고 독자의 흥미를 유발시키는 표현이 뛰어나서 보고서는 역대 과학 서적 가운데 명저의 반열에 올랐다. 탐사의 결과 보고서인 *Challenger Report*는 머레이 경이 주도하여 1880년부터 1895년에 걸쳐 유려한 문체와 멋진 삽화를 곁들인 50권의 책으로 편찬되었는데 아직도 사용되고 있다. 실제로 해양학이란 새 학문을 탄생시킨 것은 탐사라기보다는 50권에 달하는 보고서이다. 순수 학술 조사의 부산물로 많은 재정적 이익이 발생하자 순수 학문에 대한 투자도 해 볼 만하다는 인식을 갖게 되었다. 그리고 영국 정부는 곧바로 섬에서 발견한 광물을 채광해서 많은 이득을 챙겼다. 지금까지도 챌린저 탐사는 역사상 최장기 해양 탐사로 남아 있다.

그림 2.21 챌린저호의 일등항해사 Pelham Aldrich 대위는 탐사 일지를 꼼꼼하게 작성해서 보관하였다. 정확하고 재기 넘치는 인물로 날씨가 좋았던 날과 나쁜 날로 구분해 보관했다. 그는 아주 흥미로웠던 이벤트를 수채화로 남길 정도로 재주도 있고 꼼꼼했다. 그림은 일기 첫 장의 일부이다.

대성공에 고무되어 해양 조사가 탄력을 받게 되었다. 미국의 박물학자 애거시(Alexander Agassiz)는 1877년에 U.S. Coast and Geodetic Survey 소속인 블레이크호를 동원하여 355군데에서 심해 조사를 하여 챌린저호의 보고 내용이 옳다는 것을 확인하였다. 그리고 망가니즈 단괴가 심해저에 널리 깔려 있다는 것도

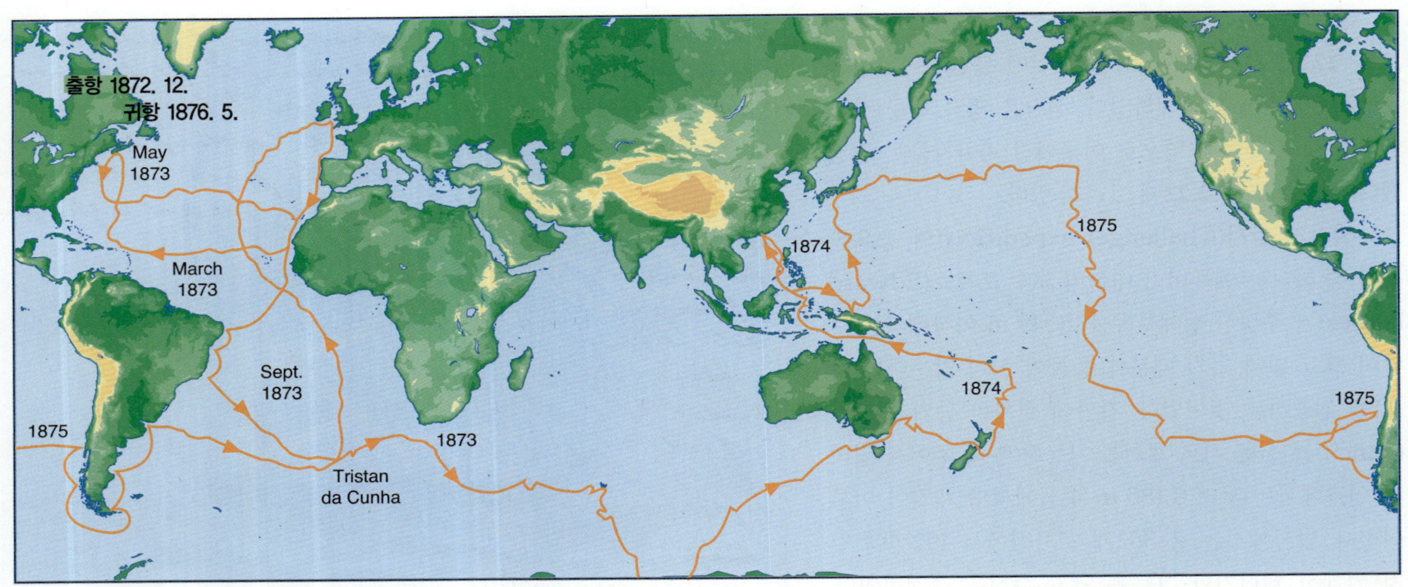

그림 2.22 1872년 12월부터 1876년 5월에 걸친 챌린저호의 탐사 항적도. 이 탐사는 사상 최장기간 연속 탐사 기록으로 남아 있다.

그림 2.23 과학자들이 챌린저호 선내의 동물 실험실에서 시료를 조사하는 모습.

알게 되었다. 애거시와 학생들은 20세기로 접어들 무렵 조사선 앨버트로스를 이용해 여러 번의 해양 조사를 하였는데 이를 통해 차세대 미국 해양생물학자들이 양성되었다. 러시아도 1866년에 마카로프(S. O. Makarov)의 지휘 아래 3년에 걸친 비티아즈 탐사에 나섰는데 이 탐사가 남긴 가장 큰 업적으로는 정밀하게 분석한 북태평양 의 염분과 수온 자료를 들 수 있다.

해양 연구가 국방력에 일조하다 해양과학은 군사적 관심사에도 또한 응용되었다. **해양력**(sea power)은 국가가 해양에 군사력을 미칠 수 있도록 하는 수단이다. 역사는 해양력에 크게 좌지우지되었다. 예컨대 기원전 480년에 페르시아 함대가 그리스 군에 격파된 것과 영국의 넬슨 제독이 1805년에 트라팔가에서 프랑스 함대를 물리치면서, 승전국은 문화와 경제에서 초강대국 지위를 누리게 되었다.

미해군 장교이자 역사가인 **머한**(Alfred Thayer Mahan, **그림 2.24**)은 1892년에 *The Influence of Sea Power upon History*, 1660-1783을 출간하였다. 국가주의 흥망에 대한 그의 연구는 근세의 형성에 지대한 영향을 미쳤다. 그는 해상 교역에 대한 군사력과 상업적 통제와 해상 수송로와 통신선 장악 능력이 분쟁의 결과와 불가분의 관계에 있음을 강조하였다. 사상 유례없는 조선 기술의 혁신기에 출판된지라 머한의 책은 영국, 독일, 미국에서 탐독되었다. 어찌 됐던 간에 지난 세기 세계대전에서 해군의 무기, 전술, 전략과 전쟁의 결과마저 그의 명쾌한 분석에 영향을 받았다.

개념점검

11. 미국해양탐사의 목표와 결과는 무엇이었는가? 이 탐사로 인해 혜택을 받은 미국의 기관은 어디였는가?

12. 해양학에 대한 모리의 기여는 무엇인가? 프랭클린의 경우는 어떠한가?

그림 2.24 해군 소속 사학자이자 전략가인 머한. 머한은 남북전쟁에서 북군 해군에 복무했으며 1886년에는 미국 해군대학의 교장에 임명됐다. 그는 강의록을 그의 명저 *The Influence of Sea Power upon History*, 1660–1783으로 정리했다. 그의 저서는 명성을 크게 얻었으며 영국과 독일에서 활발히 연구되었다. 그 결과 제1차 세계대전에 참여할 열강의 군비확충이 이루어졌다.

13. 첫 번째 순수한 학술 해양 탐사는 무엇이었는가? 이의 대표적인 업적 몇 가지를 들어 보라. 그 이전에 있었던 다목적 탐사들의 공헌은 무엇이었는가?

14. 챌린저 탐사와 해양학에 대한 머레이 경의 기여는 무엇이었는가?

15. 머한의 업적은 20세기 역사에 어떻게 영향을 미쳤는가?

2.4 요즘 해양학은 현대 기술을 활용한다

해양 조사는 20세기에 들어 기술 측면에서 더욱 야심차게 이루어지게 되는데 이에 따른 비용도 불어났다. 과학자들은 이전에는 가보기 너무 어려웠던 곳도 찾아가 탐사하고 조사하게 되었다. 심해저에 닿기에 이르렀지만 그보다 먼저 관심을 끈 것은 그 동안 발을 들여놓지 못했던 북극해였다.

북극 탐사가 해양 연구를 진보시키다 극지 해양학은 난센(Fridtjof Nansen, **그림 2.25a**)의 선구적인 연구로 시작되었다. 그는 특별히 고안해서 제작한 배 프람호를 용감하게도 북극해의 얼음에 갇히도록 두고는 선원 13명과 함께 얼음을 따라 4년간(1893~1896)을 떠다니기를 거듭하여 북위 85도 57분을 탐사하였는데 이는 당시로는 최북단 탐사였다. 프람호는 1,650 km를 떠다니며 북극에 대륙이 없다는 증거를 보였다. 난센의 얼음의 떠다님, 기상과 해양 상태, 극지 생물에 대한 연구와 심해 측심과 시료 채취 기법은 현대 극지 과학의 초석이 되었다.

노르웨이어로 '앞으로'란 뜻을 지닌 프람(Fram, **그림 2.25b**)은 이름에 걸맞게 탐사에서 중추적인 역할을 이어 나갔다. 1910년에는 난센의 제자 아문센(Roald Amunsen)이 남극 해안에서 남극점을 향한 첫 번째 여정을 이 작은 배에서 출발했다. 난센은 오랫동안 뛰어난 해양학자, 발명가, 동물학자, 예술가, 정치가, 교수로서 정착하여 명예로운 삶을 누렸다. 1922년에는 전 인류에 대한 박애주의적 공로로 노벨 평화상을 받았다.

과학적 호기심, 국가의 명예, 조선에 대한 새 아이디어, 식품 영양학의 발전, 그리고 개인의 불굴의 의지는 지난 세기 초반에 극지 탐사의 황금 시대를 열었다. 양 극지점에 도달하려는 몇몇 탐험가의 영웅적인 노력이 펼쳐진 가운데 결국 1909년 4월에 미해군 장교 피어리(Robert E. Peary)가 흑인 조수 헨슨(Matthew Henson)과 이누이트 4명과 함께 북극점 주위에 도달했고 1911년 12월에는 노르웨이의 아문센이 남극점에 도착했다.

현대 기술은 고위도 탐사의 부담을 덜어 주었다. 1958년에는 함장 앤더슨(William Anderson)의 지휘 아래 미국의 원자력 잠수함 노틸러스호가 알래스카의 포인트배로를 떠나 노르웨이 해로 가는 도중에 얼음 밑으로 북극점을 지났다.

새 임무는 새 배로 처음으로 현대식 광학 및 전자 장비를 쓰기 시작한 것은 독일이 1925년부터 2년간 남대서양을 횡단하며 조사한 **메테오르 탐사**(Meteor expedition)이다. 당시에 가장 혁신적인 장비는 **음향측심기**(echo sounder)로 해저에서 반사되는 음파로써 수심을 재서 해저 수심도를 제작하는 데 쓰였다(**그림 2.26**). 음향측심기는 메테오르호 승선 과학자들에게 해저가 평탄할 것이라는 예상과는 달리 수심이 달라지며 때로는 몹시 울퉁불퉁하다는 사실을 알려 주었다.

Topical Press Agency/Hulton Archive/Getty Images

a

노르웨이의 해양학자이자 극지 탐험가인 난센. 바이킹의 면모를 빼박은 듯한 용모를 지녔다. 1908년에 난센은 크리스티아니아 대학이 그를 위해 만든 최초 해양학 교수직에 부임했다.

Alda Amundsen, SPRI

b

길이 123피트짜리 난센의 범선 프람호. '전진'이란 뜻의 이름을 지닌 프람호는 13명의 선원과 함께 1893년 7월 22일 북극해에서 그곳에서 얼음에 갇히는 것을 목적으로 출항하였다. 프람호는 바닷물이 얼면 얼음 위로 떠올라, 얼음과 함께 떠다니도록 특별하게 설계되었다. 프람호는 무려 4년 동안이나 북극점에서 위도 4도 이내를 떠돌았다. 북극에서 1,650 km를 떠돌아다닌 끝에 북극의 얼음 아래에는 대륙이 없다는 사실을 증명하였다. 선내 생활 형편은 최근에 다시 발견된 사진으로 알려지게 되었다.

그림 2.25

새로 건조한 챌린저호는 1951년 10월부터 2년간 삼대양과 지중해의 수심을 정확히 측심하고자 출항하였다. 이번에는 음향측심기를 썼기 때문에 첫 번째 챌린저호로 네 시간이나 걸리기도 했던 수심 측정을 불과 몇 초면 끝낼 수 있었다. 이 배로 과학자들은 바다에서 제일 깊은 곳을 찾아내고 구 챌린저호의 공적을 기리는 뜻에서 챌린저 해연(Challenger Deep)이라고 이름을 붙여 주었다. 1960년에 이르러서는 미해군 대위 월쉬(John Walsh)가 피카르(Jacques Piccard)와 함께 스위스에서 고안한 비행선 모습의 심해 잠수정 트리에스테를 타고 챌린저 해연에 직접 내려가 보았다.

해저의 기원에 대한 여러 경쟁 가설을 시험해 보기 위해 1968년에는 해저 굴착 전용선 글로마챌린저(Glomar Challenger)호를 진수시켰다. 이로써 수심

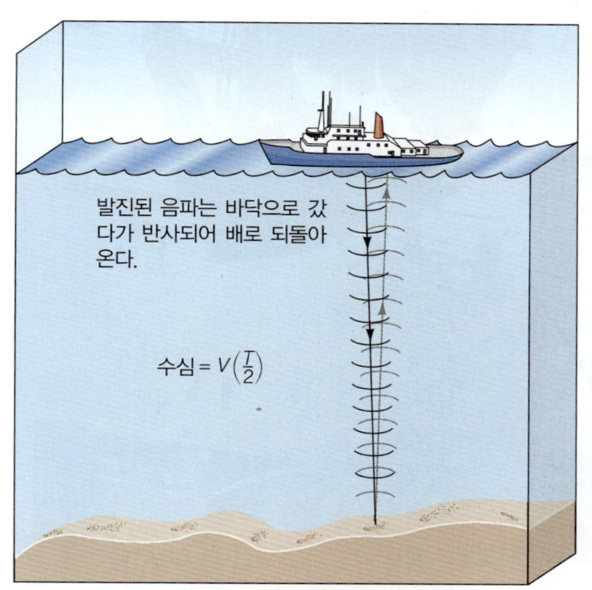

그림 2.26 음향측심기는 바닥으로 음파를 발사하여 반사해 되돌아오는 데 걸리는 시간을 재서 해저면의 굴곡을 감지한다. 만약 왕복시간과 음속을 알고 있다면 수심을 계산해 낼 수 있다. 이 기술은 1920년대에 독일의 연구선 메테오르호가 본격적으로 쓰기 시작했다.

그림 2.27 해양연구선 지구호가 2005년 말에 장비 장착을 마치기 직전 모습. 지구호는 18개 나라가 참여하고 있는 IODP의 주역으로 이전에 쓰던 굴착선 조이데스레절루션보다 45%나 길고 무게는 2.4배나 더 나간다.

6,000 m가 넘는 곳에서도 해저 굴착이 가능해졌다. 이 배가 뚫어 올린 긴 암석 시추물과 해저 암석 자료가 모여 결국 해저 확장과 판 구조론이 입증되었다(이 쾌거의 자세한 내용은 3장 참조). 1985년에는 글로마챌린저호보다 더 크고 진보된 기술로 무장한 조이데스레절루션(JOIDES Resolution)호가 대체 투입되었다. 심해저 굴착은 2003년 10월부터 다국적 연구 컨소시엄인 IODP(Integrated Ocean Drilling Program)로 이관되었고 조이데스레절루션 후속으로 보다 더 대형 시추선인 연구조사선 치큐호(R/V Chikyu, **그림 2.27**)가 맡고 있다. 일본이 건조한 이 새 시추선은 11 km 길이까지 굴착할 수 있으며 2007년도부터 본격 활동에 들어갔다. 이 배는 기름이나 가스 누출을 방지할 수 있어서 지금까지 조이데스레절루션으로는 안전상 이유로 굴착하지 못했던 퇴적 분지나 대륙주변부도 깊이 굴착할 수 있게 되었다. 이 배는 미화로 5억 달러나 나가며 지금까지 바다에 나갔던 지질 실험실 가운데 최고의 시설을 갖추고 있다.

융복합 연구 프로젝트 수행을 위해 해양 연구소가 설립되다 해양에 대해 한 차례 항해로 얻을 수 있는 것보다 요구되는 과학적 정보의 양이 점점 더 커지게 되었다. 해양 조사가 연이어 수행될 수 있도록 이를 주관하는 해양연구소와 관청 그리고 공동 사무소 등이 설립되기 시작했다. 첫 번째 조정기구는 모나코의 알베르 I세 왕자가 1906년에 기금을 출연해서 세운 것으로 연구실과 박물관으로 꾸며졌다(**그림 2.28**). Albert's Institut Océanographique 출신으로 가장 유명한 이는 아마도 1943년에 현대식 잠수장비인 SCUBA를 개발한 공동 주역인 쿠스토(Jacques Cousteau)일 것이다. 모나코에는 1921년에 여러 해운국이 참여해서 세운 국제수로국(International Hydrographic Bureau)도 있다. 이 기구는 최초로 등수심선을 표시한 해도를 발행하였다.

일본은 정부와 산업체가 공동으로 투자하여 1971년에 JAMSTEC(Japan Marine Science and Technology Center)을 세웠다. 1989년에 JAMSTEC은 현재 가장 깊은 곳을 탐사할 수 있는 신카이(Shinkai) 6500과 함께 개발된 원격무인탐사체 가이코(Kaiko)를 진수시켰는데 1995년부터 본격적인 활동을 시작한 이 로봇 장비는 현역 가운데 가장 깊은 곳에서 작동되는 것이다(**그림 2.29**). JAMSTEC은 IODP 프로그램의 가장 큰 후원자이다.

미국에는 3개의 훌륭한 해양연구기관이 있는데, 케이프코드 소재 우즈홀 해양연구소(Woods Hole

그림 2.28 과학자와 기술원이 최초의 자율적인 해양연구소에서 근무하는 모습. 1908년에 모나코의 알베르 I세 왕자가 세운 Institut Océanographique는 연구와 대중 교육 프로그램을 모나코와 파리에서 계속하고 있다.

그림 2.29 현역 가운데 가장 깊은 곳에서 활약하는 가이코. 1995년 3월 24일에는 챌린저 해연 근처에서 수심 10,914 m까지 내려간 기록을 가지고 있다. 이 작은 무인원격탐사체는 자료를 광케이블을 통해 모선으로 보낸다. 가이코는 일본의 해양과학공동투자기관인 JAMSTEC이 운영하고 있다.

Oceanographic Institution)는 1930년에 세워져서 MIT와 1888년에 세워진 이웃한 해양생물학연구소(Marine Biological Laboratory)와 제휴하고 있고, 캘리포니아의 라호야에 있는 스크립스 해양연구소(Scripps Institution of Oceanography)는 1912년부터 캘리포니아 대학교에 부속되었으며(**그림 2.30**), 컬럼비아 대학 부설인 라몬트-도허티 지구관측소(Lamont-Doherty Earth Observatory)는 1949년에 설립되었다.

미국 정부는 적극적으로 해양학 연구를 지원해 왔다. 해군성 휘하에는 Office of Naval Research, Office of the Oceanographer of the Navy, Naval Oceanic and Atmospheric Research Laboratory, Naval Ocean Systems Command를 두고 있다. 이 기관들은 모두 국방과 관련된 해양연구를 주 업무로 하고 있다. NOAA(National Oceanic and Atmospheric Administration)는 1970년 상무성 안에 설치되었으며, 그 아래에 National Ocean Service, National Weather Service, National Marine Fisheries Service, 그리고 National Sea Grant Office를 두고 해양의 상업적 이용을 진흥시키고 있다.

인공위성이 해양 탐사에 신무기로 떠오르다 1958년에 세워진 NASA는 해양과학에 지대한 공헌을 하고 있다. 1978년에는 최초의 해양관측 위성인 시샛(Seasat)을 쏘아 올려 넉 달간 해양 자료를 전송하였다. 최근에 들어서는 바다 표면으로 레이더를 쏘아 파도의 높이, 해수면 모습을 측정하고 수온의 변화와 기타 해양 관련 자료를 획득하는 관측 위성을 쏘아 올려 기여하고 있다.

차세대 위성의 선두 주자격인 **토펙스/포세이돈 위성**(TOPEX/Poseidon)은 미국 NASA와 프랑스의 CNES(Centre National d'Études Spatiales)가 공동 개발해서 1992년에 쏘아 올려졌다. 이 위성의 중추 역할은 지상 1,336 km에서 궤도를 돌면서 열흘마다

a

미국 매사추세츠 주의 우즈홀 소재 우즈홀 해양연구소. 스미스소니언 박물관의 부원장이던 베어드(Spencer Fullerton Baird)가 케이프코드에 U.S. Commission of Fish and Fisheries를 유치하면서 1871년 당시 조그만 어촌이었던 이곳에 해양학의 바람이 불게 된다. 해양생물학연구소는 1880년에, 해양연구소는 1930년에 들어섰다. 사진에 보이는 연구소 건물들은 고요한 Eel Pond 가에 세워진 것들이다.

b

캘리포니아 주의 라호야 시에 있는 스크립스 해양연구소. 1892년에 버클리 대학의 리터(William Ritter) 교수의 여름철 천막연구소로 출범했다. 1905년에는 박애주의자인 신문사 소유주 스크립스(E. W. Scripps)와 그의 여동생 엘런이 기부한 돈으로 사들인 부지 위에 첫 번째 건물이 세워졌다.

그림 2.30

한 번씩 얼음으로 덮이지 않은 바다 표면의 95%를 관측하는 것이다. 이 위성에 실려 있는 위치 측정기는 지구 중심에서 자신의 위치를 1 cm 오차 이내로 측정한다. 그리고 함께 실려 있는 레이더 장비는 해수면의 높이를 놀랄 만큼 정확하게 측정한다. 5개년 계획 안에는 수증기 농도 측정, 해류 측정, 그리고 풍향풍속 측정이 포함되어 있다.

토펙스/포세이돈의 후속으로 NASA의 야심작인 **제이슨 1호, 2호 위성**(Jason-1, Jason-2)은 2001년 12월과 2008년 6월에 발사되었다. 둘은 같은 지상 궤적을 1분 차이로(370 km 전방) 돌고 있는데 주 임무는 전 지구 기후에 대한 해양과 대기의 상호작용이다.

1997년에 NASA가 발사한 **시스타 위성**(SEASTAR)은 해색 감지기인 SeaWiFS(sea-viewing wide-field-of-view sensor)를 싣고 있다. 이 장비는 해수 표층에서 엽록소의 분포를 관측해서 기초생산력을 재고 있다.

NASA의 차세대 지구관측 위성 네 개 가운데 하나인 **아쿠아 위성**(AQUA)은 2002년 5월 4일에 극궤도에 올려졌다. 이름이 시사하듯이 주 임무는 지구의 물 순환에 대한 방대한 정보를 획득하는 것으로 해양의 증발량, 대기의 수증기 함량, 해양의 식물 플랑크톤과 용존유기물 함량, 그리고 대기, 대지와 물의 온도 측정이 포함된다. 아쿠아 위성과 함께 자매 위성인 테라(TERRA), 오라(AURA, **그림 2.31**), 파라솔(PARASOL), 클라우드샛(CloudSat)이 편대를 이루어 지구와 대기를 감시하고 있다.

사람들이 매일 쓰고 있는 위성 시스템도 있다. 미국 방성은 24개 위성 집단(21개는 작동, 3개는 예비로 지상 17,000 km 상공에서 궤도를 돌고 있음)으로 구성된 **위성항법시스템(GPS:** Global Positioning System)을 구축했다. 이 위성들은 지구상 어느 곳에서도 수평선 위에 최소 4개 이상의 위성이 있도록 배치해 놓았다. 각 위성은 컴퓨터와 전자시계 그리고 라디오 송수신기를 갖추고 있다. 지상의 모든 GPS 수신기는 최소 3개의 위성이 보내 준 정보를 이용해서 자기의 위치를 계산하는 컴퓨터를 가지고 있다. 결과는 지리좌표, 경도와 위도로 제시되는데, 수신기의 종류에 따라 정확도는 미처 1 m를 벗어나지 않는다. 휴대용 GPS의 가격은 몇만 원밖에 하지 않는다. 항해와 위치 측정에 GPS가 도입됨에 따라 해양 자료 획득이 단숨에 혁신되었다.

위성 해양학은 해양학의 첨병이 되었으며 이를 통해 발견한 것에 대해서는 이어지는 장에서 다루도록 하겠다.

© Rick Baldridge

그림 2.31 대기 관측 위성인 AURA는 2004년 7월 15일에 캘리포니아에서 발사되어 극궤도로 올려졌다.

주요 연구계획을 정부와 연구소가 협력해서 추진하다 해양학은 거대과학으로 팽창하였다. 바다의 소규모 현상에서 벗어나 대규모 현상을 탐구하고자 정부와 연구소가 협력하고 있다. 대형 연구계획은 대개 프로그램의 이름에서 머리글자를 모은 합성어로 이름이 붙여진다. 아래에 주요 과제를 몇 개 소개하고자 한다.

- WCRP(World Climate Research Programme). WCRP(국제기후연구계획)의 목적은 지구 변화 연구를 지원하기 위해서 물리적 기후 체계와 기후 과정의 과학적 본질을 이해하는 것이다. 그 밑의 CLIVAR (CLImate VARiabilty and Predictability)는 1994년에 종료된 TOGA(Tropical Ocean and Global Atmosphere)와 1998년에 종료된 WOCE(World Ocean Circulation Experiment)를 잇는 사업이다. CLIVAR는 물리해양학자들이 수행한 사상 최대의 과학 사업으로 이것의 세 가지 목표는 (1) 기후의 계절 변동성과 지구 규모 해양-대기-육지 체계에 대한 동역학적 연구, (2) 10년에서 100년 범위의 기후 변동성과 예측 연구, (3) 대기 온도와 순환에서 인간으로 비롯된 부분의 감지이다.
- IGBP(International Geosphere-Biosphere Programme). 이 또한 지구변화를 연구한다. 예하 연구 사업인 GLOBEC(Global Ocean Ecosystem Dynamics)은 지구 변화로 비롯된 해양 생물 개체군의 변동 원인에 대한 이해의 증진에 기여하고 있다. 동물플랑크톤에 역점을 두고 있지만 생물 다양성과 같은 현안에도 주목하고 있다. 또한 JGOFS (Joint Global Ocean Flux Study)는 해양의 화학, 물리, 생물 작용에 집중하여 해양의 탄소 순환 이해 증진에 기여하고 있다. 이 둘의 목표는 대기와 해양 사이의 탄소 이동을 조절하는 과정을 결정하고 인간의 활동에 대한 해양과 대기의 반응을 지구 규모로 예측하는 것이다.
- IODP(Integrated Ocean Drilling Program). 이것은 ODP(Ocean Drilling Program)를 잇는 국제 컨소시엄으로 추진되는 연구 사업으로서 심해저 굴착에 최신 기술과 신예 굴착선(연구선 지구호, 그림 1.31)을 활용하고 있다. 이 사업의 목적은 해양 분지와 주변부의 지질사를 밝히는 것이다. ODP의 업적은 3장과 4장에서 다룬 해저 지질사에서 핵심적으로 기여하였으며 IODP는 이런 공헌을 계속하게 될 것이다.
- RIDGE(Ridge Interdisciplinary Global Experiments). 이 연구 사업은 해저 중앙 산맥의 확장축의 동역학에 초점을 맞추고 있다. 다음 장에서 자세하게 다룰 터이지만 확장축은 새 해양 지각이 만들어지는 경계이다. 이 연구에서는 원격무인조정 탐사

체가 크게 활약하고 있다.

이미 살펴본 바와 같이 해양학자와 학생들이 총동원해서 전 해양을 진단하고자 장비를 곳곳에 설치해 놓고 있다. 해양과학은 체질적으로 현장 과학이다. 선박과 외딴곳에 있는 연구소는 진보에 필수적이다. 선박을 운영하고 연구소에 인적 자원을 조달하는 것은 비용이 많이 들뿐더러 때로는 위험하지만 해양학자들은 일과를 기꺼이 받아들인다. 해양학자들은 자신들의 분야의 역사가 쓰인 학술 문헌들에 가까이하면서 자신들만의 차별성이 계승되는 것을 느낀다. 해양학자에게 역사는 단지 몇 사람의 구미에 맞는 추상적인 분야가 아니라 일상의 일부이다. 해양학의 기념비적인 역사 가운데 몇 가지를 추려서 **표 2.1**에 정리하였다.

알렉산드리아 도서관 학자들이 이 자리에 있다면 지난 2천 년 동안에 있었던 해양의 이해를 위한 노력을 치하했을 것이다. 해양학 연구에 과학적 방법을 적용한 것은 그 동안 여러 혜택을 누리게 하였는데 그 가운데 특히 빼놓을 수 없는 것이 지구와 해양의 역사에 대해 알고 싶은 갈증을 일부라도 풀게 되었다는 것이다. 여러 발견의 뒤에는 항해에 대한 유혹이 자리 잡고 있다. 해양조사선, 연구실, 그리고 도서관 어디에 있던 해양학자들은 오늘도 지식을 모으는 일을 계속하고 있다. 행운과 지원이 함께하면서 이런 노력은 미래에도 이어질 것이다.

개념점검

16. 왜 극지역 해양의 상태가 과학자들의 관심을 끄는가?

표 2.1 해양과학 관련 주요 사실 연대표

연도	사실
기원전 4000	이집트인이 나일 강 교역 실시
기원전 3800	물(강)이 표기된 최초의 지도 제작
기원전 1200	페니키아인이 지중해에서 영국과 서아프리카와 교역
기원전 1000	폴리네시아인이 통가와 사모아에 살기 시작
기원전 900	그리스에서 ocean의 어원이 되는 *okeanos* 사용
기원전 800	항해용 그림 출현
기원전 600	그리스의 피타고라스 학자들이 지구가 둥글다고 여김
기원전 325	피테아스가 영국으로 항해하고 조류가 달과 관련 있다고 주장함(**11장**), 중국인이 나침반 발명
기원전 300	알렉산드리아에 도서관 설립
기원전 230	에라토스테네스가 지구 둘레 계산, 경도와 위도 제정(**2장**)
기원전 127	히파르코스가 경위도를 일정 간격으로 교정
기원후 150	프톨레마이오스가 지구 둘레를 잘못 계산
415	알렉산드리아 도서관 파괴됨
500	폴리네시아인의 하와이 정착
780	바이킹의 유럽 침략 시작
1000	노르웨이인의 북미 식민지 건설
1460	엔리케 왕자 사망
1492	콜럼버스의 1차 항해 시작
1522	마젤란의 대양 일주 성공
1609	그로티우스가 현대 해양법의 근간인 *Mare Liberum* 출판(**18장**)
1687	뉴턴이 중력을 다룬 *Principia Mathematica* 출판(**11장**)
1742	셀시우스가 온도 체계 확립(**6장**)
1758	린네가 생물 분류 체계를 확립한 *Systema Naturae* 10차 개정판 출판(**13장**)
1760	해리슨이 넘버포 경선의 제작(**2장**)
1768	쿡의 1차 항해 시작(**2장**)
1769	프랭클린이 해류가 표기된 최초의 지도 발행(**2장**)
1779	쿡이 하와이에서 사망
1818	존 로스가 심해 측심, 심해 퇴적물 인양
1831	다윈이 비글호로 탐험 시작(**13장**)
1835	코리올리가 지표에서 수평운동에 대한 첫 번째 논문 발표(**8장**)
1836	하비가 해조류 분류법 제정(**14장**)
1838	미국해양탐사 개시
1847	외르스테드가 플랑크톤 관찰(**14장**)
1855	모리가 *Physical Geography of the Seas* 출판(**2장**)
1859	다윈이 *Origin of Species* 출판(**13장**)
1872	챌린저 탐사 시작
1877	아가시가 블레이크호 조사 실시
1880	디트마가 해수 주성분 분석(**7장**)
1888	해양생물학연구소 설립
1890	머한이 *The Influence of Sea Power upon History* 출판
1891	머레이 경과 레너드가 해양 퇴적물 분류(**5장**)
1893	난센이 프람호로 북극해 탐험(**2장**)

계속

17. 음향측심이 줄과 추에 비해 왜 커다란 진보인가? 어느 탐사에서 음향측심기가 처음으로 쓰였는가? 음향측심이 잘못된 수심을 알려 줄 수 있는 경우를 몇 가지 상상해 보라.

18. 무엇이 해양연구기관의 설립을 뒷받침했는가?

19. 위성은 우주에서 궤도를 돌고 있는데 어떻게 해양학 연구를 수행할 수 있는가?

20. 현대 해양학에서 현장 조사는 어떤 역할을 하고 있는가?

표 2.1 해양과학 관련 주요 사실 연대표(계속)

연도	사실	연도	사실
1900	올덤이 P-, S-지진파를 구분 (3장)	1977	앨빈이 갈라파고스 균열대에서 열수공 발견 (4, 16장)
1906	모나코의 알베르 I세 왕자가 Institut Océanographique 창설	1978	최초의 해양 관측 위성 시샛 발사
1907	볼트우드가 방사능 붕괴로 지구 나이 계산 (3장)	1985	조이데스레절루션이 글로마챌린저를 대체 (2, 3장)
1911	아문센이 남극점 도달	1985	발라드가 난파된 타이타닉호의 위치 찾음
1912	베게너가 대륙이동설 처음 강연 (3장),	1987	초신성 1987A 관측으로 원소의 생성을 증명 (1장)
1912	스크립스 해양연구소 설립	1991	조이데스레절루션 과학자들이 갈라파고스 부근에서 해저 2 km를 굴착 (3장)
1918	비야크네스가 대기 전선 이론 발표 (8장)	1992	미-불 공동으로 토펙스/포세이돈 위성 발사
1921	국제수로국 설립	1995	일본의 원격 탐사체 가이코가 챌린저 해연(10,978 m) 관측 기록 수립
1925	메테오르 탐사 시작, 음향측심기 첫 사용 (2, 3장)	1988	우주선 갈릴레오가 목성 위성에 바다 존재 가능성 확인 (1장)
1930	우즈홀 해양연구소 설립	2000	*Mars Global Surveyor*가 화석의 물 흔적 사진을 보내 옴 (1장)
1931	아틀란티스호 진수	2002	IODP의 주역 지구호 진수 (2, 3장)
1937	E. W. 스크립스호 진수	2003	IODP 출범 (3, 4장)
1942	최초의 해양 전문서 *The Oceans* 출판	2004	화성 탐사 로봇이 화성의 구세프 분화구에서 물 존재 증거 포착, 인도양에서 대형 쓰나미 발생, NOAA GOESS(Global Earth Observation System of Systems) 구축
1943	쿠스토와 가냥이 잠수용 애퀄렁 개발	2005	조이데스레절루션이 1,416 m가 넘는 암석 시추
1949	유윙이 라몬트-도허티 지구관측소 설립 (2, 3장)	2006	토성의 위성에서 액체 메테인 호수 발견
1958	미 핵잠수함 노틸러스호가 얼음 밑으로 북극점 통과 (2장)	2007	지구호가 해저 최심부 굴착(2, 3장)
1960	유인심해잠수정 트리에스터호가 10,915 m의 심해저 방문	2008	해양 관측 위성 제이슨 2호 발사(2장)
1962	카슨의 책 *Silent Spring*으로 미국의 환경운동 시작	2009	European Space Agency가 Gravity Field and Ocean Circulation Explorer 위성 발사
1968	글로마챌린저호가 첫 번째 해저 지각 시추, 판구조론을 지지함 (3, 5장)	2009	NOAA 심해 탐사 전용선 *Okeanos Explorer* 진수
1969	캘리포니아 주 샌타바버라 유정의 기름 분출로 국가적 관심 집중 (18장)		
1970	NOAA 설립, 투조 윌슨이 *Scientific American*에 지각의 진화 기고 (3장)		
1974	FAMOUS 과학자가 대서양 중앙 산맥의 열곡 방문 (3장)		

1. 알렉산드리아 도서관이 정말 대단했고 교육과 지식의 창출에 엄청난 가치를 지녔는데도 왜 현지인들이 그리 쉽게 등을 돌렸는가? 알렉산드리아 시민들 사이에서는 그리 높게 평가되지 않았는가?

알렉산드리아 도서관은 쉽게 파괴의 대상이 되었을 것이다. 왜냐하면 그 안에서 발견된 획기적인 업적을 설명하거나 강연했다는 기록이 없다. 상인을 위한 경제 관련 정보를 빼고는 과학적 탐구는 소수 특권층의 전유물로서 사서들의 지적인 성취는 실용 가치가 거의 없었다. 세이건(Carl Sagan)의 글을 상기해 볼 필요가 있다. "과학이 대중의 상상력을 사로잡았던 사례가 없다. 발전의 정체, 비관론, 신비주의에 대한 일방적 굴복에는 처방도 없다. 급기야 폭도가 도서관에 불을 지르려 했을 때 말릴 사람은 하나도 없었다."—*Cosmos*에서 발췌

2. 콜럼버스는 세계를 일주하는 데 실패했고, 마젤란도 끝내지 못하고 죽었다. 그러면 실제로 세계 일주를 해낸 첫 번째 인물은 누구인가?

영국의 드레이크(Francis Drake) 경은 자기 배로 세계를 한 바퀴 돌아본 최초의 선장이다. 1577년부터 3년에 걸쳐 탐험했다. 동태평양에서는 스페인 무역선을 습격해서 금, 은, 동전과 보석을 갈취해서 부자가 되었다. 지금은 캐나다인 북미 서해안을 처음 본 유럽인으로 기록되고 있으며, 캘리포니아를 엘리자베스 1세 영국여왕의 영지로 삼기도 했다. 68일 동안에 걸쳐 태평양을 횡단하였고 영국으로 귀환하면서 각 나라의 영주들과 향료 무역에 대한 계약을 맺었는데, 몇 건은 지금도 유효하다. 그는 1580년 9월 26일에 부자가 되어 영국에 귀환하였으며, 여왕으로부터 기사 작위를 받았고 1588년에는 스페인의 무적함대를 패퇴시키기 위해 출정하기도 했다.

지금까지 드레이크의 탐험에 대해서는 별로 알려진 것이 없다. 그가 영국으로 가져온 지리정보와 계약문건은 너무나 귀중한 것이어서 최고 기밀문서로 분류되었다. 그 바람에 이 문서를 보고 혜택을 누린 사람도 몇 안 된다.

3. 쿡 선장이 걸출한 항해를 하게 된 동기는 무엇인가?

대영제국의 해군 장교였으니까 명령에 따라 한 것이라 여길 수도 있지만 전기작가 Beaglehole이나 Hough의 견해에 따르면 사연이 좀 복잡하다. 교육을 그리 많이 받지 않은 사람이 어떻게 최초의 해양학 탐사를 지휘하게 되었을까? 쿡은 성공하는 사람들이 지닌 속성, 즉 지능, 신념, 적시에 요인과의 만남, 건강, 집중력과 행운을 지님과 동시에 학문에 대한 호기심이 많았고 당시로는 보기 드물게 자제력이 있고 이민족의 문화를 존중했다고 한다. 1994년에 Hough는 "쿡은 싸구려 보석들 사이에 빛나는 다이아몬드와 같았다. …"라고 적고 있다. 당시 해군 수뇌부에서 이런 뛰어난 인물로 하여금 탐사를 지휘하도록 한 것은 당연한 선택이었다.

4. 별로 알려지지 않은 초창기 해양 탐사 가운데 가장 중요한 사례로 어떤 것을 꼽겠는가?

쿡과 윌크스의 탐사 사이에 프랑스의 탐험이 있었다. 나폴레옹의 후원 아래 보댕이 지휘하는 호화롭게 차려진 두 척의 배에 23명의 과학자가 승선하여 1800~1804년에 오스트레일리아를 연구하고 해도를 만들고자 했다. 이들은 2,542종의 새로운 생물을 발견했으며 20만 점에 이르는 생물 시료와 30종의 살아 있는 동물을 거두는 당시로서는 가장 많은 자연사 시료를 확보했다. 하지만 영국이 바다를 장악하는 바람에 오스트레일리아 밖으로는 잘 알려지지 않았는데 최근 프랑스에서 항해 일지와 관련 자료가 발굴되어서 공개되었다. 챌린저 탐사가 사상 최초의 과학적 목적의 항해였다는 기록을 갈아 치워야 하는가? 지켜볼 일이다.

5. 요즘 항해사는 바다에서 위치를 어떻게 알아내는가?

알고 나면 시시하다. 단추를 몇 개 누르면 화면에 경위도가 표시된다. 이는 위성에서 보내는 신호를 분석해서 알아낸다. 단돈 몇만 원이면 휴대용 GPS(위성항법장치) 수신기를 살 수 있다. GPS 시스템의 오차는 약 1 m 정도이며 집(또는 다른 목적지)으로 가려면 어느 방향

으로 가야 하는지를 알려 준다. 여하간 구식 육분의 경선의(sextant-chronometer)만큼 흥미롭지 못하다. 하지만 쿡 선장이 새 장비를 본다면 아주 흥미로워할 것이 틀림없다.

6. 시간을 정확히 못 맞히는 경선의가 무슨 소용이 있는가? 경도를 계산하려면 시간이 정확해야 된다고 생각이 든다.

그렇다. 정확한 시간이 필요하다. 하지만 경선의가 중시된 것은 시간을 잘 맞혀서가 아니라 알려진 속도로 일정하게 빨리 가거나 늦게 가기 때문이다. 항해사는 매일같이 시계가 가기 시작한 일수에다 알려진 값을 곱해서 경선의가 가리키는 시각에 더하거나 빼 주어서 실제 시각을 구했다. 경선의의 참 가치는 한결같은 정도에 달려 있다.

7. 콜럼버스는 북미를 발견했는가?

아니다. 아예 본 적도 없다.

8. 해양학의 미래는 대형 연구소에 달려 있다고 했다. 개인이 해양학에 공헌할 여지는 없는가?

있다. 모든 지적 탐험은 앉아서 골몰히 생각하는 사람부터 시작된다. 떠오른 것은 처음에는 말도 되지 않아 보이기도 하고 증명 또는 부정이 불가능할 수도 있지만 아이디어는 사라지지 않는다. 동료들과 아이디어를 나누어 갖기도 한다. 만약 연구에 대해 공감대가 이루어지면 계획을 짜게 되고, 연구비를 신청해서 승인을 받기에 이르고 자료가 돌아다니게 된다. 하지만 긴 여정은 어느 개인의 생각에서 시작되는 법이다.

요약

이 장에서 과학과 탐사는 함께 손잡고 나아갔음을 배웠다. 필요로 시작된 항해는 과학과 지리적 발견 목적으로 진화했다. 과학적인 해양학으로의 옮겨 감은 1895년에 챌린저 탐사 보고서가 발행되면서 마감되었다. 곧이어 대형 해양연구소의 설립이 뒤따랐으며 연구소와 연구비 지원 기관이 미래를 향한 해양학의 향방을 결정하고 있다.

다음 장에서는 지구의 밀도에 따라 성층화된 내부층을 공부하게 된다. 안으로 갈수록 무겁고 뜨겁다는 것과 가장 바깥층조차 뚫고 내려가 보지 못했으면서도 지구 내부를 들여다보는 방법에 대해 배우게 될 것이다. 오늘날의 지진과 화산 그리고 지각판의 느린 움직임은 모두 태초부터 그래 왔음도 보게 될 것이다.

주요 용어

강(oceanus)
경도(longitude)
나침반(compass)
마젤란(Magellan, Ferdinand)
머핸(Mahan, Alfred Thayer)
메테오르호 탐사(Meteor expedition)
모리(Maury, Matthew)
미국해양탐사(United States Exploring Expedition)
바이킹(Viking)
시스타 위성(SEASTAR)
아쿠아 위성(AQUA)
알렉산드리아 도서관(Library of Alexandria)
에라토스테네스(Eratosthenes of Cyrene)
위도(latitude)
위성항법장치(GPS: Global Positioning System)
음향측심기(echo sounder)
제이슨 1호, 2호 위성(Jason-1, Jason-2)
중국 항해사(Chinese navigator)
지도제작자(cartographer)
챌린저 탐사(Challenger expedition)
천문항법(celestial navigation)
측심(sounding)
콜럼버스(Columbus, Christopher)
쿡(Cook, James)
크로노미터(chronometer)
토펙스/포세이돈 위성(TOPEX/Poseidon)

폴리네시아인(Polynesians)
프랭클린(Franklin, Benjamin)
항해(voyaging)
해도(chart)
해리슨(Harrison, John)
해상왕 엔리케 왕자(Prince Henry the Navigator)
해양과학(marine science)
해양력(sea power)
해양학(oceanography)

학습문제

익힘문제

1. 열 살배기에게 지구가 둥글다는 것을 어떻게 설득시키겠는가? 아이는 지구가 평편하다는 증거로 무엇을 댈 것 같은가? 그리고 이를 어떻게 반박하겠는가?
2. 알렉산드리아 도서관이 해양과학에 어떻게 공헌하였는가? 그곳에 모아 두었던 정보는 어떻게 되었는가? 알렉산드리아 시민이 이 도서관 학자들과 이들의 업적에 대해 반감을 품게 된 이유가 무엇이었는가?
3. 에라토스테네스는 지구의 크기를 어떻게 추정하였는가? 그의 가정 가운데 가장 놀랄 만한 내용은 무엇인가?
4. 만약 콜럼버스가 북미를 발견한 것이 아니라면 발견자는 누구인가?
5. 1900년 이후 해양학의 주요 성과를 추려 보라. 이 역사에서 개인, 개별 항해자, 연구소 소속 연구자 가운데 가장 괄목할 만하게 기여한 이는 누구인가?

응용문제

1. 월요일에 캔자스시티의 정오에 시계를 맞추고 나서 화요일에 비행기를 타고 바닷가로 갔다고 상상해 보자. 맑게 갠 날에 해변에 장대를 꽂아 놓고 그림자가 가장 짧을 때를 기다려서 시계를 보니 오전 10시였다. 이곳은 서해안인가 동해안인가? 두 장소의 경도 차이는 얼마가 나는가?(힌트: 360도를 24시간으로 나누면 15도/시간임.)
2. 글상자 2.1의 그림 b를 보고 자신의 현 위치에 대해 경위도를 대충 계산해 보라.
3. 마젤란의 선원은 항해 일지를 아주 꼼꼼하게 적었다. 그런데 귀항해서 보니 하루가 틀렸다. 왜 그런가? 하루를 번 것인가 잃은 것인가?
4. 지구의 지름에 대한 에라토스테네스의 계산을 재현해 보자. 방법을 조금 달리해서 약 8,000 km(이는 알렉산드리아와 시에네 사이의 거리임) 북쪽 또는 남쪽에 사는 친구를 수배한다. 두 곳에 긴 장대를 꽂는다. 장대가 반드시 지면에 연직하게 해야 한다(추를 단 실을 이용할 것). 정오에 부근에 그림자가 가장 짧을 태양의 고도를 잰다. 이것을 가지고 지구의 크기를 계산해 보라.

3 지구의 내부구조와 판구조론

주요 목차

- 대륙은 과거에 서로 모였었다
- 지구 내부는 층상구조이다
- 지진 연구결과로 층상구조가 확인되다
- 지구 내부구조가 점진적으로 밝혀지다
- 지구에 대한 새로운 사실이 서서히 알려지다
- 베게너의 생각이 전환점이 되다
- 발상의 대전환: 해저확장설에서 판구조론으로
- 판은 경계부에서 상호작용한다
- 판운동 요약
- 판구조론의 확립
- 판운동에 대해 아직도 연구해야 할 것이 무궁무진하다

핵심개념

1. 지구 내부는 밀도에 따른 층을 이루고 있다. 하부 층이 상부 층보다 밀도가 더 크다.
2. 대륙이 해수면보다 높게 융기한 이유는 하부가 단단한 기반이 아니라 무겁고 변형 가능한 층으로 되어 있기 때문이다. 이는 마치 배가 물 위에 떠 있는 것과 유사한 원리이다.
3. 지구 표면은 판이라는 깨지기 쉬운 약 12개의 타일로 덮인 상태이다. 하부의 유동에 의해 판은 서로 상대적인 운동을 한다.
4. 판이 충돌하고, 휘고, 가라앉는 곳에서 대륙과 해양이 만들어진다.
5. 비교적 밀도가 낮은 대륙의 중심부는 아주 오래된 곳도 많다. 그러나 해양판이 무거워 지구로 섭입되기 때문에 해저의 나이는 2억 년 이내로 젊다(지구나이의 1/23에 불과).
6. 해저에 기록된 대칭적인 잔류자기가 부인할 수 없는 판운동의 증거이다.

아이슬란드 주민들이 1970년에 분출한 헤클라 화산을 주의 깊게 관찰하고 있다. 강력한 파괴력을 가진 이 활화산은 지난 1,000년에 걸쳐 20회 이상 분출하였다. 아이슬란드는 지구상에서 가장 활발한 지각운동을 하는 장소의 하나인 중앙대서양산맥에 위치하고 있다.

불과 얼음 이 장에서는 지구의 내부구조와 그 구조로부터 해저와 대륙이 어떻게 만들어졌는가를 설명하고 있다. 놀랍게도 우리가 사는 지구는 암석의 부분용융에 의해 뜨겁고 쉽게 유동되는 층 위에 딱딱하고 깨지기 쉬운 표면층이 떠 있는 형태로 되어 있다. 이 유동층 내부 또는 하부에서의 오랜 기간에 걸친 운동이 대륙을 이동시키고, 대양저를 갈라놓기도 하고, 도시를 파괴하기도 하였다. 이어지는 3개 장에서는 이러한 운동과 그 결과에 대하여 배울 것이다.

이러한 운동의 지속적인 관찰이 가장 뚜렷한 지역이 아이슬란드다. 이 나라 253,000명 국민은 북극권 남쪽 해상에서 융기한 해저의 일부분에서 살고 있다. 이 해저면은 지구의 핵 부근에서 공급된 긴 플륨 형태의 뜨거운 물질이 융기된 것이다. 1500년경부터 지상에 분출한 용암만도 섬 전체의 1/3 정도나 되는 아이슬란드에 문명을 꽃피우려면 도전정신이 필요하다. 이곳은 온천과 증기분출이 지구상에서 가장 흔한 곳이며 지질학적으로 활발한 지각운동을 하는 지역이다. 아이슬란드 국민들은 지하의 증기를 이용하여 발전과 공공수영장 온수공급, 그리고 지열을 이용한 온실에서 일 년 내내 신선한 야채를 재배하는 것과 같은 이득을 얻기도 하지만 다른 한편으로는 지질학적 위험에 시달리기도 한다.

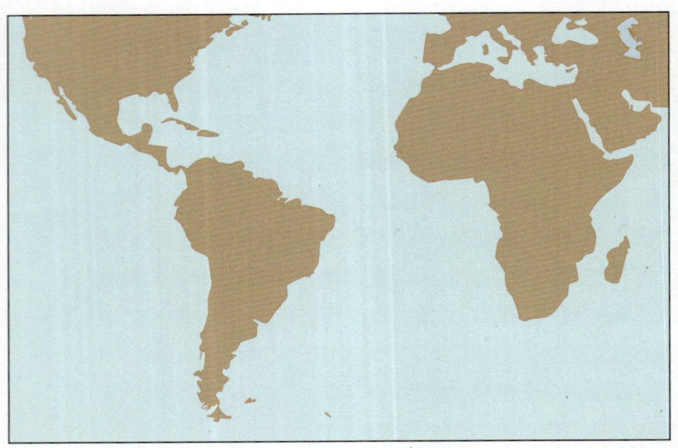

그림 3.1 지도의 정확성이 향상된 1700년대 후반부터 아프리카와 남아메리카의 대서양 해안선의 모양이 일치한다는 사실이 알려졌다.

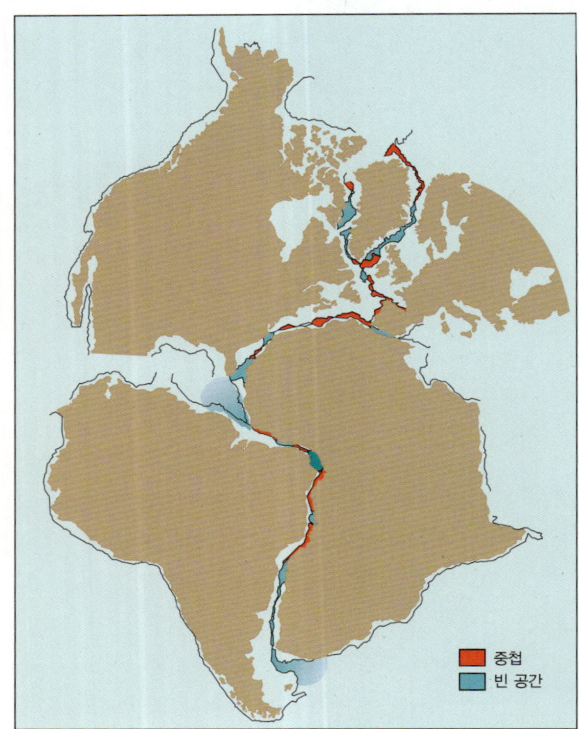

그림 3.2 수심 137 m를 기준으로 조합한 대서양의 모습. 1960년대 초에 케임브리지 대학의 불러드(Edward Bullard) 경의 계산에 기초한 것이다. 이 그림은 지각운동의 가능성을 제시하는 증거가 되었다.

3.1 대륙은 과거에 서로 모였었다

대륙 사이에 놓인 바다를 빼고 생각하면 대륙들이 서로 퍼즐조각처럼 잘 들어맞는 지역들이 있다. 1620년에 베이컨은 남대서양 양쪽 해안선이 대략 일치한다고 하였다. **그림 3.1**을 보면 이 양상을 볼 수 있다. 과연 먼 옛날에 대륙들이 서로 모인 적이 있었을까?

대륙 끝의 침수된 부분에 대한 해양학자들의 연구 결과를 보면 대부분의 해저는 일정 거리까지는 점진적으로 깊어지다가 급격하게 수심이 증가하여 심해저가 된다. 그들은 이러한 선반형태를 보이는 끝 부분까지 대륙이 연장된다는 것을 알게 되었다. 남아메리카와 아프리카의 경우 현재의 해안선 바깥쪽 해저를 포함시킬 경우 더 잘 일치한다는 자료도 확보되었다. 초창기의 컴퓨터 그래픽 결과이기는 했지만 해저가 포함된 더 그럴듯한 자료로 확보되었다(**그림 3.2**). 이렇듯 정확한 일치가 우연일 확률은 거의 없었다.

이들보다 50년 전에 의욕에 넘치는 독일의 기상학자이자 극지 탐험가인 **베게너**(Alfred Wegener)(**그림 3.3**)가 이 재미있는 수수께끼를 설명하였다. 그는 1912년에 한 강연에서 놀라운 새 학설인 **대륙이동설**(continental drift)을 발표하였다. 그의 주장에 따르면 지구의 모든 대륙은 과거에 바다로 둘러싸인 하나의 초대륙

그림 3.3 베게너의 마지막 탐험이 된 1930년 그린란드에서의 사진. 그의 뛰어난 업적인 대륙과 해양의 기원이라는 책은 1915년에 출판되었다. 그 책에서 베게너는 그가 주장한 대륙이동설을 뒷받침하는 여러 증거를 제시하였다. 이 사진 촬영 1년 전에 베게너는 "이것은 마치 찢어진 신문지 조각들을 다시 맞춰 문장이 제대로 연결되는지 확인하는 작업과 마찬가지다. 만약 일치한다면 그 조각들이 원래 그렇게 있었다고 결론을 내릴 수 밖에 없다."라고 기술하였다.

그림 3.4 현재는 대서양에 의해 분리되어 있지만 스칸디나비아, 스코틀랜드, 북아메리카의 산맥의 나이와 조성이 아주 유사하다. *Mesosaurus*라는 파충류 화석은 오직 아르헨티나와 아프리카에서만 발견된다. 고사리 포자 화석인 *Glossopteris*는 남반구 대륙 전체에서 발견된다. 대륙이 이 그림처럼 배치되어 있었다면 이 산맥과 화석분포대는 그림에서처럼 연결 가능하다.

으로 존재하였다. 그는 그 대륙을 **판게아**(Pangaea)(*pan*: all, *gaea*: Earth, land), 외곽의 바다는 **판탈라사**(Panthalassa)(*pan*: all, *thalassa*: ocean)라고 명명하였다. 그에 의하면 판게아는 약 2억 년 전에 분리되었고 각 조각들은 현재의 위치까지 이동하였으며 지금도 이동 중이다.

베게너가 제시한 증거는 대서양 남북 양측 해안선의 일치만이 아니라 건너편 대륙에 위치한 산맥들의 나이, 조성, 구조 등도 포함된다. 섀클턴(Ernest Shackleton) 경이 1908년에 동토의 남극대륙에서 발견한 열대식물의 화석으로 된 석탄층도 고려의 대상이었다. 그는 또한 1885년에 쥐스(Edward Suess)가 발견한 분리된 양 대륙의 화석 중 특히 1 m 길이의 파충류 *Mesosaurus*와 *Glossopteris* 같은 양치류에 주목하였다(**그림 3.4**).

베게너가 지질과 지형에 따라 대륙을 재배치시킨 최초의 과학자는 아니다. 사실 그 영광은 프랑스 지리학자인 스니데트 펠레그리니(Antonio Snider-Pellegrini, 1858)에게 돌아가야 하겠지만 대륙이동 가설에 이동방법을 최초로 제시한 사람이 베게너였다. 그는 무거운 대륙들이 지구자전에 의한 원심력에 의해 적도방향으로 미끄러진다고 믿었다. 이렇게 얻어진 관성에 태양과 달의 힘이 합쳐진 조석이 더해져서 대륙이 이동한다고 생각했다.

베게너는 틀린 집착을 하고 있었다. 그를 비판하는 사람들은 베게너가 반대 증거는 무시하고 그의 가설을 지지하는 자료만 모았다고 하는 일리가 있는 견해를 피력하였다. 예를 들어 대륙이 이동했다면 그 흔적이 해저에 남아 있는가 하는 질문이 이에 해당한다. 그럼에도 불구하고 일부 지질학자들은 베게너의 의견에 동조하였다. 이 대륙이동 지지자들도 거대한 화강암질의 대륙을 이동시킬 수 있는 다른 힘을 제시할 수는 없었지만 베게너의 원심력 이론에 대해서는 회의적이었다.

지질학자 입장에서 대륙이동설의 가장 큰 걸림돌은 맨틀의 존재였다. 그 당시에는 깊고 단단한 맨틀 위에 위치한 지각과 산맥이 마치 거대한 발판 위에 있는 것처럼 고정되어 있는 것으로 여겨졌기 때문이었다. 이같이 일부가 단단하게 고정된 상태라면 이동은 불가능했다. 그러나 일부 예리한 지진학자들이 지진파 연구 결과로 상부맨틀이 단단한 고체라기보다는 변형이 가능한 물질의 특징을 보인다는 사실을 알았다. 이는 상부맨틀이 마치 대장간의 달구어진 쇳덩이와 유사하게 압력을 가하면 변형이 일어나고 서서히 유동할 수도 있다는 의미이다. 완고한 지질학자들은 이 견해에 동조하지 않고 산맥이 그냥 침강한다고 말하였다. 1926년에 이르러 대륙이동 지지자들은 사라지게 되었다. 1930년에 베게너가 그린란드를 탐험하다 사망할 당시 그의 이론은 이미 자취를 감춘 뒤였다.

그렇다면 대륙은 이동하지 않는가?

답을 구하기 위해서는 지구 내부구조를 알아야만 한다.

개념점검

1. 베게너는 대륙이동을 일으키는 힘이 무엇이라고 믿었는가?
2. 베게너의 가설에 가장 큰 걸림돌은 무엇이었는가?

3.2 지구 내부는 층상구조이다

1장에서 공부한 것처럼 지구는 먼지, 가스, 얼음, 우주파편이 뭉쳐서 형성되었다. 그 후 중력이 작용하여 조성성분의 밀도에 따라 층별로 분리되어 현재의 지구가 만들어졌다(그림 1.11 참조). 하부 층이 상부 층보다 밀도가 더 크기 때문에 지구는 **밀도성층**(density stratified)을 이루고 있다. **밀도**(density)는 물질의 무거운 정도를 지칭하는데 단위 체적당 질량으로 정의되며 단위는 g/cm^{3}이다. 순수한 물의 밀도는 1 g/cm^{3}이고 화강암은 이의 2.7배인 2.7 g/cm^{3}이다.

지구를 파헤쳐서 시료를 얻으면 지구 내부를 알 수 있을 것으로 간단히 생각할 수도 있다. 지금까지 가장 깊게 파 들어간 곳은 러시아의 콜라 반도에 있는 시추공이다. 1994년에 원 목표인 15 km에 못 미치는 12.262 km에서 시추를 중단하였다. 시추공이 고온(245°C)과 고압에 의해 닫혔기 때문이었다. 바다에서의 시추기록은 *JOIDES Resolution* 호가 세웠다. 간헐적이긴 했지만 12년간의 노력 끝에 1991년에 수심 2.5 km 해저에서 2 km 굴착에 성공하였다. 새 시추선 *Chikyu*(그림 2.27 참조)는 해저면 7 km까지 굴착이 가능하다.

어느 곳을 시추해도 특별히 무거운 암석은 발견할 수 없었다. 그러나 사실 가장 깊게 굴착한 곳도 지구반경의 1/500 이하였다. 그렇다고 해서 지구가 모두 가벼운 암석으로 되어 있다고 할 수 있을까?

1700년대 후반부터 시작된 지구궤도 연구 결과로 지구 전체 질량을 계산할 수 있게 되었다. 지구 질량은 그때까지 발견된 가장 깊은 곳에서 채집된 암석을 이용하여 계산한 것보다 훨씬 컸다. 지구 내부는 가장 깊은 시추공에서 발견된 암석보다 훨씬 더 무거운(밀도가 큰) 물질로 되어 있는 것이 틀림없었다. 지구 내부로 갈수록 점진적으로 밀도가 커지는 물질로 되어 있다고 생각하기 쉽지만 지질학자들은 밀도가 특정 깊이에서 갑자기 증가하는 것을 발견했다. 그리하여 지질학자들은 지구 내부가 마치 양파처럼 명확한 층으로 구분되어 있다고 확신하게 되었다(**그림 3.5**).

개념점검

3. 밀도가 더 크다는 것이 무슨 뜻인가?

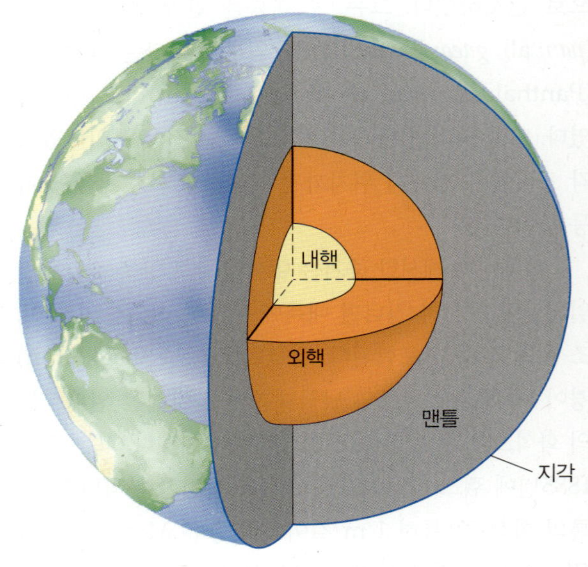

그림 3.5 지구 내부성층 단면도

그림 3.6 표면파와 실체파(P파, S파) 전달경로를 나타낸 지구 단면도. 지진기록을 보면 지진계에서 약 30°에 위치한 지진파의 도착시간을 알 수 있다.

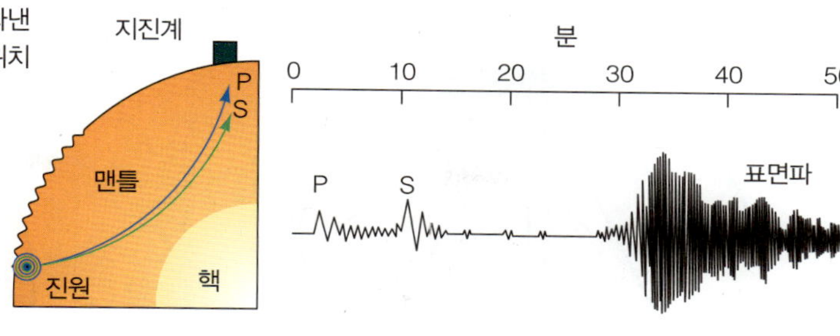

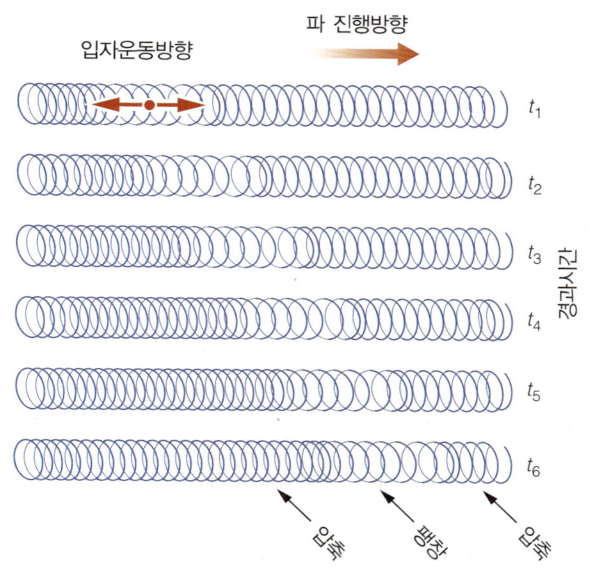

a

P(primary wave)파는 Slinky(용수철로 된 장난감)처럼 차례로 늘어났다 줄어들었다 하는 종파이다.

b

S(secondary wave)파는 줄을 옆으로 흔들면 나타나는 파동형태이다. 두 가지 파 모두 지진에 의해 발생한다.

그림 3.7

4. 밀도의 단위는 무엇인가?

5. 지구에서 밀도가 가장 큰 곳까지 시추한 적이 있는가?

3.3 지진 연구결과로 층상구조가 확인되다

1800년대 중반 과학자들이 저주파의 파동이 지구 내부를 통과한다는 사실을 발견했다. **지진**(earthquake)은 **지진파**(seismic wave)라 불리는 저주파 진동에너지를 발생시키는데 이 파는 모든 방향으로 급속히 퍼져 반사나 굴절이 되어 다시 지표면으로 전달된다. 이 지진파가 표면에 도착한 시간과 위치, 파의 전달과정에서의 주파수와 강도의 변화를 분석하면 지구 내부에 대한 정보를 얻을 수 있다(잘 익은 수박을 고를 때와 비슷하다. 수박을 두드려서 나는 소리로 익은 정도를 알 수 있다).

지진파는 지구 내부와 표면을 따라 전달된다 지진파는 표면파와 실체파 두 종류가 있다(**그림 3.6**).

표면파(surface wave)는 지표면을 따라 전달된다. 해파처럼 표면을 따라 진동하며 지표면에서 물결처럼 운동한다. 지진피해의 주범이기도 하다.

실체파(body wave)는 덜 인상적이긴 하지만 지구 내부구조 연구에 아주 유용하다. 그중 **P파**(primary wave)는 음파와 유사한 종파이다. 유연한 용수철을 밀고 당기면 P파가 발생된다. **S파**(secondary wave)는 로프를 옆으로 흔들 때 나타나는 것과 유사한 횡파이다(**그림 3.7**).

P파와 S파는 지진이 일어난 곳에서 동시에 발생한

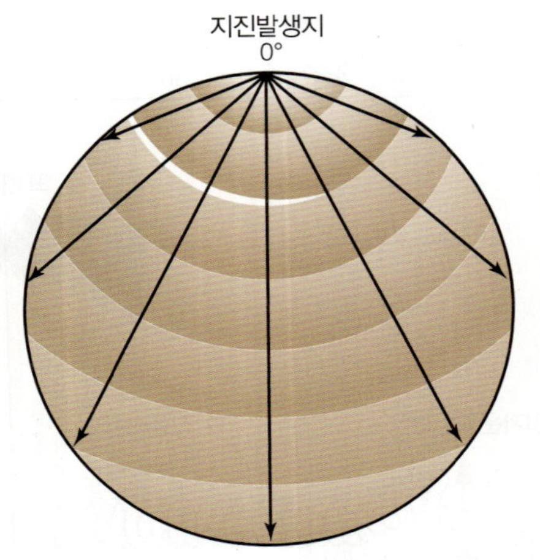

내부가 균일할 경우 지진파는 반사나 굴절(휨)이 되지 않고 화살표 방향대로 직진한다.

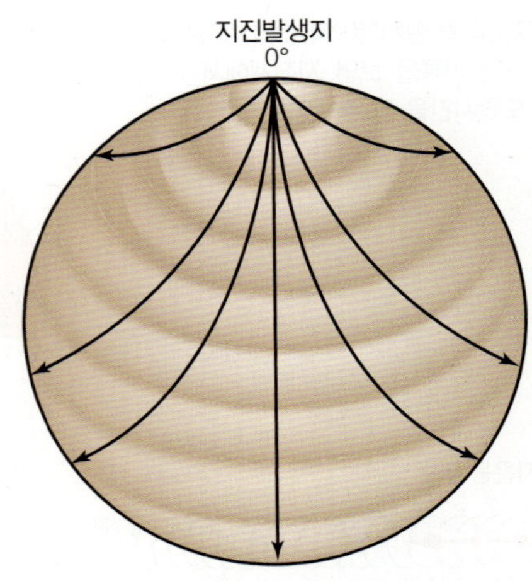

밀도가 점진적으로 증가하고 내부로 갈수록 단단한 경우에는 고르게 휘게 된다.

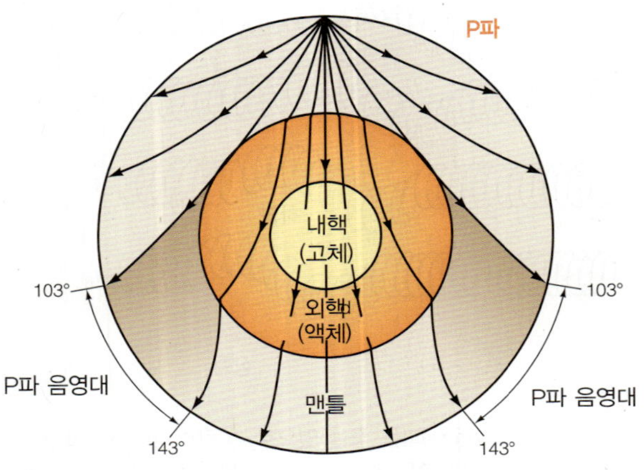

P파(종파)는 액체의 외핵을 통과하기는 하지만 휘게 된다. 지진이 발생한 곳으로부터 103~143°에서 P파 음영대가 만들어진다.

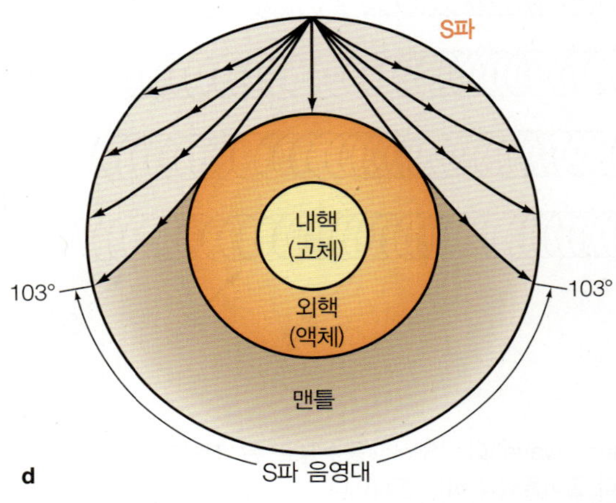

액체인 외핵에서는 옆으로 진동하는 S파는 통과하지 못해 음영대가 103~180°에 걸쳐 크게 생긴다. 아주 예민한 지진계를 이용하면 고체의 내핵에서 반사된 미약한 P파를 감지할 수도 있다.

그림 3.8 지구의 층상구조 모델에 응용된 지진.

다. P파가 S파에 비해 거의 두 배 속도로 지구 내부를 통과하므로 멀리 떨어진 **지진계**(seismograph)(*seismos*: earthquake, *graphein*: to write)에 제일 먼저 도달한다. 지진계는 지진을 감지하고 기록하는 기기이다. 횡파인 S파는 액체를 통과하지 못하지만 종파인 P파는 통과한다. 고체는 모두 통과한다. 지구 내부를 통과하여 지표면으로 전달된 지진파의 특성을 연구하면 어느 부분이 고체, 액체, 또는 부분용융 상태인지를 알 수 있다.

지진파 음영대로 핵의 존재를 확인하다 1900년에 영국 지질학자 올덤(Richard Oldham)이 지진계를 이용하여 최초로 P파와 S파의 존재를 밝혔다. 지구 내부가 완전히 균질하다면 지진파는 직선으로 지구를 관통하게 될 것이다(**그림 3.8a**). 그러나 올덤이 알아낸 것은 지진 발생 장소에서 먼 곳에 위치한 지진계에 예상보다 더 빨리 지진파가 도달한다는 사실이었다. 이는 지진파가 지구 내부로 들어가면 속도가 증가한다는 것을 의미했다. 또한 굴절에 의해 지진파가 지표로 휘어져 나가는 것이 확실했다(**그림 3.8b**)[1]. 올덤은 이를 지진파가 지구 내부에서 지표와는 다른 밀도와 탄성계수를 갖는 층을 통과하기 때문으로 설명했다. 이는 결국 지구 내부는 균질하지 않으며 탄성 특성은 깊이에 따라 변한다는 것을 의미했다.

[1] 굴절의 원리는 그림 6.21 참조.

1906년에 올덤은 결정적인 발견을 하였는데 S파가 지구의 깊숙한 곳을 통과하지 못한다는 사실이었다(**그림 3.8d**). 그는 무거운 액체성질을 가진 핵의 존재가 S파를 흡수한다고 생각했다. 거기서 더 나아가 지진이 일어난 지구의 반대쪽 광범위한 지역에 S파가 사라지는 **음영대**(shadow zone)의 존재를 예측하기도 했다. 1914년에 이르러 지진파 분석을 통해 액체인 핵과 음영대의 존재가 밝혀졌다.

액체 통과가 가능한 종파인 P파에는 어떤 특성이 나타날 것인가? 올덤은 P파가 지진 발생장소에서 가장 먼 곳(지구 반대편)에 예상보다 훨씬 늦게 도달한다는 사실을 발견했다. 즉 P파는 지구의 핵에서 진로가 바뀌기는 했지만 통과는 가능했다(**그림 3.8c**). 후대의 과학자들이 이 자료를 토대로 맨틀과 핵의 경계가 지표면 하부 약 2,900 km에 존재한다는 것을 계산할 수 있었다.

1930년대에 이르러 더욱 정밀한 지진계가 개발되었다. 1935년에 덴마크 지진학자인 레만(Inge Lehmann)이 내핵을 통과하여 지구 반대편에 도달하는 저주파의 P파 속도가 증가하는 것을 이유로 확실치는 않지만 내핵이 고체일 것이라고 주장하였다. 인공위성을 이용하여 측정한 미묘한 중력의 차이와 정확한 지구질량을 이용하여 지구의 층상구조에 대해 더 많이 알게 되었다. 지질학자들은 1960년대에 들어와 개발된 고해상도의 지진계를 이용하여 지구 내부구조를 더 잘 알게 되었다. 이 이론을 확정하기 위해서는 자료를 제공할 대형 지진이 필요했다.

지진자료에 의해 층상구조 모델을 완성하다 이 모델을 완성하는 데 오랜 시간이 걸리지 않았다. 1964년 3월 마지막 금요일 오후 5시 36분에 알래스카 앵커리지 동쪽 144 km 지점에서 아주 강력한 지진이 발생했다(**그림 3.9**). 이때 발생된 에너지에 의해 동쪽의 코도바 항과 서쪽의 코디아크 섬 사이의 약 800 km에 달하는 지표면이 파괴되었다. 일부에서는 지표가 3.7 m 수직이동하기도 했고 어떤 조그만 섬은 11.6 m나 융기하기도 하였다. 수평이동에 의한 피해는 훨씬 더 커서 약 65,000 km^{2}의 면적에 해당하는 땅이 갑자기 서쪽으로 이동하였다. 4분 30초간 지속된 강한 진동에 의해 앵커리지는 2 m 이동하였고, 수어드라는 마을은 14 m나 이동하였다. 지진은 쓰나미를 발생시켜 항구 두 곳이 파괴되었다. 알래스카 주 상업활동의 75%가 피해를 입었고 수천 명의 이재민이 발생하였다. 약 7억 5천만 달러 이상의 재산피해가 발생했으나 다행스럽게도 인명피해는 115명에 그쳤다.

그림 3.9 1964년 알래스카 지진에 의해 사라진 식당 자리의 구멍을 인부가 바라보고 있다. 진동이 너무 강해 땅이 약해져 건물을 지탱할 수 없었다.

전 세계의 많은 지진관측소에 엄청나게 강한 알래스카 지진의 P파가 관측되었다. 서로 연결된 전 세계 지진관측소 800곳 중 여러 곳의 지진계가 망가지기도 했다. 각 지진관측소에 도달한 P파와 S파의 도착시간이 정밀하게 기록되었고 지진파의 주파수, 강도, 상 등의 특성에서 얻어진 정보를 이용하여 지구 성층의 모델을 확립할 수 있었다. 지진 때문에 혼이 난 앵커리지 주민들은 기분이 좋을 리 없었겠지만 그 지진이 자연실험장 역할을 해서 지구 성층구조가 확인되었다.

개념점검

6. 지진파의 두 종류는 무엇인가? 이 중 어느 것이 더 큰 피해를 주는가? 지구 내부구조 연구에 어느 것이 더 유용한가?
7. P파와 S파를 구분하라. 어느 파가 액체를 통과할 수 있고, 고체를 통과할 수 있는가? 이것과 음영대가 무슨 관계가 있는가?
8. 1964년의 앵커리지 지진이 지구 내부구조를 이해하는 데 무슨 도움을 주었는가?

3.4 지구 내부구조가 점진적으로 밝혀지다

과학자들이 지구 최외각층 하부의 시료를 채취한 적은 없지만 각 성층의 화학조성, 밀도, 온도, 두께를 간접적인 증거로 알게 되었다. 그 증거란 지진파, 화산가스, 중력변화 같은 값을 측정하여 모은 것이었다.

조성으로 분류한 층상구조 가장 유용한 분류방법은 화학조성에 의한 것이다. 지질학자들은 지구의 각 층을 지각, 맨틀, 핵으로 구분하였다.

지각(crust)은 얇고, 비교적 가벼운 최외각층이며 지구 질량의 0.4%, 부피의 1%에 불과하다. 바다 밑의 지각은 대륙과는 두께, 조성, 나이 등이 다르다. **해양지각**(oceanic crust)은 얇으며 주성분은 **현무암**(basalt)인데 주로 산소, 규소, 마그네슘, 철 등으로 이루어진 어두운 색의 무거운 암석이다(밀도 2.9 g/cm^3). 반면에 **대륙지각**(continental crust)은 두꺼우며 주로 산소, 규소, 알루미늄 등으로 구성된 밝은 색의 **화강암**(granite)으로 되어 있다(밀도 2.7 g/cm^3).

맨틀(mantle)은 지각 하부에 위치하며 지구 질량의 68%, 부피의 83%를 차지한다. 주성분은 규소와 산소이며 철과 마그네슘이 포함되어 있다. 평균밀도는 4.5 g/cm^{3}이며 두께는 약 2,900 km이다.

핵(core)은 지구의 가장 심부층으로 주성분은 철(90%)과 니켈이며, 규소, 황, 다른 무거운 원소들이 포함되어 있다. 평균밀도는 13 g/cm^{3}이고 반경은 3,470 km이다. 지구 체적의 16%이지만 질량은 31.5%에 해당한다.

물성으로 분류한 층상구조 화학조성으로 분류한 지구 내부구조는 각 층의 물성 및 암석 특성과 반드시 일치하지는 않는다. 온도, 압력이 각 층별로 달라 구성물질의 물리적 성질에도 영향을 미친다.

상대적으로 차고 단단한 지각과 상부맨틀이 바로 하부의 온도가 더 높고 쉽게 변형되는 맨틀 위에 떠서 이동한다. 유동성을 설명하는 데는 화학조성보다는 물성이 더 중요하기 때문에 지질학자들은 물성을 기반으로 한 분류법을 제안하였다(**그림 3.10**).

- **암석권**(lithosphere)(*lithos*: rock)—두께 100~200 km의 지구 최외각층이며 차고 딱딱한 성질이 있다. 대륙, 해양지각 전체와 맨틀 상부의 차고 딱딱한 층을 포함한다.
- **약권**(asthenosphere)(*asthenos*: weak)—깊이 360~650 km에 위치하며 암석권 하부의 느리게 유동하는 상부맨틀 층이며 성질은 뜨겁고, 부분용융이 있다.
- **하부맨틀**(lower mantle)—약권과 약권 하부의 맨틀(하부맨틀)은 화학조성이 유사하며 핵까지가 경계이다. 약권 하부의 맨틀은 온도가 더 높지만 압력의 급격한 증가로 인해 용융상태는 아니다. 따라서 하부맨틀은 밀도가 더 크고, 느리게 유동한다.
- **핵**(core)—외핵과 내핵으로 나뉜다. 외핵은 고밀도의 점성도가 큰 액체이다. 내핵은 고체이며 밀도는 16 g/cm^{3}인데 이는 화강암의 6배이다. 핵은 아주 뜨거워 평균온도가 약 5,500°C에 달한다. 최근 연구 결과에 의하면 내핵 중심부의 온도는 약 6,600°C로 태양표면 온도보다 더 뜨거운 것으로 알려져 있다. 흥미 있는 현상은 고체의 내핵 또한 맨틀보다 약간 더 빠른 속도로 동쪽으로 회전한다는 점이다.

암석권과 약권은 그림 3.10에 자세히 설명되어 있다. 무게가 더 나가고 변형 가능한 약권이 마치 딱딱한 샌드위치 같은 지각과 상부맨틀(암석권)을 떠받치고(또는 유동시키고) 있음에 유의하라. 또한 해양성 암석권의 구조가 대륙성 암석권과 다름에도 유의하라. 두꺼운 화강암질의 대륙지각은 밀도가 작아서 해수면 위에 있고 반대로 얇지만 무거운 해양지각은 항상 수면 아래에 위치한다.

지각평형에 의해 대륙이 해수면 위에 위치한다 어떻게 해서 거대한 대륙지각이 해수면 위에 존재할 수 있을까? 약권이 부분용융으로 유동성이 있다면 왜 산맥이 자체 무게에 의해 가라앉아 사라지지 않을까? 그림 3.10에 그 해답이 나와 있다. 대륙에 있는 산맥의 뿌리는 약권까지 이어져 있다. 대륙지각과 나머지 암석권이 밀도가 더 큰 약권 위에 떠 있게 되는데 이는 부력에 의해 배가 뜨는 것과 같은 이치이다.

부력(buoyancy)이란 물체의 무게에 해당하는 양의 액체를 밀어내어 뜨게 되는 현상으로서 쇠로 만든 배가 배의 무게와 짐의 무게를 합한 양만큼의 물을 밀

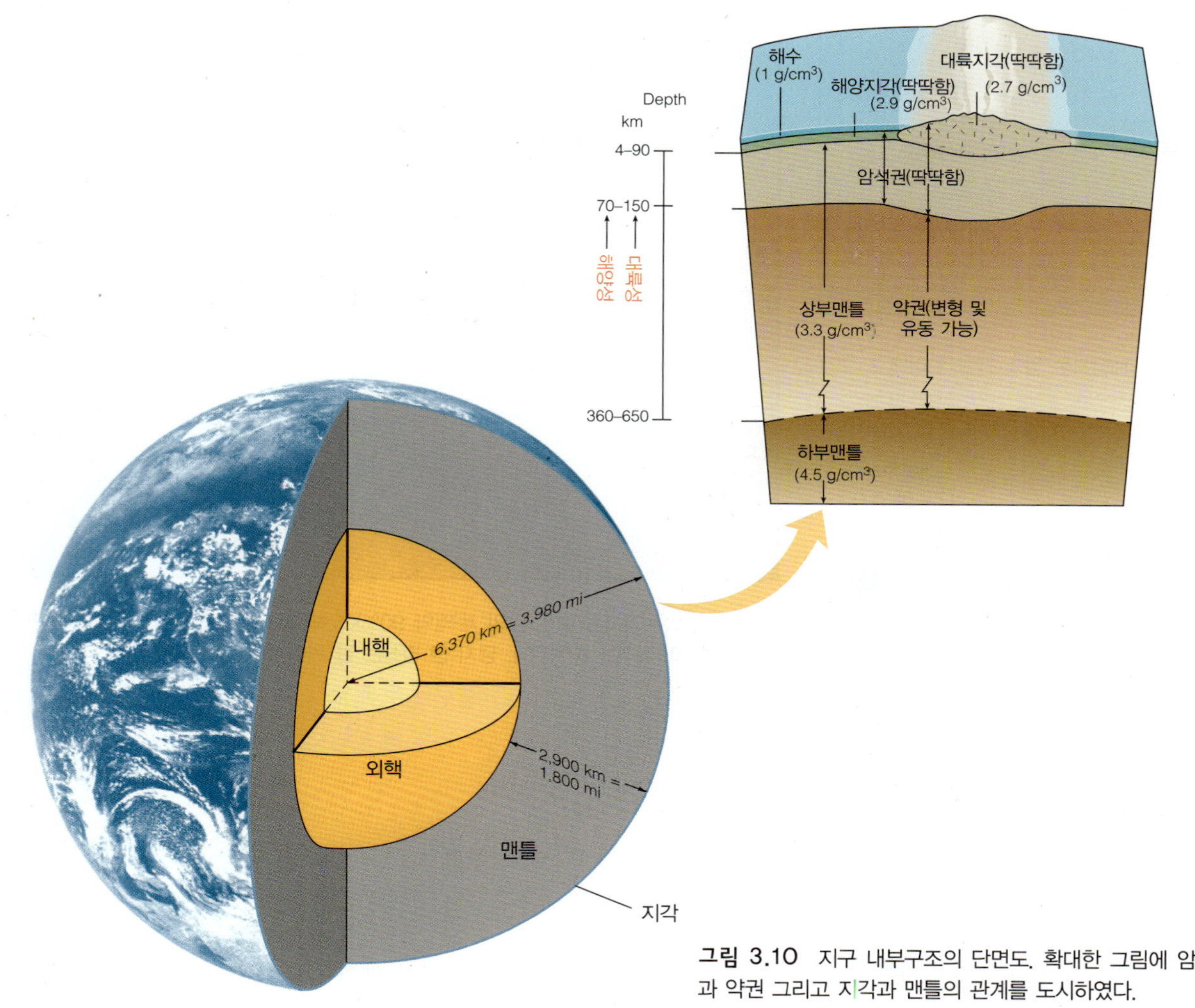

그림 3.10 지구 내부구조의 단면도. 확대한 그림에 암석권과 약권 그리고 지각과 맨틀의 관계를 도시하였다.

어내어 떠 있을 수 있는 것과 같다. 따라서 빈 컨테이너선이 밀어내는 물의 양은 꽉 차 있을 때에 비해 더 적다(**그림 3.11a**). 배를 지탱하는 물의 물리적 강도는 강하지 않은데 이는 철교가 자동차 무게를 지탱하는 방식과는 분명 다르다. 부력은 기계적인 강도는 약하지만 배와 화물을 지탱할 수 있다.

물질의 부력은 밀도와 질량에 달려 있다. 빙산처럼 밀도는 같고 크기는 제각각인 떠 있는 물체를 생각해 보자. 빙산은 체적의 약 10%가 해수면에 솟아 있다. 물에 잠긴 부분(뿌리)이 노출된 부분에 비해 9배 크므로 빙산이 클수록 작은 것에 비해 해면에 더 높게 노출되고 더 깊게 잠겨 있게 된다(**그림 3.11b**). 즉 10 m 높이의 빙산은 물 위에 1 m가 노출되지만 100 m짜리 빙산은 10 m 솟게 된다. 높게 솟은 빙산은 뿌리가 깊다.

해수면 위에 솟아 있는 대륙도 같은 원리로 설명할 수 있다(**그림 3.11c**). 에베레스트 산은 높이 8.84 km로 지구상에서 가장 높다. 에베레스트와 주변 산맥은 지구 내부의 물리적인 힘에 의해 받쳐지고 있지 않으며 실제로 그렇게 강한 물질은 없다. 장기간에 걸친 지각의 압력 때문에 약권은 무겁고, 점성이 크고 천천히 유동하는 액체상태와 유사할 것이다. 대륙의 산맥은 해수면보다 높은데 그 이유는 암석권이 자신의 무게에 해당하는 약권을 밀어낸 양만큼 천천히 가라앉은 다음 균형이 이루어지면 멈추기 때문이다. 높은 산맥 하부에서 지각균형이 이루어지고 있으며 침식이나 다른 힘이 가해지면 상하이동이 가능하게 된다. 높이가 낮으면 뿌리도 얕다. 이러한 대륙운동 양상은 마치 물에 떠 있는 배를 저속 촬영한 것과 유사한데 이를 **지각평형**(isostatic equilibrium)(*isos*: equal, *stasis*: standing)이라 한다.

산맥이 침식되면 어떤 결과가 예상되는가? 배가 짐

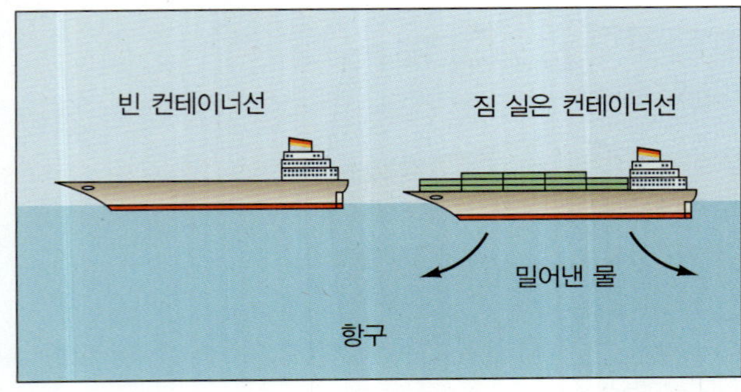

a
배는 자체와 짐을 합한 무게에 해당하는 양의 물을 밀어내고 그만큼 가라앉는다.

b
물에 가라앉은 빙산은 같은 양의 체적(약 90%)에 해당하는 만큼 잠기게 된다. 빙산이 클수록 이 체적은 증가한다. 덩치 큰 빙산은 물 위에 솟은 부분도 높지만 더 깊게 가라앉는다.

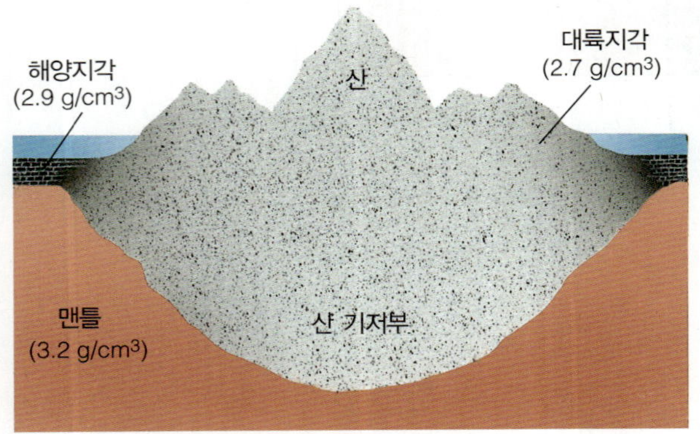

c
대륙도 비슷한 원리로 지지된다.

그림 3.11 부력의 원리.

을 부리면 위로 올라오듯이 침식은 가벼워진 지각을 융기시킬 것이다. 수백만 년에 걸친 침식작용으로 오래된 산맥의 뿌리가 드러나기도 하는데 그 결과 지각평형에 의해 산맥 하부의 대륙지각은 얇아지게 되고 퇴적이 일어나는 주변 지역은 침강한다. 이 과정은 **그림 3.12**에 나타나 있다.

약권 위의 암석권이 유동하는 현상과는 달리 지각을 이루는 암석은 지표온도 정도로는 유동하지 않는다. 배나 빙산이 조그만 무게변화에 의해 깊이가 약간씩 변화하는 것과는 달리 대륙이나 대양저는 작은 무게변화에 따른 변화가 거의 없는데 그 이유는 그 하부의 암석이 액체상태가 아니고, 변형속도도 아주 느리며, 대륙이나 해양저의 가장자리가 주변 지각에 단단히 연결되어 있기 때문이다. 융기나 침강하는 힘이 주변 암석의 탄성한계를 벗어나면 암석의 약한 면을 따라 깨지게 되는데 이 현상을 **단층**(fault)이라 한다. 이때 주변 암석들은 수직적으로 이동하기도 하는데 이러한 급격한 지각의 변화가 지진의 원인 중의 하나이다. 그러나 암석권 모두가 단단하고 깨지는 고체의 특성을 갖는 것은 아니다. 힘이 천천히 가해지면 깨지지 않고 변형이 일어나는 곳도 있다.

개념점검

9. 지구 내부의 층을 어떻게 분류하는가?
10. 지각과 암석권은 어떻게 다른가? 암석권과 약권의 차이는 무엇인가?
11. 지구 내부 어느 부분이 액체인가?
12. 대륙처럼 무거운 것이 높게 솟을 수 있는 이유는 무엇인가? 높이가 8,800 m 이상인 히말라야가 유지될 수 있는 이유는 무엇인가?

3.5 지구에 대한 새로운 사실이 서서히 알려지다

깨지기 쉬운 암석권이 뜨겁고 점성이 큰 약권 위에 놓인 지구 내부구조로 보아 지구 표면이 지질학적으로 활동

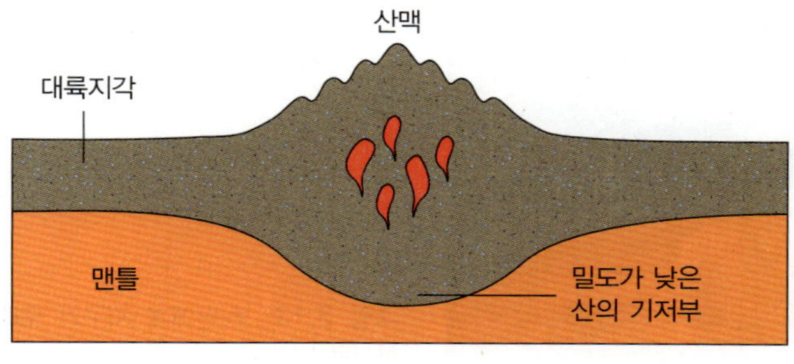

새로 형성된 산맥

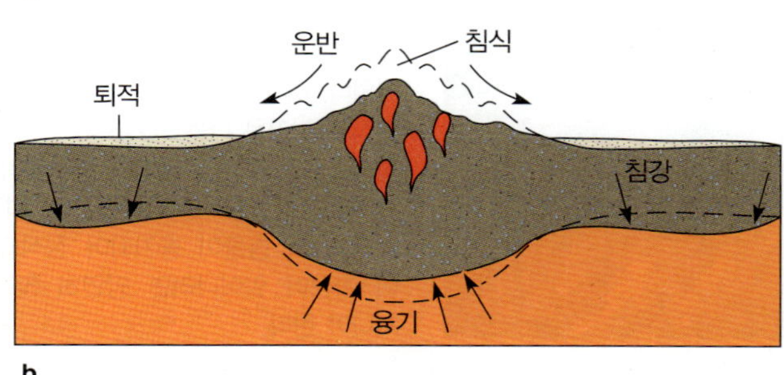

산의 침식에 따른 지각평형에 의해 융기가 일어나고 그 때문에 기저부도 올라온다. 이는 마치 배가 짐을 부리거나 빙하가 녹은 후에 나타나는 현상과 같다.

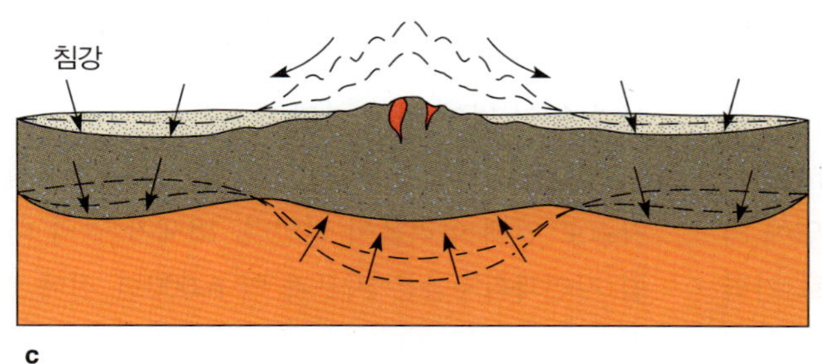

침식이 더 진행되면 깊은 곳에 묻혔던 기반암이 노출되고 산에서 흘러나온 퇴적물에 의해 주변 지각이 가라앉기도 한다.

그림 3.12 침식과 지각평형에 의해 얇아지는 산 주변의 대륙지각.

성이 있을 것으로 짐작할 수 있다. 이러한 격렬한 움직임의 결과가 지진과 화산이다. 그러나 이러한 지구 내부에 존재하는 층과 열이 산맥의 형성, 대륙분포, 해저지형, 그리고 마치 광범위하게 무작위로 분포하는 듯한 지질특성과의 연관성이 있는 것일까? 이 같이 혼돈상태로 보이는 것에도 어떤 경향이나 질서가 있는 것일까? 이러한 질문에 대해 어떻게 답을 구했나를 공부해 보자.

지구 내부의 열은 방사성 동위원소의 붕괴로부터 온다

지구 내부의 열에 의해 약권은 부드러워지고 암석권은 이동한다. 열의 기원과 그 영향에 대한 연구를 통해 지구라는 행성의 형성에 관하여 알게 되었다. 1800년대 후반, 영국의 수학자이자 물리학자인 톰슨(William Thomson, 켈빈 경)이 지구나이를 8천만 년으로 계산하였는데 이는 용융상태인 원시지구의 냉각속도에 바탕을 두었다. 지질학자들은 켈빈 경의 점진적 냉각가설에 의거하여 산맥의 형성을 설명하려 하였다. 그들의 과일건조모델에 의하면 지구는 냉각에 의해 마치 포도가 건포도로 되듯이 수축하였고 주름에 의한 갑작스런 변동으로 지진이 발생한다. 지구의 진짜 나이를 모르는 상태에서 이 주름이론으로 젊은(8천만 년) 지구의 급격한 냉각을 설명할 수 있었다. 그 후 알게 된 약 46억 년인 지구의 나이(2장 참조)를 감안한 열류량 계산에 의하면 현재의 지구는 거의 완전하게 냉각이 된 상태라야 한다. 하지만 지진, 화산, 온천 같은 것을 보면 전혀 그렇지가 않다. 이는 지구가 형성될 때 내부에 갇힌 열 외에 다른 공급원이 있다는 것을 의미한다. 따라서 산맥형성과 지진에 대한 더 그럴듯한 설명이 필요하게 되었다.

켈빈 경의 시대에 알려지지 않았던 중요한 열 공급원은 **방사성 붕괴**(radioactive decay)[2]에 의한 것이

[2] 방사성 붕괴와 방사성 동위원소 연대측정은 부록 III 참조.

그림 3.13 허턴에게 지구가 오래되었다는 확신을 갖게 한 스코틀랜드 시카포인트의 암석. 서로 직각방향으로 배열된 이 암석은 원래 각기 다른 시기에 해저면에 수평으로 쌓였었다. 하부층이 퇴적된 후 지각운동에 의해 연직으로 기운 다음 융기하여 산맥이 되었다. 침식으로 산맥이 침강하여 다시 바닷속으로 가라앉은 후 상부층이 수평으로 퇴적되었다. 지금은 이 층들이 융기되어 침식되고 있다. 이 과정이 일어나려면 당연히 많은 시간이 지나야 한다.

다. 대부분의 원자는 안정되어 변하지 않지만 일부는 불안정하여 핵이 깨질 때(붕괴) 열을 발생시킨다. 이 과정에서 방사성 입자가 방출된다. 2장에서 언급했듯이 새로 만들어진 지구에서 방사성 붕괴로 방출된 열에 의해 용융이 일어났다. 녹은 철의 대부분은 핵으로 가라앉았고 이때 엄청난 에너지가 발생했다. 이 잔류열 외에 지각과 상부맨틀에서의 지속적인 방사성 원소(주로 포타슘, 우라늄, 토륨)의 붕괴에 의해 더 많은 열이 공급되었다.

이 열의 일부는 **전도**(conduction)에 의해 지표로 전달되고 다른 일부는 약권에서의 **대류**(convection)에 의해 역시 지표에 전달된다. 액체가 가열되면 팽창하고 밀도 감소가 일어나 상승하는데 이 때문에 대류가 일어난다(대류에 의해 가열된 난방기 위의 공기가 상승한다. 그림 8.7 참조).

지구 생성 후 46억 년이 지난 현재에도 지구 내부에서 열이 방출된다. 지구가 건포도처럼 쪼그라진 것이 아니라 이 열에 의해 산맥형성, 화산, 지진, 대륙이동, 대양저 형태가 만들어졌다.

지구나이에 대한 논쟁 지질학자들은 지표면의 암석과 특성 등을 이용하여 지구의 역사를 알아낸다. 과거에는 확실치 않은 지구나이 때문에 이러한 지질작용을 이해하는 데 어려움이 있었지만 시간이 흐르면서 진전이 있었다.[3]

1장에도 나와 있지만 여러 증거로 보아 지구의 나이가 46억 년인 것은 거의 확실하다. 그러나 적절한 연구방법이 개발되기 전에는 서로 모순된 것처럼 보이는 자료로 인해 어려움이 많았다. 18세기 말의 대부분 유럽 자연과학자들은 지구가 약 6,000년 전에 만들어진 젊은 별로 생각했다. 이 연대는 암석을 분석해서 얻은 것이 아니라 구약성경의 족보에서 가져온 것이었다. 1654년에 창세기 연구결과를 토대로 아일랜드의 어셔(James Ussher) 주교는 천지창조가 기원전 4004년 10월 26일에 있었다고 확신하였다.

지질학에도 관심이 있었던 스코틀랜드 물리학자 허턴(James Hutton)은 풍경이 거의 안정되고 변하지 않는다는 것을 이유로 천지창조에 기초한 계산법이 틀렸다고 주장하였다. 그는 대신에 지질학적인 변화를 측정하였는데 그중에는 하천바닥의 침식률, 강에 의한 퇴적물 분포, 스코틀랜드 암석의 분포양상 같은 것들이 있었다. 그는 이러한 관찰을 토대로 현재 일어나는 지질학적 변화의 속도는 과거의 그것과 크게 다르지 않다고 결론지었다. 이것이 1788년에 그가 발표한 **동일과정의 법칙**(uniformitarianism)으로 지구상의 모든 지질학적 특성은 현재 일어나는 지질작용으로 설명할 수 있고 같은 일이 먼 과거에서도 일어났던 것으로 설명할 수 있다는 것이다(**그림 3.13**).

[3] 지질시대구분은 부록 II 참조.

일부 과학자들은 그를 지지하였지만 반대자들은 다음과 같은 곤란한 의문을 제기하였다. 지구가 아주 오래되었고 침식이 계속 같은 정도로 일어났다면 지구 표면이 평탄하지 않은 이유는 무엇인가? 바다가 퇴적물로 가득 채워지지 않은 이유는 무엇인가? 천지창조 후 무슨 힘에 의해 산맥이 형성되었는가?

다른 일단의 신자들이 **격변론**(catastrophism)으로 이러한 의문점을 해결할 수 있다고 생각했다. 격변론자들은 지구는 매우 젊은데 성경에 나오는 홍수에 의해 지구의 나이가 오래된 것으로 잘못 이해되는 결과를 가져왔다고 확신하였다. 홍수에 의해 지층이 습곡되고 노출되었으며 산이 무너져 얕은 해저가 퇴적물로 메몰되고 많은 식물과 동물이 멸종되었다고 하였다. 이 가설은 산꼭대기에 있는 조개화석을 설명할 수 있는 이점도 있었다.

1850년대 후반 다윈과 월리스(Alfred Russell Wallace)가 자연선택에 의해 새로운 종이 나타난다는 학설을 발표한 후 더욱 복잡해졌다. 자연선택의 결과로 지구상에 다양한 우점종이 출현하려면 오랜 시간이 필요한데 생물학적 증거도 역시 지구가 오래되었다는 것을 시사했기 때문이었다. 논쟁은 가열되었다.

동일과정, 격변, 생물진화를 인정 또는 인정하지 않으려는 과학자들의 노력으로 19세기 중반 이후에 많은 발견이 있었다. 이미 언급한 대로 지진계 성능이 향상되어 장거리를 이동하는 지진파를 발견하였다. 해저면 관측, 정밀한 해저지형도 작성, 아주 높은 곳과 깊은 곳의 광물시료 채취, 지구 내부에서 방출되는 열의 측정, 화석의 세계적인 분포 양상 같은 연구도 진행되었다. 모든 이론도 재평가되었다. 이러한 탐사에 의해 얻어진 증거로 대부분의 과학자들이 지구가 실제로 오래되었다고 확신했다. 지질학의 혁명단계가 이어져 우리가 현재 판구조론이라고 부르는 이론이 만들어졌다. 그러나 그 이론의 첫걸음은 불확실했고 우리가 알다시피 제안자 일부는 미치광이 취급을 당했다.

개념점검

13. 지구 내부가 뜨거운 이유는 무엇인가?

14. 지구 내부에서 표면으로 어떻게 열이 이동하는가?

15. 지구의 나이에 대한 전통적인 견해가 지구 내부구조를 이해하는 데 방해가 된 이유는 무엇인가?

3.6 베게너의 생각이 전환점이 되다

그러나 대서양 지도에서 볼 수 있듯이 너무나 잘 들어맞는 양쪽 해안선의 형태가 베게너의 대륙이동설이 사장되도록 놔두지 않았다.

1935년에 와다티(Kiyoo Wadati)라는 일본의 과학자가 일본 주변의 지진과 화산이 대륙이동과 관계가 있지 않을까 하는 생각을 하였다. 1940년에 들어와서 베니오프(Hugo Benioff)라는 지진학자가 태평양 주변의 심발지진 위치를 지도에 표기하였는데 그 지도를 보면 태평양지역 대부분에서 소위 **태평양 불의 고리**(Pacific Ring of Fire)라 불리는 지질활동이 활발한 지역이 나타난다. 지진관측도 활발해져 전 세계 지진과 화산의 분포도가 확보되었다. 심발지진은 아무 데서나 발생하는 것이 아니고 특정 지역에 선형으로 집중된다는 현상도 이때 알려졌다.

베니오프와 와다티 이외에도 다른 많은 사람들이 심발지진의 집중현상에 의문을 갖기 시작하였다. 대양저산맥은 1925년에 북대서양 중앙부에서 해양조사선 메테오르호(Meteor)에 승선했던 해양학자들이 최초로 발견하였는데 대부분의 지진대가 대양저산맥들과 일치한다. 베니오프의 지진연구 결과도 상부맨틀에 유동성층의 존재를 강하게 암시하기 시작하였다. 그렇다면 대륙이 이 층에 얹혀서 이동할 수 있지 않을까?

이와는 직접적인 관계가 없어 보이는 다른 자료들도 속속 입력되기 시작하였다. 제2차 세계대전 후 **방사성 동위원소 측정법**(radiometric dating)에 의한 암석의 연령측정이 활발해졌다(**부록 III** 참조). 자연상태에서 불안정하여 쉽게 붕괴되어 궁극적으로 새로운 안정 원소로 변환되는 것을 이용한 방법이었는데 방사성 붕괴속도는 일정하기 때문에 암석 중 원소의 상대비를 이용하여 연령을 측정하였다. 그 결과 놀랍게도 가장 오래된 대양저의 나이가 지구나이의 4%에 불과한 2억 년 이내인 것으로 나타났다. 반면에 대륙중심부에서는 지구나이의 90%에 해당하는 40억 년이나 된 암석도 발견되었다. 도대체 왜 해양지각은 더 젊을까?

이 이유를 알기 위해 심해해저면을 탐사할 필요가 있었다. **음향측심기**(echo sounder)는 고주파의 반사파를 이용하여 해저의 굴곡을 알아내는 데 큰 공헌을 하였다(그림 2.26 참조). 라몬트-도허티 지질조사소의

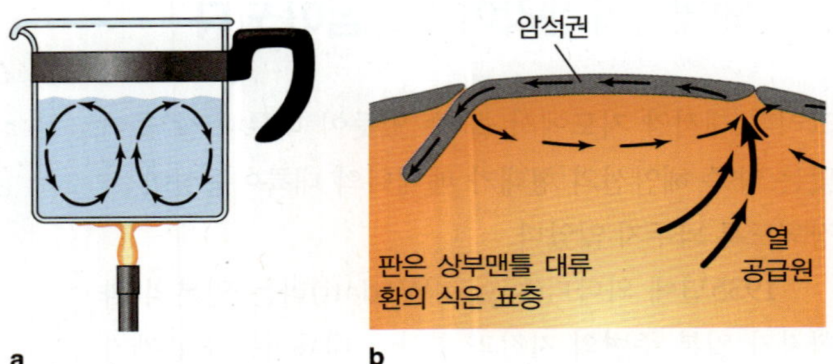

그림 3.14 대류의 모식도. (a) 물이 가열되어 끓게 되면 위로 올라왔다가 표면에서 식으면 다시 가라앉는다. (b) 지구의 판은 상부맨틀 대류환의 식은 표층에 해당한다. 융기된 대양저산맥과 식어서 무거워진 판의 끝 부분에서 작용하는 중력의 밀고 당기는 힘에 의해 판이 이동한다.

심해연구선 *Vema*호(3개의 돛을 가진 개조한 범선)의 과학자들이 심해탐사 기술을 개발하였다. 그들은 제2차 세계대전 후 강력한 음향측심기를 이용하여 해저를 조사하고 해군장비를 이용하여 해저와 그 하부 퇴적층을 연구하기 시작하였다. 그 결과 중앙대서양산맥의 전체적인 윤곽이 서서히 드러나기 시작하였다. 양측 모두에서 나타나는 해안선에서 대양저산맥 사이의 유사성에 많은 사람들이 관심을 가지기 시작하였다. 퇴적층은 육지 쪽이 가장 두껍고 대양저산맥 부근이 가장 얇다는 것도 밝혀졌다.

한편 맨틀에 대한 연구도 계속되었다. 전 세계 지진관측소표준화 연결사업이 1957년 국제지구물리의 해(International Geophysical Year)를 시점으로 최초로 시작되어 지구 내부에서 반사, 굴절되는 지진파 자료를 모으기 시작하였다. 자료분석 결과 지진파의 속도가 감소되는 층이 상부맨틀에 있음이 확인되었다. 암석권은 이 부분용융된 층과 지각평형을 이루고 있고 대륙에 충분한 힘이 가해진다면 아마도 이 층을 따라 이동이 가능하리라 여겨졌다.

개념점검

16. 지진발생장소 분포를 이용하여 대륙이동설을 어떻게 다시 끌어내었는가? 대서양 주변 대륙 짜맞추기 퍼즐과의 관계는 무엇인가?

17. 방사성 붕괴와 방사성 동위원소 측정법이 대륙이동설에 미친 영향은 무엇인가?

3.7 발상의 대전환: 해저확장설에서 판구조론으로

1960년에 프린스턴 대학의 헤스(Harry Hess) 교수와 스크립스 해양연구소의 디츠(Robert Dietz)는 해저와 대륙 모양을 토대로 혁명적인 제안을 하였다. 그들은 중앙대서양산맥(새로 발견된 다른 대양저산맥도 포함)에서 새로운 해저면이 만들어져 바깥쪽으로 확장하고 대륙은 그 힘에 의해 양쪽으로 이동한다고 주장하였다. 이동을 일으키는 힘을 맨틀 내부에서 서서히 움직이는 **대류환**(convection current)으로 설명하였다(**그림 3.14**)[4].

해저확장설(seafloor spreading)은 그간 흩어져 있던 각종 지질학적 증거들을 한데 모으는 성과를 가져왔다. 만약 대양저산맥(중앙산맥)이 **확장대**(spreading center)이고 새로 만들어진 해저면이 약권으로부터 온 것이라면 그것은 당연히 온도가 높아야 했고 실제로 대단히 뜨거웠다. 즉 화산줄기였다. 또한 해양지각이 확장중심부에서 멀어지면서 식는다면 체적감소, 밀도증가, 수심증가가 나타나야 하는데 결과는 예상대로였다. 대양저산맥에서 멀어질수록 두꺼워지고 연령도 증가하는 퇴적층도 증거의 하나였다.

그러나 이 이론대로라면 지구는 계속 커져야 한다. 지구가 커졌다는 증거가 없는 한 대양저산맥에서 새로 지각이 생성된 만큼 어느 곳에선가 소멸되어 균형이 맞아야 한다. 과학자들은 그 증거를 태평양 주변에서 지각이 맨틀 속으로 들어가는 것에서 찾았다. 이것을 **섭입**(subduction)이라 하고 그 지역을 **섭입대**(subduction zone)라 한다. 섭입대는 발견자를 기념하여 와다티-베니오프대(Wadati-Benioff zone)라 불리기도 한다.

1965년에 들어와 대륙이동설과 해저확장설은 토론토 대학의 지구물리학자인 **윌슨**(John Tuzo Wilson)이 주장한 **판구조론**(plate tectonics)(*tekton*: builder)으로 발전되었다. 그의 이론에 의하면 지구표면은 약 12개의 대규모 암석형태의 **판**(plate)으로 분리되어 있고 약권 위에 떠 있는 상태이다. 지구 내부의 열에 의해 약권이 팽창되어 밀도가 낮아지고 그 결과 융기하게 된다(**그림 3.15**). 융기된 약권이 암석권에 도달하면 지각

[4] 흥미롭게도 영국 지질학자 홈스(Arthur Holmes)가 베게너의 제안이 조롱받고 있던 시점에 최초로 맨틀대류설을 주장하였지만 그 당시에는 거의 주목받지 못하였다.

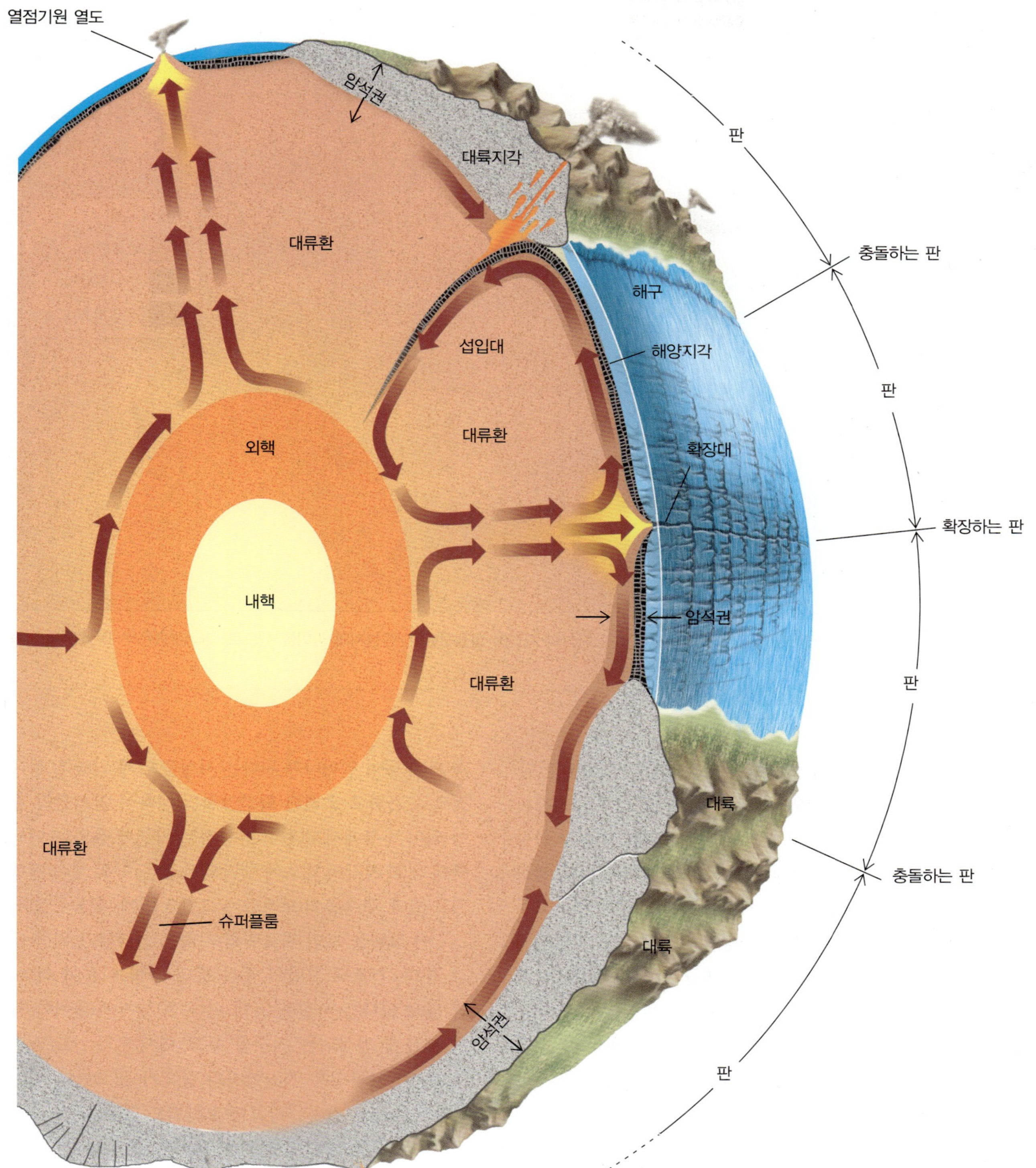

그림 3.15 열에 의해 작동되는 지각운동. 맨틀에는 온도가 주변보다 더 높은 부분이 있는데 대류환은 맨틀이 가열되어 솟고 식어서 가라앉는 곳에서 만들어진다. 판이 만들어지는 대양저산맥에서 미끄러져 내려와 냉각되어 무거워진 반대쪽은 맨틀 속으로 들어간다. 판들은 서로 멀어지기도 하고(대양저산맥), 서로 부딪치기도 하고(섭입대나 조산대), 혹은 서로 어긋나기도 한다(캘리포니아 샌앤드레이어스 단층). 일부 지역의 소규모 대류환이 만든 원통형의 플룸이 표면으로 솟은 것이 열점이다(하와이 제도). 대류환은 맨틀 전체에 분포한다.

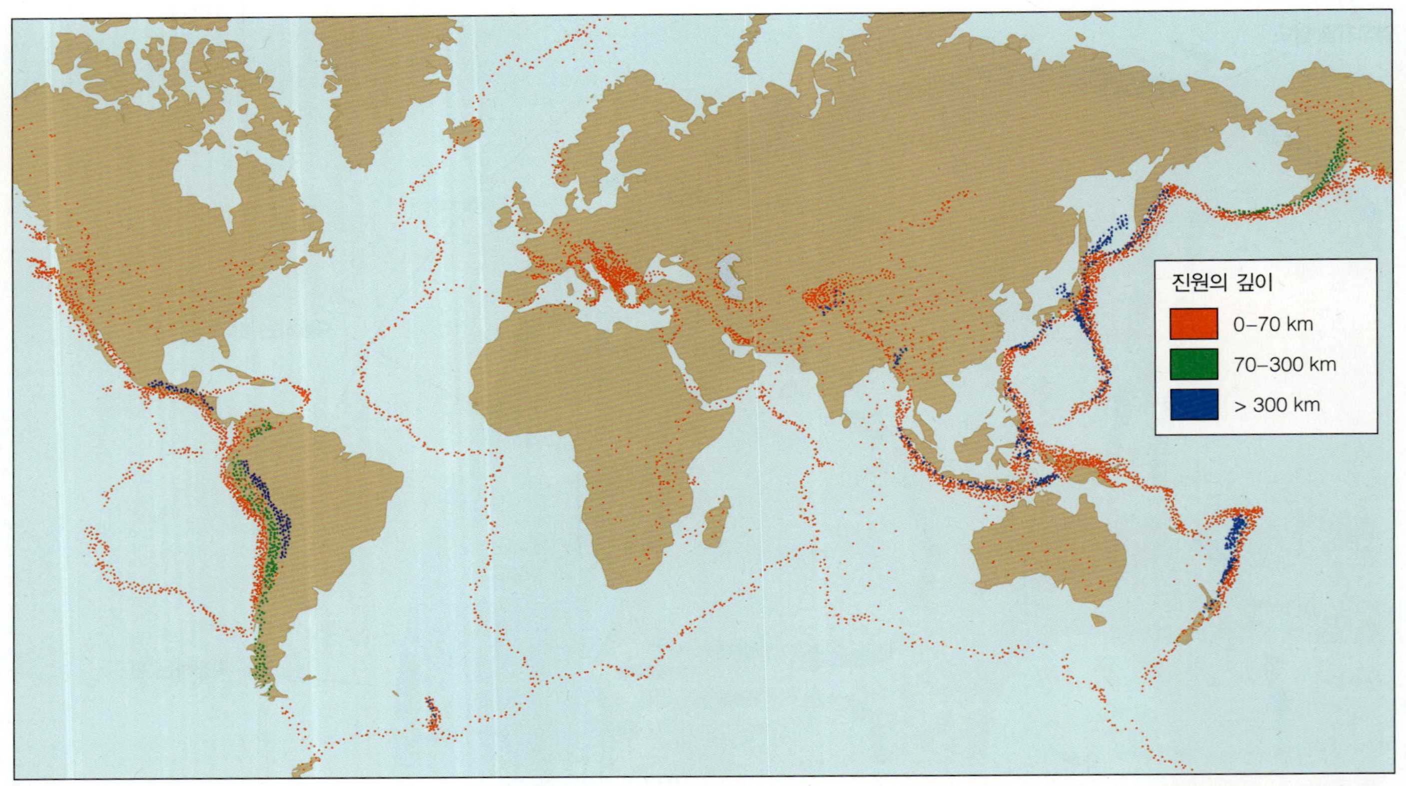

그림 3.16 1977년 1월과 1986년 12월 사이에 발생한 지진. 10,000회 이상의 지진이 발생하였다. 진원지의 깊이를 색으로 나타냄(붉은색: 0~70 km, 녹색: 70~300 km, 청색: 300 km 이상).

을 융기시키고 균열을 만들어 판의 경계부를 형성한다. 새로 만들어진 한 쌍의 판(확장축 반대방향에도 존재하므로)은 융기된 대양저 산맥에서 미끄러져 내려와 확장축을 중심으로 벌어지게 된다. 그 결과 새 해저가 확장대에 형성된다. 큰 판들은 대륙지각과 해양지각을 모두 포함한다. 큰 판들은 마치 해빙이 시작된 호수의 얼음처럼 밀리게 된다. 판 이동속도는 평균 5 cm/yr 정도로 느리다. 판들은 서로 수렴(converging), 발산(diverging), 미끄러짐(slipping) 또는 변환형(translational) 경계를 갖는데 다른 판 밑으로 들어가거나 주름을 만들어 산맥을 형성하기도 한다.

판 운동은 아래의 두 가지 힘이 합쳐진 결과이다.

- 판이 형성되어 융기된 확장대 바깥쪽으로 미끄러짐.
- 식어서 무거워진 판의 끝 부분이 맨틀 아래로 당겨지는 힘.

장구한 지질시대를 통하여 이러한 느린 이동에 의하여 지표면의 변형, 대륙의 확장과 분리, 대양저의 생성과 파괴 등이 일어나게 된다는 사실을 알게 되었다. 상대적으로 가볍고 오래된 화강암질의 대륙이 암석권인 판이 되어 하부에서 천천히 유동하는 약권에 올라타 이동하게 되고 지각이 태초에 냉각되어 굳은 이후 계속 진행되고 있다. 판운동의 모식도는 그림 3.15에 나타나 있다.

이 그림을 보면 지표면의 지형을 설명하기 위한 냉각, 수축, 건포도 모양의 주름 등의 구식 이론이 더 이상 필요 없다는 사실을 알게 된다. 20세기에 들어와 자꾸 새롭게 인식되는 지구를 두고 역사가 듀런트(Will Durant)는 "문명은 지질학자의 동의가 필요한데 이는 갑자기 바뀔 수 있다."라고 경고하기도 했다.

1966년과 1967년에 걸친 여러 차례의 학술대회에서의 논쟁의 결과로 이 지질학적 혁명이 빠르게 확인되기 시작하였다. 1968년에 *Glomar Challenger* 호는 심해의 해저지각을 시추하여 판구조론을 확정지었다. 과학자들은 여러 다른 방법으로 윌슨이 주장한 놀라운 이론을 뒷받침했다. 그들은 각기 자신의 분야에서 증거를 보강하였다. 동물학자는 오스트레일리아의 특이한 동

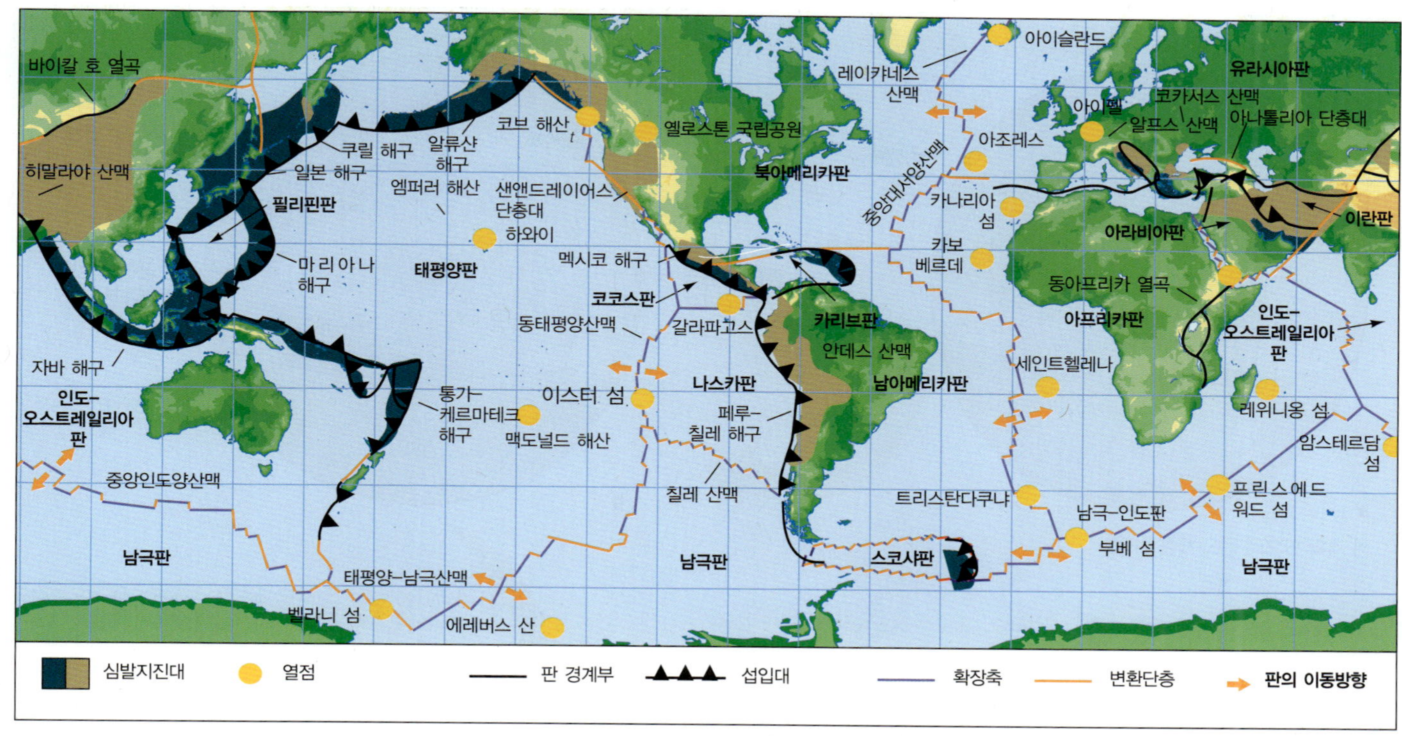

그림 3.17 주요 판의 위치 및 이동방향, 열점의 위치도. 판 경계부와 지진대가 잘 일치한다(그림 3.13 참조). 대부분의 지진, 화산활동은 판 경계부를 따라 발생한다.

물상을 설명할 수 있었고 생물학자는 격리가 되면 자연선택에 의해 새로운 종이 만들어진다는 것을 발견하였다. 고생물학자는 다른 대륙에 분포하는 유사한 화석을 설명할 수 있게 되었다. 또한 남극 석탄층의 존재도 설명이 가능하게 되었다. 모든 사람들이 이 새로운 학설의 증거 또는 반대증거를 찾으려 혈안이 되었다.

위의 내용은 20세기의 새로운 발견에 의거한 지질학적 혁명에 대한 역사적 기록이다. 지금부터 판구조론에 대한 더욱 자세한 탐구가 시작된다.

개념점검

18. 헤스와 윌슨이 새로운 견해를 내놓을 수 있는 주요한 증거들은 무엇이었는가?

19. 판구조론으로 지각의 운동을 간단하게 설명하라.

3.8 판은 경계부에서 상호작용한다

그림 3.16에 도시된 약 30,000개의 지진분포를 보면 희한하게도 암석권을 나눈 것처럼 나타난다.

각 판과 경계부는 **그림 3.17**에 표시하였다. 판은 더 무겁고 유동성이 있는 약권 위에 떠서 자유롭게 이동이 가능하다. 판들은 판 경계부에서 상호이동을 한다. **그림 3.18**에서 A판이 서쪽으로 이동하게 되려면 북쪽과 남쪽 경계부에 미끄러지는 운동이 있어야 함을 알 수 있다. 또한 서쪽에서는 판이 겹치게 되고 동쪽에는 빈 공간이 생긴다. 결국 A판의 경계부에는 확장, 수렴과 압축, 횡적이동 등의 운동이 나타난다.

이러한 판운동의 상호작용의 결과 발생하는 세 종류의 판 경계부는 다음과 같다.

- 발산형 판 경계부(두 판이 서로 벌어짐)
- 수렴형 판 경계부(두 판이 서로 모임)
- 변환형 판 경계부(두 판이 서로 미끄러짐)

판 경계부 모식도는 그림 3.18d에 나와 있다.

대양저는 발산형 판 경계부에서 만들어진다 가열된 맨틀플룸이 대륙을 향해 올라온다고 가정해 보자. 대륙지각은 상대적으로 균열이 잘 생기기 때문에 휘고 깨지게

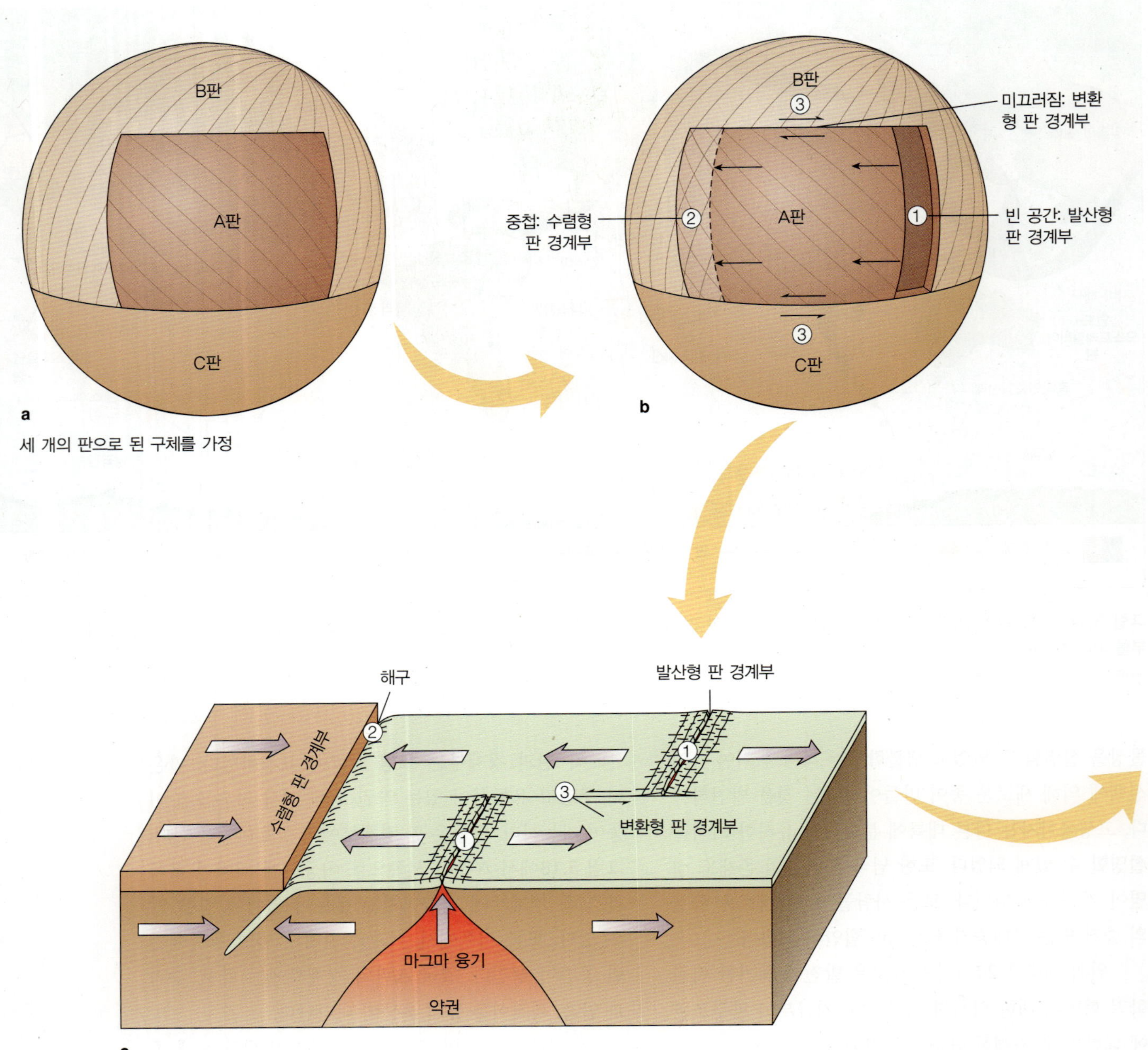

그림 3.18 판 경계부에서의 이동 양상

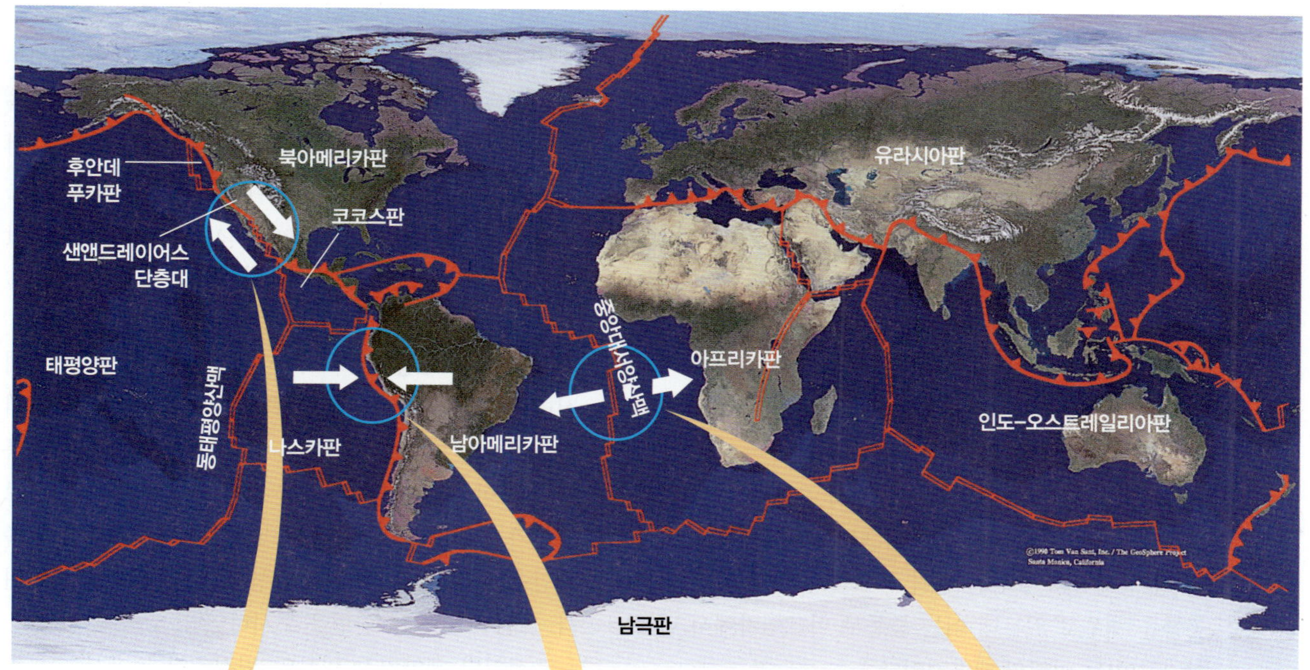

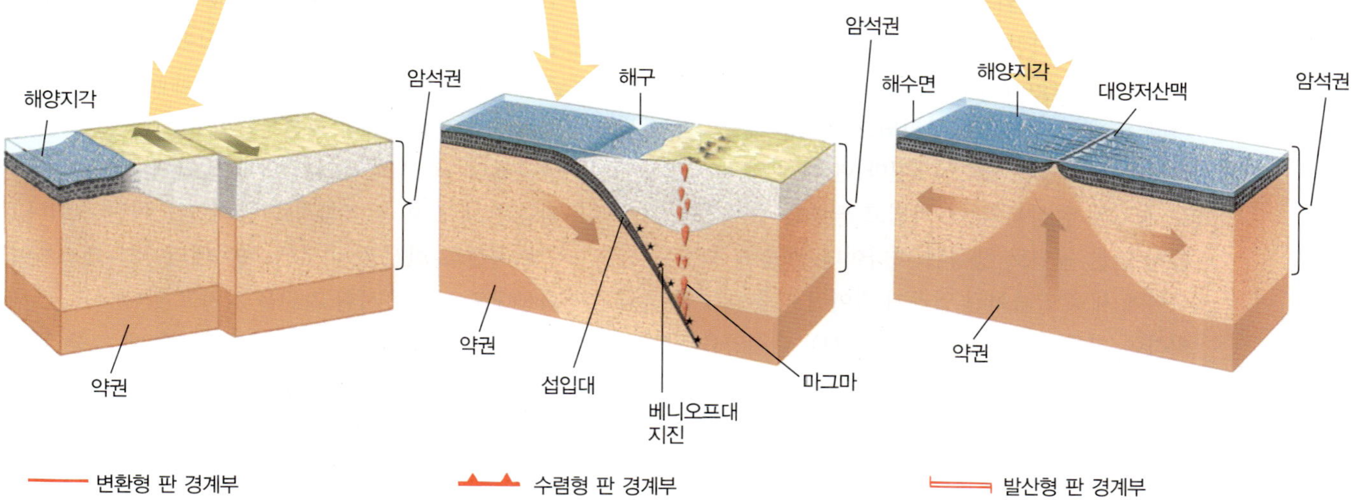

변환형 판 경계부

수렴형 판 경계부

발산형 판 경계부

d

변환형 판 경계부에서는 미끄러짐에 의한 횡운동이 일어나고, 수렴형 판 경계부에서는 압축의 결과로 비틀리고 수축되며, 발산형 판 경계부에서는 확장 때문에 분리되고 벌어진다.

될 것이다. 확장하는 약권에 의해 대륙지각은 깨어져 벌어질 것이고 새로 올라온(더 무거운) 해양지각이 그 빈틈을 채우게 될 것이다. 이 깨진 판이 새로 만들어진 확장대에서 분리됨에 따라 **마그마**(magma)라 불리는 용융된 암석이 깨진 틈을 채우게 된다[지상에 분출된 마그마는 용암(lava)이라 부른다]. 마그마 중 일부는 그 틈새에서 굳게 되고 일부는 화산으로 분출되어 **열곡**(rift valley)이 형성된다.

동아프리카 열곡은 이런 방식으로 새로 만들어진 가장 거대한 열곡 중 하나이다(**그림 3.19**). 길이는 거의 3,000 km에 달하고 에티오피아에서 모잠비크까지 뻗어 있다(**그림 3.20**). 긴 선형의 계곡 일부는 담수호를 형성하기도 한고 북쪽으로 넓어져서 홍해와 아덴 만으로 연결된다. 바닷물이 남쪽의 담수호와 북쪽의 아덴 만 사이 계곡의 갈라진 지각 틈으로 들어와 일부 낮은 곳들을 채우고 있는데 이는 중동부 아프리카에서 만들어지고 있는 미래의 대양저이다.

대서양도 이와 마찬가지의 단계를 거쳤다. 동아프리카 열곡과 마찬가지로 중앙대서양산맥은 **발산형 판 경계부**(divergent plate boundary)로서 이 경계를 따라 두 개의 대륙으로 분리되고 새로운 해양지각이 생성된다. 대서양은 약 2억 1천만 년 전에 약권이 팽창하고 융기해서 상부의 더 가볍고 딱딱한 암석권을 밀어 올려 만든 균열로 생성된 바다이다. 이렇게 확장된 판 사이에 새로 만들어진 열곡이 깊어진 다음 바닷물이 침입하여 만들어진 것이다(**그림 3.21**). 대서양을 남북으로 가로지르는 거대한 대양저산맥의 열곡중앙부는 양 대륙에서 거의 같은 거리에 위치하며 아이슬란드 북쪽까지 이어져 있다.

판의 발산현상은 대서양에서만 있었던 것도 아니고 더군다나 지난 2억 년 동안에만 발생했던 사건도 아니다. 그림 3.17을 보면 태평양과 인도양에도 중앙대서양산맥에 해당하는 산맥들이 있다. 태평양을 예로 들면 동태평양산맥과 태평양-남극산맥을 따라 벌어지는데 바로 이곳이 거대한 태평양판의 동쪽과 남쪽 경계이다. 비교적 최근에 동아프리카에서 만들어지는 열곡은 대륙이 분리되기 시작하고 있음을 증명하고 있다. 분리가 진행되면 홍해처럼 바다가 침입하게 될 것이다.

그림 3.22는 판의 발산에 의해 새로 만들어지는 바다를 나타낸 것인데(베게너의 판게아 모델) 매년 약 20 km^3의 새로운 해양지각이 형성된다.

호상열도 형성, 대륙충돌, 지각순환은 수렴형 판 경계부에서 만들어진다 지구가 커질 수 없으므로 판이 확장하는 곳이 있으면 반드시 수렴되는 곳도 있어야 한다. 이렇게 해양지각이 파괴되어 사라지는 곳을 판이 모이는 **수렴형 판 경계부**(convergent plate boundary)라 하며 여기서 격렬한 지질활동이 일어난다.

해양-대륙의 수렴: 서쪽으로 이동하는 남아메리카판에 실려 있는 남아메리카는 동쪽으로 이동하는 태평양의 나스카판과 부딪치게 되는데 더 두껍지만 가벼운 대륙판인 남아메리카판은 무거운 해양판인 나스카판 위로 올라가게 된다. 이로 인해 나스카판은 남아메리카 서쪽 해안을 따라 깊은 해구를 형성하고 그 밑으로 섭입된다. **그림 3.23**에 그 단면을 도시하였다.

섭입된 해양지각 일부와 퇴적층이 녹아서 수분과 이산화탄소가 풍부한 휘발성 성분이 상부의 판으로 이동한다. 그 결과 주변 맨틀의 융점이 낮아져서 용존가스가 풍부한 마그마가 만들어진다. 때때로 이 마그마가 지표면으로 융기하여 화산분출이 일어나기도 한다. 중앙아메리카와 남아메리카 안데스 산맥의 지진과 화산활동은 바로 이러한 과정을 통해 만들어진 것이다. 세인트헬렌스 화산을 비롯한 북아메리카의 캐스케이드 화산대도 이와 유사한 기원을 가지고 있다.

섭입된 지각은 맨틀과 섞이게 되는데 그중 일부는 핵의 경계부(표층에서 2,800 km 깊이)까지 도달한다고 알려져 있다(**그림 3.24**). 1964년의 알래스카 대지진과 엄청난 재앙을 가져온 2004년 인도양 지진 때문에 발생한 쓰나미는 해양판 섭입의 결과이다. 태평양에서의 판의 수렴(또는 발산) 속도가 대서양보다 더 빠른데 지역에 따라서는 18 cm/yr에 달하는 곳도 있다. 이러한 사실들을 종합해 보면 태평양 불의 고리의 마그마 공급원을 명확히 알 수 있다.

해양-해양의 수렴: 지금까지의 예는 해양지각과 대륙지각이 서로 만났을 경우이다. 그러면 해양지각끼리 모이게 되면 어떤 현상이 나타날까? 충돌하는 판 중에 더 오래된 판이 아무래도 더 차갑고 무거워서 중력에 의해 다른 판 밑으로 섭입되게 된다. 이런 지역에서는 해저

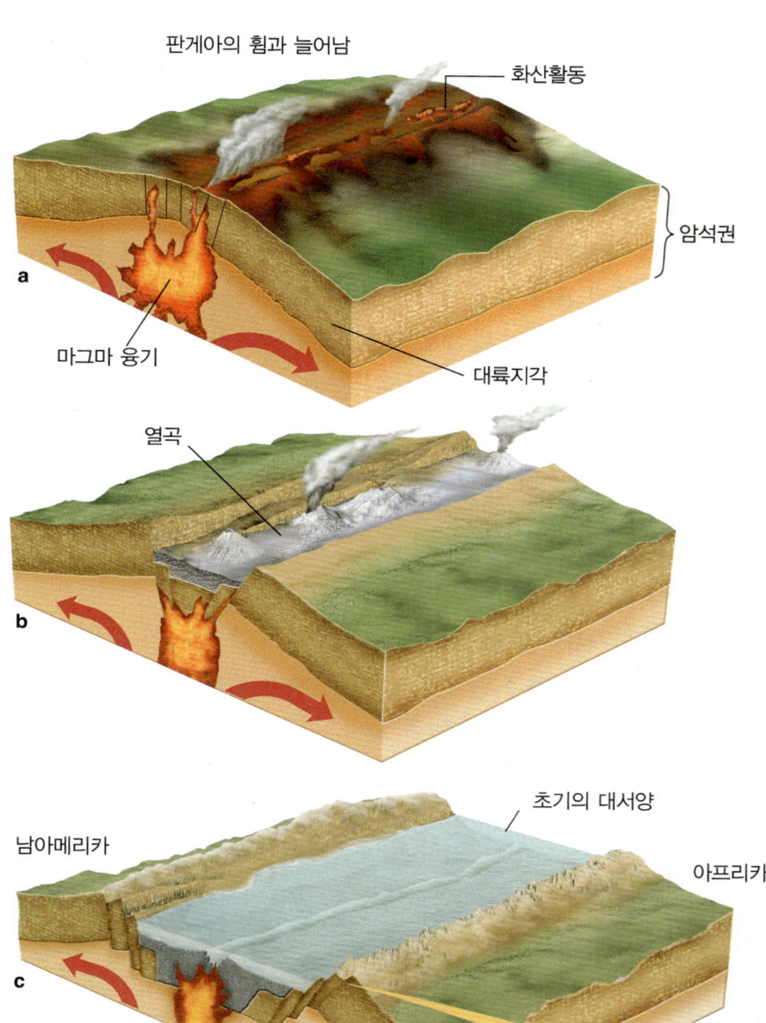

암석권이 균열되고 대륙하부에서 융기가 일어난다. 또한 약권으로부터 용융된 현무암이 공급되어 새로운 해저를 만든다.

균열이 계속되고 성장하는 대양저에 의해 대륙이 분리된다. 확장이 활발히 일어나는 대양저(중앙대서양)산맥을 따라 화산과 지진이 발생한다. 아직 바다가 침입하지는 않았지만 동아프리카 열곡이 이 단계에 해당한다.

새로 형성된 바다 밑에 새로운 해양분지가 형성된다.

d
홍해가 윗 단계의 예이다. 수평선에 보이는 톱날 형태의 지형이 모식도와 유사하다. 멀리 보이는 톱날 모양의 산맥과 아이슬란드의 열곡(그림 4.27)을 비교해 보라.

그림 3.19 새로운 판 경계부의 생성모델: 판게아의 분리와 대서양의 형성.

그림 3.20 발산형 판 경계부 동아프리카 지구대. 동아프리카는 핵과 맨틀 경계부에서 기원한 슈퍼플룸에 의해 양쪽으로 벌어지고 있다(그림 3.18, 3.19b 참조). 이 지역의 암석권은 비교적 얇은 편이고 융기된 활처럼 휜 암석권에 균열이 생기고 갈라짐에 따라 단층선을 따라 길게 선형으로 패인 지형(지구대)이 만들어진다. 지구대 일부에 담수호가 만들어지기도 하고 일부는 증발되고 해수면 아래에 위치하기도 한다. 약 5백만 년에 걸쳐 북쪽(홍해와 아덴 만)에는 해양지각이 만들어지고 있으며 이는 새로운 바다의 탄생으로 이어질 것이다.

면의 찌그러짐이 심해 아주 깊은 해구가 만들어진다. 이 경우 앞에서 언급한 대로 섭입되는 판의 온도가 오르게 되고 그 안에 포함된 수분과 이산화탄소 때문에 융점이 낮아지게 된다. 이러한 가벼운 물질들과 섭입판이 혼합되어 만들어진 비교적 밀도가 작은 마그마가 큰 화산을 만드는데 이 화산은 대륙이 아닌 해저에서 분출하게 된다. 화산은 해양지각 위에 곡선 형태로 나타나는데 해수면 위로 솟게 되면 그대로 곡선의 열도가 된다(**그림 3.25**).

수렴경계는 거대한 대륙 제조공장이라 할 수 있다. 섭입된 물질이 가열, 압축, 부분용융, 분리, 주변 물질과의 혼합 같은 과정을 거쳐 다시 표층으로 올라오기 때문이다. 이 과정에 의해 상대적으로 가벼운 대륙지각이 주로 만들어지며 그 속도는 약 1 km^3/yr이다. 일부 지구물리학자들은 대륙지각 전체가 이런 식으로 형성된 화강암질 암석에서 유래된 것으로 믿고 있다. 그들은 호상열도(island arc)가 뭉쳐서 점점 커져 대륙으로 되었다고 생각한다.

대륙-대륙의 수렴: 대륙판끼리의 충돌도 가능한데 이 경우 양쪽 판의 밀도가 비슷하기 때문에 어느 판도 섭입되지 못하고 압축, 습곡, 융기 등이 일어나 산맥을 만든다 (**그림 3.26**). 지상에서 가장 거대한 산맥들은 해저 퇴적물이 퇴적암으로 변환되어 만들어진 것이다. 가장 좋은 예는 약 4천5백만 년 전에 인도-오스트레일리아판과 유라시아판의 충돌로 만들어진 히말라야 산맥이다. 높이 솟은 에베레스트 산의 정상부는 얕은 바다의 오래된 퇴적물로 구성된 암석으로 되어 있다.

지각의 단열과 미끄러지는 운동은 변환형 판 경계부에서 만들어진다

판은 평면이 아닌 구체 위를 이동하기 때문에 확장축은 부드러운 곡선이라기 보다는 여러 개의 단층으로 갈라진 톱니 형태를 갖게 된다. 이를 **변환단층**(transform fault)이라 하는데(**그림 3.27**, 그림 3.17의 대양저산맥 참조) 이 단층면을 따라 판의 상대적 운동이 바뀌기 때문이다. 변환단층에 관한 자세한 설명은 4장 대양저산맥을 참조하라(그림 4.24 참조). 판의 측면이 어긋나는 **변환형 판 경계부**(transform plate boundary)는 판 경계부를 정의하는 중요한 아이디어 중의 하나이다. 이곳에서는 지각의 생성도 없고 소멸도 없다.

변환형 경계부에서는 서로 반대방향으로 미끄러지는 지역을 따라 지진 발생 가능성이 크다. 태평양판의 동쪽 경계는 긴 변환단층으로 되어 있다. 캘리포니아의 샌앤드레이어스 단층(San Andreas Fault)이 가장 유명

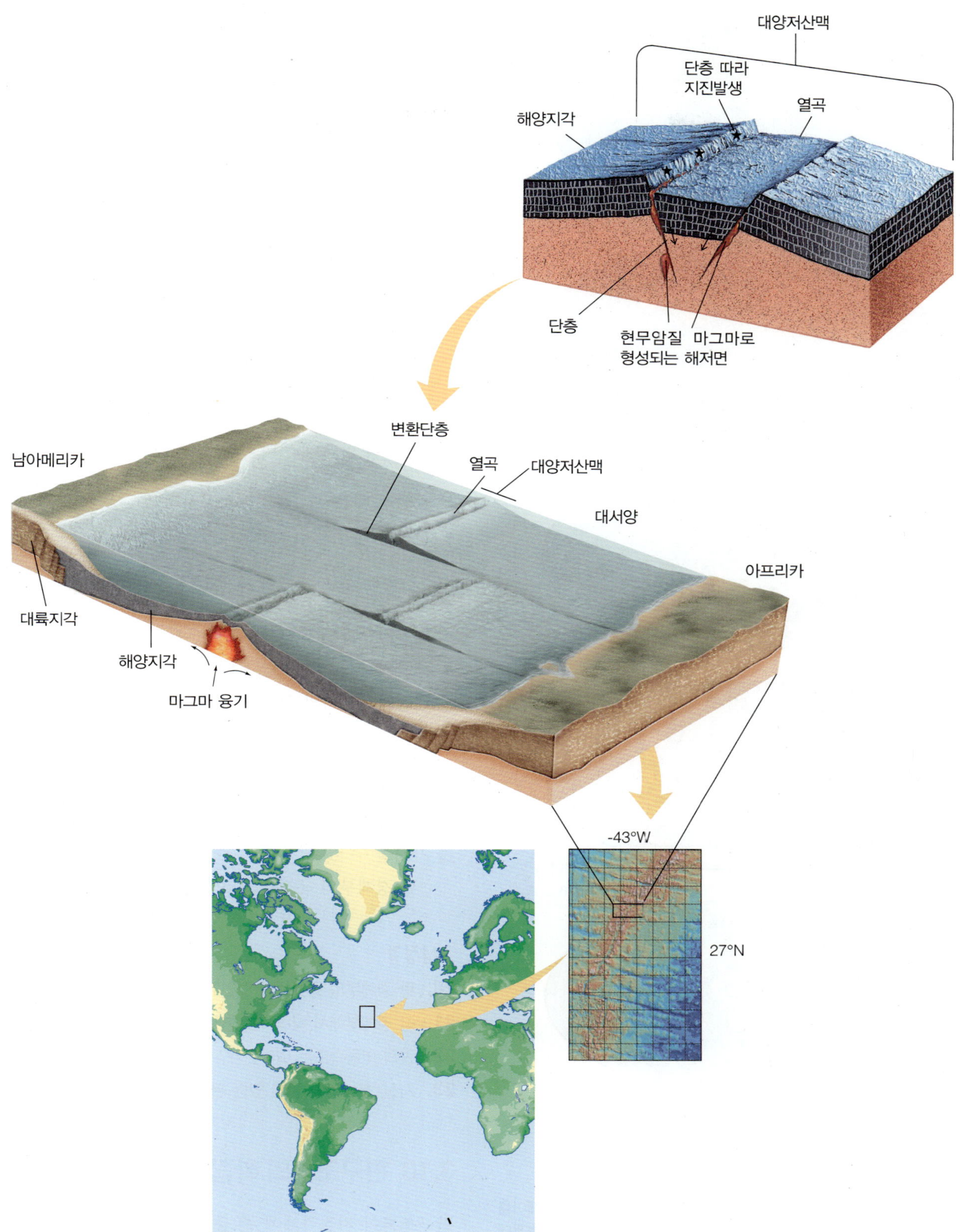

그림 3.21 중앙대서양산맥을 중심으로 한 부근 해안선의 일치 증거. 측면주사음향탐사기를 이용하여 대양저산맥 중앙부를 자세히 관찰할 수 있다(박스 참조). 붉은색과 오렌지색은 산맥 정상부를, 진한 청색은 양쪽 측면의 수심이 깊어지는 지역을 나타낸다. 두 번째 박스에 위치를 표시하였다(변환단층은 그림 3.27 참조).

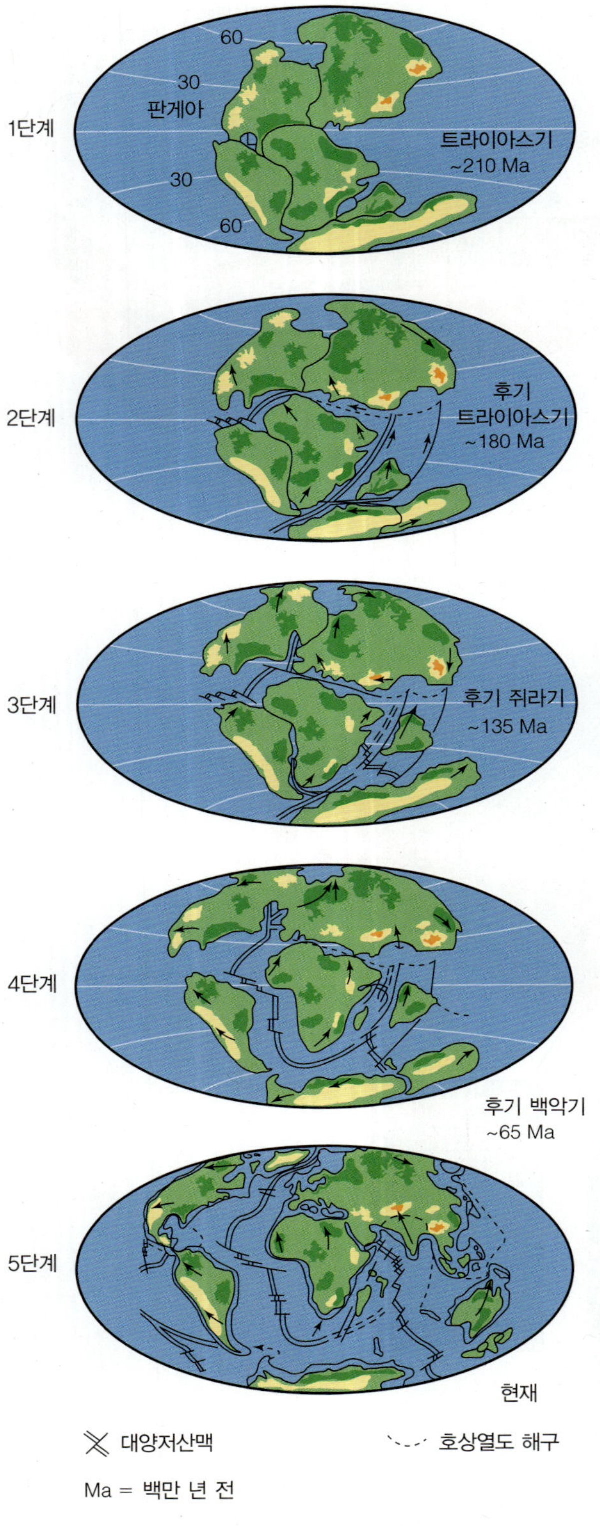

그림 3.22 약 2억 1천만 년 전부터 분리되기 시작한 판게아를 다섯 단계로 도시한 그림. 화살표는 판의 이동방향이며 확장대(대양저산맥)는 검은색으로 표시하였다.

한데 바로 이곳이 태평양판과 북아메리카판의 경계부이다(그림 3.17). 태평양판은 지속적으로 이동하고 그 힘은 북아메리카판의 경계부에 마찰에 의한 탄성한계를 넘을 때까지 쌓이게 된다. 한계를 넘게 되면 북아메리카판은 갑자기 북서방향으로 튕겨 나가게 되는데 불행히도 이 지역은 캘리포니아의 인구 밀집지역에 해당한다. 이것이 유명한 캘리포니아 지진의 원인이다. 이 운동의 결과로 캘리포니아 남서부지역은 북아메리카 대륙에서 분리되어 서서히 북쪽으로 이동하게 되고 5천만 년 후에는 알류샨 해구와 마주치게 되는 운명을 맞게 된다.

3.9 판운동 요약

발산형 판 경계부의 두 종류는 다음과 같다.

- 발산형 해양지각(중앙대서양산맥)
- 발산형 대륙지각(동아프리카 열곡)

수렴형 판 경계부의 세 종류는 다음과 같다.

- 해양지각과 대륙지각의 수렴(남아메리카 서해안)
- 해양지각끼리의 수렴(북태평양)
- 대륙지각끼리의 수렴(히말라야 산맥)

변환형 판 경계부는 판이 서로 어긋난 곳(샌앤드레이어스 단층)을 나타낸다.

각 경계부마다 독특한 지형이 나타나며 자연재해를 가져올 수 있다.

판 경계부의 특징을 **표 3.1**에 종합하였다.

개념점검

20. 판 경계부의 종류는 무엇인가?
21. 각 경계부에서 나타나는 현상은 무엇인가?
22. 판의 이동속도는 얼마인가?
23. 지진, 쓰나미와 관계 있는 판의 운동은 무엇인가?

3.10 판구조론의 확립

판구조론이 지질학계에 준 충격은 마치 진화론이 생물학계에 가한 것과 맞먹을 정도로 강력했다. 처음에 별로 관계없어 보이는 자료가 나중에 주요 증거로 이용된 점도 같다. 새로 보강된 많은 발견들로 인해 판구조론

그림 3.23

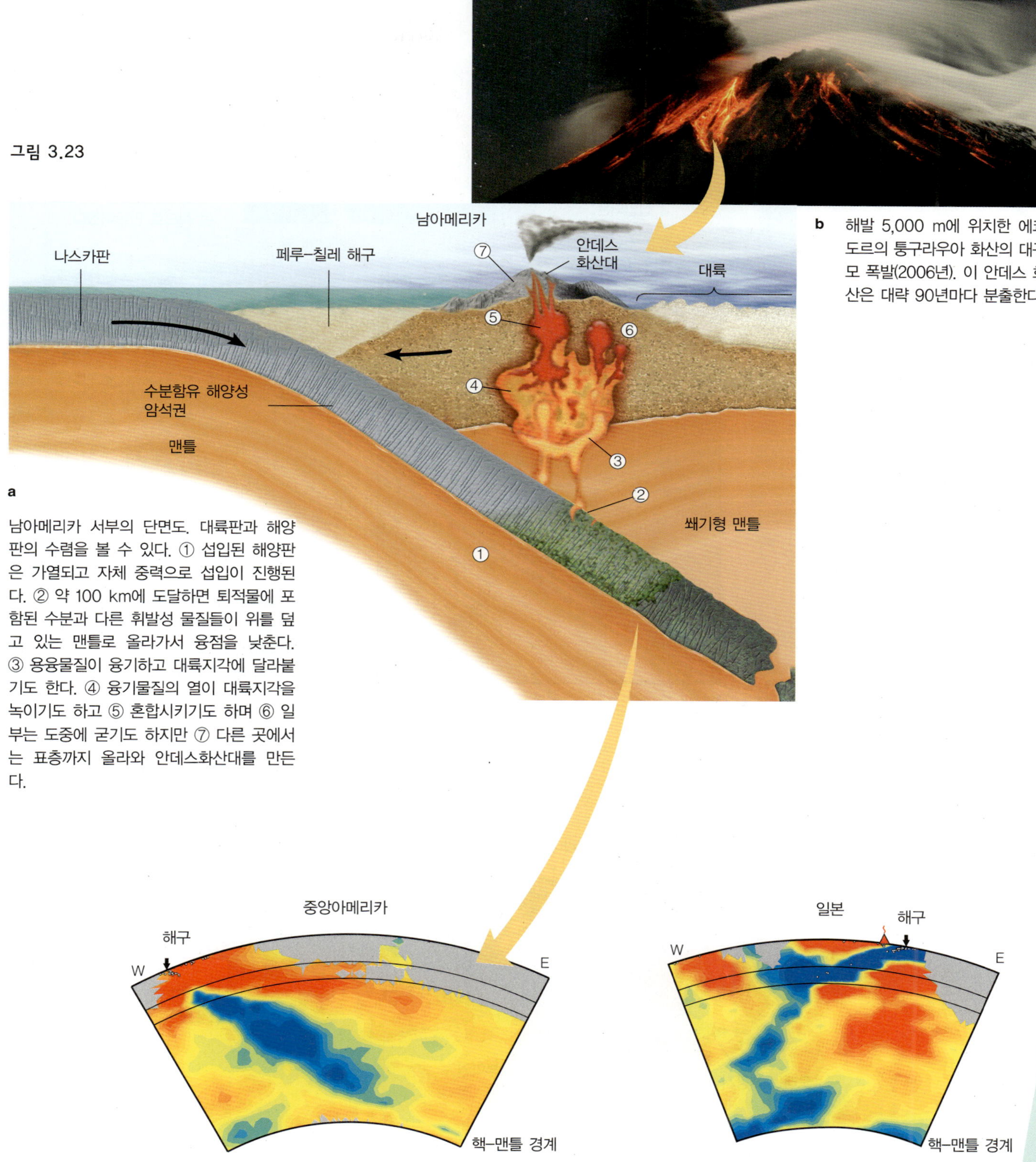

a

남아메리카 서부의 단면도. 대륙판과 해양판의 수렴을 볼 수 있다. ① 섭입된 해양판은 가열되고 자체 중력으로 섭입이 진행된다. ② 약 100 km에 도달하면 퇴적물에 포함된 수분과 다른 휘발성 물질들이 위를 덮고 있는 맨틀로 올라가서 융점을 낮춘다. ③ 용융물질이 융기하고 대륙지각에 달라붙기도 한다. ④ 융기물질의 열이 대륙지각을 녹이기도 하고 ⑤ 혼합시키기도 하며 ⑥ 일부는 도중에 굳기도 하지만 ⑦ 다른 곳에서는 표층까지 올라와 안데스화산대를 만든다.

b 해발 5,000 m에 위치한 에콰도르의 퉁구라우아 화산의 대규모 폭발(2006년). 이 안데스 화산은 대략 90년마다 분출한다.

그림 3.24 중앙아메리카와 일본 하부의 맨틀 단면도(청색: 찬 지역, 적색: 따뜻한 지역). 차가운 지역의 분포는 섭입된 판이 두 지역 모두에서 약 2,900 km 깊이의 핵–맨틀 경계부까지 도달했음을 시사한다.

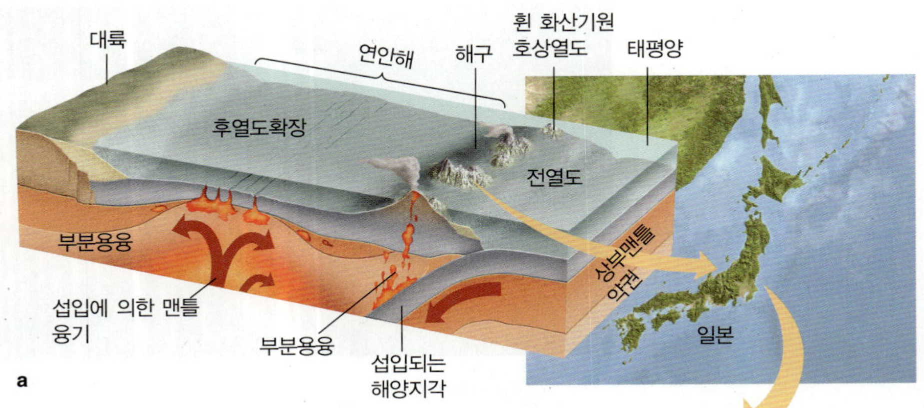

두 개의 해양판이 만날 때 형성되는 호상열도의 모식도. 마그마가 해저면까지 올라오면 화산도가 형성된다. 일본이 이런 식으로 만들어졌다.

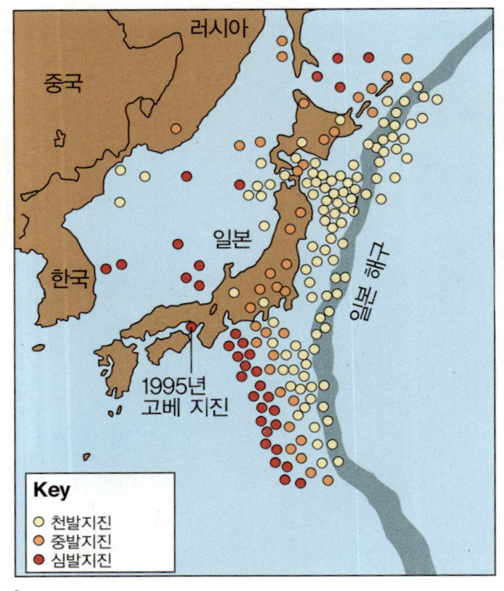

일본 해구 주변의 '태평양 불의 고리' 일부 지역에서의 천발, 중발, 심발지진 분포도. 지진은 판이 섭입하는 방향에서만 발생한다. 섭입에 의해 발생한 1995년의 고베 대지진도 표시되어 있다.

그림 3.25

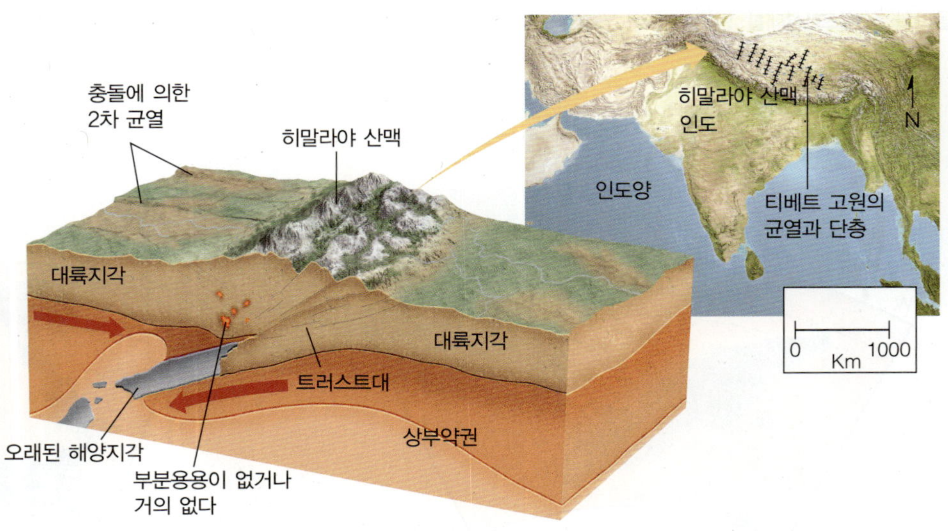

그림 3.26 히말라야 산맥을 통하여 본 두 개의 대륙판이 수렴할 때의 단면도. 어느 판도 충분히 무겁지 않아 섭입 대신에 수축과 습곡에 의한 융기로 히말라야 산맥이 형성된다. 산맥 하부에는 지각평형을 맞추기 위해 두꺼운 뿌리가 있다.

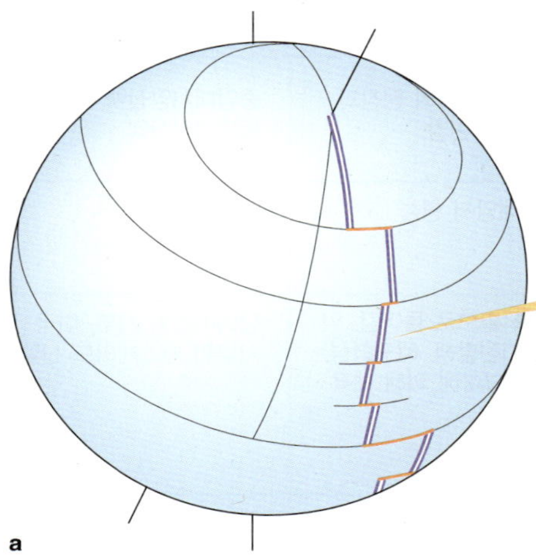

a

확장축이 구체 표면에서는 매끈하게 연결될 수 없기 때문에 변환단층(오렌지색)이 만들어진다. 확장하는 두 판의 운동(화살표)은 지구 내부의 가상 축을 중심으로 회전한다.

b

변환형 판 경계부. 캘리포니아 샌앤드레이어스 단층도 이 경계부의 일부이다. 구체가 확장하는 경우 이와 같은 판 경계면이 만들어진다.

Tom Garrison

c

캘리포니아 샌앤드레이어스 변환단층. 남서쪽 숲(위)과 북동쪽 도심(아래) 사이에 교차하는 단층선이 선명하게 보이고 샌앤드레이어스 호수(호수이름에서 유래)와 샌프란시스코 국제공항도 보인다.

Tom Garrison

d

샌앤드레이어스 호수의 북쪽 풍경. 태평양판은 왼쪽, 아메리카판은 오른쪽이다.

그림 3.27

표 3.1 판 경계부 특성

(판 경계부)		판운동	해저	지각운동의 결과	지역 예
발산형 판 경계부	해양–해양	분리	해저확장에 의해 형성	확장대에서 대양저산맥 형성. 대양저의 팽창과 판의 확대. 소형화산과 천발지진 빈발.	중앙대서양산맥, 동태평양산맥
	대륙–대륙		대륙의 분리에 의해 새로운 대양저 형성 가능	대륙확장, 열곡중앙부 함몰, 대양저 형성 시작.	동아프리카 열곡, 홍해
수렴형 판 경계부	해양–대륙	합체	섭입대에서 파괴	무거운 해양판이 가벼운 대륙 밑으로 들어감. 약권으로 섭입되는 판을 따라 지진발생. 해구형성. 섭입판의 부분용융. 분출한 마그마에 의해 대륙에 화산형성.	남아메리카 서부, 미국 서부의 캐스케이드 산맥
	해양–해양			더 오래되고, 냉각되고, 무거운 판이 덜 무거운 지각 하부로 섭입. 활 모양의 깊은 해구형성. 섭입판이 상부맨틀에서 가열됨. 마그마가 올라와 활 모양의 화산열도 형성.	알류샨, 마리아나
	대륙–대륙		대양저의 닫힘	화강암질 대륙판끼리 충돌. 어느 판도 섭입 안 됨. 판의 끝 부분의 압축, 습곡, 융기. 한쪽이 밑으로 들어가는 경우도 있음.	히말라야, 알프스
변환형 판 경계부		미끄러짐	생성, 소멸이 없음	단층선을 따라 판이 서로 이동. 단층선에 강진발생.	샌앤드레이어스 단층, 뉴질랜드 남섬
				변환단층이 확장대 횡단.	대양저산맥

이 더욱 확실해졌는데 대부분의 강력한 증거들은 젊은 대양저에 있다.

판운동의 역사는 잔류자기에 기록되어 있다 지구의 자장은 외핵을 이루는 용융상태 금속의 유동으로 발생한다. 나침반은 지자기의 북극을 가리킨다(**그림 3.28**). 현무암질 마그마에는 철을 함유한 아주 작은 자철석이 있다. 대양저산맥에서 분출한 마그마는 식어서 암석이 된다. 이 자성광물들은 나침반의 바늘과 같은 역할을 하는데 마그마가 **퀴리온도**(Curie point 또는 temperature, 약 580°C) 이하로 식게 되면 이 광물들이 그 당시 지구의 자장방향대로 배열되기 때문이다. 그러므로 특정 시기의 지자기의 방향은 마그마가 암석화될 당시의 방향대로 배열된다. 일단 배열된 후에는 지자기의 방향과 강도가 변하더라도 거의 영향을 미치지 못한다. **그림 3.29**에 이 과정이 도시되어 있다. 이러한 화석화된 혹은 잔류자기의 형태로 암석에 남아 있는 지자기를 **고지자기**(paleomagnetism)(*palaios*: ancient)라 한다.

자력계(magnetometer)는 암석의 잔류자기의 양과 방향을 측정하는 장비이다. 1950년대 후반, 지구물리학자들이 예민한 자력계를 이용하여 해저암석의 미약한 지자기를 측정하였다. 자료를 도시한 결과 확장축을 중심으로 양쪽에 지자기의 띠가 대칭으로 나타났다(**그림 3.30a**). 어떤 띠의 자화된 광물들은 현재의 지자기에 더해져서 강도가 증폭된 반면에 그 이웃에 있는 띠는 반대로 약화된 형태로 측정되었다. 도대체 이런 현상이 나타나는 이유는 무엇일까?

1963년에 매튜(Drummond Matthew), 바인(Frederick Vine), 몰리(Lawrence Morley)라는 3명의 지질학자가 이에 대해 명쾌한 해결책을 제시하였다. 그들은 이와 유사한 형태의 지자기가 육상의 용암층에서도 발견되었고 각 층의 나이도 별도로 측정되었다는

a

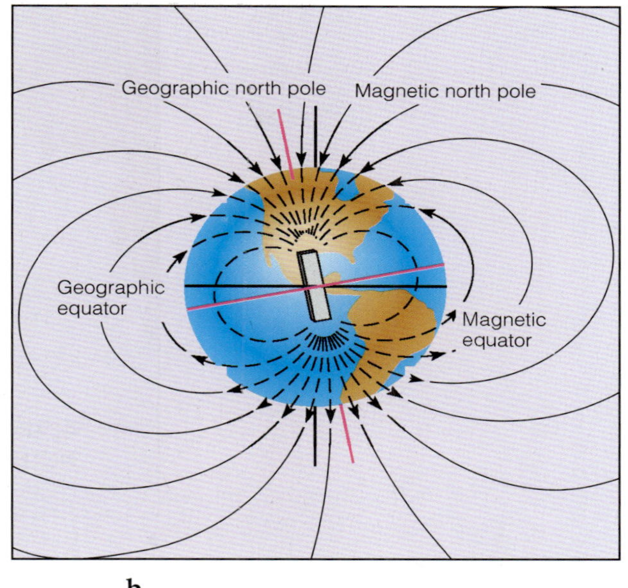

b

그림 3.28
a 막대자석 주변의 자기 모양. 쇳가루 배열로 알 수 있다.
b 지자기는 외핵의 유동과 전류에 의해 만들어진다고 알려져 있다. 에너지원은 고체인 내핵의 열이며 이로 인해 외핵에 대류환이 만들어진다. 지구의 자전과 용융된 철의 유동으로 발전소에서 전기를 생산하는 것과 같은 원리로 자기장을 형성한다. 지자기의 축은 지리적 북극과 남극으로부터 약 11° 기울어져 있다. 나침반은 실제 북극이 아닌 지자기의 북극을 가리킨다.

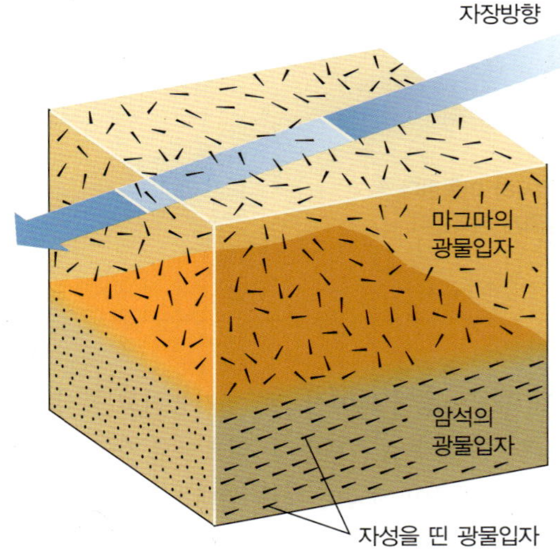

그림 3.29 현무암질 마그마에는 철을 함유한 자철석이 포함되어 있다. 새로 형성된 해저에서 암석이 만들어질 때 이 자성체들은 지구의 자장방향과 일치하는 자성을 갖는다. 나중에 지구의 자장 방향이 바뀌어도 이미 고정된 자성체는 변하지 않지만 마그마에서 새로 만들어지는 암석의 자성체는 새로운 지자기 방향대로 배열된다.

사실을 이미 알고 있었다. 또한 그들은 지자기가 수십만 년 단위로 불규칙하게 역전한다는 사실을 바탕으로 극이 역전된 시기에는 나침반의 방향이 반대로 되고 확장축에서 퀴리온도 이하의 온도에서 새로 생성된 현무암에 포함된 자성입자는 역전된 지자기의 방향대로 배열된다고 생각하였다. 교대로 방향이 바뀌어 나타나는 지자기띠가 현재의 지구자장 방향과 같을 때 형성된 것은 정상상태(normal polarity), 방향이 반대였을 때 형성된 것은 역전상태(reversed polarity)로 해석하였다. 그들은 또한 지자기띠가 확장축을 중심으로 대칭을 이루는 이유를 판구조운동에 의해 새로 만들어진 해양지각이 양쪽으로 갈라지기 때문인 것으로 설명하였다(**그림 3.30b**).

1974년까지 동태평양과 대서양의 지난 2억 년의 지자기방향과 해저면의 나이에 관한 지도가 완성되었다(**그림 3.31**). 판구조론은 고지자기의 배열형태를 멋지게 설명할 수 있었고 이는 또한 판구조론에 비판적인 의견을 잠재우는 데 결정적인 역할을 하였다.

최근에는 고지자기 자료를 이용하여 확장속도 측

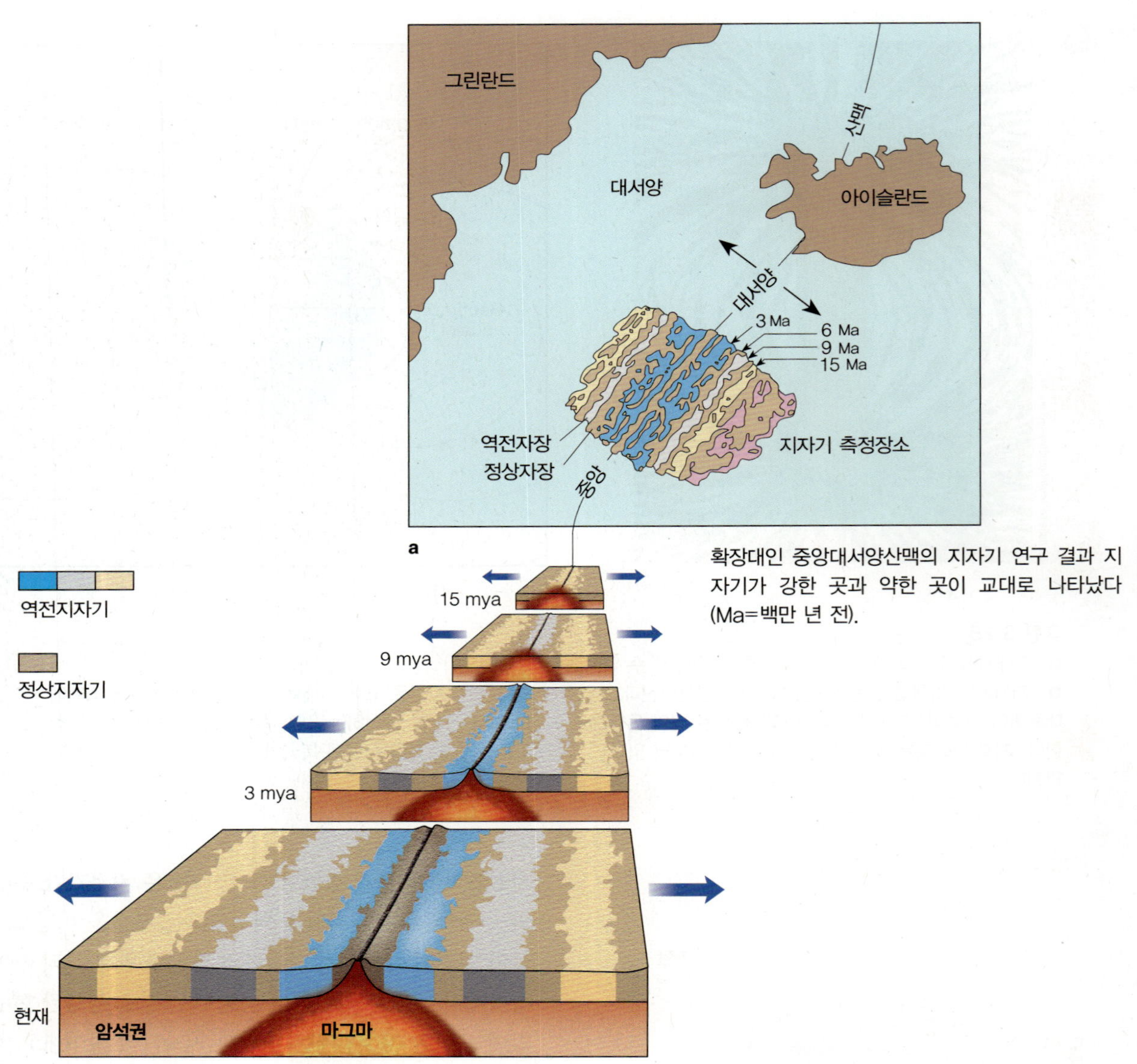

그림 3.30 고지자기 분포와 판구조론.

정, 지질연대표 수정, 대륙위치 복원 등이 가능해졌다. 지난 30년간 고지자기학은 판구조론 연구에 많은 공헌을 하였고 이를 응용한 다양한 연구들에 의해 판운동의 과정을 밝힐 수 있었다.

지질학자들은 지자기의 독특한 특성이 주기적인 자기역전만이 아님을 알고 있었다. 북아메리카, 남아메리카, 유럽, 아프리카에서 측정한 겉보기 자기 북극의 위치를 보면 자극이 태평양의 아주 남쪽에서 이동된 것처럼 보인다.

실제 자극이동이 과학적으로 불가능하고 동시대에 자기의 북극이 복수로 존재할 수 없으므로 자극은 고정되어 있었고 대륙이 자극에 대해 상대적으로 이동했다고 여겨졌다.

지구물리학자들이 이 생각의 가능성을 타진했다. 원래 모였던 대륙이 이동했다면 겉보기 이동 경로가 현재의 자기의 북극 끝 부분에서 일치하리라고 생각했다. 이를 바탕으로 지질학자들은 손쉽게 스코틀랜드의 칼레도니아 산맥의 단층이 뉴펀들랜드에서 보스턴까지

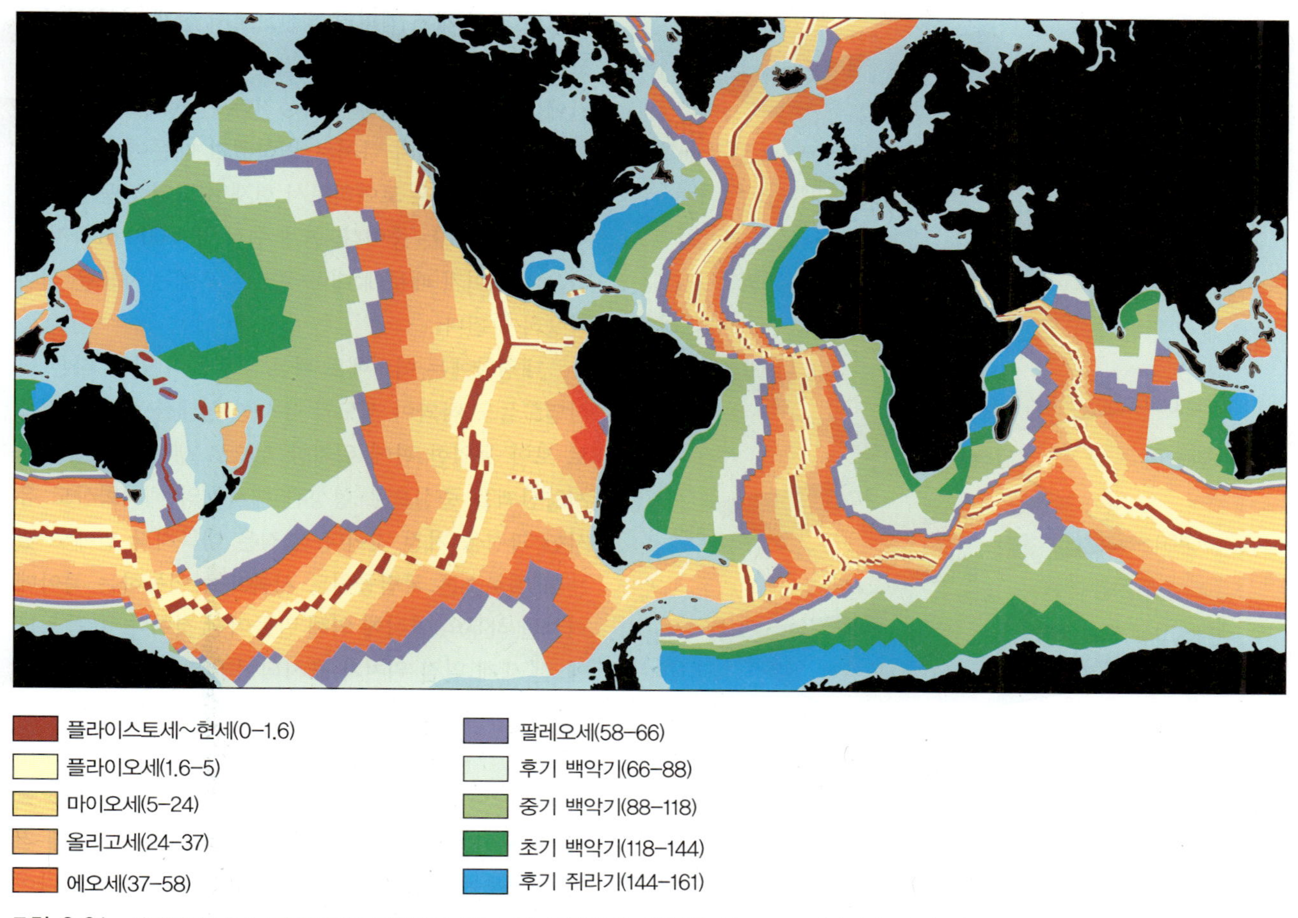

그림 3.31 대양저의 나이. 고지자기를 이용하여 지난 2억 년간의 해저확장을 색으로 표시하였다. 대서양은 거의 대칭이지만 확장대가 동쪽에 위치하여 캘리포니아 해안 쪽으로 연결된 태평양은 비대칭이다.

뻗어 있는 캐벗 단층과 연결되었다는 사실을 발견했다. 이외에도 다른 증거들에 의해 대륙이 실제로 분리되어 이동되었고 이때 자성을 가진 암석도 함께 움직였다는 것이 밝혀졌다.

맨틀플룸과 열점 상부의 판이동은 판구조론의 증거가 된다 **맨틀플룸**(mantle plume)은 핵-맨틀의 경계부에서 올라오는 초고온으로 가열된 대륙크기의 기둥형태 맨틀이다. **슈퍼플룸**(superplume)으로 알려진 가장 큰 것은 아프리카 전체를 들어 올리고 있다. 경계가 명확해서 스코틀랜드에서 인도양, 중앙대서양산맥에서 홍해까지 연결되어 있다. 그림 3.20에서 보다시피 아프리카 중앙부는 갈라져서 확장되는 중이고 궁극적으로는 새로운 해저가 동아프리카 열곡에 빠르게 만들어지고 있다.

플룸과 슈퍼플룸은 핵으로부터의 열 이동 통로이다. 최근의 연구결과는 판구조운동을 일으키는 약권의 열은 핵으로부터 슈퍼플룸에 의해 재공급되었을 가능성을 제시하고 있다. 사실 그리 멀지 않은 과거에 슈퍼플룸이 지구에서 일어났던 가장 극적인 사건의 원인으로 생각되는 일이 발생했다. 약 6천5백만 년 전 현재의 인도 전역에 걸쳐 지구 내부물질이 쏟아져 나왔다. 인도는 1,000,000 km^3의 용암으로 뒤덮였다. 이 용암이 데칸고원 현무암(Deccan Traps)이다. 이는 지구 표면 전체를 약 3 m 두께로 덮을 수 있는 엄청난 양이었다. 이와 유사한 용암분출이 1천7백만 년 전 미국의 북서 태평양 연안과 2억 4천8백만 년 전 시베리아에서도 있었다. 이 결과 독성물질로 뒤덮인 대기 때문에 대량멸종이 발생하기도 하였다.

열점(hot spot)은 비교적 고정되었다고 알려진 맨틀의 특정 지점에서 마그마의 플룸이 솟는 곳이다(**그림**

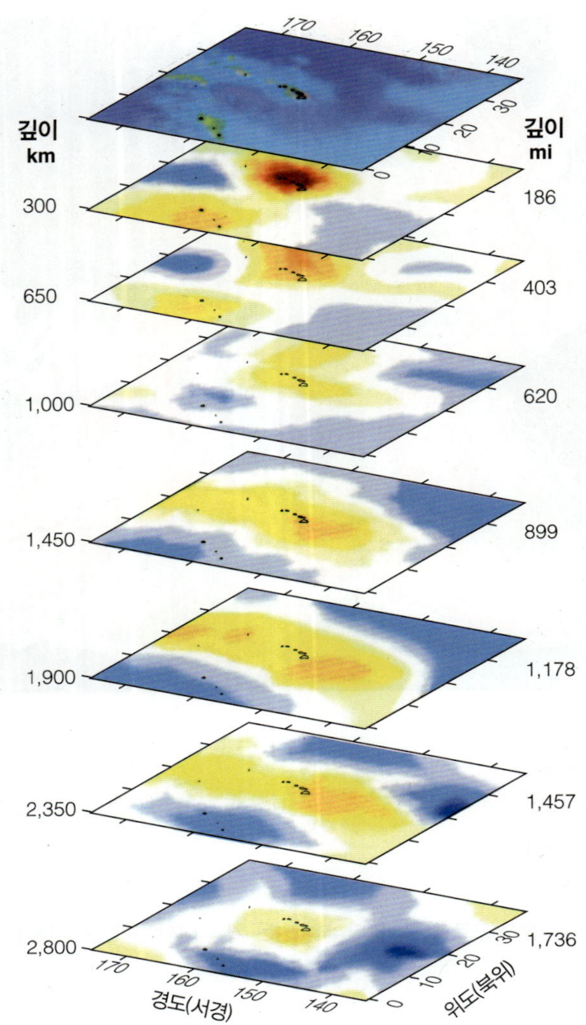

그림 3.32 핵–맨틀 경계면까지의 횡단면을 이용한 가상 맨틀플룸. 하와이 제도 하부의 지진파속도 변화는 이 지역에 핵–맨틀 경계부(표층에서 약 2,800 km)에서 올라온 아주 높은 온도(붉은색과 노란색)의 지역이 존재함을 시사하고 있다. 이런 고온지역이 맨틀플룸이다. 이 플룸이 표층에서는 하와이 화산이 되고 약권에 판구조운동을 일으키는 열을 공급하기도 한다(하와이 제도는 표층에만 있지만 편의상 각 단면도마다 표시해 놓았다.)

3.32). 열점은 판 경계부에만 한정된 것은 아니며 열 근원지의 위치, 그 위치가 고정된 이유 등은 밝혀지지 않았다. 암석판이 열점 위를 통과하게 되면 상승하는 열과 마그마에 의해 약해지는 곳이 생긴다. 그 결과 화산이 생성되는데 판이 이동하기 때문에 화산은 마그마 공급원으로부터 멀어지게 되고 수백만 년 후에는 사화산으로 된다. 그리고 원래의 열점 위치에는 새로운 화산이 탄생한다. 화산열도는 이렇게 만들어진 것이다.

열점으로 만들어진 화산군도 중 가장 유명한 것이 형성된 지 오래된 엠퍼러 해산으로서 현재 섬이 형성되고 있는 하와이 제도까지 연결된 것이다(**그림 3.33**). 중간에 방향이 바뀐 이유는 약 4천만 년 전에 태평양판의 확장방향이 북에서 북서로 변하였기 때문이다. 하와이 제도의 다음 섬은 로이히로서 현재 제도의 남동방향 끝에서 만들어지는 중이다. 현재 수심 약 1,000 m까지 올라온 상태이기 때문에 대략 3만 년 후에는 새로운 섬이 탄생하게 된다.

태평양에는 이외에도 다른 열점들이 있다. 다른 화산열도들도 하와이 제도와 유사한 형태를 보이는 것으로 보아 동일한 판에 위치한 것으로 생각된다. 중앙대서양산맥을 중심으로 형성된 대서양의 해저화산도 유사한 과정을 거친 것이다. 열점은 대륙지각 밑에도 있는데 옐로스톤 국립공원도 서쪽으로 이동하는 북아메리카판 하부의 열점에 의해 만들어진 것이다. 그림 3.17에 전 세계 열점 위치가 표시되어 있다. 연결된 화산줄기와 지열대의 분포형태가 판구조론과 잘 일치한다.

퇴적물 나이와 분포, 대양저산맥, 부가대는 판구조론으로 설명된다 만약 대양저가 아주 오래되었고 장기간에 걸쳐 퇴적물이 공급되었다면 해저퇴적물의 두께와 나이는 아주 두껍고 오래되어야 하는데 실제로는 그렇지 않다. 새로 만들어진 확장축 부근에는 퇴적물이 거의 없고 가장 오래된 대양저라도 바다 자체의 나이에 비해 15배 내지 20배 더 얇게 나타난다. 가장 오래된 대양저라도 1억 8천만 년을 넘기기 어려운데 그 이유는 퇴적물이 섭입되어 사라졌기 때문이다(그림 5.26 참조).

대양저산맥의 위치와 모양은 과거에 일어났던 사건들의 확실한 증거이다. 아이슬란드처럼 대양저산맥으로 이루어진 곳에서의 화산활동, 세로로 갈라진 열곡, 냉각에 의한 해저면의 침강 등은 판구조론의 이론과 잘 부합된다. 대양저산맥과 연결된 변환단층과 단열대의 분포(4장 참조) 그리고 심해잠수정에서 관찰한 지질구조 등도 판구조론의 증거이다.

판이 섭입될 때 상대적으로 가벼운 대륙성과 해양성 대양대지(침강된 대륙조각), 호상열도, 화강암질 암석과 퇴적물 등은 대륙에 더해져서 쌓이게 된다. 이것은 마치 날카로운 칼로 식어서 굳어진 식탁 위의 촛농을 벗겨 내는 것과 같다. 칼에 양초가 달라붙어 주름 잡히듯이 판 경계부에서 화강암질 암석편이나 해양퇴적

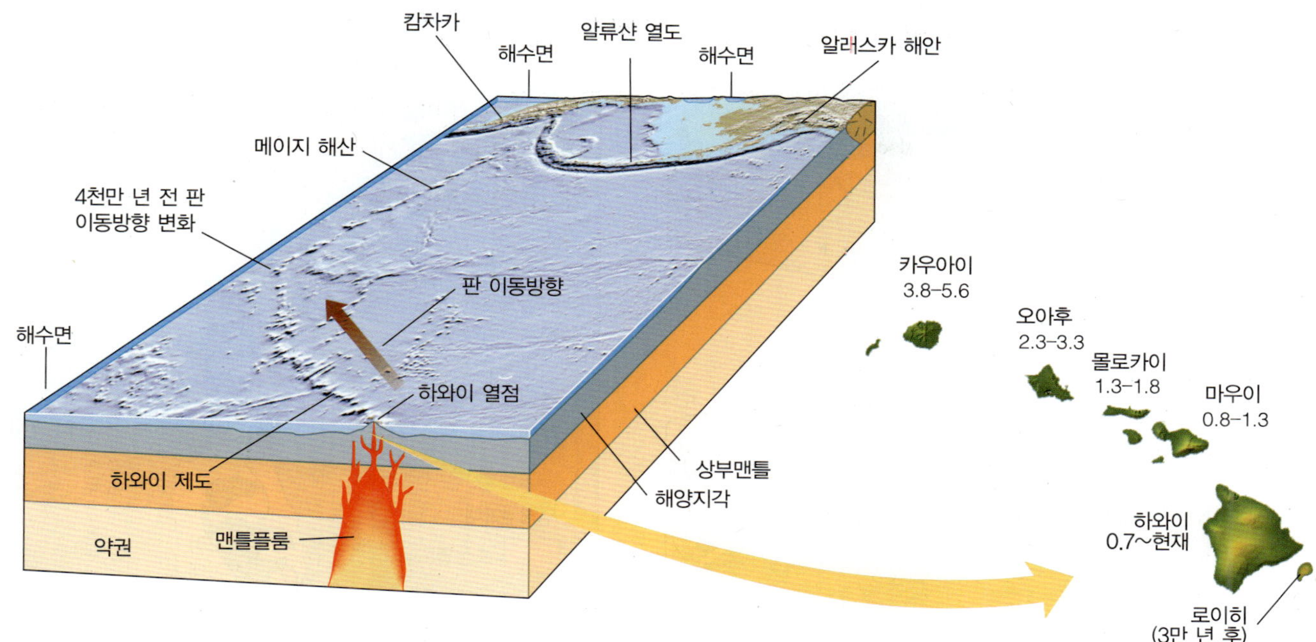

그림 3.33 태평양판이 열점 위를 통과하여 만들어진 하와이 제도. 이 중 가장 오래된 것이 메이지 해산(75Ma)인데 열도가 굽은 모양으로 보아 4천만 년 전에 판의 이동방향이 변했음을 알 수 있다. 하와이 섬은 활화산 지대이며 다음 섬이 될 로이히가 해저에서 솟고 있다(단위: 백만 년 전).

물이 반대편 대륙에 쌓이게 된다. 대양대지, 분리된 해저면, 대양저산맥, 과거의 호상열도, 대륙지각의 일부 등이 대륙에 압축되어 달라붙은 것을 **부가대**(terrane)라 한다. 부가대는 두껍고 가벼워 섭입이 되지 않는다(**그림 3.34**).

부가대는 의외로 흔하다. 뉴잉글랜드, 북아메리카 대륙 북서쪽의 태평양연안, 알래스카 대부분이 부가대인데 그중 일부는 수천 km 이동된 것이다. 한 예로 캐나다 서부의 밴쿠버 섬은 지난 7천5백만 년에 걸쳐 북쪽으로 약 3,500 km 이동하였다(**그림 3.35**).

부가대에 무거운 해양지각 일부가 포함된 경우도 있다. 해양성 암석권의 대략 0.001%는 섭입이 되지 않고 오히려 압등(위로 올라탐)이 되어 대륙의 끝에 달라붙어서 베개현무암과 상부맨틀 성분이 포함된 무겁고 주름이 잡힌 암석이 된다. 구불구불한 모양 때문에 **오피올라이트**(ophiolite)(*ophion*: snake)라 불리는 이 암석에는 대양저산맥 확장대에 있는 것과 유사한 금속광상이 포함되어 있다. 오피올라이트는 모든 대륙에서 발견되는데 대륙의 끝에 있는 것이 대륙 내부 깊숙한 곳에 있는 것보다 일반적으로 나이가 더 젊다(**그림 3.36**). 과거 판구조운동의 산물인 이들 중 12억 년 이상 된 것도 있다.

개념점검

24. 지구자장은 일정한가? 다시 말해 나침반의 바늘은 항상 북쪽을 향하는가? 암석이 형성될 때 지구자장이 어떻게 기록되는가?

25. 그림 3.30에서 아이슬란드 남쪽의 지자기배열이 일치하는 이유를 설명하라.

26. 열점이란 무엇인가? 열점을 관찰할 수 있는 곳은 어디인가?

27. 하와이 화산섬들이 길게 연결된 것으로 판구조론을 설명할 수 있겠는가?

28. 지구는 46억 년 전에 만들어졌고 바다도 거의 비슷하다. 그런데 바다의 나이가 2억 년을 넘지 않는 이유는 무엇인가?

29. 당신은 부가대 지역에 살고 있는가?

3.11 판운동에 대해 아직도 연구해야 할 것이 무궁무진하다

판구조론은 지구 표면에 관한 많은 의문을 해결했다. **그림 3.37**은 지표에서 일어나는 판구조운동의 모식도이다.

그러나 지구물리학자들이 모든 것을 다 아는 것은

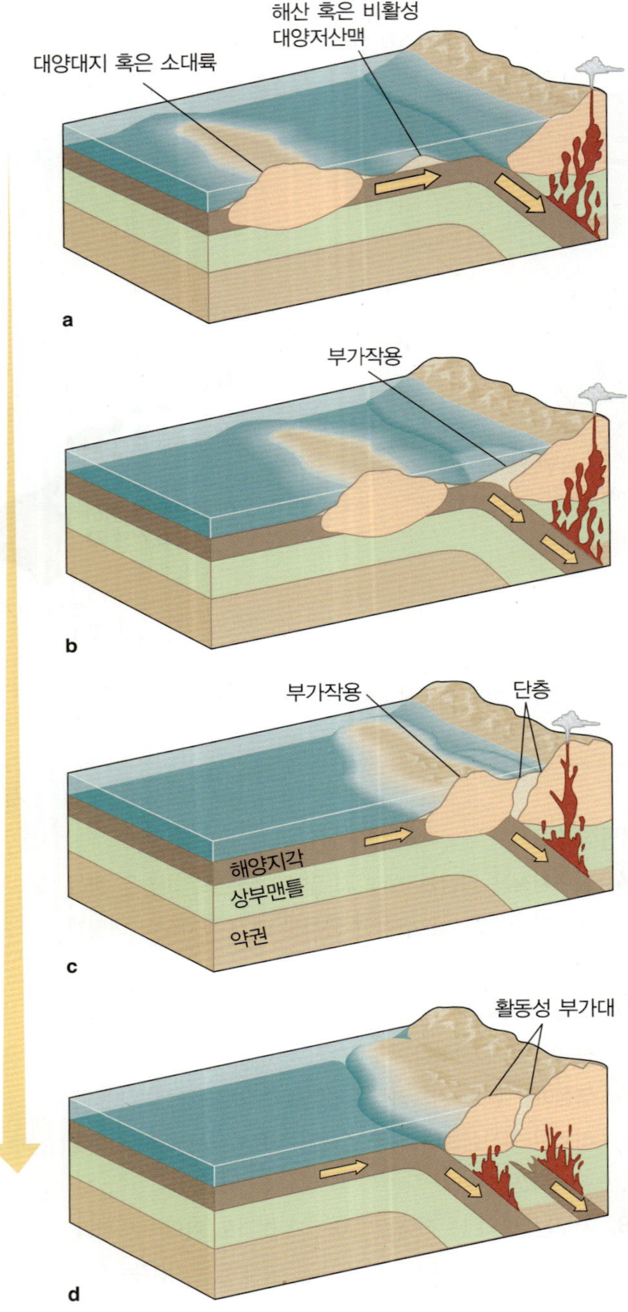

그림 3.34 부가대 형성 모식도. 대양대지는 일반적으로 밀도가 낮아서 주변의 해양판처럼 쉽게 해구로 섭입되지 못하고 대륙과 충돌하면 융기하여 산맥을 만든다(a~d). 드물기는 하지만 섭입되는 해양판이 대륙에 달라붙어 압등(obduction)되는 경우도 있으며 이런 곳에서는 유용광물이 풍부하게 산출되기도 한다.

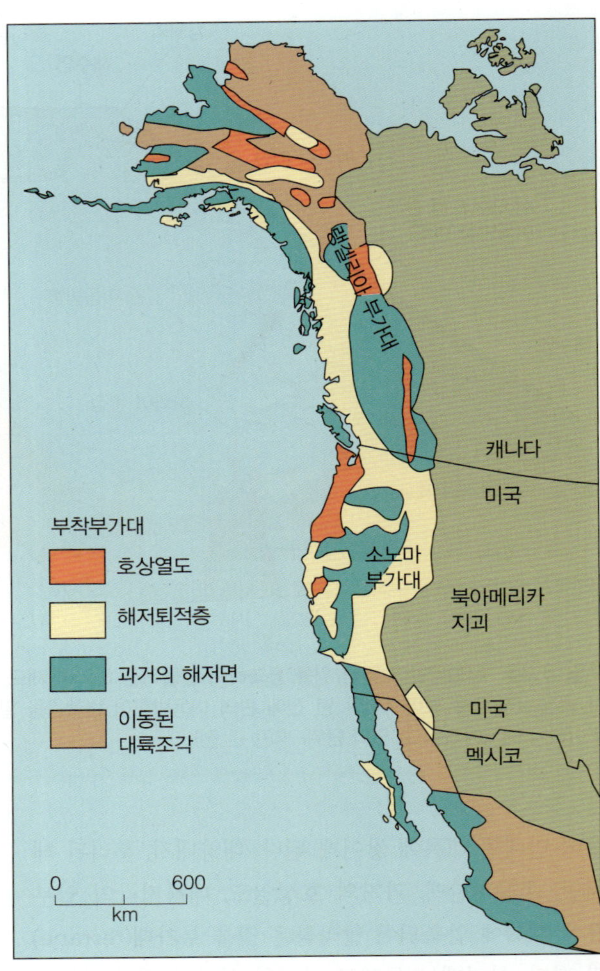

그림 3.35 북아메리카 대륙의 부가대. 형성 기원은 제각각이다. 일부는 그들을 수천 킬로미터 이동시킨 판이 북아메리카 대륙에 섭입될 때 달라붙은 것이다.

그림 3.36 캐나다 뉴펀들랜드 그로스몬 국립공원의 오피올라이트.

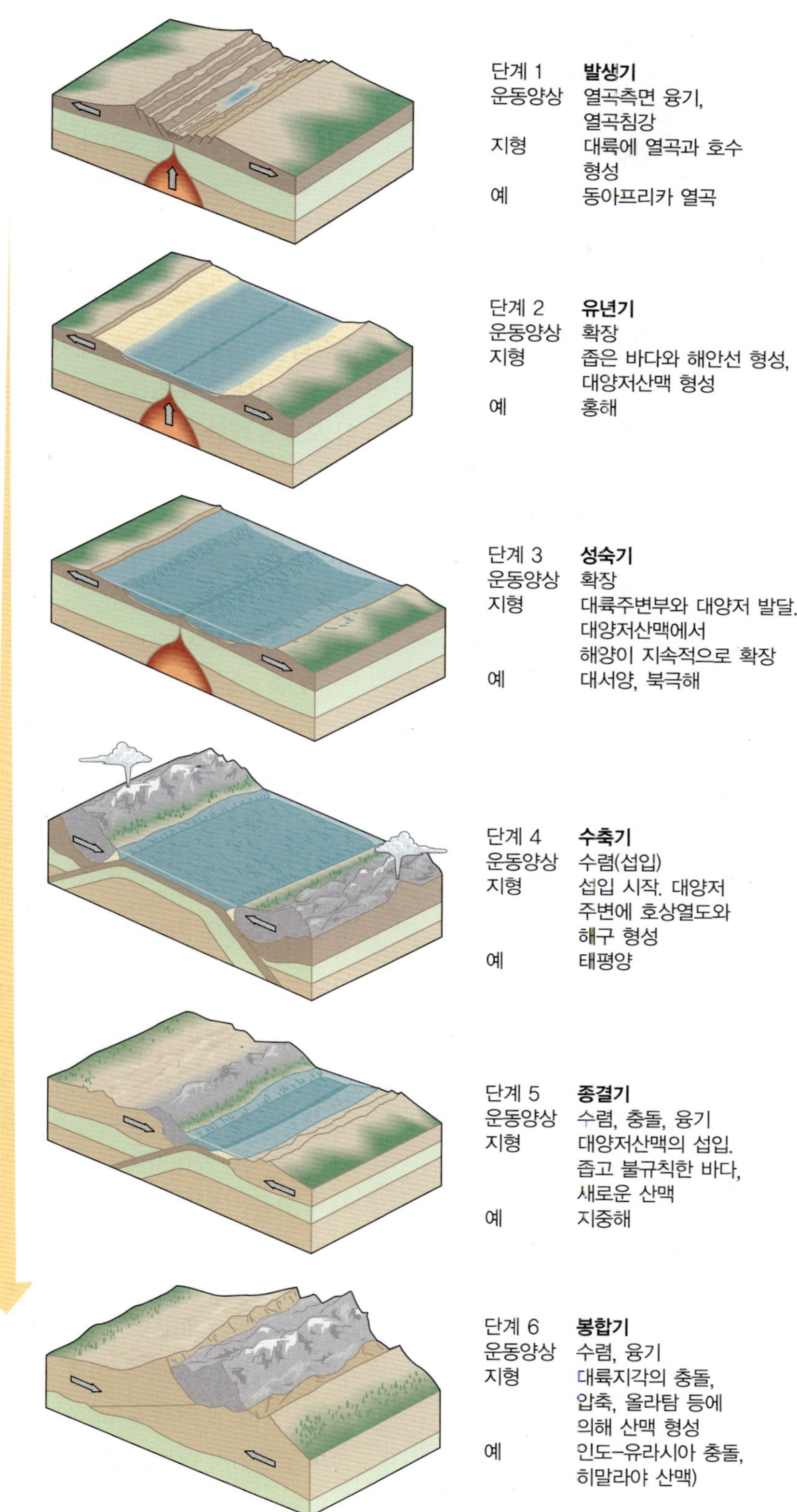

그림 3.37 윌슨의 판구조운동 순환모델(윌슨 순환). 시간의 경과에 따라 해저면의 형성과 소멸, 산맥 침식, 퇴적물 섭입, 대륙 재형성 등이 일어나고 바닷물은 형성되는 바다로 이동한다.

아니다. 아래 열거한 미해결된 문제점들을 생각해 보라.

- 약권이 주변 지역보다 온도가 높은 이유는 무엇인가?
- 판을 이동시키는 데 섭입판의 밀도증가가 대양저산맥의 높이보다 더 중요한 요소인가?
- 맨틀플룸이 만들어지는 이유는 무엇인가? 슈퍼플룸의 형성 원인은 무엇인가? 지속 시간은 얼마인가?
- 판은 얼마나 깊게 섭입되는가? 최근 연구결과는 많은 물질들이 맨틀을 통과해 외핵 경계부까지 도달하는 것으로 나타났다.
- 해저확장이 예전에도 현재와 같은 양상이었겠는가? 원래 얇았던 지각이 시간에 따라 점점 두꺼워져서 현재의 판구조운동을 가능하게 한 것인가?
- 판게아 해체 이전에도 판운동의 증거는 있다. 이 운동이 무기한 계속될 것인가 혹은 반복될 것인가?

아직도 모르는 것이 많기는 하지만 판구조론은 이미 지각운동을 예측할 수 있는 이론이 되었다. 이 장에서 언급한 과학자들을 포함한 다른 수백 명 학자들의 발견과 그에 따른 해석은 베게너의 직관을 바탕으로 한 것이다. 자료가 추가될수록 판구조운동의 이해는 넓어져서 1960년대 이전의 이동하지 않는 지구 모델로 회귀하는 일은 없게 될 것이다.

판구조론은 우리에게 활발하게 순환하는 지구와 변화하는 지표면, 그리고 판이 천천히 이동함에 따라 원래 하나였던 바다의 모양과 위치가 변했다는 것을 일깨워 주고 있다.

다음 장에서 소개할 대양저의 형태는 판구조운동의 산물이다. 판구조론을 이해할수록 해저지형의 다양한 모습에 대한 명확한 설명이 가능해진다.

개념점검

30. 판구조론에서 연구할 장래의 연구분야에는 어떤 것이 있겠는가?

31. 판구조론이 지질학에 어떤 변혁을 가져왔는지에 대한 당신의 의견은 무엇인가?

학생들의 질문

1. 인류는 지하 어느 깊이까지 도달하였는가?

남아프리카의 금광의 깊이는 3,777 m에 이르고 온도는 55°C이다. 광부들은 두 명씩 짝을 지어 일하는데 한 명이 광석을 캘 동안 다른 사람은 그 사람에게 찬 공기를 주입하는 역할을 한다. 물론 적당한 시간 간격으로 역할을 교대한다.

2. 지각과 암석권의 차이는 무엇인가? 또한 암석권과 약권의 차이는 무엇인가?

암석권은 지각(대륙과 해양)에서 약권에 이르는 딱딱한 상부맨틀을 포함한 것이다. 지각에서의 지진파속도는 맨틀과 차이가 많다. 이는 화학성분이나 광물구조 또는 그 모두가 다름을 시사한다. 암석권과 약권은 다른 물리적 특성을 가지고 있다. 암석권은 단단하고 약권은 서서히 이동할 수 있을 정도로 유동성이 있다. 약권과 암석권은 지진파속도도 다르다.

3. 지구 내부에 가장 흔한 원소는 무엇인가?

지각의 약 46%가 산소로 되어 있다는 사실에 놀랄지도 모른다. 원자로만 따지면 더 놀랍게도 지각을 이루는 원자 100개 중 62개가 산소이다. 대부분의 산소는 가스 상태로 존재하지 않고 다른 원자들과 결합하여 산화물과 다른 화합물을 이룬다. 지각을 이루는 대부분의 암석과 광물은 알루미늄, 규소, 철의 산화물이다(녹도 산화철임).

지구 전체로는 철이 가장 흔해서 질량의 35%를 차지한다(산소는 30%). 그러나 우주에서 가장 흔한 원소는 수소이다. 지구에만 철과 산소가 풍부한 이유는 별의 융합반응에 의해 수소같이 가벼운 원소가 무거운 원소로 변환되기 때문이다.

4. 지질학자들은 지진의 위치와 규모(magnitude)를 어떻게 결정하는가?

지진계에 도달하는 지진파의 도달시간 차이를 이용한

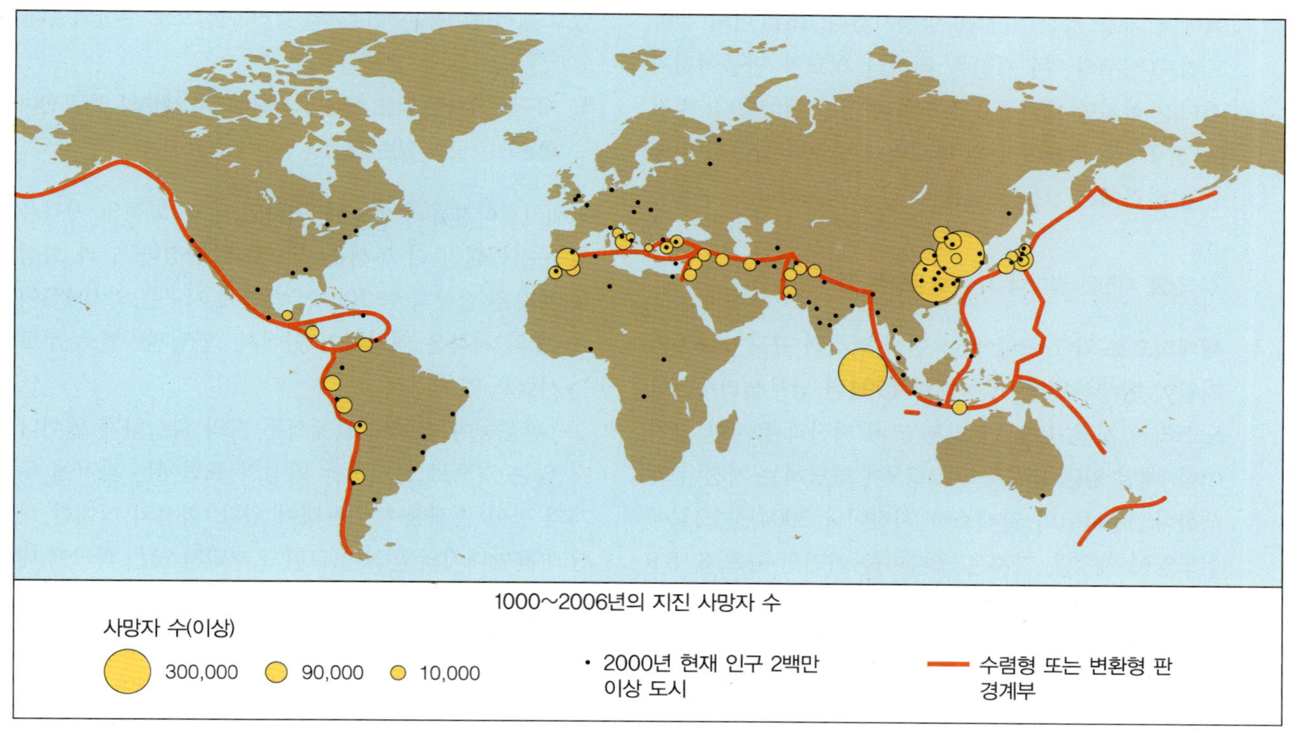

그림 3.38 인구밀집 지역과 지진대. 판 경계부의 개발도상국가 대도시는 대지진이 발생하면 인명손실률이 가장 높다.

다. 지진의 위치를 알기 위해서는 지리적으로 멀리 떨어진 적어도 3개의 지진관측소의 자료가 필요하다.

거리보정을 거친 지진파의 강도를 이용하여 규모를 계산한다. 지진규모는 **리히터 척도**(Richter scale)로 표기되기도 한다. 이 척도에서 각 단계는 지진파의 진폭으로는 10배, 방출에너지양으로는 32배의 차이를 가지고 변한다. 리히터 규모 6.5의 지진은 5.5의 지진에 비해 32배의 에너지를 더 방출하며 4.5에 비해서는 약 1,000배가 된다. 일반적으로 리히터 규모 3.2보다 작으면 인체는 지진을 느끼지 못하지만 6이 넘으면 피해가 커진다.

1964년의 알래스카 대지진의 에너지는 인간이 감지할 수 있는 가장 약한 지진에 비해 약 10억 배 이상인데 이는 인류가 생산하는 1년 치의 석탄과 석유를 합친 열량의 대략 2배에 해당한다. 리히터 규모 값이 너무 크거나 작아도 정확한 측정이 어렵다. 알래스카 대지진은 그 당시 8.3~8.6으로 계산되었으나 최근의 계산에 의하면 9.2에 달하는 엄청난 것이었다. 그 지진의 여파로 지구는 10일간이나 종처럼 진동하였다.

5. 판구조운동에 의한 심각한 인명과 재산피해는 어느 정도인가?

상당하다. 전 세계 거대도시의 약 40%가 판 경계부에서 160 km 이내에 위치한다. 약 3억 명이 고위험 지대에 살고 있고 이 중 약 80%는 개발도상국가이어서 내진구조에 신경 쓸 수 없는 상황이다. 그 밖에도 약 2억 5천만 명이 850개의 활화산 중 75%가 활동하는 태평양 불의 고리의 섭입대에 살고 있다. 화산에 의해 1600년 이후에만 약 262,000명이 사망하였고 20세기에 들어와서는 약 76,000명이 희생되었다(**그림 3.38**).

6. 판운동은 새로운 현상인가?

아니다. 여러 증거들을 수집한 결과 현재의 지구는 여섯 내지는 일곱 번째의 지각순환 과정 중에 있다. 지각이 굳어진 후 여러 차례 판게아처럼 거대한 대륙들이 만들어지고, 떨어져 나가고, 이동하고 다시 합쳐졌다. 과거의 미시시피 강 위치에 의문을 품은 적이 있는가? 이 강은 판게아가 서로 붙어 있었을 때 형성된 갈라진 틈을 따라 흐르고 있다. 그 틈에 힘이 가해져서 북미대륙에서 가장 강한 지진을 발생시켰다. 1811년의 뉴마드리드(미주리 주) 지진은 리히터 척도가 만들어지기 전이긴 하지만 대략 8.0 정도의 엄청난 것이었다. 지진(여진 2개를 포함해서)의 파괴력이 얼마나 컸는지 미국 동부 전역에서 진동을 느낄 수 있을 정도였다.

7. 강한 지진은 얼마나 자주 발생하는가?

세계적으로 약 2~3일에 한 번씩 리히터 규모 6~6.9의 지진이 발생하는데 이는 대략 1994년 남부캘리포니아 노스리지 지진, 1995년 일본 고베 지진과 유사한 크기이다. 매달 평균 1~2회씩 7~7.9에 해당하는 지진이 발생한다. 1964년의 알래스카 지진이나 2004년 12월에 인도양에 재앙을 가져온 쓰나미를 야기한 규모 8~8.9 정도의 지진은 매년 한 차례 정도 발생한다.

노스리지와 고베 지진은 중간 크기이다. 인명과 재산피해가 큰 경우는 이러한 지진들이 인구밀집 지역에서 발생했을 때이다. 노스리지의 경우 피해액이 400억 달러 이상이었고 고베의 경우는 사망 5,000명 이상, 부상 26,000명 이상이었다. 약 56,000채의 건물이 파괴되었고 재건축비용은 약 4천억 달러 이상으로 추산되었다.

8. 지구와 유사한 다른 행성이나 위성에서 내부의 열로 판이 이동되는 곳이 있는가?

천체지질학자들의 연구에 의하면 달과 화성의 지각은 지구보다 훨씬 더 두꺼운 것으로 알려졌다. 달과 화성의 지각은 질량의 약 10%인 반면에 지구는 약 0.4%이다. 달의 지각은 연결되어 있어서 '단일판' 별로 부르는 사람도 있다.

판운동이 적어도 달에서는 거의 확실하게 일어나지 않는 것으로 보이지만 화성의 표면에는 과거에 두 개의 판이 존재했다는 논쟁이 있다. 화성의 거대한 화산과 용암대지의 흔적이 그리 오래되지 않은 과거에 내부에 활동이 있었다는 것을 시사한다. 화성 화산의 규모가 너무 거대해서 일부 과학자들은 하부에 고정된 열점이 있다고 믿고 있다. 화성의 판구조론은 1999년 *Mars Global Explorer*가 화성에서 고지자기띠의 증거를 발견함으로써 입지가 강화되었다. 띠의 너비는 지구에 비해 약 10배 정도 더 넓었다.

요약

지구는 가장 무거운 물질이 핵을 이루고 가장 가벼운 물질이 외각을 둘러싼 층상구조를 가지고 있다. 화학조성을 이용하면 각 층은 지각, 맨틀, 핵으로 구별되고 물리적 성질로는 암석권, 약권, 맨틀, 핵으로 나눌 수 있다. 이러한 분류는 강진으로 발생한 지진파를 이용하여 알아낸 것이다.

판구조론을 이용하여 지진이 집중되는 이유, 대륙 외형의 짜맞추기, 암석의 지자기 분포 등을 설명할 수 있게 되었다. 또한 지구가 역동적인 별이며 대륙과 해양이 고정되어 있지 않다는 사실도 알게 되었다. 지각이 식어서 굳어진 후 약권 위에서 열에 의한 대류현상으로 융기와 침강의 결과가 수렴, 발산, 미끄러지는 운동으로 나타난다. 대륙, 해양지각 모두가 판구조운동에 의해 만들어졌으며 대부분의 대륙과 해저의 모습도 같은 과정으로 형성되었다. 판구조론은 또한 바다의 나이가 지구의 나이에 비해 1/23 정도에 불과할 정도로 젊은(가장 오래된 곳도 공룡시대에 불과) 이유를 설명할 수 있다.

다음 장에서 해저의 모양을 공부할 것인데 이는 판구조운동에 의해 반복하여 만들어진 결과이다. 대륙은 오래되었고 해양은 젊다. 해저에는 이제 겨우 알기 시작한 이동과 힘에 대한 내용이 있다. 또한 지금까지 제대로 알지 못했지만 해저의 수심과 구성물질에서도 정보를 얻을 수 있다.

주요 용어

격변론(catastrophism)	단층(fault)	대류환(convection current)
고지자기(paleomagnetism)	대류(convection)	대륙이동설(continental drift)

대륙지각(continental crust)
동일과정의 법칙(uniformitarianism)
리히터 척도(Richter scale)
마그마(magma)
맨틀(mantle)
맨틀플룸(mantle plume)
밀도(density)
밀도성층(density stratification)
발산형 판 경계부(divergent plate boundary)
방사성 동위원소 측정법(radiometric dating)
방사성 붕괴(radioactive decay)
베게너(Wegener, Alfred)
변환단층(transform fault)
변환형 판 경계부(transform plate boundary)
부가대(terrane)
부력(buoyancy)
섭입(subduction)
섭입대(subduction zone)
수렴형 판 경계부(convergent plate boundary)
슈퍼플룸(superplume)
실체파(body wave)
암석권(lithosphere)
약권(asthenosphere)
열곡(rift valley)
열점(hot spot)
오피올라이트(ophiolite)
윌슨(Wilson, John Tuzo)
음영대(shadow zone)
음향측심기(echo sounder)
자력계(magnetometer)
전도(conduction)
지각(crust)
지각평형(isostatic equilibrium)
지진(earthquake)
지진계(seismograph)
지진파(seismic wave)
퀴리온도(Curie point)
태평양 불의 고리(Pacific Ring of Fire)
판(plate)
판게아(Pangaea)
판구조론(plate tectonics)
판탈라사(Panthalassa)
표면파(surface wave)
해양지각(oceanic crust)
해저확장설(seafloor spreading)
핵(core)
현무암(basalt)
화강암(granite)
확장대(spreading center)
P파(P wave, primary wave)
S파(S wave, secondary wave)

학습문제

익힘문제

1. 해수는 담수보다 밀도가 크다. 대서양에서 오대호로 진입하는 배는 해수에서 담수로 바뀌는 곳을 지나가게 되는데 이 경우 배가 더 가라앉겠는가, 그대로이겠는가, 아니면 약간 더 올라오게 되겠는가?
2. 어떤 지진은 지각평형에 영향을 준다. 어떻게 이게 가능하겠는가? 그런 지진이 있을 법한 곳은 어디인가?
3. 가장 강한 지진이 발생하는 곳이 확장대인가 아니면 섭입대인가? 그 이유는 무엇인가?
4. 판운동을 일으키는 힘을 설명하라.
5. 해양지각 중 가장 젊은 것과 오래된 것의 위치는 어디인가? 그 이유는 무엇인가?
6. 1912년에 베게너의 학설에 지질학자들이 강하게 반대한 이유는 무엇인가?
7. 판구조론의 생물학적 증거는 무엇인가?
8. 판이 서쪽으로 이동한다고 가정했을 때 판의 북쪽 끝에서는 어떤 지질학적 변화가 예상되는가? 서쪽이나 동쪽 끝은 어떻게 될 것인가?
9. 판구조론의 증거는 무엇인가? 아직까지 해결되지 않은 문제는 무엇인가? 이 논쟁에서 당신은 어느 편에 설 것인가?

응용문제

1. 콜럼버스가 지금 대서양을 건넌다면 얼마나 더 항해해야 하는가?
2. 대서양의 확장속도를 이용한 그림 3.30에 푸른색으로 표시된 정상상태의 지자기 띠의 3백만 년 후의 위치는 어디이겠는가?

4 해저의 모양

주요 목차

- 해저의 지도는 수심측량으로 작성된다
- 해저 지형은 위치에 따라 다르다
- 대륙주변부는 활성형이거나 비활성형이다
- 심해분의 지형은 대륙주변부의 지형과는 다르다
- 웅대한 여행

핵심개념

1. 지각운동의 힘이 해저의 형태를 만든다.
2. 해저는 대륙주변부와 심해분으로 나뉜다. 대륙주변부는 인접 육지의 바다 쪽 연장으로 주로 화강암으로 이루어져 있고, 심해의 해저는 지형이 다르고 속에는 주로 현무암이 있다.
3. 대륙주변부는 그곳의 판 이동 형태에 따라 활성형(지진, 화산 등)이거나 비활성형이 된다.
4. 대양저산맥 시스템은 지구상에서 가장 뚜렷한 지형이다. 세계 대양의 거의 모든 물은 천만 년마다 산맥의 뜨거운 지각을 통과하면서 순환한다.
5. 원격탐사 방법으로 해양학자들은 해저의 지도를 놀라울 정도로 자세히 작성하였다.

Robert Elder/Woods Hole Oceanographic Institution

원격탐사는 미래를 향해 간다. 자신을 어떤 형태로든지 바꿀 수 있는 그리스 바다의 신의 이름을 딴 새로운 네레우스호(HROV Nereus)는 자영(자율적) 형태와 계류형태의 두 가지 형태로 작동할 수 있다. 어느 형태이든 네레우스호는 해양의 최심부에서 36시간을 보낼 수 있다.(HROV는 hybrid remotely operated vehicle을 말한다.)

깊은 해저로 이 장에서는 해저의 모양을 알아보도록 하자. 우리는 해저를 만들고 모양을 결정하는 데 필요한, 3장에서 논의되었던 지각 운동의 힘, 침식과 퇴적 등과 같은 작용들을 여기에 적용하였다.

해저에 관한 지식은 해저에서 멀리 떨어진 곳에서 일하는 사람들에 의해서 얻을 수 있었다. 그들은 음파, 레이더의 신호, 중력의 차이 등을 원격탐사의 방법으로 측정하고, 그러한 정보를 종합해서 해저의 모양을 그렸다. 그러나 경우에 따라서는 해저를 숙달된 눈으로 직접 보거나 고정밀 원격화상을 보는 것 외에는 다른 방법이 없는 경우도 있으며, 이런 경우에는 해저 연구용 잠수정이 유용하게 사용된다.

현재 활동 중인 유인 연구용 잠수정 중 가장 오래되고 잘 알려져 있는 앨빈호(Alvin)는 이제 너무 낡아서 곧 은퇴하게 될 것이고, 그 대용으로 네레우스호가 우즈홀 해양연구소의 심해 잠수장비로 건조되고 있다. 센서나 카메라 기술의 발달과 더불어 원격현장제어기술(감각의 상호전달)을 접목함으로써 사람이 직접 승선할 필요성이 현저히 줄어들었기 때문에 네레우스호는 무인 잠수정이다.

네레우스호는 광역 조사를 위해서는 탑재된 컴퓨터와 센서에 의해 자동으로 운용하고, 표품을 채취하거나 다른 자세한 작업을 위해서는 모선에 연결해서 모선에 승선해 있는 연구자에 의해 통제되는 두 가지 형태로 운용될 것이다. 이런 독특한 형태로 한 척이 두 척의 역할을 수행할 수 있다. 네레우스호는 심해 해구의 11,000 m까지 들어갈 수 있어 세계 해양의 어느 곳이든 탐사가 가능하다.

*역주 : 네레우스호는 2014년 5월 뉴질랜드 해역에서 탐사 도중 분실하였음.

그림 4.1 증기 기중기를 조작하고 있는 챌린저호 선원들. 기중기는 수심을 알아보기 위해 줄의 끝에 무거운 추를 달아 바닥에 내리는 데 사용한다. 이 일은 어렵고 반복적으로 해야 했기 때문에 결국 4년 반 동안의 항해 중에 269명의 선원 중 1/4이 탈락하였다. 이 그림은 『챌린저 보고서』(1880)에서 나온 것이다.

4.1 해저의 지도는 수심측량으로 작성된다

궤도 비행을 하는 로봇 우주선인 화성 예비탐사 궤도선(Mars Reconnaissance Orbiter)이 우리 이웃 행성 표면의 절반 이상을 모래 위에 놓인 저녁 식탁을 구별할 수 있을 정도의 분해능으로 지도를 작성했다고 내가 설명했지만, 그곳에는 시야를 가리는 바다도 없고 폭풍도 거의 없다.

지구의 지도를 작성하는 데는 물과 구름이 지구 표면의 3분의 2 이상을 가리고 있기 때문에 훨씬 많은 어려움이 있다. 놀랍게도 최근까지 우리는 우리의 고향인 지구에 대해서보다는 달이나 내행성들의 전체적인 지형을 더 많이 알고 있었다. 그러나 현대의 측심기술의 덕분으로 이제는 우리의 시야가 맑아지고 있다.

해저의 수심을 측정하고 연구하는 것을 **수심측량**(bathymetry)(*bathy*: deep, *meter*: measure)이라고 부른다. 최초의 수심측량 연구는 기원전 85년에 그리스의 포시도니우스(Posidonius)에 의해 지중해에서 이루어졌다. 그는 동료들과 함께 밧줄의 끝에 돌을 매달아 바닥에 닿을 때까지 약 2 km 정도를 내려보냈다. 수심 측량 기술은 로스 경(Sir James Clark Ross)이 1818년 남대서양의 4,893 m 수심을 측정할 때까지도 별로 큰 발전이 없었다. 1870년대에 챌린저호(HMS Challenger)의 연구자들은 줄과 추를 끌어올리는 데 그때로서는 혁신적인 증기기관 동력의 기중기를 사용하였지만 측심 방법은 역시 마찬가지였다(**그림 4.1**). 챌린저호의 선원들은 492곳의 측심을 하였고 그전에 모리(Matthew Maury)가 발견한 중앙대서양산맥을 확인하였다.

음향측심기는 소리를 바닥에서 반사시킨다 1912년에 발생한 타이타닉호의 침몰에 자극받아 많은 연구 끝에 드디어 느리고 많은 힘이 드는, 줄에 추를 매다는 측심 방법을 끝내게 되었다. 1914년 4월, 한때 에디슨의 피고용인이었던 사람이 '빙산탐지기와 음향측심기(Iceberg Detector and Echo Depth Sounder)'를 개발하였다. 이 탐지기는 강한 수중 음파 신호를 선박의 앞쪽으로 보내어 빙산의 물에 잠긴 부분에서 부딪쳐 되돌아오는 반향을 들었고, 이 음파를 아래로 향하게 해서 바닥까지의 거리도 쉽게 알 수 있었다. 무거운 추를 매단 밧줄을 한 번 내리고 올리는 데에도 거의 온종일 걸릴 수 심도 이러한 음향측심기로는 불과 1분 내에도 여러 번 측심을 할 수 있게 되었다.

1922년 6월에는 이러한 디자인으로 만든 음향측심기로 미 해군 함정인 스튜어트호(USS Stewart)가 최초로 해저의 연속 단면을 얻었고, 좀 더 개량된 음향측심기로 독일 연구선인 메테오르호(Meteor)는 1925년과 1927년 사이에 대서양을 가로지르는 14개의 해저지형 단면을 얻었다. 굽이치는 중앙대서양산맥의 형태가 밝혀졌고, 그것이 대서양 양쪽의 해안선과 잘 부합한다는 사실에 자극받아 이루어진 논의들이 절정을 이루어 결국 현재 우리가 알고 있는 판구조론에까지 이르

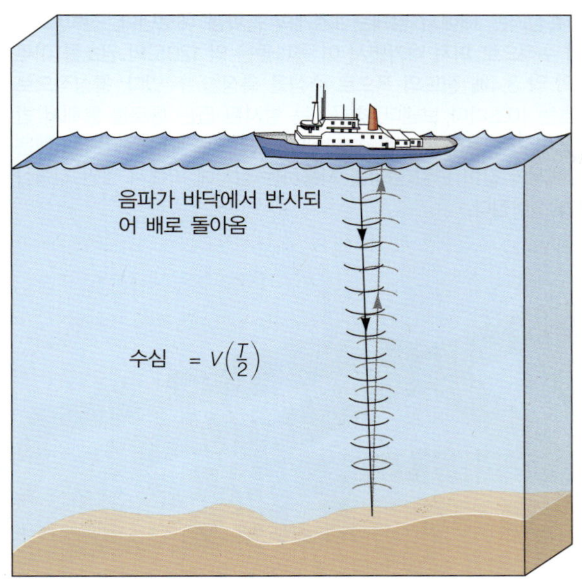

a

음향측심기의 정확도는 해수의 상태와 해저지형에 영향을 받는다. 측심기에서 음파에너지 신호[혹은 '핑(ping)'이라고도 함]가 배에서 멀어질수록 좁은 원추형으로 퍼져 나간다. 수심이 깊으면 음파가 해저의 넓은 면에서 반사된다. 그림 4.4에서 볼 수 있는 것처럼 이 문제에 대한 해결책이 있다.

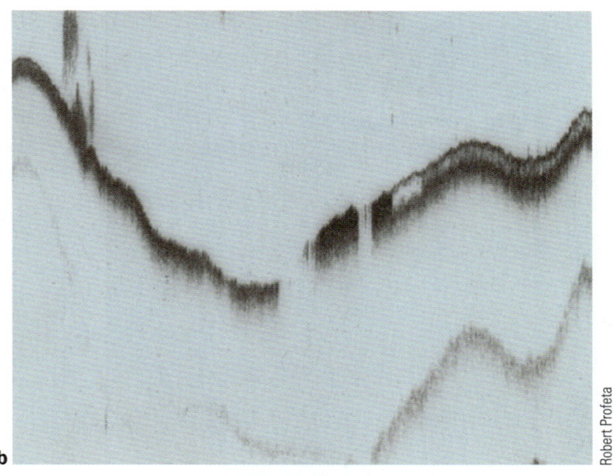

b

음향측심 기록. 배에서 나간 음파 신호가 해저에서 반사되어 배로 되돌아오고, 그 경과 시간으로 수심을 알 수 있다. 예를 들어 수심이 1,500 m라면 음파가 해저에 갔다가 되돌아오는 데 약 2초가 걸린다. 배를 일정한 항로로 운항하면 해저의 윤곽을 알 수 있다. 이 기록에서는 가로축이 배의 항로를 나타내고 세로축이 수심을 나타낸다. 이 배는 조그만 해저 협곡 위를 운항하였다.

그림 4.2

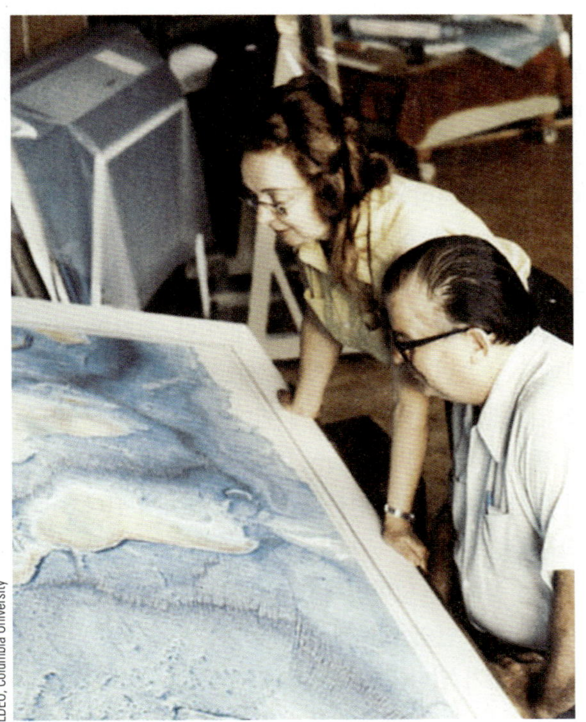

그림 4.3 타프(Marie Tharp)와 지질학자 히젠(Bruce Heezen)이 1977년 오스트리아의 베란(Heinrich Berann)의 작업실에서 베란의 세계해저전경의 최종판을 검토하고 있다. 베란은 타프의 작업과 다른 곳에서 나온 자료들을 통합된 형태로 만들도록 미 해군과 미국 지리학회에 고용되었다. 베란의 아름다운 지도들 중의 한 개가 그림 4.22이다.

게 되었다.

음향측심이 완벽한 것은 아니었다. 경우에 따라서는 선박의 정확한 위치가 확실치 못한 경우도 있었고, 수중에서 음파의 속도가 수온, 압력, 염분 등에 따라 달라지기 때문에 이러한 변화들로 인해서 수심 측정이 약간 부정확했다. 단순한 음향측심기록(예: **그림 4.2**)으로는 해양학자들이 해저의 형태를 연구하는 데 필요한 정도로 자세한 세부 형태를 분별할 수 없었다. 그럼에도 불구하고 음향측심기록을 가지고 연구하는 사람들은 많은 어려움을 무릅쓰고 자료들을 종합해서 1959년에 최초로 해저에 대한 종합적인 지도를 만들었다(**그림 4.3**)[1].

그 이후로 개량된 센서들과 고속 컴퓨터 두 가지 기술 덕분에 수심 측량에 있어서 부정확성을 최소화하고 자료처리 속도를 빠르게 할 수 있게 되었다. 이 장에서 논의되는 모든 지형들의 연구에는 다중음향측심기와 위성고도측량(다른 것들도 포함해서)이 사용되었고, 이 방법들은 바닷속으로 밧줄에 돌덩이를 매달아 내리는 것보다는 확실히 개량된 방법이라 할 수 있다.

[1] 이 아름다운 지도의 일부분을 그림 4.17a의 손그림에서 볼 수 있다.

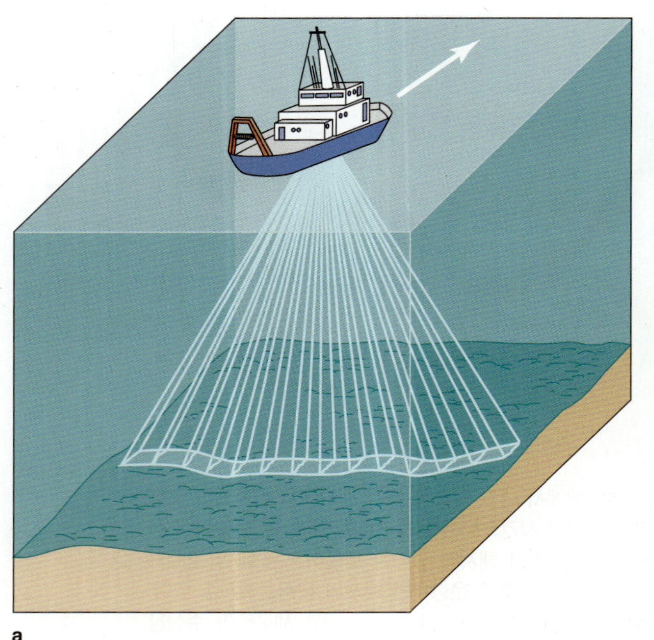
a

그림 4.4 다중 시스템의 자료 수집 방법.

다중음향측심기는 배에서 많게는 121개의 음파를 내보낸다. 선박의 진행방향에 수직으로 퍼져 나가면서 이 음파들은 약 120도의 원호를 이루어 수심의 약 3.4배 정도의 폭으로 수심을 측정할 수 있다. 통상적으로 음파 신호는 10초마다 보낸다. 청음기는 발사된 좁은 통로를 통해서 반사되어 들어오는 음파만 기록하게 된다. 그러므로 다중음향 시스템은 그림 4.2에서와 같이 단일 음파를 사용하는 장치에 비해서 훨씬 지형상의 오차가 적어진다.

b

Andrew Goodwillie, SIO

멕시코의 바하칼리포르니아 끝 부분의 남쪽 동태평양산맥 부근의 해저 일부분에 대한 다중음향측심 기록. 불규칙한 기록은 배의 항적 때문이고, 자세한 분석을 위해서는 주의 깊은 왕복 항적을 유지해야 한다. 컴퓨터 처리를 통해서 그림 4.5e, 4.12~4.14 등과 같이 대단히 자세한 형상을 얻을 수 있다.

다중음향시스템은 여러 개의 음향측심기를 합쳐서 이루어진다 다른 음향측심기들과 마찬가지로 다중음향시스템은 수심을 측정하는 데 음파의 반사를 이용한다. 그러나 단순한 음향측심기와는 달리 이 시스템은 많게는 선체에서 121개의 음파를 방사한다. 진행 방향에 직각으로 부채꼴 형태로 퍼지면서 이 음향들은 약 120 도 정도의 원호 범위를 측량한다(**그림 4.4a**). 보통 음파 신호는 10초마다 해저로 발사되고, 청음장치는 음파가 해저에서 반사되어 발사될 때 통과한 동일한 좁은 통로를 통과해 온 음파를 기록한다. 이러한 방법으로 계속적으로 관측하면 배가 통과한 해저의 연속적인 넓은 지형을 알 수 있다. 마치 잔디를 깎는 것처럼 배를 이동시키면 어느 지역의 완전한 지도를 완성할 수 있다(**그림 4.4b**). 좀 더 처리를 하면 그림 4.10과 4.11에서 보는 것 같은 아주 자세한 모습을 얻을 수 있다. 현재 200척 미만의 연구선들이 다중음향시스템을 장착하고 있고, 현재의 추세대로라면 이 방법으로 전체 해저의 지도를 완성하는 데는 약 125년 이상이 소요될 것이다.

위성을 해저지도 작성에 사용할 수 있다 위성은 해저의 수심을 직접 측정할 수는 없지만, 해수면의 작은 높이 변화는 측정할 수가 있다. 매초 수천 번의 레이더 신호를 이용해서 미 해군의 *Geosat* 위성(**그림 4.5a**)은 해수면과 자신의 거리를 0.03 m 범위 내로 측정하고 있다. 위성의 정확한 위치를 계산할 수 있기 때문에 해수면의 평균 높이도 대단히 정확하게 알 수가 있다.

과학자들은 파도나 조석, 해류 등을 무시하면, 해수면은 이상적인 매끈한 형태(타구체)에서 200 m 정도까지 달라질 수 있다는 것을 알았다. 그것은 지구 표면의 중력은 물체가 지구의 밀도가 큰 부분에 얼마나 가까이 있는지에 따라 달라지기 때문이다. 해저의 산이나 산맥들은 측면으로부터 자신 쪽으로 물을 끌어당겨서 그 위에 물의 언덕을 만들게 된다(**그림 4.5b**). 예를 들어 해저에서 높이 2,000 m, 반경 20 km인 전형적인 해저 화산의 경우 해수면을 2 m 정도 높이게 된다.(이 정도의 상승은 수면의 경사가 아주 완만하기 때문에 육안으로는 볼 수가 없다.) 해저의 대규모 지형들은 이러한 조그만 해수면의 굴곡에 의해 놀라울 정도로 정확하게 재현할 수가 있다(**그림 4.5d**).

*Geosat*과 그 뒤를 이은 토펙스/포세이돈(TOPEX/Poseidon) 그리고 제이슨 1호(Jason-1)와 제이슨 2호(Jason-2) 등으로 우주에서 세계 해저의 지도가 급속히 만들어지게 되었고, 그 자료들에 의해서 이전에는 알려지지 않았던 수백 개의 지형들이 발견되었다.

a

1985년부터 1990년까지 미 해군에서 운용한 Geosat 위성이 궤도에서 해면의 높이를 측정하였다. 해면 위를 초속 7 km로 이동하면서 Geosat은 매초 천 번의 레이더 신호를 송수신하였고, 고도의 정확도는 0.03 m 이내였다. 이제는 다른 위성들이 대신하고 있다.

U.S. Department of the Navy

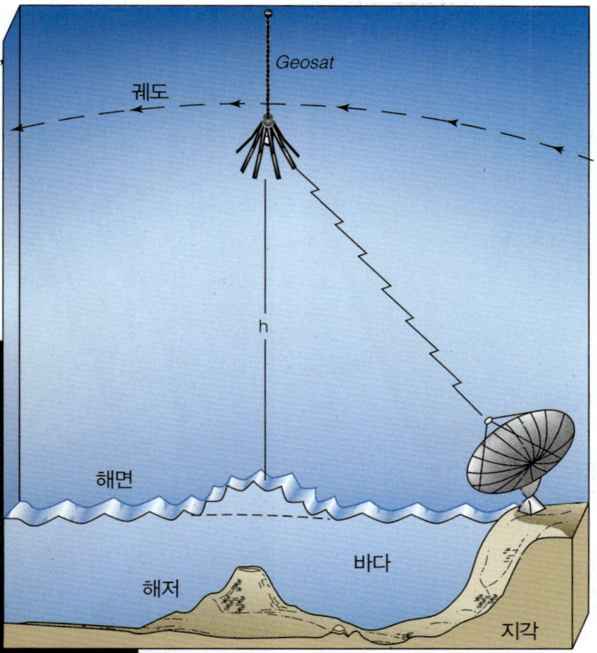

b 해저에 솟아 있는 지형은 주변보다 중력이 커서 주위의 물을 끌어당겨 쌓아 올려 수면의 굴곡이 생기게 된다.

그림 4.5 우주에서의 해저 측정

개념점검

1. 과거에는 해저 측량이 어떻게 이루어졌으며, 현재에는 어떻게 하고 있는가?
2. 음향측심기는 소리를 해저에서 반사시킨다. 그 원리는 무엇인가?
3. 위성은 우주에서 궤도를 돈다. 그 위성이 어떻게 해양의 연구에 이용될 수 있는가? 왜 해수면이 물에 잠겨 있는 산이나 산맥 위에서 솟아오르는가?

4.2 해저 지형은 위치에 따라 다르다

대부분의 사람들은 대양저가 마치 큰 욕조처럼 생겼을 것이라고 생각하고, 육지는 파도가 부서지는 기파역을 지나면 곧바로 경사가 깊이 떨어지고 바다는 중간쯤이 제일 깊을 것이라고 생각한다. 그러나 **그림 4.6**에서 볼 수 있는 것처럼 이는 틀린 생각이다.

그 이유는 여러분들이 지난 장에서 공부한 것과 같이 판구조론에 의하면 지구의 표면은 육지와 바다의 조각들이 고정되어 있는 것이 아니고, 서로 부딪치고 밀어제치면서 역동적으로 움직이고 있는 암석권의 판들로 꿰맞추어져 있기 때문이다. 가벼운 대륙의 암석권은 지각평형에 의해 무거운 해저의 암석권보다 높은 곳에 떠 있다. 지구 표면의 반 이상이 최소한 해수면 아래 3,000 m 이하에 존재하는 이유의 일부는 해저의 밀도가 아주 크기 때문이다(**그림 4.7**). 대륙지각은 해양지각보다 두껍고 대륙의 암석권은 해양 암석권보다 밀도가 작다. 그러므로 대륙을 포함하고 있는 밀도가 작은 암석권은 지각평형을 이루면서 해분을 포함하고 있는 밀도가 큰 암석권보다 위에 떠 있게 된다. 우리가 보고 있는 해저 지형은 이러한 역학적인 균형과 지판 운동의 결과인 것이다.

그림 4.8에서 보면 대륙의 (밀도가 작고) 두꺼운 화

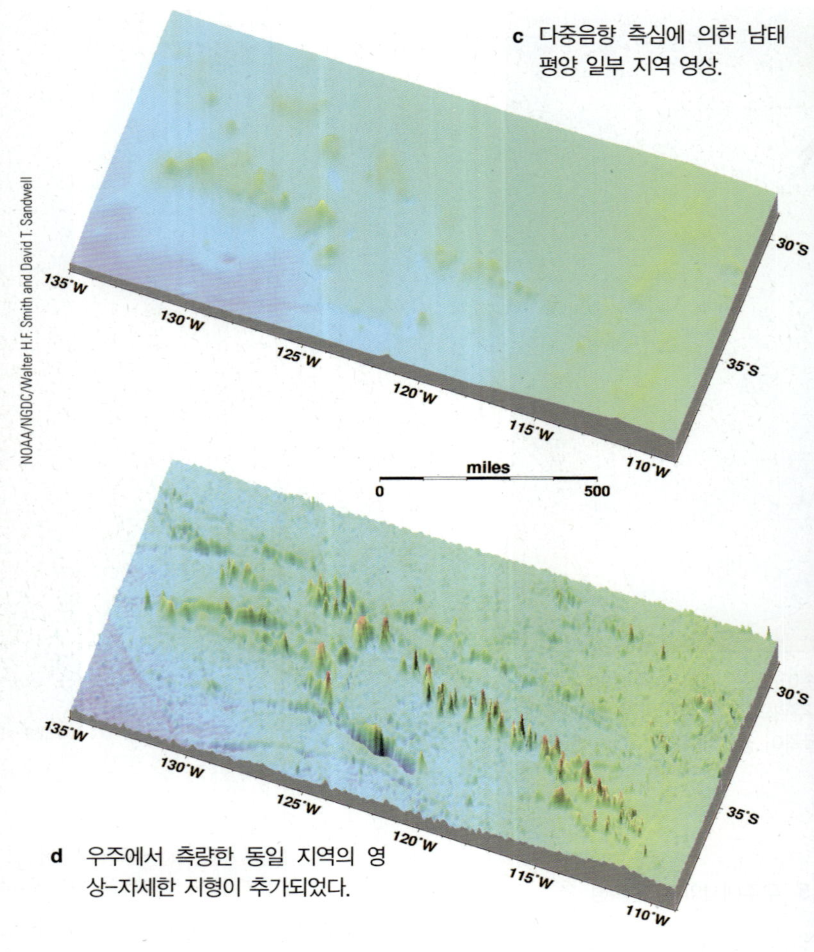

c 다중음향 측심에 의한 남태평양 일부 지역 영상.

d 우주에서 측량한 동일 지역의 영상–자세한 지형이 추가되었다.

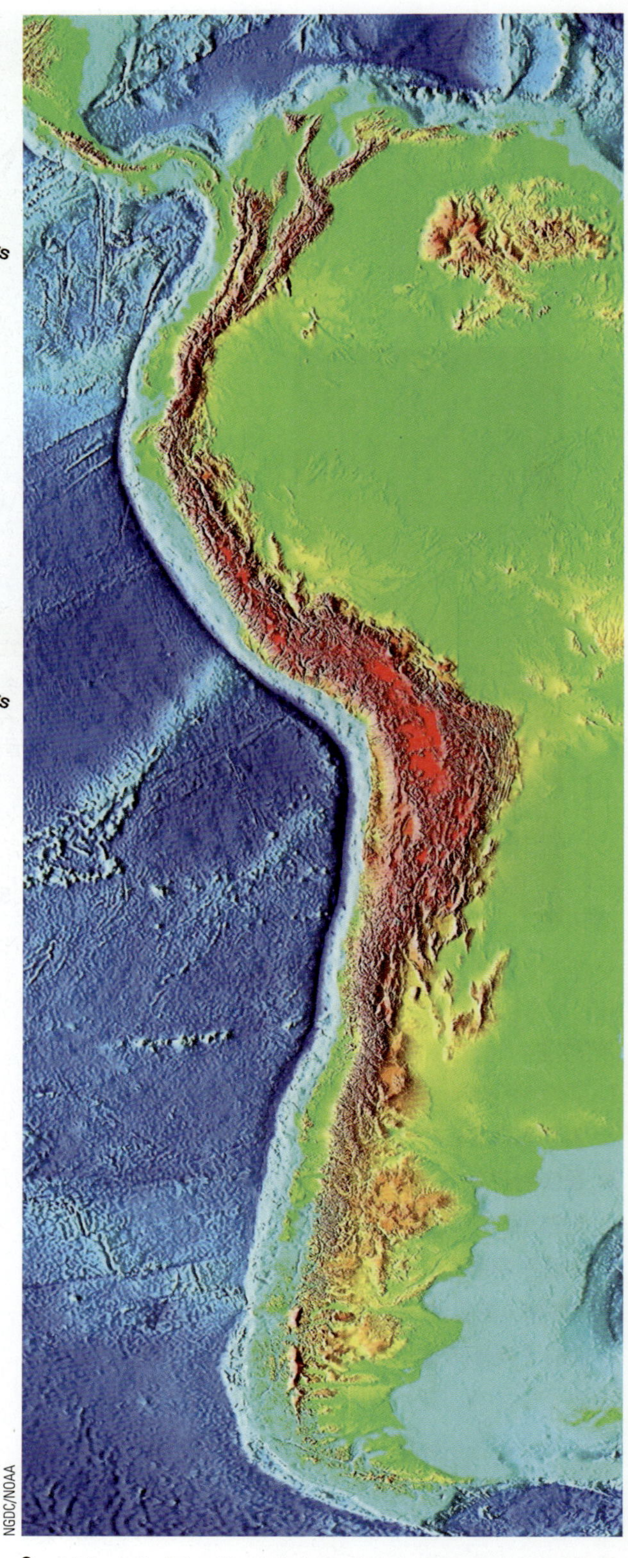

e 위성고도측정에 의한 남미. 높은 안데스 산맥, 대륙의 활성형 서부 연안의 전체 길이를 따라가고 있는 페루–칠레 해구, 칠레 산맥(왼쪽 아래)의 변환단층과 단열대, 대륙의 남쪽에 있는 비활성형(후속형) 연안의 대단히 큰 대륙붕 등을 볼 수 있다.

그림 4.5 (계속)

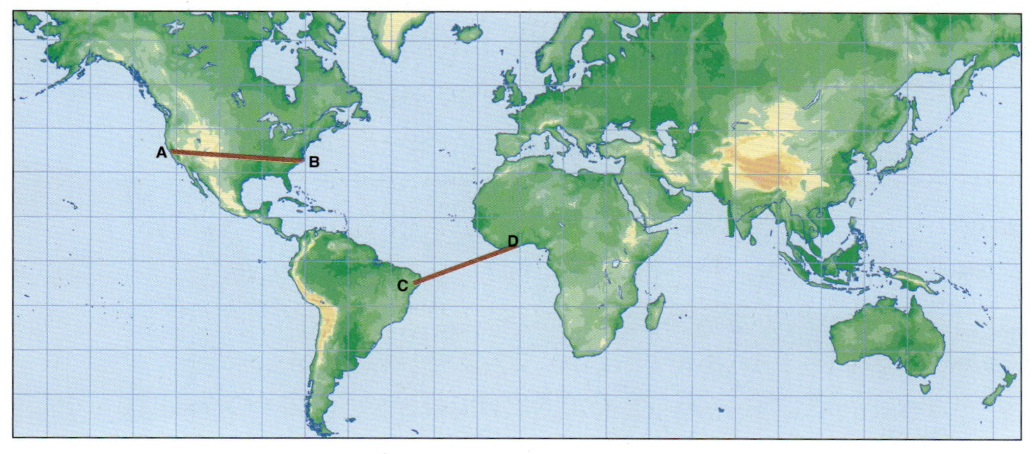

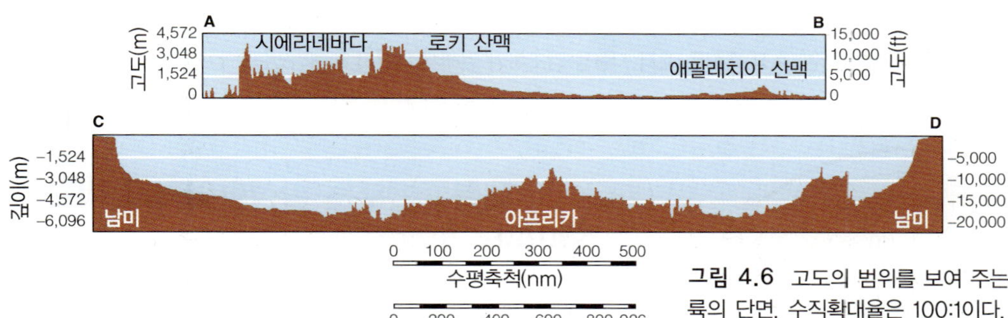

그림 4.6 고도의 범위를 보여 주는 대서양 해분과 미국 대륙의 단면. 수직확대율은 100:1이다. 비록 바다의 깊이는 분명히 육지의 고도보다는 크지만 일반적인 윤곽의 범위는 비슷하다.

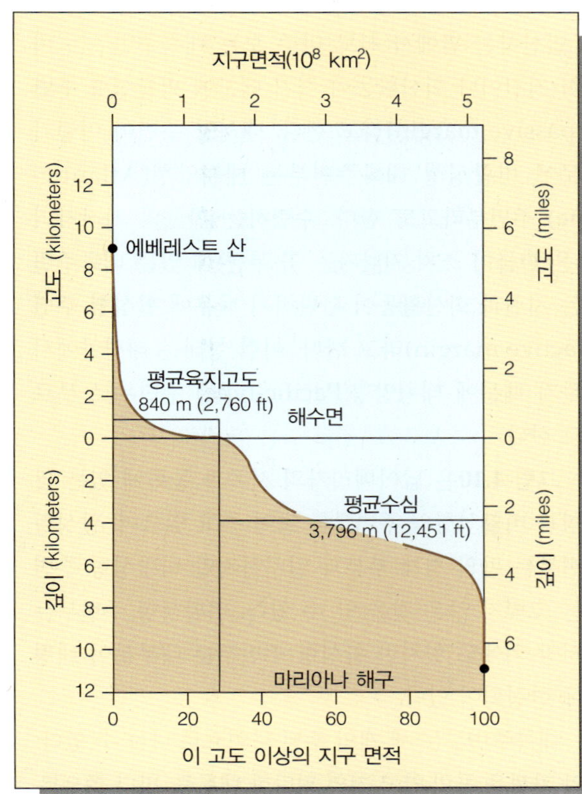

그림 4.7 지구상의 고도와 깊이의 분포를 보여 주는 그래프. 이 곡선은 지구의 육지에서 바다까지의 형상을 나타내는 것이 아니고 지표 상에서 해수면을 기준으로 한 특정 고도의 면적을 나타내는 것이다. 지구의 단단한 표면의 반 이상이 최소한 3,000 m 이상의 깊이에 있고, 대양의 평균 수심(3,796 m)은 육지의 평균 고도(840 m)에 비해 훨씬 값이 크다는 것을 알 수 있다.

강암이 심해저로 가면서 비교적 (밀도가 크고) 얇은 현무암으로 바뀌는 것을 알 수 있다. 해안 부근의 해저는 인접 육지와 같은 화강암으로 이루어져 있기 때문에 그 특징이 비슷하다. 현무암으로 바뀌는 곳이 진짜 대륙의 끝이고 대양저를 두 개의 주된 부분으로 나누는 곳이 된다. 대륙의 바깥 부분으로 물속에 잠겨 있는 부분이 **대륙주변부**(continental margin)이고, 대륙주변부 밖의 심해저가 **해분**(ocean basin)이다. **그림 4.9**는 대륙지각과 해양지각으로 이루어진 지구 표면의 주요 부분들과 각 부분의 상대적인 비율을 보여 주고 있다.

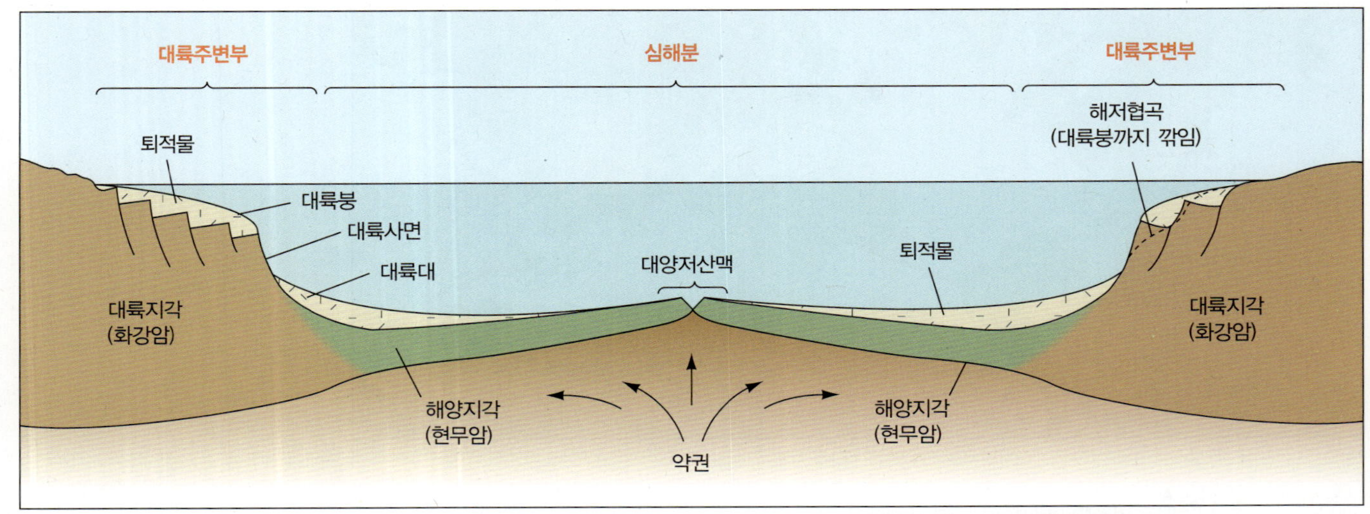

그림 4.8 비활성형 대륙주변부를 갖는 해분의 전형적인 단면.(수직 축척은 해저 지형을 강조하기 위해서 대단히 확대되었음.)

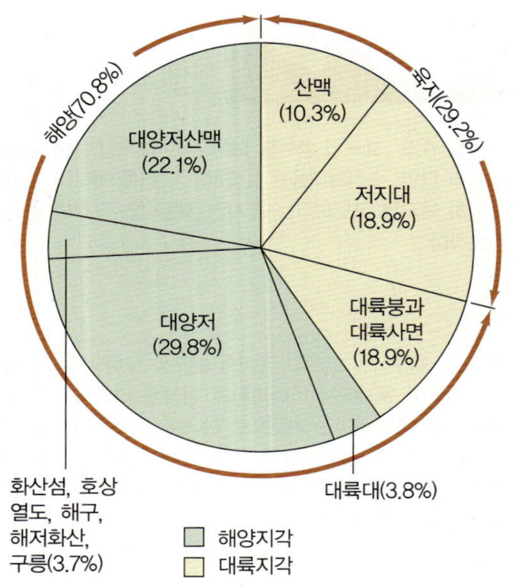

그림 4.9 지구의 전체 표면적에 대한 각 부분의 백분율.

개념점검

4. 해분의 일반적인 특징은 어떠한가?

5. 만약 당신이 해저로 걸어 들어갈 수 있다면, 화강암에서 현무암으로 바뀌는 곳이 진짜 대륙의 끝이고 해저를 두 부분으로 나눌 수 있을 것이다. 그 두 부분은 무엇인가?

6. 대륙주변부는 심해분과 어떻게 다른가?

4.3 대륙주변부는 활성형이거나 비활성형이다

이미 3장에서 배운 것처럼 암석권의 판은 서로 수렴하거나 발산하거나 스쳐 지나가거나 하고 있다. 대륙의 잠겨 있는 가장자리—대륙주변부—는 이러한 구조작용의 영향을 많이 받는다는 것을 짐작할 수 있을 것이다. 발산하는 판에서 서로 마주 보는 대륙주변부는 비교적 지진이나 화산활동이 적기 때문에 **비활성형 주변부**(passive margin)라고 한다. 대서양 주변이 이렇기 때문에 비활성형 대륙주변부는 대서양형(Atlantic-type) 주변부라고도 한다. 수렴하는 판들의 가장자리(혹은 판들이 스쳐 지나가는 곳 부근)에 있는 대륙주변부는 지진과 화산활동이 활발하기 때문에 **활성형 주변부**(active margin)라고 한다. 이런 형태는 태평양에서 흔하기 때문에 태평양형(Pacific-type) 주변부로 부르기도 한다.

그림 4.10은 남아메리카의 서쪽과 동쪽에 있는 활성형과 비활성형의 주변부를 보여 주고 있으며, 활성형 주변부는 판의 경계 부분과 일치하지만 비활성형 주변부는 그렇지 않은 것을 알 수 있다. 비활성형 주변부는 대서양 외에도 있지만 활성형 주변부는 대부분이 태평양에 한정되어 있다.

대륙주변부는 세 개의 주된 구역으로 나눌 수 있다: 해안 가까운 곳의 얕고 거의 평탄한 대륙붕, 바다 쪽으로

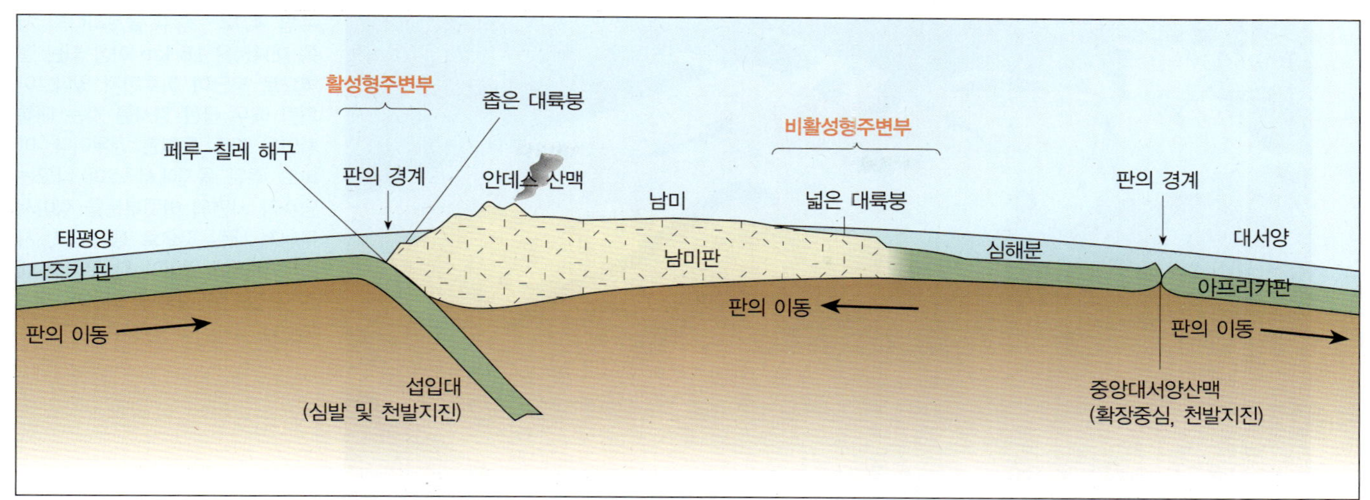

그림 4.10 이동하는 대륙에서 구조적으로 활성인 (태평양형) 가장자리와 비활성인 (대서양형) 가장자리에 접하는 대륙주변부의 전형적인 모습들.(수직축은 확대되었음.)

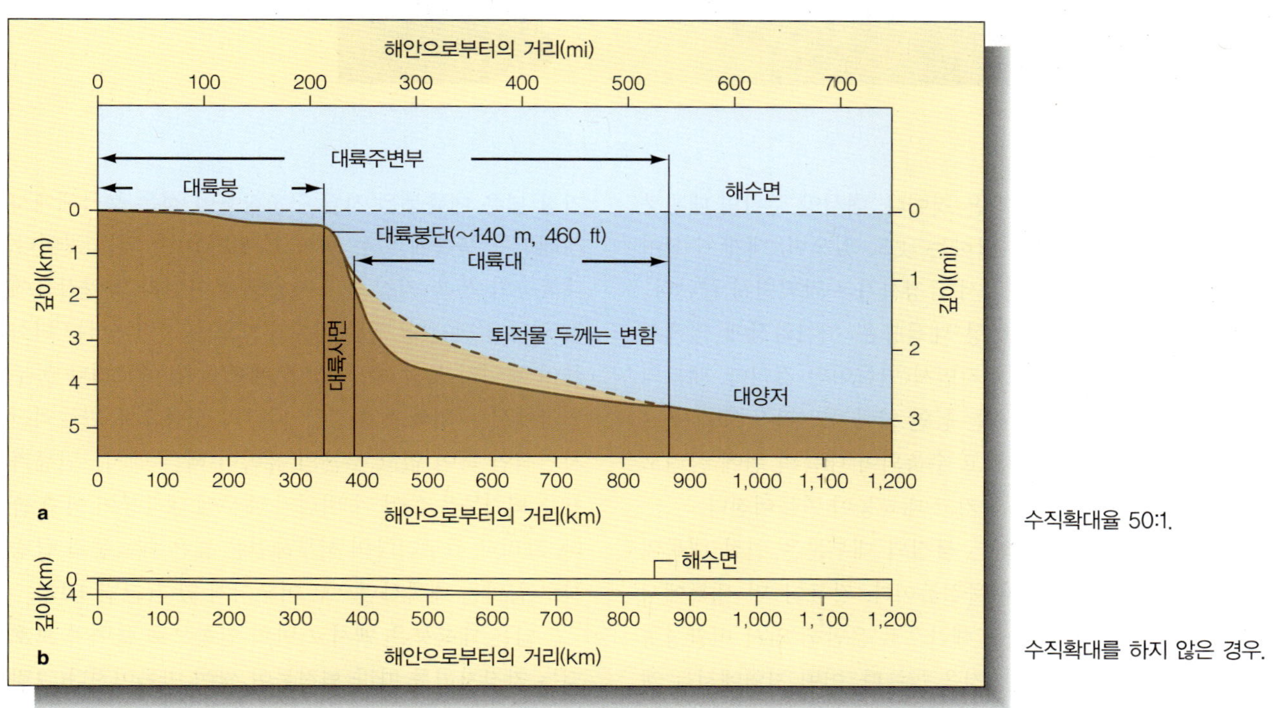

그림 4.11 비활성형 대륙주변부의 모양.

경사가 좀 더 급한 대륙사면, 그리고 퇴적물의 퇴적체로 대륙주변부를 심해분과 연결해 주는 대륙대이다.

대륙붕은 대륙의 바다 쪽 연장이다 물속에 잠겨 있는 얕은 대륙의 연장부분이 **대륙붕**(continental shelf)이다. 대륙붕은 인접 육지의 연장으로 아래에는 화강암의 대륙지각으로 되어 있다. 이곳은 심해저보다는 육지와 많이 닮았고, 근처의 육지와 마찬가지로 언덕이나 구덩이, 퇴적암, 광물과 석유의 광상 등이 있다. 대륙붕의 총 면적은 바다 총 면적의 7.4% 정도 된다.

그림 4.11은 대서양 주변의 특징적인 비활성형 대륙주변부를 보여 주고 있으며, 넓은 대륙붕은 1 km당 약 1.7 m 깊어지는 정도의 완만한 경사(약 0.1°)로 해안에서 멀리 뻗어 있고, 이 경사는 배수가 잘되는 넓은

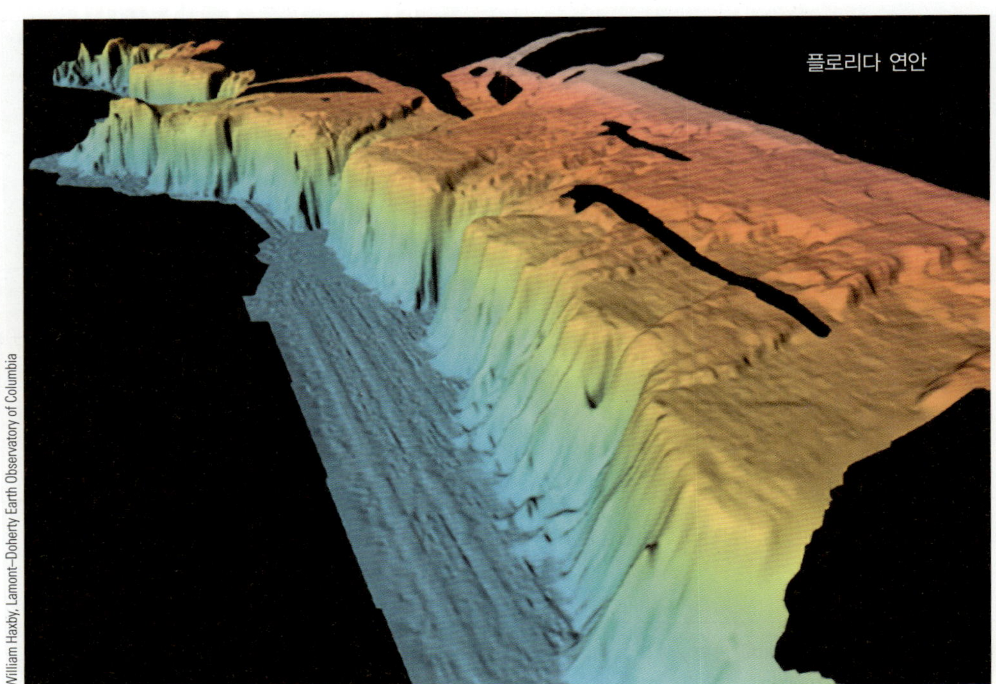

그림 4.12 중부 플로리다의 서쪽 대륙붕은 1.6 km 이상 되는 절벽으로 붕단이 이루어져 있다. 이처럼 매우 급한 경사를 갖는 대륙사면은 아주 특별한 경우이다. 아마도 주위 육지에서 스며 나오는 담수가 사면의 아랫부분을 깎아서 무너져 내린 것으로 생각되고, 사면의 아래에 있어야 할 무너져 내린 물질들은 해류에 의해서 제거되었다.

주차장보다 경사가 작은 것이다. 대서양 주위의 대륙붕은 폭이 350 km에 달하는 곳도 있으며, 대개 수심이 140 m 정도 되는 곳에서 급경사가 시작되면서 끝난다.

대서양의 비활성형 대륙붕은 해저확장에 의해서 판게아의 조각이 벌어지면서 만들어진 것이다. 대륙의 암석권은 처음 갈라지는 동안 얇아지고 확장 축에서 멀리 이동하면서 냉각되고 수축되어 대륙의 뒤에 끌려오는 가장자리가 물에 잠기고 대륙붕이 만들어진다.

대륙붕을 구성하는 물질의 대부분은 인접 대륙의 침식에 의해 들어온 물질들이다. 강들이 먼 내륙에서 막대한 양의 퇴적물을 해안으로 운반해 와서 비활성형 대륙붕이 만들어지는 것을 돕는다. 어떤 지역에서는 옛날의 암초로 만들어진 자연적인 둑이나 화강암 지각(그림 4.7 참조)의 구릉 뒤쪽에 퇴적물이 쌓이고, 그 퇴적물의 무게가 지각평형을 이루기 위해 대륙의 가장자리를 눌러서 그 퇴적물이 더욱 두껍게 쌓이게 된다. 대륙붕의 바깥쪽 가장자리의 퇴적물은 두께가 15 km에 바닥의 연령이 1억 5천만 년까지 되기도 한다.

대륙붕의 폭은 보통 판의 경계부에 근접한 정도에 따라 정해진다. 그림 4.8에서 보는 것처럼 비활성형 주변부(남아메리카의 동부)의 대륙붕은 넓지만, 활성형 대륙주변부(남아메리카의 서부)의 대륙붕은 대단히 좁다. 가장 넓은 대륙붕은 지질 구조작용이 적은 북극해에서 시베리아 북쪽에 있는 폭이 1,280 km나 되는 곳이다. 대륙붕의 폭은 지질 구조작용뿐만 아니라 해양작용에도 영향을 받는다. 빠른 해류가 흐르는 지역에서는 퇴적물이 쌓이지 못할 수도 있다. 예를 들어 플로리다 동부연안에서는 외해에 화강암 지각의 구릉으로 만들어진 자연적인 둑이 없고 부근의 유속이 빠른 멕시코만류가 표층 퇴적물을 쓸어 가 버리기 때문에 대륙붕이 아주 좁다. 그러나 플로리다의 서부해안은 넓은 대륙붕과 급경사로 끝나는 대륙사면으로 이루어져 있다(**그림 4.12**).

넓은 대륙붕은 멕시코 만의 안쪽으로 들어와 보호되는 가장자리를 따라 퇴적물이 쌓여 만들어진다(**그림 4.13**). 로키 산맥에서 침식된 퇴적물이 미시시피 강에 의해 운반되어 와서 텍사스와 루이지애나 남쪽에 퇴적된다. 이 퇴적물들은 만의 물이 많이 증발했던 약 1억 8천만 년 전에 쌓였던 소금층을 덮고 있다. 위에 있는 퇴적물의 무게로 소금층이 둥근 돔의 형태로 솟아올라 퍼지면서 녹아, 무너진 소금 돔이 이 지역의 특징적인 마마자국 같은 바닥을 만들었다.

활성형의 태평양 대륙주변부 대륙붕은 일반적으로 대서양의 대륙붕만큼 넓고 평탄하지 못하다. 일례로 남아메리카 서부의 좁은 대륙붕에서는 안데스 산맥의 급

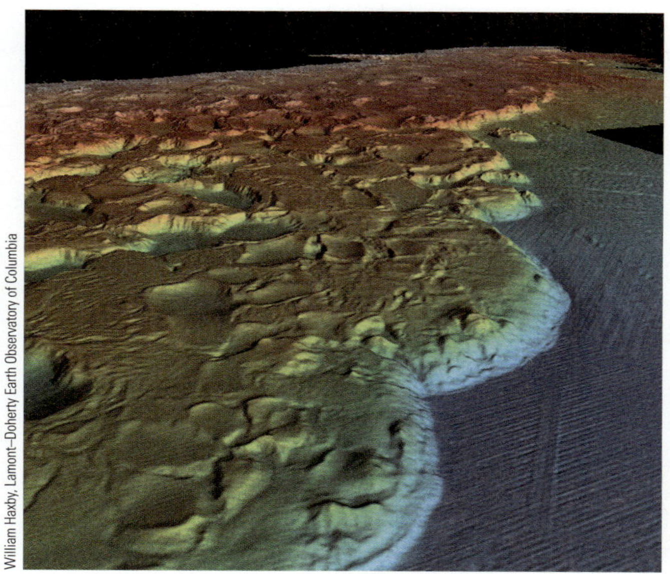

그림 4.13 텍사스와 루이지애나(오른쪽으로 바라봄)의 남쪽 멕시코만의 가장자리의 넓은 대륙붕. 미시시피 강에 의해 운반된 퇴적물이 고대 소금 퇴적층 위에 놓여 있다. 퇴적물의 무게로 소금 돔이 만들어지고 녹아서 대륙붕 바닥에 마마자국 같은 모양을 남겨 놓았다.

그림 4.14 전형적인 활성형 주변부인 중부 캘리포니아 바깥쪽의 복잡한 대륙붕. 그림 4.12와 비교해 보라.

경사가 거의 중단되지 않고 페루-칠레 해구까지 계속된다(그림 4.5e와 3.18d 참조). 활성형 주변부의 대륙붕은 비활성형 주변부의 대륙붕에 비해 지형도 변화가 심해서, 대륙붕의 특징이 퇴적작용보다는 단층작용, 화산활동, 구조적 변형 등에 영향을 더 많이 받는다(**그림 4.14**).

그러나 태평양의 대륙붕 중에도 넓은 곳이 몇 개는 있으며, 대서양과 마찬가지로 외해의 자연적인 둑이 퇴적물을 가두어서 만들어진다. 그러나 태평양에서 퇴적물을 가두는 둑은 보통 외해에 있는 일련의 화산들이나 산호초들로 이루어진다. 중국과 동남아시아의 동쪽에서는 화산활동으로 넓은 해분이 만들어졌고 지금은 퇴적물로 채워져 태평양에서 가장 넓은 대륙붕 중의 하나가 되어 있다.

대륙붕은 경사가 완만하기 때문에 해수면의 변화에 큰 영향을 받는다. 약 18,000년 전-지난 **빙하기**(ice age)의 최고점(빙하가 넓게 퍼진 시기)-에는 거대한 빙원이 육지의 방대한 지역을 덮었다. 두꺼운 얼음을 만든 그 물은 바다에서 왔고, 해수면은 현재보다 약 125 m 아래로 내려갔다(**그림 4.15**)[2]. 대륙붕은 거의 완전히 노출되었고, 육지 면적은 지금보다 약 18% 정도 더 넓었다. 강과 파도가 해수면이 높았을 때 쌓인 퇴적물을 침식해서 일부 조립 퇴적물을 현재의 대륙붕 바깥쪽 가장자리로 운반하였다. 빙원이 녹으면서 해수면은 다시 상승하기 시작했고 대륙붕에는 다시 퇴적물이 쌓이기 시작했다. 해수면 변화의 역사와 그 영향은 12장 연안역의 논의와 18장의 환경적 논의에서 좀 더 알 수 있다.

대륙붕은 천연자원 탐사의 집중적인 대상이 되어 왔다. 그 까닭은 대륙붕은 대륙의 가장자리가 침수된 곳으로서 연안을 따라 나오는 광물이나 석유는 외해까지도 계속될 수 있기 때문이다. 대륙붕 위의 수심은 평균 약 75 m 정도이기 때문에 대륙붕의 많은 지역에 가서 채광이나 굴착작업을 할 수 있다. 육상 천연자원을 탐사하고 발견하는 데 사용되는 많은 기술이 대륙붕에서도 역시 사용될 수 있다. 자원개발을 위해서는 집중적인 과학적 조사가 필요하고 대륙붕의 지질학적인 지식이 외해의 석유나 천연가스를 찾는 과정에서 큰 도움을 주었다(**그림 4.16**)[3].

[2] 해수면은 지난 25만 년간 거의 모든 기간에 지금의 해수면보다 상당히 낮았다. 연안에 인류 문명이 발달한 것을 생각하면, 지금부터 8,000년 전에서 18,000년 전 사이에 연간 약 1 cm의 비율로 해수면이 100 m 이상 상승하였고, 이것은 한 사람의 일생에 약 0.5 m 이상의 상승에 해당되므로, 이러한 사실이 많은 종교에 나타나는 홍수의 전설과 관련이 있지 않을까? 미래의 해수면 상승은 무엇을 만들어 내게 될까?

[3] 이러한 부를 개발하는 데 대한 경제적, 환경적, 법적 관점들은 17장의 해양법과 배타적 경제수역의 논의에서 다룸.

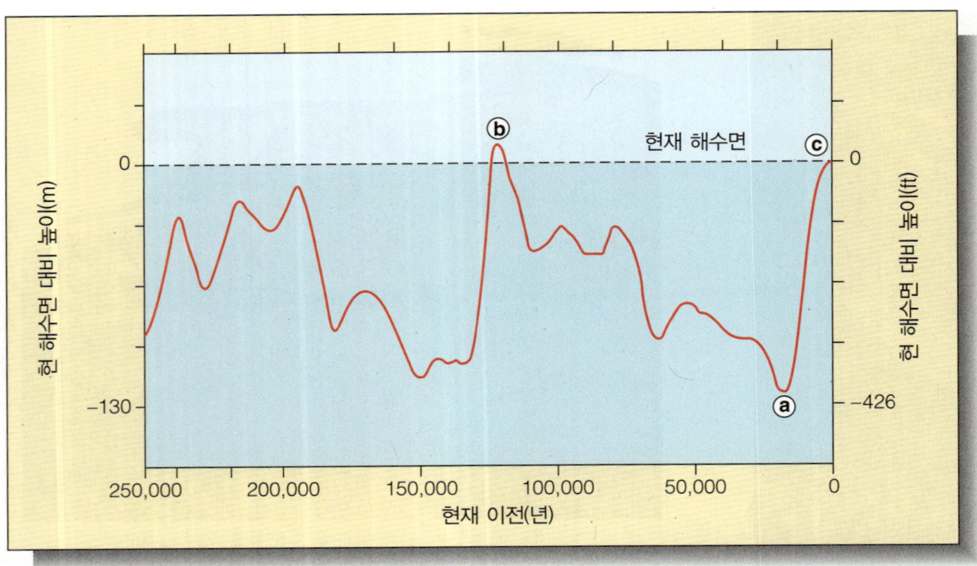

그림 4.15 해저 코어 자료로 추정한 지난 250,000년 동안의 해수면 변화. 해수면의 상승과 하강은 대부분 빙하가 증가하거나 감소하는 빙하기의 도래와 쇠퇴에 의한 것이다. 빙하를 만드는 물은 바다에서 온 것이므로 빙하기에는 해수면이 내려가게 된다. a 점은 약 18,000년 전 지난 빙하기가 절정에 달했을 때 해수면이 현재보다 약 125 m 내려간 것을 나타낸다. b 점은 약 120,000년 전 지난 간빙기 때 해수면이 현재보다 약 6 m 높았던 것을 나타낸다. c 점은 현재의 해수면을 나타낸다. 해수면은 우리가 빙하기를 벗어나고 지구온난화를 가속시키는 시기로 들어가면서 지속적으로 상승하고 있다. 지난 20,000년 동안의 자세한 사항에 대해서는 그림 12.2를 보라.

AP Photo/U.S. Coast Guard

그림 4.16 알래스카 앵커리지 부근 트레이딩 만의 비교적 수심이 얕은 대륙붕에 있는 외해 석유시추 플랫폼. 심해 플랫폼은 그림 17.4에서 볼 수 있다.

대륙사면은 대륙붕과 심해저를 연결한다 **대륙사면**(continental slope)은 경사가 완만한 대륙붕이 심해저로 바뀌는 부분이다. 대륙사면은 대륙붕단을 넘어서 운반되어 온 퇴적물로 이루어져 있다. 활성형 주변부의 대륙사면은 섭입하는 판에서 긁혀서 떨어져 나온 해양 퇴적물도 포함하고 있다. 전형적인 대륙사면의 경사도는 약 4° 정도로(1 km 거리에 70 m 수심 증가), 고속도로에서 허용되는 가장 급경사의 도로보다 약간 더 급한 정도이다. 그림 4.9b에서 볼 수 있는 것처럼 대륙사면에서 가장 경사가 급한 곳이라도 깎아지른 듯한 급경사는 아니고, 지금까지 발견된 것 중에는 25° 경사가 가장 급경사이다. 일반적으로 활성형 주변부의 대륙사면은 비활성형 주변부보다 경사가 급하다. 대륙사면은 폭이 평균 20 km 정도이고, 일반적으로 수심 약 3,700 m 정도에 있는 대륙대에서 끝난다. 대륙사면의 바닥이 대륙의 진짜 끝이다.

대륙붕단(shelf break)은 대륙붕이 대륙사면으로 급격히 변하는 곳이다. 대륙붕단의 수심은 놀라울 정도

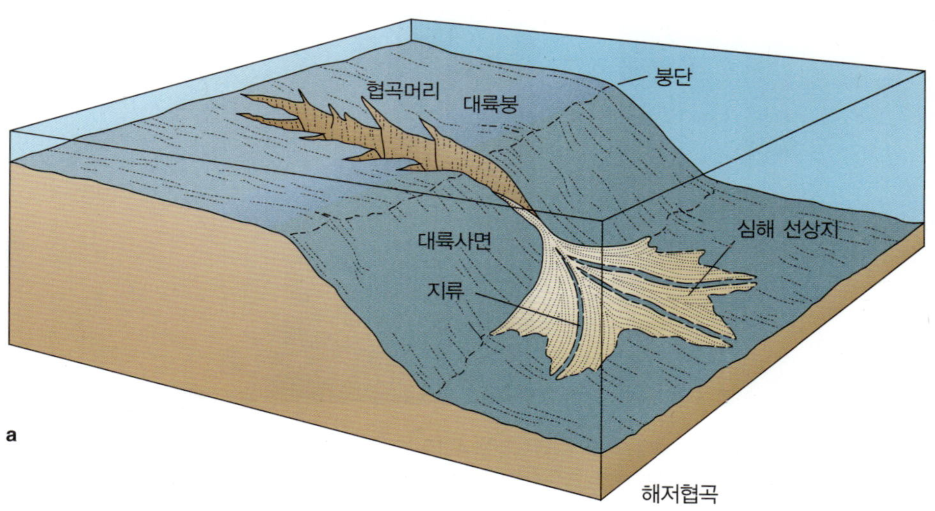

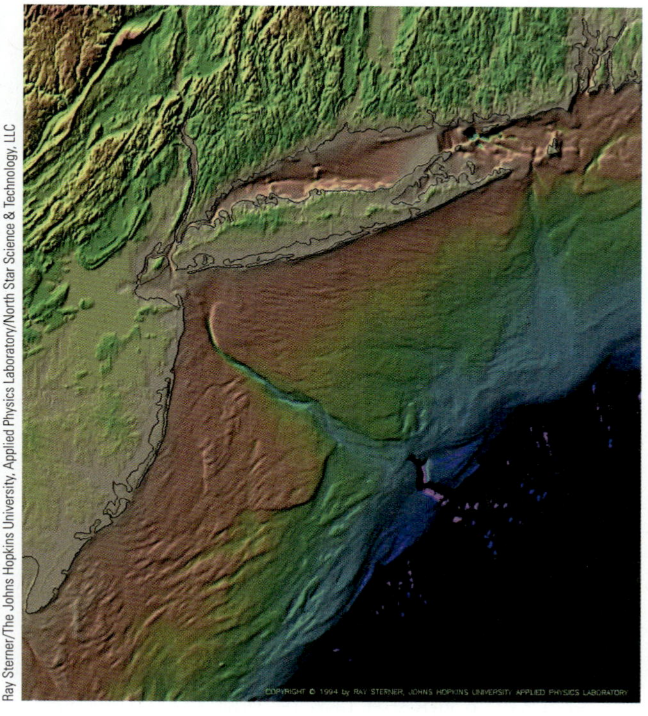

b

뉴저지 동부 허드슨 협곡의 다중음향 영상. 이 지역의 대륙붕은 넓고, 협곡은 대륙붕–대륙사면의 연결부를 가르면서 남서쪽으로 심해평원과 연결되고 있다. 해저지형은 육지지형에 비해 5배 정도 과장되었다. 얇은 검은 선은 해수면을 나타낸다.

그림 4.17

로 일정해서 전 세계적으로 약 140 m 정도지만 예외도 있다. 예를 들어 남극은 거대한 얼음의 무게로 지각평형에 의해 대륙이 눌러져 대륙붕단의 깊이가 약 300~400 m에 이르고, 그린란드의 대륙붕단도 비슷하게 눌려 있다.

해저협곡은 대륙붕과 대륙사면의 접합부에 형성된다 **해저협곡**(submarine canyon)은 대륙붕과 대륙사면을 파고들어 종종 심해저의 부채꼴의 퇴적물 쐐기에서 끝난다(**그림 4.17a**). 100개 이상의 해저협곡이 지구상의 거의 모든 대륙붕의 끝에 파고들어 있다. 해저협곡은 일반적으로 (대륙붕단과) 해안선과 직각 방향을 이루고 있으며, 때로는 해안선에 아주 가까운 곳에서 시작되기도 한다. 콩고 해저협곡은 실제로 콩고 강의 입구에서 깊은 하구만의 형태로 아프리카 대륙 안쪽까지 들어와 있다. 이런 불가사의한 지형들은 상당히 크고, 실제로 해저협곡은 크기나 단면 형상이 애리조나의 그랜드캐니언과 비슷한 것도 발견되었다!

비활성형 대륙주변부의 전형적인 해저협곡인 허드슨캐니언이 **그림 4.17b**에 나와 있다. 다른 많은 해저협곡들처럼 허드슨캐니언도 강이나 하천—이 경우는 뉴욕의 허드슨 강—입구의 바로 외해에 놓여 있다. 육상의 협곡들과 모양이 비슷하기 때문에 해저협곡도 침식에 의해서 생긴 것으로 보이고, 그래서 해양 지질학자들은 처음에는 해저협곡이 해수면이 낮았을 때 하천 침식에 의해서 대륙붕이 깎여서 생긴 것으로 생각하였다. 그러나 대부분의 과학자들은 해수면이 지난 6억 년 동

그림 4.18 자메이카 섬 외해의 해저 사면을 흘러 내려가는 저탁류. 저탁류는 그 속의 물의 흐름이 아니라 중력에 의해 추진된다. 잠수함의 프로펠러가 사면 위의 퇴적물을 교란시켜 저탁류가 생겼다.

그림 4.19 산루카스 해저협곡(멕시코의 바하칼리포르니아 연안 외해)의 윗부분에서 계속적으로 퇴적물이 쏟아져 내리고 있다. 이런 것이 간헐적인 저탁류와 함께 이 좁은 계곡을 침식시킬 것이다. 약 1,000 m^3의 모래가 매년 이 계곡을 흘러내린다.

안 현재보다 200 m 이상 내려간 적은 없다는 데에 동의하고 있다. 하천 침식은 해저협곡의 가장 윗부분의 형태는 설명할 수 있을 것이다. 그러나 해저협곡은 수심 3,000 m 이상 되는 곳까지 연결이 되고, 하천 침식은 아랫부분을 깎는 데는 직접적인 역할을 하지 못했을 것이다.

그러면 무엇이 해저협곡을 만들게 했을까? 지진으로 인해서 지역적인 사태나 퇴적물의 액화현상 등으로 바닥을 쓸어 가는 해저사태가 생기는 경우가 있다. **저탁류**(turbidity current)라고 부르는 이런 대규모 퇴적물의 이동은 난류에 의해 경사진 바닥에 놓여 있는 퇴적물이 물과 뒤섞여 생기는 것이다. 퇴적물로 채워진 물은 주위의 물보다 밀도가 커져서 그 두꺼운 흙탕물이 시속 27 km까지 대륙사면을 달려 내려가는 것이다. **그림 4.18**이 아주 귀한 저탁류의 사진을 보여 주고 있다.

저탁류와 해저협곡은 어떤 연관이 있는가? 퇴적물은 지속적으로 협곡 아래로 흘러내릴 것이다(**그림 4.19**). 그러나 지진은 대륙붕단을 넘어 쏟아져 내리는 엄청난 양의 자갈이나 모래를 흔들어서 느슨하게 만들고, 이것들은 흘러 내려가면서 협곡을 더욱 깊게 깎게 될 것이다. 대부분의 지질학자들은 협곡이 돌진해 내려가는 저탁류의 침식에 의해서 만들어진 것으로 믿고 있다. 이런 방법으로 해저협곡은 빙하기 동안 해수면이 낮았을 때라도 하천이 도달할 수 있는 곳보다 훨씬 아래까지 깎이게 된다.

대륙대는 대륙사면의 아래에 퇴적물이 쌓여서 만들어진다 비활성형 대륙주변부를 따라 대륙사면 기저부의 해양지각은 **대륙대**(continental rise)라고 불리는 부채꼴로 쌓인 퇴적물로 덮여 있다(그림 4.8과 4.11 참조). 대륙붕에서 온 퇴적물은 전체 사면을 따라 천천히 해저로 내려가지만, 대부분의 대륙대 퇴적물은 저탁류에 의해서 운반된 것들이다. 대륙대의 폭은 약 100 km에서 1,000 km까지 차이가 있고, 경사는 대략 대륙사면의 8분의 1 정도로 완만하다. 가장 두껍고 넓은 대륙대로는 세계의 큰 강들 중에서 가장 퇴적물을 많이 운반하는 갠지스-브라마푸트라 강 어귀에 있는 벵골 만에 만들어진 것이다.

심해, 특히 대부분의 해분의 서쪽 경계를 따라 흐르는 해류는 대륙대의 모양을 결정하는 주요 요인이 된다. 코리올리 효과(8장에 나옴)에 의해 대륙사면에 닿아 있는 심해 경계류는 저탁류에 의해 운반된 화산 쇄설물과 퇴적물을 싣고 해저를 따라 흐르게 된다. 해류가 휘는 곳이나 깊은 곳을 지나게 되면 속도가 느려지고 부유물질들을 대륙대 위에 물결무늬 진흙이나 구릉의 형태로 퇴적시킨다(**그림 4.20**).

개념점검

7. 대륙주변부에는 어떤 지형들이 있는가?
8. 지구조적으로 활성형인 주변부와 비활성형인 주변부는 어떻게 다른가?

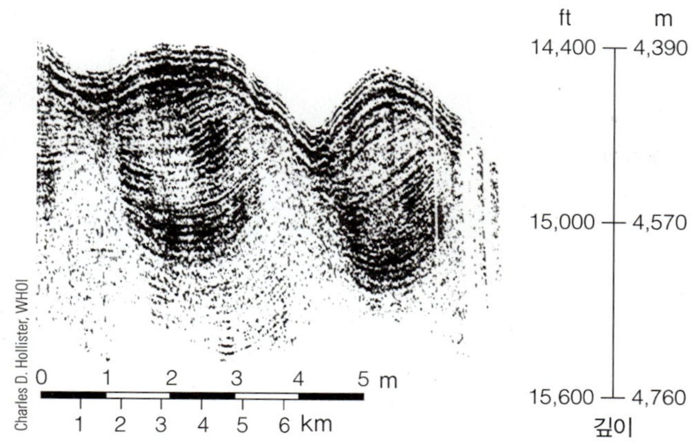

그림 4.20 북대서양 서쪽의 대륙대에 쌓여 있는 대규모 물결모양 퇴적물. 심해 경계류가 퇴적물을 싣고 해저를 쓸고 다니다가 방향이 휘는 곳이나 깊은 곳을 가로지르게 되면 유속이 느려져 부유 물질들을 대륙대의 아랫부분에 구릉이나 진흙의 물결 형태로 퇴적시킨다.

9. 활성형 주변부와 비활성형 주변부의 대륙붕 폭은 어떻게 다른가?

10. 해수면은 시간에 따라 어떻게 변해 왔는가? 현재는 해수면이 비정상적으로 높은가, 낮은가?

11. 해저협곡이란 무엇인가? 그것들은 어디에서 나타나고, 어떻게 만들어졌는가?

12. 대륙대는 어디에서 나타나고, 어떻게 만들어지는가?

4.4 심해분의 지형은 대륙주변부의 지형과는 다르다

대륙주변부를 지나면 해저의 구조는 판이하게 달라진다. 여기서는 현무암 위를 약 5 km 정도까지 퇴적물이 덮고 있다. 심해분은 지구 표면의 절반 이상을 차지하고 있다.

심해저는 주로 대양저 산맥과 부근의 퇴적물이 덮인 평원으로 이루어져 있다. 심해분의 둘레에는 해구나 두꺼운 퇴적물로 둘러싸여 있다. 넓은 평원에는 섬, 구릉, 활화산이나 사화산, 활발한 해저확장 지역 등이 나타난다. 심해저의 퇴적물은 주변 대륙의 역사, 위에 있는 해수 중 생물의 생산성, 해분 자신의 연령 등을 반영하고 있다.

대양저산맥은 세계를 일주하고 있다 만약 바다가 증발해 버린다면 대양저산맥은 지구상에서 가장 뚜렷한 지형이 될 것이다. **대양저산맥**(oceanic ridge)은 해양의 활동적인 확장축을 따라 발달한 젊은 현무암의 산악이 연결된 것이다. 대양저산맥은 지구 둘레의 1.5배 이상 되는 65,000 km까지 뻗어 있고, 마치 야구공의 봉합선처럼 지구를 둘러싸고 있다(**그림 4.21a**). 울퉁불퉁한 산맥은 퇴적물이 별로 없고 해저에서 약 2 km 정도로 솟아 있다. 지역에 따라서는 물 밖으로 나와서 아이슬란드, 이스터 섬, 아조레스 등과 같은 섬이 되기도 한다. 대양저산맥을 포함해서 그와 관련이 있는 구조가 전 세계 지구 표면의 약 22%를 차지하고 있다(해수면 위의 모든 육지 면적은 29%). 이러한 지형을 대양저중앙산맥이라고 부르기도 하지만 실제로 대양저의 중앙에 있는 것은 전체 길이의 60% 미만이다.

판구조론에서 살펴본 것처럼 대양저산맥에 있는 열곡부는 암석권의 판이 벌어지는 곳으로 새로운 해저를 만들어 내는 곳이다. 대양저산맥은 판의 운동이 가장 활동적인 부분에서 폭이 제일 넓다. 가장 연령이 적은 암석이 활동적인 산맥의 중앙부에 있고 중앙에서 멀어질수록 연령이 증가한다. 암석권은 냉각되면서 수축하고 침강한다. 천천히 확장하는 산맥은 해저가 천천히 벌어지면서 확장 중심부에 가까운 곳에서 식고 수축하기 때문에 빨리 확장하는 산맥보다 경사가 가파르다. **그림 4.21b**는 이렇게 확연히 다른 산맥의 형태를 보여 주고 있다.

북대서양의 수심지도인 **그림 4.22**는 전형적인 대양저산맥인 중앙대서양산맥을 뚜렷이 보여 주고 있고, 다중음향영상인 **그림 4.23**은 젊은 중앙 열곡의 자세한 모양을 보여 주고 있다.

그림 4.22에서 볼 수 있는 것처럼 중앙대서양산맥은 직선으로 뻗어 나가고 있지 않고, 변환단층으로 인해서 다소간 일정한 간격으로 어긋나 있다. 단층은 암석권에 운동이 있어서 깨어진 것이고 **변환단층**(transform fault)은 암석권의 판이 수평적으로 미끄러지면서 깨어진 것이다(**그림 4.24**). 그림 3.18c와 3.27a에서 본 것처럼 산맥 시스템의 부분들이 어긋나게 되면 산맥의 축을 연결하는 단층은 변환단층이 된다. 변환단층에는 천발지진이 흔하게 일어난다. 해저는 구의 표면에서 균일하게 벌어질 수 없기 때문에, 구체인 지구의 판의 발산은 불규칙적이고 비대칭적일 수밖에 없으며, 따라서 변환

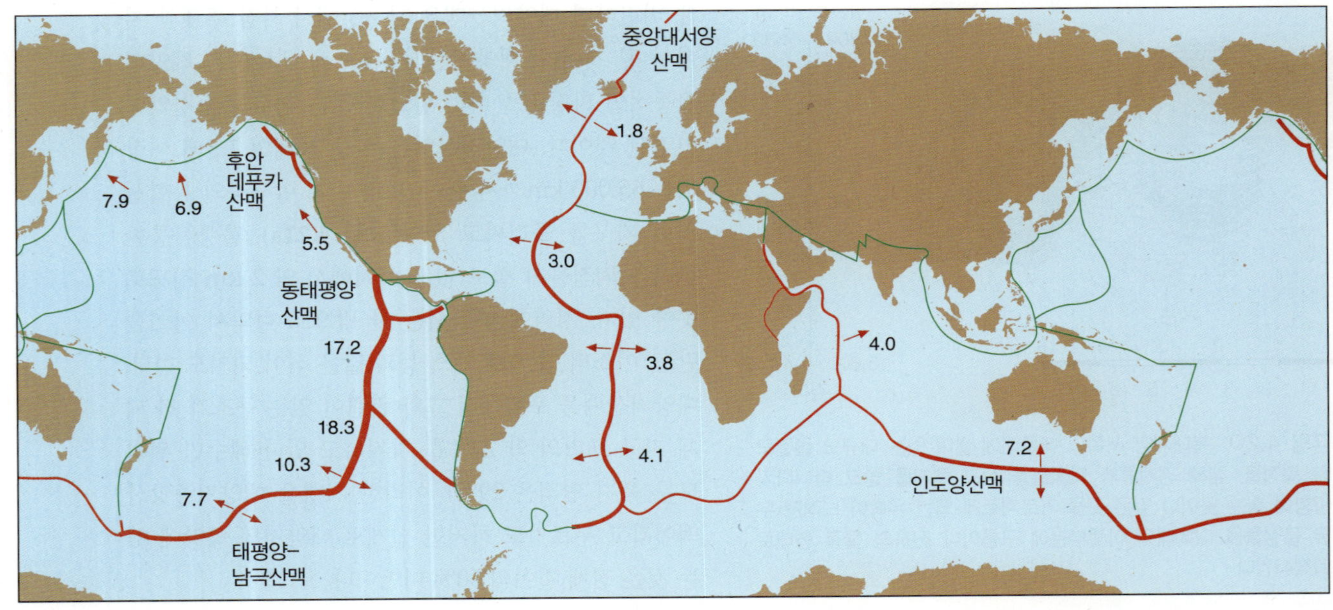

a

대양저산맥 시스템(채색된 부분)은 지구를 돌면서 약 65,000 km 정도로 뻗어 있다. 만약 바다가 증발한다면 이 산맥 시스템이 지구의 가장 뚜렷하고 두드러진 지형이 될 것이다. 붉은 선의 두께는 일부 확장 속도가 빠른 부분들의 확장 속도를 나타내고, 숫자는 연간 확장 속도를 cm로 보여 준다. 동태평양산맥은 통상적으로 중앙대서양산맥보다 6배 정도 빠르게 확장한다.

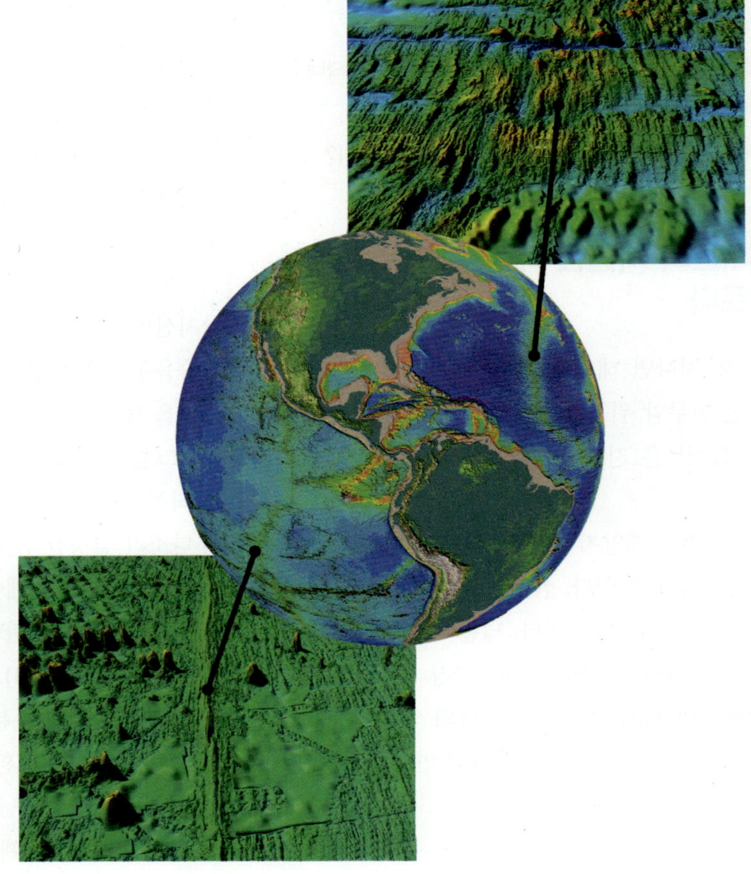

동태평양산맥(아래 영상)의 빠른 확장으로 산맥 지형이 넓게 퍼진다. 중앙대서양산맥의 느린 확장은 산맥이 작은 지역에 집중되어 좀 더 고도가 뚜렷해진다. 상대적으로 확장 속도가 느린 산맥은 그림 4.22에 좀 더 자세히 나와 있다.

b

그림 4.21

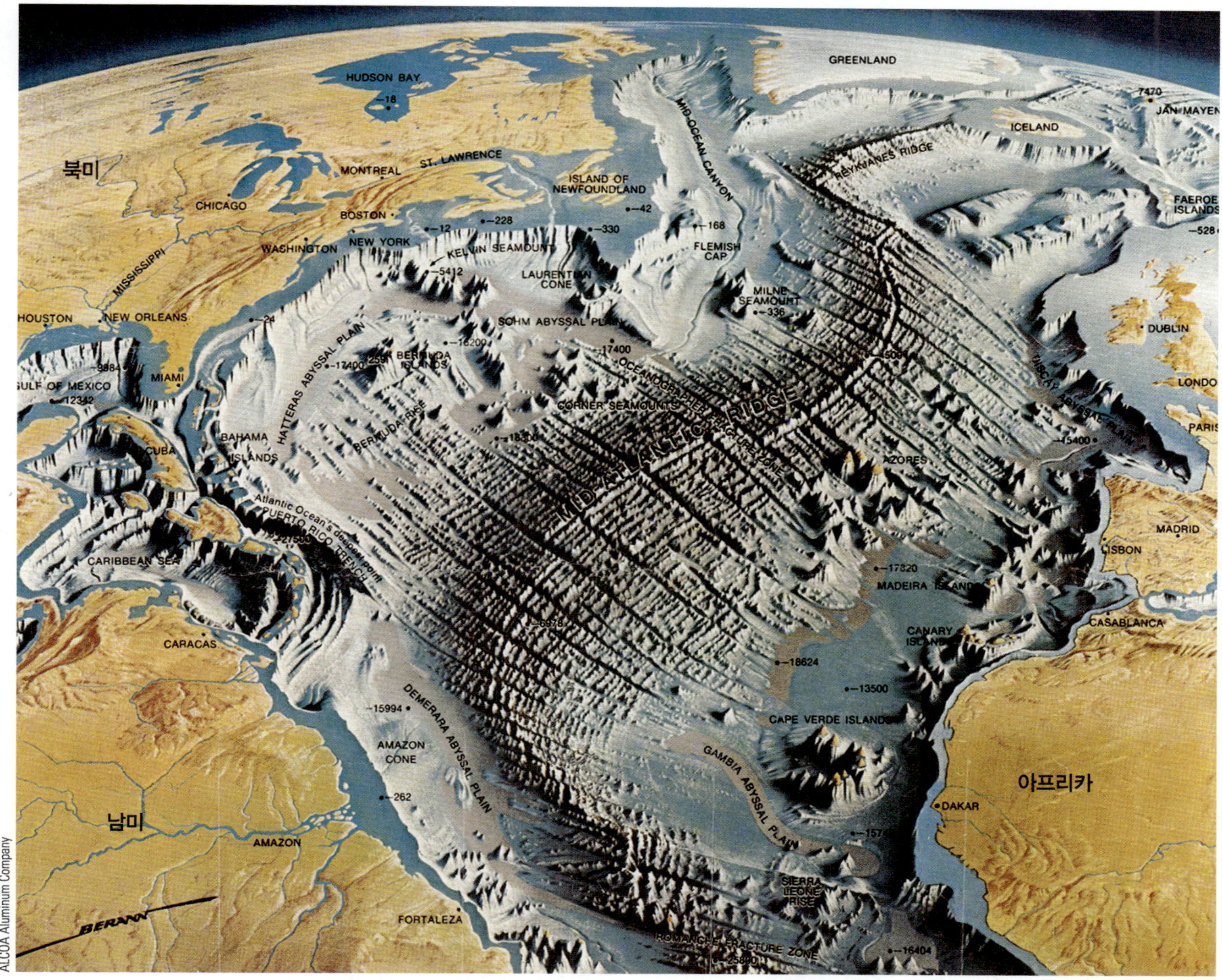

ALCOA Aluminum Company

그림 4.22 손으로 그린 대서양 해저의 일부 지도로 대양저산맥, 변환단층, 단열대, 해저협곡, 해산, 대륙대, 해구, 심해평원 등 주요한 해양 지형들을 보여 주고 있다. 깊이 단위는 피트이고, 지도는 수직적으로 확대되었다.

단층과 단열대가 만들어지게 된다.

변환단층은 **단열대**(fracture zone)의 활동부이다. 산맥의 축에서 바깥쪽으로 벌어지면 단열대는 과거의 변환단층 활동의 증거를 보여 주는 지진학적으로 비활동적인 지역이 된다. 그림 4.24에서 보는 것처럼 변환단층의 양쪽 면에 있는 암석권의 판은 서로 반대 방향으로 이동하고, 단열대의 바깥쪽에 인접한 판의 부분은 같은 방향으로 이동한다.

열수공은 활동적인 대양저산맥 위의 온천이다 대양저에서 우리를 가장 흥분시키는 것 중의 하나가 **열수공**(hydrothermal vent)이다. 1977년 우즈홀 해양연구소의 발라드(Robert Ballard)와 그래슬(J. F. Grassle)이 대양저산맥에서 뜨거운 온천을 발견하였다. 앨빈호로 갈라파고스 섬 부근 3 km 지점의 동태평양산맥에서 광물을 함유한 350℃의 검은 물이 분출하는 높이 20 m 정도 되는 바위 굴뚝을 만나게 되었다(**그림 4.25**). 이 수심의 높은 압력이 솟아 나오는 물이 증기로 발산하는 것을 막고 있었다. 곧바로 검은 연기(black smoker)라는 별명을 얻게 된 이것은 해양지질학자들을 황홀하게 만들었다. 이것은 물이 산맥 바닥의 깨어진 곳과 틈 사이로 내려가서 활동적인 해저확장을 하는

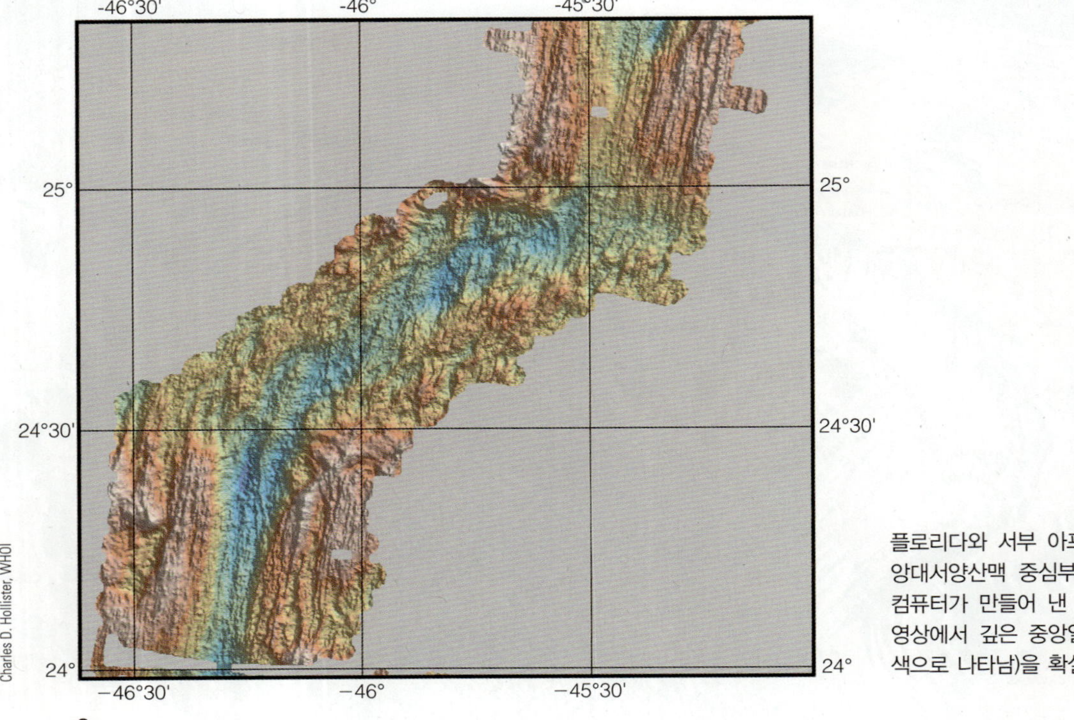

플로리다와 서부 아프리카 사이의 중앙대서양산맥 중심부의 자세한 구조. 컴퓨터가 만들어 낸 이 다중음향측심 영상에서 깊은 중앙열곡(확장중심, 청색으로 나타남)을 확실히 볼 수 있다.

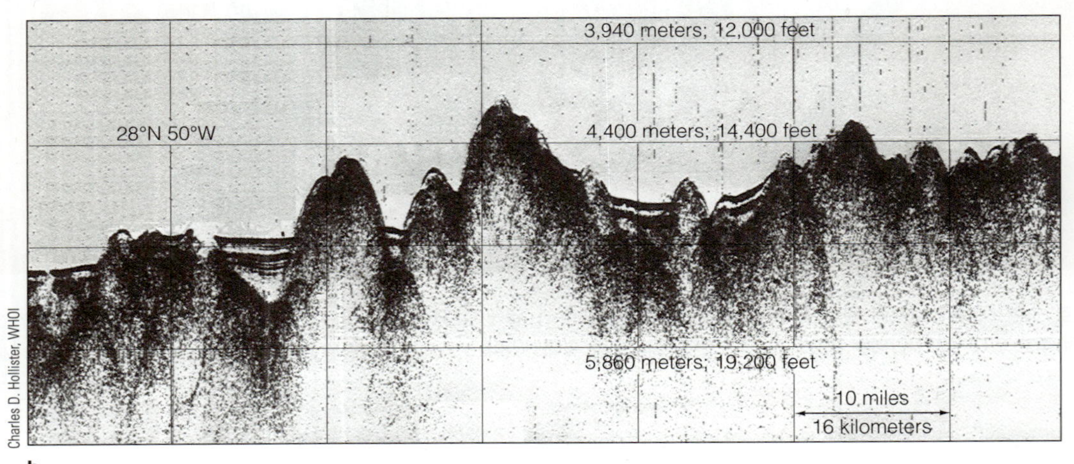

이 탄성파 탐사 단면이 보여 주는 것처럼 북대서양의 대양저산맥의 복잡한 굴곡이 천천히 쌓이는 퇴적물에 의해 점차적으로 묻히고 있다.

그림 4.23

뜨거운 암석을 만나고, 거기서 물이 초고온으로 가열되고, 화학적으로 광물과 기체들을 용해해서 대류에 의해 열수공으로 빠져 나오는 것으로 생각된다(**그림 4.26**).

처음 발견된 이후로 열수공은 플로리다 동쪽 중앙대서양산맥, 바하캘리포니아의 동쪽과 남쪽의 코르테즈 해, 워싱턴과 오리건의 외해에 있는 후안데푸카 산맥 등에서 발견되었다. 이제는 과학자들은 열수공이 대양저산맥, 특히 해저확장이 빠르게 일어나는 곳에서는 아주 흔한 현상으로 믿고 있다. 1990년 7월에는 시베리아 남부에 있는 담수인 바이칼 호수의 바닥에서도 열수공이 발견되었다. 이 발견은 아시아가 천천히 깨어져서 갈라지면서 세계에서 가장 오래되고 깊은 이 호수가 언

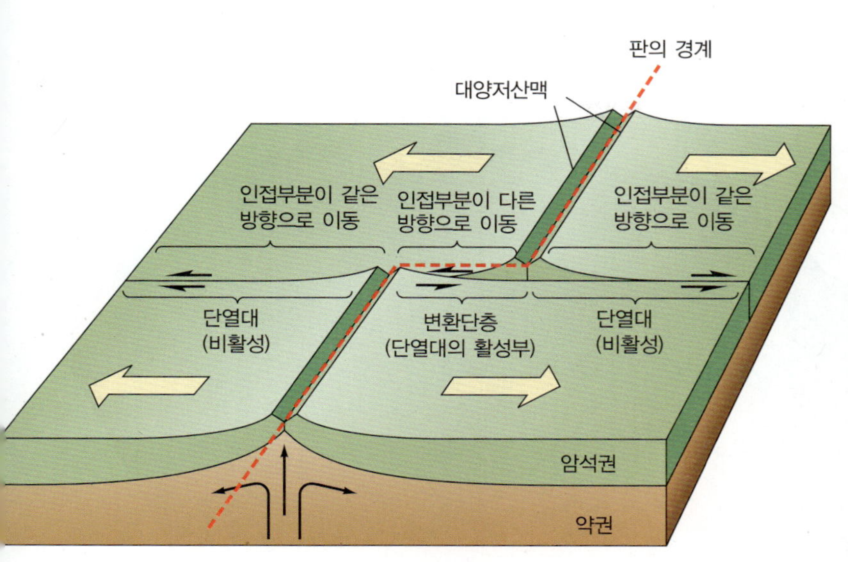

그림 4.24 대양저산맥을 따라 나타나는 변환단층과 단열대. 변환단층은 암석권 판이 서로 수평적으로 반대편으로 미끄러지면서 깨진 것이다. 변환단층은 단열대의 활동부이다. 이 작용을 큰 규모로 보려면 그림 3.27을 참조하라.

그림 4.25 동태평양산맥의 수심 2,800 m 지점에서 발견된 검은 연기.

젠가는 바다의 일부가 될 것을 암시하고 있다.

아이슬란드에서는 이런 열수공을 마른 땅 위에서도 볼 수가 있다. 이미 알고 있는 것처럼 아이슬란드는 해수면 위로 올라온 대양저산맥 위에 불안하게 놓여 있는 나라이다(3장의 시작부분 참조). **그림 4.27**은 그 산맥의 중앙 열곡의 특이한 조망을 보여 주고 있다(그림 4.23a의 청색으로 나타난 부분과 비슷함). 이 열곡은 왼쪽에 있는 아이슬란드의 한 호수에서 솟아 있고, 오른쪽으로 가로지르면서 많은 열수공을 수증기 제트로 보여 주고 있다. 또한 건너편 멀리 있는 언덕들이 열곡과 평행한 것을 볼 수 있다. 이 지역의 지각 확장 속도는 평균 1년에 10 cm 정도이다.

모든 열수공이 광물침전으로 된 굴뚝을 만들지는 않는다—어떤 것은 단순히 바닥의 갈라진 틈으로 나오거나, 공극이 많은 무더기를 만들기도 하고, 아니면 대양저산맥의 넓은 부분에서 따뜻하고 광물이 풍부한 물이 스며 올라오기도 한다. 올라오는 뜨거운 물이 표면으로 나오기 전에 차가운 물과 혼합되면 수온이 낮은 열수공이 만들어지기도 한다. 대부분의 열수공 주위의 물의 온도는 평균 8~16°C 정도로 평균 수온이 약 3~4°C 정도인 보통 해저의 물에 비해서 훨씬 따뜻한 것을 알 수 있다. 이러한 열수공에 서식하는 특이한 동물군에 대해서는 14장에서 공부할 것이다.

전 세계 해양의 부피와 같은 양의 물이 해저확장 중심부에서 뜨거운 해양지각 속을 대략 1천만 년에 한 번씩 순환하는 것으로 생각되고 있다. 열수공이나 해저에서 스며 나오는 물은 일반 해수보다 좀 더 산성이고, 금속성분이 많으며 용존기체의 농도도 높다. 이런 구조들에서 나오는 열과 화학물질들이 해수와 대기의 화학적 조성과 광상의 형성 등에 대단히 중요한 역할을 할 것이다.

심해평원과 심해구릉은 지구 표면의 대부분을 덮고 있다

지구 표면의 약 1/4은 심해평원과 심해구릉으로 이루어져 있다. abyssal(심해의)이라는 말은 형용사로 그 어원이 '바닥이 없는'이라는 뜻의 그리스어에서 나왔

그림 4.26 열수공의 기원을 보여 주는 대양저산맥의 중앙부 단면(그림 4.17b와 유사함). 차가운 물(청색 화살표)이 뜨거운 마그마 챔버로 내려가면서 가열되고 주변 암석에서 황, 철, 구리, 아연, 기타 다른 물질들을 용해시킨다. 표면으로 되돌아오는 뜨거워진 물(적색 화살표)은 이러한 원소들을 위로 가져와서 해저의 열수 분출구에 내어놓는다. 열수공 주위에는 독특한 생물군들이 살고 있다(14장 참조).

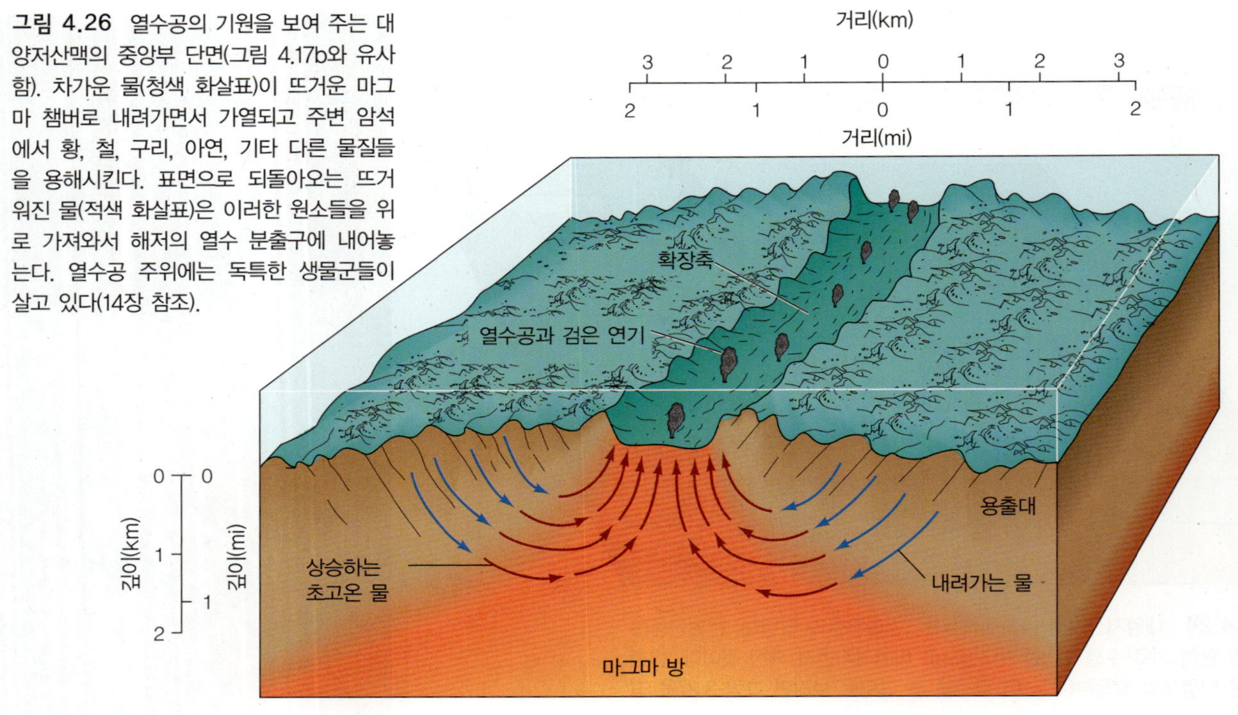

다. 문자의 뜻은 사실과 다르지만 이 말이 대단히 힘든 심해의 수심 측정을 한 챌린저호 탐사 이후에 사용되었다는 점에서 충분히 이해가 되는 말이다.

심해평원(abyssal plain)은 모든 대양의 주변에서 발견되는 평탄하고 아무런 지형도 없이 광대한 지역에 퇴적물만 덮여 있는 해저이다. 이것은 대서양에서 제일 흔하고, 인도양에서는 좀 덜하며, 육지로부터 들어오는 대부분의 퇴적물이 주변의 해구에 갇혀 버리는 활동적인 태평양에서는 상대적으로 드문 편이다. 심해평원은 대륙주변부와 대양저산맥의 사이에 있으며, 수심이 3,700~5,500 m 정도이다(그림 4.21a). 북대서양의 카나리아 섬 서쪽에 있는 대평원인 카나리아 심해평원은 면적이 약 900,000 km^2 정도된다.

심해평원은 대단히 평탄하다. 1947년 우즈홀 해양

그림 4.27 중앙대서양산맥이 남서쪽 아이슬란드에서 밖으로 나와 있다. 가운데 있는 계곡이 중앙 열곡(그림 4.17b에서 본 청색의 지형과 비슷함)이다. 열곡에 평행한 일련의 언덕들과 열수공들에서 나오는 증기를 볼 수 있다. 만약 이 열곡 부분이 물속에 잠기었다면 이런 분기공들은 그림 4.26에서 본 것과 비슷한 열수공이 되었을 것이다. 아이슬란드 최대의 도시 레이캬비크는 가정용 온수, 난방용 온수, 지열로 생산한 전기 등을 이 계곡에서 공급받고 있다.

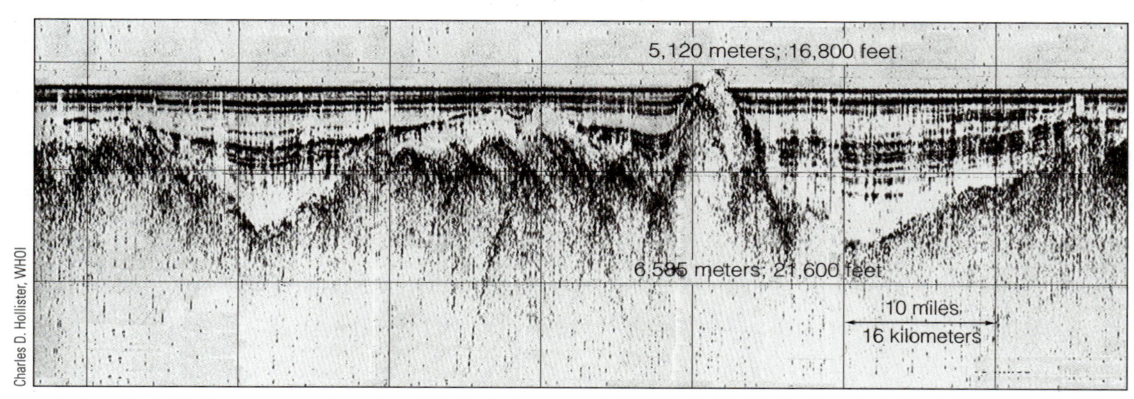

그림 4.28 대서양의 북 마데이라 심해평원의 깊고 평탄한 퇴적물이 1억 년 된 산을 덮고 있다. 이 영상은 강력한 음향측심기로 만든 것이다.

연구소의 조사선 아틀란티스호의 조사 결과 심해평원은 전체 지역을 통틀어서 수심 차이가 불과 수 미터밖에 되지 않는 것으로 밝혀졌다. 이렇게 평탄한 것은 경우에 따라서는 두께가 1,000 m까지 달하는 퇴적층의 평탄화 효과에 의한 것이다. 심해평원을 형성하는 대부분의 퇴적물은 육성기원이거나 천해에서 온 것으로 보이고 바로 위 물속의 생물활동에 의해 생긴 것은 아닌 것으로 보인다. 퇴적물의 일부는 바람이나 저탁류에 의해서 운반되어 왔을 것이다. 이러한 심해 퇴적층은 그 밑에 있는 해양지각의 굴곡을 지워 버리지만, 출력이 센 음향 탐사기들은 그 속의 현무암 바닥의 복잡함을 퇴적층을 통과해서 볼 수 있다(**그림 4.28**). 현무암의 넓은 중앙대서양산맥 등성이는 이러한 퇴적물의 덮개 밑으로 대륙사면까지 닿아 있다.

심해평원 퇴적물은 대양저산맥의 가장자리 부근의 현무암 해저를 충분히 덮을 수 있을 만큼 두껍지 못할 수도 있다. 이런 경우에는 평원이 **심해구릉**(abyssal hill)에 의해 구멍이 뚫리게 된다. 심해구릉은 퇴적물에 덮인 조그만 사화산이나 한때 녹았던 암석이 뚫고 나온 것 등으로 보통 높이가 200 m 이하이다(그림 4.28에 해저면 밖으로 나온 심해구릉 한 개를 볼 수 있음). 이렇게 많이 나타나는 심해구릉들은 해저확장과 관련이 있다. 이것들은 새로 만들어진 지각이 산맥의 중심부에서 멀어지면서 당겨져서 깨어질 때 만들어진다. 지각의 일부 조각은 밑으로 떨어져 계곡을 만들고, 다른 조각들은 높은 구릉으로 남게 된다. 산맥에서 분출하는 용암은 깨어진 틈 사이로 흘러내리고 구릉을 덮는다. 이렇게 해서 심해구릉이 인근 대양저산맥의 측면에 평행하게 일렬로 나타나게 되고, 해저확장이 제일 빠른 곳에서 가장 많이 나타나게 되는 것이다. 심해평원과 구릉은 대양

Tom Garrison

저산맥 시스템을 제외한 심해저의 거의 대부분을 차지하고 있다. 이것들은 지구의 가장 흔한 지형이다.

해산과 기요는 해저 위로 솟아 있다 해저에는 수면 밖으로 나오지 않은 수천 개의 화산들이 돌출해 있다. 이러한 돌출물들을 **해산**(seamount)이라고 한다. 해산은 원형이거나 타원형으로 높이가 1 km 이상이고 20~25°의 비교적 급한 경사를 갖고 있다.(반면에 심해구릉은 훨씬 많고, 높이는 1 km 이하로 경사가 급하지 않다.)

해산은 한 개 혹은 10개에서 100개 정도의 그룹으로 나타난다. 해산은 열점에서 만들어지는 것도 많이 있지만, 대부분은 확장 중심부에서 만들어진 활동이 멈춘 화산들이 물속에 잠겨 있는 것이다(**그림 4.29**). 암석권의 판이 확장 중심부로부터 멀리 이동하면서 그것들을 바깥 아래쪽으로 운반해서 현재의 위치에 가져다 놓았고, 결국 이것들은 대륙의 가장자리에 들러붙거나 해구 속으로 사라지게 될 것이다(**그림 4.30**). 태평양에는 전 세계 전체 숫자의 절반 가까운 약 10,000개나 되는 해산이 있다.

기요(guyot)는 한때 수면 밖이나 거의 수면 가까이 올라왔던 꼭대기가 평평한 해산으로, 일반적으로 중앙태평양의 서부에 한정되어 나타난다. 꼭대기가 평평한 것은 이것들이 해수면 부근에 있을 때 파도에 의해 침식된 것을 나타내고 있다. 이렇게 평평한 대지 같은 꼭대기가 깊이 침강해서 결국은 더 이상 파도의 침식을 받지 않게 된 것이다. 숫자는 해산보다 적지만 대부분의 기요도 마찬가지로 확장 중심부에서 만들어져 해저가 벌어지고 냉각되면서 바깥 아래쪽으로 이동된 것이다.

해구와 호상열도는 섭입대에 형성된다 **해구**(trench)는 심해저에서 활처럼 생긴 깊은 지형이다. 이러한 해저의 주름은 대양판이 수렴해서 섭입하는 곳에 나타난다. 해구 바닥의 수온은 주변의 평탄한 해저의 빙점에 가까운 수온보다 약간 더 낮고, 이것은 해구 밑에는 오래되고 비교적 차가운 해양지각이 상부 맨틀 속으로 들어가고 있다는 것을 나타낸다. 해구는 (꼭대기에는 화산이 분출하는 호상열도와 함께) 지구상에서 가장 활동적인 지질학적 형상이라고 할 수 있다. 종종 큰 지진과 쓰나미(9장에서 다루게 될 큰 파도)가 이곳으로부터 발생한다. **그림 4.31**은 해양의 주요한 해구의 분포를 보여 주고 있고, 대부분이 활동적인 태평양의 주위에 있는 것은 놀랄 일이 아니다.

해구는 지각에서 가장 깊은 곳으로, 주위 대양저보다 약 3~6 km 정도 더 깊다. 바다에서 제일 깊은 곳은 태평양의 서부에 있는 마리아나 해구로, 이곳의 수심은 11,022 m로 에베레스트 산 높이보다 깊이가 약 20% 정도 더 깊다(**그림 4.32**). 마리아나 해구는 폭이 약 70 km에 길이가 약 2,550 m로 해구의 전형적인 크기라고 할 수 있다.

해구는 V자 형태의 굴곡이 휘어서 연달아 나타나는 것이다. 해구가 휘어진 것은 구 위에서 일어나는 판의 상호작용에 대한 기하학적인 이유 때문이다. 일반적으로 휜 부분의 불룩한 부분이 외양 쪽을 향하고 있다(그림 4.31). 판의 섭입 방향을 반영해서 해구의 섬 쪽 벽이 바다 쪽보다 경사가 급하다. 해구의 측면은 깊이 내려갈수록 경사가 급해져서, 두꺼운 퇴적물에 덮여 있는 바닥에서 평탄해지기 직전에는 통상 약 10~16°의 각도를 이룬다.(케르마데크-통가 해구의 일부 움푹한 부분은 약 45° 정도로 세계에서 가장 급경사이다.) 해구가 있는 연안에서는 대륙대를 만들 퇴적물들이 해구에서 멈추어 버리기 때문에 대륙대가 나타나지 않는다.

활처럼 휜 일련의 화산도와 해산으로 이루어진 **호상열도**(island arc)는 거의 항상 해구의 오목한 쪽 가장자리에 평행하게 나타난다. 3장의 내용을 기억해 보면, 해구와 호상열도는 섭입작용과 관련이 있는 구조작용과 화산활동에 의해서 만들어진다. 내려가는 암석권의 판에 있는 물질들은 판이 맨틀 속으로 들어가면서 녹게 되고, 이 물질들이 마그마와 용암으로 지표로 나와 해구의 뒤쪽에 열도를 만들게 된다. 알류샨 열도, 대부분의 카리브 해 섬들, 마리아나 열도 등이 모두 호상열도이다. (이것들이 만들어지는 작용은 그림 3.25 참조.)

개념점검

13. 심해분의 특징적인 지형들은 무엇인가?

14. 대양저산맥의 범위는 어느 정도인가? 중앙대양저산맥은 말 그대로 항상 대양의 중앙에 있는가?

15. 활동적인 대양저산맥의 단면을 그려 보라. 열수공은 어디에 위치해 있는가? 어디서 새로운 해저가 만들어지는가?

16. 단열대란 무엇인가? 이런 횡방향의 깨어짐의 원인은 무엇인가?

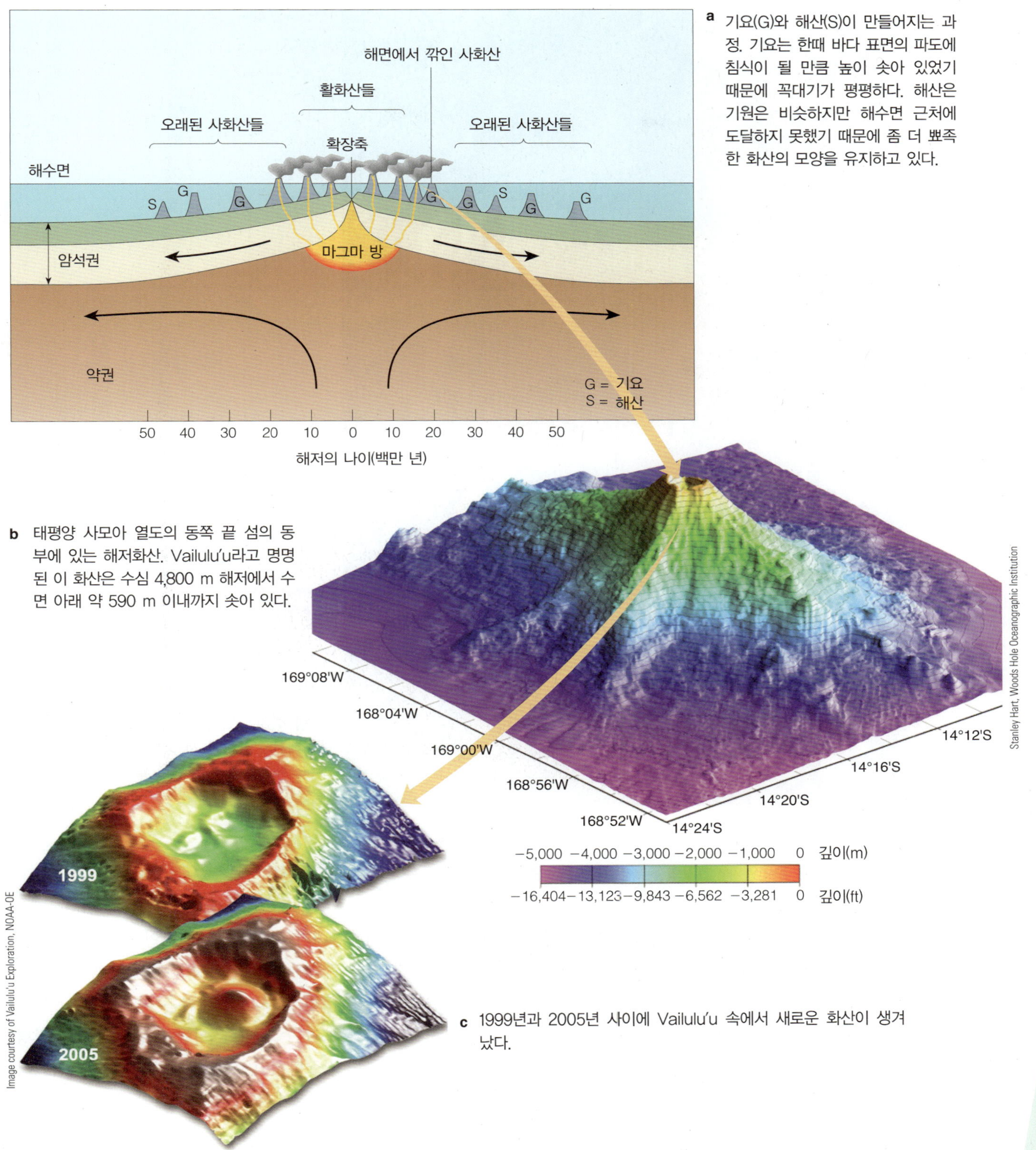

a 기요(G)와 해산(S)이 만들어지는 과정. 기요는 한때 바다 표면의 파도에 침식이 될 만큼 높이 솟아 있었기 때문에 꼭대기가 평평하다. 해산은 기원은 비슷하지만 해수면 근처에 도달하지 못했기 때문에 좀 더 뾰족한 화산의 모양을 유지하고 있다.

b 태평양 사모아 열도의 동쪽 끝 섬의 동부에 있는 해저화산. Vailulu'u라고 명명된 이 화산은 수심 4,800 m 해저에서 수면 아래 약 590 m 이내까지 솟아 있다.

c 1999년과 2005년 사이에 Vailulu'u 속에서 새로운 화산이 생겨났다.

그림 4.29 기요와 해산.

그림 4.30 해산들이 코스타리카 서쪽의 태평양 해저의 해구에 서서히 접근하고 있다. 해산들은 해구 속으로 무너져 들어가고, 그 과정에 큰 지진을 유발하게 될 것이다.

17. 심해평원은 무엇인가? 그것의 독특한 점은 무엇인가?

18. 태평양에는 왜 심해평원이 상대적으로 적은가?

19. 기요는 어떻게 만들어지는가? 판구조론을 해석하는 데 기요와 해산의 열들은 얼마나 중요한가?

20. 해구는 어떻게 만들어지는가? 지진은 그것들의 형성과 어떤 관계가 있는가?

21. 해구와 호상열도는 왜 휘어 있는가? 바닥까지의 경사는 볼록한 쪽이 급한가 오목한 쪽이 급한가? 왜 대부분의 해구는 서부 태평양에 있다고 생각하는가?

4.5 웅대한 여행

미국 국립해양대기국의 과학자들이 인공위성에서 해수면의 모양을 관측한 자료를 바탕으로 세계 해저의 지도를 만들었다(**그림 4.33**). 이 그림은 이 장에서 논의한 모든 지형을 보여 주고 있다. 이런 지형들과 그런 지형이 존재하는 지질학적인 이유에 대한 기본적인 이해가 있다면, 앞의 두 장에서 논의한 해저의 극적인 특성과 역사를 기억하는 데 도움이 될 것이다.

개념점검

22. 웅대한 여행(그림 4.33) 같은 그래픽이 지질학적 과정들을 이해하는 데 도움이 되었다는 점에 대해 어떻게 생각하는가?

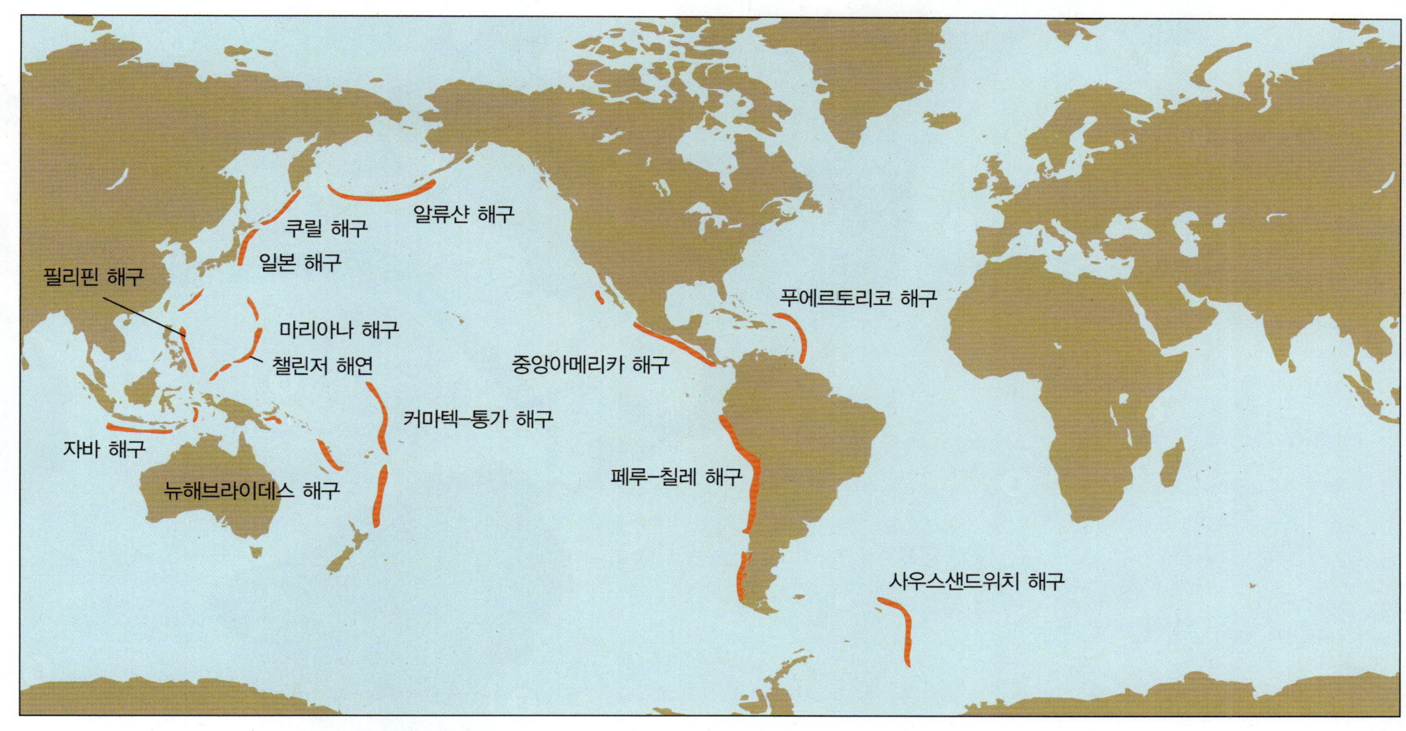

그림 4.31 세계의 해구들. 대부분이 활성형의 태평양에 있는 것을 알 수 있다.

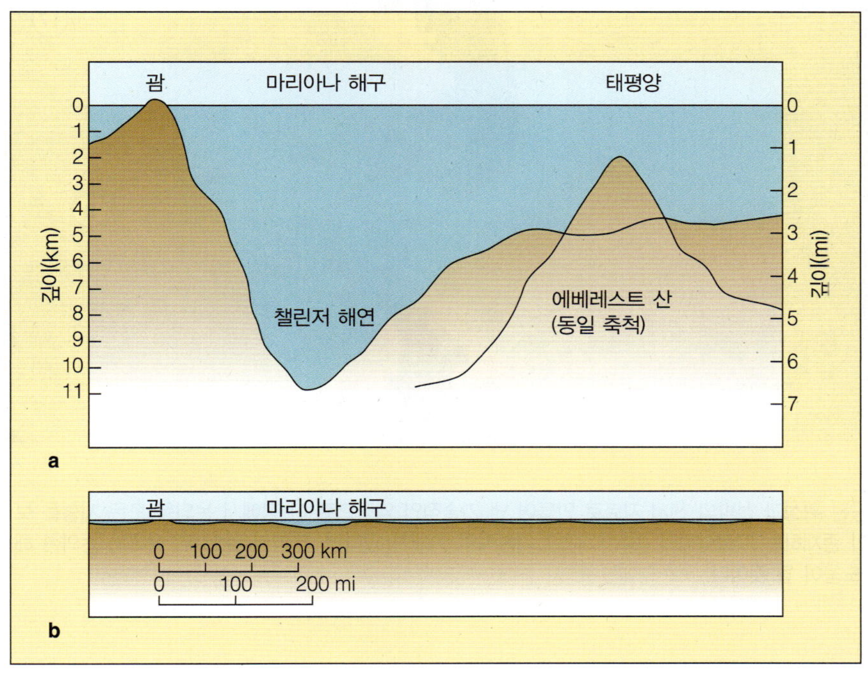

같은 축척으로 챌린저 해연과 에베레스트 산을 비교해 보면 마리아나 해구의 가장 깊은 곳은 에베레스트 산의 높이보다 약 20% 더 깊은 것을 알 수 있다.

연직확대를 하지 않은 마리아나 해구.

그림 4.32 마리아나 해구.

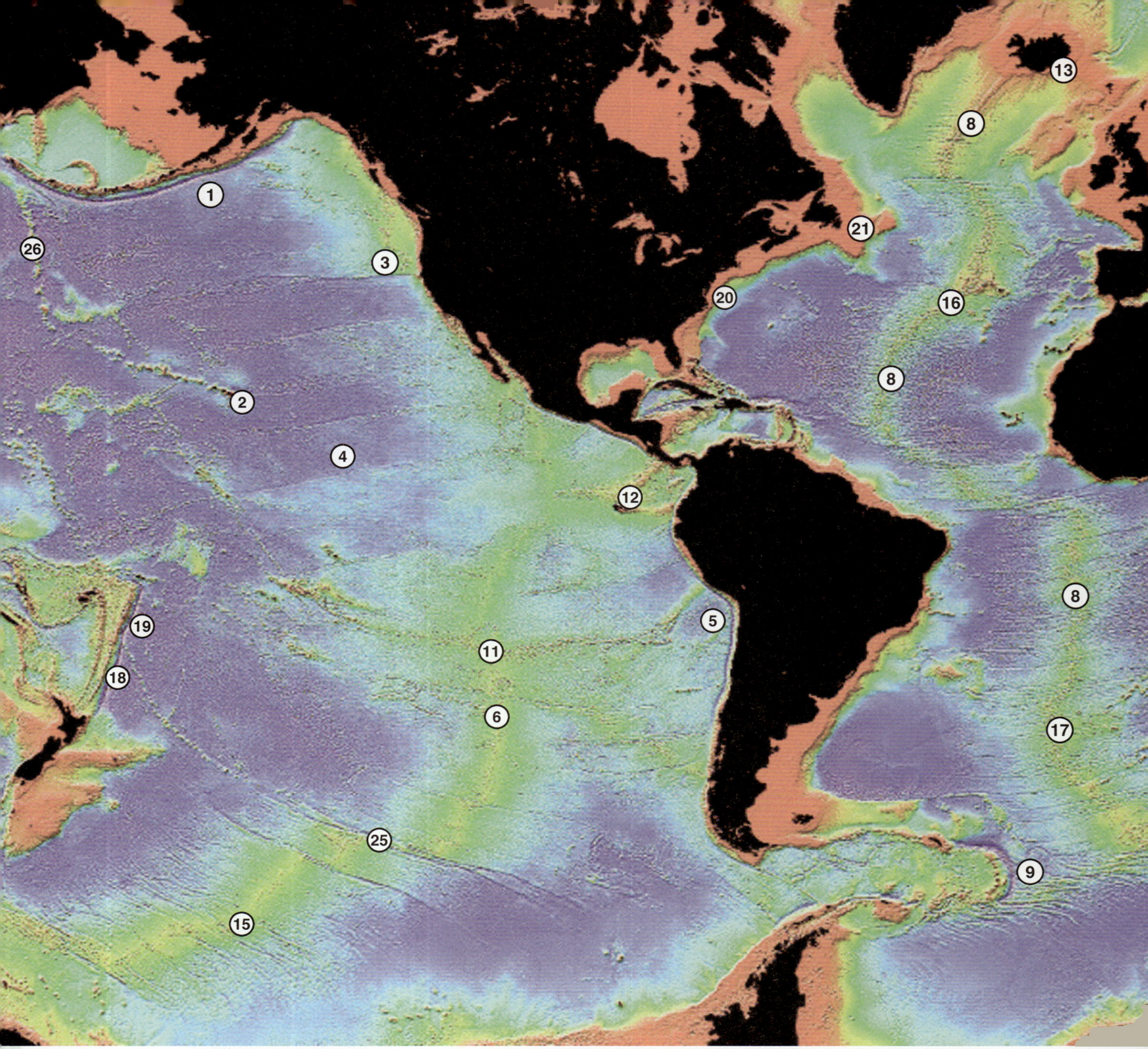

David Sandwell and Walter Smith, NGDC/SIO

그림 4.33 미국 국립해양대기국에 제공된 위성과 선박의 센서 자료로 만들어 낸 기술적인 역작으로 이 장에서 논의한 모든 지형을 보여 주고 있다. 이런 지형들과 그런 지형이 존재하는 지질학적인 이유에 대한 기본적인 이해가 있다면, 우리가 앞의 두 장에서 논의한 해저의 극적인 특성과 역사를 기억하는 데 도움이 될 것이다.

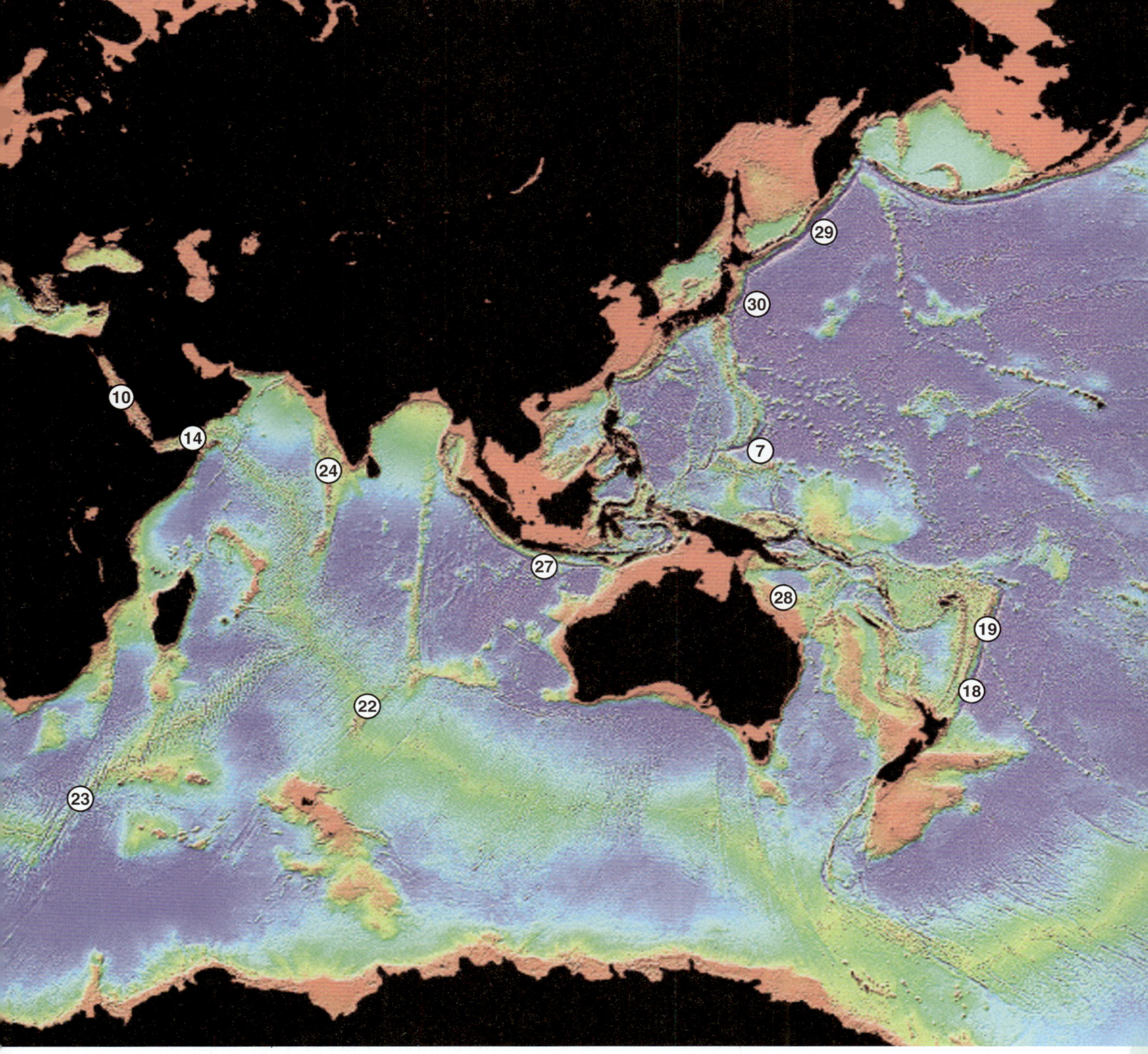

(1) 알류샨 해구
(2) 하와이 열도
(3) 후안데푸카 산맥
(4) 클리퍼턴 단열대
(5) 페루-칠레 해구
(6) 동태평양산맥
(7) 마리아나 해구, 챌린저 해연
(8) 중앙대서양산맥
(9) 사우스샌드위치 해구
(10) 홍해
(11) 이스터 섬
(12) 갈라파고스 열곡
(13) 아이슬란드
(14) 아덴 만
(15) 태평양-남극 산맥
(16) 아조레스
(17) 트리스탄다쿠냐
(18) 케르마데크 해구
(19) 통가 해구
(20) 해터러스 심해평원
(21) 그랜드뱅크스
(22) 중앙인도양산맥
(23) 대서양-인도양 산맥
(24) 몰디브 제도
(25) 엘타닌 단열대
(26) 엠퍼러 해산들
(27) 자바 해구
(28) 그레이트배리어리프
(29) 쿠릴 해구
(30) 일본 해구

학생들의 질문

1. 바다는 가운데가 깊어야 하지 않는가? 그리고 아이슬란드가 해양지각이 해수면 위에서 발견되는 몇 안 되는 지역 중의 하나가 된 이유는 무엇인가?

어떻게 대양저가 존재하는지를 이해하면 수심을 알 수 있다. 대양저는 통상적으로 주변 해저보다 높은 확장하는 산맥을 갖고 있다. 해양지각은 얇고 밀도가 크기 때문에 지각평형을 이루기 위해서 해저는 두껍고 밀도가 작은 대륙보다 낮은 곳에 놓여 있다. 이 낮은 곳에 물이 채워져서 거의 모든 현무암 기반암이 물에 잠긴 것을 해저라고 부른다. 해저확장이 빠른 곳이나 열점에서는 아래쪽 플룸에서 올라오는 맨틀물질의 양이 많아서 산맥의 꼭대기가 해수면 가까이 밀려 올라오고, 분출된 다량의 용암은 해수면 밖으로 나와서 아이슬란드 같은 섬을 만들기도 한다. 아조레스도 이런 일이 일어나고 있는 중앙대서양산맥의 또 다른 지역이다.

2. 저탁류는 해저협곡을 만들고 심해평원에 퇴적물을 공급하는 데 있어 중요한 것 같다. 저탁류가 실제로 흐르는 것을 본 사람이 있는가?

놀랍게도 그렇다. 1940년대에 네덜란드의 지질학자 쿠에넨(Philip Kuenen)이 실험실에서 경사진 바닥의 계곡에 흙탕물을 부어서 저탁류를 만들었다. 그의 관찰로 흙탕물의 론 강이 제네바 호수의 바닥을 따라 밀도가 큰 흐름으로 계속 흐른다는 19세기의 보고서가 확실하게 되었다. 1960년대에 딜(Robert Dill)과 셰퍼드(Francis Shepard)가 잠수정에서 스크립스 협곡의 모래폭포를 보았고 프랑스 과학자들이 최근에 지중해에서 저탁류를 촬영하였다.

3. 앨빈호가 가장 깊이 잠수할 수 있는 유인 잠수정인가?

아니다. 그 영광은 신카이 6500(Shinkai 6500)이 갖고 있다. 일본의 연구기관과 기업체들의 연합체에서 운영하고 있는 신카이 6500은 승무원을 태우고 가장 깊이 잠수할 수 있는 최신형 잠수정이다. 현재 운행되고 있는 잠수정 중에서 가장 깊이 들어갈 수 있는 신카이 6500은 1989년 8월 11일에 6,527 m까지 성공적으로 안전하게 내려갔다. 이 잠수정은 해저의 가장 깊은 해구를 제외하고 거의 모든 해저(전 세계 해저의 약 98%)에 도달할 수 있다.

4. 파도나 조석이 해수면 고도를 측정하기 위해서 위성에서 보낸 레이더 신호를 혼란시키지 않는가?

위성을 이용한 고도측정은 고속 컴퓨터 처리를 이용한 가장 정교한 해양학의 작업 중 하나이다. 위성 궤도에서 보낸 매초 천 번 이상의 레이더 신호를 처리하는 데 필요한 작업능력을 상상해 보라. 프로그래머는 측정치에서 조석 예보치를 빼고 파도는 평균을 해서 상쇄시키는 방법을 사용한다. 그렇게 해서 남은 해수면의 높이—정확도 약 2 cm 정도—는 물속의 지형에 의한 중력의 차이에서 생긴 것이 된다. 그림 4.5d나 4.5e 같은 그림을 얻기 위해서는 물론 좀 더 많은 작업이 필요하다.

이 방법은 미 해군과 해군연구소에서 처음으로 시도되었다. 최초의 목적은 대잠수함 방어를 위한 자세한 해저 지도를 작성하는 것이었다.

5. 내가 해변에서 먼 바다를 바라볼 때 수평선은 얼마나 멀리 있는가?

그것은 당신의 키에 따라 다르다. 만약 당신의 키가 약 180 cm(6 ft) 정도라면, 수평선까지의 거리는 약 4.8 km 정도가 된다. 좀 더 정확히 계산하려면 키에서 10 cm를 빼고 그 숫자에 0.0285를 곱하면 된다. 결과는 km단위의 거리가 된다.

요약

이 장에서 우리는 해저의 모양을 아는 것이 얼마나 어려운가를 배웠다. 오늘날까지도 해저보다 화성의 지형이 더 잘 알려져 있다.

우리는 이제 해저의 모양이 지구조작용과 침식과 퇴적 작용의 복합적 결과라는 것을 알게 되었다. 해저는 대륙주변부와 심해분의 두 지역으로 나눌 수 있다. 대륙주변부는 해변에 가장 가까운 비교적 얕은 해저로 대륙붕과 대륙사면으로 이루어져 있다. 대륙주변부는 인접 육지와 구조가 같지만, 육지에서 멀리 있는 심해저는 대단히 다른 기원과 역사를 가지고 있다. 심해분의 중요한 지형들로는 울퉁불퉁한 대양저산맥, 평탄한 심해평원, 간혹 나타나는 깊은 해구, 그리고 휘어진 화산열도 등이 있다. 대륙주변부와 해분의 형태는 판 구조작용과 침식, 퇴적물의 퇴적 등에 의해 만들어진다.

다음 장에서는 거의 모든 해저가 퇴적물로 덮여 있다는 것을 배우게 될 것이다. 확장 중심부 자체를 제외하면 대양저산맥 시스템의 넓은 측면부는 나이에 따라 덮여 있다—해저가 오래 될수록 퇴적물이 많다. 판의 뒤쪽 가장자리에 가까운 대양지각 중에는 덮여 있는 퇴적물이 1,500 m 이상이 되는 것도 있다. 퇴적물은 '해양의 기억'으로 불리기도 한다. 그렇지만 이 기억은 아주 긴 것은 아니다. 계속하기 전에 당신은 그 이유를 생각해 볼 수 있겠는가?

주요 용어

기요(guyot)
단열대(fracture zone)
대륙대(continental rise)
대륙붕(continental shelf)
대륙붕단(shelf break)
대륙사면(continental slope)
대륙주변부(continental margin)
대양저산맥(oceanic ridge)
변환단층(transform fault)
비활성형 주변부(passive margin)
빙하기(ice age)
수심측량(bathymetry)
심해구릉(abyssal hill)
심해평원(abyssal plain)
열수공(hydrothermal vent)
저탁류(turbidity current)
진앙(epicenter)
해구(trench)
해분(ocean basin)
해산(seamount)
해저협곡(submarine canyon)
호상열도(island arc)
활성형 주변부(active margin)

학습문제

익힘문제

1. 왜 사람들은 바다의 중앙이 제일 깊을 것이라고 생각했는가? 무엇이 그 생각을 바꾸게 했는가?
2. (a) 대륙의 가장자리 아래에는 화강암이 있고, (b) 심해분의 아래에는 현무암이 있다는 사실은 무엇을 암시하는가?(힌트: 두께와 밀도를 고려해 보라.)
3. 선발형(leading)과 후속형(trailing)이라는 용어는 대륙주변부를 기술하는 데도 사용되고 있다. 이러한 단어들은 본문에 사용된 활성형과 비활성형, 혹은 대서양형과 태평양형이라는 용어들과 어떤 관계가 있는가?
4. 무슨 힘이 대륙붕의 모양을 만드는가? 대륙사면은? 대륙대는?
5. 3장을 읽었다면 다음 질문에 답해 보라: 당신의 타임머신은 당신이 베게너의 대륙이동설에 대한 강연을 들을 수 있도록 1912년 1월 독일의 프랑크푸르트로 데려가도록 프로그래밍되어 있다면, 당신은 강연 후 그를 격려하기 위해서 이 장에 있는 어느 그림 두 개를 가져가겠는가? 그 그림들을 택한 이유는 무엇인가?

응용문제

1. 해수 중의 음속은 초속 약 1,500 m이다. 만약 선박이 다중음향 측량 시스템을 가지고 수면 아래 3,500 m에 있는 지형을 조사하면서 지형의 분해능이 10 m인 영상을 얻고 싶다면 배가 항해할 수 있는 최대 속도는 얼마인가?
2. 저탁류의 속도를 알아보고, 가능성은 없지만 후속형 해안선 근처에서 만들어진 빠른 저탁류가 전형적인 대륙붕을 가로질러서 붕단에 도달하는 데 걸리는 시간은 얼마인가? 이 흐름은 가는 동안 일정한 속도를 유지할 수 있겠는가?
3. 아이슬란드는 지난 1500년대에 마지막으로 발생한 일련의 화산폭발 이후 해저 확장에 의해 얼마나 넓어졌는가?(힌트: 그림 4.21의 자료를 이용.)
4. 그림 4.33 동태평양산맥의 (6)으로 표시된 지점이 페루-칠레 해구와 충돌했을 때 이곳에 만들어진 해산의 대략적인 나이는 얼마인가?

5 퇴적물

주요 목차

- 아주 다양한 모습의 퇴적물
- 입자 크기에 의한 퇴적물 분류
- 기원에 따른 퇴적물 분류
- 대륙주변부에 퇴적된 연안퇴적물
- 조성과 두께가 다양한 원양성퇴적물
- 해양퇴적물 연구를 위한 특수 연구장치
- 퇴적물은 바다의 역사책
- 해양퇴적물의 경제성

핵심개념

1. 퇴적물은 입자가 느슨하게 쌓인 것이다. 두께와 조성을 이용하여 대양저 상부에서 비교적 최근에 발생한 사건들의 추적이 가능하다.
2. 가장 흔한 퇴적물은 육성기원(육지기원)과 생물기원(과거의 생물체)이다. 육성기원퇴적물이 양적으로 더 많지만 생물기원퇴적물은 더 광범위하게 분포한다.
3. 해양퇴적물은 융기되어 대륙이 되기도 한다. 애리조나의 그랜드캐니언이 해양퇴적물로 된 것이다.
4. 해양퇴적물은 섭입되기 때문에 나이가 비교적 젊다(1억 8천만 년 이전 것이 거의 없다).

대재앙의 그림: 6천 5백만 년 전의 공포의 날. (a) 직경 10 km의 소행성 충돌로 지표의 물이 증발하였다. 충돌에너지(이 그림은 충돌 후 45초 후)에 의해 강한 진동과 파편이 지구 전체에 퍼져 나갔다. (b) 코어의 절단면을 보면 충돌 당시와 그 후의 흔적이 잘 나타나 있다.

Don Davies/NASA

바다의 기록저장소 이 장 초반부에 등장하는 몇몇 사진들은 해저의 실제 모습을 촬영한 것이다. 해저가 현무암과 용암으로 이루어진 것으로 알고 있지만 자갈, 실트, 점토 등으로 덮여 있어 실제로는 보기 어렵다. 퇴적물들은 육지와 바다에서의 생물활동과 해수에서의 화학작용의 결과물, 심지어는 우주에서 날아온 것들로 되어 있다. 퇴적물을 분석하면 최근의 대양저와 전 지구의 역사를 알 수 있다. 이런 맥락에서 해양퇴적물을 바다의 기록저장소라고 한 것이다.

그 기록저장소(퇴적물)에는 대변혁도 기록되곤 한다. 한 예로 약 6천5백만 년 전에 직경 10 km의 소행성이 지구를 강타하였고 충돌에 의한 엄청난 충격파에 의해 지구는 거대한 구름으로 뒤덮이고 춥고 어두워져 공룡을 포함한 많은 생물들이 멸종하였다. 아래의 심해시추코어를 보면 이 재앙의 흔적이 나타나 있다. 13장에 더욱 자세한 내용이 나와 있다.

해저는 판운동에 의해 계속 재순환하기 때문에 해양퇴적물에는 별로 오래된 기록이 없다. 즉 해양퇴적물에 기록된 1억 8천만 년 이전 바다의 역사는 해양지각과 더불어 섭입되어 사라졌다. 그래서 바다는 지난 40억 년의 지구 역사에서 누락되어 있다.

B. Murton/Southampton Oceanography Centre/Photo Researchers, Inc.

그림 5.1 중앙대서양산맥 정상부근 퇴적물. 말미잘이 새로 만들어진 노출된 암석 위에 붙어 있고 주변에 퇴적물은 거의 없는 상태이다.

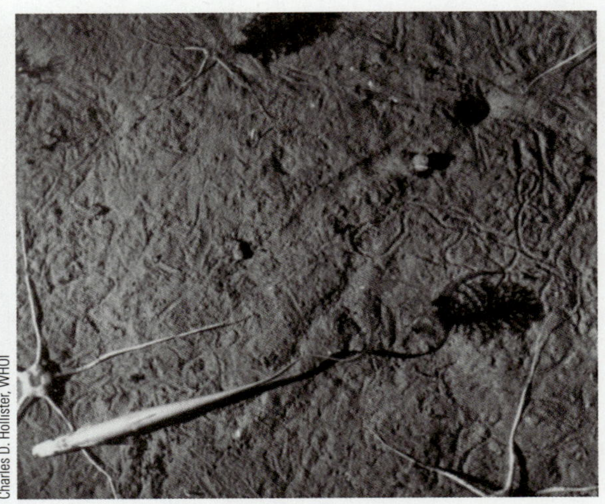
Charles D. Hollister, WHOI

그림 5.2 뉴잉글랜드 대륙사면 수심 1,476 m에 나타난 불가사리와 이동흔적.

5.1 아주 다양한 모습의 퇴적물

유기물 및 무기물로 이루어진 고화되지 않은 입자를 **퇴적물**(sediment)이라 한다. 퇴적물은 암석의 풍화와 침식작용, 살아 있는 생물체의 활동, 화산분출, 해수 내에서의 화학작용, 심지어는 우주에서 낙하한 입자들로 되어 있다. 퇴적작용은 대부분의 해저에서 연속적이다. 심해에서의 퇴적속도는 1년에 수 cm에서 1,000년에 수 mm 정도로 다양하다.

해양퇴적물은 입자의 크기와 형태가 다양하다. 예를 들어 모래는 해안가에, 니질퇴적물은 조용한 만에, 대륙주변부에는 실트와 패각류 등이 퇴적된다. 심해저에는 세립질의 점토, 생물기원연니, 망가니즈단괴, 망가니즈각 등이 있다. 퇴적물의 기원, 분포, 입자의 크기는 물리, 생물학적인 과정에 의해 결정된다.

퇴적물은 어떻게 생겼을까? 퇴적물의 형태는 장소에 따라 다르다. **그림 5.1**은 중앙대서양산맥의 말미잘 사진이다. 이곳은 새로 만들어진 해저라 퇴적물이 거의 없다. 반면에 거친 대양저산맥과는 달리 해저가 평탄한 곳도 있다(**그림 5.2**). 이 지역의 퇴적층 두께는 약 35m에 달하고 불가사리가 지나간 흔적도 보인다. 이런 식으로 광범위하게 분포하는 생물체는 표층의 박테리아와 침강하는 유기퇴적물을 먹고산다. 퇴적층 표면이 항상 평탄한 것은 아니다. 저층류의 흐름이 강하고 지속적인 곳은 하천의 바닥에서처럼 물결자국이 나타나기도 한다(**그림 5.3**).

그림 5.4는 노바스코샤 남쪽에 위치한 북대서양의 좀 심해저평원에 있는 해산의 동쪽 가장자리 지역의 탄성파단면인데 퇴적층이 아주 두껍다. 동쪽 경계면의 퇴적물은 해양지각을 덮고 있으며 퇴적물의 두께는 1.8 km 이상이다.

해양퇴적물의 색은 종종 눈으로 쉽게 구별할 수 있을 정도로 현저한 차이를 보인다. 생물기원퇴적물은 흰색 혹은 크림색을 띠며 규소산화물을 많이 함유한 퇴적물은 회색을 띤다. 철의 산화로부터 형성된 심해에서 발견되는 적점토(red clay)는 황갈색에서 초콜릿-갈색을 띤다. 어두운 녹색이나 갈색의 점토도 있다. 단괴형태의 퇴적물은 짙은 갈색이다. 연안퇴적물은 유기물분해에 의한 황화수소 냄새가 나기도 하나 대부분의 퇴적물은 냄새가 없다.

드물기는 하나 퇴적물로 덮여 있지 않은 해저도 있다. 이 지역 상부의 바닷물에는 퇴적물입자가 없지는 않으나 퇴적되지는 않는다. 강한 해류에 의해 퇴적물이 다른 지역으로 씻겨 갔거나, 해저가 생성된 지 얼마 되지 않아 퇴적물이 퇴적될 만큼 충분한 시간이 없거나,

그림 5.3 드레이크패시지 북쪽의 물결자국. 유속이 빠른 남극순환류에 의해 수심 4,010 m 해저에 형성되었다.

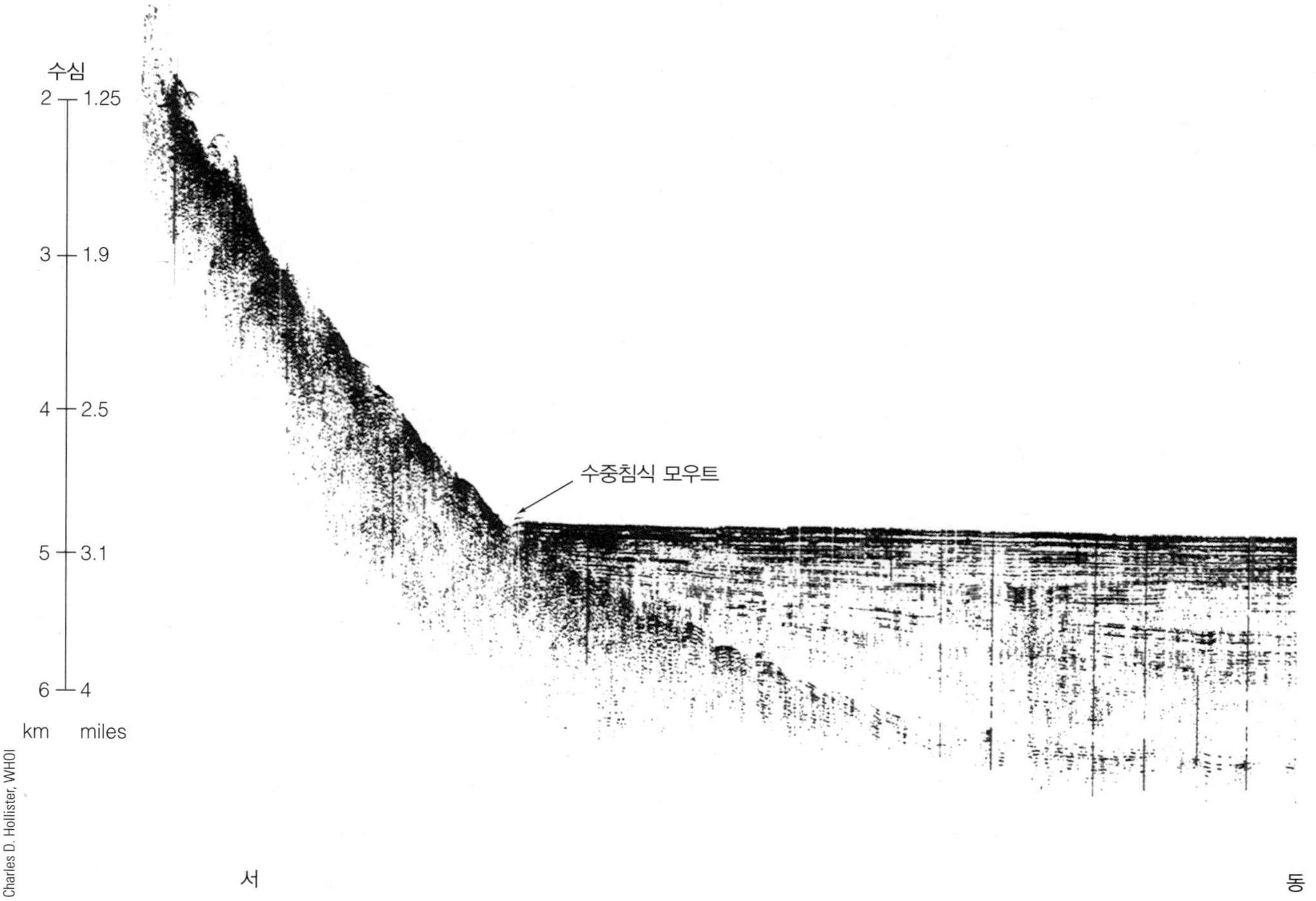

그림 5.4 북대서양 노바스코샤 남쪽에 위치한 좀 심해저평원의 퇴적물이 해산의 기저부를 덮고 있는 모습. 탄성파단면에 나타난 해산의 기반암 위에 쌓여 있는 퇴적물의 두께는 1.8 km 이상이다. 해산과 퇴적물의 경계를 따라 움푹 패인 곳은 심층해류에 의해서 형성된 것이다(연직확대율 12:1).

혹은 공극률이 큰 해저암석으로부터 스며 나오는 뜨거운 물에 퇴적물이 용해되어 쌓이지 않게 된다.

개념점검

1. 퇴적물이란 무엇인가?
2. 일부 지역에서 퇴적물이 전혀 없는 이유는 무엇인가?
3. 바다는 40억 년 이상 되었는데 1억 8천만 년 이상 된 해양퇴적물이 거의 없는 이유는 무엇인가?

5.2 입자 크기에 따른 퇴적물 분류

입도는 퇴적물 분류에 사용된다. **표 5.1**은 1898년에 만들어졌는데 약간의 수정을 거쳐 지질, 토양, 해양학자들에 의해서 사용되고 있다. 입자의 직경이 256 mm 이상인 퇴적물을 암괴(boulder)라 한다. 자갈이 바다에서 발견되기는 하지만 대부분의 해양퇴적물은 그보다는 세립질인 **모래**(sand), **실트**(silt), **점토**(clay)로 되어 있다. 퇴적물 입자는 크기에 의해 분류된다.

일반적으로 퇴적물 입자가 작을수록 강, 파도, 해류에 의해서 쉽게 이동된다. 퇴적물은 이동하면서 입자의 크기에 따라 분급된다. 입자가 큰 퇴적물은 난류(turbulent flow)에 의해서만 이동하며 입자가 작은 퇴적물에 비해 멀리 이동되지 않는다. 직경이 0.004 mm보다 작은 점토는 부유상태로 물속에 오래 머물며 퇴적되기 전에 해류에 의해 먼 거리를 이동한다. 세립질 입자의 침식과 운반에는 응집성이 입자 크기 못지않게 중요하다(**그림 5.5**). 가장 작은 점토 입자는 일단 부유하게 되면 수십 년간 순환하게 된다.

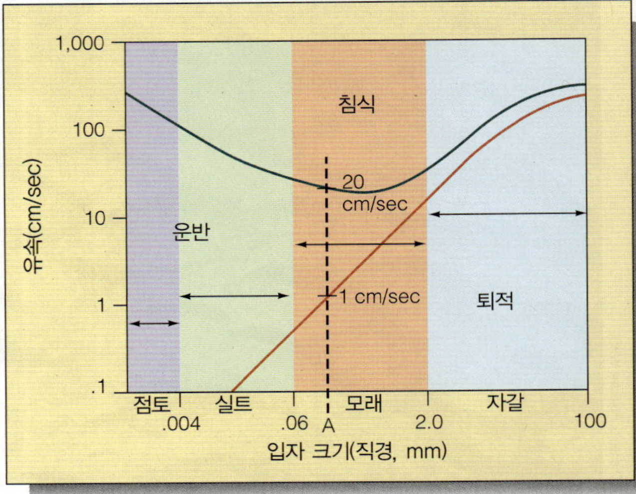

그림 5.5 퇴적물 입자 크기별 침식, 운반, 퇴적에 필요한 유속. 유속은 최소 20 cm/sec 이상이어야 한다. 유속이 1 cm/sec 이하가 되면 입자가 퇴적되기 시작한다.

퇴적층은 퇴적물의 입도가 같거나 다른 것들이 혼합되어 있기도 한다. 입도가 대체로 같은 것끼리 모여 있으면 **분급이 양호한 퇴적물**(well-sorted sediment)이라 하고 입도가 다양한 퇴적물로 구성된 퇴적물은 **분급이 불량한 퇴적물**(poorly-sorted sediment)이라 한다. 분급도는 퇴적물이 퇴적된 에너지 환경을 지시한다. 즉 퇴적지의 파도, 조석, 해류에 노출된 정도를 알려준다. 에너지의 변동이 적은 곳이 분급이 양호하다. 조

표 5.1 퇴적물의 입도와 침강속도

입자의 형태	직경(mm)	침강속도(cm/sec)	4 km 침강 시 소요시간
암괴	>256	—	—
큰 자갈	64–256	—	—
잔자갈	4–64	—	—
가는 자갈	2–4	—	—
모래	0.062–2	2.5	1.8일
실트	0.004–0.062	0.025	6개월
점토	<0.004	0.00025	50년[a]

[a] 점토입자의 이론적인 침강시간은 매우 길지만 특정 조건하에서 점토입자는 해수와 화학반응을 일으켜 서로 뭉쳐지기도 하여 빨리 침강하기도 한다. 생물기원입자는 생물체에 의해서 압축된 분립의 형태로 매우 빠른 속도로 해저에 퇴적된다.

용한 심해저의 퇴적물은 분급이 매우 좋다(그림 5.2 참조). 반면에 에너지의 변동이 심한 곳은 분급이 불량하다. 침식작용이 빠르게 일어나는 해안가 절벽의 하부에 있는 암석파편들은 분급이 불량한 퇴적물의 좋은 예이다. 다양한 크기의 퇴적물을 이동시키는 저탁류가 운반한 퇴적물은 분급이 불량하다.

개념점검

4. 대부분의 해양퇴적물은 어떤 입자로 되어 있는가?

5. 물에 의해 이동이 가장 쉬운 입자는 무엇인가?

6. 분급이 양호한 퇴적물과 불량한 퇴적물의 차이는 무엇인가?

5.3 기원에 의한 퇴적물 분류

해양퇴적물은 또한 기원에 따라 분류하기도 한다. 기원에 의한 분류법은 1891년에 머리(John Murray) 경과 레너드(A.F. Renard)가 챌린저호 퇴적물 분류에 사용하였다. 부분적 변경을 거쳐 현재는 **표 5.2**의 분류를 따른다. 이에 의하면 퇴적물을 육성기원, 생물기원, 수성기원(자생기원), 우주기원으로 분류한다.

육성기원퇴적물은 육지가 기원 **육성기원퇴적물**(terrigenous sediment)(*terra*: Earth, *generare*: to produce)은 양적으로 가장 흔하며 주로 육지나 육지 근처의 섬에서 침식, 화산활동, 바람에 의한 이동 등으로 공급된다.

지각을 이루는 암석은 **광물**(mineral)로 구성되어 있는데 이는 특정한 화학조성을 가진 비유기성 결정으로 된 물질이다. 용융된 물질로부터 만들어진 화강암의 조직은 냉각속도에 의해 결정된다. 해저를 이루는 현무암이나 육상에서 화산으로 분출된 것처럼 냉각속도가 빠른 화성암은 결정이 만들어지기 전에 굳는다. 반면에 서서히 냉각된 암석은 쌀, 곡물, 또는 머리핀 크기의 결정을 많이 형성한다. 대부분의 육성기원퇴적물은 직접적으로나 간접적으로 이러한 결정들이 운반된 것이다. 대륙에서 가장 흔한 화성암인 화강암의 결정을 본 일이 있을 것이다. 화강암은 육성기원퇴적물에 가장 흔한 석영과 점토의 기원물질이다.

육성기원퇴적물은 느리지만 대규모 순환을 한다(**그림 5.6**). 판의 충돌, 용융, 섭입에 의해 산맥이 형성된다. 이 산맥이 침식을 받으면 바람과 물에 의해 바다로 운반되어 해저에 퇴적된다. 이 퇴적물들은 판에 의해 이동하여 융기하거나 섭입되어 산을 만드는 새로운 순환을 하게 된다.

매년 약 165억 톤의 육성기원퇴적물이 강을 통하여 바다로 흘러 들어간다. 이외에도 매년 1억 톤의 육성기원퇴적물이 먼지나 화산재의 형태로 육지에서 바다로 운반된다(**그림 5.7**).

생물기원퇴적물은 생물사체가 기원 **생물기원퇴적물**(biogenous sediment)(*bio*: life)은 양적으로 육성기

표 5.2 해양퇴적물의 기원에 따른 분류

퇴적물 형태	기원	예	분포	면적백분율(%)
육성기원 퇴적물	육상 침식, 화산분출 바람에 날린 먼지	석영, 점토, 하구의 진흙	대륙주변부, 심해저 평원, 극지 해양저	~45
생물기원 퇴적물	유기물, 해양생물의 껍질	석회질 및 규질연니	심해저(규질 연니는 수심 5 km 이상)	~55
수성(자생) 기원퇴적물	용존광물의 침전, 박테리아의 활동	망가니즈단괴 인회석	퇴적물과 함께 존재	1
우주기원 퇴적물	외계로부터의 먼지, 운석조각	텍타이트, 유리질 입자	퇴적물 속에 소량 존재	1

출처: Kennett, *Marine Geology*, 1982; Weihaupt, *Exploration of the Oceans*, 1979; Sverdrup, Johnson, and Fleming, *The Oceans: Their Physics, Chemistry, and General Biology*, 1942.

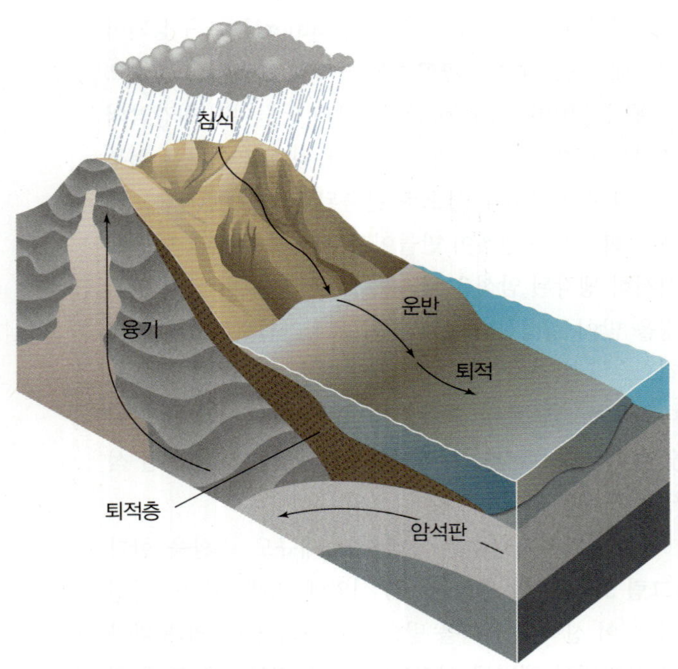

그림 5.6 퇴적순환 모식도. 암석판의 충돌과 섭입에 따라 장기간에 걸쳐 산맥이 융기한다. 물과 바람에 의해 산맥이 침식, 운반되어 바다에 퇴적된다. 이 해양퇴적물은 판과 함께 이동하여 융기되거나 섭입되어 다시 산맥을 형성한다.

원퇴적물 다음에 위치한다. 생물기원퇴적물은 규소를 함유한 규질성분과 탄산칼슘을 함유한 석회질성분으로 구성되어 있으며 이러한 성분들은 강을 통해 용해된 상태로 혹은 대양저산맥에서 용해되어 해양에 유입된 것이다. 미세한 동물과 식물이 해수에 녹아 있는 규질과 석회질물질을 추출하여 껍데기나 골격을 형성한다. 연체동물인 조개껍데기나 군집을 이루는 고정된 산호처럼 큰 개체들도 있지만 해수의 유동에 의해 움직이는 부유생물이 대부분이다. 생물체가 죽은 후 단단한 부분(껍데기)은 천천히 해저에 가라앉아 퇴적된다(14장 참조). 생물기원퇴적물은 영양염류가 풍부해 생산성이 높은 대륙주변부와 용승지역에 가장 흔하다. 퇴적물 내에 있는 유기체는 수백만 년 후에 석유와 가스를 형성하기도 한다(자세한 내용은 17장 참조).

생물기원퇴적물은 육성기원퇴적물보다 해저에 더 널리 분포하지만 양은 더 적다(표 5.2).

수성기원물질은 바닷물의 침전으로 만들어진다 **수성기원퇴적물**(hydrogenous sediment)(*hydro*: water)은 해수로부터 침전된 광물로 구성되어 있다. 용존광물의 공급원은 해저암석과 퇴적물, 대양저산맥의 새로운 지각, 열수공에서의 방출, 그리고 강 등이다. 심해저의 망가니즈단괴나 대륙주변부에서 발견되는 인회석단괴 등은 수성기원퇴적물의 좋은 예이다. 수성기원퇴적물은 현재의 위치에서 형성되었기 때문에 **자생기원퇴적물**(authigenic sediment)(*authis*: in place, on the spot)이라고도 한다.

일반적으로 수성기원퇴적물의 퇴적속도는 느린 편이지만 급격히 건조되는 호수의 경우처럼 빠른 경우도 있다.

우주기원퇴적물은 우주가 기원 **우주기원퇴적물**(cosmogenous sediment)(*cosmos*: universe)은 외계에서 온 것인데 양적으로는 가장 적다. 다른 퇴적물과 섞이기 때문에 실제로는 수 ppm에 불과하다. 우주기원퇴적물은 태양계 내에서 지구의 대기권 상부에 떨어지는 행성간먼지와 드물기는 하지만 거대한 소행성이나 혜성의 충돌로부터 온 것도 있다.

행성간먼지는 소행성 혹은 혜성의 충돌에 의해서 형성된 실트와 모래 크기인 우주진으로 구성되어 있다. 실트 크기의 입자는 지표면을 향하여 천천히 낙하한다. 하지만 입자가 크고 빨리 떨어지는 우주진은 대기권에서 마찰에 의해 가열되어 녹으며 때때로 밤하늘에 빛나는 유성으로 보이기도 한다. 대부분의 우주진은 증발되어 없어지지만 일부는 철이 풍부한 구체 모양을 보이기도 하는데 대부분은 해저에 도달하기 전에 해수에서 용해되어 없어진다. 매년 약 16,500~33,000톤의 행성간먼지가 지구의 대기권에 떨어진다.

가장 많은 양의 우주기원퇴적물은 많은 외계물질이 지구에 동시에 도달할 때 나타난다. 이러한 일은 거대한 소행성이나 혜성이 지구에 떨어질 때 나타나는데 흔하지는 않다. 이러한 사건이 실제로 알려진 예는 아주 드문데 대부분의 지질학자들이 이 장 초반에 언급한 충돌로 생긴 엄청난 먼지가 지구 외부로 퍼져 나갔다고 믿고 있다. 먼지들은 대부분 다시 지구로 떨어져 퇴적층을 이루었다. 이러한 특별한 퇴적층에는 우주기원물질이 약 10~20% 포함되어 있다.

우주기원퇴적물에는 반투명한 타원형의 유리질 입자인 **마이크로텍타이트**(microtektite)도 있다(**그림 5.8**). 텍타이트는 커다란 운석이나 자그마한 소행성이

Liam Gumley/Space Science and Engineering Center, University of Wisconsin–Madison/MODIS Science Team

a
육성기원퇴적물의 주 공급원은 강이다. 퇴적물이 미시시피 강으로부터 멕시코 만으로 들어가는 위성사진.

NASA/BSFC, ORBIMAGE, SeaWiFS

c
고비 사막의 먼지가 동쪽으로 이동하여 태평양을 지나고 있다(2002년 3월 18일). 바다에 떨어진 입자는 서서히 침강해서 육성기원퇴적물이 된다.

Department of Geology, University of Delaware

b
바람은 화산재를 수백 km 이동시켜 바다에 퇴적시키기도 한다. 1991년 여름에 분출한 필리핀 피나투보 화산재의 먼지구름 사진.

그림 5.7 육성기원퇴적물의 공급원.

지구에 떨어져 지각과 충돌할 때 형성된다. 이때 지각을 구성하고 있는 암석의 일부가 녹아 우주로 올라갔다가 대기권을 통과하여 떨어질 때 다시 한 번 녹아서 사진에서 보듯이 다양한 모양을 형성한다. 텍타이트는 쉽게 용해되지 않기 때문에 해저에 퇴적된다. 대부분은 길이가 1.5 mm 이하이다.

해양퇴적물은 일반적으로 육성기원과 생물기원의 혼합이다 기원이 하나로 된 해양퇴적물은 매우 드물다. 대부분의 퇴적물은 생물기원과 육성기원이 섞여 있으며 때때로 수성기원이나 우주기원퇴적물이 부수적으로 섞여 있기도 한다. 퇴적물의 형태와 성분은 바다를 연구하는데 매우 중요하다. 각 환경마다 퇴적물의 특징은 다르며 퇴적물은 이러한 환경의 과거와 현재의 역사를 간직하고 있다.

대륙주변부퇴적물은 일반적으로 양, 특성, 성분이 심해저퇴적물과는 다르다. **연안퇴적물**(neritic sediment)(*neritos*: of the coast)이라 불리는 대륙붕

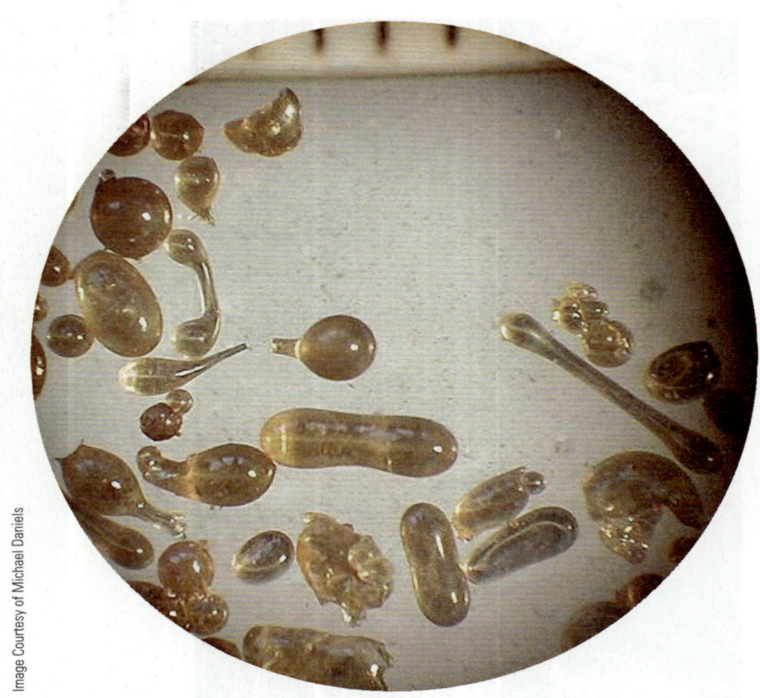

그림 5.8 외계로부터 온 커다란 물체가 지각에 충돌하여 우주로 튀어 나가 형성된 유리질의 마이크로텍타이트라 부르는 매우 희귀한 입자. 마이크로텍타이트의 일부는 공간을 떠돌다가 지구의 대기권 내에 들어와 녹기도 하며 둥근 모양이나 눈물방울 형태를 만든다. 입자의 길이는 0.2~0.8 mm 정도이다. 호두 크기의 유리질 입자 외에 더 작은 입자도 지구로 떨어진다.

퇴적물은 주로 육성기원퇴적물로 구성되어 있다. 심해퇴적물은 대륙주변부의 퇴적물보다 입자가 작으며 대부분 생물기원퇴적물로 구성되어 있다. 대륙사면, 대륙대, 심해저에 퇴적된 해양기원 퇴적물을 **원양성퇴적물**(pelagic sediment)(*pelagios*: of the sea)이라 한다.

각 해양의 퇴적물의 평균 두께가 **그림 5.9**와 **표 5.3**에 수록되어 있다. 해양퇴적물 중 72%가 면적으로는 약 12%에 불과한 대륙사면과 대륙대에 분포한다. 전세계 해양퇴적물 분포는 **그림 5.10**에 수록되어 있는데 이 그림은 향후 학습에 지속적으로 필요하다.

개념점검

7. 네 종류의 주요 해양퇴적물은 무엇인가?
8. 어떤 종류의 퇴적물이 가장 흔한가?
9. 해저에 가장 넓게 분포하는 퇴적물은 무엇인가?
10. 퇴적물 중 가장 적은 것은 무엇인가? 이 퇴적물의 기원은 무엇인가?
11. 대부분의 퇴적물은 한 종류인가(즉 육성기원퇴적층은 육성기원퇴적물로만 되어 있는가)?
12. 연안퇴적물과 원양성퇴적물은 어떻게 다른가?

5.4 대륙주변부에 퇴적된 연안퇴적물

대부분의 연안퇴적물은 육성기원이며 풍화작용에 의하여 침식되어 강을 통하여 바다로 운반된다. 모래나 그보다 큰 입자는 해류에 의해서 해안에 퇴적되지만 실트나 점토는 파도에 의해 더 깊은 곳에 퇴적된다. 파도가 퇴적물을 교란할 수 있는 곳보다 더 깊은 곳에서는 세립질퇴적물이 퇴적되거나 혹은 심층수의 와류에 의해서 더 깊은 해저로 이동된다. 이러한 과정을 통해 퇴적물은 입자의 크기에 따라 분급되며 입자가 큰 퇴적물은 연안에 퇴적되고 상대적으로 작은 입자는 붕단에 퇴적된다.

그러나 예외는 있다. 대륙붕퇴적물은 해수면 변화에 따라 침식되기도 하며 변형되기도 한다. 빙하기처럼 장기간에 걸쳐 해수면이 낮을 경우 입자가 큰 퇴적물이 붕단 부근에 퇴적된다. 빙하퇴적층의 분급은 불량하다. 극지방의 대륙붕은 빙하로 덮여 있다. 빙하는 모든 종

표 5.3 해양퇴적물의 분포 및 평균두께

지역	면적(%)	해양퇴적물의 부피(%)	평균두께(km)
대륙붕	9	15	2.5
대륙사면	6	41	9
대륙대	6	31	8
심해저	78	13	0.6

출처: Kennett. *Marine Geology*, 1982(Table 11-1); Weihaupt, *Exploration of the Oceans*, 1979; Sverdrup, Johnson, and Fleming, *The Oceans: Their Physics, Chemistry, and General Biology*, 1942.

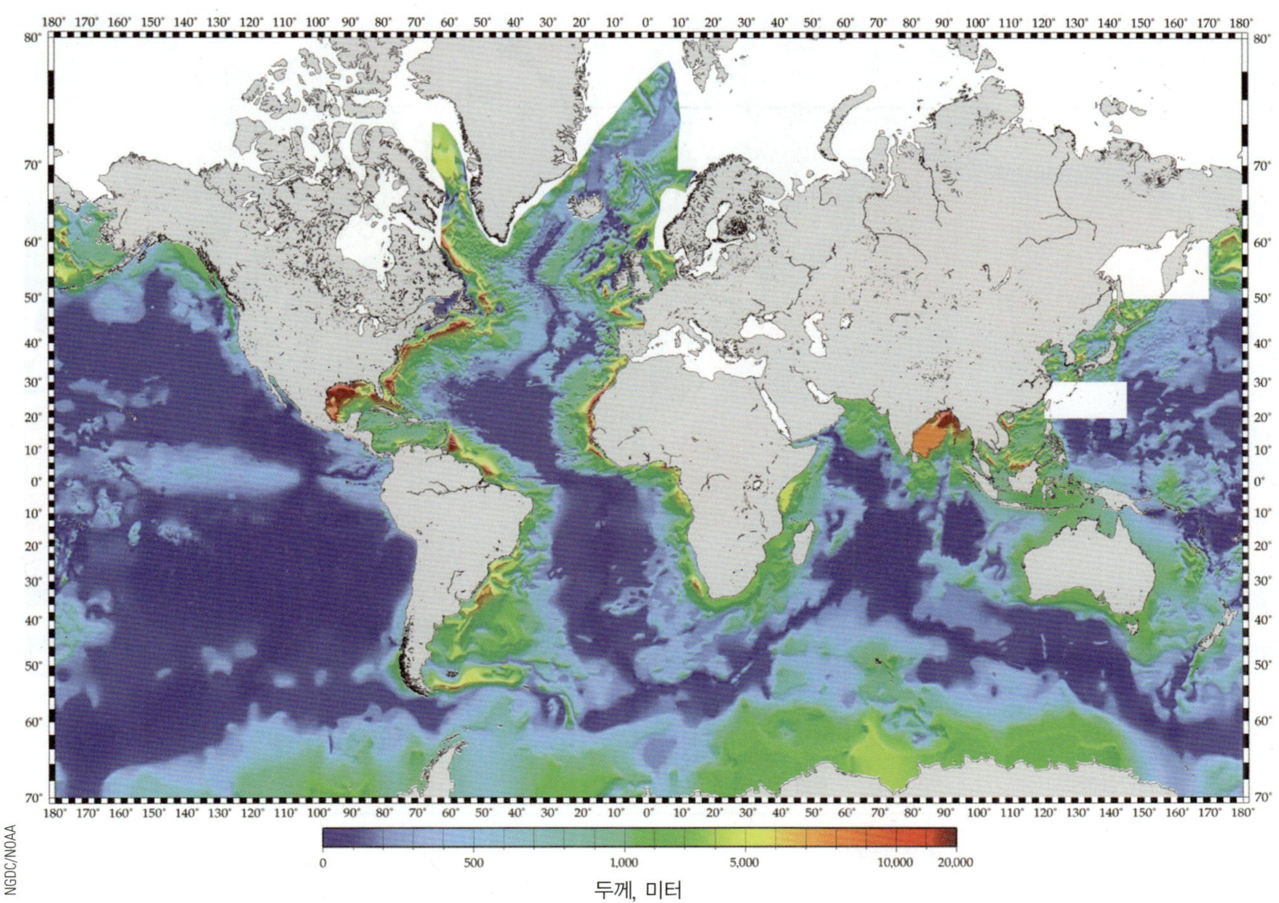

NGDC/NOAA

그림 5.9 대양저 퇴적층 두께. 가장 얇은 곳은 진한 청색, 두꺼운 곳은 붉은 색으로 표시하였다. 퇴적층이 두꺼운 곳은 북아메리카의 멕시코 만 연안, 남중국해, 그리고 인도 동쪽의 벵골 만이다.

류의 퇴적물을 운반하여 빙산이 녹을 때 암석, 자갈, 모래, 실트 등을 고위도의 대륙주변부와 심해저에 퇴적시킨다(**그림 5.11**). 저탁류 또한 대륙주변부에 퇴적된 분급이 좋은 퇴적물을 교란시켜 조립질퇴적물을 해안에서 멀리 떨어진 심해저로 이동시킨다.

그러나 빙하기의 퇴적양상은 다르다. 그림 4.15에서 보듯이 빙하기에는 대륙붕 거의 전체가 노출되어 있었다. 이 경우 강은 붕단까지 직접 퇴적물을 이동시키게 되고 이 퇴적물은 저탁류에 의해 대륙사면과 심해저로 이동된다.

간빙기에 대륙붕이 바닷물로 채워지면 대륙붕지역의 퇴적속도는 변하지만 심해보다는 거의 항상 빠르다. 큰 강의 어귀에서는 1,000년에 1 m 정도이다. 그러나 미국 동부해안의 강들은 하구만이 잘 발달되어 대부분의 퇴적물을 가두었기 때문에 이 지역 대륙붕은 지난 빙하기에 해수면이 낮았을 때 퇴적된 퇴적물로 덮여 있다.

연안퇴적물에는 육성기원퇴적물 외에도 거의 항상 생물기원퇴적물이 섞여 있다. 연안수는 생산성이 높아 표층과 저층에 생물체가 많아 생물유해도 많지만 육성기원퇴적물에 의해 희석된 관계로 상대적인 양은 다른 지역에 비해 적게 나타난다.

대륙붕에는 퇴적물이 두껍게 쌓여 있다. 연안퇴적물이 압력에 의한 다짐작용이나 교결작용 같은 **암석화작용**(lithification)을 받으면 퇴적암이 되기도 한다. 만약 암석화된 퇴적물이 지각변동을 받아 해수면 위로 올라오면 산맥이나 고원을 형성한다. 세계에서 가장 높은 에베레스트 산의 정상은 천해의 생물기원 석회암으로 되어 있다. 콜로라도 고원의 대부분은 약 5억 7천만 년 전에 천해에서 형성된 퇴적암으로 구성되어 있다. 그랜드캐니언은 콜로라도 강이 고원을 침식시켜 융기된 부

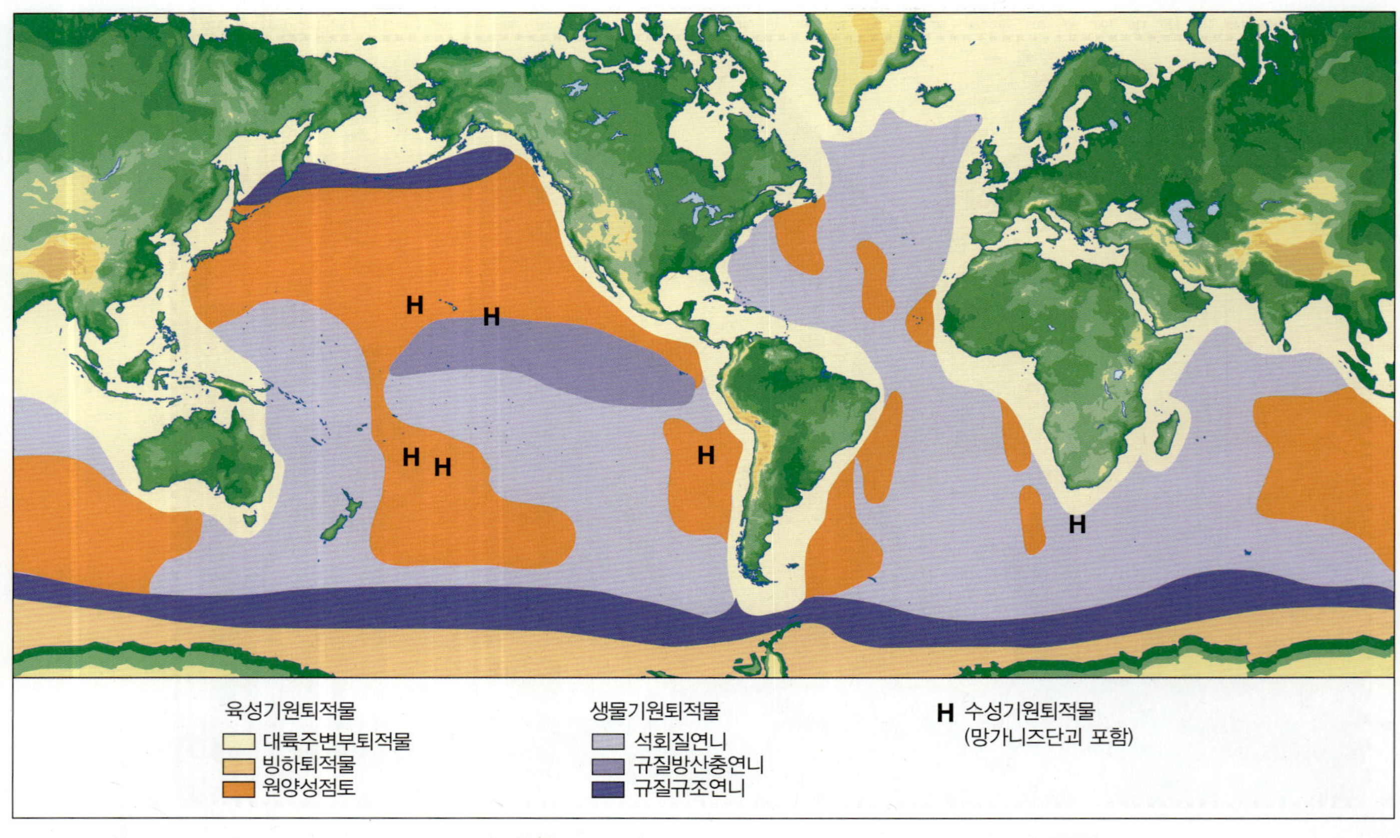

그림 5.10 해양퇴적물 분포도. 고위도에 규조연니가 풍부하다.

분이 노출되어 형성된 것이다. 그랜드캐니언에서 강을 따라 걸어 보면 대륙붕에서 퇴적된 장엄한 퇴적암을 관찰할 수 있으며 계속 강을 따라 걷다 보면 결국에는 거의 해저로 연결된다.

개념점검

13. 연안퇴적물은 육성기원인가 아니면 생물기원인가?

14. 암석화작용이란 무엇인가? 퇴적암은 어떻게 만들어지는가?

15. 육상의 암석화된 퇴적물의 예를 들 수 있는가?

5.5 조성과 두께가 다양한 원양성퇴적물

원양성퇴적물의 두께는 지역마다 아주 다르다. 대서양은 퇴적물의 평균 두께가 약 1 km 정도이며 태평양은 약 0.5 km 이하이다. 이러한 차이는 다음의 두 가지 이유 때문이다. 첫째, 대서양으로 유입되는 퇴적물을 운반하는 강이 태평양에 비해 많은데 면적은 태평양에 비해 작다. 둘째, 태평양은 바다 가운데로 이동하는 퇴적물이 해구에 갇히게 된다. 이와는 별도로 같은 바다에서도 원양성퇴적물의 성분과 두께는 지역적인 차이를 보인다. 심해저평원에서 가장 두꺼우며 대양저산맥에서는 아주 얇거나 없다.

저탁암은 저탁류에 의해 해저에 퇴적된다 퇴적물과 물의 혼합물이 대륙사면을 흐르는데 이를 저탁류라 한다(**그림 5.12**). 저탁류는 물이 아니라 중력에 의해 흐른다(입자가 물에 부유되면 이 혼합물은 주변의 물보다 밀도가 더 커지게 된다). 저탁류는 해저협곡을 침식시킨다(그림 4.18과 4.19 참조). 이러한 물을 많이 함유한 니질퇴적물은 대륙대까지 이동되며 심지어는 심해저평원까지 이동된다. 저탁류에 의해 형성된 층을 **저탁암**(turbidite)이라 하며 육성기원의 모래와 전형적인 원양성퇴적물인 심해저 세립질퇴적물이 교대로 나타나는 분급층리를 보인다. 한 번의 저탁류가 한 층의 저탁암을 만드는데 하부 층은 조립질이고 상부로 갈수록 세립질인 것이 특징이다. 그림 5.12에 이 과정과 결과가 도시되어 있다.

점토는 가장 작고 쉽게 이동되는 육성기원퇴적물이다 심해저의 약 38%는 세립질의 육성기원퇴적물과 점토로 덮여 있다. 세립질의 육성기원퇴적물은 바람과 해류에 의해 쉽게 이동된다. 미세한 부유입자와 먼지 그리고 화산재가 서서히 심해저에 가라앉아 세립질의 고동색, 황록색, 혹은 붉은색을 띠는 점토를 형성하기도 한다. 입자가 가라앉는 속도는 입자의 크기에 달려 있으며 점토는 매우 천천히 가라앉는다(표 5.1). 심해저에서 육성기원퇴적물의 퇴적속도는 약 1,000년에 2 mm 정도이다.

연니는 생물사체의 단단한 부분에서 만들어진다 생물기원퇴적물은 대륙주변부보다는 육지로부터 멀리 떨어진 해저에 더 많다. 이는 육지로부터 멀리 떨어진 해역이 생산성이 높기 때문이 아니라(생산성은 일반적으로 육지부근 해역이 높음) 육성기원퇴적물의 양이 많지 않기 때문이다. 따라서 원양성퇴적물에는 생물기원퇴적물이 더 많게 된다.

적어도 30% 이상의 생물기원입자를 함유한 심해퇴적물을 **연니**(ooze)라 부른다. 연니는 퇴적물의 구성성분 중 가장 많은 양을 차지하고 있는 성분에 따라 이름을 붙인다. 연니를 만드는 생물체는 작고 단세포로 이루어진 부유생물이며 껍데기는 단단한 유리질의 규소나 혹은 탄산염 광물로 이루어져 있다. 생물체가 죽으면 생물체의 껍데기는 해저에 서서히 가라앉아 세립질의 육성기원퇴적물인 실트, 점토와 섞여 연니를 형성한다. 규산염으로 이루어진 생물체를 많이 포함하고 있는 퇴적물을 **규질연니**(siliceous ooze)라 부르며 탄산염 광물을 많이 함유한 생물체를 포함하면 **석회질연니**(calcareous ooze)라 부른다.

연니의 퇴적속도는 매우 느려 1,000년에 1~6 cm 정도이다. 하지만 이는 심해에서 육성기원 점토가 쌓이는 속도보다 약 10배 이상 빠른 것이다. 연니의 퇴적은 표층수에 사는 생물체의 양, 생물체가 해저에 퇴적된 후의 용해속도, 육성기원퇴적물의 퇴적속도에 달려 있다.

아메바처럼 생긴 **유공충**(foraminifera, **그림 5.13a, b**)과 부유성 **익족류**(pteropod) 및 미세조류의 일종인 **코콜리스**(coccolithophores, **그림 5.13c**)가 석회질연니의 주성분을 이룬다. 조건이 맞으면 이 생물체들은 엄청난 양의 퇴적물을 만든다. 영국 남동부 도버해협의 유명한 화이트 클리프는 수 많은 코콜리스가 퇴적되어 압축된 후 암석화작용을 받은 결과이다(**그림 5.14**). 이 석회절벽은 약 1억 년 전 해저가 지각운동에 의해 융기한 결과이다.

유공충과 코콜리스는 대부분 표층에 살지만 석회질연니가 모든 해저에서 발견되는 것은 아니다. 수심이 깊은 곳의 해수는 이산화탄소를 많이 함유하고 있어서 약간 산성을 띤다. 산성을 띤 해수와 높은 수압의 차가운 해수가 껍데기를 빠르게 용해시킨다(그림 7.10과 7.12 참조). 석회질퇴적물이 해저에 공급되는 속도와

Mark Drinkwater/European Space Agency, ESTEC

그림 5.11 과학자들이 빙하에 깎여서 육지에서 운반된 작은 입자와 자갈을 빙산에서 채취하고 있다. 빙하가 녹으면 이 입자들은 원래의 육지에서 멀리 떨어진 바다에 퇴적된다.

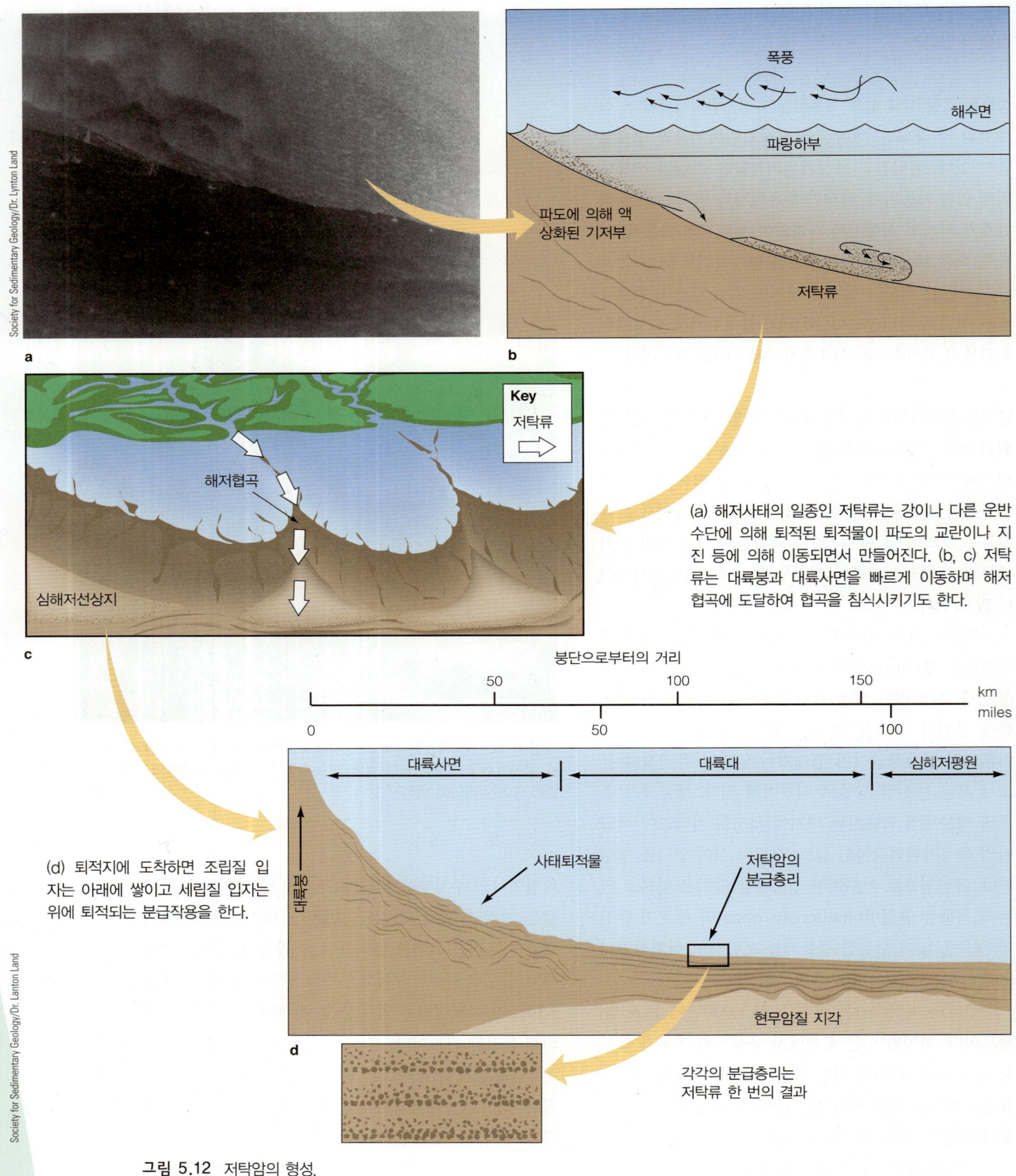

(a) 해저사태의 일종인 저탁류는 강이나 다른 운반 수단에 의해 퇴적된 퇴적물이 파도의 교란이나 지진 등에 의해 이동되면서 만들어진다. (b, c) 저탁류는 대륙붕과 대륙사면을 빠르게 이동하며 해저협곡에 도달하여 협곡을 침식시키기도 한다.

(d) 퇴적지에 도착하면 조립질 입자는 아래에 쌓이고 세립질 입자는 위에 퇴적되는 분급작용을 한다.

그림 5.12 저탁암의 형성.

Howard Spero/University of California, Davis

아메바와 형태가 비슷한 살아 있는 유공충 *Hastigerina*. 비눗방울 형태가 껍데기의 가장자리를 덮고 있다. *Hastigerina*는 가시가 있는 가장 큰 부유성 유공충의 하나로서 길이가 5 cm 정도이다.

© Wim van Egmond/Visuals Unlimited

크기가 더 작은 달팽이 형태의 부유성 유공충 *Globigerina*. 광학현미경으로 관찰이 가능하다.

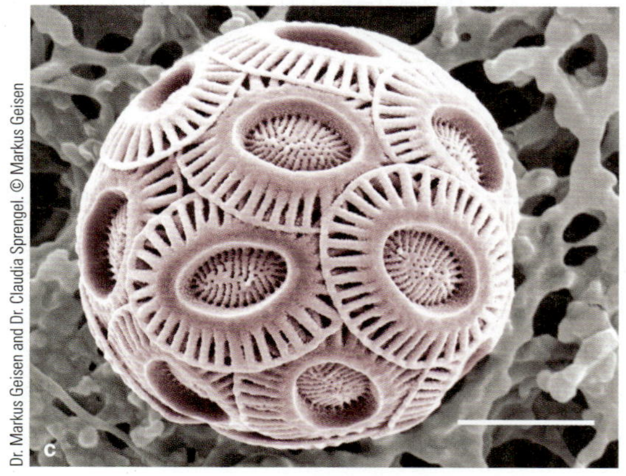

Dr. Markus Geisen and Dr. Claudia Sprengel. © Markus Geisen

부유성 조류의 일종인 코콜리스. 석회질 연니는 용해 때문에 수심 4,500 m보다 깊은 해저에서는 잘 발견되지 않는다. 크기가 아주 작아서 전자주사현미경이 필요하다.

그림 5.13 석회질연니 구성 생물의 현미경 사진.

용해되는 속도가 같아지는 수심을 **탄산염보상수심(CCD: calcium carbonate compensation depth)**이라 한다. 탄산염보상수심보다 깊은 곳에서는 탄산염으로 이루어진 생물체는 해저에서 녹아 없어지므로 석회질연니가 보존되지 않는다. 탄산염보상 수심은 대략 4,500 m이므로 수심이 4,500 m보다 얕은 해저는 석회질연니가 주를 이룬다. 대륙의 산에서 볼 수 있는 설선을 바다에서도 볼 수 있는데 해저 높은 곳에 희게 반짝이는 석회질연니를 눈으로 표현하기도 한다(**그림 5.15**). 약 48%의 심해저가 석회질연니로 덮여 있다.

규질연니는 수심이 상당히 깊은 곳과 차가운 극지방에 흔하다. 유리질의 아름다운 **방산충**(radiolarian, **그림 5.16a**)과 단세포로 이루어진 **규조**(diatoms, **그림 5.16b**)가 규질연니의 주성분을 이룬다. 규조와 방산충이 죽은 후 그들의 껍데기 또한 해수에서 용해되나 용해되는 속도는 탄산염으로 이루어진 생물에 비해 매우 느리다. 표층에서는 규조의 생산성이 높으며 용해속도는 해수층 모두에서 느리기 때문에 규질연니가 형성된다. 남극 주변 심해분지 부근은 강한 해류와 계절적인 용승으로 인하여 규조의 생산성이 높기 때문에 규질연니가 가장 흔하게 나타난다. 방산충연니는 적도지역에서 나타나며 특히 그림 5.10에 나타난 것처럼 남아메리카 적도 부근에 위치한 용승이 활발한 곳에서 형성된다. 규질연니는 심해저 표면의 약 14%를 덮고 있다.

원양성퇴적물을 구성하고 있는 이러한 작은 생물체들은 해저에 가라앉는 데 20~50년 정도 걸린다. 그 정도의 시간이 지나면 이 같은 작은 입자들은 원래 그들이 살던 표층으로부터 멀리 이동했을 것이라 생각될 것이다. 하지만 연구에 의하면 저층퇴적물과 저층 바로 위 수층에 있는 입자의 구성성분이 같다. 어떻게 작은 입자들이 수평으로 멀리 이동하지 않고 빠르게 해저면에 떨어질 수 있을까? 그 이유는 분립(fecal pellet)을 형성하기 때문이다(**그림 5.17**). 분립은 크지는 않지만 규조, 유공충, 혹은 식물플랑크톤보다는 크기 때문에 침강속도가 아주 빨라져 해저에 가라앉는 데 약 2주 정도 걸리게 된다.

심해저연니가 지각변동으로 융기되어 현재 육지에 노출되어 있는 경우도 있다. 영국 남동부 도버의 화이트 클리프도 주로 유공충과 코콜리스 화석으로 된 연니가 부분적으로 석화된 퇴적층이다. 규조토라는 세립질

그림 5.14 유명한 도버의 화이트 클리프는 암석화된 코콜리스가 융기한 것이다. 약 1억 년 전 해저에 퇴적된 석회성분이 다른 퇴적물로 덮인 후에 열과 압력을 받아 부드러운 석회암으로 되었다.

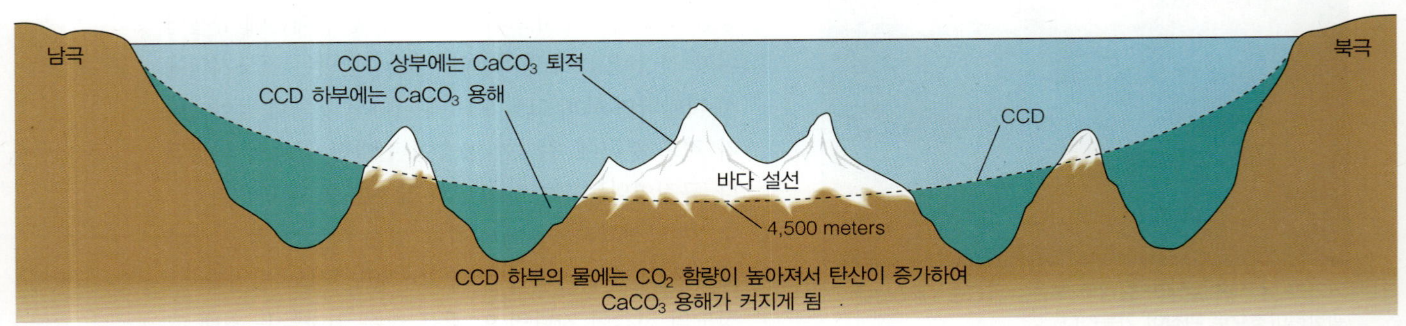

그림 5.15 탄산염보상수심(CCD)이 점선으로 표시되어 있다. 이 수심(약 4,500 m)에서는 탄산염퇴적물의 퇴적과 용해가 같게 된다.

화석은 페인트, 수영장이나 광천의 필터, 차의 연마제, 혹은 치아 연마제로 사용되기도 한다.

수성기원물질은 바닷물의 침전으로 만들어진다 수성기원퇴적물도 심해저에 퇴적된다. 수성기원퇴적물은 육성기원 혹은 생물기원퇴적물과 함께 나타나나 드물게는 스스로 형성되기도 한다. 대부분의 수성기원퇴적물은 퇴적물을 구성하고 있는 입자의 화학반응에 의해서 형성된다.

가장 잘 알려진 수성기원퇴적물은 챌린저 탐사 때 발견된 **망가니즈단괴**(manganese nodule)이다. 망가니즈단괴는 주로 망가니즈와와 철로 이루어져 있으나 소량의 코발트, 니켈, 크롬, 구리, 몰리브덴, 아연 등을 함유하고 있다. 망가니즈단괴의 형성과정은 잘 알려지지는 않았으나 백만 년에 평균 약 1~10 mm 정도 자란다. 이는 자연에서 가장 속도가 느린 화학반응의 예 중의 하나이다. 대부분의 망가니즈단괴는 감자크기 정도이나 직경이 1 m를 넘는 경우도 있다. 망가니즈단괴는 종종 **그림 5.18a**에서 보는 것처럼 상어의 이빨, 뼛조각, 미세한 조류와 동물의 골격, 혹은 매우 작은 광물의 결정으로부

© Wim van Egmond/Visuals Unlimited

a
아메바 형태의 방산충. 방산충연니는 주로 적도지역에서 발견된다.

Greta Fryxell

b
단세포로 이루어진 조류의 일종인 규조. 규조연니는 고위도지방에 가장 흔하다.

그림 5.16 심해에 가장 흔하게 나타나는 규질연니의 현미경 사진.

터 형성된다. 박테리아의 활동도 망가니즈단괴의 형성과 관계가 있는 것으로 생각되고 있다. 태평양 해저의 약 20~50%는 망가니즈단괴로 덮여 있다(**그림 5.18b**).

망가니즈단괴는 왜 퇴적물에 묻히지 않고 표층에 있을까? 아마도 망가니즈단괴 아래의 퇴적물속에 사는 생물들의 활동에 의해 위로 올려지거나 혹은 단괴 주변을 흐르는 느린 해류가 퇴적물을 이동시키기 때문이라 생각된다.

챌린저호의 과학자들은 인회석단괴도 발견했다. 이 불규칙한 갈색의 덩어리는 남아프리카 대륙대에서 최초로 채집되었고 그 후 캘리포니아, 아르헨티나, 일본의 얕은 퇴, 외대륙붕, 대륙사면 상부 등에서 인회석단괴 단지 형태로 발견되었다. 인은 비료의 주요 성분으로서 미래에는 인회석단괴가 비료 원료로 채취될 것이다. 인회석단괴는 망가니즈단괴와 마찬가지로 퇴적속도가 느린 곳에서만 발견된다.

망가니즈와와 인회석단괴 개발은 현 시점에서는 경제성이 없다. 그러나 심해광물 채취기술이 발달하고 광물 원자재 값이 오르면 망가니즈단괴의 개발은 시간문제이다.

대양저산맥 열수공 부근에는 금속황화물이 퇴적된다. 열수공에서 분출한 뜨겁고 금속이 풍부한 해수가 찬 바닷물을 만나면 급격히 냉각되어 무거운 금속황화물이 침전된다. 철황화물과 망가니즈 침전물들이 열수공 주변에 넓고 두껍게 침전된다. 열곡대의 코발트각은 이렇게 형성되었다고 알려졌다. 이 지역들 역시 미래의 금속 광산이 될 것이다.

증발암은 해수의 증발로 형성된다 **증발암**(evaporite)은 수성기원광물의 좋은 예이다. 인간생활에 필요한 소금은 증발암에 속한다. 소금은 물이 격리된 바다나 호수 등지에서 증발하여 침전된다. 수천 년 동안 인류는 증발이 활발한 해역이나 퇴적층에서 소금을 채취했다. 현재 증발암은 캘리포니아 만, 홍해, 페르시아 만 등에서 형성되고 있다. 염분이 증가하면서 처음으로 형성되는 증발암은 탄산염암이다(석회암). 그 다음에 석고를 형성하는 황산칼슘이 침전되고 증발이 계속되면 소금(식탁염)이 만들어진다.

그림 5.19는 로키 산맥 퇴적암층에 노출된 두꺼운

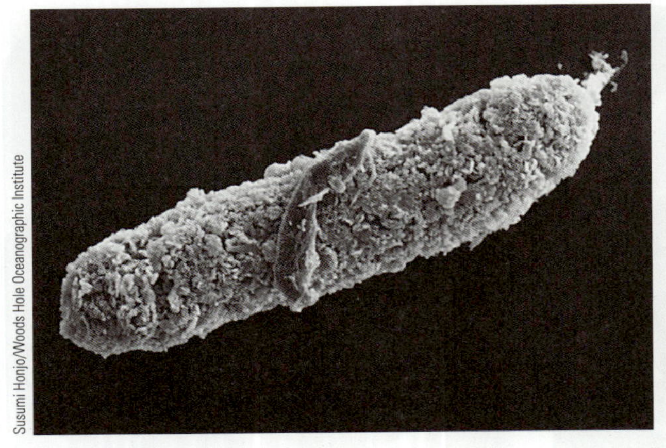

a

압축된 분립은 길이가 약 80 μm이다.

b

약 2,000배 확대한 분립의 표면 사진. 소화되지 않은 미세한 식물로 되어 있고 코콜리스가 주성분이다. 코콜리스가 분립형태가 아닌 상태로 해저에 퇴적되려면 수개월이 걸리지만 분립형태로 되면 약 2주 정도 걸린다.

그림 5.17 작은 부유동물의 분립.

a

망가니즈단괴를 절단한 단면에 망가니즈와 산화철로 구성된 동심원의 층이 보인다. 단괴직경은 약 11 cm이며 이는 가장 흔한 크기이다.

b

태평양 심해의 레몬 크기 망가니즈단괴.

그림 5.18 망가니즈단괴.

석고층의 사진이다. 이렇게 증발암층이 두껍게 발달하기 위해서는 바다의 일부에서 장기간 증발이 일어나야 한다.

어란석모래는 해수 중 탄산칼슘의 침전으로 만들어진다 모든 탄산칼슘이 증발로만 만들어지는 것은 아니다. 평균 염분의 해수라도 약간의 산도감소나 온도증가로도 탄산칼슘이 침전될 수 있다. 생산성이 높고 햇빛이 강한 얕은 바다에서는 미세 식물들이 이산화탄소를 용해해서 해수의 산도를 약간 낮춘다(그림 7.12 참조). 이 경우 탄산칼슘 분자가 조개파편이나 다른 입자들 주위에 침전되기도 한다. 이렇게 만들어진 흰색의 구형 입자를 어란석(oolith)(*oon*: egg)이라 하는데 물고기 알(어란)과 유사하기 때문이다(**그림 5.20**). **어란석모래**(oolite sand)는 어란석으로 만들어진 모래인데 바하마 퇴처럼 따뜻하고 얕은 바다에서 흔하다.

해양학자들이 심해퇴적물의 분포도를 작성하였다 해양

Photo provided by Stan Finney

그림 5.19 지질학과 학생들이 콜로라도의 석고 암석층을 답사하고 있다. 이 암층은 얕은 내해가 증발되어 만들어진 증발암이 암석화된 것으로 생각된다.

Tom Garrison

그림 5.20 어란석모래. 대부분 모양이 구형이다.

퇴적물의 분포와 종류를 나타낸 그림 5.9와 5.10을 다시 살펴보자. 북태평양 심해에는 방산충으로 구성된 퇴적물이 별로 없음을 알 수 있다. 남아메리카의 적도지역 서쪽에는 규질연니가 분포한다. 석회질연니는 대서양, 남태평양, 인도양의 해저에 넓게 분포하고 있다. 크고, 수심이 깊고, 만들어진 지 더 오래된 태평양은 대기를 통해 날아온 점토가 광범위하게 분포되어 있다. 왜 그럴까? 큰 강들이 태평양으로 유입되기는 하지만 대부분의 퇴적물이 해구에 갇혀서 바다 가운데로 이동되지 못하기 때문이다. 분급이 불량한 빙하퇴적물은 고위도에서 주로 발견된다.

그림 5.9와 5.10은 해양학자들의 오랜 노력에 의해 만들어진 것이다. 퇴적물에 대한 연구는 자원개발의 중요성과 지구의 역사를 밝힐 수 있다는 점 때문에 계속될 것이다.

개념점검

16. 대서양 퇴적물이 일반적으로 태평양에 비해 더 두꺼운 이유는 무엇인가?

17. 저탁류가 퇴적물 분포에 미치는 영향은 무엇인가? 저탁암은 어떤 퇴적물인가?

18. 연니의 기원은 무엇인가? 두 종류의 연니를 설명하라.

19. CCD란 무엇이며 심해에서 연니의 퇴적에 미치는 영향은 무엇인가?

a

(a) 연구선 *Robert Gordon Sproul* 호에서 조개형시료채취기로 채취한 니질퇴적물. 연구를 위해 갑판에 펼쳐 놓았다.

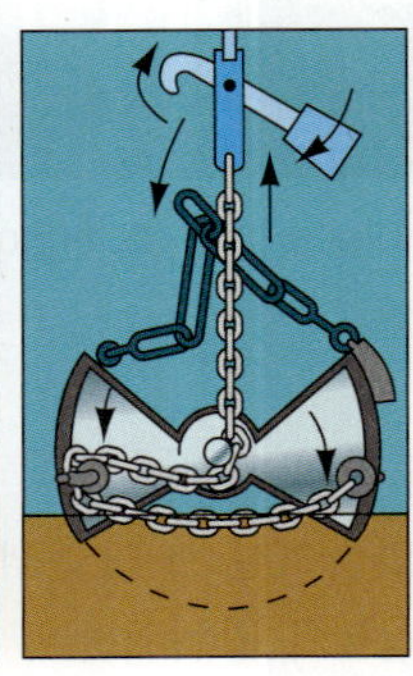
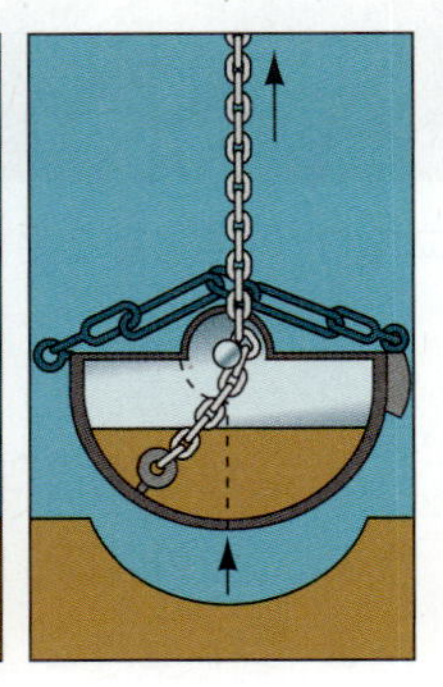

(b) 시료채취 전, (c) 시료채취 중, (d) 시료채취 후. 이 방법은 시료의 교란이 비교적 적다.

그림 5.21 조개형시료채취기

20. 수성기원퇴적물은 어떻게 만들어지는가? 수성기원퇴적물의 예를 하나 들라.

21. 증발암은 어떻게 형성되는가?

5.6 해양퇴적물 연구를 위한 특수 연구장치

심해용 카메라로 해저퇴적물의 사진을 찍을 수 있다. 처음에는 단순히 카메라를 케이블에 매달아 사진을 찍었다. 현재는 심해용 잠수정의 정교한 카메라를 사용하여 해저의 사진을 찍는다.

하지만 사진보다 더 많은 정보를 퇴적물 자체에서 얻을 수 있다. 챌린저호 과학자들은 무거운 막대기와 다른 도구들을 사용하여 시료를 채취했으나 오늘날의 해양학자들은 최신 기구를 사용하고 있다. 표층퇴적물은 **조개형시료채취기**(clamshell sampler)를 사용하여 채취한다(**그림 5.21**). **피스톤시추기**(piston corer)를 이용하여 더 깊게 25 m까지 시료를 교란시키지 않고 채취할 수 있다(**그림 5.22**). *JOIDES Resolution* 호(**그림 5.23**)는 석유를 시추하기 위하여 사용하는 방법과 비슷한 회전시추(rotary drilling)법을 사용하여 1,100 m 이상의 긴 코어를 채취할 수 있다. 이러한 코어들은 과학적으로 매우 가치가 있으며 현재 코어보관소에 보관되어 있다(**그림 5.24**). 심해저시추프로그램(DSDP: Deep Sea Drilling Project)에서 채취한 코어퇴적물과 화석의 분석결과는 판구조론을 입증하는 증거가 되었다. 또한 생명의 진화와 과거 100,000 년 동안의 지구 기후변화를 알 수 있게 하였다.

(a) 피스톤시추기.

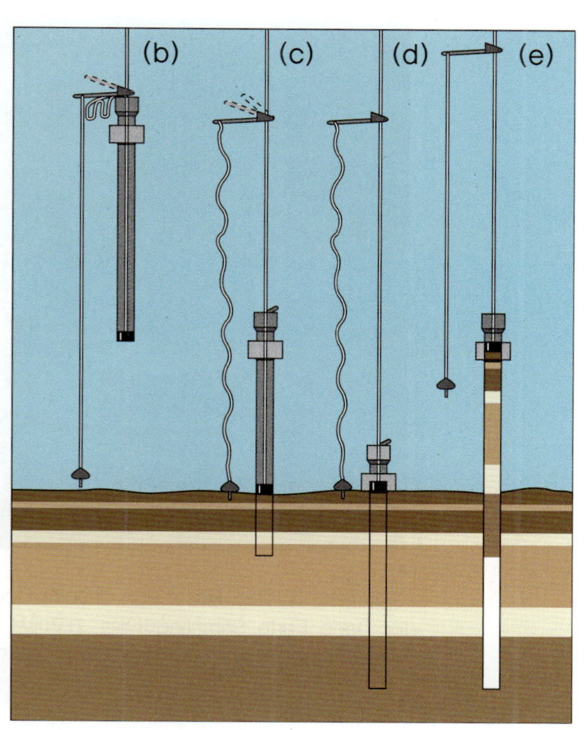

(b) 시추기가 해저에 도달한 상태. (c) 시추기가 바닥에 닿고 시료가 원통을 통과하는 상태. (d) 케이블의 장력에 의하여 피스톤이 위로 끌어당겨지며 주변 물의 압력으로 시추기가 퇴적층에 더 깊이 박히게 된다. (e) 시추기와 시료의 회수.

그림 5.22 피스톤시추기 사용.

강력하고 새로운 연속탄성파탐사 장비를 사용하여 대륙붕과 대륙사면에서 퇴적층의 두께와 구조를 연구하고 석유와 천연가스를 찾기도 한다(**그림 5.25**). 탄성파탐사는 일반적으로 배가 이동하면서 음향발신기를 끌고 그 후방에 수신기를 설치하는 형태로 진행한다. 발신기의 음파는 해저면 하부의 퇴적층에서 반사된다. 최근에 개발된 컴퓨터를 이용한 반사파영상처리법을 이용하여 심부층의 자세한 분석을 할 수 있다. 그림 5.4에 수록된 이미지는 이렇게 만들어진 것이다.

개념점검

22. 퇴적물을 연구하는 도구에는 어떤 것이 있는가?

23. 해양퇴적물 연구가 판구조론을 이해하는 데 어떻게 이바지했는가?

5.7 퇴적물은 바다의 역사책

1899년 영국 지질학자 솔라스(W.J. Sollas)는 심해퇴적물에 지구의 과거가 담겨 있다고 주장하였다. 판구조론이 출현하기 전에는 그럴듯하다고 생각되었는데 그 이유는 심해는 조용하고 변화가 없어서 연속적인 퇴적물로 바다의 전체 역사를 알 수 있다고 생각했기 때문이다. 하지만 이 이론은 즉각 어려움에 처하게 되었는데 그중 하나가 퇴적층이 훨씬 더 두꺼워야 한다는 사실이었다. 만약 바다의 나이가 정말 수십만 년 이상이고 생명이 그 기간 동안 존재했다면 퇴적층은 더 두꺼워져야 한다는 점이었다. 또 다른 문제점은 퇴적층이 불규칙하다는 것이었다. 솔라스는 바다의 가운데가 퇴적층이 가장 두꺼울 것으로 예상했지만 알다시피 중앙대서양산맥에는 퇴적물이 거의 없다. 해저면 상부의 해수특성으로는 대서양 해저퇴적물의 두께와 조성 변화를 설명할 수 없었다. 연니는 특히 골칫거리였다. 연니를 구성하는 유기물은 대서양 중앙부 표층수에는 흔한 종류였지만 대서양 가운데 해저에는 거의 없었다.

지질학자들은 다음 세기에 들어서도 혼란스러워했지만 이제는 판구조론으로 설명이 가능하게 되었다. 심

Joint Oceanographic Institutions for Deep Earth Samplings

a

심해시추선 JOIDES Resolution 호(Joint Oceanographic Institutions for Deep Earth Sampling이라는 기구에서 운영). 길이는 124 m이며 무게는 16,000톤이다. 시추 가능 깊이는 해수면에서 9,150 m이다.

b

심해시추의 어려움을 표시한 그림. 배 길이 120 m와 수심 5,500 m를 비교해 보라.

그림 5.23

Deep Sea Drilling Project, Texas A&M University

그림 5.24 퇴적물 코어의 보관. 코어는 절단해서 칸막이 상자에 넣어 밀폐된 냉장고에 보관한다. Texas A&M 대학의 ODP 멕시코 만 코어보관소에는 태평양과 인도양에서 채취한 총 길이 80 km 이상, 약75,000개의 코어가 절단되어 보관되어 있다. 코어의 일부는 캘리포니아 스크립스 해양연구소에 보관 중이며 대서양 코어는 뉴욕 주 라몬트-도허티 지구관측소에 보관 중이다.

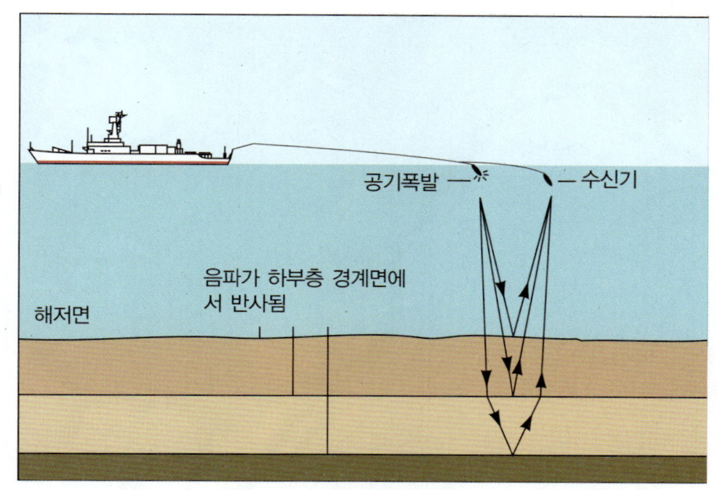

그림 5.25 연속 탄성파단면 탐사 모식도. 배의 소음을 최소화할 수 있는 충분한 거리를 두고 음파발신기와 수신기를 배가 끌고 이동한다. 압축공기가 폭발할 때 발생하는 기포와 난류가 음원이 된다. 해저면 하부의 퇴적층에서 반사된 음파는 고감도의 수진기에 포착되어 분석된다. 그림 4.23b와 4.28은 이 방법으로 만든 것이다.

해퇴적물에 함유된 정보는 판의 섭입과정에서 소멸되기 때문에 해양퇴적물이 가지고 있는 기록은 초기의 해양학자들이 생각했던 것처럼 오랜 것이 아니었다. 심해저의 표층 및 코어시료와 탄성파 탐사결과에 의하면 심해퇴적물은 비교적 최근의 역사를 담고 있다(약 1억 8천만 년). 그러나 실은 원래 예측했던 것처럼 퇴적물의 교란이 없지는 않았다. 실제로 심해퇴적물에 나타나는 공백 중 일부는 침식과 심층수순환 변화의 증거로서 중요하다. **층서학**(stratigrahpy)(*stratum*: layer, *graph*: a drawing)은 해양이나 육지의 퇴적층을 연구하는 분야이다. 심해층서학은 서로 다른 장소에 퇴적된 퇴적층의 상관관계를 알기 위해 암석의 성분, 미고생물, 퇴적형태, 지화학적인 특성, 물리적 성질(밀도 등) 등의 변화를 대비하여 퇴적층의 시대를 결정하고 해양과 대기의 순환, 생산성 및 과거의 해양환경을 연구하는 분야이다. 이어 심해시추 연구를 통하여 해양의 과거를 연구하는 **고해양학**(paleoceanography)(*palaios*: ancient)이라는 학문이 생겨났다.

심해의 퇴적물을 이용한 고해양환경과 기후변화의 연구는 1930년대와 1950년대 사이에 처음으로 시도되었다. 초기의 연구는 주로 코어에 나타난 빙하퇴적물의 양과 분포, 석회질과 규질연니, 온도에 민감한 미고생물의 연직적 변화에 의존했다. 현재도 이러한 자료를 사용하여 고해양연구를 하지만 자료의 해석이 훨씬 광범위해졌으며 넓은 지역의 탄성파 탐사자료 또한 자료해석에 많은 도움을 준다. 이외에도 퇴적물의 나이를 측정하는 새롭고 정확한 방법이 개발되어 고해상도의 연구가 수행되고 있다. 또한 탄산칼슘으로 구성된 미고생물 껍데기의 안정산소 동위원소 분석을 통하여 표층수와 저층수의 온도변화뿐만 아니라 과거 육상빙하의 양을 알 수 있게 되었다. 미고생물의 껍데기에 함유된 안정탄소 동위원소, 카드뮴과 같은 미량원소의 분석을 통하여 과거의 해수순환, 생산성, 용승의 정도 등을 연구하고 있다. 과거 2백만 년간 빙하기와 간빙기의 기후변화는 이미 정량적으로 분석되어 있다. 심해퇴적물의 시추와 분석에 의해 보다 더 오래된 고해양환경이 밝혀질 것이다.

그림 5.26에 주로 상부 퇴적물 분석을 토대로 한 태평양 해저면의 나이가 도시되어 있다. 동태평양산맥에서 멀어질수록 퇴적물의 나이가 증가한다.

아마도 이런 식의 과거 역사를 담고 있는 해양퇴적물이 있는 행성은 지구만이 아닐지도 모른다. 2장에서 언급했듯이 화성에도 32억 년에서 12억 년 전 사이에 물이 존재했을 것으로 추측되고 있다. 1998년 5월에 *Mars Global Surveyor*호가 과거의 만의 끝에 위치한 해양퇴적물로 보이는 사진을 전송했다(**그림 5.27**). 놀라운 연구 결과가 나올지도 모른다.

개념점검

24. 퇴적물에 기록된 역사가 길다고 생각하는가, 짧다고 생각하는가(지질학적 시간으로)?

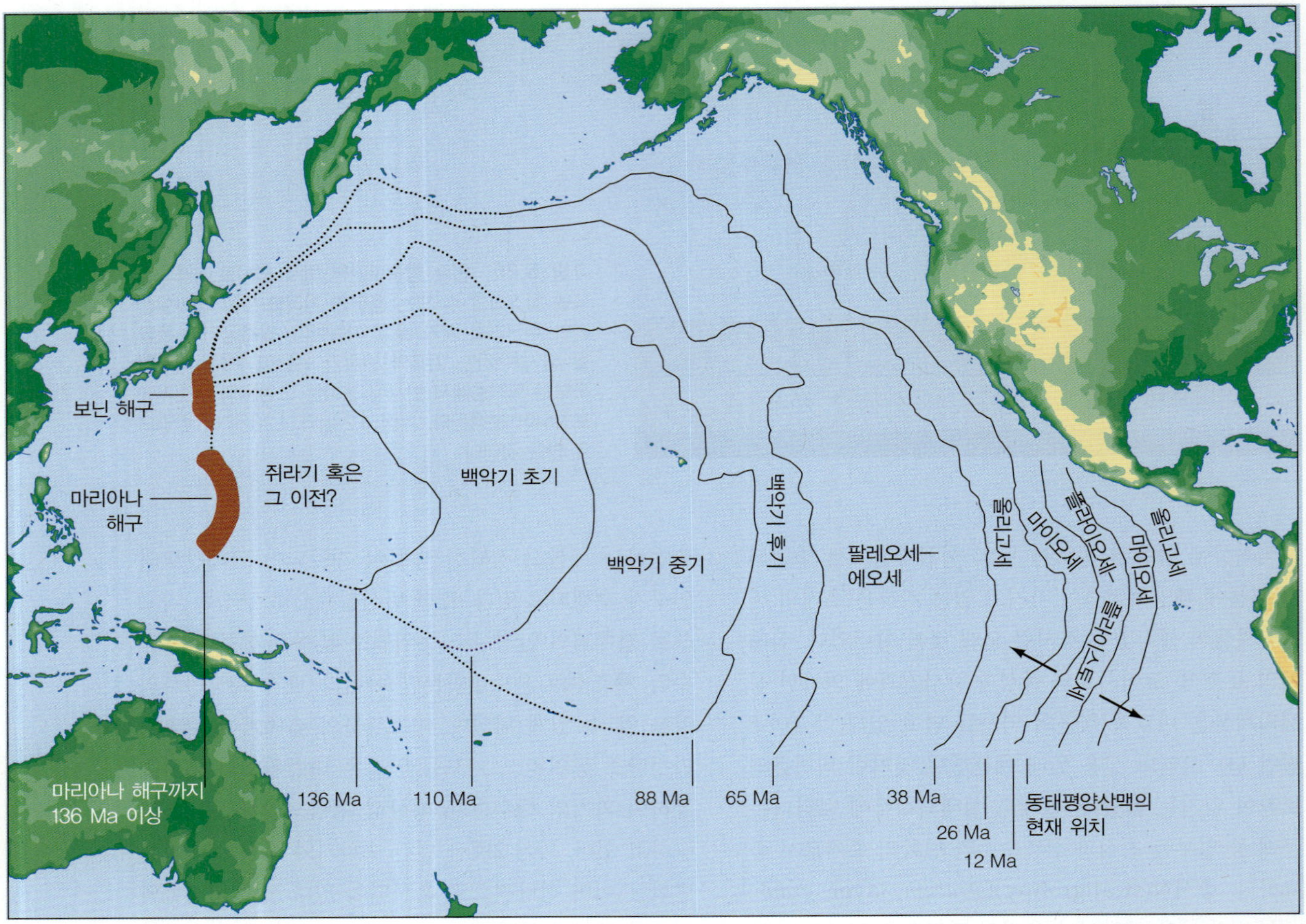

보닌 해구
마리아나 해구
쥐라기 혹은 그 이전?
백악기 초기
백악기 중기
백악기 후기
팔레오세—에오세
올리고세
마이오세
플라이오세—플라이스토세
마이오세
올리고세
마리아나 해구까지 136 Ma 이상
136 Ma
110 Ma
88 Ma
65 Ma
38 Ma
26 Ma
12 Ma
동태평양산맥의 현재 위치

그림 5.26 현무암질 해저면 바로 위 퇴적물 코어를 이용해 작성한 태평양의 연령 분포(Ma: 백만 년 전). 가장 젊은 퇴적물은 동태평양산맥에 분포하고 가장 오래된 퇴적물은 해구의 동쪽에 위치한다. 그림 3.31과 비교해 보라.

그림 5.27 화성의 고대 해양퇴적물? 2004년 11월에 NASA의 화성탐사선 오퍼튜니티호(Opportunity)가 촬영한 침식된 번스 클리프. 인듀어런스 분화구의 벽을 이용하여 화성의 과거를 알 수 있으며 더 깊이 내려갈수록 더 오래된 역사 추정이 가능하다. 오퍼튜니티호에 탑재된 기기로 조심스럽게 분석한 결과 가장 오래된 층에 마그네슘과 황이 포함된 것으로 생각되어 물에 의해 퇴적된 층으로 추정된다.

25. 해양퇴적물의 연구로 과거의 기후를 어떻게 유추하는가?

5.8 해양퇴적물의 경제성

퇴적물 연구는 실질적인 이득을 주기도 한다. 아마도 우리는 매일 해양퇴적물과 마주치는지도 모른다. 도로와 구조물, 치약, 페인트, 수영장 필터 등이 퇴적물에서 추출한 것이다. 2008년 통계에 의하면 석유의 38%, 천연가스의 33%가 대륙붕과 대륙대에서 채취한 것이다. 해저유전에서 얻는 수입이 매년 약 2천억 달러에 달한다. 대륙주변부 퇴적층에 전 세계 석유와 천연가스의 1/3이 매장되어 있다.

2005년 통계를 보면 석유와 가스 외에도 바다골재로 5억 5천만 달러 이상의 수익이 있었는데 이는 전 세계 소요량의 1% 정도이다. 망가니즈단괴의 상업적 채취도 고려 중이다. 망가니즈단괴에는 망가니즈 외에도 철과 산업적으로 유용한 원소가 풍부하다. 철이 풍부하기 때문에 일부에서는 철망가니즈단괴(ferromanganese nodule)로 불러야 한다는 견해도 있다. 17장에 이에 대해 자세히 나와 있다.

개념점검

26. 바다에서 생산하는 석유와 천연가스의 비율은 얼마인가?

27. 현재 사용하는 물품 중 해양퇴적물에서 추출한 제품은 무엇인가?

28. 해양퇴적물에서 석유와 천연가스를 제외하고 가장 가치 있는 물질은 무엇인가?

학생들의 질문

1. 퇴적물의 나이는 퇴적학자들에게 매우 중요하다. 그 이유는 무엇인가?

퇴적물의 연령측정은 해양학의 오랜 과제 중의 하나였다. 1957년 국제지구물리의 해 동안에 퇴적학자들이 퇴적물의 나이를 측정하는 공동연구를 하였는데 그 안에는 글로마익스플로러호(Glomar Explorer)와 글로마챌린저호(Glomar Challenger)의 시추 자료를 이용하는 계획도 포함되어 있었다. 그들의 첫째 목적은 해저확장의 증거를 찾는 것이었다. 1968년 심해저시추프로그램에 의해 시추된 코어를 이용하여 윌슨(Tuzo Wilson), 헤스(Harry Hess), 어윙(Maurice Ewing) 같은 학자들이 증거들을 한데 모을 수 있었다. 판구조론 증거의 상당 부분은 퇴적물 코어의 해석과 나이를 분석하여 얻어진 것이다.

2. 퇴적물이 가장 두껍게 퇴적된 곳은 어디인가?

퇴적물은 침식작용이 일어나는 육지 근처와 생물학적으로 생산성이 높은 연안수가 흐르는 해저에서 가장 두껍고 확장속도가 빠른 남태평양 동쪽의 대양저산맥에서 가장 얇다. 대륙주변부(특히 대륙대)의 퇴적물이 가장 두꺼워서 1,500 m를 넘는 경우도 흔하다. 그랜드캐니언은 상당 부분이 과거에 해저였는데 지각평형에 의해 침강되었다. 계곡의 깊이는 약 2 km이며 계곡 최상부의 퇴적암은 이미 완전히 침식되어 없어졌다.

3. 심해에 살고 있는 동물과 그들이 서식하고 있는 퇴적물과의 관계는 무엇인가?

심해저에는 아주 작은 박테리아와 저서성 유공충은 매우 많이 살고 있지만 눈에 보이는 큰 생물은 많지 않다. 수심이 깊은 곳에는 태양광선이 없기 때문에 식물은 살지 않고 동물은 살고 있다. 일부 불가사리 같은 것들이 해저유기물을 찾아 기어 다닌다(그림 5.2 참조). 어떤 생물체는 먹이를 찾기 위해 진흙 속에 구멍을 파기도 한다. 지렁이는 퇴적물에 함유된 영양분을 섭취하며 바닥에 배설물을 남기기도 한다. 심해는 생물이 서식하기에는 좋지 않은 환경이지만 생명력이 강한 생물은 이러한 열악한 환경에서도 살고 있다.

요약

거의 대부분 해저에 퇴적된 퇴적물은 뜨거운 지구의 내부운동과 연동되어 형성 및 소멸되는 거대한 순환의 일부이다. 해양퇴적물은 육지로부터 이동되고 바다에서의 생물활동과 해수에서의 화학작용으로 생겨난 입자와 심지어는 우주에서 유입된 입자로 되어 있다. 두께는 대륙주변부에서 최대이고 확장이 진행되는 대양저 산맥에서 최소이다.

퇴적물은 입자 크기, 기원, 장소, 또는 색 등에 의해 분류될 수 있다. 가장 흔한 육성기원퇴적물은 대륙이나 부근 섬에서 기원한 것이다. 수성기원퇴적물은 해수에서 직접적으로 침강해서 형성된다. 양적으로 가장 적은 우주기원퇴적물은 우주에서부터 날아온 것이다.

퇴적물의 위치와 양상은 비교적 최근의 지구의 역사를 밝히는 데도 중요하지만 자원으로서도 중요하다.

다음 장에서는 물 자체에 대한 내용을 배운다. 우리는 우주 초기에 물 분자가 어떻게 형성되었는지, 지구 내부에서의 순환, 그리고 수조로서의 바다의 기능에 대하여 배웠다. 이제 이 수조에 물을 채우면 어떤 일이 일어나는지 관찰하자.

주요 용어

고해양학(paleoceanography)
광물(mineral)
규조(diatom)
규질연니(siliceous ooze)
단괴(nodule)
마이크로텍타이트(microtektite)
모래(sand)
방산충(radiolarian)
분급이 불량한 퇴적물(poorly sorted sediment)
분급이 양호한 퇴적물(well-sorted sediment)
생물기원퇴적물(biogenous sediment)
석회질연니(calcareous ooze)
수성기원퇴적물(hydrogenous sediment)
실트(silt)
암석화작용(lithification)
어란석모래(oolite sand)
연니(ooze)
연안퇴적물(neritic sediment)
우주기원퇴적물(cosmogenous sediment)
원양성퇴적물(pelagic sediment)
유공충(foraminifera)
육성기원퇴적물(terrigenous sediment)
익족류(pteropod)
자생기원퇴적물(authigenic sediment)
저탁암(turbidite)
점토(clay)
조개형시료채취기(clamshell sampler)
증발암(evaporite)
층서학(stratigraphy)
코콜리스(coccolithophore)
탄산염보상수심(calcium carbonate compensation depth)
퇴적물(sediment)
피스톤시추기(piston corer)

학습문제

익힘문제

1. 연니의 두께는 항상 연니가 퇴적된 지역 표층수의 생물생산성을 정확히 지시하는가(힌트: 다음 질문을 참조하라)?
2. 탄산염보상수심은 무엇인가? 규질 성분으로 된 생물의 보상수심도 있는가?
3. 퇴적속도가 가장 빠른 퇴적물과 느린 퇴적물은 무엇인가?
4. 해양퇴적물의 연구로 해양이 생긴 이후부터의 해양의 역사를 알 수 있는가, 없는가? 그 이유는 무엇인가?
5. 심해코어 작업을 할 때 예상되는 문제점은 무엇인

가? 코어시료 채취과정을 상상해 보고 무엇이 잘못될 가능성이 있는지 생각하라.

응용문제

1. 평균적인 퇴적속도에서 평균크기의 망가니즈단괴를 형성하는 데 걸리는 시간은 얼마인가?
2. 퇴적속도와 확장속도가 평균이라고 가정하면 퇴적층 두께가 1,000 m에 달하기 위해 중앙대서양산맥은 얼마나 이동해야 하는가?
3. 마이크로텍타이트는 종종 수백 km 정도에 달하는 대상분포를 하고 있다. 그 이유가 무엇이라고 생각하는가?
4. 분립을 형성했을 때와 아닐 때의 규조의 침강속도의 차이는 얼마인가(힌트: 표 5.1 참조)?

6 물과 바다의 구조

주요 목차

- 독자를 위한 노트
- 물 분자들은 화학결합으로 서로 묶여 있다
- 물은 특별한 열적 성질을 가졌다
- 표면의 물은 지구의 온도를 조절한다
- 해양은 밀도성층화 되어 있다
- 굴절은 물속에서 빛과 소리의 경로를 휘어지게 한다
- 빛은 물속에서 멀리 투과하지 못한다
- 해양에서 소리는 빛보다 훨씬 멀리 나아간다

핵심개념

1. 열과 온도는 같은 것이 아니다. 온도는 열을 더해 주거나 뺐을 때 나타나는 물체의 반응이다. 모든 물질이 같은 방식으로 반응하는 것은 아니다.
2. 물은 열이 가해질 때 온도의 상승에 저항한다. 물은 얼 때 열을 내놓고 녹을 때 흡수한다. 물의 이러한 성질이 지구 표면의 온도를 조절한다.
3. 해양은 밀도성층이 되어 있다. 차고 염분이 높아 무거운 물이 따뜻하고 염분이 낮아 가벼운 물 아래에 놓인다.
4. 빛은 물속을 통과하면서 빠르게 줄지만 소리는 그러지 않는다.
5. 빛과 소리는 물리적 성질이 다른 수괴를 통과할 때 굴절된다.

잔잔한 해수면도 대기와 상호작용을 한다. 해양에서 대기로 열과 물이 전달되고 또 되돌아옴으로써 지구의 날씨와 기후를 조절한다.

Alloy Photography/Veer

친숙하고 흔하지만 괴짜인 물 물은 너무나 흔하고 친숙한 나머지 우리는 그 비범한 특성을 항상 의식하면서 지내지는 않는다. 여기에서는 당신이 그 동안 알지 못했던 물을 만나게 된다. 이 장에서는 물을 비범하게 만드는 특징들—분자를 함께 묶어 두는 극성과 결합, 온도 변화와 물리적 상태의 변화에 필요한 많은 열—이 소개된다. 그리고 열과 온도는 같은 것이 아니라는 것도 알게 된다.

두 가지 중요한 사항을 다룬다. 하나는 물이 지구의 온도에 미치는 영향이다. 물의 열적 성질은 낮과 밤, 더 길게는 여름과 겨울의 온도차가 커지는 것을 막아 준다. 여름 동안에 막대한 열이 저장되었다가 겨울 동안에 방출된다. 물은 온도를 조절하여 균형을 맞추는 중요한 효과를 나타낸다—해양이 없다면 지구는 겨울에 훨씬 더 춥고 여름에는 훨씬 더 더울 것이다.

다른 하나는 해양의 구조에 미치는 밀도의 영향이다. 해양의 구조와 대규모의 운동은 바닷물의 밀도 변화에 의해서 이루어지는데, 밀도는 수온과 염분에 따라 달라진다.

이 장은 해양에서의 빛과 소리에 대한 설명으로 이어진다. 바다는 왜 파란가? 왜 소리가 공기보다 물속에서 더 멀리 나아가는가? 여기에 그 답이 있다.

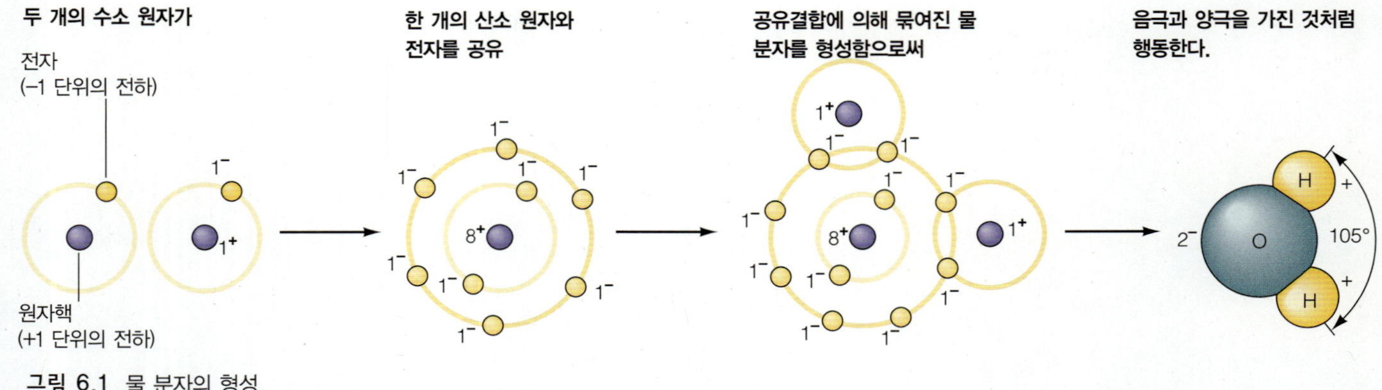

그림 6.1 물 분자의 형성.

6.1 독자를 위한 노트

이 장과 다음 장은 한 쌍으로 함께 다룬다. 이 장에서 우리는 순수한 물의 물리적 성질—주로 열에너지가 가해지거나 제거될 때의 반응—을 생각한다. 그 다음에 약간의 용존 고체(염분)를 첨가하여 성질들이 어떻게 변하는지를 살펴본 후에 밀도성층을 알아본다. 마지막으로 해양의 빛과 소리에 대해서 공부한다.

다음 장에서 우리는 염분을 더 자세히 조사하고 용존 기체와 해양의 산-염기 평형의 개념을 추가한다.

이 두 장을 합쳐서 그 다음에 이어지는 대기-해양 상호작용을 위한 준비단계로 삼는다.

6.2 물 분자들은 화학결합으로 서로 묶여 있다

순수한 물은 **화합물**(compound)—즉 두 가지 이상의 다른 원소들이 일정한 비율로 포함된 물질—이다. 잘 알려진 물의 분자식 H_2O는 수소(H)와 산소(O)가 2:1의 비율로 구성되어 있음을 보여 준다. **원소**(element)는 **원자**(atom)라고 부르는 단일 입자로 이루어졌기 때문에 화학적 수단으로는 더 간단한 물질로 쪼개질 수 없는 물질이다.

물은 **분자**(molecule)로서 원자들이 화학결합으로 함께 묶여 있다. **화학결합**(chemical bond)이란 함께 묶여 있는 원자들 사이의 에너지 관계로서 **전자**(electron)—원자핵의 바깥에 있는 음전하의 작은 입자—를 공유하거나 한 원자에서 다른 원자로 이동함으로써 형성된다. 물 분자는 두 개의 수소 원자와 하나의 산소 원자 사이에 전자가 공유되어 생긴다(**그림 6.1**). 전자쌍을 공유하여 만들어지는 결합을 **공유결합**(covalent bond)이라 한다. 공유결합에는 물 말고도 이산화탄소(CO_2), 메테인(CH_4), 산소기체(O_2) 등의 잘 알려진 분자들이 있다.

산소 쪽의 전자 배치 방식 때문에 물 분자의 모습은 굽어 있다(각이 져 있다). 두 수소 원자가 중앙의 산소 원자와 이루는 각은 105°이다. 이렇게 각이 진 물 분자의 형태로 인해서 전기적으로는 비대칭이 된다. 각각의 물 분자는 중성이 아니라 한쪽은 양(+), 다른 한쪽은 음(−)이라고 생각할 수 있는데, 그것은 수소 원자의 음전하를 띤 전자가 중앙에 있는 산소의 **원자핵**(nucleus)쪽으로 더 강력하게 결합됨으로써 수소 원자 쪽으로 **양성자**(proton)의 양전하가 일부 남게 되기 때문이다. 그 결과 물 분자는 자석과 비슷하게 작용해서 양전하의 끝은 음전하를 띤 입자를 끌어당기고 음전하의 끝은 양전하를 띤 입자를 끌어당긴다. 이러한 이유로 물을 **극성분자**(polar molecule)라고 부른다. 물이 대부분의 염기들과 같이 반대 전하의 인력으로 결합된 화합물과 접촉하면 극성을 띤 물 분자는 화합물의 구성 원소들을 따로 떼어 놓는다. 이것은 물이 왜 그토록 많은 화합물들을 쉽게 녹이는지를 설명해 준다.

물의 극성은 또한 다른 물 분자들을 끌어당기도록 해 준다. 물 분자의 수소 원자(양전하)가 인접한 물 분자의 산소 원자(음전하)를 끌어당길 때 **수소결합**(hydrogen bond)이 형성된다. 분자 사이의 수소결합은 분자 내부의 공유결합의 약 5~10% 정도로서 강하

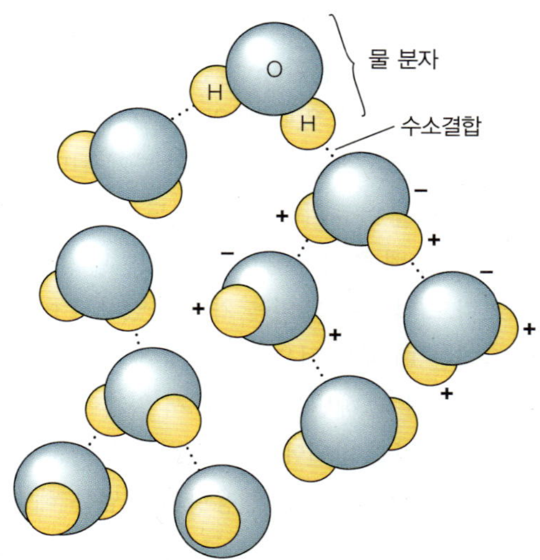

그림 6.2 물의 수소결합. 인접한 극성 물 분자들이 서로 끌어당겨서 수소결합의 그물망을 만든다. 이 결합은 응집과 점착을 일으켜서 물의 표면장력과 젖는 현상의 원인이 된다. 수소결합은 또한 분자들이 표면으로부터 탈출하기 어렵게 해 준다.

다. 수소결합은 정전기의 힘으로 물 분자들을 연결시키며, 그 결과가 **그림 6.2**와 같은 물 분자의 느슨한 그물망이다. 수소결합은 물 분자들을 서로 들러붙게 만들어서 물의 성질에 커다란 영향을 주는데, 이를 **응집성**(cohesion)이라 부른다. 응집성으로 인해 물의 **표면장력**(surface tension)은 특이하게 커서 물의 표면 위에 바늘이나 면도날이 뜨거나 곤충이 걸을 수도 있다. 표면장력 때문에 유리잔의 물은 테두리보다 약간 높게 볼록하도록 채워질 수 있다. 그렇지만 물을 너무 많이 부으면 중력을 당하지 못한다.

다른 물체에 잘 붙는 경향인 **점착성**(adhesion)은 물이 고체에 들러붙게 함으로써 젖게 만든다. 응집성과 점착성은 모세관현상의 원인으로, 수건의 한쪽 구석이 물에 담겨도 전체가 젖게 된다.

수소결합은 순수한 물이 옅은 파란빛을 띠게 한다. 물 분자가 진동할 때 수소결합을 이루고 있는 옆의 분자들을 밀거나 당긴다. 이 작용은 적은 양의 붉은 빛을 흡수하고 이에 비례하여 많아진 파란빛이 산란되어 우리 눈에 들어오도록 한다. 같은 파란색이 얼음에서도 보인다.

만일 수소결합이 물 분자를 묶어 두지 않는다면 물은 액체가 아닌 기체가 되었을 것이다. 황화수소(H_2S)가 화학적으로는 물과 유사하지만 수소결합 능력이 없기 때문에 정상적인 온도와 압력에서 기체 상태로 있다 (분자들이 서로 분리되어 있다).

개념점검

1. 원자와 분자는 어떻게 다른가?
2. 무엇이 분자들을 묶어 두는가?
3. 어째서 물은 극성분자인가? 극성으로부터 물의 어떤 성질들이 나오는가?
4. 응집성에 기인하는 익숙한 성질은 무엇인가? 어떤 결합이 관련되어 있는가?

6.3 물은 특별한 열적 성질을 가졌다

물의 가장 중요한 물리적인 성질들은 열을 받아들이거나 잃을 때의 특징과 관련이 있다. 물의 이례적인 열적 성질은 낮과 밤 그리고 겨울에서 여름으로의 큰 온도변화를 막고 막대한 양의 열이 적도에서 극지방으로 가도록 하며 지구의 거대한 폭풍, 바람, 그리고 해류를 움직인다. 왜 그런지를 알려면 우리는 우선 물의 열적 성질을 보다 구체적으로 검토할 필요가 있다.

열과 온도는 같은 것이 아니다 열과 온도는 관련된 개념이기는 하지만 그렇다고 똑같은 것은 아니다. **열**(heat)은 원자나 분자들의 진동으로 발생하는 에너지다. 평균적으로 뜨거운 물속의 분자들은 찬물 속의 분자들보다 빨리 진동한다. 열은 얼마나 많은 분자들이 얼마나 빠르게 진동하느냐를 재는 것이다. 온도는 어떤 물질의 분자들이 얼마나 빨리 진동하는지만 기록할 뿐이다. **온도**(temperature)는 어떤 물체에 열을 가하거나 제거하는 데 대한 반응이다. 어떤 물체를 일정 온도까지 올리는 데 필요한 열의 양은 그 물체의 성질에 따라 다르다.

예를 들어 촛불과 욕조 안의 뜨거운 물 중 어떤 것의 온도가 더 높을까? 촛불이다. 어떤 것이 더 많은 열을 담고 있을까? 욕조다. 촛불 속의 분자들은 매우 빠르게 진동을 하지만 상대적으로 숫자가 매우 적다. 욕조 안의 물 분자들은 천천히 진동을 하지만 양은 훨씬 많아서 열에너지의 총량은 욕조 안이 더 많은 것이다.

온도는 **도**(degree)로 측정한다. 1°C는 1.8°F이다. 화씨(F)가 오래전부터 사용되기는 했지만 섭씨(Celcius)는 순수한 물의 가장 중요한 특성인 어는점(0°C)과 끓

표 6.1 흔한 물질들의 열용량

물질	열용량(cal/g/°C)[a]
은	0.06
화강암/모래	0.20
알루미늄	0.22
에틸알코올	0.30
휘발유	0.50
아세톤	0.51
얼음(얼거나 녹지 않는)	0.51
순수한 물	**1.00**
암모니아(액체)	1.13

[a] 열용량은 물질 1 g의 온도를 1°C 상승시키는 데 필요한 열량을 측정한 값이다. 물질의 종류마다 열용량이 다르므로 동일한 열량을 주입하더라도 모든 물질들이 똑같이 온도가 상승하도록 반응하지는 않는다. 은 1 g을 1°C 올리기 위한 열이 얼마나 작은지 살펴보라. 모든 물질 중에서 액체 암모니아만이 물보다 열용량이 크다.

는점(100°C)에 기반을 두고 있으므로 과학적으로는 더 쓸모가 있다.

모든 물질이 같은 열용량을 가지는 것은 아니다 **열용량**(heat capacity)은 물체 1 g의 온도를 1°C 올리는 데 필요한 열의 양이다. 물질마다 열용량이 다르다. 모든 물질에 같은 양의 열을 가했다고 해서 같은 만큼의 온도 변화가 생기도록 반응하는 것은 아니다(**표 6.1**). 열용량은 그램당 칼로리로 측정된다. **칼로리**(calorie)는 1 g의 순수한 물을 1°C 올리는데 필요한 열의 양이다.[1]

물 분자 사이의 강하고 수많은 수소결합 때문에 물의 온도를 올리고 분자 운동을 가속하는 데에는 더 약한 결합으로 붙어 있는 물질에서 필요한 양보다 더 많은 열이 가해져야 한다. 그러므로 물의 열용량은 모든 알려진 물질들 가운데 가장 크다. 이 말은 물은 온도의 변화가 상대적으로 거의 없으면서도 많은 양의 열을 흡수(또는 방출)할 수 있다는 뜻이다.

난로 옆에서 물이 끓기를 기다려 본 사람은 누구든지 물의 비열에 대해서 잘 안다—차를 마시기 위해서 물을 데우는 데 오래 걸린다. 반면에 에틸알코올은 훨씬 낮은 열용량을 갖고 있다. 만약 두 액체가 동시에 똑같은 난로에서 같은 속도로 열을 흡수하게 된다면 순수한 알코올(알코올 음료의 재료)의 온도는 같은 양의 물보다 온도가 세 배 빨리 상승하게 될 것이다. 해변의 모래는 그보다도 더 낮은 비열을 가지고 있다. 1 g의 모래는 1°C 올리는 데 매우 적은 0.2 cal밖에 필요하지 않다. 그러므로 화창한 날 해변은 맨발로 서 있기에는 너무 뜨거워질 수도 있지만 반면에 물은 쾌적하게 시원하다.

이제 곧 보게 되겠지만 열용량의 개념은 해양학에서 매우 중요하다. 그렇지만 지금은 물의 열용량이 이례적으로 높다는 것만 기억하자—즉 열이 가해지거나 제거될 때 물의 온도는 잘 변하지 않는다는 것이다.

물의 온도는 밀도에 영향을 준다 순수한 물의 특이성은 온도 변화가 물의 **밀도**(density, 단위 부피당 질량)에 주는 효과를 고려할 때 더욱 뚜렷해진다. 3장에서 순수한 물의 밀도는 1 cm^3당 1 g이라고 했던 것을 상기해 보자. 화강암은 밀도 2.7 g/cm^3으로 더 무거우며 공기는 밀도 0.0012 g/cm^3으로 더 가볍다. 거의 모든 물질은 차가워질수록 밀도도 커진다(단위 부피당 더 많은 무게). 순수한 물도 일반적으로 열을 제거해서 온도가 떨어지면 밀도가 커지지만 어는점에 가까워지면 밀도는 예상과 다른 반응을 나타낸다.

밀도곡선(density curve)은 어떤 물질의 온도(혹은 염분)와 밀도 사이의 관계를 보여 준다. 대부분의 물질들은 차가워지면서 점차 밀도가 커진다—밀도 관계는 선형이다(그러니까 그래프에서 직선으로 나타난다). 하지만 **그림 6.3**은 순수한 물의 특이한 온도-밀도 관계를 보여 준다. 약간의 물을 냉동실에 넣고 열을 제거한다고 상상해 보자. 초기의 물은 상온(20°C), 즉 그래프의 점 A에 있다. 예상대로 온도가 떨어질수록 점 A에서 B 방향으로 물의 밀도는 증가한다. 점 B에 접근하면서 밀도가 느리게 증가하고 B에서 3.98°C에 최대인 1 g/cm^3에 이른다. 계속 냉각되면 물의 수소결합 구조가 더 견고해짐에 따라 분자들이 조금 멀어지기 때문에 약간 팽창하게 된다. 그래서 더 차가워지면 점 C(0°C)에 이를 때까지 밀도가 약간 줄어든다. 점 C에서 물은 얼기 시작한다—상태가 얼음 결정체로 변한다.

상태(state)란 물질의 내부적인 형태를 표현하는

[1] 식품포장에서 볼 수 있는 단위인 영양을 따지는 칼로리는 Calorie로서 calorie의 1,000배이다. 1 g은 대략 바닷물 10방울이다.

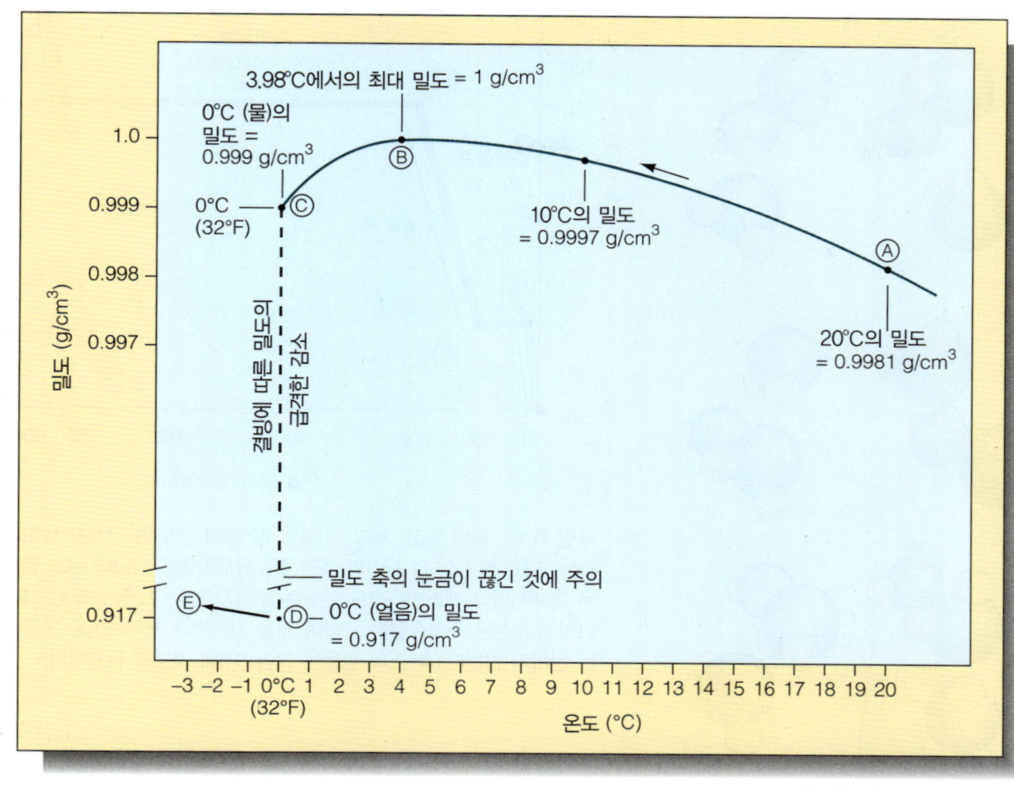

그림 6.3 순수한 물의 온도와 밀도의 관계. 점 C와 D는 모두 0°C를 나타내지만 밀도는 다르고 물의 상태 또한 다르다. 얼음의 밀도는 물보다 작기 때문에 물에 뜨게 된다.

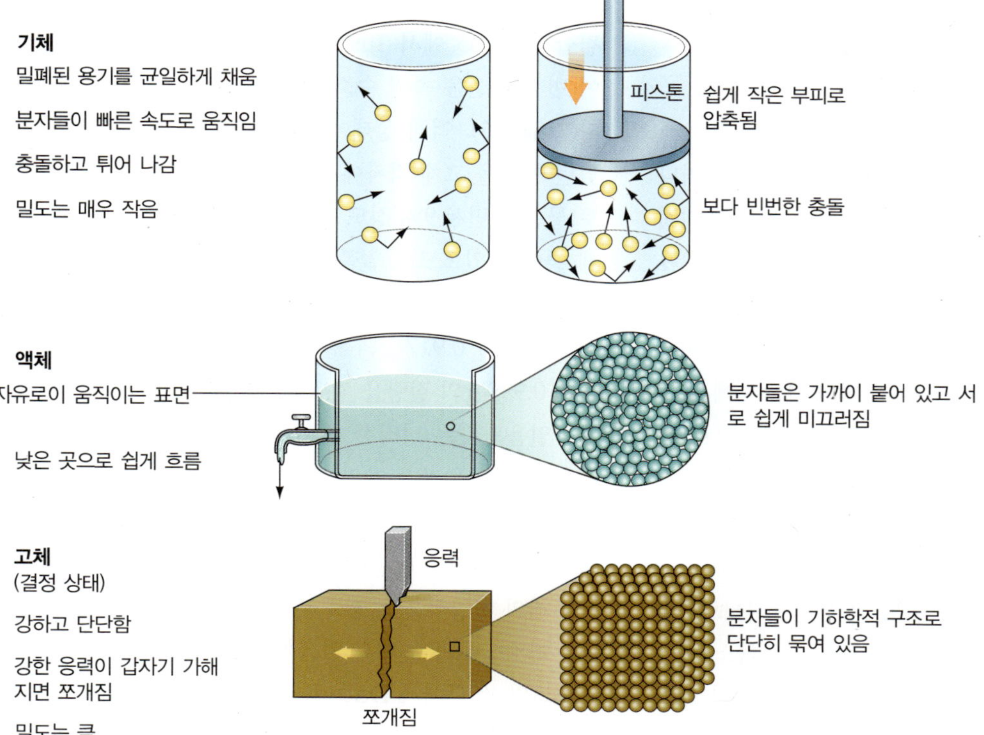

그림 6.4 물질의 세 가지 흔한 상태—고체, 액체, 기체. 기체는 팽창하여 어떠한 빈 용기이든지 가득 채우는 물질이다. 기체의 원자나 분자는 빠른 속도로 아무렇게나 움직인다. 액체는 힘의 불균형에 반응하여 자유롭게 흐르는 물질이지만 채워지지 않은 용기에서는 맨 위에 자유롭게 흐르는 표면이 있다. 액체의 원자와 분자는 개별적으로 혹은 작은 집단을 이루어 자유롭게 움직이고 압력에 조금만 수축된다. 기체와 액체는 그 물질이 쉽게 흐르기 때문에 유체로 분류된다. 고체는 모양과 부피가 잘 변하지 않는다. 고체는 대개 응력에 영구히 복종하지 않고 버티며 대개 갑자기 부서진다. 지구상에서 물은 기체, 액체, 고체의 세 가지 상태로 있을 수 있다.

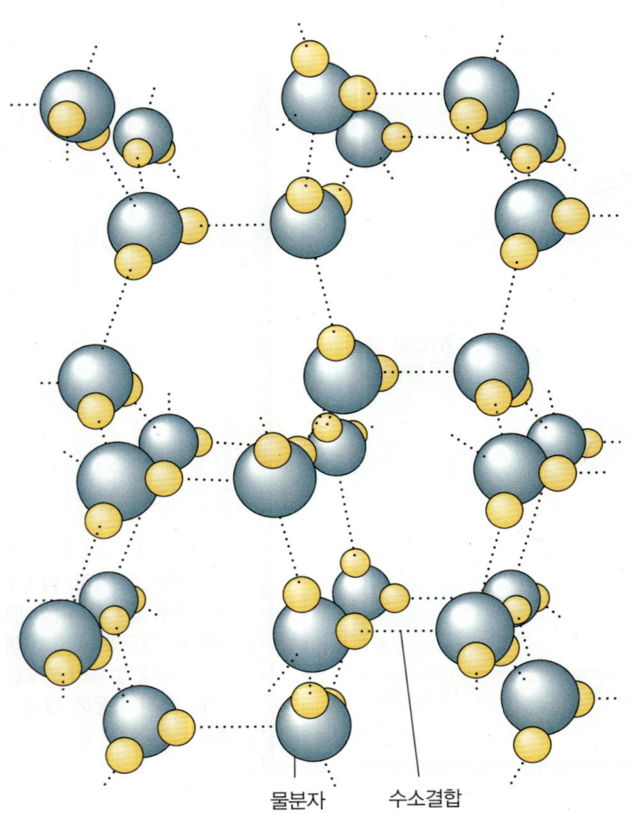

그림 6.5 얼음결정이 분자 수준에서 육각형의 배열을 보여 주는 격자구조. 고체의 격자에서 24개 분자가 차지하는 공간을 액체 상태에서는 27개 분자가 들어갈 수 있으므로 얼 때 부피가 9% 커진다. 얼 때에 분자들이 배열하는 방식 때문에 얼음은 물보다 가벼워져서 뜨게 된다.

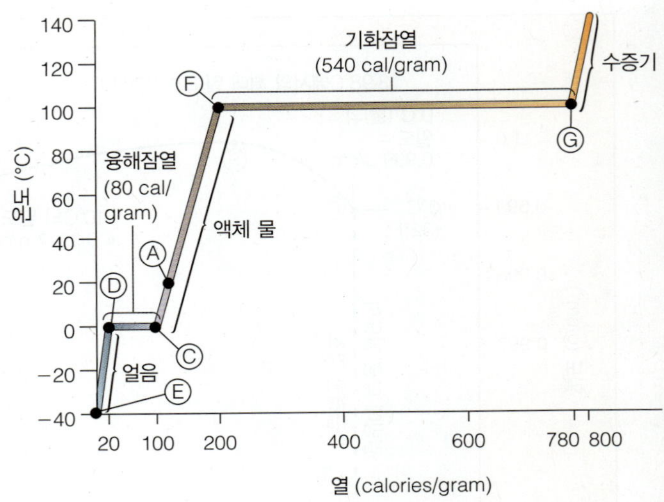

그림 6.6 물이 얼고, 녹고, 기화할 때 열과 온도의 관계를 보여 주는 도표. 점 C와 D 사이의 수평선은 융해잠열을 나타내는데, 열은 더해지거나 제거되더라도 온도는 변하지 않는다. 점 F와 G 사이의 수평선은 기화잠열을 뜻하며 열을 가하거나 제거하여도 온도는 변하지 않는다.(A~E의 점들은 그림 6.3의 것들과 동일하다.)

말이다(**그림 6.4**). 상태의 변화는 에너지를 첨가하거나 제거할 때 나타난다. 지구상에서 물은 세 가지의 물리적 상태로 존재한다: 액체, 기체(수증기), 그리고 고체(얼음). 만약 그림 6.3의 점 C에서 더욱더 물의 열을 제거해 나간다면 물은 액체에서 고체 상태로 변할 것이다. 이러한 액체에서 고체로의 변화—점 C에서 D로—에서 물의 밀도는 급격히 감소하게 된다. 얼음은 그러므로 같은 부피의 물보다 가볍다. 얼음이 0°C보다 더 냉각될수록 밀도는 증가한다. 그렇지만 아무리 냉각되어도 물의 밀도에 도달하는 일은 결코 없다. 다른 모든 액체의 고체형태가 '밑에서 어는' 것과는 달리, 얼음은 물보다 밀도가 작기 때문에 물위에 떠다니는 층을 만든다.

곧 알게 되겠지만 물의 높은 열용량과 얼음이 뜨는 능력은 지구의 평균 표면온도를 유지하는 데 필수적이다. 그렇지만 우리는 먼저 그림 6.3의 점 C에서 D로의 변화를 살펴보자.

물이 얼 때 밀도가 작아진다 **어는점(freezing point)**에서 액체가 고체로 변하는 동안에 산소와 수소 원자들의 결합각은 105°에서 109°보다 약간 더 크게 벌어진다. 이 변화로 얼음 속의 수소결합이 결정격자를 만들게 된다(**그림 6.5**). 액체 상태에서 물 분자 27개가 차지하고 있던 공간을 고체 격자에서는 24개가 차지한다. 그러므로 물은 얼면서 9% 정도 팽창한다. 분자들이 덜 조밀하게 들어서 있으므로 얼음은 액체상태의 물보다 밀도가 낮다—그래서 얼음이 뜨게 되는 것이다. 얼음의 1 cm^3은 0°C에서 0.917 g의 질량을 지니지만 같은 부피의 물은 0.999 g의 질량을 지닌다.

얼음격자는 납작한 판이 아니라 삼차원적인 네트워크이다. 얼음격자 안의 물 분자들은 여전히 수소결합으로 연결되어 있으나 육면체 구조를 이루고 있다. 이 육면체의 형태는 눈송이나 다른 얼음 결정들이 지니는 육면체의 대칭성을 설명해 준다.

액체상태의 물에서 얼음 결정으로 변하는 과정(그림 6.3의 점 C에서 D로)에는 열에너지의 지속적인 제거가 필요하다. 상태의 변화는 냉각되는 물이 0°C에 다다르면 질량 전체에 동시에 일어나는 것이 아니다. 다

그림 6.7 수증기는 보이지 않는 것이지만 수증기가 수면에서 증발하고 찬 공기 속을 상승하면서 구름이나 안개를 형성하는 작은 물방울로 응결한다. 캘리포니아 해류의 찬물 위로 고온 다습한 공기가 지나갈 때 샌프란시스코 만 입구에 낮게 깔린 안개는 가끔 금문교를 가린다. 대기는 포화점까지 냉각되고 수증기의 일부는 안개 방울로 응결한다.

시 냉동실에 있는 물을 상상해 보자. **그림 6.6**에서 열 제거에 따른 온도 변화를 나타낸 도표는 물이 얼음으로 변하는 과정을 상세히 보여 준다. 그림 6.3과 마찬가지로 점 A는 20°C의 물이 냉동실 안으로 막 들어간 것을 표시한다. 점 C에 도달했을 때 열의 제거가 멈추는 것은 아니지만 온도의 감소는 이때 정지한다. 열이 계속 제거되고 있지만 물은 나머지 액체(물)가 고체(얼음)로 변하기 전까지는 더 이상 차가워지지 않는다. 그러므로 물이 상태 변화를 할 때 물의 온도가 내려가지 않은 채로 열은 계속 제거될 수가 있다. 실제로는 지속적인 열의 제거가 상태 변화를 가능하게 하는 것이다. 열은 수소결합이 얼음을 만들 때 방출되고 더 많은 얼음이 생기려면 열이 제거되어야 한다.

그림 6.3과 6.6에 표시된 점 A에서 C로 열이 제거될 때 온도계로 측정 가능한 온도의 하강이 생긴다. 1 g의 액체 물에서 1 cal를 제거하면 온도가 1°C 떨어진다. 이렇게 감지할 수 있는 열의 감소는 **현열**(sensible heat) 손실이라 부른다. 하지만 점 C와 D 사이에 물이 어는 동안은 열 손실을 온도계로 잴 수 없다(그러니까 느끼지 못한다). 0°C에 얼고 있는 물에서 1 cal를 제거하는 것은 그 온도를 전혀 변화시키지 않으며, 얼음을 만들기 위해서는 1 g당 80 cal를 제거해야만 한다. 이 열을 **융해잠열**(latent heat of fusion)(*latere*: to be hidden) 또는 융해숨은열이라고 부른다. **그림 6.6**에서 점 C와 D 사이의 직선은 물의 융해잠열을 나타낸다. 냉동실의 모든 물이 얼음으로 변했을 때 더 이상의 얼음 결정은 만들어질 수 없다. 만약 열의 제거가 계속된다면 얼음은 더 차가워지며 냉동실의 온도인 그림 6.3과 6.6의 점 E에 도달할 것이다.

융해잠열은 녹을 때에도 요인으로 작용한다. 얼음이 녹을 때 많은 양의 열(동일한 g당 80 cal)을 흡수하지만 전체가 액체로 변하기 전까지는 온도의 변화가 나타나지 않는다. 음료를 차갑게 하는 데 얼음이 효과적인 이유가 바로 이것이다.

물이 증발할 때 표면에서 열을 제거한다 이제 과정을 반대로 해서 얼음을 가열해 보자. 얼음이 그림 6.6의 왼쪽 아래에 있는 점 E인 −40°C에 있다고 생각하자. 열을 가하면 얼음은 점 D까지 데워진 후에 녹기 시작한다. 점 D와 C 사이의 수평선은 융해잠열을 뜻해서 얼음이 녹는 동안 열이 흡수되더라도 온도는 변하지 않는다. 이제 점 C에 있는 모든 물은 데워져서 원래의 점 A를 지나 점 F에 도달한다. 물이 끓기 시작하면서 기화된다.

물이 기화(증발)할 때 물 분자들은 공기 속으로 뿔뿔이 흩어진다(**그림 6.7**). 각 물 분자는 옆의 분자들과 수소결합으로 연결되어 있기 때문에 분자들이 이러한 결합을 끊고 표면으로부터 날아가게 하는 데에는 열에너지가 필요하다. 증발은 수증기 분자들이 떠나면서 그들의 에너지까지 가지고 떠나기 때문에 습한 표면을 시원하게 하는 역할을 한다.(이것은 우리가 더울 때 땀을 흘리면서 시원해지는 것을 설명해 준다. 우리의 피부로부터 물을 증발시키는 열에너지가 우리의 몸에서 떠나

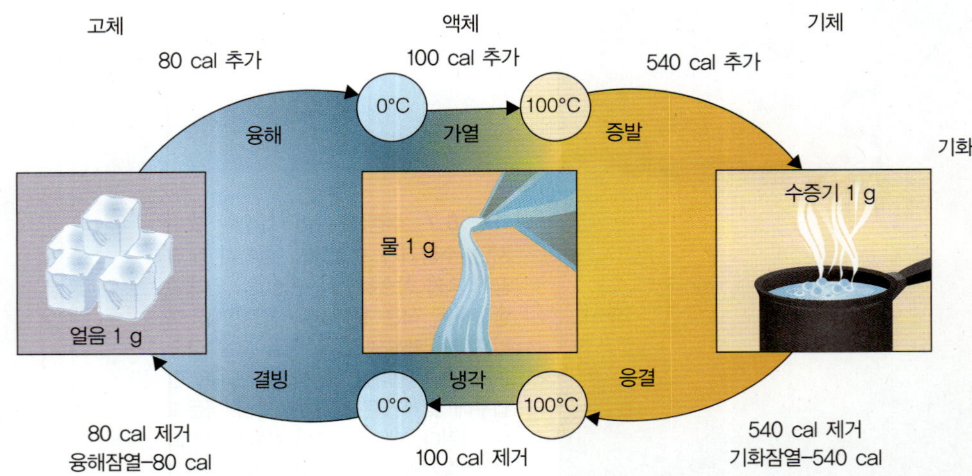

그림 6.8 얼음을 물로 바꾸려면 80 cal/g의 열을 가해 주어야 한다. 얼음이 녹은 후에는 물의 온도를 1°C 올리는 데 1 cal/g이 필요하다. 그러나 물을 끓여서 기화시키려면 540 cal/g의 열이 필요하다. 응결과 결빙 시에는 이 과정이 거꾸로 된다.

면서 몸을 식혀 준다.)

수소결합은 매우 강하며 그들을 깨뜨리는 데 필요한 에너지의 양—**기화잠열**(latent heat of vaporization)이라 부르는—은 매우 높다. 그림 6.6의 점 F와 G 사이의 수평선은 증발잠열을 나타낸다. 앞서 말했듯이 숨었다는 뜻의 잠(latent)이란 용어는 온도 변화는 일으키지 않으나 상태의 변화(여기서는 액체에서 기체로)를 초래하는 열의 공급에 적용되는 것이다. 더 많은 열이 가해지더라도 모두 기화될 때까지 더 뜨거워지지 않는다. 20°C에서 g당 540 cal인 물의 기화잠열은 그 어떤 물질보다도 더 크다.

매년 해수면으로부터 약 1 m의 물이 증발을 하는데 이는 334,000 km^3의 부피에 해당한다. 이렇게 증발을 일으키는 대량의 태양 에너지가 바다로부터 탈출하는 수증기에 의해 운반된다. 1 g의 수증기가 다시 물로 응결할 때 같은 양의 540 cal가 다시 일하는 데 쓰일 수가 있다. 나중에 보게 되겠지만 바람, 폭풍, 해류, 그리고 파도는 모두 이 열에 의해 움직인다.

물의 융해잠열(80 cal/g)과 기화잠열(540 cal/g)은 왜 이렇게 큰 차이가 있는 것일까? 얼음이 녹을 때는 매우 작은 부분의 수소결합만이 풀리지만 증발을 위해서는 모든 결합이 풀려야만 한다. 이러한 결합을 푸는 데에는 그 수에 비례해서 더 많은 에너지가 필요한 것이다.

물의 특이한 성질은 **그림 6.8**과 **표 6.2**에 정리되어 있다.

바닷물과 순수한 물은 열적 성질이 약간 다르다 바닷물은 약 96.5%가 순수한 물이고 3.5%의 고체와 기체가 녹아 있다. 바닷물에 용해되어 있는 고체들은 물의 열적인 성질들을 변화시키며 열용량을 4% 정도 감소시키므로 바닷물 1 g을 1°C 올리는 데 0.96 cal만 필요하다.

용해된 고체들은 또한 얼음 결정의 형성을 방해함으로써 어는점을 낮추어 '부동액'의 작용을 한다. 물이 짤수록 어는점도 낮아진다. 최대밀도의 온도는 염분이 증가할수록 어는점에 가까워지다가(**그림 6.9**) 결국 염분이 24.7‰[2]가 되면 어는점(−1.33°C)과 같아진다. 전형적인 염분인 35‰에서 바닷물은 −1.91°C에서 언다. 바닷물의 밀도는 온도가 감소하여 얼 때까지 점차적으로 부드럽게 증가한다. 얼음 결정으로 되는 것은 소금이 빠진 순수한 물이다. 남게 된 짠물은 밀도가 매우 커진다. 이 물의 일부는 얼음 결정 속에 갇힐 수도 있지만 거의 대부분은 큰 밀도 때문에 중력에 의해 빠른 속도로 해저로 가라앉게 된다. 나중에 알겠지만 이것은 심해 해류의 중요한 원인이 된다.

바닷물은 같은 상황에서 민물보다 더 천천히 증발하는데 그 이유는 용해된 염이 물 분자들을 끌어당기려는 경향이 있기 때문이다. 하지만 **증발잠열**(latent heat of evaporation)은 민물이나 바닷물이나 비슷하다. 바닷물이 증발하면서 염분은 남게 된다. 남아 있는 차고 짠 물도 밀도가 매우 크기 때문에 이것 또한 해저 바닥으로 가라앉게 된다.

[2] 기호 %는 백분율을 뜻하고 해양학자들은 천분율을 나타내는 ‰ 기호를 사용한다. 한 예로 2.47%=24.7‰이고, 물의 염분이 24.7‰이라고 말하며 바닷물 1,000 g에 24.7 g의 소금이 녹아 있다는 뜻이다.

표 6.2 물의 성질

성질	특징	해양환경에서의 중요성
물리적 상태	지표면에서 고체, 액체, 기체의 세 가지 상태로 존재하는 유일한 물질	상태 변화를 통해서 해양과 대기 사이에 열을 교환한다
용해력	여느 흔한 액체보다 더 많은 물질을 녹인다	화학적, 물리적, 생물학적 과정에 중요하다
밀도: 부피당 질량	중요한 순서로 수온, 염분, 압력에 의해서 밀도가 결정된다. 순수한 물은 4°C에서 최대밀도가 된다. 바닷물은 염분이 증가할수록 어는점이 낮아진다	하양의 연직순환을 조절하고 열을 분바하며 계절적인 성층을 만든다
표면장력	모든 흔한 액체 중에서 가장 크다	비와 구름의 물방울을 만들고 세포의 생리작용에 중요하다
열전도	모든 흔한 액체 중에서 가장 높다	소규모, 특히 세포 수준에서 중요하다
열용량: 물질 1 g의 온도를 1°C 높이는 데 필요한 열	모든 고체와 액체 중에서 가장 크다	지구의 온도가 극심하게 변하는 것을 막아 주는 커다란 온도조절기
융해잠열	모든 액체와 대부분의 고체 중에서 가장 크다(80 cal/g)	얼 때 열을 방출하고 녹을 때 열을 흡수하여 온조조절효과를 나타낸다
기화잠열	모든 물질 중에서 가장 크다(540 cal/g)	지극히 중요하며 해양과 대기 사이의 열전달에 주요 요인이고 날씨와 기후에 영향을 준다
굴절계수	염분에 따라 증가하고 온도가 증가하면 감소한다	공기 중보다 물체가 가깝게 보인다
투명도	가시광선에 대해 비교적 크며 적외선과 자외선을 많이 흡수한다	광합성에 중요하다
음파의 투과	다른 유체에 비해서 양호하다	소나와 음향측심기 등을 사용하여 수심을 측정하거나 해저지형과 어군을 탐지할 수 있다. 물속에서는 먼 거리에서도 소리를 들을 수 있다
압축률	매우 작다	수압/수심에 대해 밀도는 조금만 변한다
끓는점과 녹는점	일반적으로 높다	대부분의 지구에서 물은 액체 상태로 존재한다

출처: Sverdrup et al., 1942; Ingmanson and Wallace, 1995.

글상자 6.1 뜨거운 물이 찬물보다 더 빨리 언다고?

실험실에서 학생들이 담수와 바닷물의 어는 점을 비교하고 있다.

매 학기마다 학생들이 똑같은 질문을 한다: "뜨거운 물이 찬물보다 빨리 어나요?" 매 학기마다 나는 참을성 있게 대답한다: "아니." 왜 그래야 하는데? 만약 두 가지 물을 냉장고에 넣는다면 찬물이 항상 먼저 언다. 어쨌든 뜨거운 물은 찬물의 온도에 이를 때까지 열을 잃어야 하며, 그 동안에 찬물은 얼 정도로 냉각될 것이다.

맞지?

글쎄요, 맞기도 하고 틀리기도 한데요.

예, 열역학적으로는 완벽한 논리인데요.

아니요, 다른 요인들이 개입될 수가 있습니다.

이상하지 않은가? *American Journal of Physics* (1969년 5월)에 이 주제로 논문을 썼던 켈(G. S. Kell)도 그랬다. 그는 추운 밤에 밖에 내놓으면 뜨거운 물이 찬물보다 빨리 언다는 것을 믿는 사람들이 캐나다에 많이 살고 있다. 켈은 뚜껑을 덮은 버킷으로 이 믿음을 실험했다. 어는 과정은 앞에서 예측한 대로 진행된 바, 따뜻한 물이 찬물의 온도까지 냉각되고 나서 찬물이 겪은 냉각곡선(시간에 따른 온도 감소)을 그렸다. 찬물이 항상 먼저 언 것이다. 좋다!

그런데 어째서 많은 캐나다 사람들은(미국의 학생들은 말할 것도 없고) 그들의 믿음을 굽히지 않는 것일까? 거기에 일말의 진실이라도 있는 것인가? 켈은 이번에는 뚜껑이 없는 버킷으로 실험을 해 보았다. 이제 물은 증발할 수가 있고, 더운 물이 찬물보다 훨씬 빨리 증발하는데, 특히 춥고 건조한 겨울에 그러했다. 그는 끓는 물이 어는점까지 냉각될 때 중량이 16% 감소한다는 것을 보여 주었다. 이제 얼 물이 줄어든 것이다. 같은 표면적이 추위에 노출되어 있을 때 처음 0°C인 물은 양이 적은 쪽이 많은 쪽보다 빨리 언다.

더 있는데, 알다시피 물의 기화잠열은 매우 크다(540 cal/g). 뜨거운 물의 표면을 떠나는 물 분자들은 많은 양의 열을 빼앗아 가므로 뜨거운 물의 냉각곡선은 수직으로 떨어진다. 이 조건들 모두가 뜨거운 물이 더 빨리 얼도록 하는 것이다.

그렇다 하더라도 버킷이 금속으로 만들어졌다면 버킷의 벽을 통해서도 많은 열이 나갈 것이다. 금속 버킷의 뜨거운 물이 더 빨리 얼 것 같지는 않다. 그러나 훌륭한 단열재인 나무로 만든 것이라면? 그러면 대부분의 에너지는 증발을 통해서 잃을 것이고 처음에 뜨거웠던 물이 실제로 더 빨리 얼 수 있다.(그러나 이것이 켈이 논문에서 실험했던 변수는 아니다.)

그럼 당신은 더운 물로 얼음조각을 만들 것인가? 전혀 그렇지 않다. 첫째로 당신은 물을 덥히기 위해서 전기(혹은 가스)회사에 돈을 지불해야 한다. 다음에는 더운 물을 식히려고 냉장고를 써야 하므로 전기회사에 또 돈을 내야 한다. 이제 물을 얼릴 차례다. 더운 물로 시작하면 얼음의 양도 줄어든다. 실제로 더 빨리 얼까? 1장의 과학적인 방법에 대한 논의를 다시 읽고 스스로 검토해 보자.

개념점검

5. 열은 온도와 어떻게 다른가?
6. 열용량은 무엇을 뜻하는가? 물의 열용량은 어째서 특별한가?
7. 물의 밀도에 영향을 주는 요인들은 무엇인가? 찬 공기나 물은 왜 가라앉는가? 염분은 어떻게 밀도를 변화시키는가?
8. 어는 것은 물의 밀도에 어떻게 영향을 주는가? 얼음은 왜 뜨는가?
9. 현열과 잠열의 차이는 무엇인가?
10. 물의 융해잠열은 무엇인가? 기화잠열은 무엇인가? 왜 '숨은(latent)' 이라는 용어를 사용하는가?
11. 바닷물의 성질은 담수와 어떻게 다른가?

6.4 표면의 물은 지구의 온도를 조절한다

물의 **온도조절성질**(thermostatic property)(*therme*: heat, *stasis*: standing still)은 온도의 변화를 완화시키는 성질이다. 물의 온도는 태양 에너지가 흡수되고

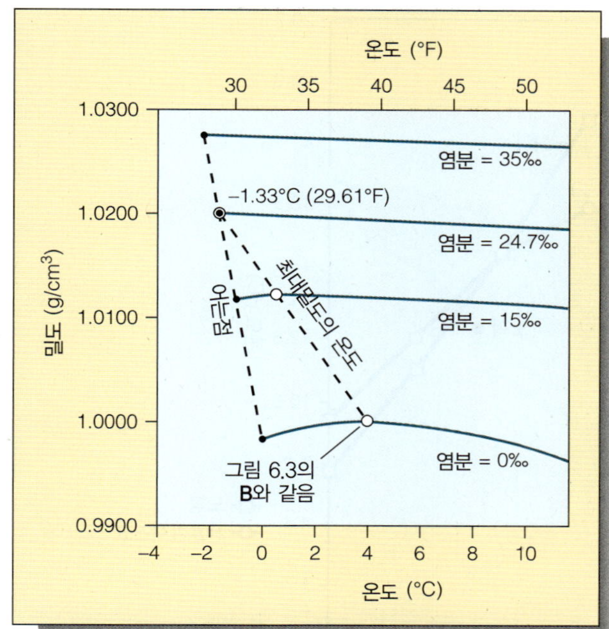

그림 6.9 염분에 대한 어는점과 최대밀도 온도의 관계. 그림 6.3과 같이 순수한 물은 3.98°C에서 가장 무겁고(점 B) 어는점은 0°C이다. 염분 15‰의 해수는 0.73°C에서 가장 무겁고 어는점은 −0.80°C이다. 최대밀도 온도와 어는점은 염분 24.7‰일 때 −1.33°C에서 일치한다. 염분이 24.7‰보다 높은 물의 밀도는 온도가 높아지면 항상 감소한다. 기호 ‰는 천분율을 표시하므로 2.47%=24.7‰이다.

열로 변하면서 올라간다. 하지만 우리가 보았듯이 물은 매우 높은 열용량을 지니고 있으므로 물의 온도는 많은 양의 열이 더해진다고 하더라도 그렇게까지 높게 오르지는 않는다. 물질이 열에너지의 흡수나 방출로 인한 온도 변화에 저항하려는 경향을 **열관성**(thermal inertia)이라고 부른다.

더운 여름 오후의 뜨거운 모래와 시원한 물을 기억하는가? 지구 전체를 생각해 보자. 북아프리카의 사막에서 땅의 온도는 50°C를 넘고 남극 대륙에서는 −90°C 아래로 내려간다. 그 차이는 140°C이다! 그렇지만 해양의 표면에서는 얼음이 어는 −2°C에서 열대지방의 약 32°C까지 34°C에 불과하다. 해양은 물로 되어 있기 때문에 열을 흡수하더라도 매우 조금만 상승한다. 해양의 열관성은 육지에 비해 훨씬 크다.

열관성의 실질적인 예가 **그림 6.10**에 있다. 캘리포니아의 샌프란시스코와 버지니아의 노퍽은 위도가 같다. 즉 적도로부터의 거리가 같다. 이 위도에서 바람은 서쪽에서 동쪽으로 분다(그 이유는 8장에서 설명한다). 노퍽에 비해서 샌프란시스코는 겨울에 더 따뜻하고 여름에는 더 시원한데, 그 이유의 일부는 샌프란시스코에서는 바람이 바다에서 불어오는 데 반해서 노퍽에서는 바람이 육지 위에서 접근하기 때문이다.

매년 얼고 녹는 얼음은 지구의 온도를 조절한다 알다시피 0°C의 얼고 있는 순수한 물에서 1 cal의 열을 제거하더라도 온도는 전혀 변하지 않는다—그램당 80 cal의 열이 제거되어야 물이 언다. 부피 18,000 km^{3}가 넘는 극지방의 얼음이 남아메리카보다 넓은 2,000만 km^{2}의 면적을 덮고 있는데 남반구에서 매년 얼었다가 녹는다(**그림 6.11**)! 북극에서 얼음 면적의 연변화는 더 작아서 평균 약 500만 km^{2}이다. 극지방의 여름에 햇빛이 얼음을 녹이지만 녹은 얼음과 해양의 온도는 변하지 않는다. 겨울에는 반대로 되는데, 다시 얼지만 온도는 변하지 않는다.

얼음은 비록 모두 녹을 만큼 충분히 더워지지 않더라도 온도조절 효과를 제공하는 것이다. 고체 얼음의 열용량은 액체 물의 약 반이다(0.51 cal/g). 동일한 양의 열에 대해서 얼음이 물보다 약 2배 빨리 데워지지만 온도조절 효과는 화강암(0.2 cal/g)보다 더 크다.

적도에서 극 쪽으로 이동하는 수증기도 지구의 온도를 조절한다 극지방은 열이 뚜렷하게 부족하고 적도지방은 현저하게 열이 초과된다. 그런데 왜 극지방이 얼어붙거나 적도지방이 끓지 않는 걸까? 그 이유는 대기와 바다의 흐름이 거대한 양의 열을 열대와 극지방 사이에서 이동시키기 때문이다.

열용량이 높은 물은 극지방-열대지역의 열의 불균형을 해소하는 데 가장 이상적인 액체이다. 해류와 대기의 날씨는 불균등한 태양 가열에 대한 물과 공기의 반응이다. 비록 날씨와 해류는 다음 두 장에서 상세히 다루겠지만 여기서도 간단히 살펴보겠다.

해류는 열대(들어오는 열이 나가는 열보다 많은)에서 극지방(나가는 열이 들어오는 열보다 많은)으로 열을 운반한다. 이런 방법으로 이동되는 열의 양은 엄청나다(**그림 6.12**). 예를 들어 따뜻한 멕시코만류(미국 동쪽의 북쪽으로 흐르는 커다란 해류)를 벗어나는 물은 다시 돌아오는 물보다 대략 10°C 따뜻한데 이는 대략 1 m^{3}당 천만 cal의 열이 이동된다는 뜻이다. 멕시코만류

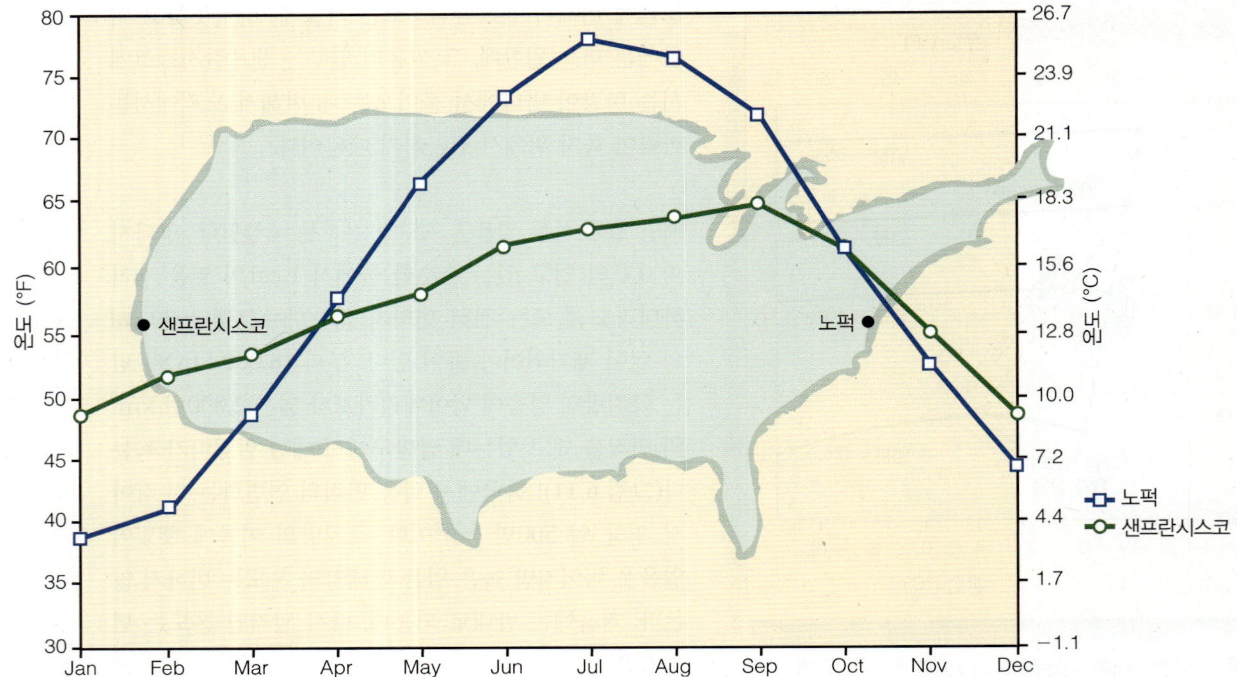

그림 6.10 캘리포니아의 샌프란시스코와 버지니아의 노퍽은 같은 위도에 있지만 샌프란시스코가 노퍽보다 겨울에 따뜻하고 여름에 시원하다. 그 이유 중의 하나가 이 위도에서 바람이 서쪽에서 동쪽으로 불어 간다는 것이다. 그래서 샌프란시스코의 공기는 바다 위를 이동하는 반면에 노퍽의 공기는 육지 위에서 접근한다. 물은 여름에 육지만큼 뜨겁지 않고 겨울에 차갑지 않은데, 이것이 열관성이다.

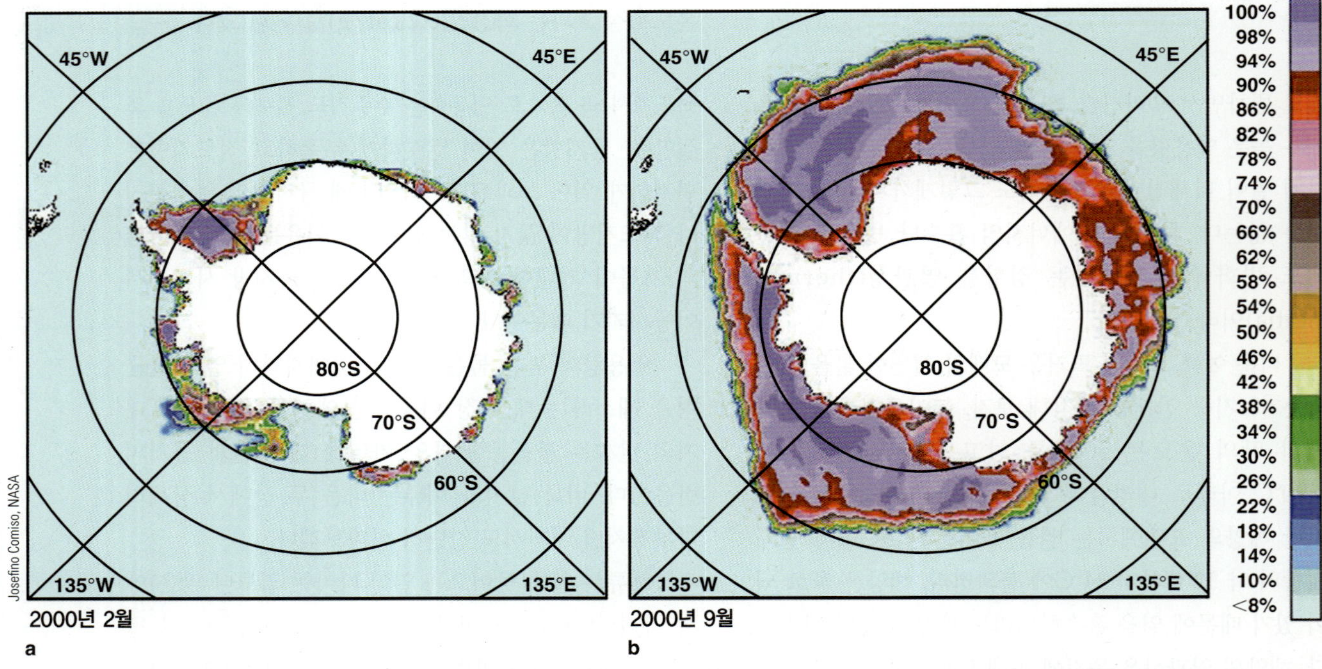

그림 6.11 매년 남반구에서 약 2천만 km^2의 해양 표면이 얼었다 녹기를 반복하는데, 이는 남아메리카보다 넓은 면적이다! 대량의 물이 얼 때 열에너지를 방출하므로 대기의 가을철 냉각이 늦어진다. 봄에 녹을 때에는 열을 흡수한다. 얼음이 얼고 녹으면서 열에너지를 방출하고 흡수하기 때문에 극단적인 계절변화가 완화된다.(남반구에서는 계절이 반대인 점을 기억하자.) 색깔은 완전히 얼음으로 덮인 면적의 %를 나타낸다.

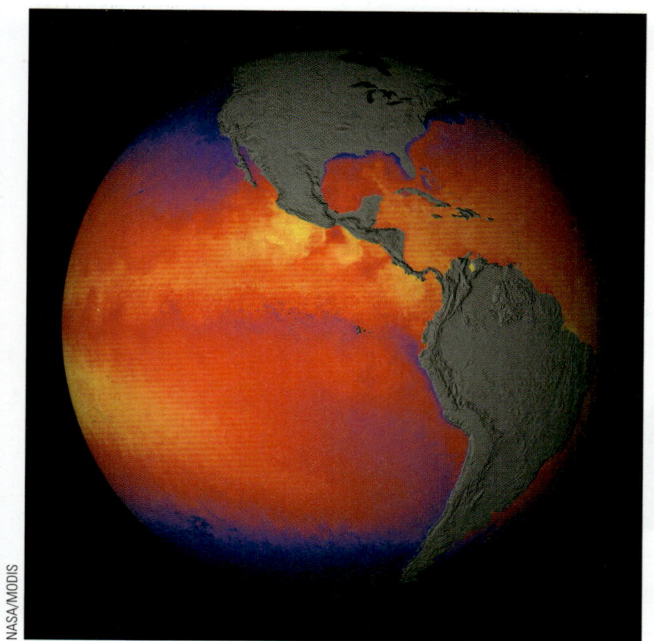

그림 6.12 표면수온의 인공위성 영상으로 2001년 1월 1일부터 8일까지 평균한 것인데 열대해역이 더운 것을 보여 준다. 청색, 자주색, 적색, 노란색, 흰색은 점차 더워지는 물을 나타낸다. 멕시코만류의 더운 물이 미국 동해안을 따라 북쪽으로 흐른다. 일주일 정도의 기간에 이 물은 유럽의 겨울 기후를 완화시켜 줄 것이다.

의 흐름이 초당 5,500만 m^3이므로 북대서양의 서부에서 매초 550조 cal가 북쪽으로 이동되고 있다는 뜻이 된다! 이 칼로리의 절반 정도가 40°N 이상의 고위도까지 가게 된다. 이러한 따뜻함은 북서 유럽의 겨울을 극적으로 온화하게 해 준다.

해류에 대한 숫자가 인상적이지만 대기 중의 수증기에 의해 운반되는 열의 양은 더 엄청나다. 물로 들어오는 태양 에너지의 절반 정도가 물의 증발을 일으킨다. 이 증발에 필요한 태양 에너지는 후에 응결하여 구름과 비를 만들 때 다시 방출되지만 이것은 대개 처음에 증발된 장소로부터 멀리 떨어진 곳에서 이루어진다. 그러므로 쿠바 부근 해역은 오늘 증발로 인해 수온이 내려가겠지만 수증기는 바람에 의해 북쪽으로 이동하여 일주일 후에 캐나다 동부의 폭풍에 의해서 같은 양의 물이 응결하고 비가 옴으로써 따뜻하게 되는 것이다.

대기와 해양 모두 움직임에 의해 열을 전달하지만 물의 예외적으로 높은 증발잠열은 액체인 물보다 수증기가 단위 질량당 훨씬 더 많은 열을 운반한다는 것을 의미한다. 극 쪽으로 운반되는 열의 2/3를 대기의 움직임이 담당하고 해류가 나머지 1/3을 맡는다.

지구온난화는 해양 표면의 온도와 염분에 영향을 줄 수 있다 해양 표면의 수온과 염분은 가속되는 온실효과의 온난화에 반응해서 비교적 빨리 변할 수 있다. 관측 이래로 2007년은 1980년대 초까지 거슬러 올라가는 일련의 기록적인 해 중에서 최근에 가장 더웠다. 캐나다 노바스코샤에 있는 베드퍼드 해양연구소의 과학자들이 1962년과 1992년을 중심으로 하는 두 14년간의 대서양 조건들을 비교하였다(**그림 6.13**). 그 30년 간격에 1,000 m보다 얕은 열대해역이 더 덥고 짜졌으며 훨씬 더 남쪽과 북쪽에서는 오히려 염분이 감소하였다. 이 기간 동안에 증발과 강수에 의해서 세계의 열 이동 사이클이 5~10% 빨라져서 열대해역의 증발률과 극지방의 강수량 모두를 증가시킨 것으로 보인다. 이러한 변화의 결과는 18장에서 다룬다.

해양 표면의 조건은 위도, 온도, 염분에 좌우된다 **표 6.3**은 극지방, 온대지방, 그리고 열대지방에서 표면 해수의 몇 가지 중요한 성질들을 정리하고 있다. 수온자료는 증발량과 강수량의 비교와 함께 위도에 따른 태양복사의 효과를 보여 준다. 표면수온은 온대지방이 극지방이나 열대지방보다 연중 변화가 크지만 온대지방의 염분은 비교적 일정하게 유지된다는 점에 유의하자. 또한 일반적으로 증발량이 열대에서는 강수량을 앞지르지만 온대와 극지방에서는 강수량이 훨씬 크다는 점에도 주목을 하자. 위도, 수온, 염분의 관계가 **그림 6.14**에 나와 있다.

표면수온은 태평양 보르네오의 북쪽과 동쪽에서 가장 높은데 여기에는 서쪽으로 움직이면서 오랜 기간 동안 열대의 햇빛에 노출되었던 해류가 따뜻한 물을 모아 주기 때문이다. 가장 높은 표면수온은 32°C에 이른다. 표면 염분은 더운 북대서양과 남대서양 중앙부에서 특히 높은데 여기는 증발량이 많고 바다 외곽을 흐르는 해류에 의해 고립되어 있기 때문이다. 이러한 정보의 일부는 **그림 6.15**와 **6.16**에 그림으로 정리되어 있으며 전 세계적인 표면수온과 염분을 보여 준다.

그렇지만 고위도와 저위도 사이에 수온, 염분, 밀도의 변화는 대개 상층부 2,000 m에 국한된다는 점을 기억하자. 그 아래에서는 모든 위도에서 조건들이 비슷

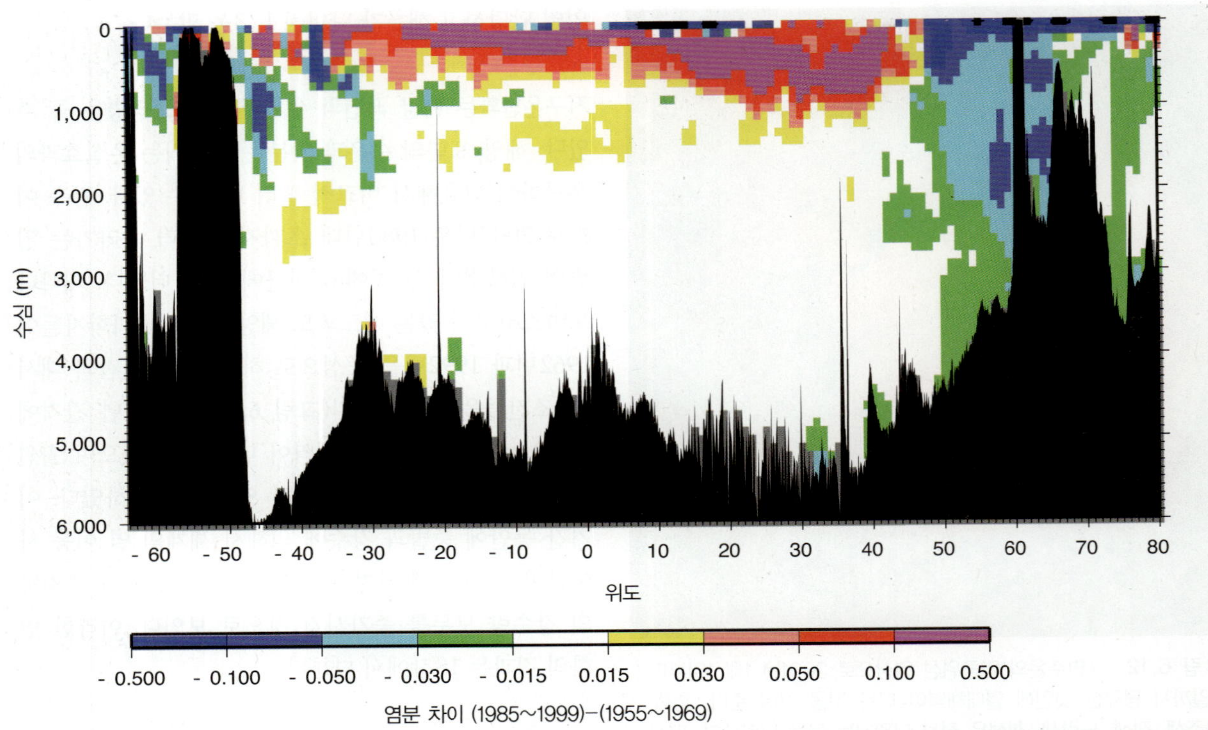

그림 6.13 지난 40년 동안 깊이 1,000 m 이하의 열대해역의 수온과 염분이 증가한 반면에 훨씬 먼 북쪽과 남쪽에서는 염분이 감소했다. 같은 기간에 세계의 증발과 강수의 사이클은 5~10% 빨라져서 열대해역의 증발률과 고위도 해역의 강수량을 증가시켰다.

표 6.3 세계 해양의 위도에 따른 특징들

특징	열대해역	온대해역	한대해역
겨울철 수온	20~25°C	5~20°C	약 −2°C
수온의 연변화	5°C 이하	약 10°C	5°C 이하
평균 염분	35~37‰	약 35‰	28~32‰
기온의 연변화	5°C 이하	약 10°C	40°C까지
강수량(P)–증발량(E) 균형	E 〉P	P 〉E	P 〉E

출처: H. Charnock, 1971.

하다. 심해는 열대 태평양이나 시베리아 해안이나 거의 마찬가지로 차고 염분이 높으며 밀도가 크다.

개념점검

12. 열관성이란 무엇인가?

13. 얼음이 물 위에 뜬다는 사실이 지구의 기후를 조절하는 데에 왜 중요한가?

14. 열은 어떻게 열대지방에서 극지방으로 운반되는가?

15. 가속되는 온실효과 때문에 해양의 밀도구조가 어떻게 바뀌었다고 생각하는가?

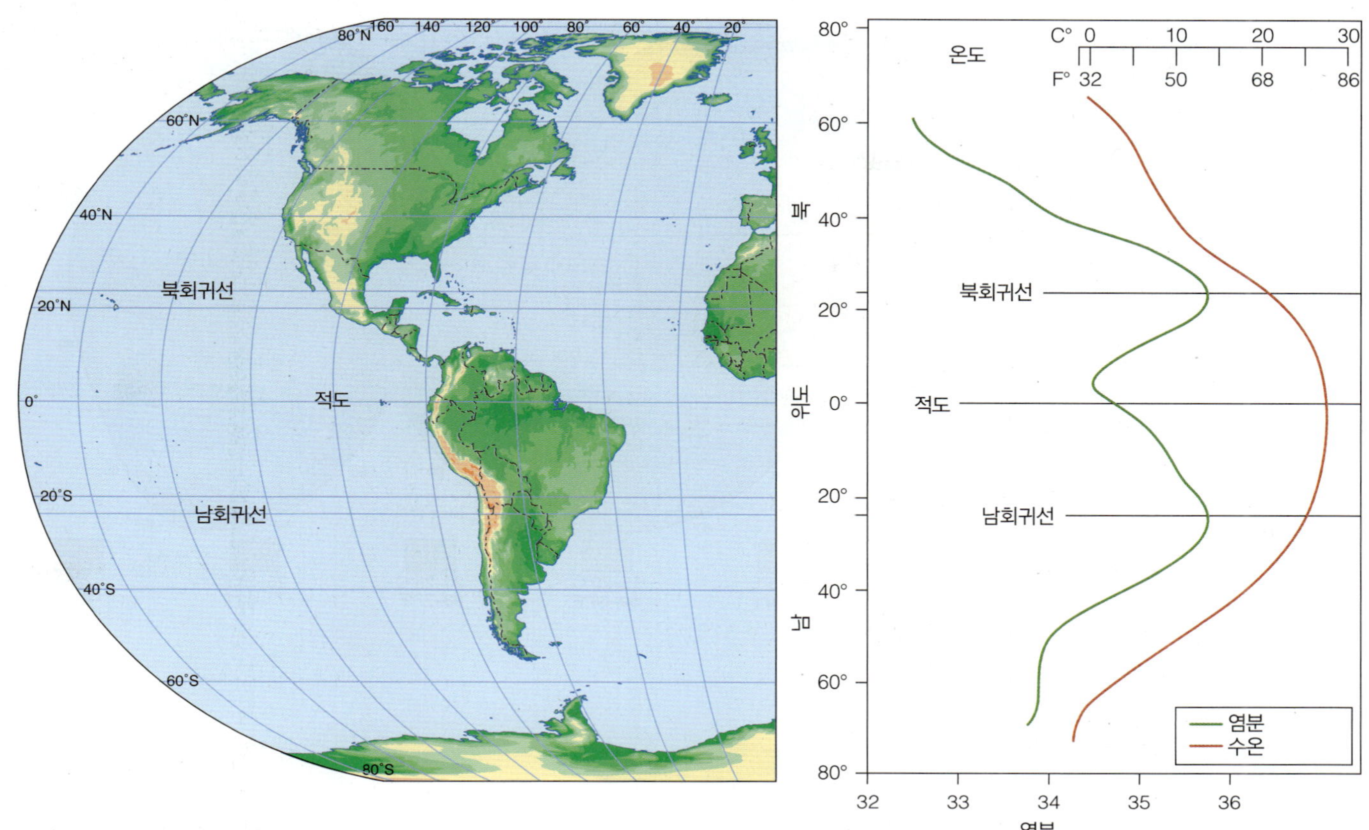

그림 6.14 평균 표면수온과 염분의 분포. 예상대로 수온은 극지방에서 가장 낮고 적도지방에서 가장 높다. 적도지역의 많은 비는 해양의 염분을 낮추는 반면에 회귀선(북회귀선과 남회귀선) 근처의 덥고 건조한 조건은 높은 염분을 초래한다.

6.5 해양은 밀도성층화되어 있다

이미 설명한 대로 물의 밀도는 주로 온도와 염분의 함수이다. 염분에 대해서는 7장에서 더 자세하게 다룰 것이지만 지금은 바닷물 속에 녹아 있는 고체(염분) 때문에 1리터의 무게가 순수한 물보다 2~3% 무겁다는 것만 알면 되겠다. 그래서 같은 온도에서 순수한 물(1.000 g/cm^3)에 비해 해수의 밀도는 1.020~1.030 g/cm^{3}이다. 차고 짠 물이 따뜻하고 덜 짠 물보다 더 무겁다. 해수의 밀도는 염분이 증가할수록, 수압이 커질수록, 수온이 내려갈수록 커진다. **그림 6.17**은 밀도와 수온, 염분의 관계를 보여 준다. 두 개의 해수 표본은 다른 수온과 염분의 조합에서도 같은 밀도를 가질 수 있음을 알아 두자.[3]

해양은 수온과 염분에 의해서 세 가지 밀도 층으로 구분된다 해양의 많은 부분이 표층, 밀도약층, 심층의 세 가지 밀도 층으로 이루어진다. **표층**(surface zone) 혹은 **혼합층**(mixed layer)은 해양의 상층부로서(**그림 6.18a**), 수온과 염분은 파도와 해류의 작용으로 섞이기 때문에 수심에 따라 비교적 일정하다. 표층의 물은 대기와 접하고 햇빛에 노출된다. 해양에서 가장 가볍고 전체 부피의 2%만 차지한다. 전형적인 표층(혹은 혼합층)의 수심은 150 m이지만 지역적인 조건에 따라 1,000 m까지 되는 데도 있고 전혀 없을 수도 있다.

밀도약층(pycnocline)(*pyknos*: strong, *clinare*: slope, to lean)은 깊이에 따라 밀도가 증가하는 층으로서 표면의 물과 밀도가 높은 심층을 분리한다. 밀도약층은 전체 해수의 18%를 차지한다.

심층(deep zone)은 중위도(40°S에서 40°N까지)에서 약 1,000 m 수심에 위치하는 밀도약층의 아래에 있다. 여기에서는 깊이에 따른 더 이상의 밀도 상승은

[3] 이 사실은 그림 9.25가 보여 주는 바와 같이 심해의 순환에 놀랄 만한 영향을 끼친다.

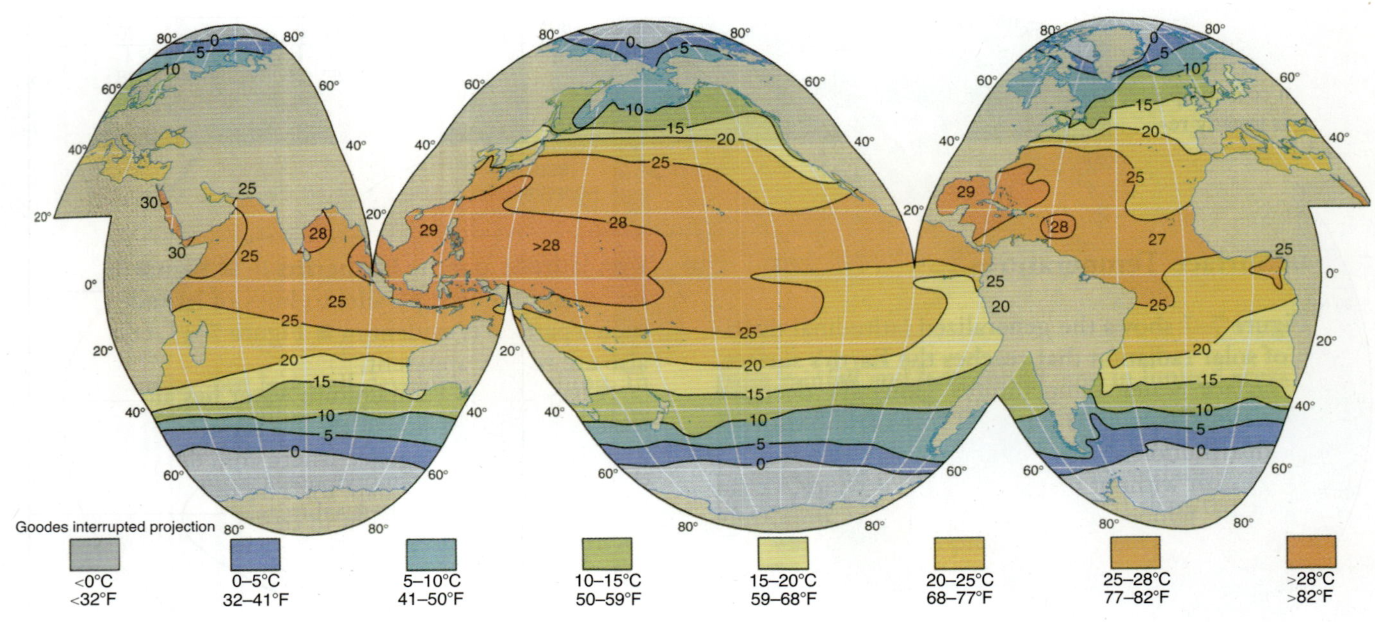

그림 6.15 북반구 여름의 표면수온.

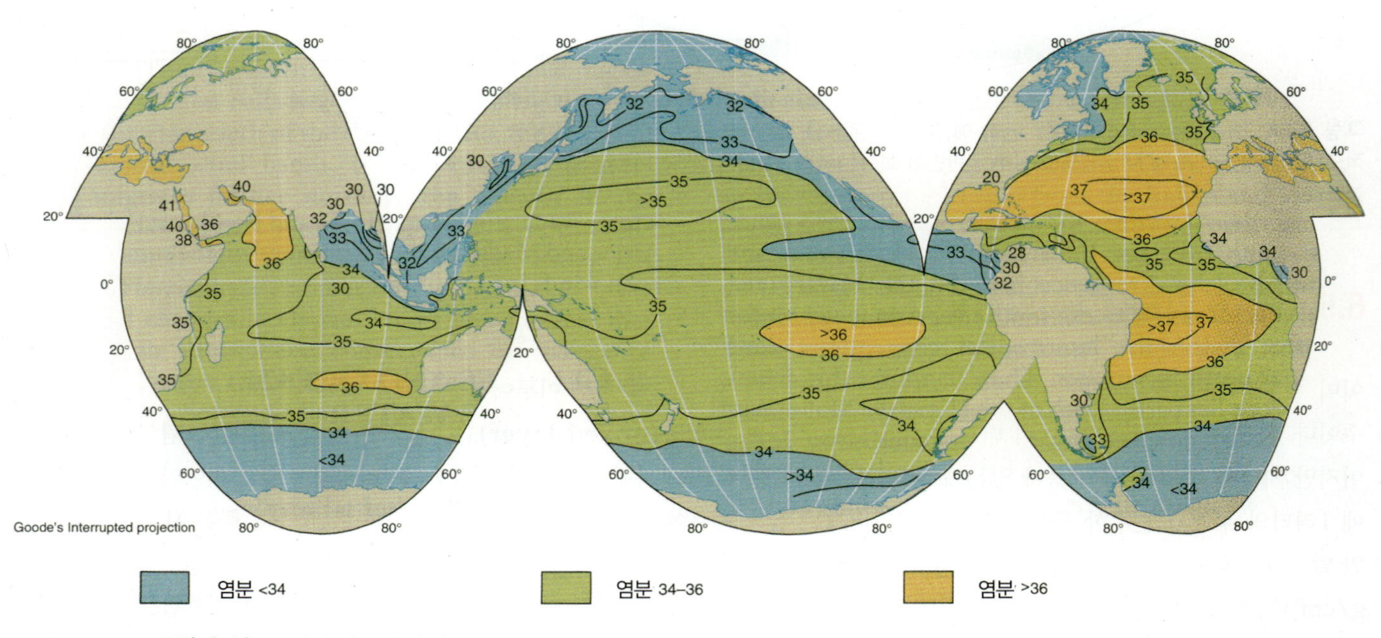

그림 6.16 표면의 평균염분(‰).

거의 없다. 이러한 심층은 전체 해수의 약 80%를 차지한다.

밀도약층에서 급격한 밀도 증가는 주로 수온의 감소 때문이다. **그림 6.18b**는 외해에서 깊이에 따른 일반적인 온도 관계를 보여 주고 있다. 표층은 잘 섞여 있어서 깊이에 따른 온도의 변화가 거의 없다. 그 아래의 층에서는 온도가 깊이에 따라 급격히 낮아진다. 그 밑에는 차고 안정된 심층이 존재한다. 깊이에 따라 온도가 급격히 변하는 이 중간 층은 **수온약층**(thermocline)(*therm*: heat)이라 하는데, 수온의 하락이 밀도약층 형성의 주된 요인이다.

수온약층이 모든 장소나 위도에서 동일한 형태를 갖는 것은 아니다. 표면수온은 받아들이는 햇빛의 양에

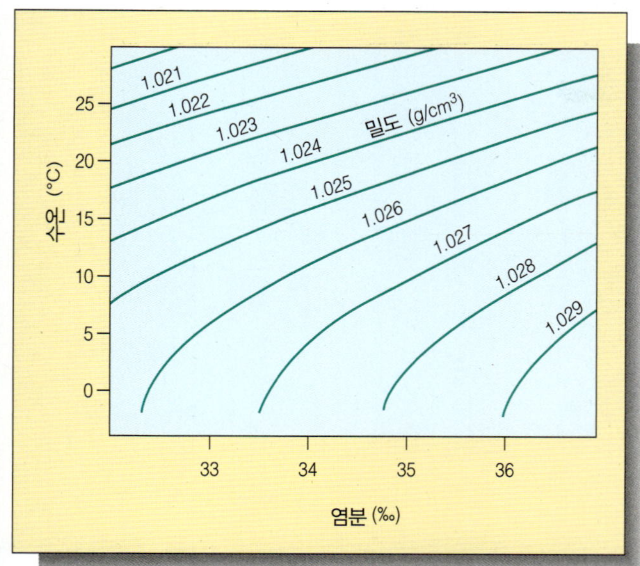

그림 6.17 해수의 수온, 염분, 밀도의 복잡한 관계. 두 개의 표본은 상이한 수온과 염분의 조합에서 같은 밀도를 가질 수 있음을 주목하자.

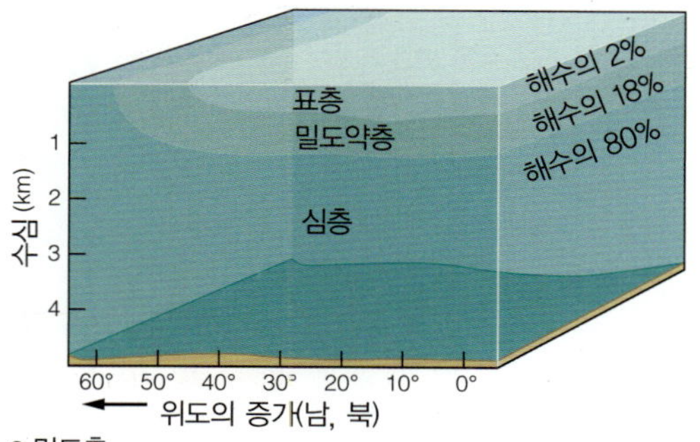

a 밀도층

대부분의 해양에서 상대적으로 따뜻하고 가벼운 표층(혼합층)이 밀도약층의 위에 있다. 밀도약층에서 밀도가 수심에 따라 급격히 증가한다. 밀도약층의 아래로는 전체 부피의 80%를 차지하는 차고 무거운 심층이 있다.

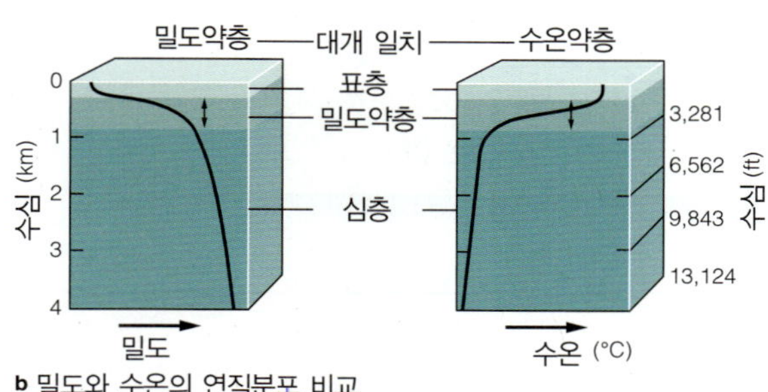

b 밀도와 수온의 연직분포 비교

밀도약층의 급격한 밀도 증가는 주로 수온약층의 수온 하락 때문이다.

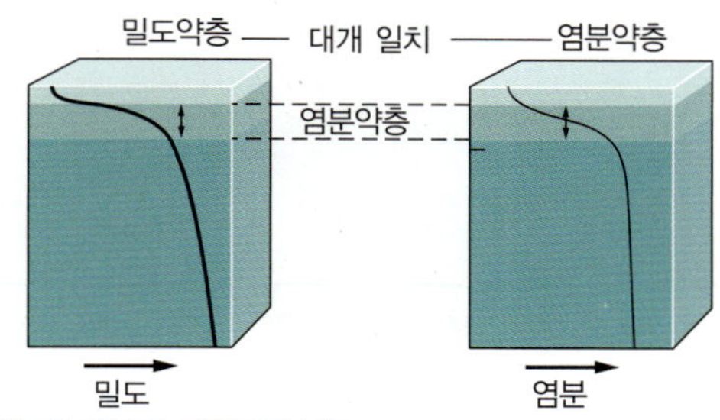

c 밀도와 염분의 연직분포 비교

어떤 지역, 특히 강 근처의 얕은 해역에서는 염분의 연직변화 때문에 밀도약층이 발달할 수도 있다. 이 경우에 밀도약층과 염분약층이 일치한다.

그림 6.18 해양의 밀도성층.

비례하는데 극지방보다는 온대와 열대 해역에서 받는 태양 에너지가 많으므로 더 따뜻하다. 햇빛이 비치는 상층은 열대 해역에서 더 두꺼운데, 이는 햇빛이 거의 직각으로 들어오고 물속에 부유물질이 거의 없어서 온대나 한대지역의 외해보다 더 맑기 때문이다. 바다가 더 깊은 수심까지 가열되기 때문에 열대의 수온약층은 고위도 지역보다 더 깊다. 또한 심층까지의 수온과 염분의 변화율이 고위도 지역보다 훨씬 크기 때문에 수온약층이 매우 강하다.

상대적으로 적은 양의 햇빛을 받는 극지방의 물은 표면도 깊은 수심과 마찬가지로 차기 때문에 일반적으로 온도 성층이 이루어지지 않아 수온약층이 없다.

그림 6.19는 극지방, 온대, 그리고 열대지방의 수온구조를 대조함으로써 수온약층이 중 · 저위도의 현상임을 보여 준다. 수온약층의 두께나 강도는 계절이나 지역적인 조건(예를 들어 폭풍), 해류 등의 여러 가지 요인에 따라 달라진다.

수온약층 아래는 −1°C에서 3°C까지 분포하는 매우 차가운 물이다. 이러한 깊고 차가운 층이 바닷물의 대부분을 차지하고 있기 때문에 전 세계 해양의 평균 온도는 매우 낮은 3.9°C이다. 낮은 염분도 밀도약층에 기여하는데, 특히 강수가 많은 지역이나 강의 담수가 표면수와 섞이는 해안지역이 그러하다. 강수량이 증발량을 초과하는 곳은 어디든지 염분이 낮다. 이 차이가 **염분약층**(halocline)(*halos*: salt), 즉 깊이에 따라 염분이 급격히 증가하는 부분을 만든다(**그림 6.18c**). 흔히 염분약층은 수온약층과 일치하며 이렇게 결합될 때 두드러진 밀도약층을 만들어 낸다.

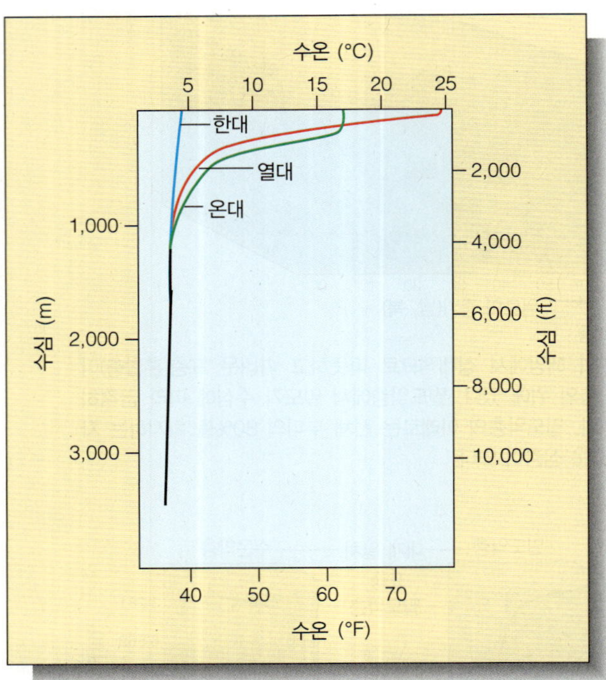

그림 6.19 극, 열대, 중위도의 대표적인 온도구조. 극지방의 해수에는 수온약층이 없다는 것을 알아 두자.

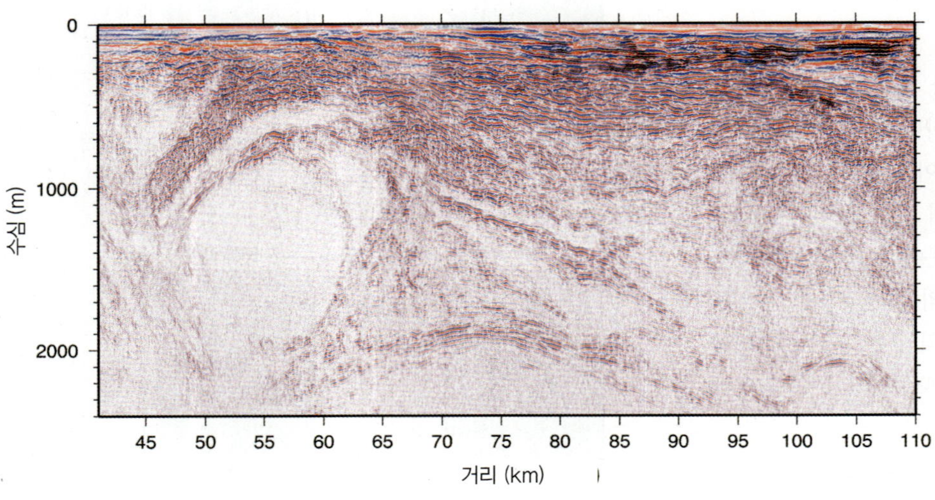

그림 6.20 음파가 수온과 염분이 다른 층을 통과할 때 미세하게 변화한다. 민감한 새 음향탐지기를 사용하여 과학자들은 최근에 물속의 소용돌이와 층들을 매우 자세하게 보여 줄 수 있었다. 북대서양의 두 해류가 만나는 뉴펀들랜드 근해의 이 음향단면에서 비교적 균일한 물(수괴)의 커다란 소용돌이(뚜렷하게 둥근 모양)를 볼 수 있다.

수괴는 특징적인 수온, 염분, 밀도를 가진다 앞에서 논의된 층들은 구분이 명확한 수괴들이다. **수괴**(water mass)는 특징적인 온도와 염분, 따라서 밀도를 가지는 물의 덩어리이다. 신기하게도 가장 깊은 곳에 있는 물일지라도 그 기원은 해양의 표면이다. 극지방의 표면에서 얼음이 어는 동안에 만들어지는 매우 차고 염분이 높은 물은 주위보다 무거워서 바닥까지 가라앉는다. 지중해와 같은 일부 해역에서도 또한 증발 때문에 높은 염분의 무거운 물이 만들어져서 같은 밀도를 갖는 층을 만날 때까지 바닥 쪽으로 가라앉는다(**그림 9.29** 미리 참조).

밀도성층 때문에 무거운 물은 매우 깊은 곳에 갇히므로 매일 일어나는 가열과 냉각, 표층의 순환을 일으키는 바람과 폭풍, 혹은 햇빛에도 노출되지 않는다. 밀도약층은 표층 순환에 관계하는 20%의 물로부터 전체 해수의 80%인 심층수를 효과적으로 분리한다. 밀도가 큰 수괴는 극지방의 대륙붕에서(차가운 물이 얼면서 염을 내놓는다), 혹은 지중해와 같은 폐쇄된 해역에서(증발량이 강수량과 강으로부터 유입되는 물보다 많아 염분이 높아진다) 만들어진다. 이러한 무거운 수괴들은 가라앉고 가끔은 서로 층을 이루어 수평적으로 퍼지면서 그들의 특성을 오랫동안 보존한다. 밀도약층보다 깊은 곳에 있는 각각의 수괴들은 고요해서 그들을 섞을 만한 에너지가 없기 때문에 서로 합쳐지지 않으려는 경향을 가진다.(수괴는 9장에서 알게 되듯이 심해 해류의 원인이 된다.)

밀도성층은 대개 물의 연직운동을 방해한다 큰 부피의 물이 표면에서 깊은 곳으로(혹은 반대 방향으로) 수직이동하는 것은 표면수와 심층수의 밀도가 비슷한 곳에서만 가능하다. 열대 해역에서 표층과 심층 사이에 온도차(밀도차)가 크기 때문에 성층이 매우 안정되어 있으므로 물의 교환이 이루어지지 않는다. 이러한 안정상태는 열대 해역의 표층이 끊임없이 수평운동을 하고 열대저기압으로 냉각되며 해류가 뒤섞음에도 불구하고 그대로 유지된다.

북극지방에서도 물의 연직운동은 제한을 받는다. 그렇지만 그곳에서는 성층이 표층과 심층의 염분 차이에 대부분 기인한다. 북극해의 표면은 시베리아와 캐나다의 강들로부터 많은 양의 담수를 받아들인다. 대륙은 커다란 해류의 형성을 막아 주고 육지로 막힌 바다와 다른 지역과의 소통은 극히 느리다. 그래서 표층수가 심층수와 혼합되거나 저위도로 흐르려는 경향이 약하다.

대조적으로 남극해는 성층이 매우 약하다. 표층수와 심층수의 온도가 비슷하므로 수온약층이 이들을 갈라놓지 못한다(그림 6.19 다시 참조). 흐름을 막는 육지도 없고 남극순환류의 경계에서는 혼합이 활발하여 염분 차이가 감소된다. 난류와 약한 성층은 거대한 양의 용승을 촉진하여 표면의 높은 영양염 수준과 생물 생산에 기여한다.

개념점검

16. 해양에서 어떻게 밀도성층이 만들어지는가? 해양의 밀도층에 어떤 이름들이 붙는가?

17. 일반적으로 표층의 물은 어떤 특징을 갖는가? 이러한 조건들은 극지방과 열대지방 사이에 상당히 다른가?

18. 일반적으로 심층의 물은 어떤 특징을 갖는가? 이러한 조건들은 극지방과 열대지방 사이에 상당히 다른가?

19. 밀도약층은 수온약층이나 염분약층과 어떻게 관련되는가?

20. 수괴는 어떻게 정의되는가?

21. 해양의 밀도성층은 어떻게 해수의 연직운동을 방해하는가?

6.6 굴절은 물속에서 빛과 소리의 경로를 굴절시킨다

달 주위에 달무리가 지거나 잠수함이 안전하게 숨는 것은 아무런 관계가 없는 것처럼 보이지만 둘 다 **굴절**(refraction)과 관련이 있다. 빛과 소리는 다 파동현상이다. 빛이나 소리가 어떤 밀도를 가진 매질—공기 같은—을 떠나 밀도가 다른 매질—물과 같은—에 90°가 아닌 각도로 들어가면 원래의 경로로부터 굽어지게 된다. 이렇게 휘는 이유는 빛이나 음파가 다른 매질에서 다른 속도로 진행하기 때문이다.

이 상황은 행진하는 사람들이 사막의 도로에서 손을 잡고 나란히 줄을 지어 걷는 것과 유사하다. 보행자가 포장된 도로에 있는 동안은 길 옆 모래 위의 사람들보다 빠르게 걸을 수 있다. 그러면 도로 위의 속도는 모래 위의 속도보다 빠르다. 도로에 있는 동안에는 방향이 변하지 않는다. 그러나 진행방향이 그들을 점차로 가장자리로 나가게 하면(속도가 느린 매질 속으로), 모래에 도착한 사람은 갑자기 느려지게 되고 줄은 재빨리 도로 밖을 중심으로 돌게 된다. 즉 굴절한 것이다. 이 과정이 **그림 6.21a**에 나와 있다. 굴절이 일어나려면 한 매질에서 다른 매질로 들어가는 각도가 90°가 아니라야 한다는 것을 알아 두자. 보행자들이 똑바로 아스팔트에서 모래로 들어가면 방향이 변하지 않는다. 물론 느려지기는 하지만(**그림 6.21b**를 보라).

물속에서 빛의 굴절은 같은 방법으로 일어난다. 물속에서 빛의 속도는 공기 중의 속도의 3/4에 불과해서 효과적으로 굴절된다.(유리는 더 많이 굴절된다.) 한 매질에서 다른 매질로의 빛의 굴절은 **굴절계수**(refractive index)라는 비율로 표현한다. 굴절계수가 클수록 매질 사이의 굴절도 크다. 물의 굴절계수는 염분이 증가할수록 커진다. 민물과 바닷물의 굴절계수의 차이에 대한 아름다운 예가 **그림 6.22**에 있다.

물에 의한 빛의 굴절의 예는 우리 주변에 많이 있다. 물 잔에 연필을 담그면 구부러져 보이고, 수영장의 물에 잠긴 사다리는 굴절 때문에 더 가깝게 보인다. 굴절은 물체를 확대시켜서 어부가 놓친 물고기의 크기를 과장하게 만든다.

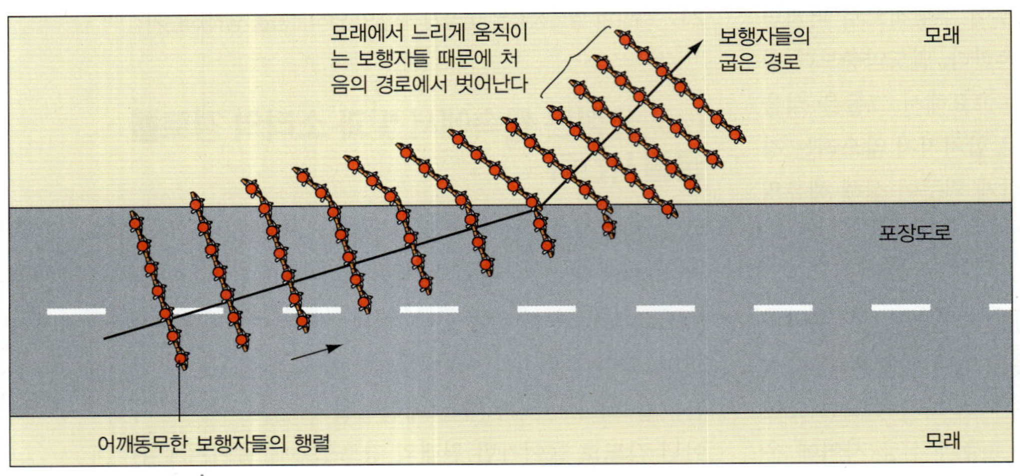

a

보행자들이 도로를 90°가 아닌 각도로 벗어나면 모래에서의 보행속도가 느려지면서 경로가 굽게(굴절)된다.

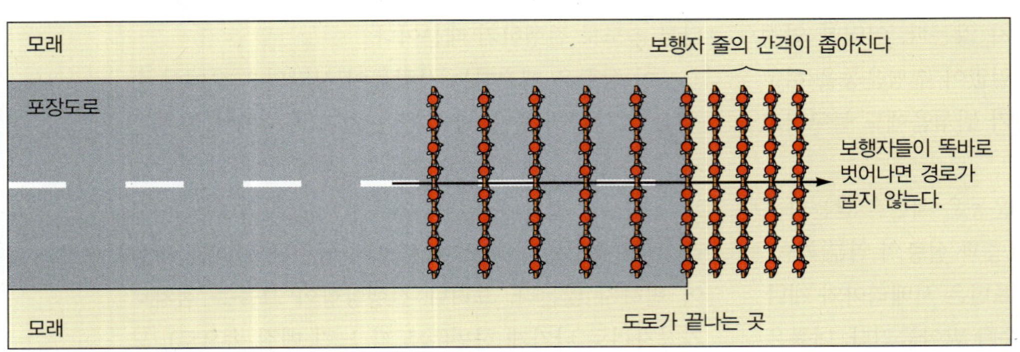

b

도로를 똑바로 벗어나면 모래에 들어서면서 줄의 속도는 줄더라도 굽어지지는 않는다.

그림 6.21 굴절의 비유. 행진하는 사람들의 줄은 빛이나 음파를 나타낸다. 도로와 모래는 다른 매질을 나타낸다. 보행자들은 모래 위보다 도로 위에서 더 빠르게 걸을 수 있다.

그림 6.22 끊어진 무지개, 담수와 해수의 굴절계수의 차이를 보여 주는 아름다운 증거. 대기의 무지개(순수한 물의 빗방울에 의한)가 쇄파의 물방울로 생기는 무지개와 만날 때 끊어진 무지개가 생긴다. 빗물 무지개의 각도는 해수의 것보다 0.8° 더 크다.

개념점검

22. 굴절이란 무엇인가?

23. 굴절계수란 무엇인가?

6.7 빛은 물속에서 멀리 투과하지 못한다

빛(light)은 전자파 복사 혹은 복사에너지의 한 형태로서 우주공간, 공기, 물을 통과한다. 전자파 복사는 전파, 적외선, 자외선, X선 등을 포함하는데 가시광선—사람의 눈으로 탐지되는 파장—은 모든 전자파 복사의 작은 부분에 지나지 않는다. 빛의 색은 파장으로 결정되는데, 짧은 파장일수록 파랗고 긴 파장일수록 빨갛다. 매우 긴 전파를 제외하고는 거의 모든 전자파 복사는 물에 곧 흡수된다. 오직 파란색과 녹색의 파장만이 상당한 거리를 투과한다.

유광층은 햇빛이 비치는 해양 상층부이다 햇빛이 바다 표면에 도달하고 물속을 투과하는 데에는 어려운 과정들을 거친다. 구름과 해수면이 반사를 하고 대기 중의 기체와 입자들이 산란과 흡수를 한다. 해수면을 통과하면 빛은 산란과 흡수로 인하여 급속히 약해진다. **산란**(scattering)은 빛이 공기나 물 분자, 먼지 입자, 물방울, 그리고 다른 물체들 사이에서 흡수되기 전에 반사하면서 일어난다. 물의 더 큰 밀도는(수많은 부유입자나 용존 입자들과 함께) 공기보다 물속에서 산란을 우세하도록 만든다. 빛의 **흡수**(absorption)는 부딪치는 물 분자의 구조에 좌우된다. 빛이 흡수될 때 분자들은 진동하고 빛의 전자기 에너지는 열로 변환된다.

가장 깨끗한 바닷물조차 완전히 투명하지는 않다. 만약 투명하다면 햇살은 바다의 가장 깊은 곳까지 비추어서 해초의 숲으로 채워질 것이다. 표층의 꼭대기에 빛이 드는 물의 얇은 층을 **유광층**(photic zone)(*photo*: light)이라 부른다. 맑은 열대의 바다에서 유광층은 600 m까지 될 수 있으나 외해에서의 전형적인 값은 100 m이다. 이와는 대조적으로 우리가 수영을 하는 연안에서는 빛이 겨우 40 m 정도만 침투할 수 있다. 광합성을 하는 해양식물에 의한 모든 생산은 이 얇고 따뜻한 표층에서 이루어진다. 여기서 물은 햇빛에 더워지고 열은 대기와 외계로 나가며 기체들이 대기와 교환된다. 이미 논의된 온도조절 효과는 대부분 이곳에서 기능을 발휘한다. 대부분의 해양생물이 여기서 발견된다. 유광층은 굉장히 얇으면서도 엄청나게 중요하다.

유광층 아래의 바다는 암흑이 지배한다. 발광생물이 만드는 빛 말고는 영구히 어둡다. 유광층 아래의 이 어두운 물을 **무광층**(aphotic zone)(*a*: without, *photo*: light)이라고 한다.

물은 적색광보다 청색광을 더 효과적으로 투과시킨다 어떤 색(즉 파장)의 빛에너지는 다른 색보다 표면 가까이에서 더 많이 열로 변환된다. **그림 6.23**은 색에 따른 흡수의 차이를 보여 준다. 상층 1 m에서 거의 모든 적외선이 흡수되어 표면 가열에 상당한 기여를 하며 또한 적색광의 71%를 흡수한다. 수심이 깊어짐에 따라 어두워지는 빛은 더 파랗게 되는데 그것은 적색, 노란색, 주황색이 흡수되기 때문이다. 수심 300 m까지는 파란색조차 열로 변환된다.

위에서 보면 맑은 바닷물은 파랗게 보이는데 이는 산란된 파란빛이 되돌아와 우리 눈에 보일 정도로 멀리 진행할 수 있기 때문이다. 표면 근처의 잠수부는 보다 밝은 파란색을 보게 된다. 거의 모든 붉은빛은 상층 몇 m에서 열로 바뀌었으므로 수면 아래 가까이에서는 붉은색의 물체가 회색으로 보인다. 수심 10 m에 있는 잠수부가 손을 베었을 때 빨간색이 아닌 회색의 피를 보게 되는데, 그것은 피의 빨간 색소에서 반사되어 눈을 자극할 만큼 충분한 빨간빛이 없기 때문이다. 수중 사진에 빨간 생물이 나타나는 것은 아마도 잠수부가 백색광(모든 색을 포함하는)의 조명기구를 가져갔기 때문일 것이다. 이것은 **그림 6.23c**와 **d**에서 확인할 수 있다.

부유물질은 어떤 색은 산란하고 어떤 것은 흡수한다. 어떤 퇴적물은 노란색을 반사하여 바다를 노란색으로 보이게 한다. 홍해라는 이름은 붉은 색소를 함유하는 작은 식물플랑크톤인 남조세균이 풍부하여 붙여진 것이다.

개념점검

24. 어떤 요인들이 해양에서 빛의 세기와 색에 영향을 주는가?

25. 세기가 같다면 빛의 어떤 색이 물속에서 가장 많이 진행하는가? 가장 적게 투과하는 것은 어떤 색인가?

26. 빛이 물속에서 흡수될 때 빛의 에너지는 어떻게 되는가?

27. 어떤 요인들이 유광층의 수심에 영향을 주는가? 해양에

해양에서 파장(색깔)에 따른 빛의 흡수

색깔	파장	물속 1 m까지 흡수되는 비율(%)	99%가 흡수되는 깊이(m)
자외선(UV)	310	14.0	31
보라색(V)	400	4.2	107
파란색(B)	475	1.8	254
초록색(G)	525	4.0	113
노란색(Y)	575	8.7	51
주황색(O)	600	16.7	25
빨간색(R)	725	71.0	4
적외선(IR)	800	82.0	3

각 파장에서 해양 상층부 1 m까지 흡수되는 빛의 양(%)과 99%가 흡수되는 수심을 나타낸 표.

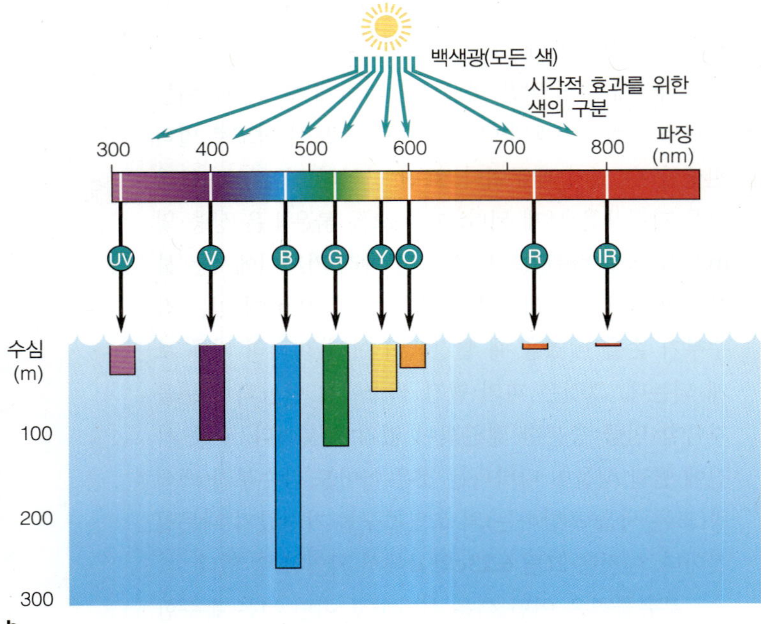

b

각 파장에서 빛이 투과되고 1%만 남는 수심(앞의 표에서 맨 오른쪽 줄에 해당됨).

c

정상적인 햇빛으로 찍은 물고기의 사진으로 푸른색이 지배적이다.

d

같은 물고기를 조명으로 찍은 사진. 조명은 모든 색을 포함하고 조명으로부터 물체에 갔다가 카메라로 돌아오는 거리는 적색광을 흡수할 정도로 길지 않다. 물고기는 조명 없이는 보이지 않을 밝고 따뜻한 색을 띠고 있다.

그림 6.23 오직 해양의 얇은 층에만 햇빛이 비친다. 대부분의 해양은 생물들이 만드는 빛 외에는 완전한 암흑 속에 있다.

광약층(photocline)이 있겠는가?

6.8 해양에서 소리는 빛보다 훨씬 멀리 나아간다

소리(sound)는 탄성 매질 속에서 빠른 압력변화에 의해 전달되는 에너지의 한 형태이다. 소리의 세기는 해수를 통과하면서 퍼짐, 산란, 흡수 때문에 감소한다. 퍼짐에 기인한 강도의 감소는 음원으로부터의 거리의 제곱에 비례한다. 산란은 소리가 물방울, 부유입자, 생물, 해수면, 해저바닥, 혹은 다른 물체에 반사되어서 생긴다. 결국 소리는 흡수되고 분자에 의해 매우 적은 양의 열로 변환된다. 소리의 흡수는 주파수의 제곱에 비례하므로 고주파가 쉽게 흡수된다. 음파는 빛보다 훨씬 먼 거리를 통과할 수 있다. 소리가 이렇게 효과적으로 통과하기 때문에 많은 해양동물들이 빛보다 소리를 통해서 바닷속에서 '본다'.

평균 염분의 해양에서 음속은 초속 약 1,500 m여서 공기 중 음속의 거의 5배이다. 물속의 음속은 수온과 수압에 따라 증가한다. 소리는 깊은 찬물보다 따뜻한 표층에서 더 빨리 진행한다. 그 속도는 수심에 따라 감소하여 결국 약 1,000 m 수심에서 최소가 된다. 그러나 그 아래에서는 증가하는 압력의 효과가 수온감소의 효과를 능가하여 다시 증가한다. 해저 근처의 음속은 실제로 표면보다 클 수가 있다. 이러한 변화는 해양 음향의 거동에 매우 중요함에도 불구하고 그 변화량은 평균음속의 2~3%에 불과하다. 수심과 음속의 관계는 **그림 6.24**에 나와 있다.

굴절은 소파층과 음영대를 만든다 음속이 최소가 되는 수심은 조건에 따라 변하지만 보통 북대서양에서는 1,200 m 부근, 북태평양에서는 약 600 m이다. 속도가 비교적 느림에도 불구하고 이 음속최소층에서 소리의 투과는 매우 효과적인데, 이는 굴절이 소리 에너지를 층 내에 남아 있도록 하기 때문이다. 이 층을 탈출하려는 바깥 방향의 음파가 속도가 빠른 구역으로 들어가고, 그래서 음속이 커지지만 **그림 6.25**에서 보듯이 금방 음속최소층으로 굴절되어 되돌아가게 된다. 음속최소층에서 발생한 음파가 위로 진행하면 아래로 굴절하려 하고 아래로 진행하는 음파는 위로 다시 굴절하려는 경향을 가진다. 다시 말해 음파는 속도가 작은 층 쪽으로 굴절해서 그 층에 머무르려고 하는 것이다. 그리하여 이 수심에서 만들어진 소리는 수천 km 거리에서도 들린다.

태평양의 음속최소층에서 터진 해군의 폭뢰는 3,680 km 떨어진 곳에서도 들렸었다. 최근의 실험에서는 인도양의 미국 군함에서 발생한 음향이 멀리 오리건 해안에서도 탐지되었다. 1960년대 초에 미 해군은 음속최소층을 구명수단으로 이용하는 실험을 한 바 있다. 구명정을 탄 생존자들은 작은 폭약을 물에 떨어뜨려서 적당한 수심에서 터지도록 할 수 있다. 넓은 지역에 퍼져 있는 해안의 수신기지에서는 음향의 도착시간을 비교하여 구명정의 위치를 계산할 것이다. 이 과제는 무선표지(radio beacon) 덕분에 중단되었지만 **소파**(sofar: *so*und *f*ixing *a*nd *r*anging)라고 불렀다. 음속최소층은 **소파층**(sofar layer)으로 알려지게 되었다.

소리는 소파층에서 느리게 진행하지만 잘 혼합된 표층의 아래 부근에서는 빠르게 진행한다. 여기서 수온과 염분의 조건이 균일하므로 굴절이 생기지 않는다. 그렇지만 압력은 여전히 수심에 따라 증가하므로 밀도약층의 바로 위인 80 m 부근에서 음속이 빠르게 된다.

어떤 선박들은 동물이나 잠수함 혹은 항해의 장애물을 찾기 위해 물속으로 음파 신호를 보낸다. 음파가 고속 층에 도달하는 각도에 따라 표면 쪽과 아래로 굴절되면서 갈라지게 된다. 음파의 발산지역 너머에 있는 물체는 탐지할 수가 없다. 소리 에너지가 거의 침투를 못하는 지역인 **음영대**(shadow zone) 속에 물체가 있는 것이다. 음영대는 잠수함 승조원이나 잠수함을 잡기 위해 음향을 이용하는 수상함의 함장에게는 특별한 관심거리이다. 유능한 잠수함 함장은 **그림 6.26**과 같이 추적자로부터 숨기 위해 음영대를 이용할 수 있다.

소나 시스템은 소리를 이용해서 수중의 물체를 탐지한다 수상함과 잠수함의 승무원들은 해양의 물체를 찾기 위해 고주파 음향의 짧은 신호(핑이라 한다)를 발신하고 수신하는 **능동소나**(active sonar)(*so*und *n*avigation *a*nd *r*anging)를 사용한다(**그림 6.27**). 소나는 결정(crystal)에 전류를 통하게 하여 인간의 청각능력 밖의 강력한 고주파 음향을 만들어내는 현대적인 장비이다.(비록 고주파 음향은 해양에서 쉽게 흡수되지만 영상의 분해능을 상당히 향상시킨다.) 송신기로부터 나간 음향의 일부는 사용되는 음파의 파장보다 큰 물체에 반사되어 마이크와 같은 센서로 돌아온다. 신호처리장치는 메아리를 증폭하고 주파수를 인간의 가청주파수 범위 안으로 좁힌다. 경험이 많은 소나 담당자는 되돌아온 핑의 특성을 분석하여 탐지된 물체의 위치, 크기, 이동방향과 심지어 그 성분(고래, 잠수함, 혹은 어군)에 대해서도 알 수 있다.

측면주사소나(side-scan sonar)는 능동소나의 일종이다. 선박에 의해 조용한 바다에서 예인되는 측면주사장치는 고주파에 맞춰진 60개의 송수신기를 사용함으로써 거의 사진에 가까운 분해능을 가질 수가 있다(**그림 6.28**). 측면주사 시스템은 지질학적 연구나 고고학적 연구, 그리고 침몰한 선박이나 비행기의 수색에도 쓰인다. 4장에 나온 멀티빔 시스템도 측면주사소나의 한 형태이다(그림 4.4 참조).

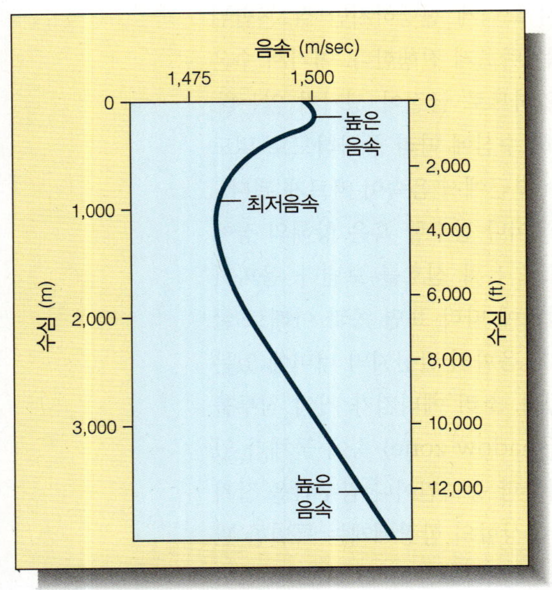

그림 6.24 수심과 음속의 관계.

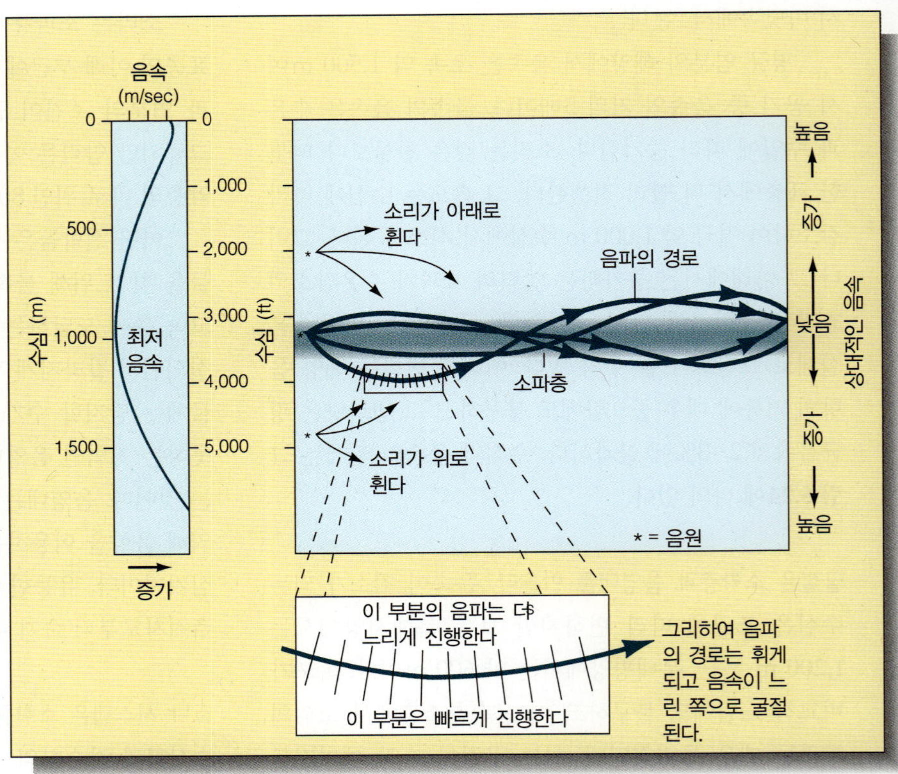

그림 6.25 음속이 최저속도로 진행하는 소파층. 음파의 전달이 특히 효율적이다—즉 멀리서도 소리를 들을 수 있다—왜냐하면 굴절이 음파를 층 내에 가두려하기 때문이다.

깊은 곳의 수심 측정을 위해서, 혹은 퇴적물 층의 내부를 들여다보기 위해서 지질학자들은 매우 강력한 저주파의 음을 만드는 강력한 전기충격, 폭발물, 혹은 압축공기를 이용하는 탄성파 지층 탐사기(seismic reflection profiler)를 동원한다. 다시 말하자면 음파의 왕복시간이 결정적으로 중요하다. 저주파의 음은 분해능은 떨어지지만 퇴적층의 영상을 제공한다(그림 4.28과 5.4 참조). 저주파는 또한 흡수가 적어서 효과적으로 투과하는 장점이 있다.

인류가 사용한 최초의 음향은 수동형이었다. 선원들은 선체를 통해서 들어오는 고래나 다른 동물들이 내는 소리를 들었던 것이다. 제1차 세계대전 동안 잠수함 작전이 중요해졌을 때 영국은 적 잠수함이 내는 소음을 듣기 위해서 간단한 수중청음기를 발명했다. 기사들은 민감한 지향성 마이크를 통해서 은밀한 프로펠러 돌아가는 소리나 어뢰 소리, 혹은 공구 떨어뜨리는 소리나 해치를 세게 닫는 소리를 들었다. 초기의 시스템은 원시적이었으나 **수동소나**(passive sonar)라는 듣기만 하는 이 장치는 요즈음 부흥기를 맞고 있다. 현대의 수동장치는 제1차 세계대전의 장비들에 비하면 훨씬 더 정교하고 민감해졌다. 수동소나는 놀랄 정도로 유리하다—능동소나에서 발사된 음파가 표적에 반사된 후, 약한 메아리를 선박의 기사가 듣기 훨씬 전에 큰 소리의 핑을 들을 수 있다. 통상적으로 듣기만 하는 것이 더 안전하다. 컴퓨터에 의한 신호처리, 청음자의 시끄러운 배에서 멀리 떨어져 예인되는 청음기, 해양물리학에 대한 향상된 지식의 결합으로 두 종류의 소나는 그 유용성이 향상될 것이다.

사람만이 소나를 이용하는 동물인 것은 아니다. 고래나 다른 해양 포유류는 짤깍거리는 소리나 휘파람 소리를 이용하여 먹이를 찾거나 장애물을 피한다. 이러한 능동소나에 대해서는 15장에서 다룬다.

해양 음향은 기후변화를 모니터링하는 데 이용된다

1993년에 13개 연구소의 100명 가까운 연구원들이 소리를 이용해서 수온을 수천분의 1°까지 측정하기 위해

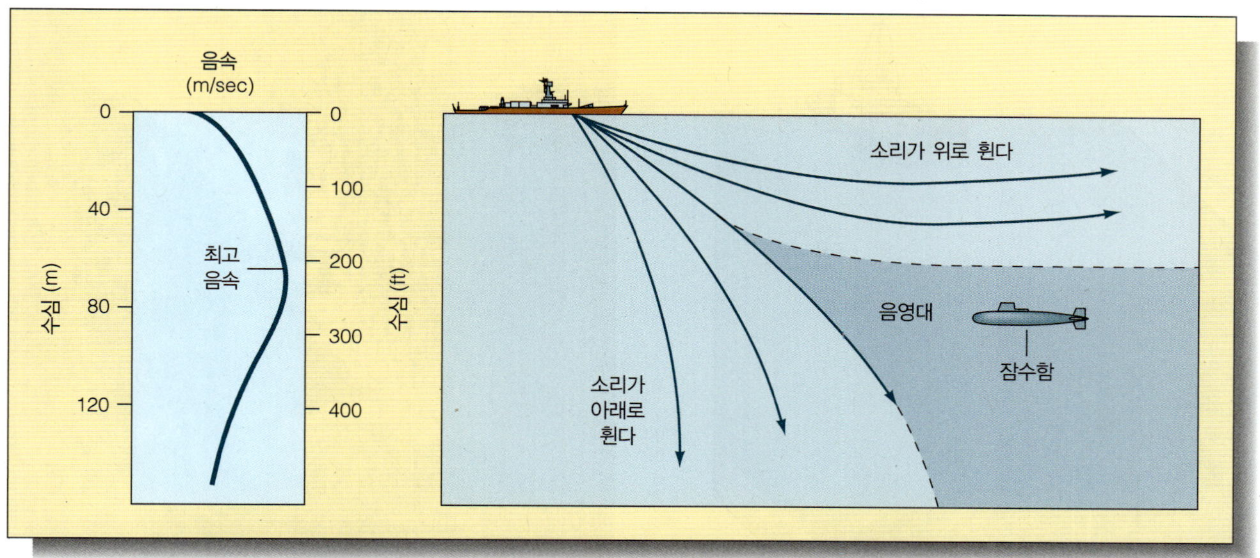

그림 6.26 음영대. 수심 약 80 m에 형성되는 얇은 고음속층은 음파를 휘게 만든다. 음영대는 잠수함이 소나로부터 숨는 좋은 장소를 제공한다.(수심 스케일이 그림 6.24 및 6.25와 다르다.)

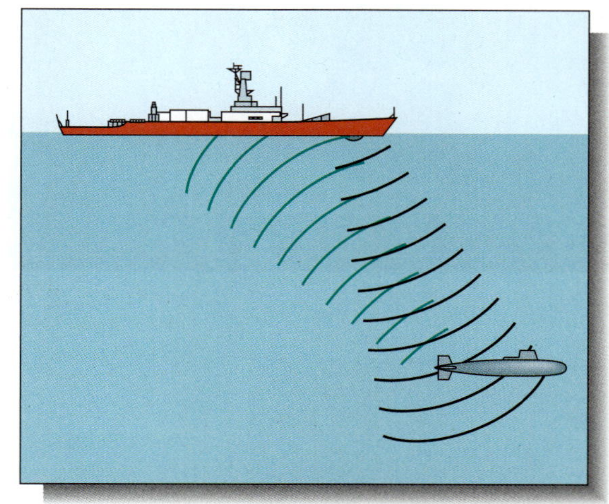

그림 6.27 능동소나의 원리. 고주파의 펄스가 수상함의 소나 배열로부터 방사된다. 이 핑의 일부 에너지가 수중의 잠수함에 반사된다. 이 메아리를 분석해서 잠수함의 위치를 알아낸다.

서 5년간 4천만 달러가 투입되는 실험을 시작하였다.

소리가 따뜻한 물속을 더 빠르게 진행하므로 전 세계에 퍼져 있는 수신기에 도달하는 데 걸리는 시간을 기록함으로써 수온의 차이를 계산할 수 있다. 해양의 온도는 잠재적인 지구온난화의 중요한 척도인 것이다. 지구 기후에 관한 컴퓨터 모델은 온실가스가 수심 1,000 m의 수온을 매년 0.005°C씩 상승시킬 수 있다고 한다. 이러한 미세한 온도 변화는 기존의 모니터링 방법으로는 탐지하기가 매우 어렵지만 십여 년 동안에 진행되는 온난화로 인해서 소리 신호의 진행시간을 몇 초 단축시킬 수 있다.[4]

과학자들은 75 Hz의 신호를 260와트 세기로 내보낼 수 있는 음향장비를 설치, 시험하였다. 인도양의 음속최소층(소파층)에서 발생한 음파는 층 속에서 갇혀서 대서양으로, 그리고 오스트레일리아를 돌아서 태평양으로 퍼져나갔다. 소리는 캘리포니아의 포인트컨셉션 근처에서 소파층에 민감한 수중청음기를 내리고 있는 선박에 의해 탐지되었다. 지구 둘레의 반 가까운 먼 거리를 진행하는 데 약 3.5시간이 걸렸다. 비슷한 장비를 갖춘 선박들과 외해에 위치한 관측소들도 다른 지역의 송신기들이 내는 소리를 측정했다(**그림 6.29**).

1998년 1월까지 15개월 분량의 수신기 자료들이 수집되었다. 핵심적인 결과에는 진행시간이 해양의 현상들과 뚜렷하게 관련되었다는 확신과 토펙스/포세이돈 인공위성의 고도계로 측정한 해면 고도 자료와도 부합하며 상호 보완적이라는 점들이 포함된다(해면 고도는 열팽창 때문에 수온과 관련된다).

실험이 진행되면서 해양온난화, 따라서 지구온난화의 정도를 명확하게 알게 될 것이다.

[4] 지구온난화의 영향과 결과에 대한 정보는 18장에 나온다.

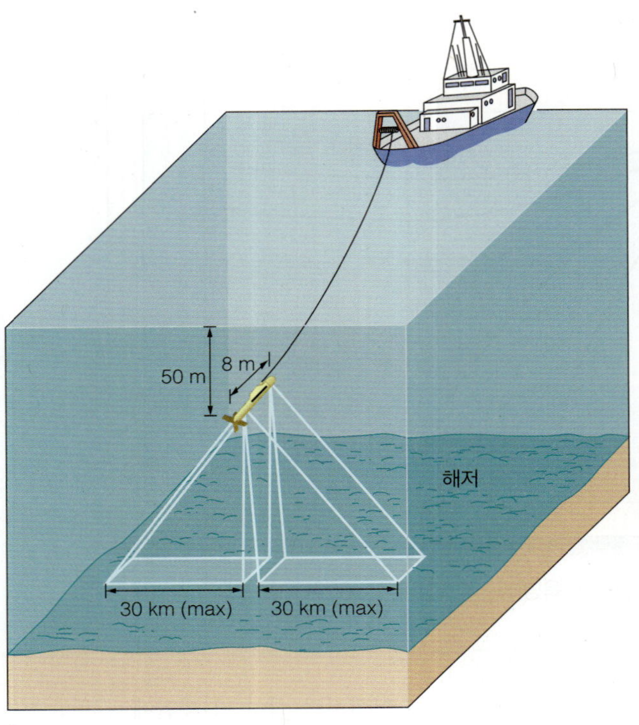

a
사용 중인 측면주사소나의 한 형태.

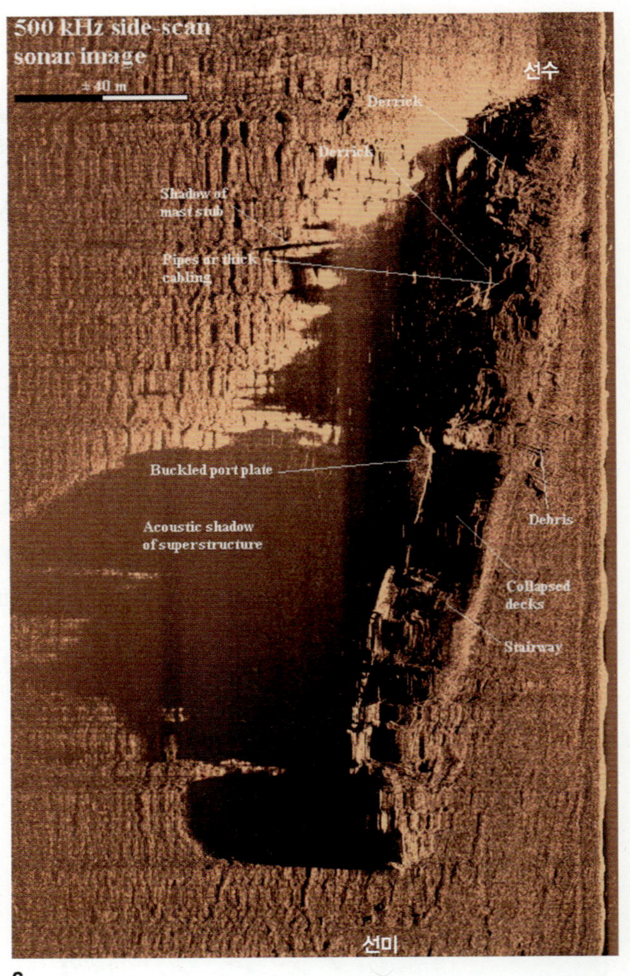

수심 113 m의 해저에 놓여 있는 배 S. S. *Nailsea Meadow*의 영상. 이 배는 1942년 독일의 유보트에 의해서 남아프리카 근해에서 침몰되었다. 잔해의 자세한 부분이 뚜렷하게 보인다.

c

b
수중에서 예인되는 장비에서 음파가 나가고 해저에서 반사된 후에 다시 돌아오는 음파를 컴퓨터로 분석하여 영상자료를 만든다.

그림 6.28 측면주사소나.

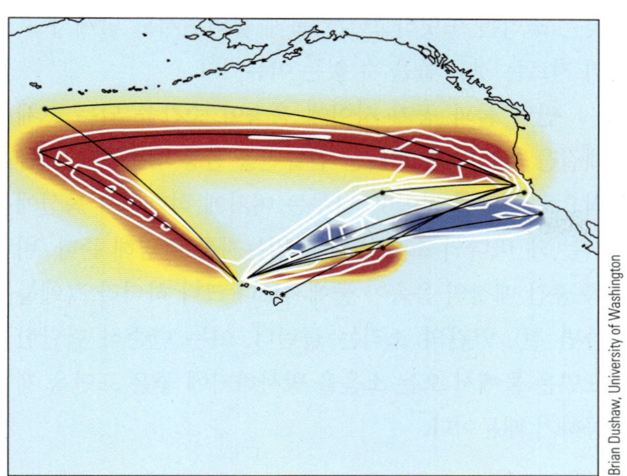

그림 6.29 북태평양에서 장거리의 음속변화를 보여 주는 지도로서, 수심 1,000 m까지의 음속을 측정한 자료를 바탕으로 만들었다. 정상 음속으로부터의 변화 범위는 −0.5 m/sec(짙은 청색)에서 +0.5 m/sec(짙은 적색)까지이다. 그러한 변화는 음파가 통과하는 물의 온도를 알 수 있게 해주고 지구온난화의 정도를 제시해 준다. 이 주제에 대해서는 18장에서 더 다룬다.

개념점검

28. 소리는 공기보다 물속에서 얼마나 더 빠른가?

29. 음속은 해양의 모든 수심에서 동일한가?

30. 소파층이란 무엇인가? 음영대는 무엇인가?

31. 소나는 어떻게 작동하는가? 해양연구에 어떤 종류의 소나 시스템들이 사용되는가?

32. 해양의 온도를 측정하기 위해서 소리가 어떻게 이용될 수 있는가?

학생들의 질문

1. 물의 증발잠열이 가장 크다면서 손에서 알코올이 증발할 때 물보다 차게 느껴지는 이유는 무엇인가?

열과 온도의 관계이다. 알코올이 더 차게 느껴지는 것은 증발이 훨씬 빨라서이다. 물은 오래 머물러서(증발에 시간이 더 오래 걸린다) 피부를 그만큼 차게 하지는 않지만 더 많은 열을 제거한다.

2. 물리학 시간에 물의 증발잠열이 그램당 585칼로리라고 배웠는데 여기에서는 540칼로리라고 한다. 왜 그런가?

실제로 기화잠열은 그램당 540칼로리이다. 기화잠열은 어떤 물질 1그램을 끓는점에서 모두 기체로 바꾸는 데 필요한 열에너지이다. 그러나 물은 반드시 끓는점에서만 기화하는 것은 아니다. 물 분자가 끓는점 아래에서(피부에 묻었을 때처럼) 증발할 때에는 더 많은 열이 공급되어야 한다. 온도가 낮을수록 기화의 잠열은 증가한다—20°C에서 기화잠열은 그램당 585칼로리이다. 이것을 종종 증발잠열이라고 부르는 것이다.

3. 액화 메테인은 태양계에서 액체 상태로 다량 발견되는 유일한 다른 물질인 것 같다. 만약 해양이 물이 아닌 액화 메테인으로 되어 있다면 조건은 어떻게 달라지겠는가?

액화 메테인은 −183°C에서 얼고 −162°C에서 끓는다. 메테인은 물처럼 수소결합을 이루지 않기 때문에 분자들을 놓아주는 데 많은 에너지를 요하지 않는다. 메테인의 낮은 비열 때문에 액체와 증기의 흐름이 가속되어 따라잡지 않는 한 지구의 극과 적도의 대낮 온도차는 극적으로 커질 것이다. 컴퓨터 모델은 끓는 열대의 해양, 대기 중의 더 많은 증기에 의한 파괴적인 압력, 극지방의 메테인 비로 인한 급류, 격변하는 저기압 폭풍, 중위도에서 평균 시속 수백 km의 풍속으로 매우 매력적이지 않은 모습을 예견하게 한다. 우리의 해양이 물로 되어 있기 때문에 이런 걱정은 안 해도 된다.

4. 북반구에서 태양복사는 지구 궤도의 경사 때문에 6월 22일에 최대이고 12월 22일에 최소가 된다(8장에서 더 다룬다). 그러면 왜 가장 더운 날들은 8월이나 9월에 있고 가장 추운 날은 1월이나 2월이 되는가?

열관성 때문이다. 물의 큰 비열 때문에 최대 태양복사와 최대 수온 사이에는 시간 차이가 있다. 태양은 여름반구의 온도를 올리기 위해서 이 물의 행성을 몇 주 동안 더 비추어야 한다. 물론 물은 열을 잘 간직하기도 해서 겨울의 가장 추운 날도 가장 어두운 날들을 지나서 온다.

5. 바닷물은 압축이 되는가? 압축은 밀도와 관련이 있는가?

바닷물은 거의 비압축성이라서 압력이 증가하더라도 그리 많이 줄어들지 않는다. 그러나 약간의 영향은 있다. 가장 깊은 해구에서 압력이 1,100기압인데 표면에서 그 수심까지 내려가면 물의 부피는 약 2% 감소한다. 전체 해양에 작용하는 평균 수압은 수면을 약 37 m 낮출 수 있다. 만일 중력(압력)이 없어진다면 수면은 그만큼 상승할 것이다. 그러나 압력이 밀도에 주는 영향은 수온이나 염분에 비해서 매우 작다.

6. 왜 소리는 대기에서 해양으로, 혹은 그 반대로 쉽게 진행하지 못하는가?

음파는 서로 다른 두 매질의 음속이 비슷할 때에만 한 매질에서 다른 매질로 에너지 손실이 거의 없이 옮겨갈 수 있다. 그렇지만 공기와 물의 음속은 효율적인 전달이 되기에는 너무 차이가 난다. 지나친 음속의 차이는 접하는 면에서 반사(굴절이 아닌)를 일으킨다. 이것이 우리가 수영장의 물속에 있을 때 옆에서 자갈이 부딪는 소리는 또렷하고 날카롭게 들리면서도 밖에서 소리 지르는 것을 들을 수 없는 이유이다.

만약 물과 공기 사이에 음속이 중간쯤 되는 고체 매질을 놓는다면, 소리는 접합면을 관통하여 보다 효율적으로 전달될 것이다. 나무는 여기에 적합해서 목선에서는 왜 바다의 소음이 잘 들리는지를 설명해 준다. 비록 중간 매질의 음속이 물에서보다 크다 하더라도(예를 들면 철), 약간의 소리는 들린다. 이는 단순히 단단한 표면은 물에서 오는 소음을 방사하기에 좋은 표면을 제공하기 때문이다.

7. 물속에 있을 때에는 소리가 들려오는 방향을 분간할 수가 없다. 나의 머릿속에서 나오는 것 같다. 왜 그런가?

우리가 정상적으로 스테레오 감각을 느끼는 것은 부분적으로는 한쪽 귀와 다른 쪽 귀에 도달하는 소리의 시간차에 따른 것이다. 그러나 물속의 음속은 공기 중의 4배가 넘기 때문에 우리의 두뇌는 소리 도달의 시간차를 감지하기에는 불안정하다. 우리는 물속에서 스테레오 소리를 들으려면 4배 더 민감해져야 한다—아니면 우리의 머리가 4배 더 크든지.

요약

이 장에서 물 분자의 극성을 배웠다. 극성과 물 분자 사이의 수소결합은 물의 특이한 열적 성질을 야기한다. 물은 열을 가하거나 제거할 때 온도 변화에 크게 저항하며 얼음은 큰 융해잠열과 작은 밀도와 함께 해양의 넓은 지역에 걸쳐서 녹았다 다시 얼면서 온도의 변화 없이 열을 흡수하거나 방출한다. 이러한 온도조절 효과는 물과 수증기의 거대한 움직임과 결합되어 지구 표면의 온도가 많이 오르내리는 것을 방지한다. 물론 우리는 열과 온도가 서로 같지 않다는 것도 배웠다.

수온과 염분의 변화는 물의 밀도에 커다란 영향을 준다. 해양은 밀도로 성층이 이루어져 있어서 가장 무거운 물이 바닥이나 그 근처에 있다.

해양의 물리적 특징은 주로 바닷물의 물리적 성질에 의해서 결정된다. 이 성질에는 물의 열용량, 밀도, 염분, 그리고 빛과 소리를 투과시키는 능력이 포함된다.

다음 장에서는 고체와 기체가 바닷물에 녹을 때 어떻게 되는지를 배울 것이다. 바닷물의 성질 대부분은 녹아 있는 물질들 때문에 순수한 물과는 다르다.

주요 용어

결합(bond)
공유결합(covalent bond)
굴절(refraction)
굴절계수(refractive index)
극성분자(polar molecule)
기화잠열, 기화숨은열(latent heat of vaporization)
능동소나(active sonar)
도(degree)
무광층(aphotic zone)
밀도(density)
밀도곡선(density curve)
밀도약층(pycnocline)
분자(molecule)
빛(light)
산란(scattering)
상태(state)
소나(sonar)
소리, 음향(sound)
소파(sofar)
소파층(sofar layer)
수괴(water mass)
수동소나(passive sonar)
수소결합(hydrogen bond)
수온약층(thermocline)
심층(deep zone)
양성자(proton)
어는점, 빙점(freezing point)
열(heat)
열관성(thermal inertia)
열용량(heat capacity)
염분약층(halocline)
온도(temperature)
온도조절성질(thermostatic property)
원소(element)
원자(atom)
원자핵(nucleus)
유광층(photic zone)
융해잠열, 융해숨은열(latent heat of fusion)
음영대(shadow zone)
응집성(cohesion)
전자(electron)
점착성(adhesion)
증발잠열, 증발숨은열(latent heat of evaporation)
측면주사소나(side-scan sonar)
칼로리(calorie)
표층(surface zone)
현열(sensible heat)
혼합층(mixed layer)
화학결합(chemical bond)
화합물(compound)
흡수(absorption)

학습문제

익힘문제

1. 기화잠열은 무엇인가? 융해잠열은? 어떤 쪽이 물의 물리적 상태를 변환하는 데 더 많은 열을 필요로 하는가? 왜 그런가?
2. 물의 높은 잠열은 해양에 어떻게 영향을 주는가? 해양이 에틸알코올로 이루어졌다면 지구의 조건은 어떻게 달라지리라 생각하는가?(해변의 입자에 미치는 영향은 제외한다.)
3. 극지방에서 계절에 따라 얼음이 얼었다 녹는 것은 지구의 온도에 어떻게 영향을 주는가?
4. 굴절은 어떻게 소리가 해양에서 수천 킬로미터를 통과하도록 만드는가?
5. 어떤 인자들이 바닷물의 밀도에 영향을 주는가?

응용문제

1. 냉장고에 있던 캔 콜라를 꺼내서 체온까지 온도를 상승시키는 데 얼마의 열량(Calorie)이 필요한가? 여기에 들어가는 에너지는 캔 속의 열량 중에서 몇 %에 해당되는가? 여기에서는 편의상 콜라의 열적 성질도 순수한 물과 같다고 가정한다.(힌트: 각주 1 참조.)
2. 온도 0°C의 얼음 1리터를 녹이는 데 필요한 열은 얼마인가?
3. 방금 끓기 시작한 물 1리터를 기화시키는 데 필요한 열은 얼마인가?

7 해양화학

주요 목차

- 물은 강력한 용매이다
- 해수는 물과 용해된 고체로 이루어져 있다
- 해수에 기체가 녹는다
- 해양의 산-염기 균형은 녹아 있는 성분과 수심에 따라 달라진다

핵심개념

1. 물은 강력한 용매이다. 물의 용존 무기고체의 총량(또는 농도)이 곧 염분이다.
2. 염분은 장소에 따라 달라지지만 용존 고체 사이의 비율은 일정하다.
3. 해수에는 기체가 녹는다. 차가울수록 기체를 더 많이 지닐 수 있다.
4. 해양은 거대한 탄소 저장소이다. 해양과 대기 사이의 탄소 교환 동역학이 지구의 기후에 영향을 준다.
5. 해양의 산-염기 균형은 녹아 있는 성분과 수심에 따라 달라진다. 탄산계 화학은 해양의 산도가 크게 요동치는 것을 완충시키는 역할을 한다.

The Art Archive/Palais de Compiegne/Marc Charmet/Picture Desk

파리 대학교, 자연과학대학 건물의 스테인드글라스에 그려진 라부아지에(1743~1794)의 초상. 화학의 선구자이자 미터법 도량형의 창시자 가운데 한 사람이었지만, 프랑스 혁명의 광기를 피하지 못했다. 혁명의회는 사형을 언도했고 1794년 5월 8일에 참수되었다.

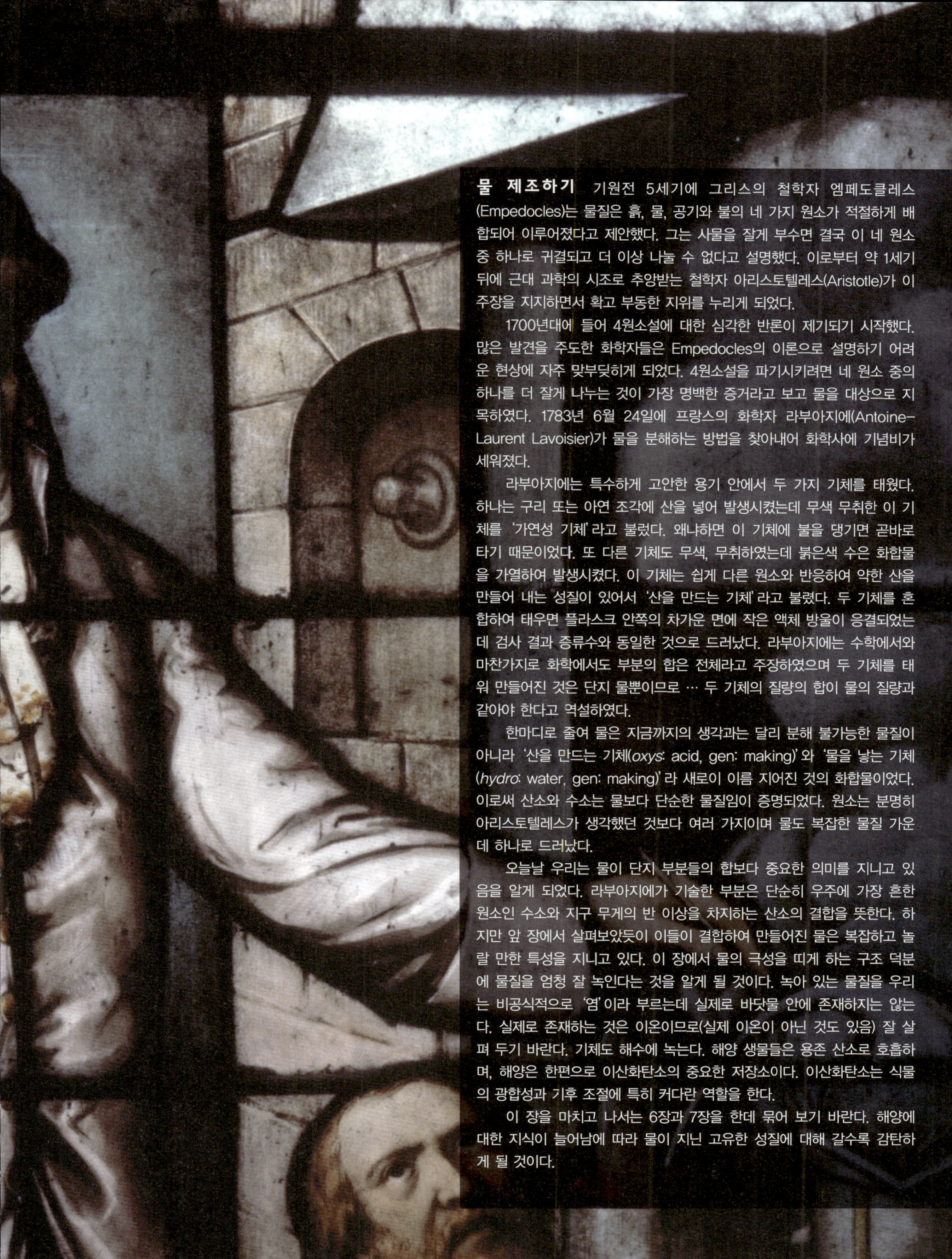

물 제조하기 기원전 5세기에 그리스의 철학자 엠페도클레스(Empedocles)는 물질은 흙, 물, 공기와 불의 네 가지 원소가 적절하게 배합되어 이루어졌다고 제안했다. 그는 사물을 잘게 부수면 결국 이 네 원소 중 하나로 귀결되고 더 이상 나눌 수 없다고 설명했다. 이로부터 약 1세기 뒤에 근대 과학의 시조로 추앙받는 철학자 아리스토텔레스(Aristotle)가 이 주장을 지지하면서 확고 부동한 지위를 누리게 되었다.

1700년대에 들어 4원소설에 대한 심각한 반론이 제기되기 시작했다. 많은 발견을 주도한 화학자들은 Empedocles의 이론으로 설명하기 어려운 현상에 자주 맞부딪히게 되었다. 4원소설을 파기시키려면 네 원소 중의 하나를 더 잘게 나누는 것이 가장 명백한 증거라고 보고 물을 대상으로 지목하였다. 1783년 6월 24일에 프랑스의 화학자 라부아지에(Antoine-Laurent Lavoisier)가 물을 분해하는 방법을 찾아내어 화학사에 기념비가 세워졌다.

라부아지에는 특수하게 고안한 용기 안에서 두 가지 기체를 태웠다. 하나는 구리 또는 아연 조각에 산을 넣어 발생시켰는데 무색 무취한 이 기체를 '가연성 기체'라고 불렀다. 왜냐하면 이 기체에 불을 댕기면 곧바로 타기 때문이었다. 또 다른 기체도 무색, 무취하였는데 붉은색 수은 화합물을 가열하여 발생시켰다. 이 기체는 쉽게 다른 원소와 반응하여 약한 산을 만들어 내는 성질이 있어서 '산을 만드는 기체'라고 불렀다. 두 기체를 혼합하여 태우면 플라스크 안쪽의 차가운 면에 작은 액체 방울이 응결되었는데 검사 결과 증류수와 동일한 것으로 드러났다. 라부아지에는 수학에서와 마찬가지로 화학에서도 부분의 합은 전체라고 주장하였으며 두 기체를 태워 만들어진 것은 단지 물뿐이므로 … 두 기체의 질량의 합이 물의 질량과 같아야 한다고 역설하였다.

한마디로 줄여 물은 지금까지의 생각과는 달리 분해 불가능한 물질이 아니라 '산을 만드는 기체(*oxys*: acid, gen: making)'와 '물을 낳는 기체(*hydro*: water, gen: making)'라 새로이 이름 지어진 것의 화합물이었다. 이로써 산소와 수소는 물보다 단순한 물질임이 증명되었다. 원소는 분명히 아리스토텔레스가 생각했던 것보다 여러 가지이며 물도 복잡한 물질 가운데 하나로 드러났다.

오늘날 우리는 물이 단지 부분들의 합보다 중요한 의미를 지니고 있음을 알게 되었다. 라부아지에가 기술한 부분은 단순히 우주에 가장 흔한 원소인 수소와 지구 무게의 반 이상을 차지하는 산소의 결합을 뜻한다. 하지만 앞 장에서 살펴보았듯이 이들이 결합하여 만들어진 물은 복잡하고 놀랄 만한 특성을 지니고 있다. 이 장에서 물의 극성을 띠게 하는 구조 덕분에 물질을 엄청 잘 녹인다는 것을 알게 될 것이다. 녹아 있는 물질을 우리는 비공식적으로 '염'이라 부르는데 실제로 바닷물 안에 존재하지는 않는다. 실제로 존재하는 것은 이온이므로(실제 이온이 아닌 것도 있음) 잘 살펴 두기 바란다. 기체도 해수에 녹는다. 해양 생물들은 용존 산소로 호흡하며, 해양은 한편으로 이산화탄소의 중요한 저장소이다. 이산화탄소는 식물의 광합성과 기후 조절에 특히 커다란 역할을 한다.

이 장을 마치고 나서는 6장과 7장을 한데 묶어 보기 바란다. 해양에 대한 지식이 늘어남에 따라 물이 지닌 고유한 성질에 대해 갈수록 감탄하게 될 것이다.

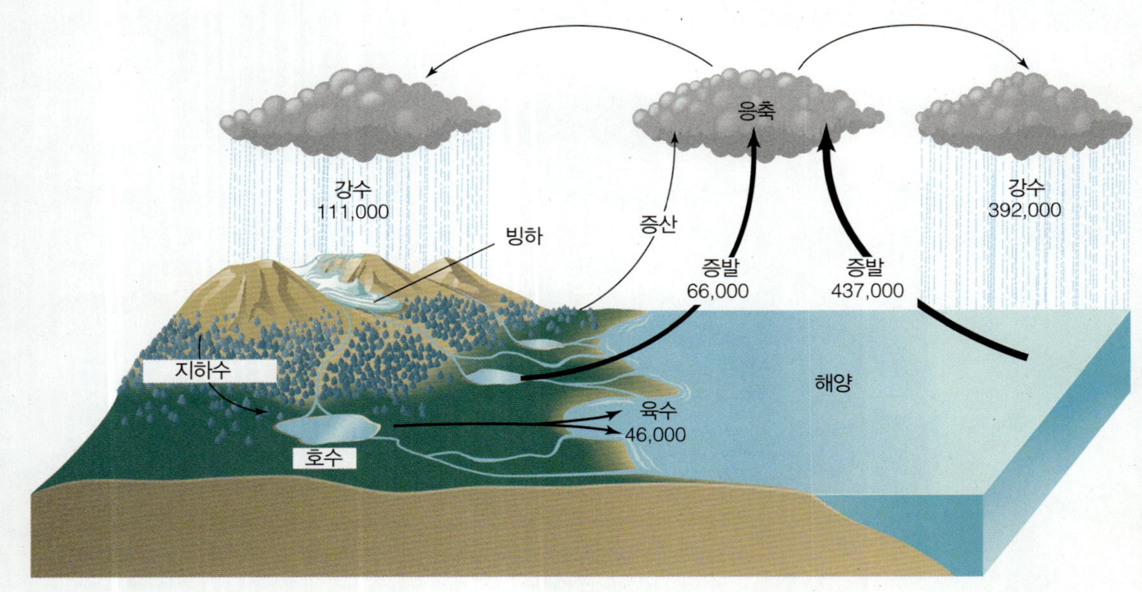

그림 7.1 물 순환 개념도. 물은 해양에서 대기로 나가 육지로 가서 호수와 하천, 그리고 지하수를 거쳐, 대기나 해양으로 되돌아오는 순환을 거듭하고 있다. 그림 안의 숫자는 대략적인 물의 이동량으로 단위는 km^3/yr이다. 물은 해양, 빙하, 지하수, 호수, 하천, 그리고 대기에 저장되어 있다.

7.1 물은 강력한 용매이다

1장에서 지표에 있는 물의 대부분은 지각과 맨틀 안에 있던 것이 대기방출(outgassing) 작용으로 빠져나온 것으로 여겨진다고 했다. 대기방출된 다른 물질과 물이 해양-대기-육지를 쉼 없이 순환하면서 용해시킨 지각 물질이 해양에 고체와 기체를 더해 주었다(**그림 7.1**). 물은 다른 액체보다 물질을 훨씬 잘 녹인다. 왜 그럴까?

이미 배운 바와 같이 물은 극성 분자이다. 이는 양쪽 끝에 각각 양전기와 음전기를 가진 것으로 생각하면 된다(그림 6.1과 6.2를 다시 살펴보라). 극성 물 분자끼리는 반대편을 끌어당긴다: 양전하를 띤 곳은 음전하를 띤 부위를, 음전하를 띤 부분은 물의 양전하 부위를 끌어당긴다. 물 분자가 예컨대 소금처럼 서로 다른 전기를 띤 원소들이 결합하여 만들어진 물질과 접촉하게 되면 극성을 띤 물 분자들이 화합물을 이루는 성분들을 갈라놓는다.

그래서 해수를 비롯한 천연 액체들이 주성분이 물로 된 수용액이라는 것은 놀랄 일이 아니다. **용액**(solution)은 두 성분으로 이루어져 있는데 **용매**(solvent)는 대체로 액체로서 항상 용액의 대부분을 차지한다. **용질**(solute)은 녹는 고체나 기체로서 용액의 일부분을 이룬다. 실제 용액의 예로서 잘 저은 커피에 녹아 있는 설탕을 보면 용질은 용매 안에 균질하게 흩어져 있어 어느 부분을 살펴보아도 성분이 같다. 반면에 **혼합물**(mixture)에서 서로 다른 물질은 고르게 섞여는 있지만 각기 다른 고유한 성질은 여전히 남아 있다. 혼합물의 특성은 불균질해서 각 부분마다 성질이 다르다. 국물과 면발이 섞여 있는 국수는 혼합물의 좋은 예이다

물의 용해력은 물 분자가 지닌 극성에서 비롯된다. 물이 가장 흔한 염인 소금(NaCl)을 녹여 구성 성분인 소듐 이온(Na^+)[1]와 염소 이온(Cl^-)으로 해체하는 과정을 살펴보자. **이온**(ion)은 전자를 얻거나 잃어서 전기적 균형이 깨진 원자 또는 원자들의 집합체이다. 물처럼 전자를 공유하고 있는 공유결합 분자와는 달리 소금에서 소듐 원자들은 전자를 잃었고 염소 원자들은 전자를 얻었다. 이온들은 소금에서 서로 반대 전하에 끌려 결합되어 있다. 소금에서 소듐과 염소는 상호 반대 전하 사이의 정전기적 끌림에 의한 **이온결합**(ionic bond)으로 붙어 있다고 말한다. 소금이 물에 녹을 때 물의 극성이 소듐 이온(Na^+)과 염소 이온(Cl^-) 사이의 정전기적 인력(이온결합)을 약화시킨다(**그림 7.2**). 이것이 두 이온을 갈라놓는다. 이온들은 소금 결정에서 떨어지고, 물은 이어서 다음 소금층을 공략한다.

해수에서 NaCl은 '소금'으로 있는 것이 아니라 각 이온으로 떨어져 있음에 유념해야 한다. 소금을 이

[1] 원자기호 Na는 소듐의 라틴어 이름인 natrium에서 유래하였음.

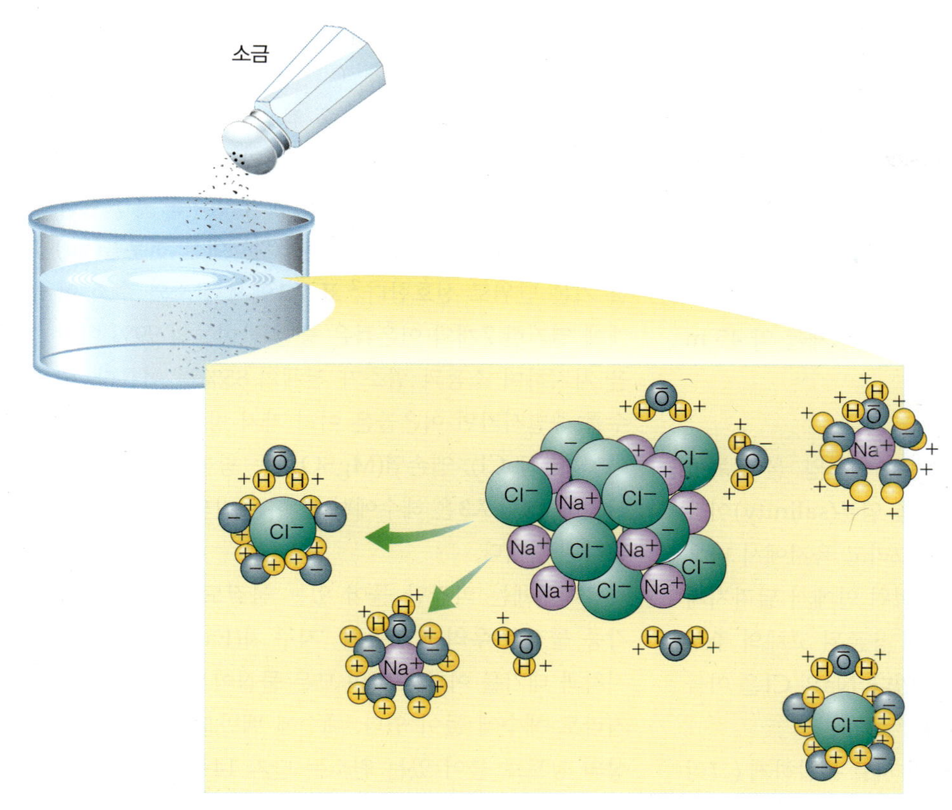

그림 7.2 용액 안의 소금. NaCl과 같은 염을 물에 넣으면 극성을 띤 물의 양전하를 띤 수소 부위가 음전하를 띤 Cl^-에, 그리고 음전하를 띤 산소가 Na^+에 끌리게 된다. 이온들은 이에 끌리는 물 분자에 둘러싸이게 되고 용매 안에서 용질 이온이 된다.

루는 성분들은 소금 결정이 용해될 때 분리되고 다시 결정체로 만들어질 때 합쳐진다.

일부 다른 종류의 소금(염)은 결합한 한 무리의 원자들이 대전되어 이온을 만든다. 예를 들어 황산 이온(sulfate: SO_4^{2-})은 2개의 남는 전자를 지니고 있는 −2가 이온이다.

이와는 달리 기름은 아무리 잘 휘저어도 물에 녹지 않는다. 물에 기름을 뿌리면 기름은 비극성이기 때문에 혼합물을 만든다. 다시 말해 기름은 양전하나 음전하를 띠지 않기 때문에 극성인 물 분자에 끌리지 않는다. 한편으로 이런 성질은 다행스러운 면도 있다. 세포막에 있는 기름이 물의 공격을 배겨 내지 못한다면 세포 물질이 모두 물에 녹아 버릴 것이기 때문이다.

곧 더 자세히 살펴보겠지만 해수는 이온과 비이온성 용질이 섞여 있는 용액이다. 이런 물질(기체, 원자, 이온, 분자 등등)들은 용액 안에서 무질서한 운동의 결과로 일어나는 **확산**(diffusion)을 통해 정체된 물속에서 이동할 수 있다. 만일 커다란 소금 결정을 증류수에 넣으면 물은 즉시 소금을 녹이기 시작하게 된다. 처음에는 소금 옆에서 Na^+와 Cl^-의 농도는 멀리 떨어진 곳보다 높을 것이다. 하지만 결국 소금이 다 녹은 다음에는 확산이 일어나 모든 용액에서 이온의 농도가 같아져 균질 용액을 이룰 것이다. 대기를 이루는 기체는 표층 해수에 녹은 다음에는 쉽사리 물속에서 확산된다. 용해된 물질은 농도가 높은 곳에서 낮은 곳으로 확산하려는 경향을 지닌다.

물질이 더 이상 물에 녹지 않을 때 이 물질이 포화 상태에 이르렀다고 한다. **포화**(saturation) 상태에서 물질이 녹는 속도와 용액 안의 다른 곳에서 **침전**(precipitating)되는 속도(재결정화 속도)는 같다.

개념점검

1. 물 분자는 왜 극성을 띠는가?
2. 극성 때문에 가지게 된 물의 성질로는 어떤 것이 있는가?
3. 소금 결정은 물에 어떻게 녹는가?
4. 용액이 혼합물과 다른 점은 무엇인가?
5. 일상에 벌어지는 일에서 확산의 예를 생각해 보라. 해양에서 확산이 중요한 이유는 무엇인가?

7.2 해수는 물과 용해된 고체로 이루어져 있다

지구 표면에 있는 13억 7천만 세제곱 킬로미터의 물 가운데 약 97.2%는 해수이다. 무게로 따지면 해수의 96.5%가 물이고 나머지 3.5%는 여러 가지 염이 대부분을 차지한다. 해수는 약 5.5조 톤만큼 소금을 지니고 있다. 해수가 모두 말라붙는다면 지구 전체를 약 45 m 두께의 소금으로 덮을 수 있다.

염분은 물에 녹은 무기질 고체 총량의 척도임 물에 녹아 있는 무기입자의 총량 또는 농도를 **염분**(salinity)이라 한다. 해수의 염분은 증발, 강수, 그리고 육지에서 나오는 담수의 양에 따라 3.3~3.7% 범위 안에서 달라지지만 통상 3.5%로 나타낸다. 해수에 용존된 고체의 주성분은 염으로, 이온으로 분리되어 있다. Na와 Cl은 이들 가운데 가장 많은 양을 차지한다.

해수에 녹아 있는 이온들끼리 서로 복잡하게 (그리고 물 분자하고도) 반응하여 순수한 물이 지닌 물리 특성을 크게 변화시킨다. 다음 사항은 특기할 만하다.

- 염분이 높아지면 열용량이 줄어든다. 다시 말해 수온을 1°C 올리는 데 드는 열은 담수일 때보다 적은 양이면 된다.
- 물에 녹은 염은 수소결합망을 교란한다. 염분이 높아질수록 물의 어는점은 낮아져서 소금은 마치 부동액과 비슷한 작용을 한다. 따라서 해수는 호수에 비해 낮은 온도에서 얼기 시작한다.
- 물에 녹은 염은 물 분자를 끌어당기기 때문에 해수는 민물에 비해 천천히 증발한다. 수영을 해보면 민물은 빨리 깨끗하게 마르지만 해수는 더디게 마르며 눅눅한 느낌을 준다.
- 삼투압은 세포 안과 밖의 환경에서 염분에 차이가 있을 때 생물막에 미치는 힘으로 염분이 높아지면 따라서 커진다. 삼투압은 세포가 물을 받아들이거나 내보내는 것을 결정하는 요인이다.

위의 네 가지 성질은 물에 녹은 용질의 양에 따라 변하는 것으로 물의 **총괄성**(colligative property)이라고 한다. 이것은 용액의 속성으로서 염분이 높아짐에 따라 이러한 성질의 중요도가 커진다.(순수한 물은 용액이 아니어서 총괄성을 지니지 않는다.)

단지 몇몇 이온이 해수 염분을 좌우함 해수의 3.5%가 용존물질이므로 해수 100 kg을 말리면 이론상 소금이 3.5 kg 남아야 한다. 하지만 0.1%의 변화도 중요함을 고려하고자 해양학자들은 백분율(%) 대신 천분율(‰)을 기본 단위로 선호한다.[2] **표 7.1**에서 산소와 수소 아래에 열거한 7개의 이온들은 증발 잔여물의 99% 이상을 차지하며 소듐과 염소가 전체의 85%를 이룬다. 해수를 증발시키면 이온들은 여러 가지 방식으로 결합하여 식염(NaCl), 엡손염($MgSO_4$) 등 광물질 염이 만들어진다. **그림 7.3**은 해수에서 각 이온 간의 상대 비율을 나타낸 것이다.

해수에는 약간만 들어 있는 물질도 있다. 해수는 각종 물질을 우려낸 일종의 '지구 차(Earth tea)'이다. 지각과 대기를 이루는 거의 모든 물질이 비록 극소량일지라도 해수에 들어 있다. 해수에 백만분의 하나꼴 이상의 농도로 들어 있는 원소는 단지 14종에 불과하다. 이보다 낮은 농도로 들어 있는 원소를 **미량원소**(trace element)라 부르며 보통 10억분의 1(ppb) 단위로 나타낸다. **표 7.2**에는 부원소와 미량원소의 일부를 기재하였는데 대부분은 바다 생물에게 필수적이다.[3]

지각이 공급하고 조절하는 염분의 조성 물이 지닌 강력한 용해력을 기억한다면 바다의 소금은 빗물, 지하수, 그리고 부서지는 파도가 지각을 이루는 암석을 녹인 결과임을 쉽게 연상할 수 있을 것이다. 실제로 해수에 녹아 있는 물질의 대부분은 이런 방법으로 공급되지만 과연 지각만 기여하는가? 가장 손쉬운 방법은 강물과 해수를 비교해 보는 것이다. 만일 지표의 암석이 유일한 공급원이라면 강물을 졸이면 해수가 되어야 하지만 그렇지 않다. 강물은 칼슘과 중탄산 이온이 주성분인 묽은 용액이지만 해수는 염소와 소듐이 주성분이다. 단순히 강물이 농축되어 해수가 만들어졌다면 마그네슘의 농도도 지금보다 훨씬 높아야 맞다. 실제로 육지에 갇힌 염호수인 미국 유타 주에 있는 그레이트솔트 호나 사해(Dead Sea)의 원소 구성비도 해수와 몹시 다르다.

[2] 3.5%와 35‰는 같은 것임.

[3] 부록 IX에 실은 원소의 주기율표는 각 원소에 대해 보다 자세한 정보를 제공하고 있음.

표 7.1 해수의 주성분(염분 34.4‰)

성분	농도(‰ 또는 g/kg)	무게 백분율	소계 백분율
물			
산소	857.8	85.8	96.5
수소	107.2	10.7	
주성분 이온			
염소 이온(Cl^-)	18.980	1.9	
소듐(= 나트륨) 이온(Na^+)	10.556	1.1	
황산 이온(SO_4^{2-})	2.649	0.3	
마그네슘 이온(Mg^{2+})	1.272	0.1	3.4
칼슘 이온(Ca^{2+})	0.400	0.04	
포타슘(= 칼륨) 이온(K^+)	0.380	0.04	
중탄산 이온(HCO_3^-)	0.140	0.01	
총계	**999.377 g/kg**	**99.99%**	

출처: Walton-Smith, 1994.

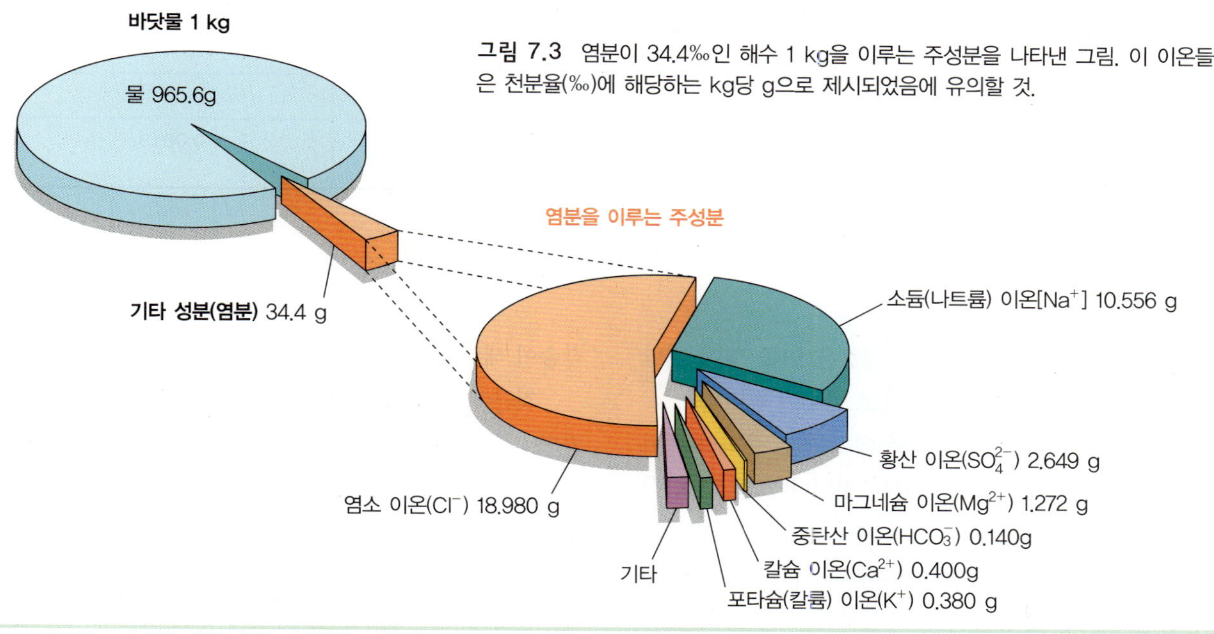

그림 7.3 염분이 34.4‰인 해수 1 kg을 이루는 주성분을 나타낸 그림. 이 이온들은 천분율(‰)에 해당하는 kg당 g으로 제시되었음에 유의할 것.

따라서 지각 암석의 풍화가 전적으로 바다 소금의 기원일 수 없다.

해수에 들어 있는 성분 가운데 지각 암석의 풍화로 설명되지 않는 부분을 **잉여 휘발성분**(excess volatile)이라 부른다. 이들의 기원을 알아내려면 지구 내부를 살펴보아야 한다. 상부맨틀은 물을 포함해서 해수에 들어 있는 물질과 성분비를 설명하기에 알맞은 물질로 이루어져 있다. 3장에서 살펴보았듯이 맨틀에서는 천천히 대류가 일어나고 있어서 지판을 이동시킨다. 이 과정에서 지구 내부 깊숙이 갇혀 있던 물질이 화산이나 열곡의 틈새를 통해 지표로 탈출하게 된다. 이런 휘발성물질로는 이산화탄소, 염소, 황, 수소, 불소, 질소와

표 7.2 해수의 부성분과 미량원소(염분 = 35‰)

성분	농도(천분율 ‰ 또는 g/kg)	농도(백만분율 ppm 또는 mg/kg)	농도(십억분율 ppb 또는 mg/1,000 kg)
부원소			
브롬(Br)	0.065	65	
스트론튬(Sr)		8	
붕소(B)		4	
규소(SI)		3	
불소(F)		1	
주요 미량원소			
질소(N)[a]		0.28	280
리듐(Li)			125
아이오딘(I)			60
인(P)			30
아연(Zn)			110
철(Fe)			6
알루미늄(Al)			2
망가니즈(Mn)			2
납(Pb)			0.04
수은(Hg)			0.03
금(Au)			0.0013

출처: Kennish, 1994
[a] 기체 질소가 녹은 것이 아니라 영양염 이온으로 존재하는 질소임.

당연히 물이 포함된다. 오늘날 해양은 이들 잉여 휘발성물질과 지표 풍화 산물의 잔해로 이루어져 있다.

해수에 들어 있는 물질 가운데 일부는 풍화와 대기 방출로 스며 나온 물질이 혼합된 것이다(**그림 7.4**). 식염은 좋은 예이다. 소듐 이온은 주로 암석이 풍화되어 공급되는 반면에 염소는 맨틀로부터 화산이나 중앙해령의 열곡을 통해 공급된다. 예상보다 적은 양이 있는 마그네슘과 황산염의 경우에는, 최근 갈라파고스 제도 동쪽의 해저 확장축에서 연구한 결과에 따르면 열곡으로 스며든 해수의 조성은 새로 만들어진 지각과 접촉하게 되면 바뀌게 된다. 새로 생겨난 해양판 틈새를 순환하는 해수에서 마그네슘을 비롯한 몇 가지 원소가 사라지는 것이 확실하다. 마그네슘은 광물 집적층에 흡수되는 것으로 보이고 그 대신 뜨거운 물이 암석을 녹일 때 칼슘이 해수에 더해지는 것으로 보인다

최근에 이루어진 연구에서 해산들 내부의 온도와 밀도 기울기로 비롯되어 대량의 해수가 뜨거운 돌덩어리와 접촉하게 된다는 것을 보여 주었다. 해양에는 약 15,000개의 해산이 있고, 이 내부를 순환하는 해수의 양은 열곡대에서 순환하는 양을 능가할지도 모른다.

놀랍게도 1~2백만 년 사이에 모든 해수가 열곡대의 해저를 한 번 순환하는 것으로 여겨진다.

용존 고체끼리의 일정한 비율 화학자 포치햄머(Georg Forchhammer)는 1865년에 해수에 들어 있는 용존물의 양, 즉 염분은 해수에 따라 다를 수 있지만 주성분 사이의 비율은 일정하다는 것에 주목했다. 다시 말해 염이 얼마이든 간에 장소에 관계없이 해수에서 각 종류

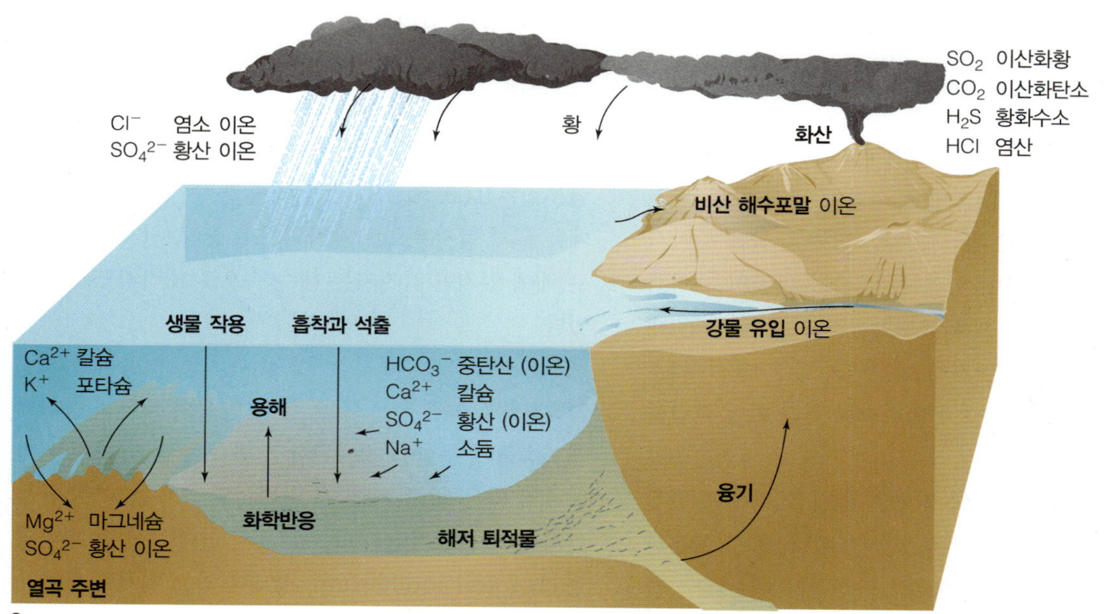

지표의 암석 위를 흐르는 강물, 화산활동, 지하수, 열수 샘과 냉수 샘, 생물의 사후 분해를 통해 이온들이 해수에 더해진다. 이온들은 해양에서 해수가 대양저산맥 주변에서 스며들어 화학적으로 붙들리거나 해수 비무, 생물 흡수, 퇴적, 그리고 최종적으로는 섭입됨으로써 제거된다.

활동 중인 열수 샘에서 과열된 해수가 솟구치고 있다. 최근에 갈라파고스 제도 동쪽의 해저 확장축에서 수행한 연구는 대양저산맥 열곡의 새로 만들어진 해저를 순환하는 해수에서 마그네슘을 비롯한 몇 가지 원소들을 제거하고, 그 대신 열수가 암석을 녹이면서 칼슘이 첨가된다고 제안했다.

그림 7.4 해수의 주성분을 조절하는 과정들.

의 염이 차지하는 비중은 같다는 것이다. 예컨대 해수에서 고체를 추출하면 염분이 높은 북대서양 해수이건 염분이 낮은 북극해 해수이건 상관없이 무게로 55.04%는 염소일 것이라는 말이다. 이것은 **포치햄머의 원리** 또는 **일정성분비의 원리**(principle of constant proportions)라고 불리게 되었다. 그는 강물을 농축시켰을 때에 비해 해수에 규소와 칼슘이 부족하다는 것을 처음 관찰하였으며 동식물이 껍데기 등 딱딱한 몸체를 만들고자 소비하는 것이 이를 설명할 수 있을 것이라고 생각한 첫 번째 학자였다. 십 년 뒤 챌린저호를 타고 분석했던 영국의 화학자 디트마(William Dittmar)는 포치햄머의 주장이 옳았음을 증명하였다. 포치햄머와

디트마의 업적을 바탕으로 분석기법이 향상되면서 염분에 대한 아주 믿을 만한 측정법이 확보되었다.

염소의 양으로 계산되는 염분 염분은 무게로 쉽게 재어지는 성질처럼 보인다. 그냥 해수를 증발시켜 남은 것을 재면 되지 않을까? 이런 단순한 방법은 물을 증발시켰을 때 화합물에 붙어 있는 물 분자를 완전히 제거시키기 어렵기 때문에 결과가 불확실하다. 물을 모두 내쫓기 위해 가열하면 예컨대 탄산염과 같은 일부 염은 분해되어 기체가 되어 날아가 버리고 원래 없던 화합물로 바뀌게 된다.

일정성분비의 원리에 따르면 염분을 알려면 단지 한 가지 주성분의 농도만 측정하면 된다. 염소 이온은 가장 많이 들어 있으며 비교적 측정하기 쉬운데다 늘 용존고체 총량의 일정 부분(55.04%)을 차지하기 때문에 해양화학자들은 염분 측정을 간편하게 해 주는 염소도 개념을 고안하였다. **염소도**(chlorinity)는 해수에 들어 있는 할로겐족 원소(염소, 불소, 브롬, 아이오딘)의 총량을 측정한 것이다. 국제협의를 거쳐 염분은 다음 식으로 구한다.

$$\text{염분}(‰) = 1.80655 \times \text{염소도}(‰)$$

평균 염소도는 19.2‰ 가량이고 이 경우 염분은 34.7‰이다.

해수 시료를 떠 올리는 방법은 깨끗한 양동이를 뱃전에서 던져 해수를 뜨는 간단한 방법부터 정교한 펌프-튜브 시스템에 이르기까지 다양하다. 해수를 채취하는 전형적인 방법은 채수병을 한꺼번에 여럿 사용하는 것이다(**그림 7.5**처럼). 채수병들을 배에서 내려 특정 깊이에서 전기 신호를 보내서 병을 닫는다. 그런 다음 채수병을 배로 끌어올려 물을 받아서 분석한다.

얼마 전까지만 하여도 화학자들은 질산은(silver nitrate) 용액으로 염소도를 재는 감도가 높은 방법을 써 왔다. 결과를 염분으로 환산하기 위해서는 방정식이나 몇 가지 환산표를 참조해야 했다. 이 방법은 이미 염소도 값을 정확하게 알고 있는 표준해수를 분석하여 보정하였다. 요즘 해양학자들은 해수의 전기전도도를 측정하는 **염분계**(salinometer)라 부르는 전자장비를 널리 사용하고 있다(**그림 7.6**). 전기전도도는 이온의 농도와 이동 능력 그리고 온도에 따라 달라진다. 염분계의 회로는 수온을 고려해서 전기전도도를 염분으로 환산한 결과를 표시한다. 염분계도 이미 염분과 전기전도도를 알고 있는 표준 물질을 사용해서 보정한다. 고성능 염분계는 0.001‰까지 정밀하게 잴 수 있다. 어떤 염분계는 원격 탐사용으로 제작되기도 한다. 전자장비 본체는 배에 있지만 감지기는 해수 속으로 내려지도록 되어 있다.

화학평형에 놓여 있는 해양 만일 암석의 화학적 풍화와 대기방출이 무한히 지속된다면 바다는 점점 짜져야 마땅하지 않은가? 육지에 갇힌 바다와 호수는 나이가 들면서 점점 짜지지만 바다는 그렇지 않다. 해양은 **화학평형**(chemical equilibrium) 상태에 있는 것처럼 보인다. 즉 단위 부피에 들어 있는 용존물의 비율과 양은 거의 일정하며 지난 수백만 년 동안에도 그랬다. 따라서 바다로 들어온 것은 어디론가 사라지는 것이 틀림없다.

지질학자들은 1950년대에 '정상상태 해양'이라는 개념을 제안했다. 이러한 생각은 해양으로 더해지는 이온들이 똑같은 속도로 제거된다고 보는 것이다. 이 이론은 해수가 더 이상 짜지지 않는 이유를 설명하는 데 도움을 준다. 이 아이디어는 1952년에 바쓰(T. F. W. Barth)가 **체류시간**(residence time)이란 개념을 만들어 냄으로써 구체화되었다. 이는 어느 원소의 원자가 해양에 머무르는 평균시간이라는 개념을 이끌어 내었다. 어느 원소의 체류시간은 다음 식으로 계산한다.

$$\text{체류시간} = \frac{\text{해수에 들어 있는 어느 원소의 양}}{\text{어느 원소의 해양 유입률(또는 제거율)}}$$

암석의 풍화와 맨틀에서 공급된 염들은 퇴적물로 제거되는 것과 균형을 이룬다. 녹아 있던 염은 결정이 만들어지며 침전하고, 생물체의 딱딱한 부분을 이루던 실리케이트나 탄산칼슘도 생물이 죽고 나면 천천히 바닥으로 가라앉는다. 퇴적물의 일부는 지판의 순환에 따라 섭입대(subduction zone)에서 맨틀 속으로 사라지게 된다. 각 용존물질의 유입량(강물 유입 + 대기방출)은 퇴적으로 제거된 양과 같아지게 된다.

각 원소의 체류시간은 화학적 활동도에 따라 결정된다. 알루미늄, 철과 같은 원소(이온)는 퇴적되기까지

Photo courtesy of William Cochlan, Ph.D., Hancock Institute for Marine Science, University of Southern California

그림 7.5 '장미꽃다발' 모양을 이룬 채수병들. 각각의 10리터 용량 니스킨 채수병은 예정한 깊이에 이르면 배에서 명령을 내려 병마개를 개별적으로 닫는다. 채수병은 배 위로 끌어올려지고 내용물을 받아 분석한다.

David Breiter, Jr.

그림 7.6 휴대용 염분계로 전기전도도는 물론 수온, pH, 용존산소도 함께 잰다. 조사선에서 줄에 매달아 내리도록 되어 있으며 자체 동력원을 갖추고 있어서 작은 펌프로 해수를 감지기로 흘려 준다. 이 기종은 초당 2회 자료를 수집하며 수심 200미터까지만 쓸 수 있다.(가장 깊은 수심에서 작동하는 기종도 있다.)

비교적 짧은 시간 동안을 해수에 머무른다. 한편 이들과 비교할 때 염소, 소듐과 마그네슘은 물에 수백만 년 넘게 머무른다. 해수 주성분 원소의 대략적인 체류시간은 **표 7.3**에 나와 있다. 물 또한 체류시간이 있다(**글상자 7.1** 참조).

만약에 해수의 조성 성분이 해수가 혼합되는 데 걸리는 시간보다 해수에 오래 머무른다면, 모든 해양에서 이러한 물질은 고르게 분포하게 될 것이다. 해류가 해수를 세차게 휘저어 주므로 해수의 **혼합시간**(mixing time)은 1,000년가량으로 여겨진다. 따라서 바다는 나이가 많으므로 이미 수십만 번 휘저어 준 셈이다. 해수 주성분의 체류시간은 아주 길기 때문에 확실하게 섞여서 포치햄머가 밝혀낸 일정성분비의 원리가 성립하게 된다.

해수의 성분은 보존성이거나 비보존성임 지금까지의 설명에 따르면 해수의 주성분 사이에 상대적인 비율은 일정하지만 부원소나 미량원소는 생물이 흡수하거나 배설하고, 지역별 지질학적 과정을 통해 더해지거나 없어지므로 변동하게 된다.

해수를 이루는 성분들 가운데 성분비가 일정하게 유지되고 있거나 변화가 아주 천천히 일어나는 성질을

표 7.3 해수 성분의 대략적인 체류시간

성분	체류시간(년)
염소 이온(Cl^-)	100,000,000
소듐(=나트륨) 이온[Na^+]	68,000,000
마그네슘 이온(Mg^{2+})	13,000,000
포타슘(=칼륨) 이온(K^+)	12,000,000
황산 이온(SO_4^{2-})	11,000,000
칼슘 이온(Ca^{2+})	1,000,000
탄산 이온(CO_3^{2-})	110,000
규소(Si)	20,000
물(H_2O)	4,100
망가니즈(Mn)	1,300
알루미늄(Al)	600
철(Fe)	200

출처: Breocker and Peng, 1982; Bruland, 1983; Riley and Skirrow, 1975

가진 것들을 **보존성분**(conservative constituent)이라 한다. 이들은 체류시간이 길다. 아주 당연하게 이들은 해수에 녹아 있는 물질 가운데 주성분을 이루며 **표**

글상자 7.1 초대형 순환

해수도 체류시간이 있다. 과학자들에 따르면 매년 바다에서는 334,000 km^3가 증발되고 있다. 해수의 총량을 대략 1,370 × 10^6 km^3이라 보면 매년 전체 해수의 0.024%가 증발하는 셈이다. 만약 비가 내리지 않고 강물의 유입이 없어서 보충되지 못하면 바다는 4,100년 뒤에 완전히 말라붙을 것이다.

지구 전체 규모로 살펴보면 해수 이외의 물도 따져 보아야 한다. 해양과, 호수, 강, 지하수, 그리고 얼음 등을 모두 더한 지표의 물은 1,399 × 10^6 km^3가량이다. 매년 증발(또는 강수)하는 물의 양은 396,000 km^3이다. 이 값으로부터 순환 시간이 4,100년으로 계산된다. 섭입대에서 맨틀로 사라지는 물을 제외하면 나머지 물들은 바다에 평균 4,100년 동안 머문다고 하겠다.

해양의 나이는 40억 년 이상이다. 따라서 바다가 생긴 다음 각각의 물 분자는 지금까지 이미 백만 번 이상 증발과 유입으로 바다로 들락거렸다는 결론이 나온다!

7.3의 윗부분에 있는 것들이다. 이 밖에 해수에 녹아 있는 비활성 기체와 물 자체도 보존성분이다.

비보존성분(nonconservative constituent)은 생물학적 과정이나 계절 변동 그리고 아주 짧은 시간에 벌어지는 지질학적 순환과 관련이 있는 물질들이다. 생물 과정과 깊숙이 관련된 성분으로는 식물의 광합성 결과로 방출되는 산소, 동물의 호흡으로 나오는 이산화탄소, 동식물의 딱딱한 부위를 만드는 데 쓰이는 규소와 칼슘, 그리고 단백질 등 생화학 반응에 관여하는 물질을 만드는 데 쓰이는 질소와 인이 있다. 알루미늄의 체류시간은 600년으로 아주 짧은 편이다. 그 이유는 알루미늄이 점토 등 입자에 잘 흡착하여 제거되기 때문으로 겨우 10 ppb(1억 개 중에 하나꼴) 수준으로 존재한다. 대부분의 미량원소에 대한 생물의 요구는 아주 큰 편이다. 또한 미량원소는 물에 녹지 않는 화합물을 만드는 성질을 지니고 있다.

어느 원소의 체류시간이 해수의 혼합시간인 1,000년보다 짧다면 이는 그 해역에서 이 원소에 대한 요구량이 크게 변동하고 있음을 나타낸다. 체류시간은 정상상태와 잘 혼합된 해양이란 가정 아래에서 정의되었기 때문에 해양의 혼합시간보다 짧은 체류시간은 단지 이 원소의 반응성이 높다는 점을 알려 준다.

개념점검

6. 해수의 염분은 어떻게 표기되는가?
7. 해수의 총괄성으로는 어떤 것이 있는가? 순수한 물도 이런 성질을 지니는가?
8. 해수에서 수소와 산소 말고 가장 많이 있는 원소는 무엇인가?
9. 해수에 녹아 있는 고체는 어디서 왔는가?
10. 일정성분비의 원리는 무엇을 말하는가?
11. 염분은 어떻게 측정되는가?

12. 체류시간이란 무엇을 뜻하는가? 해수도 자체적으로 체류시간을 갖는가?

7.3 해수에 기체가 녹는다

대기의 기체는 대개 표층을 통해 해수에 잘 녹아든다. 바다의 동식물이 살아가려면 용존 기체가 필요하다. 바다에 사는 어떤 동물도 물을 분해하여 직접 산소를 공급하는 능력을 지니고 있지 못하다. 그리고 식물도 물질대사에 필요한 이산화탄소를 충분히 만들어 내지 못한다. 해수에 녹아 있는 양에 따라 많은 것부터 질소, 산소, 이산화탄소의 순서를 따른다(**표 7.4**). 기체마다 물에 대한 용해도가 크게 다르기 때문에 해수에 녹아 있는 기체의 조성비는 대기와 크게 다르다.

고체와는 달리 기체는 찬물에 잘 녹아든다. 같은 양의 극지방 물은 열대 해역 물에 비해 용존 기체를 훨씬 많이 지니고 있다. **그림 7.7**은 온도에 따른 산소와 질소의 포화농도를 보여 준다. 열대 해역의 일부에서는 용존 산소의 농도가 너무 낮아서 동물이 살지 못하는 곳도 있다. 열대 해수는 오물이나 농경지에서 흘러드는 산소를 소비하는 오염물질마저 가세하여 스트레스를 더 받기도 한다.

용존 질소는 보존성을 지니는 반면에 생물이 활발하게 사용하는 산소와 이산화탄소는 비보존적인 성질을 나타낸다.

가장 많이 녹아 있는 질소 질소는 표층 해수에 녹아 있는 기체의 약 48%를 차지한다.(한편 대기에서는 부피로 따져 78%를 조금 넘는다.) 해양의 표층은 대개 질소에 대해 포화되어 있다. 즉 더 이상 질소가 녹아 들지 않는다. 생물은 단백질과 중요한 생화학 물질을 합성하는 데 질소를 필요로 하지만 몇 종을 제외하고는 대기나 해수에 들어 있는 질소 기체를 바로 쓰지는 못한다. 질소 기체는 특수한 생물이 먼저 사용 가능한 종류의 화학물질로 고정한 다음에나 쓸 수 있다. 나머지 생물은 자기들끼리 알아서 재활용해야만 한다.

생물에게 필수적인 산소 표층 해수에 녹아 있는 기체의 약 36%는 산소이다. 하지만 대기에 있는 산소의 양은 해수에 녹아 있는 양의 100배에 이른다. 해수 1리터에 평균적으로 약 6 mg의 산소가 녹아 있다(즉 무게로 따지면 100만분의 6조각이 산소이다). 이렇게 적은 양도 아가미로 숨 쉬는 동물에게는 더없이 소중하다. 해수에 녹아 있는 산소는 떠서 사는 식물과 식물플랑크톤이 광합성을 하며 내어놓은 것과 표층을 통해 확산해 들어온 것이다.

거대한 탄소 저장고인 해양 이산화탄소는 성장에 필요한 탄소의 원천으로 광합성에 매우 많이 요구되기 때문에 대기에 있는 이산화탄소의 양은 매우 작다(0.04%). 하지만 이산화탄소는 물에 아주 잘 녹아서 표층 해수에 녹아 있는 용존 기체의 15% 정도를 차지한다. 이산화탄소는 물 분자와 반응하여 탄산(H_2CO_3)을 만들어 내기 때문에 포화 상태의 질소나 산소보다 천 배나 더 녹을 수 있다. 하지만 식물에 의해 빠르게 소비되므로 실제로 녹아 있는 양은 가능한 최대값에 크게 못 미친다. 그래도 현재 해수에 녹아 있는 이산화탄소의 총량은 대기에 있는 양의 50배에 달한다.

이산화탄소가 해수에서 대기로 이동하는 속도보다 대기에서 해수로 이동하는 속도가 훨씬 빠르다. 이러한

표 7.4 대기와 해양의 주요 기체들

기체	대기 중 부피 퍼센트	해수 중 부피 퍼센트	해수 중 농도 ppm(무게)
질소(N_2)	78.08	48	10–18
산소(O_2)	20.95	36	0–13
이산화탄소(CO_2)	0.038 in 2008	15[a]	64–107

출처: Weihaupt, 1979; Hill, 1963.
[a] 해수에 탄산, 중탄산 이온, 탄산 이온으로도 존재함.

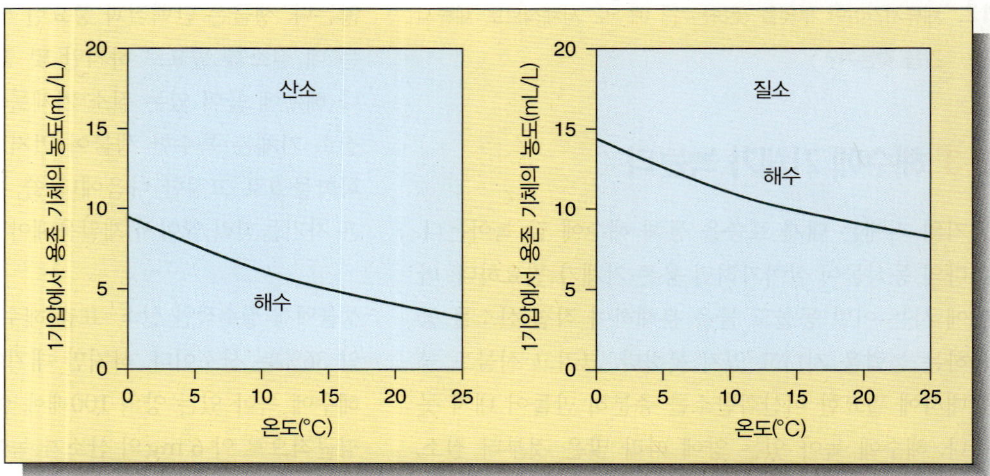

그림 7.7 해수에 대한 산소와 질소의 용해도 곡선. 기체의 용해도는 온도가 올라감에 따라 줄어든다.

이유는 녹은 이산화탄소의 일부가 탄산 이온을 만들기 때문이고 또한 많은 생물이 이것을 칼슘과 결합시켜 탄산칼슘으로 된 단단한 껍데기나 골격을 만드는 데 쓰기 때문이다. 이들 생물이 죽고 나면 이들의 껍데기와 뼈는 바닥으로 가라앉고 시간이 지나면 석회암이 만들어진다. 살아 있는 생물에 들어 있는 탄소 양의 4만 배나 되는 양이 퇴적물에 들어 있다. 즉 지표 탄소는 대부분 퇴적물에 들어 있다. 이런 탄소는 퇴적물이 용해되면서 이산화탄소로 바뀌어서 천천히 대기로 되돌려지는 순환과정에 합류한다. 지질학적 융기가 일어나면 탄산염 암석이 대기에 노출되어 산-염기 반응을 거쳐 이산화탄소로 바뀐다. 드러난 석회암에 산성인 비가 내리면 돌이 녹으면서 이산화탄소를 대기로 방출시키게 된다.(이런 순환은 그림 7.10에 나타나 있다.)

수심에 따라 바뀌는 기체의 농도 **그림 7.8**은 용존 산소와 이산화탄소의 농도가 수심에 따라 달라지는 모습을 보여 주고 있다. 이산화탄소의 농도는 깊어질수록 늘어나지만 산소는 대개 중층 깊이까지 줄어들다가 바닥으로 가며 다시 늘어난다. 표층에서 용존 산소의 농도가 높은 것은 빛이 잘 드는 표층에서 광합성이 활발한 결과의 부산물이다. 식물과 식물성 생물이 물질 대사에 이산화탄소를 필요로 하기 때문에 표층의 이산화탄소 농도는 낮은 경향이 있다. 햇빛이 드는 최상층의 아래에서 산소가 줄어드는 것은 박테리아와 해양 동물들이 호흡을 하기 때문인데, 이때 내놓은 이산화탄소가 균형을 깬다. 수심이 깊은 곳에서는 산소 농도가 조금 높아지는데 이러한 깊이에서는 산소를 사용하는 동물이 얼마 없는데다가 산소가 풍부한 극지방의 표층 해수가 가라앉은 것이 심해수의 가장 큰 기원이기 때문이다.

개념점검

13. 고체는 찬물보다는 따뜻한 물에 빨리 녹는다. 기체도 마찬가지인가?
14. 해양에 가장 많이 녹아 있는 기체는 무엇인가?
15. 열대 해역에 이따금씩 산소 공급이 부족해지는 이유는 무엇인가? 이것이 해양 생물에게 영향을 미치는가?
16. 이산화탄소를 해양에 보관할 수 있는가? 대기와 해양에 있는 이산화탄소의 양을 비교해 보라.

7.4 해양의 산-염기 균형은 녹아 있는 성분과 수심에 따라 달라진다

6장에서 본 바와 같이 물이 해리해서 수소 이온(H^+)과 수산 이온(OH^-)으로 분리될 수 있다. 순수한 물에서 두 이온의 농도는 같다. 만일 두 이온 농도 사이에 균형이 깨지면 산성이나 알칼리성 용액으로 변한다. **산(acid)**은 용액으로 수소 이온을 내어놓는 물질이다. **염기(base)**는 용액에서 수소 이온을 받는 물질이다. 염기성 물질을 지닌 용액을 알칼리성(alkaline) 용액이라고도 부른다.

용액의 산도 또는 알칼리도는 **pH 척도(pH scale)**로 표현하는데 이는 용액 안의 수소 이온 농도를 측정

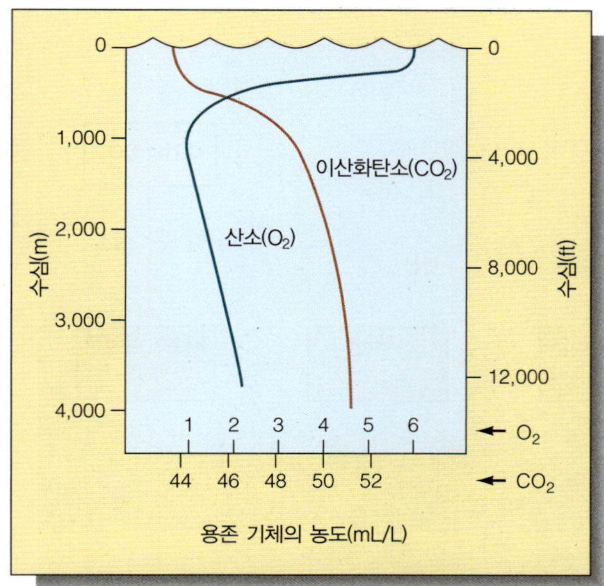

그림 7.8 수심에 따른 산소와 이산화탄소의 농도 변화. 산소는 광합성 식물이 내놓기 때문에 표층에서 농도가 높다. 광합성이 일어나는 층 아래에서 산소는 박테리아와 동물들의 호흡과 이곳을 천천히 침강하는 작은 생물의 사체 분해에 사용되어 줄어든다. 한편 이산화탄소는 표층에서 광합성에 쓰인 결과로 농도가 낮다. 어두운 곳에서는 광합성이 일어나지 않으므로 동물과 박테리아의 호흡으로 배출된 이산화탄소가 쌓여 늘어나기 시작한다. 이산화탄소는 수심이 깊어질수록 수온이 내려가고 수압이 커지면서 용해도가 높아져서 늘어난다.

한 것이다. 용액에 수소 이온이 더 많이 들어 있으면 산성이고 수산 이온이 남아돌면 염기성이다. **그림 7.9**에는 pH 척도와 우리에게 친숙한 몇 가지 용액의 pH가 나와 있다. 눈금은 로그를 취한 것으로 한 눈금의 변화는 수소 이온 농도가 10배 변한 것을 뜻한다. 따라서 요즘 쓰이는 무인 세제는 해수보다 염기성이 천 배 강하고 블랙커피는 물보다 산성이 백 배 강하다. 순수한 물은 중성으로 pH 값은 7이다. 값이 작아질수록 수소 이온의 농도가 많아지는 것으로 산성이 강해지며 7보다 값이 커질수록 수소 이온의 농도가 줄어들어 염기성이 강해진다.

해수의 pH는 평균 8.0 정도로 약염기성이다. 이산화탄소가 제법 많이 해수에 녹아 있는 점에 비추어 보면 뜻밖이다. 이산화탄소가 물과 반응해서 만들어 내는 탄산은 약한 산성을 띠는데 어째서 해수는 약염기성이 될까? 이산화탄소가 물에 녹으면 실제로는 몇 가지 화학종으로 존재한다. 탄산(H_2CO_3)은 그 가운데 하나일 뿐이다. 수용액에서 탄산의 일부는 수소 이온을 물로

그림 7.9 수소 이온농도(pH) 척도. pH 7이 중성이고 이보다 작으면 산, 이보다 크면 염기를 나타낸다. 해양의 pH는 약 8 근방으로 약한 염기성을 띤다.

내놓으며 중탄산이온(HCO_3^-)과 탄산이온(CO_3^{2-})이 된다.

이 반응은 다음과 같다.

1단계: $CO_2 + H_2O + H_2CO_3$

2단계: $H_2CO_3 + HCO_3^- + H^+$

3단계: $HCO_3^- + H^+ + CO_3^{2-} + 2H^+$

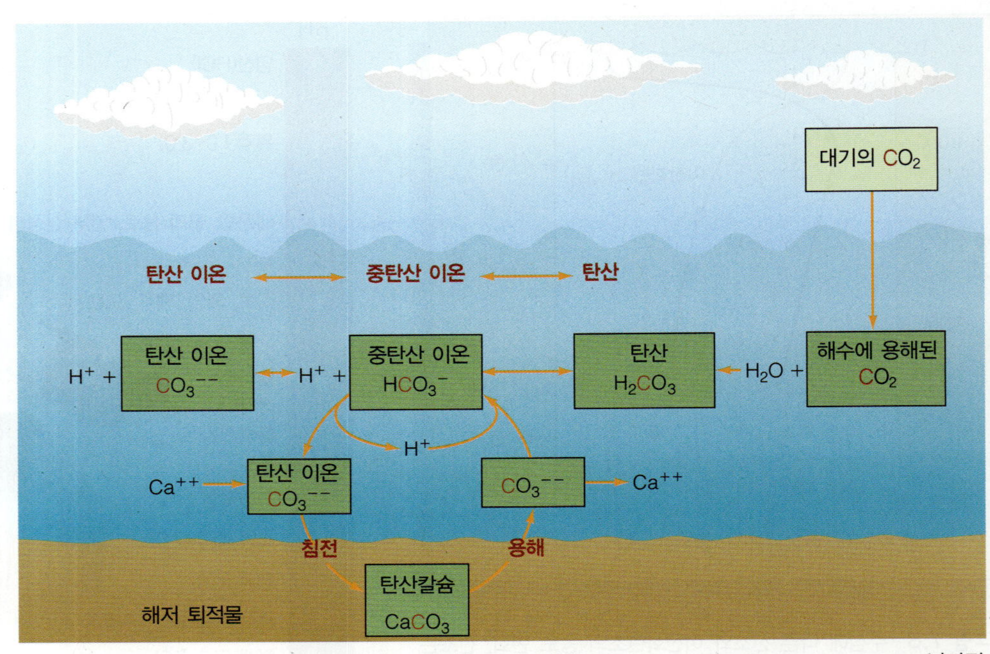

그림 7.10 이산화탄소(CO_2)는 물과 쉽게 결합하여 탄산(H_2CO_3)을 만든다. 탄산은 수소 이온을 하나 내놓고 중탄산 이온(HCO_3^-)이 되거나 둘을 내놓고 탄산 이온(CO_3^{2-})이 될 수 있다. 중탄산 이온의 일부는 해리해서 탄산 이온이 되고 해수의 칼슘 이온과 결합해서 탄산칼슘($CaCO_3$)이 되는데 많은 종류 해양생물이 골격이나 단단한 껍데기를 만드는 데 이 방법을 쓴다. 탄산칼슘 분비생물이 죽은 다음에 탄산칼슘 몸체는 해저로 침강해서 탄산염 퇴적물이 되었다가 언젠가는 다시 용해된다. 화살표가 지시하는 바대로 이들 화학반응은 양방향으로 일어날 수 있다.

1단계에서 이산화탄소는 물과 결합하여 탄산을 만들어 낸다. 2단계에서 탄산은 재빨리 중탄산 이온과 수소 이온으로 해리한다. 물에 녹은 이산화탄소는 대부분이 중탄산 이온을 만드는 데서 그친다. 몇몇 중탄산 이온과 수소 이온이 결합하여 3단계에서 탄산 이온과 두 개의 수소 이온을 만들어 낸다. pH가 주어지면 이산화탄소, 탄산, 중탄산 이온과 탄산 이온과 수소 이온 사이에 평형이 이루어지게 된다. 그런데 pH가 바뀌면 어떻게 될까?

만약 산을 해수에 더해 주면(하수 배수 또는 화산 폭발) 산성 용액으로 되어 pH는 낮아지고 남아도는 수소 이온을 제거하기 위해 반응은 1단계 쪽으로(왼쪽으로) 진행될 것이다. 반대로 염기를 해수에 더해 주면 알칼리성 용액으로 되어 pH는 높아지고 수소 이온을 내놓기 위해 반응은 3단계 쪽으로(오른쪽으로) 진행될 것이다. 이러한 거동은 산이나 염기가 더해졌을 때 pH의 변동폭이 크게 바뀌는 것을 막아 주는 **완충작용**(buffer)을 한다. 강물이나 호수에는 용존 무기탄소의 양이 적어서 완충 능력이 크게 떨어진다. 그래서 하수구나 산성비를 통해 산이나 염기가 흘러들면 pH 변동폭이 크다.

그림 7.10은 이러한 반응이 해양에서 진행되는 상황을 보여 주고 있다. 정상적인 해수의 pH(pH가 8.0보다 약간 높은)에서 무기탄소 화합물의 90%가량은 중탄산 이온으로 있다. 이산화탄소는 당을 만드는 광합성에 쓰인다. 용존 이산화탄소가 줄게 되면 중탄산 이온이 해리해서 CO_2를 만들어 낸다. 탄산 이온은 수소 이온과 결합하여 중탄산 이온을 보충해 준다. 이는 해양 생물 껍데기나 퇴적물에 들어 있는 탄산칼슘($CaCO_3$)의 용해로 이어진다.

해수는 약알칼리성으로 유지되지만 약간의 변동도 가능하다. 예컨대 식물 성장이 빠르게 일어나는 곳에서는 이산화탄소가 소모되어 pH가 올라가게 된다. 반응은 수소 이온을 제거하는 1단계 쪽으로 진행된다. 대개 표층의 수온이 높은 편이므로 이산화탄소가 녹아드는 양은 일단 적다. 그래서 따뜻하고 일차생산이 활발한 곳의 pH는 8.5 근방이다. **그림 7.11**에서는 pH에 따라 탄산, 중탄산 이온, 탄산 이온의 상대적인 농도가 어떻게 달라지는지를 보여 준다. 해수의 평균 pH는 8로서 이 경우 중탄산 이온이 가장 우세한 형태이다. 그림에 보이듯이 산성 용액에서는 탄산, 염기성 용액에서는 탄산 이온이 주종을 이룬다.

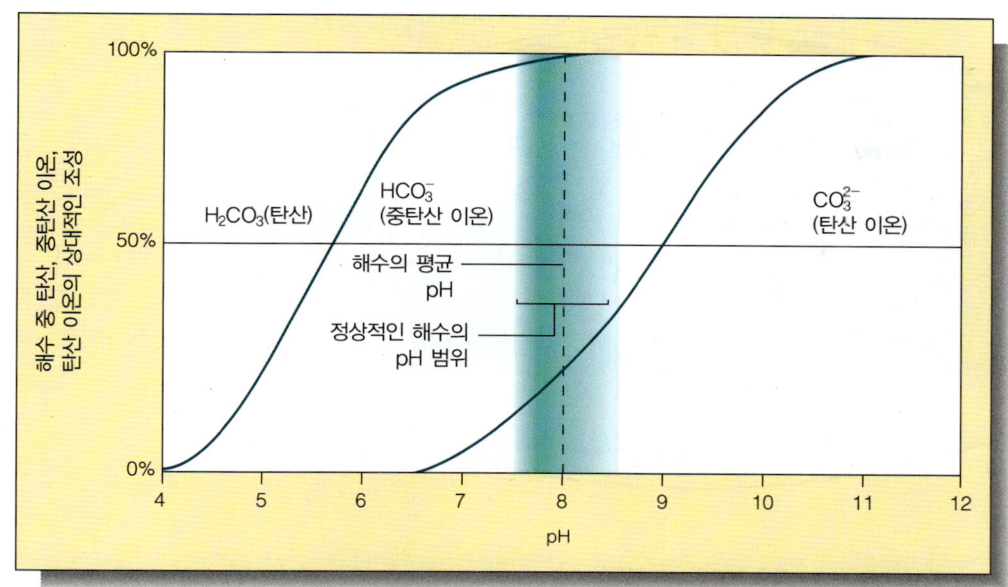

그림 7.11 pH에 따른 탄산, 중탄산 이온, 탄산 이온의 상대적인 조성비. 해수의 평균 pH는 8가량으로 이런 상태에서 중탄산 이온이 압도적으로 많다. 그림은 산성 용액에서는 탄산이, 염기성 용액에서는 탄산 이온이 주된 화학종임을 보여 준다.

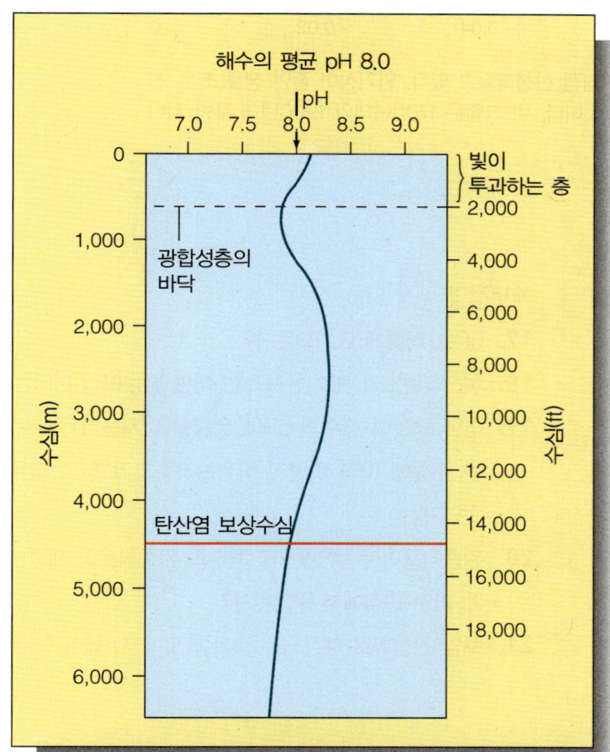

그림 7.12 수심에 따른 해수 pH의 변동. 평균적인 탄산염 보상수심(CCD)은 붉은 줄로 표시했다. CCD에 대한 간략한 설명은 그림 5.15를 참고하라.

중층이나 심층에서 이산화탄소의 농도는 표층보다 높아질 수 있다. 공급원은 동물의 호흡과 햇빛이 잘 드는 표층에서 떨어지는 생물 잔해의 분해(미생물 호흡)이다. 수온은 낮고, 압력은 아주 크고, 광합성을 하는 식물도 살지 않으므로 이렇게 늘어난 이산화탄소는 해수의 pH를 낮추어 깊이에 따라 염기성이 줄어든다(**그림 7.12**). 이 결과 수심 4,500 m에서 pH는 7.5 정도로 낮아진다. 이 정도가 되면 퇴적물에서 칼슘을 포함하는 해저토를 용해시킬 수 있다. 심해저에서 해저 세균이 산소를 소비하고 황화수소를 내놓으면 pH는 7까지 내려갈 수 있다. 5장에서 심해에서 탄산칼슘을 포함하는 퇴적물이 거의 발견되지 않았다고 한 것을 떠올리기 바

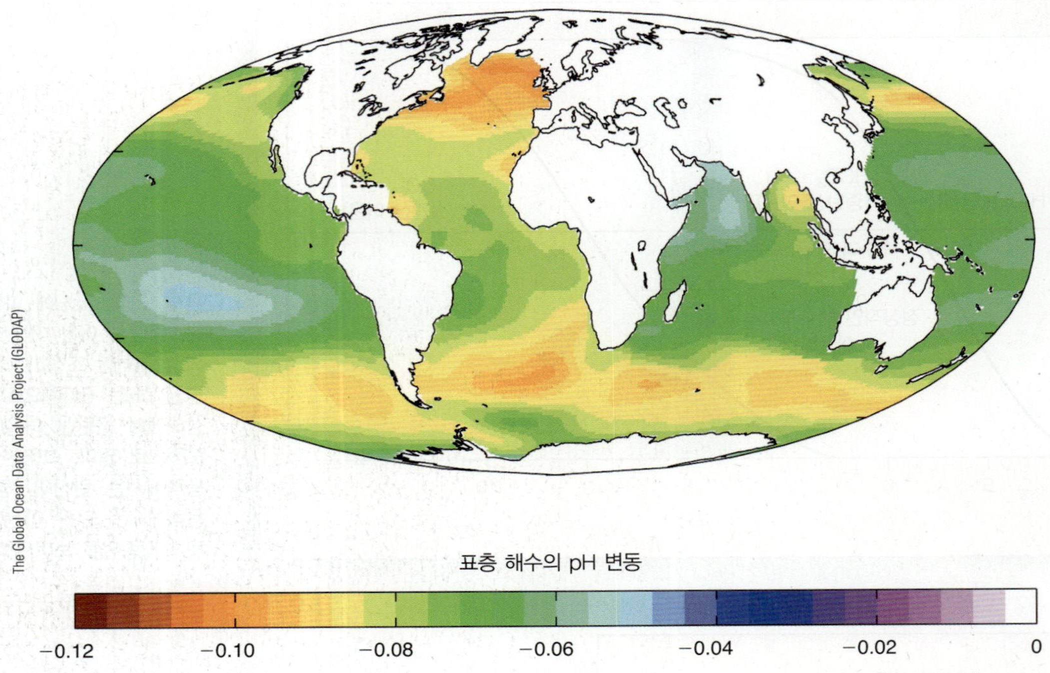

그림 7.13 해양은 대기에서 여분의 이산화탄소를 흡수하면서 점점 산성화되고 있다. 염기성이 줄면 생물(조개, 산호 등)이 탄산칼슘을 가진 딱딱한 몸체를 만드는 것이 어려워질 것이다. 위 그림은 1700년대와 1900년대 후반 사이에 일어난 표층 해수의 pH 변화를 보인 것이다.

란다. 이제 **그림 5.15**의 탄산염 보상수심이 더 잘 이해되는가?

18장에서 보게 되겠지만 산업이나 운송에 필요한 에너지를 공급하고자 화석연료를 태워서 이산화탄소가 대량으로 생산되었다. 해양은 이런 잉여 이산화탄소의 천연적인 제거원 노릇을 하고 있다. 탄산이 추가로 생성되어 해양의 염기성이 줄고 있다. 실제로 산업혁명이 시작된 이래 표층 해수의 pH는 0.1 눈금만큼 줄었으며, 2100년까지는 해양이 인류기원 이산화탄소를 추가로 흡수해서 pH는 0.3~0.5 눈금만큼 더 줄 것으로 보인다(**그림 7.13**). 탄산칼슘 보상수심이 얕아져서 해양의 생산성이 높은 표층의 생태적 균형이 바뀌게 될 것인가? 인류의 무모한 지구규모 실험은 진행 중이다.[4]

개념점검

17. pH는 어떻게 표기되는가?

18. 이산화탄소가 해수에 녹으면 어떤 반응이 일어나는가?

19. 어떤 요인이 해수의 pH에 영향을 미치는가? 해수의 pH는 수심에 따라 어떻게 바뀌는가? 그리고 그 이유는 무엇인가?

20. 완충작용이란 무엇인가? 해수의 완충작용이 해양 생물에게 어떤 관점에서 중요한가?

21. 해양 산성화로 예상되는 결과를 몇 가지 들어 보라.

[4] 18.2절을 미리 훑어 보아 두는 것도 흥미로울 것임.

학생들의 질문

1. 만일 맨틀에서 물질 유입(대기방출)이 지속되고 있다면, 왜 해양은 커지지 않는가? 지금쯤이면 육지를 덮었어야 하는 것 아닌가?

그렇다. 맨틀에서 대기방출이 지속되고 있다. 하지만 동시에 물이 맨틀로 들어간다. 몇몇 지질학자는 맨틀이 약간 수축되고 있어서 해양분지가 깊어지고 있으므로 해수를 더 채울 수 있다고 생각한다. 그리고 지질학적 과정은 대륙지각을 불리고 있고 물은 섭입대에서 빨려 들어간다. 비록 화산 활동을 통해 수증기로 일부는 되돌아 나오지만 나머지는 맨틀로 되돌려지게 된다. 아마도 이런 것들이 균형을 맞추어 주고 있는 듯하다.

2. 산소는 바다에 있는 양의 100배가 대기에 있다고 한다. 어떻게 그럴 수가 있는가? 무게로 치면 물의 86%는 산소이지 않은가?

그렇다. 물의 86%는 산소이다. 하지만 산소는 물 분자(H_2O)에 수소와 아주 강력하게 결합하고 있다. 대기에 들어 있는 산소와는 달리 물에 들어 있는 산소는 생물이 호흡에 사용할 수 없다. 물고기도 아가미로 물 분자 속의 산소를 걸러 내지 못한다. 해양 동물은 모두 용존 산소만 사용할 수 있다. 단지 O_2만이 아가미 막을 통과할 수 있다. 대기와 비교하면 단지 소량의 산소가 해수에 녹아 있다.

3. 2009년 기준 시가로 해수 1 km^3에는 1,400만 달러어치의 금이 들어 있다. 이를 수거하면 국가의 빚을 갚을 수 있지 않겠는가?

말이 쉽지 어려운 일이다. 우선 금을 수거하기 위해서는 복잡한 화학 처리 장비가 필요하다. 그래도 일단 따져 보기 위해 손을 한 번 휘저으면 금이 침전하는 마술을 가지고 있다고 하자. 이제 필요한 것은 마술을 부리기 위해 큰 탱크로 해수를 퍼 올리기만 하면 되는데 운이 나쁘게도 수 mm의 해수를 탱크로 끌어올리는 데에 드는 돈이 거의 금값에 맞먹는다. 제1차 세계대전에서 패한 독일의 경제학자는 패전 보상금을 마련하기 위해 금의 추출에 대한 경제성을 살펴보았다. 시도해 보았으나 결과는 헛수고였다. 빈손으로 쉽게 부자가 되기는 어렵다.

4. 바닷물에는 필수적인 자원이 상당히 풍부하게 들어 있다. 해수에서 유용 자원을 수거하는 것이 장차 경제성이 있겠는가?

있다. 이미 1940년대에 해수에서 마그네슘을 상업적으로 추출하기 시작했다. 해수를 수산화칼슘과 염산으로 처리하면 염화마그네슘이 침전한다. 이것을 회수해서 전기분해하면 염소 기체(공정에 필요한 염산을 만드는 데 다시 쓰임)와 금속 마그네슘을 얻게 된다. 마그네슘은 알루미늄 합금을 만드는 데 필수 첨가물로서 이로부터 비행기, 식음료 캔, 자동차 부품을 만들어 낸다.

여러 가지 비금속도 바닷물에서 추출한다. 예를 들어 브롬(Br)은 자동차 윤활유, 사진 필름, 염료와 살충제 제조에 중요하게 쓰이는데 이것은 농축한 해수나 소금 결정에서 추출한다. 그리고 17장에서 다룰 터이지만 소금 그 자체가 아주 중요한 실물 자원이다.

요약

이 장에서 우리는 물이 천연적인 다른 어떤 용매보다 물질을 녹이는 데 뛰어난 능력을 가지고 있다는 것을 배웠다. 대부분의 고체와 기체가 물에 녹지만 해양은 화학평형에 놓여 있어서 해수에 녹아 있는 대부분의 물질의 양과 비율은 시간에 따라 크게 변하지 않는다. 해수에 녹아 있는 물질들로 인해 해수는 순수한 물과는 성질이 아주 다르다.

해수의 3.5%(35‰)는 용해된 고체로 이루어져 있

다. 이들은 거의 모두 이온으로 녹아 있지 소금으로 들어 있지 않다. 해수에 가장 흔한 이온은 염소 이온, 소듐 이온, 황산 이온 순이다. 해수는 강물이나 빗물이 농축된 것이 아니다. 해수의 화학 조성은 해저 확장 중심의 지각을 통한 순환과 기타 화학적, 생물학적 과정에 따라 바뀐 것이다.

대체로 기체는 해양 표면에서 해수에 잘 녹는다. 해양 식물과 동물은 살아가는 데 이들 기체를 필요로 한다. 상대적인 용존 농도는 질소, 산소, 이산화탄소 순이다. 해수에서 용존 기체들 사이의 상대적인 비율은 대기에서와 크게 다른데 이는 기체마다 물에 대한 용해도 차이가 크기 때문이다.

다음 장에서 대기와 해양이 한데 어우러져 지구의 날씨와 기후, 역사를 어떻게 만들어 놓는지를 배우게 될 것이다. 앞서 논의했던 열, 온도, 대류, 용존기체, 그리고 지질학적 순환이 한데 엮여 쓰이게 될 것이다. 여러분은 폭풍, 열대 생물, 사막, 그리고 열기구 경주가 해양과 깊이 연관되어 있음을 알고 크게 놀라게 될 것이다!

주요 용어

미량원소(trace element)
보존성분(conservative constituent)
비보존성분(nonconservative constituent)
산(acid)
알칼리성(alkaline)
염기(base)
염분(salinity)
염분계(salinometer)
염소도 (chlorinity)
완충작용(buffer)
용매(solvent)
용액(solution)
용질(solute)
이온(ion)
이온결합(ionic bond)
일정성분비의 원리(principle of constant proportions)
잉여 휘발성분(excess volatile)
체류시간(residence time)
총괄성(colligative property)
침전(precipitate)
포치햄머의 원리(Forchhammer's principle)
포화(saturation)
혼합물(mixture)
혼합시간(mixing time)
화학평형(chemical equilibrium)
확산(diffusion)
pH 척도(pH scale)

학습문제

익힘문제

1. 해양의 물은 어디서 왔는가? 더 나아가 '별' 에서부터 찬찬히 기원을 더듬어 보라.
2. 일정성분비의 원리에 기초한 염분 결정 방법은 어떤 화학적 방법인지 설명해 보라.
3. 식용 소금에 들어 있는 소듐과 염소 이온의 지구 안의 기원은 어디인가?
4. 분석기법 관점에서는 해수에 염이 없다. 이 말의 뜻은 무엇인가?
5. 해수에서 보존성분과 비보존성분은 어떻게 다른가? 각 부류의 예를 들어 보라.
6. 대기와 비교해서 해수에 훨씬 많은 비율로 녹아 있는 기체는 무엇인가? 그리고 차이가 나는 이유가 무엇인가?
7. 물 분자(H_2O)에는 산소가 들어 있다. 그런데 어류가 이를 호흡에 쓰지 못하는 이유가 무엇인가? 왜 용존 산소만을 쓸 수 있는가?

응용문제

1. 두 개의 작은 용기(각각 10 mL)를 가지고 있다. 한쪽은 해수로 그리고 다른 쪽은 민물로 채웠다. 이제 한 방울씩 묽은 염산을 각 용기에 떨어뜨려 주면서 용액을 저어 주자. 염산 방울을 떨구고 매번 pH를 잰다. 민물에서 염산의 방울 수와 pH의 관계는 어떤 모습을 보이겠는가? 해수의 경우에는 어떻겠는가? 그 차이를 설명하라.
2. 해수에서 용존 이산화탄소의 농도는 크게 요동치는데 반해 염소 이온(Cl^-)의 농도가 일정한 이유는 무엇인가?
3. 염소도가 13.4‰ 인 해수의 염분은 몇 ‰ 인가?

8 대기의 순환

주요 목차

- 대기와 해양은 상호작용을 한다
- 대기는 주로 질소, 산소, 수증기로 구성되어 있다
- 대기는 불균등한 태양 가열과 지구 자전에 반응하여 움직인다
- 대기순환은 대규모 바람의 패턴을 만든다
- 폭풍은 대규모 대기순환의 변화이다
- 대서양의 2005년 허리케인은 기록상 가장 파괴적이었다

핵심개념

1. 지구의 해양과 대기는 태양에 의해서 불균등하게 가열되는데, 극지방보다 적도 근처에서 더 많은 태양에너지가 흡수된다. 이러한 가열의 차이에 반응하여 대기가 움직인다.
2. 북반구에서 움직이는 물체는 초기 경로의 오른쪽으로 편향되는 경향이 있다(남반구에서는 왼쪽으로 편향된다). 이 경향을 코리올리 효과라고 한다.
3. 대기는 여섯 개(각 반구에 세 개씩)의 커다란 회로를 이루어 순환한다. 이 대기 순환세포들은 불균등한 가열로 구동되며 그 운동 방향은 코리올리 효과의 영향을 받는다.
4. 폭풍은 대규모 대기순환의 변화로 생긴다. 폭풍은 두 기단 사이에서(전선폭풍), 혹은 단일 기단 내에서(열대저기압) 형성된다.
5. 해양이 열대지방에서 끓거나 극지방에서 얼어붙지 않는 것은 대기의 순환이 열을 고위도로 운반하기 때문이다. 더구나 열대저기압은 태양에너지를 적도에서 극지방으로 퍼붓는(증발잠열의 형태로) '안전밸브'의 역할을 한다.

풍력발전기는 공기의 운동에너지를 역학적 에너지와 전기에너지로 변환한다. 덴마크 해안 40 km 밖에 설치된 이 발전기는 2.3메가와트의 전력을 생산한다. 각 날개는 45 m 길이에 무게는 3,400 kg이다. 75개 중의 하나인 이 구조물의 높이는 80 m이다. 바람 부는 날에는 덴마크 전체가 거의 완전하게 풍력으로 전기를 공급받게 된다. 워싱턴 기념관 크기에 가까운 큰 구조물이 설치되고 있다!

Jorgen Schytte/Peter Arnold Inc.

변화하는 대기 적도와 극지방 사이의 열 불균형은 바람과 표층 해류를 일으킨다. 이 장에서 알게 되겠지만 바람은 아무렇게나 부는 것이 아니라 장기간에 걸쳐서 예측 가능한 패턴을 만든다. 이 패턴을 알아냄으로써 우리는 바람과 물이 가진 에너지의 작은 부분까지 잡아내어 이용할 수 있는 것이다.

스탠퍼드 대학의 최근 연구는 전 세계의 지상 고도 80 m(대형 풍력발전기의 높이)에서 잠재적인 풍력을 추정하였다. 모두 8,000곳을 조사한 후에 13%의 지역에서 풍속이 6.9 m/sec 이상으로 풍력발전의 경제성이 충분한 것으로 결론지었다.

해양에 플랫폼을 띄워서 설치하는 대형 터빈도 화석연료 발전과 경제적인 경쟁력이 있으므로 기후변화를 악화시키는 석탄과 석유의 소비를 크게 줄일 수 있다. 현재 개발 중인 이 진보된 터빈이 해안에서 멀리 설치되면 대형 풍력단지를 반대하는 해안 주민들과의 마찰도 피할 수 있다.

그렇지만 터빈을 더 크게 만드는 것은 기술적인 도전이 따른다. 새로운 터빈은 지상 95 m 높이에 세워질 것이고, 바람개비의 직경이 140 m가 될 것이다(그림 참조)! 축구장보다 더 큰 구조물이 일 분에 열두 번씩 계속 회전한다고 상상해 보라. 거대한 바람개비의 날개와 높은 탑의 무게를 줄이기 위해서 합성섬유를 사용하고 현재 바람개비로부터 전기로 에너지를 변환하는 무거운 장치를 대체할 계획이 추진되고 있다.

바람과 해류로부터 에너지를 생산하는 것에 대해서는 17장에서 더 배울 것이다.

8.1 대기와 해양은 상호작용을 한다

대기(atmosphere)는 지구를 둘러싸고 있는 기체, 수증기, 그리고 여러 입자들의 덩어리이다. 지구의 대기와 해양은 서로 얽혀 있어서 기체와 물이 자유롭게 교환된다. 해양으로부터 대기로 들어오는 기체들은 기후에 중요한 영향을 끼치고, 대기로부터 해양으로 들어가는 기체는 퇴적물의 침전과 생물의 분포, 그리고 바닷물 자체의 물리적 특징에 영향을 줄 수 있다. 해양 표면에서 증발하고 공기의 거대한 움직임인 **바람**(wind)에 의해 운반되는 물은 전 세계의 온도가 극단적으로 되지 않도록 해 주며 비를 통해서 농업에 습기를 공급해 준다. 그리하여 우리의 일상생활에 막대한 영향을 끼치는 날씨는 바람과 물이 합쳐져서 만들고 대기의 흐름은 바닷물의 움직임에도 큰 영향을 준다. **날씨**(weather)란 특정 장소와 시간에서의 대기의 상태를 말하며 **기후**(climate)란 어떤 장소의 오랜 기간에 걸친 평균적인 날씨이다. 날씨와 기후를 만드는 대기와 해양의 상호작용을 이해하기 위해서 우리는 우선 대기의 조성과 성질들을 알아보도록 한다.

개념점검

1. 해양 표면에서 증발하는 물(그리고 후에 응결하여 만들어진 비)은 지구의 온도를 어떻게 조절하는가?
2. 날씨와 기후는 어떻게 다른가?

8.2 대기는 주로 질소, 산소, 수증기로 구성되어 있다

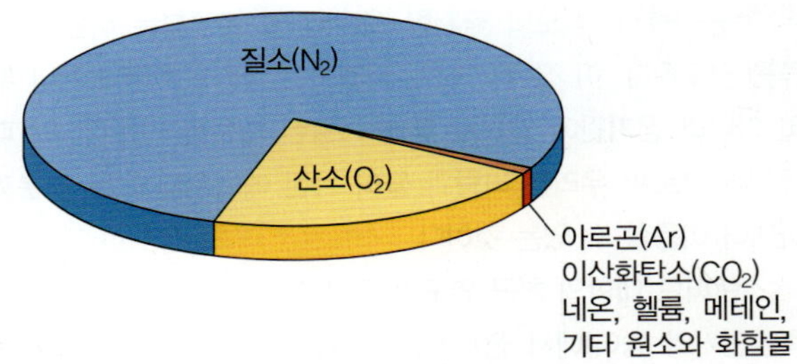

그림 8.1 건조한 대기의 부피에 따른 평균적인 조성.

하층 대기는 기체들이 거의 균일하게 혼합되어 있는데 질소가 가장 풍부하고(78.1%) 그 다음이 산소(20.9%)이다. 다른 원소나 화합물은 **그림 8.1**과 같이 전체 조성의 1% 미만이다.

공기는 완전히 건조하지 않아서 물의 기체형태인 **수증기**(water vapor)는 부피의 4% 정도를 차지한다. 물은 어떤 때는 구름이나 안개의 물방울 형태로 눈에 보이기도 하지만 보다 많은 경우에 땅이나 식물 그리고 바다의 표면으로부터 대기로 유입되어 안 보이는 상태로 존재한다. 수증기가 대기 하층부에 체류하는 기간은 대략 10일쯤이다. 물은 이슬, 비, 혹은 눈으로 응결됨으로써 대기를 떠난다.

공기는 질량을 가진다. 해수면으로부터 대기의 맨 꼭대기까지 공기 기둥은 밑면적 1 cm^2당 대략 1.04 kg이 된다. 같은 높이의 1 m^2 공기기둥은 10톤보다 무겁다.

온도와 공기 중의 수분 함량은 밀도에 많은 영향을 준다. 열과 관련된 분자의 운동은 따뜻한 공기가 같은 질량의 찬 공기보다 더 많은 공간을 차지하도록 하므로 따뜻한 공기는 찬 공기보다 밀도가 작다. 하지만 우리가 상상하는 것과는 반대로 같은 온도에서 습한 공기는 건조한 공기보다 밀도가 작은데, 그 이유는 수증기 분자들이 질소나 산소분자들보다 덜 무겁기 때문이다.

지표면 근처에서 공기는 자신의 무게로 인해 꽉 다져져 있다. 해수면에서 더 높은 고도로 올라가는 공기는 더 작은 압력을 받게 될 것이며 팽창할 것이다. 타이어 밸브를 열었을 때 차가운 공기가 나오는 것을 느껴 본 사람이라면 공기가 팽창하면서 냉각된다는 것을 알고 있을 것이다. 반대 효과도 잘 알고 있듯이 타이어 펌프 안에 압축되는 공기는 따뜻해진다. 높은 고도에서 해수면 쪽으로 내려오는 공기는 높은 대기압으로 압축되면서 따뜻해진다.

따뜻한 공기는 찬 공기보다 더 많은 수증기를 함유할 수 있다. 상승하고 확장하며 차가워지는 공기 안의 수증기는 작은 물방울이 뭉쳐진 구름으로 응결될 것인데, 그 이유는 찬 공기가 예전처럼 많은 수증기를 갖고 있을 수 없기 때문이다. 만약 상승하고 차가워지는 것이 지속된다면 이러한 물방울들은 빗방울이나 눈송이로 뭉쳐질 것이다. 그러면 대기는 액체 혹은 고체의 물이 지표면으로 떨어지는 **강수**(precipitation)의 형태로 물을 잃게 되는 것이다. 이러한 상승-확장-냉각 그리고 하강-압축-가열의 관계는 대기의 순환, 날씨, 그리고 기후를 이해하는 데 중요하다(**그림 8.2**).

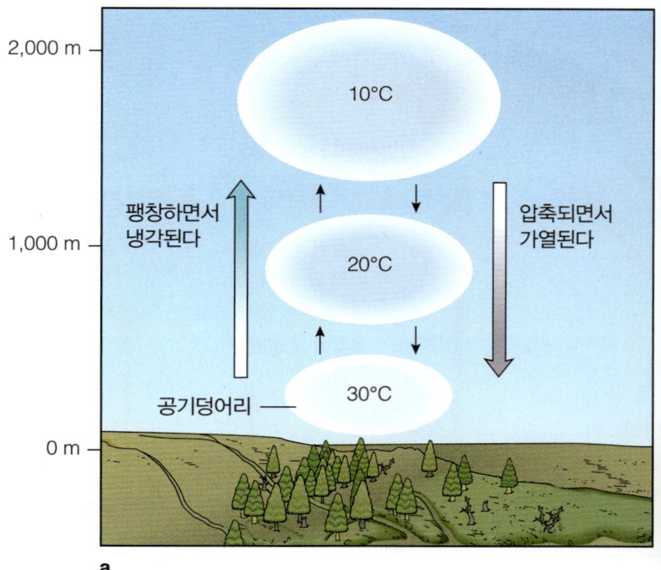

상승하는 공기는 팽창하면서 냉각된다. 찬 공기는 수분을 적게 함유하므로 수증기는 응결하여 매우 작은 물방울인 구름이 된다. 하강하는 공기는 압축되면서 더워지고 물방울(구름)은 증발한다.

바다 위의 김안개(steam fog)는 증발이 활발함을 보여 준다. 수증기는 보이지 않지만 상승하면서 냉각되면 눈에 보이는 물방울로 응결한다.

그림 8.2

개념점검

3. 대기의 조성은 어떠한가?
4. 더운 공기와 찬 공기 중 어느 쪽이 수증기를 더 많이 함유할 수 있는가?
5. 같은 온도와 압력이라면 어느 쪽의 밀도가 더 큰가? 습윤한 대기 아니면 건조한 대기?
6. 공기가 팽창할 때 온도는 어떻게 변하는가? 압축될 때에는?
7. 수증기를 함유한 공기가 상승할 때 어떤 일이 일어나는가?

8.3 대기는 불균등한 태양 가열과 지구 자전에 반응하여 움직인다

대기순환은 햇빛으로 구동된다. 태양의 복사에너지 중에서 약 22억분의 1만을 지구가 받아들여서 평균적으로는 대기의 맨 위에서 평방미터당 7백만 칼로리이고 지구 전체로는 17조 킬로와트로 엄청나다! **그림 8.3**과 같이 들어오는 에너지의 약 51%를 육지와 바다 표면이 흡수한다. 해양에서 빛이 얼마나 많이 투과하는지는 여러 가지 요인에 따라 다르다: 즉 입사각, 해상(표면)상태, 얼음이나 거품의 유무 등.

단파 복사인 태양에너지의 51%는 지구 표면에 도달하며, 이 열에너지는 장파인 적외선 복사와 전도, 증발을 통해서 대기로 방출된다. 대기는 육지와 해양같이 이 열을 장파 적외선 복사의 형태로 외계로 돌려보낸다. 지구에 대한 열의 유입과 유출을 대조하는 것이 **열수지**(heat budget)이다. 개인의 재정수지와 같이 수입은 최종적으로 지출과 같아져야 한다. 장기간에 걸쳐서 유입되는 열의 총량(지구 내부에서 나오는 것을 포함하여)은 외계로 방출되는 열과 같아야 한다. 그럼으로써 지구는 **열평형**(thermal equilibrium)을 이루게 된다: 따라서 특별히 더워지거나 추워지지 않는다.[1]

지구의 태양 가열은 위도에 따라 다르다 비록 열수지가 지구 전체에 대해서는 균형을 이루더라도 위도에 따라서는 그러하지 못하다. **그림 8.4**와 같이 극지방에 닿는 햇빛은 적도 지역보다 더 넓은 면적에 퍼진다(즉 단위

[1] 짧은 기간에는 열평형에 변동이 일어난다. 대기에 이산화탄소와 메테인의 양이 증가하면 대기는 지구온난화(global warming)라는 표면 온도의 증가를 야기한다. 이 주제에 대해서는 18장에서 더 다룬다.

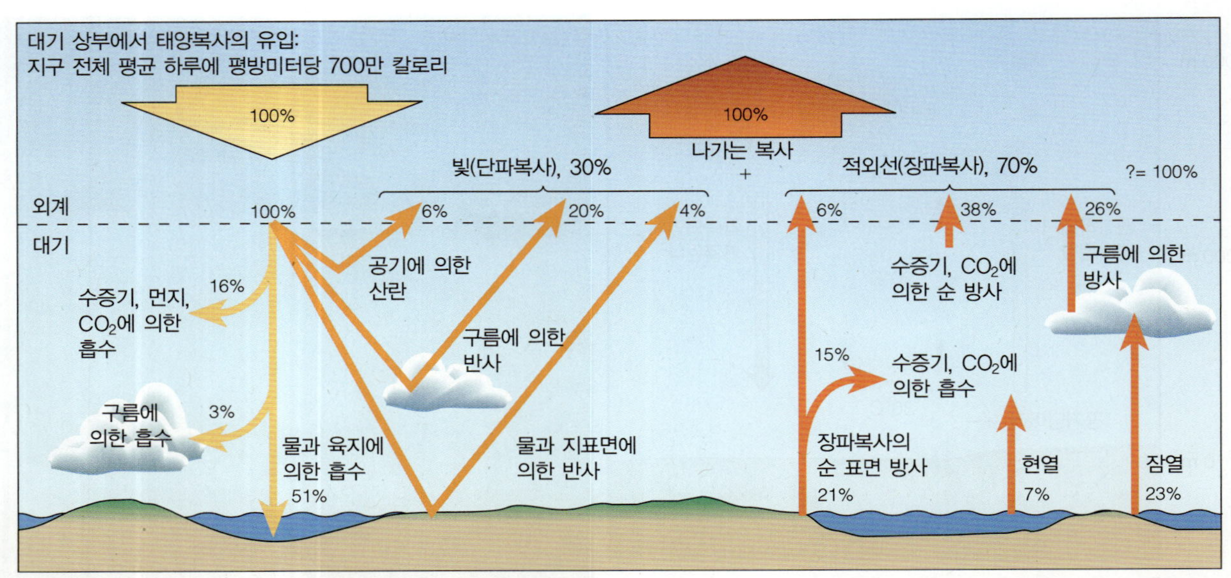

그림 8.3 지구의 열수지. 평균적으로 대기 상층부에 도달하는 태양에너지의 약 반이 지표면에서 흡수된다. 표면에서 흡수되는 빛에너지(단파)는 열로 변환된다. 열은 적외선(장파) 복사로서 지구를 떠난다. 장기간에 걸쳐서 들어오는 것과 나가는 것이 같기 때문에 열수지는 평형을 유지한다.

면적당 받는 복사량이 더 적다). 또한 극지방에서는 더 많은 대기를 통해서 빛이 걸러지며 낮은 각도 때문에 반사도 많이 된다. 극지방은 또한 겨울 동안에는 햇빛을 전혀 받지 못한다. 반면에 열대 지역에서는 햇빛이 거의 수직으로 들어와서 같은 양의 햇빛이 더 작은 면적에 분포하게 된다. 그리고 빛이 대기를 짧게 투과하고 반사도 최소화된다. 열대 지역은 그래서 극지방보다 훨씬 많은 에너지를 받으며, 중위도 지역은 겨울보다 여름에 더 많은 열을 받아들인다.

그림 8.5는 위도에 따른 열의 유입과 유출을 보여 준다. 적도 부근에서 받아들이는 태양에너지가 외계로 복사되는 열의 양보다 많고 극지방에서는 이와 반대이다.

그러면 왜 극지방은 얼어붙지 않고 적도의 해양은 끓어 넘치지 않는 것일까? 그 이유는 물 자체가 적도와 극지방 사이에 거대한 양의 열을 움직이기 때문이다. 물의 열적 성질은 극-적도의 불균형을 해소하기에 이상적이다. 물의 열용량은 해류를 통해서 극 쪽으로 많은 열을 운반하지만 물의 지극히 큰 증발잠열(540 cal/g)은 수증기의 형태로 훨씬 많은(단위 질량당) 열을 옮긴다는 것을 뜻한다. 극 쪽으로 운반되는 열의 2/3를 대기(수증기)의 움직임이 담당하고 해양은 나머지 1/3을 이동시킨다.

태양에 의한 지구의 불균등 가열은 계절에 따라서도 다르다 북반구의 중위도에서 매일 받는 태양에너지는 12월에 비해서 6월에 약 3배 많다. 이 차이는 지구의 자전축이 공전 면에 대해서 23.5° 기울어졌기 때문이다(**그림 8.6**). 자전축의 일정한 기울기로 인해서 지구가 태양 주위를 공전하는 동안에 북반구는 6월에 태양 가까운 쪽으로, 12월에는 멀어지는 쪽으로 향한다. 그러므로 태양은 여름에 높이 뜨고 겨울에는 낮아진다. 자전축의 기울기는 또한 여름에 낮이 길어지고 겨울에는 짧아지게 만든다. 낮이 길어진다는 것은 태양이 그만큼 더 지표면을 가열한다는 뜻이다. 그리하여 계절이 생긴다.

중위도의 가열은 계절의 영향을 크게 받는다: 북반구의 중위도 지역은 6월에 12월보다 3배의 햇빛을 받는다.

태양에 의한 지구의 불균등 가열은 대규모의 대기순환을 일으킨다 적도 부근의 태양에너지의 집중은 대기에 큰 영향을 끼친다. 우리는 따뜻한 공기가 상승하고 찬 공기는 하강을 한다는 사실을 잘 알고 있다. 차가운 창문의 반대편에 난방기가 있는 방의 공기순환을 생각해 보자(**그림 8.7**). 따뜻해진 공기는 팽창하며 밀도가 작아지고 난방기 위로 상승한다. 차가운 창문 근처에서 공기는

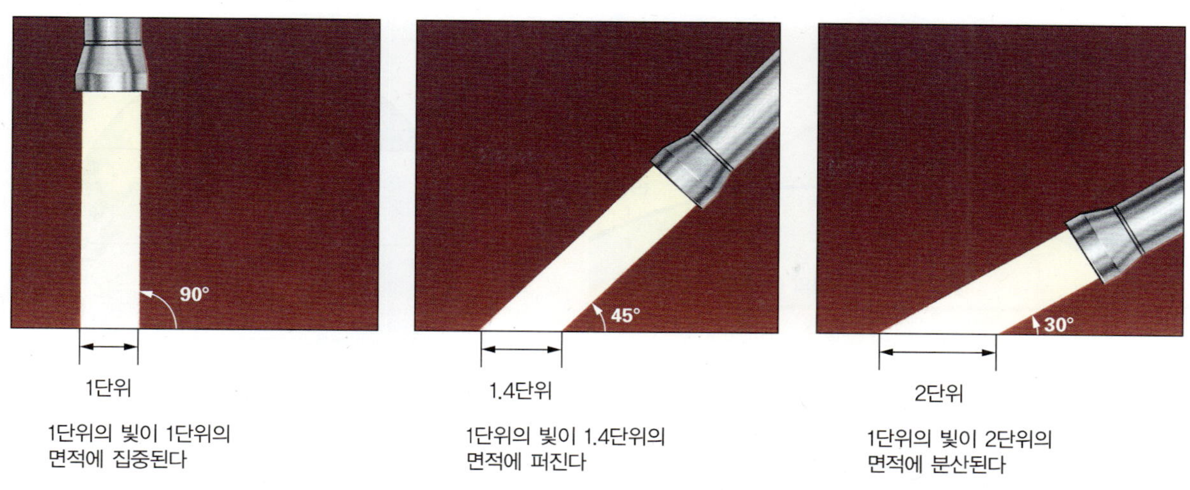

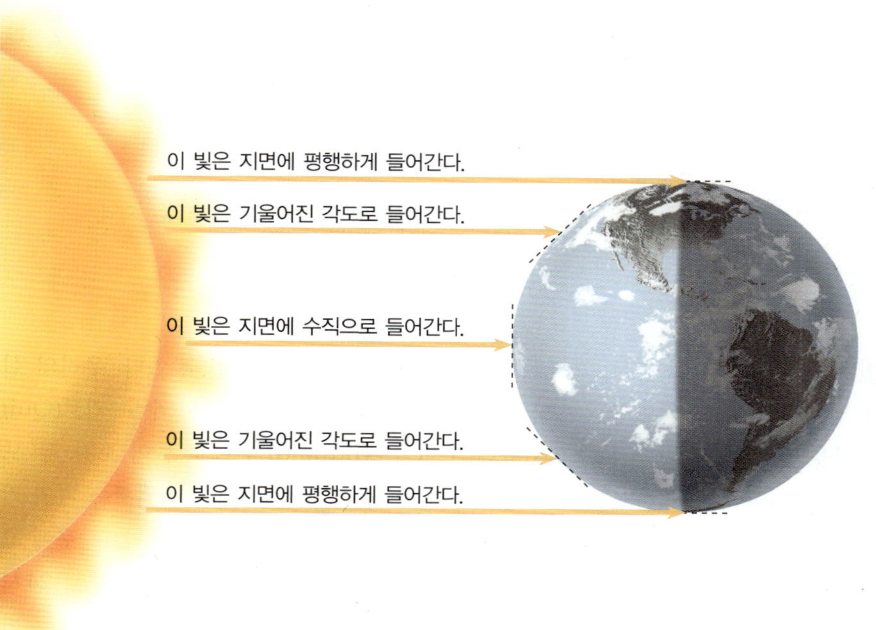

그림 8.4 들어오는 태양에너지의 위도에 따른 차이. 동일한 양의 햇빛이 극지방에서는 더 많은 표면적에 퍼진다. 극지방의 얼음은 표면에 도달하는 에너지의 많은 부분을 반사한다.

차가워지고 수축되며 밀도가 커져서 하강한다. 방 안을 도는 공기의 흐름을 **대류성 흐름**(convection current)이라고 하는데 이는 방 양쪽의 온도차 때문에 일어난다.

비슷한 과정이 지구의 표면에서도 일어난다. 앞에서 본 바와 같이 표면온도는 극지방에서보다 적도에서 더 높으며, 공기는 따뜻한 주위환경에서 열을 받는다. 공기는 지구표면 위를 자유롭게 움직일 수 있기 때문에 **그림 8.8**과 같은 순환 패턴이 발달할 것으로 가정할 수 있을 것이다. 이러한 이상적인 모델에서 공기는 열대지방에서 가열되어 팽창하며 밀도가 작아져서 고위도로 올라가고 극지방에 모여서 쌓이게 될 것이다. 그러면 공기는 또다시 냉각되고 우주로 열을 내보내며 수축되어 표면으로 가라앉고 다시 적도로 향하여 이 순환을 완성하게 될 것이다.

그러나 이런 일은 생기지 않는다. 지구의 대기순환은 불균등한 태양의 가열과 지구의 자전, 이 두 요인의 지배를 받는다. 지구가 동쪽으로 자전함으로써 움직이

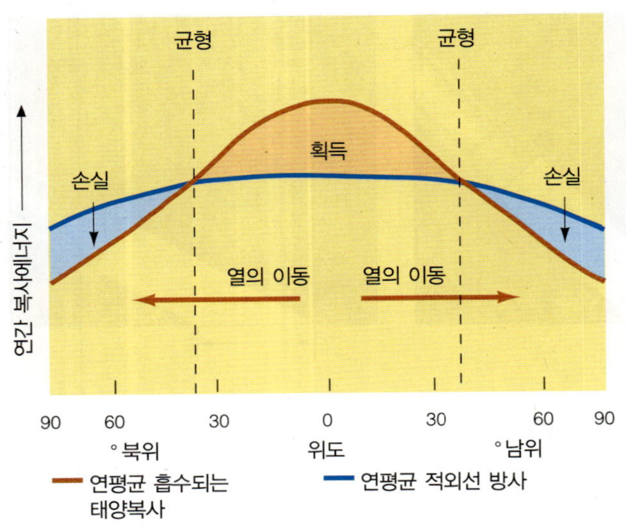

a

일 년 동안 평균적으로 흡수되어 들어오는 태양복사(붉은 선)가 방사되는 적외선 복사(파란 선)와 함께 도시되어 있다. 극지방에서는 외계로 잃는 열이 얻는 것보다 많고, 열대 지역은 잃는 것보다 얻는 것이 많음에 유의하자. 남 · 북위 약 38°에서만 받아들이는 복사량만큼 잃어버린다. 열을 얻은 면적(황색 부분)과 열 손실의 면적(청색 부분)이 같기 때문에 지구 전체의 열수지는 균형이 맞게 된다.

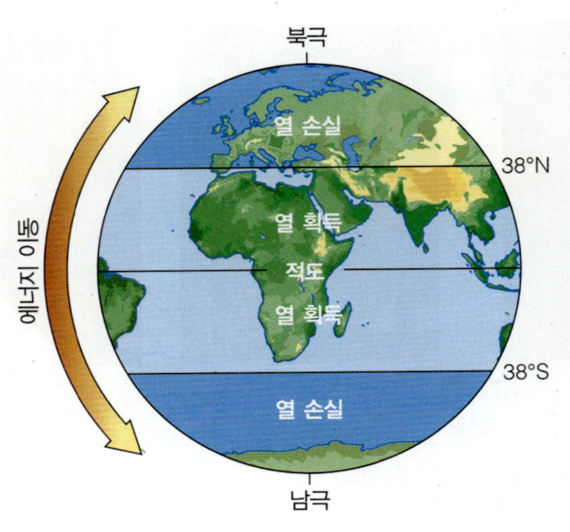

b

열이 바람과 해류에 의해서 적도에서 극 쪽으로 전달되기 때문에 해양은 적도에서 끓거나 극지방에서 얼어붙지 않는다.

그림 8.5 지표면에서 열을 얻는 지역과 잃는 지역.

는 공기나 물(혹은 질량을 가진 어떤 움직이는 물체)을 그것이 가진 원래의 경로에서 벗어나게 한다. 이러한 편향은 이에 대한 수학적인 계산을 한 프랑스 과학자 **코리올리**(Gaspard Gustave de Coriolis)의 이름을 따서 **코리올리 효과**(Coriolis effect)라고 한다.

코리올리 효과를 이해하는 것은 대기와 해양의 순환을 이해하는 데 중요하다.

코리올리 효과는 움직이는 물체를 편향시킨다 지구에 있는 관찰자에게 지구를 가로질러 자유롭게 움직이는 물체는 원래의 경로보다 약간 휘게 보인다. 북반구에서 이러한 곡선은 예상 경로보다 오른쪽 혹은 시계방향이며 남반구에서는 왼쪽 혹은 반시계방향이다. 지구의 관찰자에게 이러한 편향은 실제로 일어나는 것이어서 어떤 신비로운 힘에 의한 것이 아니며 눈의 환각 작용도 아니고 지구 모양 자체에 기인하는 다른 어떤 착각도 아니다. 관찰되는 편향은 회전하는 지구 위에 있는 관측자의 이동좌표계 때문에 생기는 것이다.

이러한 편향의 영향은 실제의 물체—여기서는 도시와 포탄—를 가지고 상상 속의 실험을 하고 그 원리를 대기순환에 응용하여 이해할 수 있다. 우리의 실험을 위해서 적도에 있는 에콰도르의 수도 키토(Quito)와 뉴욕의 버펄로(Buffalo)를 예로 들어 보자. 두 도시의 경도는 거의 비슷하므로(79°W) 버펄로는 거의 키토의 정북쪽에 있다(**그림 8.9**처럼). 자전하는 지구에 고정되어 있는 다른 것들처럼 이 도시들도 지구를 24시간에 한 바퀴 돈다. 하루 동안 두 도시의 남북관계는 변하지 않는다. 키토는 언제나 버펄로의 정남쪽에 위치하고 있다.

지구를 한 바퀴 도는 것은 360°이니까 각 도시는 한 시간에 15°(360°/24시간 = 15°/시간)의 각속도를 가지고 동쪽으로 움직인다. 이들의 각도는 같지만 두 도시는 서로 다른 속도로 움직인다. 키토는 지구의 가장 뚱뚱한 부분인 적도에 있다. 버펄로는 훨씬 북쪽인 더 홀쭉한 부분에 있다. 각 도시들이 평평한 디스크에 놓여 있다고 상상해 보자. 그리고 지구는 이러한 디스크들이 북극과 남극을 잇는 막대기에 모두 묶여 있다고 생각해 보자. 그림 8.9처럼 버펄로의 디스크가 키토의 디스크보다 작으며 이로 인해 더 작은 원둘레를 가지고 있는 것을 볼 수 있다. 버펄로는 키토보다 디스크가 작

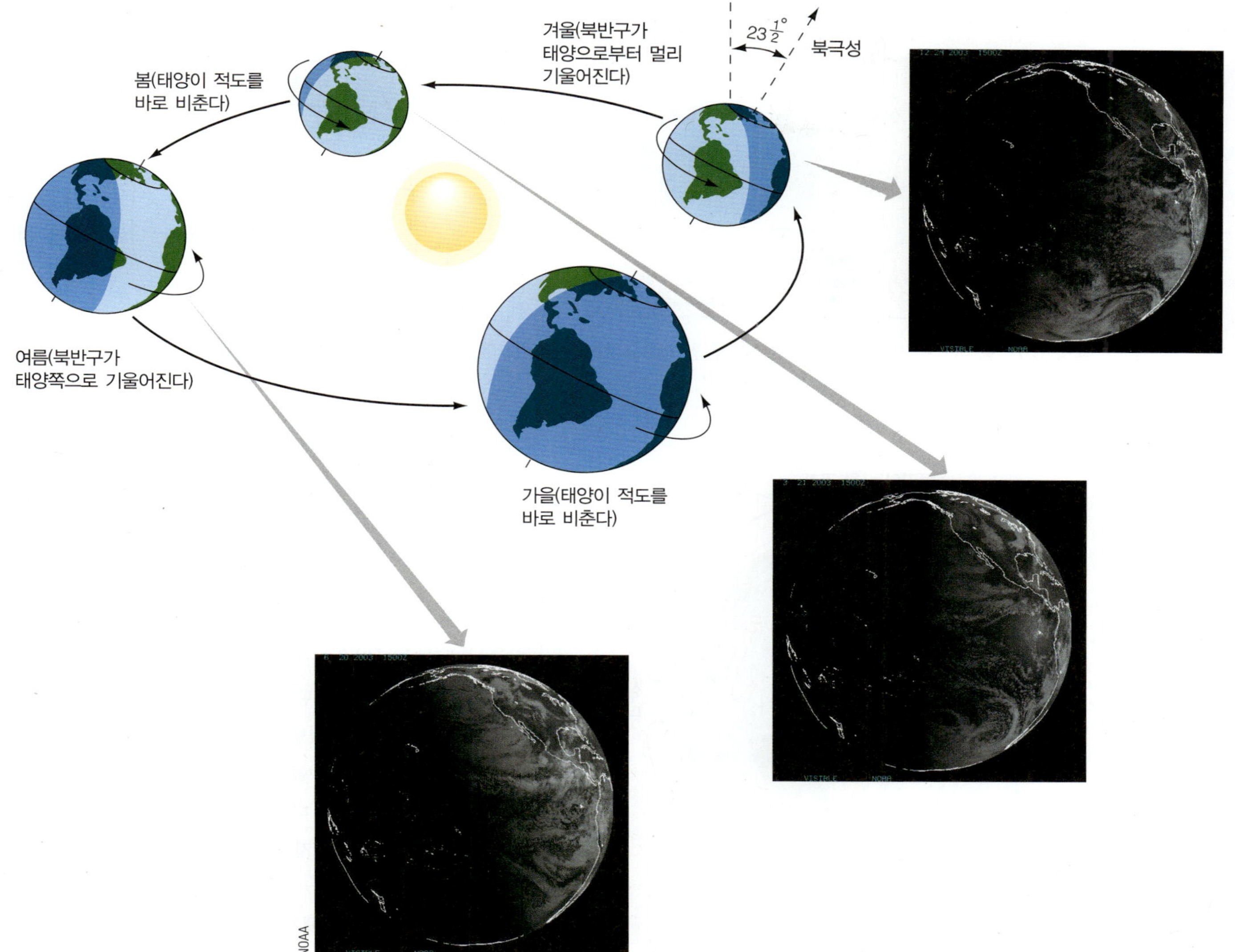

그림 8.6 계절(여기서는 북반구에 대해서만 보여 준다)은 지구가 자전축이 23.5° 기울어진 채로 태양을 돌면서 받는 태양에너지의 변화 때문에 생긴다. 북반구의 겨울에 남반구는 태양 쪽으로 기울어지고 북반구는 적은 양의 햇빛과 열을 받는다. 북반구의 여름에는 상황이 뒤바뀐다. 인공위성 영상에서 12월, 9월, 6월에 햇빛 비치는 각도가 상당히 다르다는 것을 분명히 알 수 있다.

기 때문에 하루에 키토만큼 움직이지 않아도 된다. 그 말은 버펄로는 동쪽으로 키토보다 훨씬 천천히 움직여야 키토의 북쪽 위치를 유지할 수 있다는 말이 된다.(**그림 8.10**은 다른 방법으로 설명을 해주고 있다.)

그림 8.11과 같이 북극 위에서 지구를 내려다보도록 하자. 키토 디스크와 버펄로 디스크는 시간당 15°씩 회전을 해야 한다(그렇지 않으면 지구는 찢어질 것이다). 하지만 적도에 있는 도시는 동쪽으로 15°를 회전하기 위해서는 더 빨리 움직여야만 한다. 그 이유는 그에 해당하는 파이가 더 크기 때문이다. 버펄로는 1,260 km/h를 움직여야 하루에 한 바퀴를 돌지만 키토는 1,668 km/h로 움직여야만 한다.

이제 두 도시 사이를 움직이는 무거운 물체를 상상해 보자. 키토에서 버펄로 방향인 북쪽으로 발사한 포탄은 키토에서의 동쪽 성분을 가지고 움직일 것이다. 그러니까 북쪽으로의 속력과는 상관없이 포탄은 동쪽으로 1,668 km/h로 움직이고 있을 것이다. 대포를 북쪽으로 쏘았다는 사실은 그것의 동쪽으로의 움직임에 조금도 변화를 주지 않는다. 포탄이 북쪽으로 가면서 매우 이상한 일이 벌어진다. 포탄은 원래 가던 북쪽의

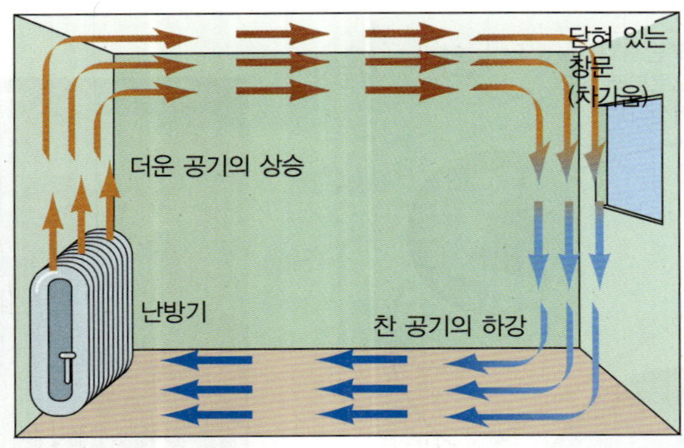

그림 8.7 공기가 뜨거운 난방기로부터 차가운 창 쪽으로 갔다가 되돌아올 때 생기는 대류성흐름.

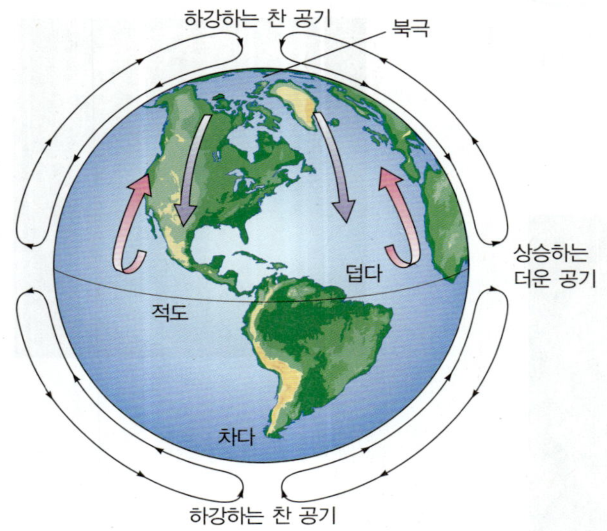

그림 8.8 불균등한 태양 가열만 요인으로 작용할 때의 가상적인 대기순환의 모형.(대기의 두께는 이 그림에서 매우 과장되어 있다.)

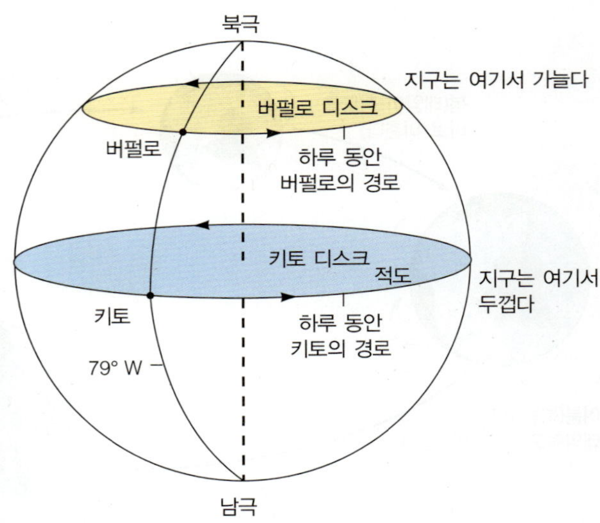

그림 8.9 회전하는 지구에서 키토보다 버펄로가 더 짧은 거리를 움직인다는 것을 보여 주는, 본문에서 묘사된 가상실험의 모식도.

길에서 약간 오른쪽(동쪽)으로 휘어지게 된다(**그림 8.12**). 실제로 이 포탄은 우주에서의 관찰자가 예상한 대로 움직이는 것일 것이다. 하지만 우리처럼 바닥에 있는 관찰자들에게 포탄은 지구를 앞서 달리는 것으로 보일 것이다. 이 포탄이 북쪽으로 날아가는 동안 그 밑에 있는 바닥은 더 이상 동쪽으로 1,668 km/h로 움직이고 있는 것이 아니므로 버펄로(가 있는 작은 디스크)는 포탄이 떨어지는 곳까지 동쪽으로 이동하지 않았다. 포탄이 다다르는 시간이 1시간이라면 버펄로에서 동쪽으로 408 km(1,668[키토의 속력] − 1,260[버펄로의 속력] = 408) 떨어진 도시 올버니는 예상치 못한 일을 겪게 되어 당황스러울 것이다.

이해하기 어려운가? 그럼 이렇게 생각하자: 북쪽으로 움직이는 포탄은 어떤 의미에서는 키토에서 발사되기 전에 이미 가지고 있던 동쪽 방향 속도를 가지고 있다. 포탄이 표적에 도달할 때면 표적은 뒤에 처지게 된다(그곳에서의 지구는 더 느리게 움직이므로). 그래서 포탄은 원래 목표했던 지점보다 동쪽에 떨어지는 것이다. 이제 괜찮은가?

이제 만약 버펄로에서 키토 방향인 남쪽으로 대포를 쏜다면 상황은 뒤바뀔 것이다. 이 두 번째 포탄은 발사되기 전에 이미 동쪽으로 1,260 km/h의 속력으로 움직이고 있다. 일단 발사 후에는 남쪽으로 움직이면서 이 포탄은 동쪽으로 보다 빠른 속도로 움직이는 지구의 부분들을 지나가게 된다. 포탄은 다시 예상했던 경로에서 약간 오른쪽으로 틀어져서(그림 8.12 다시 참조) 에콰도르의 서쪽인 태평양에 떨어지는 것처럼 보인다. 여기서 '보인다' 라는 말에 현혹되지 않기를 바란다. 포탄들은 정말로 오른쪽 혹은 시계방향(clockwise)으로 곡선을 그리게 된다. 우주에 있는 관찰자에게만 직선으로 가는 것으로 보일 것이며 지구의 점들은 포탄 아래에서 움직이는 것으로 보일 것이다.

코리올리 효과는 우리의 회전좌표계에 따르는 실질적인 효과이다. 그 좌표계의 일부는 우리가 문제를 바라보는 방향과 관련되어 있다. 그래서 그림 8.12에서

그림 8.10 같은 생각이지만 다른 접근방법.(출처: Calvin and Hobbes, © 1990 Universal Press Syndicate.)

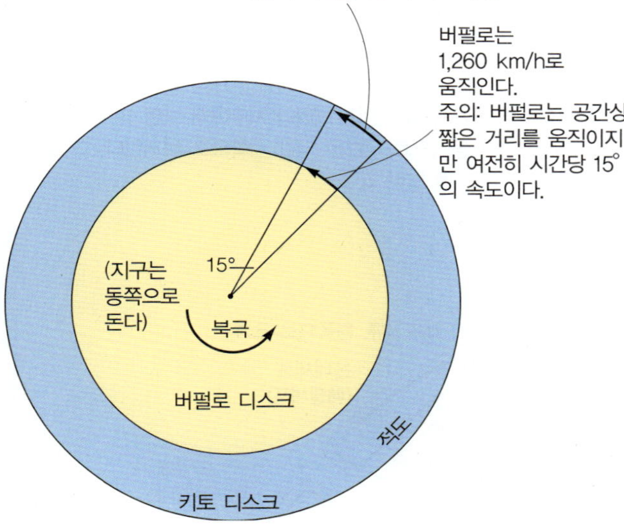

그림 8.11 가상실험의 연속. 북극 위에서 지구를 보면 버펄로와 키토는 상이한 속도로 움직인다.

두 번째 포탄은 우리에게 왼쪽으로 휘는 것처럼 보이지만 남쪽을 바라보는 버펄로 시민에게는 오른쪽(서쪽)으로 움직여서 사라지는 것으로 보인다. 코리올리 편향은 남반구에서 반시계방향(counterclockwise)으로 일어나는데 그 이유는 좌표계가 반대로 되어 있기 때문이다. 코리올리 효과가 존재하지 않는 적도를 제외하고 코리올리 효과는 동쪽에서 서쪽으로, 혹은 서쪽에서 동쪽으로 움직이는 물체에도 영향을 끼친다.

코리올리 효과를 기억하는 가장 빠른 방법: 움직이는 물체는 북반구에서 시계방향 즉 오른쪽으로, 그리고 남반구에서는 반시계방향인 왼쪽으로 편향된다(그림 8.12 참조).

코리올리 효과가 질량을 가진 모든 물체—물체가 움직이고 있는 한—에 영향을 미치므로 지구의 공기와 물의 움직임에 큰 영향을 준다. 코리올리 효과가 가장 뚜렷한 곳은 중위도에서 유체들의 마찰이 거의 없는 흐름인 바닷물의 움직임과 바람의 순환회로이다. 코리올리 효과가 자동차나 비행기에도 영향을 미칠까? 그렇긴 하지만 이러한 경우에는 마찰(바닥의 타이어나 날개의 바람)이 코리올리 효과보다 훨씬 크기 때문에 편향은 관측되지 않는다.

코리올리 효과는 대기순환세포에서 대기의 운동에 영향을 준다 우리는 이제 대기순환을 나타내는 원래 모형(그림 8.8)을 **그림 8.13**과 같이 좀 더 정확한 표현으로 바꿀 수 있다. 물론 공기는 적도에서 따뜻해지며 확장하고 상승하며 또한 극지방에서 차가워지고 압축되며 하강한다. 하지만 적도에서 극지방까지 하나로 연속된 회로를 만들어서 각 반구마다 이동하는 대신에 적도지역에서 상승하는 공기는 극지방으로 가다가 서서히 동쪽으로 휘게 된다: 그러니까 북반구에서는 오른쪽, 그리고 남반구에서는 왼쪽으로. 이 동쪽으로의 편향은 코리올리 효과에 의한 것이다.(코리올리 효과가 바람을 만드는 것이 아니라 바람의 방향에만 영향을 준다는 것을 기억하자.)

적도에서 공기가 상승하면서 팽창하며 냉각됨에 따라 강수(비)에 의해 수분을 잃게 된다. 이 건조한 공기는 상층 대기에서 우주로 열을 발산하고 차가워지면서 밀도가 커지게 된다. 이것이 적도에서 극지방까지 거리의 1/3 정도, 그러니까 북위 30°나 남위 30° 부근까지 이동하게 되면 공기는 다시 표면으로 떨어질 정도로 충분히 밀도가 커지게 된다. 하강하는 공기의 대부분은 표면에 닿으면서 적도 쪽으로 되돌아간다. 북반구에서 코리올리 효과는 다시 한 번 이러한 표면 공기를

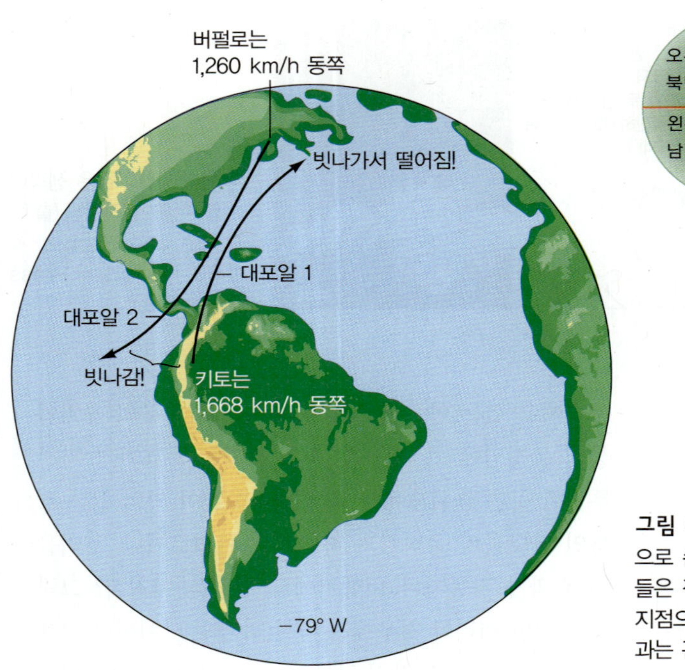

그림 8.12 실험의 마지막 단계. 외계에서 보는 대로 포탄 1번(북쪽으로 쏜)과 2번(남쪽으로 쏜)은 우리가 예상한 대로 움직인다. 즉 그들은 직선으로 날아가서 떨어진다. 그러나 지구에서 보면 1번은 목표지점으로부터 약간 동쪽으로, 2번은 약간 서쪽으로 비껴간다. 그 효과는 관측자의 좌표계에 달려 있다.

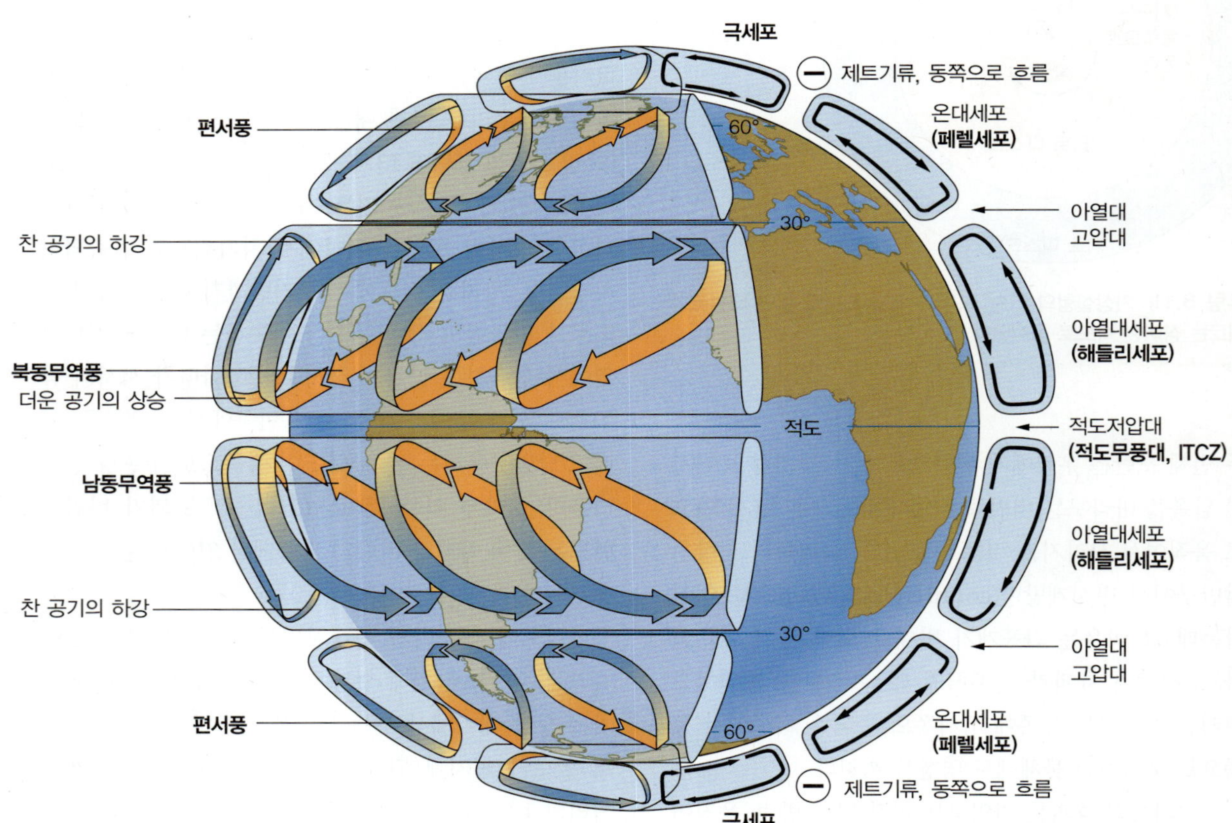

그림 8.13 여섯세포순환에서 묘사된 지구의 대기순환. 그림 8.8에서와 같이 공기는 적도에서 상승하고 양 극에서 하강한다. 그러나 각 반구마다 적도에서 극에 이르는 하나의 커다란 순환 대신에 세 개의 회로가 있다. 코리올리 효과가 풍향에 주는 영향을 유의하라. 여기에서 보이는 순환은 장기간에 걸친 흐름을 평균한 이상적인 것이다. 1996년의 짧은 기간에 해당하는 그림 8.15와 비교해 보자.

오른쪽으로 움직이게 하며 공기는 바다 혹은 땅 위를 북동쪽으로부터 불게 한다.(이러한 공기는 북동 무역풍이라는 이름의 화살표로 그림 8.13에 표시되어 있다.) 물론 하강하면서 압축에 의해 더워지지만 이 공기는 아직 일반적으로 그 밑의 표면보다는 차갑다. 공기는 곧 적도 방향으로 움직이면서 따뜻해지며, 동시에 표면의 물을 증발시키며 습해진다. 따뜻하고 습하고 밀도가 작은 공기는 적도에 가까워지면서 다시 상승하기 시작하며 회로를 완성하게 된다.

이러한 공기의 큰 회로를 **대기순환세포**(atmospheric circulation cell)라고 부른다. 이 한 쌍의 열대세포는 적도의 양쪽에 있다. 이들은 1735년에 바람의 순환에 관한 전반적인 방식에 대해 연구를 한 런던의 철학자 겸 변호사인 해들리(George Hadley)의 이름을 따서 **해들리세포**(Hadley cell)라고 부른다. 그림 8.13에서 찾아보도록 하자.

좀 더 복잡한 한 쌍의 순환세포는 각 반구의 중위도에서 작용한다. 위도 30° 정도에서 하강하는 공기의 약간은 적도 방향보다는 극 쪽으로 가게 된다. 이러한 공기가 표면까지 하강하기 전에 북쪽에서 내려오는 공기와 고위도에서 접하게 된다. 그림 8.13에서 볼 수 있듯이 위도 30°와 50~60° 사이에서 순환의 회로가 만들어진다. 앞에서와 같이 공기는 불균등한 가열과 코리올리 효과에 의해 움직인다. 이 회로에 있는 표면의 바람은 다시 편향되며 이번에는 서쪽으로부터 불어와서 회로를 완성한다.(그림 8.13에서 편서풍으로 표시된 화살표이다.) 각 반구의 중위도 순환세포들은 1900년대에 이들의 내부를 연구한 미국인 페렐(William Ferrel)의 이름을 따서 **페렐세포**(Ferrel cell)라고 부른다. 이들 역시 그림 8.13에서 볼 수 있다.

한편 극지방에서 차가워진 공기는 표면을 따라 저위도 방향으로 움직이면서 서쪽으로 휘게 된다. 각 반구의 위도 50~60°에서 이 공기는 다시 상승할 정도의 열과 습기를 받아들인다. 하지만 극지방에서 온 공기는 인접한 페렐세포의 공기보다 밀도가 크기 때문에 잘 섞이지 않는다. 이 두 세포 사이에서 만들어지는 불안정한 지역이 거의 모든 중위도의 날씨를 만들어 낸다. 높은 고도에서 위도 50~60°로부터 극지방으로 향한 공기는 다시 세 번째의 회로를 완성하게 된다. 이들이 **극세포**(polar cell)이다.

세 개의 거대한 대기순환세포인 해들리세포, 페렐세포, 극세포는 각 반구에 하나씩 존재한다. 각 세포 안의 순환은 불균등한 태양의 가열로 구동되고 코리올리 효과의 영향을 받으며, 예측 가능한 장기간의 바람 패턴을 만들어 낸다.

개념점검

8. 열평형이란 어떤 뜻인가? 지구의 열수지는 평형을 이루는가?

9. 태양 가열은 위도에 따라 어떻게 변하는가? 계절에 따라서는?

10. 대류 흐름이란 무엇인가? 집 주변에서 대류 흐름의 예를 찾아볼 수 있겠는가?

11. 옆 사람에게 코리올리 효과를 설명해 보라. 괜찮다—한 번 시도해 보라!

12. 지구 전체가 동쪽으로 시간당 15도씩 회전한다면 동쪽 방향의 속력은 어째서 위도에 따라 달라지는가?

13. 각 반구에 대기순환세포가 몇 개 있는가?

14. 코리올리 효과는 대기의 순환에 어떻게 영향을 주는가?

8.4 대기순환은 대규모 바람의 패턴을 만든다

위에서 설명한 대기순환 모델은 흥미로운 양상을 많이 지니고 있다. 그림 8.13을 다시 보자. 순환세포들의 경계지역에서 공기는 연직 방향으로 움직이고 표면의 바람은 약하고 불규칙하다. 이러한 조건은 적도(공기가 상승하며 기압이 대체적으로 낮은)와 각 반구의 위도 30° 부근(공기가 하강하며 기압이 대체적으로 높은)에 조성된다. 공기가 표면을 고기압지대로부터 저기압지대로 빠르게 수평적으로 움직이는 순환세포의 내부에서는 바람이 강하고 방향도 일정한 것이 특징이다.

선원들이 두 해들리세포의 표면 바람이 수렴하는 고요한 적도지역을 가리키는 용어가 있는데 **적도무풍대**(doldrums)라는 적도의 저기압 지역이다. 이 단어는 아마도 찌는 듯 더운 공기와 변화무쌍한 미풍이 반영된 우울하고 나른한 분위와 관련이 깊은 듯하다. 이 지역을 연구하는 과학자들은 이곳을 적도부근에서의 바람의 수렴의 영향을 반영하기 위하여 **열대수렴대**(**ITCZ**: intertropical convergence zone)라고 부른다. 이러한 ITCZ에서의 강한 가열은 표면 공기가 팽창하여 상승하도록 한다. 습하고 상승하며 팽창하는 이 공기는 비를 내리게 하고 그 일부는 열대우림을 만들기도 한다.

반대로 가라앉는 공기는 일반적으로 건조하다. 각 반구의 거대한 사막들이 있는 위도 30° 부근의 건조 지대들은 해들리세포와 페렐세포가 교차하는 곳이다. 이 지역에서 공기는 표면으로 하강하고 압축에 의해 더워진다. 증발량은 강수량보다 많기 때문에 해양의 표면 염분은 이 위도에서 가장 높은 경향을 띤다(그림 6.16 참조). 바다에서 이러한 높은 대기압과 바람이 거의 없는 지역을 아열대고기압(subtropical high) 혹은 **아열대무풍대**(horse latitudes)라고 부른다. 공급물자를 싣고 신세계로 항해하던 스페인 선박들은 이곳에서 가끔은 몇 주씩이나 움직이지도 못하고 있을 때도 있었다. 물과 가축들에게 줄 사료가 떨어졌을 때 그들은 죽은 말들을 먹거나 배 밖으로 던져 버려야만 했다.

선장들에게 더욱 큰 관심거리는 상승 · 하강기류 지역 사이에 존재하는 믿음직한 바람의 지대였다. 이들 중 가장 일정하게 부는 것은 북위 15°와 남위 15°에 중심을 둔 지속적인 **무역풍**(trade wind) 혹은 편동풍이라는 바람이었다. 무역풍은 아열대무풍대에서 적도무풍대 쪽으로 부는 해들리세포의 바람이다. 북반구에서 그들은 북동무역풍이며 남반구의 것은 남동무역풍이다.[2] **편서풍**(westerly)은 북위 45°와 남위 45°에 중심을 둔 페렐세포의 바람이며 이들은 각 반구의 아열대무풍대와 극세포의 사이를 흐른다. 그러므로 편서풍은 북반구에서는 남서쪽에서 다가오며 남반구에서는 북서쪽에서 다가온다. 신세계로 떠나던 유럽의 선원들은 약간 남쪽으로 떨어져 무역풍을 타는 법을 배웠으며 집에 돌아올 때는 좀 더 북쪽으로 항로를 잡아 편서풍을 이용하였다. 무역풍과 편서풍은 그림 8.13에서 볼 수 있다.

세포순환은 기상적도(지리적도가 아닌)를 중심으로 한다

앞에서 거론된 대기순환의 여섯세포모델(각 반구에 3개씩)은 지구 전체에서 몇 년간에 걸친 평균적인 공기의 흐름을 대표한다. 일반적인 의미에서 이 모델이 정확하기는 하지만 표면의 조건이 경도에 따라 다르기 때문에 자세히 보면 지역적으로 상당히 다르다. 바다에서는 해양의 온도조절 효과가 세포순환의 불규칙성을 줄이는 주된 요인이다.

예를 들어 자오선이 유럽과 아프리카를 지나는 동경 20° 지역에서 순환세포의 기류 형태는 바다만 있는 서경 170°보다 훨씬 복잡하다. ITCZ는 육지보다는 바다 위에서 훨씬 더 좁으며 더 일정하다. 북반구가 남반구보다 더 적은 해양을 가지고 있으며 육지는 해양보다 비열이 작기 때문에 온도와 세포순환의 계절적인 변화는 북쪽에서 더 극단적으로 크다. 또한 세포순환은 남반구에서 더 대칭적이다.

양 반구의 해양과 육지 점유율에 뚜렷한 차이 때문에 나타나는 또 다른 결과는 ITCZ의 위치이다. 수렴대는 **지리적도**(geographical equator, 위도 0°)와 일치하지 않는다. 그 대신에 수렴대가 **기상적도**(meteorological equator, 혹은 열적도)에 위치하는데, 양 반구 사이의 열평형이 유지되는 불규칙한 가상적인 선이며 지리적도보다 5°가량 북쪽에 위치한다. 기상적도와 ITCZ의 위치는 일반적으로 일치하며 계절에 따라 변화하는데, 북반구의 여름에 약간 더 북쪽으로 움직이며 겨울에 다시 적도방향으로 움직이게 된다(**그림 8.14**). 양 반구의 대기와 해양의 순환은 지리적도가 아닌 기상적도에 대해서 거의 대칭적이다. 그래서 적도무풍대, 무역풍, 중위도무풍대, 그리고 편서풍은 북반구의 여름에는 약간 북쪽으로, 겨울에는 남쪽으로 이동한다.

순환세포의 예상된 형태는 동-서 방향으로도 달라진다. 북반구의 겨울에 냉각된 북미와 시베리아 대륙 위의 공기는 매우 차고 밀도가 커진다. 이 공기는 가라앉아서 대륙 위에 고압대를 형성하게 된다. 알류샨 제도와 아이슬란드 부근의 상대적으로 따뜻한 공기는 상승하며 저압대를 형성한다. 공기는 고압대에서 저압대로 흐르게 되며 세포 내부의 공기 흐름을 바꾸어 놓는다. 여름에는 상황이 역전된다: 저기압은 뜨거워진 대륙 위에 만들어지며 고기압은 시원한 해양에서 만들어지게 된다. 이러한 효과들은 대륙과 해양이 거의 동등하게 분포하는 북반구의 중위도 부근에서 가장 두드러진다.

그림 8.15는 1966년 9월의 이틀 동안에 태평양에서 부는 바람을 묘사한 것이다. 알다시피 그림 8.13의 여섯세포모델에서 예상되는 유형과는 상당한 차이가

[2] 바람은 불어오는 방향에 따라 이름을 붙인다. 서풍은 서쪽에서 동쪽으로 불고 북동풍은 북동쪽에서 남서쪽으로 분다.

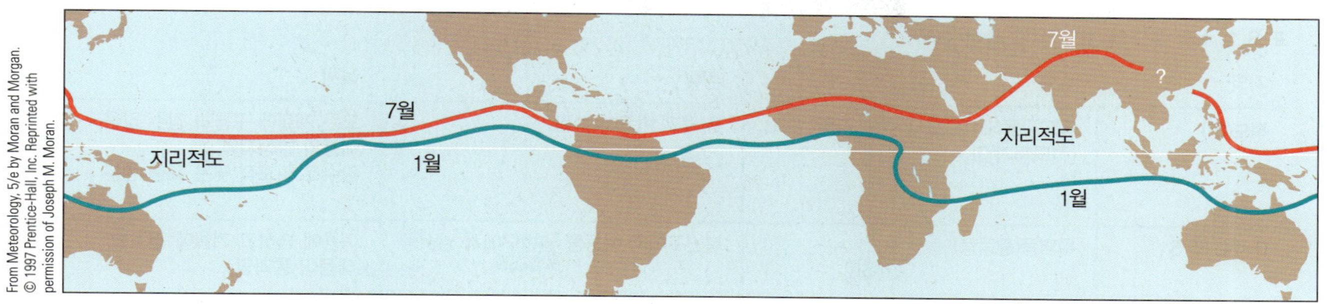

그림 8.14 열대수렴대(ITCZ) 위치의 계절변화. 7월에는 가장 북쪽에, 1월에는 가장 남쪽에 다다른다. 바다의 온도조절 기능 때문에 계절적인 남–북 이동은 일반적으로 육지보다 바다 위에서 더 적다.

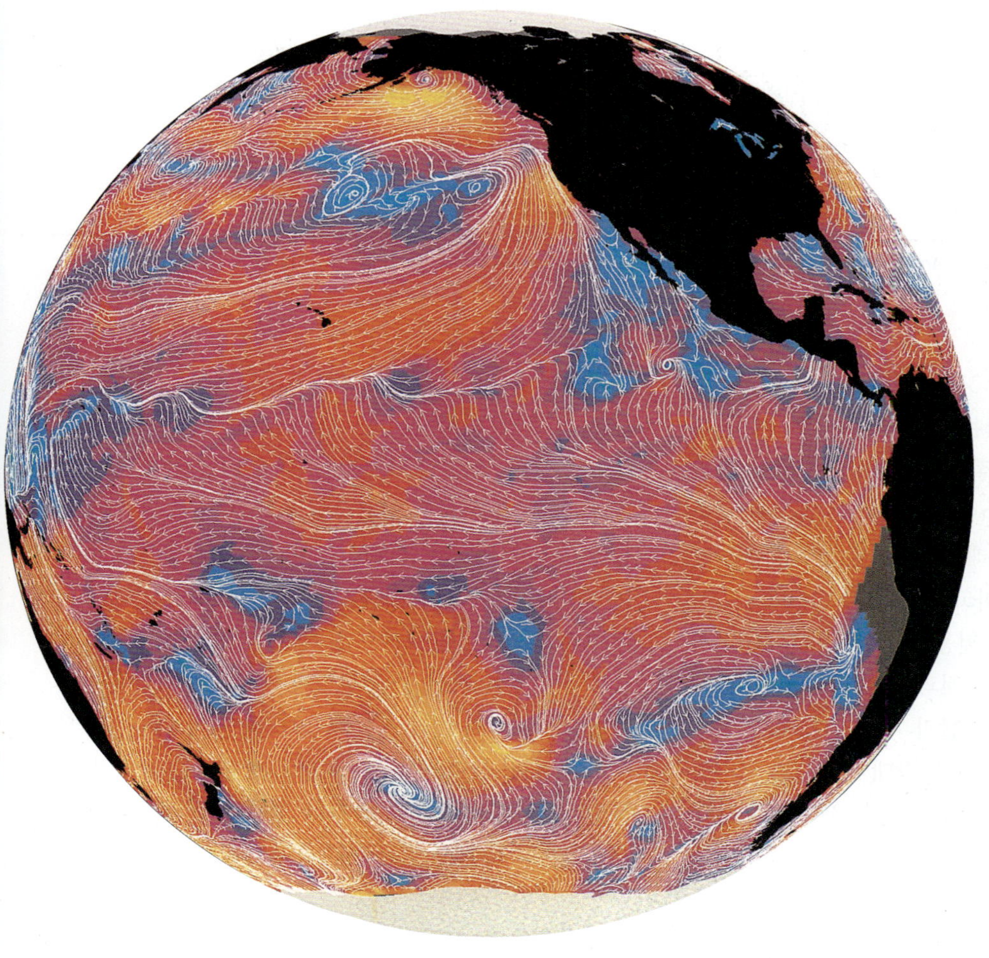

그림 8.15 1996년 9월 20~21일의 태평양의 바람. 풍속은 파란색–보라색에서 노란색–주황색으로 변함에 따라 증가하고 최대풍속은 20 m/sec이다. 풍향은 흰색의 작은 화살표로 나와 있다. 1996년 8월 16일에 일본에서 발사한 선진지구궤도위성에 탑재된 미국 NASA의 레이더 산란계로 측정한 것이다. 산란계는 해수면에서 바람이 일으키는 작은 물결이 반사한 고주파 레이더 신호를 측정, 분석한다. 지속적인 북동무역풍의 가운데에 하와이 섬들이 있고, 강한 편서풍이 캐나다 서부로 불어 가며, 뉴질랜드 동쪽에는 커다란 온대저기압이 있으며 일본 해안 바깥쪽에는 열대저기압의 잔재가 있음을 눈여겨보자. 이와 같은 순간적인 그림은 그림 8.13의 여섯세포모델이 예측하는 흐름과는 상당히 다르지만 몇 년간에 걸쳐 평균한 바람은 모델에서 예상되는 바와 현저하게 비슷해진다.

있다. 차이의 대부분은 육지의 지리적인 분포, 태양의 가열에 대한 육지와 해양의 상이한 반응, 그리고 무질서한 흐름 때문이다. 하지만 위에서도 말했듯이 오랜 기간 동안의 평균적인 흐름은 우리가 예상한 흐름과 현저하게 비슷해진다.

세계의 대표적인 바람과 기압 시스템 그리고 그들의 지배적인 날씨 조건은 **표 8.1**에 정리되어 있다. 이 거대한 바람의 유형은 열대로부터 극지방까지 이동하는 열의 2/3를 담당하고 있다.(해류가 나머지 1/3을 분담한다.)

표 8.1 주요 풍계와 기압계 및 관련된 날씨

지역	이름	기압	바람	날씨
적도(0°)	적도무풍대(ITCZ) (적도저기압)	낮음	약하고 변동이 심함	모든 계절에 구름과 강수 많음, 태풍의 발생지역, 강수로 비교적 낮은 표층 염분
0~30°N, S	무역풍(편동풍)	—	북반구에서 북동풍 남반구에서 남서풍	여름에 습하고 겨울에 건조함, 태풍이 통과함
30°N, S	중위도무풍대 (아열대고압대)	높음	약하고 변화가 많음	구름 거의 없음, 항상 건조하고 증발로 비교적 높은 표층 염분
30~60°N, S	편서풍	—	북반구에서 남서풍 남반구에서 북서풍	겨울에 습하고 여름에 건조, 아열대 고기압과 저기압이 통과함
60°N, S	극전선	낮음	변동이 심함	폭풍과 구름 많은 지역, 강수가 많음
60~90°N, S	극동풍	—	북반구에서 북동풍 남반구에서 남동풍	극지방의 찬 공기로 기온 매우 낮음
90°N, S	극	높음	북반구에서 북풍 남반구에서 남풍	차고 건조한 공기, 강수가 매우 드묾

주: 그림 8.13과 비교하라. (출처: *Earth in Crisis: An Introduction to the Earth Sciences*, 2/e, Thomas L. Burrus, Herbert J. Spiegel, 1980. C. V. Mosby Co. 저자의 허가를 받아 사용됨.)

몬순은 계절에 따라 변하는 바람의 패턴이다 **몬순**(monsoon; 계절풍)은 계절에 따라 바뀌는 바람 순환의 한 패턴이다.(monsoon이라는 단어는 계절을 뜻하는 아랍어 *mausim*에서 유래되었다.) 몬순의 영향을 받는 곳들은 대개 여름에 습하고 겨울에 건조하다.

몬순은 육지와 해양의 열용량이 상이하고 ITCZ가 연중 북-남쪽으로 이동하는 것과 관련되어 있다. 봄에 육지는 인접한 해양보다 더 빨리 가열된다. 육지 위의 공기는 더워지며 상승하게 된다. 상대적으로 찬 공기는 바다 위로부터 땅으로 와서 그 자리를 차지하게 된다. 지속적인 가열은 이 습윤한 공기를 상승하고 응결하게 하며 구름과 비를 만든다. 가을에 육지는 인근 해양보다 더 빨리 냉각된다. 공기는 육지에서 차가워지며 가라앉게 되고 건조한 표면의 바람은 바다 쪽으로 분다. 몬순 활동의 강도와 위치는 ITCZ의 위치에 달려 있다. 몬순이 북반구의 겨울에(**그림 8.16a**) 남쪽으로 그리고 여름에는(**그림 8.16b**) 북쪽으로 ITCZ를 따라가는 것을 확인하자.

아프리카와 아시아에서는 20억이 넘는 인구가 식수와 농업 때문에 여름 몬순의 강우량에 의존한다. 가장 강도가 큰 여름 몬순은 아시아에서 일어난다. 거대한 아시아의 땅은 인도양으로부터 엄청난 양의 따뜻하고 습한 공기를 끌어온다(**그림 8.16c**). 남풍은 이러한 습한 공기를 아시아 쪽으로 몰아가고 거기에서 상승하며 압축되어 몇 달씩이나 지속되는 대홍수를 만든다. 내륙으로 운반되는 수증기의 양은 엄청나다—인도 북동부에 위치한 카시 구릉의 경사지에 있는 체라푼지는 매년 약 10 m의 비가 오는데, 그것도 거의 4월과 10월 사이에 온다! 북미에서도 따뜻하고 상승하는 공기가 남부 그리고 서부의 습한 공기와 멕시코 만의 폭풍들을 끌어옴에 따라 훨씬 작은 몬순들이 나타난다.

해풍과 육풍은 불균등 표면가열 때문에 생긴다 육풍과 해풍은 매일 일어나는 작은 몬순이라고 할 수 있다. 아침의 해가 육지와 인접한 바다에 동시에 비추며 모두를 가열시킨다. 그렇지만 바다의 온도는 육지보다 많이 올라가지 않는다. 내륙의 뜨거운 암석은 공기로 열을 전해 주며 이 공기는 상승하면서 팽창하고 육지에 저압대를 생성한다. 그러면 바다에서의 차가운 바람이 육지 쪽으로 오게 되며 이것이 바로 **해풍**(sea breeze)이다

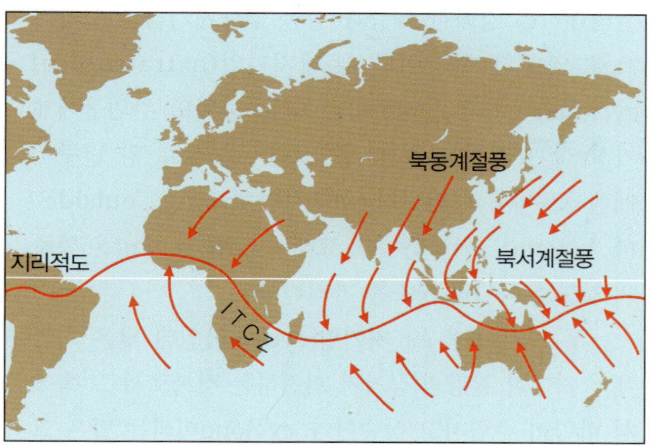

a 1월

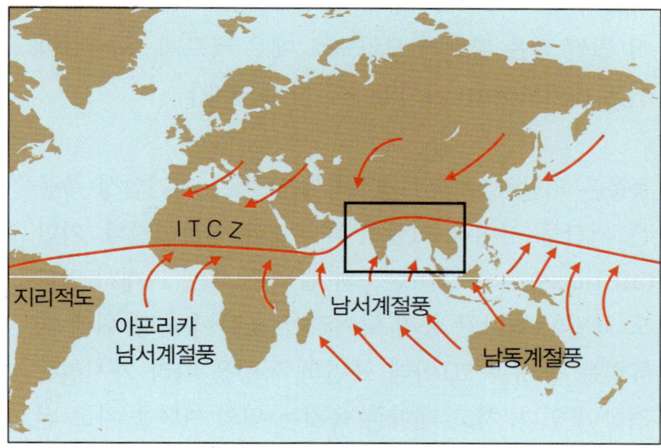

b 7월

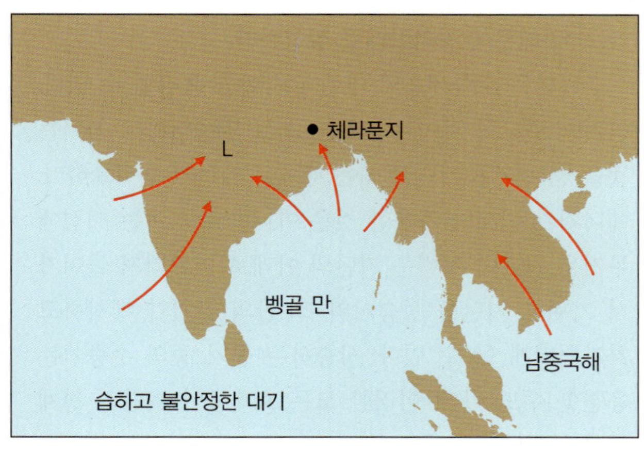

c

그림 8.16 몬순의 유형. 1월(a)과 7월(b)의 몬순 순환 동안 바람은 북반구에서는 오른쪽으로, 남반구에서는 왼쪽으로 편향된다.(a와 b의 출처: Alan D. Iselino의 허가를 받아 사용함.) (c) 세계에서 가장 습한 인도의 체라푼지의 위치와 아시아 계절풍의 방향. 그곳에서 연간 강수량은 10 m를 넘는다.

a

오후에 육지가 바다보다 더워져서 더운 공기가 상승하고 이를 해풍이 육지로 불어서 대체한다.

b

밤에는 육지가 냉각되면서 바다가 더 따뜻해진다. 바다의 공기가 상승하면 바다로 부는 흐름(육풍)이 대신 채워 준다.

그림 8.17 안정된 기상조건에서 해안지역의 공기 흐름.

(**그림 8.17a**). 상황은 일몰 후에 뒤바뀐다. 육지는 열을 외계로 잃으면서 온도가 급격히 떨어진다. 조금 지난 후에 바다 위의 공기는 차가워지는 육지보다 아직 따뜻하다. 이 공기가 상승하고 풍향이 역전되어 **육풍**(land breeze)이 된다(**그림 8.17b**). 육풍과 해풍은 해안지역에서 매우 일반적이고 반가운 현상이다.

개념점검

15. 순환세포들 사이의 대기 흐름에 어떤 일이 생기는가?(힌트: 사막기후가 생기는 원인은 무엇인가?)

16. 북반구 대기순환의 일반적인 패턴을 그려 보라(그림

8.13을 보지 말고). 다음에는 적도무풍대(ITCZ), 중위도 무풍대, 편서풍대, 무역풍대를 표시하라.

17. 양 반구의 대기순환은 왜 지리적도가 아닌 기상적도를 중심으로 하는가? 왜 차이가 생기는가?(힌트: 물의 열용량을 생각하고 어떤 반구에 해양이 더 많이 분포하는지 고려하라.)

18. 몬순은 무엇인가? 미국에서도 몬순을 경험하는가?

19. 해풍과 육풍은 어떻게 생기는가?

8.5 폭풍은 대규모 대기순환의 변화이다

폭풍(storm)은 대기의 교란으로서 흔히 강수를 동반하며 강한 바람이 특징이다. 거대한 폭풍만큼 인간의 하찮음을 드러내는 자연현상도 드물다. 축적된 햇빛의 힘을 얻을 때 대기와 바다의 조합은 엄청난 피해를 가져올 수 있다.

1970년 11월 13일 방글라데시에서 시속 200 km가 넘는 바람을 동반한 열대저기압은 갠지스-브라마푸트라 강 하구에서 파고 12 m의 바닷물을 실어 왔다. 물과 바람은 이 가난한 나라의 수면 바로 위에 있는 작은 섬들을 할퀴고 지나갔다. 겨우 20분 사이에 30만 명이 목숨을 잃었고 모두 100만이 사망한 것으로 추산되었다! 재산 피해는 천문학적이었다. 폭풍 직후의 사진은 홍수에 휩쓸리고 격렬한 바람에 깊이 찢긴 상처가 수평선에서 수평선으로 펼쳐진 습지의 모습을 보여 주었다. 사람의 주거지라든가 농장, 가축, 혹은 마을은 거의 흔적도 없었다. 또 다른 큰 폭풍이 1991년 5월에 내습하여 20만 명을 죽였다. 산산조각 난 국가의 경제는 수십 년 동안 회복되지 않을 것이다.

매우 다른 유형의 폭풍이 1993년 3월 미국 동해안을 강타하였다. 뉴욕에서 노스캐롤라이나의 산간에 내린 눈(미첼 산에서 1.3 m), 플로리다에서 시속 175 km의 바람, 앨라배마의 기록적인 추위(버밍햄에서 −17°C)는 캐나다에서 쿠바까지 혼란을 퍼뜨리면서 4일간 지속된 폭풍의 요소들이다. 적어도 238명이 육상에서, 48명은 바다에서 죽었다. 한순간에 10만 명이 사무실, 공장, 차, 그리고 집에 갇혔고 정전으로 150만 명이 고생했으며 경제적 피해는 10억 달러를 넘었다.

이 두 개의 거대한 폭풍은 최악의 열대저기압과 온대저기압의 예가 된다. 이름이 암시하는 바와 같이 방글라데시를 강타한 태풍과 같은 열대저기압은 일차적으로 열대의 현상이다. 온대저기압(extratropical cyclone)—미국 동해안이나 다른 중위도 주민들에게 가장 잘 알려진 겨울철 기상교란—은 주로 양 반구의 페렐세포에서 나타난다.(접두사인 *extra*는 'outside'나 'beyond' 라는 뜻이다. 그래서 *extratropical*은 폭풍의 강도가 아니라 장소를 가리킨다.)

두 가지 폭풍 다 **저기압**(cyclone)인데 낮은 기압에서 거대한 질량의 공기가 회전하는 것으로서 그 속에서 바람이 수렴하고 상승한다. cyclone이라는 말은 그리스어 명사인 *kyklon*('an object moving in a circle' 을 뜻함)으로부터 유래되었고 이들 교란의 회전하는 성질을 강조한다.[저기압을 극심한 폭풍과 관련되어 훨씬 작은 깔때기 모양으로 매우 빠르게 도는 바람인 **토네이도**(tornado)와 혼동하지 말자.]

폭풍은 기단의 내부나 경계에서 생긴다 저기압성 폭풍은 기단들 사이나 기단의 내부에서 만들어진다. **기단**(air mass)은 균일한 온도와 습도를 갖는, 그래서 밀도도 균일한 커다란 공기 덩어리이다. 물이나 땅 위에 체류하는 공기는 그 아래 표면의 특성을 따라 가지려는 경향이 있다. 차고 메마른 육지는 위의 기단을 차고 건조하게 한다. 따뜻한 바다 표면 위의 공기는 덥고 습하게 될 것이다. 차고 건조한 공기는 밀도가 크기 때문에 고기압대를 형성할 것이다. 따뜻하고 습한 기단은 밀도가 작기 때문에 저기압대를 형성한다.

기단은 순환세포의 내부나 사이를 움직일 수 있다. 하지만 밀도의 차이는 그들이 서로 만나더라도 섞이는 것을 방해한다. 기단을 섞는 데에는 에너지가 필요하다. 에너지가 언제나 가용한 것은 아니므로 섞이는 대신에 무거운 기단이 가벼운 기단의 아래로 미끄러져 들어가서 가벼운 기단을 상승시켜 그 안의 공기가 팽창하고 차가워지게 할 수 있다. 상승하는 공기 중의 수증기는 응결할 수도 있다. 이러한 모든 효과들이 기단의 경계에서 일어나는 난류(turbulence)도 일으킨다.

상이한 밀도를 가진 기단들 사이의 경계를 **전선**(front)이라고 부른다. 이 용어는 제1차 세계대전의 격렬한 전투와 기단들이 만나는 지역의 유사점을 발견한 노르웨이의 선구적인 기상학자 **비에르크네스**(Vilhelm Bjerknes)에 의해 만들어졌다(**그림 8.18**).

그림 8.18 비에르크네스. 노르웨이의 기상학자로서 아들 야코브와 함께 기상을 이해하는 데 기본이 되는 기단이론을 만들었다.

온대저기압은 두 기단 사이의 전선에서 만들어진다. 열대저기압은 하나의 따뜻하고 습한 기단 내부의 교란으로 인하여 만들어진다.

온대저기압은 두 기단 사이에서 만들어진다 **온대저기압**(extratropical cyclone)은 양 반구의 극세포와 페렐 세포의 경계에서 만들어지는 **극전선**(polar front)이다. 이 거대한 폭풍은 극전선의 온도와 밀도차이가 확연히 드러나는 겨울에 주로 일어난다. 전선의 극 쪽으로 향하는 찬바람은 주로 동쪽으로부터 움직이며 전선의 적도방향으로 부는 따뜻한 바람은 일반적으로 서쪽으로부터 움직인다는 것을 기억하자(그림 8.13을 다시 보자). 전선에서 서로 스쳐 지나가는 바람의 부드러운 흐름은 전선을 일련의 파동으로 구부려 놓는 고기압과 저기압에 의해 교란될 수가 있다. 극전선의 북쪽과 남쪽 기단의 풍향의 차이 때문에 파동형태는 커지고 전선을 따라 꼬일 것이다. 밀도의 차이는 기단이 쉽게 섞이는 것을 방해하기 때문에 차갑고 밀도가 큰 기단은 따뜻하고 가벼운 것 밑으로 파고들어 갈 것이다. 북반구에서 이렇게 꼬이는 것은 **그림 8.19**에서 볼 수 있다. 이렇게 꼬이는 기단이 온대저기압으로 된다.

온대저기압을 만들어 내는 기류의 꼬임은 북반구

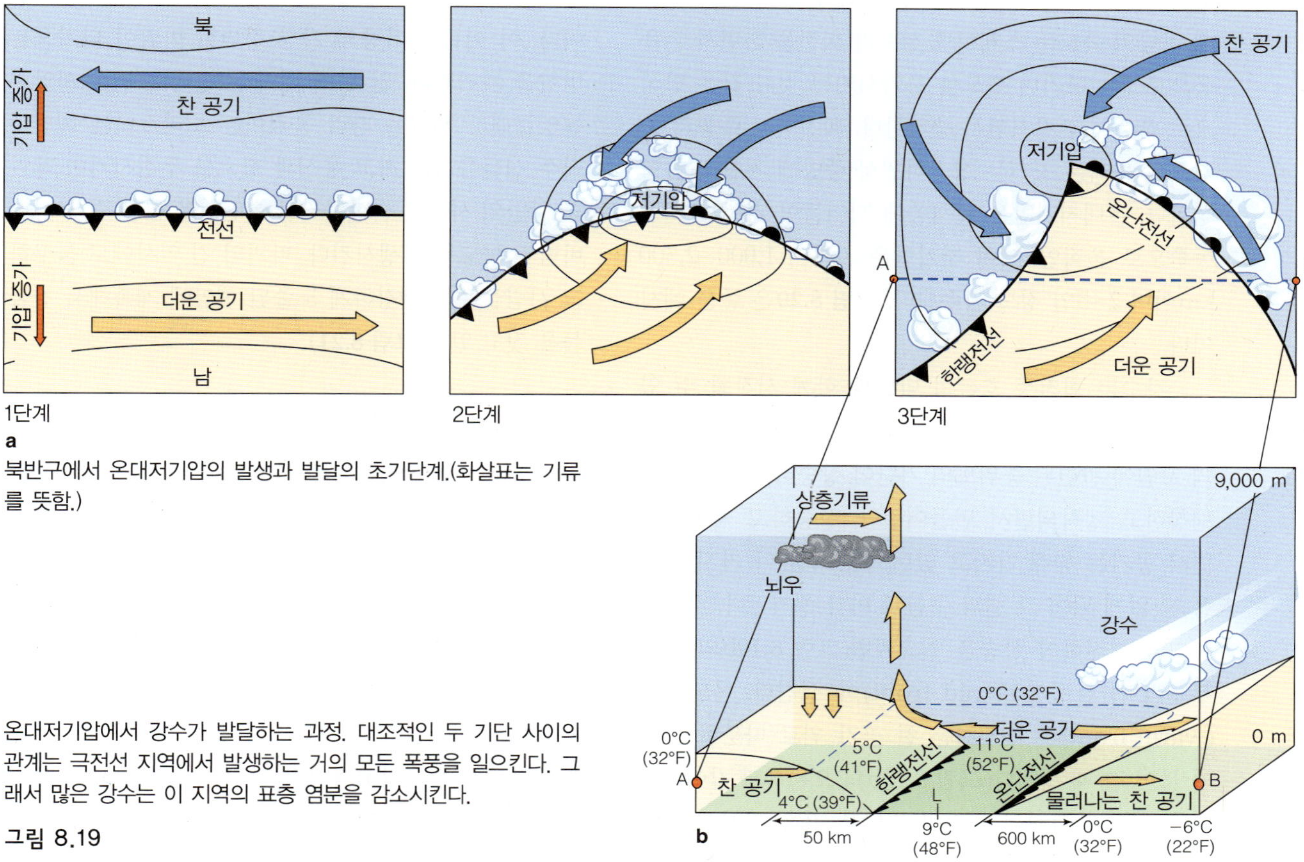

1단계 2단계 3단계

a

북반구에서 온대저기압의 발생과 발달의 초기단계.(화살표는 기류를 뜻함.)

b

온대저기압에서 강수가 발달하는 과정. 대조적인 두 기단 사이의 관계는 극전선 지역에서 발생하는 거의 모든 폭풍을 일으킨다. 그래서 많은 강수는 이 지역의 표층 염분을 감소시킨다.

그림 8.19

NASA

그림 8.20 2000년 10월 27일에 북동 태평양에서 잘 발달된 온대저기압. 마치 거대한 쉼표처럼 보이는 짙은 구름의 전선이 폭풍의 중심으로부터 남쪽으로 해서 서쪽으로 뻗어 있다. 점점이 떠 있는 적운들과 뇌우들이 전선의 후면에 있는 차고 불안정한 공기 속에서 만들어진다. 이 사진은 *GOES-10* 인공위성이 가시광선으로 찍은 것이다.

에서는 반시계방향으로 회전을 하므로 코리올리 효과와는 반대로 보인다. 이러한 모순의 이유는 그림 8.19a와 같이 서로 반대로 부는 바람 사이에 작용하는 마찰력을 생각해 보면 확실해진다. 이와 같이 전선이 꼬일 때 바람의 속도는 스케이트 선수가 회전을 하면서 손을 몸으로 끌어당기며 속도를 증가시키는 것과 같은 방식으로 폭풍이 휘감기면서 증가한다. 회전하는 폭풍의 중앙으로 몰려든 공기는 상승하면서 중앙에 저압대를 형성한다. 온대저기압은 편서풍에 끼어들어 가 있으므로 동쪽으로 움직인다. 이 저기압은 지름이 1,000~2,500 km이며 2~5일 정도 지속된다. **그림 8.20**은 좋은 예시이다.

강수는 회전성 흐름의 발달과 함께 시작될 수 있다. 그림 8.19b는 왜 그런지를 보여 준다. 강수란 기류의 꼬임에 관련된 중위도의 기단이 상승하고 그에 따라 팽창하고 냉각되면서 만들어진다. 상승하고 차가워지면서 공기는 원래 가지고 있던 수증기를 다 가지고 있을 수 없게 되어 그 결과 구름과 비가 생겨난다. 차가운 공기가 전진하여 상승을 일으키면(그림 8.19b의 왼쪽 부분처럼) 한랭전선(cold front)이 생긴다. 온난전선(warm front)은 후퇴하는 찬 공기 위로 따뜻한 공기가 불어 갈 때 생긴다(그림 8.19b의 오른쪽과 같이). 이러한 전선과 관련된 강수와 바람은 간혹 **전선성 폭풍**(frontal storm)이라 일컫는다. 이것은 대부분의 사람들이 살고 있는 중위도 지역의 날씨에 영향을 미치는 주요 원인이다.

북아메리카의 가장 격렬한 온대저기압은 겨울에 동해안을 휩쓰는 **노리스터**(nor'easter, northeaster)이다. 이 이름은 폭풍의 가장 강력한 바람이 다가오는 방향을 가리킨다. 일 년에 대략 30번씩 중부 대서양과 뉴잉글랜드 해안을 따라 움직이는 노리스터는 해빈과 사주 섬들을 침식하고 통신과 항로를 두절시키며 해안과 항만의 시설을 손상시키고 송전선을 끊을 만큼 강한 바람과 파도를 발생시킨다. 파괴의 긴 역사에도 불구하고 사람들은 불안정하게 노출된 해안에 계속해서 건물들을 짓고 있다(**그림 8.21**).

열대저기압은 한 기단 속에서 만들어진다 **열대저기압**(tropical cyclone)은 따뜻하고 습한 공기가 회전하는 거대한 덩어리로서 남대서양을 제외한 모든 열대 해역에서 일어난다. 큰 열대저기압을 북대서양과 동태평양에서는 **허리케인**(hurricane)(*Huracan:* 카리브 해 타이노 사람들의 바람의 신), 서태평양에서는 태풍(typhoon)(*Tai-fung:* 중국어로 큰 바람), 인도양에서는 열대사이클론, 그리고 오스트레일리아 근처에서는 윌리윌리(willi-willi)라 부른다. 허리케인이나 태풍이라고 공식적으로 말할 수 있으려면 열대저기압은 적어도 시속 119 km 이상의 풍속이어야 한다. 열대저기압

그림 8.21 2001년 3월 6일에 격렬한 북동풍이 부는 동안 파도가 매사추세츠의 헐에 있는 해안을 덮치고 있다.

그림 8.22 허리케인 알베르토가 북대서양의 버뮤다 동쪽에서 회전하고 있다. 옆으로 보이는 지구 대기층의 두께를 주의해보라.

중 100개 정도가 매년 허리케인으로 발달한다. 이들 중 극소수만이 250 km의 풍속을 가진 슈퍼폭풍으로 발전하게 된다.[3] 허리케인의 힘보다 작은 바람을 가지는 열대사이클론은 열대폭풍(tropical storm)이나 열대저압부(tropical depression)라고 부른다.

[3] 그러한 바람의 느낌이 어떠할지 상상하려면 날아가고 있는 비행기의 날개에 매달려 있는 자신의 모습을 그려 보면 되겠다.

위에서 내려다보면 열대저기압은 **그림 8.22**처럼 빙빙 도는 나선으로 보인다. 이것의 지름은 1,000 km에 높이는 15 km까지 될 수가 있다. 고요한 중앙은 태풍의 눈으로 지름이 13~16 km 정도인데 가끔 너무나도 높고 두꺼운 구름으로 둘러싸여 있기 때문에 대낮에도 어둡게 보인다. 바깥쪽으로는 성난 바람에 휘저어진 비구름들이 엄청난 양의 수증기를 비로 응결시킨다. 충분히 발달한 열대저기압은 **그림 8.23**에서 도시되어 있다.

온대저기압과는 달리 가장 큰 폭풍은 각 반구의 위도 10°와 25° 사이에 있는 하나의 고온 다습한 기단 안에서 만들어진다(**그림 8.24**).(적도 가까이에는 물론 대기 조건은 유리하겠지만 코리올리 효과가 회전운동을 일으키기에는 너무나도 약하다.)

열대저기압이 북반구에서는 반시계방향으로, 남반구에서는 시계방향으로 회전한다. 이것이 열대저기압에는 코리올리 효과가 작용하지 않는다는 뜻일까? 그게 아니라 이것은 명백하게 먼 거리에서 저기압의 중심으로 다가가는 바람이 코리올리 효과로 편향되어 생기는 것이다. 북반구에서는 이 접근하는 공기는 오른쪽으로 편향된다. 이 접근하는 공기가 변두리를 돌면서 북반구에서 폭풍은 반시계방향으로 회전하는 것이다(**그림 8.25**).

열대저기압의 기원은 아직 잘 이해하지 못하고 있다. 열대저기압은 주로 작은 열대저압부에서 시작된다. 열대저압부는 편동풍파(easterly wave)에서 생성되는데, 편동풍파는 무역풍대의 내부에 있는 저압부로서 더운 지역에서 발생하는 것으로 생각된다. 교란된 공기가 열대 해양 위에서 26°C 혹은 그 이상의 온도로 가열되면 파동 부근의 바람은 원형으로 불기 시작하며 따뜻하고 습한 공기의 일부는 위로 상승하게 된다. 응결이 시작되면서 폭풍은 서서히 제 모습을 드러내기 시작한다.

물론 생성과정이 약간 신비롭기는 하지만 열대저기압의 힘의 원천은 잘 이해하고 있다. 그것은 냉장되었던 캔 음료를 꺼냈을 때 그 표면에 공기 중의 물이 응결하는, 전혀 해롭지 않은 것으로 보이는 과정으로부터 온다. 6장에서 보았듯이 대기로 물을 증발시키려는 데에는 꽤 많은 에너지가 필요하다—물의 증발잠열은 매우 높다. 이 열에너지는 수증기가 다시 응결되면서 방출된다. 이 잠열 때문에 음료가 금방 따뜻해지는데, 공기가 습할수록 응결이 빨라지므로 따뜻해지는 것도 빨라진다. 헤어드라이어의 상황을 생각해 보자. 드라이어에서 생성된 열은 머리에서 물이 빨리 증발하도록 한다. 그 물이 다시 액체로 되면(예를 들어 가까이에 있는 캔 음료 위에서) 물을 증발시킬 때 쓰인 열은 다시 방출된다. 증발과 응결의 순환과정은 헤어드라이어에서 당신의 캔 음료로 열을 이동시켰다. 열대저기압에서 응결에너지는 공기의 움직임(바람)을 만들어 내며 더 많은 열을 내지는 않는다. 다행스럽게도 이 응결 에너지의 2~4%만이 운동의 에너지로 변환된다!

열대저기압은 수증기의 증발잠열을 거두어들이는 데 이상적인 기계이다. 따뜻하고 습한 공기는 더운 해양에서만 엄청난 양으로 만들어진다. 앞서 말했듯이 열대저기압은 표면 온도가 26°C를 넘는 곳에서 만들어진다(그림 8.24를 보라). 뜨겁고 습한 공기가 상승하고 팽창하면서 차가워져서 따뜻했을 때만큼의 습기를 가지고 있을 수 없다. 비가 내리기 시작한다. 폭풍의 어떤 곳에서 강우량은 종종 시간당 2.5 cm를 넘으며 큰 열대저기압에서는 하루에 200억 톤의 물이 쏟아질 수도 있다! 이러한 습기가 수증기에서 물로 변하면서 엄청난 양의 에너지가 방출된다. 거대한 열대저기압은 대략 2조 4천억 킬로와트의 에너지—전 미국에서 일 년 동안 필요한 양의 전기에너지—를 생성한다! 그리하여 궁극적으로는 열의 흡수, 증발, 응결과 열에너지를 운동에너지로 변환하는 순환과정에서 태양에너지가 폭풍을 일으키는 것이다. 이 에너지는 폭풍이 따뜻한 물 위에 머무름으로써 덥고 습한 공기를 쉽게 얻을 수 있는 한 언제나 이용 가능하다.

이상적인 조건에서는 어린 폭풍이 2~3일 만에 (풍속이 시속 119 km 이상인) 허리케인 상태로 만들어진다. 바람에 날리는 스프레이는 바다와 공기 사이를 미끄럽게 만들어서 바람을 거친 바다의 표면으로부터 효과적으로 분리해 준다. 이상적인 조건에서 폭풍은 자유롭게 엄청난 크기로 성장할 수 있다(**표 8.2**). 대부분의 열대저기압은 시속 5~40 km로 서쪽으로, 그리고 극쪽으로 이동한다. 열대저기압의 대표적인 경로가 **그림 8.26**에 있다.

열대저기압의 세 가지 양상인 바람, 비, 그리고 폭풍해일이 재산피해와 인명손실을 야기한다. 시속 250 km 이상인 바람의 파괴력은 자명하다(**글상자 8.1**에 설명이 있음). 급격한 비는 폭풍이 육지로 이동할 때 극심한 홍수를 일으킨다. 그러나 가장 무서운 위험은 폭풍이 몰고 오는 물 덩어리인 **폭풍해일**(storm surge)에 있다. 폭풍 중심부의 저기압은 외해에서 높이 1 m에 이르는 거대한 물 언덕을 만든다. 파도와 강한 허리케인의 바람이 물 덩어리를 해안으로 끌어갈 때 물의 높이는 더욱 증가한다. 만약 만조 때에 이 물이 해안으로 밀려오거나 해안선이 오목하게 되었다면(방글라데시의

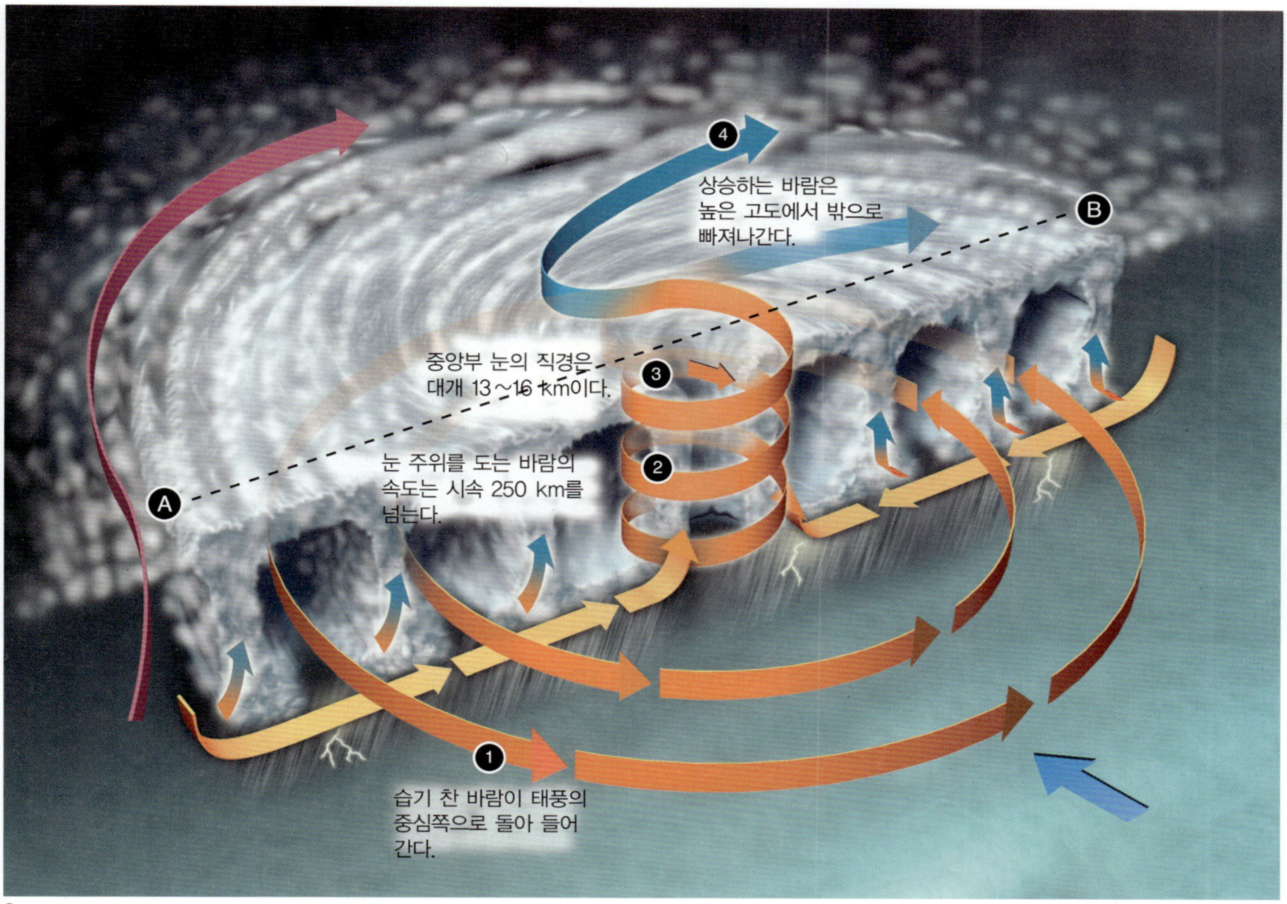

a

북반구에서 발달된 태풍(허리케인)의 내부구조. 이 그림에서 태풍은 북서쪽으로 이동하고 있다.(연직방향으로 많이 과장되어 있다.)

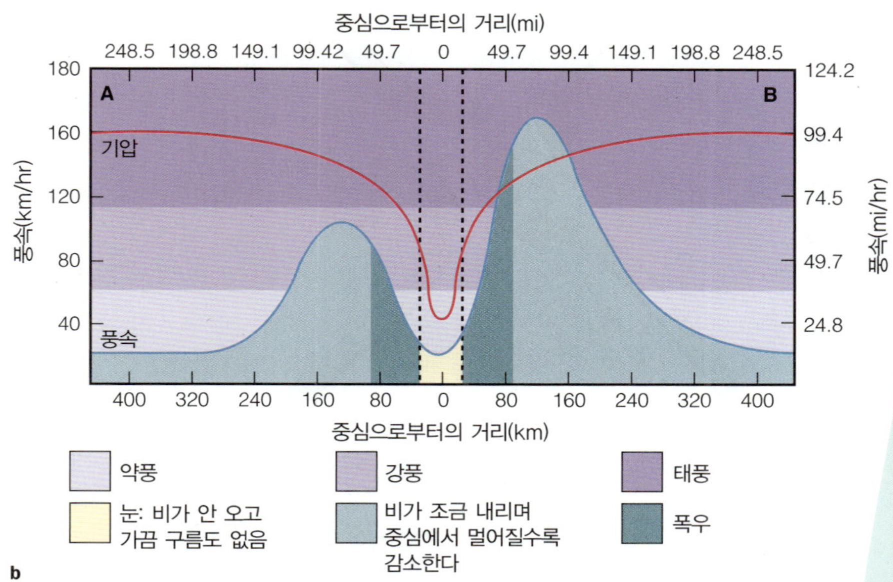

b

풍속과 기압을 보여 주는 태풍의 단면도. 태풍은 북서쪽으로 이동하고 반시계방향으로 회전하므로 바람과 폭풍해일은 중심의 동쪽 지역에서 가장 파괴적이다.

그림 8.23

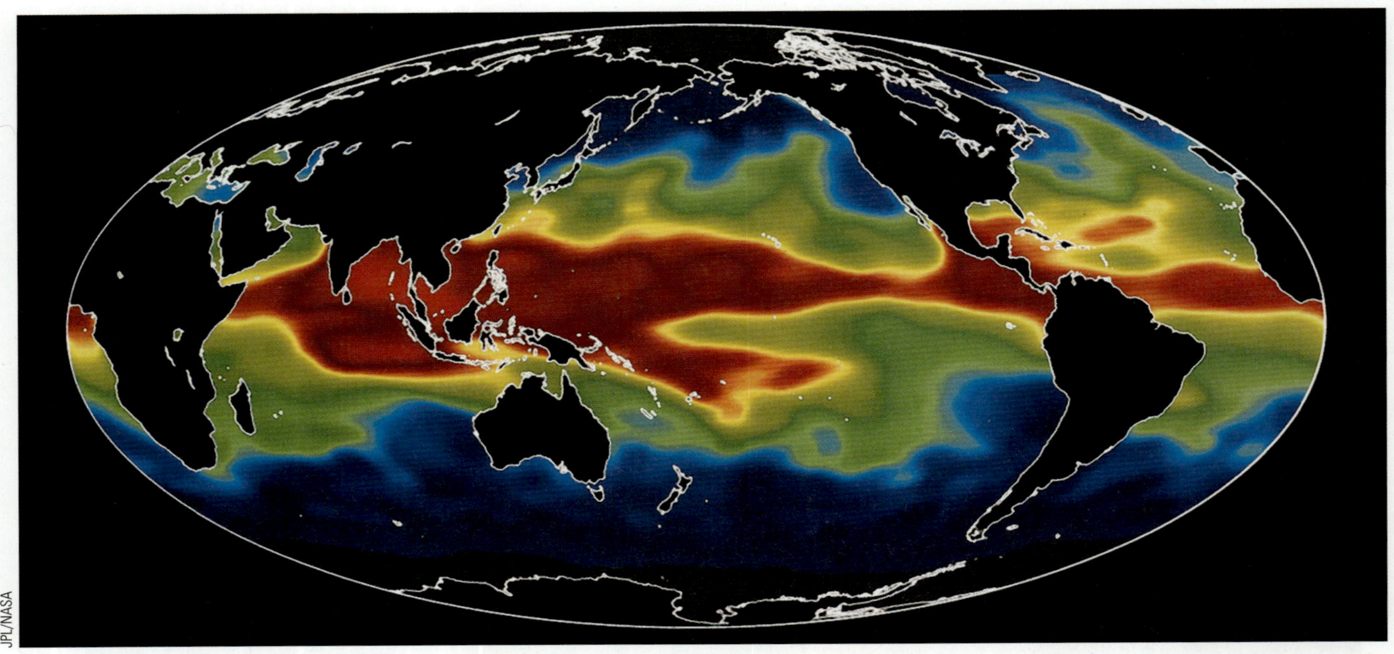

그림 8.24 열대저기압은 표면수온이 26°C 이상인 덥고 습한 대기(그림에서 붉은 지역)에서 발달할 수 있다. 이 그림은 1992년 10월의 대기 중 수증기량을 측정한 인공위성 자료에서 구한 것이다.

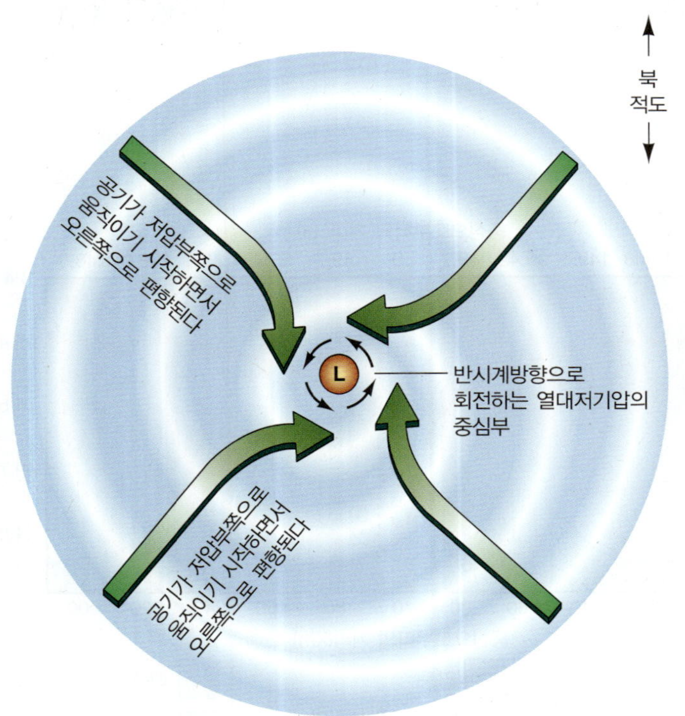

그림 8.25 코리올리 효과의 영향을 보여 주는 열대저기압의 역학. 폭풍이 북반구에서 잘못된 방향(즉 반시계방향)으로, 그러나 올바른 이유로 편향됨에 유의하라.

갠지스-브라마푸트라 강 하구처럼) 빠르고 파멸적인 해일이 일어날 것이다. 12 m에 이르는 폭풍해일이 1970년 방글라데시에서 보고된 바가 있다. 1989년 9월 사우스캐롤라이나 주에서 일어난 30억 달러의 피해는 허리케인 휴고에 의한 5 m의 폭풍해일이 만조 때 도착함으로써 생긴 것이었다. 이러한 폭풍해일에 대해서는 10장에서 더 배울 것이다.

열대저기압은 3시간~3주 동안, 대부분은 5~10일 동안 지속된다. 육지로 움직이거나 저기압을 지탱하는 더운 공기가 제공될 수 없는 찬 바다 위로 움직일 때 쇠약해진다. 땅과 접촉했을 때의 마찰은 급격하게 열대저기압의 에너지를 빼앗아 간다. 그리고 24°C보다 찬 바닷물은 폭풍의 소멸을 확실히 예고한다. 에너지를 빼앗기면 폭풍은 풀리며 비, 번개, 그리고 심지어는 토네이도까지 그 구름에서 만들어 내는 습윤 공기의 불안정한 덩어리가 된다. 열대저기압은 끝까지 위험할 수 있다: 1972년의 허리케인 아그네스의 잔재에서 온 분출하는 비는 주로 펜실베이니아 주에 20억 달러가 넘는 피해를 주었다. 체사피크 만과 델라웨어 만은 민물과 퇴적물로 넘쳤으며 그곳의 패류산업은 크게 파괴되었다.

열대저기압은 태양에너지를 열대지방에서 극지방으로 뿜어내는 자연의 분출구이다. 그들은 물의 응결잠

표 8.2 열대저기압의 분류

폭풍	현상		최대풍속	폭풍해일	피해규모
열대저압부	구름, 뇌우, 뚜렷한 순환의 시스템. 구름 및 폭풍과 함께 뚜렷한 순환의 형태를 가지며 눈은 없다. 더욱 강력한 나선형 구조로 발전하기 전의 저기압 시스템인 '저압부' 이다.		〈 62 km/h	없음	없음
열대폭풍	저기압 형태의 순환과 함께 강한 뇌우를 동반하지만 눈은 없다. 이 단계에 기상청은 폭풍에 태풍의 이름을 부여한다.		62–117 km/h (39–73 mph)	거의 없음	거의 없음
열대저기압 (태풍)	강력한 반시계방향의 바람(〉 119 km/h). 열대저기압은 중앙의 눈을 둘러싼 뇌우의 띠를 가지고 있다.	1등급	119–153 km/h (74–95 mph)	1.2–1.5 m (4–5 ft)	나무, 관목, 고정되지 않은 이동식 주택에 피해
		2등급	154–177 km/h (96–110 mph)	1.8–2.4 m (6–8 ft)	나무들이 넘어짐, 이동식 주택이 파손됨, 영구적인 구조물의 지붕에 피해
		3등급	178–209 km/h (111–130 mph)	2.7–3.7 m (9–12 ft)	큰 나무가 넘어지거나 잎이 제거됨, 이동식 주택이 파괴됨, 건물들이 파손됨
		4등급	210–249 km/h (131–155 mph)	4.0–5.5 m (13–18 ft)	모든 교통신호기가 파손됨, 작은 주택의 지붕이 완전히 파손됨, 창문과 문의 광범위한 피해, 해안이 많이 침식되고 내륙이 범람할 수 있음
		5등급	250 km/h (156 mph)	5.5 m (19 ft)	가옥과 건물의 지붕이 완전히 파손됨, 작은 집들은 날아가고 건물이 붕괴됨, 해안 근처의 범람으로 저지대 피해, 주민 대피가 요구됨

열로 대표되는 에너지의 아름답고도 위험한 예이다.

개념점검

20. 두 종류의 거대한 폭풍은 무엇인가? 그들은 어떻게 다른가? 그리고 얼마나 비슷한가?

21. 기단이란 무엇인가? 어떻게 형성되는가?

22. 저기압과 토네이도는 같은 것인가?

23. 온대저기압의 원인은 무엇인가? 기단이 어떻게 관련되는가?

24. 전선이란 무엇인가? 전선은 열대저기압과 온대저기압 중 어디에서 발생하는가?

25. 왜 온대저기압이 북반구에서 반시계방향으로 회전하는가?

26. 열대저기압이 상륙할 때 무엇이 가장 큰 인명과 재산 피해를 입히는가?

8.6 대서양의 2005년 허리케인은 기록상 가장 파괴적이었다

공식적으로 대서양의 허리케인 철은 6월 1일부터 11월 30일까지이다. 이 날짜에 마술 같은 것은 없어서 이 6

글상자 8.1 갤버스턴의 1900년과 2008년의 재앙

미국의 가장 큰 자연재해는 1900년 9월 8일 밤에 텍사스 주의 갤버스턴을 덮친 열대저기압이었다. 강한 바람과 큰 파도가 합쳐진 폭풍해일로 약 8,000명이 죽었다—존스타운의 홍수, 샌프란시스코의 지진, 1938년 뉴잉글랜드의 허리케인, 시카고의 대화재의 희생자 수를 합한 것보다 더 많았다. 실로 이 한 번의 사건은 미국에서 그동안 기록된 모든 열대폭풍과 허리케인 관련 희생자의 1/3을 넘는 것이다.

1900년에 37,000명 인구의 갤버스턴은 미국의 가장 중요한 면화 시장의 하나였다. 텍사스 해안 바깥에 있는 갤버스턴 섬은 길이 48 km에 폭 3.2 km인데 가장 높은 곳이 해수면보다 겨우 2.7 m 위에 있었다.

오늘날과는 달리 인공위성도, 선박에서 육지로 보내는 통신도, 폭풍을 경고해 주는 기상예보 네트워크도 없었다. 예보는 경험과 직감으로 행해져서 미국 기상청의 갤버스턴 측후소의 클라인(Isaac Cline) 박사보다 예측을 잘하는 사람은 거의 없었다. 9월 7일 저녁, 많은 주민들이 저녁 식사를 할 즈음에 클라인 박사는 그날 하루 종일 지속된 26 km/h의 바람이 점점 더 걱정이 되었다. 무엇인가 잘못되었는데, 바람은 엉뚱한 방향에서 불었고 해질 무렵에 높은 구름은 거의 반대 방향인 북서쪽으로 움직였다. 자정쯤에 바람은 북동향으로 바뀌었고 60 km/h로 강해졌다. 처음에는 주민들이 괴물 같은 파도가 해변을 때리는 것을 바라보기 위해서 몰려들었다. 그때 수면이 높아지기 시작했다. 클라인은 허리케인이 접근했음을 감지했고 다음에 어떤 일이 벌어질 것인지 알고 있다고 믿었지만 그가 주민들을 대피시키기 위해서 비상경고를 내보내려고 할 때 계류 중이던 증기선 한 척이 떠밀려 와서 육지와 연결된 다리 세 개를 으깨 버렸다. 더 이상 탈출할 곳이 없었다.

폭풍이 접근하면서 발달할수록 대기압이 수직으로 급강하하였고 바람도 강해졌다. 열대저기압의 낮은 기압으로 바다에 생긴 넓은 물의 언덕을 바람은 해안으로 몰고 갔다—폭풍해일로 알려진 현상이다. 불행이 겹치려니까 해일은 만조 때에 도달한 것이다. 멕시코 만과 갤버스턴 만의 바닷물이 서로 만나서 높아졌다. 주민들은 이를 피하려고 건물의 2층, 3층, 4층으로 이리저리 뛰었다. 풍속이 200 km/h나 되는 바람으로 구조물이 붕괴되었으며 바깥에 있는 것은 아무것이나 부서져서 제멋대로 표류하였다. 9월 8일 오후까지 건물들이 무너지고 사람들은 부스러기에 맞아서 익사하였다. 저녁 8시 반에 물은 갤버스턴의 가장 높은 곳보다 3.4 m 위에 있었다. 떠다니는 잔해의 뗏목에 매달려서 수천 명이 죽어갔다. 재산피해는 엄청났다(**그림 a**).

NOAA/National Weather Service

a

갤버스턴의 주택과 건물들이 1900년 허리케인의 4등급 바람과 홍수로 파괴되어 부서진 목재로 쌓여 있다.

George Grantham Bain Collection, Library of Congress Prints and Photographs Division Washington, D.C. [LC-USZ62-56461]

b

갤버스턴의 방벽이 1902년에 건설되기 시작했다. 방벽은 파도를 위로 꺾이도록 하기 위해서 곡선으로 만들어졌다.

갤버스턴은 재건되었고 1902년에는 주민들이 5 km의 해안을 보호할 5 m 두께에 5.2 m 높이의 벽을 건설하기 시작했다(**그림 b**).(이 벽은 지금 16 km로 늘어났다.) 그들은 또한 섬을 2.5 m 높이기 위해서 갤버스턴 만에서 많은 퇴적물을 준설했다.

갤버스턴의 노출된 지역은 재해에 취약해서 1915년과 1932년에도 수백 명의 주민들이 죽었고 수백만 달러

Jessica Rinaldi/Reuters/Landov

c
갤버스턴 주민의 40% 이상이 2008년에 허리케인이 온다는 경고에도 불구하고 대피하지 않기로 결정했다.

Jim Watson/AFP/Getty Images

d
갤버스턴의 일부가 허리케인 아이크에 의해 광범위하게 피해를 입었다.

의 재산피해를 입었다. 그래도 여전히 사람들은 추운 지역에서 이주하고 있으며 은퇴자와 피서객이 증가하고 있다. 2005년까지 인구가 거의 60,000명으로 늘었다. 1900년과 같은 또 다른 재앙이 우려되는 상황이다.

2008년 9월 13일에 그해의 허리케인 중에서 가장 강력하고 미국 역사상 세 번째로 파괴적이었던 허리케인 아이크가 왔다.[4] 유명한 방벽이 넘쳐서 도시는 전기, 가스, 수도, 기본 통신망이 거의 2주 동안이나 끊겼다(**그림 c**와 **d**). 주민들의 40% 이상이 긴급한 경고를 무시했고 섬에 남기를 결정했다. 한 사람이 설명하기를, "나는 대피하지 않기로 했지요. 우리는 방벽을 믿었고 창문에는 보드가 대져 있었거든요. 대부분 2층이나 3층에서 살았기 때문에 파도에 그다지 걱정을 하지 않았지요." 틀린 생각이었다. 피해액이 270억 달러를 넘었고 82명이 죽었으며 수백 명이 실종되었다.

허리케인에 취약한 지역 주민들의 80~90%가 허리케인을 경험한 적이 없었다. 그들이 겪는 작은 폭풍들은 종종 허리케인의 진정한 잠재력에 대해서 잘못된 인상을 심어 주고 있는 것 같다. 갤버스턴은 분명히 위험하다. 해저지형, 외부에 막아 주는 섬들이 없다는 것, 낮은 고도, 다리 하나로 내륙과 연결되는 유일한 탈출구 등 때문에 특히 위험한 것이다.

[4] 허리케인 아이크는 대서양의 폭풍 중에서 역사상 가장 큰 역학적 에너지를 가졌다. 역학적 에너지는 폭풍해일의 잠재적 파괴력의 척도이다.

개월 외에도 발생하기는 했지만 약 97%의 허리케인을 포함하도록 날짜를 정한 것이다.[5] 2005년의 허리케인은 이제까지 기록된 것 중에서 가장 강력하였다. 28개의 열대저기압이 생겼고 이 중 15개가 허리케인이 되었다.[6] 3개가 5등급의 세기였다(표 8.2 참조). 그중의 하나가 카트리나로서 미국에 가장 커다란 자연재해를 야기했으며(**그림 8.27**), 다른 하나는 가장 강력했던 윌마이다. 2005년은 예외적으로 재산과 인명 피해가 커서 피해 총액이 1천억 달러를 넘고 1,777명이 죽었다. 1930년대의 대공황 이래로 가장 많은 150만 명이 이주를 하였다.

2005년의 허리케인들은 다른 면에서도 특이하였다. 이들은 발생 초기에 최대로 강해졌고 그 에너지를 오랫동안 유지했다. 7월은 월간 발생 횟수가 가장 많았다(7개). 허리케인 빈스는 다른 것들보다 북동쪽에서

[5] 북서 태평양에서는 통상적으로 늦은 5월에 시작해서 11월 초까지 계속된다. 서태평양의 열대저기압은 태풍이라고 한다.
[6] 오래된 기록은 1933년의 21개이다.

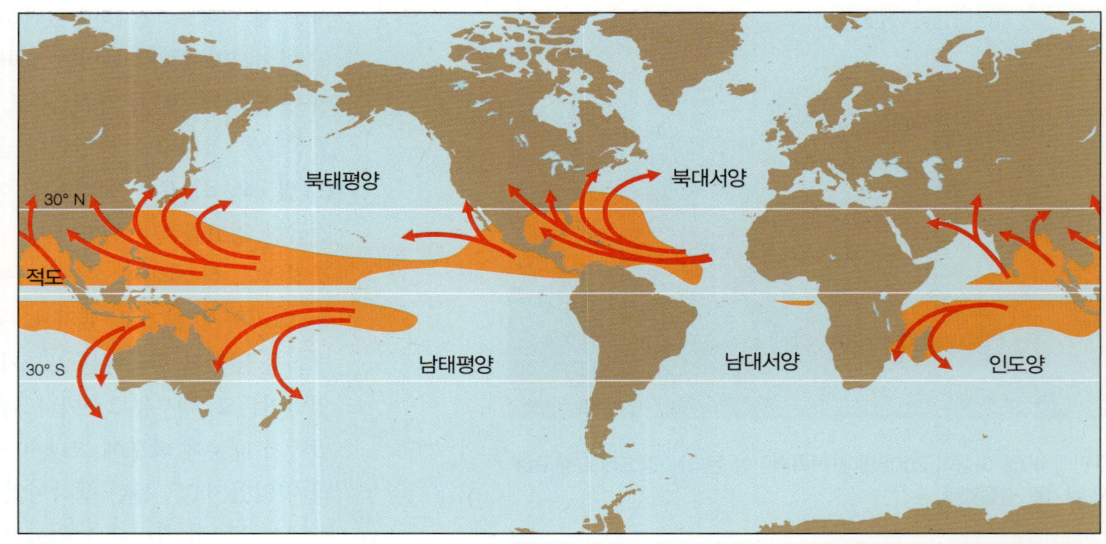

a

열대저기압의 발생지역이 주황색으로 표시되어 있다. 폭풍은 굽은 경로를 따라가는데, 처음에는 무역풍을 따라 서쪽으로 이동하다가 육지 위에서 소멸하거나 중위도의 찬 바다에서 힘을 잃을 때까지 동쪽으로 편향한다. 태풍은 남대서양이나 남태평양 동부에서 발생하지 않는데 그 이유는 물이 너무 차기 때문이다. 또한 적도에서 몇 도 이내에 있는 적도무풍대의 조용한 대기 속에서도 생기지 않는다.

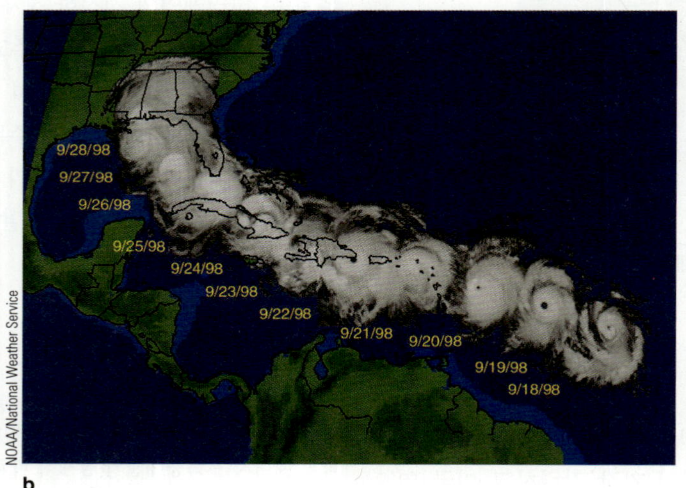

b

1998년 9월 18~28일의 기간 동안 허리케인 조지스의 위치가 합성된 인공위성 적외선 사진. 카리브 해를 지나 서쪽으로 진행한 다음에 북쪽으로 방향을 틀어서 미국으로 상륙하는 장면이 뚜렷하게 보인다.

그림 8.26 열대저기압의 경로.

형성되었지만 최초로 유럽을 강타한 것으로 기록되었으며, 10월 11일에 스페인에 상륙하였다. 허리케인 제타는 12월 30일에 발생해서 다음 해까지 존속한 첫 열대저기압이 되었다. 카트리나(브라질의 기상학자 이름을 딴 것임)는 최초로 남대서양에서 발생하였다.

허리케인 철이 시작되기 전에 NOAA의 기상학자들은 2005년의 태풍 활동이 평균 이상일 확률이 70%라고 예보했다. 대서양 서부와 멕시코 만의 표면수온은 높았고 멕시코만류와 그에 따른 에디(와동류 혹은 소용돌이)는 폭풍이 발생하고 통과할 위치에 더욱 많은 열을 공급하였다. 실제로 일어난 사건은 전례가 없는 것이었으며 미래를 예고하는 것이기도 했다.

카트리나는 미국에서 가장 큰 경제적 피해를 입힌 재앙이다 카트리나는 늦은 8월에 바하마에서 발생해서 1등급 허리케인으로 마이애미에 상륙하였다. 미국을 지나가

그림 8.27 5등급의 허리케인 카트리나가 2005년 8월 28일에 루이지애나와 미시시피 해안으로 접근한다. 폭풍의 상륙으로 미국 역사상 가장 큰 자연재앙이 발생했다.

면서 여러 개의 토네이도를 뿌린 다음에 예외적으로 더운 바닷물 덩어리가 있는 멕시코 만으로 이동했다(**그림 8.28**). 폭풍의 에너지는 빠르게 증가해서 최대풍속 280 km/h인 5등급으로 발달했으며 멕시코 만 해안의 중간인 루이지애나 해안에 상륙하면서 약해졌다. 이제 풍속 200 km/h의 4등급짜리 카트리나는 그 세기에 있어서 가장 큰 허리케인이었다. 북반구에서 허리케인은 반시계방향으로 돌기 때문에 태풍의 눈을 기준으로 동쪽에서 폭풍해일이 가장 클 터였다(**그림 8.29**). 카트리나의 비도 강력했지만(육지에서 시간당 평균 25 cm), 바람과 예외적으로 낮은 중심 기압으로 발생한 거대한 폭풍해일은 곧 최대의 인명과 재산 피해를 입혔다.

미시시피 주의 바이록시와 걸프포트 지역이 특히 크게 당했다. 해안으로부터 0.8 km 내에 있던 거의 모든 주택과 사무실 및 공공건물들이 **그림 8.30**과 같이 폭풍해일과 바람에 파괴되었다.[7] 동쪽의 모빌 만으로부터 서쪽의 세인트루이스 만까지의 기반시설의 대부분이 폭풍해일에 의해서 극심한 손상을 입었다. 세인트루이스 만의 폭풍해일은 10.4 m 높이까지 차올랐다. 대부분의 도로와 교량이 유실되어서 구조 활동도 특히 어려웠다.

뉴올리언스는 초기에는 피해가 크지 않았다. 바람과 비에 심하게 시달리기는 했지만 시내의 물을 뽑아내는 펌프는 설계한 대로 작동했다. 그러나 다음 날 뉴올리언스를 보호하는 제방 여러 개가 붕괴되자 면적의 80%가 해수면 아래인 시내는 바로 범람하였다. 뉴올리언스의 폭풍해일은 3.4 m 높이여서 제방을 넘어갈 정도는 아니었다. 왜 무너졌을까? 나중에 조사단은 제방 밑부분의 모래와 진흙에 물이 스며들면서 기초가 약해져 무너지게 되었다는 결과를 제시했다. 슬픈 결과는 **그림 8.31**에 나와 있다.

리타는 카트리나 다음에 바로 들이닥쳤다 카트리나의 에너지를 증폭시켰던 멕시코 만의 비정상적으로 더운 물 위에서 리타가 5등급으로 발달할 때에도 카트리나의 피해자들은 여전히 피해 때문에 정신을 차릴 수가

[7] 그림 10.25에 폭풍해일의 모식도가 있다.

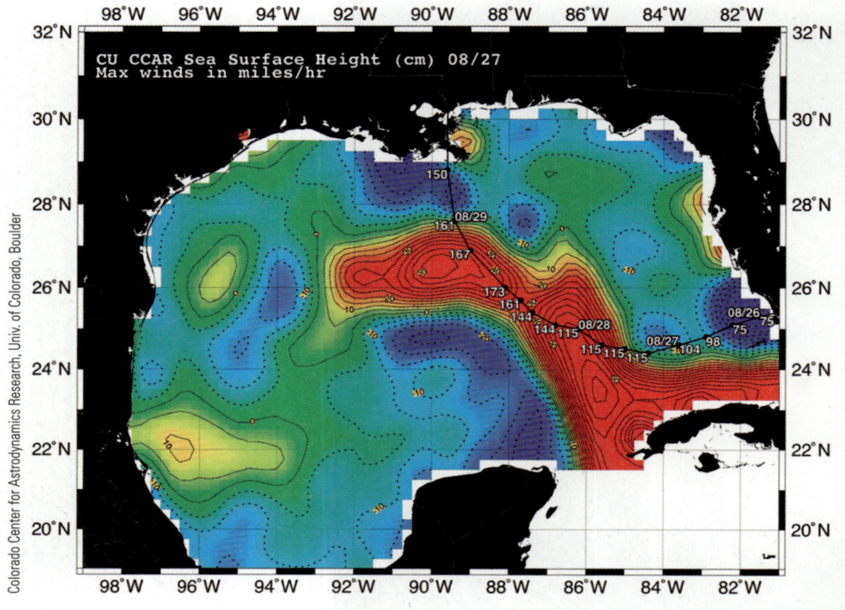

그림 8.28 해면높이 자료로부터 구한 멕시코 만의 수온. 카트리나의 경로 상에 예외적으로 더운 물이 뻗어 있어서 폭풍에 에너지를 공급한다. 폭풍의 경로에 날짜와 풍속(mi/h)이 표시되어 있다.

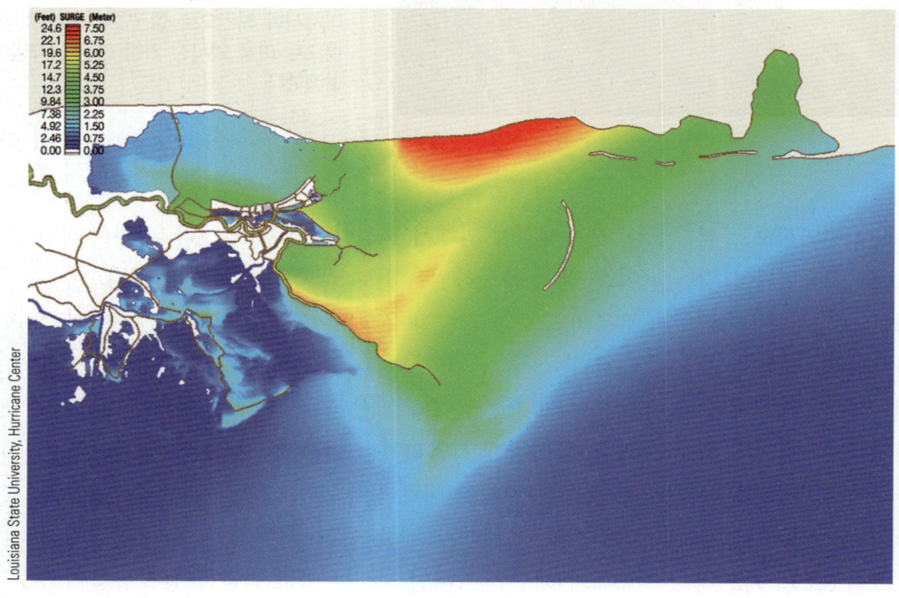

그림 8.29 열대저기압은 북반구에서 반시계방향으로 회전하고 카트리나가 북쪽으로 빠르게 이동했기 때문에 중심부(눈)의 동쪽으로 바람이 가장 강했다. 폭풍의 예외적으로 낮은 기압이 강한 바람과 함께 높이 8 m의 거대한 폭풍해일(붉은색)을 몰고 왔다.

없었다. 9월 24일, 카트리나가 상륙한 지 한 달도 안 되어, 리타가 3등급 폭풍으로서 텍사스-루이지애나 경계에 상륙하였다. 완벽한 철수와 대비(뉴올리언스의 교훈으로) 덕분에 인명 피해는 비교적 적었지만 재산 손실은 극심했다. 석유 정제시설과 해상 유전이 심각한 타격을 받았다. 멕시코 만은 매일 2백만 배럴의 원유를 생산하며 미국의 정유 능력의 30%를 맡고 있다. 그때 미국은 국제적인 긴장 상태 때문에 비축한 원유 용량이 거의 없었으므로 석유 값이 치솟았다.

리타의 폭풍해일은 다시 뉴올리언스의 약해진 제방들을 파괴했기 때문에 다시 주민 대피를 명령했으며 일부 지역은 범람했다.

윌마는 대서양 허리케인 중에서 가장 강력하였다 역사상 대서양에서 가장 강력한 폭풍이 10월 17일에 발생해서 빠르게 강해졌다. 단 이틀 후에 윌마는 대서양에서 가

그림 8.30 카트리나의 폭풍해일은 모빌 만에서 세인트루이스 만까지의 해안을 폐허로 만들었다. 붕괴된 고속도로와 철교, 내륙으로 뻗은 쓰레기들, 파손된 건물들이 보인다(왼쪽이 북쪽 방향임).

그림 8.31 뉴올리언스의 폭풍해일의 높이는 3.4 m였다(그림 8.29 참조). 제방들이 무너졌고 면적의 80%가 해수면 아래에 있는 도시가 범람하였다.

장 강한 허리케인이 되었으며 지속적인 바람은 상상을 초월하는 295 km/h였다! 10월 22일, 윌마는 4등급 폭풍으로 멕시코의 유카탄 반도 해안을 때려서 매우 심한 피해를 입혔다(**그림 8.32**). 그러고는 북동쪽으로 이동해서 3등급 폭풍이 되어 플로리다 남부를 가격했다. 멕시코의 피해액은 추산되지 않아서 미국의 2005년 피해액 1천억 달러에는 포함되지 않았다.

허리케인은 해안의 환경을 극적으로 변화시킨다 2005년의 허리케인들은 인간의 생활만 바꾼 것이 아니라 자연의 세계에도 역시 피해를 입혔다. 섬에 있던 펠리컨과 제비갈매기들의 보금자리가 없어졌다(많은 경우, 섬 자체가 사라졌다). 폭풍해일에 의해 내륙으로 밀려든 소금물 때문에 루이지애나와 미시시피 해안의 풀들이 죽었다. 루이지애나에서만 260 km^2 이상의 습지가 찢겨졌고 풍부한 종 다양성을 지탱하던 능력이 파괴되었다. 거대한 부피의 진흙이 대합과 굴 양식장을 망쳤고 새우, 거북, 어류 등이 서식하는 해초 지역을 덮어 버렸다. 더 멀리 조사한 결과 산호초의 5%가 피해를 입었다고 보고되었다. 이것은 시작에 불과할지도 모른다—내륙의 도시와 공장에서 배출되는 오염물질들은 아직 이해하지 못하는 방법으로 생태계에 스트레스를 줄 것이다.

왜 2005년의 태풍들은 그토록 파괴적이었을까? 전 세계적으로 2005년은 가장 더운 해였다. 더워지는 해양과 강해지는 열대저기압의 세기는 어떤 관련이 있을까? 비록 지난 35년간 폭풍의 수는 비교적 일정하게 유지되더라도(혹은 약간 감소) 기상학자들은 가장 강력한 (4~5등급) 열대저기압은 놀랍게도 80% 증가했다는 보고를 하였다. 온실효과의 증가와 열대저기압의 강화는 관련이 있다고 주장하지만 학자들은 아직 둘을 확실하게 연관시킬 수가 없다.

우연히 강했던 폭풍들도 있다. 비정상적으로 더운 멕시코만류의 위치(그림 8.28 다시 참조)는 폭풍의 급격한 발달에 기여했다. 높은 고도에 바람이 부족했던 것도 폭풍이 형성되고 간섭 없이 성장하도록 만들었다. 또한 폭풍의 서쪽에 있던 고기압은 기상 시스템을 편향시켜서 저기압을 불안정하게 했을 수도 있다.

신기하게도 사하라 사막의 모래폭풍 또한 역할을 한다. 대기 중의 먼지는 빗방울의 응결핵 역할을 함으로써 비의 형성을 촉진하고 잠열의 방출을 빠르게 만든다. 먼지를 품고 서쪽으로 불어서 열대의 대서양으로 들어가는 건조한 대기의 층은 열대저기압의 세기에 영

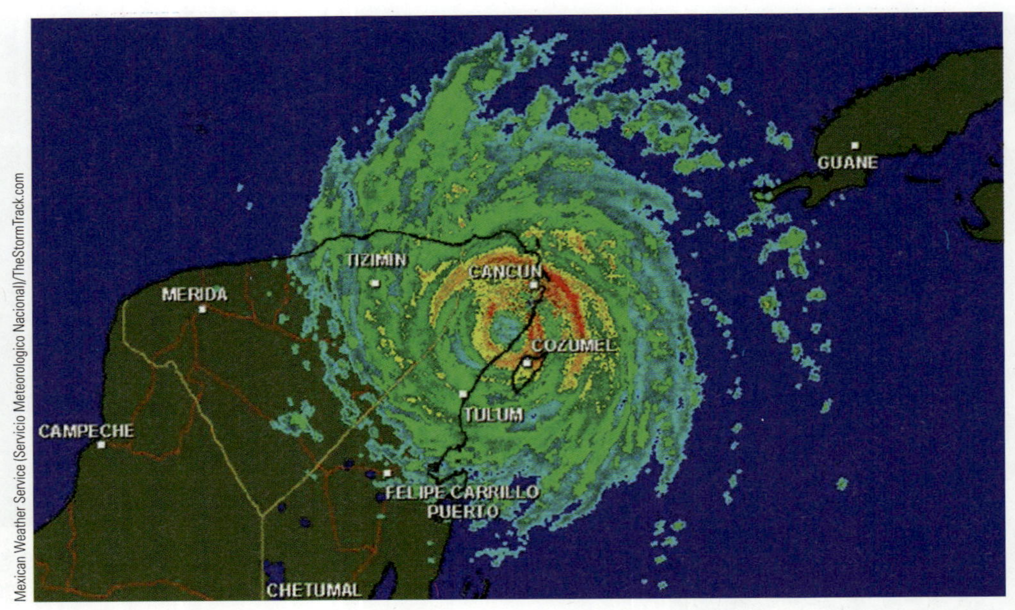

그림 8.32 대서양에서 가장 강력했던 윌마가 2005년 10월 22일에 멕시코의 유카탄 반도를 덮치고 있다. 이때 윌마는 4등급이 되었다.

그림 8.33 2007년 10월에 아프리카 대륙으로부터 대서양으로 먼지가 날리고 있다. 공기 중의 먼지는 물방울의 응결핵 역할을 하여 비구름의 형성과 그에 따른 잠열의 방출을 촉진한다. 지구가 더워지고 사막이 늘어날수록 허리케인은 더욱 강해지고 빈번해질 것으로 예상된다.

향을 주는 것으로 나타났다. 지구가 더워지고 사막이 늘어나면 이 영향을 더 커질 것이다(**그림 8.33**).

인위적인 요인도 작용한다. 한동안 해안을 보호해 주던 염습지와 사주 섬들이 개발되고 자연적인 퇴적작용은 느려지며 선박과 배수를 위한 운하들이 준설되었다. 미국 전체적으로 지난 10년 동안 매일 약 천 명의 인구가 허리케인의 피해를 입는 해안지역으로 이주하였다! 더 많이 위험에 노출될수록 더 많은 사람들이 죽는다. 개인과 공공의 재산 가치가 증가함에 따라 피해액 또한 함께 늘어난다. 이 거주자들은 다음과 같은 결정적인 문제에 직면한다. 이들은 대부분이 해수면 아래에 있는 도시를 재건해야 하는가? 이들은 폭풍해일의 재앙에 시달리는 지역에 살아야 하는가? 그 비용은 어떻게 공동 부담할 것인가? 우리 모두는 이제 어떻게 해야 하나?

개념점검

27. 대서양에서 2005년에 발생한 허리케인들의 독특한 점들은 무엇인가?

28. 열대저기압의 가장 위험한 세 가지(바람, 비, 폭풍해일) 중에서 어느 것 때문에 카트리나에 의한 인명피해가 가장 컸는가? 재산피해는?

29. 커다란 열대저기압은 인간이 만든 해안지역에 어떻게 영향을 주는가? 자연적인 해안지역에는?

30. 지구온난화와 대서양 허리케인의 세기가 증가하는 것 사이에 증명된 관련성이 있는가?

학생들의 질문

1. 지구의 궤도는 북반구의 여름보다 겨울에 더 태양과 가깝도록 되어 있다. 하지만 여름에 훨씬 더 따뜻하다. 왜 그런가?

태양 주위를 도는 지구의 궤도는 원이 아니라 타원형이다. 지구 전체는 우리가 태양에 가까워지는 기간 동안에 멀어진 동안보다 7% 정도의 태양에너지를 더 받는다. 에너지를 더 받는 기간은 북반구의 겨울이지만 북반구는 여름 동안에 태양 쪽으로 기울어져 있어서 이는 결과적으로 더 많은 빛이 북반구로 떨어지게 한다. 한여름에는 한겨울보다 3배나 많은 에너지가 북반구로 매일 들어오게 된다.

2. 무역풍은 어떻게 그 이름을 갖게 되었는가? 그 이름은 세계의 머나먼 구석에 물건을 팔려는 상인들 배의 항해에 도움을 주었기 때문인가?

무역풍은 항해 시대의 무역에 도움을 주었기 때문에 붙여진 이름이 아니다. 무역(trade)이란 단어의 용도는 현재 우리가 쓰고 있는 부사인 지속적으로(steadily) 혹은 일정하게(constantly)에 해당하는 초기 영어에서 유래되었다. 이렇게 지속적인 바람을 'blow trade'라 불렀다.

3. 코리올리 효과가 모든 움직이는 물체에 작용한다면 왜 내 차는 오른쪽으로 쏠리지 않는가? 그리고 코리올리 효과 때문에 남극 대륙의 탐험가들이 눈 위에서 왼쪽으로 편향되거나 북반구에서 변기의 물이 오른쪽으로 회전하면서 빠지게 되는가?

자동차의 운동도 영향을 받는다. 보통 크기의 차가 110 km/h의 속력으로 달릴 때 160 km마다 460 m씩 오른쪽으로 끌리는 힘을 받지만 타이어와 도로 사이의 마찰력이 월등하게 크므로 반영되지 않을 뿐이다. 탐험가들의 움직임에도 지면과의 마찰력이 훨씬 크고 변기의 물이 돌면서 빠지는 방향도 변기의 불규칙한 형태가 더 큰 영향을 미친다.

4. 바다는 대륙 중심부의 날씨에도 영향을 미치는가?

물론이다. 어떤 의미에서는 지구상의 모든 대규모 기상은 바다가 조정하는 것이다. 바다는 태양의 열을 모으고 열을 가라앉히며 열을 저장하고 방출한다. 대부분의 큰 폭풍들(열대저기압과 온대저기압 같은)은 바다에서 생성되어 육지를 쓸어버린다.

5. 평균적으로 기상적도는 지리적도보다 5° 정도 북쪽으로 위치하고 있다. 왜 이러한 차이가 생기는가?

기상적도가 북반구에 위치하고 있는 이유는 전반적으로 볼 때 남반구보다 약간 따뜻하기 때문이다. 적어도 세 가지 요인이 작용한다. 첫째, 깨지지 않고 남극을 덮고 있는 얼음은 북극해보다 더 많은 태양 빛을 외계로 반사한다. 북극해에서는 얼지 않고 열려 있어서 빛을 흡수하는 부분이 종종 존재하는 것이다. 둘째, 북반구에는 남반구보다 열대지방에 지표면이 많이 존재한다. 땅이 같은 양의 에너지를 받았을 때 물보다 더 뜨거워지기 때문에 북반구의 열대지방이 더 따뜻하다. 그리고 셋째로 해류는 더 많은 양의 따뜻한 물을 남쪽보다 북쪽으로 운반한다.

6. 대규모 대기순환의 결과 중 일반적인 관찰자가 잘 알 수 있는 것이 있는가?

있다. 이 장에 나오는 대기순환의 모습은 우리가 경험해 봤을지도 모르는 몇몇 현상들을 설명하고 있다. 예를 들어 로스앤젤레스에서 뉴욕으로 날아가는 것은 뉴욕에서 로스앤젤레스로 날아가는 것보다 40분 정도가 덜 걸린다. 이는 편서풍의 맞바람 때문이다(그림 8.13에 표시되어 있다).

이렇게 탁월한 편서풍 때문에 미국에서 일어나는 대부분의 폭풍은 서에서 동으로 움직인다. 모든 일기예보는 기단이 이동할 때 얻어진 관측 자료를 기반으로 한다. 일기예보는 서부지방보다 동부나 중서부지방에서 더 쉬운데, 이는 해양보다 육지에 있는 기단에 대해서 관측 자료가 더 많기 때문이다.

7. 지구의 기상변화와 비슷한 것이 다른 행성에서도 나타나는가?

정말 있다. 토성, 목성, 해왕성에는 엄청난 저기압성 폭풍이 있다. 목성의 몇몇 폭풍들은 너무 커서 지구에서 작은 망원경으로도 볼 수 있다. 화성에서도 토네이도의 흔적이 발견되었고 1999년에는 거대한 저기압성 폭풍의 사진이 찍히기도 했다. 금성은 극전선과 온대저기압을 예상하게 하는 큰 구름 띠도 있다. 코리올리 효과와 불균등한 태양의 가열은 태양계에서 대기를 가진 모든 행성에서 공통적인 현상이다. 그러므로 우리는 그 유사성에 놀라서는 안 될 것이다.

요약

이 장에서 대기와 해양은 연속적으로 접해 있고 한 곳의 조건은 다른 쪽에 영향을 준다는 것을 배웠다. 대기와 해양의 상호작용은 표면의 온도를 조절하고 지구의 날씨와 기후를 결정하며 해양의 파도와 해류의 대부분을 만든다.

대기는 태양의 불균등 가열에 반응하여 각 반구에 세 개씩의 커다란 순환세포를 형성한다. 이 공기 순환은 열대에서 극지방으로 운반되는 열의 2/3를 담당한다. 순환세포 내의 공기 흐름은 지구 자전의 영향을 받는다. 지구 표면에 있는 관측자에게 움직이는 공기(혹은 움직이는 물체)는 북반구에서 초기 경로의 오른쪽으로, 남반구에서는 왼쪽으로 편향된다. 경로의 가시적인 편향을 코리올리 효과라고 한다.

순환세포 내의 불균일한 흐름은 날씨라고 부르는 대기의 변화를 초래한다. 커다란 폭풍은 기단들의 경계나 기단의 내부에서 불안정한 대기가 회전하는 것이다. 온대저기압은 기단들의 경계에서, 그리고 지구의 폭풍 중에서 가장 강력한 열대저기압은 하나의 습윤한 기단 안에서 만들어진다. 열대저기압의 어마어마한 에너지는 물의 증발잠열에서 나온다.

다음 장에서는 대기의 운동이 어떻게 해양을 움직이는지 배울 것이다. 해양의 표면을 불어 가는 바람은 표층해류를 만들고, 계절이 변하면서 표면이 더워지거나 냉각될 때 심층해류가 생긴다. 해류는 대기와 결합하여 에너지가 남는 지역(열대)에서 모자라는 지역(극지방)으로 옮기는 거대한 엔진을 형성한다. 이 에너지는 열대 해역이 끓어 넘치거나 극지방이 얼어붙는 것을 방지한다.

해양의 표층해류는 여기에서 배운 몇 가지 원리, 즉 코리올리 효과와 불균등한 태양 가열의 지배를 받는다. 중요한 개념인 이들을 합쳐서 대기와 해양의 순환을 이해하는 것은 물리해양학의 핵심이다.

주요 용어

강수(precipitation)
극세포(polar cell)
극전선(polar front)
기단(air mass)
기상적도(meteorological equator)
기후(climate)
날씨, 기상(weather)
노리스터, 북동풍(nor'easter, northeaster)
대기(atmosphere)
대기순환세포(atmospheric circulation cell)

대류성 흐름(convection current)
몬순,계절풍(monsoon)
무역풍(trade wind)
바람(wind)
비에르크네스(Bjerknes, Vilhelm)
수증기(water vapor)
아열대무풍대(horse latitudes)
열대수렴대(ITCZ: intertropical convergence zone)
열대저기압(tropical cyclone)
열수지(heat budget)
열평형(thermal equilibrium)
온대저기압(extratropical cyclone)
육풍(land breeze)
저기압(cyclone)
적도무풍대(doldrums)
전선(front)
전선성 폭풍(frontal storm)
지리적도(geographical equator)
코리올리(Coriolis, Gaspard Gustave de)
코리올리 효과(Coriolis effect)
토네이도(tornado)
페렐세포(Ferrel cell)
편서풍(westerly)
폭풍(storm)
폭풍해일(storm surge)
해들리세포(Hadley cell)
해풍(sea breeze)
허리케인(hurricane)

학습문제

익힘문제

1. 태양에 의한 지구의 불균등한 가열에 기여하는 요인들은 무엇인가?
2. 대기는 불균등한 가열에 어떻게 반응하는가? 지구의 자전은 결과적으로 순환에 어떤 영향을 끼치는가?
3. 왜 해양은 적도에서 끓거나 극지방에서 얼어붙지 않는가?
4. 북반구의 대기순환세포를 설명해 보라. 어떤 위도에서 대기는 연직 방향으로 이동하는가? 수평으로는? 무역풍이란 무엇인가? 편서풍이란? 사막은 어디에 위치하는가? 이유는? 해양의 염분은 이러한 사막지대에서 어떠한가?
5. 지리적도, 기상적도, 그리고 ITCZ는 어떻게 관련되는가? ITCZ에서는 어떤 일이 일어나는가?
6. 몬순이란 무엇인가? 몬순의 순환이 ITCZ의 위치에 어떻게 영향을 받는가?
7. 만일 코리올리 효과가 북반구에서 움직이는 물체를 시계방향으로 편향시킨다면 저압부 주위의 공기는 왜 반시계방향으로 회전하는가?

응용문제

1. 손바닥으로 입구가 넓은 유리병을 누르고 있다고 생각하자. 그리고 그 안의 공기를 펌프로 빼낸다고 가정하자. 손이 병 안으로 빨려 들어가는 것이 아니라 병 안과 밖의 압력 차 때문에 병 안으로 단단히 힘을 받게 된다. 밑면적 1 cm^2인 공기 기둥의 공기 질량을 알고 있으니까 직경이 7.5 cm인 병이 진공 상태일 대 손바닥이 해면기압 때문에 받는 힘을 계산해 보자.
2. 특히 습한 날에 차의 냉방기를 틀면 밑으로 물방울이 떨어지는 이유는 무엇인가?
3. 일 년 중에서 낮이 가장 긴 날과 가장 더운 날이 다른 이유는 무엇인가?

9 해양의 순환

주요 목차

- 바닷물의 거대한 흐름은 바람과 중력에 의해 움직인다
- 표층해류는 바람에 의해 움직인다
- 표층해류는 기상과 기후에 영향을 준다
- 바람은 바닷물의 연직운동을 일으킬 수 있다
- 엘니뇨와 라니냐는 정상적인 바람과 해류에 대해서 예외적이다
- 열염순환은 모든 바닷물에 영향을 준다
- 해류 연구하기

핵심개념

1. 해양순환은 바람과 바닷물의 밀도 차이에 의해서 구동된다. 바람과 더불어 해류는 열대지방의 열을 전 세계에 나누어 준다.
2. 표층해류는 바람에 의한 해양 상층부의 운동이다. 열염순환(수온과 염분의 변화에 기인하는 밀도 차이 때문에 생기므로 붙여진 이름)은 심층의 느린 해류로서 밀도약층보다 깊은 방대한 양의 물에 영향을 준다.
3. 표층해류는 환류라고 하는 커다란 원형의 회로를 이루며 해양의 변두리를 따라 흐른다. 바람에 의한 물의 운동은 코리올리 효과와 중력 사이에 역학적으로 균형을 유지한다.
4. 엘니뇨와 라니냐는 해양과 대기에 영향을 준다. 그들은 바람과 해류의 예외적인 경우이다.
5. 수괴는 해양의 표면에서 형성된다. 수괴는 침강할 때 뚜렷한 성질들을 유지하며, 침강하면서 같은 밀도를 가지는 층으로 들어간다.

Robert Harding World Imagery/Corbis

영국 실리 섬의 열대 정원. 북위 50°인 콘월 해안에서 48 km 밖에 있는데, 이 아름다운 섬은 멕시코만류의 따뜻한 해류가 지나가는 경로 상에 있다.

영국에 웬 야자나무가? 미국 서해안에서 유럽으로 가는 비행기를 타면 온타리오 지방의 중앙부를 지나가게 된다. 겨울과 봄 동안에 대지는 얼음과 눈으로 덮여서 안 보이지만 여행객들은 가끔씩 제임스 만의 얼어붙은 표면을 식별할 수가 있다. 여행객들이 런던이나 벨파스트에 내리게 되면 흰색의 황무지인 캐나다 중부보다 훨씬 온화한 날씨와 접하게 된다. 런던의 위도는 제임스 만의 남쪽 끝과 같은 북위 51도이고 벨파스트는 54도에 있는데 이는 이동하는 북극곰의 보호구역인 온타리오 북극곰 공원과 같은 위도이다. 북위 50도의 영국 서해안 쪽에 있는 실리 섬의 정원은 열대 식물의 놀라운 종 다양성을 보여 준다(그림).

기후가 왜 이다지도 다른가? 이 위도에서는 동쪽 방향의 기류가 현저하게 탁월하다. 제임스 만 쪽으로 흐르는 공기는 캐나다의 동토를 지나면서 열을 빼앗기지만 영국 쪽으로 움직이는 공기는 바다 위를 지나면서 멕시코만류와 북대서양 해류를 만나서 더워진다. 그리하여 아일랜드와 영국은 온화한 해양성 기후를 갖게 되고 북극곰은 동물원에나 가야 볼 수 있다. 서유럽과 스칸디나비아 지역은 바람과 해류가 열대의 햇빛 에너지를 고위도로 운반함으로써 더워지는 것이다. 해류는 또한 날씨와 기후에 영향을 주고 영양염을 분포시키며 생물들을 퍼뜨린다.

세계의 해양은 층을 이루고 있다. 바람에 의한 표층해류는 밀도약층 위의 상층부에 영향을 준다. 어떤 표층해류는 빠르고 강과 같아서 경계가 뚜렷하며 어떤 해류는 약하고 뚜렷하지 않다.

밀도약층보다 깊은 심층의 순환은 무거운 물은 침강하고 가벼운 물이 떠오르는 중력에 의해서 구동된다. 해저 바닥 근처의 흐름은 매우 느리며 가장 많은 부피의 물이 거의 느낄 수 없이 느린 속도로 움직인다.

이 장을 읽어 가면서 바람과 물, 더운 것과 찬 것, 염분과 밀도 사이에 벌어지는 상호작용을 눈여겨보자. 비록 엘니뇨와 라니냐가 신문의 머리기사로 장식되지만 당신은 해류가 당신의 일상생활(그리고 북극곰의 생활)에 놀라운 방법으로 영향을 준다는 것을 알게 될 것이다.

9.1 바닷물의 거대한 흐름은 바람과 중력에 의해 움직인다

선원들은 오래전부터 바다가 끊임없이 움직인다는 것을 알았다. 최초로 지브롤터에서 지중해 밖으로 용감하게 항해를 해서 무역을 하던 사람들은 바람 방향에도 불구하고 종종 아프리카 해안까지 갔었다. 기원전 4세기에 북동 대서양을 탐험한 그리스 선박의 선장인 마살리아의 피테아스(Pytheas)는 최초로 이 느리지만 지속적인 흐름을 기록하고 속도를 추정했던 사람이다.

17세기 초에 일본의 어선들은 떼를 이루어 캄차카 반도 근해의 풍부한 어장에 도달하기 위해서 북쪽으로 흐르는 해류를 이용했다.(돌아올 때에는 흐름이 약한 해안 가까이로 항해를 했다.)

근래에 머레이(John Murray) 경은 『챌린저 보고서』에서 해양의 표면은 깊은 곳보다 항상 온도가 높으며 관측된 대부분의 지역에서 급격하게 온도가 변하는 구간(지금 수온약층으로 알고 있는)이 있다고 기술하였다.

그 후에 위트키(Klaus Wyrtki)는 1961년의 논문에서 오랜 의문에 답을 하였다: 무엇이 수온약층으로 하여금 위에 머무르게 하는가? 열이 접촉에 의해서 전해지기 때문에 수온은 수심이 깊어짐에 따라 점차 그리고 연속적으로 감소해야 하지 않은가? 찬물은 어쨌든 더운물을 표면 쪽으로 올리기 위해서 밑에서부터 상승해야 한다. 그럼 찬물은 어디에서 오는가?

이 생각들은 서로 연관되어 있다. 배의 수평적인 표류와 찬물의 연직운동은 **해류**(current)라고 알려진 현상인 물의 거대한 흐름 때문에 생긴다.

표층해류는 바람에 의한 해양 상층부의 운동이고 열염순환(수온과 염분의 변화에 기인하는 밀도 차이 때문에 생기므로 붙여진 이름)은 심층의 느린 해류로서 밀도약층보다 깊은 해양의 방대한 양의 물에 영향을 준다. 둘 다 지구의 온도, 기후, 그리고 생물 생산력에 중요한 영향을 끼치며, 지구의 기후와 함께 변화할 것이다.

개념점검

1. 무엇이 두 가지 중요한 형태의 해류를 일으키는가?

9.2 표층해류는 바람에 의해 움직인다

바닷물 전체의 약 10%는 상층부 400 m 내에서 바람의 마찰에 의해 수평으로 흐르는 **표층해류**(surface current)에 포함된다. 대부분의 표층해류는 밀도약층(6장에서 설명한 급격한 밀도변화의 층)보다 위쪽에 있다.

표층해류를 움직이는 주된 힘은 바람이다. 8장에서 읽은 대로 바람은 위도에 따라 전 지구적인 패턴을 형성한다(**그림 9.1**과 그림 8.13 참조). 지구 표면의 바람 에너지 대부분은 양 반구의 무역풍(동풍)과 편서풍 지역에 집중되어 있다. 바다의 파도는 마찰력에 의해서 에너지를 대기로부터 바다로 옮긴다. 이렇게 바람이 해수면을 끌어서 물의 거대한 흐름을 일으킨다. 바람 밑에서 흐르는 물은 표층해류를 형성한다.

움직이는 물은 바람이 부는 방향으로 '쌓인다'. 물의 압력은 쌓인 곳에서 높고 중력은 물을 낮은 쪽으로 끌어내린다. 그러나 이때 코리올리 효과가 간섭을 한다. 코리올리 효과(8장에서 설명했음) 때문에 북반구에서 표층해류는 풍향의 오른쪽으로, 남반구에서는 왼쪽으로 흐른다. 대륙의 분포와 지형은 연속적인 흐름을 가로막고 해류가 원형의 패턴으로 굽어 흐르게 만든다. 이렇게 해류가 해양의 변두리를 따라 연속적으로 흐르는 것을 **환류**(gyre)(*gyros*: a circle)라고 하며 두 개의 환류가 **그림 9.2**에 나와 있다.

표층해류는 대양의 변두리를 돌아 흐른다 **그림 9.3**은 북대서양의 환류를 더 자세히 보여 준다. 해류가 끝도 시작도 뚜렷하지 않게 연속적으로 흐르지만 해양학자들은 북대서양 환류를 뚜렷한 특징과 온도를 가지고 연결되는 4개의 해류로 구분한다.(다른 대양의 해류들도 비슷하게 나눈다.) 북대서양 환류의 동-서 방향의 해류는 이를 구동하는 바람의 오른편으로 흐르며, 한번 시작되면 이들 해류는 이러한 동-서 방향의 흐름을 계속한다. 이러한 흐름이 대륙에 의해 막히면 해류는 시계방향으로 꺾어서 회로를 완성한다.

왜 물은 해양의 중앙으로 회오리쳐 들어오지 않고 주변을 도는 것일까? 어차피 코리올리 효과는 움직임이 있는 한 어떤 물체든지 영향을 미치는데 환류 안의

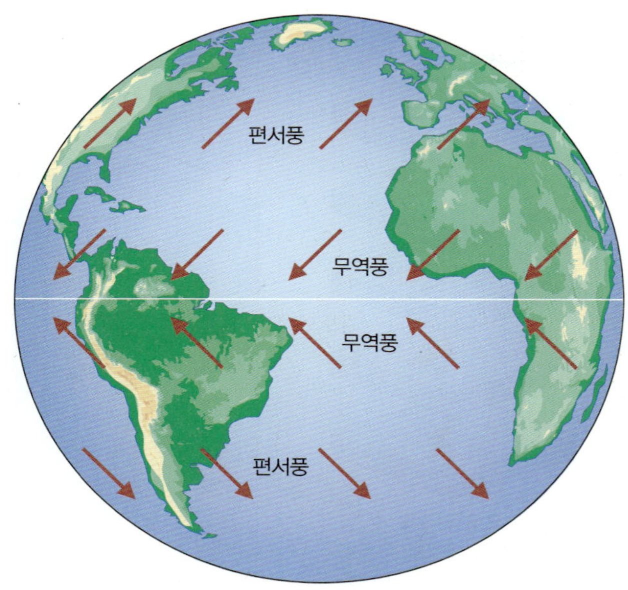

그림 9.1 불균등한 태양 가열과 지구의 회전에 의해 구동되는 바람. 주로 움직이는 것은 강력한 편서풍과 지속적인 무역풍(동풍).

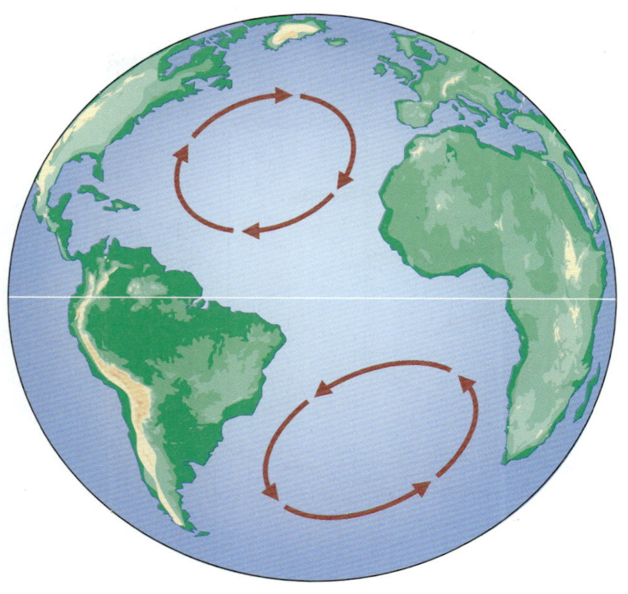

그림 9.2 네 가지 힘들—바람, 태양 가열, 코리올리 효과, 중력—은 북반구에서 시계방향, 남반구에서 반시계방향의 표층순환을 일으켜서 환류를 형성한다.

그림 9.3 북대서양 환류는 흐름의 성질과 수온이 다른 4개의 해류가 서로 이어져 형성된다.

그림 9.4 점 A에서 바람에 움직이는 표면의 물은 원래 경로의 오른쪽으로 편향하여 동쪽으로 나아간다. 점 B에서는 오른쪽으로 편향하여 서쪽으로 움직인다.

물은 북대서양 중앙으로 굽어져 멈추리라고 예상할 수도 있다. 이러한 해류의 움직임을 이해하기 위해서는 북위 45°에서 표면의 물 입자에 작용하는 힘을 상상해 보자(**그림 9.4**에서 점 **A**). 여기서 편서풍은 남서쪽으로부터 분다. 그러므로 이 입자는 처음에는 북동쪽으로 움직일 것이다. 오른쪽으로의 코리올리 편향은 물 입자

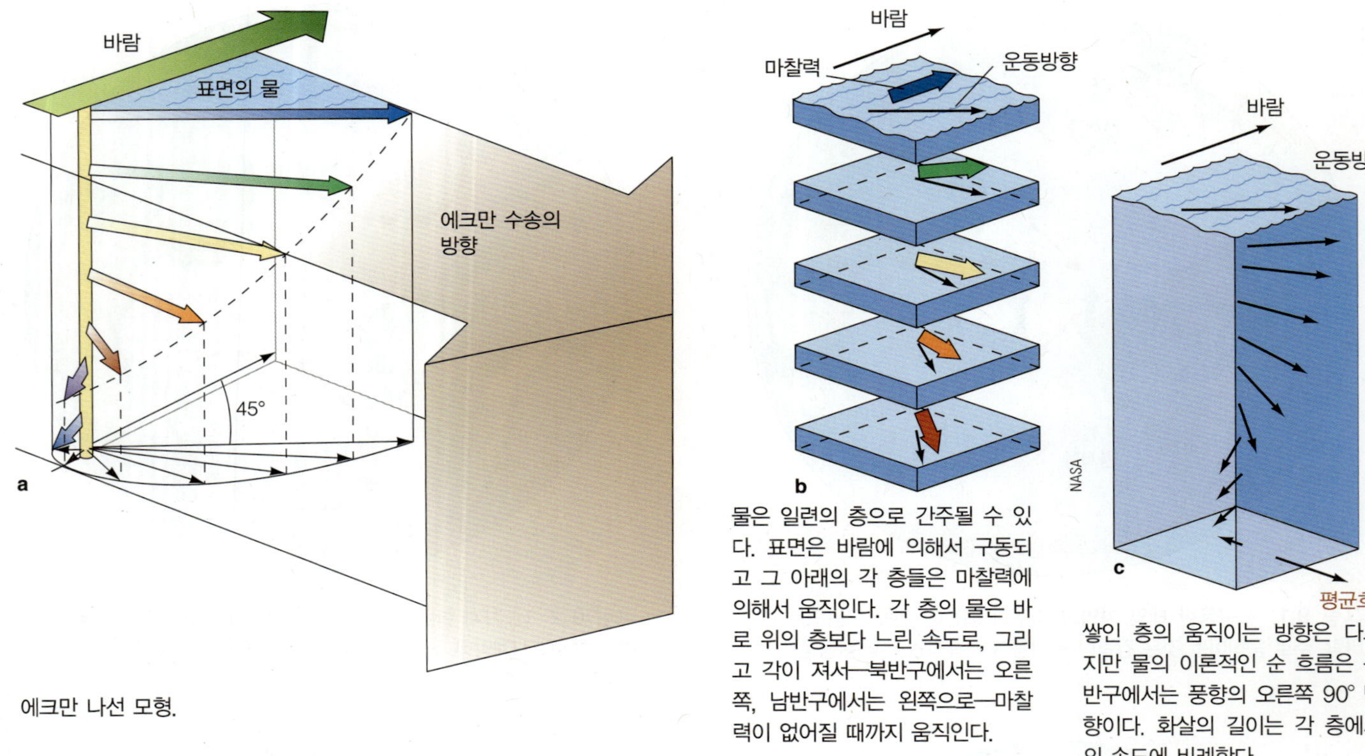

그림 9.5 에크만 나선과 그 작용 메커니즘. 화살표의 길이는 각 층에서 해류의 속도에 비례한다.

들을 거의 정 동쪽으로 흐르게 한다. 북위 15°(점 **B**)에 있는 입자는 북동쪽으로부터 불어오는 무역풍에 의해 밀리지만 코리올리 편향에 의해서 거의 정 서쪽으로 흐르게 된다. 표면 해류의 속도는 이를 구동하는 바람 속도의 3%를 넘지 않는다.

20세기 초기의 연구결과에 따르면 바람에 의해 움직일 때 북반구 해양의 가장 위층은 바람 방향의 약 45° 오른쪽으로 흐른다고 하는데 그림 9.4에서 점 **A**와 점 **B**의 화살표 방향과 일치하는 흐름이다. 하지만 그 다음 층의 물은 어떨까? 그것은 표면의 바람을 느낄 수가 없다. 단지 바로 위층에 있는 물의 움직임을 느낄 뿐이다. 이러한 바로 아래층의 물은 위의 물에 대해 약간 오른쪽으로 꺾인 각도로 움직이게 된다. 같은 일이 그 다음 층에서도 일어나며, 그 아래층에서도 계속 그리되어 중위도 지방에서는 약 100 m까지 일어난다. 각 층은 한 벌의 카드처럼 아래의 카드 바로 위에서 수평으로 미끄러지며 아래쪽 카드는 위의 것보다 약간 오른쪽으로 움직이게 된다. 그리고 마찰 손실 때문에 각 아래의 층은 위층보다는 천천히 움직이게 된다. 결과적인 상황은 **그림 9.5**에 묘사되어 있는데, 관련된 수학적 계산을 한 스웨덴 해양학자의 이름을 따서 **에크만 나선**(Ekman spiral)이라 부른다.

에크만 나선의 모든 유속이 합쳐진 물기둥의 운동을 **에크만 수송**(Ekman transport)이라고 하는데, 북반구에서는 바람 방향의 오른쪽 90° 방향이고 남반구에서는 90° 왼쪽이다. 에크만 수송이 일어나는 층이 에크만층(Ekman layer)이며 두께는 최대 약 100 m 정도이다.

바람은 해양 표층의 해류를 일으키는데 주요 해류들은 에크만층보다 훨씬 두꺼워서 1,000 m를 넘기도 한다. 그 이유를 이해하려면 우선 그림 9.6이 필요하다. 무역풍과 편서풍에 의한 에크만 수송은 각각 북쪽과 남쪽을 향하므로 중간 지역으로 해수가 수렴하여 언덕처럼 쌓임으로써 수압이 높아지게 된다. 그러므로 표층의 물은 언덕 아래로 흐르려고 할 것이다.

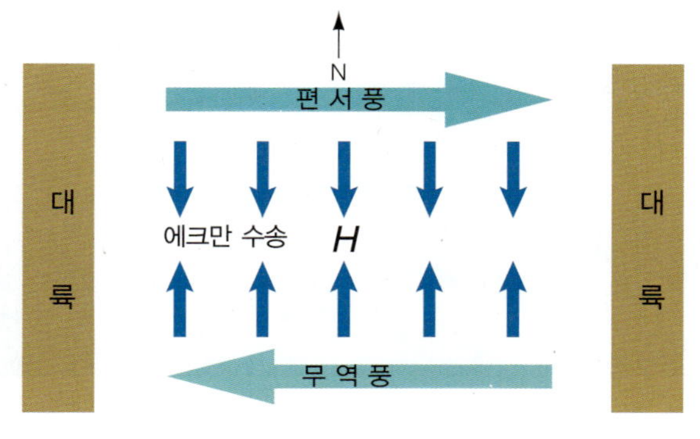

그림 9.6 저위도의 무역풍과 중위도의 편서풍에 의한 에크만 수송이 수렴하여 상층의 해수가 쌓임으로써 중앙부에서 해수면이 상승한 언덕을 만든다(수면이 높으므로 H로 표시함).

지형류 그림 9.7a에서 B의 위치에 있는 물은 처음에 언덕 아래로 내려가는 운동을 할 것이지만 동시에 코리올리 효과 때문에 오른쪽으로 편향된다. 그 결과 최종적으로 수압이 감소하는 방향의 수압경도력과 운동의 오른쪽으로 작용하는 코리올리 힘이 균형을 이루어서 수면의 등고선에 평행한 흐름, 즉 지형류(geostrophic current)가 만들어진다. 수면의 경사로 인한 수압경도력은 깊은 수심까지 전달되므로 지형류는 에크만층보다 훨씬 두껍게 형성된다. 주요 해류들은 이렇게 에크만 수송의 지역적인 차이로 인한 수면의 경사가 만드는 지형류이다.

에크만 수송의 수렴은 해양의 언덕을 만들기도 하지만 계속 높아지는 것이 아니라 그림 9.7b와 같이 침강운동과 균형을 유지한다. 그 결과 수온약층이 깊어지며, 언덕의 높이는 1~2 m, 수온약층의 깊이는 약 1,000 m 정도이다. 그리고 언덕의 위치는 해양의 중앙이 아닌 서쪽으로 많이 치우치는 것이 커다란 특징으로 그 원인은 뒤에 설명할 해류의 서안강화 현상에 있다.

물론 사르가소 해(Sargasso Sea)에 중심을 둔 북대서양 중부 근처에 실제로 언덕이 위치하고 있고, 인공위성 영상자료는 그 증거를 제공한다(**그림 9.7c**). 이 언덕은 표층수가 바다의 순환 중심에 모여서 형성된다. 이것은 가파른 물의 산이 아니다—최고 높이는 보잘것없는 2m이다—해안에서 언덕까지 그리고 반대쪽 해안까지의 매우 완만한 경사인 것이다. 이러한 경사는 너무 완만하여 대서양 횡단을 하더라도 아마 알아채지 못할 것이다.

이 언덕은 바람의 힘으로 유지되고 있다. 만약 바람이 지속적으로 해류에 새로운 에너지를 넣어 주지 않는다면 유체 내부와 주위 해저와의 마찰이 흐르는 물을 느리게 하며 서서히 그 운동을 열로 바꿀 것이다. 바람의 에너지와 마찰 그리고 코리올리 효과와 압력경사(중력효과에 의한)의 균형은 환류 속의 해류를 추진시키며 대양의 바깥 가장자리에 있도록 해 준다.

해류는 여섯 개의 거대한 회로를 만든다 해양의 대규모 환류는 압력경사와 코리올리 힘이 균형을 이루는 지형류로 이루어지기 때문에 **지형환류**(geostrophic gyre)(*Geos*: Earth, *strophe*: turning)라 부른다. 바람의 패턴과 대륙들의 현 위치 때문에 각 반구의 지형적 환류들은 서로 독립되어 있다.

전 해양에는 6개의 큰 환류가 있는데 둘은 북반구에 나머지 넷은 남반구에 있다(**그림 9.8**). 북대서양 환류, 남대서양 환류, 북태평양 환류, 남태평양 환류, 그리고 인도양 환류. 여기에 6번째이며 가장 큰 해류는 대양의 주변을 흐르는 것이 아니라 남극대륙의 주위를 도는 특징을 가진다. 이 예외적인 것은 **서풍피류**(West Wind Drift) 혹은 **남극순환류**(Antarctic Circumpolar Current)로서 강하고 지속적인 편서풍에 의해 남극대륙 주변을 끊임없이 동쪽으로 흐른다. 모든 해류 중에서 가장 큰 이것은 대륙에 막혀 결코 편향되지 않는다.

우리는 북태평양과 남태평양의(그리고 북대서양과 남대서양의) 두 환류가 정확하게 지리적도에서 모일 것이라고 예상할 수도 있다. 하지만 그림 9.8b에서 볼 수 있듯이, 적도해류의 접합점은 지리적도보다 몇 도 북쪽인 기상적도에 위치하고 있다. 8장에서 언급한 대로 기상적도와 적도수렴대(무역풍이 집중되는 부근)는 북반구의 열대 지표면에 축적된 열 때문에 5°~8° 북쪽으로 위치하고 있다. 해양의 순환도 대기의 순환처럼 기상적도를 중심으로 균형을 이루고 있다.

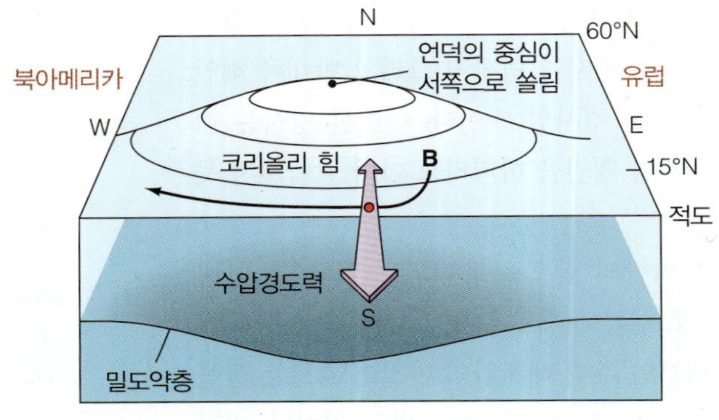

a

에크만 수송의 수렴에 따른 수면의 상승(그림 9.6 참조)으로 언덕이 만들어진다. 점 B의 물은 처음에 수압이 낮은 쪽으로 움직이지만 코리올리 효과 때문에 오른쪽으로 편향하여 최종적으로는 아래로 향하는 수압경도력과 코리올리 힘의 균형을 이루는 지형류가 되어 수면의 등고선과 평행한 방향으로 흐르게 된다. 언덕의 중심이 서쪽으로 쏠리는 현상은 해류의 서안강화 때문이다.

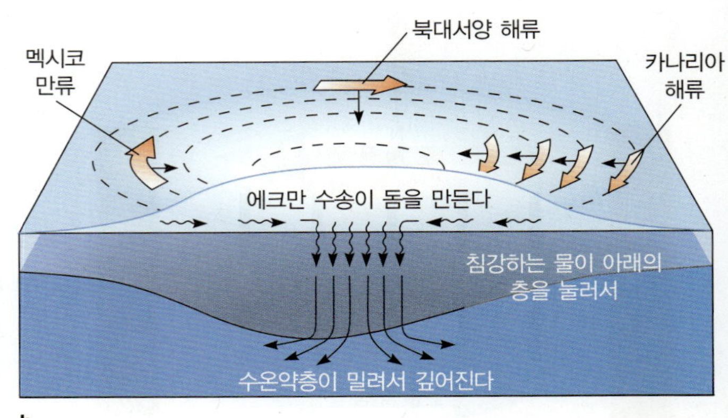

b

에크만 수송의 수렴에 따른 언덕(돔)이 그림 a와 같은 지형류를 일으켜서 시계방향으로 순환하는 해류의 체계가 만들어진다. 상층수가 수렴하는 지역에는 침강도 동반되어 수온약층이 깊어지고 상층수는 두꺼워진다.

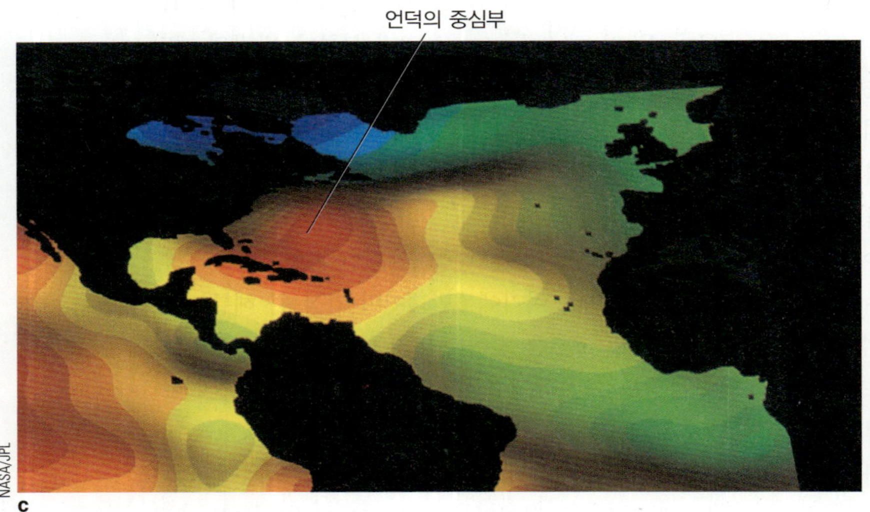

c

북대서양의 평균 해면고도가 1992년 토펙스/포세이돈 인공위성 자료에서 구한 영상에 색으로 나타나 있다. 측정된 언덕의 위치가 (a)와 같이 서쪽으로 치우쳐 있다. 완만하게 경사진 언덕은 최고 높이가 2 m에 미치지 못하여 이를 횡단하는 어느 누구에게도 분명히 감지되지 않을 것이다.

그림 9.7 북대서양의 물의 언덕.

경계해류들은 다른 특징들을 가졌다 지형환류를 만들고 움직이는 여러 가지의 다른 요인들 때문에 환류를 구성하는 해류들은 각기 다른 성질을 가진다. 지형류는 환류 안에서 그들의 위치에 따라 서안경계류, 동안경계류, 횡단해류로 분류될 수 있다.

서안경계류 가장 빠르고 깊은 지형류는 해양의 서쪽 경계(즉 대륙의 동해안)에서 발견된다. 좁고 빠르며 깊은 이 해류는 각 환류 속에서 따뜻한 물을 극 쪽으로 운반한다. 그림 9.8b와 같이 다섯 개의 커다란 **서안경계류**(western boundary current)가 있다: 멕시코만류(북대서양), 쿠로시오(북태평양), 브라질 해류(남대서양), 아굴라스 해류(인도양), 그리고 동오스트레일리아 해류(남태평양).

멕시코만류(Gulf Stream)는 서안경계류들 중 가장 크다. 연구에 의하면 멕시코만류는 마이애미 부근에서 평균 2 m/sec의 속도로, 그리고 450 m 깊이까지 흐른다. 멕시코만류의 물은 하루에 160 km를 이동할

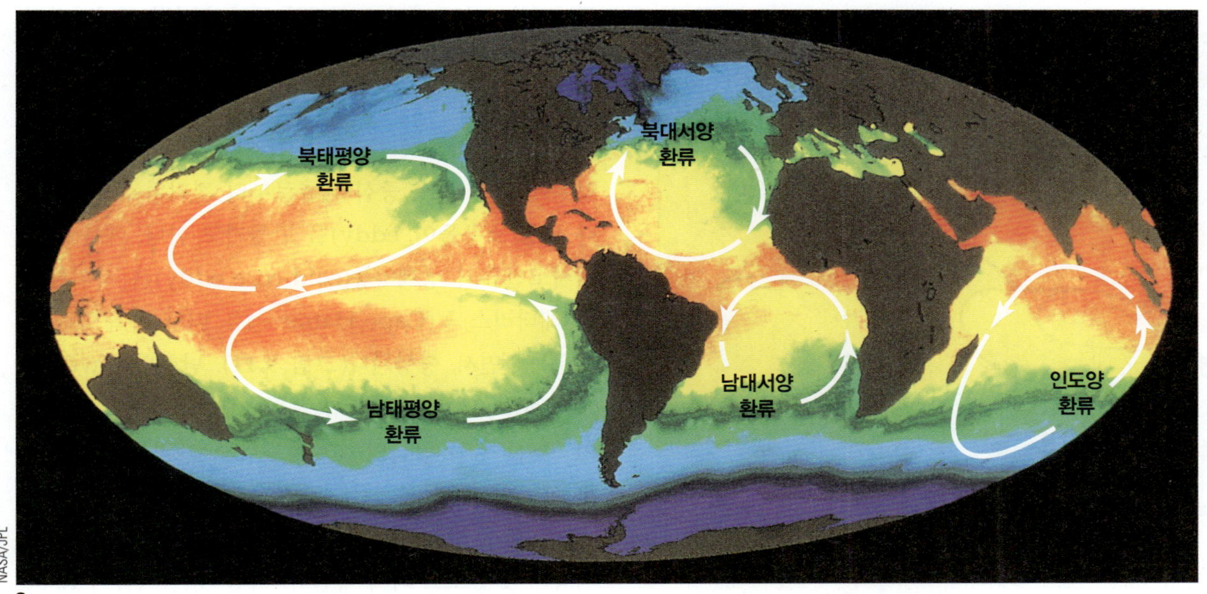

a

표층해류의 일반적인 방향과 패턴을 보여 주는 그림. 표면수온은 1984년 7월에 *NOAA-7* 인공위성에 탑재된 복사계로 측정하였다. 붉은색으로 나타난 가장 높은 온도는 25~28°C이다. 노란색은 20~25°C, 녹색은 15~20°C, 파란색은 0~15°C를 나타낸다. 남극 주위와 그린란드 서쪽의 보라색은 0°C 이하이다. 온도 패턴이 태양의 가열효과만을 가지고 예상한 것과 차이가 있음을 주목하자— 패턴이 북반구에서는 시계방향으로, 남반구에서는 반시계방향으로 틀어져 있다.

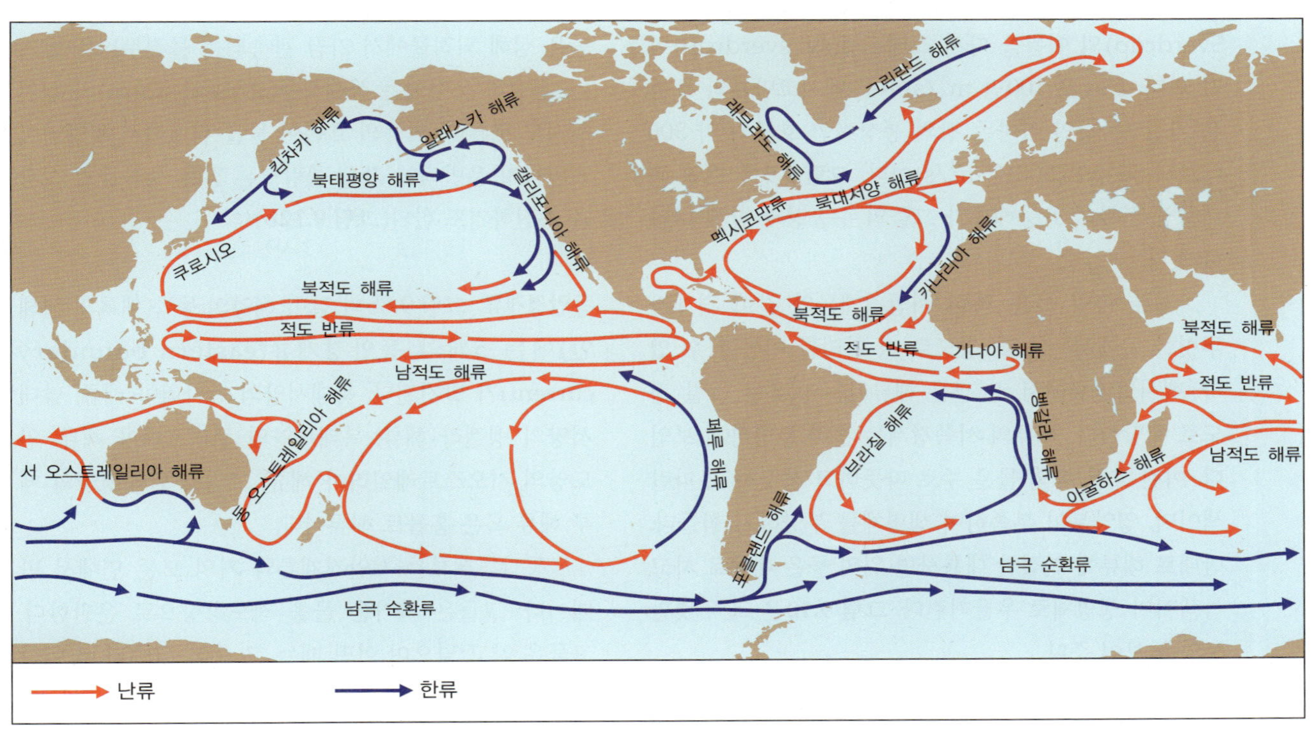

b

세계 주요 표층해류의 통상적인 방향과 이름을 보여 주는 지도. 강력한 서안경계류는 양 반구에서 해양의 서쪽 경계를 따라 흐른다.

그림 9.8 세계 해양의 주요 표층해류를 보여 주는 두 가지 그림.

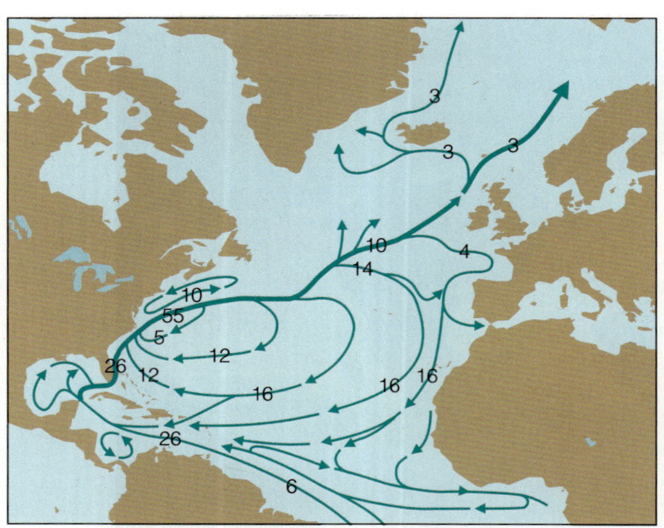

그림 9.9 북대서양의 표면 대순환. 숫자는 스베드럽 단위의 수송량이다 (1 sv=100만 m^3/s).

수 있다. 그 평균 폭은 70 km이다.

서안경계류로 운반되는 물의 부피는 엄청나다. 해류로 운반되는 물의 부피를 잴 때 사용되는 단위는 20세기의 선구적인 해양학자 중 한 명인 **스베드럽**(Harald Sverdrup)의 이름을 따서 스베드럽(**sv**: sverdrup)이라 한다. 1 sv은 100만 m^3/s이며[1] 멕시코만류의 흐름은 가장 큰 강인 아마존 강의 통상적인 흐름의 약 300배로서 55 sv(5,500만 m^3/s)이다. **그림 9.9**를 보면 북대서양 환류의 표층해류가 그들의 수송량과 함께 나타나 있다.

해류 속의 물은, 특히 서안경계류와 같이 경계가 뚜렷한 곳에서는 놀랄 정도로 긴 거리를 이동할 수 있다. 멕시코만류에서 강 같은 해류라는 비유는 놀랄 정도로 적당하다. 해류의 서쪽경계는 흔히 분명하게 보인다. 이런 흐름 속의 물은 주로 따뜻하고 깨끗하고, 파란색이며, 영양분이 부족하여 생명체를 부양하기 힘들다. 반대로 해류에 인접한 대륙사면 위의 물은 대체로 차고 녹색이며 생명체로 우글거린다. **그림 9.10**은 그 뚜렷한 모양을 보여 준다.

그렇지만 서안경계류에서 직선으로 긴 경계는 법칙이 아니라 예외이다. 해류는 강과는 달리 뚜렷하게 둑이 있는 것도 아니고 인접한 물과의 마찰로 가장자리를 따라 파동운동을 하기도 한다. 서안경계류는 극지방으로 흐르면서 뱀처럼 사행운동을 한다. 고리 모양의 사행운동은 가끔씩 연결되어 차거나 따뜻한 물을 그 중앙부에 가둔 채로 중심 해류로부터 격리된 고리(ring)나 **와동**(소용돌이, eddy)을 만들기도 한다. 예를 들어 멕시코만류의 냉핵와동(cold-core eddy)은 북미해안의 해터러스 곶(Cape Hatteras)을 떠나 동쪽으로 사행운동하면서 형성된다(**그림 9.11**). 난핵와동(warm-core eddy)은 멕시코만류 북쪽의 찬물 속에서 더운물이 고리모양을 만들면서 형성된다. 난핵와동은 시계방향으로, 냉핵와동은 반시계방향으로 회전한다.

서서히 회전하는 와동은 해류에서 멀어지면서 대서양의 곳곳으로 퍼져 나간다. 어떤 것은 지름이 1,000 km나 되며 3년 이상이나 그 특성을 유지하기도 한다. 중위도 지방에서는 많을 때는 오래되고 천천히 움직이는 냉핵와동의 잔재들이 북대서양 표면의 1/4을 차지할 때도 있다! **그림 9.12a**의 위성사진에서 냉핵와동과 난핵와동 모두를 볼 수 있다. 최근의 연구는 이들의 영향이 해저에까지 미치고 있음을 보여 준다. 두 가지 와동은 심해 퇴적물에서 가끔 관측되는 물결무늬를 남기는, 천천히 움직이는 심해폭풍(abyssal storm)의 원인일지도 모른다. 와동의 흐름이 물을 휘저어서 영양염이 표면까지 운반되어 작은 플랑크톤 같은 생물들의 성장을 촉진하기도 한다(**그림 9.12b**).

동안경계류 그림 9.8b와 같이 해양의 동쪽(대륙의 서해안)에는 5개의 **동안경계류**(eastern boundary current)가 발견된다: 북대서양의 카나리아 해류, 남대서양의 벵겔라 해류, 북태평양의 캘리포니아 해류, 인도양의 서오스트레일리아 해류, 그리고 남태평양의 페루 해류 혹은 훔볼트 해류이다.

동안경계류는 서안경계류와 거의 모든 면에서 반대이다: 그들은 차가운 물을 적도방향으로 운반한다. 그들은 얕고 넓으며 어떤 때는 그 폭이 1,000 km 이상이다. 경계는 뚜렷하지 않다. 와동은 잘 생기지 않는다. 그들의 총 수송량은 서쪽보다 훨씬 적다. 북대서양의 카나리아 해류는 시속 2 km에 수송률은 16 sv에 불과하다. 이 흐름은 너무 얕고 넓어서 선원들이 알아차리지 못할 정도이다. 그림 9.9에서 북대서양의 서안 그리

[1] 100만 m^3는 가로, 세로, 높이가 각각 100 m인 부피를 생각하면 쉽게 이해될 것이다.

그림 9.10 약 10 km/h의 속도로 움직이는 멕시코만류는 해터러스 곶에서 해안을 떠나는데 그 따뜻하고 맑고 파란 물이 북쪽과 서쪽의 차고 짙으며 생산력 풍부한 물과 대조적이다. 흰색은 구름을 표시한다. 이 지역을 그림 9.12에서 찾아보자.

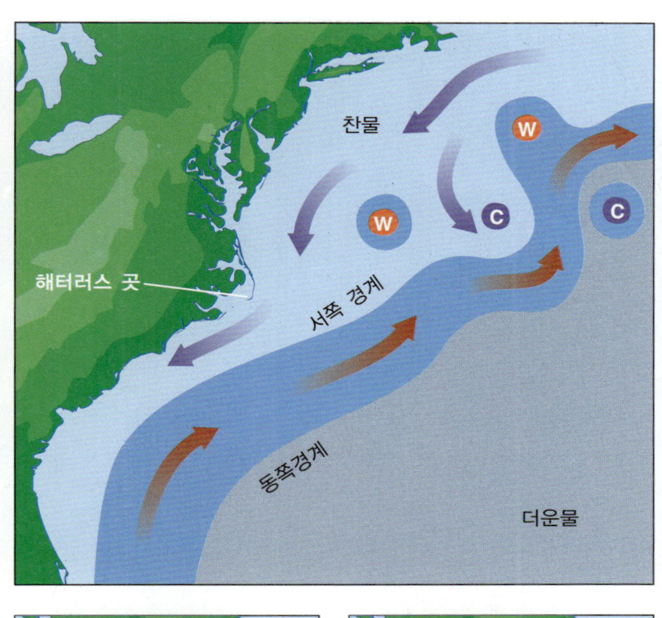

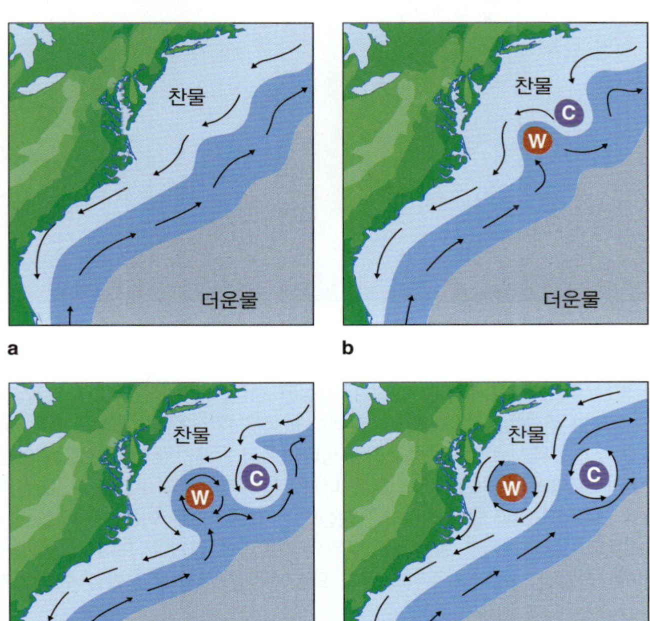

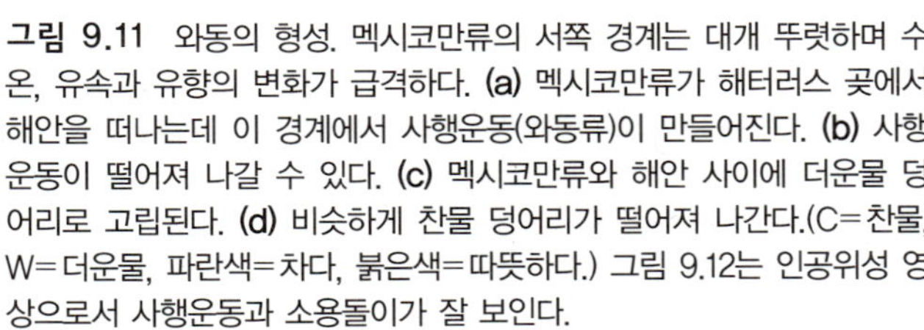

그림 9.11 와동의 형성. 멕시코만류의 서쪽 경계는 대개 뚜렷하며 수온, 유속과 유향의 변화가 급격하다. (a) 멕시코만류가 해터러스 곶에서 해안을 떠나는데 이 경계에서 사행운동(와동류)이 만들어진다. (b) 사행운동이 떨어져 나갈 수 있다. (c) 멕시코만류와 해안 사이에 더운물 덩어리로 고립된다. (d) 비슷하게 찬물 덩어리가 떨어져 나간다.(C=찬물, W=더운물, 파란색=차다, 붉은색=따뜻하다.) 그림 9.12는 인공위성 영상으로서 사행운동과 소용돌이가 잘 보인다.

고 동안경계류의 상반되는 흐름을 대조해 보자. **표 9.1**은 북반구의 경계해류들의 주요 차이점들을 정리하고 있다.

횡단해류 이미 보았듯이 해류의 거의 모든 원동력은 열대지방의 무역풍과 중위도 지방의 편서풍에 의한 것이다. 이러한 위도권의 바람응력은 **횡단해류**(transverse current)—동쪽에서 서쪽, 서쪽에서 동쪽으로 흘러서 동안경계류와 서안경계류를 연결해 주는—를 만든다.

대서양과 태평양에서 무역풍에 의한 남적도해류와 북적도해류는 전반적으로 얕고 넓지만 각각 약 30 sv을 서쪽으로 운반한다. 무역풍의 미는 힘 때문에 파나마의 대서양쪽 물은 해협의 건너편 태평양 쪽보다 평균적으로 20 cm가량 높다. 태평양은 적도에서 더욱 넓고

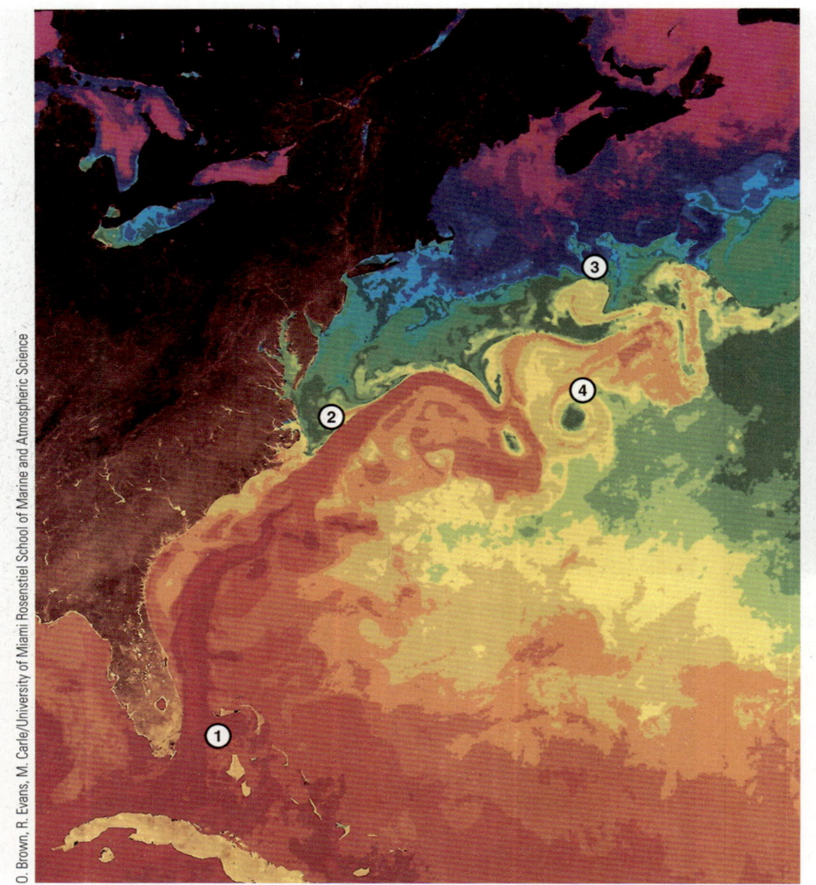

O. Brown, R. Evans, M. Carle/University of Miami Rosenstiel School of Marine and Atmospheric Science

a

우주에서 본 멕시코만류. 이 영상은 1984년 4월의 첫 주에 *NOAA* 극궤도 위성으로부터 받은 수온자료를 합성한 것이다. 합성된 영상은 인위적인 색채 스케일로 인쇄되었다: 적색과 주황색은 24°~28°C, 황색과 녹색은 17°~23°C, 청색은 10°~16°C, 보라색은 2°~9°C. 멕시코만류는 플로리다 남단(1)에서 동해안을 따라 흐르는 붉은 강으로 나타난다. 해터러스 곶(2)에서 외해로 나가면서 사행운동이 시작되고 그 일부는 떨어져 나가 난핵와동(3)과 냉핵와동(4)을 형성한다. 북동쪽으로 이동하면서 물은 극적으로 냉각되는데, 열을 대기로 방출하고 주위의 찬물과 혼합된다. 북대서양의 중간에 도달할 때에는 상당히 냉각되어 주위의 물과 표면 수온을 더 이상 구별할 수가 없게 된다.

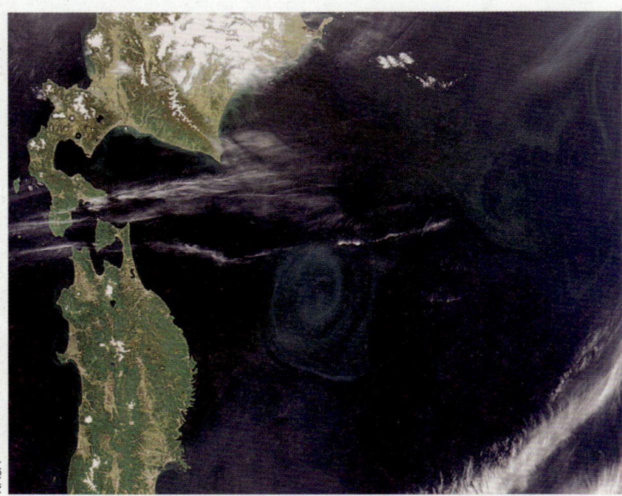

NASA

b

다른 서안경계류인 일본 동해안의 쿠로시오가 만드는 소용돌이. 이 가시광선 사진의 녹색 지역은 소용돌이에 의해 영양염이 표면까지 올라와서 식물플랑크톤을 많이 번식시켰음을 표시한다.

그림 9.12 서안경계류에 의해 만들어지는 소용돌이.

무역풍은 더욱 강하여 보다 강력하게 서쪽으로 흐르는 적도해류를 발달시켜서 동-서 태평양의 높이 차이는 무려 1 m에 달하는 것으로 생각된다!

편서풍은 동쪽으로 흐르는 중위도의 횡단해류를 움직인다. 그들은 무역풍의 영향을 받지 않으므로 동쪽으로 흐르는 이러한 해류는 적도해류보다 더 넓고 천천히 움직인다. 북반구에서는 북태평양 해류와 북대서양 해류가 이에 속한다.

그림 9.8에서 볼 수 있듯이 이 횡단해류 중 적도 부근에서 서쪽으로 흐르는 해류는 긴 거리를 방해 없이 흐르지만 북쪽의 중위도와 고위도에서 동쪽으로 흐르는 횡단해류는 대륙과 열도에 의해 막힌다. 그렇지만 훨씬 남쪽의 동쪽 흐름은 거의 완전하게 자유롭다. 남반구의 강한 편서풍은 가장 강한 해류인 남극순환류(혹은 서풍피류)를 구동한다. 이 해류는 다른 어떤 해류보다도 많은 물—남미의 끝과 남극의 팔머 반도 사이에 있는 드레이크 해협(Drake Passage)에서 적어도 100 sv—을 서에서 동으로 운반한다.

서안강화 왜 서안경계류는 집중적이고 동안경계류는

표 9.1 북반구의 경계해류

해류의 유형	일반적인 양상	속도	수송량	특별한 양상
서안경계류	**따뜻하다**			
멕시코만류, 쿠로시오	좁다, 〈 100 km. 깊다—실질적인 수송은 2 km 수심까지.	빠르다, 하루에 수백 km.	크다, 보통 50 sv 이상.	연안순환시스템을 가지며 경계가 분명함, 연안용승은 거의 없음, 영양염이 고갈되어 비생산적임, 물은 무역풍대에서 유래됨.
동안경계류	**차다**			
캘리포니아 해류, 카나리아 해류	넓다, ~1,000 km. 얕다, 〈 500 m.	느리다, 하루에 수십 km.	작다, 전형적으로 10~15 sv.	경계가 불분명함, 연안용승이 빈번함, 물은 중위도에서 유래됨.

출처: M. Grant Gross, *Oceanography: A view of the Earth*, 5/e © 1990, p.173.

퍼지는 것일까? 복잡한 이유들이 있지만 코리올리 효과가 관련되어 있다는 것은 예상할 수 있다. 코리올리 효과는 위도가 높아질수록 증가하기 때문에 환류의 고위도 부분에서 동쪽으로 흐르는 해류가 쉽게 적도 방향으로 편향되면서 넓게 퍼지고 약해진다. 반면에 저위도 부분에서 서쪽으로 향하는 해류는 거의 편향되지 않은 채로 흐르기 때문에 결국 서쪽 경계에 집중된다. 그래서 언덕의 정상부는 그림 9.7과 같이 해양의 중앙이 아닌 서쪽 경계 가까이에 위치하는 것이다. 그 경사는 서쪽에서 더 급하다. 동일한 부피의 물이 환류 주위를 흐른다면 동쪽 경계(유럽 해안 쪽)는 넓고 약하게 흐를 것이고 서쪽 경계(미국 동해안 쪽)에서는 집중되어 빠르게 흐를 것이다. 서안경계류는 동안경계류보다 빠르고(10배까지) 깊으며 좁다(20배까지). 해류에 작용하는 이 효과는 **서안강화**(westward intensification)로 알려져 있으며(**그림 9.13**), 그림 9.7c와 그림 9.9에서 잘 보이는 현상이다.

서안강화는 북대서양에서만 생기는 것은 아니라서 각 반구의 환류에서 서안경계류는 동안경계류보다 강한 것이 공통점이다.

적도반류와 적도잠류는 예외적이다 표층에서 흐르는 적도해류에 반대방향으로 흐르는 **반류**(countercurrent)가 동반된다. 기억하겠지만 기상적도에서 공기는 상승하며 무역풍은 이 경계를 넘어서 불지 않는다. 물을 서쪽으로 이동시키는 지속적인 바람이 없는 기상적도에서는 역류하는 물이 생기게 된다. 약간의 물은 주 해류(기상적도의 약간 북쪽과 남쪽에서 서쪽으로 흐르는)에서 벗어나서 동쪽으로 도로 돌아간다. 이것을 그림 9.8b의 태평양에서 찾아보자.

한편, 지리적도에서는 표층해류의 아래에 반대 방향으로 흐르는 해류가 존재하는데 이를 **적도잠류**(undercurrent)라고 부른다. 적도잠류는 일본인들이 개척한 연승(주낙)어업 기술을 조사하기 위한 미국 어업 야생생물 위원회에 고용된 크롬웰(Townsend Cromwell)이라는 연구원에 의해 1951년 중앙 태평양에서 처음으로 발견되었다. 태평양의 적도잠류 혹은 크롬웰 해류는 남적도해류의 아래를 평균시속 5 km로 100~200 m의 깊이에서 움직인다. 폭은 약 300 km이고 멕시코만류의 반 정도에 상당하는 부피의 물을 운반한다. 이 해류는 뉴기니에서 에콰도르까지 14,000 km가 넘게 추적되었다.

환류에 관하여 한마디 더 비록 각각의 해류를 강조했지만 환류는 서로 뒤섞인 해류로 이루어진다는 것을 기억하자. 해류는 정지하거나 다시 시작하는 곳 없이 연속적이다. 바람 에너지, 마찰력, 코리올리 효과, 그리고 압력경사의 균형이 환류를 구동하고 해양의 둘레를 따라 계속 흐르도록 한다.

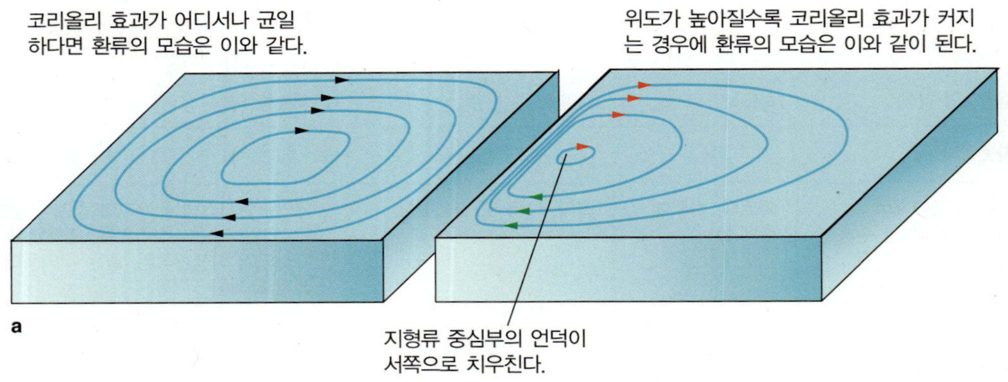

서안강화에 대한 코리올리 효과의 영향. 코리올리 효과가 어디서나 균일하다고 가정하면 해류는 대칭 형태의 환류를 만들 것이다. 그러나 코리올리 효과가 위도에 따라 증가하므로 고위도에서 동쪽으로 흐르는(적색 화살표) 해류는 오른쪽으로 쉽게 편향하여 넓게 퍼지면서 약해진다. 저위도에서 서쪽으로 흐르는(녹색 화살표) 해류는 코리올리 효과가 매우 약하므로 편향되지 않은 채로 서쪽 경계에 막혀서 집중되는 경향을 띤다. 그러므로 서안경계류는 동안경계류보다 빠르고 깊으며 지형류의 언덕은 서쪽으로 치우친다.

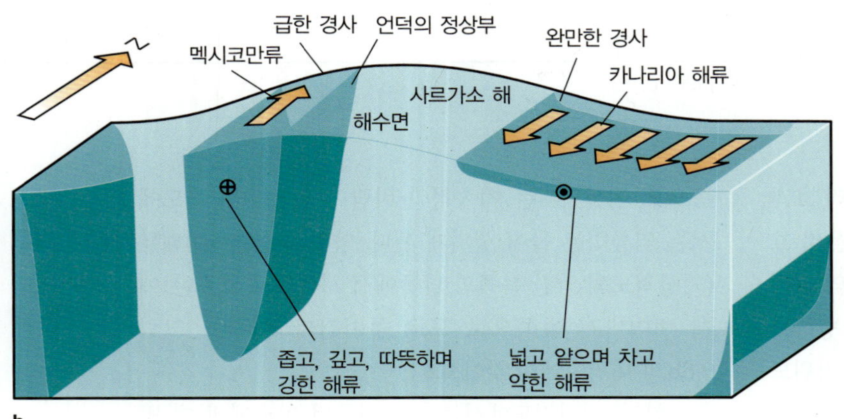

북대서양에서 지형류의 단면도. 서안경계류인 멕시코만류는 좁고 깊으며 더운물을 북쪽으로 빠르게 수송한다. 동안경계류인 카나리아 해류는 얕고 넓으며 찬물을 훨씬 느리게 운반한다. 비록 완만하게 경사진 언덕의 높이가 2 m에도 미치지 못하여 대양을 횡단하는 사람들에게 눈에 띄지는 않겠지만 북대서양환류의 해류를 구동하기에는 충분히 크다.(이 그림은 연직 방향으로 과장되었다.)

그림 9.13

개념점검

2. 해양 전체의 몇 퍼센트가 표층의 풍성순환과 관련되는가?
3. 환류란 무엇인가? 모두 몇 개의 환류가 있으며 그 위치는 어디인가?
4. 대부분의 표층해류는 왜 해양의 주위를 돌아서 흐르는가?
5. 서안경계해류와 동안경계해류의 차이점을 비교하라.
6. 서안경계해류와 동안경계해류의 이름들을 써라.
7. 서안강화는 무엇을 뜻하는가? 왜 서안경계해류가 강하고 깊은가?

9.3 표층해류는 기상과 기후에 영향을 준다

바람과 함께 표층해류는 열대지역의 열을 전 세계에 퍼뜨린다. 더운물이 고위도 지방으로 흐르고, 열을 대기로 옮기고 냉각된 후에 다시 저위도로 되돌아와 열을 다시 흡수하는 순환을 반복하는 것이다. 중위도에서 가장 많은 열이 이동하는데, 그 양은 1초에 10^{16}칼로리나 되며, 지구의 모든 인구가 같은 시간에 소비하는 전력의 백만 배에 달한다! 이렇게 물과 열이 합쳐져서 전달됨으로써 날씨와 기후는 다양하게 영향을 받는다.

예를 들어 겨울에 에든버러, 더블린, 런던은–상대적으로 따뜻한 북대서양 해류와 최근에 접촉한–동쪽으로 부는 바람을 쐬게 된다. 그러므로 스코틀랜드, 아일랜드, 영국은 해양성 기후를 가진다. 이 장 도입부에서 읽었듯이 이 지역들은 멕시코만류에 의해 고위도까지 이동한 열대 태양 에너지에 의해 부분적으로 따뜻해진다(그림 9.8b를 다시 보자).

바다의 동쪽경계의 저위도에서는 상황이 자주 역전된다. 마크 트웨인이 자신이 보낸 가장 추운 겨울은 샌프란시스코에서의 여름이었다고 말했다고 전해진다. 미국 서해안 도시의 여름은 시원하고 안개가 끼고 온화하다. 반면에 거의 같은 위도 상의 워싱턴(하지만 해양의 서쪽경계에 있는)은 견디기 힘든 8월의 열과 습도로

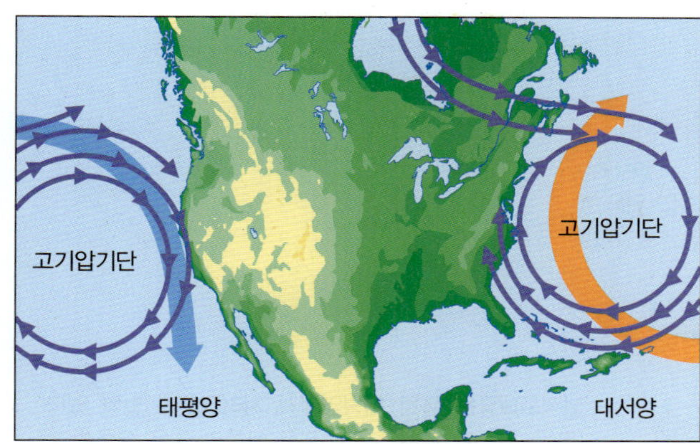

그림 9.14 미국 동해안과 서해안의 일반적인 여름철 대기순환 패턴. 해양의 난류는 붉은색으로, 한류는 파란색으로 나타냈다. 공기는 서해안에 접근하면서 차가워지고 동해안에 접근하면서 더워진다.

유명하다. 차이는 왜 생길까? 그림 9.8b를 보고 원인이 되는 해류를 따라가 보자. 캘리포니아 해류는 북쪽의 찬물을 운반하는데, 샌프란시스코 해안 부근까지 온다. **그림 9.14**와 같이 여름에는 공기가 고기압대의 주위를 시계방향으로 흐른다. 캘리포니아 해변으로 접근하는 바람은 찬 바다에 열을 빼앗기며 샌프란시스코를 차게 만든다. 여름의 공기는 비슷한 고기압대(버뮤다 고압대) 주위로 동해안 부근을 흐른다. 그러므로 워싱턴으로 접근하는 바람은 남쪽과 동쪽으로부터 불게 된다. 멕시코만류의 열과 습기는 수도의 여름을 답답하게 만든다.(반대로 겨울에 워싱턴은 차가운 대륙을 횡단하는 편서풍 때문에 샌프란시스코보다 춥다.)

개념점검

8. 표층해류와 인접한 대륙의 기후와는 어떤 관계가 있는가?
9. 표층해류의 위를 불어 가는 바람은 기후에 어떤 영향을 주는가?

9.4 바람은 바닷물의 연직운동을 일으킬 수 있다

바람에 의한 물의 수평이동은 가끔 표층수의 연직이동을 유발할 수 있다. 이러한 움직임을 **풍성연직순환**(wind-induced vertical circulation)이라 부른다. 물이 위로 움직이는 것은 **용승**(upwelling)으로 알려져 있다. 이 과정은 깊고 차고 영양분이 풍부한 물을 표면까지 끌어올린다. 아래로 내려가는 운동은 **침강**(downwelling)이라 부른다.

적도 근처의 영양이 풍부한 물 기상적도가 지리적도보다 5°가량 북쪽으로 위치하고 있기 때문에 대서양과 태평양의 남적도해류는 지리적도에 걸쳐 있다. 코리올리 효과는 지리적도 부근에서(지리적도에서는 존재하지 않는다) 매우 약하지만 지리적도 양편에 흐르는 해류를 약간 극 쪽으로 편향시켜서 발산을 일으키며 그에 따라 더 깊은 물이 올라와서 채워 준다(**그림 9.15**). 그러므로 **적도용승**(equatorial upwelling)이 이렇게 서쪽으로 흐르는 적도 표층해류에서 일어난다. 용승은 밀도약층 속이나 그 아래의 물이 해양생물들의 성장에 필요한 영양을 풍부하게 가지고 있기 때문에 매우 중요한 과정이다. 적도를 따라 길게 남미로부터 서쪽으로 이어지는 길고 얇은 띠의 용승과 생물생산은 그림 9.19b와 그림 9.22c 및 d에서 확실히 볼 수 있다. 적도 태평양의 해저에 분포한 연니(ooze)층(그림 5.10)은 그곳의 생물생산의 증거이다. 반면에 열대의 외해에서는 일반적으로 성장에 불리한 조건이 지배적인데, 그것은 강한 성층이 깊은 곳의 영양분 많은 물을 태양이 비추는 해수면으로부터 격리시키기 때문이다.

바람은 해안 근처의 용승을 일으킬 수 있다 해안에 평행하게 혹은 외해 쪽으로 부는 바람은 **연안용승**(coastal upwelling)을 일으킬 수 있다. 북반구에서 바람이 불어 가는 방향의 왼쪽에 해안이 위치하는 경우, 에크만 수송에 의해 표층의 물은 외해 쪽으로 움직인다. **그림 9.16a**처럼 밀려 나간 표층의 물이 올라오는 물로 대체될 때 연안용승이 일어난다. 역시 새로운 표층의 물은 영양이 풍부하기 때문에 바람이 오랫동안 불면 생물생산성이 높아지는 것이다. 캘리포니아 해안을 따라 일어나는 연안용승이 **그림 9.16b**에 뚜렷하게 보인다.

용승은 날씨에도 영향을 미친다. 캘리포니아 해안을 따라 북쪽에서 불어오는 바람은 외해로의 표면수의 이동과 그에 따른 연안용승을 일으킨다. 위의 공기는 차가워지며 이는 샌프란시스코의 유명한 안개와 시원한 여름의 원인이 된다. 바람에 의한 용승 또한 페루 해류, 남극 팔머 반도의 서해안, 지중해의 여러 부분, 그리

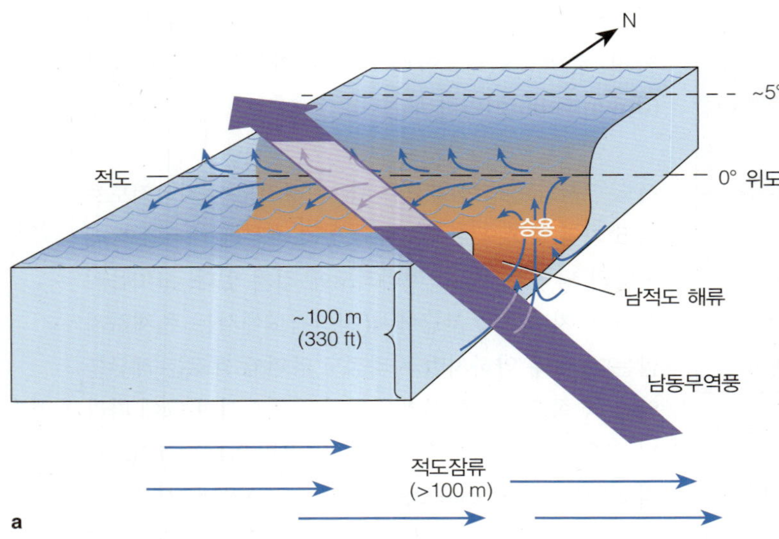

남적도해류는 특히 태평양에서 지리적도에 걸쳐 있다(그림 9.8b를 다시 보자). 적도 북쪽의 물은 오른쪽(북쪽)으로, 남쪽의 물은 왼쪽(남쪽)으로 편향한다. 그러므로 표층의 물은 발산하여 용승을 일으킨다. 대부분의 용승된 물은 적도잠류보다 위에 있는 수심 100 m 이내로부터 온다.

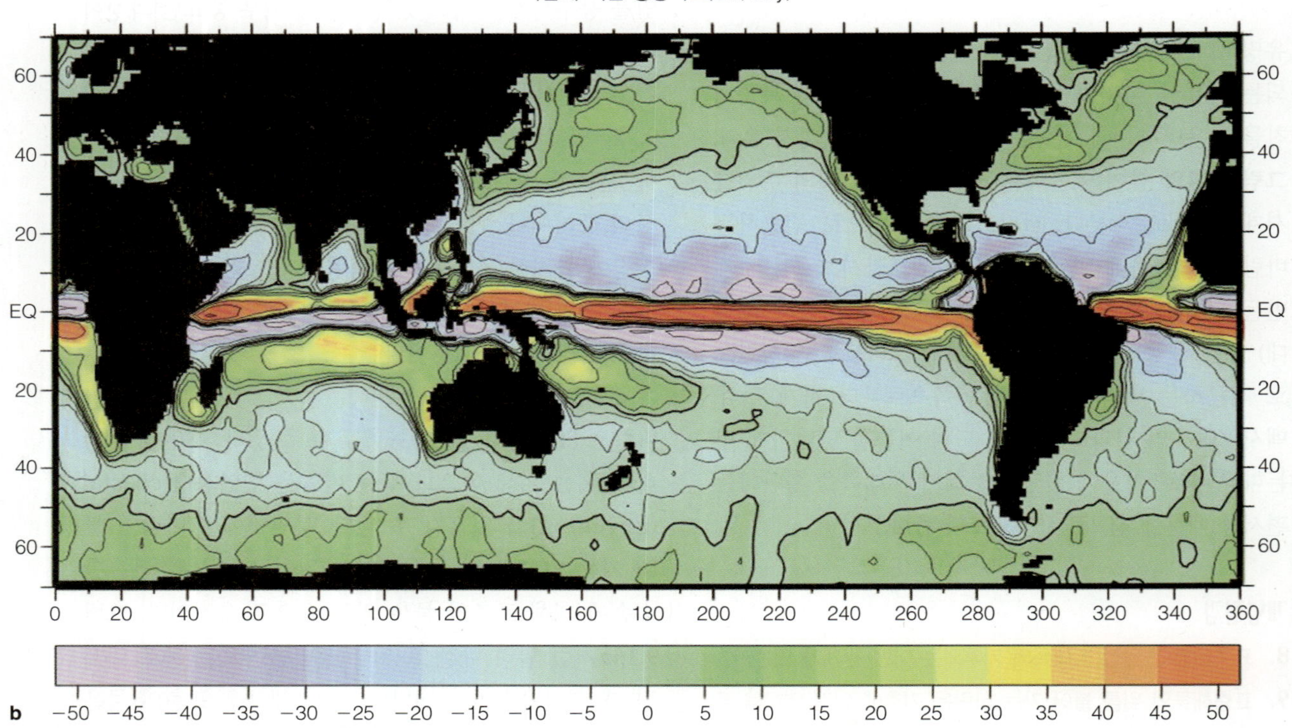

적도용승은 전 세계적인 현상이지만 태평양에서 가장 두드러진다. 적색, 주황색, 노란색은 가장 강한 용승지역을 표시하는데, 생물생산력을 기준으로 결정한 것이다.

그림 9.15 적도용승.

고 태평양의 큰 섬 부근에서도 흔히 생긴다.

바람은 또한 해안 근처의 침강을 일으킬 수도 있다 해안 쪽으로 밀려간 물은 아래쪽으로 움직여서 대륙붕을 따라 바닷속 깊은 곳으로 돌아가게 된다. 이러한 침강(**그림 9.17**)은 깊은 바다에 용존기체와 양분을 공급하며 해양생물을 퍼뜨리기도 한다. 용승과는 다르게 침강은 인접한 해안의 기후나 생산성에 직접적인 영향을 끼치

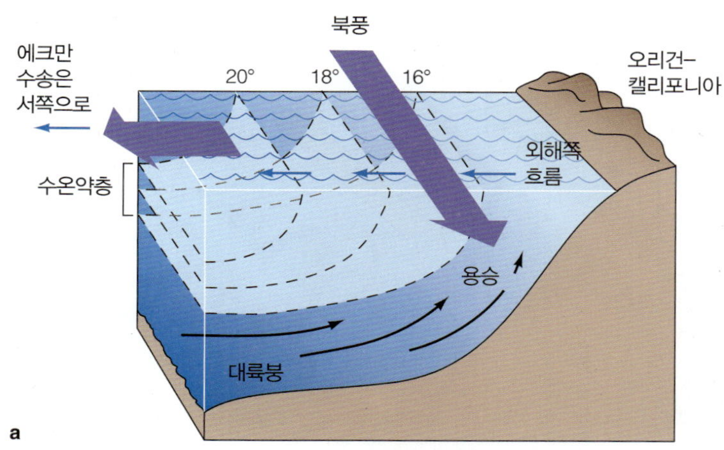

북반구에서 연안용승은 대륙의 서해안을 따라 북쪽에서 부는 바람에 의해서 일어난다. 에크만 수송에 의해서 외해로 이동된 물은 깊은 곳에서 용승하는 차고 영양염을 함유한 물로 대체된다.(연직 방향으로 약 100배 과장하여 그렸음.)

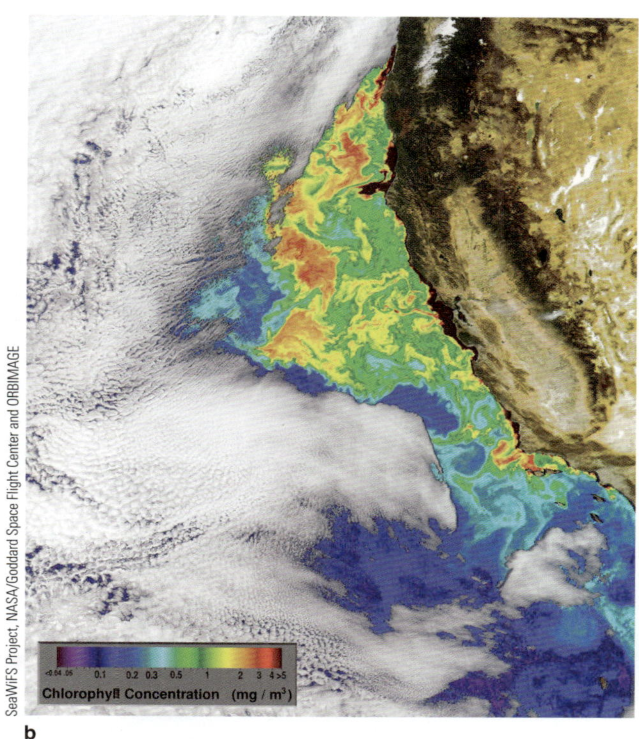

미국 서해안의 인공위성 영상자료(인위적인 색채)는 용승한 영양염에 의해 번성하는 플랑크톤 분포를 보여 준다. 왼쪽 아래의 색채표는 바닷물 1 m^3에 포함된 엽록소의 양(mg)을 표시한다. 엽록소 농도, 즉 생물생산력은 해안 근처에서 가장 크다.

그림 9.16 연안용승.

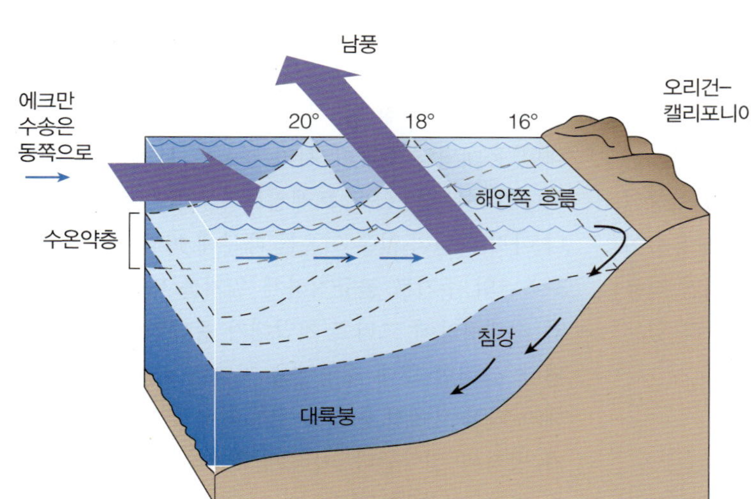

그림 9.17 북반구의 서해안에 남풍이 지속되면 침강이 일어난다. 침강지역은 영양염이 적으므로 생물생산력이 상대적으로 낮다.(연직 방향으로 약 100배 과장하여 그렸음.)

지 않는다.

랭뮤어 순환은 바다 표면에 영향을 준다 바다 위를 꾸준히 부는 바람과 그러한 바람이 만드는 작은 파도들은 표층 안에 반대방향으로 회전하는 기다란 소용돌이들을 만들 수 있다. 이렇게 천천히 뒤틀리는 회로, 혹은 소용돌이들은 바람의 방향으로 정렬한다(**그림 9.18**). 소용돌이 안의 입자들이 한 바퀴 완전히 회전하는 데는 대략 1시간이 걸린다. 소용돌이들이 수렴하는 곳에서는 거품이나 해조류 또는 쓰레기의 띠가 형성되는 반면에 발산하는 곳은 상대적으로 맑은 채로 남아 있다. 항해하는 사람들이 몇 백 년 동안이나 무심히 보아 온 이러한 띠(그리고 아래의 소용돌이)의 발생 시작은 1938년에 북대서양 환류의 중심부에 있는 고요한 사르가소

a

바다 위를 지속적으로 부는 바람과 그에 따른 작은 파도는 표층수가 서로 반대로 회전하는 소용돌이의 기다란 띠를 만들 수 있다. 햇빛의 각도가 적당하면(남중국해에서 무역풍을 가로질러 남서쪽으로 비행하면서 찍은 이 사진처럼) 해수면 높이의 작은 차이가 보일 수 있다.

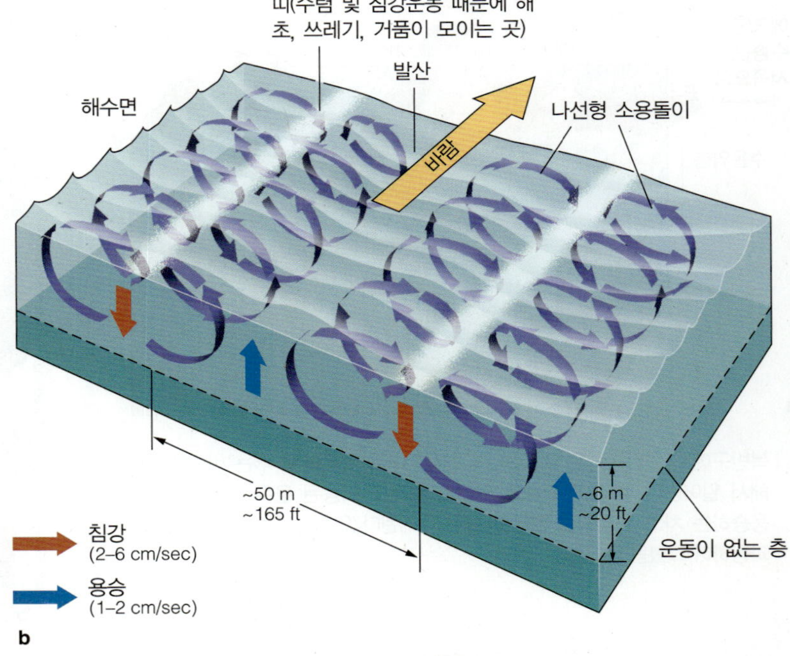

b

이렇게 얕게 천천히 꼬이는 표층수의 띠를 최초로 설명한 사람의 이름을 따서 랭뮤어 순환이라고 한다.

그림 9.18 랭뮤어 순환.

해를 지나면서 이들을 관찰한 랭뮤어(Irving Langmuir)가 처음으로 설명하였다. 그의 이름을 딴 **랭뮤어 순환**(Langmuir circulation)은 20 m 이상의 깊이는 거의 건드리지 않는다. 이미 설명한 적도용승이나 연안용승과는 달리 랭뮤어 순환은 표층에서만 작용하고 따라서 밀도약층의 내부나 그 아래에 갇혀 있는 영양염을 상승시키지는 않는다.

개념점검

10. 바람에 의한 물의 수평운동은 어떻게 물의 연직운동을 유발하는가?

11. 적도용승에 코리올리 효과가 어떻게 관련되는가?

12. 용승은 어떻게 생물생산성과 연관되는가?

9.5 엘니뇨와 라니냐는 정상적인 바람과 해류에 대해서 예외적이다

열대 태평양의 바람은 일반적으로 동쪽에서 서쪽으로 분다(그림 8.13 참조). 무역풍은 일반적으로 고기압 지대인 동태평양(중남미 지역 부근)에서 안정한 저기압 지대인 서태평양(오스트레일리아 북쪽)으로 분다. 그러나 아직 확실치 않은 이유들 때문에 이러한 기압지대는 3~8년의 주기로 불규칙하게 위치를 바꾸어서 고압대가 서태평양에 그리고 저압대가 동태평양을 장악하게 된다. 그러면 열대 태평양을 지나는 바람은 방향이 반대가 되어 서에서 동으로 불게 되어 무역풍도 약해지든가 방향이 뒤바뀐다. 이러한 대기압(따라서 바람방향)의 변화를 **남방진동**(Southern Oscillation)이라 부른다. 1950년 이래 15차례의 진동이 있었다.

무역풍은 일반적으로 적도 양쪽의 해양 표면을 따라 서쪽으로 많은 양의 물을 끌어가지만 바람이 약해짐에 따라 이러한 해류는 느려지다 멈추게 된다. 태평양의 서쪽에 있던 따뜻한 물—전 세계 해양 중 가장 더운 물—은 이렇게 되면 적도를 따라 중남미 해안 쪽으로 쌓일 수 있다. 이 따뜻한 물은 크리스마스 기간에 남미 해안에 쌓이게 된다. 1890년대 페루의 어부들이 이 흐

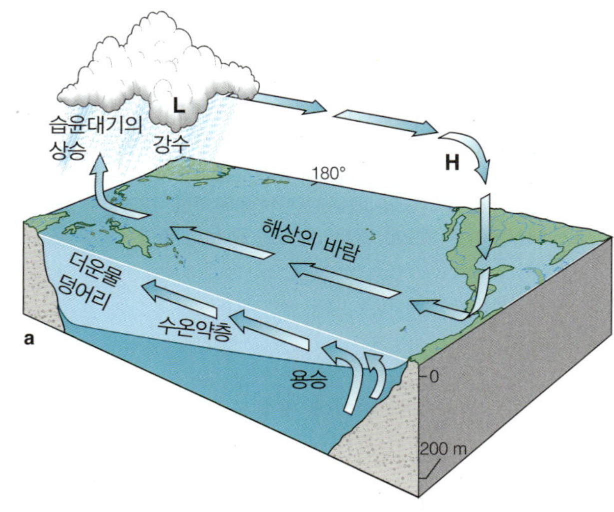

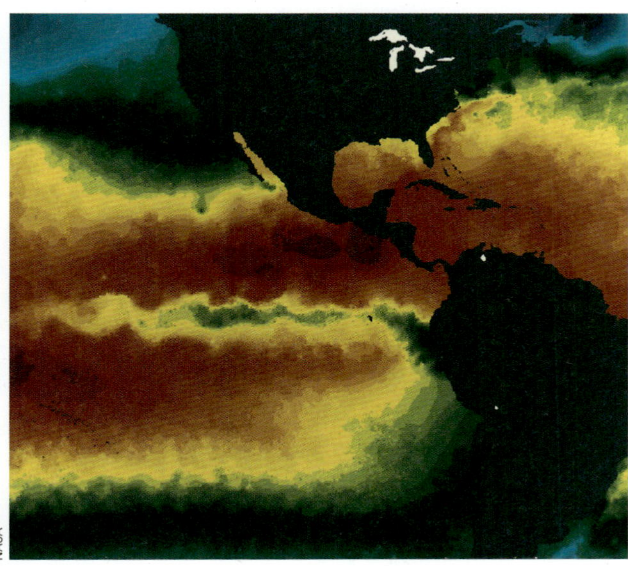

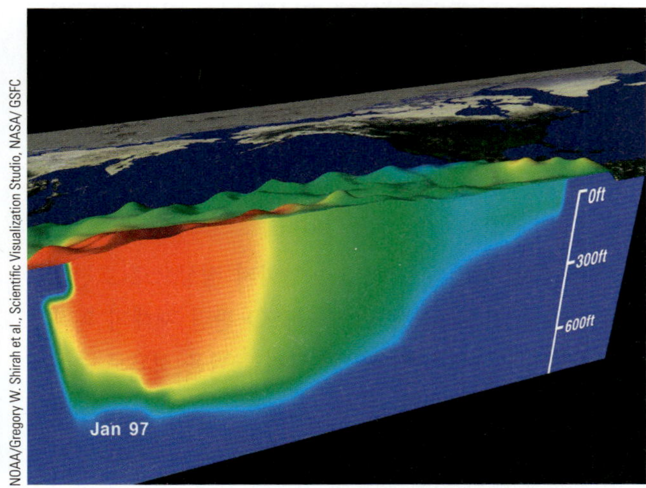

그림 9.19 엘니뇨가 없는 해. (a) 통상적으로 대기와 표층수는 서쪽으로 흐르고 중남미 서해안을 따라 용승이 일어나서 수온약층이 상승한다. (b) 위성자료로부터 만든 이 지도는 적도 태평양의 1988년 5월 31일의 수온을 보여 준다. 짙은 적색은 가장 따뜻한 물을 표시하고 노란색과 녹색은 점진적으로 찬물을 나타낸다. 지도의 오른쪽 아래에 해안을 따라 용승이 발생하고 새로 용승된 물이 혀 모양으로 적도를 따라 서쪽으로 확장한다. (c) 엘니뇨가 없던 해(1997년 1월)의 적도 태평양의 단면도로서 서쪽의 더운물과 동쪽의 찬물을 보여 준다.

름을 묘사하기 위해 "아기 예수의 해류(Corriente del Niño)"라는 표현을 썼다고 보고되었다. 이것이 **엘니뇨**(El Niño)의 유래이다. 남방진동과 엘니뇨현상이 연관되어 있으므로 종종 엘니뇨/남방진동(El Niño/Southern Oscillation)의 약자인 **ENSO**라는 약어로 결합하기도 한다. ENSO는 보통 1년 정도 지속되지만 어떤 것은 3년 이상 지속된 것도 있다. 그 효과는 태평양에서만 느껴지는 것은 아니다. 각 반구의 무역풍대에 있는 모든 바다가 영향을 받는다.

정상적으로는 용승으로 차고 영양염이 풍부한 해류가 남미 대륙을 떠나 북쪽과 서쪽으로 흐른다(**그림 9.19**). 탁월하던 무역풍이 ENSO 현상동안 주춤하면 평상시에 서쪽으로 흐르던 적도 태평양의 물은 동쪽으로 거슬러 올라간다(**그림 9.20**). 평상시 북으로 흐르던 차가운 페루 해류는 따뜻한 물에 의해 방해를 받아 억제된다. 영양분이 풍부한 페루 해류의 용승은 페루와 칠레 해안의 막대한 생물생산의 원인이 된다. 용승은 ENSO 기간에도 계속될 수 있지만 이미 두껍게 쌓인 더운 물이 상승하는 것이므로 영양분이 매우 부족하다(**그림 9.21**). 페루 해류가 느려지고 용승한 물의 영양분이 부족하게 되면 그에 의존하던 물고기나 새들은 죽거나 다른 곳으로 이동하게 된다. 페루 어부들에게 이런 크리스마스 선물은 전혀 달갑지 않은 것이다!

주요 ENSO 기간에 동태평양의 해수면이 상승하는데, 갈라파고스에서 20 cm까지 상승할 때도 있다. 수온도 7°C까지 증가한다. 따뜻한 물은 더 많은 증발을 유발하며 동태평양의 저기압이 강해진다. 이 지역에서 상승하는 습한 공기는 페루 서쪽 2,000 km에 중심을 두고 평상시에 건조한 지역에 높은 강수를 초래한다. 증가된 증발은 해안의 폭풍을 강화하며, 내륙의 비는 평소보다 훨씬 많을 수도 있다. 해양과 육지의 서식지

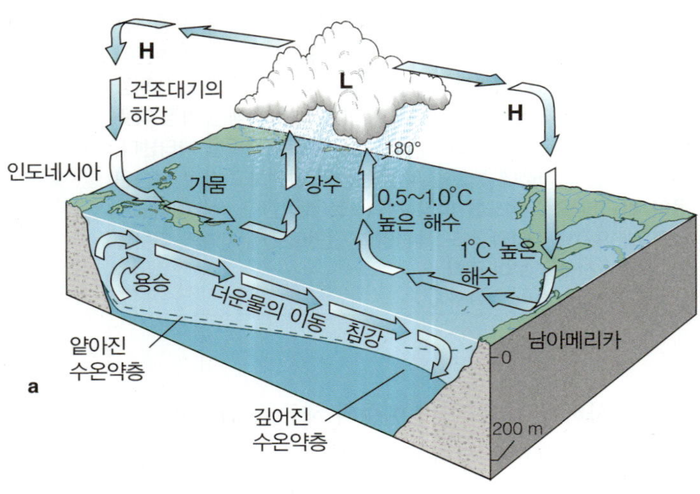

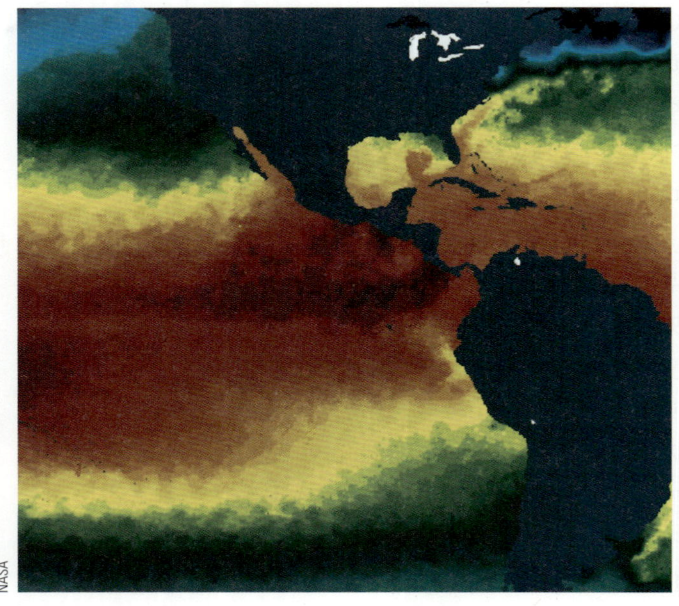

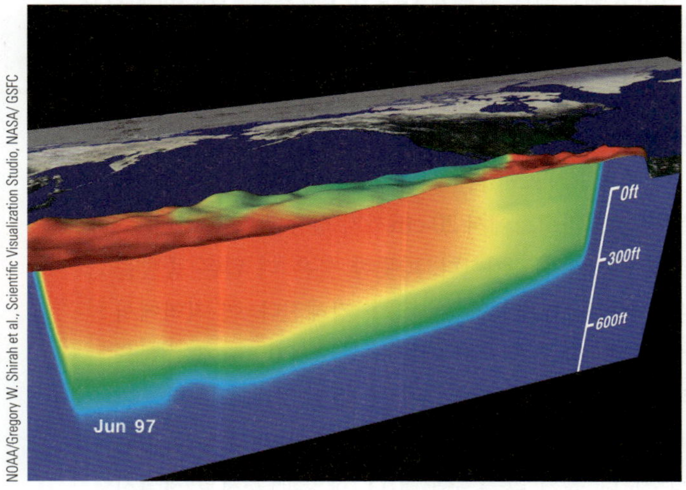

그림 9.20 엘니뇨가 있는 해. (a) 남방진동이 발달하면 무역풍이 약해지거나 거꾸로 되어 적도를 따라 더운물이 동쪽으로 이동한다. 중부와 동부 태평양의 표층수는 더욱 더워지고 육지에서의 폭풍이 증가한다. (b) 엘니뇨 기간인 1992년 5월 13일의 표면수온. 수온약층은 보통 때보다 깊고 적도용승은 억제된다. 연안용승은 없고 새로 용승한 물이 혀처럼 서쪽으로 확장하는 모습도 결여되어 있다. (c) 엘니뇨의 해(1997년 11월)에 적도 태평양의 단면도로서 더운물이 동쪽으로 확장되는 모습을 보여 준다.

와 생물들은 이러한 변화에 영향을 받을 수가 있다.

20세기 들어 가장 심각했던 2개의 ENSO 현상은 1982~1983년과 1997~1998년에 일어났다(**그림 9.22**와 **그림 9.23**). 두 경우 엘니뇨와 관련된 영향은 태평양 전반과 대서양과 인도양의 일부분에서 엄청났다. 1998년 2월에 미국의 남동부로 들이닥친 토네이도의 '장벽' 에 의해 40명이 사망하였으며 10,000채의 건물들이 손상되었다. 이런 기록적인 토네이도는 따뜻한 태평양 위에 있던 고온다습한 공기가 북쪽에서 떨어져 나온 극전선과 부딪치며 잉태되었다. 동태평양에서는 1997~1998년 겨울에 페루 인구 250,000을 수재민으로 만들었으며 16,000채의 가옥을 파괴하고 모든 항구들을 한 달 이상 마비시켰다. 그러나 하와이는 기록적인 가뭄을 맞았으며 아프리카 남서부와 파푸아뉴기니에는 비가 거의 오지 않아서 농작물은 다 죽고 모든 부락민이 굶어 죽는 것을 피해 마을을 떠나야 했다.

미국과 캐나다의 대부분은 심각한 상황을 피했다—사실 중서부 주들과 태평양을 접한 북서쪽 그리고 동해안 부근은 상대적으로 온화한 가을, 겨울, 봄을 즐겼다. 그러나 캘리포니아의 고난은 널리 알려졌다. 더 많은 물이 더운 해수면에서 증발하였고(**그림 9.24**), 남쪽으로 내려온 제트기류에 이 지역으로 방향을 튼 겨울 폭풍들이 증가하여 대부분의 지역에서 비가 예년의 두 배로 내렸다. 산사태, 눈사태, 그리고 다른 날씨와 관련된 재해가 저녁뉴스를 가득 채웠다.

이러한 상황은 1998년 늦봄까지 정상으로 호전되지 않았다. 1997~1998년의 ENSO 관련 재해의 피해는 사망자 23,000명에 330억 달러를 넘은 것으로 추산된다.

통상적인 순환도 가끔은 놀랄 정도로 강렬하여 남미 해안을 따라 강한 해류와 강력한 용승, 그리고 차고

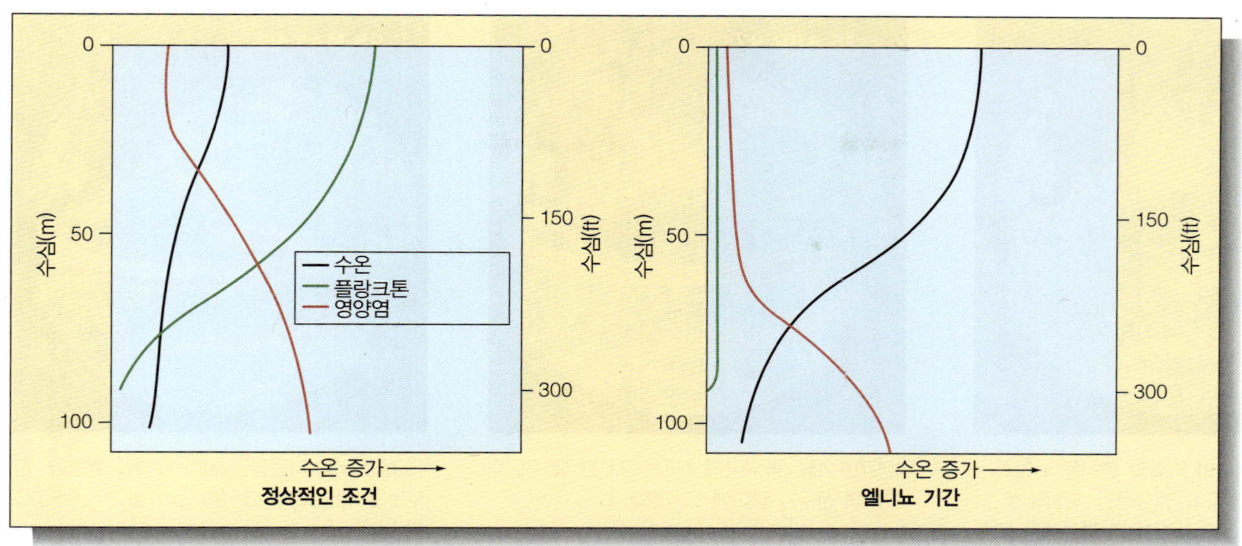

그림 9.21 엘니뇨 기간에 페루의 어업은 쇠퇴하거나 붕괴된다. 플랑크톤은 먹이사슬의 기반을 이루고 어업은 이에 의존한다. 페루 해류의 정상적인 북향류가 방해를 받을 때 영양염의 용승은 감소하고 플랑크톤은 번성할 수 없으며 물고기는 굶어 죽게 된다.

폭풍이 많은 조건을 조성한다. 이렇게 대조적으로 보통보다 추운 사건은 소녀라는 뜻의 **라니냐**(La Niña)로 알려져 있다. 동쪽이 냉각됨에 따라 서쪽(오스트레일리아 북쪽)은 급속히 더워진다. 무역풍에 새로이 밀린 물은 스스로 쌓이고 수온약층의 상부 곡선을 100 m 이상이나 깊게 내리누른다. 반대로, 같은 시기에 적도 태평양 동쪽에서는 수온약층이 25 m 수심에 머문다. 강력한 라니냐가 1997~1998년 엘니뇨에 이어서 닥쳤고 거의 일 년 동안 지속되었다(그림 9.22e). **그림 9.25**는 엘니뇨와 라니냐 기간에 북아메리카의 기상이 얼마나 대조적인지를 보여 준다.

1982~1983년 및 1997~1998년의 해양과 대기에 대한 연구로 과학자들은 남방진동의 거동과 효과에 대해서 새로이 통찰하게 되었다. 어떤 학자들은 1982~1983년의 사건이 1982년에 멕시코의 엘치촌 화산이 폭발하면서 분출된 막대한 양의 먼지와 유황이 많은 기체가 햇빛을 차단함으로써 촉발되었다고 믿고 있다. 그렇지만 1997~1998년의 ENSO 이전에는 유사한 촉발 요인이 없었다. 남방진동의 정확한 원인은 아직 이해하지 못하지만 대기의 미묘한 변화는 기상학자로 하여금 심각한 피해가 있기 일 년 이상 앞서서 극심한 엘니뇨를 예측하게 해 준다.

개념점검

13. 열대 태평양에는 평상시에 바람이 어떻게 부는가? 엘니뇨 기간에는 어떻게 바뀌는가?
14. 남방진동이란 무엇인가? 엘니뇨와 어떤 관련이 있는가?
15. 엘니뇨의 해에 페루의 어업은 가끔 극적으로 쇠퇴하는가?
16. 미국 서부의 기상은 어떻게 엘니뇨의 영향을 받는가?
17. 라니냐는 엘니뇨와 어떻게 다른가?

9.6 열염순환은 모든 바닷물에 영향을 준다

이제까지 논의한 표층해류는 세계 해양의 모든 최상층(부피의 약 10%)에 영향을 끼치지만, 밀도약층 아래의 심층수에도 수평 · 수직적인 흐름은 존재한다. 밀도는 수온과 염분의 함수이기 때문에 밀도 차이에 기인하는 운동을 **열염순환**(thermohaline circulation)(*therme*: heat, *halos*: salt)이라 부른다. 모든 해양이 느린 열염순환과 연관되는데, 이 열염순환은 해수의 대규모 연직순환과 전 세계 해양의 순환을 책임지는 과정이기도 하다.

수괴는 뚜렷하고 유일한 특징을 띤다 6장을 기억하겠지만 바다는 밀도성층이 되어 있어서 해저에서 밀도가 가

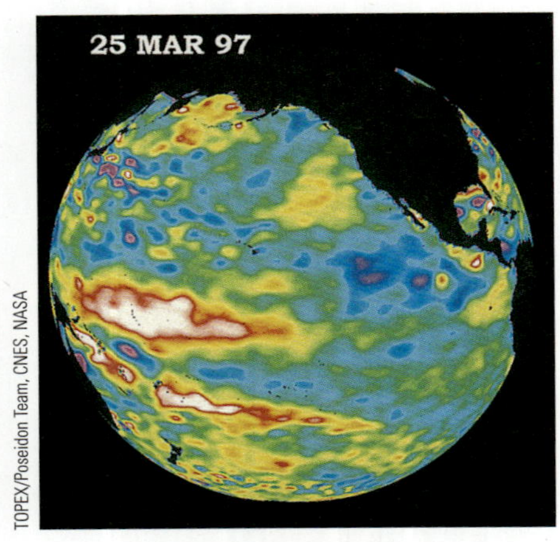

1997년 3월. 무역풍의 약화와 편서풍의 강화는 서태평양에서 더운물이 정상적인 위치에서 멀리 이동하도록 만든다. 하얀색과 붉은색은 해수면이 평균고도보다 높음을 나타낸다.

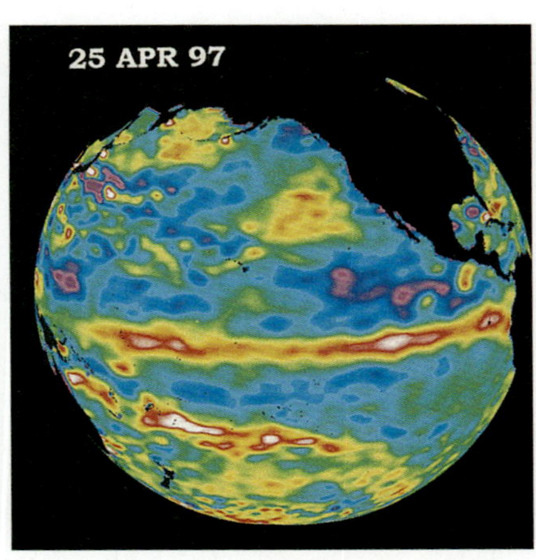

1997년 4월. 움직이기 시작한 지 한 달 뒤, 더운물의 선두가 남미에 도착했다.

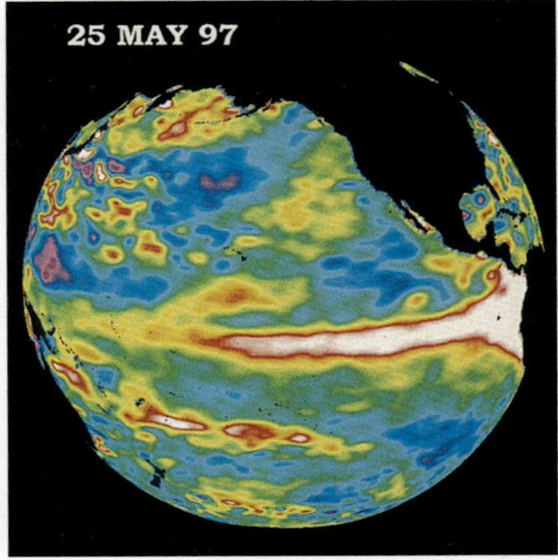

1997년 5월. 더운물은 남미 해안에 쌓였다. 흰 부분은 평균보다 13~30 cm 높고 1.6~3°C 더 덥다.

1997년 10월. 오스트레일리아 근처는 해수면이 정상보다 30 cm가량 낮다. 더운물이 적도에서 알래스카까지 북미 해안을 따라 퍼져 있다. 더운물이 거대한 어류 군집을 지탱하는 영양염 풍부한 찬물의 용승을 방해했기 때문에 페루의 수산업은 극심한 타격을 입었다.

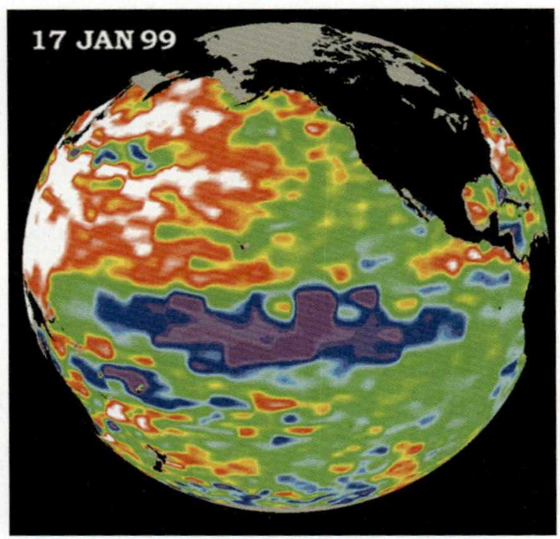

정상적인 순환은 가끔 엘니뇨 직후에 급하게 돌아와서 강한 해류와 강한 용승, 차고 폭풍이 많은 조건을 남미 해안에 조성한다. 1999년 1월 15일의 자료인데, 자주색으로 표시된 해수면과 표면수온이 비교적 낮은 물 덩어리가 보인다. 그러한 찬물은 그 주위의 바람을 편향시킴으로써 국지적으로 기상체계의 경로를 변경시키고 전 세계적인 기상패턴의 성질을 변화시킨다.

그림 9.22 토펙스/포세이돈 인공위성으로 관측한 1997~1998년 엘니뇨의 발달과정.

장 크고 표면 근처에서 가장 작다. 각 수괴는 특정한 온도와 염분의 특징을 지니고 있다. 밀도성층은 열대와 온대지방에서 가장 두드러지는데 표층수와 심층수의 온도차이가 극지방보다 훨씬 크기 때문이다.

수괴는 뚜렷하게 구별되는 성질들을 가진다. 기단처럼 수괴도 그들의 다른 밀도 때문에 서로 만나도 쉽게 섞이지 않으며, 그 대신에 대개 서로의 위나 아래에 자리 잡는다. 수괴는 매우 영속적이어서 긴 거리와 오랜 기간 동안 그 본질을 유지한다. 해양학자들은 수괴를 그들의 상대적인 위치에 따라 이름 짓는다. 온대와 열대 해역에는 5개의 보편적인 수괴가 있다.

- 약 200 m 수심까지의 표층수(surface water)
- 주 수온약층 바닥까지의 중앙수(central water)

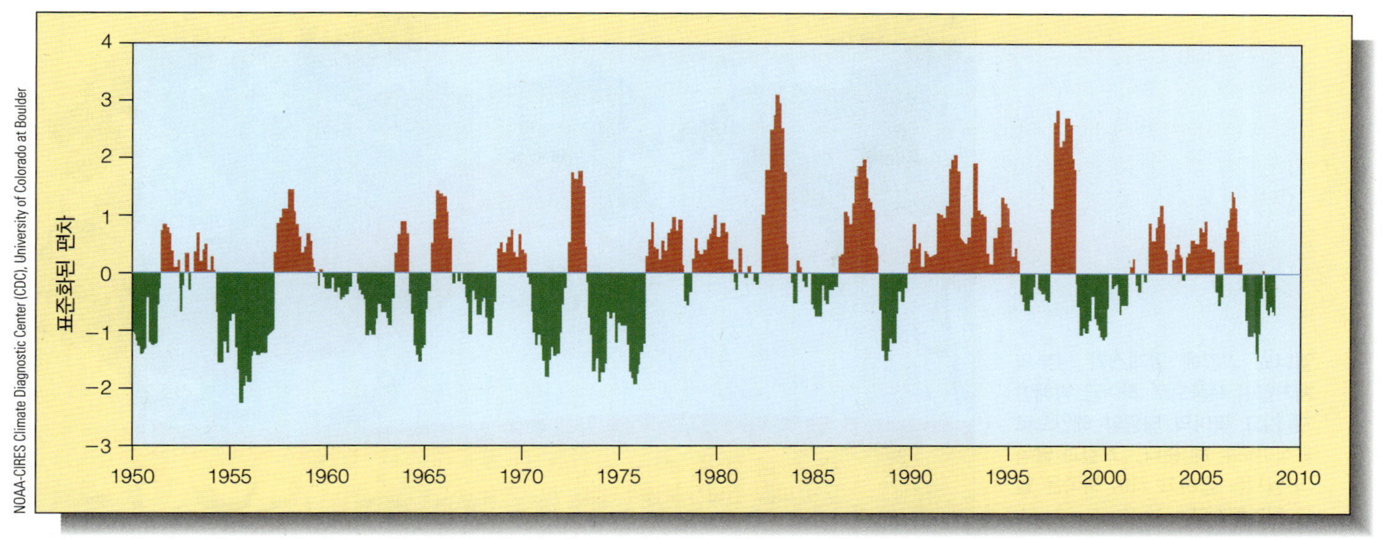

그림 9.23 1950년 이후의 엘니뇨와 라니냐.

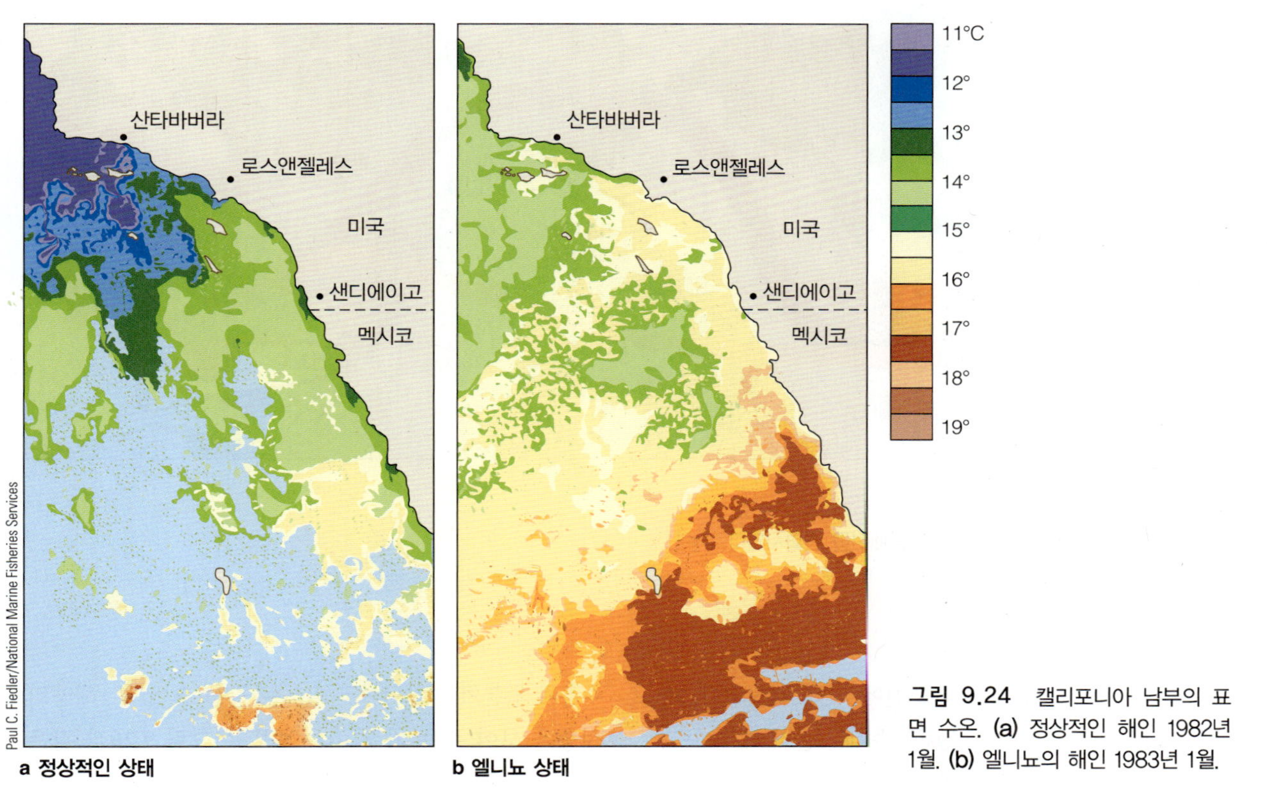

그림 9.24 캘리포니아 남부의 표면 수온. (a) 정상적인 해인 1982년 1월. (b) 엘니뇨의 해인 1983년 1월.

- 약 1,500 m까지의 중층수(intermediate water)
- 중층수 아래에 있으나 바닥과 접하지는 않는, 약 4,000 m까지의 심층수(deep water)
- 해저와 접하고 있는 저층수(bottom water)

표층해류는 상대적으로 따뜻한 상층의 환경인 표층수와 중앙수에서 움직인다. 중앙수와 중층수의 경계는 가장 가파르고 뚜렷하다.

어느 깊이에 그들이 존재하든 각 수괴의 성격은 일반적으로 수괴가 만들어질 때 바다의 표면에서 일어나

엘니뇨 기간에 알래스카 남부의 저기압이 폭풍으로 하여금 방해받지 않고 북미의 태평양 해안으로 움직이도록 해 준다. 그 결과 남쪽의 날씨는 습하고 차며 북쪽은 덥고 건조해진다.

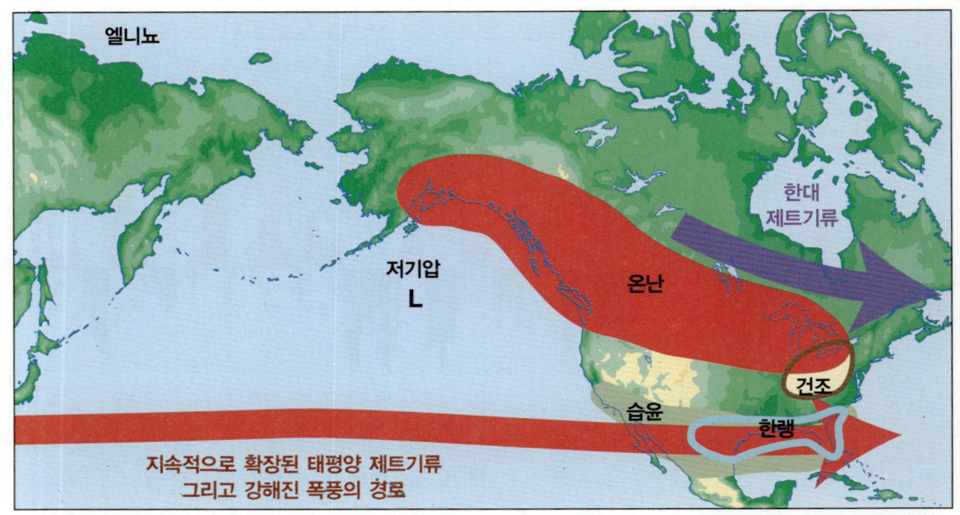

라니냐 기간에 알래스카 남쪽의 고기압은 폭풍의 경로를 차단한다. 바람은 북쪽으로 틀어서 캐나다 상공에서 열을 잃은 후에 찬바람이 되어 남쪽으로 분다. 북서 태평양은 정상적으로 비가 오지만 남서부는 가뭄에 시달린다.

그림 9.25 엘니뇨는 대기순환과 기상패턴을 변화시킨다.

는 가열, 냉각, 증발, 희석의 조건에 의해 결정된다. 가장 밀도가 큰(그래서 가장 깊은) 수괴는 물이 매우 차고 염분이 높은 표면의 조건에 의해 형성된다. 표면 가까이의 물은 따뜻하고 덜 짠데, 그들은 강수량이 증발량보다 많은 따뜻한 곳에서 생성되었을 것이다. 중층 수심의 수괴는 밀도도 중간이다.

이러한 차이에도 불구하고 수온약층 아래에 있는 상대적으로 차가운 수괴는 해양의 표면을 가로지르는 해류보다 온도와 염분의 변화가 작다.

수온과 염분이 다르더라도 밀도는 같을 수 있다 해양의 성층을 보여 주는 가장 좋은 방법은 **그림 9.26**과 같은 **T-S 도표**(T-S diagram)를 이용하는 것이다. 그림 중심을 지나는 S 모양의 곡선은 표시된 각 수심에서 수온과 염분을 나타낸다. 여러 가지 수온과 염분의 결합도 같은 밀도를 가질 수 있다는 것과 깊이에 따라 밀도가 커지는 경향이 있다는 것을 주목하기 바란다. 곡선의 S 모양은 수괴의 위치와 성질에 의해 지배된다.

어떤 경우에는 두 개의 다른 수괴가 같은 밀도를 갖지만 수온과 염분은 달라서 수렴대에서 만나면 더 큰

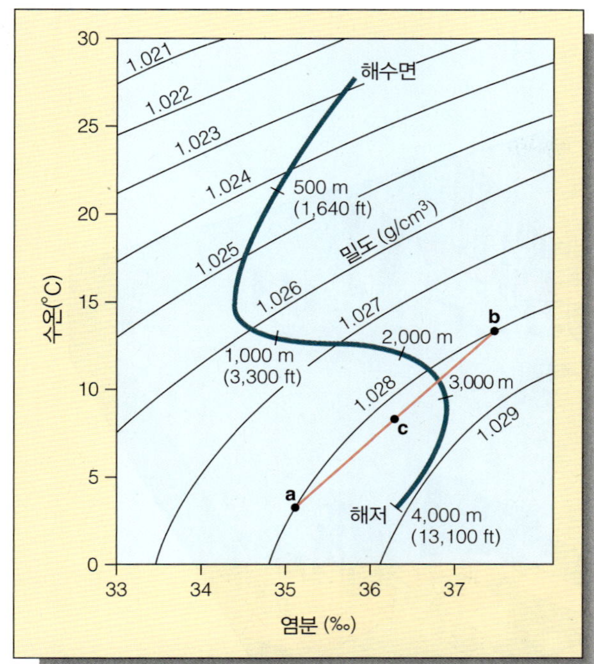

그림 9.26 밀도곡선이 들어 있는 일반적인 T-S 도표. S자 형태의 곡선은 수온과 염분의 조합(따라서 밀도)을 수심의 증가에 따라 추적한다. S자 곡선의 꼭대기는 표면에서의 수온과 염분(밀도)을, 그리고 곡선의 맨 아래는 해저에서의 밀도를 나타낸다. 중간의 수심은 곡선 상에 있다.

점 a와 b는 완만하게 굽은 등밀도곡선 상에 있다. 점 a와 b의 수온과 염분은 다르지만 밀도는 같다는 점을 주목하라. 이 두 수괴가 합쳐지면 그 결합된 밀도는 각각의 밀도보다 커질 것이다—점 c에 표시된 상태이다. 카벨링으로 알려진 이 과정은 심층수의 형성에 기여할 수 있다.

밀도를 갖는 새로운 수괴를 만들기도 한다. 이렇게 혼합되고 침강하는 과정을 **카벨링**(caballing)이라 한다. 카벨링이 어떻게 작용하는지를 보려면 그림 9.26의 점 **a**와 **b**로 표시된 두 수괴를 생각하자. 수온과 염분은 각기 다르지만 두 수괴는 동일한 밀도곡선 위에 있다—즉 그들의 밀도가 같다. 이제 두 점의 물이 혼합된다고 생각하자. 새로운 수괴의 밀도는 두 점을 연결한 직선의 중간쯤인 점 **c**로 표시될 것이다. 혼합된 물은 1.0280보다 큰, 아마도 1.0283 정도가 되어 가라앉으려고 할 것이다. 북대서양중층수, 남극중층수, 그리고 일부의 남극저층수는 카벨링으로 만들어진다.

열염순환과 표층순환: 전 지구적인 열의 연결고리 이미 보았듯이 해양의 서쪽 경계에서 흐르는 빠르고 좁은 해류는 따뜻한 열대의 물을 극지방으로 운반한다. 몇몇 장소에서 물은 대기로 열을 잃고 가라앉아서 심층수와 저층수가 된다. 이러한 침강은 북대서양에서 가장 두드러진다. 차고 큰 밀도의 물은 매우 깊은 수심에서 남반구 방향으로 움직이며 언젠가는 인도양과 태평양의 표면까지 상승하게 된다. 이러한 순환을 완성하는 데는 대략 1,000년의 시간이 걸린다.

열대지방의 물을 극지방으로 운반하는 것은 전 지구의 열에 대한 컨베이어 벨트와도 같다. 심층순환을 이해하려는 30년에 걸친 집중적인 노력의 결과 얻어진 전 지구적 순환의 간단한 개요가 **그림 9.27**에 나타나 있다. 이러한 느린 순환은 양 반구에 걸쳐 있으며 더 빠른 표면 환류의 흐름과 중첩된다. 전 지구적인 이러한 순환에 대한 최근의 분석은 유럽의 해안을 따뜻하게 하는 열이 인도네시아와 오스트레일리아의 근해로 들어와서 인도양까지 간 후에 다시 아굴라스 해류의 경로를 통해 아프리카의 남쪽 끝을 돌아 멕시코만류로 들어오게 된다고 제안한다. 태평양을 떠나는 표층의 물은 태평양 전체에 초과되는 강물이나 강수량에 의해 부분적으로 움직이기도 한다. 컨베이어 벨트의 느리고 지속적인 3차원적 물의 흐름은 해양들 사이에 용존 기체 및 고체를 분배하며, 영양분을 섞고 해양생물의 유생들을 운반한다.

극지방에서 심층수의 형성과 침강

남극저층수 모든 심층수 중 가장 두드러지는 **남극저층수**(Antarctic Bottom Water)는 염분 34.65‰, −0.5°C의 온도, 그리고 1.0279 g/cm^{3}의 밀도를 지닌다. 이 물은 큰 밀도(세계 해양 중 가장 밀도가 크다), 남극 해안 근처에서 생산되는 엄청난 양, 그리고 해저를 따라서 북쪽으로 이동하는 능력으로 유명하다.

거의 모든 남극저층수는 겨울 동안에 웨들 해(Weddell Sea)에서 만들어진다(**그림 9.28**). 바닷물이 얼 때 소금은 순수한 물의 결정들 사이에 있는 틈에 농축되었다가 빠져나와서 몹시 찬 소금물을 만든다. 이러한 소금물이 1초에 2천만~5천만 m^{3}씩 만들어진다! 큰 밀도로 인하여 이 물은 대륙붕으로 침강하며 거기서 남극순환류의 수괴와 혼합된다.

이 혼합물은 남극 대륙붕의 가장자리에 자리 잡고 경사를 따라 침강하며 심해저를 따라 퍼지면서 북쪽으

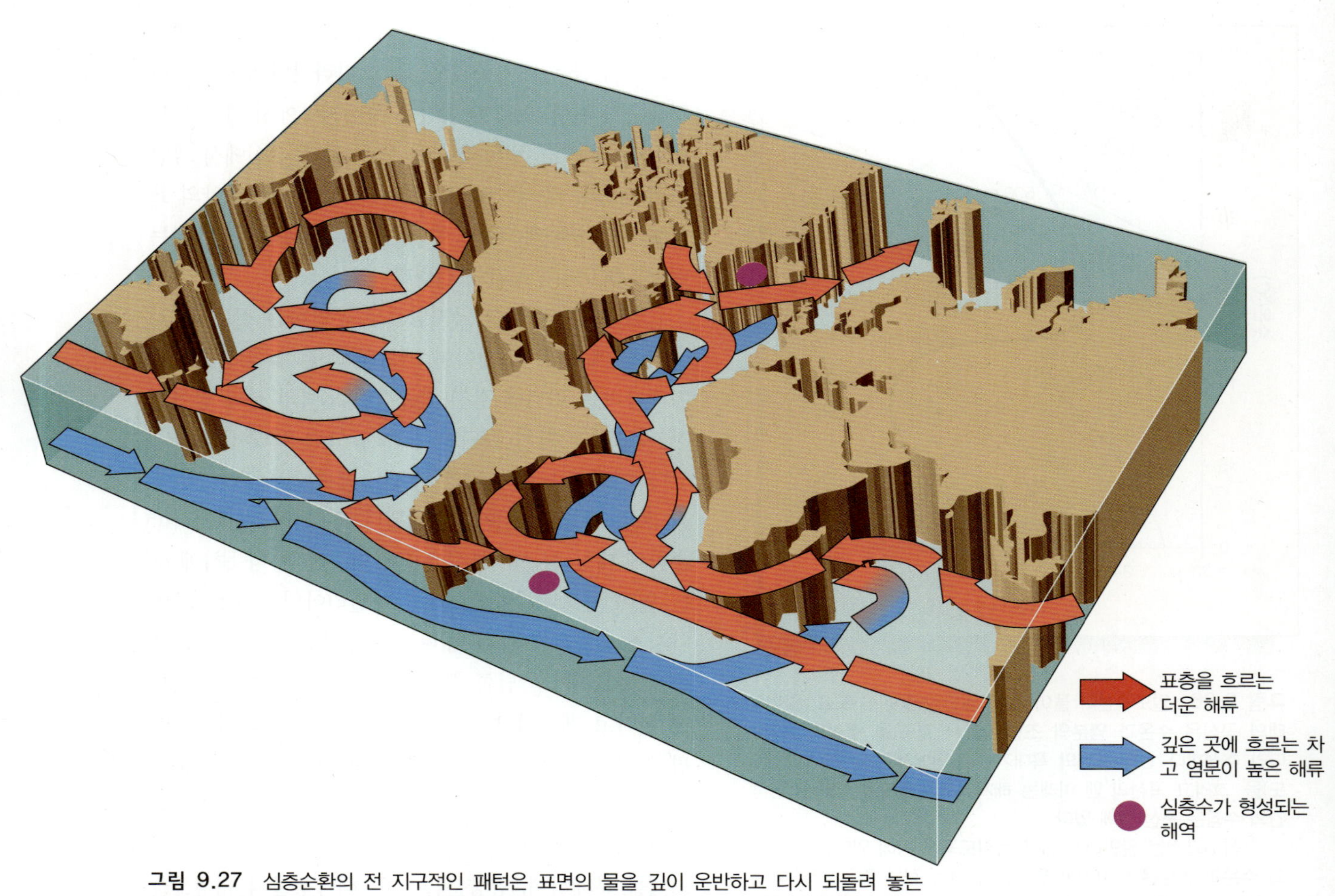

그림 9.27 심층순환의 전 지구적인 패턴은 표면의 물을 깊이 운반하고 다시 되돌려 놓는 컨베이어 벨트를 닮았다. 아이슬란드 북쪽의 북대서양심층수부터 시작하자. 이 물은 대서양에서 남하하여 남극에서 형성되는 저층수의 위로 흐르면서 혼합된다. 결합된 물은 남극 주위를 돌다가 북쪽의 인도양과 태평양으로 들어간다. 모든 해양에서 일어나는 미약한 용승은 이 물을 표면으로 되돌려준다. 컨베이어 벨트의 물은 점차 더워지고 상층으로 혼합되면서 표층순환에 의해 북대서양으로 돌아간다. 전체적인 느린 흐름의 체계는 물과 열의 운반에 중요하다.

로 천천히 이동한다. 남극저층수는 표면의 해류보다 몇 배나 느리다: 태평양에서 적도까지 가는 데 1,000년이 걸린다. 600년 후에 이것은 멀리 50°N의 알류샨 열도까지 갈 것이다! 남극저층수는 또한 대서양의 해저로도 흐르는데 여기서는 태평양보다 빨리 북쪽으로 흐른다. 남극저층수는 40°N까지 대서양의 바닥에서 발견된 적이 있는데 이 기나긴 여정에는 750년 정도가 걸렸다고 한다.

북대서양심층수 약간의 밀도 높은 저층수가 북극해에서도 만들어지지만 북극해의 해저지형 때문에 가로막혀서 거의 빠져나가지 못한다. 그러나 스코틀랜드, 아이슬란드, 그린란드를 분리하는 해저산맥에 의해 만들어진 깊은 수로는 예외인데, 이 수로들은 북극해에서 생성된 차고 큰 밀도의 물을 북대서양으로 흐르게 하며 **북대서양심층수**(North Atlantic Deep Water)를 만든다(그림 9.30 미리 참조).

북대서양심층수는 찬바람이 북부 캐나다에서부터 휩쓸면서 불어 갈 때 비교적 따뜻하고 짠 북대서양이 냉각되어 형성된다. 찬 공기에 노출되어 아이슬란드의 위도에 있는 물이 열을 방출함으로써 10°C에서 2°C까지 냉각되어 침강한다.(대기로 전달된 열은 북유럽을 같은 위도의 다른 지역보다 훨씬 따뜻하게 만든다.) 미국 동해안을 따라 시계방향으로 흐르는 북대서양환류의 더운물인 멕시코만류는 북쪽에서 침강하는 물을 계속 공급해 준다.

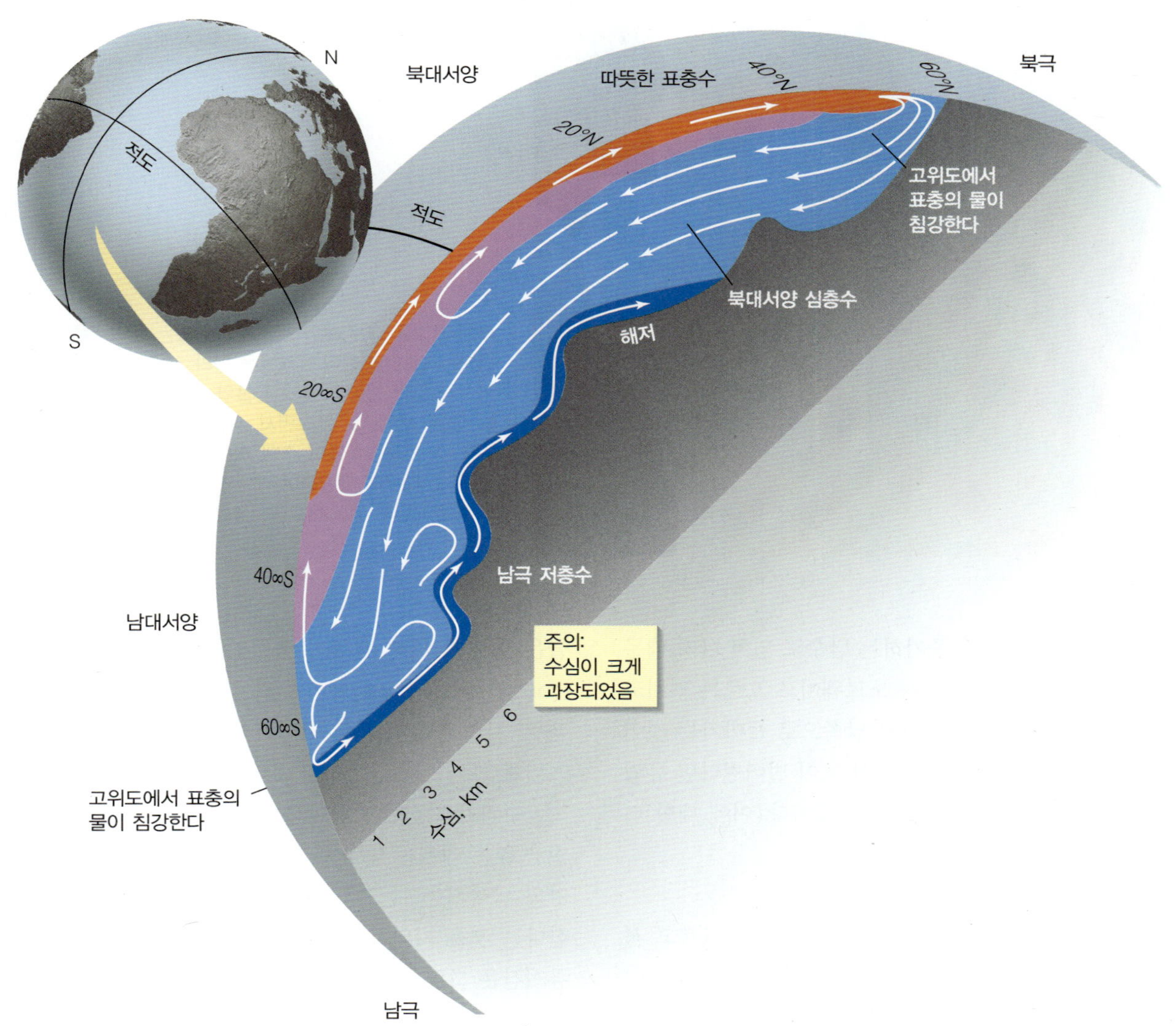

그림 9.28 대서양 열염순환의 단순화된 모식도. 북극과 남극 지역에서 표면의 물이 무거워져서 침강한다. 무거워진 남극저층수는 북대서양심층수의 밑으로 흐른다. 이 물은 열대와 온대 해역의 넓은 면적에서 천천히 상승한 후에 다시 극 쪽으로 흐르는 순환을 반복한다. 본문에서 언급한 대로 북극의 얼음이 빨리 녹아서 담수가 많아지면 북대서양심층수의 형성이 느려지고 이는 유럽의 기후에 심각한 영향을 줄 수 있다.

기타 심층수괴 다른 뚜렷한 심층수들도 존재한다. 서로에 대한 위치는 언제나 그들의 상대적인 밀도에 의해 정해진다. 대륙으로 거의 막혀 있는 지중해를 생각해 보자. 그곳에서 표면의 물은 담수의 유입보다 증발이 훨씬 많아서 염분이 높아진다. 지중해에서는 매년 하천이나 강수에 의한 유입보다 300,000 km^3 더 많은 물이 증발한다. 추운 겨울에 염분이 약 38‰ 인 지중해의 물이 지브롤터를 지나 대서양 속으로 지중해심층수로서 퍼진다(**그림 9.29**). 지중해심층수는 대서양중앙수보다 아래에 놓이며 일부는 남극의 해저까지 추적된다. 남극저층수나 대서양심층수보다 염분이 높지만 지중해심층수는 상당히 따뜻하므로 밀도가 그리 크지는 않다. 그래서 이것은 남반구 고위도의 더 무거운 물보다 위에 있게 된다.

심층수의 형성은 기후에 영향을 줄 수 있다 2005년에 영국의 학자들은 북부 멕시코만류의 흐름이 1957년 이래로 30% 감소했음을 알아냈다. 이와 동시에 우즈홀 해양연구소의 학자들은 지구온난화로 북반구 고위도 지역의 강수량이 증가하고 극지방의 얼음이 녹아서 북대서양의 염분이 감소하는 것을 측정해 오고 있었다(그

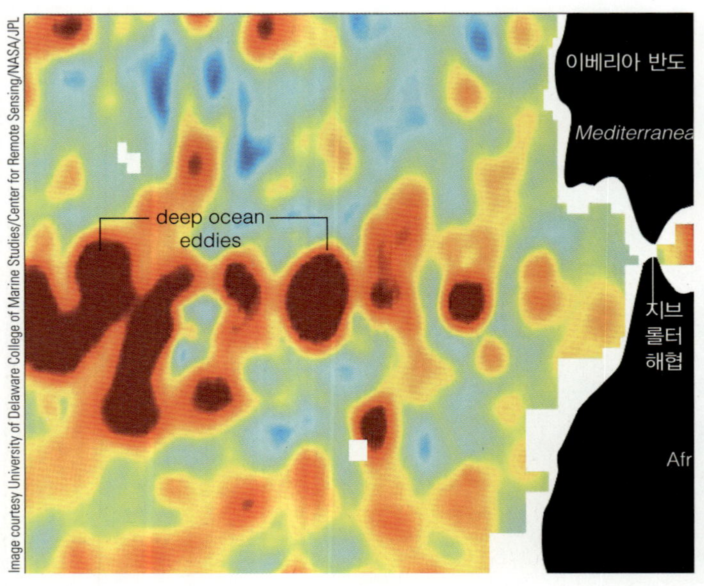

그림 9.29 지중해의 지브롤터에 있는 문턱 위를 흘러나오는 덥고 짠 물이 대륙붕을 따라 1,000 m 이상 침강하여 동일한 밀도를 갖는 찬물의 층에 도달한다. 침강하는 물은 서쪽으로 흐르면서 소용돌이를 만들기도 한다. 비록 이 소용돌이들이 수백 미터 깊이에 숨어있지만 높은 온도 때문에 팽창하여 해수면을 6 cm까지 상승시키므로 인공위성 고도계(그림 4.4 참조)로 탐지하기에 충분하다.

림 9.30). 북쪽 해역이 증가하는 담수로 넘쳐 나기 때문에 평상시에 영국을 거쳐서 노르웨이로 흐르는 멕시코 만류의 경로가 틀어져서 바로 남쪽으로 돌아가는 것이 이론적으로 가능하다. 만약 이런 일이 벌어진다면 유럽의 기후는 심각하게 영향을 받을 것이다.(이에 대한 더 자세한 내용은 18장에서 다룬다.)

수괴는 수렴하고 침강하며 해저를 가로질러 이동하고 서서히 상승할 수 있다 해양의 가장자리에서 가라앉는 엄청난 양의 무거운 물은 다른 곳에서 같은 양만큼 상승하는 물로 대체되어야 한다. **그림 9.31**은 열염순환의 이상적인 모형을 보여 준다. 물은 바다가 매우 차가운 좁은 면적에서 상대적으로 빨리 가라앉지만 매우 넓은 더 따뜻한 온대 및 열대지방에서는 매우 천천히 상승한다는 사실에 주목하자. 다음에는 표면에서 극 방향으로 느리게 돌아간 후 그 순환을 반복한다. 심층수의 넓은 면적에 걸친 지속적인 용승은 저·중위도 어디에서나 발견되는 영구수온약층을 유지시킨다. 이러한 느린 상승운동은 거의 모든 바다에서 하루에 1 cm인 것으로 추정된다. 이러한 상승이 멈춘다면 열의 하강운동이 수온약층을 하강시키고 그것의 가파름을 줄이게 될 것이다. 어떻게 보면 수온약층은 물의 느리고 지속적인 상승운동이 받쳐 주고 있는 것이다.

이러한 이상적인 순환의 대부분의 양상은 자연에 존재한다. 각자 밀도가 다르고 층층이 겹쳐 있는 수괴들은 중력에 의해 천천히 움직인다. 수괴들은 **수렴대**(convergence zone)에서 서로 부딪치며 더 무거운 물은 더 가벼운 물 밑으로 미끄러져 내려갈 수 있다(그림 9.28처럼).

수괴가 완전한 순환을 끝내든가 혹은 섞여서 그 본질을 잃는 데에는 몇백 년의 세월이 걸릴 수 있다. 태평양의 남극저층수는 그 성격을 1,600년 동안이나 간직한다는 것을 기억하자! 하지만 거의 모든 심층수의 체류시간은 그렇게까지 길지는 않다. 표면으로 떠오르는 데 200~300년 정도가 걸린다.(반면에 북대서양 환류의 표층수는 회로를 한 번 도는 데 1년 남짓 걸린다.)

모든 열염순환이 그렇게 안정된 것은 아니다. 퇴적물의 물결무늬, 긁힌 줄, 그리고 심해저에 돌출된 암석의 풍화는 상대적으로 강한 저층류가 국지적으로 존재한다는 증거를 제공해 준다(그림 5.3 참조). 어떤 심층해류의 경우는 60 cm/sec의 속도로 빨리 움직인다. 이렇게 상대적으로 빠른 해류들은 해저지형의 영향을 크게 받는데, 고밀도의 물이 해저 돌출부의 주위를 돌아가기 때문에(위로 넘어가지 못하고) 종종 **등심선해류**(contour current)로 불리기도 한다. 저층류는 일반적으로 해양의 서쪽 경계나 그 근처에서 적도방향으로 움직인다(상층 서안경계해류의 아래를). 심층수괴들의 미세한 밀도 차이는 바람에 의한 표층해류의 속도로 물을 움직일 능력이 없다. 이 해류의 어떤 물은 하루에 1~2 m 정도만 움직이기도 한다. 이렇게 느린 속력에 대해

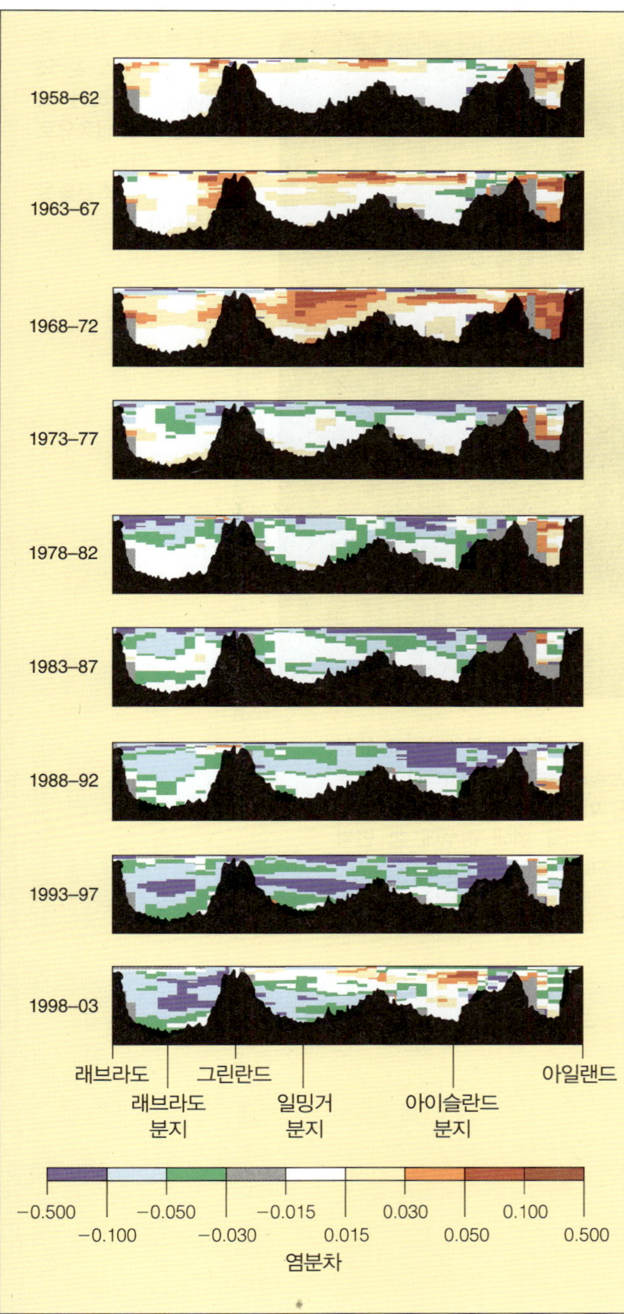

그림 9.30 지난 55년간의 염분 분석으로 캐나다와 아일랜드 사이의 북대서양이 점차 저염화되는 것을 보여 준다. 담수는 녹은 빙하와 북극의 얼음, 그리고 고위도의 강수 증가에 기인한다. 짠물은 적색, 주황색, 노란색이며 저염수는 청색과 녹색이다.

서도 코리올리 효과는 그 흐름의 패턴을 바꾼다.

개념점검

18. 무엇이 바닷물의 연직운동을 일으키는가? 열염순환의 일반적인 패턴은 무엇인가?

19. 수괴란 무엇인가? 해양에서 수괴의 상대적인 위치는 어떻게 결정되는가?

20. 어디에서 뚜렷한 수괴들이 형성되는가?

21. 수렴대에서 어떤 일이 생기는가? 수렴대에서 카벨링은 어떻게 일어나는가?

22. 열염순환은 어떻게 수온약층을 해양 표면 쪽으로 밀어 올리는가?

23. 표층순환을 완성하는 데 걸리는 시간과 열염순환의 시간을 비교하라.

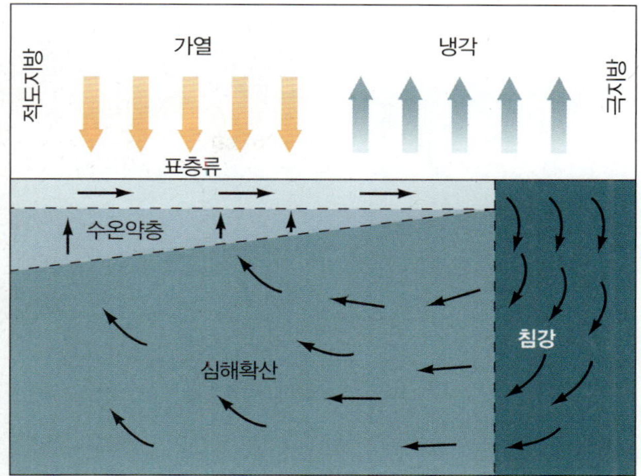

그림 9.31 저위도의 가열과 고위도의 냉각으로 야기되는 순수한 열염순환의 고전적인 모델. 그림 8.7과 비교해 보자.

9.7 해류 연구하기

해류를 측정하는 전통적인 방법은 두 개의 넓은 영역으로 분류된다: 표류법(float method)과 유량법(flow method). 표류법은 병이나 다른 자유롭게 떠다니는 물체의 움직임에 의존하는 것이다. 유량법은 해류가 어떠한 고정된 물체를 지나 흐르는 것을 측정한다.

표층해류는 떠다니는 병이나 표류카드로 추적할 수 있다. 이러한 도구들은 해안 순환을 결정하는 데 특히 용이하지만 이것은 투하 지점과 다시 주운 그 지점 사이의 경로에 대한 정보를 제공하지 않는다. 떠다니는 물체의 정확한 경로를 알고자 하는 과학자들은 **그림 9.32a**의 부표들과 같이 더욱 정교한 표류장치들을 설치할 수 있다. 이러한 부표들은 무선방향측정기(radio

Chris Linder, Woods Hole Oceanographic Institution

a 수온센서가 달린 부표를 해터러스 곶 외해에서 투하하여 멕시코만류가 남쪽으로 흐르는 연안수와 만나는 곳의 조건들을 측정한다.

Philip Richardson/Woods Hole Oceanographic Institution

b 우즈홀 해양연구소의 조사선 *Oceanus*호에서 발사되는 소파부표. 이 장비는 3,500 m에 내려가서 추적을 위해 하루에 한 번씩 저주파 신호를 보낸다.

그림 9.32 해류의 측정법.

c 고정된 위치에서 유향과 유속을 측정하는 에크만 유속계.

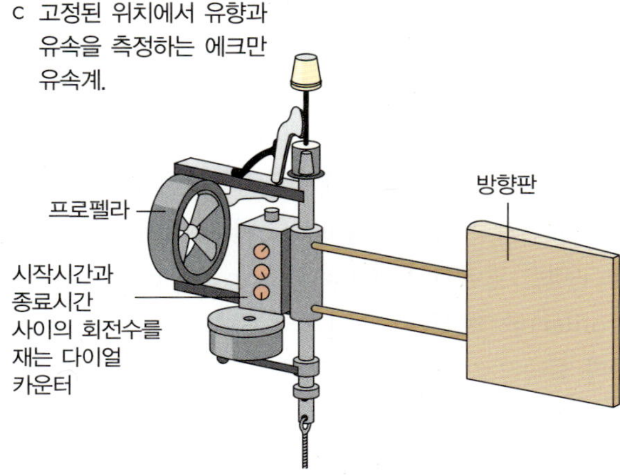

RD Instruments USA

d ADCP 시스템 중에서 배의 밑에 설치하는 트랜스듀서.

e 슬로컴 글라이더—장기간의 수괴조사를 위해서 동력원으로 중력, 부력, 열, 그리고 건전지를 사용한다.

Webb Research

direction finder)나 레이더로 계속해서 위치를 측정할 수 있다. 표층해류는 또한 배의 예상위치와 관측위치를 매일 비교해 가면서 알아낼 수도 있다.

병, 카드, 혹은 표류부표 연구는 언제나 조심스레 계획되고 진행되나 모든 표류물이 계획적으로 투하되는 것은 아니다. 1990년 5월에 강한 폭풍이 한국에서 시애틀로 가는 *Hansa Carrier*라는 컨테이너 배를 가격하여 21개의 컨테이너가 바다에 떨어졌는데, 그중에는 30,910켤레의 나이키 운동화가 들어 있었다. 약 6개월 후에 부서진 컨테이너 안의 신발들은 브리티시컬럼비아와 오리건 해안에 밀려오기 시작했다. 신발들이 켤레로 묶여 있었던 것이 아니어서 해변에 오는 사람들은 지역신문에 광고를 내서 신발을 바꾸도록 만남을 주선하기도 했다(바다에 노출되었음에도 불구하고 상태가 양호한 것들을). 해양학자들은 이 광고를 발견하고 각 개인이 언제 어디서 신발을 찾았는지 신고하도록 했다. 신발을 잃어버린 장소와 찾은 장소를 알아내서 그들은 북태평양 환류의 컴퓨터 모델을 개선할 수 있었다. 몇몇 신발들은 북태평양의 환류를 완전히 다 돌았다.

더 깊은 순환도 표류장치를 통해 관찰할 수 있다. 제작자의 이름을 딴 스왈로 부표(Swallow float)는 중층수괴의 흐름을 알아내는 데 쓰인다. 특정 밀도의 수심에 가라앉도록 조정된 후 스왈로 부표는 소나의 '핑'을 내보내며 떠내려가고 추적하는 선박이 부표가 속해 있는 수괴의 움직임을 따라갈 수 있다. 1970년대와 1980년대에 만들어진 더욱 정교해진 장비들은 소리의 전달을 소파통로(6장을 보라)에 의존하였다. 무인 잠수장치에서 나오는 저주파 신호는 계류된 수신기지에서 듣게 된다(**그림 9.32b**). 이 소파 장비는 사람이 조종하지 않고 무인으로 작동한다. 이 방법으로 북대서양의 700~2,000 m의 수심에서 240년에 상당하는 표류자료를 축적하게 되었다. 이렇게 표류하던 장비 하나는 무려 9년간이나 자료를 보냈던 것이다!

유속계(current meter)는 고정된 위치에서 해류의 속도와 방향을 측정한다. 에크만형과 같은 대부분의 유속계는 **그림 9.32c**와 같이 회전하는 바람개비가 속도를 재고 나침반으로 방향을 측정한다. 저층수의 움직임은 보통 유속계로 측정하기에는 너무 느리다.

전자공학과 컴퓨터 설계의 발전은 해류연구의 새로운 방법을 가능하게 하였다. 미국 해군연구소가 개발한 새로운 장치는 바닷물이 지구의 자기장을 통과할 때 내는 전자기력을 감지하여 해류를 측정한다. 이러한 센서를 장치한 부표들은 복잡하게 움직이는 부품에 의존하지 않고도 유향과 유속을 기록할 수 있다. 해양조사선들은 다른 종류의 유속 센서를 장착하여 반사되는 음파로 유향과 유속을 측정하기도 한다. 어떤 배들은 밑에 구멍을 뚫어서 ADCP(acoustic Doppler current profiler)를 장착한다. 3~4개의 트랜스듀서들이 매 초마다 물속으로 음향의 핑을 내보낸다(**그림 9.32d**). 이들은 4장에서 다룬 음향측심기나 지층탐사기처럼 해저면에서 반사된 소리를 듣는 것이 아니라 물속의 부유입자, 작은 생물들, 혹은 거품에 반사되어 들어오는 소리를 시간별로 끊어서 기록한다. 반사음들이 장비에 계속 들어오게 되는데, 가까이 있는 곳에서 반사된 소리가 멀리 떨어져 있는 곳보다 먼저 들어오기 때문에 거리(혹은 수심)에 따른 자료를 얻을 수 있다. 컴퓨터는 반사된 신호의 주파수 변동(도플러 효과) 등의 특징들을 분석해서 선박의 운동에 대한 각 층의 유향과 유속을 결정한다. 측정거리는 사용하는 음향의 주파수가 작을수록 증가하는데, 저주파를 사용하는 ADCP의 경우 약 800 m까지 해류를 측정할 수 있다.

새로이 촉망받는 무인장비가 슬로컴 글라이더인데, 혼자서 지구를 최초로 한 바퀴 돈 슬로컴(Joshua Slocum)의 이름을 딴 것이다. 이 작은 글라이더는 중력과 부력을 이용하여 물속을 위아래로 부드럽게 미끄러져 다닌다(**그림 9.32e**). 이 작은 글라이더가 상승할 수 있도록 밸러스트를 펌프질하는 힘은 해수면과 깊은 수심의 온도차로 작동하는 간단한 열기관에 의해 제공된다. 바닷물을 안으로 펌프질하면 다시 내려갈 수 있다. 이 글라이더를 많이 투하하면 이들이 가끔씩 표면에 부상하여 인공위성에 보내는 자료를 몇 년간 수집하여 수온과 염분의 구조에 대한 지도를 만들 수 있을 것이다.

열염순환을 연구하기 위해서 개발된 또 다른 방법은 생산과 배출의 역사를 알고 있는 인공물질인 화학추적자의 분포를 감지하는 것이다. CFC(chlorofluorocarbon)는 바닷물에 잘 녹기 때문에 그러한 추적자로 이용될 수 있다. 냉매, 에어로졸과 거품 분사제로 쓰기 위해서 1930년대에 처음으로 생산된, 전적으로 인공화합물인 CFC는 해양에 물감처럼 퍼져서 해양순환을 따라 움직였다. CFC의 농도를 주의 깊게 분석함으로

써 심층해류의 속도가 측정되었다.

그림 9.16b에서 본 바와 같이 인공위성은 표층수온이나 해수면의 높이, 바다의 색, 심지어는 엽록소 함유량(생물생산성과 영양염의 지표)까지 감지하여 우리에게 해양순환에 대한 신선한 영감을 주기도 한다. 아직 인공위성은 오직 표면만을 관측할 수 있는데, 언젠가는 인공위성의 레이저로 심층의 해양도 탐지할 수 있을 것이다.

음향단층촬영(acoustical tomography)(*tomos*: to cut or slice, *graph*: to write)은 해양 내부의 수온, 염분, 그리고 움직임의 변화를 감지하기 위해서 저주파 음향의 펄스를 사용한다.[2] 1981년에 시작된 실험에는 멕시코만류의 와동과 760 m 수심의 심해순환을 조사하기 위해서 여러 개의 발신기와 수신기가 동원되었다. 예비 결과는 엄청난 양의 해양 운동에너지가 대기의 기상 시스템과 유사하게 비교적 작은 운동의 변화와 연관되어 있음을 제시한다. 크기가 1,000 km 정도이고 지속기간이 1주일 이하인 기상 시스템과는 다르게 이 중간규모의 해양 소용돌이는 전형적인 크기는 겨우 100 km이지만 100일 이상 존속한다.

과학자들은 음향단층촬영을 그린란드 남쪽에서 형성되는 북대서양심층수의 장기간에 걸친 연구에도 이용한다. 이 기술은 심해 순환에 관한 우리의 이해를 혁신적으로 변화시킬 것이다.

해류는 물리해양학의 핵심이다. 전 지구적인 영향, 그 큰 질량, 복잡한 흐름, 그리고 인류의 이동에 미칠 수 있는 잠재적인 영향은 해류의 연구를 특별히 중요하게 만든다.

개념점검

24. 해류를 연구하는 두 가지 일반적인 방법은 무엇인가?

25. 해류를 연구하는 재래식 방법들은 하이테크 장비로 대체되었다. 이들 중 몇 가지는 어떻게 작동하는가?

26. CFC는 어떻게 추적자로 이용될 수 있는가? CFC에 기초한 방법은 표층순환과 열염순환 모두에 똑같이 적당한가?

학생들의 질문

1. 멕시코만류가 겨울에 영국을 따뜻하게 하고 발트 해의 항구들이 얼지 않게 해 준다면 왜 미국의 뉴잉글랜드는 온화하게 하지 않는가? 결국 보스턴은 런던보다 멕시코만류의 축에 더 가깝다.

겨울철에 우세한 바람의 방향을 기억하자. 겨울에 보스턴의 위도에서 바람은 일반적으로 서쪽에서부터 불기 때문에 어떤 따뜻함이든 바다로 날려 갈 뿐이다. 대서양의 반대쪽에는 같은 바람이 런던으로 불어 가서 런던의 겨울은 일반적으로 보스턴보다 훨씬 온화하다.

2. 해류가 전원으로 이용될 수 있겠는가? 플로리다에 가까운 멕시코만류는 그 모든 흐름이 터빈을 돌리는데 이용하는 방법이 고안될 수도 있는 것으로 보인다.

검토된 적이 있다. 마이애미 부근의 멕시코만류의 전체 에너지는 25,000메가와트로 추산된다! 우즈홀 해양연구소의 연구팀은 하류 20 km의 폭과 30~130 m의 층에 벌집같이 배열된 터빈을 설치할 것을 제안했다. 1,000메가와트의 전력 생산이 추산되었는데, 대형 원자력발전소 두 개의 생산능력에 필적한다. 그렇지만 공학적인 어려움이 고려되어야 한다.

3. 지형류 아닌 해류도 있는가? 중력, 코리올리 효과, 불균등한 태양가열, 바람 등의 영향을 그다지 받지 않는 흐름이 존재하는가?

있다. 영향이 눈에 띄지 않는 소규모의 흐름들도 있다. 하구에서 담수의 흐름, 쇄파의 이안류, 조그만 항구의 조류는 코리올리 효과나 중력보다도 해안지형이나 해저지형의 영향을 훨씬 더 많이 받는다.

4. 서안경계해류는 왜 양 반구에서 강한가? 남반구에서 물체는 다른 길(반시계방향)로 간다. 거기에서는 동안경계해류가 더 강해야 되지 않는가?

[2] 그림 9.29가 이 기술로 만들어졌다.

남반구에서 환류는 반시계방향으로 흐르지만 코리올리 효과 또한 북반구와는 반대로 운동 방향의 왼쪽으로 편향시킨다. 그 결과 남반구에서도 서안경계류가 강하게 된다.

5. 지형환류의 가운데에 있는 언덕을 형성하는 데 압력경사와 코리올리 효과 중에서 어느 것이 먼저 작용하는가?

이 질문은 '닭과 달걀 중 어느 것이 먼저인가'라는 문제를 연상시킨다. 해류에서 압력경사와 코리올리 효과는 함께 균형적으로 작용해서 언덕을 만들고 그 주위를 순환하도록 한다. 1억 5천만 년 전에 대서양이 처음 형성될 때를 상상해 보자—판게아 대륙이 갈라지고 그 틈을 물이 채우기 시작한다. 바람에 움직여서 약간의 물은 오른쪽으로 편향하여 언덕을 형성하기 시작한다. 압력경사가 곧 생기고 물은 중력에 의하여 아래쪽으로 도로 내려가려 한다. 돌아가는 도중에 물은 코리올리 효과와 균형을 취하게 되고 주위를 시계방향으로 돌도록 절충을 하게 되는 것이다.

6. 북풍은 북쪽에서 오는 것이고 북향류는 북쪽으로 향한 것이다. 왜 다른가?

전통은 쉽사리 죽지 않는 것 같다. 수천 년 동안 바람은 오는 방향에 의해서 이름 붙여졌다. 북풍은 북쪽에서 오는 것이고 서풍은 서쪽에서 온다. 하지만 해류는 가는 방향으로 이름 붙여진다. 남향류는 남으로 향하고 서향류는 서쪽으로 향한다. 예외 하나가 남극순환류 혹은 서풍피류로서 동쪽으로 움직인다. 그렇지만 이 해류도 그것을 구동하는 바람인 강력한 편서풍을 따라 이름이 붙었다.

이것은 물론 관점의 문제이다. 옛날 사람들은 바람의 피난처를 찾았다(바람의 기원이 관심이었다). 그러나 초기에 바다를 여행하는 사람들은 해류가 그들을 어디로 운반하는지 알려고 했다.

요약

이 장에서 바닷물이 해류를 타고 흐른다는 것을 배웠다. 표층해류는 해양 전체의 상층부 10%에 영향을 준다. 표층해류는 태양의 열과 바람에 의해 구동된다. 표층해류의 물은 수평으로 흐르려고 하지만 또한 바람에 반응하여 해안이나 적도에서는 연직방향으로도 흐를 수 있다. 표층해류는 열대에서 극지방으로 열을 운반하고 기상과 기후에 영향을 주며 영양염을 분배하고 생물들을 퍼뜨린다. 해류는 인류가 멀리 있는 섬으로 퍼지도록 도와주었고 해상 무역에도 중요하다.

해양의 90%는 표층 아래에서 순환하는데 중력에 의해 구동되어 무거운 물은 가라앉고 가벼운 물은 떠오른다. 밀도가 주로 수온과 염분의 함수이므로 밀도 차이에 기인하는 심층의 운동을 열염순환(thermohaline circulation)이라 부른다. 해저 부근의 해류는 느리게 흐르며, 어떤 곳에서는 강처럼 흐르지만 대부분은 거의 느낄 수 없는 속도로 움직인다. 코리올리 효과, 중력, 그리고 마찰력은 표층해류와 심층순환의 방향과 수송량에 영향을 준다.

다음 장에서는 파랑에 대해서 배울 것이다. 바다의 파도에서 에너지의 리본이 파동의 속도로 움직이지만 물 자체는 그러지 않는다. 어떤 의미에서 해양 파도는 환상이다. 어떻게 환상에 의해 서프보드에서 나가떨어질 수 있을까? 글쎄, 배울 것이 많겠는데!

주요 용어

남극순환류, 서풍피류(Antarctic Circumpolar Current, West Wind Drift)
남극저층수(Antarctic Bottom Water)
남방진동(Southern Oscillation)
동안경계류(eastern boundary current)
등심선해류(contour current)
라니냐(La Niña)
랭뮤어 순환(Langmuir circulation)
멕시코만류(Gulf Stream)
반류(countercurrent)
북대서양심층수(North Atlantic Deep Water)
서안강화(westward intensification)
서안경계류(western boundary current)
수렴대(convergence zone)
스베드럽(sv: sverdrup)
에크만 나선(Ekman spiral)
에크만 수송(Ekman transport)
엘니뇨(El Niño)
연안용승(coastal upwelling)
열염순환(thermohaline circulation)
와동, 소용돌이(eddy)
용승(upwelling)
음향단층촬영(acoustical tomography)
잠류(undercurrent)
적도용승(equatorial upwelling)
지형환류(geostrophic gyre)
침강(downwelling)
카벨링(caballing)
표층해류(surface current)
풍성연직순환(wind-induced vertical circulation)
해류(current)
환류(gyre)
횡단해류(transverse current)
ENSO
T-S 도표(temperature-salinity diagram)

학습문제

익힘문제

1. 왜 흐름은 해양의 가장자리를 돌려고 하는가? 서안경계해류는 왜 가장 빠른 해류인가? 동안경계해류와는 어떻게 다른가?
2. 엘니뇨의 원인은 무엇인가? 엘니뇨의 조건은 평상시의 해류와 어떻게 다른가? 엘니뇨의 일반적인 결과는 무엇인가?
3. 반류란 무엇인가? 잠류는? 엘니뇨는 이 해류들과 어떤 관련이 있는가?
4. 해류가 열의 수송에 하는 역할은 무엇인가? 해류는 어떻게 기후에 영향을 주는가? 중위도에서 해양의 서쪽 경계에 있는 해안도시와 동쪽 경계에 있는 해안도시의 기후를 비교하라.
5. 해류가 어떻게 역사에 영향을 주었는지 생각해 볼 수 있는가?
6. 무엇이 수온약층을 제자리에 붙잡아 두고 있는가? 물이 서서히 더워져서 바닥까지 일정한 경사로 변하지 않겠는가?(힌트: 그림 9.31을 보라.)

응용문제

1. 그림 9.7b를 다시 보고 침강하는 물을 생각하자. 첫째, 왜 가라앉기를 멈추는가? 둘째, 침강을 멈출 때 어디로 갈 것 같은가?(힌트: 코리올리 효과는 극지방에서 크고 적도에서는 없다.)
2. 이상적인 조건에서 운동화가 북대서양을 한 바퀴 도는 데 걸리는 시간을 계산하라. 그리고 이상조건에서 태평양을 도는 데 걸리는 시간도 계산하라. 어떻게 다른가?

10 파랑

주요 목차

- 해파는 해수면을 통하여 에너지를 전파한다
- 물리적 특성에 다른 해파의 분류
- 수심과 해파의 전파
- 바람이 해파를 일으킨다
- 간섭으로 매우 큰 파가 만들어진다
- 심해파가 연안으로 접근하면서 천해파로 변한다
- 바닷속 밀도가 다른 층 사이에서 내부파가 발생한다
- '조석파' 라는 용어가 잘못 쓰일 때도 있다
- 폭풍해일
- 폐쇄된 해역에서의 해수 요동
- 쓰나미와 지진해파

핵심개념

1. 해파가 해수면을 통하여 이동시키는 것은 에너지이지 해수의 질량이 아니다. 해파는 진행할 때 물 분자가 원 궤도 운동을 하는 궤도파이다.
2. 해파는 파를 일으키는 힘에 따라 분류할 수도 있고, 파가 형성된 이후 파를 일으키는 힘이 계속 작용하는가의 여부에 따라 또 파장에 따라 분류하기도 한다.
3. 수심이 깊으면 해파의 속도(빠르기)는 파장에 따라 변한다. 해파에 관한 특성들의 대부분은 파장과 수심에 관련되어 있다.
4. 수심이 파장의 반보다 깊으면 물입자의 궤도는 바닥의 영향을 받지 않는다. 쓰나미나 조석파는 워낙 파장이 길어 지구상 어느 곳에서도 천해에 있는 것처럼 여겨진다.
5. 해수의 이동은 쓰나미와 지진해파의 원인이 될 수 있다. 쓰나미는 갑자기 매우 큰 조석파가 돌진하는 것처럼 예고 없이 들이닥친다. 이 큰 천해파는 지구에서의 자연 현상 중 가장 치명적인 재난 중 하나이다.

한 관광객이 찍은 사진으로, 2004년 12월 26일 말레이시아 페낭 섬 바투페링기 해안을 덮친 쓰나미. 이 쓰나미로 말레이시아에서 65명이 사망했으며, 적어도 300,000명이 사망한 것으로 추정되며 대부분의 사망자는 인도네시아에서 발생하였다. 이 쓰나미는 역사상 가장 치명적인 쓰나미 중의 하나로 기록되었다.

AP Photo/Eric Skitzi

“ … 아무런 예고도 없이 모든 것이 바뀌었다.”

2004년 12월 26일 아침 인도양 동부해역 수마트라 해안 밖 해저에서 지진이 일어났다. 해저 18 km 아래서 두 판 사이의 균열로 시작한 충격은 순식간에 해저면에 도달하여 3분 동안 북서 방향으로 1,700 km에 걸쳐 초음속의 속도로 찢어 놓았다. 인도-오스트레일리아판의 일부가 유라시아판을 지나 약 20 m 정도 이동한 것으로 보인다(그림 3.15 참조). 지진 규모는 9.2로 현재까지의 기록으로 보면 두 번째이다.[1]

판의 움직임은 수평 방향뿐 아니라 연직 방향으로도 일어났다. 유라시아판이 약 5 m 정도 들어 올려졌다. 판 위의 물도 같은 높이만큼 들어 올려졌다. 진앙 근처의 수심은 약 4,000 m이다. 히로시마에 투하된 원폭의 약 32,000배 되는 에너지가 델라웨어 주 정도 되는 면적의 물기둥을 위로 들어 올린 것이다. 들어 올려진 막대한 양의 물이 다시 떨어지면서 근래에 보기 드문 큰 쓰나미를 발생시켰다.

지진해파는 진앙으로부터 755 km/h 이상의 속도로 사방으로 퍼져 나갔다. 아체 주 서해안과 주도인 반다아체는 지진이 발생한 지 반 시간도 안 되어 바닷물에 잠기었다. 35 m 높이의 파도가 남서부 해안을 덮쳤으며 인구 밀집 지역인 북서 해안은 12 m 높이의 파도가 세 번이나 휩쓸었다. 한 시간 안에 10만 명 이상의 사망자가 발생하였다.

지진해파는 여러 곳으로 전파되었다. 유명한 관광지인 타이 동부의 푸켓 해안도 피해 가지 못했다. 지진이 발생한 지 두 시간이 못 되어 5 m가 넘는 파도가 해안에 밀려왔다(그림). 아무런 경고가 없었기 때문에 대부분이 유럽인인 관광객 2,400명을 포함하여 거의 6,000명이 사망하였다. 지진해파는 서진을 계속하여 3시간 후에는 인도양을 건너 스리랑카와 인도 해안까지 전파되었다. 파의 분산과 해저 마찰의 영향으로 지진 해일의 위력이 많이 약해지기는 하였지만 이 지역에서도 4만 명 이상 사망하였다.

이 지진의 여파는 전 세계의 바다에서 감지되었다. 가장 먼 곳에서도 최소 1 cm의 파도가 며칠 동안이나 감지되었다. 이 지진의 여파로 화산 활동이 심한 곳에서는 소규모 지진이 촉발되기도 했다. 전 세계 해수면이 약 0.1 mm 정도 영구히 높아진 것으로 보인다.

2004년 지진은 지난 5세기 동안의 기록으로 보면 사망자가 가장 많이 생긴 지진 중의 하나이다.[2] 176,000명 이상이 사망했으며 실종자도 67,000이 넘는다. 어마어마한 이 숫자는 역사학자 듀런트(Will Durant)가 한 “문명은 지질학의 허락하에서만 존재할 뿐이며, 아무런 예고도 없이 뒤집어질 수 있다.”라는 경고를 말없이 증명하는 것이다.

[1] 가장 큰 것은? 1960년 지질학적으로는 비슷한 지역인 칠레 해안에서 일어난 것으로 규모 9.5이다. 2011년 3월 일본 동북 해안에서 발생한 지진도 규모 9.5이다.

[2] 1556년 1월 23일 중국 산시 성에서 약 830,000명이 죽었다.

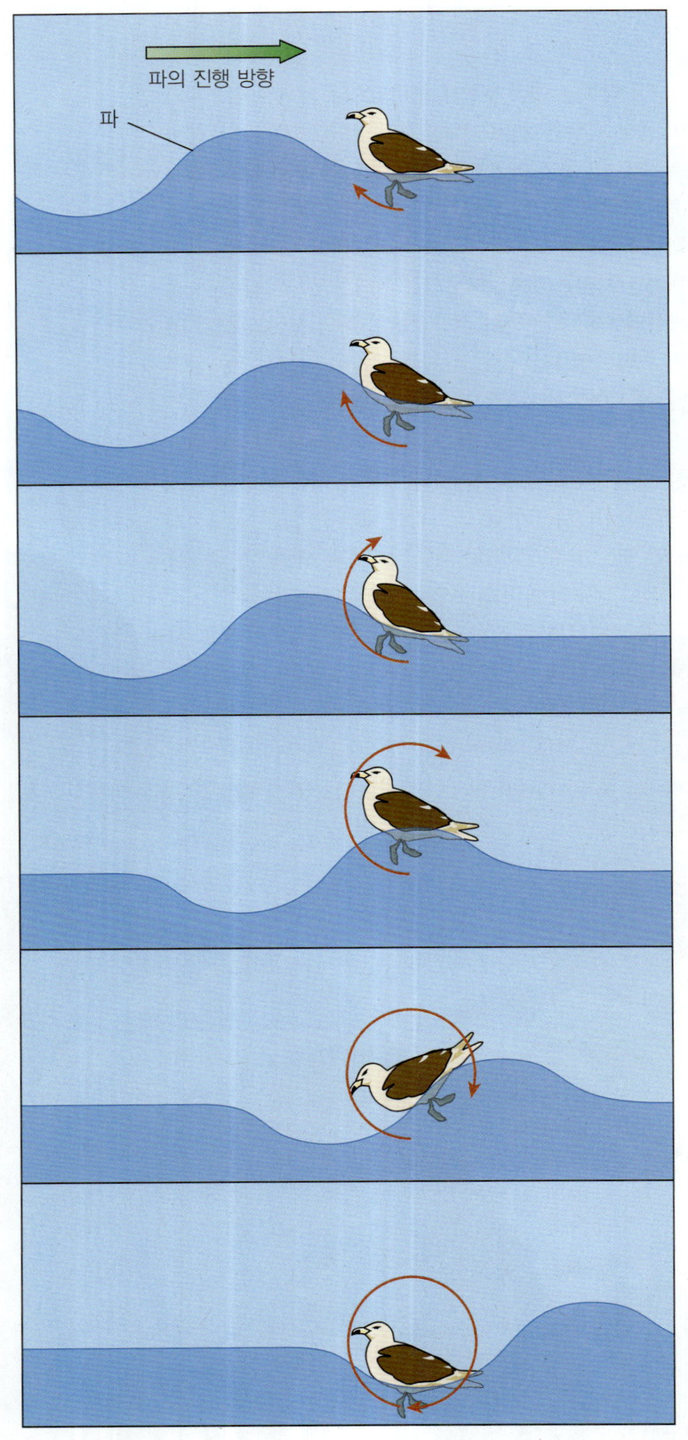

그림 10.1 수면 위에 떠 있는 갈매기로부터 파는 진행하지만 물은 제자리에 있는 것을 알 수 있다. 파도가 왼쪽에서 오른쪽으로 진행함에 따라 갈매기(즉 갈매기가 떠 있는 물)는 원(파의 앞에서 좌측 위로, 파의 마루로, 그리고 지나간 파의 뒤쪽에 미끄러져 내리는)을 그린다.

10.1 해파는 해수면을 통하여 에너지를 전파한다

대부분의 사람들에게는 바다의 파도란 바다 표면 위로 거대한 바닷물 등성이가 전진하는 것처럼 보인다. **파**(wave)란 어떤 매질(고체, 액체, 기체 등) 속에서 에너지 이동으로 생긴 교란 현상이며 바다의 파도 이들 중 한 종류일 뿐이다. 매질 속에 교란 에너지가 전달되는 과정은 여러 형태로 나타난다. 때로는 매질 속에서 큰 언덕처럼 보이기도 하고, 이 언덕이 이동하면 우리가 통상 보는 파도인 것이다. 해파에서 파의 속도로 전파하는 것은 에너지이며 물이 전파하는 것은 아니다. 어찌 생각하면 파도는 일종의 환영인지도 모른다.

파도치는 바다에 떠 있는 갈매기를 보면, 갈매기는 원운동—파의 꼭대기가 갈매기 위치를 지날 때 위로 앞으로, 그리고 파가 지나간 후에는 아래로 뒤로—을 할 뿐이다. 갈매기가 움직인 각 원 궤적의 지름은 파고와 같다. **그림 10.1**에서 보는 바와 같이 에너지는 갈매기를 지나갔지만, 갈매기와 그 주위 물은 위로 앞으로 아래로 그리고 뒤로 움직이는 파의 한 주기 동안 아주 조금 나아갔을 뿐이다. 파의 그림에서 보는 바와 같이 갈매기가 떠 있는 물 자체가 계속 나아간 것은 아니다.[3]

파의 에너지는 이처럼 원 **궤적**(orbit)을 그리며 물 입자에서 물입자로 에너지가 전달되는 형태로 해수면을 가로질러 파의 형태를 만들며 전파한다. 이런 형태의 파랑을 **궤도파**(orbital wave)—파랑이 진행함에 따라 매질(물)의 입자가 폐쇄된 원을 그리는 파—라고 부른다. 바다에서 궤도파는 두 매질의 경계(공기와 물 사이)나 바닷속의 밀도가 다른 층의 사이에서 생긴다. 이러한 파는 또한 파의 형태가 진행한다고 하여 **진행파**(progressive wave)라 부른다.

앞에서 언급한 진행파는 대체로 바람에 의해 생겨나지만 해양에서의 또 다른 큰 힘들이 큰 원이나 타원 궤적의 물 분자 운동을 일으켜 매우 큰 진행파를 만들

[3] 이 점은 매우 중요하다. 이를 좀 더 확실히 하기 위해 당신이 운동장 관중석에 앉아 '파도타기'에 참여한다고 생각해 보자. 파도타기에서 당신의 역할은 단지 옆 사람과 같이 일어섰다 앉았다 하는 것 뿐이다. 당신은 단지 몇십 cm 정도 아래위로 움직였을 뿐이지만 관중들이 만든 파도는 굉장한 속도로 진행되어 가고 있을 것이다. 당신도 또 다른 사람들도 그 자리에 있지만 파도는 사람이 달리는 것보다 훨씬 빠른 속도로 나갔을 것이다.

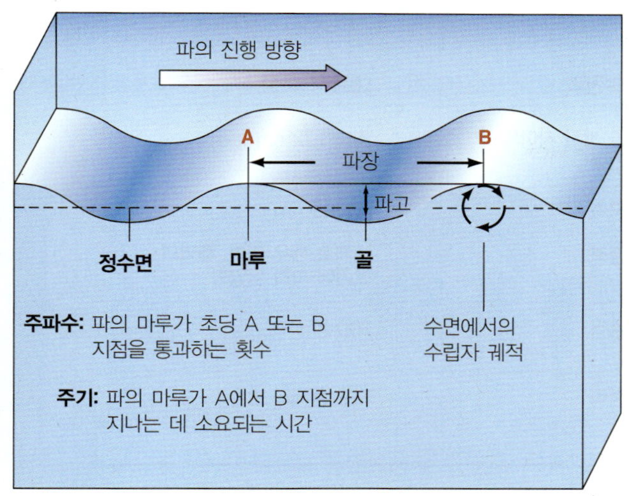

그림 10.2 진행파의 구조.

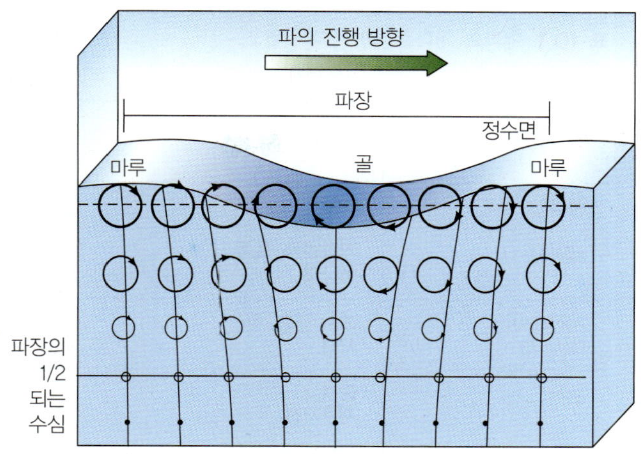

그림 10.3 파랑 내에서의 수립자의 운동 궤적. 수립자의 운동은 대략 파장의 반 정도까지이다.

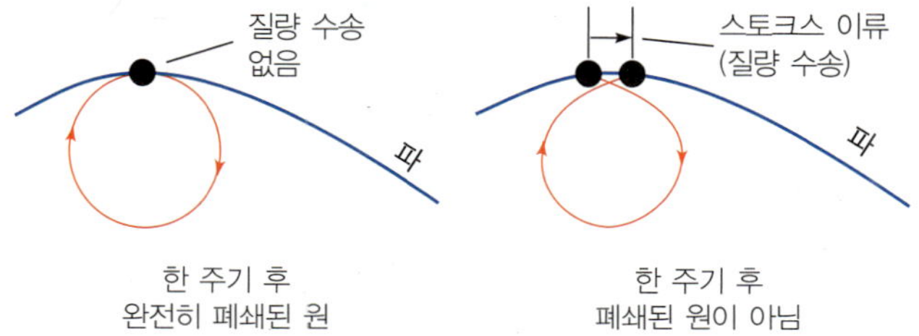

그림 10.4 파의 진행 방향으로의 약간의 질량 이동인 스토크스 이류는 9장에서 언급된 바람에 의한 표층해류의 일부 원인이 된다. 궤도 운동하는 수립자를 그림 10.1과 10.3에서는 왼쪽 그림과 같이 표시했지만 실제로는 완전히 닫힌 원이 되지는 않고 약간 앞으로 이동한다(오른쪽 그림이 과장되어 있음을 유의할 것).

기도 한다. 대규모의 진행파들 중에는 그 규모가 매우 커서 우리에게 파랑이 아닌 것처럼 보이는 것이 있다. 항구나 내만의 해수 범람, 해일 또는 주기적인 조석파 역시 파랑의 일종이다.

해파의 각 부분을 살펴보자. 정수면 위로 가장 높은 곳을 **파의 마루(파정**, wave crest)라 하며, 마루와 마루 사이에서 정수면 아래로 가장 낮은 곳을 **파곡(파의 골**, wave trough)이라고 한다. **파고**(wave height)는 파곡에서 마루까지의 연직 거리를 말하는 것이며, 잇달은 두 개의 마루(또는 파곡) 사이의 수평 거리를 **파장**(wavelength)이라 한다. **그림 10.2**에 이들 사이의 관계가 제시되어 있다. 한 파장이 지나는 데 걸리는 시간을 **파의 주기**(wave period), 한 지점에서 1초 동안 지나는 파의 개수를 **주파수**(wave frequency)라 한다.

파에 의한 표면 물입자의 원운동은 **그림 10.3**에서 보는 것과 같이 수면 아래로 계속되며 원운동의 지름은 아래로 내려갈수록 급격히 줄어든다. 실제로 수심이 깊은 곳에서는 대체로 파장의 반 이상 더 내려가면 물립자의 운동은 거의 무시할 정도가 된다. 즉 표면에 30 m 파장의 파가 지나가더라도 수심 20 m에 있는 잠수부는 파도를 전혀 느끼지 못하며 15 m에서도 거의 느끼지 못한다는 뜻이며, 해파의 대부분은 그 파장이 그리 길지는 않기 때문에 파랑에 의한 바다의 교란은 표면 근처에 한정될 뿐이다. 파랑에 의한 물입자의 원운동은 톱니바퀴가 물려 있는 형태의 원운동이 아니며 같은 위상 같은 방향의 원운동이다.

그림 10.3에서 보면 파정의 물입자의 운동 방향은 파의 진행 방향과 같으나 파곡의 물입자는 반대 방향으로 움직인다. 물입자의 운동 속도가 깊이에 따라 감소한다면 원 궤적의 상반부의 물입자는 하반부의 되돌아오는 물입자보다 빠른 속도로 파의 방향으로 움직이게 되는데 이 결과 파의 진행 방향으로 약간의 물이 이동하게 된다(**그림 10.4**). 이 흐름을 **스토크스 이류**(Stokes drift)라고 하는데 9장에서 언급된 표층해류의 중요한 원동력이 된다.

개념점검

1. 앞에서 어떤 면에서는 해파가 일종의 환영이라고 했다. 해파에서 실제로 이동하는 것은 무엇인가?
2. 해파를 종이에 그리고 파의 각 부분에 이름을 붙여 보라. 주기란 무엇인가?

표 10.1 해파의 기파력, 파장, 복원력

파의 종류	기파력	복원력	대표적 파장
표면장력파	대부분 바람	물 분자 사이의 인력	최대 1.72 cm
풍파	바람	중력	60~150 m
세이시	기압변동, 폭풍, 쓰나미	중력	대체로 매우 길며, 해역의 크기에 따라 다양함
지진해파 (쓰나미)	해저 단층, 화산, 사태	중력	200 km
조석	중력, 지구자전	중력	지구 둘레의 반

10.2 물리적 특성에 따른 해파의 분류

해파는 우선 파랑을 일으키는 힘인 기파력에 따라 분류할 수 있고 변위된 해수면을 제자리로 돌리려는 힘, 즉 복원력에 따른 분류를 하기도 하며 파장에 따른 분류를 하기도 한다. 그러나 파고는 수심, 파랑 상호 간의 간섭, 그리고 다른 여러 가지 요소에 따라 변화가 심하기 때문에 일반적으로 파고에 따른 분류는 하지 않는다.

기파력이 해파를 일으킨다 파랑을 일으키는 힘을 **기파력**(disturbing force)이라 한다. 바다 위를 부는 바람은 표면장력파(capillary wave)와 풍파(wind wave)의 기파력이 된다. 폭풍해일이나 지진파 또는 급격한 대기압의 변동 등은 세이시(seiche)라 불리는 항만이나 내만의 공진파동의 기파력이 되기도 하며 해저에서의 지진에 의한 사태, 화산분출, 단층 등은 쓰나미(tsunami)라 불리는 지진해파의 기파력이 된다. 조석을 일으키는 기파력을 기조력이라 하며, 지구와 달 그리고 태양 사이의 중력의 크기와 방향의 변동이 지구의 자전과 어우러져 기조력이 된다. **표 10.1**에 여러 해파의 특성이 요약되어 있다.

자유파와 강제파 발생된 파랑이 아무런 외력의 영향을 받지 않고 해면 위를 전파되는 경우를 **자유파**(free wave)라 하는데, 풍파가 발생된 해역을 벗어나 전파되거나 폭풍에 의해 발생된 파랑이 폭풍이 그친 후 바람이 없는 상태에서 바다 위를 전파되는 경우가 여기에 해당된다. 해저 사태나 지진 등에 의한 쓰나미—다음 장에서 다시 언급됨—가 지진이나 해저 사태가 그친 후 계속 전파되는 상태 역시 이에 해당된다.

이와 반대로 기파력이 계속되는 상태의 파도를 **강제파**(forced wave)라 하는데 태양과 달의 인력에 의해 유지되는 조석파가 그 예이다.

해파는 복원력으로 지속된다 파랑이 형성된 후 변위된 해면을 다시 정수면으로 되돌리는 힘을 **복원력**(restoring force)이라 한다. 만약 복원력이 변위된 해면을 아주 신속히 그리고 확실하게 원래의 정수면 상태로 되돌린다면 바다는 금방 잠잠해지고 해면을 변위시킨 에너지는 열에너지로 변환될 것이지만, 이 문제는 그리 간단한 것은 아니다. 복원력이 해면을 복원시킬 때—마치 스프링에 매단 추가 원래의 정지 위치를 지나 상하로 진동하는 것과 같이—에는 원래 상태의 해면을 지나 과도하게 복원시키게 되어 진동을 계속하게 된다.

파장이 1.73 cm 미만의 아주 작은 파의 복원력은 수소결합(그림 6.2 참조)에 의해 물 분자가 서로 다른 분자들과 결합하려는 응집력이다. 이 표면장력은 찻잔의 물이 찻잔 높이보다 더 올라갈 수 있도록 잡아 주는 힘과도 같은 것이며 파장이 매우 짧은 파의 마루와 골이 다시 평평해지도록 한다.

파장 1.73 cm 이상의 모든 파의 복원력은 중력이다. 상하 운동하는 스프링과 같이 중력이 솟아오른 파정을 아래로 끌어당기고, 이 과정에서 물의 관성으로 해면이 정수면을 지나치게 되어 파곡을 만들게 된다.

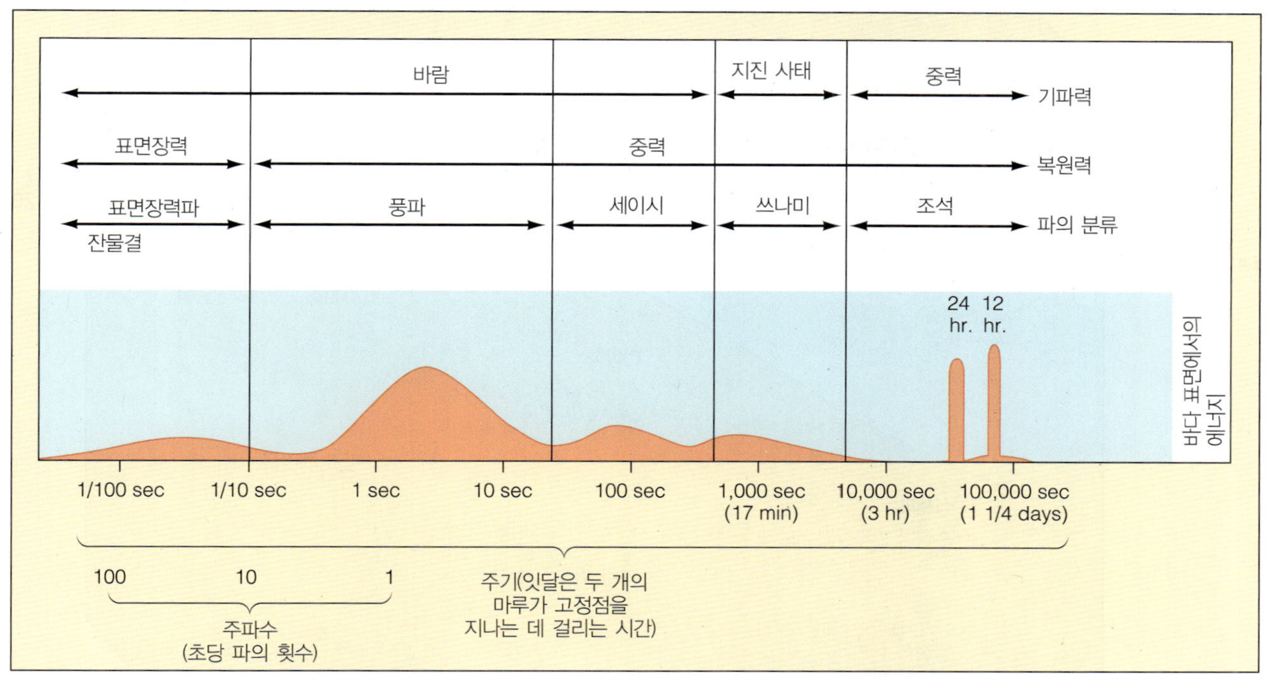

그림 10.5 주기별로 본 해파의 에너지 분포. 대부분의 에너지는 풍파 범위에 집중되어 있다. 바다에서 그리 자주 발생하는 것은 아니지만 쓰나미는 아주 짧은 시간 동안에 많은 에너지를 집중적으로 전파시킬 수 있다. 조석도 파로 취급되며 주기 12시간과 24시간에 에너지가 집중되어 있다.

이러한 운동의 반복성으로 파랑 속의 물 분자는 원궤도 운동을 하게 되는데 이러한 파들을 **중력파**(gravity wave)라 부른다. 중력파 속의 물 분자의 원운동은 마찰을 거의 받지 않아 먼 곳의 해변에서 깨어질 때까지 해면을 따라 수천 km 이상을 전파하기도 한다.

파장이 파의 크기를 재는 척도로 유용하게 쓰인다 파장은 파의 크기를 재는 중요한 척도이다. 표 10.1에 표면장력파, 풍파, 세이시, 지진파, 그리고 조석파 등에 대해 기파력과 파장별로 분류하여 정리하였으며 **그림 10.5**에는 여러 가지 형태의 표면파의 기파력, 복원력, 주기 등에 따른 상대적 에너지 분포가 정리되어 있다. 풍파에 가장 많은 에너지가 집중되어 있다는 점을 주목하기 바란다.

개념점검

3. 해파를 기파력과 파장에 따라 정리해 보라.
4. 자유파와 강제파는 어떻게 다른가?
5. 복원력이란 무엇인가?

10.3 수심과 해파의 전파

해파 특성의 대부분은 수심과 파장의 관계에 따라 결정된다. 파랑에서 물입자 운동의 궤적의 크기는 파장에 따라 결정되며 그 형태는 수심에 따라 변한다. 심해파에서는 물입자의 유적선이 원이다. 파장의 반 이하 되는 곳에서의 물입자의 원운동은 너무 작아 거의 에너지가 포함되지 않으며, 따라서 수심이 파장의 반 이상 되는 곳을 지나는 파는 거의 바닥을 느끼지 못한다. 파장의 반 이상 되는 수심에서의 파를 **심해파**(deep-water wave)라고 한다. 예를 들면 파장 20 m인 풍파는 수심이 10 m를 넘으면 심해파의 형태가 된다(**그림 10.6**). 풍파가 해안으로 전파되어 오면 사정이 달라진다. 천해로 전파되어 오는 파에서의 물입자의 궤적은 바닥의 영향으로 원에서 점점 납작해진다. 바닥 바로 위의 물은 원운동을 하지 못하고 전후 운동만 하게 된다. 수심이 파장의 1/20보다 얕은 곳에서의 파랑을 **천해파**(shallow-water wave)라고 한다. 파장 20 m인 풍파가 수심 1 m 이내의 곳에서는 천해파의 형태가 된다.

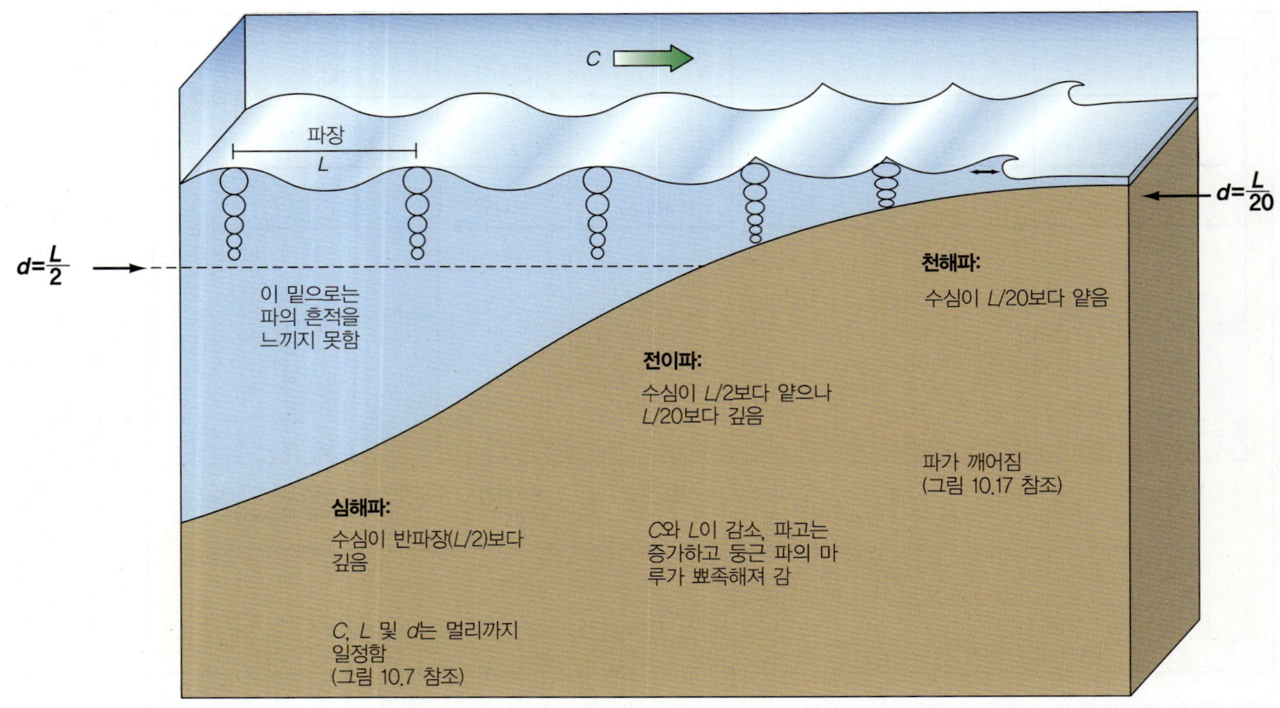

그림 10.6 파장 대 수심의 비에 따른 진행파의 분류. 수평 연직 축척이 같지 않다.

수심이 파장의 1/20과 반 사이인 곳에서의 파랑을 **전이파**(transitional wave)라고 한다. 앞에서 예를 든 파장 20 m인 풍파의 경우 수심 10~1 m 되는 지역에서는 전이파인 셈이다. 그림 10.6에 전이파의 물입자의 궤적이 제시되어 있다.

표 10.1에 제시된 다섯 가지 유형의 파랑 중에서 표면장력파와 풍파만이 심해파이다. 바다의 대부분의 수심은 일반적인 풍파의 파장의 반인 125 m를 넘는다. 그 외의 다른 장파들의 파장은 매우 길다. 지진파의 경우는 대체로 100 km를 넘으나 바다의 어느 곳도 수심이 50 km를 넘는 곳은 없다. 따라서 지진파나 그보다 파장이 더 긴 조석파는 언제나 천해파이며 아주 가끔 전이파가 될 경우가 있을 뿐이다. 이들 파의 물입자의 궤적은 아주 평평하여 거의 수평 운동인 것처럼 보인다.

일반적으로 파장이 길수록 파랑 에너지의 전달 속도도 빨라진다. 파의 속도는

$$C=\frac{L}{T}$$

로 표시되는데 여기서 C는 속도를, L은 파장을, 그리고 T는 시간으로 초 단위로 표시한 주기를 뜻한다.

모든 해파의 속도는 중력, 파장, 수심에 의해 결정된다. 심해파의 경우

$$C=\sqrt{\frac{gL}{2\pi}}$$

로 표시되는데 여기서 g는 중력가속도로 9.8 m/sec^{2}이다. g와 π는 모두 상수이므로

$$C=1.251\sqrt{L}C=1.25$$

로 쓸 수 있다. C와 L은 각각 m와 m/sec 단위로 표시된다. 두 경우 모두 파장의 제곱근에 비례한다는 점을 기억해 두자.

그림 10.7에 심해파의 파장과 속도 그리고 주기 사이의 관계를 나타내었다. 붉은 선으로 표시된 파장 233 m, 주기 12초의 파의 속도는

$$C=\frac{L}{T}=\frac{233\,\text{m}}{12\,\text{s}}=19.4\,\text{m/s}$$

로 표시된다.

바다에서 파장을 재기는 매우 힘들지만 주기는 측

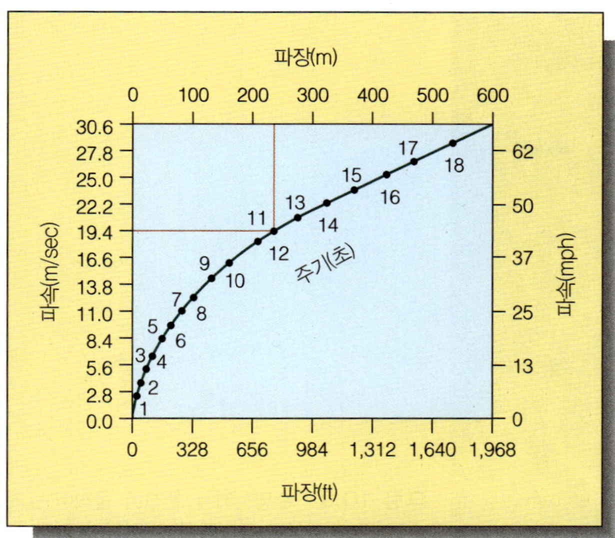

그림 10.7 심해파의 파속–파장–주기 사이의 관계. 파속은 파장 나누기 주기이다. 파랑 제원 중 하나만 측정이 되면 다른 두 요소는 계산할 수 있다. 가장 쉽게 측정할 수 있는 것은 주기인데 그림에서 빨간 선은 주기 12초인 파는 233 m의 파장을 가지며 파속은 19.4 m/sec임을 보여 준다.

정하기가 쉽다. 예를 들면 관측자가 뱃전을 지나는 파의 통과 시간을 측정하여 주기 T가 결정되면 속도 C는 다음과 같이 결정할 수 있다.

$$C\,(\mathrm{m/s}) = \frac{gT}{2\pi} = \frac{9.8\,\mathrm{m/s^2} \times T\,(\mathrm{s})}{2 \times 3.14} = 1.56\,T$$

여기서 g는 중력가속도이다.

천해파의 경우는

$$C = \sqrt{gd} \quad \text{또는} \quad C = 3.1\sqrt{d}$$

로 표시되는데 여기서 C는 m/sec 단위로 표시된 속도, g는 중력가속도(평균 9.8 m/sec^2), 그리고 d는 m 단위의 수심을 뜻한다. 수심이 변해도 파의 주기는 변하지 않는다. 심해파가 천해로 진입하게 되어 바닥을 느끼게 되면 속도가 느려지고 파정은 구겨지며 파장은 짧아진다.

심해파와 천해파를 비교하는 것은 마치 사과와 오렌지를 비교하는 것과 같다. 다음에 예를 든 두 종류의 매우 다른 파들의 파장과 파속의 관계–파장이 길수록 파속이 빨라짐–를 주의해 보라.

풍파(심해파)

- 주기 약 20초
- 파장 약 600 m(극한적인 경우임)
- 파속 112 km/hr(극한적인 경우임)

지진해파(천해파)

- 주기 20분
- 파장 200 km(전형적인 경우임)
- 파속 760 km/hr.

지진해파에서 놀랄 만한 속도 760 km/hr로 전파하는 것은 물의 질량이 아니라 에너지임을 주의하라.

개념점검

6. 심해파는 어떻게 정의하는가? 어디에서도 심해파가 될 수 없는 해파가 있는가?
7. 심해파에서 파속, 파장, 주기 사이의 관계는 어떻게 되는가? 천해파에서는 어떻게 되는가?

10.4 바람이 해파를 일으킨다

풍파(wind wave)란 바람 에너지가 바다에 전달되어 생긴 중력파의 일종이다. 외해에서의 대부분의 풍파의 파고는 3 m를 넘지 않으며 파장은 60~150 m이다.

풍파는 **표면장력파**(capillary wave)로부터 자라기 시작한다(**그림 10.8**). 바람의 마찰로 당겨 늘어진 해수면이 표면장력으로 인해 다시 원위치로 되돌아가면서 발생한다. 바람의 에너지가 바다로 전파되어 해류를 발생시키는 과정에서 이 잔물결이 중요한 역할을 하기도 하지만 이 잔물결에 의해 해면으로 전달되는 에너지가 그리 많지는 않아 해파 발생의 전 과정에서는 그리 큰 역할을 하는 것은 아니다.

표면장력파는 모든 바다에 늘 존재한다. 표면장력파의 휜 해수면은 바람의 방향을 위로 틀며 풍속을 늦추게 되고 바람의 에너지를 해수면으로 전파시켜 표면장력파의 파정을 앞으로 전진시킨다(**그림 10.9a**). 바람은 표면장력파의 작은 파정 아래에 와류를 만들며 약한 진공 상태를 형성하게 된다. 더욱 많은 에너지가 해수면으로 전달되며 대기압이 뒤의 파정을 앞 그리고 아래로 밀게 된다. 에너지의 전파가 점점 커짐에 따라 파의

그림 10.8 수영장에서 천천히 움직이는 손 전방에 형성된 표면장력파. 각각의 파장은 2 cm보다 작다.

진행 방향의 물입자 운동의 원궤적이 점점 커지고 파의 크기도 커진다. 표면장력파의 파장이 1.73 cm보다 커지면 복원력에서의 중력의 비중이 표면장력을 능가하게 되어 표면장력파는 풍파로 전환된다.

만약 수심이 파장의 반보다 깊은 곳에서 계속 바람이 분다면 풍파는 계속 커질 것이다. 파정은 빠른 바람 속으로 더욱 솟아오를 것이며 더욱 많은 에너지가 바다로 전달될 것이다. 에너지가 계속 해수면으로 전달되어 파도가 더욱 커짐에 따라 파랑 속의 물입자 운동의 원궤적은 더욱 커질 것이며 이에 따라 파고 파장 주기 모두 커질 것이다. 바람이 불고 있는 해역에서는 갖가지의 파장, 파고, 주기의 파들이 동시에 존재하여 파정이 불규칙한 파도를 형성하며 파는 계속 자라게 되는데 이 상태를 **풍랑**(sea)이라고 한다. 바람이 약하게 되거나 그치면 파정은 둥글게 그리고 규칙적인 형태로 되어 간다. **그림 10.9b**은 이 과정을 나타낸 것이다.

바람에 의해 해파가 만들어지는 동안 **파랑경사**(wave steepness)라 불리는 파고 대 파장의 비는 1:7을 넘지 못한다(**그림 10.9c**). 파장 7 m인 파의 파고는 1 m를 넘지 못하며, 파장 70 m인 파는 파고가 10 m를 넘지 못한다. 파의 마루가 이루는 각도는 120°보다 넓어야 하며 이보다 작아지면 경사가 급해져서 부서지게 된다. 뾰족한 형태의 마루는 계속 바람 에너지가 들어가고 있는 상태임을 뜻한다. 파랑경사가 1:7을 넘는 단계에 이르면 파는 깨어지고 여분의 에너지는 난류를 만들며 흩어진다. 백파(white cap)를 보이는 큰 파도는 다 자란 풍랑에 이른 것이다.

큰 너울이 작은 너울보다 빠르다 파장이 길수록 파속이 빠르기 때문에 파장이 긴 파랑들일수록 발생 해역을 빨리 떠나게 되며 파장이 짧은 파는 상대적으로 뒤에 처지게 된다. 발생지에서 발생한 풍랑은 스스로 비슷한 파속과 파장에 따라 분류되어 그룹화되어 가는데 이처럼 파가 분류되는 과정을 파의 **분산**(dispersion)이라고 한다. 이 과정에서 풍랑은 파정이 비교적 둥글고 규칙적인 형태로 변해 가는데 이를 **너울**(swell)이라고 한다(그림 9.7b, **그림 10.10**). 너울은 발생지에서 수천 km 떨어진 해안까지 전파되어 폭풍이 다가오고 있음을 예고하기도 한다.

발생지에서 멀리 떨어진 관측자는 긴 파장으로 빨리 움직이는 파랑을 처음 만나게 되며 다음으로 중간 규모 그리고 마지막으로 파속이 느린 작은 파랑들을 보게 된다. 깊은 곳에서의 파랑에 의한 물입자 운동은 마찰이 거의 작용하지 않기 때문에 파랑이 해안에 도달하여 깨어질 때까지 전파하게 되는데, 파랑이 깨어질 때 바람으로부터 받은 에너지를 소리나 열로 내놓게 된다.

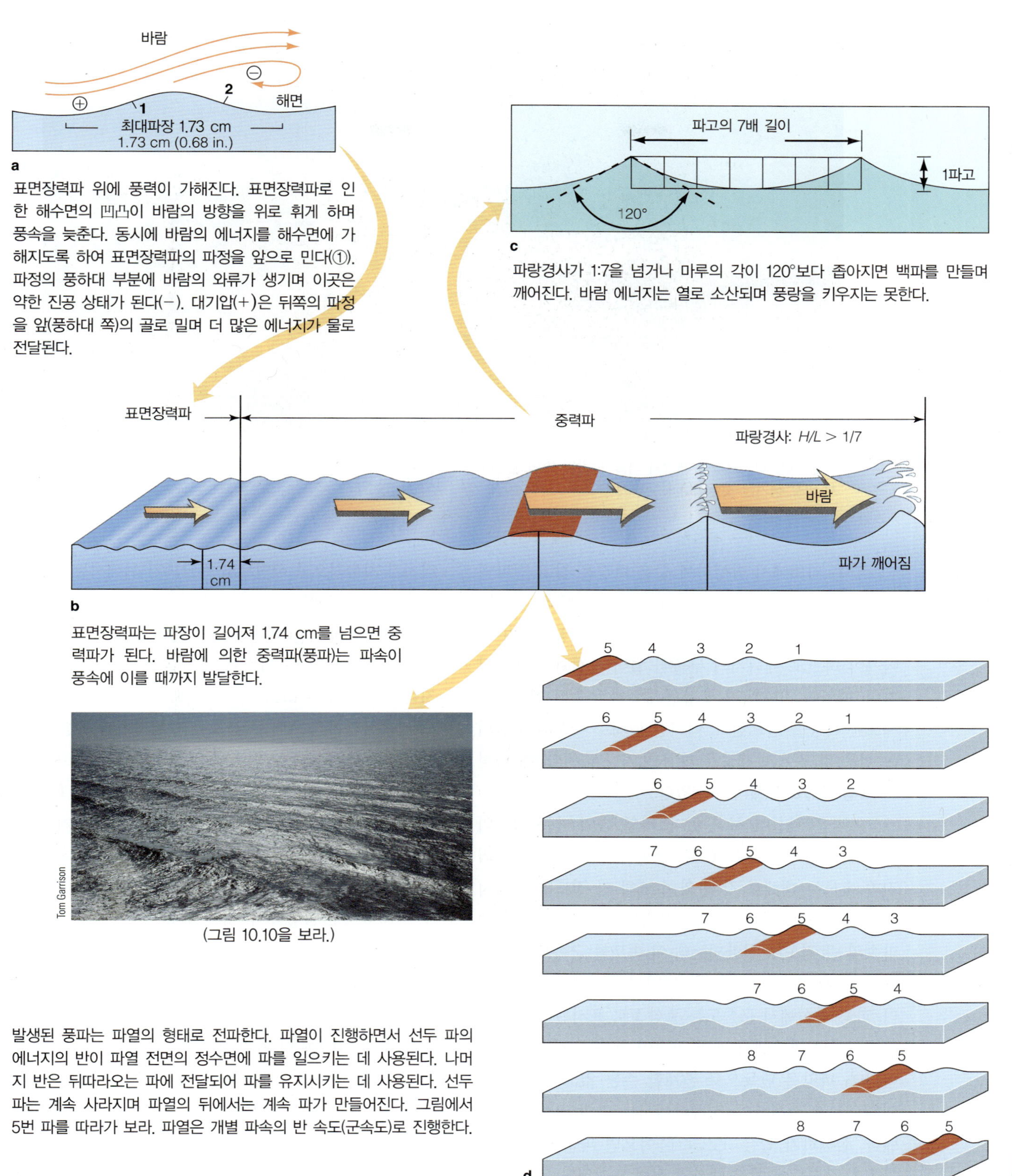

그림 10.9 풍파의 발달과 전파.

Tom Garrison

그림 10.10 오리건 해안의 너울—풍랑이 파의 분산에 의해 잘 분급되어 있다. 너울 위에 겹쳐진 조그마한 파들은 현장에서 바로 생겨난 것들이다.

같은 지역에서 발생하여 같은 파장을 갖고 전파되는 너울의 그룹을 **파열**(wave train)이라 한다. 파열에서 제일 앞선 파는 조용한 해면에 파동을 일으키며 나아가야 하므로 에너지의 누출이 일어나 점차 소멸되어 가며, 파열이 지나간 후에 유동해수에 누출된 에너지가 새로운 파동을 일으킨다. 이러한 형태로 파열의 소멸되는 선두 파 뒤에서 새로운 파가 생겨나게 된다. 이 과정이 **그림 10.9d**에 제시되어 있다.

놀라운 사실이 하나 있다. 파열 속의 파는 각각의 파장에 해당하는 속도(*C*)로 전파하지만 파열 전체의 전파 속도는 대체로 각 파의 속도의 반 정도밖에 되지 않는다. 파군(wave group)의 속도는 그룹 내의 개개 파속의 반 정도로 전파되는데 이 속도를 **군속도**(group velocity)라고 한다. 실제로 에너지가 전파되는 속도이다. 파랑 공식에서 군속도는 통상 ***V***로 표시된다.

실제로 바다에서 개별 파속이 계속 유지되는 것은 아니다. 파랑은 단독으로 존재할 수는 없고 그룹 내의 일원으로만 존재한다. 심해파에서는 파의 분산이 일어난다. 심해파가 얕은 곳으로 들어오면 파군 안의 개별 파속은 군속도에 이를 때까지 점점 느려진다.

해파의 발달 과정에는 여러 요소들이 작용한다 풍파의 성장에는 고려되어야 할 세 가지 요인이 있다. 바람의 에너지가 지속적으로 해면으로 전달되기 위해서는 파정의 이동 속도보다 평균 풍속이 더 빨라야 한다. 즉 **바람의 세기**(wind strength)가 풍랑의 발달에 매우 중요한 요소가 된다. 다음으로 바람이 계속 부는 시간, 즉 **바람의 지속시간**(wind duration)이 중요하다. 강한 바람이라도 지속시간이 짧으면 큰 풍랑을 발생시키지 못한다. 세 번째로 중요한 요소는 바람이 방향을 바꾸지 않고 중단 없이 부는 영역, 즉 **풍역대**(fetch)이다(**그림 10.11**).

강한 바람에 의해 풍랑이 완전히 다 발달하기 위해서는 거의 3일을 같은 방향으로 계속 불어야 한다. 이처럼 일정 풍속과 지속시간 그리고 풍역대에서 이론적으로 최대한으로 발달할 수 있는 최대 풍랑을 **다 자란 풍랑**(fully developed sea)이라고 한다. 다 자란 풍랑 상태에서 계속 더 바람이 분다고 해도 풍랑은 파정이 깨어져 백파를 만들며 에너지를 잃게 되어 풍랑은 더 자라지 않는다. **표 10.2**에 다 자란 풍랑이 되기 위한 풍속, 지속시간, 그리고 풍역대에 대한 예를 제시하였다. 다 자란 풍랑이라도 풍속이 작다면 만들어진 파의 크기는 작다. 그러나 만약 시속 74 km의 풍속으로 1,313 km/hr의 풍역대에 42시간 동안 바람이 불었다면—태평양에서도 약간은 비현실적이기는 하지만—평균 파고 8.5 m의 풍랑을 예상할 수 있으며 상위 10%의 파고는 아마 17.2 m에 달할 것이다.

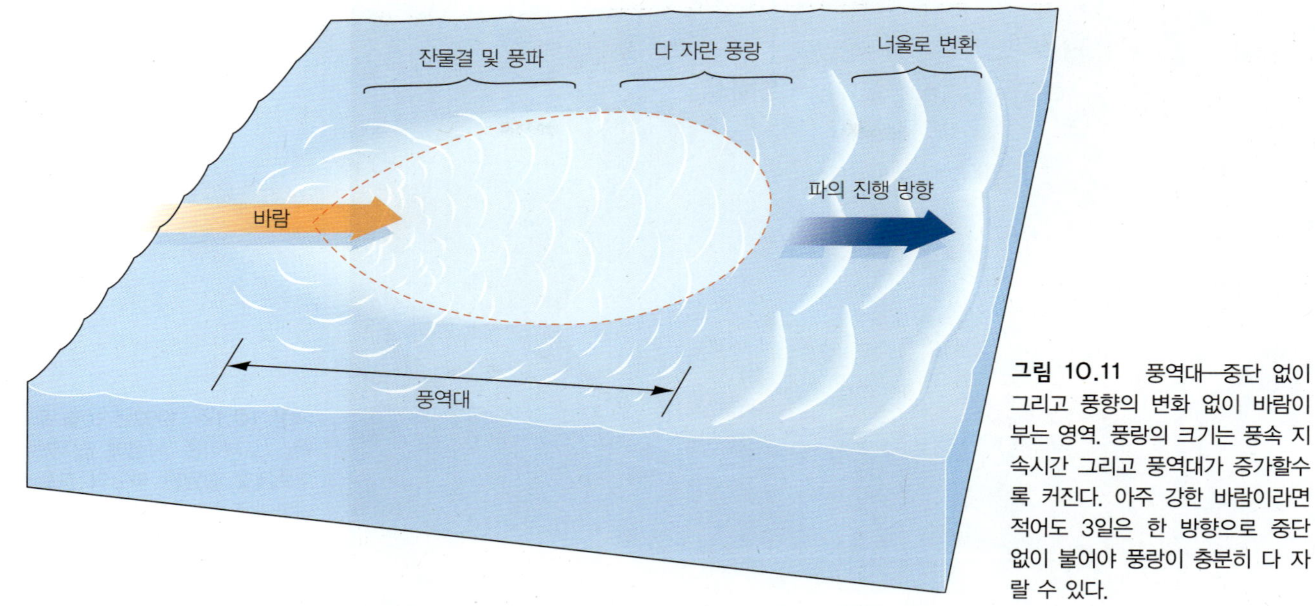

그림 10.11 풍역대—중단 없이 그리고 풍향의 변화 없이 바람이 부는 영역. 풍랑의 크기는 풍속 지속시간 그리고 풍역대가 증가할수록 커진다. 아주 강한 바람이라면 적어도 3일은 한 방향으로 중단 없이 불어야 풍랑이 충분히 다 자랄 수 있다.

표 10.2 주어진 풍속 조건하에서 다 자란 풍랑이 되기 위한 조건 및 발생된 파랑 제원

바람 조건			파의 크기		
풍속	풍역대	지속시간	평균 파고	평균 파장	평균 주기
19 km/hr	19 km	2 hr	0.27 m	8.5 m	3.0 sec
37 km/hr	139 km	10 hr	1.5 mi	33.8 m	5.7 sec
56 km/hr	518 km	23 hr	4.1 m	76.5 m	8.6 sec
74 km/hr	1,313 km	42 hr	8.5 m	136 m	11.4 sec
92 km/hr	2,627 km	69 hr	14.8 m	212.2 m	14.3 sec

출처: Data from U.S. Army Corps of Engineers Coastal Research Center, Richmond, Virginia.

최대의 풍랑을 일으킬 수 있는 조건들은 실제에 있어서는 그리 자주 일어나지는 않는다. 표 10.2의 맨 아랫줄에 나와 있는 69시간 동안 2,627 km의 풍역대에서 한 방향으로만 시속 92 km의 풍속으로 부는 바람도 사실은 현실성 없는 예이기는 하다.

큰 풍랑이 일어날 가능성이 가장 큰 해역은 남극순환류(Antarctic Circumpolar Current)를 일으키는 강한 바람이 끊임없이 부는 남극해역이다. 19세기 초엽 프랑스 남극해 탐험선 뒤르빌(Jules Dumont d'Urville)이 남극해에서 파고 30 m가 넘는 파군을 만났으며, 1916년 섀클턴(Ernest Shackleton) 경의 탐험대가 남극해의 외딴섬 사우스조지아 섬에서 조그만 보트에서 그와 비슷한 크기의 파도와 싸워야 했었다. **그림 10.12**의 위성사진에서 보는 바와 같이 이 해역에서는 파고 11 m의 파랑이 자주 나타난다.

강한 바람이 부는 해역에서는 충분히 발달된 풍랑

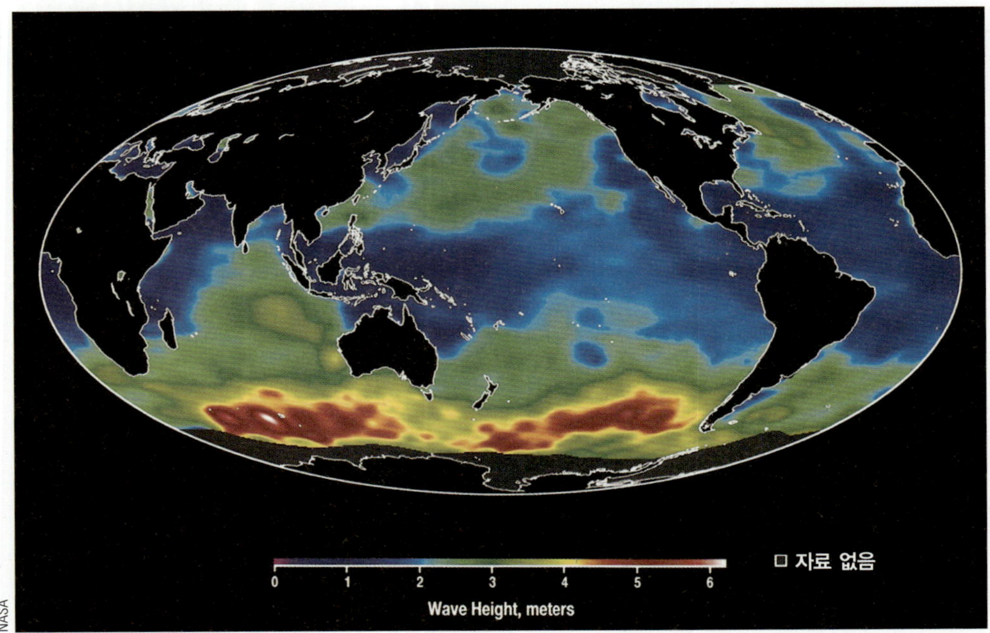

그림 10.12 1992년 10월 토펙스/포세이돈 위성에 탑재된 고도계로 촬영된 파고의 분포. 남극해에 6 m 이상의 큰 파도가 존재하며 가장 잔잔한 해역은 비교적 바람이 약한 열대 및 아열대 해역이다.

그림 10.13 1980년 남아프리카 더반 외해에서 거대한 풍파가 유조선 랑그도트호(ESSO Languedoc)의 우현을 때리고 있다. 파고는 5~10 m 정도였다.

이 아니더라도 주의해야 할 경우가 있다. 열대성 태풍의 경우 강한 바람은 있으나 충분한 풍역대는 형성하지 못하게 되며 따라서 충분히 발달된 풍랑에 도달하지는 못하게 된다. 이러한 폭풍 속에서는 파랑을 관찰하는 갑판원들이 이론적 최대 파고와 관측 파고에 대해서 명확히 구분할 수는 없을 것이며 실제로 **그림 10.13**에서 보는 바와 같이 풍랑은 충분히 발달된 상태가 아니더라도 어마어마한 경우가 많다.

풍파는 어마어마한 크기로 자랄 수 있다 풍파는 얼마나 커질 수 있을까? 직접적인 관측으로 기록된 최대 파고는 1933년 2월 7일 밤 미 해군 유조선 라마포호(USS: Ramapo)의 중위 마그라프(Frederick Marggraff)가 관측한 것이다. 라마포호는 저기압 3개가 합쳐져 일어난 폭풍우가 격렬하게 휘몰아치는 가운데를 뚫고 마닐라에서 샌디에이고로 항해하고 있었다. 풍속 107 km/h의 바람이 여러 날 계속 불었고 가끔은 풍속 126 km/h의 돌풍이 갑판을 때렸다. 풍향이 한 방향을 계속 유지하며 발생한 괴물 같은 파도는 큰 유조선도 난쟁이처럼 보이게 했지만 선원들은 놀랍도록 양호한 상태를 유지하고 있었다.

라마포호의 선임 사관은 다음과 같이 기록했다. "풍랑을 관측하는 조건은 아주 이상적이었다. 우리는 바람을 바로 등지고 풍랑 속을 항해했었다. 우리 진로를 가로지르는 풍랑은 없었고 더 높은 다른 파의 마루도 없었다. 함정의 롤링은 거의 없었고 파장이 우리 함정보다 훨씬 길어 피칭이 많이 일어났다. 달이 고물 쪽

그림 10.14 미 해군 라마포호에서의 파랑 관측 상황도. 함교의 사관이 후미 쪽으로 마침 수평선까지 솟아오른 파의 마루와 마스트의 감시망루가 같은 높이에 있는 것을 보았다. 파고는 뒤에 배의 설계도와 당시의 상황을 고려하여 계산하였다.

에 있어 야간 관측이 매우 쉬웠으며, 하늘은 부분적으로 구름이 끼어 있었다." 새벽 3시경 마그라프 중위는 어렴풋한 달빛 속에서 어마어마한 파열을 보았다. 첫 번째 파의 골이 뱃전에 다다랐을 때 동시에 저 멀리의 파의 마루가 주 마스트의 감시망루와 같은 높이에 있는 것이 보였고 동시에 함정의 고물이 파의 골로 기울어졌었다. 다음 두 개의 파도 비슷한 크기였다. 그 엄청난 파도는 그 상황을 증언하는 그들 모두에게는 지워지지 않는 인상을 남기지 않았겠는가?

이 파도는 얼마나 될까? 여유를 찾았을 때 선임 사관이 계산을 해 보았다. **그림 10.14**는 그 엄청난 파도가 관측되었을 때의 배의 상황을 묘사한 그림이다. 파고는 배의 도면, 해면으로부터 관측자 높이, 배의 흘수선, 수평선에 대한 시각 등을 이용하여 계산했는데 신뢰할 만한 관측으로는 최고인 34 m가 되었다. 이는 지금까지도 기록이다.

개념점검

8. 해파는 어떻게 발생하는가? 풍역대란 무엇인가?
9. 파장과 파속의 관계는?
10. 다 자란 풍랑이란 무엇인가?
11. 파의 그룹에서 개별 파의 속도와 군속도는 어떻게 다른가?

10.5 간섭으로 매우 큰 파가 만들어진다

실제 상황에서의 풍파는 위에서 언급한 것처럼 간단하지는 않다. 조용한 해면 위를 한 개의 파가 한 방향으로 일정한 속도로 지나가는 그런 경우는 일어나지 않는다.

대부분의 경우는 한 해역에 여러 형태의 파열이 동시에 존재한다. 파장이 긴 파랑은 짧은 파랑보다 전파속도가 빠르기 때문에 여러 다른 바람장으로부터 만들어진 각 파랑들은 다른 파랑들을 추월할 수도 있으며 이 과정에서 파랑 사이의 간섭이 일어난다. 하나의 파가 다른 파를 만나면 천천히 전진하여 진로를 양보하거나 피하지는 않으며 오히려 서로 겹쳐지거나 또는 상쇄되기도 하는데 이러한 상호작용을 **간섭**(interference)이라고 한다. **그림 10.15a**에서 적색으로 표시된 하나의 파와 이보다 파장이 약간 긴 청색의 파가 서로 만났을 때(**그림 10.15b**) 결과는 중첩(높은 마루와 깊은 골)과 상쇄(파의 형태가 거의 안 보임)의 연속으로 나타난다. 파랑이 거의 없어지는 상쇄 형태의 간섭을 **소멸간섭**(destructive interference)이라고 하는데 인명이나 재산상의 피해를 일으키지도 않으며 파랑 자체가 소멸된다. 반대로 중첩되어 마루는 높아지고 골은 더욱 낮아져 원래의 파보다 훨씬 큰 파를 형성하는 형태의 간섭을 **생성간섭**(constructive interference)이라고 한다(**그림 10.15c**).

해안에 큰 파의 그룹이 도달하여 한참 동안 파랑이 일다가 다시 다음 큰 파랑의 그룹이 들이닥칠 사이 잠시 동안은 잠잠해지는 현상을 본 적이 있을 것이다. 해안에서 파도타기를 하는 서퍼들은 해안으로 파도를 타고 들어온 다음 다시 큰 파도를 타기 위해 밖으로 헤엄

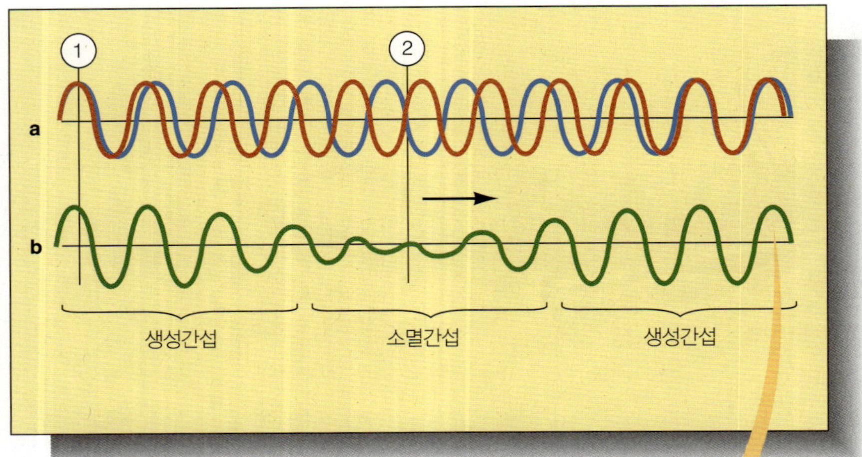

파장이 약간 다른 적색과 청색의 두 파가 겹친다. 청색 파의 파장이 약간 길다.

바다에서 두 파가 동시에 한 곳에 있게 되면 서로 간섭하여 합성파를 이룬다. (a)의 1 위치에서는 (b)에서 보는 바와 같이 생성간섭으로 높은 마루와 깊은 골을 만든다. 2 위치에서는 소멸간섭으로 파가 매우 작아진다.

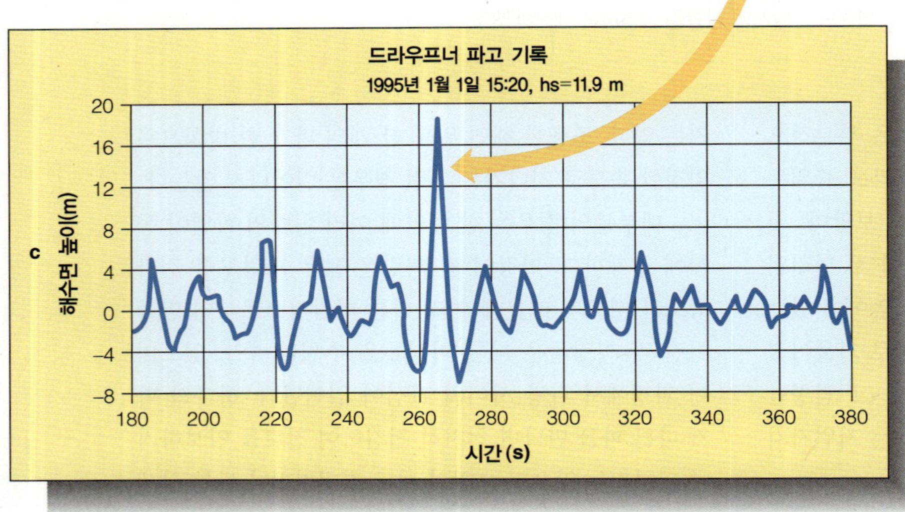

1995년 1월 1일 북해의 드라우프너(Draupner) 석유 채굴 플랫폼에서 관측된 파랑 기록. 파고 18.5 m의 기록은 생성간섭으로 생겨난 것이다. 앞뒤의 다른 파들보다 월등히 큰 이 파를 돌발 중첩파라 부른다.

그림 10.15 생성 및 소멸 간섭.

쳐 나갈 때 잠시 파도가 잠잠해지는 틈을 이용한다. 이는 소멸간섭과 생성간섭의 연속인 **기파박동**(surf beat)으로 설명할 수 있는데, 소멸간섭으로 잠잠해진 상태에서 바깥으로 쉽게 헤엄쳐 나가서는 생성간섭으로 만들어질 큰 파도를 기다리는 것이다. "아홉 파도 뒤에는 반드시 큰 파도가 온다."라는 바닷가에서 전해지는 이 말도 생성간섭과 소멸간섭의 연속으로 설명될 수 있다. 그러나 이는 전해지는 말처럼 정해진 횟수가 있는 것이라기보다는 파장이나 간섭이 변함에 따라 일곱, 다섯, 또는 열두 파도마다 큰 파도가 생길 수도 있다는 뜻이다. 바닷가에 전해져 오는 이야기처럼 횟수가 정해져 있는 것은 아니다.

외해에서의 간섭현상은 가끔 매우 좋지 않은 결과를 초래할 수도 있다. 큰 폭풍우 해역 내나 인근에서 만들어진 여러 파장과 여러 파고의 파랑이 여러 방향에서 한 곳으로 집중될 경우 별로 큰 파도가 없던 해면에서 갑자기 어마어마한 파도가 솟아올라 선박을 위협하게 된다. 이처럼 미친 듯이 돌출하는 파도를 **돌발중첩파**(rogue wave)라고 하는데 앞에서 언급된 다 자란 풍랑의 조건에서 이론적으로 생각할 수 있는 크기보다 훨씬 더 큰 파고가 일어날 수 있으며, 파랑을 계속 관측한다면 대체로 1,175개의 파도 중 하나는 평균파고의 약 3배 이상 그리고 300,000개의 파도 중 하나는 평균파고의 약 4배 이상의 파고를 갖는 파가 출현한다. **그림 10.16**은 비극적인 돌발중첩파에 의해 침몰하는 대형 선박을 묘사한 그림이다.

그림 10.16 대형 여객선이 망망대해에서 돌발중첩파를 만난 상황의 상상도. 고물이 파도 속에 잠겨 있다.

파랑을 거슬러 지나가는 해류와의 간섭도 돌발중첩파 형성에 있어서 파랑 간의 간섭과 유사한 효과를 나타낼 수 있다. 아프리카 남단 해역에는 부는 바람에 비해 비교적 큰 파도가 존재한다. 이 해역에는 해안 가까이에서 남반구 고위도 편서풍대에서 발생한 파랑의 방향과 반대 방향으로 강력한 서안 경계류인 아굴라스 해류가 흐르고 있다. 큰 파도가 시속 5 km 정도의 해류를 만나면 파고가 갑자기 2배 정도로 커졌다가 급격하게 깨어질 수 있으며, 스쳐 지나는 해류나 큰 와류가 파열을 굴절시켜 한 지점으로 모으는 확대경 역할을 하는 것을 수학모형으로도 확인할 수 있다. 한 곳으로 굴절되어 모인 파랑은 파곡도 깊으며 파의 전면 역시 급경사를 이루게 된다. 이러한 파랑을 만난 선원들은 '바다에 구멍이 뚫렸다' 는 표현을 쓰기도 하는데 이런 파랑에 대형 유조선이 두 동강 나는 경우도 있으며 인명 피해도 많다.

개념점검

12. 보통의 해안가에서 생성간섭이나 소멸간섭을 볼 수 있겠는가?

13. 돌발중첩파란 무엇인가? 돌발중첩파는 위험한가?

10.6 심해파가 연안으로 접근하면서 천해파로 변한다

심해에서 만들어진 풍파가 해안으로 전파되면서 수심이 파장의 반 이하인 해역을 지나게 되면 파의 변형이 일어나며 결국은 해안에서 깨어져 그 형태와 에너지를 잃고 사라진다. **그림 10.17**에 해안에서 파랑이 깨어지는 과정이 묘사되어 있다.

1. 파열이 해안으로 접근하면서 수심이 파장의 반 이하인 해역에 들어서면 파랑은 밑바닥을 느끼게 된다.
2. 파랑 속 물입자의 원운동이 방해를 받게 되며, 바닥의 물입자의 운동 궤적은 평평해져 타원형태가 된다. 파랑 에너지는 수심이 얕은 곳으로 모이고 파정은 더욱 뾰족해진다.
3. 선행하는 파의 속도는 느려지는 반면에 뒤의 파는 원래 속도로 진행하게 되어 결과적으로 파장이 짧아지나 주기는 변하지 않고 그대로이다.
4. 파고가 점점 높아져 파랑경사가 임계점인 1/7에 가까워져 간다.
5. 수심이 더욱 얕아지면 바닥의 저항으로 파의 속도는

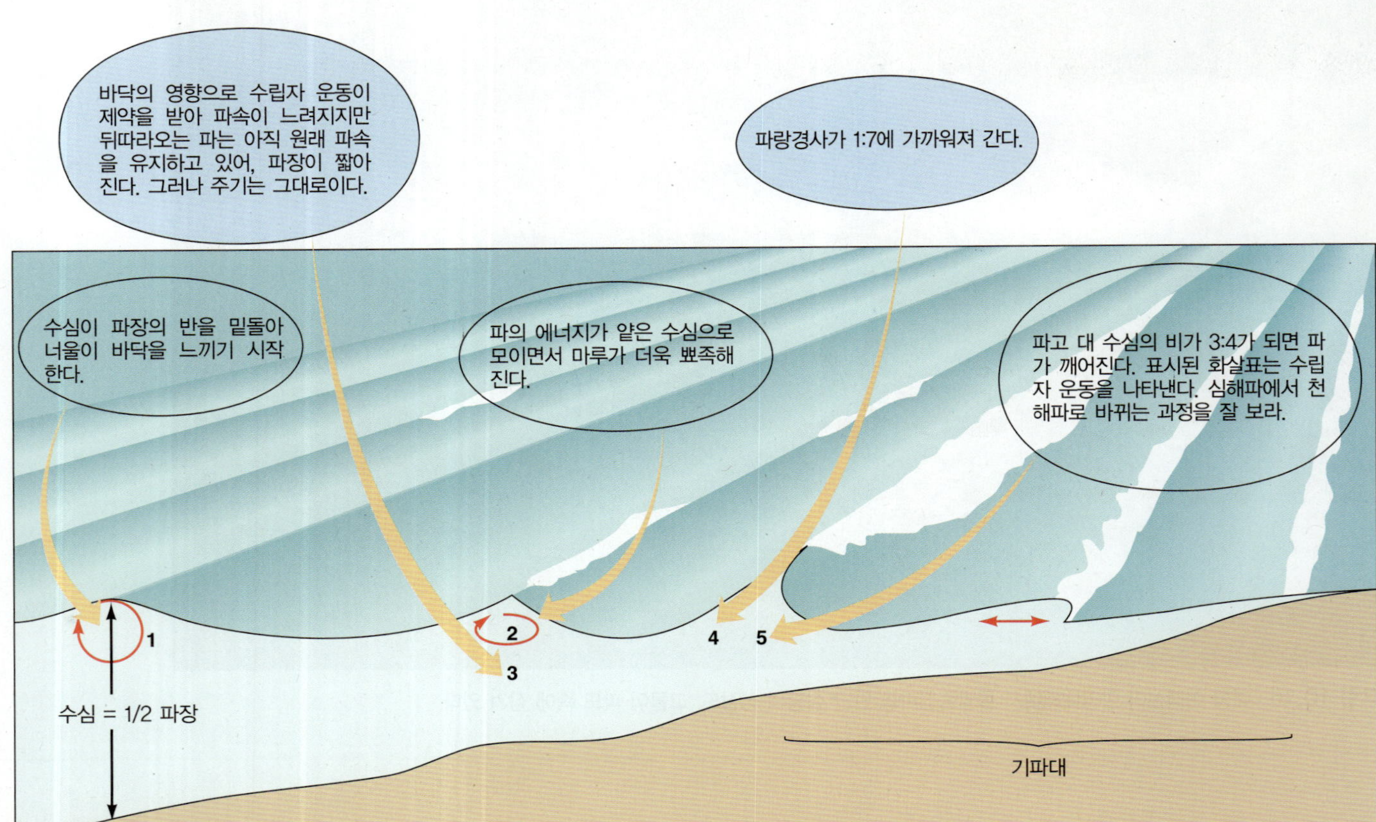

그림 10.17 해안에서의 쇄파 형태.

더욱 느려진다. 심해파에서는 파정의 물 분자의 움직임은 앞서 가는 물 분자에 겹쳐지고 이 과정에서 에너지를 앞으로 전파한다. 그러나 천해에서 파속에 비해 물 분자의 움직임이 더 빨라지면 이 과정이 불가능해진다. 파정의 속도가 파랑 전체 속도보다 빠르게 되어 파고:수심 비가 3:4가 되면 파는 깨어진다(즉 4 m 수심에서 파고 3 m의 파는 깨어진다). 파가 깨어진 후의 해수의 요동을 **기파**(surf)라 하며 파가 깨어지는 지점부터 해안까지를 **기파대**(surf zone)라고 한다.

해안의 바닥경사에 따라 파가 깨어지는 형태도 여러 가지로 변한다. 가장 급격한 형태는 해저경사가 급한 해안에 파랑이 진입할 때 발생하는데, 파정이 말려 물의 동굴을 이루며 바닥에까지 연결되는 형태로 **휘말림파**(plunging wave, **그림 10.18**)라 하는 경우이다.

파가 깨어지는 위치나 형태를 결정하는 것은 해저 경사만이 아니며, 해저 등수심선의 분포는 물론 바닥의 구성 형태도 중요한 역할을 한다. 완만한 해저 사주에서는 바닥 근처의 물입자의 타원 운동 에너지 감쇠가 서서히 일어나지만, 바닥이 자갈이나 불규칙한 산호초 더미로 덮여 있으면 파랑 에너지는 훨씬 더 빨리 감쇠될 것이다. 해초 더미나 떠다니는 해빙의 무리 역시 파랑 에너지를 감쇠시킨다. 그리고 드물기는 하지만 파도가 해안에 도착할 때 에너지를 거의 다 잃어버려 파가 깨어짐이 전혀 일어나지 않는 해안도 있다.

해안에 비스듬하게 접근하는 파는 굴절하게 된다 파정선(crest line)이 해안에 비스듬하게 접근하면 어떻게 될 것인가(**그림 10.19**)? 파정선 아래의 수심이 다 같지 않기 때문에 파정선이 동시에 깨어지는 일은 일어나지 않는다. 해안에 먼저 도착한 부분은 얕은 수심으로 속도가 느려지지만 깊은 쪽은 아직 원래 속도를 유지한 채 계속 해안으로 접근하게 되어 파정선이 휘어지게 된다.

Ron Dahlquist

그림 10.18 2003년 18세의 로스만(Makua Rothman)이 하와이 마우이 섬 북부 피아히에서 파고 20 m의 파도를 타고 내려오고 있다. 그해의 가장 큰 파도를 탄 상금으로 66,000달러를 받았다. 30 cm에 1,000달러인 셈이다.

파의 진행 방향
파정선
수심이 $L/2$보다 얕아지면 파는 바닥을 느끼기 시작한다.
등수심선
해안선

파의 굴절 개념도.

NASA

하와이 오아후 섬 마일리 곶 주변에서의 파의 굴절. 파가 곶 주변을 지나면서 어떻게 90°가까이 굴절하는지 주의해 보라.

그림 10.19 파의 굴절.

즉 파의 굴절이 일어난다. 이 휘어짐은 파열의 원래의 진행 방향에서 90도까지도 일어난다. 이처럼 얕은 수심으로 인한 부분적인 파속의 감소 그리고 그 결과 일어나는 파의 휘어짐을 **파의 굴절**(wave refraction)이라고 한다.[5] 굴절된 파는 마지막에는 대체로 해안선에 나란한 상태에서 깨어진다.

파의 굴절로 인해 좀 별스럽게 깨어질 수도 있다. 파장 600 m인 너울은 수심 300 m에서 바닥의 영향을 받으나 파장 200 m인 너울은 수심 100 m에서야 바닥을 감지하게 된다. 외각 대륙붕 평균 수심이 150 m 내외인 점을 감안하면서 이들 두 너울이 해안으로 접근한다고 가정해 보자. 파장이 긴 너울은 아마도 얕은 수심으로 인해 짧은 파장의 너울의 속도가 느려지기 훨씬 밖 60 km쯤에서부터 파속이 느려지기 시작할 것이다. 한 파정선이 휘어지는가 하면 뒤이은 다른 파정선은 원래 방향대로 전진하게 되며 복잡한 파의 간섭이 일어나게 된다. 그 결과 한 지점에서 파들이 동시에 깨어지는가 하면 정지하기도 하며 해안에서 수백 m 떨어진 또 따른 곳에서 깨어지기도 한다. 또 바다 표면은 파랑들의 연이은 소멸간섭과 생성간섭에 의해 마치 체크무늬와 같이 보이게 된다(**그림 10.20**).

[5] 6장 6.6절에 굴절의 개념이 제시되어 있다.

파의 진행이 차단되면 회절이 일어난다 파가 전파하는 과정에서 장애물을 만나면 **파의 회절**(wave diffraction)이 일어난다. 파의 전파 속도 변화에 따른 굴절과는 달리 회절은 파의 전파가 장애물에 의해 차단되는 지점에서 새로운 파가 출발하는 현상이다. 이 현상은 **그림 10.21**에서 보는 바와 같이 방파제 사이의 터진 곳에서

a

캘리포니아 라호야 해안의 기파대에 파의 간섭으로 형성된 체크무늬로 보이는 해수면.

b

교차하는 파열이 (a)에 보이는 무늬를 만든다.

그림 10.20

그림 10.21 캘리포니아 모로베이 방파제에 의해 형성되는 파의 회절.

그림 10.22 섬을 지나며 일어나는 파의 회절. 섬 뒤쪽 ❶에서 파가 사라진다. ❷에서 휘어진 파가 교차하며 마루와 골이 겹쳐 파가 약해지기도 한다. ❸에서 파는 다시 커져 해안을 때린다. 옛날의 폴리네시아 사람들은 파의 회절 무늬로 보이지는 않지만 수평선 너머에 섬이 있음을 추정했다.

잘 보인다. 파의 마루가 방파제 사이의 터진 곳의 물을 출렁이게 한다. 이곳으로 밀려오는 물이 원래보다는 조금 작은 파를 만들며 이 파는 항구 안쪽으로 방사형으로 전파된다. 회절로 만들어진 파는 원래 파보다는 매우 작지만 항 내에 매어 둔 보트들을 서로 부딪치게 할 정도는 된다.

그림 10.22에 보이는 것은 늘어선 섬들에 의해 파들의 진행이 막히는 좀 더 복잡한 형태의 회절이다. 섬들 사이로 파랑 에너지 일부가 빠져나오고, 이 틈새가 새로운 파의 진원지가 된다. 섬을 지나 퍼져 나온 파들은 간섭으로 파의 소멸지역과 강화지역을 형성하게 된다. 폴리네시아 어부들은 오래전부터 수련과정에서 회절에 의한 파의 교란을 감지하는 것을 배우는데 아주 숙달된 어부는 그들이 탄 카누의 미묘한 흔들림의 차이에서 수평선 너머에 있는 섬의 존재를 감지할 수도 있다.

파가 수직 벽을 만나면 반사된다 이 장에서 지금까지 언급된 것은 모두 해수 면의 교란이 표면을 따라 전파되는

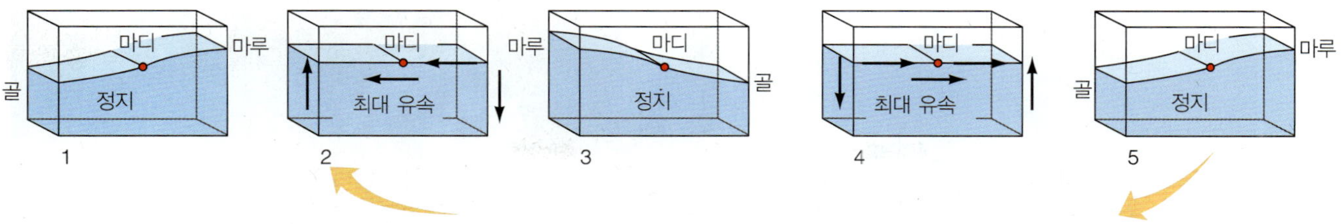

그림 10.23 정상파. 상하 운동이 없는 마디를 중심으로 진동한다. 마디에서 떨어진 벽에서는 물의 운동이 제약을 받아 한 장소에서 마루와 골이 교대로 나타난다. 이름에서 알 수 있듯이 파는 전혀 전진하지 않으며 물론 물의 순 이동도 없다(그림 10.27 참조).

가장 일반적인 해파인 진행파에 관한 것이었다. 연직 안벽, 큰 선박의 선체, 또는 밋밋한 방파제 등은 에너지 손실이 거의 없이 진행파를 반사시킨다. 파랑이 벽에 바로 부딪치면 **파의 반사**(wave reflection)가 일어나 진행해 오던 방향으로 되돌아가게 되는데 원래의 진행파와 반사파와의 중첩으로 **정상파**(standing wave)라는 상하 진동만 보이는 파가 형성된다. 그 이름에서 알 수 있듯이 정상파는 진행하지 않고 한 지점에서 파의 마루와 파의 골이 교대로 나타난다. **그림 10.23**에 보이는 것은 반쯤 찬 욕조의 물이 앞뒤로 왔다 갔다 하면서 정상파와 같이 진동하는 현상이다. 안벽 근처에서는 파정이나 파곡의 생성간섭으로 매우 위험할 수 있다. 정상파는 곧 보게 될 쓰나미나 조석에서 매우 중요한 역할을 한다.

안벽에 비스듬히 접근하는 파랑도 물론 반사하지만 안벽 근처에서 바로 정상파를 형성하지는 않으며 복잡한 파랑 형태를 형성한다. 직립 해안이나 방파제 등에 가까이 갈 때 직접 관찰해 보라.

개념점검

14. 풍파가 해안으로 접근할 경우 언제 천해파가 되는가?

15. 풍파가 깨어지는 데는 어떤 요소들이 작용하는가?

16. 해안에 각을 갖고 비스듬하게 접근하는 파가 굴절하여 해안에 나란하게 되어 깨어지는 요인은 무엇인가?

10.7 바닷속 밀도가 다른 층 사이에서 내부파가 발생한다

진행파는 지금까지 보아 온 것처럼 대기와 바다의 경계면에서 뿐만 아니라 해수 중 밀도가 다른 두 층 사이에서도 존재하는데 이를 **내부파**(internal wave)라고 한다. 표면파와 마찬가지로 내부파도 파의 마루, 파의 골, 파장, 주기 등을 갖는다. 내부파를 잘 묘사한 바다 모형 기념품들을 본 적이 있을 것이다. 이는 잘 섞이지 않으며 밀도가 약간 차이 나는 두 종류의 액체를 색깔을 달리하여 작은 투명 상자 속에 밀봉한 것이다. 이 상자를 흔들면 두 액체의 경계면에서 내부파가 발생하여 낮은 쪽으로 천천히 움직이며 끝에서 깨어지기도 한다.

일반적인 표면파는 공기와 물의 큰 밀도차로 인해 전파 속도가 매우 빠르지만 내부파는 두 층 간의 밀도차가 그리 크지 않기 때문에 일반적으로 전파 속도가 매우 느리다. 내부파는 밀도약층의 끝 쪽 특히 예리한 수온약층의 바닥 쪽에서 일어난다(**그림 10.24a**). 내부파의 파고는 대체로 매우 커 30 m를 넘을 때가 많으며 이는 수온약층을 천천히 그러나 아주 크게 진동시키게 된다(**그림 10.24b**). 파장은 대체로 800 m 이상 그리고 주기는 5~8분 정도가 일반적이다. 거대한 내부파를 발생시키는 원동력에 대해 확실하지는 않지만 바람 에너지, 조력 에너지, 또는 해류 등이 거론되고 있다. 인공위성 사진에 내부파의 흔적이 찍히기도 한다(**그림 10.24c**).

내부파가 중요한가? 내부파는 바닥의 영양물질을 표층에 공급하여 플랑크톤의 대번식을 일으키기도 하며 가끔은 잠수함이나 해상 석유 채굴탑에도 영향을 준다. 1963년에 미국 공격형 핵잠수함 스레셔호(USS Thresher)가 매사추세츠 해안 밖에서 완전히 사라져 버렸다. 빠른 속도로 수중 항진하던 중 내부파를 만나 한계 수심 이하로 떠밀려 내려간 것으로 추측하고 있다. 1980년에는 해상 석유 채굴탑이 내부파에 의해 처음 건설되었을 때보다 서서히 90도로 돌아가 버렸다. 내부파가 해안가에서 서서히 깨어지는 경우 조위를 높일 수도 있다.

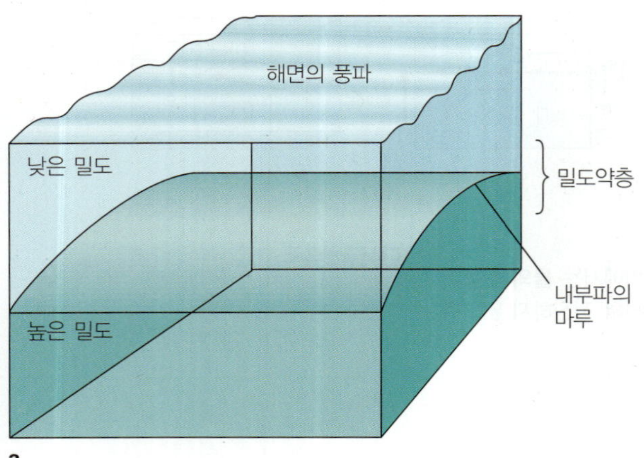

a
내부파의 구조.

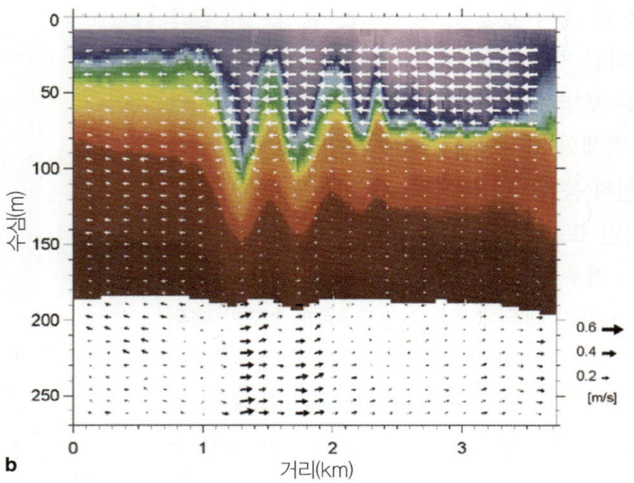

b
메시나 해협(이탈리아 반도와 시칠리아 섬 사이)을 지나는 내부파. 단면에서 색깔의 차이는 밀도의 차이를 나타내며, 화살표는 파속을 나타낸다.

c
1990년 1월 우주선 컬럼비아호의 승무원들이 촬영한 인도양 세이셸 제도 주변에서의 내부파의 회절. 내부파의 마루가 표면의 반사율을 변화시켜 포착되었다. 생성 및 소멸 간섭도 보인다.

그림 10.24 바닷속 밀도가 다른 두 층 사이 특히 수온약층에서 내부파가 생길 수 있다.

개념점검

17. 내부파의 속도와 주기는 풍파와 비슷한가? 쓰나미와는 어떻게 다른가?

18. 내부파도 위험한가?

10.8 '조석파' 라는 용어가 잘못 쓰일 때도 있다

대중 매체나 일반인들은 비정상적으로 큰 해파에 대해 그 기원을 따지지 않고 '조석파(tidal waves)' 란 용어로 잘못 쓰는 경향이 있는데, 예를 들어 보자. 신문에서는 폭풍 시 보이는 돌발중첩파와 같은 범주의 파를 지칭할 때 조석파란 용어를 쓰며, 파도타기 하는 사람들이나 요트 타는 사람들도 큰 파도를 일컬을 때 조석파란 용어를 쓴다. 지진에 의해 발생한 큰 해일 피해의 매스컴 보도에서도 조석파란 용어가 사용되며, 태풍이 육지로 접근하면서 동반하는 큰 파도도 조석파라고 잘못 지칭되고 있다. 조석파 라는 말은 절대로 큰 파도와 동의어는 아니다. 다음 장에서 보겠지만, 조석파란 조석에 의한 것으로 절대 위험한 것은 아니다.(역주: 이는 미국 매스컴에서 이렇게 잘못 사용하고 있다는 말이지, 우리나라의 이야기는 아니다.)

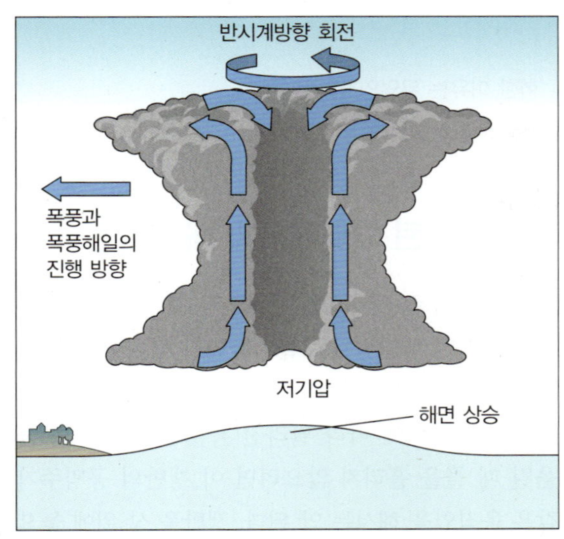

a
태풍의 저기압과 강한 풍속으로 9 m 이상의 폭풍해일이 생길 수도 있다.

b
2008년 5월 2일 미얀마 남부 저지대를 태풍 나르기스가 지나갔다. 165 km/h를 넘는 바람으로 수도 랑군의 서쪽 논 평야 지대에 5 m의 폭풍해일이 발생했다. 피해지역의 복구에 여러 해가 걸릴 것이다. 당시에 50,000명 이상이 실종되었으며, 아마도 더 많은 사람들이 기아와 질병으로 사망할지도 모른다.

그림 10.25 폭풍해일.

개념점검

19. 소위 말하는 조석파와 같은 것이 실제로 존재하는가?

10.9 폭풍해일

태풍이나 전선 폭풍 등이 해안으로 접근할 때 수반되어 오는 갑작스런 해면의 상승을 **폭풍해일**(storm surge)[6]이라고 한다(**그림 10.25**). 해일의 높이는 순간적으로 7.5 m에 이르기도 하며, 해수가 깔때기 형태의 만이나 하구에 밀려들 때에는 훨씬 더 높이 올라갈 때도 있다.

해일의 강도를 결정하는 요소에는 여러 가지가 있다. 가장 중요한 요인은 해일을 일으키는 폭풍의 세기이다. 큰 폭풍에 수반된 저기압은 아주 넓은 면적의 해수면을 1 m 정도까지도 빨아올린다. 이렇게 높아진 해수면은 폭풍과 함께 수심이 얕은 해안으로 접근하면서 더욱더 높아진다. 그리고 폭풍에 의한 풍랑이 높아진 수면을 타고 해안으로 더 밀려들게 된다. 폭풍해일은 기술적으로 보면 진행파는 아니다. 일과성 현상으로 단지 큰 파정이 하나 있을 뿐이며 파장이나 주기 같은 것을 정의하기는 어렵다.

폭풍해일은 외형적으로는 파가 하나 깨어지는 형태가 아니라, 바람에 밀려온 조석파에 의해 갑자기 수면이 높아져 바닷물이 육지로 밀려드는 것처럼 보인다. 가끔씩 폭풍해일이 고조 때와 겹치면 해일은 더 커지게 되는데, 이 경우 폭풍조석이라고 하기도 한다. 하구에서 폭풍에 동반된 폭우로 해면이 높아진데다가 해저 지형도 좋지 않고 저기압, 육지로 부는 강풍, 그리고 만조가 함께 겹치게 되면 상황은 최악의 상태로 가게 된다.

폭풍해일에 의한 피해 기록을 많이 볼 수 있다. 1970년 11월 방글라데시(8장 참조)에서 공포의 열대성 폭풍이 9 m 이상의 폭풍해일을 일으켜 300,000명의 사망자를 낸 기록이 있다. 온대성 저기압(폭풍전선)도 큰 재앙을 일으킬 수 있다. 1953년 2월 1일 네덜란드 해안에 폭풍해일과 고조가 한꺼번에 겹쳐 파도에 방조제가 무너졌고 해안 저지대 3,200 km^{2}가 잠겼으며 1,783명의 이재민이 발생했다. 네덜란드 사람들은 이렇게 큰 폭풍해일이 고조와 동시에 겹칠 확률은 겨우 400년에 1회 정도인 것으로 예상하였다. 그 후 수십억 달러를 들여 방조제를 더 높이 쌓아 육지를 매립하였다. 북해의 맞은편 런던에서는 템스 강 하구의 해일 방어 체계 구축에 13억 달러를 들였다. 폭풍해일을 막는 거대한 방조제 건설이 이 사업의 핵심이었다(**그림 10.26**). 전문가들은 이 방조제를 50년 빈도의 해일을 막는 규모로 추산하고 있다.

미국 해안도 위험하기는 마찬가지이다. 1900년 폭

[6] 2005년 허리케인 카트리나가 할퀴고 지나간 광경을 그림 8.30과 8.31에서 볼 수 있다.

Tom Garrison

a

Thames Barrier Visitors Centre

b

그림 10.26 런던 템즈 강 방조제. 템즈 강 하구의 깔때기 모양의 지형으로 런던 근처로 해일이 집중된다.(a) 밀려오는 물을 막기 위해 수문을 올린다. 각 수문은 제어탑 안의 수압 구동장치로 작동된다. 총 공사비로 13억 달러가 소요되었다(b).

풍해일이 텍사스 주 갤버스턴의 해안을 넘어 시내로 덮쳐 6,000명 이상의 사망자를 발생시켰다. 이와 반대로 1961년 같은 규모의 텍사스 폭풍에서는 이미 해안 방조제를 건설하였고 해일 경보 체계를 갖추어 조기에 주민들을 대피시켰기 때문에 사망자는 발생하지 않았다. 7장에서 본 바와 같이 2005년 루이지애나와 미시시피 해안을 덮친 허리케인 카트리나는 이에 동반한 폭풍해일로 인해 더욱 치명적이었다. 폭풍이 자주 찾아오는 해안 저지대 주민은 폭풍해일의 위험성을 명심하고 있어야 한다.

개념점검

20. 폭풍해일을 일으키는 원인은 무엇인가? 폭풍해일이 위험한 이유는 무엇인가?

21. 폭풍해일을 예보할 수 있는가?

10.10 폐쇄된 해역에서의 해수 요동

제한된 영역(욕조, 물통, 또는 해만과 같은)의 물이 교란을 받으면 다시 원위치로 돌아가면서 정해진 고유 공명주기로 출렁이게 된다. 이 공명주기는 물의 양, 즉 그릇의 크기와 형태에 따라 달라진다. 얕은 쟁반으로 물을 옮길 때 물을 흘리지 않으려면 이 쟁반의 공명주기와 같은 움직임을 해서는 안 된다. 쟁반을 상 위에 놓으면 물의 불규칙한 움직임은 금방 없어지지만 고유주기로 움직이는 완만한 출렁임은 한참동안 계속된다. 이 출렁임을 **세이시**(seiche)라 한다.

세이시 현상에 대한 최초의 연구는 18세기 스위스 제네바 호수에서 폭풍이 지나간 후, 좁고 긴 호수의 한쪽 끝에서 호수면이 규칙적으로 오르내리는 현상에 대한 고찰에서 시작되었다. 연구자들은 일정한 바람이 불 때 호수의 물이 바람이 부는 방향 끝으로 밀려갔다가 바람이 그치면 풀려난 물이 한 시간 조금 넘는 고유주기를 갖고 천천히 되돌아오고 또 가는 출렁임을 발견하였다. 호수의 끝에서 수면은 거의 수십 cm 정도 오르내렸으나 호수의 중간에서는 오르내림 없이 물은 앞뒤로만 움직였다(**그림 10.27**). 이러한 형태의 파는 파의 진행이 없이 연직 방향으로만 움직이므로 정상파(standing wave)라고 부른다. 정상파에서 수면의 연직 운동이 없는 점(또는 선)—호수에서는 물이 앞뒤로만 움직이는 곳—을 마디(node)라고 한다. 제네바 호수 세이시의 파장은 호수 길이의 두 배이며 마디는 중앙에 위치한다. 호수가 마치 앞에서 예로든 쟁반과 같은 역할이다.

세이시는 조석, 폭풍, 해저 지형 변동 등에 의해 생길 수 있는데 해안에서 세이시로 피해가 발생하는 경우는 매우 드물다. 외해에서 세이시의 파장은 매우 길지만 파고는 겨우 수 cm 정도일 뿐이다. 항구에서도 큰 세이시가 발생할 수 있다. 일본 남부 해안의 나가사키항의 세이시는 파고가 3 m를 넘을 때도 있다. 항구에서 세이시는 조석예보를 틀리게 하기도 하며 세이시에 수반된 해수 요동이 항만 정온도를 떨어뜨리고 선박 계류 로프를 절단시켜 하역 작업에 지장을 주기도 한다.

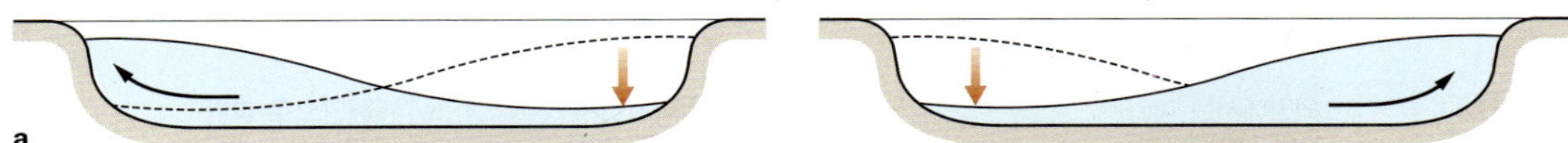

세이시는 호수나 만같이 제한된 해역에서 해역의 양 끝을 오가며 출렁이는 장파이다. 출렁이는 주기는 해역의 길이에 따라 결정된다. 마디에서는 수면의 상하 운동은 없고 수평운동만 있다(그림 10.23 참조).

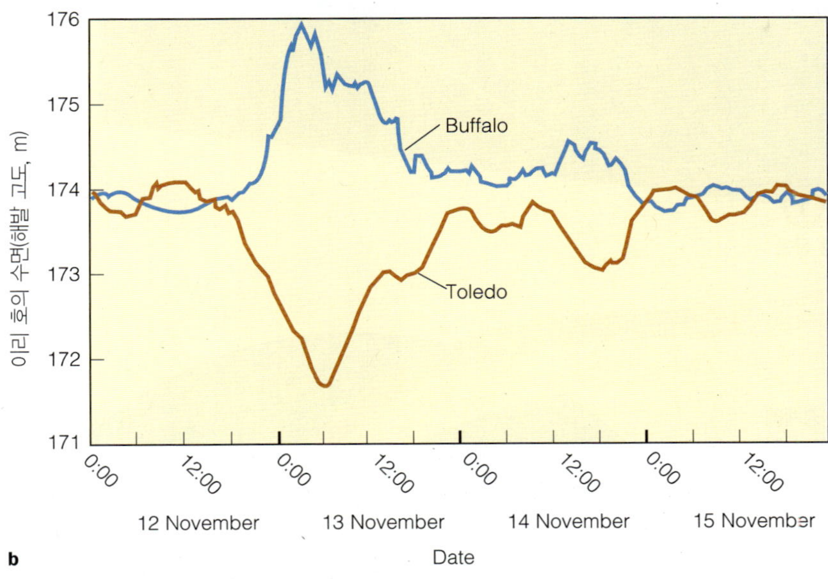

이리 호수에서의 세이시 기록. 2003년 11월 강한 서풍으로 서단의 톨레도와 동단의 버펄로 사이에 4 m가 넘는 수면 차가 생겼다.

그림 10.27 세이시.

개념점검

22. 미시간 호는 남북으로 길고 좁게 놓여 있다. 이 호수에 세이시가 발생하겠는가? 세이시는 위험한가?

23. 사각형 풀장에서 정상파는 어떤 형태로 나타나는가?

10.11 쓰나미와 지진해파

해수의 급격한 이동에 의해 형성되는 긴 파장의 천해 진행파를 **쓰나미**(tsunami)라 한다. 일본말로 *tsu*는 '항구'를 뜻하며 *nami*는 '파도'를 뜻하는데 단수 복수로 다 쓰인다. 해저 단층대를 따른 급격한 지각의 연직 이동으로 인한 쓰나미는 대중적인 용어로 **지진해파**(seismic sea wave)라 불리기도 한다. 쓰나미는 해저사태, 빙하의 붕괴, 해저화산폭발, 또는 다른 직접적인 해수면의 급격한 변동에 의해서도 발생한다. 모든 지진해파는 다 쓰나미라 하지만 모든 쓰나미가 다 지진해파이지는 않음을 명심하라.

지진으로 인한 약한 해저 단층으로 약간의 해면 교란이 일어나면 쓰나미가 발생한다. 대부분의 사태는 방출되는 에너지가 지진보다는 작지만 발생지 근처에서는 인명이나 시설에 매우 파괴적일 수 있다. 특히 만과 같이 폐쇄된 해역에서는 더욱 위험하다.

쓰나미는 언제나 천해파이다 지진해파는 대양저 단층에서 지각과 함께 해수가 같이 요동치면서 일어난다. **그림 10.28**은 2004년 12월 24일 인도양에서 발생한 지진해파를 나타낸 것이다. 해저 단층으로 해수면이 약 10 m 정도 들어 올려졌다. 들어 올려진 물마루는 중력으로 아래로 당겨 내려왔으며 관성으로 평상시보다 더 아래로 내려가 파의 골을 이루었다. 이렇게 진동하는 해면이 진행파를 형성했으며 진앙으로부터 방사상으로 퍼져 나갔다(**그림 10.29**). 아래로 하강하는 단층으로도 지진해파는 물론 발생된다. 이 경우 하강한 해수면이 파의 골을 이루고 뒤를 약간 작은 마루 그리고 골이 뒤따르는 형태로 사방으로 전파한다.

파장이 200 km에 이르는 쓰나미를 천해파로 취급

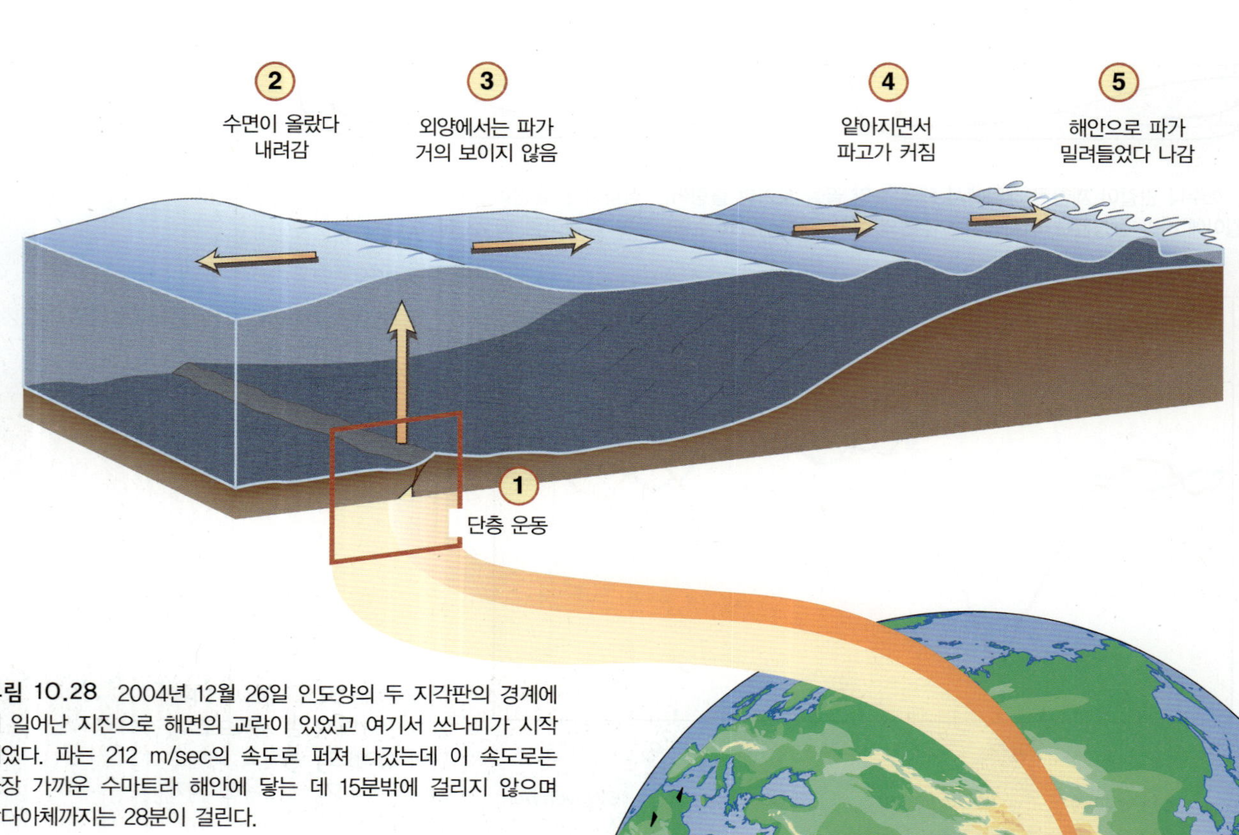

그림 10.28 2004년 12월 26일 인도양의 두 지각판의 경계에서 일어난 지진으로 해면의 교란이 있었고 여기서 쓰나미가 시작되었다. 파는 212 m/sec의 속도로 퍼져 나갔는데 이 속도로는 가장 가까운 수마트라 해안에 닿는 데 15분밖에 걸리지 않으며 반다아체까지는 28분이 걸린다.

하는 것이 좀 이상할지도 모르겠지만, 반파장은 100 km 그리고 가장 깊은 수심도 11 km를 넘지 않는 점을 생각해 보라. 이러한 장파는 지구상 어디에서도 자신의 반파장보다 깊은 수심을 만날 수는 없다. 다른 천해파와 마찬가지로 지진해파도 바닥의 영향을 받아 경우에 따라서는 예상치 못한 형태로 굴절을 한다.

쓰나미의 전파 속도는 빠르다 쓰나미의 파속(C)은 천해파의 파속과 같이

$$C = \sqrt{gd}$$

로 표시된다.

중력가속도(g)를 9.8 m/sec^2 그리고 평균 태평양 수심(d)을 4,600 m라고 두면 C는 대략 212 m/sec가 된다. **그림 10.30**에서 보는 바와 같이 이 속도로는 2004년의 지진해파가 인도네시아 해안에 도달하는 데 불과 15분밖에 걸리지 않으며 스리랑카(인도 남쪽 끝에 위치함) 해안에는 두 시간 안에 도달한다. 알래스카의 지진으로 알류샨에서의 지진해파가 하와이까지 이 속도로 전파한다면 5시간밖에 걸리지 않는다.

2004년 지진해일에 대한 깊은 연구에서 대양저산맥이 지진해파의 안내선 역할을 한 것으로 나타났다. 이 해파는 남서 인도양 해령을 따라 아프리카 남단을 돌아서 대서양 대양저산맥까지 간 것으로 나왔다.(그림

a
지진발생 2.5시간 후

b
5시간 후

c
12.5시간 후

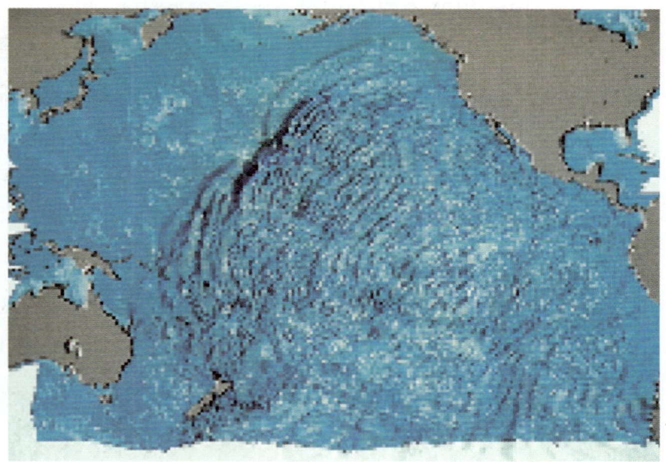

d
17.5시간 후

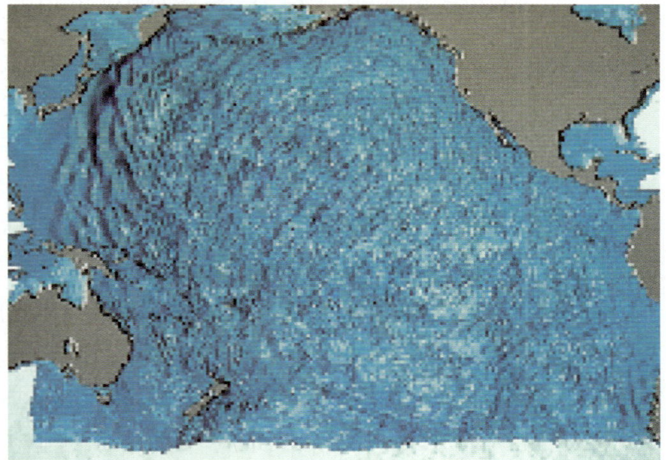

e
22.5시간 후 일본 해안에 도달하였다.

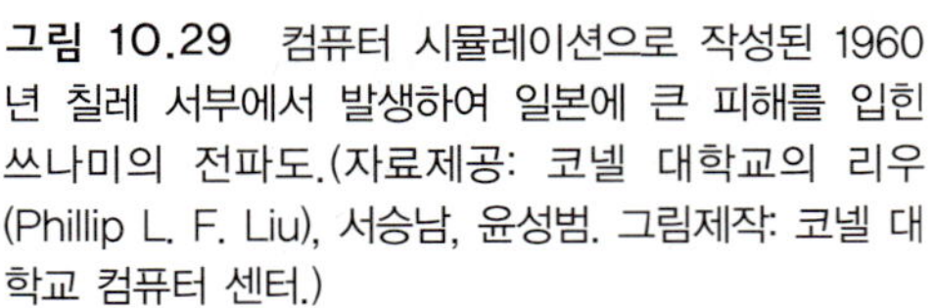

그림 10.29 컴퓨터 시뮬레이션으로 작성된 1960년 칠레 서부에서 발생하여 일본에 큰 피해를 입힌 쓰나미의 전파도.(자료제공: 코넬 대학교의 리우(Phillip L. F. Liu), 서승남, 윤성범. 그림제작: 코넬 대학교 컴퓨터 센터.)

10.33에서 녹색의 흔적이 남아메리카 중부 동해안의 리우데자네이루까지 연결되어 있음을 주의하라.)

쓰나미는 어떻게 보이는가? 몇 초 안 되는 풍파의 주기나 파랑경사에 대해서는 이미 잘 알고 있을 것이지만 쓰나미는 이와는 좀 다르다. 발생 초기에는 지진해파의 파랑경사(파고와 파장과의 비)는 매우 작다. 긴 주기(5~20분)와 아주 작은 파랑경사로 인해 바다에서 지진해파가 선박의 밑을 통과한다 해도 거의 느끼지 못한다. 외양에서 주기 16분의 지진해파를 만난 선박이라면 8분에 걸쳐, 거의 느끼지 못하는 동안 평균해면으로부터 약 0.3~0.6 m 정도 상승했다가, 다음 8분에 걸쳐 마루로 내려가게 되는데 이 정도의 움직임은 주위의 파랑들로 인해 거의 느끼지 못하는 정도이다.

그러나 지진해파가 해안으로 접근하면 상황은 매우 달라지는데 때에 따라서는 극적인 경우도 발생한다. 주기는 그대로이나 파속은 감소하며 파고는 매우 증가한다. 쓰나미의 마루가 해안으로 접근할 때는 크고 빠른 밀물 같은 해일이 밀려오는 것처럼 보인다(이 장의 첫머리 그림과 **그림 10.31** 참조). 쓰나미 발생 지점에서 비교적 가깝고 폐쇄된 해안지역에서는 파고가 30 m를 넘을 수도 있다. 그러나 이 경우도 형태는 많은 바닷물이 밀려드는 것처럼 보이지 영화에서 보는 것처럼 큰 파도가 깨어지는 형태는 아니다. 쓰나미의 파고가 그리 높지 않더라도 해안가 저지대 평야에서는 매우 위험할 수 있다. 쓰나미의 위험도는 파고와 침수거리(해안에서 쓰나미로 인해 바닷물에 잠기는 곳까지의 거리)의 조합으로 결정된다.

쓰나미의 에너지는 발생지로부터 밖으로 원주를 그리며 퍼져 나가는데 발생지에서 가까운 곳에서는 쓰나미 에너지가 아직 많이 감쇠되지 않아 매우 큰 파고를 보이는 것이다. 이 장의 첫머리에 언급한 2004년 12월 지진에서 인도네시아의 반다아체는 진앙에서 매우 가깝기도 하였으며 해발 고도가 매우 낮아 피해가 막심했었다(**그림 10.32**).

앞에서 본 바와 같이 2004년 지진해파가 인도 해안에 도달하는 데는 약 3시간이 걸렸다. 지진해파는 방사형으로 아주 멀리 퍼져 나가 파의 에너지도 많이 분산되었기는 하지만(**그림 10.33**), 스리랑카, 인도, 아프리카 해안에 두 시간 이상 계속해서 파가 밀어닥쳤다.

쓰나미의 피해는 하나의 파로 일어나는 것이 아니라 연속되는 여러 개의 파로 인한 것임을 명심해야 한다. 지진해파의 전파 과정에서 에너지가 중심파의 앞이나 뒤로 분산되어 약간 작은 파들을 키운다. 진앙에서 멀리 떨어진 경우 이러한 파들이 연속적으로 덮치게 된다. 마루와 마루 사이(파의 주기)는 보통 15분 정도이다. 쓰나미를 잘 모르는 사람들이 이 현상에 꾀여 이제 쓰나미는 다 끝났다고 생각하고 쓰나미가 물러간 해안가로 내려갔다가 다음에 오는 물마루에 휩쓸려 죽거나 다치는 경우가 많다. 인도양에서의 큰 인명 피해도 쓰나미의 이러한 특성으로 인한 것이다.

파괴적인 쓰나미의 역사 지난 역사 속에서 피해가 컸던 쓰나미의 흔적들이 밝혀지고 있다. 약 6,600만 년 전에 텍사스 해안에서 적어도 91 m에 달하는 거대한 쓰나미의 흔적이 발견되었다. 이는 혜성이나 소행성이 멕시코만의 유카탄 반도 근처에 떨어져 일어난 것으로 추정된다(13장 참조). 이때의 파도가 멕시코 만 바닥을 훑어 모래, 자갈, 상어 이빨 등을 들어다가 지금의 텍사스 중앙부에 떨어뜨린 것이다.

남아프리카 동해안의 마다가스카르 섬의 남부에는 맨해튼의 2배 넓이에 걸쳐 330 m 두께의 해양퇴적물로 덮인 곳이 있다. 인도양 해수면보다 3,800 m 낮은 곳에 있는 직경 29 km의 분화구에 V자 모양의 퇴적물이 최근에 발견된 것인데 이는 약 4,800년 전에 소행성이나 혜성이 떨어져 생긴 파고 180 m(2004년 인도양을 휩쓴 쓰나미의 13배가 넘는 파고임)가 넘는 파도가 인도양 바닥을 훑으면서 조성된 것으로 보인다.

지중해만 해도 지난 3,300년 동안 300번 이상의 쓰나미가 있었으며 가장 최근에는 2002년 12월에 이탈리아 시칠리아 섬 북쪽 스트롬볼리의 사태 때 해수면이 교란되어 10 m의 쓰나미가 발생하였다. 100 km 떨어진 항구에서 계류된 선박의 로프를 절단하기는 했으나 다른 큰 피해는 없었다. 이와는 달리 매우 큰 피해를 발생시킨 기록도 있다. 대략 기원전 1,600년경 그리스의 테라(현재 산토리니) 섬의 스트롱길 화산의 폭발로 발생한 쓰나미는 선진 미노아 청동기 문명의 도시들을 덮쳤다. 60 m가 넘는 파도가 크레타 섬의 여러 도시를 덮쳤으며 미노스 문명은 다시는 복구되지 못하였다. 이후 이 지역에 미케네 문명이 일어나 주류를 이루었으며 이는 서구

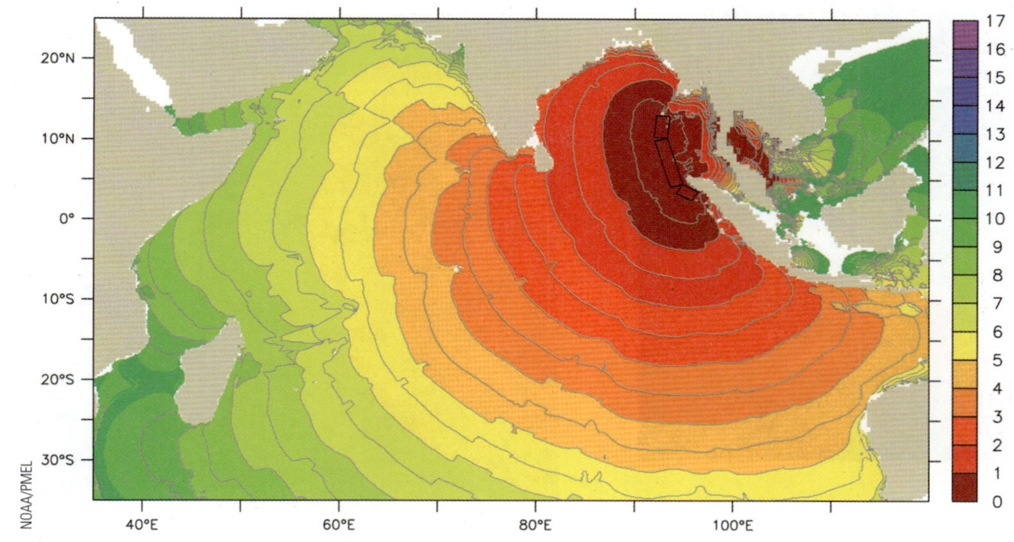

그림 10.30 2004년 인도양 쓰나미 파의 도달 시간. 각 등치선은 30분 간격을 나타내며 오른쪽 스케일은 한 시간 간격이다.

그림 10.31 2004년 12월 쓰나미에서 타이 남부 Hat Rai Lay 해변에 도달한 첫 번째 파의 마루. 골이 먼저 도달하여 바닷물이 빠져나갔다. 바닥에 드러난 바위가 보이며 해안에서 멀리까지 관광객들이 보인다. 본문에서 언급한 바와 같이 내습한 쓰나미 파는 파고도 컸었고(7 m) 주기도 길었다. 사진에 보이는 것은 보통 풍파와 같은 모습이 아니라 마치 바다가 터진 듯 거대한 물의 벽이 다가오는 것 같다. 타이에서만 8,000명 이상이 사망했다.

문명의 줄기가 되었지만 이는 또 다른 이야기이다.

태평양에서는 1883년 8월 27일 인도네시아의 크라카타우 화산의 폭발로 발생한 35 m의 쓰나미로 163개 마을이 파괴되었으며 36,000명 이상의 사망자가 발생했다.

전 세계를 통틀어 피해가 큰 쓰나미는 대략 1년에

Digital Globe/Handout/epa/CORBIS

a

Digital Globe/Handout/epa/CORBIS

b

Kimimasa Mayama/Reuters/CORBIS

c

그림 10.32 반다아체의 2004년 12월 26일 쓰나미 내습 전(a)과 후(b)의 모습. 12 m가 넘는 파도가 반도를 휩쓸어 해안선이 변경되었으며 순식간에 수천 명의 사망자가 발생했다. (c) 참화는 엄청났다. 땅 위의 구획선이 집이 있었다는 것을 보여 줄 뿐이다. 쓰나미가 내습했을 때 대부분의 부녀자들이 집에 있어 희생자는 대부분 여자들이었다.

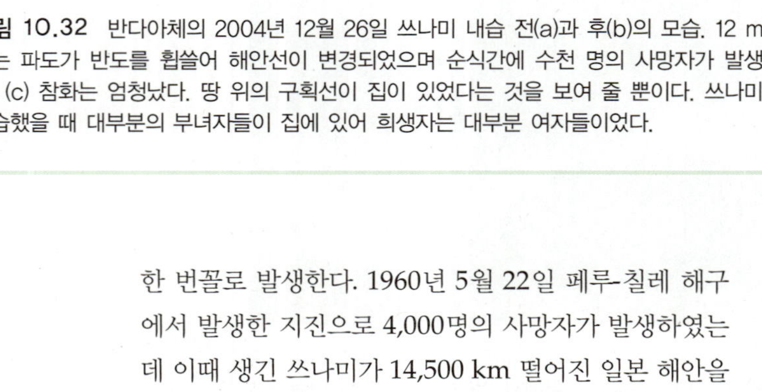

한 번꼴로 발생한다. 1960년 5월 22일 페루-칠레 해구에서 발생한 지진으로 4,000명의 사망자가 발생하였는데 이때 생긴 쓰나미가 14,500 km 떨어진 일본 해안을 덮쳐 180명의 사망자와 5,000만 달러의 재산 피해를 발생시켰다. 로스앤젤레스와 샌디에이고 항은 쓰나미로 인한 세이시로 피해를 본 적이 있다. 1992년 니콰라과 해안을 덮친 쓰나미로 170명의 사망자와 13,000명의 이재민이 발생했다. 1993년 동해에서 발생한 쓰나미는 해발 29 m 되는 곳까지 휩쓸었으며 120명의 사망자를 발생시켰다. 1988년에는 뉴기니에서 7 m의 파도가 마을을 휩쓸어 2,200명이 사망한 기록도 있다. 어떤 때는 별로 크지 않은 파도로도 많은 인명 피해가 생기기도 한다. 1996년 2월 17일 인도네시아 비악에서는 평상시의 고조위를 약간 넘은 9 m가 채 안 되는 파도로 53명이 사망하기도 했다. **그림 10.34**에 최근에 인명 피해를 크게 발생시킨 쓰나미들이 정리되어 있다.

쓰나미 경보체계가 생명을 구한다 지진활동이 활발한 태평양 연안에는 쓰나미 경보체계가 1948년부터 운영되고 있으며, 쓰나미의 전파속도를 고려하여 경보는 신

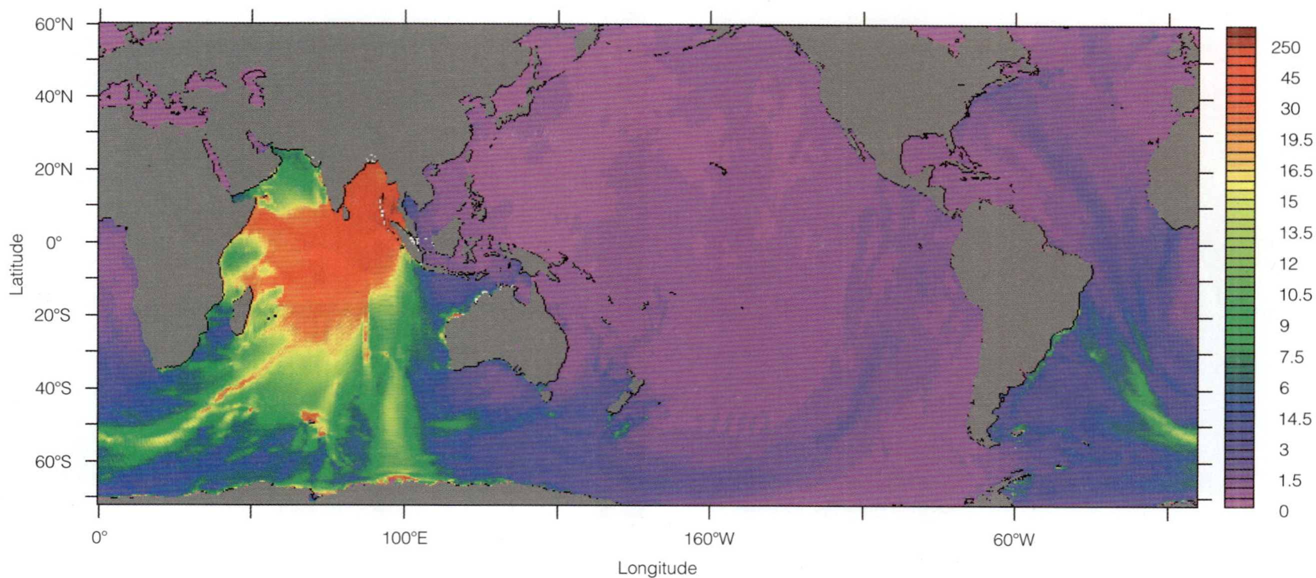

그림 10.33 2004년 인도양 쓰나미 발생 때 컴퓨터로 계산한 전 세계 해양의 쓰나미 파고. 우측 스케일의 단위는 cm이다. 외양에서의 쓰나미 파고는 아주 작다는 점과 남북 아메리카의 대서양과 태평양 연안에서도 쓰나미 파의 흔적이 감지되었음을 주목하라.

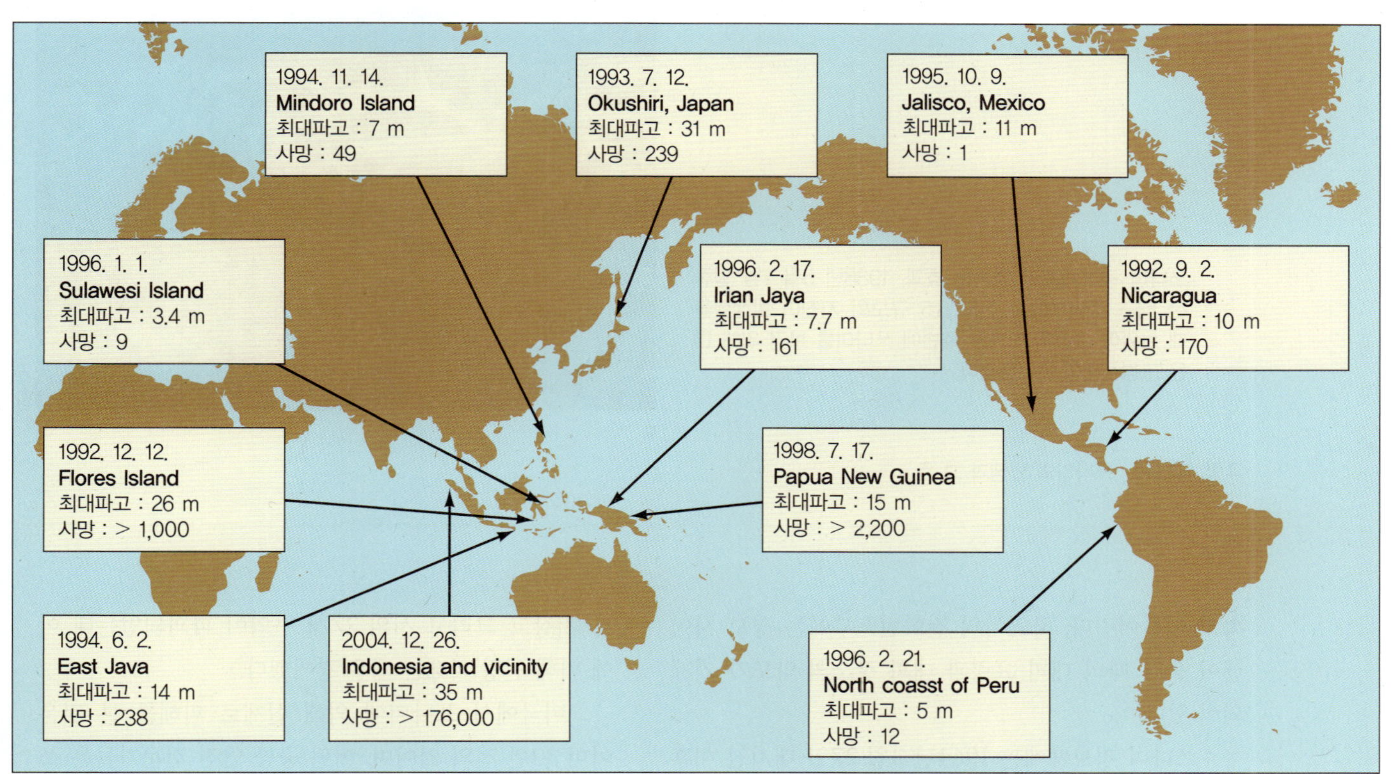

그림 10.34 1990년 이후 피해가 가장 컸었던 11개의 쓰나미 기록. 180,000명 이상이 사망했다.(2011년의 일본 동북해안 쓰나미는 아직 수록되지 않았다.)

William F. Haxby & Lincoln F. Praston

a
지난 빙하기 끝 즈음에 대형 쓰나미를 일으켰을 것으로 보이는 오리건 외해 대륙붕 선단의 해저 사태 흔적. 사태의 여파가 6 km까지 미쳤다.

Tom Garrison

b
오리건 중부 해안 마을의 쓰나미 위험을 경고하는 간판. 이 지역은 특이한 해안 형태와 해저경사로 쓰나미의 위험이 크다.

AP Images

c
쓰나미 경보체계의 엉뚱한 효과. 1986년 5월 7일 알류샨 해구 중앙부에서 진도 6.5 규모의 지진이 발생했을 때 하와이 오아후 마카푸 해변에 쓰나미를 보기 위해 많은 구경꾼들이 몰려들었다.

그림 10.35 쓰나미의 발생과 그 후.

속히 이루어진다. 하와이의 전화번호부에는 경보 사이렌이 울릴 때의 대피 요령과 대피 장소의 약도가 기재되어 있다.

쓰나미 경보체계는 1964년 3월 27일 대지진 이후 인명과 재산 손실을 줄이는 데 큰 몫을 했다(3장 참조). 지진이 일어난 지 약 6시간 후 4번째 파정으로 추정되는 3.7 m의 물결이 캘리포니아 크레센트의 해안을 덮치고 이어 시내까지 휩쓸어 300채의 건물과 5개의 유류 저장고 그리고 시의 27개 구역이 파괴되었는데 이에 비해 인명 피해는 매우 경미했다.

미국에서 쓰나미에 의해 실제로 피해를 본 것은 이미 30년 전의 일이며, 어떤 공공 안전 전문가들은 쓰나미의 피해에 대해서는 이미 안심해도 좋다고 말하기도 한다. 하지만 **그림 10.35**에서 보는 바와 같이 주민들과 방문자들에게 쓰나미의 위험을 상기시켜 주는 마을도 있다.

그림 10.36 바닥에 설치된 수압계가 쓰나미가 지나갈 때의 미묘한 수압 변동을 감지하고 그 신호를 해면의 부이와 위성을 통하여 태평양 쓰나미 경보센터로 보내 정보가 분석된다. 인도양과 대서양에도 이와 같은 체계가 설치되고 있다.

현대의 쓰나미 경보체제는 해저지진계와 해면의 변동을 감시하는 인공위성과 해저 계류 장비를 이용한다(**그림 10.36**). 불행하게도 2004년 12월의 인도양 참사에서는 아무런 경보체계가 없었다.

개념점검

24. 쓰나미가 일어나는 원인은 무엇인가? 모든 지각 변동은 다 쓰나미를 유발하는가?

25. 쓰나미의 속도는 얼마나 되는가?

26. 쓰나미는 천해파인가 심해파인가?

27. 외해에서의 전형적인 쓰나미의 파고는 얼마나 되는가?

28. 해안으로 내습하는 쓰나미 파는 하나인가? 여러 개인가? 쓰나미 파도 풍파처럼 깨어지는가?

29. 근래에 가장 피해가 컸던 쓰나미는 어떻게 발생했는가? 인명과 재산 피해가 가장 컸던 곳은 어디인가?

30. 쓰나미의 시작을 어떻게 감지하고 예보하는가?

학생들의 질문

1. 수많은 파랑이 해안에서 깨어져 많은 에너지가 가해지는데도 왜 해안 기파대의 수온이 올라가지 않는가?

바다에서 진행파에 실려 이동되는 에너지의 양은 막대하다. 파도의 에너지는 파고의 제곱에 비례하여, 파고가 2배 커지면 에너지는 4배 커진다. 파고 2 m의 파도가 치는 해안 1 m당 25 kW의 에너지가 지나게 되는데 이는 100 W 전구 250개를 밝힐 수 있는 에너지이다. 1.2 m 파고의 파 하나가 미국의 전 서해안을 때린다면 5,000만 마력의 에너지가 방출된다.

풍파의 에너지 대부분은 부서지면서 열에너지로 소멸되기는 하지만 이 정도의 열 방출로 수온을 올리기에는 물의 비열이 매우 커(7장 참조) 수온 상승의 흔적이 보이지 않는다. 또 쇄파대는 극심한 혼합지역으로 방출되는 열은 급격히 넓은 해역으로 흩어지게 된다.

사라지는 파력 에너지를 추출하기 위해 여러 가지 방법들이 제안되어 있는데 이들 중에서 그림 17.10에 있는 펠라미스 시스템(Pelamis System, 바다 뱀에서 이름을 따왔다)이 가장 유망한 것으로 보인다.

2. 북반구에서 풍파는 코리올리 효과에 의해 진행 방향이 우측으로 휘지 않겠는가?

대체로 주기 5분 이내의 파에서는 코리올리 효과가 거의 나타나지 않지만, 쓰나미, 세이시, 조석파 등과 같이 대규모의 해수 이동을 수반하는 장파들은 지구 자전의 영향을 받는다. 대체로 풍파의 주기가 20초가 넘는 경우는 드물다.

3. 샌앤드레이어스 단층대의 지진으로 인한 지진해파로 캘리포니아에 사는 사람들이 위험해지겠는가?

아마도 다음 두 가지 이유로 아닐 것이다. 첫째, 쓰나미는 주로 상하 운동으로 인해 발생하는데 샌앤드레이어스 지진은 대부분이 지각이 아래위로 움직이는 것이 아니라 수평 방향으로 움직이는 주향이동 단층으로 인한 것이다. 둘째, 샌앤드레이어스 단층은 해안에 평행하며 수직 방향이 아니다. 만약 지각이 해안 쪽으로 밀린다면(혹 샌프란시스코 북쪽으로) 이에 물이 밀려 파도가 만들어질 수도 있을 것이다. 지진이 일어났을 때 약간의 해면경사는 생기겠지만 대규모 쓰나미는 아닐 것이다. 다만 대규모 해저 사태가 일어난다면 상황은 심각해질 수 있다(그림 11.36a 참조).

4. **파도타기를 좋아한다면 어느 곳에 사는 것이 가장 좋은가?**

태평양이 가장 긴 풍역대를 가지므로 큰 풍파가 발생할 가능성이 가장 크다. 가장 큰 파도는 남극 둘레를 따라 발생한다. 하지만 파도타기에는 비교적 고른 파도가 필요한데 이곳은 파도가 너무 불규칙하고 또 날씨가 파도타기에는 너무 춥다. 파도가 비교적 고른 곳으로는 중부 태평양의 하와이가 좋다. 양 극지방의 강한 바람으로 발생된 파랑이 대양을 지나오면서 고르게 되어 하와이 해안에 도달할 때에는 비교적 비슷한 파장의 파들이 함께 모이게 된다. 파의 형태도 고르고 물도 따뜻한 하와이가 가장 좋아 보인다.

5. **2005년 3월 28일 수마트라 근처에서 두 번째의 지진이 있었다. 그 규모는 2004년 12월 26일의 것과 거의 같은 8.7을 기록했지만 쓰나미가 발생하지 않았다. 왜인가?**

해저가 연직방향으로는 거의 움직이지 않아 해수면의 교란이 거의 없었기 때문이다. 해안에 아주 가깝지만 않다면 해저의 수평 요동은 큰 쓰나미를 만들지는 못한다.

6. **파랑의 크기나 바다 상태를 측정하는 데 표준화된 방법이 있는가?**

전통적으로 권위 있는 방법이 있다. 1805년 해군 제독 보퍼트 경(Sir Francis Beaufort)이 영국 해군 함정 울위치호(HMS Woolwich)의 함장이었을 때 해상 상태를 서술하는 척도를 제안하였다. 가장 낮은 계급인 보퍼트 0은 거울같이 잔잔한 바다, 보퍼트 1은 아주 작은 파문이 보이는 상태, 보퍼트 5는 백파가 보이기 시작하는 중간 정도의 풍랑, 보퍼트 9는 물보라가 있는 상당히 큰 풍랑을 나타낸다. 가장 높은 계급인 보퍼트 12는 "예외적으로 큰 풍랑, 바다 전부가 백파로 덮이고, 앞이 거의 보이지 않는 상태"를 나타낸다. **해상상태**(sea state)를 이렇게 계급으로 묘사하는 방법은 곧 전 함대로 퍼졌다.

1912년 국제 기상전신국(International Commission for Weather Telegraphy)에서는 보퍼트 계급의 해상상태에 합당한 풍속을 찾았다. 1928년에는 이 둘을 합쳐 단일의 해상상태 및 풍력 계급을 확정했으며 1946년과 1955년에 각각 한 차례씩 수정하였다. 보퍼트 12계급은 약간씩 수정되면서 지금도 여전히 사용되고 있다. **부록**에는 미 해군에서 사용하는 보퍼트 계급표가 제시되어 있다.

요 약

이 장에서는 바다 표면에서 전파하는 것은 에너지이지 질량이 아니라는 것을 배웠다. 해파의 전파 속도는 일반적으로 파장에 따라 달라지는데, 파장이 길수록 전파 속도는 빠르다. 해파를 짧은 파장에서 긴 파장순으로(즉 전파 속도가 느린 파에서 빠른 파로) 정리해 보면 표면장력파(아주 작은 해면의 교란), 풍파(바람), 세이시(폐쇄 해역에서의 공명), 쓰나미(지진이나 화산활동 또는 급작스러운 요동), 조석(중력) 순으로 쓸 수 있다. 해파가 전파되는 양태는 파의 크기와 수심과의 관계가 큰 영향을 미친다. 해파는 굴절과 반사를 하며, 깨어지고 또 서로 간섭을 일으킨다.

수심이 파장의 반보다 더 깊은 상태의 풍파를 심해파라 한다. 파장이 매우 길 경우에는 해파가 항시 천해(수심이 파장의 반보다 얕은 경우)에 있을 수밖에 없는 경우가 있다. 이렇게 파장이 매우 긴 파는 전파 속도도 매우 빠르고 또 매우 큰 파괴력을 보일 수도 있다.

다음 장에서는 조석과 같이 매우 긴 파장의 파에 대해서 배울 것이다. 거의 모든 해안에 매일 두 번의 조석이 일어난다는 사실에 흥미를 가질지 모르겠다. 조석파의 마루가 도달했을 때를 고조라 하며 골이 도달했을 때를 저조라 하는데 조석파 때문에 매일 피해가 있다는 소식을 듣지는 않았을 것이다. 조석파는 아무리 깊은 바다에서도 천해파이다. 경우에 따라서는 조석파에 의한 피해가 있을 수도 있겠지만 모든 파에서 파에 의한 피해는 파장에 비례하여 커지지는 않는다는 점은 다행스러운 일이다.

주요 용어

간섭(interference)
강제파(forced wave)
군속도(group velocity)
궤도파(orbital wave)
궤적(orbit)
기파(surf)
기파대(surf zone)
기파력(disturbing force)
기파박동(surf beat)
내부파(internal wave)
너울(swell)
다 자란 풍랑(fully developed sea)
돌발중첩파(rogue wave)
미끄럼파(spilling wave)
바람의 세기(wind strength)
바람의 지속시간(wind duration)
복원력(restoring force)
분산(dispersion)
생성간섭(constructive interference)
세이시(seiche)
소멸간섭(destructive interference)
스토크스 이류(Stokes drift)
심해파(deep-water wave)
쓰나미(tsunami)
자유파(free wave)
전이파(transitional wave)
정상파(standing wave)
주파수(wave frequency)
중력파(gravity wave)
지진해파(seismic sea wave)
진행파(progressive wave)
천해파(shallow-water wave)
파, 파랑, 파도(wave)
파고(wave height)
파랑경사(wave steepness)
파열(wave train)
파의 골, 파곡(wave trough)
파의 굴절(wave refraction)
파의 마루, 파정(wave crest)
파의 반사(wave reflection)
파의 주기(wave period)
파의 회절(wave diffraction)
파장(wavelength)
폭풍해일(storm surge)
표면장력파(capillary wave)
풍랑(sea)
풍역대(fetch)
풍파(wind wave)
해상상태(sea state)
휘말림파(plunging wave)

학습문제

익힘문제

1. 쓰나미는 깊은 대양을 건너오면서도 천해파로 분류된다. 왜 그런가?
2. 해파에서 수립자는 어떤 운동을 하는가? 해파는 스프링이나 로프의 진동과 어떤 점이 다르며, 어떤 점이 같은가? 운동장 관중석의 '파도타기'는 무엇에 비유될 수 있는가?
3. 파장과 파의 전파속도와는 어떤 관계가 있는가? 해파에서 수심이 달라지면 수립자의 움직임은 어떻게 변하는가?
4. 돌발중첩파가 다 자란 풍랑의 이론적인 최대 파고보다 더 클 수 있는 이유는 무엇인가?
5. 진행파와 정상파는 어떻게 다른가? 정상파는 궤도파여야만 하는가? 흔들리는 로프나 진동하는 스프링에서도 정상파가 있을 수 있는가?
6. 먼 곳의 폭풍으로 일어난 파 중에서 큰 파가 연안에 먼저 도달하고 작은 파가 다음에 도달하는 이유는 무엇인가?

응용문제

1. 주기 10초인 심해파의 전파속도는 얼마인가? 그리고 파장은 얼마인가?
2. 페루-칠레 해구에서 큰 지진이 발생했을 때 쓰나미 경보가 즉시 발령된다면 일본 동남 해안의 주민들은 얼마만 한 대피시간을 가질 수 있겠는가?
3. 전형적인 폭풍해일의 파장은 얼마인가?
4. 한 곳(즉 같은 수심)에서 심해파와 천해파가 동시에 있을 수 있는가?

11 조석

주요 목차

- 조석은 모든 해파 중 가장 길다
- 조석은 중력과 관성으로 형성되는 강제파이다
- 동역학적 조석론은 평형조석론에 유체 운동역학을 더한 것이다
- 조석은 대부분 정확히 예보할 수 있다
- 조석 형태는 해양 생물에도 영향을 준다
- 조석에서 에너지를 추출할 수 있다

핵심개념

1. 조석은 주기적인 해면의 오르내림이다. 조석은 중력과 관성력으로 형성되는 강제파이다.
2. 평형조석론은 지구가 태양 주위 궤도에 그리고 달이 지구 주위 궤도에 머물러 있게 하는 힘들의 평형으로 조석이 일어난다고 설명하는 이론이다.
3. 동역학적 조석론에서는 해저지형효과, 물의 점성, 조석파의 관성 등을 고려한다.
4. 평형조석론과 동역학적 조석론으로 미래의 조석을 예보할 수 있다.
5. 조석에서 에너지를 추출할 수 있다.

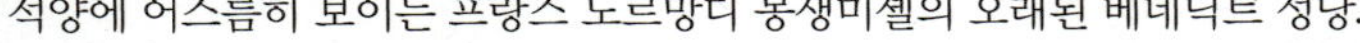
석양에 어스름히 보이는 프랑스 노르망디 몽생미셸의 오래된 베네딕트 성당.

몽생미셸 몽생미셸의 성채를 방어하고 오랫동안 보존하는 데 조석의 기여가 있었다. 18세기 초엽 전략적 차원에서 해안 전초기지의 건설이 시작되었다. 프랑스 당국은 노르망디 해안의 쿠에농 강 하구에 있는 오랫동안의 해양 침식에도 꿋꿋하게 견딘 두 개의 큰 화강암체 중 하나에 구조물—나중에는 굉장히 큰 성당을 포함하게 되었지만—을 건설하였다.[1] 이 암체는 최근까지도 고조 때에는 물속에 잠기고 저조 때에만 드러나는 좁은 길로 육지와 연결되어 있었다. 이곳의 조석은 매우 커 때로는 고조와 저조와의 차이인 조차가 14 m에 이르기도 한다. 위고(Victor Hugo)는 밀물이 밀려오는 것을 보고 "말이 달리는 듯 빠르다."라고 표현하였다. 이곳을 찾기 위해 갯벌을 건너야 하는 중세의 순례자들은 대성당과 수도원을 "바다의 위험에 빠진 성 미셸(St. Michael in Peril of the Sea)"이라고 이름 붙였다. 오늘날에도 갯벌을 걸어 성당에 가려는 방문객들이 가끔은 바다에 빠지기도 한다.

[1] 두 번째 화강암체는 그림 11.1에 제시되어 있으며 비교적 덜 개발되었다.

그림 11.1

몽생미셸 요새는 프랑스 노르망디 해안 갯벌 위에 세워졌다. 이곳의 조차는 매우 커 14 m에 이를 때도 있다. 이 사진에서 쿠에농 강 너머의 갯벌을 잠식해 가는 목초지가 보인다. 조석에 따라 잠기었다 드러나는 둑길을 최근 강을 준설한 개흙으로 물에 잠기지 않을 높이까지 돋웠는데 그 후 목초지에 개흙이 쌓이기 시작하여 높아졌다. 2006년 프랑스 정부는 1억 6천4백만 유로를 투자하여 매몰된 개흙을 다 제거하고 이곳을 전처럼 완전한 섬으로 되돌리는 계획을 발표하였다.

11.1 조석은 모든 해파 중 가장 길다

조석(tide)이란 달과 태양 그리고 지구의 운동에 의해 특정 지점에서의 주기적인 해면 변동을 말한다. 조석은 지구 둘레의 반에 해당할 수 있는 파장으로 모든 해파 중에서 가장 긴 파이다. 앞에서 보았던 다른 파들과는 달리 이 거대한 천해파는 계속 기파력의 영향하에 있기 때문에 강제파로 분류된다.(풍파, 세이시, 쓰나미 등은 각각의 기파력에 발생된 후 더 이상 기파력의 영향을 받지 않으므로 자유파라 한다.)

기원전 300년경 그리스 항해가이자 탐험가인 피테아스가 달의 위치와 조고의 관계를 기술한 기록이 있지만, 조석에 대한 완전한 이해는 뉴턴의 중력에 대한 해석 이후에야 가능해졌다.

뉴턴의 여러 연구들 중에 특히 1687년 발표된 유명한 *Philosophiae Naturalis Principia Mathematica* (자연철학의 수학적 원리)에 행성, 달, 그리고 중력장에서의 모든 천체들의 운동이 잘 기술되어 있다. 중심 주제는 두 물체 사이의 만유인력은 두 물체의 질량에 비례하고 두 물체 간의 거리의 제곱에 반비례한다는 것이다. 이는 질량이 큰 물체는 질량이 작은 물체보다 더 강하게 끌어당기고 거리가 멀어지면 당기는 힘은 급격히 약해진다는 말이다. 이는 다음과 같은 식으로 표시할 수 있다.

$$F=G\left(\frac{m_1 m_2}{r^2}\right)$$

여기서 F는 만유인력, G는 만유인력상수, m_1과 m_2는 각각 두 물체의 질량, r는 두 물체의 중심 사이의 거리를 나타낸다. 이 식은 지구와 태양 사이의 인력이나 지구와 달 사이의 인력을 계산할 때도 사용된다.

태양과 달이 지구에 미치는 인력의 조합이 조석을 일으키는 주원인이기는 하지만, 실제로 조석을 일으키는 힘은 지구에서 조석을 일으키는 두 천체(달과 태양)의 중심까지 거리의 3승에 반비례한다. 따라서 이 관계에서는 거리가 더욱 중요한 요소이며 다음과 같이 표시된다.

$$T \propto G\left(\frac{m_1 m_2}{r^3}\right)$$

여기서 T는 기조력, G는 만유인력상수, m_1과 m_2는 각각 두 물체의 질량, r는 두 지점 사이의 거리를 나타낸다. 태양의 질량은 달에 비해 약 2,700만 배 더 크지만 달보다 약 387배나 더 멀리 떨어져 있어 태양의 기조력은 달의 기조력의 46%에 지나지 않는다.

앞으로 보게 될 뉴턴의 조석이론—평형조석론—은 일차적으로 기조력은 지구, 달, 그리고 태양의 상호 위치에만 관련이 있고 수심이나 대륙의 분포 등에 영향을 받지 않는다는 전제에서 시작한다. 평형조석론으로는 천체가 균일한 수심의 바다로 완전히 덮여 있을 때의 조석을 정확히 설명할 수 있다. 뉴턴보다 약 한 세기 후 라플라스가 얕은 수심에서의 장파 속도, 해수의 운동 등을 고려한 조석이론—동역학적 조석론—을 발표하였다. 여기에서는 실제의 현상에 도전하기 전에 평형조석론

a
행성이 공전하지 않으면 행성은 서로의 인력으로 태양에 끌려가 버린다.

b
행성이 움직이면 행성은 관성으로 직선 운동을 하려고 한다.

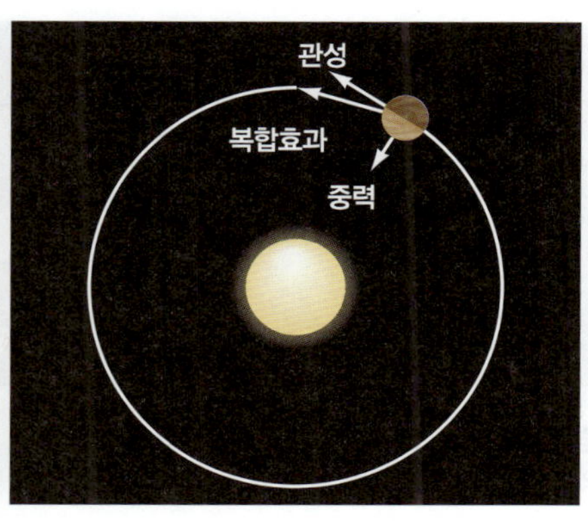

c
평형상태의 궤도에서 중력과 관성이 평형을 이루어 행성은 태양 주위를 공전하게 된다.

그림 11.2 중력과 관성이 평형을 이루고 있는 태양계 행성의 궤도.

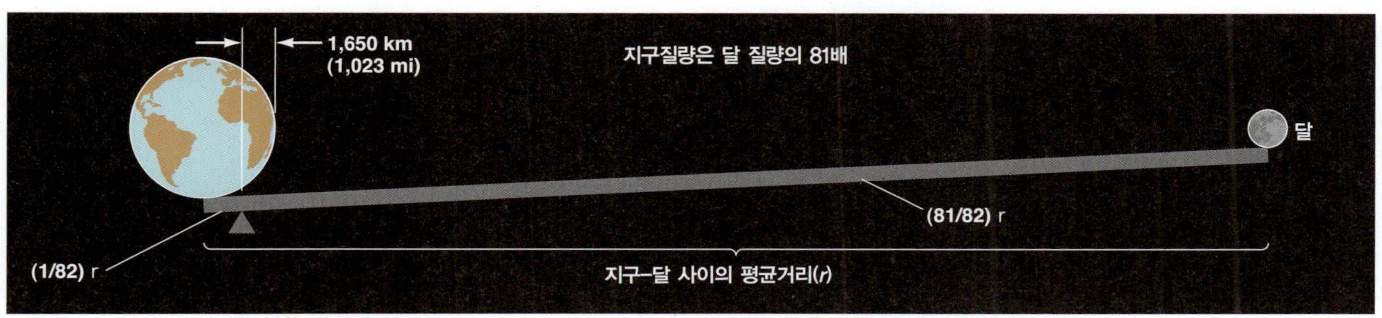

그림 11.3 달은 지구중심을 기준으로 공전하는 것이 아니다. 지구–달 체계가 공통중심(지구 표면에서 약 1,650 km)을 가운데 놓고 공전하는 것이다.

에서 거론되는 이상적인 조건에서의 조석에 대해 연구해 보도록 하자.

개념점검

1. 강제파와 자유파는 어떻게 다른가?
2. 조석에 가장 큰 영향을 미치는 천체는 무엇인가?

11.2 조석은 중력과 관성으로 형성되는 강제파이다

평형조석론(equilibrium theory of tides)은 행성들이 태양 주위 궤도를 그리고 달이 지구 주위 궤도를 따라 공전하는 힘들의 균형에서부터 출발한다. 평형조석론은 해면은 해면의 변형에 영향을 주는 힘에 즉각 반응한다는, 즉 해면은 자신에 미치는 힘과 항상 평형을 이루고 있다는 가정에서 출발한다. 해양조석의 여러 가지 특성들을 평형조석론으로 설명할 수 있다.

달의 운동은 강한 기조력을 일으킨다 먼저 달이 해면에 미치는 힘에 대해서 생각해 보자. 지구와 달은 인력으로 서로 끌어당기지만, 관성—움직이는 물체가 직선운동을 계속 유지하려는 경향—은 서로 멀어지게 한다.[이러한 관점에서 매우 자주 원심력(centrifugal force)이라고 불린다. 양동이에 물을 넣고 아래위로 돌릴 적에 양동이가 머리 위에 위치해도 물을 쏟아지지 않게 하는 힘이 바로 원심력이다.] 지구와 달은 서로 안정된 궤도에 있기 때문에 서로 부딪치거나 또는 서로 떨어져 멀리 날아가 버리지 않는다. 즉 둘 사이의 인력과 원심력이 정확히 평형을 이루고 있다(**그림 11.2**).

여러분의 생각과는 달리, 달이 지구의 주위를 돌고 있는 것이 아니다. 지구–달 체계가 그 공통 질량중심의 주위를 한 달(27.3일)에 한 번씩 돌고 있다. 지구의 질량은 달의 81배가 되기 때문에 공통 질량중심이 공중에 있지는 않고 지구 안쪽 약 1,650 km 되는 곳에 있다. 이 질량의 공통중심이 **그림 11.3**에 제시되어 있다.

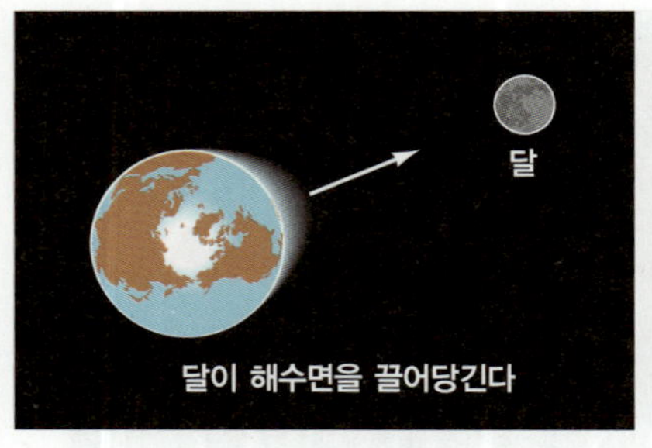

그림 11.4 달의 인력이 해수면을 끌어당기고 있다. 지구–달 공통중심을 가운데 둔 지구의 원운동은 해수를 달 반대 방향으로 밀어내려고 한다. 이 두 효과의 합이 양쪽의 해수면을 오르게 하여 조석을 만든다.

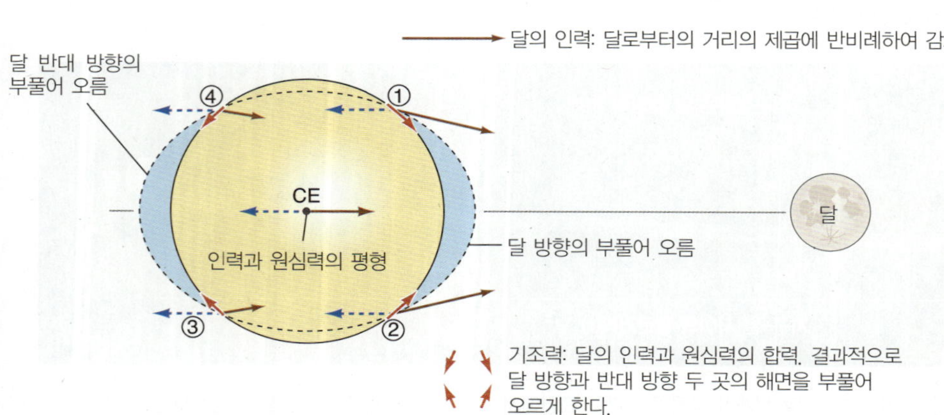

달의 인력과 원심력—이 두 힘이 해수를 움직인다—이 지구 중심(CE)에서는 정확히 크기가 같고 방향은 반대이다.

그림 11.5 지구상의 5개 지점에 표시된 인력과 원심력의 작용. 지점 ①과 ②에서는 달에 의한 인력이 바깥쪽으로 향하는 원심력보다 약간 크며 그 차이가 지구 표면의 해수를 달 쪽으로 끌어당긴다. 지점 ③과 ④에서는 원심력이 인력보다 크고 이 힘의 차이로 물은 바깥쪽으로 끌어당겨진다. 두 힘은 지구 중심(CE)에서만 정확히 평형을 이룬다.

달의 인력은 해수면을 달 쪽으로 끌어당기며, 또 한편 지구-달 체계에서 지구의 움직임은 해면을 반대편으로 올린다. 결과적으로 양쪽이 부풀어 오르는 조석이 형성된다(**그림 11.4**).

그림 11.4의 마지막 그림에서 지구의 양쪽으로 부풀어 오른 해수면을 좀 더 자세히 들여다보자. **그림 11.5**에 ①②③④로 표시된 네 지점에서 각각 힘을 표시하는 세 개의 화살표를 볼 수 있을 것이다. 달에서 멀어지는 방향으로 향하는 원심력은 청색으로, 그리고 달 쪽으로 향하는 인력은 갈색으로 표시되어 있다. 이 둘을 합친 힘을 기조력(tractive force)이라 한다. 원심력은 지구 어디에서나 방향과 크기가 같지만 달을 향하는 인력은 거리에 따라 크기는 물론 방향도 달라진다는 점을 유의해야 한다. 그림에서 이 두 힘의 합력은 적색으로 표시되어 있다.

지점 ①과 ②에서는 달에 가까워 달 쪽으로 향하는 인력이 멀어지는 쪽으로 향하는 원심력보다 약간 크다. 따라서 물은 달 쪽으로 끌릴 것이고 달 바로 밑에서 해면이 부풀어 오르게 된다. 지점 ③과 ④에서는 달과의 거리가 약간 멀어 원심력이 인력보다 약간 크다. 따라서 이곳에서는 물이 바깥쪽으로 끌리며 결과적으로 달 반대편의 해면이 부풀어 오르게 된다. 이 기조력이 지구상에서 바다를 달 반대편과 달 바로 밑의 두 방향으로 부풀어 오르게 한다.

지구 표면에서 인력과 원심력이 완전히 평형을 이루는 곳은 없다는 점을 명심하라. 지구 중심 **CE**(center of Earth)에서만 방향이 반대인 원심력과 인력의 크기가 정확히 같아서 평형을 이룬다. 이들 힘에 고체인 지구 자체는 크게 반응하지 못하지만 유체인 해양이나 대기는 다르다. 대기의 움직임은 잘 보이지 않아 신경 쓰

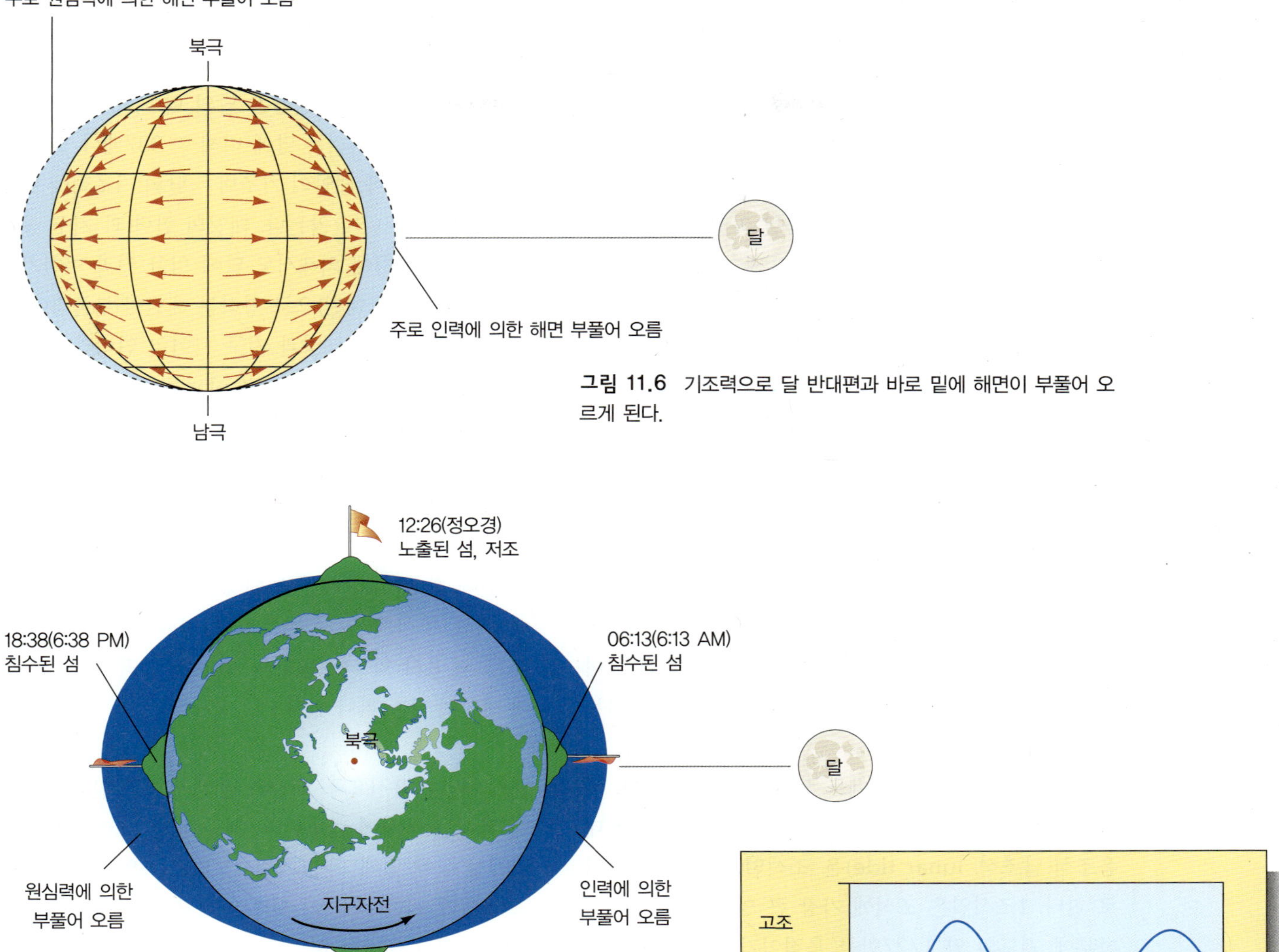

그림 11.6 기조력으로 달 반대편과 바로 밑에 해면이 부풀어 오르게 된다.

기조력으로 부풀어 오른 해면 아래서의 지구 자전으로 고조와 저조가 만들어진다. 달은 매일 50분 늦게 뜨기 때문에 조석 주기는 24시간 50분이다.

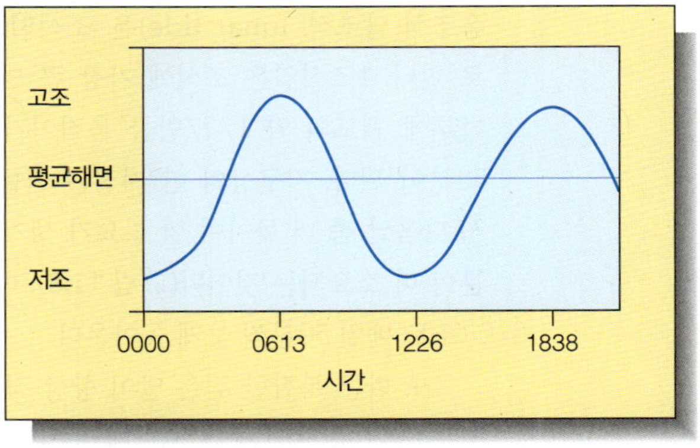

(a)의 섬에서 기록되는 조석.

그림 11.7

지 않지만 해수면의 움직임은 해안에서 쉽게 보여 우리의 주의를 끄는 것이다. **그림 11.6**은 바닷물을 달 쪽과 그 반대편으로 끄는 힘의 분포를 보여 주는 것이다.

이렇게 해면이 부풀어 오른 상태에서 어떻게 조석의 규칙적인 해면상승과 하강이 일어나는 것인가? 지금 설명하고 있는 이상적인 평형론에서는 부풀어 오른 해면은 자전하는 지구상에서 달과 지구 중심축의 위치에 고정되어 있으려 한다. **그림 11.7**은 그림 11.6 상황을 북극 상공에서 본 것이다. 지구가 동쪽으로 자전하는 동안 적도 상에 있는 섬은 부풀어 오른 바닷속에 잠기었다 나왔다 한다. 부풀어 오른 해면은 지구 크기의 파의 마루에 해당한다. 즉 **고조**(high tide) 또는 만조이다. 부풀어 오는 해면 사이의 **저조**(low tide) 또는 간조는 골에 해당한다. 00:00(자정)부터 시작하자. 처음에는 섬이 저조로 해수면이 낮아져 있으며, 06:13에는 섬이 달의 인력에 의한 고조로 물속에 잠기게 된다. 12:26(정오경)에는 섬이 다시 조석파의 골, 즉 저조에 있게 된다. 18:38에는 반대편의 관성에 의한 고조로 섬은 다시 물속에 잠기게 된다. 다음날 자정 후 약 한 시(00:50)에 다시 저조로 원래의 낮은 해수면으로 돌아간다.

고조와 저조를 일으키는 파의 마루와 골은 실제로는 매우 작다. 이론적으로 50 cm 조금 넘는 정도인 해면 상승과 하강은 지구의 크기를 감안한다면 매우 작은 양이다. 파의 마루가 있는 적도에서의 지구 자전 선속도는 약 1,600 km/h이며 달의 위치에 고정된 부풀어 오른 해면은 바로 이 속도로 움직이는 것처럼 보이게 된다. 이론적으로는 이러한 조석파의 파장은 약 20,000 km에 달한다. 지구는 자전하지만 부풀어 오른 해면은 달의 위치에서 고정되어 있으려 한다. 평형조석론을 이해하는 열쇠는 바로 부풀어 오른 해면 아래에 자전하는 지구가 있다는 것이다.

조석에는 물론 이 외에도 복잡한 것들이 많다. 예를 들면 달과 지구 사이의 인력과 원심력으로 인한 **태음조석**(달조석, lunar tide)은 조석일(태음일)을 주기로 한다. 1조석일은 조석에 가장 큰 영향을 주는 달이 하루에 궤도의 약 1/27만큼 움직이기 때문에 24시간 50분이 된다. 지구상의 한 지점은 이를 따라잡기 위해서 다음날 좀 더 돌아야 할 필요가 생기는데 이에 약 50분이 더 소요되는 것이다(**그림 11.8**). 따라서 가장 높은 고조도 매일 50분씩 늦게 돌아온다.

또 다른 복잡한 점은 달이 항상 적도 상에 있지 않다는 점이다. 달의 공전면은 매달 적도면에서 남북으로 28.5°까지 변한다.[2] 달이 적도면에서 벗어나 있으면 해면의 부풀림도 기울어진다(**그림 11.9**). 달이 북위 28.5°에 있으면 북반구에 있는 섬은 한쪽의 부풀어 오른 해면을 지나기는 하나 반대편의 부풀어 오른 해면은 만나지 못한다. 하루 동안 섬은 높은 고조, 저조, 낮은 고조, 그리고 다음 저조를 만나게 된다. **그림 11.10**은 이 상황을 나타낸 것이다.

[2] 만약 달과 태양이 항시 동일 면 상에서 움직인다면 일식과 월식이 2주에 한 번씩 일어날 것이다.

태양도 기조력을 일으킨다 태양의 인력 역시 지구상의 모든 질점들을 끌어당긴다. 거리가 만유인력의 크기를 결정하는 중요한 요소임을 항시 기억하자. 앞에서 이미 본 바와 같이 태양의 질량은 달의 약 2,700만 배이나 지구에서부터의 거리는 달에 비해 약 387배나 멀리 떨어져 있기 때문에 태양의 기조력은 달의 기조력에 비해 46% 정도에 지나지 않는다. 태양의 인력(과 지구 공전에 따른 원심력)에 의해서도 달에 의한 것과 마찬가지로 태양 쪽(과 반대편)으로 향하는 해면의 부풀림이 약간 일어난다. 이를 태양과 지구 사이의 인력과 관성에 의한 조석이라 하여 **태양조석**(solar tide)이라고 한다.

달과 마찬가지로 태양 역시 적도로부터 남북으로 23.5° 기울어지기(지구의 관점에서 보아) 때문에 태양에 의한 해면 부풀림도 달의 경우와 마찬가지로 그 위치가 변하게 된다. 지구가 태양 주위를 공전하는 것은 일 년에 한 번이기 때문에 태양조석의 위치 변동은 달에 의한 조석의 위치 변동보다 훨씬 천천히 일어난다.(그림 8.6b의 계절변화의 원인을 설명하는 그림에 이 현상이 잘 나타나 있다.)

달과 태양의 동시효과 태양과 달의 인력과 원심력에 대해 바다는 동시에 반응한다. 지구와 달 그리고 태양이 일직선 상에 있게 되면(**그림 11.11a**) 태양조석과 태음조석(달에 의한 조석)이 서로 더해지며 그 결과 고조는 더 높아지고 저조는 더 낮아진다. 그러나 달과 지구 그리고 태양이 직각을 이루면(**그림 11.11b**) 태양조석은 태음조석을 더 작아지게 한다. 그러나 달의 조석이 태양조석보다 2배나 크기 때문에 태양조석이 태음조석을 완전히 없애지는 못한다.

태양과 지구 그리고 달이 일직선 상에 위치하여 일어나는 큰 조석을 **대조**(**사리**, spring tide)(*springen*: to move quickly)라 한다. 대조 동안에는 고조는 더 높아지고 저조는 더 낮아진다. 대조는 초승과 보름에, 즉 대략 2주 간격으로 일어난다.(대조가 연중 봄(spring)에 일어나는 조석이 아님을 명심하라.) 달과 지구 그리고 태양이 직각을 이룰 때의 작은 조석은 **소조**(**조금**, neap tide)(*naepa*: hardly disturbed)라 한다. 소조 동안에는 고조는 그리 높지 않고, 저조도 그리 낮아지지 않는다. 소조는 대략 대조 후 일주일, 즉 소조도 2주 간격으로 일어난다. **그림 11.12**에서 한 달 동안

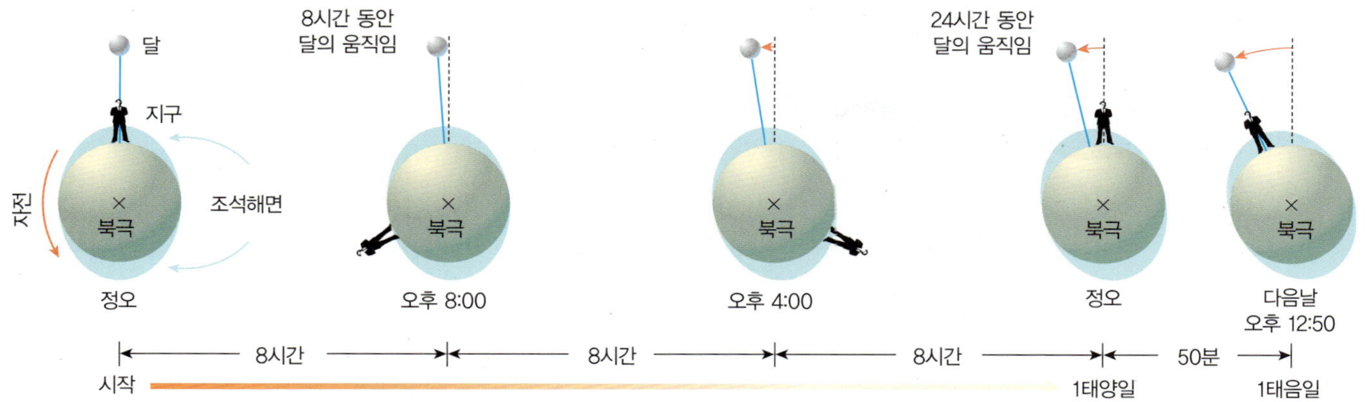

그림 11.8 태음일은 태양일보다 길다. 태음일은 달이 한 곳에 남중했을 때부터 다음 남중 때까지의 시간이다. 1태양일(24시간) 동안 달은 동쪽으로 약 12.28도 이동한다. 따라서 달의 남중을 위해서는 지구도 12.28도—50분—를 더 자전하여야 한다. 즉 태음일은 24시간 50분이 된다. 달이 매일 똑같은 위치에 오기 위해서는 50분이 더 소요되므로 달의 조석도 매일 50분씩 늦어진다.

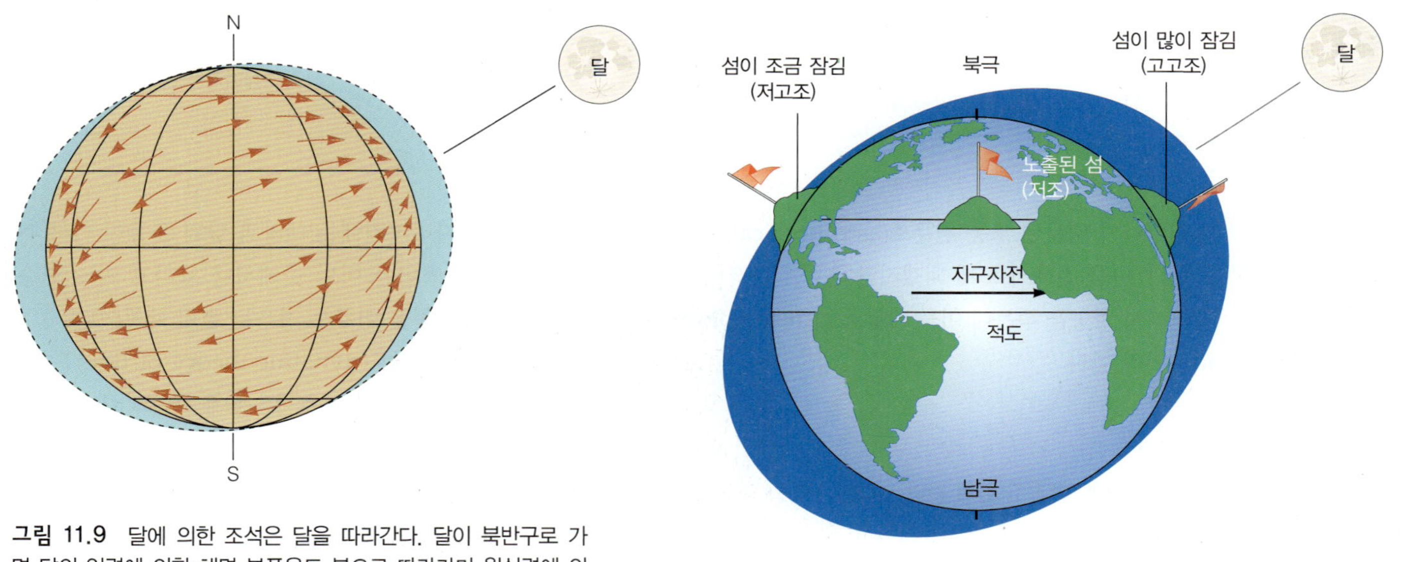

그림 11.9 달에 의한 조석은 달을 따라간다. 달이 북반구로 가면 달의 인력에 의한 해면 부풀음도 북으로 따라가며 원심력에 의한 해면 부풀음은 남쪽으로 간다.(그림 11.6과 비교해 보라.)

그림 11.10 달의 적위에 따른 고 · 저조의 변동. 달은 적도를 기준으로 남북으로 움직인다.

두 차례의 대조와 소조를 볼 수 있다.

지구에 대한 달과 태양의 궤도는 완전한 원이 아니라 타원 궤도이다. 따라서 지구와의 거리는 가까워졌다 멀어졌다 하게 된다. 달이 지구에서 가장 먼 지점인 **원지점**(apogee)에 있을 때와 가장 가까운 지점인 **근지점**(perigee)에 있을 때와의 차이는 30,600 km이다. 기조력은 두 물체 사이 거리의 3승에 반비례하기 때문에 근지점일 때의 조석이 주의해야 할 만큼 더 크다. 지구가 태양에 가장 가까이 갈 때인 **근일점**(perihelion)과 가장 멀리 있을 때인 **원일점**(aphelion)과의 차이는 370만 km이다. 달과 태양이 거의 같은 위도에 있고 또 지구가 태양에 가장 가까이 있을 때에는 아주 큰 대조가 일어나게 된다. 북반구에서는 여름보다 겨울에 더 큰 대조가 일어난다. 왜? 지구는 북반구의 겨울에 태양에 더 가깝기 때문이다.

조석은 태양과 지구 그리고 달 사이의 인력에 의해

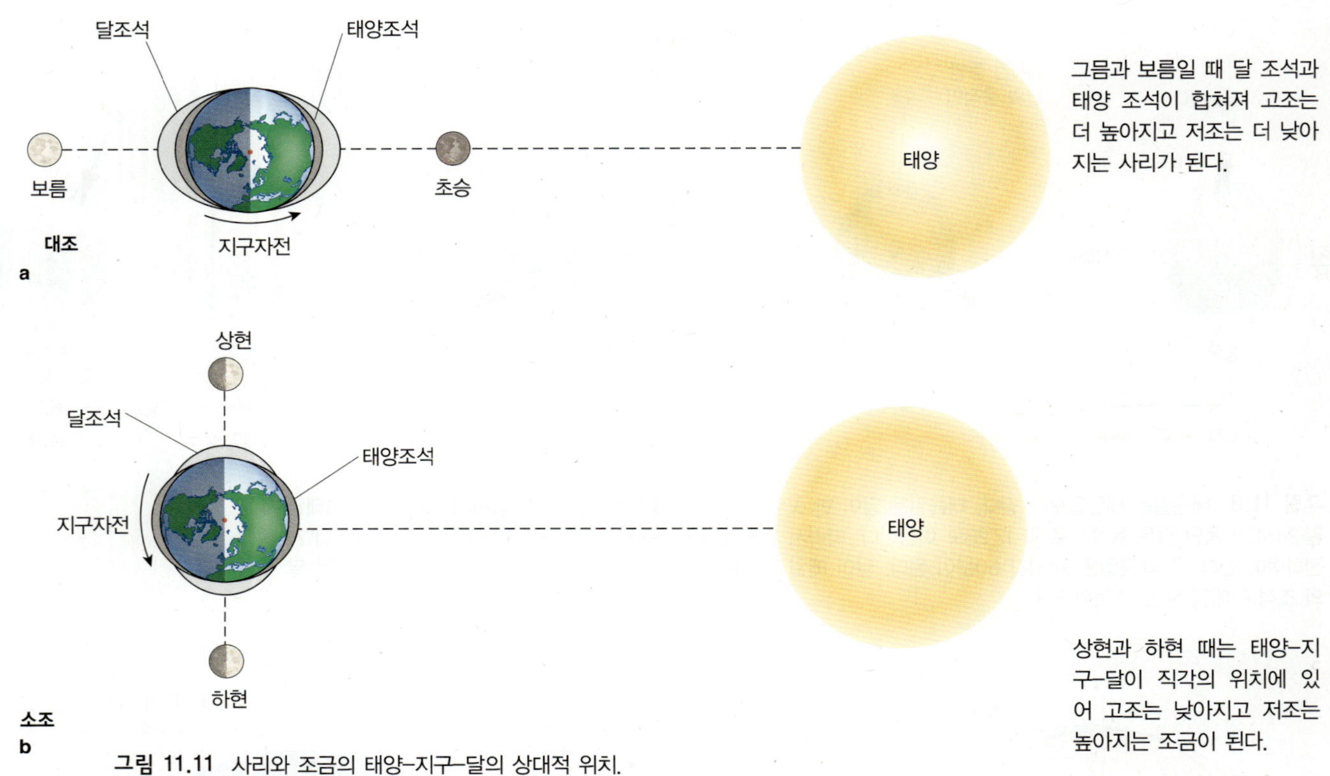

그림 11.11 사리와 조금의 태양–지구–달의 상대적 위치.

서 일어나기 때문에 보통 **천문조**(astronomical tide)라고 한다. 다음 절에서 보게 되겠지만 폭풍 같은 기상요소도 조석에 영향을 주는데 이를 기상조석(meteorological tide)이라 한다.

개념점검

3. 일반적으로 말해 두 물체 간의 인력은 거리와 어떤 관계가 있는가?
4. 기조력이란 무엇인가? 기조력은 어떻게 발생하는가?
5. 어떤 천체가 가장 강한 기조력을 발생시키는가?
6. 대조(사리)는 무엇이며 소조(조금)는 무엇인가?

11.3 동역학적 조석론은 평형조석론에 유체 운동역학을 더한 것이다

뉴턴은 자신의 조석이론이 조석운동을 설명하는 데 완전하지 못하다는 것을 알고 있었다. 평형조석론으로는 달에 의해서 최대 55 cm 그리고 태양에 의해 최대 24 cm의 조석이 생길 뿐인데 이는 전 세계의 평균 조차 약 2 m에 비하면 매우 작은 크기이다. 이러한 차이는 바닷물의 움직임이 따라가기에는 태양과 달의 운동이 너무 빠르고 또 바다 표면은 어느 곳에서나 그리고 어느 한순간도 완전한 평형을 이루는 경우는 없기 때문이다.

동역학적 조석론(dynamic theory of tide)은 뉴턴의 천체역학 업적 위에 유체운동에 관한 이론이 더해진 것으로 1775년 라플라스에 의해 제기되었다. 동역학적 조석론에 의하면 뉴턴의 이론으로 예보된 조석과 실제 관측된 조석과의 차이가 잘 설명된다.

조석은 파동의 형태를 하고 있음을 유념하자. 파의 마루—고조—는 지구 둘레의 반만큼 떨어져 있다(그림 11.7). 평형조석론에서는 지구가 자전하여도 마루는 달(또는 태양)의 바로 밑(또는 반대편)에 정지해 있는 것으로 가정했었다. 이는 다시 말하면 조석파가 완전히 바다로 둘러싸인 지구 위를 시속 1,600 km로 움직여야 한다는 것을 뜻하는데 바다에서 조석파가 이 속도로 자유롭게 움직이려면 22 km의 수심이 필요하다. 알다시피 바다의 평균 수심은 겨우 3.8 km에 지나지 않는다. 따라서 조석은 강제파의 형태로 움직이며 그 속도는 바다의 깊이에 따라 결정된다.

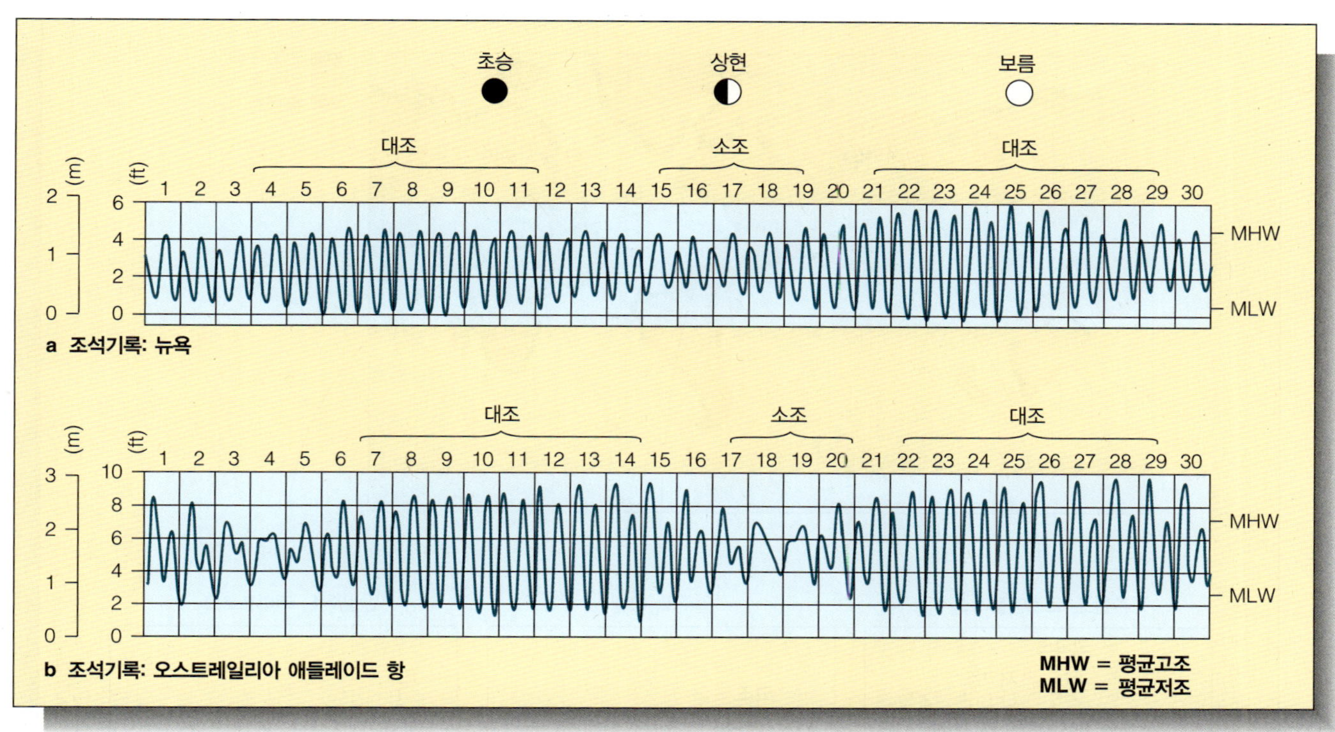

그림 11.12 한 달 동안의 조석 기록. (a) 뉴욕, (b) 오스트레일리아 애들레이드 항. 달의 위상과 대·소조기를 비교해 보라.

조석 형태와 무조점 조석을 천해파의 하나로 보는 것은 이상적인 조건하에서의 동역학적 조석론의 관점에서 본 것일 뿐이며, 현실에서는 대륙의 분포를 무시할 수 없다. 지구는 자전하고, 대륙의 분포는 조석의 진행을 방해하여 방향을 전환시키거나 속도를 느리게 하는 등 조석파의 움직임을 복잡하게 한다. 이러한 방해 작용으로 곳곳에 도달하는 조석파의 형태는 제각각 다른 형태로 변할 수 있다. 예를 들어 달 바로 밑에 육지가 있다면 이곳에 고조가 생기지 못하고 주변 해안에 고조가 형성될 것이다. 그리고 몇 시간 후 달에서 육지가 멀어지고 달이 바다 위에 오게 되면 바다에 새로운 고조가 만들어지고 대륙 주변은 저조로 돌아서게 될 것이다.

해역의 모양도 조석의 형태에 큰 영향을 준다. 앞에서 본 것처럼 큰 해역에서는 조석파의 세이시가 형성될 수도 있다. 물론 작은 해역에서도 조석파의 공명이 일어날 수 있으며 또 해안의 형태에 따라 공명의 주기가 변할 수 있다.

여러 가지 이유에 의해, 하루(조석일)에 비슷한 크기의 두 번의 고조와 두 번의 저조가 일어나는 **반일주조**(semidiurnal tide)가 보이는 곳이 있는가 하면, 어떤 곳에서는 하루에 한 번의 고조와 저조가 일어나는 **일주조**(diurnal tide)가 보이기도 한다. 그리고 잇달은 고·저조가 많이 다르면 **혼합조**(mixed tide)라고 하는데 일주조와 반일주조가 합쳐진 형태이다.

그림 11.13에 여러 가지 조석 형태가 제시되어 있다. 미 서해안에서는 고고조, 저저조, 저고조, 그리고 고저조의 혼합형 조석이 일반적이다(그림 11.13a). 멕시코 만의 경우 폐쇄된 만의 공명주기에 의해 조석형태가 변형되어 앨라배마의 모빌에서는 하루에 한 번의 고조가 일어나는 일주조 형태를 보인다(그림 10.13b). 케이프코드는 1태음일 동안 두 개의 고조가 일어나는 반일주조형(그림 11.13c)이다. 태평양에는 그림 11.13d에서 보는 것처럼 반일주조, 일주조, 그리고 혼합조가 모두 존재한다. 오스트레일리아 동해안, 뉴질랜드 전역, 중미 및 남미대륙 서해안에서는 반일주조, 알류샨 열도 부근은 일주조 그리고 북미 서해안과 남미의 일부는 혼합조를 보인다. 왜 이런 차이가 생기는 것일까?

세이시에서 예로 든 제네바 호수를 떠올려 보자.

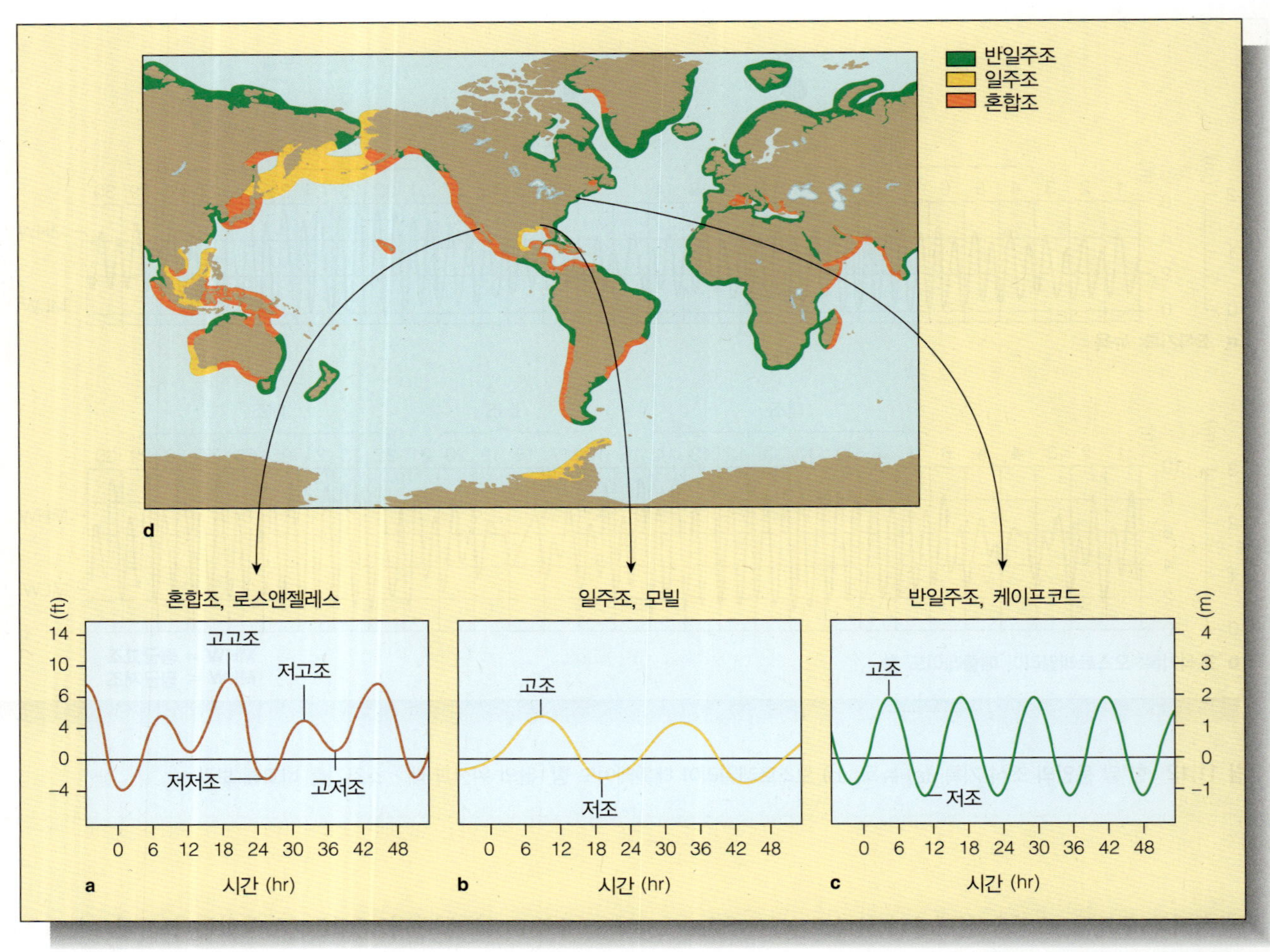

그림 11.13 세 가지 형태의 조석 기록. (a) 캘리포니아 로스앤젤레스의 혼합형 조석. (b) 앨라배마 모빌의 일주조형 조석. (c) 매사추세츠의 반일주조형 조석. (d) 전 세계의 조석 형태 분포. 대부분이 반일주조이다.

호수의 양 끝에서 수면이 오르내려도 호수 중앙에서의 수면 변화는 없었다(그림 10.27 참조). 호수가 동서로 뻗어 있고, 또 전향력 효과로 호수 중앙부에서 동쪽으로 움직이는 물은 약간씩 오른쪽(남쪽)으로 휘게 된다. 만약 호수가 좀 더 커서 물의 흐름이 더 많았다면(즉 전향력 효과가 더 많이 작용할 수 있었다면), 호수의 물은 더욱 많이 남쪽 호안을 따라 동쪽으로 이동하게 될 것이다. 이번에는 반대로 호수의 물이 서쪽으로 움직일 때에는 전향력 효과로 물은 오른쪽, 즉 북쪽 호안으로 몰리게 될 것이다. 그리고 이 일련의 움직임이 반시계방향으로 일어남을 유의하라.

같은 이유로 조석파에서의 바닷물도 해역의 오른쪽 해안으로 쏠리려는 경향이 있다. 북반구에서 북쪽으로 움직이는 해수는 동쪽 해안(해양 기준으로 동쪽이며, 대륙을 기준으로 하면 서해안이 된다)으로, 남쪽으로 움직일 때는 서쪽 해안(역시 해양 기준이며 육지 기준으로는 동해안이다)으로 밀린다. 이러한 해수의 움직임에 기조력이 계속 가해지면 조석파의 마루(고조)는 마디를 중심으로 반시계방향의 움직임을 보이게 된다. **그림 11.14**에 이러한 반시계방향의 운동이 제시되어 있다.

해역의 중앙부 근처 마디를 **무조점**(amphidromic point)(*amphi*: around, *dromas*: running)이라 한다. 글자 그대로 무조점은 조석이 없는 점이며 그 주위를 조석파의 마루(고조)가 한 조석 주기 동안에 한 바퀴씩 회전한다. 해역의 형태와 주위의 육지 분포에 따라서는 조석파의 마루와 골이 서로 상쇄되기도 한다. 무조점 주위를 회전하는 조석파는 마치 자전거 바퀴의 축에서 밖으로 뻗어 있는 살처럼 조석파의 마루도 무조점에서 밖으

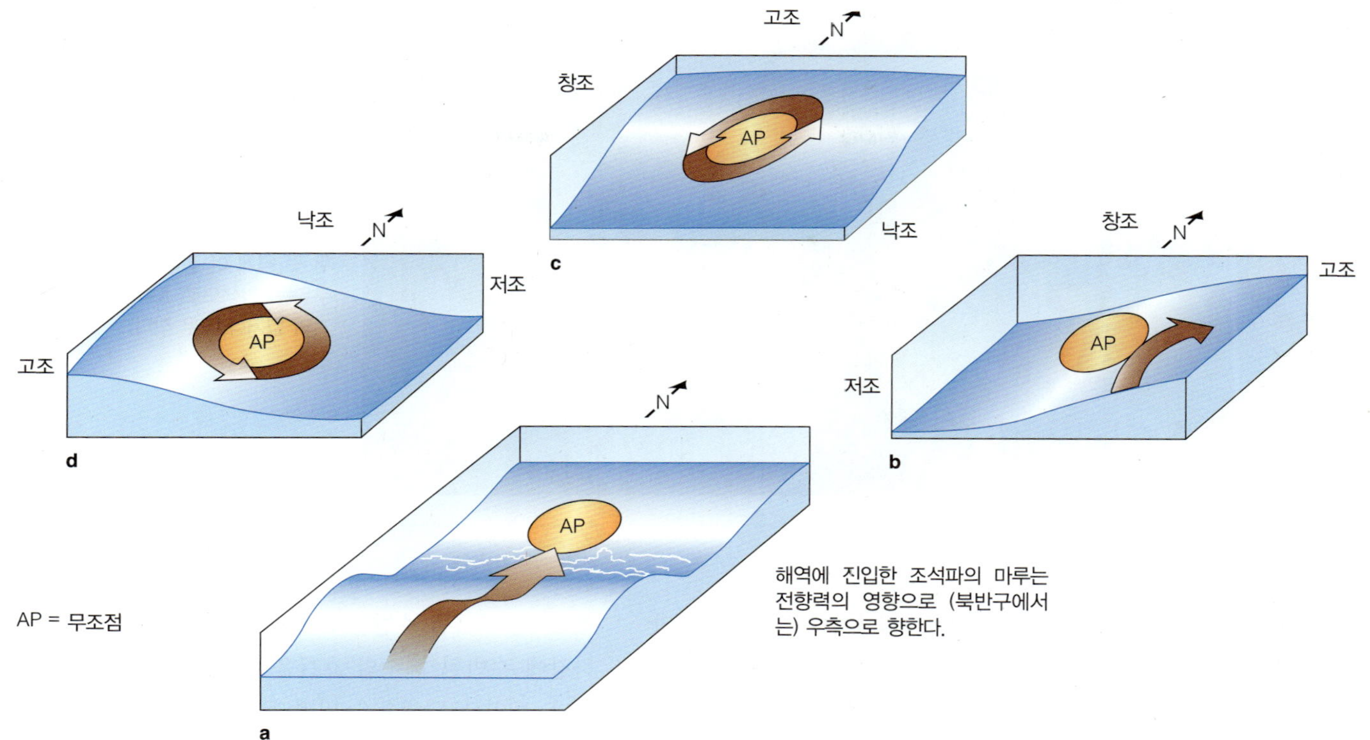

그림 11.14 무조점 체계의 형성. (a) 북반구에서 조석파의 마루가 해역의 입구에 진입한다. (b) 조석파가 전향력의 영향으로 우측으로 향하여 동쪽 해안이 고조가 된다. (c) 해안 때문에 계속 우측으로 가지 못한 조석파는 북쪽으로 향하여 북쪽 해안이 고조가 된다. (d) 조석파는 계속 진행하여 해역을 반시계방향으로 한 바퀴 돌아 서쪽 해안이 고조가 된다. 조석파가 회전하는 중심을 무조점(AP)이라 한다.

로 멀리 해안까지 뻗어 있다. 조석파는 조석파와 함께 움직이는 해수의 양이 매우 많아 전향력의 영향을 많이 받는다. 북반구에서의 조석파는 무조점을 가운데 두고 반시계방향으로 움직이며, 남반구에서는 시계방향으로 움직인다. 조석파의 크기도 대체로 무조점에서 멀어질수록 커진다.

그림 11.15에 보이는 것처럼 전 세계에는 여러 개의 무조점이 존재한다. 태평양에는 복잡하게 5개가 있다. 태평양의 복잡한 해안을 생각하면 이렇게 복잡한 형태의 조석이 보이는 것도 그리 놀라운 일은 아닐 것이다.

조석의 기준면 조석의 높이를 재는 기준면을 **조석기준면**(tidal datum)이라고 한다. 조석기준면은 그림 11.12와 11.13에서 조석 그래프의 영점이다. 기준면이 수년 동안의 해면의 평균인 **평균해면**(mean sea level)에 설정되는 것은 아니다. 혼합조의 해안에서는 하루 동안의 두 개의 저조 중 더 낮은 저조의 평균인 평균저저조면(MLLW: mean lower low water)을 기준면으로 설정하며, 일주조와 반일주조 해안에서는 모든 저조의 평균면인 평균저조면(MLW: mean low water)으로 설정한다.[역주: 이는 미국의 경우이다. 우리나라에서는 평균해면에서 주요 4개 분조의 합만큼 내려간 약최저저조면(App. LLW)을 조석기준면으로 설정하며, 이것은 해도에 기록되는 수심의 기준면이 된다.]

조석 형태는 해역의 크기와 모양에 따라 다르다 **조차**(tidal range, 고조와 저조와의 차이)는 해역의 형태에 따라 달라진다. 호수와 같은 작은 해역에서는 조차가 작다. 비교적 큰 해역이라 할 수 있는 발트 해나 지중해에서도 조차가 그리 크지는 않다. 조차는 한 해역에서도 다 같지 않다. 해안이 다르며 대양의 중앙부가 다르다. 큰 해역의 주변부 특히 형태적 특성으로 인해 조석파의 에너지가 집중되는 만이나 해역 입구에서 조차가 커진다.

만약 동부 캐나다의 세인트로렌스 만처럼 넓고 대칭인 곳에서는 큰 바다의 무조점 체계를 닮은 작은 무조점 체계(**그림 11.16**)가 형성되지만, 좁고 작은 만에서는 조석파가 무조점 주위를 완전히 회전하지는 못하

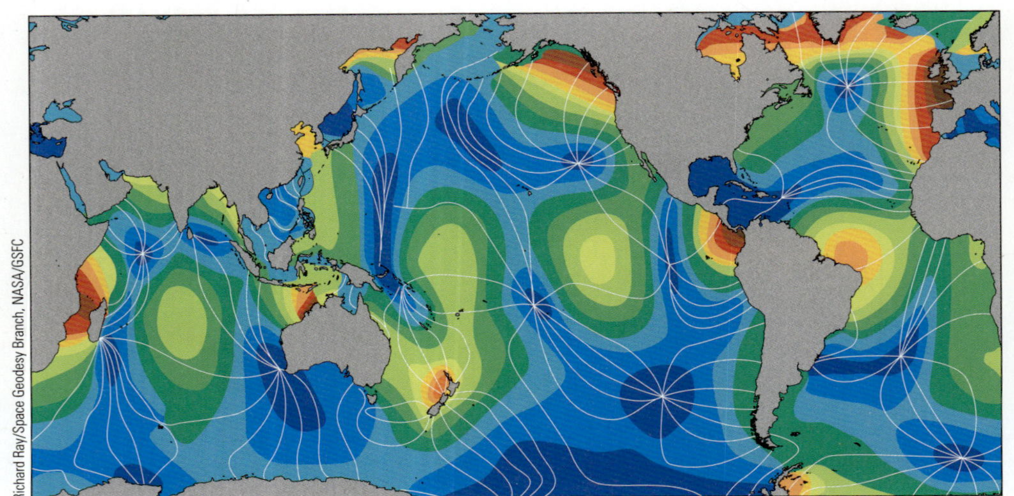

그림 11.15 무조점의 분포. 대체로 조차는 무조점에서 멀어질수록 커진다. 색깔은 조차를 표시하며 청색이 가장 작다. 흰 선이 발산하는 점을 무조점이라 하며 이 점을 중심으로 조석파는 북반구에서는 반시계방향 그리고 남반구에서는 시계방향으로 회전한다. 전 해양에 열두 곳 넘게 이 점들이 있는데 이 점 주위는 청색으로 보이듯이 조차가 거의 없거나 매우 작다.

고 단지 들락날락할 뿐이다(**그림 11.17**). 공명 주기가 12시간 또는 24시간 근처이면 아주 큰 조석이 발생한다. 매우 드물기는 하지만 만의 공명주기가 태음조석 주기(12시간 25분)와 같은 경우는 어마어마한 조석이 발생할 수도 있다. 캐나다 뉴브런즈윅 멍크턴의 펀디 만 동쪽 끝에서의 조차는 무려 15 m(**그림 11.18**)나 되며 바하캘리포니아 반도의 동부 코르테즈 해 북쪽 끝에서는 9 m의 조차가 발생한다. 대서양에서 영불해협으로 진입한 조석파는 영국 남동부 해안과 프랑스 북부 해안에서 큰 조차를 형성한다.

강 하구가 조차가 매우 큰 바다로 연결되어 있고 조건이 잘 맞으면 **조석보어**(tidal bore)가 발생한다. 좁은 하구에서 조석파에 밀려 상류로 전파되는 물의 절벽 같은 조석보어야말로 어떤 면에서는 진정한 **조석파**(tidal wave)라 할 수 있다(**그림 11.19**). 깔때기 모양의 하구 지형으로 조석파의 마루가 한 곳으로 모이고 또 그 마루는 그 수심에서 이론적으로 생각할 수 있는 천해파 전파속도보다 더 빨리 상류 쪽으로 밀려 올라간다. 이렇게 억지로 밀리는 조석파는 상류로 가면서 미끄럼파 형태로 깨어진다. 보어는 대체로 높이가 1 m 이하이지만, 중국의 첸탕 강에서는 8 m 높이의 보어가 초속 11 m로 이동하기도 한다. 이들은 모두 예측 가능하기 때문에 위험성이 그리 크지는 않다. 조석보어의 도달 시간에 대한 정확한 예측은 항행의 안전에 특히 중요하다. 중국 남동부와 펀디 만 외에 아마존이나 갠지스 강 삼각주 그리고 영국의 세번 강에서 조석보어가 자주 보인다.

조석파는 조류를 수반한다 조석에 의한 해면의 상승과 하강에 수반된 해수의 흐름을 **조류**(tidal current)라 한다. 해역으로 해수가 밀려 들어와 해면이 상승하여 고조로 가는 동안의 흐름을 **창조류**(flood current) 또는 밀물이라 하며, 고조에서 해수가 밀려 나가 저조로 수면이 낮아지는 동안의 흐름은 **낙조류**(ebb current) 또는 썰물이라고 한다. 연안 해역에서의 조류는 대체로 고조와 저조의 중간 시점에서 최강 유속을 갖는다. 고조 또는 저조 시에 흐름의 방향이 바뀌는 잠시 동안 흐름이 없을 때를 **정조**(slack water)라 한다.

큰 만이나 항구의 좁은 입구에서의 센 조류를 버틸 수 있는 사람은 아무도 없을 것이다. 대조 때의 강한 낙조류가 샌프란시스코 금문교의 남쪽 주탑을 때릴 때 만들어지는 이물파(bow wave, 배가 진행할 때 뱃머리에서 갈라지는 파도)를 보면 마치 다리가 그 속도로 떠내려가고 있는 환상을 느끼게 한다. 금문교 아래의 조류 속도는 만 안쪽의 부피에 비해 바닷물이 빠져나갈 좁은 입구로 인하여 3 m/sec에 이른다. 좁은 물목을 지나야 하는 선원들은 조류의 변동 시간을 잘 알고 있어야 할 것이다. 어떤 곳에서는 조류의 정확한 예보가 생사의 문제와 연관될 수도 있다.

외해에서의 조류는 더욱 복잡하다. 깊은 바다에서 조류의 방향과 속도를 계산하기 위해서는 무조점에 대한 위치, 해역의 형태, 중력 및 관성 등을 다 고려해야 한다. 외해에서의 조류는 항구에서처럼 갇혀 있는 것이 아니기 때문에 그리 세지는 않다. 대체로 외해의 조류의 유속은

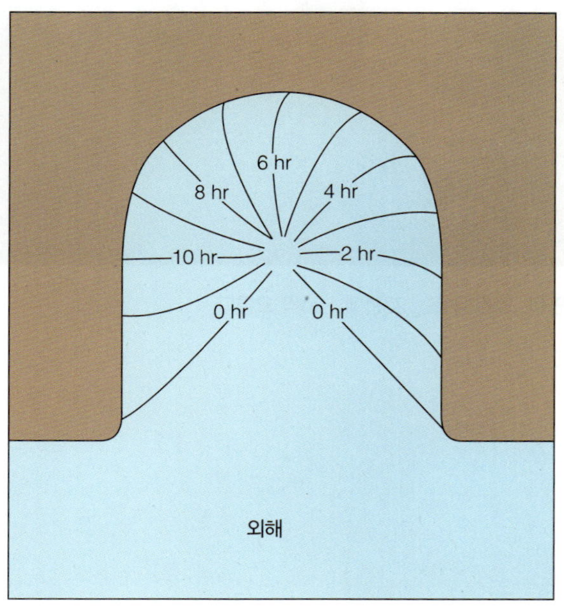

a

얕고 넓은 만에서 볼 수 있는 무조점 체계. 숫자는 조석이 진행됨에 따른 고조 시간을 표시한다.

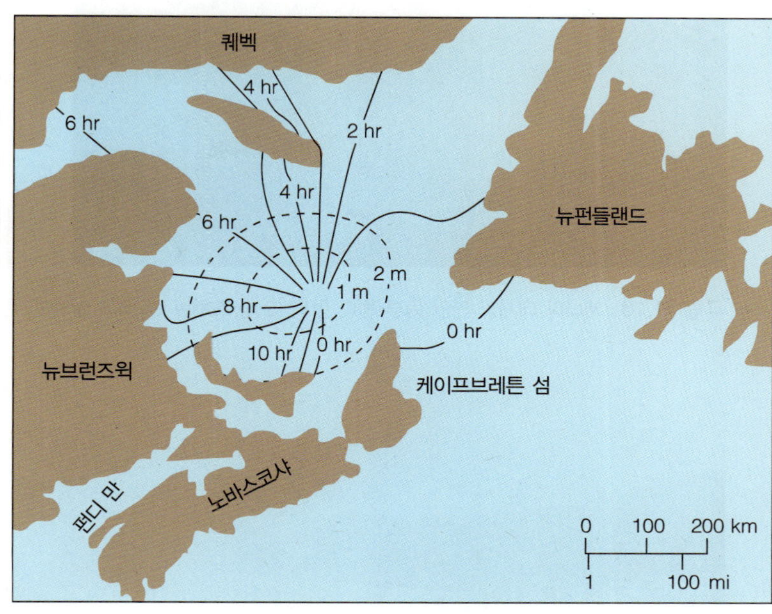

b

남동부 캐나다 뉴브런즈윅과 뉴펀들랜드 사이의 세인트로렌스 만의 무조점 체계. 점선은 최고 조위를 표시한다.

그림 11.16 넓은 만에서의 조석.

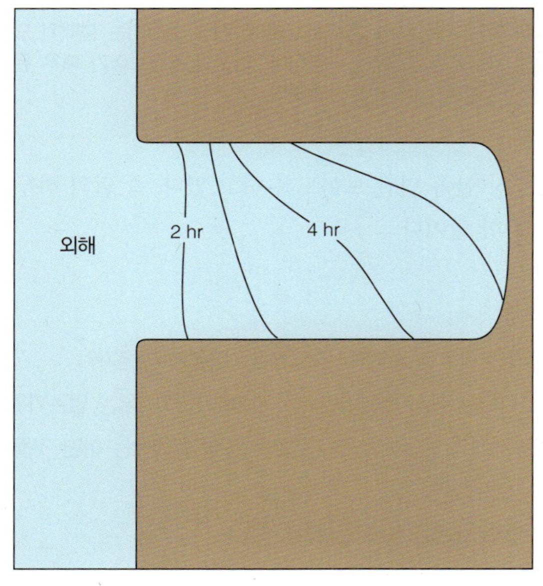

a

조석파가 회전할 공간이 부족한 좁은 만에서는 완전한 무조점 체계가 형성되지 못한다.

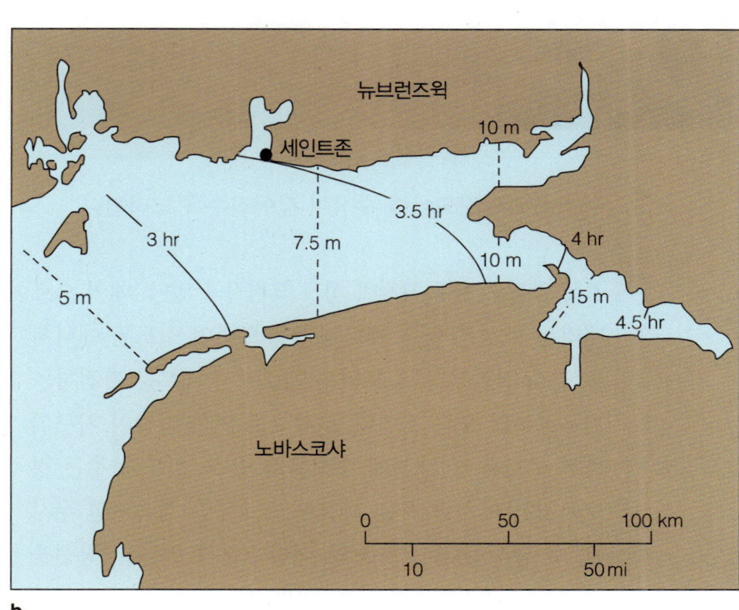

b

노바스코샤의 펀디 만은 공명주기가 태음조석의 주기와 일치하여(세이시) 조석이 매우 크다.

그림 11.17 좁은 만에서의 조석.

그림 11.18 캐나다 대서양 연안 동부 펀디 만의 조석. 조차는 15 m에 달하며, 한창 해면이 오를 때에는 23분에 1 m씩 오른다.

그림 11.19 중국 동부 저장 성 항저우의 첸탕 강 둑에 조석파가 갑작스럽게 들이쳐 관광객들이 도망치고 있다. 하구는 매우 넓은데 상류로 가면서 점점 좁아지는 깔때기 모양이다. 이곳의 조석보어가 매우 유명하다.

수 cm/sec 정도이며 수심이 깊어질수록 느려진다.

조석 마찰로 지구 자전이 점차 느려지고 있다 매일 오르내리는 조석은 많은 에너지를 소모하며 소모된 에너지는 열로 전환된다. 소모되는 에너지는 대부분 자전하는 지구로부터 오는 것인데, 조석으로 인한 마찰이 지구의 자전 속도를 한 세기에 수백분의 일 초 정도 늦추는 정도이지만 이처럼 작은 시간도 오랫동안 계속되면 무시할 수 없어진다. 산호초와 대합조개의 일일 성장선을 연구하는 지질학자들은 하루의 길이가 점점 더 길어지고 있다고 하며 언젠가는 일 년의 날 수가 줄어들 것이라고 추측하고 있다. 3억 5,000만 년 전에는 하루의 길이가 22시간에 일 년이 400 내지 410일이었을 것이며, 2억 8,000만 년 전에는 22.5시간에 390일이었다는 증거들이 발견되고 있다.

조석 마찰은 다른 천체에도 영향을 준다. 기조력의 영향은 지구에 대한 달의 공전을 고착시켜 달은 지구를 향해 항상 한쪽 면만 보이도록 하고 있다. 즉 달의 하루는 바로 한 달이다.

개념점검

7. 평형조석론과 동역학적 조석론은 어떻게 다른가?
8. 조석파는 항시 천해파인가? 심해파가 될 경우는 없는가?
9. 전 세계의 해안에서 볼 수 있는 조석 형태에는 어떤 것들이 있는가?
10. 외양에서도 조석이 있는가?
11. 바다의 모양은 조석에 어떤 영향을 미치는가?
12. 조석보어란 무엇인가?

11.4 조석은 대부분 정확히 예보할 수 있다

기조력 또는 조석을 변형시키는 요소는 앞에서 거론된 것 외에 적어도 140여 항목은 더 있지만 수학적인 방법으로 조석을 예보하기 위해서는 적어도 일곱 항목은 고려해야 한다. 이 요소들 사이의 작용은 매우 복잡하다. 만약 지구상에서 이때까지 알려지지 않은 새로운 대륙이 발견되었다고 하면 이 신대륙 해안의 조석을 정확히 예보하는 것은 거의 불가능하다. 장래의 조석 기록인 조석표는 지난 조석 자료를 검토하여 작성된다. 지난 기록을 잘 분석하면 수년 앞의 조석을 3 cm 정도의 정확도로 예보할 수도 있다.

폭풍해일과 기상 변동 그리고 쓰나미의 공명으로 인한 세이시 등과 같은 기조력 외의 요소들도 정확한 조석 예보에 영향을 줄 수 있다. 강한 해풍이나 육풍이 꾸준히 오랫동안 분다면 조위와 조시에 영향을 준다. 조석에서 이와 같은 기상 요인으로 인한 부분을 **기상조석**(meteorological tide)이라고 한다.

조석을 연구하는 체계에는 아주 단순한 것부터 매우 복잡한 것(해저에 수압 감지 센서를 여러 개 설치하는 것)까지 여러 가지가 있다. 앞에서 본 바와 같이 조석은 너무 복잡하기 때문에(조석에 영향을 주는 변수가 너무 많기 때문에) 이를 측정하고 예보하는 데는 갖가지 방법이 다 동원된다. 최근 미국과 독일의 연구자들이 인공위성에서 측정된 지자기의 변동에서 조석을 찾아내는 방법에 대한 연구를 시작하였다.

이러한 연구는 어떻게 가능한가? 해수는 전기가 통하는 도체이다. 해수가 지구 자기장 위를 흐르면 미세하지만 분명한 자기장을 만들게 되는데 이것이 원래의 지구 자기장 위에 겹치게 된다. 위성 관측에서 태음조석의 흔적을 구별해 낼 수 있었으며 자기장 변동의 감지와 분석 능력을 키우기 위한 연구가 진행 중이다.

개념점검

13. 기상조석이란 무엇인가?

14. 천문조석과 기상조석은 서로 영향을 줄 수 있는가?

11.5 조석 형태는 해양 생물에도 영향을 준다

해안의 생물들이 조석에 많은 영향을 받는다는 것은 놀랄 일이 아니다. 물에 잠기었다 다시 드러났다 하는 조간대 생물들의 환경은 조하대 아래의 생물들과는 아주 다르다. 조간대 생물들은 조석에 따라 계속 물속에 잠기었다 다시 드러났다 한다. 오랜 시간 동안 물 밖에서 생존할 수 있는 생물들도 있지만, 겨우 한 달에 몇 시간 이상의 노출을 견디지 못하는 생물들도 있다. 조간대의 동식물들은 몇 개의 대역을 형성하여 모여 산다. 이 각각의 대역에는 특정의 생존환경에 가장 잘 적응된 동식물들이 모여 살게 된다. 조간대 환경은 이곳 생태를 잘 모르는 사람들에게도 확연히 구분되어 보인다.(이런 조간대의 구분은 그림 16.8에서와 같이 암상해안에서 더욱 뚜렷하다.)

해면의 오르내림에 따라 생물들이 움직이는 양상이 모두 같은 것은 아니다. 저조 때 작은 규조류(단세포 조류)인 *Hantzschia*는 광합성을 하기 위해 젖은 모래를 타고 표면까지 올라왔다가 다음 물이 바뀔 기미가 보이기만 하면 파도로부터 보호될 수 있는 보다 안전한 아래쪽 모래 속으로 내려간다. 꽃발게(*Uca* 속)는 고조시에 포식자를 피해 은신처에 숨었다가 저조 때가 되면 혹시 바닷물이 문 앞에 떨구어 놓았을지도 모르는 먹이를 찾기 위해 기어 나온다. 모래게(*Emerita*)나 콩대합조개(*Donax*)와 같이 필터섭식을 하는 동물들은 파도가 깨어지는 기파대의 혼란스러운 환경이 먹이를 찾기에도 또 포식자들로부터 숨기에도 좋기 때문에 조석에 따라 해안의 아래위로 이동하기도 한다.

조석 회유종으로는 색줄기멸치(*Leuresthes*)—산란기 때 끽끽거리는 소리에서 이름 붙여진 조그만 어류—가 유명하다. 2월 말과 9월 초 사이(약 15 cm 정도까지 자란다)에 이 작은 물고기들은 대조 직후에 떼를 지어 해안가 모래사장의 웅덩이로 몰려들어 산란과 수정을 하고 다시 바다로 돌아간다(**그림 11.20**). 산란된 알은 바다의 포식자들로부터 보호된 상태에서 점점 성장하여 9일 후 부화한다. 그리고 며칠 후 다시 대조가 되어 모래 바닥이 물에 잠기고 허물어지면 바다로 돌아간다. 색줄기멸치가 어떻게 조석 주기를 아는지는 아무도 모르지만, 몇몇 연구자들은 색줄기멸치들이 조석에 따른 미세한 수압의 변화를 감지하거나 또는 눈으로 보름달이나 초승달을 본 후 3~4일 밤을 지난 다음 산란기를 정하는 것이 아닌가 하고 추측하고 있다. 이 작은 물고기들이 아메리카 원주민들의 주요 식품인 것도 놀랄 일은 아니다.

개념점검

15. 암상해안의 조간대에서는 생물 서식 분포상이 뚜렷이 구별되어 보인다. 조석이 어떤 영향을 주어 서식 분포가 구분되는가?

Gary Florin and Cabrillo Marine Aquarium

그림 11.20 봄, 여름철 대조기의 밤에 이 작은 물고기들(*Leuresthes* 속)이 떼 지어 해변에 몰려와 모래 속에 산란을 하고 돌아간다. 약 2주일 후 다시 대조기가 되었을 때 알들이 부화한다. 어떻게 이 물고기들이 그들의 부화시간을 정확히 조석주기에 맞추는지는 아무도 모른다. 색줄기멸치는 북미대륙의 태평양 연안과 캘리포니아 만에서만 발견되는데 캘리포니아 서식 종은 태평양 종과는 달리 낮 동안에 산란한다.

AA World Travel Library/Alamy

그림 11.21 프랑스 서부 랑스 강 하구에 건설된 조력발전소.

11.6 조석에서 에너지를 추출할 수 있다

조석을 이용할 방법을 찾아보자. 배의 입출항을 조시에 맞춰 할 수 있을 것이며, 선박 수리를 위해 선박을 드라이독에 넣을 때 낙조시를 이용하면 편리할 것이다. 이런 고전적인 이용 외에 화석연료를 대신해 발전에 이용할 방법을 찾아보자.

조력발전이야말로 이때까지 바다에서의 에너지 이용 중 대규모로 성공한 유일한 것이다. 최초의 상업적인 조력발전은 1966년 조차가 13.4 m나 되는 프랑스 랑스 강 하구에서 이루어졌다(**그림 11.21**). 연간 5억 4,400만 kWh의 발전 용량을 갖춘 24개의 발전기와 850 m의 제방이 건설되었으며 7,500만 달러의 공사비가 소요되었다. 고조 시에 바닷물은 발전기를 통하여 하구로 채워지고 저조 시에는 채워졌던 바닷물이 강물과 함께 다시 발전기를 통하여 빠져나간다. 바닷물이 들어올 때와 나갈 때 모두 발전기가 가동된다. 노바스코샤 아나폴리스 강 하구에는 이보다는 작지만 같은 형식의 소형 발전 시스템이 설치되어 있다. 캐나다의 펀디 만 안쪽인 메인 주와 뉴브런즈윅 주 사이의 파사마쿼디 만에 이보다 훨씬 큰 조력발전소를 건설할 계획이 수립된 적도 있다.(역주: 우리나라에서는 시화호에 시설 용량으로는 랑스 강 발전소보다 더 큰 대규모 조력발전소가 건설되어 운전 중이다.)

조력발전에는 영국 브리스톨에서와 같이 조류 터빈을 이용하는 방법도 있다(**그림 11.22**). 랑스 발전소와는 달리 이 터빈은 외해에 그냥 설치한다. 이런 형태의 대형 발전소가 처음 건설된 것은 2007년 8월 북아일랜드 스트랭포드 호수의 좁은 입구에서이다. 그림 11.22에서 보는 것처럼 아이리시 해의 좁은 물목에 건설된 거대한 터빈이 바다의 흐름에서 120만 와트의 청정에너지를 뽑아 1,000가구에 전력을 공급하고 있다. 영국과 스칸디나비아 반도 지역에서 더 큰 건설 계획이 추진 중이다.

Marine Current Turbines Limited

북아일랜드 스트랭포드 호에 설치된 조류발전 터빈의 그림. 직경 20 m의 터빈이 쌍으로 설치되었으며 조류가 통과하면 서로 반대 방향으로 천천히 회전한다.

Marine Current Turbines Limited

타이타닉 호를 건조했던 벨파스트 조선소에서 제작되고 있는 터빈. 사람과 터빈의 크기를 비교해 보라.

그림 11.22 조류발전을 위한 연구가 진행되고 있다.

조력발전은 무한의 에너지를 이용하여 발전소 운영비가 적게 들고 이산화탄소를 방출하지 않는 등 많은 장점을 가지고 있다. 하지만 전 세계의 가능한 모든 장소에 발전소를 건설한다고 해도 얻을 수 있는 전기는 전 세계 필요량의 1%를 넘지 못한다.

개념점검

16. 조력발전이 이루어지고 있는 곳은 어디인가?

17. 조력발전이 적극적으로 추진되지 못하는 이유는 무엇인가?

학생들의 질문

1. 조석보어에서 파도타기를 할 수 있겠는가?

물론 가능하다. 가끔은 너무 커 감당하기 어려울 수도 있다. 첸탕 강 보어(은룡, 그림 11.19 참조)는 탈 수 있는 시간이 11초도 되지 못하고 또 외지인들에게는 보어의 진행과정이 너무 낯설 것이다. 아마존 강 보어(pororoca)는 조금 작기는 하고 또 36분 정도는 탈 수 있기는 하지만 몸속 뼈나 혈관으로 파고들어 떼어 내려면 수술을 해야만 되는 작은 물고기(*Vandellia* 속)들이 많아 난감하다.

안전과 재미를 다 같이 고려한다면 영국 브리스톨 해협 남부의 세번 보어가 좋을 것 같다. 세번에서의 파도타기는 1955년부터 시작되었으며 해가 갈수록 점점 많은 사람들이 즐긴다. 전 세계에서 몰려들고, 베테랑들은 8 km 이상도 탄다. 운이 좋으면 한 번에 100명 이상이 보어타기를 하는 것을 볼 수도 있다.

2. 고체인 지구에도 조석이 있는가?

물론이다. 지구가 태양이나 달의 기조력에 버틸 정도로 딱딱하지는 않기 때문에 바다나 대기와 마찬가지로 조석이 일어난다. 조차는 평균 25~30 cm 정도로 바다보다 작으며, 느껴지지는 않지만 하루에 두 번 지나간다. 대기에서의 조석은 수 마일 단위로 일어난다.

3. 찻잔 속의 물에서도 조석이 있는가?

측정하기에는 너무 작지만 평형 조석이 있다. 찻잔 속의 물 분자들도 바다의 물과 같이 기조력에 반응한다.

4. 신문에 오늘 저조는 1.0, 1445라고 났다. 이는 무슨 뜻인가?

미국의 경우 조석기준면[평균저저조면(MLLW): 하루 중 더 낮은 저조면의 장기간 평균]하 1피트의 저조가 지방 표준시로 오후 2시 45분에 일어난다는 뜻이다. 저조로 조간대 생물들이 드러난 해안에서 조개를 잡으며 시간을 보낼 수 있는 좋은 오후가 될 것이다.(역주: 이는 미국의 경우이다. 우리나라의 조석기준면은 약최저저조면이다.)

5. 뉴스에서 '천문 고조(astronomical high tide)'가 예상된다고 했다. 보따리를 싸거나 대피해야 하는가?

그럴 필요 없다. 태양, 지구, 그리고 달이 일직선 상에 놓여 대조기가 되었다는 말이다. 여기서 'astronomical'이란 말은 단순히 천체란 뜻일 뿐이지, '거대한' 또는 '웅장한' 의 뜻으로 쓰인 것은 아니다.

요약

이 장에서 조석파는 모든 해파 중에서 가장 긴 파장을 갖는 파임을 알았다. 조석은 태양, 지구, 그리고 달 중력의 상호작용과 대양과 여러 해역의 고유 주기에 의한 것이다. 이 거대한 천해파는 자유파가 아니어서, 일반적인 다른 해파들과는 다른 양상을 보이기는 하지만 대체로 예측 가능하다. 해역마다 공명주기나 다른 여러 요인들의 차이로 조석 패턴은 지역마다 다르다. 조력발전도 가능하지만, 조석은 해안의 물리적, 생물학적 과정에서 중요한 요인으로 작용한다는 점을 고려해야 한다.

다음 장에서 해파와 바람과 기상이 해안에 미치는 영향에 대해서 알아볼 것이다. 해안은 복잡하고 역동적이며 항상 변하는 곳이다.

주요 용어

고조, 만조(high tide)
근일점(perihelion)
근지점(perigee)
기상조석(meteorological tide)
낙조류, 썰물(ebb current)
대조, 사리(spring tide)
동역학적 조석론(dynamic theory of tides)
무조점(amphidromic point)
반일주조(semidiurnal tide)
소조, 조금(neap tide)
원일점(aphelion)
원지점(apogee)
일주조(diurnal tide)
저조, 간조(low tide)
정조(slack water)
조류(tidal current)
조석(tide)
조석기준면(tidal datum)
조석보어(tidal bore)
조석파(tidal wave)
조차(tidal range)
창조류, 밀물(flood current)
천문조(astronomical tide)
태양조석(solar tide)
태음조석, 달조석(lunar tide)
평균해면(mean sea level)
평형조석론(equilibrium theory of tides)
혼합조(mixed tide, semidiurnal mixed tide)

학습문제

익힘문제

1. 전 세계 어디에서나 조석은 천해파라고 한다. 이유는 무엇인가?
2. 조위와 조시에 가장 큰 영향을 주는 요소는 무엇인가? 조석 형태에는 어떤 것들이 있는가? 외양에도 조석이 있는가? 있다면 어떻게 나타나는가?
3. 조석은 위도에 따라 어떻게 다른가?
4. 이 장에서 배운 바에 따른다면 조력발전소는 어디에 건설하는 것이 좋은가? 조력발전의 장단점은 무엇인가?

응용문제

1. 2주 동안의 조석 자료를 신문이나 인터넷 등에서 수집하여 해면의 오르내림을 그림으로 그려 보라. 대조와 소조의 주기를 찾아보고 이 주기가 달과 태양의 위치와 어떤 관계가 있는지 알아보라.
2. 조석파는 천해파라는 것을 알고 있다. 외양에서 평균 수심이 4,000 m라면 조석파의 전파 속도는 얼마나 되는가?
3. 무조점 근처(예를 들면 타히티)에서의 조석은 어떤 형태인가?

12 연안역

주요 목차

- 연안은 바다와 육지의 작용에 의해 형태가 만들어진다
- 어떤 연안은 침식작용이 우세하다
- 퇴적연안에는 해빈이 많다
- 퇴적연안에는 대규모 지형들이 많이 있다
- 생물활동이 연안을 만들고 변화시킨다
- 담수는 하구만에서 바다와 만난다
- 미국 연안의 특징
- 연안작용에 대한 인간의 간섭

핵심개념

1. 연안의 위치는 일차적으로 전 세계적 지각운동과 해수의 양에 의해 정해진다.
2. 연안의 형태는 융기와 침강, 육지의 침식에 의한 깎임, 퇴적물 이동에 의한 재분배와 퇴적 등 많은 작용들의 복합적 결과이다.
3. 연안은 침식연안(침식이 우세한 곳)과 퇴적연안(퇴적이 우세한 곳)으로 분류된다.
4. 해빈은 파도 에너지와 퇴적물의 유입과 제거의 균형에 따라 모양과 크기가 바뀐다.
5. 연안작용에 대한 인간의 간섭은 일반적으로 인간 거주 지역 인근의 연안 침식을 가속화한다.

KARIM SAHIB/AFP/Getty Images

석유부자 아랍 토후국 두바이의 야자수 모양 인공섬(배경)과 마디나트주메이라 휴양지의 공중사진, 2007년 9월 7일.

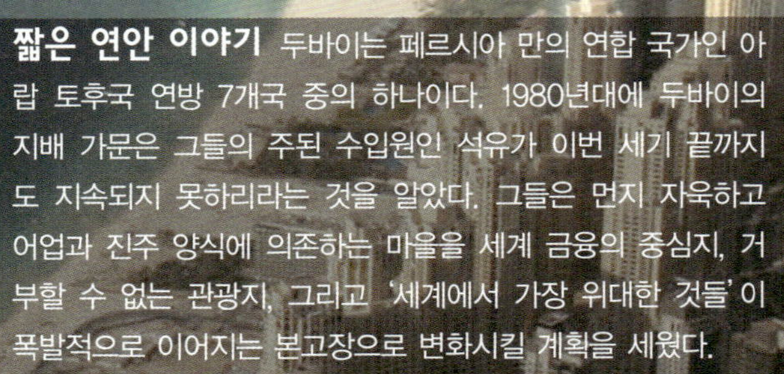

짧은 연안 이야기 두바이는 페르시아 만의 연합 국가인 아랍 토후국 연방 7개국 중의 하나이다. 1980년대에 두바이의 지배 가문은 그들의 주된 수입원인 석유가 이번 세기 끝까지도 지속되지 못하리라는 것을 알았다. 그들은 먼지 자욱하고 어업과 진주 양식에 의존하는 마을을 세계 금융의 중심지, 거부할 수 없는 관광지, 그리고 '세계에서 가장 위대한 것들'이 폭발적으로 이어지는 본고장으로 변화시킬 계획을 세웠다.

두바이의 자연적인 해안선은 69 km 정도 뻗어 있다. 연안의 길을 따라 공간을 경쟁적으로 차지하고, 바다의 전망을 차단하고 있는 거대한 건물들(그 중에는 세계 최고층도 있음)을 가지고 왕족들은 무엇을 할 수 있겠는가? 해안선을 좀 더 만들면 되지 않겠는가!

그래서 두바이는 세계에서 가장 강력한 인공 해안 개발을 시작하였다. 만들어진 것들은 대부분이 수변의 길이를 극대화하기 위해 만든 야자수 나무 모양 같은 섬들이었다. 가장 먼저 섬 팜주메이라(Palm Jumeirah)가 2001년 6월에 건설되기 시작하였다. 조금 뒤에 팜제벨알리(Palm Jebel Ali)의 건설이 공표되고 매립이 시작되었다. 세 번째인 팜데이라(Palm Deira)는 파리보다 더 큰 면적을 갖도록 계획되었다. 만약 완성되면 그것은 백만 명 이상이 거주할 수 있는 세계에서 가장 큰 인공섬이 될 것이었다. 앞의 두 섬들에는 약 1억 m3 정도의 암석과 모래가 필요하고, 팜데이라는 약 10억 m3 이상의 자재로 만들어질 것이다! 그 섬들 사이에는 100개 이상의 호화 호텔, 수백 개의 고급 해변 주거 별장, 아파트, 마리나 등이 들어설 예정이다. 팜주메라에는 2006년 말경부터 주민들이 들어오기 시작하였다.

또한 그 부근에는 대륙의 모양으로 이루어진 300개의 군도로 된 '세계 (The World)'가 있다. 총 개발 구역은 길이 9 km, 폭 6 km로 타원형의 방파제로 둘러싸여 있다. '세계'의 총 개발 비용은 2005년도에 미화로 140억 달러 정도로 추산되었다. 그리고 만약 현재의 계획대로 진행된다면 그 다음에는 '우주(The Universe)'가 있고, 두바이 해안선은 10배가 넘는 700 km 이상이 될 것이다!

상대적으로 폐쇄적이고 수심이 얕은 지역에서 채광이나 다량의 준설을 하면 외해 수역이 큰 교란을 받게 되는 것은 당연할 것이다. 암석과 모래는 굴 밭을 매몰시키고 산호초를 질식시키며, 바뀐 해류는 본토의 해변을 침식하였다. 다른 곳에서는 해류가 약화되고 새로 들어온 섬의 주민들은 야자형태 구조물의 잎들 사이 채널에서 악취가 나고 보기 흉한 해조류가 다량 번식하는 것에 기겁을 하였다. 예상되는 전 지구적 해수면 상승에 대비해서 제2, 제3의 야자섬을 1 m씩 더 높이기 위해 수십억 달러가 추가로 사용되었다.

그리고 원래의 해안선은? 서양 관광객들을 자석처럼 끌어들이고 세계에서 가장 비싸고 멋진 호텔인 버즈알아랍의 본점이 있는 주메이라 해변가는 화장지, 오물, 화학 폐기물 등이 섞인 진흙탕의 갈색 조류에 둘러싸이게 되었다. 이런 것들이 넘쳐 나는 것은 부분적으로는 불법투기의 탓도 있지만, 해빈 주위의 자연적인 해수순환이 사라진 것이 상황을 대단히 악화시켰다.

세계 경제의 침체, 고유가, 통화 재평가, 정치적인 성숙도 등의 복합적인 상황이 두바이의 소수 주민들로 하여금 그들의 우선순위를 다시 생각하게 하고 있고, 계획은 축소되고 있다. 연안을 변화시키는 것은 완전히 놀라운 결과를 가져온다.

12.1 연안은 바다와 육지의 작용에 의해 형태가 만들어진다

연안지역은 육지와 바다를 연결하고 있는 곳이다. 우리의 바다에 대한 개인적인 경험은 보통 연안에서 시작된다. 당신은 연안이 특정한 위치에 있는 까닭이나 당신이 보고 있는 것과 같은 모양을 하고 있는 까닭을 궁금해 해 본 적이 있는가? 이런 일시적이고 아름다운 육지와 바다의 연결부는 파도와 조석, 점진적인 해수면의 변화, 생물학적인 작용, 지각운동 등에 의해서 바뀌게 된다.

바다가 육지를 만나는 곳을 보통 **해안**(shore)이라고 하고, **연안**(coast)은 이 경계부에서 일어나는 작용의 영향을 받는 좀 더 넓은 지역을 일컫는다. 어느 지역의 해안이 모래 해빈으로 만들어져 있더라도, 연안(혹은 연안역)은 습지, 사구, 해빈에 인접한 내륙 절벽뿐만 아니라 해빈에 접한 외해 쪽 사주, 계곡 등도 포함한다. 세계의 바다는 약 440,000 km 정도의 해안으로 둘러싸여 있다.

연안은 육지와 바다 양쪽에 모두 가까이 있기 때문에 이 양쪽의 공통적인 자연현상이나 작용의 영향을 다 받게 된다. 연안은 활동적인 지역이고, 이곳에서는 풍랑이 부서져서 에너지를 소모한다. 조석은 왔다 갔다 하면서 육지를 씻어 내리고, 강들은 운반해 온 대부분의 퇴적물을 연안에 퇴적시키며, 바다 폭풍은 육지를 때린다. 연안의 위치는 일차적으로 지구의 지각운동과 바다의 물의 양에 따라 결정되고, 연안의 형태는 지각의 융기와 침강, 육지의 **침식**(erosion)에 의한 깎임, 퇴적물 이동과 퇴적에 의한 물질의 재분배 등 많은 작용들의 복합적 산물이다.

3장에서 본 것처럼 지질학의 어느 분야도 판구조론의 영향을 받지 않은 곳이 없다. 1960년대에 지질학자들은 연안을 구조적 위치에 따라 분류하기 시작했다. 대륙판이 이동하는 앞쪽에 놓인 활성형 연안은 판의 뒤쪽에서 끌려가는 비활성형 연안과는 근본적으로 다르다는 것을 알았다. 연안의 형태, 성분, 연령 등은 판의 이동을 고려하면 쉽게 이해할 수 있다. 그러나 판의 이동에 의해 서서히 작용하는 힘은 종종 파도나 육지의 침식, 퇴적물의 이동 등 훨씬 급격한 활동에 의해 파묻혀 버리게 된다.

연안을 분류하는 데 고려해야 할 또 다른 중요한 요인은 장기간의 해수면 변동이다. 해수면 변동의 요인으로는 다섯 가지를 들 수 있고, 그중 세 가지는 **범수면 변화**(eustatic change)-전 세계 대양에서 측정할 수 있는 해수면 변화-의 요인이 된다.

- 전 세계 해양의 해수의 양이 변할 수 있다. 지구의 빙하작용이 있는 동안(빙하기)에는 바다에 물이 적기 때문에 해수면이 낮아진다. 따뜻한 시기에는 빙하가 작아지고 수면이 높아진다. 화산활동에 의한 가스 분출이 많은 기간에도 바다의 물이 늘어나서 해수면이 상승한다.
- 해양의 '그릇'의 부피가 변할 수 있다. 해저확장 속도가 빠른 곳에서는 대양저산맥의 부피가 늘어나고, 이것이 해수를 밀어내어 그 물은 육지 연안으로 올라가게 된다. 급격한 침식이 일어나는 기간 동안 육지로부터 들어온 퇴적물들도 역시 해분의 부피를 감소시켜 해수면을 상승시킨다.
- 해수 그 자체도 수온의 변화에 따라 다소간 부피가 변한다. 지구온난화 기간 동안에는 해수가 팽창하고 부피가 늘어나서 해수면을 상승시킨다.

물론 육지도 해수면이 오르내리는 동안 가만히 있지는 않는다. 지역적인 변화가 일어나게 되고, 두 개의 다른 요인이 지역적인 해수면 변화를 일으킨다.

- 지각운동과 지각평형 조절작용이 연안의 높이나 모양을 바꿀 수 있다. 연안은 지판이 서로 만나면 융기할 수도 있고, 혹은 광범위한 빙하작용이 일어나는 동안에는 얼음덩어리의 무게에 눌려 내려갈 수도 있다. 얼음이 녹을 때 육지는 천천히 상승한다.
- 바람과 해류, 부진동, 폭풍해일, 엘니뇨나 라니냐 현상, 그 외 다른 해수 운동에 영향을 미치는 요인들에 의해 물이 해안으로 밀려들거나 빠져나갈 수 있다.

해수면은 약 2,500년 동안 현재의 높이를 유지하고 있다(0.5 m 내외의 범위). 지난 2백만 년 동안 전 세계의 해수면은 현재의 위치보다 6 m 이상에서 125 m 이하까지 변해 왔다. 최근에 해수면이 가장 낮았던 시기는 가장 최근의 빙하기가 절정이었던 약 18,000년 전이었다. 사실 지난 2백만 년 동안 해수면이 지금처럼 높았던 적은 거의 없었다—훨씬 낮은 해수면이 지구의 주된 상태이다(**그림 12.2a**). 해안선은 아직 현재의 해

그림 12.1 조용한 퇴적해안—남부 캘리포니아 해빈의 일몰.

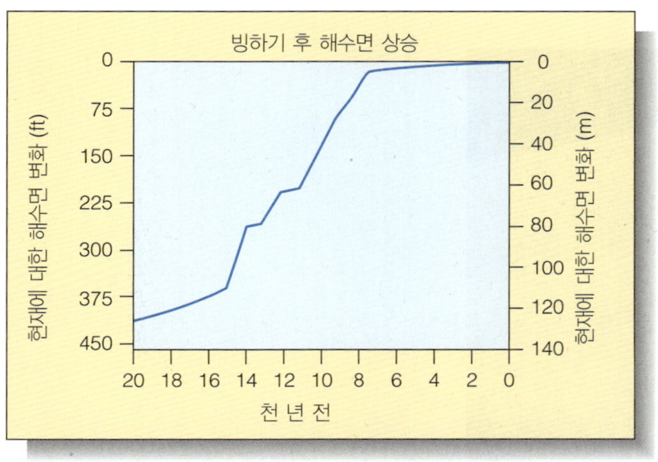

a

해수면은 지난 빙하기 말에 빙하와 빙붕이 녹고 물이 바다로 돌아오면서 급격히 상승했다. 상승률은 지난 4,000년 동안은 느려졌고 지금은 연간 1.0 mm와 2.4 mm 사이로 생각된다.

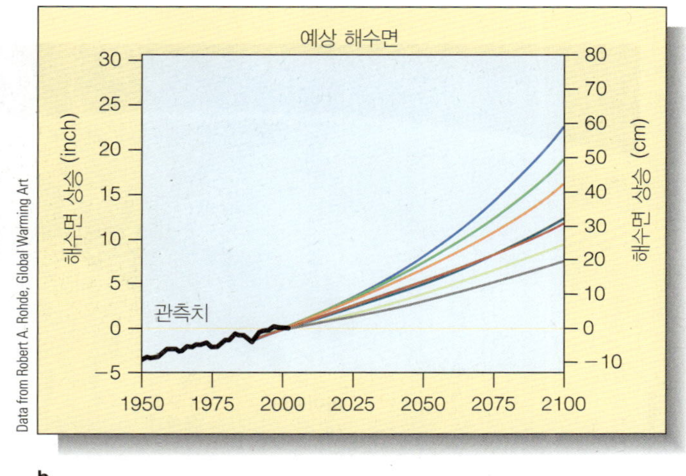

b

2100년까지의 해수면 예측. 7개의 연구 그룹(여기서는 색깔로 표시)이 지금까지의 관측과 기후 모델에 근거해서 해수면을 추정하였다. 이 예측들 중에서 가장 보수적인 예측조차도 20 cm 상승할 것으로 추산하고 있다. 다른 추산에 대해서는 그림 18.28b 참조.

그림 12.2 과거와 미래의 해수면 변화.

수면과 평형에 이르지 않았고 해수면 상승률이 앞으로 더 가속되리라는 것을 깨닫는 것이 중요하다(**그림 12.2b**).

해수면의 변화는 해안선의 위치나 특성에 중요한 변화를 일으키고, 특히 육지 가장자리의 경사가 완만한 곳이나 혹은 연안이 융기하거나 침강하는 곳에서 심하다. **그림 12.3**은 미국 동부 해안에서 지질학적으로 비교적 최근인 과거와, 현재의 온난화 추세에 따른 해수의 팽창과 극지방의 많은 얼음이 녹아서 생긴 먼 미래의 예상 해안선의 위치를 보여 주고 있다.

연안은 대단히 많은 요소들에 의해 영향을 받기 때문에 연안을 분류하는 데 가장 유용한 방법은 그곳에 발생하는 주된 작용, 침식과 퇴적에 따라 분류하는 것이다. **침식연안**(erosional coast)은 주된 작용이 연안 물질들을 제거하는 새로운 연안들이고, **퇴적연안**(depositional coast)은 퇴적물의 퇴적률이나 살아 있는 생물(산호 같은 것들)의 활동에 의해 연안이 변화가 없거나 성장하는 것들이다.

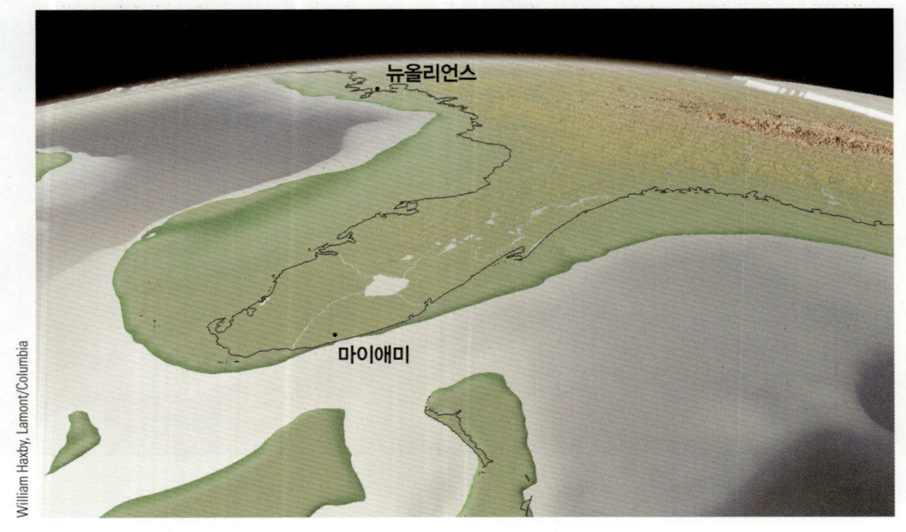

a

약 18,000년 전, 지난 빙하기 동안 해수면은 훨씬 낮았다. 완만한 경사를 가진 남동쪽 연안의 위치는 현재의 해안선에서 200 km 정도까지 바다 쪽으로 나가서, 대륙붕의 많은 부분이 노출되었다.

b

미래에는, 만약 지구온난화로 인해서 바다가 팽창하고 극지방의 빙붕이 일부 녹으면, 해수면은 아마 5 m 정도 상승하고 연안은 내륙으로 250 km 정도까지 들어올 것이다.

그림 12.3 미국의 동남쪽 연안, 과거와 미래.

메인 주의 암반 해안은 침식이 퇴적을 능가하기 때문에 침식연안이다. 뉴저지에서 플로리다 까지의 모래 해안은 퇴적물의 퇴적으로 해안이 침식되는 것을 막아주기 때문에 전형적인 퇴적연안이라 할 수 있다. 중앙 캘리포니아의 암반 연안은 침식연안이고 남부 캘리포니아의 넓은 해빈은 퇴적연안이다. 미국 해안선의 약 30% 정도가 퇴적연안이고 약 70% 정도는 침식연안이다. 이 장에서는 이러한 침식-퇴적의 분류법을 사용하게 될 것이다.

개념점검

1. 해안은 연안과 어떻게 다른가?
2. 어떤 요인들이 해수면과 연안의 위치에 영향을 미치는가?
3. 침식연안은 퇴적연안과 어떻게 다른가?

12.2 어떤 연안은 침식작용이 우세하다

육지의 침식과 바다의 침식이 동시에 작용해서 암반연안의 특성을 변화시킨다. 침식연안은 하천의 침식, 바람에 실려 온 모래에 의한 마모, 암석의 갈라진 틈 사이

그림 12.4 바다로부터의 공격은 파도와 해류에 의해서 이루어진다. 고에너지 해안에서는 끊임없는 파도의 공격으로 대부분의 침식작업이 이루어지고, 파도의 노동의 결과물을 해류가 분배하는 역할을 한다.

에서 물이 얼고 녹고 하는 것, 식물의 뿌리가 파고드는 것, 강우, 땅의 산성에 의한 용해, 사태 등에 의해서 계속 공격을 받으면서 모양이 만들어진다.

바다에서 오는 큰 폭풍파는 통상적으로 엄청난 압력을 만들어 낸다. 부딪치는 파도는 공기와 물을 바위의 작은 틈새로 밀어 넣는다. 이런 틈새에 반복적으로 압력을 높였다가 줄였다가 함으로써 바위는 약해지고 깨어진다. 그러나 해안을 침식시키는 것은 움직이는 물의 수압뿐만은 아니다. 파도에 휘말려서 해안으로 오는 작은 모래나 자갈조각, 혹은 파도에 말려 올라온 돌멩이 등이 해안을 침식시키는 데 더 효과적이다. 이러한 활동이 얼마나 맹렬한지는 **그림 12.4**를 보면 추측할 수 있다. 암석 중의 광물이 물에 녹는 용해작용도 대리석처럼 용해가 잘되는 연안 암석의 침식에 기여를 한다. 해양 생물이 땅을 파거나 긁어내는 작용도 영향을 미친다.

해안의 침식률은 암석의 단단한 정도나 저항력, 작용하는 파도 충격의 세기, 지역의 조차 등에 의해 좌우된다. 단단한 암석은 마모를 잘 견디고, 현무암이나 화강암으로 이루어진 연안은 사람의 일생 동안에는 거의 조금밖에 후퇴하지 않을 것이다. 메인 주의 화강암 연안은 십 년에 불과 수 cm밖에 침식되지 않았다. 그러나 부드러운 사암이나 다른 약한(혹은 잘 녹는) 물질로 된 연안은 일 년에 수 m 속도로 사라질 수도 있다.

바다의 침식은 보통 큰 파도에 자주 두들겨 맞는 **고에너지 연안**(high-energy coast)에서 제일 빠르게 일어난다. 고에너지 연안은 바람의 취송거리가 길어서 폭풍이 많은 해양에 인접한 곳과 열대 폭풍에 노출된 대륙의 동쪽 가장자리를 따라 흔하게 나타난다. 메인 주와 브리티시컬럼비아 주의 연안과 남미와 남아프리카의 남쪽 끝 부분이 전형적인 고에너지 연안들이다. **저에너지 연안**(low-energy coast)은 큰 파도의 공격을 드물게 받는 곳이다. 멕시코 만 내의 지역들은 일반적으로 보호된 지역이기 때문에 미국의 만 쪽 주들은 최소한 허리케인이 없을 때는 저에너지 연안이 된다!

파도는 연안에서 부딪치는 곳에서만 영향을 미치기 때문에 침식이 평균적인 해수면 부근에 집중된다. 조석의 변화가 거의 없는 해안은 파도의 활동이 오랫동안 한 면 부근에 집중되기 때문에 침식이 빠르게 일어난다. 외해의 섬들로 보호되는 저에너지 연안은 저조선 아래와 마찬가지로 침식이 느리게 일어나고, 파도의 물입자 궤적운동 때문에 수면 아래서 약간의 침식이 일어난다. 그렇지만 아무리 큰 파도라도 평균 수면보다 약 15 m 이상 깊은 곳에서는 침식이 거의 영향을 미치지 못한다. 해안 위의 절벽은 파도로부터 직접 혹은 파도에 말려 온 암석들에 의해 충격을 받는다.

침식연안에는 복잡한 지형들이 생길 수 있다 파도의 침식력은 **그림 12.5**에서 보이는 거의 모든 지형을 만들 수 있다. 이 암반으로 이루어진 해안선은 복잡하고 작은 규모로 불규칙하게 만들어진 것을 볼 수 있다. **바다절벽**(sea cliff)은 육지에서 바다 쪽으로 급경사를 이루고 그 급경사는 보통 아랫부분이 파여 무너져 내림으로써 만들어진다. 바다절벽의 위치는 연안에서 일어나는 해양침식의 육지 쪽 한계를 나타낸다. 일련의 파도들은

a
오스트레일리아 연안 바깥의 외딴 바위들. 왼쪽의 큰 외딴 바위는 2005년 7월에 무너졌다.

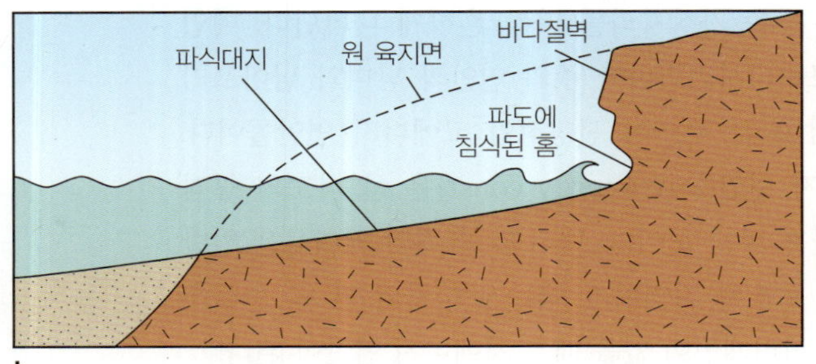

b
바다절벽에 대한 파도의 침식으로 만들어진 선반 같은 파식대지가 저조 시에 보인다.

c
태즈메이니아의 남동부 연안에 있는 바다절벽과 파식대지.

그림 12.5 연안에 미친 파도 작용의 결과들.

바다절벽의 암석이 약한 곳에 **바다동굴**(sea cave)을 파기도 한다. 대부분의 바다동굴은 단지 저조 시에만 접근이 가능하다. 만약 절벽의 꼭대기까지 약한 지역을 따라 침식이 일어나면 바람구멍이 만들어지고, 조석이 꼭 알맞은 높이에 오면 파도가 절벽에 부딪칠 때 그 틈으로 물보라가 날릴 수도 있다. 암반 연안의 외해의 형상들로는 자연 아치, 외딴 바위, 급격한 해양 침식이 일어날 때 물에 잠긴 한계지점을 나타내는 평탄하고 거의 수평에 가까운 **파식대지**(wave-cut platform) 등이 있다. 이런 형상들이 만들어질 때 절벽에서 떨어져 나온 부스러기는 대부분 훨씬 바깥의 조용한 물속에 퇴적되지만, 일부는 절벽의 바닥에 노출된 해빈으로 남아 있기도 한다. 곧 알게 되겠지만 넓은 해빈은 퇴적연안인 경우가 많다.

해안선은 선별적 침식에 의해서 직선화되기도 한다 새롭게 노출된 연안에 작용하는 해양 침식의 첫째 효과는 해안선의 굴곡이 심하게 되는 것이다. 이것은 일반적으로 연안의 암석이 수평적으로 멀리까지 성분이 균일하지 않기 때문이다. 단단한 암석은 침식에 잘 견디고 약한 암석은 똑같은 힘에도 거의 하룻밤 사이에 없어져 버릴 수도 있다.(이것이 위에 설명한 아치, 외딴 바위, 바다절벽 등의 특성들이 고르지 못한 것을 설명하고 있다.)

그러나 결국 연안의 침식은 파도의 굴절에 의해(그림 10.19 참조) 돌출부에는 에너지를 집중시키고 만곡부에는 에너지를 분산시켜서 해안선을 평탄하게 만든다(**그림 12.6**). 돌출부에서 침식된 퇴적물은 상대적으로 조용한 해빈으로 모이게 된다. 침식이 진행되면서 퇴적물들은 궁극적으로 해안 절벽의 밑부분을 파도로부터 보호해 주고, 그래서 연안의 굴곡은 시간이 지나면서 평탄해진다. 직선화는 고에너지 연안에서 제일 빨리 일어난다는 것을 짐작할 수 있다.

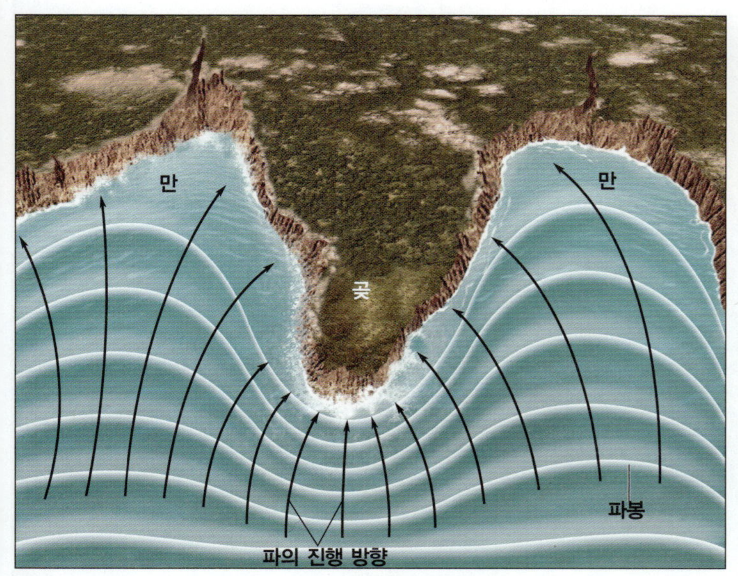

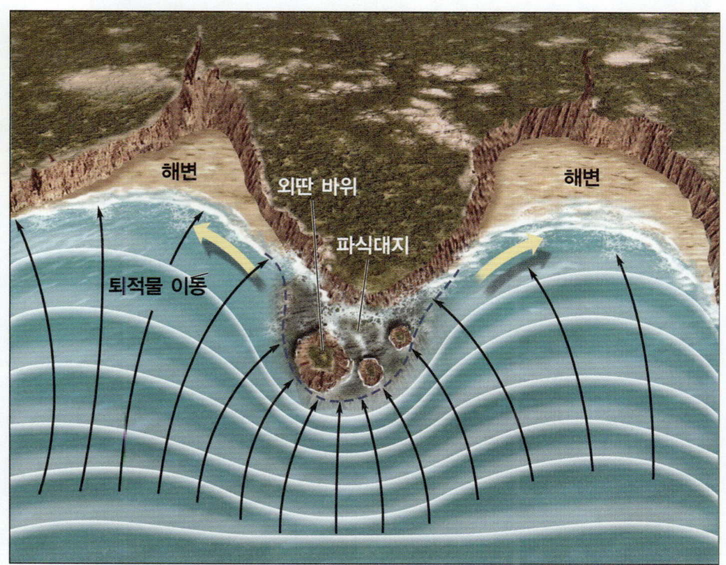

그림 12.6 파도의 에너지는 돌출부에서 수렴하고 인접한 만곡부에서 분산된다. 집중된 힘은 돌출부를 깎아서 대지와 외딴 바위로 만든다. 돌출부에서 나온 퇴적물이 조용한 만곡부에 쌓여서 결국은 해빈을 만들고 해안에서 등심선의 굴곡을 완만하게 만든다.

연안의 모양은 육지침식과 해수면 변화로도 변할 수 있다 지난 빙하기에 해수면이 낮았을 때 강들은 육지를 깎고 퇴적물을 침식시켜 연안 하곡을 만들었다. 다시 해수면이 높아지면서 이 계곡들에 바닷물이 들어오고 침수되었다. 체서피크 만, 허드슨 강 계곡, 시드니 항구 등은 침수 하구의 예가 될 수 있다(**그림 12.7**).

고위도 지방에서 강이 육지의 가장자리를 자르고 지나갈 때는 하곡에 빙하가 만들어지기도 한다. **피오르**(fjord)라고 하는 깊고 좁은 만은 주로 지각운동과 그 후 빙하에 의해 계곡이 깊이 U 자 형태로 침식되어서 만들어진다. 피오르는 브리티시컬럼비아, 그린란드, 알래스카, 노르웨이, 뉴질랜드, 그 외 다른 추운 산악지대 등에서 볼 수 있다(**그림 12.8**).

화산 작용과 지구의 운동도 연안에 영향을 미친다 4장에서 본 것처럼 대부분의 섬들은 심해의 화산 폭발에 의해 솟아난 것이다. 만약 그 화산 활동이 최근에 있었다면 화산섬의 연안은 하와이 열도에서 흔히 볼 수 있는 것처럼 나뭇잎 모양으로 갈라져서 바다로 흘러 들어간 용암으로 이루어질 것이다(**그림 12.9**). 연안의 화산 분화구도 역시 무너져서 물이 채워질 수 있다(**그림 12.10**).

연안이 지각이 휘거나 단층이 생긴 곳과 만날 수도 있다. 연안 단층의 바다 쪽 해저가 아래로 이동하면, 파식 절벽보다 훨씬 깊은 곳까지 이어지는 급경사의 절벽이 만들어질 수 있다. 단층의 육지 쪽이 위로 이동하면 고조 시에 물에 잠기던 연안 부분은 높이 올라가 건조해질 수 있다. 1964년 알래스카 지진(3장에 기술)은 프린스윌리엄사운드의 해안 일부를 8 m 정도까지 올라가게 하였다. **그림 12.11**에 나와 있는 것처럼 어떤 곳에서는 폭이 거의 0.5 km에 달하는 예전의 해식 단구가 고조시에도 길게 노출되어 있는 것을 볼 수 있다.

단층 연안은 때로는 변환단층을 따라 나타나기도 한다. 북미의 태평양 연안의 두 곳에서 충격적인 예를 볼 수 있다: 캘리포니아 만(바하캘리포니아와 멕시코 본토 사이의 샌앤드레이어스 단층을 따라 위치함)과 샌프란시스코 북쪽의 포인트레예스 부근 지역. 바하캘리포니아는 한때 북미 대륙의 일부였으나 태평양판과 북미판의 경계가 이동하면서 오른쪽에 있는 육지에서 단층 왼쪽의 길쭉한 땅이 떨어져 나가고 해수가 들어와 젊고 좁은 직선형의 해협이 만들어졌다. 샌프란시스코 북쪽의 토말스 만의 사진인 **그림 12.12**에서 볼 수 있는 것처럼 단층 연안은 놀라울 정도로 직선형이다.

개념점검

4. 침식연안에서는 무엇이 깎여서 없어지는가?

5. 침식연안의 공통적인 모양은 무엇인가?

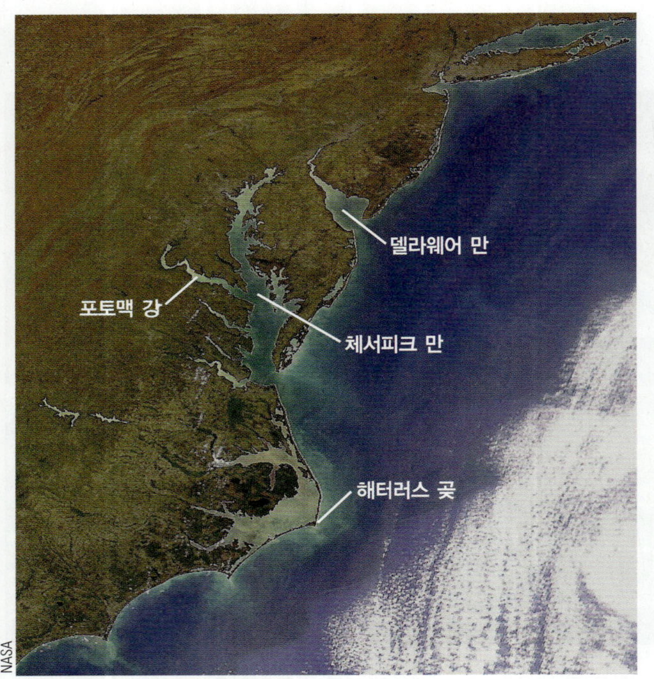

미국 동부 연안의 델라웨어 만과 체서피크 만.

오스트레일리아 시드니 항.

그림 12.7 침수 하곡들: 마지막 빙하기가 끝나면서 물이 채워져 물에 잠기는 연안들.

그림 12.8 알래스카 동남쪽의 트레이시암 피오르.

그림 12.9 하와이 섬에서 분출한 용암이 바다로 흘러 들어가서 처음으로 침식에 노출되는 새로운 연안을 만들고 있다.

6. 오랜 시간이 지나면 침식연안은 직선화되는 경향이 있다. 그 이유는 무엇인가?
7. 화산활동은 연안을 어떤 모양으로 만들 수 있는가?

12.3 퇴적연안에는 해빈이 많다

퇴적연안에 나타나는 지형들은 일반적으로 바위보다는 퇴적물로 이루어진 것들이다. 연안을 따라서 연안을 보호해 주는 퇴적물 층이 쌓이고 분산되고 하면서 연안이 급격하게 침식되는 것을 막아 준다. 덮여 있는 퇴적물을 휘저으면서 파도의 에너지가 소모되어 밑의 암반을 침식할 수가 없게 된다. 그래서 시간이 지남에 따라 침식되는 해안선은 퇴적되는 해안선으로 바뀔 수도 있게 된다. 연안이 급격하게 융기 혹은 침강하지 않거나 다른 대규모 지질작용이 끼어들지 않으면 불가피하게 생기는 침식작용도 결국은 연안의 특징을 침식연안에서

Tom Garrison

그림 12.10 하와이 오아후 섬의 동남쪽 연안에 있는 두 개의 화산 봉우리. 한 개는 붕괴되어 분화구가 해수로 채워져 있다.

George P. Lafaker, USGS

그림 12.11 예전에 알래스카 프린스윌리엄사운드의 해저였던 이곳은 1964년 3월 27일의 대지진 때 지각 융기에 의해 해수면 위 3.5 m까지 올라왔다. 바다 절벽의 바닥에서 완만하게 바다로 경사져 있는 노출면은 폭이 약 400 m 정도 된다. 암석에 밝은 색깔이 입혀져 있는 것은 주로 작은 해양생물들의 잔해가 말라붙은 것이다. 이 사진은 1964년 5월 30일 조위가 0.0일 때 찍은 것이다.

퇴적연안으로 변화시키게 된다.

해빈은 느슨한 입자들로 이루어져 있다 퇴적연안 중에서 우리에게 가장 친숙한 것이 해빈이다. **해빈**(beach)은 느슨한 미고결 입자들이 해안의 일부 혹은 전부를 덮고 있는 지역이다(**그림 12.13**). 해빈의 육지 쪽 한계는 식물이나 바다절벽, 비교적 영구적인 모래언덕, 혹은 호안벽과 같은 구조물 등이 있는 곳까지이고, 바다 쪽 한계는 저조 시의 수심이 약 10 m 정도 되는 퇴적물의 종단방향 이동이 멈추는 곳까지이다. 미국은 전체 해안선의 약 30%에 달하는 약 17,672 km의 해빈을 가지고 있다.

해빈은 주로 모래인 퇴적물들이 퇴적이 용이한 장소로 운반되어 왔을 때 만들어진다. 이러한 지역으로는 돌출부 사이의 조용한 지점이나 외해 섬들에 의해서 보호되는 해안, 기파가 그리 강하지 않은 지역, 고에너지 연안에서도 아주 넓게 뻗어 있는 지역 등이 있다. 퇴적물은 경우에 따라서는 아주 짧은 거리를 이동해 오기도 하지만—자갈들은 바로 위 절벽에서 떨어져서 해안선에 쌓일 수도 있다—대부분은 현재의 위치에 오기까지 강이나 바다의 해류에 의해 먼 거리를 이동해 왔다.

해빈은 어디에 있든지 간에 항상 바뀐다. 해빈은 퇴적물이 계속 이동하고 있는 모래의 강으로 생각할 수 있다.

NASA

그림 12.12 캘리포니아 토말스 만의 특징적으로 곧은 단층 연안. 포인트레예스가 왼쪽(서쪽)에 보인다. 샌프란시스코 시는 남쪽에 있어 보이지 않는다. 샌앤드레이어스 단층의 흔적은 만 안의 해수면 밑으로 사라졌다(화살표). 만의 곧은 쪽은 물에 잠긴 단층과 가까이 평행하게 달린다.

Tom Garrison

그림 12.13 오스트레일리아 동부의 뉴사우스웨일스 주와 퀸즐랜드 주의 경계에 있는 조용한 해빈. 솟아 있는 해빈둔덕에 모인 수영객들이 조용한 파도를 즐기고 있고, 어린이들은 후안의 해수 웅덩이를 좋아한다.

파도의 작용, 입자의 크기, 해빈 투수율 등이 복합적으로 해빈을 만든다 해빈 물질은 암괴를 포함한 자갈에서부터 극세립 실트까지 다양하게 나타난다. 하와이에서 나오는 희귀한 검은 모래 해빈은 잘게 부서진 용암 조각들로 이루어져 있다. 어떤 해빈은 조개껍질이나 조개껍질 부스러기로 이루어진 것도 있고, 산호 조각으로 이루어진 것도 있다. 불행하게도 어떤 해빈에는 인간이 버린 쓰레기가 많이 포함된 경우도 있어서, 유리나 플라스틱 해빈도 없지 않다. 큰 자갈 해빈은 일반적으로 경사가 급하지만(때로는 경사가 20°가 넘는 경우도 있음), 세립 모래로 이루어진 넓은 해빈은 마치 주차장처럼 평탄한 경우도 있다.

일반적으로 해빈이 평탄할수록 구성 물질의 입자가 작다. 입자의 크기와 해빈 경사와의 관계는 파도의 에너지, 입자의 형태, 퇴적체의 공극률 등에 따라 좌우된다. 파도로부터 해빈으로 밀려오는 물—**스워시**(swash)—은 입자들을 해변 위로 운반해 와서 경사를 급하게 만든다. 만약 바다로 되돌아가는 물—**백워시**(backwash)—이 가져왔던 물질과 똑같은 양을 되가져가면 해빈 경사는 평형에 도달하고 해빈은 더 커지거나 경사가 급해지지 않게 된다.

작은 입자들로 이루어진 해빈은 모서리가 날카로운 작은 입자들이 서로 끼어서 물이 해빈 바닥 속으로 잘 빠져 들어가지 못하고, 파도로부터 온 물이 재빨리 해빈 아래로 되돌아가면서 표면의 입자들을 바다로 운반해 간다. 이런 작용으로 해빈 경사는 완만해진다. 또

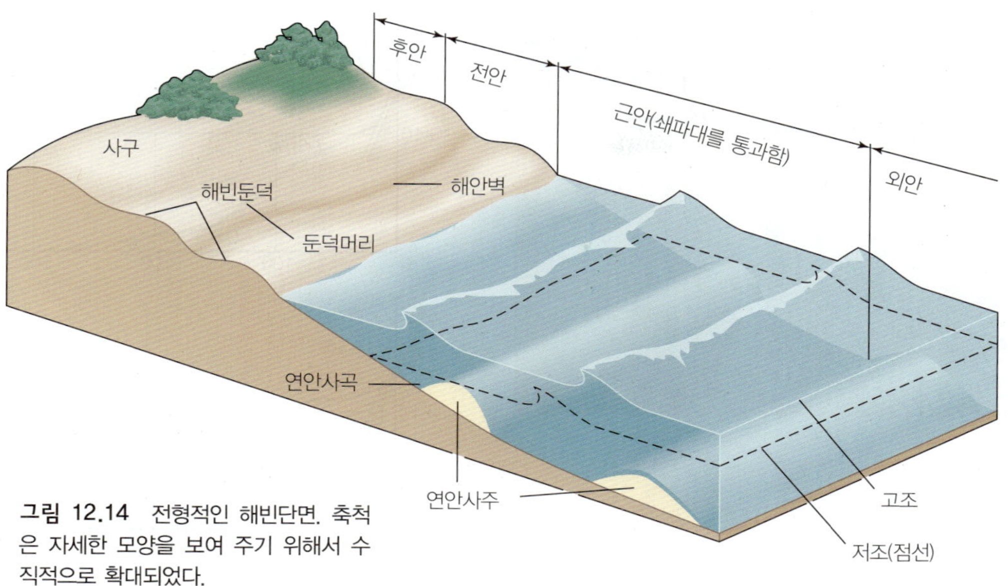

그림 12.14 전형적인 해빈단면. 축척은 자세한 모양을 보여 주기 위해서 수직적으로 확대되었다.

한 넓고 평탄한 해빈은 파도가 넓은 지역을 지나가면서 에너지가 소산되어 세립퇴적물이 가라앉을 수 있는 조용한 환경을 만들게 된다. 반면에 굵은 입자들(자갈, 왕모래 등)은 입자들 간에 틈이 많아서 틈새로 물이 잘 빠지게 된다. 굵은 입자로 이루어진 해빈에 올라오는 물은 입자들 사이로 빠져 버리고 다시 경사면을 내려가는 물은 거의 남아 있지 않아서 바다로 되돌아가는 퇴적물이 아주 적어진다. 그래서 큰 파도에 의해서 올라온 굵은 입자들은 해빈의 뒤쪽에 쌓이고 경사를 급하게 만든다.

해빈은 특징적인 단면을 갖는다 **그림 12.14**는 중소규모의 파도와 조석의 영향을 받는 해빈의 단면을 보여 주고 있다. 대부분의 해빈에는 다음과 같은 주요 특징적 지형이 있다.

- **해빈둔덕**(berm)은 해안에 평행하게 쌓여 있는 퇴적물로 보통 파도에 의한 모래의 퇴적 한계지점을 나타낸다.
- 가장 높은 해빈둔덕 꼭대기의 솟아 있는 곳인 **둔덕머리**(berm crest)는 일반적으로 해빈의 가장 높은 지점이다. 그 지점은 가장 최근의 고조 시에 파도의 활동이 미친 육지 쪽 한계점에 해당된다.
- 둔덕머리의 내륙 쪽으로 해빈 모래가 쌓여 있는 가장 안쪽까지가 **후안**(backshore)이다. 후안은 해빈 중에 비교적 활동성이 약한 부분으로, 여기는 바람에 불려 온 모래 언덕과 풀들도 포함된다.
- 둔덕머리의 바다 쪽 부분인 **전안**(foreshore)은 해빈의 활동부로 하루 종일 조석이 오르내리면서 파도에 씻기고 있다. 전안은 종종 고조 시 파도에 의해 깎인 **해빈벽**(beach scarp, 다양한 높이의 수직벽)이 나타나기도 하는 둔덕의 밑면에서부터 외안이 시작되는 저조선까지이다.
- 저조선 아래로는 파도의 작용, 난류를 만드는 백워시, 연안류 등이 해안에 평행한 **연안사곡**(longshore trough)을 판다.
- 불규칙한 **연안사주**(longshore bar, 물에 잠기거나 노출되기도 하는 모래 퇴적체)로 바다 쪽 단면은 끝을 맺는다.

이러한 해빈단면은 단지 퇴적물, 파도, 조석 등의 상호작용에 의해 만들어진 일시적인 것이다. 큰 폭풍파가 오면 해빈은 하루 사이에도 수천 톤의 모래를 외안의 사주로 보내고 모양이 바뀌게 된다. 대부분의 온대기후 지역의 해빈들은 계절적인 변화를 겪게 된다. 해빈들은 겨울에는 겨울 폭풍에 수반된 높은 파도가 오기 때문에 깎여서 여름보다는 낮아진다. 여름과 겨울 사이 해빈의 변화를 **그림 12.15**에서 볼 수 있다.

a

b

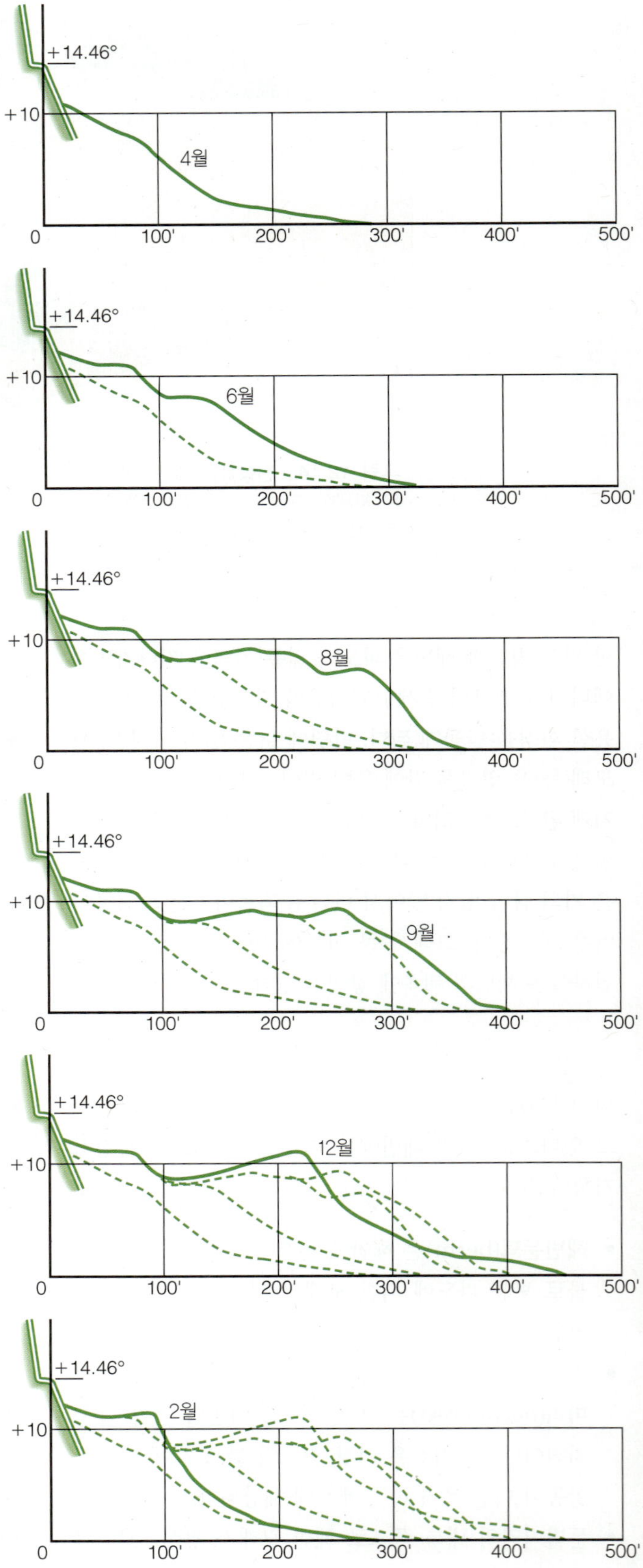

c

그림 12.15 계절이 바뀌면서 캘리포니아 라호야 부근 부머 해빈의 모래는 왔다 갔다 한다. 조용한 여름 파도는 모래를 해안 쪽으로 이동시키고(a), 큰 겨울 파도는 모래를 외해 쪽으로 이동시킨다(b). (c) 전형적인 한 해의 연간 모래의 내-외해 방향 이동 진행과정. 동부 연안 해빈은 통상 계절적 변화를 하지 않지만, 북동풍이나 열대저기압의 출현으로 크게 바뀔 수 있다.

파도는 해빈의 퇴적물을 이동시킨다 만약 물밑의 해저가 경사가 급하면 침식된 퇴적물은 곧바로 깊은 물속으로 빠져나갈 것이다. 만약 경사가 지나치게 급하지 않으면 퇴적물은 파도와 해류의 활동에 의해서 연안을 따라 이동될 것이다. 파도의 작용에 의해서 연안을 따라 퇴적물(주로 모래)이 이동하는 것을 **연안수송**(longshore drift)이라고 한다. 연안수송은 두 가지 방법으로 일어난다: 노출된 해빈을 따라 파도에 의한 모래의 이동과 해변의 기파대에서 생기는 해류에 의한 모래의 이동.

대부분의 풍파는 해안에 각도를 가지고 접근해서 수심이 얕은 곳에서 굴절이 되어 해안에 거의 평행하게 부서지게 된다. 그러나 일반적으로 굴절은 불완전해서 파도가 부서질 때 약간의 각도를 유지하게 된다. 만약 퇴적물이 쌓여서 해빈이 만들어졌으면 쇄파로 인한 물은 해빈에 약간 비스듬히 밀려 올라가지만 내려올 때는 중력의 영향으로 경사면을 똑바로 내려와서 바다로 돌아간다. 파도에 의해서 교란된 모래 입자들은 물의 경로를 따라 해빈면을 비스듬히 올라갔다가 똑바로 되돌아오게 되고(**그림 12.16**), 입자의 순 이동은 연안방향, 즉 파도가 접근해 오는 방향에서 멀어지는 방향으로 연안에 평행하게 일어나게 된다.

퇴적물은 기파역에서 **연안류**(longshore current)에 의해 이동되기도 한다. 약간의 각도를 가지고 부서지는 파도는 그 에너지의 일부를 파도의 접근 방향에서 멀어지는 쪽으로 내놓게 되고, 이 에너지가 좁은 해류를 발생시키고 그 속에 이미 파도의 작용으로 물속에 떠 있던 모래는 연안 아래쪽으로 운반될 수 있다. 연안류의 유속은 시속 약 4 km까지 될 수도 있다.

파도에 씻겨 해빈을 따라 움직이는 모래와 바로 바깥쪽에서 연안류에 실려 이동하는 모래는 강에 의해서 연안으로 들어온 훨씬 많은 양의 퇴적물과 합쳐지기도 한다. 중앙 캘리포니아 연안을 따라 이동하는 이런 물질의 남쪽 방향 순 이동은 연간 230,000 m^3를 넘는다. 미국의 대서양 연안에서는 전형적으로 이 양의 약 2/3 정도가 된다. 일시적인 조건에 따라 방향이 바뀔 수도 있지만 미국의 태평양과 대서양의 양쪽 연안 모두 모래의 순 이동은 운반을 일으키는 파도가 보통 대부분의 폭풍이 발생하는 북쪽에서 접근하기 때문에 주로 남쪽으로 흘러간다.

연안순환체에서는 모래의 유입과 유출이 균형을 이룬다 연안의 새로운 모래는 대부분 강에 의해서 운반되어 온다. 그 모래는 연안수송에 의해서 해빈에 평행하게 이동하고 계절이 바뀜에 따라 해빈에 수직으로 육지 쪽이나 바다 쪽으로 이동한다. 만약 해빈이 크기가 커지거나 줄어들거나 하지 않고 안정되어 있다면 들어오는 새 모래의 양만큼 기존의 모래가 빠져나가야 균형이 맞게 될 것이다. 파도의 작용이 미치는 곳보다 아래서 이동하는 모래는 연안을 빠져나가 훨씬 멀리 대륙붕으로 이동해 갈 것이다. 일부 모래는 연안류에 의해서 해저협곡의 해안 부근 입구로 들어간다. 이런 해저협곡을 통해서 해안을 빠져나가는 모래는 간혹 모래폭포의 장관을 이루기도 하면서(예는 그림 4.19 참조) 그 위에 있는 해빈에서 빠져나간다. 이런 물질의 덩어리는 중력에 의해서 협곡의 축을 따라 내려가고 결국은 대륙사면의 밑에서 해저 순상지를 이루게 된다.

연안에서 모래의 유입과 유출이 평형을 이루는 부분을 하나의 **연안순환체**(coastal cell)로 생각할 수 있다. 이런 연안순환체의 주된 형태가 **그림 12.17**에 나타나 있다. 연안순환체는 종종 퇴적물을 심해저로 운반하는 해저협곡과 닿아 있는 경우도 있고, 그 크기도 대단히 다양하다. 비교적 평탄하고 지각운동이 활발하지 않은 비활성형 대륙의 후속형 연안에서는 크기가 대단히 크다. 예를 들어 미국의 남동부 연안의 순환체들은 길이가 수백 킬로미터에 달한다. 지각운동이 활발한 활성형 대륙의 선발형 연안에서는 크기가 작은 편이다. 남부 캘리포니아의 포인트컨셉션과 멕시코 국경 사이의 360 km에 네 개의 순환체가 있고, 각 순환체들은 연안 아래쪽 끝 부분에서 해저협곡과 연결되어 있다.

개념점검

8. 침식연안은 퇴적연안으로 바뀌는 경향이 있는가, 아니면 그 반대인가?
9. 퇴적연안의 가장 공통적인 모습은 무엇인가?
10. 해빈의 모습을 결정하는 가장 중요한 해양 요인은 무엇인가?
11. 모래는 해빈에서 어떻게 이동하는가?
12. 연안순환체는 무엇인가? 연안순환체 안의 모래는 어디서 오는가? 그리고 어디로 가는가?

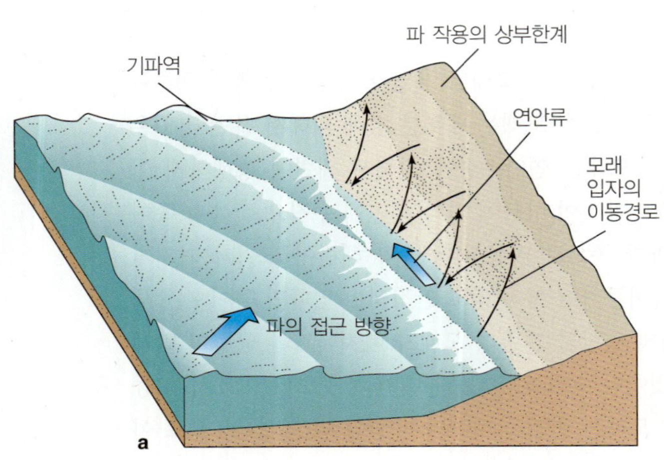

연안류가 기파역과 파도작용의 상부 한계지점 사이에서 해안선을 따라 모래를 이동시키고 있다.

뉴저지 케이프메이에서 모래가 줄어드는 것을 늦추기 위해 해안선에 수직으로 설치한 방사제. 방사제는 연안류를 막아서 모래가 상류 쪽에 쌓인다. 이 사진은 남쪽을 바라보고 있으며 방사제의 남쪽, 하류 쪽은 모래가 침식된다.

그림 12.16

캘리포니아 남부의 연안순환체. 황색 화살표는 모래가 해저협곡으로 흘러 들어가는 것을 나타낸다(적색 화살표). 모래가 강에 의해 유입되고 연안수송에 의해 남쪽으로 운반되어 해저협곡의 연안 입구로 들어간다.

유입 V^+ 침식이나 연안수송으로 해빈에 더해진 퇴적물
유출 V^- 연안수송으로 연안하부로 이동된 퇴적물
W^- 바람에 의해 육지로 날려간 퇴적물
O^- 해저 사면으로 무너져 내려간 퇴적물
안정해빈: $(V^+)+(V^- + W^- + O^-) = 0$

연안 순환체의 일반적 모양

그림 12.17 연안 퇴적물 이동 순환체들.

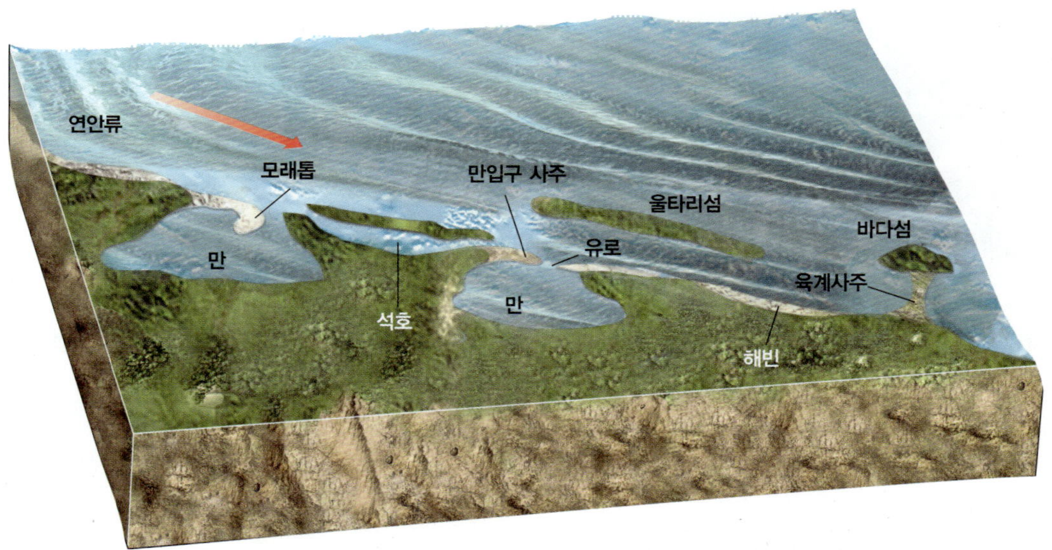

그림 12.18 가상의 퇴적연안의 여러 대규모 지형들의 복합적인 그림. 실제 연안에서는 이런 지형들 모두가 서로 이렇게 가까이 나타나지는 않는다.

12.4 퇴적연안에는 대규모 지형들이 많이 있다

해빈 외에도 퇴적연안에서는 퇴적물의 퇴적에 의해 대규모의 지형들이 나타나고, 이런 지형들 중의 몇 개가 **그림 12.18**에 나와 있다.

모래톱과 만입구사주는 연안류가 느려지면 만들어진다

모래톱(sand spit)은 이런 큰 규모의 지형들 중에서 가장 흔한 것이다. 모래톱은 연안류가 돌출부를 지나 조용한 만으로 들어가면서 유속이 느려지면서 만들어진다. 만의 입구에서 느려진 연안류는 많은 퇴적물을 운반할 수 없게 되고 모래와 자갈은 돌출부의 하류부분으로 일렬로 쌓이게 된다. 그림 12.18에서 볼 수 있는 것처럼 모래톱은 종종 끝 부분이 구부러진 형태가 되고, 이것은 이 연안류를 만드는 파도가 모래톱의 끝 부분에서 굴절하기 때문이다.

만입구사주(bay mouth bar)는 모래톱이 만 입구의 다른 쪽 돌출부와 연결되어 만을 막을 때 만들어진다. 만 입구의 사주는 파도나 난류를 막아 주고 만에 퇴적물이 쌓이게 한다. 조류의 작용, 강에 의해서 만으로 유입되는 물의 흐름, 혹은 강한 폭풍우 등에 의해서 사주가 깎여서 **유로**(inlet)—해양과의 연결통로—가 만들어지기도 한다. 만입구사주는 **그림 12.19**에서 볼 수 있다.

울타리섬과 바다섬들은 육지에서 떨어져 있다

퇴적연안에는 육지에서 떨어져서 평행한 방향으로 좁게 노출된 사주들이 역시 발달할 수 있고, 이런 것들을 **울타리섬**(barrier island)이라고 한다(**그림 12.20**). 전 세계 해안의 약 13%에 울타리섬이 있다.

울타리섬은 물속에 있는 해안선에 평행한 언덕에 퇴적물이 쌓이면 만들어진다. 미시시피-앨라배마 해안에서 떨어져 있는 섬들 중 일부는 이렇게 만들어진 것들이다. 그러나 큰 규모의 울타리섬들은 다르게 만들어진 것으로 생각된다. 약 6,000년 전 마지막 해수면 상승기의 끝 부분에 대륙붕단 부근의 연안평야의 앞에는 일련의 모래 구릉이 있었다. 해수면이 상승하면서 바다가 그 구릉들을 침범해 들어와서 **석호**(lagoon)—해양과 나누어진 길고 얕은 해수—를 만들었고, 연안 구릉의 능선 부분은 섬이 되었다. 해수면이 계속 상승하면서 섬과 석호들은 육지 쪽으로 이동하게 되었다. 미국의 동남 해안에 있는 울타리섬들은 대부분 이렇게 만들어진 것들이다. 이런 것들은 해수면이 계속 상승하면서 아직도 천천히 육지 쪽으로 이동하고 있는 중이다. 이런 작용은 만약 퇴적물 유입이 제한되면 더욱 가속된다(**그림 12.21**). **그림 12.22**는 그로 인해 생길 수 있는 어

그림 12.19 만입구사주. 유로는 지금 폐쇄되었으나 (육지의 강우로) 강물이 늘어나거나, 큰 조석과 큰 파도가 함께 작용하면 사주가 부서질 수 있다. 규모를 알기 위해서는 사진 위쪽 고속도로의 다리를 참조하라.

그림 12.20 노스캐롤라이나 연안의 울타리섬.(이 사진은 그림 12.19보다 훨씬 큰 규모로 우주에서 찍은 것이다.)

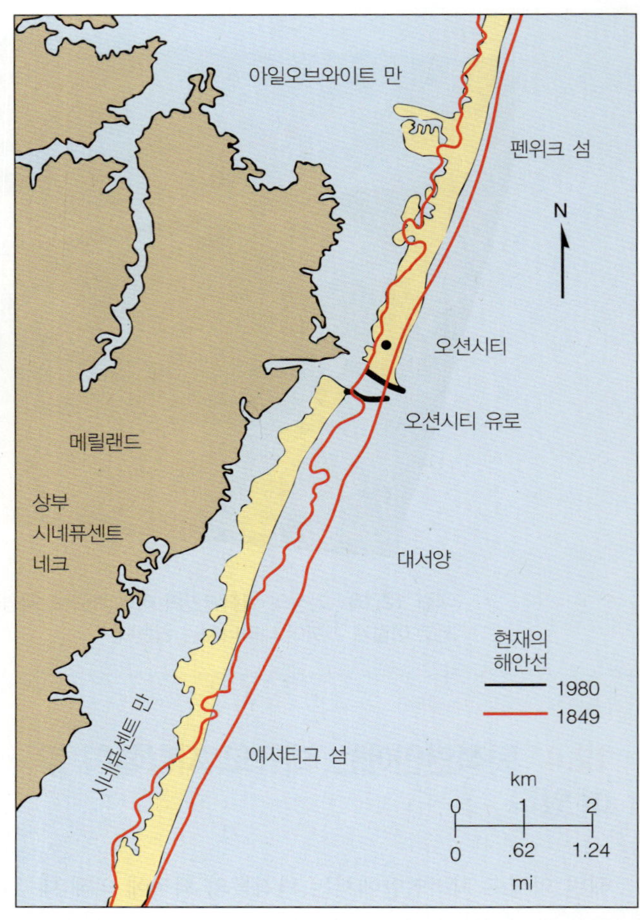

그림 12.21 울타리섬의 이동. 오션시티 남쪽의 진한 검은 선은 1930년대에 유로를 보호하기 위해 건설된 돌제를 나타낸다. 돌제는 남북 방향의 연안류를 막아서, 결과적으로 애서티그 섬의 퇴적물이 고갈되어 500 m 정도 서쪽으로 이동되었다.

려운 점을 보여 주고 있다.

매년 강한 폭풍에 의한 큰 파도들에 의해 울타리섬 해빈이 침식되고, 아주 큰 폭풍들은 낮은 섬을 넘어갈 수 있는 파도를 만들기도 한다. 비로 인해서 물이 불은 강과 함께 풍파나 폭풍해일 등에 의해 넘어 들어오는 물은 급격하게 석호를 범람시키고 사주를 통과하는 새로운 유로를 만들기도 한다.

이러한 위험에도 불구하고 미국 연안 바깥쪽의 울타리섬들 약 70개가 상업적으로 개발되었고 수백만의 사람들이 그 위에서 살고 있다. 유명한 울타리섬들로는 뉴저지의 애틀랜틱시티, 메릴랜드의 오션시티, 플로리다의 마이애미비치와 팜비치, 텍사스의 갤버스턴 등이 있다. 대략 약 100년에 한 번 정도 겨울 폭풍이 대서양 연안의 인구 밀집 지역에 큰 재해를 입히고 있다. 그리고 대서양 동남부와 걸프 해안도 간헐적인 큰 폭풍을 맞고 있다. 계속 침강하고 있는 이러한 비활성형 연안에서는 (계속되는 해수면 상승과 상업적 개발에 의한 변화들과 함께) 생명과 재산의 피해가 있을 것은 의심의 여지가 없다. **그림 12.23**은 이러한 위협의 정도를 보여 주고 있다.

울타리섬과는 달리 **바다섬**(sea island)은 해수면이 낮았을 때 본토의 일부였던 단단한 중심부를 갖고 있다. 상승하는 바다가 이 높은 지대를 육지로부터 분리시켰고, 퇴적작용으로 그 주위에 해빈을 만들었다. 사우스캐롤라이나의 힐튼헤드, 조지아의 컴벌랜드 섬 등이 바다섬이다. 만약 이런 섬들이 해안선에 가까우면

육계사주(tombolo)라고 불리는 퇴적물의 다리로 육지와 연결되기도 한다. 육계사주는 외해 쪽 바위 암반이나 화산 등을 본토와 연결시키기도 한다. 그림 12.18에서 바다섬과 육계사주를 볼 수 있다.

하구에는 델타가 만들어질 수 있다 몇몇 지역에서는 육지에서 씻겨 온 퇴적물들이 연안을 상당히 외해 쪽으로 자라 나가게 한다. 이런 지역의 해안선은 지난 빙하기 말의 모양과는 상당히 다른 형태를 갖게 된다. 이런 연안의 형태 중에서 가장 중요한 것이 **델타**이다.[1]

델타가 퇴적물을 갖고 있는 모든 강의 하구에서 만들어지는 것은 아니다. 퇴적물이 쌓일 수 있는 받침이 되는 넓은 대륙붕이 있어야 한다. 또한 일반적으로 조차가 작아야 하고, 파도와 해류가 약해야 한다. 미국의 대서양 연안에는 연안에 도달하는 퇴적물들이 물에 잠긴 하구에 퇴적되거나 조류나 해류에 의해 흩어져 버리기 때문에 큰 델타가 없다. 북미나 남미의 서부 연안은 해양판이 섭입되고 대륙붕이 좁은 수렴형 연안이기 때문에 역시 큰 델타가 없다. 이곳에서는 델타를 만들 퇴적물들이 대륙사면으로 쓸려 가거나 파도에 의해서 연안을 따라 분산되어 버린다. 델타는 폐쇄된 바다의 에너지가 낮은 해안(조차가 너무 크지 않은 곳)과 몇몇 대륙의 지구조적으로 안정된 지판에 끌려가는 연안에 가장 흔하다. 큰 델타가 있는 곳으로는 멕시코 만(미시시피 강, **그림 12.24a**), 지중해(나일 강), 그리고 벵골 만의 갠지스-브라마푸트라 강(**그림 12.24b**)과 남중국해로 흘러드는 중국의 큰 강들에 의해서 만들어진 것 등이 있다.

델타의 모양은 퇴적물이 쌓이는 것과 바다에 의해서 제거되는 것의 균형에 의해서 정해진다. 델타가 그 크기를 유지하거나 혹은 자라기 위해서는 강이 바다의 작용을 저지할 수 있을 정도로 충분한 퇴적물을 운반해 와야 한다. 파도와 조석 그리고 강의 흐름 등의 복합적인 영향이 델타의 형태를 결정한다. 강이 우세한 델타는 담수의 강한 흐름과 육지 퇴적물을 받아들이게 되고, 이런 것들은 외해로부터 보호되는 연해에서 만들어진다. 이런 델타의 끝에는 특징적으로 새발 형태의 지류—강의 끝 부분이 나누어진 것—가 잘 발달된다(미시시피 강). 조류가 우세한 델타에서는 담수의 유입은 조류에 의해 압도되고 조류는 퇴적물을 강의 흐름에 평행하고 연안에 수직인 방향의 긴 섬으로 만든다. 조류가 우세한 델타 중에 가장 큰 것은 갠지스-브라마푸트라 강 하구에 만들어진 것이다. 파도가 우세한 델타는 일반적으로 강이 우세하거나 조류가 우세한 델타보다 작고 해빈이나 모래언덕이 들어 있는 평탄한 해안선을 갖는다. 파도가 우세한 델타는 새발 형태의 지류를 갖는

AP Images/Steve Helber

그림 12.22 해터러스 곶의 등대가 안전한 곳으로 옮겨지고 있다. 1870년에 건설되었을 때 등대는 바다에서 460 m 이상 떨어져 있었다. 해수면 상승과 잦은 대서양 폭풍으로 해터러스 섬이 서쪽으로 후퇴하였고, 1997년에 등대는 파도로부터 겨우 37 m밖에 떨어지지 않았다. 다른 많은 방안을 고려한 끝에 국립공원관리국은 등대를 기초에서 잘라서 총 4,381톤의 무게를 새로운 내륙 쪽 884 m 지점으로 이동시키기로 결정하였다. 의회에서 1,200만 달러를 받아서 1998년 후반에 작업이 시작되어 1999년 5월에 등불이 다시 켜지고, 앞으로 13년 더 선박의 좌초를 경고할 준비를 갖추었다. 해터러스 곶의 일부가 그림 12.7에 나와 있다.

[1] 이 용어는 그리스어 대문자 델타(Δ)의 삼각형 모양에서 나온 것이다.

Francis Shepherd. Photo courtesy of Gerald G. Kuhn.

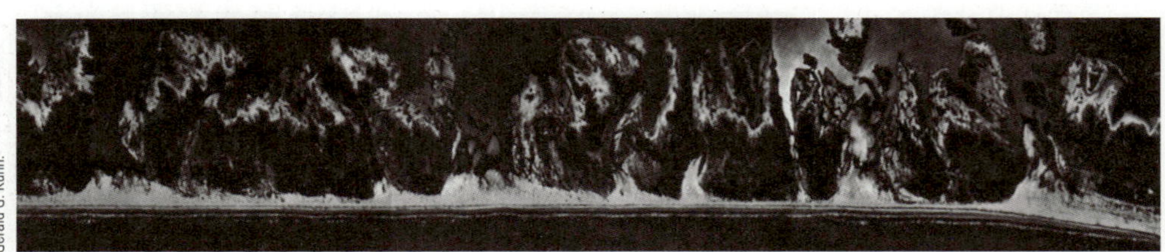

a 1960년 마타고르다 반도(텍사스) 해빈의 울타리섬.

b 1961년 9월 허리케인 칼라가 통과한 뒤 6일 후의 같은 지역. 해빈과 섬은 갈라지고 범람 델타가 뚜렷이 보인다.

W. Demetrakas, Ocean City Camera

c 울타리섬을 개발한 메릴랜드의 오션시티. 매년 약 8백만 명이 방문하는 이 도시는 (다른 비슷한 도시들과 마찬가지로) 극심한 폭풍에 대한 효과적인 대비책이 전혀 없다.

그림 12.23 울타리섬의 변형. 실제 변화와 변화 가능성.

대신 강물이 빠져나가는 주된 수로 하나만 갖는다.

델타가 육지에 의해 자라 나가는 연안으로 유일한 것은 아니다. 빙하기 동안 육지의 극지방을 덮고 있던 빙하는 많은 양의 퇴적물과 암석을 그 주변에 퇴적시켰다. 빙하가 후퇴했을 때 **빙퇴구**(drumlin)로 알려진 유선형의 언덕과 **빙퇴석**(moraine)이라고 하는 퇴적물의 언덕과 구릉을 남겨 놓았다—그중의 일부는 아직도 해수면 위로 나와 있다. 뉴욕 주 롱아일랜드의 일부는 빙하에 의한 빙퇴석이고, 보스턴에 있는 계란 모양의 언덕들과 시애틀의 퓨젓사운드 연안의 일부는 부분적으로 빙하에 의해 모양이 만들어졌다. 아마도 미국에서 가장 유명한 빙퇴석은 매사추세츠 주의 케이프 코드 주변 지역일 것이다. 마서즈비니어드와 낸터킷의 섬들의 중심부는 18,000년 전 빙하가 가장 멀리 내려왔던 것을 나타내고, 케이프코드 자체의 중심축은 빙하가 안정되었다가 기후가 따뜻해지면서 북쪽으로 후퇴할 때 떨어뜨린 물질의 잔류물들이다(**그림 12.25**).

a

이 사진에서는 새발 형태의 미시시피 델타를 잘 볼 수 있다. 나뭇잎 형태나 새발 형태의 델타는 연안의 침식이나 퇴적물 이동 등의 작용보다 퇴적이 압도적으로 우세한 곳에서 만들어진다. 낮은 궤도에서 찍은 이 사진에서는 퇴적물을 함유한 강물이 갈색이나 황갈색으로 보인다.

b

2000년 2월 28일의 갠지스–브라마푸트라 수계의 어귀. 조석이 우세한 이 델타는 1억 2천만 인구의 고향으로 폭풍이나 계절적 강우로 일상적으로 범람하고 있다. 퇴적물이 델타에서 벵골 만으로 흘러 들어가는 것을 볼 수 있다(탁한 청색).

그림 12.24 하구 델타는 퇴적물을 싣고 오는 강이 파도의 에너지가 약한 폐쇄된 바다나 반폐쇄된 바다로 들어오면 만들어진다.

그림 12.25 마서즈비니어드와 낸터킷의 대부분의 섬들은 빙하의 전진에 의해 부스러기가 퇴적되고 모양이 만들어졌다. 케이프코드의 중심축은 빙하가 안정되었다가 후퇴하면서 떨어뜨린 물질로 만들어졌다.

개념점검

13. 모래톱과 만입구사주를 구별해 보라.

14. 바다섬과 울타리섬의 차이는 무엇인가?

15. 왜 델타는 모든 하구에 만들어지지 않는가?

12.5 생물활동이 연안을 만들고 변화시킨다

해안은 동식물의 활동으로 큰 변화를 겪을 수 있다. 어떤 종류의 해조류와 식물들은 연안을 만들 수 있지만, 가장 극적인 생물학적인 변형은 산호충들이 화산도 주변이나 대륙의 가장자리에 초를 형성하는 열대지방에서 가장 뚜렷하다.

산호초는 산호충에 의해서 만들어질 수 있다 **산호초**(coral reef)는 여러 종류의 산호충들과 그것들로 만들어진 탄산칼슘의 긴 덩어리이다. 산호충들(15장에서 좀 더 배우게 됨)은 온대 연안에서 발견되는 친숙한 말미잘과 관계가 있다. 개개의 조초 산호충들은 컵 모양의 탄산

Jacques Descloitres, MODIS Rapid Response Team, NASA/GSFC

그림 12.26 오스트레일리아 퀸즐랜드에 있는 그레이트배리어리프의 일부. 이 해안은 생물의 활동에 의해서 심한 변화를 받았다.

칼슘 골격을 숨기고 있다가 죽으면 그것을 남기게 된다. 이러한 골격들이 쌓이면 점차적으로 산호초가 만들어진다. 조초산호들은 5~10 m 정도의 빛이 잘 들어오는 밝은 물에서 가장 잘 자라고, 이상적인 조건하에서는 1년에 약 1 cm 정도의 속도로 자란다.

산호초 중에서 가장 큰 것은 뉴기니와 오스트레일리아 사이의 토레스 해협에서 시작해서 오스트레일리아의 북동 해안 쪽으로 내려가는 약 2,500 km에 달하는 오스트레일리아의 그레이트배리어리프이다(**그림 12.26**).

산호초는 세 가지 형태가 있다 1842년에 다윈이 열대 산호초의 구조를 거초, 보초, 환초 등 세 가지 형태로 구분하였고(**그림 12.27**), 우리는 아직도 그 구분을 사용하고 있다.

거초 이름이 암시하는 것처럼 **거초**(fringing reef)는 육지의 주변에 붙어 있는 것이다. **그림 12.27a**에서 보이는 것처럼 거초는 수면 근처의 해안에 연결되어 있다. 거초는 주로 열대 섬들의 풍하 방향(바람이 불어 가는 쪽)에 빗물의 유수가 적은 지역에서 만들어진다. 살아 있는 것들이 가장 많이 집중되어 있는 곳은 초의 바다 쪽 가장자리로, 여기는 플랑크톤과 정상적인 염분의 맑은 물이 충분히 있는 곳이다. 열대 지방의 어느 곳에서나 대부분의 새로운 섬들은 첫 번째 초의 형태로 거초를 갖고 있다. 하와이 열도와 그 비슷한 열대 경계지역에서는 항구적인 거초가 흔하다.

보초 **보초**(barrier reef)는 육지와 석호에 의해서 분리되어 있다(**그림 12.27b**). 이것들은 거초보다 저위도에서 만들어지는 경향이 있으며 섬의 주위나 육지 해안에 평행한 직선으로 만들어진다. 바깥쪽 가장자리—울타리(barrier)—는 바다 쪽 부분이 해안 쪽보다 많은 먹이가 공급되어 빨리 자랄 수 있기 때문에 좀 더 높다. 깊이가 수 m에서 60 m 정도까지 되는 석호는 어느 곳에서나 만들어질 수 있으며, 초를 해안에서 불과 수십 m에서 멀게는 300 km까지 분리시켜 놓는다. 석호 내에서는 영양이 부족하고 퇴적물과 담수가 해안에서 들어오기 때문에 산호는 더 천천히 자란다. 석호 내의 여

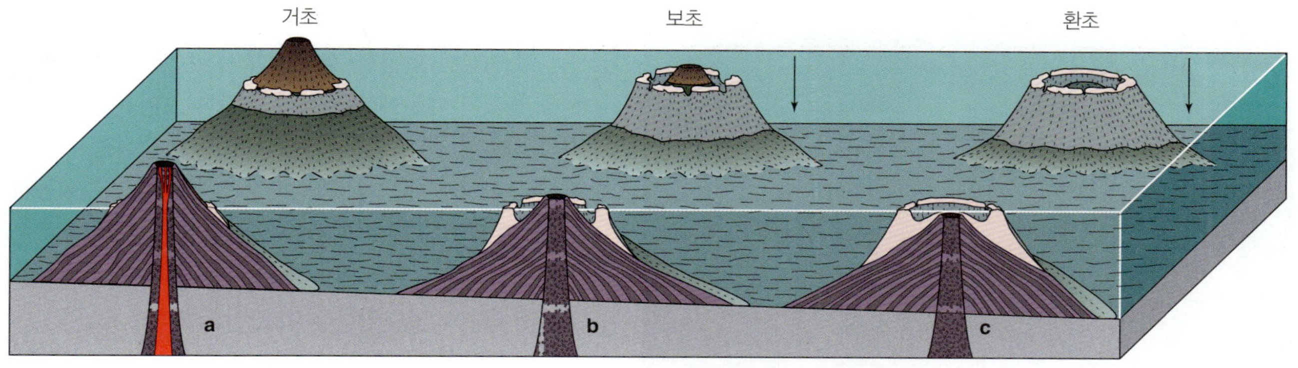

열대의 섬 주위에 거초가 만들어진다.

섬은 실려 있는 판이 확장축에서 멀어지면서 침강한다. 이 경우에 섬은 생물이 위로 자라나는 속도보다 빨리 침강하지 않는다.

섬은 결국 해수면 밑으로 사라지고 산호는 환초로 남게 된다.

환초의 전형적인 고리 모양—매혹적인 열대 섬의 여행 포스터.

d

그림 12.27 환초의 발달.

러 조건들과 생물 종들은 파도에 씻기는 울타리와는 대단히 다를 것이다. 조용한 석호는 종종 폭풍에 의해 넘어오는 침식된 산호 부스러기로 지저분해지기도 한다.

그레이트배리어리프는 한 덩어리가 아니고 약 350,000 km^{2}를 덮고 있는, 집단으로 보면 지구상에서 살아 있는 생물이 만든 가장 큰 구조물인 3,000개 이상의 산호초들로 이루어진 것이다. 각 부분은 주된 해류와 무역풍을 향한 급경사의 바깥쪽 벽을 갖고 있다. 연간 1 cm의 성장률로 이산호초는 오랜 나이와 엄청난 부피를 갖고 있다. 이 거대한 산호초는 남쪽 끝이 젊고 얇으며, 그 이유는 오스트레일리아가 놓여 있는 인도-오스트레일리아판이 천천히 북쪽으로 이동하기 때문으로 생각된다. 오스트레일리아의 그레이트배리어리프 내의 생물의 다양함은 상상을 초월한다.

환초 **환초**(atoll, **그림 12.27c, d**)는 산호초의 섬과 산호 부스러기가 육지가 솟아 있지 않은 얕은 석호를 완전히 혹은 거의 완전히 둘러싸고 있는 고리형태의 산호초이다. 산호 부스러기는 파도와 바람에 의해 초로 쓸려 와서 물 밖으로 나오고 그 위에 코코야자와 다른 육상 식물

tbkmedia.de/Alamy

그림 12.28 플로리다의 맹그로브 해안. 맹그로브 나무들이 퇴적물을 가두어서 해안을 만들고 안정되게 한다.

들이 뿌리를 내릴 수 있게 해 준다. 이런 식물들은 모래를 안정시키고 새나 다른 종들이 서식할 수 있게 해 준다. 이것이 여행 포스터에 나오는 열대 섬이다.

환초의 중앙 석호는 채널이나 홈 등을 통해 바깥쪽 심해와 연결이 되지만 산호는 얕은 물이 태양으로 인해 너무 따뜻하거나, 비가 오는 동안 너무 염도가 낮거나, 먹이를 먹을 수 있는 기회가 제한되거나 하는 등의 이유로 보통 석호 내에서 번성하지 못한다.

어떤 환초는 고립되어 있지만, 대부분은 얕은 대륙붕이나 심해에서 느슨한 집단으로 나타난다. 300개 이상의 환초가 있으며 대부분이 태평양에 있다. 크기는 직경 수 km부터 가느다란 280 km의 산호 고리가 2,850 km^2의 석호를 둘러싸고 있는 마셜 군도의 콰절런 환초까지 다양하다.

환초는 어떻게 만들어지는가? 과학자들은 첫 과학적 항해 보고서가 나오자 그 고리형태의 원인을 생각하기 시작했다. 다윈은 바다에서 솟아 나와 해안 주위에 산호가 쌓이고 산호가 성장하는 속도와 같은 속도로 천천히 침강하는 화산섬을 생각하였다. 그 중앙 화산은 결국 침강해서 보이지 않게 되고 산호는 이전의 산호 골격 위에서 계속 성장해서 표면 근처에서 살아서 나타날 것이다. 그림 12.27a~c가 이 과정을 보여 주고 있다. 섬은 거초에서 시작해서 침강하면서 보초 단계를 거쳐 모든 봉우리가 해수면 아래로 사라지고 환초가 되는 것을 알 수 있다. 만약 섬이 연간 1 cm(산호의 성장 속도) 이상의 속도로 침강하면 섬과 산호의 모든 흔적은 사라지게 될 것이다.(침강한 섬은 기요가 될 것이다.)

이 이론은 타당한 것처럼 보이지만 다윈은 판구조론을 몰랐기 때문에 화산섬이 침강하는 이유를 설명하지 못하였다. 이제 우리는 화산이 확장 중심축 부근에서 만들어져서 태어난 곳의 바깥쪽, 아래쪽으로 이동하고, 맨틀 열원을 떠나면 활동을 멈추고 깊은 바다로 운반되면서 이동하는 동안 산호가 성장할 수 있을 정도로 충분히 천천히 침강한다는 것을 알고 있다.

맹그로브 연안은 퇴적물을 가두는 뿌리 시스템이 잘 발달해 있다 어떤 해안들은 맹그로브나 염수에서 자랄 수 있는 나무들에 의해서 만들어지기도 한다. 플로리다 남서부 연안에서는 뿌리가 주변의 퇴적물을 가두어 두는 맹그로브들에 의해서 해안이 확장되고 형태가 만들어진다(**그림 12.28**). 복잡하게 얽힌 뿌리들은 그 나무 아래에 사는 생물들에게는 침투 불가능한 방어벽을 만들어 주고 안전한 안식처를 제공해 준다. 맹그로브에 관해서는 14장 해양 식물편에서 좀 더 배우게 될 것이다.

개념점검

16. 어떤 생물이 연안 형태에 영향을 미칠 수 있는가?

17. 산호초는 어떻게 구분할 수 있는가? 누가 처음으로 이 분류법을 제안했는가?

12.6 담수는 하구만에서 바다와 만난다

하구만(estuary)은 부분적으로는 육지에 둘러싸여 있고 강에서 온 담수가 해수와 혼합되는 곳이다. 하구만은 해양생물의 생산성과 다양성이 대단히 높은 곳이다. 미국 연안은 약 15,150 km^2의 하구만을 포함하고 있고, 체서피크 만, 샌프란시스코 만, 퓨젓사운드 등도 모두 하구만이다.

하구만은 기원에 따라 분류할 수 있다 하구만은 그 기원에 따라 4가지 형태로 분류할 수 있다(**그림 12.29**).

- 침수 하구
- 피오르
- 사주 기원
- 지각운동 기원

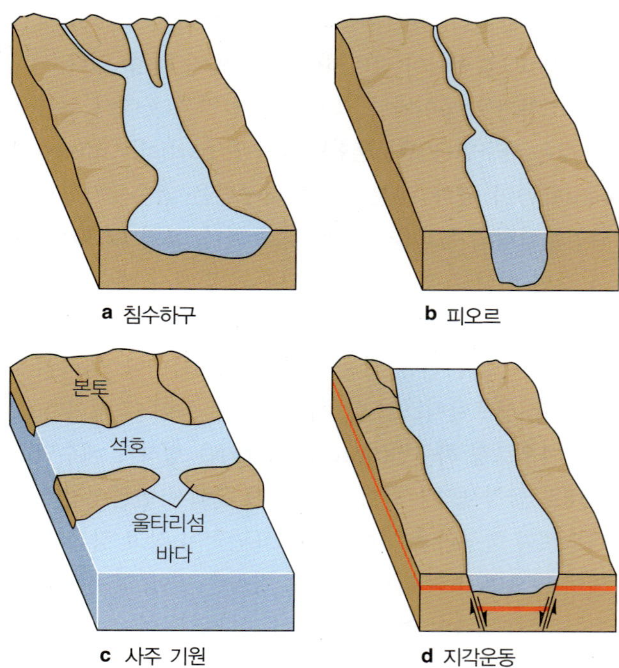

그림 12.29 기원에 따른 하구만의 분류. (a) 침수하구: 제임스 강, 요크 강, 서스퀴해나 강 하구 등의 입구, 체서피크 만, 오스트레일리아의 시드니 항. (b) 피오르: 뉴질랜드 밀퍼드사운드, 워싱턴 주 북쪽의 후안데푸카 해협 등. (c) 사주 기원: 노스캐롤라이나의 앨버말사운드와 팜리코사운드 등. (d) 지각운동 기원: 샌프란시스코 만, 토말스 만 등.

침수하구에 만들어지는 하구만이 세계적으로 가장 흔하고, 특히 미국 대서양 쪽 연안을 따라 흔하다. 해수면이 약 18,000년 전 마지막 빙하기 이후 약 125 m 상승한 것을 생각하면, 그 결과 해수가 하구로 침투해 들어왔을 것이다. 요크 강, 제임스 강, 서스퀴해나 강 등의 하구와 체서피크 만 등이 이런 형태의 하구만의 좋은 예가 될 수 있다.

그림 12.8에서 볼 수 있는 것처럼 피오르는 빙하가 깎은 급경사의 U자 형태의 계곡이다. 이것들은 보통 깊이가 300~400 m 정도 되고 끝에는 빙하 퇴적물로 만들어진 얕은 턱이 있다. 얕은 턱이 있는 피오르에서는 턱의 깊이보다 아래에서는 수직 혼합이 잘 일어나지 않고 바닥의 물들은 정체되어 있다(**그림 12.30d**). 턱이 깊은 피오르에서는 바닥의 물이 천천히 인접한 해양수와 섞이게 된다. 노르웨이, 그린란드, 뉴질랜드, 알래스카, 서부 캐나다 등에서는 피오르가 흔하고, 워싱턴 북쪽의 후안데푸카 해협도 좋은 예가 된다.

사주기원의 하구만은 울타리섬이나 울타리사주가 해수면 위로 해안에 평행하게 만들어질 때 형성된다. 이런 하구만들은 대개 수심이 얕고 바다와는 작은 유로를 통해서 연결되기 때문에 조석작용이 아주 제한적이다. 사주 기원 하구만의 물은 주로 바람에 의해서 혼합이 일어난다. 노스캐롤라이나의 앨버말사운드와 팜리코사운드, 메릴랜드의 친커티그 만 등은 사주 기원 하구만들이다.

지각운동에 의해 만들어지는 하구만은 단층과 지역적인 침강에 의한 연안 굴곡에 의한 것들이다. 담수와 해수가 함께 저지로 흘러 들어가서 하구만이 만들어진다. 샌프란시스코 만은 부분적으로 지각운동 기원 하구만이다.

하구만의 특징은 물의 밀도와 흐름에 영향을 받는다 하구만의 특징을 결정하는 요인으로는 하구만의 형태, 하구만의 위쪽에서 들어오는 강물의 양, 그리고 하구만 입구의 조차 등 세 가지가 있다. 바람, 얼음, 코리올리 효과 등과 함께 밀도가 다른 물의 혼합, 조석의 상승과 하강, 강물의 흐름의 변화 등으로 하구만의 물의 순환 형태는 대단히 복잡하게 된다.

하구만은 물의 순환 형태에 의해 분류되기도 한다. 가장 간단한 순환 형태를 갖는 것은 **염수쐐기형 하구만**(salt wedge estuary)으로, 이것은 많은 강물이 조석이 약하거나 중간 정도인 바다로 급격히 유입하는 곳에서 만들어진다. 나가는 담수가 들어오는 해수를 뒤쪽에 쐐기 형태로 만들어 놓게 된다(**그림 12.30a**). 이곳에서는 밀도차에 의해서 담수가 해수의 위로 흐르게 된다. 염수의 쐐기는 저조 시나 강물이 강할 때는 바다 쪽으로 후퇴하고, 조위가 상승하거나 강물이 약해지면 육지 쪽으로 되돌아온다. 일부 해수는 염수 쐐기로부터 급경사를 이루고 있는 쐐기의 윗부분 경계층을 통해서 밖으로 흘러 나가는 담수에 혼합되고 바다로부터 새로운 해수가 들어와서 그것을 보충하게 된다. 이러한 방법으로 바다로부터 영양염과 퇴적물이 하구만으로 들어올 수도 있다. 염수쐐기형 하구만의 예로는 허드슨 강과 미시시피 강의 하구를 들 수 있다.

또 다른 형태로는 강물이 좀 더 천천히 흐르고 조차가 보통이거나 큰 곳에서 형성되는 **완전혼합형 하구만**(well-mixed estuary)이 있다. 그 이름이 암시하는 것처럼 이 하구만은 길이 방향으로 담수와 해수가 서로 다른 비율로 혼합된 물로 이루어져 있다. 조석에 의한 난류가 물을 혼합시키고 강의 흐름이 그 물을 바다 쪽

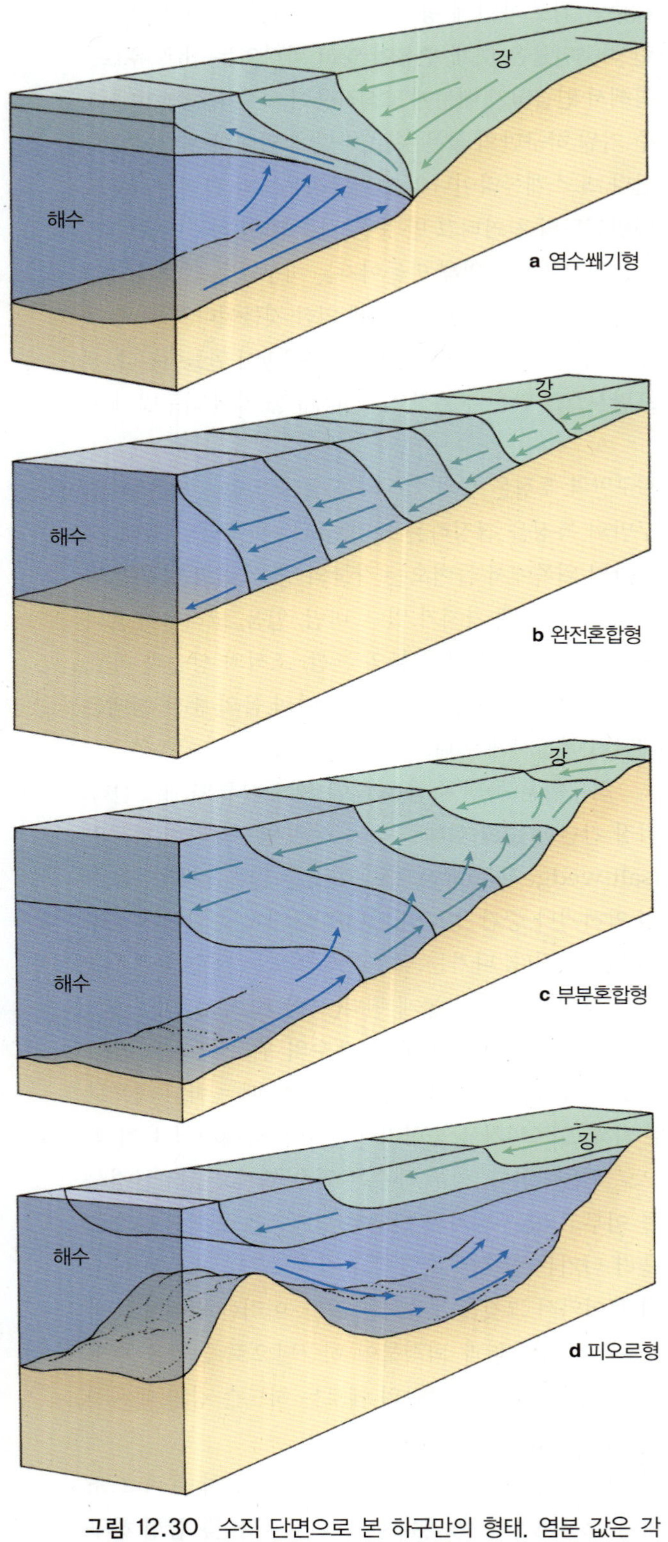

그림 12.30 수직 단면으로 본 하구만의 형태. 염분 값은 각 형태별 담수와 해수의 혼합 정도를 나타낸다. (a) 염수쐐기형 하구만. (b) 완전혼합형 하구만. (c) 부분혼합형 하구만. (d) 피오르형 하구만.

으로 밀게 된다. 완전혼합형 하구만은 **그림 12.30b**에 나와 있고, 컬럼비아 강의 하구가 그 예가 될 수 있다.

조차가 보통이거나 크고 강물이 많은 곳에서 수심이 깊은 하구만은 **부분혼합형 하구만**(partially mixed estuary)이 된다. 부분혼합형 하구만은 염수쐐기형과 완전혼합형의 특징을 조금씩 갖고 있다. **그림 12.30c**에서 보면 바다로 흐르는 표층 담수의 밑에서 해수가 들어오고 있고 연결부에서 혼합이 일어나고 있다. 혼합 에너지는 조석 난류 작용과 강물의 흐름이다. 영국의 템스 강, 샌프란시스코 만, 체서피크 만 등이 그 예이다.

피오르형 하구만(fjord estuary)은 빙하가 해수면 아래로 급경사의 U자형 계곡을 판 곳에서 만들어진다. 피오르형 하구만은 전형적으로 표면적이 작고 강물 유입이 많으며 조석 혼합이 적다. 강물은 밑에 있는 해수와는 거의 접촉이 없이 표면에서 바다로 들어간다(**그림 12.30d**). 급경사의 턱이 있는 피오르형 하구만에서는 바닥 위에 정체된 물의 층—산소와 영양염이 거의 없는 차가운 물—이 만들어진다.

북반구의 완전혼합형과 부분혼합형 하구만에서는 코리올리 효과로 인해서 들어오는 해수가 하구만의 오른쪽으로 쏠리게 된다. 흘러 나가는 강물은 역시 운동 방향의 오른쪽으로 쏠리게 되고 오른쪽으로 편향하는 이러한 현상을 체서피크 만 표층수의 등염분선에서 볼 수 있다(**그림 12.31**).

하구만은 복잡한 해양 군집을 유지시킨다

일부 고대문명은 하구만 환경에서 계속 번성해 왔다. 티그리스 강과 유프라테스 강의 아래쪽과 이탈리아의 포 강 델타 지역, 나일 강 델타, 갠지스 강 하구, 황하 계곡의 아래쪽 등은 수천 년 동안 밀집된 인구가 서식할 수 있도록 도와주었다. 하구만은 개발자들에게는 불가항력적으로 매력적인 곳이 되었고, 인구 밀도가 높은 곳에서는 하구만이 항구나 보트계류장, 위락시설을 만들기 위해서 파헤쳐지고, 주거지나 농경지를 만들기 위해서 메워지기도 하였다.

하구만에는 무수히 많은 생물들이 살고 있다. 영양염과 태양광을 쉽게 얻을 수 있고, 파도의 충격을 막아주고, 많은 서식지가 있어 많은 종과 개체들이 자라고 있다. 하구만의 생물 생산성과 다양성은 대단히 높다. 하구만은 종종 해양 동물의 종묘장이 되고 있다. 농어, 멸치, 태평양 청어 들 중의 일부 종들은 생의 첫 주를

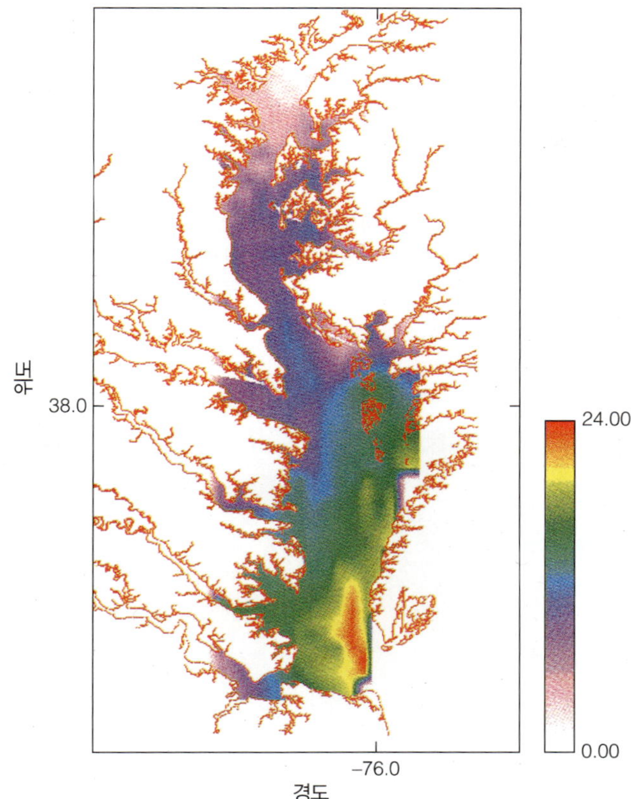

그림 12.31 부분혼합형 하구만인 체서피크 만. 색깔은 염분을 천분율로 보여 준다. 이 하구만의 전형적인 표층 염분 분포는 입구의 28‰로부터 제일 위쪽의 1‰까지이다. 코리올리 효과로 들어오는 염수는 오른쪽(동쪽) 제방으로 밀리게 된다.(20‰ 등염분선이 오른쪽 제방으로 쏠려 있는 것을 주목.) 이 그림을 그림 12.7에 있는 사진과 비교해 보라.

하구만의 풍부한 먹이를 취하면서 시작한다. 불행하게도 하구만의 높은 개발 수요는 하구만의 서식생물들을 위한 건강한 생태계와는 양립할 수 없는 것이다.

또한 하구만은 모든 해양 환경 중에서 가장 오염이 심한 곳이 되었다. 수심이 얕고 따뜻한 하구만에서 자라는 식물들 중에 어떤 것들은 육지의 오염원들에 의해 오염된 해수에서 금속과 유기 질소 화합물을 제거하고 오염된 물을 정화할 수 있는 능력이 있다. 식물들은 정전기의 인력과 끈적이는 표면층을 이용해서 물속에 있는 점토 크기의 입자를 축적시키고 그들의 표면에 퇴적시킨다. 조위가 내려가면 이 물질들은 식물의 아래에 퇴적되고 침식으로부터 보호된다. 펄 속의 박테리아는 이 질소 화합물들을 분해하고 금속들을 잡아 두어서 물을 깨끗하게 만든다. 역설적으로 개발이 물을 깨끗하게 하도록 도와주는 바로 그 생태계를 파괴하고 있다. 미국의 경우 국가 전체의 하구만과 습지의 반 이상이 사라졌고, 아래쪽 48개 주에서 원래 870,000 km^{2}였던 습지가 지금은 불과 360,000 km^{2}만 남아 있다. **그림 12.32**가 그 문제점들을 보여 주고 있다.

개념점검

18. 하구만이란 무엇인가?

19. 하구만은 기원에 따라 분류된다. 어떤 형태의 하구만이 있는가?

20. 하구만은 갖고 있는 물의 형태와 그 물의 흐름의 특성에 따라서도 분류할 수 있다. 하구만은 그 순환 특성에 따라 어떻게 분류되는가?

21. 하구만의 가치는 무엇인가?

12.7 미국 연안의 특징

판구조 운동에 의한 힘은 대륙주변부에 엄청난 영향을 미치고, 미국의 연안도 그 예외가 될 수 없다. 태평양 연안은 활동적인 판의 경계부에 위치해 있고 대서양이나 걸프의 연안은 그렇지 않기 때문에 태평양 연안의 판 운동의 결과는 대서양이나 걸프 연안과는 상당한 차이가 있다.

태평양 연안 태평양 연안은 화산이나 지진, 그 외 최근의 지각운동을 쉽게 볼 수 있는 현재 솟아오르고 있는 연안이다. 전형적인 태평양 연안의 해빈들은 암반 돌출 지형이 끼어들거나, 화산, 해저협곡의 영향 등으로 끊어져 있고, 과거 수백 만 년 동안 지각의 융기가 해수면 상승을 능가한 증거로 파식대지가 해수면에서 400 m나 되는 곳에서 발견되는 곳도 많이 있다(**그림 12.33**).

태평양 연안의 퇴적물들은 대부분 인근 산들의 비교적 젊은 화강암이나 화산암의 침식으로 생긴 것들이다. 모래를 구성하고 있는 석영과 장석 입자들은 강에 의해서 해안으로 흘러온 것이다. 내륙에서 태평양 연안으로 운반되어 온 퇴적물의 양은 연안 절벽에서 온 것의 양을 훨씬 능가한다. 태평양 연안의 하구에서는 대륙붕이 좁고, (컬럼비아 강을 제외하고는) 강의 흐름이 적고, 해빈의 파도가 강하기 때문에 델타가 잘 만들어지지 않는다. 연안수송의 주된 방향은 북쪽의 폭풍이 대부분의 파랑 에너지를 공급하므로 남쪽으로 이동한다.

그림 12.32 하구만 습지의 상업적 개발이 종의 다양성과 생물 생산성에 영향을 미치고 연안 침식을 증가시킨다. 뉴저지 바네갓 만의 부동산 개발을 보여 주고 있다.

그림 12.33 캘리포니아 연안 외해의 산클레멘테 섬의 파식대지. 그림 12.5b에 나와 있는 지각운동에 의한 융기와 침식력이 그 기원을 설명해 준다.

대서양 연안 대서양 연안은 북아메리카판 위에서 끌려가는 위치에 있기 때문에 지각운동이 적고 침강하고 있는 비활성형 연안이다. 연안의 침강은 지난 1억 5천만 년 동안 3,000 m 정도나 되었고, 두꺼운 퇴적층은 외해의 울타리섬을 만들었다. 그러나 지금의 연안의 모습을 만든 것은 비교적 최근의 침강이 더 큰 역할을 하였다. 메인 지역의 연안을 제외하고는(이곳은 아직 최근에 빙하가 물러간 후 지각평형에 의해 반등하고 있음), 연안의 침강과 해수면의 상승이 복합적으로 작용해서 대서양 연안의 일부 지역에서는 100년에 약 0.3 m의 비율로 물에 잠기고 있다. 이런 작용으로 체서피크 만이나 델라웨어 만 같은 대규모의 침수계곡과 육지 쪽으로 이동하는 울타리섬들, 줄어들고 있는 플로리다와 조지아의 습지 등을 만들었다.

북쪽의 암석들(예: 메인 주)은 육지에서 가장 단단하고 침식에 잘 견디는 것들로 이루어져 있어 메인에서는 해빈이 그리 흔하지 않다. 그러나 뉴저지부터 남쪽으로는 암석이 쉽게 잘 부서지고 풍화되어 해빈이 훨씬 흔하게 나타난다. 태평양 연안과 마찬가지로 퇴적물들은 내륙 산들의 침식으로 강에 의해서 연안으로 운반되지만, 운반된 물질들은 하구만에 갇히고 그래서 해빈에는 큰 역할을 하지 못한다. 동부의 해빈들은 전형적으로 인근 해안의 침식이나 해수면이 낮았을 때 외해에 쌓였던 퇴적물들이 해안 쪽으로 이동해 와서 만들어진 것들이다. 그러므로 어느 지역의 모래의 양은 주변 해안이 침식을 받는 정도나 침식에 대한 저항도 등에 따라서 달라진다. 모래는 태평양과 마찬가지로 남쪽으로 이동하지만 이동하는 양은 동부가 적다.

이미 알고 있는 것처럼 대서양 연안의 북쪽은 빙하도 연안의 형태를 결정하는 데 큰 역할을 하였다. 롱아일랜드의 많은 부분과 케이프코드 전체가 빙하에 의해 퇴적된 부스러기들의 잔류물들이다.

걸프 연안 걸프 연안은 폭풍 때를 제외하고는 태평양이나 대서양 연안에 비해 조차가 작고 평균적인 파도의 크기도 작다. 따라서 연안수송이 적고 가로지르는 해저 협곡도 없기 때문에 미시시피나 그 외 강들에 의해 운반된 막대한 양의 퇴적물들은 쌓여서 큰 델타, 울타리섬, 침강하는 연안의 침수를 막아 주는 길쭉한 높은 언덕(super berm) 등을 만든다.

대부분의 대서양 연안 지역들에 비해 침강률이 높은 걸프 연안으로서는 이런 것들은 다행스러운 조건들이다. 이 지역의 침강은 구조작용보다는 퇴적물의 다져짐, 물 빠짐, 석유와 천연가스의 제거 등에 의해 생기는 것이다. 몇몇 대도시들에서는 퇴적물의 공급이 적은데다 준설 등에 의해 상황이 더욱 나빠지고 있다. 예를 들어 텍사스의 갤버스턴에서는 1세기 전에 비해 해수면이 거의 64 cm까지 높아졌고, 뉴올리온스의 일부 지역은 현재 해수면보다 약 2 m 정도 아래에 놓여 있다. 이미 보아 온 것처럼 이런 지역에 폭풍이 오면 큰 비극을 초래할 수 있다. 해안을 보호해 주는 자연 둑은 쉽게 돌파될 수 있고 밀물은 훨씬 내륙까지 밀고 들어올 수 있다.

개념점검

22. 미국의 태평양, 대서양, 멕시코 만 등의 연안을 간단히 비교해 보라. 이런 연안에 영향을 미치는 가장 중요한 힘은 무엇인가?

12.8 연안작용에 대한 인간의 간섭

연안은 해양, 육지, 대기, 그리고 인간의 요소들이 만나는 활동적인 지역이다. 이들 중 어느 한 가지 요인만이 오랫동안 지배할 수는 없다. 우리는 연안 부근에 살고 방문하기를 즐긴다. 그러나 연안작용에 대한 인간의 간섭은 항상 원하는 결과를 만들지는 않는다. 암반 연안이나 해빈을 보존하거나 개선하기 위한 조치들이 반대의 효과를 얻을 수도 있고 연안의 주민들은 사례에서 항상 교훈을 얻는 것은 아니다.

해빈은 퇴적과 침식 사이에 약한 균형을 이룬 상태로 존재하고 있으며, 인간의 활동은 이 균형을 어느 한 쪽으로 기울어지게 할 수 있다. 예를 들어 **그림 12.34**에 있는 바위로 만든 **방파제**(breakwater)는 파도가 해빈으로 진행하는 것을 막고 연안류를 약화시켜서 그곳에 모래가 쌓이게 만든다. 준설을 하지 않으면 해빈은 결국 방파제에 닿아서 방파제로 막아서 만든 소형 보트 계류장을 채워 버리게 될 것이다. 이것은 인간이 해빈을 변화시키는 것을 보여 주는 작은 예에 불과하지만 연안작용에 대한 인간의 영향력의 문제점이 점점 커져 가는 것을 말해 주고 있다.

우리는 종종 강의 흐름을 바꾸거나 막고, 항구를 건설하고, 우리의 행동이 주변 연안에 미치는 충격에 대한 이해는 놀라울 정도로 거의 없이 해변의 토지를 개발하기도 한다. 그러고는 우리의 역할은 단지 무기력한 관찰자로 되고 만다. 침식되는 연안의 주민들은 자연의 힘에 의한 공격으로 불가피하게 재산의 손실을 받아들일 수밖에 없지만, 반면에 침식보다 퇴적이 우세한 연안의 주민들은 때때로 선택권을 가질 수 있다. 이러한 선택은 결코 간단한 것이 아니다. 예를 들어 재난을 가져오는 홍수를 통제하기 위해서 강을 막아야 할 것인가? 만약 댐을 설치하면 산에서 연안으로 오는 퇴적물을 가두게 될 것이고, 그 강에서 퇴적물을 공급받던 연안순환체에 있는 해빈은 (해안의 모래 손실을 보충하는) 모래가 막혀 버렸으므로 줄어들게 될 것이다. 경고를 받은 연안의 주민들은 모래가 남아 있도록 무슨 수단이든 강구하게 될 것이고, 자신들의 해빈에 모래를 잡아 두기 위해서 **방사제**(groin)—바위나 다른 물질로 퇴적물의 연안 수송을 막기 위해서 연안수송에 직각 방향으로 만든 짧은 돌제—를 설치할 것이다. 이런 임시방편은 통상적으로 해안의 아래쪽 침식을 더욱 가속시키게 된다 (**그림 12.35a**, 그림 12.16b도 참조). 해빈이 사라지면 가속되는 침식에 해안 절벽이 노출된다. 아무런 해를 끼치지 않고 모래 알갱이를 휘젓던 풍파의 에너지가 이제는 천연 혹은 인공 구조물들의 파괴를 가속시킨다. 호안벽도 역시 별 도움이 되지 못한다. 이것들은 파도의 에너지를 모래 쪽으로 휘게 해서 해빈 침식을 증가시키고, 이렇게 증가된 에너지가 휘저으면서 해안제방의 아랫부분을 파서 붕괴시키게 된다(**그림 12.35b**). 댐 뒤에 갇혀 있는 모래(혹은 다른 곳에서의)를 가져오는 것 역시 임시방편에 불과하고 대단히 많은 비용이 든다(**그림 12.35c**). 침식이 계속되면서 **그림 12.36**과 같은 장면들이 점점 더 흔해지게 될 것이다.

이런 예기치 않은 모래의 움직임은 무엇을 암시하는가? 스크립스 해양연구소의 연안연구센터장인 인만

a

1931년의 해안선.

b

방파제가 건설된 후인 1949년의 같은 해안선. 방파제의 건설로 만들었던 보트 계류장이 연안류가 없어짐으로 인해 모래가 쌓여 메워지고 있다.

c

방파제가 노후되어 이제는 파도가 넘어갈 수 있다. 이 2007년 사진에서는 해빈이 초기의 모습으로 돌아간 것을 볼 수 있다.

그림 12.34 방파제로 보호된 해빈의 성장. 캘리포니아의 산타모니카.

(Douglas Inman)은 미국의 해빈으로 된 연안 중 적어도 20% 정도는 심각하거나 재난을 일으킬 수 있는 변화에 직면해 있다고 생각하고 있다. 서부 연안에서는 오랜 기간의 비교적 순탄한 기후가 끝나가고 있으며, 이 기간 동안에 사람들은 해안 가까이 건축을 하여도 안전하다고 생각하였다. 댐, 방파제, 돌제, 방사제 등의 건설이 늘어나서 남부 캘리포니아의 해빈은 좀 더 취약해 졌다. 1997~1998년의 엘니뇨에 의해 캘리포니아 연안에서만 7억 5천만 달러 이상의 손실을 입었다. 대서양과 걸프 연안의 울타리섬들도 취약하기는 이곳과 마찬가지이다.

이 장의 시작에서 암시한 것처럼, 인간 수명 정도의 짧은 전망으로는 영원한 것처럼 보이는 해안이 실제로는 모든 해양 구조물 중에서 가장 일시적인 것이다. 우리는 해안의 현재 상태를 그대로 즐기도록 하자.

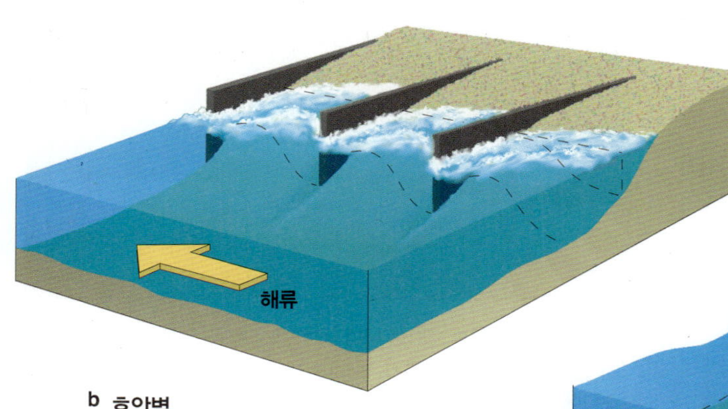

a 방사제

방사제는 해빈에서 물속으로 돌출된 구조물이다. 이것들은 해류에 실려 가는 모래를 가두어서 침식을 막는 데 도움이 된다. 방사제는 상류 쪽에 모래를 쌓는다. 그러나 모래를 빼앗긴 하류 쪽의 침식은 더욱 악화된다.

b 호안벽

호안벽은 재산을 일시적으로 보호해 준다. 그러나 이것들도 역시 파도의 에너지를 앞과 옆의 모래로 휘게 해서 침식을 증가시킨다. 높은 파도는 호안벽을 넘어서 구조물과 재산을 함께 파괴할 수 있다.

c 모래 투입

해빈에 모래를 수입하는 것이 가장 좋은 침식 대응책으로 생각된다. 새로운 모래는 주로 외해에서 퍼 오지만 비용이 수천만 달러가 든다. 퍼 온 모래는 해빈 모래보다 세립인 경우가 많아서 침식이 더 빠르게 일어난다.

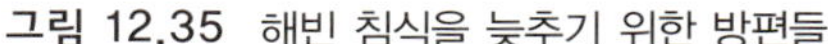

그림 12.35 해빈 침식을 늦추기 위한 방편들.

AP Images/Bob Jordan

그림 12.36 노스캐롤라이나 주 로댄스의 한 주민이 1999년 9월의 허리케인 데니스 때 파도에 의해 아래가 깎여 나간 집을 자전거를 타고 지나가고 있다. 해빈의 침식정도가 극적으로 잘 나타나 있다.

개념점검

23. 일반적으로 말해서 연안작용에 대한 인간의 간섭이 안정을 위한 장기적인 목표를 달성하는 데 대체로 성공적이라고 말할 수 있는가?

24. 다시, 일반적으로 말해서 미국 연안의 해빈들은 성장하는가, 줄어드는가, 같은 크기로 멈추어 있는가?

학생들의 질문

1. 에너지가 높은 해빈의 기파대를 통과해서 바다 쪽으로 흐르는 해류가 있는 것을 알았다. 소위 이안조(rip tide)라고 하는 이 해류는 어떻게 생기는가?

이 작은 해류는 일시에 많은 물이 외해 쪽으로 이동하면서 생기는 것이다. 이것들은 중력에 의해서 만들어지는 것이 아니기 때문에 이안조라는 것은 좋은 용어가 아니고 **이안류**(rip current)라고 불러야 적절한 용어이다.

이안류는 입사하는 파도의 무리들이 기파대의 육지 쪽에 연안류가 운반해 갈 수 있는 것보다 많은 양의 물을 쌓게 되면 생긴다. 이 물은 여러 곳에서 파도를 뚫고 기파대를 가로질러 바다 쪽으로 급격히 흐른다. 이안류는 간혹 외해 쪽의 맑은 물에 비해 부유 퇴적물의 뿌연 색으로 눈으로 볼 수도 있다(**그림 12.37**). 수영을 잘하는 사람은 이안류를 타고 격렬한 기파대를 지나 맨몸 파도타기에 좋은 지역으로 나가기도 한다. 그러나 이 좁은 바다 쪽으로 흐르는 띠를 벗어나기 위해서는 해안에 평행하게 천천히 수영을 하면서 얕은 곳으로 돌아 나오는 것이 좋다. 기파가 높을수록 이안류가 생길 확률이 높다.

이안류는 때로는 이안조와 마찬가지로 부정확하고 오해를 불러일으키는 단어인 수중 당김(undertow)이라고도 불린다. 그러나 전설 속의 소용돌이처럼 수영하는 사람을 물속에서 끌어당기는 이런 것은 해안 부근의 소규모 현상으로는 나타나지 않는다.

2. 해빈에 서기만 하면 나의 발이 빠져 들어가는 경향이 있고 파도의 물이 그 위를 지나간다. 내 발 가장자리의 모래는 흩어지고 나는 빠져 들어간다. 그 이유는 무엇인가?

이것은 물이 유속이 빨라지면 더 많은 퇴적물을 운반할 수 있는 것을 보여 주는 좋은 예이다. 당신의 발은 파도가 부서진 후 물이 해빈의 아래위로 흐르는 것을 방해하고, 물은 당신의 발을 돌아가야 하기 때문에 유속이 빨라진다. 빨리 흐르는 물은 느리게 흐르는 물보다 모래를 좀 더 잘 운반할 수 있고, 그래서 발의 바로 주위에 있는 모래가 제거되는 것이다. 이것이 경험 없이 수영하는 사람이 말하는 '수중 당김'이라는 것인가? 세굴(scouring)이라는 이런 작용은 얕은 물에 구조물을 설치했을 경우 문제를 일으킨다.

그림 12.37 남부 캘리포니아 스크립스 협곡 북쪽의 블랙스비치의 공중사진에서 이안류가 뚜렷이 보인다. 협곡은 파도의 작용과 순환에 영향을 주고, 강한 이안류가 가끔 이곳에 생긴다.

3. 해빈의 고조선 부근에서 발견되는 하얀 작은 알갱이들은 무엇인가? 파도타기를 하는 사람들은 그것을 '알갱이(nurdle)'라고 부른다.

흔히 볼 수 있는 그 입자들은 플라스틱 조형물들을 만드는 원료물질이다. 그것은 생산자로부터 제조업자들에게 컨테이너에 실려서 운반되는데 컨테이너 취급 부주의로 나오거나, 폭풍에 부서지거나, 배에서 잃어버린 것 등에서 빠져나온 것들이다. 결국 부서지지 않고 물에 뜨는 알갱이들은 바람과 해류에 밀려서 해안으로 오게 된다. 한 연구자에 의하면 컨테이너 25개만으로 전 세계의 해안에 25마일당 100,000개의 알갱이들을 늘어놓을 수 있다.

당신은 이 책의 마지막 장에서 플라스틱의 문제점에 대해 좀 더 배우게 될 것이다.

4. 언젠가는 바닷가에 살고 싶은데 그곳에 집을 사기 전에 무엇을 알아봐야 하는가?

집을 짓기에 좋은 단단한 땅이 있어야 하고, 높은 파도나 해일, 조석 등을 피할 수 있도록 위치가 내륙 쪽으로 충분히 들어와 있어야 한다.

요약

이 장에서는 연안의 위치가 일차적으로 전 지구적인 지각구조작용과 해양의 물의 양에 좌우되고, 반면에 연안의 형태는 융기와 침강, 육지 침식에 의한 마모, 퇴적물의 이동과 퇴적 등과 같은 여러 작용들의 복합적 산물이라는 것을 배웠다. 연안은 침식연안(침식이 우세한 곳)과 퇴적연안(퇴적이 우세한 곳)으로 분류할 수 있다. 자연

바위 다리, 높은 외딴 바위, 바다 동굴 등은 침식해안에서 나타나고, 퇴적연안은 해빈을 유지시키고 느슨한 퇴적물이 쌓이도록 한다. 일반적으로 해빈의 입자들이 작을수록 경사는 완만해진다. 해빈은 파도의 에너지와 퇴적물의 유입과 유출 간의 균형에 의해서 모양과 크기가 변한다. 산호초와 하구만은 가장 복잡하고 생산성이 높은 연안지역의 하나이다. 연안작용에 대한 인간의 간섭은 일반적으로 주거지역 부근의 연안 침식을 가속시킨다.

다음 장에서 배울 해양학 공부에는 다양한 경이로운 생물체들도 포함된다. 다음 장에서는 해양생물의 일반적인 성질과 특성을 논의하면서 우리 여행의 생물학적 부분으로 들어가게 될 것이다.

주요 용어

거초(fringing reef)
고에너지 연안(high-energy coast)
델타(delta)
둔덕머리(berm crest)
만입구사주(bay mouth bar)
모래톱(sand spit)
바다동굴(sea cave)
바다섬(sea island)
바다절벽(sea cliff)
방사제(groin)
방파제(breakwater)
백워시(backwash)
범수면변화(eustatic change)
보초(barrier reef)
부분혼합형 하구만(partially mixed estuary)
빙퇴구(drumlin)
빙퇴석(moraine)
산호초(coral reef)
석호(lagoon)
스워시(swash)
연안(coast)
연안류(longshore current)
연안사곡(longshore trough)
연안사주(longshore bar)
연안수송(longshore drift)
연안순환체(coastal cell)
염수쐐기형 하구만(salt wedge estuary)
완전혼합형 하구만(well-mixed estuary)
울타리섬(barrier island)
유로(inlet)
육계사주(tombolo)
이안류(rip current)
저에너지 연안(low-energy coast)
전안(foreshore)
침식(erosion)
침식연안(erosional coast)
퇴적연안(depositional coast)
파식대지(wave-cut platform)
피오르(fjord)
피오르형 하구만(fjord estuary)
하구만(estuary)
해빈(beach)
해빈둔덕(berm)
해빈벽(beach scarp)
해안(shore)
환초(atoll)
후안(backshore)

학습문제

1. 침식연안은 퇴적연안과 어떻게 다른가?
2. 침식연안에서는 어떤 지형을 예상할 수 있는가? 퇴적연안에서는? 그런 지형들의 지속 기간은 무엇에 의해 결정되는가?
3. 연안수송에 관여하는 두 가지 작용은 무엇인가? 미국 연안의 수송의 주된 방향은 어느 쪽이며 그 이유는 무엇인가?
4. 모래해빈의 지형으로는 어떤 것들이 있는가? 그것들은 일시적인 것인가 영원한 것인가? 연안의 파도의 에너지와 그곳의 해빈의 크기(혹은 경사, 혹은 입도)는 관계가 있는가?
5. 델타는 어떻게 분류하는가? 왜 미시시피 강과 나일 강의 하구에는 델타가 있는데 컬럼비아 강의 하구에는 없는가?
6. 연안순환체는 무엇인가? 연안순환체의 모래는 어디서 오는가? 그것은 어디로 가는가?
7. 하구만은 어떻게 분류하는가? 그 분류는 무엇을 기준으로 하는가? 왜 하구만이 중요한가?
8. 미국의 태평양, 대서양, 걸프 연안들을 비교해 보라.
9. 인간의 활동이 어떻게 연안작용에 간섭하는가? 미국 연안에서 생명과 재산의 손실을 최소화하기 위해서는 어떤 조치를 취해야 하는가?

13 해양의 생명

주요 목차

- 지구 생명체의 동질성과 다양성을 주목해야 한다
- 생명체를 거쳐 흐르는 에너지는 이들의 복잡한 구조를 유지할 수 있게 한다
- 일차생산력은 유기물질의 합성이다
- 생명체는 몇 가지 원소로 이루어져 있다
- 원소는 생명체와 주변환경(생명부양계) 사이에서 순환한다
- 바다 생명체의 성공은 물리, 생물 환경요인에 달려 있다
- 해양환경은 특정 구역으로 구분된다
- 진화의 개념으로 해양생물을 잘 알 수 있다
- 해양생물은 진화적인 계통으로 분류한다

핵심개념

1. 지구상의 모든 생명체는 서로 연관되어 있다. 모든 생명체는 하나의 시원세포에서 진화하였다.
2. 모든 생명 활동은 에너지의 전환과 이동에 직접 혹은 간접적으로 관련되어 있다.
3. 일차생산력은 광합성 혹은 화학합성으로 무기물질에서 유기물을 합성하는 것을 포함한다. 일차생산력은 연간 해양 표면적 1 m^2에서 유기물로 고정되는 탄소의 양을 g으로 표시한다($gC \cdot m^{-2} \cdot yr^{-1}$).
4. 생물의 생화학 물질과 몸을 구성하는 원소와 작은 분자들은 생물과 무생물 영역 사이를 생지화학순환 속에서 이동하고 있다. 생명체의 성공적인 생활은 이러한 물질의 양이 적절하지 않을 때 제한될 수 있다.
5. 진화는 우연히 일어나고 있다. 생물 개체는 시간이 경과하면서 자연선택에 의해 환경에 적응하면서 변화하고 있다.
6. 해양생물은 진화적 계통과 환경 내 서식 분포에 의해 구분된다.

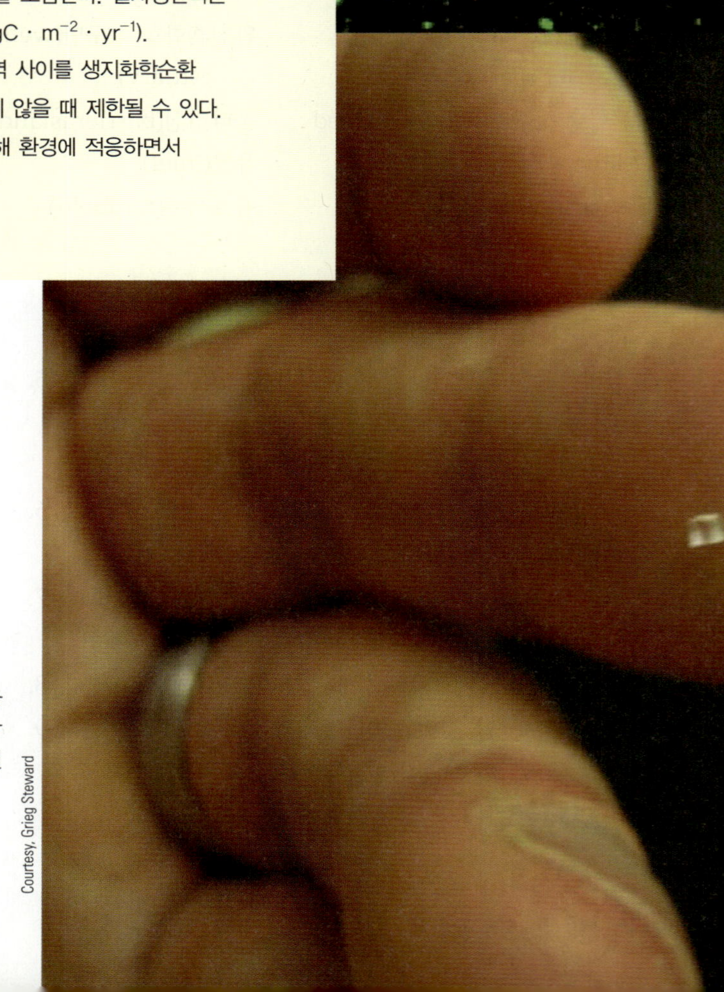

광학현미경으로는 볼 수 없지만, 해양 바이러스는 표면형광현미경에서 자외선을 받으면 작은 점으로 빛을 발한다. 해양 바이러스의 수(밀도)는 표층 해수 1 mL당 1천만~1억 개체 정도로 엄청나게 많다. 손가락 위의 작은 결정은 1 mm^3 정육면체이다.

Courtesy, Grieg Steward

작은 생명체, 큰 영향 1980년대까지 지구상에서 가장 많이 있는 생명체가 발견되지 않았다는 것은 이상한 일이다. 발견이 늦어진 이유에는 다른 어려움도 많았겠지만, 이 생물들을 어디에서 찾아봐야 할지 몰랐고, 연구에 필요한 도구도 없었기 때문이다.

지구 깊은 곳 고온의 암석 안에도 생명체가 존재할까? 해수 1 mL당 1천만~1억 개의 개체가 존재하는 생물이 있을까? 공상과학영화에나 나오는 이야기인가? 적절한 도구를 갖고 올바른 질문을 할 때는 그렇지 않다.

이 단원과 다음 단원에서 극한 환경에 생존할 수 있는 특화된 생물인 극한생물을 배울 것이다. 표면 아래 1.9 km보다 더 깊은 곳에서 박테리아와 같은 생물이 암석에서 발견된 바 있다. 암석 1 g에 이들이 3백만 개체나 있을 수도 있다. 이 사실도 엄청나게 많은 해양 바이러스와 비교하면 미미하다.

크기가 너무 작아서 광학현미경으로 볼 수도 없고, 일반적인 여과장치도 다 빠져나가 버리는 해양 바이러스를 해양생물학자들은 자외선에 노출되었을 때 이들이 방출하는 빛으로 발견하였다(그림). 바이러스의 수는 정말로 엄청나며, 표층 해수 1 mL에 1천만~1억 정도가 있다. 전체적으로 모든 해양 바이러스에 있는 탄소는 7천5백만 마리의 대왕고래에 포함된 탄소보다 더 많다.[1] 이러한 바이러스가 해양에서 먹이와 산소를 생성하는 가장 많은 생산자 중 하나인 광합성세균인 *Prochlorococcus*를 감염시킨다. 자체의 대사작용과 재생산 능력이 없기 때문에 자가복제를 위해 숙주 생물 세포기관에 편승해서 생존한다. 이 바이러스 감염 과정에서 *Prochlorococcus* 개체군과 이들 바이러스 사이에 유전자 교환이 일어난다. 각각의 생물은 특정 환경조건의 조성에 적합한 다양한 유전자 조합 세트를 만들어 낸다. 어떤 의미에서는 일부 *Prochlorococcus*의 유전자의 일부는 박테리아 속에 한정되어 있지 않고 그 대신에 주위 바이러스 개체군에 존재하기도 한다.

바이러스는 전 지구 기후조절에도 중요한 역할을 할 수 있다. 세포가 감염되었을 때 이들은 구름 형성에 영향을 미치는 기체 성분인 DMS(디메틸설파이드, dimethyl sulfide)를 방출할 수 있다. 만일 감염률이 낮아지면, DMS는 해수 중 미생물 혹은 동물에 의해 분해될 수 있다. 감염률이 높아지면, 더 많은 DMS가 대기 중으로 방출되어 더 많은 구름이 생성될 수 있다. 이렇게 작지만, 엄청나게 많은 생명체가 전 지구 기후와 관련되어 있다는 것이 놀라울 뿐이다.

[1] Suttle, C. A. 2005. Viruses in the sea. *Nature* 437:356-361.

© Linda E. Tway

그림 13.1 생명체 혹은 무생물? 이 그림에서 밝은 색 부분은 주로 조류로 구성된, 크기가 작은 해양 광합성생물의 군체이다. 생명체와 무생물 사이의 차이는 구성 물질이나 겉으로 드러난 모습이 아니라 에너지를 다룰 수 있는 능력에 있다.

13.1 지구 생명체의 동질성과 다양성을 주목해야 한다

지구상의 생명체는 동질성과 다양성을 보여 준다: 지구상에 1억이 넘는 다양한 종(종류)의 생물들이 살고 있으며(다양성), 모든 종류의 생물이 에너지를 고정하여 저장하고 단백질을 만들며 다음 세대로 유전정보를 전달하는 동일한 메커니즘을 공유하고 있다(동질성). 이 개념은 매우 중요하다: 어떤 면에서 지구상의 모든 생명체는 근본적으로 동일하다. 다만 다른 방법으로 포장되어 있을 뿐이다. 지구상의 모든 생명체는 서로 연관되어 있으며, 명백히 모두가 한 근원에서 진화된 것이다. 지구와 생명체는 40억 년을 지나오는 동안에 세대를 이어 가면서 같이 성장하여 왔다.

생물학자들은 생명체의 원자나 에너지에는 특별한 것이 없으며, 무생물의 원자나 에너지와 같다는 것을 알고 있다. 그렇지만 생명체가 무생물과 다른 점은 생물은 에너지를 고정하고, 저장하고, 전달할 수 있으며, 그리고 번식 능력이 있다는 것이다.

살아 있는 생명체와 무생물 부분을 구분하는 것이 쉽게 보이지만, **그림 13.1**에서 지적한 것처럼 항상 차이를 볼 수는 없다. 같은 원자들이 지속적으로 생명체와 무생물계를 들락날락하고 있다. 금방 내쉰 숨에는 마지막 끼니로 먹은 음식에서 몸 안에 섭취된 수백만의 탄소 원자가 방출된다. 하루가 지나기도 전에 이들 중 일부는 근처에 있는 집 안 식물에 의해 고정될 수 있다. 생명체와 무생물 사이에서 동일한 구성물질이 자유롭게 교환되고 있다는 사실에서 생명체에 대한 공식적인 정의 설정이 단순하지 않고 복잡하리라는 것을 짐작할 수 있다. 그러나 직관적으로 생명체의 물질 구성을 관찰할 때, 특히 생명체가 에너지를 다루는 방법을 고려할 때 이를 구분하고 있다.

개념점검

1. '지구상의 모든 생명체는 근원적으로 같다'라고 기술할 때 이는 무슨 의미인가? 상어와 해조류는 전혀 같아 보이지 않는다.
2. 강철 속의 철 원자와 내 몸의 혈액에 있는 철 원자는 어떻게 다른가?

13.2 생물체를 거쳐 흐르는 에너지는 생명체들의 복잡한 구조를 유지할 수 있게 한다

생명체는 **에너지**(energy) 없이 어떤 기능도 할 수 없다. 생명체는 일할 수 있는 능력인 에너지가 없으면 일(기능)을 할 수 없다. 생명체는 새로운 에너지를 창조할 수 없으나, 어느 한 종류의 에너지를 다른 형태로 전환할 수 있다. 식물은 빛에너지를 화학에너지로 전환할 수 있다. 동물은 화학에너지를 근육으로 이동하는 운동에너지로 바꾸거나, 운동에너지를 열로 전환할 수 있으며 다른 예도 많이 있다. 어느 경우에나 에너지의 전환과 이동에는 직접 또는 간접적으로 모든 생명 활동이 포함되어 있다. 그러므로 모든 생명의 정의에는 반드시 에너지가 중심이 되어야 한다.

생물은 복잡한 구조물인데, 수많은 단순 분자로 복잡성을 이루기 위해서는 에너지가 필요하다. 그러나 **열역학 제2법칙**(second law of thermodynamics)은 시간이 흐르면서 결국 무질서가 증가하는 것을 보여 준다. 물질은 소모되고, 해체되어 부서진다. 엔트로피(entropy)는 무질서의 척도이다.

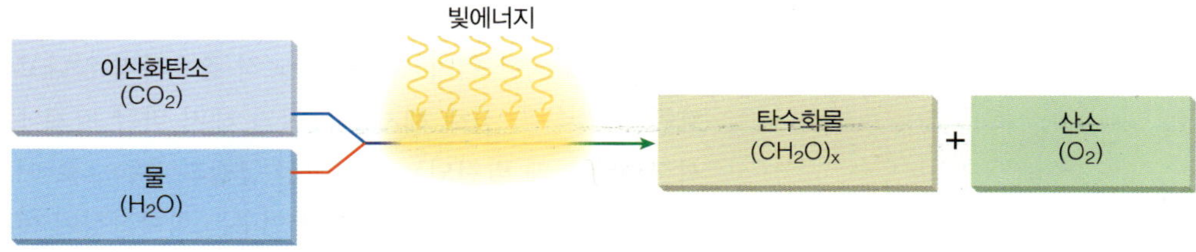

a

광합성에서 태양에너지가 이산화탄소에서 기원한 6개의 탄소 원자를 함께 묶어 한 개의 에너지가 풍부한 6탄당 글루코스(포도당)를 만드는 데 쓰인다. 색소체 엽록소는 반응 전개에 필요한 빛에너지를 흡수하고 잠깐 동안 저장한다. 이 과정에서 물이 분해되어 산소가 방출된다.

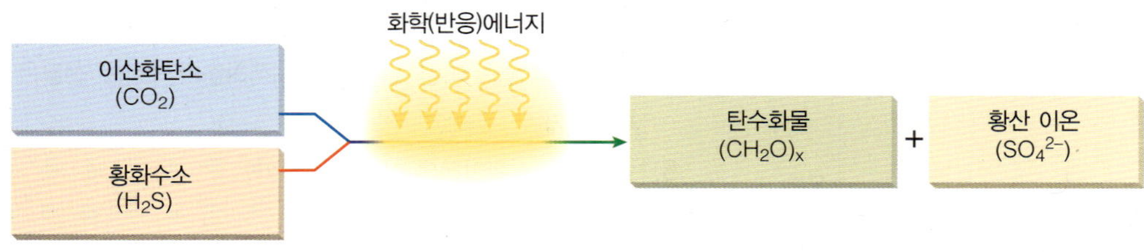

b

화학합성 형태. 이 보기에서 6개의 이산화탄소 분자가 6개의 산소 분자와 결합하고, 황화수소 24개가 글루코스를 만든다. 기타 생성물로 황산과 물 분자가 생성된다. 글루코스를 만들 때 탄소 원자를 결합하는 에너지는 황화수소에서 황과 수소원자를 묶는 화학에너지가 끊어지면서 나온다.

그림 13.2 광합성과 화학합성.(출처: Karleskint/Turner/Small, *Introduction to Marine Biology* 3rd ed., Fig. 6.6. Copyright © 2010 Brooks/Cole, a part of cengage Learning. Inc.)

생물체도 열역학 제2법칙을 따르지만, 생물체 안에서 일어나는 에너지 전환은 일시적으로 그리고 국지적으로 제2법칙을 거스를 수 있기 때문에 필연적으로 무질서화되는 것을 늦출 수 있다. 그러므로 생명체는 에너지 흐름의 결과, 높은 질서도를 유지할 수 있는 구역이며, 구조가 대단히 복잡하고, 낮은 엔트로피가 나타나는 구역이다. 자동차 엔진은 휘발유에 있는 에너지를 이용하여 단지 이동할 뿐이다. 생물은 이동하고, 아주 복잡한 구조를 유지하고, 성장하고, 먹이 속에 있는 에너지를 이용한다. 자동차와 컴퓨터는 자기 자신을 스스로 고칠 수 없지만, 물고기와 인간은 할 수 있다. 에너지를 정교하게 이용할 수 있는 것이 생명체의 기본 속성이다.

지구상에서 생명체를 위한 에너지의 중요 공급원은 태양이다. 생명체는 햇빛을 흡수하고 차가운 우주로 폐열을 방출하면서 번성하고, 더욱 복잡해지면서, 수백만 종류의 형태로 진화하고 있다. 일부 놀랄 만한 예외가 있지만, 대부분의 생물(개체)은 햇빛에서 기원한 에너지를 고정하고, 저장하고 전달하면서 직접, 간접적으로 힘을 얻고 있다. 개체가 열역학 제2법칙에 의해 정해진 무질서 운명을 일시적으로 거스르면서, 빛에너지는 화학에너지로 전환되고 궁극적으로 열로 바뀐다.

이러한 현상이 어떻게 작동할까?

광합성을 통해 에너지를 저장할 수 있다 태양은 엄청난 양의 에너지를 생성한다. 그중 일부가 가시광선으로 아주 적은 부분만이 지구에 도달한다. 생물체는 지구 표면에 도달한 빛에서 2천 개 중의 하나 정도를 흡수하지만 이렇게 적은 에너지의 유입이 지구상 거의 모든 생명체의 성장과 활동을 가능하게 한다. 태양의 빛에너지는 일차생산자(일부 세균, 조류, 녹색식물)가 갖고 있는 **엽록소**(chlorophyll)에 의해 고정되어 화학에너지로 바뀐다. 화학에너지를 사용하여 간단한 탄수화물과 기타 유기물질인 **먹이**(food)를 만들어 일차생산자 자신이 쓰거나 소비자로 불리는 다른 생물이나 동물이 먹는 먹이를 만든다. 빛에너지로 저장 에너지가 풍부한 분자를 합성하는 데 쓰기 때문에 이를 **광합성**(photosynthesis)

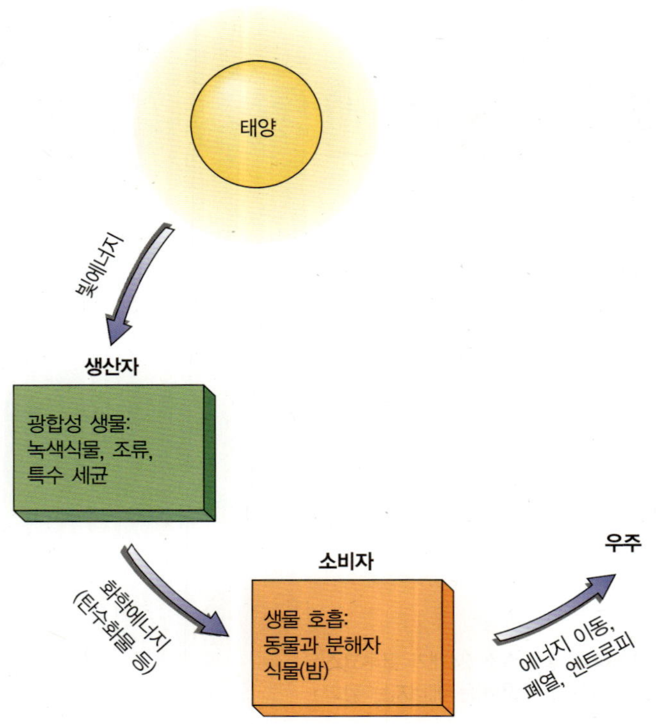

그림 13.3 생명계의 에너지 흐름. 각 단계를 거치며 에너지는 쓸 수 없게 된다(즉 더 쓸모없는 것으로 전환된다).

(*photos*: light, *syn*+*tithenai*: to place together)이라고 한다. **그림 13.2a**가 일반적인 광합성 반응식을 보여 준다.

개체는 성장, 회복, 이동, 번식, 또는 다른 활동에 먹이를 이용할 때 저장된 에너지를 방출한다. 먹이는 분해되고 결국은 폐열로 되어 지구를 빠져나가 차가운 우주 속으로 들어간다. 이렇게 한 방향으로 흐르는 에너지 흐름을 **그림 13.3**에서 볼 수 있다.

화학합성으로도 에너지를 저장할 수 있다 지구의 지표면에는 에너지를 탄수화물로 고정하는 주된 방법인 광합성이 있지만, 다른 방법도 있다. **화학합성**(chemosynthesis)은 일부 세균이나 원시적인 단세포 고세균(archaea)들이 쓰는 방법이다. 수소 기체나 황화수소 혹은 메테인 가스 등의 무기 분자의 산화에서 나오는 에너지를 이용하여, 단순한 탄소 분자인 이산화탄소 혹은 메테인을 탄수화물로 고정하는 것이다. 햇빛은 없어도 된다. 화학합성의 일반적 형태의 화학식을 **그림 13.2b**에서 볼 수 있다.

16장에서 화학합성에 의존하는 일부 해양생물의 독특한 형태를 다룰 것이다. 20여 년 전까지도 해양의 화학합성에 의한 먹이 생산은 비교적 중요하지 않다고 보았다. 열수공, 심해 해저 퇴적물과 해저 바닥 자체에서 광범위하게 발견되는 화학합성 군집과 후속으로 이어진 극한 환경의 미생물에 대한 연구는 화학합성이 이전에 인식했던 것보다 훨씬 더 광범위하게 일어나고 있음을 보여 준다.

개념점검

3. 생명체가 어떻게 열역학 제2법칙을 우회할 수 있는가?
4. 광합성 과정은 어떤 물질에서 시작하는가? 최종 산물은 무엇인가?
5. 화학합성과 광합성은 어떻게 다른가?

13.3 일차생산력은 유기물질의 합성이다

일차생산력(primary productivity)은 광합성이나 화학합성으로 무기물질이 유기물질로 합성되는 것을 뜻한다(**그림 13.4**). 일차생산력의 단위는 일 년 동안 바다의 1 m^2 표면적에서 유기물에 고정된 탄소의 무게로 나타낸다($gC \cdot m^{-2} \cdot yr^{-1}$). 처음 만들어진 유기물질은 탄수화물 글루코스(포도당)이다. 용존 이산화탄소가 글루코스를 구성하는 탄소를 제공한다.

부유하는 작은 광합성 생물인 식물플랑크톤은 바다 표층에 있는 탄수화물의 90~96%를 생산한다(14장에서 다룸). 해양의 광합성 생산자인 해조류는 해양의 일차생산력의 2~5% 정도를 기여한다. 화학합성 생물들은 아마도 수층의 전체 일차생산력의 2~5% 정도쯤 차지할 것이다. 비록 추정한 값의 변화폭이 크지만 최근의 연구결과 해양의 생산력은 일 년 동안 해양 표면 1 m^2에서 75~150 g의 탄소를 탄수화물로 고정하고 있다. (참고로 잘 관리된 알팔파 초원의 생산력은 약 1,600 $gC \cdot m^{-2} \cdot yr^{-1}$이다.)

해양의 생산력과 육상의 생산력을 어떻게 비교할 수 있을까? 최근의 연구에서 전 지구 해양생태계의 순 생산력으로는 연간 350~500톤의 탄소가 탄수화물로 고정된다. 육상의 순 생산력은 500~700톤 정도이다. 그러나 6천억~1조 톤이나 되는 육상의 식물 생체량에 비해 해양 생산자의 총 **생체량**(살아 있는 생물의 총 질량, biomass)은 단지 10~20억 톤 정도일 뿐이다! 빠른 전

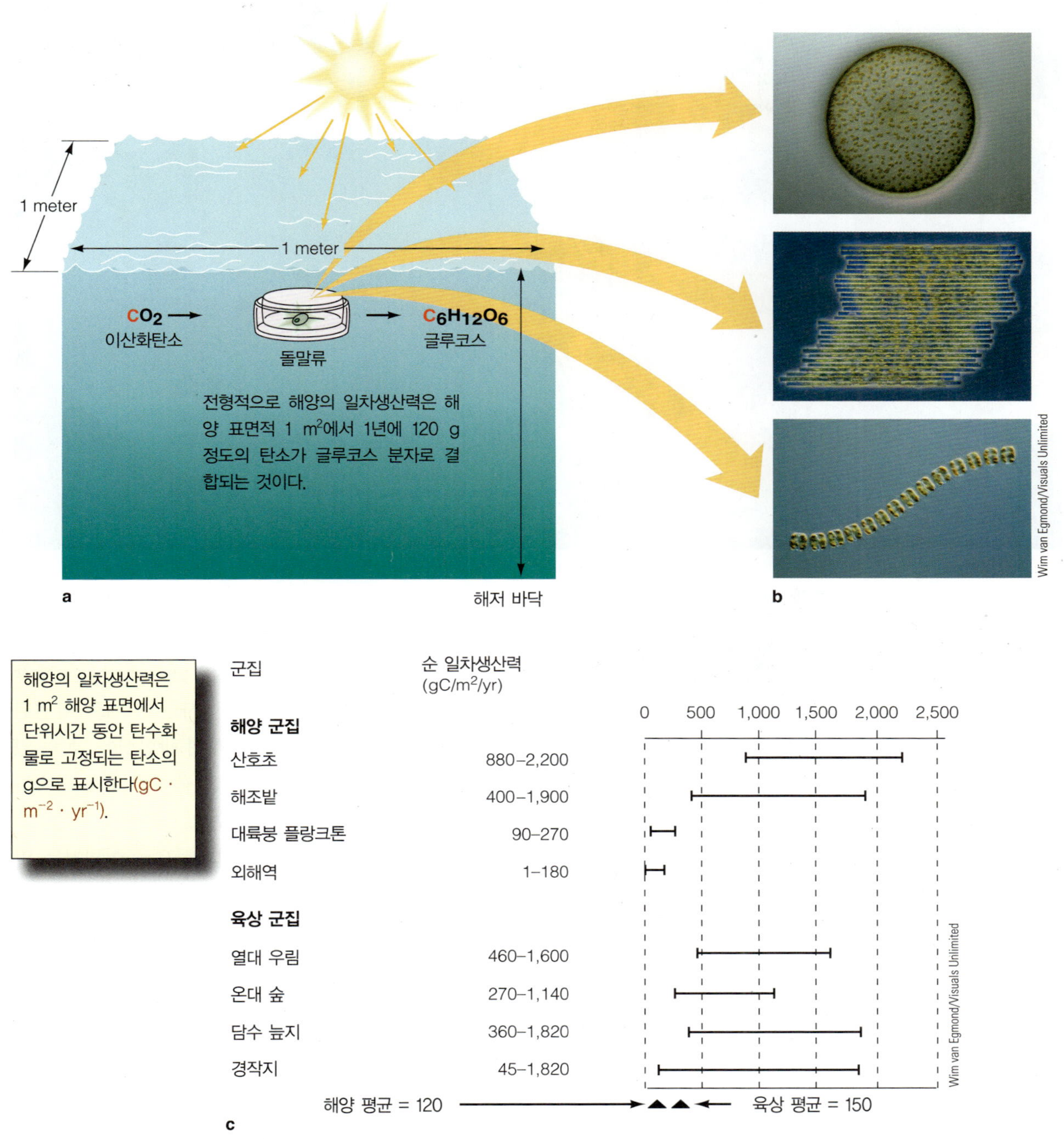

그림 13.4 (a) 해양 생산력—탄소원자가 탄수화물로 결합되는 것—은 연간 해양 표면적 1 m²에서 탄수화물로 결합되는 탄소의 g으로 측정한다. (b) 그림에 보이는 돌말류(규조류)는 중요한 일차생산자이다. 이 돌말류 중 제일 큰 것은 문장 끝 마침표 정도의 크기이다. (c) 일부 해양과 육상 군집의 순 연간 일차생산력.

환 주기가 분명하게 보여 주듯이, 해양생태계에서는 영양염이 생산자에서 소비자로 그리고 다시 되돌아가는 순환이 매우 빠르게 일어나고 있다.

일차생산자(primary producer)의 총 질량은 탄수화물에 있는 탄소량의 약 10배 정도로 추정하고 있다. 그러므로 $100\ gC \cdot m^{-2} \cdot yr^{-1}$의 일차생산력은 일차생산자에서 바다 표면 1 m²당 1년간 약 1,000 g의 성장이 일어나는 것이다(**그림 13.5**). 해양에서 연간 350~500억

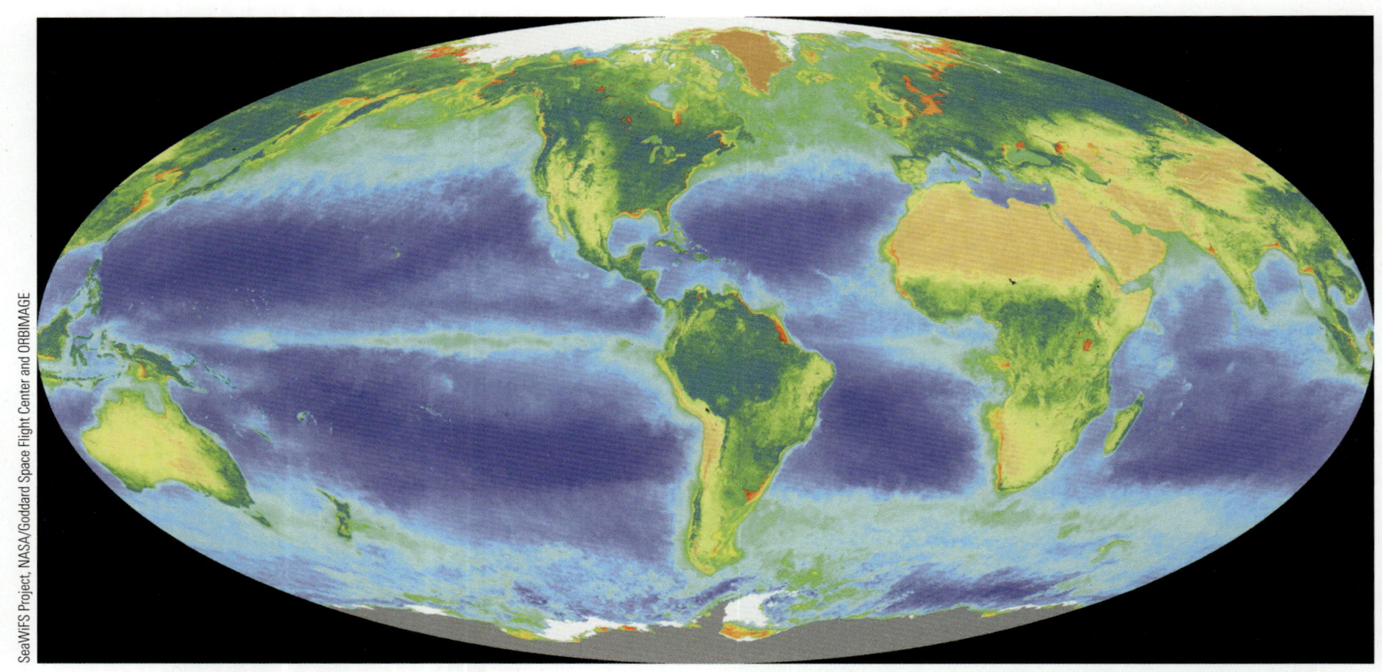

SeaWiFS Project, NASA/Goddard Space Flight Center and ORBIMAGE

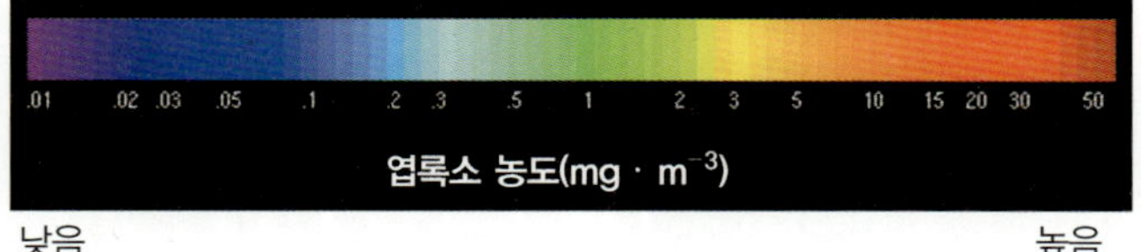

그림 13.5 해양 일차생산력은 우주에서 관찰될 수 있다. 1997년에 발사된 NASA의 *SeaWiFS* 위성은 바다 표층의 엽록소 함량을 측정할 수 있다. 엽록소 함량 자료로 일차생산력을 추정할 수 있다. 붉고, 노랗고, 초록색인 해역은 일차생산력이 높은 곳이고 푸른 해역은 낮은 곳이다. 이 영상은 1997년 9월에서 1998년 8월까지의 측정값으로 합성된 영상이다.

톤의 탄소가 탄수화물에 고정되고, 약 3,500~5,000억 톤의 해산 식물과 식물성 생물이 생산되고 있다. 매년 이렇게 엄청난 양이 생산자 자신의 기초 대사활동에 쓰이거나 초식동물에 먹혀 다 소비된다. 태양에너지에 의해 지속적으로 진행되는 순환에서 구성 성분 원자들은 광합성에 의해 다시 탄수화물로 합성된다.

기초생산은 수층, 해저 퇴적물 및 심지어 암반 속에서도 일어난다 광합성으로 탄수화물을 생산하는 것은 기대한 바와 같이 해양 표층의 생산력을 주도하고 있다. 암흑의 수심 2,500 m 깊이의 동태평양 해령(East Pacific Rise) 표면에서 에메랄드 초록빛 광합성 생물을 찾았을 때, 연구자들이 얼마나 놀랐겠는지 상상해 보라. 열수공에서 뿜어 나오는 물줄기의 수온은 400°C에까지 이른다. 열수공에서는 뜨거운 전기 난로의 열선이 빨갛게 가열되듯이 어두운 적색을 방사한다. 새로 발견된 심해 생물은 이 약한 빛을 이용하여 광합성을 할 수 있다. 광합성 생물이 심해에서 처음 출현한 다음 상승하여 햇빛을 받는 표면에 정착할 수 있었을까?

해양 퇴적층 자체에서 화학합성으로 이뤄지는 일차생산력의 범위는 또 다른 놀라움이다. 고밀도의 박테리아 개체군들이 해양 심해저 퇴적층 아래 수백 미터에서도 존재하고 있다. 해저 바닥 아래 842 m 깊이의 1,400만 년 전 퇴적층 시료에서 박테리아가 발견되었다. 이들은 이렇게 깊은 곳의 극한 환경에서도 번성하고 있다. 이들은 종 다양성도 높았고, 퇴적층 아래 깊은 곳에서도 잘 적응하고 있었다.

극한 환경에서 살 수 있기 때문에 흔히 이들은 **극한생물**(extremophile)로 불린다(**그림 13.6**). 박테리아와 이와 비슷한 생물인 고세균은 같은 수심의 아프리카 해저 바닥에서 3 km보다 더 깊은 곳의 균열된 암석에서 발견되었다. 암석 1 g에 천만 개체의 박테리아가 존재할 수 있다! 북해와 알래스카 북쪽 대륙사면 아래의 고온 유전(기름이 변성되는 원인)과 하와이 섬 지하 1,220 m 화산암에서 특별한 생물이 발견된 바 있다. 퇴적층과 암석에 있는 박테리아 생체량은 적어도 지구 표

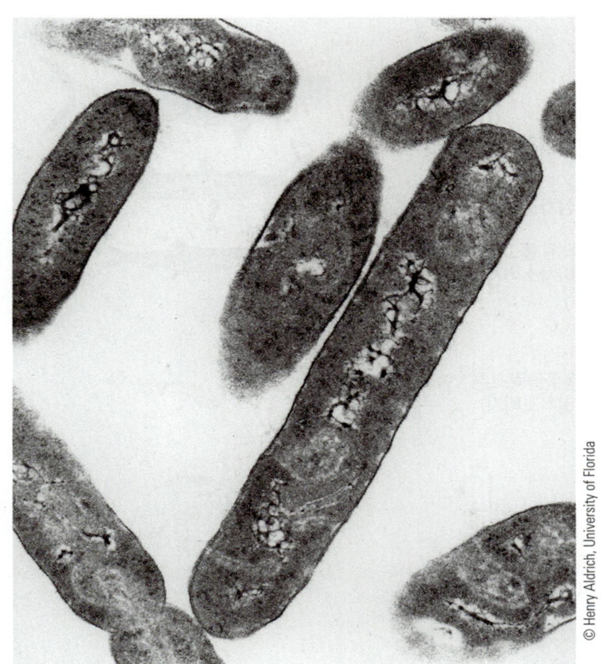

그림 13.6 광물 결정과 암석 사이의 좁은 틈 사이에서 배양된 심해 화학합성 박테리아.

면의 알려진 박테리아의 총 생체량의 10% 정도는 될 것이다.[2] 이들 생물 중 일부는 열수공에서 발견되었고, 극한 온도에서도 견딜 수 있다. 이렇게 놀라운 생물들을 16장에서 다룰 것이다.

먹이망에서 군집을 통해 에너지가 흩어지고 있다 광합성과 화학합성 생물은 스스로 자기 먹이를 만들 수 있기 때문에 일차생산자 혹은 **독립영양생물**(autotroph)(*auto*: self, *trophe*: nourishment)이라 한다. 독립영양생물의 몸은 먹이로서 이를 먹을 수 있는 어떠한 생물에게나 풍부한 화학에너지원이 된다. **종속영양생물**(heterotrophy)(*hetero*: other, different)들은 먹이를 직접 만들 수 없기 때문에 다른 생물을 먹어야만 살 수 있다. 일부 종속영양생물은 독립영양생물을 먹거나 다른 종속영양생물을 먹는다.

영양단계 피라미드(trophic pyramid)(*trophos*: one who feeds)에서 '누가 누구를 먹는' 섭식 관계를 계층으로 자리매김하여 생물을 구분할 수 있다. **그림 13.7**에서 피라미드의 밑바닥에 있는 일차생산자들은 엽록소를 가진 광합성 생산자이다. 이들을 먹는 종속영양생물인 동물을 **일차소비자**(primary consumer, 혹은 초식동물)라고 하며 일차소비자를 먹는 생물을 이차소비자라고 한다. 이와 같이 여러 단계를 거쳐 **최종소비자**(top consumer, 최종 육식동물)까지 이어진다.

피라미드의 정점으로 에너지가 흘러갈수록 소비자의 생체량은 점점 작아진다는 것을 주목하라. 바닥 단계에서는 작은 크기의 일차생산자가 많이 있고 맨 위 정점에는 몇몇의 최종 소비자만 남아 있을 뿐이다. 소비자가 먹은 에너지의 10% 정도만이 소비자 자신의 몸에 남아 있기 때문에 각 영양단계의 생체량은 바로 아래 단계의 1/10 정도밖에 되지 않는다. 에너지의 나머지 부분은 생물이 생명을 유지하기 위해 일하고 살아가면서 폐열로 소진된다.

그림 13.7의 피라미드에서 한 종류의 물고기가 다른 한 종류의 물고기만 먹는 방식으로 계속 이어지는 것으로 잘못 이해될 수 있다. 실제로 군집 구성은 **먹이망**(food web)으로 더 정확히 설명될 수 있다(**그림 13.8**). 먹이망은 일차생산자에서 소비자를 거치는 에너지 흐름 속에서 생물들이 복잡하게 먹고 먹히는 관계로 연결된 것이다. 먹이망 속에 있는 생물들은 항상 다른 먹이생물을 선택할 수 있다.

그러므로 모든 생물은 상호작용하고, 다른 먹이생물을 먹으며, 소비자인 종속영양생물의 먹이망을 거치면서 독립영양생물이 만든 먹이 속에 있는 에너지가 이동하고 있다. 거의 대부분의 생물이 궁극적으로는 햇빛과 광합성에 의존하고 있다. 이 과정에서 해양의 물리적 역할은 무엇인가?

개념점검

6. 일차생산자들은 무엇을 생산하는가? 생산력은 어떻게 나타내는가?
7. 영양단계 피라미드란 무엇인가? 영양단계 피라미드에서 개체는 어떻게 연관되어 있는가? 이것과 먹이망은 어떠한 관련성이 있는가?
8. 극한 생물이란 무엇인가?
9. 독립영양생물이란 무엇인가? 종속영양생물이란 무엇인가? 이들의 공통점과 차이점은 무엇인가?

[2] 소수의 생물학자들은 이 추정값이 적어도 10배 정도 적게 추정된 것으로 믿고 있다.

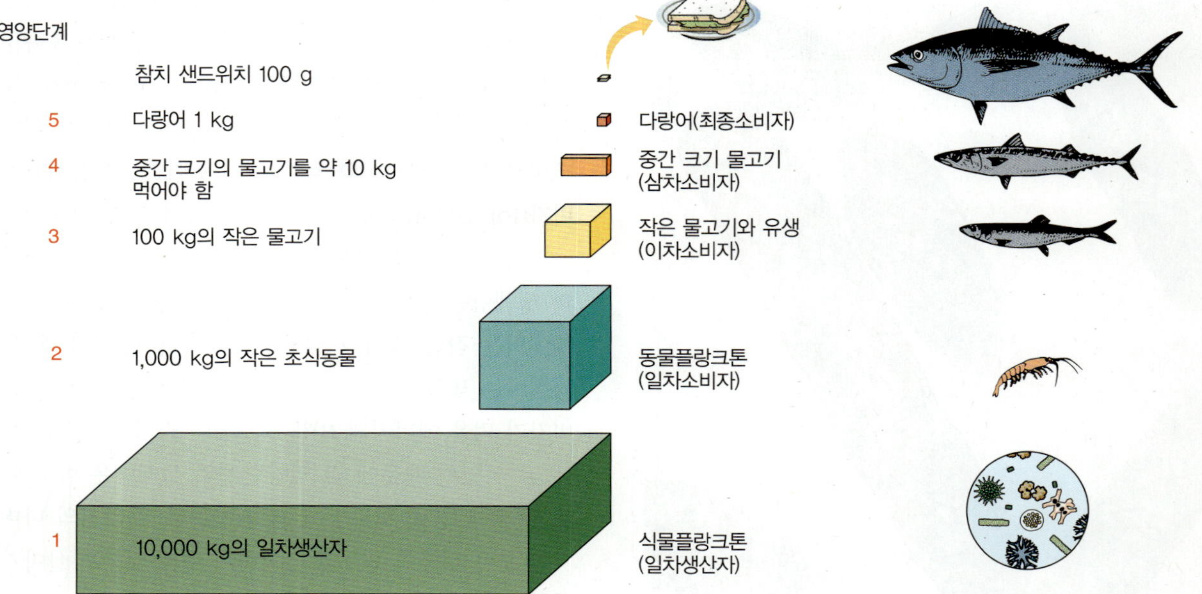

그림 13.7 전형적인 영양단계 피라미드. 최종소비자인 다랑어 1 kg을 유지하기 위해서 일차생산자는 얼마나 필요할까? 참치(다랑어) 샌드위치에 필요한 다랑어의 양은 제시된 영양단계 피라미드 모델 모식도에서 보면 5단계의 다랑어 1 kg은 4단계의 중형 물고기 10 kg으로 유지되고, 이는 3단계의 소형 물고기 100 kg이 필요하며, 2단계에서는 일차소비자인 동물플랑크톤 1,000 kg이 이를 받쳐 주어야 하고, 바탕인 1단계에서는 작은 독립영양생물, 일차생산자인 식물플랑크톤 10,000 kg이 소비되어야 한다. 1/4파운드 참치 샌드위치에는 긴 에너지 여정의 역사가 포함되어 있다.(제시된 값들은 일반적 원리를 보여 주기 위해 단순화하였다. 실제로 이러한 값들을 측정하기는 어렵고 변화폭도 크다.)

13.4 생명체는 몇 가지 원소로 이루어져 있다

에너지와 생명에 대하여 논의하고자 한다. 생명체의 물질에 대하여 알아보자. 지구상의 모든 생물체는 알려진 109종의 화학원소 중에 약 23종으로 이루어져 있다.[3] 이들 중 탄소, 수소, 산소, 질소의 4종이 생명체를 이루는 질량의 99%를 구성하고 있으며, 9개의 추가 원소들이 나머지의 거의 대부분을 차지하고 있다(**표 13.1**). 이런 원소(원자)들이 생물체에 합쳐져서 모든 생물체에서 나타나는 생화학 물질들을 만든다. 이들 중 중요한 종류에 속하는 것은 모두가 잘 알고 있는 탄수화물, 지질(지방, 밀랍, 기름), 단백질과 핵산(DNA, 유전의 기본 분자)이다.

진도를 나가기 전에 핵심 개념을 다시 복습하고자 한다: 지구상에 엄청나게 다양한 생명체가 존재하지만, 생물학자들은 다양성이 아니라 동질성이 생물학의 핵심 개념인 점을 다행으로 생각하고 있다. 즉 모든 생명체 구조에서 나타나는 생화학 물질들이 아주 똑같다는 것은 지구상의 모든 생명체는 공통 기원의 역사에 의해 관련되어 있음을 강력하게 제시하고 있다.

[3] 특성에 따라 원소를 배열한 원소 주기율표는 부록 IX에 있음.

개념점검

10. 어떤 원소들이 생명체 질량의 99%를 차지하는가?

13.5 원소는 생명체와 주변환경(생명부양계) 사이에서 순환한다

생명체는 지구상에 존재하는 원소의 극히 일부만을 갖고 있다. 생물의 생화학 물질, 원자와 작은 분자들은 생물계와 무생물계 사이에서 **생지화학순환**(biogeochemic cycle)을 하며 이동하고 있다. 생명체는 거대한 무생물 화학물질 저장고에 의해 지원받아 유지되고 있으며, 이러한 저장소와 생물 사이를 원소들이 대규모로 이동

그림 13.8 범고래 성체로 이어지는 중요 영양단계만을 모식적으로 단순화한 먹이망. 먹이(섭식) 관계는 그림 13.7에 보이는 것처럼 간단하지는 않다.

하고 있다. 주변환경에는 생명을 유지하기 위한 필수 원소들이 충분하게 있기도 하지만, 때로는 부족할 때도 있다. 밀도성층을 다룬 6장에서 본 바와 같이, 열대와 온대 해양은 보통 따뜻하고 밀도가 낮은 표면 혼합층의 수괴와 차갑고 밀도가 높은 심층의 수괴가 뚜렷한 밀도약층으로 분리되어 성층화되어 있다(그림 6.18 참조). 표층 혼합층에서는 생물의 몸을 구성하는 원자와 작은 분자들이 일정 시간 동안에 포식자, 피식자, 부식물 섭이자, 분해자 사이에서 빠르게 순환하고 있다. 생물이 죽으면 사체는 밀도약층 아래로 가라앉아 표층의 활발한 생물활동에서 격리된다. 용승 해역은 이러한 물질들을 표층으로 되돌려보내는 중요한 역할을 한다. 심해에 퇴적되어 궁극적으로 심해 퇴적물로 축적되면서 매우 느린 판구조론적 지각의 순환에서만 방출될 뿐인 물질을 짧은 시간에 회수하기 때문이다.

아래에 기술한 생지화학순환을 이해한다면, 생물 조직을 이루는 원자와 작은 분자는 항상 유동적이라는 것을 알 수 있다. 이들은 생물의 안과 밖으로 빠르게 순환하거나 오랫동안 지구에 갇혀 있지만, 어떤 생물이 어디에 살게 될지, 어떤 생물이 성공적으로 살아남을지, 궁극적으로는 바다와 대기 자체의 화학조성이 어떻게 결정되는지는 순환의 자연적 특성에 따라 결정된다.

탄소순환은 지구에서 제일 큰 순환이다 생지화학순환 중 **탄소순환**(carbon cycle)이 지구 전체에서 가장 규모가 크다(**그림 13.9**). 탄소는 다른 원소가 결합할 사슬을 길게 만들 수 있기 때문에 지구상 모든 생물의 근본 구성 원소로 보고 있다. 탄소는 생물이 호흡할 때(CO_2 상태로), 지각에 묻혀 있던 탄소가 화산폭발로, 화석연료가 연소할 때 혹은 다른 경로를 통해 대기로 유입된다. 대기 중 이산화탄소 농도가 높으면 온실효과로 지표면의 온도가 상승한다(18장에서 다룸).

표 13.1 생물이 대사과정에 이용하는 화학원소

원소	기호	대표적인 이용 예
중요 구성물질[a]		
탄소	C	모든 유기 분자
산소	O	거의 모든 유기 분자
수소	H	모든 유기 분자
질소	N	단백질, 핵산 등
소량의 영양염 성분[b]		
소듐(나트륨)	Na	체액, 삼투 조절
마그네슘	Mg	삼투 균형, 엽록소
인	P	핵산, 치아/뼈/패각
황	S	단백질, 세포분열
염소	Cl	신경 전달, 삼투 균형, ATP 형성
포타슘(칼륨)	K	신경 전달, 삼투 균형, 효소 활성화
칼슘	Ca	조개껍데기, 뼈, 산호, 치아
아이오딘	I	갑상선 호르몬
규소	Si	단단한 부분
미량원소[c]		
철	Fe	전자 전달, 질소 합성
구리	Cu	전자 전달
아연	Zn	핵산 복제와 전달
망가니즈	Mn	효소 활성

출처: Milne, 1995, p.281.

[a] 생물체 내에서 100만 개의 원자당 10만 개 이상을 차지하는 원소.

[b] 100만 개의 원자당 1천~10만 개 이상을 차지하는 원소.

[c] 100만 개의 원자당 1천 개 미만을 차지하는 원소.

크고 작은 식물(식물성 생물)은 햇빛을 고정하고, 이 에너지를 사용하여 CO_2를 유기 분자로 합성 또는 고정한다. 이들 유기 분자 중 일부는 먹이로 이용되고, 구조물을 만드는 데 이용된다. 해양동물이 식물 또는 식물성 생물을 먹으면 탄소와 관련된 세 가지 현상이 일어난다. 즉 성장하는 동물의 신체의 일부가 되고, 에너지를 얻기 위해 호흡으로 쓰여지고, **용존유기탄소**(**DOC**: dissolved organic carbon)의 형태로 해수로 배출된다. 전형적으로 탄소의 45% 정도가 성장에 쓰이고, 45% 정도가 호흡으로 쓰이며, 나머지 10%는 용존유기탄소로 잃어버린다. 호흡의 최종산물은 CO_2이며 궁극적으로 대기로 방출된다. 대부분의 용존유기탄소는 박테리아가 이용하고 이들은 원생동물의 먹이가 되고 다시 동물플랑크톤과 물고기로 이어진다. 이를 미생물 먹이고리(microbial loop)라고 한다. 궁극적으로 생물–적어도 탄산칼슘($CaCO_3$)이 포함된 껍데기–는 혼합층 아래로 침강하여 바닥에 퇴적된다. 탄산칼슘에 있는 대부분의 탄소는 바닥에 떨어지기 훨씬 전에 박테리아 호흡으로 CO_2로 되돌아가고, 1%보다 적은 양이 퇴적층에 가라앉아 묻힌다. 오랜 세월이 지난 뒤 탄산염 퇴적물은 융기하여 풍화되고, 탄소는 다시 생물 활성이 큰 상부 표층으로 되돌아간다.

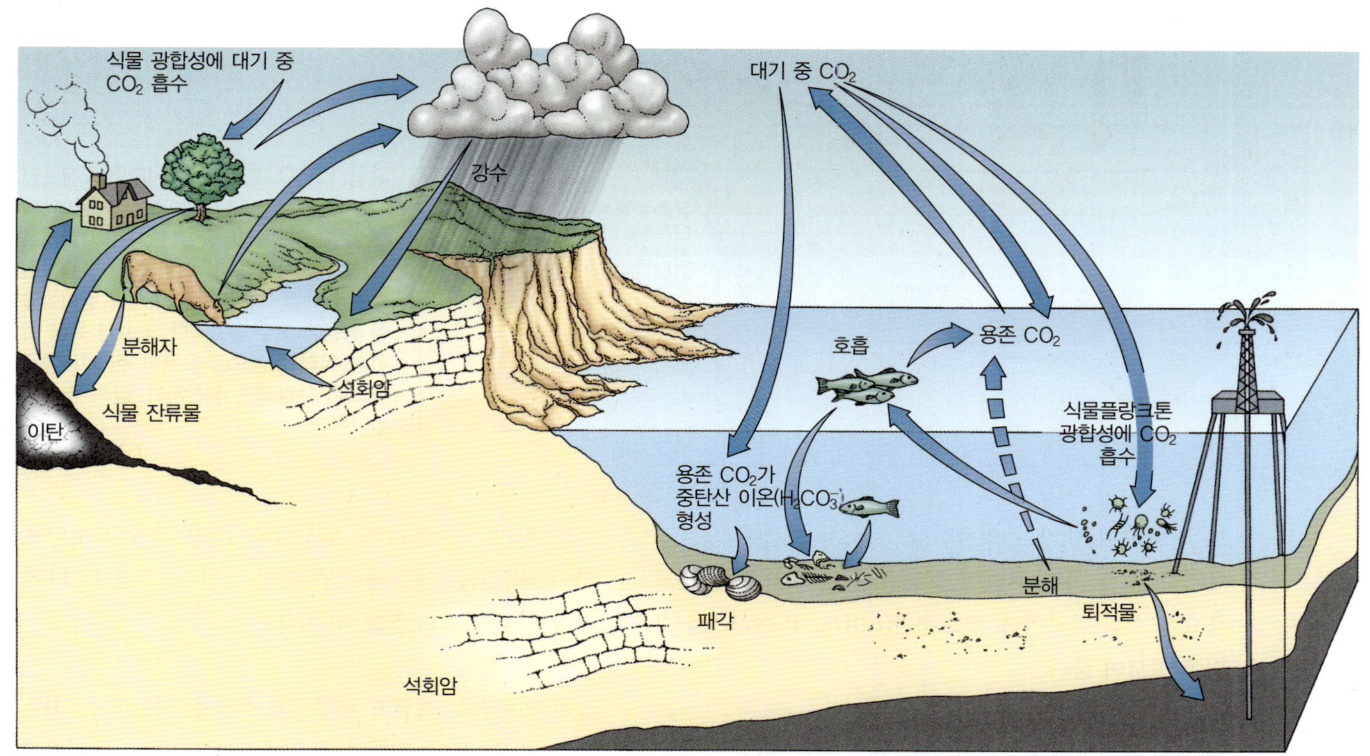

그림 13.9 탄소순환. 해수에 녹은 이산화탄소는 광합성 생산자와 대부분의 화학합성 생물이 먹이(최초 산물은 포도당)로 합성하는 탄소 원자의 공급원이다. 이 먹이가 대사과정을 거치면, 이산화탄소는 환경으로 되돌아간다. 일부 이산화탄소는 중탄산 이온으로 전환되어 해양생물의 껍데기로 합성된다. 이들 생물이 죽으면, 껍데기는 바닥에 가라앉아 압착되어 석회암을 형성한다. 지각운동으로 석회암이 표면으로 올라오게 되면, 풍화되어 탄소는 다시 바다로 되돌아간다.

해수에는 CO_2가 많이 녹아 있고 또 대기에서 쉽게 녹아 들어갈 수 있기 때문에 해양생물에게 필요한 탄소가 부족한 경우는 거의 없다. 오히려 해양에서 생명을 유지하는 데 질소, 인, 철 순환이 중요한 제한요인이 되고 있다.

질소는 '고정'되어야 생물에게 쓰일 수 있다 질소는 단백질, 엽록소와 핵산의 핵심 구성성분이다. 탄소와 같이 질소는 생물체 안에서 발견되기도 하며, 질소 가스나 용존 유기물 속에 **용존유기질소(DON**: dissolved organic nitrogen) 상태로도 존재한다.

표 7.4에서 제시한 바와 같이 해수에 녹아 있는 기체 중 질소는 전체 부피의 48%를 차지하고 있기 때문에 해양에서는 식물이 직접 이용할 수 있는 질소가 충분할 것으로 생각할 수도 있다. 그러나 대부분의 생물은 대기 중이나 해양에 녹아 있는 질소 가스를 직접 이용할 수 없다. 질소는 박테리아나 남조세균 등의 특이한 생물에 의해 산소 혹은 수소와 결합하여 유용한 화학종 형태로 고정되어야만 이용될 수 있다. 그러므로 외양에서는 흔히 식물이 직접 이용할 수 있는 질소가 부족하여 질소 결핍으로 식물의 성장이 종종 제한되고 있다.

생물체가 흡수하여 쓸 수 있는 질소의 형태는 암모늄과 아질산 이온의 산화로 형성된 암모늄 이온(NH_4^+)과 질산 이온(NO_3^-)이다. 토양에서 유출된 질산염은 강을 따라 바다에 유입되어 연안역을 비옥하게 만들며, 외양역보다 연안역이 더 많은 플랑크톤을 유지하는 현상을 설명하고 있다. 작은 식물과 식물성 생물에 의해 흡수 동화된 질소를 동물이 소비하고, 암모니아나 요소로 배설하면서 재순환되고 있다. 이렇게 환원된 질소태는 다시 **질화박테리아**(nitrifying bacteria)에 의해 아질산염을 거쳐 질산염으로 산화된다. 심해에서 질소는 대부분이 질산염으로 존재한다. 무산소 퇴적층과 저산소 해역에서는 질산염을 **탈질박테리아**(denitrifying bacteria)가 호흡으로 이용하고 아질산염과 질소 가스

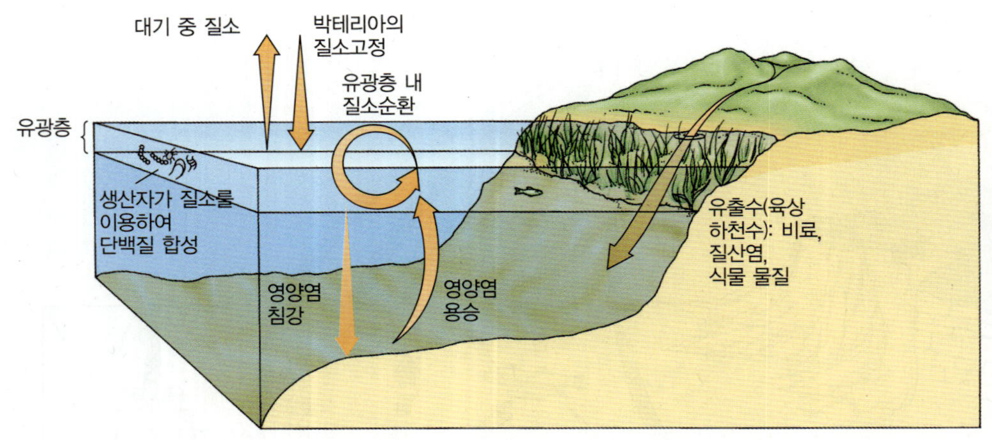

그림 13.10 질소순환. 거대한 저장소인 대기 중 질소는 박테리아와 남세균에 의해 보통 암모늄과 아질산 이온의 형태로 '고정'되어야 생물이 이용할 수 있다. 질소는 단백질, 핵산, 다른 중요한 생화학물질 형성에 필수 원소이다. 용승과 육상 하천수 유입 현상으로 유용한 질소가 유광층으로 유입되면 생산자가 필수 분자로 합성한다.

로 전환하여 대기로 방출한다. 질소가 포함된 생물과 유기물 조직 파편이 해양 퇴적층에 묻혀 버리는 것도 중요한 소실 경로이다. **질소순환**(nitrogen cycle)을 **그림**에서 보여 준다.

세 가지 독특한 순환고리의 인과 규소 순환 모든 생물은 핵산 조각을 연결하고, 세포 내 에너지를 수용하는 전달 분자에 인을 사용한다. 인산칼슘은 뼈, 치아, 일부 패각을 만드는 데 쓰인다. 일부 돌말류와 방산충을 포함한 몇몇 해양생물은 실리카(이산화규소)를 이용하여 규질 껍데기(골격)를 만든다.

인과 규소의 해양 순환은 비교적 간단하다. 두 원소는 강과 강수를 통하여 해양에 유입되고 해양의 표층에서 생물들에게 흡수된다. 인은 일반적으로 생물이 분해될 때 유기물 형태로 방출되고, 유기인은 빠르게 인산염으로 전환되며, 이를 식물플랑크톤과 세균들이 다시 이용한다. 생물 껍데기 속 규산염은 생물이 죽으면 해수로 방출되어 이온화된 용존 규산염의 형태로 다시 쓰이게 된다.

인과 규소는 세 가지 순환고리로 순환되고 있다. 제일 신속한 재순환은 표층 생물의 매일의 섭식, 사망과 부패에서 일어난다. 조금 느린 순환은 생물의 몸체가 밀도약층 밑으로 떨어져 인이 하강하여 심해 순환 속으로 들어가는 것이다. 유광층에서 인과 규소가 용승하여 식물이 다시 흡수할 때까지 수백 년이 걸린다. 가장 긴 순환은 수백만 년이 걸리며, 인과 규소가 암석과 생물 껍데기에 고정되어 해양 퇴적물로 되는 경우이다. 수렴 경계판 지각에서 퇴적물의 침강이 일어나고, 화산으로 다시 솟아올라 인과 규소를 가진 물질이 바다로 다시 유입되는 데는 수백만 년이 걸린다. **그림 13.11**에서 인의 순환고리를 볼 수 있다.

철과 미량원소 결핍이 해양생물 성장을 제한한다 철은 아주 적은 양이 광합성 작용에 사용되며, 질소고정에 필수적인 효소와 단백질의 구성에 쓰인다. 철 이외에 구리, 망가니즈 등 다른 미량금속들도 주로 효소에 미량으로 이용되고 있다. 생물에 필요한 철은 비록 매우 적은 양이지만 때로는 해수 중 철의 농도가 유기물을 생성하는 주요 영양염인 질소와 인의 농도에 비해 상대적으로 너무 낮은 경우에 식물플랑크톤의 성장이 제한된다. 이상하게 여겨질지 모르지만 철은 지각에 가장 많이 포함된 금속이다. 그러나 산소가 있는 해수에는 거의 녹지 않으며 얼마 녹지 않은 철분도 반응속도가 빨라 침강입자에 붙어 금방 바닥에 가라앉는다.

일반적으로 미량원소의 생지화학순환도 이미 살펴본 양상과 같다: 표층에서 흡수와 재순환이 일어나며 깊은 곳에서는 간혹 오랜 시간 동안 재생이 진행된다. 그러나 생물과 미량금속 사이에서 일어나는 상호작용에 대해 아직 잘 모르고 있다. 철과 미량금속들은 다양한 화합물의 형태로 있다. 어떠한 형태로 존재하는지, 형태 간에 어떤 전환이 일어나며, 다른 형태가 어떻게 해양생물에게 유용한지를 밝혀내는 것이 미량금속 생화학 연구 분야의 최근의 핵심 연구 주제이다.

개념점검

11. 해양의 밀도성층은 생지화학순환에서 어떤 역할을 하는가?

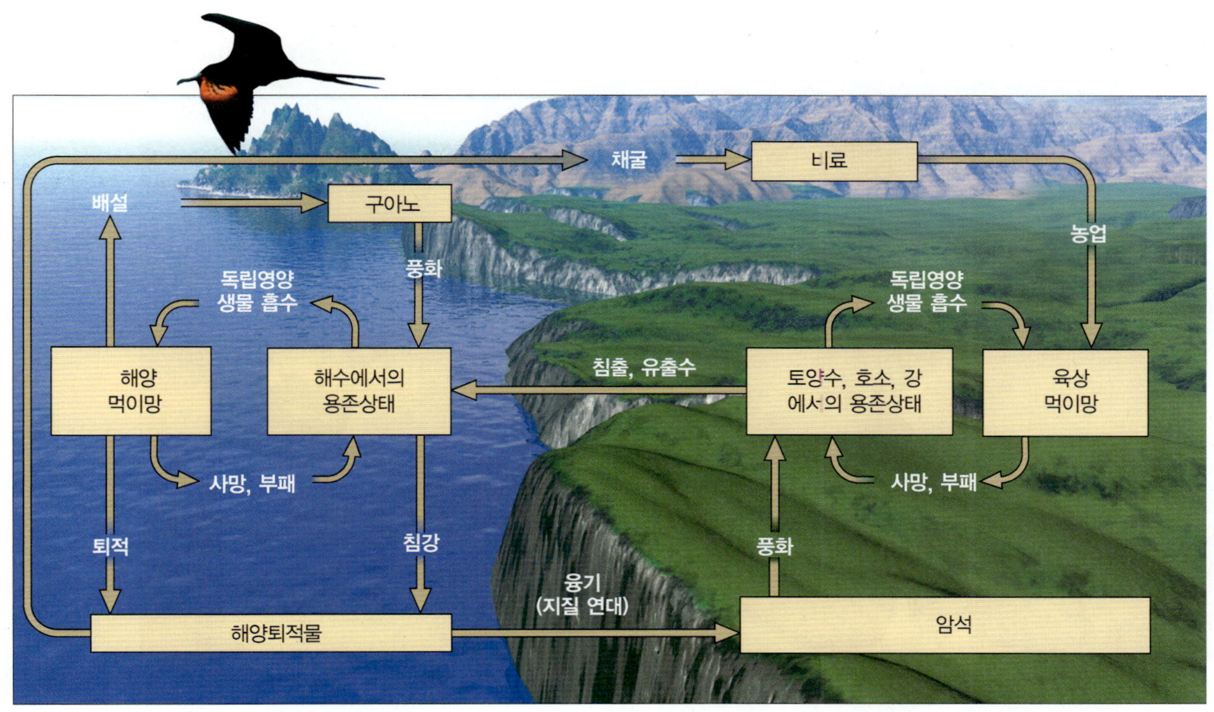

그림 13.11 인순환. 인은 지구상의 생명체가 쓰는 에너지 수송 화합물의 필수적인 부분이다. 해양에서 대부분의 인을 포함하는 물질은 해저 바닥에 침강하여 퇴적물과 함께 덮여 있다. 판구조 지각 작용에 의해 침강해서 수백만 년이 경과한 뒤, 화산 폭발에 의해 표면으로 되돌아온다.(출처: Cecie Starr, *Biology: Concepts and Applications*, 4th ed., Brooks/Cole © 2000.)

12. 일차생산자가 생성하는 탄수화물에 쓰이는 탄소의 공급원은 무엇인가?

13. 왜 해양생물은 해수에 녹아 있는 질소 기체를 사용할 수 없는가?

14. 긴 생지화학순환 고리는 짧은 고리와 어떻게 다른가?(인과 규소 순환 참조.)

13.6 바다 생명체의 성공은 물리, 생물 환경요인에 달려 있다

해양생물은 생명을 부양하는 해양의 화학성분 조성과 물리 특성에 의존하고 있다. 생물에 영향을 미치는 모든 물리환경의 특징을 **물리요인**(physical factor)이라고 한다. 해양에 사는 것은 육상에 사는 것보다 유리하다. 해양의 물리조건은 육상보다 온화하며 변화가 적다. 해양생물에게 가장 중요한 물리요인은 빛, 수온, 용존 영양염, 염분, 용존 기체, 산과 염기의 균형과 수압이다.

물리요인들이 서로 어우러져 해양생명체를 위한 물리환경을 제공한다. 그러나 일부 **생물요인**(biological factor)–생물학적으로 생겨난 환경의 특성–역시 생물에게 영향을 준다. 이러한 생물요인에는 확산, 삼투, 능동수송과 표면적 대 부피비가 있다. 이들을 자세히 다루어 보도록 하자.

흔히 어떤 한 요인이 너무 많거나 적은 경우에 생물의 기능에 나쁜 영향을 준다. 이러한 요인을 **제한요인**(limiting factor)이라 한다. 즉 물리 혹은 생물학적으로 부적절한 함량일 때 정상적인 생물의 활동을 제한한다. 예를 들어 바다에서 광합성에 필요한 온도, 영양염, 이산화탄소 등이 완벽하게 있다 하더라도, 빛이 없는 경우에는 광합성이 일어나지 않는다. 즉 빛이 제한요인이다. 만일 빛이 있다 하더라도 질산염이 없다면, 이것이 제한요인이다. 간혹 너무 많은 경우, 예를 들어 열이 많은 경우에 생명 현상을 제한할 수 있다.

그림 13.12는 작지만 중요한 일차생산자인 돌말류(14장에서 다룸)의 성장이 특정 영양염의 결핍으로 제한되는 것을 보여 준다.

광합성은 빛에 의존한다 육상에서는 광합성이 대부분

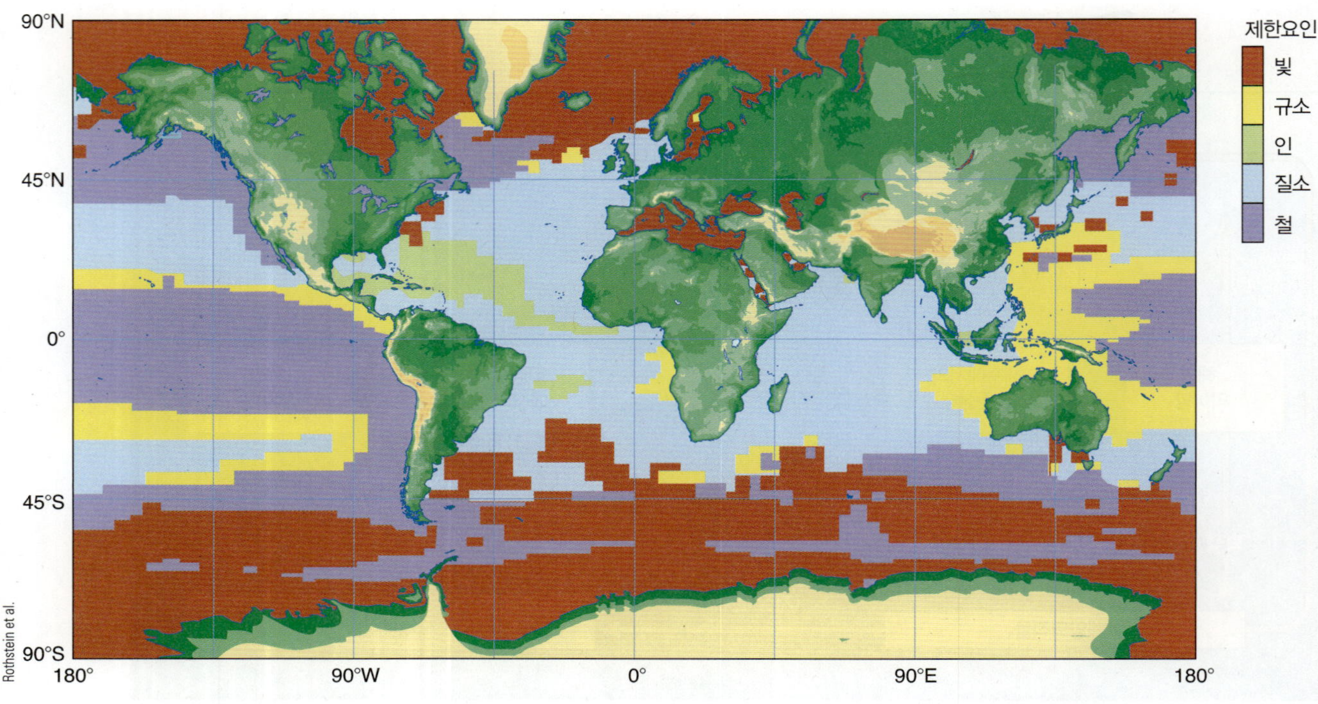

그림 13.12 해양의 혼합층에서 중요한 소형 광합성 생물인 돌말류의 성장을 제한하는 요인. 한 요인의 결핍은 다른 모든 요인들이 적절한 양으로 있어도 생물의 번성을 제한한다.

지표면에서만 일어나지만 바다에서는 육지와 달리 물이 비교적 투명하기 때문에 상당히 깊은 곳에서도 광합성이 진행될 수 있다. 그러나 바다 표면에 도달한 햇빛은 해양 독립영양생물의 엽록소에 흡수되기까지 여러 장애물을 거쳐야 한다.

해가 뜰 때와 질 때, 혹은 극지방에서 햇빛은 아주 낮은 각도로 입사하기 때문에 대부분 반사되어 거의 바다에 들어오지 못한다. 일단 표층을 통과하면 빛은 선택적으로 흡수된다. 물은 빛의 파장에 따라 투과도가 다르다. 맑고 투명한 물에서는 청색광이 제일 깊은 곳까지 투과하고 적색광은 표층에서 흡수된다. 물에 흡수된 빛에너지는 열로 바뀐다.

물속에 있는 입자의 수와 특성도 빛의 투과 깊이를 제한한다. 이러한 입자들은 부유 퇴적물, 유기물의 먼지 같은 조각, 혹은 생물 자체이며, 빛을 산란하고 흡수한다. 이들 농도가 높으면, 대부분의 청색광과 자외선을 빠르게 흡수한다. 이 흡수는 생산자의 엽록소에 의한 녹색광의 반사와 겹쳐져서 생산력이 큰 연안역 해수의 색을 녹색으로 변화시킨다.

얼마나 깊은 곳까지 빛이 투과할 수 있을까? 해양에서 다양한 파장(색)의 빛이 도달하는 깊이를 **그림 13.13**에서 볼 수 있다. 햇빛을 받는 맨 위 해수층은 **유광층**(photic zone)(*photos*: light)이다. 작은 생물체와 광을 산란하는 입자가 많아 연안의 표층에서는 햇빛이 비치는 유광층의 깊이가 보통 100 m 정도이다. 중위도 해역에서는 150 m 깊이까지 달하며, 열대의 투명한 먼바다에서는 더 깊은 곳까지 투과한다. 현재까지 태평양 열대해역에서 육안보다 민감한 광도계로 측정한 기록은 590 m 깊이이다. **무광층**(aphotic zone)(*a*: without)은 유광층 아래부터 해저 바닥에 이르는 영구적인 암흑층이다. 대부분의 해양은 햇빛을 전혀 받지 못하고 있다.

약한 광 조건에서는 광합성이 느리게 일어난다. 해양에서 일어나는 생물 생산력의 대부분은 **그림 13.14**에 나타난 것과 같이 표층 유광층의 상부 **진광대**(euphotic zone)(*eu*: good)에서 일어난다. 이곳에서 해양 독립영양생물은 호흡에 의한 탄수화물의 손실을 초과하는 광합성에 의한 식물의 일차생산을 가능케 하는 충분한 빛을 포집할 수 있다. 해양을 하나로 일반화하는 것은 어렵지만, 전형적으로 진광대의 깊이는 중위도에서는 연평균 약 70 m 정도이다. 해양 표면에서 생산이 일어나는

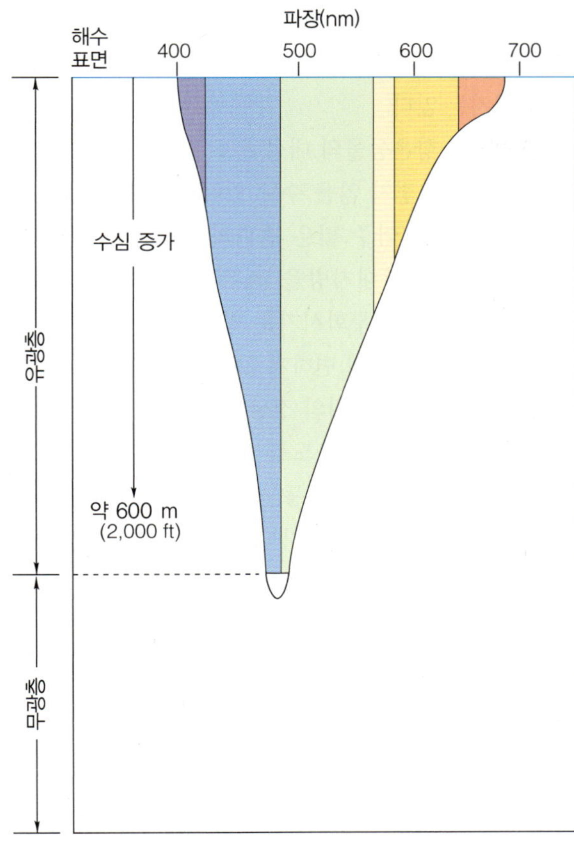

a 청명한 외양 해수

맑은 외양 해수에서는 민감한 광도계로 600 m까지 빛을 측정할 수 있다.

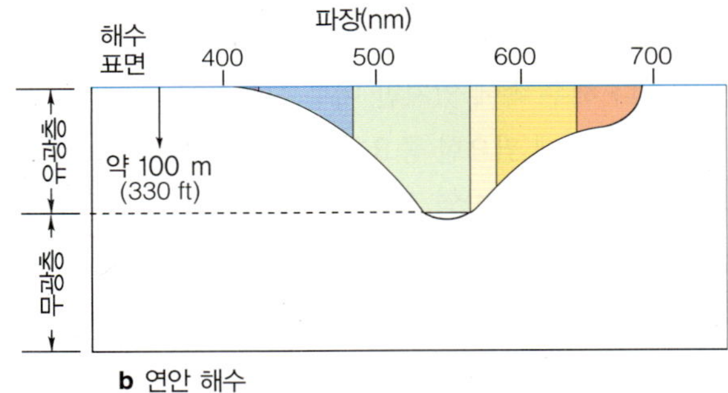

b 연안 해수

연안에는 부유 입자가 많아 빛이 깊은 곳까지 들어가지 못하며 약 100 m 정도가 보통이다. 빛이 있는 상부층을 유광층, 하부의 어두운 구역을 무광층이라고 한다.

그림 13.13 해양에서의 광 투과.

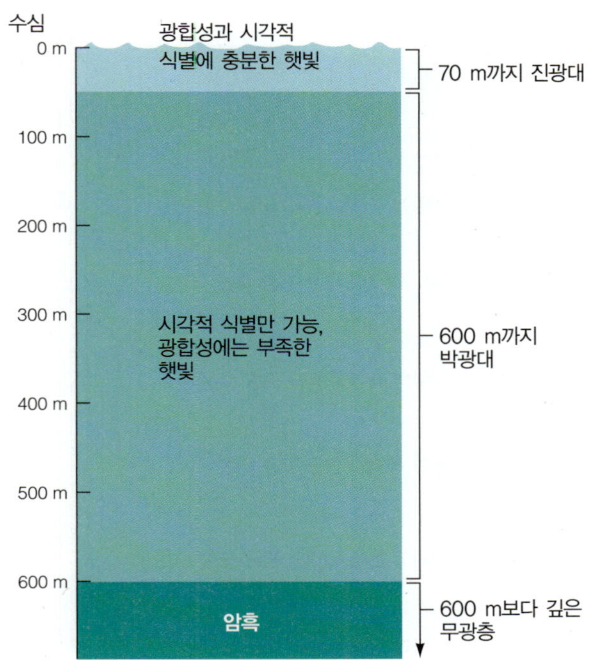

그림 13.14 진광대, 박광대와 무광층.(유광층 수심은 중위도 해역의 연평균 값이다.)

층은 사실 굉장히 얇다. 이곳은 전 바다 용적의 1%도 되지 않지만 거의 모든 해양 생명체들이 이곳 아주 좁은 폭의 진광대에 의존하고 있다.

그림 13.14에 제시된 **박광대**(disphotic zone) (*dys*: difficult)는 유광층의 진광대 아래에 있다. 박광대는 빛은 있으나, 독립영양생물이 하루 동안 쓸 수 있는 탄수화물을 만드는 광합성이 일어날 수 있는 정도로 충분히 밝지(강하지) 않다.(그림 13.20에서 다른 관점에서 이를 볼 수 있다.)

온도는 대사율에 영향을 준다 해수 온도는 수심과 위도에 따라 다르다. 전 지구 해양의 평균 수온은 결빙 온도보다 몇 도 정도 높을 뿐이다: 따뜻한 물은 온대역과 열대 해역의 유광층과 심해 화학합성 열수생태계에서만 존재한다. 해수 온도의 변화 범위는 넓지만, 육상의 온도 변화 폭에 비해서 훨씬 좁다(**그림 13.15**).

생물체에게 해수 온도가 미치는 영향은 어떤 것인가? 생명체에서 일어나는 화학반응 속도의 대부분은 열이라고 하는 분자 진동에 의해 결정된다. 진동은 반응 물질을 함께 혼합하여 주기 때문에, 온도가 상승하면 화학반응 속도가 증가한다. 그러므로 생물 몸 안에서 일어나는 에너지 방출 반응인 **대사율**(metabolic rate)은 온도가 상승하면 빨라진다. 온도가 10°C 오르면 대사율은 거의 두 배로 증가한다. 생물체의 체온은

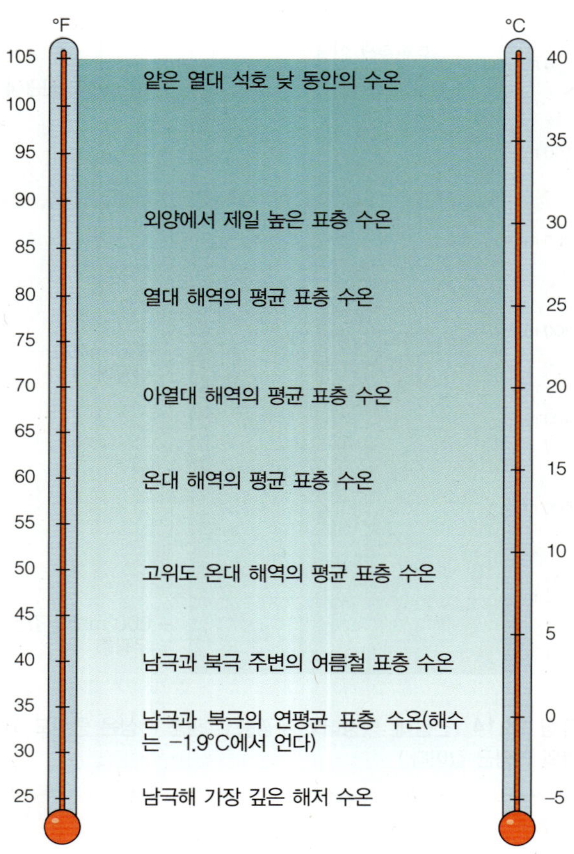

그림 13.15 생명체를 부양할 수 있는 해수 온도. 일부 고립된 해양 특히 열수공 안과 밑에서는 400°C 수온에서도 사는 특이한 생물이 있다.

이동과 반응, 그리고 생명 유지 대사 속도와 직접 연관되어 있다.

대부분의 해양동물은 '냉혈' 또는 **변온동물**(ectotherm)이며, 체온은 주위 온도와 거의 같다. 포유류, 조류, 일부 어류 등의 복잡한 동물들은 '온혈' 또는 **항온동물**(endotherm)이며 일정하게 높은 체온을 유지한다.

일반적으로 내성 한계 범위 안에서는 주위 온도가 올라가면 변온동물의 대사율도 증가한다. 가열장치가 설치된 수조에 있는 열대어는 가열장치가 없는 같은 크기의 수조 안에 있는 금붕어보다 더 많은 먹이와 더 많은 산소가 필요하다. 일반적으로 열대어는 빨리 성장하고, 심장 박동도 빠르며, 번식도 더 자주 하고, 빨리 헤엄치지만, 수명은 짧다. 그러나 더 빨리 움직이게 하려고 무작정 온도를 높일 수는 없다. 수온을 높이면 수조 안 물고기는 죽게 된다. 변온동물이 견딜 수 있는 상한 온도는 사는 데 적합한 최적 수온보다 그다지 높지 않다. 하한 온도는 단지 분자활동이 느려지는 것뿐이라서 치명적이지는 않다.

그렇다면 항온동물의 내성 온도 범위는 좁은가? 그럴 수도 있고 그렇지 않을 수도 있다. 항온동물은 변온동물과 비교해서 아주 넓은 범위의 온도에서 견딜 수 있다. 극지방과 열대지방을 회유하는 고래와, 알을 −51°C에서 품어서 부화시키는 황제펭귄을 생각해 보라. 이들의 체온은 거의 변하지 않는다. 우리의 경우, 의사들이 말하는 좁은 범위의 정상 체온에 비교해서 우리 인간이 살고 있는 곳의 온도를 고려해 보라. 정교한 체온조절 메커니즘으로 항온동물은 다양한 환경에서 살아갈 수 있지만 그 대가를 지불해야 한다. 높은 대사율을 유지하기 위해서는 수준에 맞게 많이 먹어야 하고, 많은 기체 수송과정도 같이 필요하다. 그러나 생화학 반응이 가장 효율이 높은—일정한—온도에서 일어나도록 미세한 조정 체계를 갖는 것은 어렵기는 하지만 그만큼 가치가 있다.

유기물 생산에는 용존 영양염이 필요하다 생명체가 유기물을 만드는 데 필요한 화합물을 영양염(nutrient)이라고 한다. 일부 영양염은 생물의 구조물을 만드는 것을 돕거나, 에너지를 직접 다루는 화학 물질을 만들기도 하고, 다른 기능도 가지고 있다. 몇몇 필수 영양염은 언제나 해수 속에 있지만 대부분은 쉽게 쓸 수 없다.

일차생산에 필요한 중요한 무기영양염은 질소(질산염, NO_3^-)와 인(인산염, PO_4^{3-})을 포함한다. 식물의 성장에는 질산염과 인산염 비료가 필요하다는 것을 어떤 정원사라도 잘 알고 있다. 아무리 비옥한 해양이라도 질소의 양이 육지의 표층토에 있는 질소 양의 1/10,000 정도밖에 없기 때문에 해양에서 작물을 기르는 것이 육상에서보다 더 어렵다. 해양에서 인은 더 부족하다. 그러나 다행히 생물체에는 질소 원자 16개에 하나의 인 원자가 포함되어 있기 때문에, 필요한 인의 양은 질소에 비해 적다.

질소와 인은 독립영양생물의 생산력이 높은 시기와 빠른 번식이 진행될 때 흔히 부족하게 된다. 또한 빠른 성장 시기에 껍데기나 다른 단단한 물질을 만드는 데 필요한 용존 규산염과 효소, 비타민과 다른 큰 분자에 쓰이는 철, 구리 같은 미량원소도 부족하게 된다. 바다 식물은 이러한 영양염을 재순환시켜야 한다.

염분은 세포막 기능에 영향을 준다 모든 생명체의 세포는 소수의 선택된 물질만이 이동할 수 있는 복잡한 세포막으로 싸여 있다. 세포막은 주변 용액의 염분에 의해 크게 영향을 받는다.

해수의 염분(7장 참조)은 강수, 증발, 육지에서 유입되는 유출수와 염, 기타 요인 때문에 해역에 따라 다르다. 표층 염분은 초여름 발트 해 바깥쪽 연안에서 6‰ 또는 이보다 낮은 염분 수준에서, 홍해 표층에서는 연중 40‰을 넘는 수준까지 많이 변한다. 수심에 따른 염분 변화는 그다지 크지 않지만, 일반적으로 깊어질수록 염분이 조금 상승한다.

염분의 변화는 세포막에 물리적인 피해를 주며, 농축된 염은 단백질 구조를 바꿀 수도 있다. 염분은 해수의 비중과 밀도를 변화시켜 개체의 부력에 영향을 준다. 곧 자세히 다루겠지만, 염분은 세포의 전체 물 균형 변화에 따라 막을 통해 물의 흡수와 탈수를 유발하는 중요한 요인이다. 해수의 성분은 제일 복잡하게 진화한 해양생물의 몸 안의 염분과 거의 같다. 이것은 대부분의 해양생물들에게는 염분의 균형 유지, 즉 수분의 균형 유지가 쉽다는 것을 뜻한다.

용존 기체 농도는 온도에 따라 변한다 거의 모든 해양생물은 생명 유지를 위해 용존 기체 특히 이산화탄소(CO_2)와 산소(O_2)가 필요하다. 산소는 물에 잘 녹지 않아 해양보다 대기 중에 100배 정도 많다. 반면에 일차생산에 꼭 필요한 CO_2는 산소보다 해수에 잘 녹고 반응도 쉽게 일어난다(**표 13.2**). 비록 CO_2가 산소보다 1,000배까지 더 잘 녹지만 정상적인 해양 표층의 평균값은 CO_2가 L당 50 mL 정도이고, 산소는 6 mL 정도이다. 현재 해양에는 대기보다 60배나 많은 CO_2가 녹아 있다. 이렇게 많이 녹아 있기 때문에 해양 식물이 CO_2가 부족한 경우는 거의 없다.

일반적으로 심층수에는 표층수보다 더 많은 이산화탄소가 녹아 있다. 왜 이럴까? 표 13.2는 수온과 기체 용해도의 상관성을 보여 준다. 수온이 낮을수록 포화 기체 농도가 높은 것을 기억하라. 가장 깊은 곳의 무거운 해수 수괴는 추운 극지방 표층에서 만들어지며, 이 때 이곳은 수온이 낮은 환경이라 더 많은 CO_2가 녹을

표 13.2 수온이 상승하면 해수에 녹는 기체 용해도는 감소한다

온도	용해도(단위 mL · L^{-1}, 대기압과 염분 33‰ 조건)[a]		
	N_2	O_2	CO_2
0°C (32°F)	14.47	8.14	8,700.0
10°C (50°F)	11.59	6.42	8,030.0
20°C (68°F)	9.65	5.26	7,350.0
30°C (86°F)	8.26	4.41	6,600.0

출처: F. G. Walton-Smith, *CRC Handbook of Marine Science* (Cleveland, OH: CRC Press, 1974).

[a] 공기방울이 발생하기 전까지 기체가 녹을 수 있는 최대 포화농도 값.

수 있다는 것은 이미 아는 내용이다. CO_2가 많이 녹아 있는 무거운 물이 해저로 침강하면, 수압이 높고 깊은 곳에서 CO_2는 용액 상태로 유지된다. 심해에는 종속영양생물(동물)만이 살면서 대사활동을 하고 있고, 또 분해자가 떨어진 유기물 조각을 분해시킬 때 CO_2가 생성되기 때문이다. 심해의 암흑 속에서는 광합성이 일어날 수 있는 빛이 없기 때문에 광합성 일차생산자가 없어서 잉여 CO_2가 소비되지 않는다.

표층에서 광합성이 활발하게 일어나면 CO_2 농도가 낮아지고 용존 산소 농도는 증가한다. 산소는 광합성의 빛 한계 깊이 바로 밑 중간층에서 많은 소형 동물의 호흡으로 소비되어 산소최소층이 나타난다.(그림 7.8에 관련 내용이 있음.)

용존 산소의 양이 적을 때에는 가끔 해양 표층에서도 문제가 발생한다. 낮 동안에는 식물이 필요한 양보다 더 많은 산소를 생성하지만, 호흡은 밤과 낮에도 계속되어 밤에는 주변 해역의 산소를 더 많이 소비한다. 극단적으로 용존 산소가 심하게 부족한 경우에는 식물과 동물이 폐사하게 된다. 이러한 현상은 바닷물이 잘 순환되지 않는 폐쇄된 연안역에서 봄과 가을철에 플랑크톤의 대발생이 일어날 때 잘 나타난다.

해수에 녹아 있는 기체의 양 변화는 연안역 표층에서 가장 심하다. 외해역에서는 변화가 그다지 심하지 않다.

용존 이산화탄소는 바다의 산-염기 균형에 영향을 준다

물리 환경 조건인 해수의 산-염기 균형도 해양 생명체에 영향을 준다. 지구상에 살고 있는 생명체에서 일어나는 복잡한 화학반응은 정교하게 만들어진 효소에 의존하고 있다. 효소는 분자량이 큰 단백질의 하나로 화학반응의 속도를 촉진한다. 강한 산이나 알칼리는 필수 단백질인 효소의 모습을 변형시켜 정상적인 기능을 하지 못하게 한다.

용액의 산도와 알칼리도는 용액에 녹아 있는 수소 이온의 농도를 로그(대수)로 전환한 값인 pH 단위로 표시한다. 즉 pH 7은 중성이며 7보다 작은 값은 산성이 강한 것이고, 큰 값은 알칼리성이 강한 성질을 표시한다(그림 7.9 참조).

보통 해수는 약알칼리성이며 평균 pH 8 정도이다. 해수에 있는 용존 물질은 pH의 큰 변화의 완충제 역할을 하여 산과 알칼리가 유입되었을 때 pH의 변화를 억제한다. 해수에서 정상적으로 나타나는 pH 변화의 범위는 토양에서의 변화보다 훨씬 작다. 땅에서는 간혹 세포 구성물질을 손상시키는 척박한 알칼리성 토양 때문에 이곳에 사는 생물의 분포가 극히 제한되는 경우도 있다.

해수가 약알칼리성으로 유지되고 있지만 그래도 변동은 있기 마련이다. CO_2가 물에 녹으면 일부는 탄산염으로 된다. 식물의 성장이 빠른 곳에서는 광합성 작용으로 CO_2를 흡수하기 때문에 pH가 올라간다. 그리고 표층의 수온은 일반적으로 따뜻하기 때문에 처음에는 CO_2가 쉽게 물에 녹지 않는다. 그래서 따뜻하고 생산력이 높은 표층의 pH는 항상 8.5 정도로 높게 유지된다.

중층이나 더 깊은 심해는 더 많은 CO_2가 녹아 있을 수 있다. 동물과 세균의 호흡이 CO_2의 주된 공급원이다. 이곳은 수온이 낮고 수압이 높은 곳이며, 광합성으로 CO_2를 제거할 수 없기 때문에 CO_2의 증가로 pH가 감소하여 수심이 깊어질수록 산성이 강해진다. 4,500 m보다 깊은 심해의 차가운 해수는 pH가 7.5 정도이다. 이와 같이 낮은 pH에서는 칼슘이 포함된 해양퇴적물이 녹게 된다. 심해저 세균이 산소를 소비하고 황화수소를 생성할 경우 심해저의 pH는 7까지 떨어질 수 있다.

18장에서 다루겠지만, 대기 중 CO_2 농도는 증가하고 있다. 이는 대부분, 아마도 거의 전부가 인간의 산업과 경제 성장을 지원하기 위해 사용된 화석연료의 연소에서 나온 것이다. 일부 과학자들은 이렇게 빠른 CO_2 증가는 표층 해수의 탄산염 완충시스템을 압도하여 표층수의 pH를 감소시킨다고 믿고 있다.[4] 심지어 아주 경미한 해수 산성화가 산호 골격, 플랑크톤 껍데기와 해양생물의 단단한 부분을 이루는 칼슘 물질의 형성을 저해할 수도 있다.

수압은 거의 영향을 주지 않는다 해양생물은 때때로 위에 있는 물의 엄청난 무게의 압력에 눌리고 있지만, 이러한 **수압**(hydrostatic pressure)으로 생물이 받는 어려움은 거의 없다. 사실 해양의 조건도 육상과 같다. 육상에 있는 동물은 1 cm^2에 1 kg 정도 공기의 무게를 받고 있지만 별 문제없이 살고 있다. 실제로 호흡하거나, 비행하거나, 또는 생활의 물리적 필요성으로 이러한 대기압은 필요한 것이다.

생물체의 안과 밖의 압력은 해양이나 대기의 바닥인 육상에서 같다. 그러므로 해양생물은 수압을 견뎌내기 위해 두꺼운 껍데기를 가질 필요가 없다. 엄청난 압력은 생물에게 화학적으로 어느 정도 영향을 주고 있다: 압력이 높으면 기체의 용해도가 높아지고, 일부 효소들이 활성을 잃거나, 주어진 온도 조건에서 대사율이 조금 증가하는 경향도 있다. 그러나 이러한 영향도 심해에서만 감지할 수 있다. 해양생물이 몸 안에 기체로 채워진 공간(허파와 부레)을 갖고 있지 않으면, 어느 정도의 수압 변화는 생물에게 거의 영향을 주지 않는다.

물질의 세포 간 이동은 확산, 삼투, 능동수송에 의해 일어난다 만일 물감 덩어리를 잔잔한 물속에 가만히 둔다면, 결국 물감 분자들은 확산하여 물 전체에 고르게 분포할 것이다. 이 과정을 **확산**(diffusion)이라고 하며, 이 과정이 완전히 끝날 때까지 몇 주가 걸릴 것이다(**그림 13.16**). 물감을 퍼지게 하는 에너지는 분자의 무작위 진동인 열에서 나온다. 물이 따뜻할수록 확산은 빨라진다. 확산과정에서 물질의 순 이동은 농도가 높은 곳에서 낮은 곳으로 이루어진다.

중요한 해양현상인 확산은 물리요인이 될 수 있다. 예를 들어 광물이 물에 녹으면 그 성분은 무작위로 물 전체에 확산된다. 액체와 기체도 물속에서 농도가 높은 구역에서 낮은 구역으로 확산해 나갈 수 있다. 먼 곳까지 용존 물질을 이동시키는 경우에는 확산보다 해류에

[4] 탄산계 완충 시스템은 그림 7.10을 참조하라.

의한 물질 수송이 더 중요하다.

확산은 특히 살아 있는 세포 안과 세포 사이의 이동과 같이 아주 짧은 거리의 이동에 가장 중요하다. 선택된 물질만이 세포막을 통하여 확산될 수 있다. 이들은 물질의 농도가 높은 구역에서 낮은 구역으로 확산한다. 예를 들어 광합성에서 방출된 산소는 산소 농도가 높은 식물세포 안에서 세포막을 통해 산소 농도가 낮은 밖으로 확산될 것이다. 생물막은 일부 작은 분자만을 얇은 경계면을 통해 통과시킬 수 있기 때문에 이를 선택적 투과라고 한다.

세포막을 통해 일어나는 물의 확산을 **삼투**(osmosis *osmos*: a thrusting)라고 한다. 삼투현상은 물은 통과할 수 있지만, 염류는 통과할 수 없는 세포막을 통하여 물의 농도가 서로 다른 용액 사이에서 일어난다. 만일 세포막 밖의 용존 염류의 농도가 세포 안보다 낮다면, 물의 농도가 높은 세포 밖에서 물의 농도가 낮은 세포 안으로 확산되어 들어가, 세포를 부풀게 한다. 염류는 균형을 이루기 위해 세포막의 특성상 세포 안에서 밖으로 이동할 수 없다. 담수에서 수영할 때 코 점막에 물이 닿는 것을 피해야 하는 이유이다. 사람 체액은 담수보다 염류의 농도가 높아, 코 안 세포가 담수를 흡수하면 부풀어 아프게 된다.

대부분의 단순한 해양생물은 해수와 거의 같은 농도의 용존 물질을 가진 체액을 갖고 있다. 그들은 외부의 해수와 농도가 거의 같은 **등장액**(isotonic solution) (*isos*: equal, *tonos*: strength)이며, 바깥 세포막을 통한 물의 순 이동은 거의 없다. 담수에서는 해양동물이 바깥에 비해 **고장액**(hypertonic solution) (*hyper*: over) 조건이 되어 세포막을 통해 물이 안으로 들어온다. 만일 이를 없애지 못하면, 세포는 터져 버린다. 같은 종류의 해양동물을 유타 주의 짠물 호수인 그레이트솔트 호로 옮길 경우, 이들은 **저장액**(hypotonic solution)(*hypo*: under) 조건이 되어 세포로부터 물이 빠져나가 탈수 현상이 일어나 와해된다. **그림 13.17**에 이 관계를 요약하였다. 단순한 해양생물들은 바깥과 거의 같은 등장액 조건이라 담수 생물보다 훨씬 유리하다. 담수 동물은 물을 밖으로 내보낼 수 있도록 고안된 특수 배설 메커니즘에 많은 에너지를 소비해야 한다. 이러한 특수 배설 메커니즘으로 아주 극소수의 담수 생물과 해양생물만이 사는 곳을 바꾸어도 생존할 수 있다.

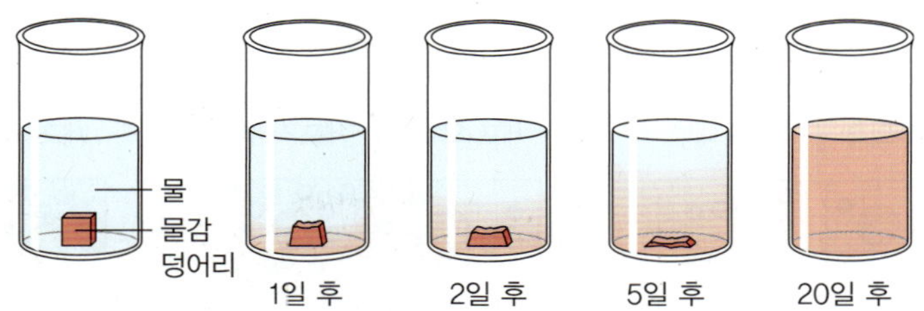

그림 13.16 확산의 예. 물감 분자는 물감 덩어리가 녹으면서 점차적으로 주변 수환경으로 확산된다. 무작위적인 분자 이동으로 정육면체(큐브)의 표면의 고농도 구역에서 멀어지는 쪽으로 확산된다. 동시에 물 분자는 염색약 덩어리 주변의 높은 농도 구역에서 낮은 농도 구역, 즉 염색약 덩어리가 분해되는 안쪽으로 이동한다. 섞어 주면 혼합과정이 상당히 촉진되지만, 확산으로 이 과정이 끝날 때까지 기다릴 수 있다면, 이러한 기계적 에너지의 유입은 필요하지 않다.

능동수송(active transport)은 수동 확산의 역작용이다. 능동수송에서는 용존 물질이 낮은 농도 구역에서 높은 농도 구역으로 '펌프'로 끌어올려진다. 정상적인 '내리막' 반응인 열역학 제2법칙을 거슬러 일어나는 '오르막' 반응인 능동수송에는 에너지가 필요하다. 예를 들어 광합성 산물인 당과 같은 최종 산물을 막을 통해 농축할 저장 장소로 이동시킬 때 능동수송을 이용한다. 능동수송은 생명체에서는 보편적인 현상이며, 정상적인 농도 경사를 거슬러 오르막 이동을 촉진하기 위해 많은 에너지를 쓰고 있다.

확산, 삼투, 능동수송은 모두 온도의 영향을 받으며, 온도가 상승하면 빨라진다. **그림 13.18**에서 세 과정을 비교하였다.

세포는 높은 표면적 대 부피비를 가진다 비록 개체는 크지만 이를 구성하는 세포는 언제나 작다. 세포가 작을수록 더 효과적으로 물질이 외부 세포막을 통해 내부 전체에 분포될 수 있다. 작은 세포 하나는 충분한 표면적을 갖고 있어 내부 기관의 대사작용 요구를 충족할 수 있는 속도로 산소(혹은 이산화탄소, 포도당, 폐기물) 이동이 가능하다.

만일 둥근 세포가 단지 부피만 커진다면 외막의 표면적은 적절한 비율로 증가하지 않는다. 세포는 생명을 유지하기에 충분한 양만큼 막을 통해서 물질이동을 할 수 없게 된다. **그림 13.19**를 보면 세포 부피는 지름의 세제곱으로 증가하지만 표면적은 지름의 제곱으로 증

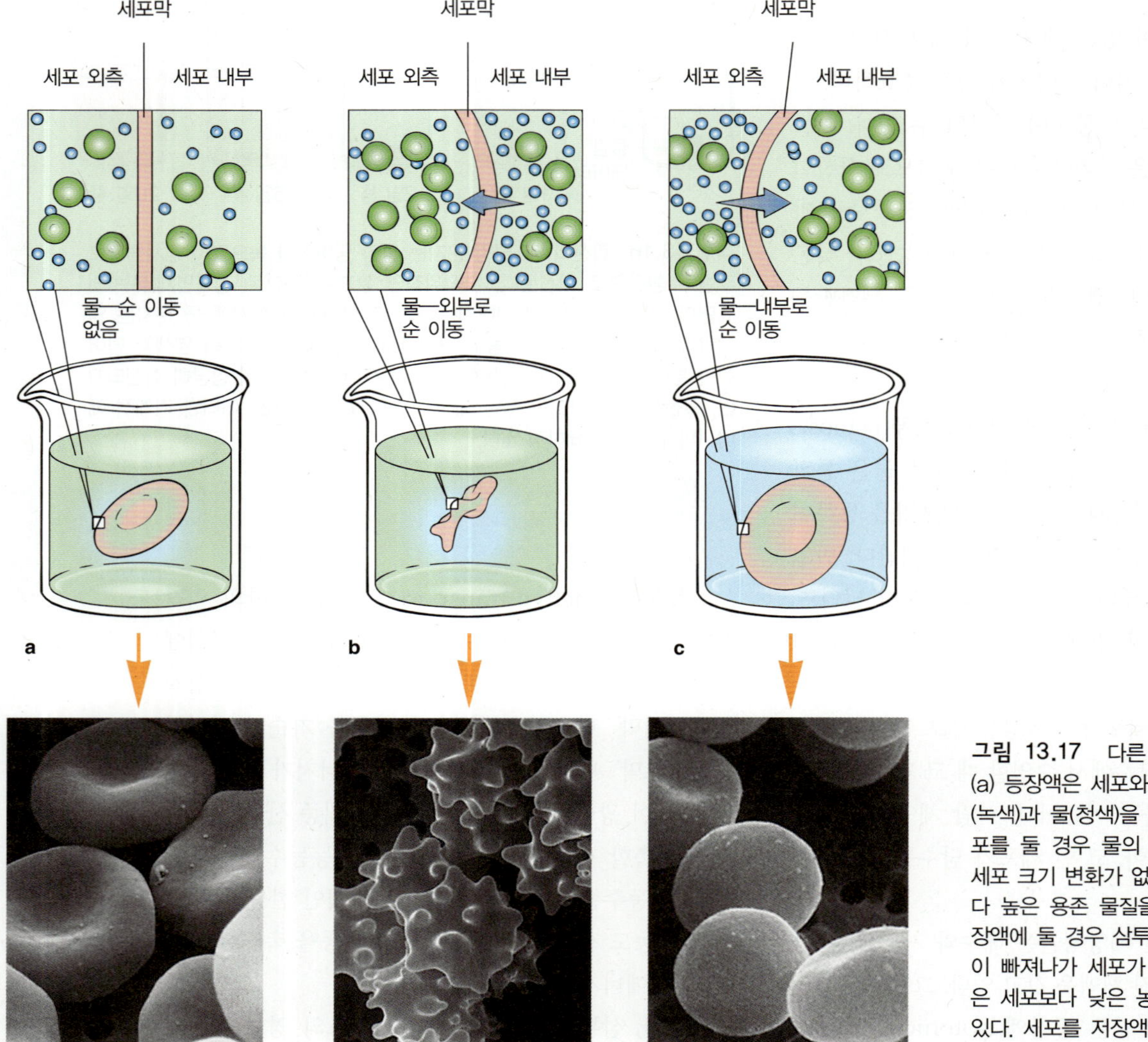

그림 13.17 다른 환경에서의 삼투 영향. (a) 등장액은 세포와 같은 농도의 용존 물질(녹색)과 물(청색)을 갖고 있다. 등장액에 세포를 둘 경우 물의 순 이동이 없기 때문에 세포 크기 변화가 없다. (b) 고장액은 세포보다 높은 용존 물질을 갖고 있다. 세포를 고장액에 둘 경우 삼투에 의해 세포 밖으로 물이 빠져나가 세포가 오그라든다. (c) 저장액은 세포보다 낮은 농도의 용존 물질을 갖고 있다. 세포를 저장액에 둘 경우 삼투에 의해 주변에서 세포 안으로 물이 이동하여 팽창하고 터진다.

가한다. 만일 세포가 원래보다 지름이 4배로 커지면 부피는 64배로 증가하지만, 표면적은 16배 증가할 뿐이다. 외막의 단위 표면적은 처음보다 4배의 내부 부피를 감당해야 한다. 어떤 한계점을 벗어나면 영양염과 기체의 유입과 배설물의 배출이 세포의 대사작용에 필요한 만큼 빨리 이루어지지 않아 세포는 죽게 된다. 큰 세포는 비효율적인 표면적 대 내부 부피의 비를 갖게 된다.

그 대신에 세포는 무작정 커지지 않고 분열하여 성장한다. 높은 **표면적 대 부피비**(surface-to-volume ratio)는 상대적으로 높은 표면적과 작은 부피를 가진 작은 세포에서 확산, 삼투와 능동수송이 더 효율적으로 수행되도록 한다.

개념점검

15. 제한요인이라 무엇인가? 예를 들어 보라.
16. 유광층, 진광대, 그리고 박광층의 특징을 쓰라.
17. 대사율은 온도에 따라 어떻게 변하는가?
18. 용존 기체 농도가 어떻게 온도에 따라 변하는가? 바로 전 문제의 답을 보라. 해양생물이 갖는 문제점을 알 수 있겠는가?
19. 심해저 표면의 엄청난 수압은 생물체를 눌러 뭉개는가?
20. 확산이 삼투와 어떻게 다른가?
21. 왜 세포는 높은 표면적 대 부피비를 가지는가?

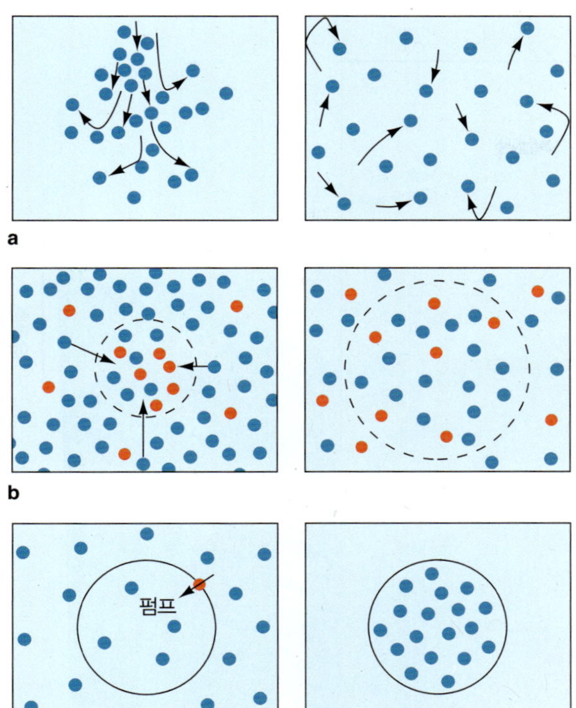

확산 과정에서는 왼쪽 구획에 넣어 준 분자가 시간이 경과하면서 오른쪽 구획과 같이 균질하게 분포한다.

삼투에서는 물의 확산이 세포를 부풀게 할 수도 있다. 청색 점은 물 분자이며 적색 점은 용존 입자이다. 화살표는 원래 세포 안으로 들어가는 물의 이동 방향을 나타낸다. 다른 반대 조건에서는 물이 빠져나가 세포가 오그라든다.

능동수송은 세포 안의 분자의 농도가 바깥의 농도보다 높아도 세포 안에 이를 축적할 수 있다. 세포는 같은 작용으로 다른 분자를 배출할 수도 있다.

그림 13.18 세포 안과 밖으로 이동하는 물질 수송의 세 가지 방법의 비교 요약.

13.7 해양환경은 특정 구역으로 구분된다

해양환경을 비슷한 물리 환경 특성을 가진 **구역**(zone)으로 나누는 것이 해양학 연구에 도움이 된다. 구역을 나누는 기준은 빛, 온도, 염분, 깊이, 위도, 해수밀도이며 혹은 우리가 다루어 온 다른 어떠한 물리요인으로도 구분될 수 있다. 그렇지만 빛과 위치에 의한 구분 방법이 특별히 쓸모가 있다. 다양한 구분 방법을 **그림 13.20**에서 볼 수 있다.

이미 기본적 영역인 유광층과 무광층을 빛에 의한 구분으로 정리하였다. 빛은 광합성을 수행하고 따라서 일차생산을 하기 때문에 해양생물 연구에 특히 중요하다.

가장 기본적인 위치 구분은 해저 밑바닥과 여기를 채우고 있는 물로 나누는 것이다. 열린 바닷물 속의 공간을 **표영계**(pelagic zone)라고 하며, 이는 수평적으로 다시 둘로 구분된다. 가까운 대륙붕 수역의 **연안역**(neritic zone)과 대륙붕 바깥쪽의 깊은 **외양역**(oceanic zone)으로 나뉜다.

외양역도 수심에 따라 구분된다. 표층 표영계는 빛

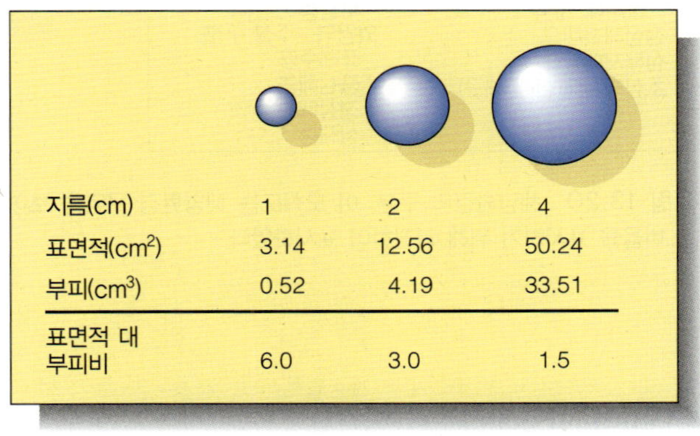

지름(cm)	1	2	4
표면적(cm^2)	3.14	12.56	50.24
부피(cm^3)	0.52	4.19	33.51
표면적 대 부피비	6.0	3.0	1.5

그림 13.19 표면적 대 부피비: 구가 커졌을 때 표면적과 부피의 상관관계. 지름이 증가하면서 표면적보다 부피가 다 빠르게 증가하는 것을 기억하라. 표면적 대 부피비는 세포 크기가 커지면서 감소한다.

이 있는 유광대에 해당한다. 무광대는 층별로 중층대, 점심해대, 심해대로 구분되며 초심해대는 해구의 수층이다.

해저 바닥 구역을 **저서계**(benthic zone)라고 하며 조석에 따라 잠겼다 드러났다 하는 연안의 (생물)**조간**

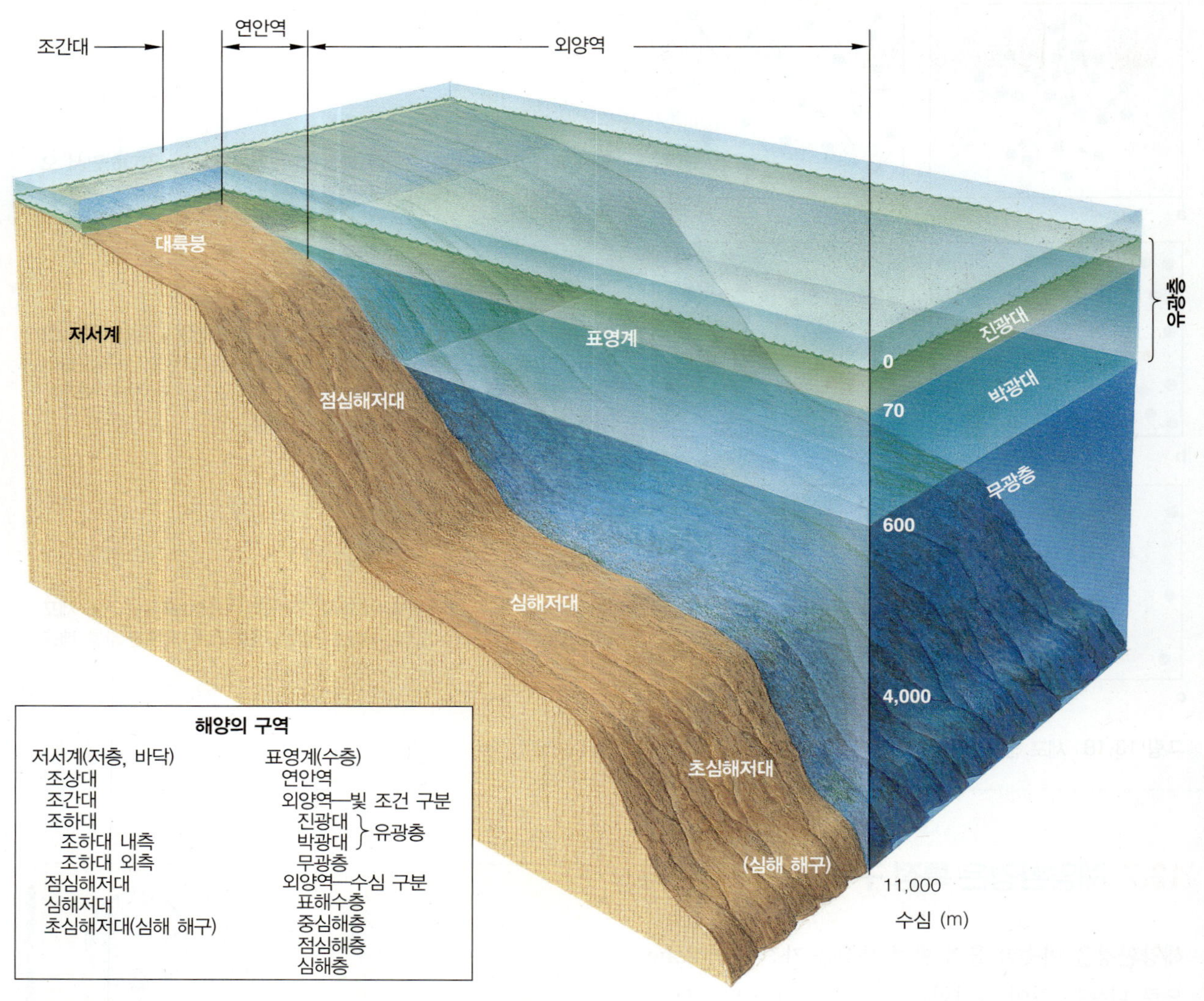

그림 13.20 해양환경의 구분. 이 모식도는 해양환경 구역을 보여 주기 위해 고안되었고, 적절한 비율을 표시하기 위해 과장하여 표시하였다.

대(littoral zone)부터 시작한다.(기술적으로 상부 조간대 상부보다 위쪽에 있는 비말대는 해저에 속하지 않는다.) 조간대 아래는 **조하대**(sublittoral zone)로서 안쪽과 바깥쪽으로 구분된다: 안쪽 내만 조하대는 연안역 해저이며 바깥쪽 대륙붕 조하대는 대륙붕 해역의 해저이다.[5] **점심해저대**(bathyal zone)는 대륙사면을 포함하며 깊은 바다 해저면까지 **심해저대**(abyssal zone)로 구분된다. **초심해저대**(hadal zone)(*Hades*: underworld)는 해구의 벽과 바닥을 포함하는 가장 깊은 곳이다.

해양학자는 위치에 위한 구분을 물리적, 화학적인 특성의 구역 설정에서 특별한 생물이 발견되는 구역까지 모든 내용을 설명하는 표준체계로 가장 보편적으로 사용하고 있다.

개념점검

22. 표영계와 연안역을 구분하라.

23. 어디에서 저서생물을 찾아볼 수 있는가?

[5] 많은 연구자들이 생물분포 구역 용어인 littoral(생물 조간대) 대신에 물리 현상 조석 용어인 tidal(조간대)을 사용한다.

그림 13.21 자연선택설을 공동으로 발표(1858)한 다윈의 초상화. 다윈은 1830년대 초에 비글호의 탐사 항해기간 동안 남아메리카 태평양 연안의 갈라파고스 섬을 방문하였다. 1859년에 저서 『종의 기원(On the Origin of Species)』이 출판되었다.

13.8 진화의 개념으로 해양생물을 잘 알 수 있다

해양생물이 우연히 비옥한 수환경을 삶터로 이용하게 된 것은 아니다. 지구상 생물은 수천 년 사이 만들어진 것이 아니라, 거의 40억 년 동안에 세대와 세대를 거쳐 변화해 왔다. 진화는 생명체가 물리, 화학적 환경에 더 잘 적응하고, 주위에서 좀 더 효율적으로 에너지를 뽑아낼 수 있게 하고, 생존이 가능한 어느 곳에서나 군집을 이룰 수 있도록 해 주었다. 끝으로 **진화**(evolution)를 통해 우리는 자연과학의 논리로 세상을 조사할 수 있는 능력도 갖게 되었다.

진화는 변화를 뜻한다. 옷의 패션도 변하고, 정부 구조도 바뀌며, 세상을 보는 우리들 생각도 변한다: 즉 모든 것은 변한다. 19세기에는 시간이 지나면서 동물과 식물이 변화할 가능성이 있다는 개념은 보편적인 생각이 아니었다. 사실 생물이 시간이 지나면서 변화할 수 있다는 제안에서부터 소위 생물학의 혁명이 시작된 것이다. 조용하고 사려 깊은 영국 박물학자 다윈(Charles Darwin)과 말레이 군도의 영국 생물학자 월리스(Alfred Wallace)에 의해 혁명은 시작되었다(**그림 13.21**).

진화는 자연선택에 의해 작동하고 있다. 왜 그때 다윈과 월리스의 진화론이 논란이 됐으며, 오늘날에도 열정을 불러일으키는 이유는 무엇일까? 1850년대 중반까지 다윈과 월리스는 시간이 경과하면서 생명체가 진화하는 과정, 지금은 **자연선택**(natural selection)이라고 불리는 진화론을 독자적으로 따로 발견했다. 다윈의 핵심 요점은 다음과 같다.

① 모든 생물 집단은 생식연령까지 살아남는 수보다 더 많은 자손을 만든다.
② 모든 생물에게 무작위 변화가 일어난다. 이들 중 일부는 유전이 가능하다. 즉 이 변화가 자손에게 상속될 수 있다.
③ 일부 유전 가능한 형질은 이러한 형질을 갖고 있는 생물이 살아남을 가능성을 증가시킨다. 이들은 유리한 형질이다.
④ 유리한 형질을 가진 생물(후손)은 살아남을 가능성이 높고, 불리한 형질을 가진 생물보다 성공적으로

번식할 수 있다. 그러므로 유리한 형질은 개체군에 축적되는 경향이 있다. 즉 선택된 것이다.

⑤ 자연적인 물리적 그리고 생물학적 (자연)환경 자체도 선택에 관여하고 있다. 유리한 형질은 환경에서 생물의 성공에 기여하기 때문에 개체가 이를 보존하게 된다. 이러한 형질은 환경의 변화가 없으면 계속되는 다음 세대에서 빈번하게 나타난다. 만일 환경이 변하면 다른 형질이 유리하게 작용하고, 이와 같이 다른 형질을 가진 생물이 바뀐 환경에서 가장 효율적으로 살아남을 수 있다.

환경 압박으로 무작위 변화가 유리하게 혹은 불리하게 선택되는 것은 쉽게 볼 수 있지만, 어떻게 완전히 새로운 형질이 생겨날 수 있을까? 이러한 현상은 조립명령을 가진 구조인 유전체의 변화, 즉 자연적 **돌연변이**(mutation)에 의해 일어난다. 대부분의 돌연변이는 불리하게 일어나, 이를 가진 생물은 다른 생물 또는 불리한 물리환경에 의해 제거된다. 예를 들어 눈이 없이 태어난 다랑어(참치)는 먹이를 볼 수 없어 번식 연령까지 살아남을 수 없다. 그러나 탁월한 시력을 갖고 태어난 다랑어는 그 연급군에서 더 잘 먹고 영양이 좋아 잘 자라서 번식에서도 효율적이며, 이 유전정보를 멀리 넓게 전파할 수 있다. 지구의 변화무쌍한 조건에서 생존이 가능한 것은 변화 혹은 돌연변이로 생긴 유리한 형질을 축적하고 불리한 형질을 제거할 수 있기 때문이다.

비록 돌연변이는 무작위적으로 일어나지만 자연선택에 의한 진화는 결코 무작위로 일어나는 것만은 아니다. 자연환경은 유리한 돌연변이를 불리한 것에서 추려내는 자연선택을 한다. 이 과정은 오랜 세월에 걸쳐 일어나지만, 지질학자들이 지구의 나이가 46억 년 되었다는 것을 밝혔기 때문에 시간은 충분한 셈이다.

이러한 진화의 관점은 생명을 새롭게 보는 방법을 제시하였다. 생물체는 형질의 특정 조합을 갖고 이를 시험하는 그릇이다. 만일 개체가 성공적으로 살아남으면 번식을 하고, 좋은 형질의 유전자는 계속해서 개체군 내에서 유전된다. 만일 실패하면 그 조합은 제거된다.

생명은 생물학적 사전 결정론의 대상이 아니다. 생물체는 진화를 원하지 않고 개체는 진화하지 않는다. 반면에 세대를 거쳐 개체군 무리는 변화하는 환경압박에 반응한다. 변화는 개체의 외형, 크기, 색, 생화학, 행동 양식, 혹은 다른 어떤 것에서도 일어날 수 있다. 자연선택으로 일어나는 진화는 유리한 **적응**(adaptation)이며, 유전이 가능한 이로운 구조적 혹은 행동적 형질의 축적이다. 유리한 적응을 한 생물은 잘 적응하지 못한 다른 생물보다 번식 성공률도 더 높다.

종(species)은 실제적 혹은 잠재적으로 상호 교배 가능한 무리로서 생물체의 다른 형태와 생식적으로 격리되어 있다. 어떻게 새롭게 종이 생겨날 수 있을까? 이는 물리적 격리에서 일어나며, 육상동물이나 새가 육지에서 멀리 떨어진 섬으로 옮겨질 때 일어날 수 있다. 섬에 격리된 번식 가능한 종 안의 개체수가 적으면 진화는 매우 빠르게 진행될 수 있다. 즉 유리한 형질을 개체군 내에 빨리 축적하면서 세대를 거쳐 종은 새로운 서식처에 상대적으로 빨리 적응하여 변한다. 일반적으로 번식 가능한 개체군의 크기가 작을수록 진화 변화 속도는 더 빨리 진행된다.

예를 들어 에콰도르 연안에서 멀리 떨어진 갈라파고스 섬에서 다윈은 핀치와 해양 이구아나를 관찰한 결과 남아메리카 대륙의 조상과 비슷하지만 같은 종이 아니라는 것을 확인하였다. 다윈은 격리가 진화의 추진력을 유발하는 원인이라고 제시하였다.

즉 변화하는 조건에서 종이 환경에 대해 여러 세대에 걸쳐, 지속적으로 적응하며 생명을 유지하는 것이 종의 진화이다. 진화론은 놀랍고, 아름답고 생산적인 학설이다.

진화는 생물이 환경에 대하여 '잘 맞게 조율'한다 진화론은 해양과학에서 중요한 사실을 내포하고 있다. 해양에는 건조한 육상보다 살기에 적합한 공간이 더 많으며 물리조건에서 살펴보았듯이 간혹 육상 또는 담수보다 더 살기 쉬운 곳이기도 하다. 해양에는 지구상에서 알려진 종의 1/5 정도가 살고 있지만 일부 과학자들은 단순히 종수만 따지는 것으로 환경에 대해 성공적인 것으로 평가할 수 없다고 제안한다. 분류군 문(phylum) 수준에서 알려진 모든 주요 동물 무리가 해양에 있으며 동물 분류군(문) 종류의 1/3이 해양에서만 나타나고 있다. 만일 식물과 단세포 생물을 포함하면 적어도 모든 문의 80% 정도가 해산을 포함한다. 환경의 생물다양성을 판단하기 위해서는 단순히 어떤 생물이 있다는 것보다 생활형을 조사하는 것이 더 중요하다. 육지보다

글상자 13.1 대량멸종

생명을 부양하는 환경은 시간에 따라 변하고, 변화는 항상 점진적인 것은 아니다. 지구의 생물학적 역사는 지난 4억 5천만 년 동안 적어도 6번에 걸쳐 파국적으로 중단되는 큰 격변이 있었다. 이를 지질학적 용어로는 **대량멸종**(mass extinction)이라고 하는데 엄청나게 많은 종들이 한꺼번에 동시에 멸종되었다. 대량멸종의 원인을 잘 모르지만, 두 번의 경우는 지구와 소행성의 충돌을 가장 믿을 만한 대량멸종의 원인으로 보고 있다.

소행성 군이 지구와 다른 행성과 같이 태양의 주위를 돌고 있다(**그림 a**). 이들 소행성 중 일부는 지구궤도와 서로 교차하여 지구와 충돌을 피할 수 없다. 지구와 주위 행성에게는 이러한 행성 충돌의 증거인 천연두 자국 같은 운석구멍이 있다(**그림 b**). 작은 소행성과 충돌한 지구의 결과는 너무나 엄청나서 아주 작은 소행성이라도 상상을 초월한다. 지름이 10 km 밖에 되지 않는 소행성과 충돌한 경우에도 5천억 톤 다이너마이트 폭발 에너지와 같은 결과를 초래한다(**그림 c, d**). 이때 1억 톤의 깨진 지구 지각의 조각이 대기로 흩날려서 수십 년 동안 태양을 가리고, 지표면을 오염시키는 산성비가 내린다. 충돌로 인한 격렬한 충격파는 지상 구조물을 산산조각으로 부수고, 큰 생물을 궤멸시키고, 반경 수백 km 안에서 지진을 일으킨다. 예를 들어 대서양 버뮤다 동쪽 1,600 km에서 충돌이 일어나면 쓰나미가 생겨 카리브 군도 휴양지와 플로리다의 습지의 대부분을 쓸어 버릴 것이다. 보스턴에서는 높이가 100 m나 되는 파도의 장벽이 밀어닥칠 것이다. 충돌의 흔적으로 폭이 25 km나 되고 깊이가 10 km인 구멍이 충돌 지점에 생길 것이다. 가속이 붙어 이탈 속도를 초과한 아주 작은 입자의 구름이 지구의 궤도를 교차하며 태양 주위를 돌게 되고 작은 암석 조각의 돌멩이 비가 수만 년 동안 계속해서 내릴 것이다.

이러한 지각의 격변은 불안하게도 지금까지 지구에서 자주 일어났었다. 운석 구멍들은 어디에 있는가? 3장에서 다룬 판구조론을 다시 살펴보면, 해저지각의 많은 부분이 판의 이동으로 순환되어 1억 년보다 오래된 해저 운석 구멍은 찾아볼 수 없다. 땅에서는 찌그러지고 풍화되어 오래된 운석구멍은 모습이 분명하지는 않지만, 만일 그 형상을 알고 있다면 우주 공간에서는 쉽게 확인할 수 있다(**그림 b**). 백악기와 제4기 사이에서 나타나는 두께가 얇고 전 지구상에 분포하고 있는 이리듐이 풍부한 지층은 격변의 충격으로 생긴 증거로 받아들여지고 있다(부록 II 참조). 이리듐은 지구에서는 희귀원소이지만 소행성

NASA

a

소행성의 모습. 목성 연구 항로에서 갈릴레오 우주선이 찍은 사진. 이 소행성은 워싱턴 D.C.에서 볼티모어까지 거리의 반 정도나 되는 크기이다.

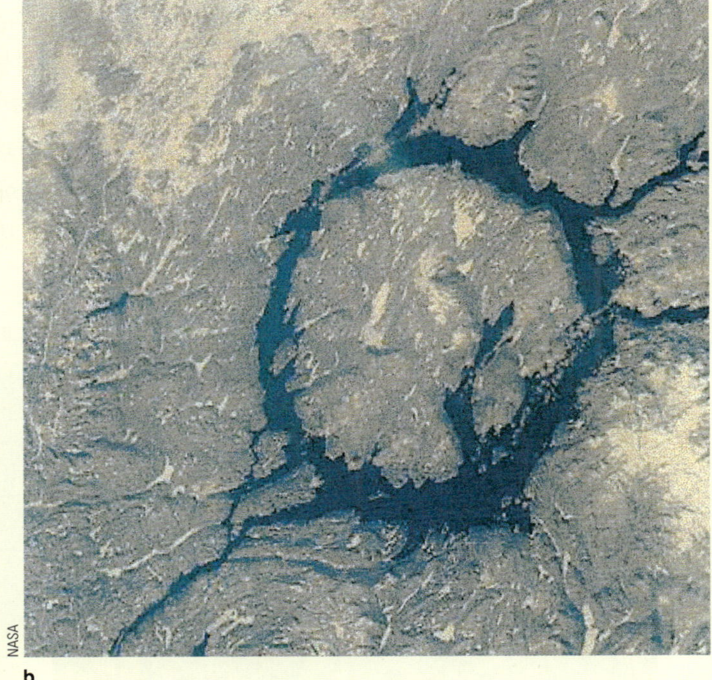

NASA

b

충돌로 생긴 크레이터(운석 구멍)의 모습. 2억 천만 년 전의 소행성 충돌 자국인 퀘벡 마니코간 크레이터를 공중에서 본 모습. 크레이터 크기는 로드아일랜드 주 면적과 같다. 소행성은 암석질의 금속 물체로서 반경이 수 m에서 수천 km까지 된다. 대부분이 행성이 만들어질 때 그 속으로 휩쓸려 들어갔지만, 아직도 6,000개의 큰 소행성이 화성과 목성 사이에서 운석 띠를 만들어 태양 주위를 맴돌고 있다. 안타깝게도 수많은 이들 소행성의 궤도가 지구의 궤도와 교차하고 있다.

c

지름이 13~16 km나 되는 소행성이 6,500만 년 전에 떨어졌을 때를 상상한 그림. 엄청난 격변의 에너지 방출이 충격파를 만들었고, 파괴된 해저와 지각, 심지어 맨틀의 조각이 지구를 덮는 구름을 형성하여 추운 암흑의 시대를 만들었고 공룡을 포함한 많은 종류가 멸종하였다. 이 결과 대기 구성도 동물에게 독성을 가진 것으로 변하였다.

에서는 흔한 원소이다. 두께가 얇고 이리듐이 풍부한 이 지층은 6,500만 년 전 충돌의 결과로 생긴 먼지가 내려앉아 생성된 것으로 본다.

표 A와 같이 대량멸종의 결과로 엄청난 수의 해양생물이 사라졌다.(육상 생물의 분류체제 과와 속 멸종의 수도 이와 비슷할 것이라고 본다.) 백악기 말기인 약 6,500만 년 전에 분류군 과 수준에서 1/5, 속 수준에서 1/2, 종의 수준에서 3/4이 멸종되었다. 많은 학자들은 소행성 충돌이 대량멸종을 초래하였다고 믿고 있다. 분명히 이러한 파괴적인 교란은 평상적인 생물의 생활에서는 나타나지 않는다. 몇 번에 걸쳐 우주에서 날아온 소행성이 충돌하여 지구의 생명체 환경이 엄청나게 파괴되었다. 지금 살아 있는 동물, 식물, 세균, 단세포 생물들은 살아남은 생물의 후손이다.

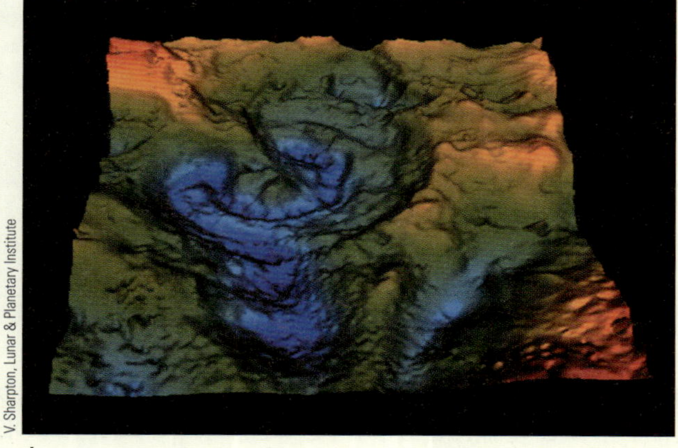

d

지구상에 발견된 것 중 가장 큰 충격을 받은 멕시코 유카탄 해안에 있는 칙술루브 크레이터의 중력 분포도. 크레이터의 지름이 적어도 180 km나 된다. 이 영향은 6천5백만 년 전 백악기 말기에 대량멸종을 초래한 사건으로 기억되고 있다.

표 A 6대 대량멸종

발생한 지질연대	백만 년 전	바다에서 멸종된 %[a]	
		과	속
오르도비스기 말기	435	27	57
데본기 말기	365	19	50
페름기 말기	245	57	83
삼엽기 말기[b]	220	23	48
백악기 말기[b]	65	17	50
에오세(시신세)말기	35	2	16

출처: Sagan과 Druyan, 1985.

[a] 단단한 껍데기를 가진 해양동물 중 화석으로 확인할 있는 멸종된 동물의 수를 바탕으로 모든 과와 속에 대한 값을 추정한 값(연대의 최소 기본 단위는 5백만 년임).

[b] 소행성이나 운석의 충돌로 대량멸종이 일어난 것으로 추정됨.

그림 13.22 상어, 어룡, 펭귄, 돌고래의 수렴진화. 계통적으로 근연관계가 먼 4종의 척추동물이 빠른 유영에 대한 적응의 선택으로 비슷한 외형을 가진다.

해양에서 살아가는 방법이 더 많고 다양하다. 사실 일부 해양 생활형은 육상에는 없다. 예를 들어 조개, 따개비, 일부 고래의 여과 섭식은 비교적 끈끈한 유체에 의존하기 때문에 육상에서는 볼 수 없다. 그리고 해양 먹이사슬은 육상보다 더 복잡한 경향이 있으며, 더 많은 영양단계가 있다. 해양생물은 거의 모든 에너지 조각과 거의 모든 공간 구석구석까지 활용하기 위해 수없이 많은 방법으로 진화하고 있다.

외양역의 물리적 조건은 비교적 균질하기 때문에, 조상은 다르지만 비슷한 생활양식을 갖는 큰 해양동물은 결국 겉모습이 비슷하게 되는 경향이 있다. 즉 비슷한 환경조건에서는 겉모습이 닮은 생물들이 동시에 나타난다. 계통 유연관계는 멀리 떨어져 있지만, 상어(어류), 어룡(멸종된 파충류), 펭귄(조류), 돌고래(포유류)는 모습이 서로 비슷하다. 그 이유는 물속에서 빨리 움직이기 위한 이동 역학상 유선형이 되어야 하기 때문이다(**그림 13.22**). 이런 모습으로 바뀌는 특성은 환경조건에 의해 독립적으로 선택되었다. 이렇게 축적된 적응의 결과, 서로 다르고 다양한 생물 종류들이 겉모습이 비슷한 생물로 되었다. 이러한 과정을 **수렴진화**(convergent evolution)라고 한다.

이러한 과정을 거쳐 생물과 지구는 같이 진화하고

있다. 생명은 끈질기다. 파국에도, 태평시절에도 살아남았다. 그러나 언제나 환경이 생물에게 알맞은 좋은 조건이 아니라 오히려 생물이 환경에 맞추게 되는 것이다. "물질은 그들 그대로일 필요가 있다."라는 라게르크비스트(Pár Lagerkvist)의 오랜 관찰에서 나온 말을 상기시켜 준다. 생명체는 그들 환경조건에 적응하여 계속 번식하여 수를 늘리고 더 복잡해지고, 효율을 높이고 있다.

개념점검

24. 자연선택에 의한 진화는 무작위적인 과정인가?

25. 자연선택에 의한 진화는 어떻게 작용하는가?

26. 어떻게 신종이 만들어지는가?

27. 수렴진화란 무엇인가?

13.9 해양생물은 진화적인 계통으로 분류한다

해양학자들이 해양 영역의 위치를 정하는 표준 분류 및 명명체제의 개발이 필요하다는 것을 알게 되었듯이, 수세기 전 생물학자들도 생물을 분류하고, 일반적으로 인지된 이름을 부여해야 할 필요성을 인식하였다.

분류체계는 인위적 또는 자연적이다 생물학적 분류 방법을 연구하는 학문을 **분류학**(taxonomy)이라고 한다. 분류 방법(체계)은 인간이 다른 생명체를 인식하면서 시작되었다. 예를 들어 동물을 한 범주에 넣고, 식물을 다른 범주로 구분하는 것이 고대의 분류법이다.

그리스 철학자 아리스토텔레스는 겉모습의 유사도에 따라 동물 분류법을 제시하였으나 그 결과는 별로 쓸모가 없었다. 그의 체계를 따르면 비행기 조종사, 활강하는 다람쥐, 비행하는 날치, 메뚜기들은 비행 능력이 있기 때문에 같은 새(조류)의 무리로 분류할 수 있다. 이런 체계를 **인위분류체계**(artificial system of classification)라고 한다.(다른 인위분류체계는 책을 정리할 때 표지 색이나 페이지 수, 또는 활자체에 따라 분류하는 것이다.) 이와 달리, 최근에 생물학자들이 쓰는 생물의 **자연분류체계**(natural system of classification)는 생물의 진화 역사와 발생 특징을 바탕으로 한다. 비행 능력에 상관없이 곤충을 같이 묶어 하나로 분류하는 것은 멜빌(Melville)이 쓴 책을 따로 다 모으고, 바흐가 작곡한 작품을 묶어서 정리하거나, 모든 불가사리를 같이 분류하는 것처럼, 각각의 무리는 공통으로 내재된 자연 기원을 갖고 있기 때문이다. 각 무리는 생물이 갖고 있는 구조와 진화의 관점에서 일정한 순위 체계로 정리될 수 있다.

최초로 생물을 자연분류체계에 의해 분류한 사람 중 하나가 18세기 스웨덴 박물학자 **린네**(Carl von Linné, 자신은 Linnaeus라고 함, **그림 13.23**)이다. 자연계의 모든 모습을 구분할 목적으로 린네는 3가지 큰 범주인 **계**(kingdom)를 고안하였는데, 이것이 동물계, 식물계, 무기물계이다. 린네는 발생 발달 과정의 외부 공통점과 유사도에 의해 생물을 무리로 묶어서 분류하였다. 린네의 가장 큰 공헌은 대상을 복잡한 정도, 등급, 혹은 계급으로 구분한 **계층**(hierarchy)에 기초한 분류체계를 고안한 점이다. 이렇게 상자 속에 작은 상자를 넣는 법으로, 작은 범주의 집합들을 더 큰 범주에 넣는 것이다. 린네는 각 범주의 이름을 만들었다. 제일 큰 범주인 계에서 시작하여 점차 작은 무리인 문, 강, 목, 과, 속, 그리고 제일 작은 단계를 종으로 설정하였다. 1758년에 그 당시까지 알려진 모든 동물을 총망라하여 정리한 기념비적 『자연의 체계(Systema Naturae)』를 출판하였다.

린네 시대 이후 많은 것이 바뀌었다. 근대 생물학자들은 개체의 유전 계승을 결정하는 분자인 핵산의 염기서열 정보를 이용할 수 있다. 이들 핵산 분자의 근본적 유사도와 차이를 분석하여 린네의 계 수준보다 더 큰 개념인 3가지 영역을 제안하고 있다: 세균, 고세균, 진핵생물. 이들 상위 영역 무리를 **영역**(**도메인**, domain)으로 부르고 있다.

세균과 고세균은 모두 아주 작은 단세포 생물이며 세포 내에 소기관이 없다(예를 들어 핵이 없다). 그러나 이들은 일부 중요한 화학적, 유전적 차이가 있으며, 세포를 둘러싸는 세포벽이 구조적으로 다르다. 세균은 일부는 광합성을 하고, 다른 일부는 종속영양을 하는 다양한 대사 기능을 진화시켰는데, 이들이 우리가 잘 알고 있는 분해자와 병원균이다. 일부 고세균은 매우 고온 혹은 부식 환경에도 생존이 가능하기 때문에 극한생물로 불린다.

진핵생물 영역에 속하는 세포는 세균 혹은 고세균보다 크기가 크고, 각 세포는 핵을 갖고 있다. 모든 동물과 식물을 포함하는 대부분의 진핵생물은 다세포성이다. 일부 균류와 원생생물(원생동물과 조류)은 다세포성이며 다른 일부는 단세포성 진핵생물이다. 진핵생

그림 13.23 근대 분류학의 아버지 린네(1732년 북핀란드 탐사여행에 참가했음).

물과 고세균은 아주 많은 생화학적 특성을 공유하고 있어서 일부 연구자들은 세균보다 근연관계가 더 가까운 것으로 주장하고 있다.

영역의 이름과 특성, 그리고 제일 큰 다음 단계의 목록을 **그림 13.24**에 정리하였다. **그림 13.25**는 친숙한 갈매기를 린네의 분류체계로 정리한 것을 보여 주고 있다. 범주 속의 범주로 정리한 것이 점차 아래 단계로 갈수록 더 자세하고 구체적으로 되는 것을 주목하라.

학명은 생물을 설명한다 린네는 또한 생물의 이름을 붙여 주는 명명법을 완성하였다. 즉 속명과 종명–마지막 두 단계의 이름–으로 개체의 학명을 구성하였다. *Octopus bimaculatus*는 미국 서해안에 사는 문어의 학명이다. *Octopus*는 속명이며 *bimaculatus*는 종명이다. 가까운 근연종인 *Octopus dofleini*는 알래스카까지 분포하는 크기가 큰 종이다. *Octopus bimaculatus*와 *Octopus dofleini* 두 종은 상호교배를 할 수 없는 다른 종이지만 같은 속명을 갖는다는 것은 계통적으로 가깝다는 것을 의미한다.

흔히 쓰는 일반 명칭보다 학명의 장점은 해변에서 찾은 조개껍데기를 동정하고자 할 때 분명해진다. 같은 조개껍데기는 서로 다른 나라 말로 다양한 이름을 갖고 있지만 학명은 하나이다. 조개껍데기를 동정하는 지침에서 그 이름을 찾을 수 있으며, 학명으로 이 동물의 특성, 생활형태, 분포 범위, 진화의 역사 등에 대한 문헌을 찾아볼 수 있다.

개념점검

28. 자연분류체계와 인위분류체계는 어떻게 다른가?

29. 생명체의 세 가지 영역(도메인)은 무엇인가?

30. 생물은 어떻게 이름(학명)을 갖게 되는가?

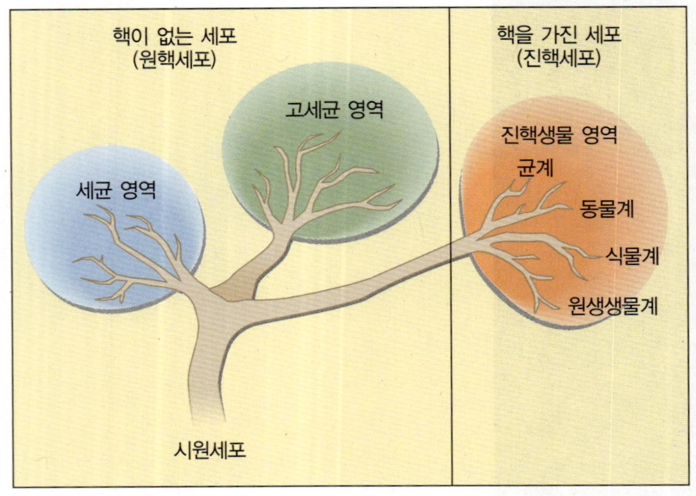

그림 13.24 시원 공통 조상에서 진화된 것으로 추정되는 생명체의 세 가지 영역의 연관관계를 보여 주는 가계도. 세균과 고세균은 핵과 세포내 소기관이 없는 단세포 생물을 포함하며, 원핵생물로 불린다. 균류, 원생생물, 동물과 식물은 핵과 세포내 소기관을 포함한 세포를 갖고 있으며, 진핵생물로 불린다.

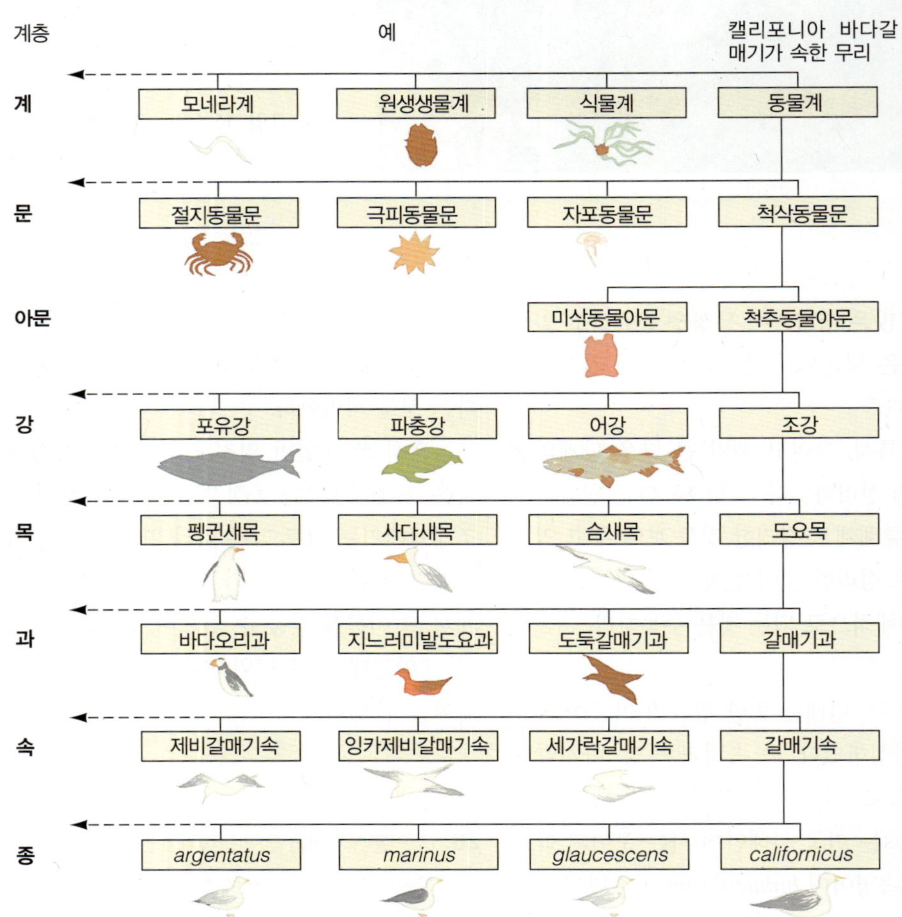

그림 13.25 최신 생물분류체계로 정리한 캘리포니아 바다갈매기(*Larus californicus*)의 분류체계의 예. 상자 속 상자 분류 방법인 계층 분류체계를 주목하라.

학생들의 질문

1. 육상의 일차생산량과 해양의 총 일차생산량은 거의 비슷하다. 그렇지만 해양 생산자의 생체량은 육상의 생산자 생체량의 300분의 1(어쩌면 천분의 일) 정도밖에 되지 않는다! 어떻게 이것이 가능한가? 어떻게 육상과 해양의 일차 생산력이 비슷할 수 있는가?

해양의 작은 독립영양생물(식물플랑크톤)의 놀랄 만한 효율 때문에 분자의 회전율이 매우 빨라 영양염과 탄수화물이 빠른 속도와 높은 효율로 순환되고 있다. 해양 생산자의 생체량은 그다지 많지 않으나 실제로는 매우 분주하게 활동하고 있다.

2. 만일 육상의 99%가 광합성이 성공적으로 일어날 수 없는 암흑의 세계라면 육상의 생산력과 먹이사슬은 어떻겠는가? 다시 말하면 육상의 식물이 해양 조건과 같이 암흑의 환경이라면 어떻게 되겠는가?

물론 생산력은 바로 떨어질 것이다. 만일 육상의 빛 조건이 해양과 같다면 육상에 있는 식물의 성장은 미국의 미시시피 강 동쪽에 해당하는 면적에서만 가능하다고 밀른(Milne, 1995)은 추정하였다. 육상 생명체는 지금보다 훨씬 더 적을 것이고 동물은 빛이 있는 곳과 그 주위에 몰리게 된다. 구조를 지탱하고, 체액을 몸 전체로 공급하고, 빛과 공기를 얻기 위한 잎을 지탱하기 위해 내부 구조가 필요하기 때문에 육상 식물은 해양 식물보다 훨씬 더 비효율적이라 육상에서 일어나는 총 생산은 현재의 1%보다 적을 것이다.

3. 화학합성으로 만들어지는 생산은 총 생산의 어느 정도를 차지하는가?

흥미롭고 논쟁의 여지가 있는 문제이다. 일부 생물해양학자들은 만일 열수공 군집이 대양저산맥의 열곡에 많이 있고, 세균들이 따뜻한 물에서 생각보다 더 잘 자란다면, 여기서 일어나는 화학합성은 총 해양 생산에서 이전에 상상했던 것보다 훨씬 더 큰 부분을 차지할 것이라고 제안하고 있다. 최근에는 심해저 평원에서도 화학합성 군집이 발견된 바 있다.

콜(Andrew Koll)은 핵과 세포내소기관을 가진 세포로 구성된 생태계인 진핵생물의 먹이망은 "원핵생물(세균, 고세균)의 대사작용에 의해 온전하게 유지되는 생태계 위에 복잡하고 불필요하게 살짝 얹혀 있을 뿐이다."라고 언급한 것이 생각난다. 우리 눈에 보이는 모든 동물과 식물은 케이크 위에 얇게 발라 장식한 껍데기일 뿐이며, 지구상의 우점하는 생명체는 단순하고 오랫동안 살아왔으며, 깊은 곳에 파묻혀 있다. 우리는 이에 대하여 더 많이 알아야 한다.

4. 유광층과 진광대의 차이점은 무엇인가?

유광층은 햇빛이 비치는 해양의 최상층이다. 진광대는 유광층의 일부이며, 이곳에서는 독립영양생물이 생명을 유지하기 위하여 충분한 햇빛을 받아 광합성으로 충분한 먹이를 만들 수 있다. 진광대 아래는 낮 동안 빛이 있어도 독립영양생물의 광합성으로 살아갈 수 있는 충분한 먹이를 만들기에 충분한 빛 조건은 아니다. 이들이 진광대로 올라가지 않는 한 결국 죽게 된다.

5. 만일 사람이 해수와 거의 같은 체액을 갖고 있다면, 왜 해수를 마시고 살아갈 수 없는가?

사람의 세포는 해수에 비해 저장액 환경에서 작용한다. 즉 혈액은 해수보다 염분이 낮다. 해수를 마시면 내장의 벽에서 물이 빠져나와 내장을 거쳐 몸에서 빠져나간다. 마시기 전에 해수를 희석시켜 마시더라도 내장 혹은 신장을 거치면서 물의 순 손실이 있게 된다. 교훈: 바다에서는 생사의 갈림길의 순간에도 해수를 마시지 말라. 그리고 마시는 물의 공급을 늘리려고 조금이라도 해수를 담수와 섞지 마라.

6. 균류는 다루지 않았다. 해양 균류가 존재하는가?

육상에서 균류는 중요하지만, 해양에는 균류가 거의 없다. 대부분 조간대에서 해양조류와 긴밀하게 연관하여 살고 있다. 육상에서는 이러한 공생체를 지의류라고 하지만, 식물학자는 이 용어를 해양에 그대로 쓰는 것을 주저하고 있다. 육상에서와 같이 유기물의 분해자 역할을 하는 균류의 아주 적은 수가 조하대 퇴적물에서 발견되었다.

요약

이 장에서 생물체를 이루는 원자가 무생물의 원자와 다르지 않다는 것을 배웠다. 사실 원소는 생명체와 무생물권 사이를 대규모 생지화학순환 고리에서 이동하고 있다. 또한 생명체를 움직이는 에너지는 무생물 물체에 있는 에너지와 같은 것이다. 그렇다면 생명체나 무생물의 구분은 어떻게 가능할 수 있겠는가? 생명의 논의에서 생명체가 보여 주는 정교하게 구성된 생명체의 본질과 물질과 에너지를 정교하게 다루는 생명체의 복잡한 대사작용을 이 단원에서 강조하였다.

생명은 먹이에 의해 유지되며, 그리고 지구상의 가장 중요한 먹이 생산자의 일부는 해양에서 발견되고 있다. 용어 '일차생산자'에 대한 이해는 이 장의 핵심이다: 생산자는 생물에게 가장 중요한 먹이 분자인 글루코스를 생산하는 생물임을 강조하고 있다. 일차생산자는 무기물질에서 에너지가 풍부한 유기 화합물인 먹이를 합성하는 생물이다. '일차생산력에서 무엇이 만들어지는가'라는 질문에 대한 가장 무난한 답은 '탄수화물 글루코스'이다.

해양생물체는 생명을 부양하는 해양의 화학적 조성과 물리적 특성에 의존하고 있다. 생물체에 영향을 주는 물리환경의 특성을 물리요인이라 하는데, 예를 들면 투명도, 온도, 용존 영양염, 염분, 용존 기체, 산-염기 균형, 그리고 수압이다. 생물과 해양은 같이 진화하고 있다. 하나가 변하면 다른 것이 변하게 되어, 지구에 존재하는 생명의 진화와 자연분류체계는 밀접하게 연관되어 있다. 우리가 생명체를 구분하는 것은 이들의 조상과 역사에 기반을 두고 있다.

다음 장에서는 일차생산자 조류에 대하여 배우고, 가장 큰 군집인 플랑크톤(부유생물, 떠살이)을 다룰 것이다. 일차생산력도 다시 다루면서, 생산력을 측정하는 방법과 어떤 물리적, 생물학적 요인들이 이를 제한하는지를 배울 것이다. 고등 해산식물의 전반적인 일차생산력에 대한 기여와 동물에 대한 고찰도 시작할 것이다.

주요 용어

계(kingdom)
계층(hierarchy)
고장액(hypertonic solution)
광합성(photosynthesis)
구역(zone)
극한생물(extremophile)
능동수송(active transport)
대량멸종(mass extinction)
대사율(metabolic rate)
독립영양생물(autotroph)
돌연변이(mutation)
등장액(isotonic solution)
린네(Linnaeus, Carl von Linné)
먹이(food)
먹이망(food web)
무광층(aphotic zone)
물리요인(physical factor)
박광대(disphotic zone)
변온동물(ectotherm)
분류학(taxonomy)
삼투(osmosis)
생물요인(biological factor)
생지화학순환(biogeochemical cycle)
생체량(biomass)
수렴진화(convergent evolution)
수압(hydrostatic pressure)
심해저대(abyssal zone)
에너지(energy)
연안역(neritic zone)
열역학 제2법칙(second law of thermodynamics)
엽록소(chlorophyll)
영양단계 피라미드(trophic pyramid)
영양염(nutrient)
영역(도메인, domain)
외양역(oceanic zone)
용존유기질소(DON: dissolved organic nitrogen)
용존유기탄소(DOC: dissolved organic carbon)
유광층(photic zone)
인위분류체계(artificial system of classification)
일차생산력(primary productivity)
일차생산자(primary producer)
일차소비자(primary consumer)
자연분류체계(natural system of

classification)
자연선택(natural selection)
저서계(benthic)
저장액(hypotonic solution)
적응(adaptation)
점심해저대(bathyal zone)
제한요인(limiting factor)
조간대(littoral zone)
조하대(sublittoral zone)
종(species)
종속영양생물(heterotroph)
진광대(euphotic zone)
진화(evolution)
질소순환(nitrogen cycle)
질화박테리아(nitrifying bacteria)
초심해저대(hadal zone)
최종소비자(top consumer)
탄소순환(carbon cycle)
탈질박테리아(denitrifying bacteria)
표면적 대 부피비(surface-to-volume ratio)
표영계(pelagic zone)
학명(scientific name)
항온동물(endotherm)
화학합성(chemosynthesis)
확산(diffusion)

학습문제

익힘문제

1. 열역학 제2법칙에 의하면, 무질서도인 엔트로피가 시간에 따라 증가하는 경향이 있다. 그렇지만 생명체는 시간이 경과하면서 수정한 난에서 발달한 배에서 자라서 성체가 되거나, 개체군이 진화하는 것처럼 점점 더 복잡해지는 경향이 있다. 어떻게 이럴 수 있는가?
2. 인간이 생지화학순환 과정을 바꿀 수 있는 방법을 제시할 수 있겠는가?
3. 제한요인이란 무엇인가? 본문에 제시된 것 이외의 다른 예를 생각해 볼 수 있는가?
4. 자연선택에 의한 진화가 어떻게 작용하는가?
5. 생물학적 성공을 어떻게 정의할 수 있는가? 성공은 개체의 크기에 달려 있는가? 혹은 아름다움? 조절할 수 있는 공간의 크기? 개체수?
6. 자연분류체계와 인위분류체계가 어떻게 다른가? 각각의 예를 제시할 수 있겠는가? 린네가 고안한 계층 기반 분류체계는 자연분류체계인가, 인위분류체계인가? 계층 기반 분류체계란 어떤 것인가?

응용문제

1. 사과 한 개가 약 50 g의 탄소를 갖고 있다. 일반적으로 외양역 1 m^2에서 매년 몇 개의 사과에 해당하는 생산이 일어나고 있는가? 해조 숲의 생산은?(힌트: 그림 13.4.)
2. 지구상에는 약 1억 종의 생명체가 존재한다고 연구자들은 믿고 있다. 아직 우리는 약 백만 종만 알고 있을 뿐이다. 나머지 종들은 어디에 숨어 있을 것으로 생각하는가?

14 플랑크톤, 조류, 해산식물

주요 목차

- 플랑크톤은 해양에서 부유한다
- 플랑크톤 채집 방법은 개체의 크기에 달려 있다
- 식물플랑크톤은 독립영양생물이다
- 일차생산력은 방사성 '태그(표지)'로 측정할 수 있다
- 영양염과 빛이 부족하면 일차생산력이 제한될 수 있다
- 보상수심에서는 생산량이 소비량과 같다
- 식물플랑크톤 생산력은 해역의 조건에 따라 변한다
- 동물플랑크톤은 일차생산자를 소비한다
- 해조류와 해산식물은 다양하며 효율적인 일차생산자이다

핵심개념

1. 플랑크톤은 부유하거나 약하게 유영하며, 해류나 파도를 거슬러 지속적으로 움직일 수 없어, 해양의 흐름에 따라 흘러 다닌다.
2. 플랑크톤은 인위적 구분이다. 계통학적 연관관계에 근거하지 않고, 같은 생활형으로 구분한 것이다.
3. 식물플랑크톤은 독립영양생물이다. 즉 일반적으로 광합성을 통하여 직접 자기 먹이를 생산한다. 플랑크톤의 생산력은 대부분 빛과 영양염에 의존하고 있다.
4. 생산력이 가장 큰 해양의 식물플랑크톤은 '미생물 먹이고리' 안에서 활동하는 남조박테리아이다.
5. 떠살이 동물인 동물플랑크톤은 돌말류, 와편모조류, 규질편모조류 등의 식물플랑크톤을 소비하며, 궁극적으로 어류와 같은 큰 동물을 부양하는 먹이망을 형성한다.
6. 모든 생산자가 부유생물은 아니다. 해조류와 맹그로브도 기여도가 큰 중요한 일차생산자이다.

인도네시아 발리 섬 해역에서 발광 플랑크톤이 고기잡이 카누의 선체와 아우트리거(현외장치)를 둘러싸고 있다. 발리 섬 최고봉인 아궁 활화산이 수평선 상에 어렴풋이 보인다.

반짝이는 발자국 어렸을 때 캘리포니아 해변을 따라 걸어갈 때, 디딘 발자국에서 밝게 빛나는 모래를 본 기억이 난다. 모래 한 줌을 젖은 해변 위로 뿌리면 그림자를 만들 수 있을 정도의 밝은 푸른빛 부채모양의 발광이 순식간에 만들어졌고, 수영객이 따뜻한 바다에서 나올 때 수천 개의 반짝이는 점들을 몸에 붙이고 나왔다. 내가 본 빛은 캘리포니아 남부 근해 해역에서 빠르게 증식하는 와편모조류가 만든 것이었다. 교란당했을 때 빛을 내는 와편모조류가 생물발광을 한 것이다(그림). 1960년대 초에는 지금처럼 폐수처리가 완벽하지 않았을 때 배출수가 먼 바다까지 배출되지 못하였다. 따뜻하고 잔잔한 바다와 풍부한 영양염의 조합으로 가끔 이러한 '대발생'을 야기시켰다. 이렇게 생생한 현장의 장관은 요사이 흔하지 않다. 그러나 따뜻한 9월 혹은 10월 밤에 북동풍이 불어 표층수를 외해역으로 수송하고, 용승작용이 영양염을 근해로 가져오면, 해안가 모래가 간혹 빛을 내고, 파도가 부서질 때 푸른 섬광을 보여 준다.

미세한 생물이 만들어 내는 빛에 매료된 나는 더 알고 싶었다. 이렇게 아름다운 장면이 해양의 가장 크고, 가장 중요한 군집인 플랑크톤에 의해 만들어졌다는 것을 알게 되었다. 19세기 초 현미경으로 플랑크톤을 관찰한 이후로 이러한 아름다움과 다양한 플랑크톤이 해양과학자들의 마음을 사로잡고 있다.

1 돌고래
2 열대역 바닷새
3 배낚지
4 멸치류
5 고등어와 정어리
6 오징어
7 모자반
8 노란씬뱅이
9 동갈방어
10 상어
11 전갱이
12 개복치
13 오징어
14 은상어
15 뱀장어 유생
16 심해 어류
17 심해 아귀
18 샛비늘치
19 납작앨퉁이
20 입큰홍룡어
21 난바다곤쟁이
22 화살벌레
23 단각류
24 서대 유생
25 개복치 유생

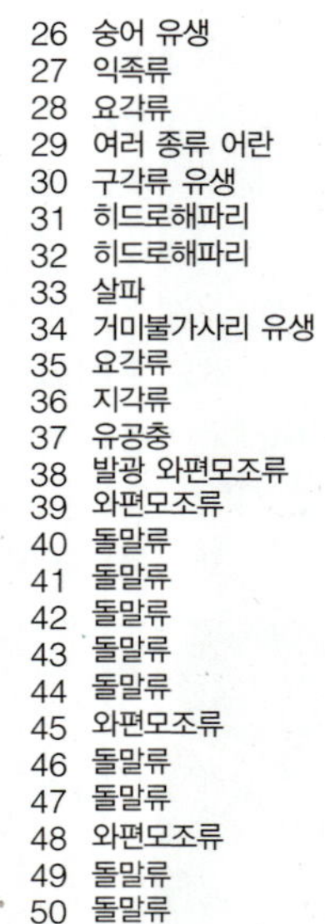

a 검색표: 이렇게 도식화한 그림에서는 실제로 사는 것보다 훨씬 더 밀집된 것처럼 보인다.

그림 14.1 플랑크톤의 다양성과 외양군집과의 연관성.

14.1 플랑크톤은 해양에서 부유한다

플랑크톤(plankton)으로 확인되는 생물은 눈에 잘 띄지 않지만, 매우 중요하다. 이 단어는 '방랑하는, 헤매는' 이라는 뜻의 그리스어 *planktos*에서 유래하였다. 플랑크톤은 바닷물이 흘러가는 대로 떠다니거나, 약하게 유영하며, 파도나 해류의 흐름을 거슬러 지속적으로 이동할 수 없다.[대조적으로 **유영동물**(nekton)은 활발하게 유영하는 생물을 뜻한다.]

플랑크톤 생물의 다양성은 놀랍다. 8 m나 되는 촉수를 갖고 떠다니는 대형 해파리, 작지만 먹성이 아주 좋은 화살벌레, 나비의 날개와 비슷한 판으로 천천히 날개 치는 연체동물 익족류, 미세한 새우와 비슷하게 생긴 갑각류, 젤리 통처럼 생긴 집 속에 살면서 물을 걸러 먹이를 먹으며 제트분사로 움직이는 아주 작은 동물, 희미하게 반짝이는 수정 껍데기를 가진 조류들이 있다. 최근에는 숨겨진 플랑크톤 중에서 빛의 파장보다도 작고 중요한 생물이 발견되기도 했다. 바다에서 수평적으로 지속적 이동을 할 수 없다는 것이 모든 플랑크톤에게 유일하게 공통된 특징이다.

플랑크톤은 서로 다른 광합성, 화학합성 생물과 동물의 모든 중요한 분류군을 다 포함하고 있다. 부유생물(플랑크톤, plankton)과 유영동물(넥톤, nekton)은 연체동물이나 조류처럼 조상의 진화 기원 관계를 적용한 집단적 자연분류군이 아니라, 공통의 생태적인 생활형을 기술하고 있다. 플랑크톤 군집의 구성원은 **부유생물**(plankter)로 불리는데 이들은 다른 생물과 상호작용하고 있다. 일부는 약하게 유영할 수 있다. 역동적인 플랑크톤 무리에서도 초식, 섭식, 기생, 그리고 경쟁이 일어나고 있다. **그림 14.1**에서 플랑크톤의 풍부한 다양성을 제시하고, 더 큰 외양 군집과의 연관성을 보여 준다.

개념점검

1. 플랑크톤은 부유생물이라고 하며, 일부는 유영능력이 있다. 어떤 것인가?
2. '플랑크톤'은 자연적인 범주인가, 인위적인 범주인가?

14.2 플랑크톤 채집 방법은 개체의 크기에 달려 있다

1925~1926년 독일의 대서양 해양과학 탐사기간 동안 탐사선 메테오르호에 승선한 생물학자들은 대규모의 체

b

아열대 대서양 해역 표영계의 대표적 플랑크톤과 유영동물. 플랑크톤 군집은 상대적으로 확대하여 표시하였다.

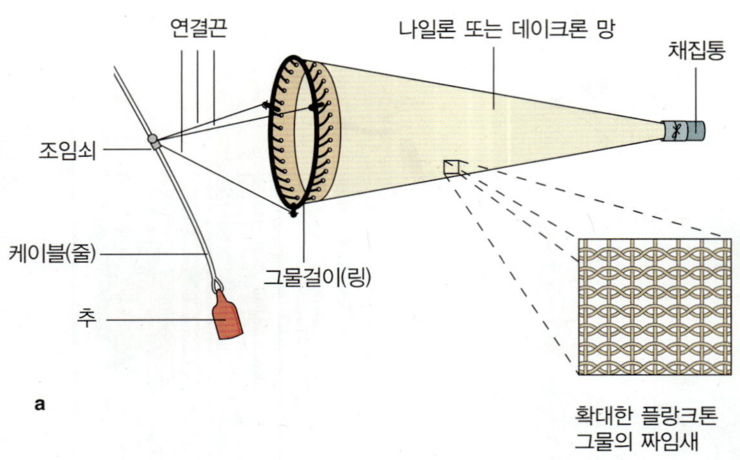

표준 원추형 그물은 미세한 망목을 갖고 입구의 지름이 1 m까지 되는 그물이며 일정 거리를 두고 배 뒤에서 끈다. 개체 밀도는 잡힌 개체수와 채집할 때 네트를 통과한 물의 부피로 추정한다.

Dennis Kelly, Orange Coast College

그림에 나타난 네트는 크릴과 같이 비교적 큰 개체를 채집하기 때문에 다소 큰 망목을 갖고 있다.

그림 14.2 플랑크톤 네트.

계적 플랑크톤 연구를 최초로 수행하였다. 그때 처음 개발되어 쓰인 도구와 기술이 아직도 사용되고 있다. 메테오르호 탐사 때 완성된 전형적인 **플랑크톤 네트**(plankton net, **그림 14.2**)는 플랑크톤 연구에 필수적이다. 이때 사용한 원뿔형 네트는 지금은 나일론이나 데이크론(폴리에스테르 합성섬유)으로 서로 정교하게 엮어맨 형태로 짜여 있어 줄과 줄 사이가 언제나 같은 간격을 유지하게 만들어져 있다. 네트는 배 뒤에 달고 일정한 거리를 천천히 끌거나, 특정 깊이에 던져 넣은 다음 천천히 감아 올린다. 잡힌 생물은 그물 끝에 달린 통에 씻어 넣은 다음, 조심스레 받아 분석한다. 플랑크톤의 정량분석에는 개체의 수와 이를 채집하기 위해 통과한 물의 부피 추정치가 필요하다.

아주 미세한 플랑크톤은 플랑크톤 네트를 통과하여 빠져나갈 수 있다. 이들을 포획하여 연구하기 위해서는 원심분리를 이용하여 농축하거나 혹은 여과하여 수집하는 것이 필요하다. 해수의 여과는 현재 생물해양학자들이 연구와 실험을 위해 플랑크톤과 박테리아를 수집할 때 가장 보편적으로 쓰는 방법이다. 아주 작은 박테리아와 남조박테리아를 수집하기 위한 여과지는 유리섬유, 폴리카보네이트막, 혹은 알루미늄 또는 은의 매트릭스 망으로도 만든다.

표본 채집 현장에서 측정한 용존 이산화탄소와 산소 농도, pH, 수온과 광도 등의 물리적 해양조건은 시료의 해석에 매우 중요하다. 때때로 플랑크톤생물학의 이해를 복잡하고 어렵게 만드는 종과 물리 환경 조건 사이의 미묘한 상호작용을 정확히 찾아내는 데 여러 장소에서 동시에 측정한 조사가 유용하다.

역사적으로 플랑크톤 전문가들은 플랑크톤의 식별 능력 혹은 이들을 수집하는 방법으로 플랑크톤을 구분하고 있다. 그러나 최근에 광학현미경으로는 보기 힘든 플랑크톤 생물이 믿기 어려울 정도로 많이 발견되면서, 크기로 구분한 일관된 부유생물 분류체계의 개발을 촉진하였다. 현재 쓰이고 있는 분류 방법의 하나는 전 크기 범위를 7가지로 구분하고 있으며(**그림 14.3**), 각 단계는 다음 단계보다 10배 정도 크거나 작다. 다음에 배울 플랑크톤 군집의 중요한 종류를 다룰 때 크기와 관련된 내용은 이 지침을 참고한다.

개념점검

3. 미세한 망목의 플랑크톤 네트로 물에 있는 모든 플랑크톤을 수집할 수 있는가?
4. 보통 어떠한 자료들이 플랑크톤 시료와 함께 수집되는가?
5. 미소플랑크톤의 예를 제시할 수 있는가? 소형플랑크톤은? 초극미소플랑크톤 생물은?

14.3 식물플랑크톤은 독립영양생물이다

광합성에 의해 글루코스를 생성하는 일차생산자인 독립영양 플랑크톤은 일반적으로 식물플랑크톤(phytoplankton)이라고 하며, 이 용어는 식물을 뜻하는 그리스어 *phyton*에서 유래하였다. 거대하지만, 거의 보이지 않는 식물플랑크톤이 전 지구 해양의 햇빛이 비치는 진광층에서 부유하고 있다(그림 13.21 참조). 해양 상부의 생산력이 높은 층은 사실 아주 얇다. 진광대에 속하는 수괴는 전 지구 해양 부피의 2%보다 적지만, 대부분의 표영계 해양생물은 이곳의 빛이 있는 좁은 띠에 의존하고 있다.

식물플랑크톤은 먹이망에서 큰 기여와 광합성을 통한 대기 중 산소의 생산으로 해양생물에게, 그리고 지구상의 모든 생물에게 매우 중요하다. 부유성 독립영양생물은 지구 전체 광합성 생물 생체량의 1%보다 적지만, 적어도 매년 지구상에서 광합성으로 생산된 먹이의 45%나 되는 350억 톤의 탄소를 탄수화물로 합성한다고 보고 있다! 쉽게 간과되고, 대부분이 단세포인 부유하는 광합성 생물은 크고 뚜렷한 해조류보다 해양 생산력에서 훨씬 더 중요하다.

식물플랑크톤은 적어도 8가지 중요한 분류군으로 나누어지며, 그중 돌말류와 와편모조류가 가장 뚜렷하다. 그러나 최근 연구에서 남세균과 고세균 같은 아주 작은 생산자들이 크고 잘 알려진 플랑크톤보다 해양 일차생산력에 더 크게 기여하는 것이 밝혀지고 있다!

피코플랑크톤 1980년대 초기에 와서야 생물해양학자들은 아주 작은 식물플랑크톤인 **피코(극미소)플랑크톤**

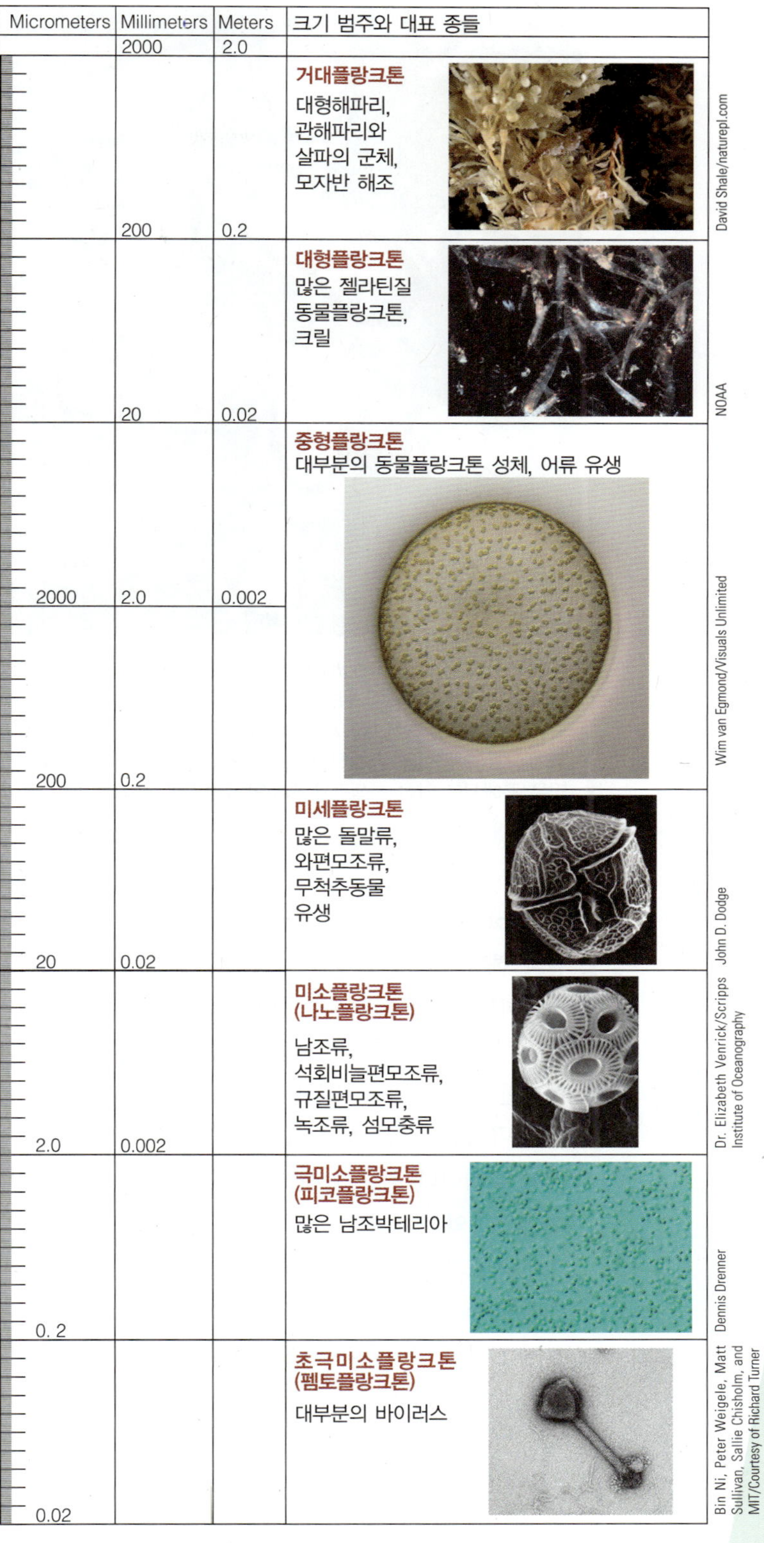

그림 14.3 크기에 따라 7단계로 구분한 플랑크톤 분류체제. 각 분류군은 이전 단계보다 10배 정도 크다.

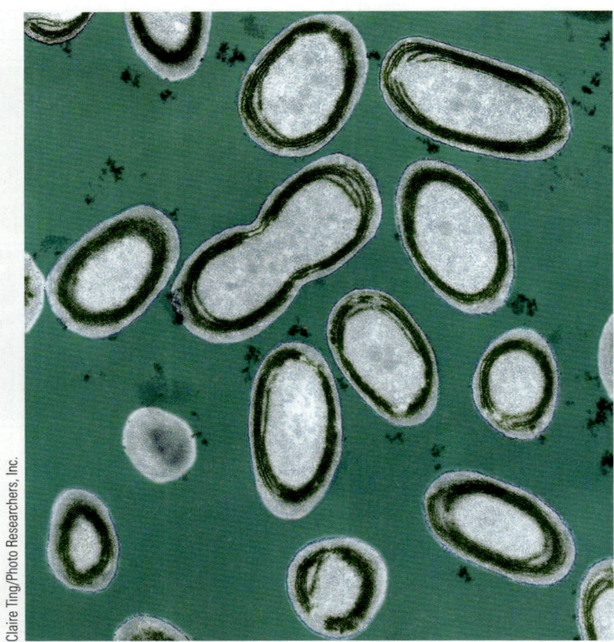

그림 14.4 남세균 *Prochlorococccus*. 아주 작은 생물로 1980년대에 겨우 발견된 이 작은 생물은 남세균 *Synechococcus*(그림 14.5 참조)와 함께, 전 세계 해양에 존재하는 광합성 극미소(피코)플랑크톤 군집을 지배하고 있다. 이 독립영양생물은 유광층의 깊은 곳에서도 약한 청색광을 흡수할 수 있다.

(picoplankton)(*pico*: a trillionth part, very small)들의 해양생산력에 대한 기여도를 올바르게 인식하기 시작하였다. 이들은 광학현미경으로도 관찰하기 어려우며, 아주 미세한 여과지를 제외한 대부분의 여과지를 통과한다. 이들의 크기는 지름이 0.2~2.0 μm 범위이며, 아주 많은 수로 작은 크기를 만회하고 있다: 지구상 어떤 수심이나 위도의 해역에서도 해수 1 L에 엄청나게 많은 1억 개체나 있다![1]

남조박테리아(남세균, cyanobacterium) *Prochlorococcus*(**그림 14.4**)는 이렇게 새로 확인된 형태의 전형적인 생물이다. 이 종류는 나출된 세포내소기관인 광합성 기구 정도밖에 되지 않는 크기로서, 자외선을 받았을 때 밝은 오렌지 형광을 내는 세포로 발견되었다. *Prochlorococcus*는 너무 작아서 직접 연구하기 어렵기 때문에 이들의 형광스펙트럼을 분석한 결과, 진광층의 깊은 곳에서 식물플랑크톤 생물이 아주 약한 광도의 청색광을 흡수할 수 있는 특이한 엽록소의 변이체가 있다는 것을 밝혔다.

최근의 일부 외양역, 특히 영양염 농도가 낮은 열대 해역의 표층에서 초극미소플랑크톤이 모든 광합성 활동의 80%까지 기여할 것이라고 추정하고 있다. 이렇게 엄청난 해양 생산력에 대한 기여도가 어떻게 오랫동안 간과될 수 있었는가? 이는 이러한 독립영양생물이 크기가 무척 작기 때문이고, 아주 작은 원생동물인 미세편모충류나 미세섬모충류가 효율적으로 이들을 먹기 때문이다. 또한 더 놀라운 사실은 이들이 광합성 활동으로 만든 산물은 옆에 있는 더 작은 종속영양생물인 박테리아에게 곧바로 이용되기 때문이다.

이곳에서는 이해의 범위를 벗어나는 양의 입자태와 용존태 탄소를 생산하고 소비하면서, 가능한 가장 작은 규모에서 작동되는 군집(공동체)인 완벽한 미생물 생태계가 존재한다. 마치 비교적 큰 돌말류와 와편모조류에 의해 작동되는 기존의 공식적인 생태계 경제 아래에 숨겨진 일종의 생태계 암거래 시장처럼 작동한다. 그다지 바쁘지 않은 것처럼 보이지만, 이 종속영양 박테리아는 동물플랑크톤이 식물플랑크톤을 먹을 때 흘린 유기물질도 분해하고, 동물플랑크톤이 분비한 용존 유기물을 무기 영양염류로 환원하며, 입자태 유기물질을 자신의 성장에 쓸 수 있도록 흡수 가능한 용존 형태로 분해하고 있다. 해양생물학자들은 이제야 외양역 표영계 물속에 있는 유기물 입자의 가장 큰 부분이 **미생물 먹이고리**(microbial loop, **그림 14.5**) 속에서 활약하고 있으며, 대사적으로 활발한 종속영양 박테리아 세포들로 구성되어 있다는 것을 믿게 되었다. 확실하게 생태계 암거래 시장 경제도 거의 공식적인 경제만큼이나 생산력이 높다. 이들은 너무 작은 생물이라 작은 동물들이 물에서 분리해서 먹을 수 없기 때문에 큰 소비자인 어류나 다른 큰 소비자에게는 쓸모가 없다. 미세 소비자들은 단지 물에서 탄소를 이용하고, 대사물질을 작은 남조박테리아 생산자에게 실어 나르는 역할을 할 뿐이다.

그런데 남조박테리아에게는 어떤 일이 일어나고 있을까? 13장에서 알아본 것과 같이, 미세편모충류에게 소비되지 않고 살아남은 것들은 세포를 와해시켜 용존 유기물을 공급하는 바이러스에 의해 감염될 수 있다. 박테리아를 감염시키는 바이러스를 박테리오파지(살균바이러스)라고 하고, 식물플랑크톤을 감염시키는 종류를 피코파지(살조바이러스, 조류파지)라고 한다. 바이러스

[1] 시간 여유가 있는 누군가가 계산한 결과, 세계 해양의 상부 200 m에는 약 1×10^{29}개의 피코(극미소)플랑크톤 생물이 있다.

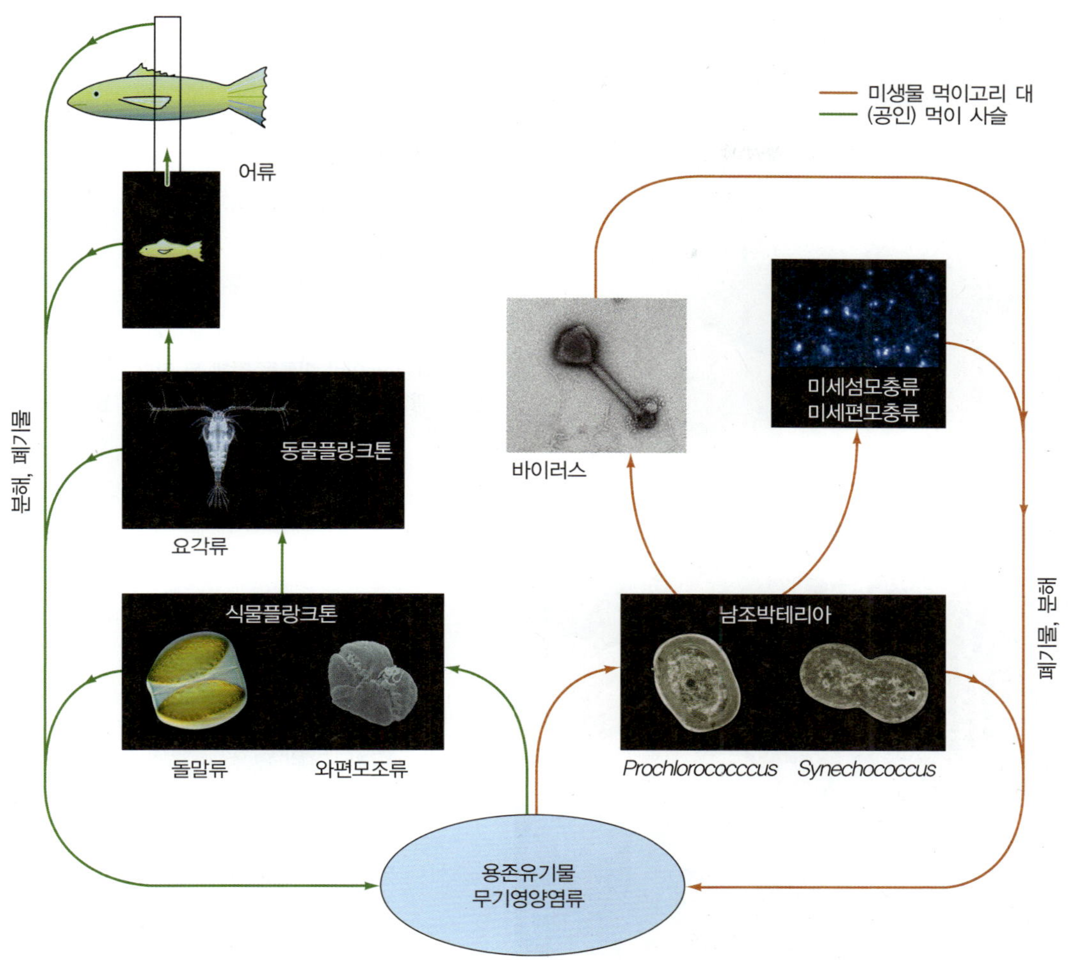

그림 14.5 큰 부유생물에 의해 구성된 '공인' 먹이사슬(녹색)과 '암시장 경제' 미생물 먹이고리(적색)의 비교. 큰 부유생물들은 아주 작은 남조박테리아와 미세한 소비자들을 물에서 분리해 낼 수 없어서 이들을 먹이로 이용할 수 없다.(사진 출처: 요각류, © Wim van Egmond/Visuals Unlimited; 돌말류, © Visuals Unlimited/CORBIS; 와편모조류, Florida FWCC; *Prochlorococccus*와 *Synechococcus*, John Waterbury, Ph. D./WHOI; 미세편모류, G. T. Taylor.)

는 지름이 보통 20~250 nm 정도 크기로 매우 작으며, 근본적으로 다른 생물체와 다르다. 바이러스는 자신의 대사기능을 갖고 있지 않으며, 번식과 같이 에너지가 필요한 과정은 숙주 생물에 의존해야 한다. 바이러스를 알게 된 지는 제법 되었지만, 1980년 후반에야 이들이 다양한 해양 환경에서 아주 많이 존재한다는 것을 알게 되었다. 얼마나 많은 수가 있을까? 1 mL당 1천만~1억 개체 정도의 범위이며, 최대 온스당 30억 개체나 된다!

돌말류 남조박테리아를 제외하면, 플랑크톤 중에서 가장 광합성 생산력이 높은 종류는 **돌말류(규조류, diatom)**이다. 돌말류는 비교적 최근에 진화되었으며 약 1억 년 전 백악기 때부터 식물플랑크톤의 생산을 주도하기 시작하였다. 많은 개체 수와 광합성 효율로 지구 대기의 유리 산소 비율을 증가시켰다. 지금까지 5,600여 종들이 알려졌다. 큰 종들도 육안으로 보기는 힘들다. 대부분이 둥글지만 일부는 길쭉하거나 가지를 내거나 삼각형 모양도 있다.

전형적 돌말류의 형태는 **그림 14.6**에서 볼 수 있다. 이 이름은 '가로질러, 뚫고 나아가다(*dia*: through, *tomos*: to cut)' 는 뜻에서 유래하였고, 단단한 세포벽 **돌말껍데기**(frustule)에 뚫려 있는 구멍의 배열 양상과 관

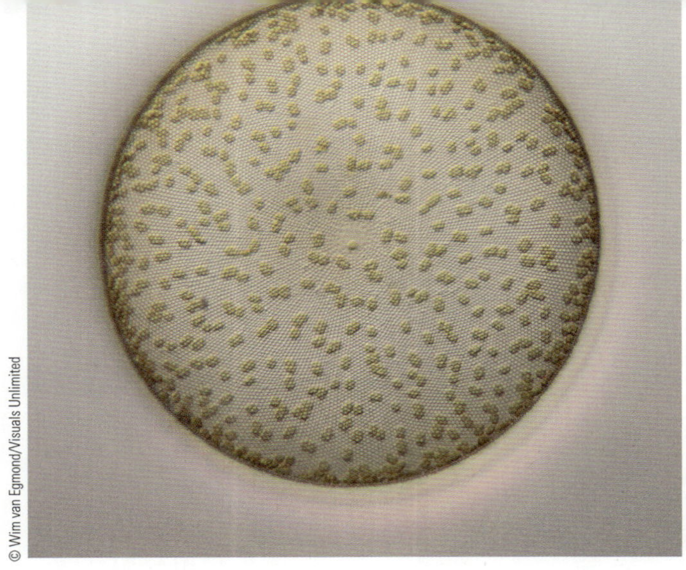

a

돌말류 *Coscinodiscus* 종의 투명한 돌말껍데기의 광학현미경 사진. diatom이란 이름을 갖게 된 작고 많은 구멍이 분명하게 보인다. 광합성을 담당하는 세포내소기관인 많은 녹색 엽록체를 주목하라.

b

주사전자현미경 사진에서 구멍을 더 자세하게 볼 수 있다. 각 구멍은 박테리아와 일부 해양 바이러스의 침투를 차단할 수 있을 정도로 작다. *Thalassiosira* 종에 있는 이 구멍을 통하여 기체, 영양염류, 노폐물 등의 교환이 일어나고 있다. 이들이 없다면, 불투과성의 규산질 껍질이었을 것이다. *Reticulofenestra*는 공생관계를 대표하는 코콜리스(석회비늘)의 고리가 장식처럼 둘러싸고 있다.

c

확대한 사진에서 박테리아와 일부 해양 바이러스의 침투를 차단할 수 있을 정도로 작은 구멍의 조합을 볼 수 있다. 구멍 안의 더 작은 구멍을 통해 불투과성의 규산질 껍질에서 기체, 영양염류, 노폐물의 교환이 일어나고 있다.

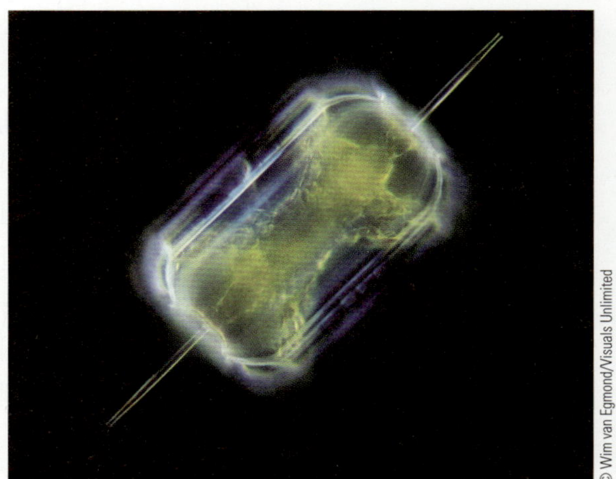

d

*Ditylum*의 광학현미경 사진. 껍질판 사이의 연결 부분을 주목하라. 이 그림에 나타난 세포는 이 문장의 끝에 찍은 마침표 크기 정도이다.

그림 14.6 돌말류(규조류)

련되어 있다. 돌말껍데기 질량의 95%가 규산질(SiO_2)로 되어 있어 무겁지만, 아름다운 이 껍질은 유리와 같은 광학적, 물리학적, 화학적 특성을 보여 주며, 광합성 생물에게는 이상적인 보호 창이다. 높은 배율에서 보면 돌말껍데기는 꼭 맞는 두 개의 **돌말판**(valve)으로 구성되어 있어, 잘 만들어진 선물 상자처럼 상자 뚜껑은 아래 상자 통에 딱 맞게 얽혀 맞물려 있다. 상자의 표면에 있는 구멍, 틈새, 점 무늬 열, 점과 선의 양상이 각 돌말류 종마다 다르다.

돌말류의 딱 맞는 상자 안에는 효율이 아주 높은 광합성 기구가 있다. 돌말류가 흡수한 빛에너지의 55%의 대부분이 탄수화물을 구성하는 화학결합에너지로 전환되며, 이는 지구상에서 알려진 가장 높은 에너지 전환 효율 중 하나이다. 세포 호흡에 다 쓰고 남은 산소는 돌말껍데기에 뚫려 있는 구멍을 통하여 해수로 방출된다. 일부 산소는 해양동물이 흡수하고, 일부는 해저 퇴적층에 갇혀 있거나, 대기로 확산되어 빠져나간다. 우리가 숨 쉬는 데 사용하는 대부분의 산소는 반짝이는 돌말류의 구멍을 통해 최근에 해수로 나와 육지로 이동한 것이다.

좀 더 효율적으로 빛을 흡수하기 위해 광합성 색소인 엽록소에 추가로 보조색소를 함께 갖고 있다. 황색 또는 갈색의 보조색소 때문에 대부분의 돌말류가 겉으로는 황록색 또는 갈색으로 보인다. 돌말류는 물보다 가벼워 부력에 도움을 주는 지방산이나 기름으로 에너지를 저장한다. 빛이 있는 해양 표층에 머물러 있어야 하는 돌말류에게 무거운 규산질 돌말껍데기는 잠재적인 문제가 될 수 있다. 기름은 물에 뜨고, 유리는 가라앉기 때문에 양쪽 무게의 균형을 잡아 세포 밀도를 줄이고, 무게를 가볍게 할 수 있다. 그러나 모든 돌말류가 떠 있을 필요는 없다. 많은 비부유성 돌말류가 광합성에 충분한 빛과 영양염이 있는 얕은 저층 바닥에 놓여 있다. 저서성 종들은 거의 대부분이 길쭉한(혹은 깃털형) 형태이다.

대부분 단세포 생물인 돌말류는 반으로 분열하여 따로 떨어져 나가는 이분법으로 번식한다[혹은 사슬(군체)을 형성하는 종류는 긴 줄처럼 연결되어 남아 있다]. 빠르면 하루에 한 번 정도까지 분열한다. 대부분의 종은 새로 만들어진 상자가 세포분열 시에 이전의 상자 속에서 만들어진 것이기 때문에 개체군에서 개체의 크기는 시간이 경과하면서 점점 작아진다(**그림 14.7**). 개체는 원래 세포 크기의 1/4 정도까지 작아진다. 세포 크기가 너무 작아서, 정확하게 표현하면 생체조직에 비하여 유리 껍데기의 비가 너무 클 때, 부유성 기름을 갖고 있어도 너무 무거워서 떠 있을 수 없게 된다. 이 문제는 상자를 가지고 있지 않고 나출된 증대포자를 형성하는 유성생식으로 해결한다. 성장에 적합한 조건이 계속 유지되면, 증대포자는 돌말류의 원래 크기로 확대되고, 얇은 새 상자(껍데기)를 형성하고 새로운 번식을 시작한다. 만일 성장 조건이 좋지 않을 때 증대포자는 휴면포자로 되어 수주일 혹은 몇 달 동안 다시 성장할 기회를 기다린다. 돌말류가 죽으면, 껍데기는 해저 바닥으로 침강하여 퇴적되어 규산질 연니층을 형성한다(5장 참조).

와편모조류 대부분의 **와편모조류**(dinoflagellate)는 단세포 독립영양생물이다(**그림 14.8**). 몇몇 종은 다른 생물의 조직 안에서 공생하고 있지만(예: 산호충 조직 속의 황록공생조류, 15장 참조), 거의 대부분은 단독으로 자유로이 살고 있다. 대부분은 셀룰로오스성 세포벽 사이에 파여진 홈 속에 2개의 채찍형 **편모**(flagella)를 갖고 있다. 편모 중 하나는 개체를 앞으로 나아가게 하고, 다른 하나는 물속에서 회전하게 한다(그래서 소용돌이를 뜻하는 dino와 채찍을 뜻하는 flagellum의 이름을 갖게 되었다). 와편모조류는 편모를 이용하여 수층에서 빛을 가장 효과적으로 광합성에 쓸 수 있는 위치로 방향과 깊이를 조절하거나 혹은 영양염을 얻기 위해 수층에서 연직 방향으로 이동할 수 있다.

와편모조류는 광범위하게 분포하며, 간단한 이분법으로 번식하는 단독생활 생물이다. 군체를 형성하는 경우는 드물다. 세포분열 시에 거의 대부분의 종류를 싸고 있는 셀룰로오스(섬유소)성 세포벽이 분열하여, 세포가 반으로 나누어진다. 각각의 딸세포는 그 후에 세포벽의 없어진 부분을 대체한다. 조건이 좋을 때는 하루에 한 번 분열하며 크기가 커지는 것이 아니라 수가 많아진다.

이 장의 도입 부분에서 배웠듯이 와편모조류의 일부 소수 종들은 아주 강한 생물발광 능력이 있다. **생물발광**(bioluminescence)은 화학반응에서 나온 에너지가 빛에너지로 전환되는 과정이다. 상상으로 이름 붙인 루시페린 화합물이 루시페라제라는 효소의 작용에 의해 산화되고, 이 과정에서 청록색 광이 방출된다. 이 빛의 방출은 매우 효율적이라 열의 방출이 함께 일어나지

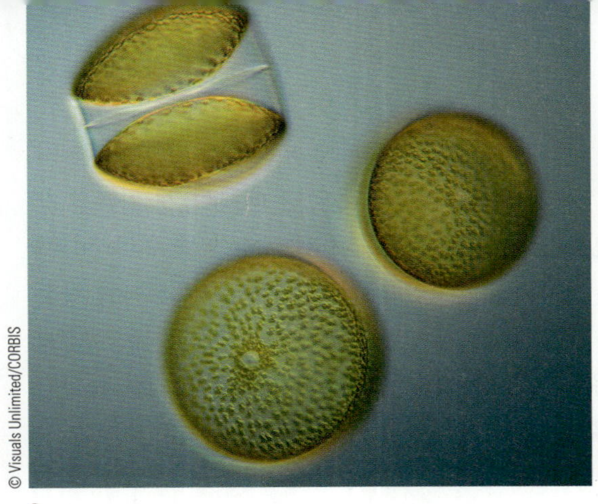

a

광학현미경에서 관찰한 돌말류의 세포분열.

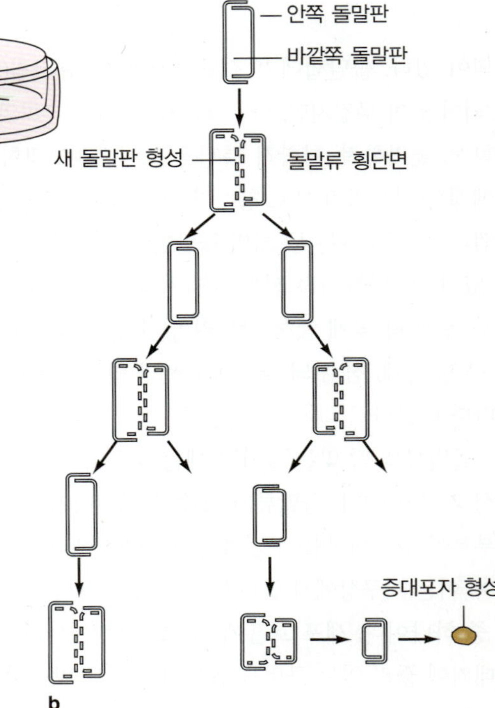

b

돌말류는 세포분열로 번식한다. 분열할 때마다 새로 형성된 내측 상자(돌말판)는 세대를 거치면서 점차 작아진다. 크기가 너무 작아 더 이상의 세포분열을 하기 어려울 경우에 증대포자를 형성한다. 조건이 적당하면, 증대포자는 발아하여 최대 크기의 돌말을 생산한다.

그림 14.7 돌말류의 분열 방법

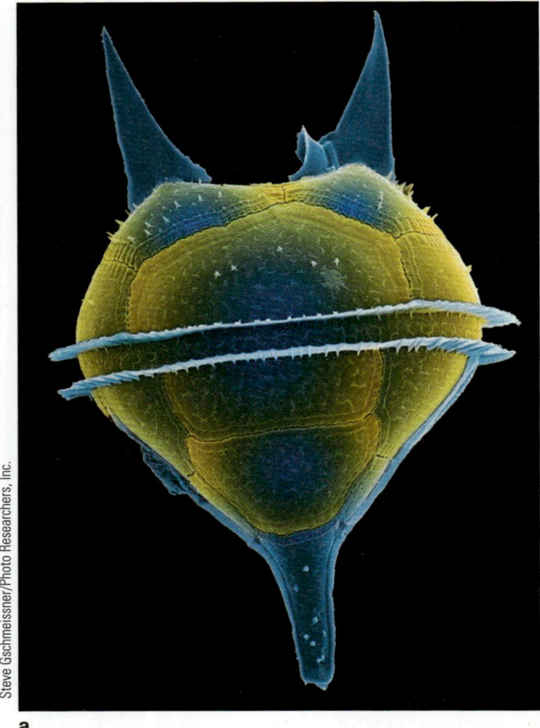

a

광합성 와편모조류 *Ceratium*. 이름이 의미를 함축하고 있는바, 와편모조류는 2개의 편모를 갖고 있다—하나는 가운데 허리 홈에서 작동하여 세포를 회전시켜 모든 표면에 햇빛에 노출되도록 하고, 다른 하나는 개체에서 뻗어 나가서 추진장치 역할을 한다.(주사전자현미경 사진에서는 둘 다 보이지 않고 있다.)

b

적조현상이 발생한 동안에는 수백만 개체의 와편모조류가 해수색을 적갈색으로 만든다. 적조는 이 그림에 나타난 것처럼 홍해라는 이름을 갖게 하였다.

그림 14.8 와편모조류.

않아 개체는 산화과정에서 과열되지는 않는다. 생물발광은 '침입 경보'의 하나로 진화된 것일 수도 있다(학생들의 질문 4번 참조).

일부 와편모조류 종들이 너무 많아지면 세포 속에 있는 보조색소가 빛을 반사하기 때문에 해수 색이 녹슨 붉은색으로 변한다. 이들이 일반적으로 적조 혹은 보편적으로 유해조류대발생(HAB: harmful algal bloom)의 원인생물이다(**글상자 14.1**). 일반적으로 봄철에 나타나는 빠른 성장기에는 현미경적 크기의 부유생물 개체수가 짧은 시간에 리터당 6~8백만 개체까지 도달한다.

석회비늘편모조류 **석회비늘편모조류(원석조류, coccolithophore)**는 아주 작은 단세포 독립영양생물로 세포벽 바깥쪽에 코콜리스(coccolith)라고 하는 석회질 비늘 원반으로 덮여 있다(**그림 14.9**). 석회비늘편모조류는 빛이 강한 표층 가까이 살고 있다. 코콜리스로 덮인 반투과성 껍질은 아주 많은 빛이 흡수되는 것을 막아 주는 차양막 구실을 한다. 석회비늘편모조류의 생산력이 높고, 가장 뚜렷한 곳은 지중해와 사르가소해로 개체수가 너무 많아져서 바다가 우윳빛이나 석회색으로 보일 때도 있다. 코콜리스는 해저에 연니 퇴적층을 형성할 수 있다. 영국 도버의 유명한 하얀 절벽은 코콜리스 화석으로 이뤄진 퇴적층이 지각작용으로 융기한 것이다.

개념정리

6. 독립영양생물이란 무엇인가?
7. 모든 플랑크톤은 다 독립영양생물인가?
8. 본문에서 언급한 4종류 식물플랑크톤의 형태는 어떤 것인가?
9. 피코(극미소)플랑크톤의 어떤 점이 독특한가?
10. '미생물 먹이고리'란 무엇인가?
11. 돌말류와 와편모조류를 비교하고, 대비시켜 설명하라.

14.4 일차생산력은 방사성 '태그(표지)'로 측정할 수 있다

지구상에서 광합성으로 생산되는 먹이 중 적어도 45%를 식물플랑크톤이 기여한다고 언급하였지만, 이러한 수치를 직접 측정하는 것은 쉽지 않다. 언뜻 보기에 쉽게 해결할 수 있는 문제처럼 보인다: 조사할 해역의 모든 개체, 즉 크거나 작거나, 독립영양생물이든 종속영양생물이든 모두 채집하여 그들의 유기물 함량과 무게를 분석한다. 모든 생물은 일차생산력에 의존하고 있기 때문에 일정 해역의 살아 있는 생명체의 질량(생체량)은 생산력에 정비례할 것이다.

그렇지만 이러한 접근 방법은 단점이 있다. 아주 작고 떠다니는 독립영양생물의 빽빽한 개체군의 높은 생체량은 빛의 투과를 방해한다. 따라서 독립영양생물은 천천히 탄수화물을 생산할 것이며, 생산력은 낮을 것이다. 이와 반대로 부유 독립영양생물이 많지 않은 집단에서는 낮은 생체량으로 광합성에 이상적인 조건이 되어 탄수화물을 빠른 속도로 생산할 수 있을 것이다. 작은 동물이 바로 이 생산량을 소비할 수 있어, 생체량을 낮은 수준으로 유지할 수 있지만, 생산력은 높을 것이다.

연구자에게 필요한 것은 생산력을 직접 측정하는 방법이다. 이미 광합성 반응식을 알고 있기 때문에(그림 13.2 참조), 광합성 반응의 어떤 한 구성 요소를 측정하면 다른 요소에 대하여 알 수 있다. 예를 들어 일차생산자가 흡수한 탄소를 측정하면, 탄수화물 생산력을 계산할 수 있다.

연구자들은 방사성 '태그(표지)를 붙인' 탄소 원자를 이용하여 계산할 수 있다. 방사능을 갖고 있지만, 방사성 동위원소 C-14의 경우 흔히 나타나는 보통의 C-12와 화학적으로 동일하게 행동한다. C-14은 방사성 동위원소라서 광합성을 통하여 진행되는 과정을 추적할 수 있다. 이산화탄소가 해수에 녹으면서 생성된 이온 중의 하나가 중탄산이온(HCO_3^-)이다.[2] 과학자들은 중탄산이온의 탄소에 방사성 태그로 표지하여 투명병과 암병에 정해진 양의 방사성 중탄산이온염을 첨가한다. 병 하나는 빛에 노출시켜 광합성과 호흡이 동시에 일어난다. 다른 병은 빛을 차단하여 호흡만 일어난다. 방사성 탄소가 탄수화물로 결합된 양을 시료를 여과하여 모은 개체에서 측정한다. 방사능을 측정하여 생산력을 계산한다.

$$\text{생산력} = (R_L - R_D) \times M / R \times t$$

[2] 그림 7.10을 참조하라.

글상자 14.1 유해조류대발생은 문제가 많다!

적조와 독성 와편모조류. (a) 플로리다 연안의 적조 원인생물인 와편모조류 *Gymnodinium breve*의 주사전자현미경 사진. 다른 와편모조류 종들은 다른 해역에서 적조를 일으킨다. (b) 와편모조류 대발생의 결과로 발생한 어류의 폐사.

식물플랑크톤의 농도가 높아 주변 생물의 생리에 나쁜 영향을 줄 때 유해조류대발생(HAB)이 발생한다. 간혹 오해의 소지가 있는 적조란 용어는 색소를 가진 식물플랑크톤, 일반적으로 와편모조류 종(**그림 a**)들이 많이 번성하여 수괴의 색이 녹슨 붉은색으로 바뀌는 현상을 설명할 때 사용되고 있다. 그러나 HAB는 항상 수색이 붉은색으로 변하는 것은 아니며, 언제나 눈에 띄는 것도 아니다. 따뜻한 표층 수온, 염분 감소, 적절한 영양염과 빛, 약한 해풍과 같이 물리적으로 와편모조류를 농축하는 메커니즘을 포함한 여러 요인들이 HAB 형성에 기여하는 것으로 보고 있다.

비록 대부분의 적조를 일으키는 와편모조류가 비교적 단순한 생물이지만, 일부는 대사작용의 부산물로 강력한 독을 생성하는 능력을 가지고 있다. 영향력이 큰 독성 물질은 주위에서 이를 먹은 해양생물에게 영향을 주거나(**그림 b**) 혹은 먹이사슬을 따라 인간에게 간접적으로 독성을 미친다. 이들 중 일부는 화학 구조상으로 근육이완제 쿠라레와 비슷하지만, 수십 배 이상 강력한 독이다.

이들 화합물질 중 하나로 신경계에 영향을 미치는 신경독은 매년 1~5만 명을 중독시키고 있으며, 주로 초식성 어류를 먹고 있는 열대와 아열대 섬지방에서 발생하고 있다. 이들 어류는 해조류를 초식하고 있으며 해조류 엽상체 표면에 붙어 있는 와편모조류도 우연히 함께 먹게 된다. 독은 지방에 축적되고, 나이가 제일 많고, 살이 찐, 즉 제일 먹음직스러운 어류에 가장 많이 축적되어 있다. 희생자는 복부 통증, 근육통, 현기증, 신경불안증, 수족의 아린감, 뜨거운 것이 차갑게, 차가운 것이 뜨겁게 느껴지는 황당한 감각의 뒤바뀜 등의 감각적 고통을 호소한다. 독에 중독된 많은 사람들이 죽는다.

해수를 여과하여 먹이를 먹는 무척추동물인 조개, 담치, 가리비, 굴도 역시 위험하다. 패독이 전 세계적으로 점차 증가하여 보편적 현상이 되고 있다. 인간에게 마비성, 설사성, 신경성, 기억상실성 패독 현상들이 보고되고 있으나, 여과 섭식 무척추동물은 이러한 영향을 받지 않거나 단지 부분적으로 영향을 받을 뿐이다. 치사량 이상의 마비성 패독을 섭취하면 심장 근육의 정상적 작용을 방해하고, 호흡에 영향을 끼쳐 사망한다. 신경계 독성 화합물은 신경과 근육 사이의 소

위 식에서 R는 시료에 첨가한 총 방사능량, t는 배양시간, R_L은 '투명' 병 시료에서 측정한 방사능량, R_D는 '암' 병 시료에서 측정한 방사능량이다. M은 시료에 존재하는 모든 형태의 이산화탄소 총 질량을 입방미터당 mg 탄소량으로 표시한 값이다. 생산력은 단위 시간 동안(1시간) 단위 부피(1 m^3)의 물 안에서 새로 결합된 혹은 고정된 탄소의 양을 mg으로 표시한다. 생산력은 '0'에서 많게는 1시간 동안 1 m^3 해수에서 80 mg의 탄소가 탄수화물로 고정되는 범위를 보여 준다. 이러한 자료를 근거로 하루 동안 1 m^2의 물기둥에서 고정되는 탄소 양($gC \cdot m^{-2} \cdot day^{-1}$)의 추정값을 얻을 수 있다.

탄수화물 생산속도를 계산하는 또 다른 방법은 투명병-암병 방법이다. 연구자는 알고 있는 수심에서 같은 해수를 채수하여 투명병과 암병 한 쌍의 조합에 넣고, 부표 아래로 여러 쌍의 조합을 수심별로 설치하여 배양한다(**그림 14.10**). 투명병은 빛을 받고, 암병은 빛

통을 막는다. 중독의 최초 증상은 일반적으로 입술의 아린감과 삼키기 어려움이다. 설사성패독은 설사, 메스꺼움, 구토 증상을 일으킨다. 가장 이해하기 어려운 현상인 기억상실성패독은 아직 잘 알려져 있지 않은 장애로서 단기간 기억을 완전히 상실하게 된다. 1987년 캐나다 동부에서 3명의 노인이 죽고, 107명이 기억상실성패독으로 고통을 받았다. 이들은 깃털형 돌말류인 *Pseudonitzschia australis*에 의해 생성된 강한 신경계 독인 도모산으로 독화된 진주담치(*Mytilus edulis*)를 먹고 중독되었다. 1998년 캘리포니아 몬터레이 만에서 보고된 *Pseudonitzschia* 대발생으로 400여 마리의 바다사자와 수많은 바닷새가 폐사하였다.

정부 기관에서 수산업을 관리하지 않는 해역에서는 독성을 생성하는 식물플랑크톤이 가장 번성하는 여름철에는 여과 섭식자를 먹지 않는 것이 바람직하다. 미국뿐만 아니라 많은 나라에서는 정부 기관이 특정 해역의 패류가 안전하지 않을 경우에는 경고를 발령한다. 이 경고는 6주 혹은 위험이 사라질 때까지 지속된다. 이러한 경고는 반드시 준수되어야 한다. 조개 한 개가 한 사람을 죽일 수 있는 충분한 독을 축적할 수 있다. 해독제는 없다. 의사는 단지 증상에 따라 치료할 뿐이다. 고래와 바닷새도 역시 와편모조류 독성의 위험에 노출되어 있다.

해산물을 먹지 않더라도 영향을 받을 수 있다. 노스캐롤라이나에서 해변에 간 사람들이 강한 바람에 의해 육지로 날아온 건조된 와편모조류의 영향으로 안구 염증과 천식성 증상의 고통을 호소하였다.

HAB의 발생 빈도와 심각성은 점점 증가하고 있다. 놀라운 일이 아니다. 연안 수역에는 산업, 농업, 그리고 도시 하수가 유입되어 질소와 다른 식물 영양염류가 풍부하여 조류의 성장을 촉진하고 있다. 또한 화물선의 평형수 속에 있는 조류 종의 원거리 수송에 의해 외래종이 유입되어 자연 천적이 없는 수역에서 번성하게 된다. 최근 오스트레일리아에서는 자국의 연안 항구에서 선박 평형수를 배출할 때 지켜야 할 엄격한 지침을 제시하였다. 해산물을 먹을 때에는 이들이 먹는 먹이와 중독 증상에 대하여 반드시 알아야 한다.

© Suisan Aviation Ltd., Japan

c 적조 발생 동안에는 수백만의 와편모조류가 해수를 적갈색으로 바꾼다.

AP Photo/EyePress

d 조류대발생이 항상 붉은색도 아니며, 언제나 와편모조류에 의해 일어나는 것도 아니다. 녹조류 파래(*Enteromorpha*)의 강력한 대발생은 2008년 중국 칭다오의 올림픽 요트 경기장을 초토화시킨 바 있다. 엄청난 노력으로 모두 제거되었고, 요트 경기는 성공적으로 수행되었다.

을 차단한다. 각 쌍의 조합에서 배양시간 동안 흡수된 탄소의 차이는 각 수심에서의 총 생산력을 나타낸다. 방사성 동위원소 추적자를 이용한 투명병-암병 실험은 여러 종에 대해 다른 빛, 영양염, 그리고 수온 조건에서 수행될 수 있다. 이러한 실험에서 다른 해역으로 확대하여 전 지구 생산력을 추정할 수 있다.

해양 조건은 복잡하고 변화무쌍하며, 거의 조절될 수 없다. 새롭게 제시하는 생산력 측정 방법은 가장 효율적이고 활용성이 크다고 할 수 있다. 최근 원격 탐사의 발달은 궤도를 돌고 있는 인공위성에서 해양 수층의 엽록소 함량을 추정할 수 있게 되었다(그림 13.5와 14.11 참조). 엽록소 함량은 광합성률과 정비례하기 때문에 엽록소 함량은 생산력의 좋은 지시자이다. 그렇지만 이미 본 바와 같이 부유하는 독립영양생물의 양은 항상 얼마나 빨리 물질이 그 생체량을 통해서 순환하는지를 보여 주는 진정한 지표는 아니다.

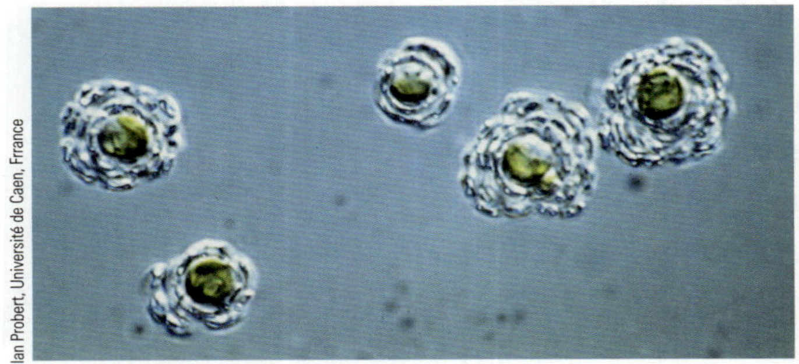

Ian Probert, Université de Caen, France

a

석회비늘편모조류 에밀리아니아 *Emiliania huxleyi* 종의 진귀한 광학 현미경 사진. 세포를 싸고 있는 아주 작은 석회질 비늘, 코코리스는 지름이 6 mm이다. 광합성 보조색소는 황금색 또는 황갈색으로 보인다.

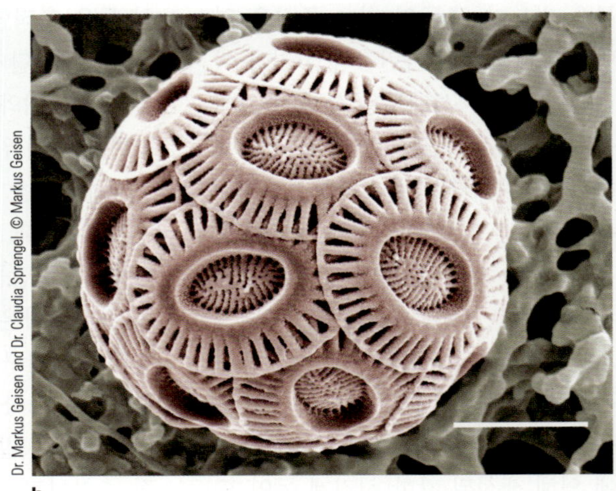

Dr. Markus Geisen and Dr. Claudia Sprengel. © Markus Geisen

b

많은 수의 석회비늘편모조류 *E. huxleyi*의 전자현미경 사진에서 세포 외부를 둘러싸고 있는 작은 석회질 비늘(코코리스)을 볼 수 있다. 유기질인 세포가 아니라 코코리스가 물에 떠 있는 거울처럼 작용하여 입사된 태양광의 상당량을 반사한다. 대발생에서 반사되는 현상은 우주에서 인공위성으로 확인할 수 있으며, 이로써 이 종의 대발생 범위를 자세하게 알 수 있다.

SeaWiFS Project/NASA/GSFC and GeoEye

c

아일랜드 남부 해역에서 일어난 석회비늘편모조류의 대발생은 천연색 인공위성 영상에서 분명하게 볼 수 있다.

그림 14.9 석회비늘편모조류(원석조류).

개념점검

12. 일차생산자는 무엇을 생산하는가? 생산력은 어떻게 표시하는가(단위)?

13. 일차생산력은 어떻게 측정할 수 있는가? 어떤 방법이 가장 정확한 것이라고 보는가?

14.5 영양염과 빛이 부족하면 일차생산력이 제한될 수 있다

13장에서 다룬 제한요인은 적절한 양으로 존재하지 않을 경우 생물의 정상적인 활동(이번 경우에는 탄수화물의 생산)을 제한한다. 광합성 독립영양생물은 탄수화물을 생산하는 데 4가지 중요한 요소인 물, 이산화탄소, 무기 영양염류와 햇빛이 필요하다. 분명하게 물은 해양에서 제한요인이 될 수 없다. 높은 용해도를 가진 이산화탄소는 물에 잘 녹아 해양에는 많은 양이 녹아 있기 때문에 거의 제한요인이 될 수 없다. 따라서 해양 일차생산력의 잠재적인 두 가지 제한요인은 영양염류와 빛이다.

영양염의 유용성이 제한요인이 될 수 있다 독립영양생

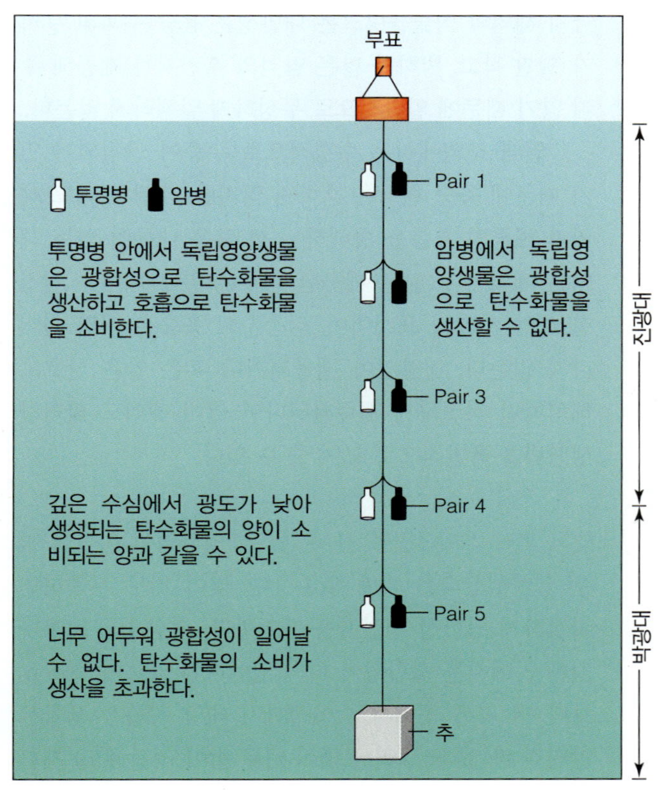

그림 14.10 해양 일차생산력을 측정하는 투명병-암병 방법. 투명병과 암병을 조사할 대상 수역에서 해수로 채운다. 한 쌍의 병을 각각 표층 광도의 100%, 50%, 25%, 10%, 5%, 1%에 해당하는 수심에 내려 광합성과 호흡이 일어나도록 한다. 독립영양생물에 의해 생성된 탄수화물은 각 병에 넣어 준 방사성 동위원소로 표지된 중탄산이온으로 측정한다. 각 쌍의 병에서 탄수화물 함량의 차이가 일정 시간 동안 각 수심에서의 생산력을 보여 준다. 4번 쌍은 탄수화물의 생산이 소비와 같아지는 보상수심 근처이다(그림 14.12 참조).

물은 일차생산력을 가능하게 하는 큰 유기 분자의 구성과 골격 또는 보호 껍데기를 만들기 위한 두 가지 목적에서 무기 영양염류가 필요하다. **비보존성 영양염**(nonconservative nutrient)은 생물 활성에 의해 농도가 변하는 영양염이다. **플랑크톤 대발생**(plankton bloom)이라고 하는 빠른 식물플랑크톤의 성장 기간이 지난 다음의 해양 표층수에는 질산염, 인산염, 철분, 규산염 등의 비보존성 영양염이 흔히 부족하게 된다. 영양염의 농도가 낮아지면, 해양 생산자의 성장이 제한되는 가장 중요한 요인이 된다. 이러한 영양염류를 표층으로 되돌려 주는 심층수의 용승이 없으면 광합성 생산력은 지속될 수 없다(그림 **14.11**).

대륙에서 멀리 떨어진 외양역의 거의 절반이 활발한 일차생산력을 지원할 수 있는 적절한 영양염류를 포함하고 있지만, 철분의 부족으로 생산력이 제한되고 있다는 최근의 발견이 매우 흥미롭다. 철분은 대사작용에 필수적인 효소 합성에 필요하다. 만일 이러한 해역에 철분이 공급된다면 어떤 현상이 일어날까? 이 질문은 중요한 기후의 영향을 함축하고 있다. 식물플랑크톤의 성장을 촉진하는 것이 가능하다면, 해양 일차생산력이 건강한 수준으로 복원되어, 수십억 톤의 이산화탄소를 제거하여 지구온난화와 해양 산성화를 감소시키는 것이 가능할까?

이를 밝히기 위해 1993년과 2005년 사이에 12번의 실험이 수행되었다. 해양 실험에서 1 kg의 미세한 철 입자로 십만 kg이 훨씬 넘는 식물플랑크톤의 생체량을 생성하는 것을 제시하였다. 철의 공급이 플랑크톤 대발생 역학을 조절한다는 것이 밝혀졌다. 즉 탄소, 질소, 규소와 황의 생지화학순환에 영향을 미쳐 궁극적으로는 전 지구 기후체제에 영향을 주게 된다. 철분 투입 연구의 선구자 중 한 사람인 해양학자 마틴(John Martin)은 1991년 "유조선의 반을 철분으로 채워서 내게 준다면, 또 하나의 빙하기를 가져다 주겠다."라고 재담을 한 바 있다.

이것이 가능할까? 아마도 그렇지 않을 것이다. 탄소는 해양 바닥으로 가라앉아 퇴적층에 결합되어 상당히 오랜 기간 동안 격리되는 경우가 아니면 현 기후체제에서 제거되었다고 볼 수 없다. 플랑크톤 대발생 이후에 침강한 대부분의 탄소는 수심 깊은 곳에서 용해되

그림 14.11 2003년 8월 캘리포니아와 바하칼리포르니아 연안을 따라 일어나는 용승현상이 거대한 플랑크톤 대발생을 유발하였다. 적색이 엽록소가 풍부한 수역을 나타내고, 청색과 자색이 부유 엽록소 함량이 매우 낮은 수역이다.

어 결국에는 해양 표층으로 다시 돌아와 대기로 방출되어 원래의 감소 효력을 무효화한다. 또한 지역적인 철분 투입으로 일어난 비교적 작은 규모의 플랑크톤 대발생은 발생한 해역에 떼지어 몰려든 기회주의적인 동물플랑크톤과 어류에 의해 빠르게 소비되는 경향이 있다.

자연적으로 영양염이 결핍된 표층수와 영양염이 풍부한 심층수의 교환이 일어나는 기회는 수온약층이 거의 없거나 형성되지 않는 해역에서 비교적 많이 발생한다. 남극 해역에서는 남반부로 햇빛이 돌아오면서 엄청난 식물플랑크톤 대발생을 촉발시킨다. 남극 해역은 때때로 수백만의 돌말류가 영양염과 햇빛을 갖기 위해 경쟁하면서 플랑크톤이 풍부한 걸쭉한 해수가 되기도 한다. 사실 용승에 의해 영양염 수준이 높고, 육상에서 흘러 내려온 빙하에서 철분이 충분히 보충되어 남반구의 남극 수렴대와 남극대륙 사이 해역의 여름 수괴는 지구상에서 가장 생산력이 높은 곳 중 하나이다. 북반구 극지 해역의 식물플랑크톤 대발생은 용승 수괴의 부피가 훨씬 작고, 빙하가 많은 암석의 흙먼지를 제공해 주지 않기 때문에 일반적으로 무성하게 발생하지 않는다.

열대 해역에서는 수평적으로 수층이 안정되어 있기 때문에 용승 현상은 흔하지 않지만, 태평양 적도 해역과 해류의 흐름을 방해하는 섬 혹은 대륙이 있는 해역은 예외이다. 맑고 깨끗한 검푸른 열대 해역은 진정한 해양 사막의 표시이며, 심층수의 용승은 거의 일어나지 않는다. 영양염이 제공되거나 혹은 얕은 산호초 해역처럼 적절하게 재순환된다면 열대 해역도 활기찬 생산력을 폭발적으로 보여 줄 수 있다.

빛도 역시 제한요인이 될 수 있다 영양염이 적절한 경우 일차생산력은 빛에 의존한다. 빛이 너무 부족하면 확실하게 광합성 생산자를 제한한다. 수심 100 m보다 깊은 곳에서는 광합성이 거의 일어나지 않으며, 268 m 보다 더 깊은 곳에서는 아직까지 태양 광합성 생물은 알려진 바 없다. 그러나 빛이 너무 밝아도(강해도) 제한요인이 된다. 빛이 제일 밝은(강한) 해양 표면에서 생산력이 제일 클 것으로 생각할지 모르겠지만, 그렇지 않다. 간혹 빛이 너무 강하면 일부 광합성 생산자, 특히 돌말류의 광합성 화학반응이 제한되기도 한다.

해양 독립영양생물이 받는 빛의 양도 중요하다. 빛의 질 혹은 색도 다른 측면에서 중요하다. 엽록소는 녹색 색소이며, 따라서 청색과 자색 파장대에서 가장 흡수를 많이 한다. 엽록소는 녹색 파장 빛을 반사하기 때문에 녹색으로 보인다. 그러나 적색과 적외선 빛은 해양 표면에서 효율적으로 흡수되어 열로 전환된다. 아주 적은 양의 적색광이 3 m를 투과한다. 청색광을 흡수할 수 있는 남조박테리아를 제외한 식물플랑크톤은 적색광을 흡수하기 위해 표층 근처에 머물러야 하며, 따라서 일차생산력은 진광대의 최상부에서 제일 높게 나타난다.

개념점검

14. 어떠한 요인들이 가장 뚜렷하게 식물플랑크톤의 생산력을 제한하는가?

15. 어떤 요소가 결핍되었을 때, 가장 흔하게 외양역 플랑크톤의 생산력이 제한되는가?

16. 어떤 부유성 일차생산자가 가장 깊은 수심에서 성공할 수 있겠는가?

14.6 보상수심에서는 생산량이 소비량과 같다

생산자로서 식물플랑크톤의 중요성을 강조하고 있지만, 독립영양생물도 광합성을 하는 것과 같이, 호흡하면서 스스로 생산한 탄수화물과 산소의 일부를 사용한다. 탄수화물 생산이 보통 소비를 초과하지만, 항상 그런 것은 아니다.

식물플랑크톤 생물의 위치가 깊어지면, 받는 빛도 줄어든다. 어떤 깊이에서는 하루 동안 광합성에 의한 탄수화물과 산소의 생산이 호흡에 의한 탄수화물과 산소의 소비와 똑같다. 이렇게 균형을 이루는 깊이를 **보상수심**(compensation depth)이라고 한다. 보상수심은 보통 표층에서 투과한 빛의 1% 정도인 깊이에 해당한다. 이곳이 진광대의 바닥으로 표시된다. 만일 그림 14.10의 4번 쌍의 병이 보상수심에 있다고 한다면, 순생산력이 '0'을 나타내는 것으로 투명병에서 생성된 탄수화물의 양은 정확하게 소비된 양과 같을 것이다.

그림 14.12는 모식적으로 보상수심을 보여 준다. 생산력이 가장 높은 수심처럼, 보상수심은 태양각, 탁도, 표층 교란, 그리고 기타 요인에 따라 변한다. 보상수심은 항상 최대 생산력 수심보다 더 깊은 곳에 있다는 것과 생산자들은 그래도 최대 생산력 수심과 보상수심 사이에서 더 많은 생산을 하고 있다는 점을 기억하라. 그러나 만일 생산자가 보상수심보다 더 깊은 곳으로 내려가서 며칠 동안 있으면, 저장 탄수화물을 다 소비하고 죽는다.

돌말류는 효율성이 높아 와편모조류보다 깊은 보상수심을 보여 준다. 보상수심은 열대 해역의 외양역에서 가장 깊게 나타나지만, 일반적으로 이 해역은 영양염 결핍으로 생산력이 높은 곳은 아니다.

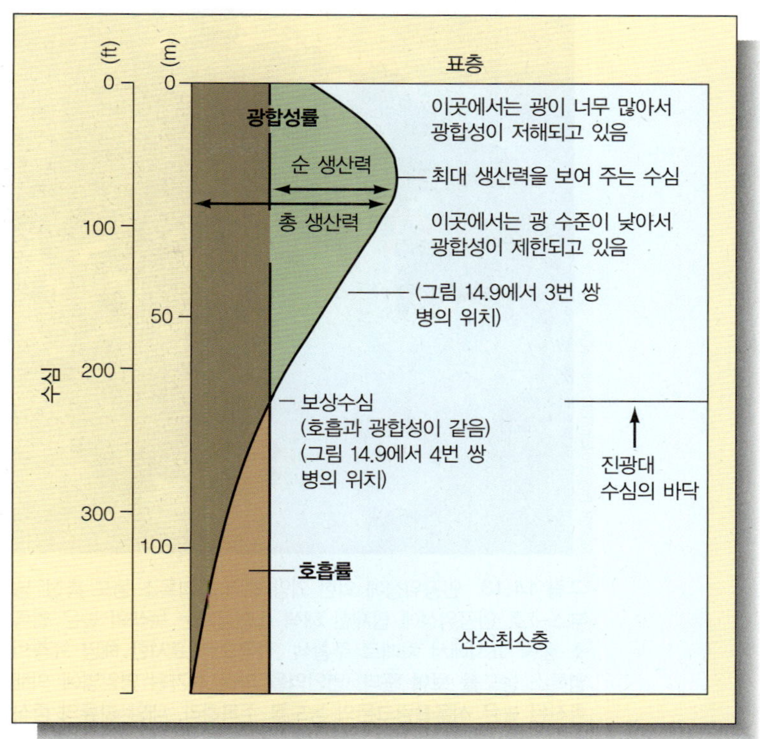

그림 14.12 보상수심과 일차생산력의 다른 요소와의 연관관계. 진광대의 바닥 수심의 위치를 주목하라.

개념점검

17. 보상수심이란 무엇인가?

18. 종속영양생물(동물플랑크톤)은 보상수심을 가지는가?

14.7 식물플랑크톤 생산력은 해역의 조건에 따라 변한다

식물플랑크톤의 일차생산력이 가장 높은 곳은 어느 해역일까? 이 질문은 생물해양학에서 가장 중요한 과제의 하나이다. 식물플랑크톤은 거의 모든 해양 먹이망의 바탕을 이루기 때문에, 특정 해역의 생물학적 특성은 식물플랑크톤의 존재와 이들의 성공에 의해 거의 대부분이 결정된다.

일부 예외는 있지만 식물플랑크톤의 분포는 영양염의 분포와 일치한다. 연안역 용승과 육지에서 유입되는 유수로 영양염의 농도는 대륙 주변에서 가장 높다. 플랑크톤은 이곳에서 가장 수가 많고 생산력도 가장 크다. 일부 대륙붕 해역에서는 1 gC · m^{-2} · day^{-1}을 넘는 일차생산력을 유지하고 있다. 전 해양 생산력의 평균은 이 양의 1/3정도이다.(그림 13.4에서 일차생산력에 대한 표기법과 추정값을 다시 보라.) 그렇지만 외양역의 생산은 얼마나 될까? 육지에서 멀리 떨어진 해역에서는 어느 해역의 생산력이 가장 클까?

열대 해역 외양에서는 햇빛과 CO_2는 풍부하지만, 강한 수온약층이 깊은 수심의 영양염을 표층으로 올라오게 하는 데 필요한 연직 혼합을 가로막고 있어서, 표층에서는 일반적으로 영양염 농도가 낮다. 따라서 육지

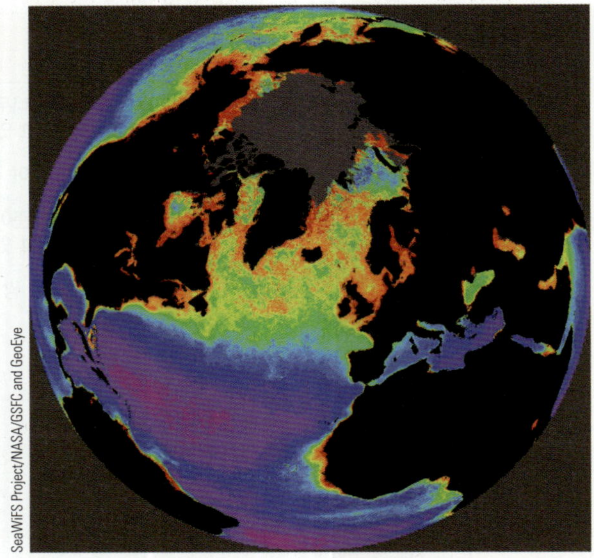

그림 14.13 인공위성에 의한 외양 해역의 엽록소 농도 측정. 님부스-7호 인공위성에 탑재한 해색 스캔장치는 녹색의 높은 엽록소 함량 표시에서 차례로 주황색, 적색으로 표시한 해양 표층의 엽록소 농도를 보여 준다. 연안역을 따라 증가된 영양염에 의해 촉진된 높은 식물플랑크톤의 농도를 주목하라. 대양 환류의 중심부는 자주색으로 나타난 바와 같이 비교적 희박한 식물플랑크톤 생물을 포함하고 있다. 이 영상을 그림 14.11과 비교해 보라.

에서 멀리 떨어진 열대 해역은 가시적인(즉 남조박테리아 종류가 아닌) 플랑크톤이 거의 없어서 해양의 사막이라고 한다. 전형적으로 열대 해역의 투명도가 높은 것으로 이것을 알 수 있다. 대부분의 열대 해역에서는 일차생산력이 30 $gC \cdot m^{-2} \cdot yr^{-1}$를 넘지 않으며, 계절 변화도 적다.[3]

고위도 해역에서는 태양각이 낮고, 해빙으로 덮여 빛의 투과가 감소되고, 겨울에 수주일 혹은 몇 달 동안의 암흑 조건이 현저하게 일차생산력을 제한한다. 그러나 한여름에는 24시간 낮이고, 표층 얼음도 녹아서 없고, 용승된 영양염으로 플랑크톤이 엄청나게 번성한다. 일부 보호된 만의 표층에서는 와편모조류와 다른 플랑크톤이 너무 많이 번성하여 표층 해수가 마치 토마토 죽같이 보인다. 그러나 이를 유지하는 영양염이 빨리 재순환되지 않고, 태양이 임계각보다 높은 기간이 길어야 몇 주일밖에 되지 않아 이 대발생은 오래가지 못한다. 짧은 여름철 대발생으로 길고 생산력이 낮은 겨울철을 상쇄할 수는 없다.

열대 해역은 일반적으로 영양염이 부족하여 근근이 꾸려 가고 있는 상태이고, 북반구 극지 해역은 느린 영양염 전환과 낮은 광도에 시달리고 있어서, 남아 있는 해역에서 전반적으로 생산력이 높은 곳은 온대 해역과 남반구 아극지 해역이다. 빛도 충분히 공급되고 영양염 공급도 적절하기 때문에 온대 대륙붕 해역과 남반구 아극지 해역의 연간 생산은 외해역 중에서 가장 크다.

그림 14.13은 열대, 온대, 북반구 극지 해역의 생산력 수준을 보여 준다. 연안역의 생산력이 외해역보다 언제나 높으며, 심지어 비교적 생산력이 높은 온대 해역과 남반부 아극지 해역보다도 높다. 생산력이 높거나 낮은 해역도 기후가 변하면 그에 따라 바뀐다. 연안역에서는 영양염을 공급하는 육상의 유수 유입, 구름에 의한 일조량 수준의 증감, 그리고 고위도 해역에서 성층권 오존 분자에 의한 자외선 방사량의 강도 변화(15장에서 심층 학습) 등이 일차생산력에 영향을 준다.

흥미로운 것은 지금까지 다룬 일반적 양상과 달리, 제일 높은 연간 생산력을 보여 주는 외양 해역이 있다. 남아메리카에서 적도를 따라 서쪽으로 향하는 가늘고 긴 높은 생산력을 보여 주는 냉수대는 적도의 양쪽에서 불어오는 바람으로 생긴 용승의 결과인 에크만 수송으로 일어난 결과이다. 그림 13.5에서 이 해역을 찾아보라.

그림 14.14는 식물플랑크톤 생체량과 계절 및 위도의 상관성을 보여 준다. 연간 열대 해역 생산력을 나타내는 낮고 편평한 선과 북반구 여름의 높은 생산력을 나타내는 높고 뾰족한 봉우리(피크)는 뚜렷한 대조를 보여 준다. 온대 해역의 높은 두 봉우리는 광도의 증가로 인한 북반구 봄의 플랑크톤 대발생으로 인한 최고점과 폭풍의 증가와 수온 성층의 약화로 인해 다시 표층으로 돌아오는 영양염의 영향으로 생기는 북반구 가을의 작은 봉우리이다.

개념점검

19. 해양 일차생산력이 가장 높은 곳은 어디인가?

20. 일반적으로 열대 해역에서 표층의 생산력이 낮은 이유는 무엇인가?

21. 연중 어느 시기에 플랑크톤 생산력이 가장 크게 나타나는가?

[3] 열대 해역 산호초 군집은 이러한 일반적인 법칙의 예외 현상이다. 이들은 독립영양생물인 와편모조류가 플랑크톤처럼 부유하지 않고, 산호충 동물의 조직 안에 공생하고 있다. 영양염은 침강으로 소실되지 않고 산호초 군집 안에서 알맞게 순환하고 있다.

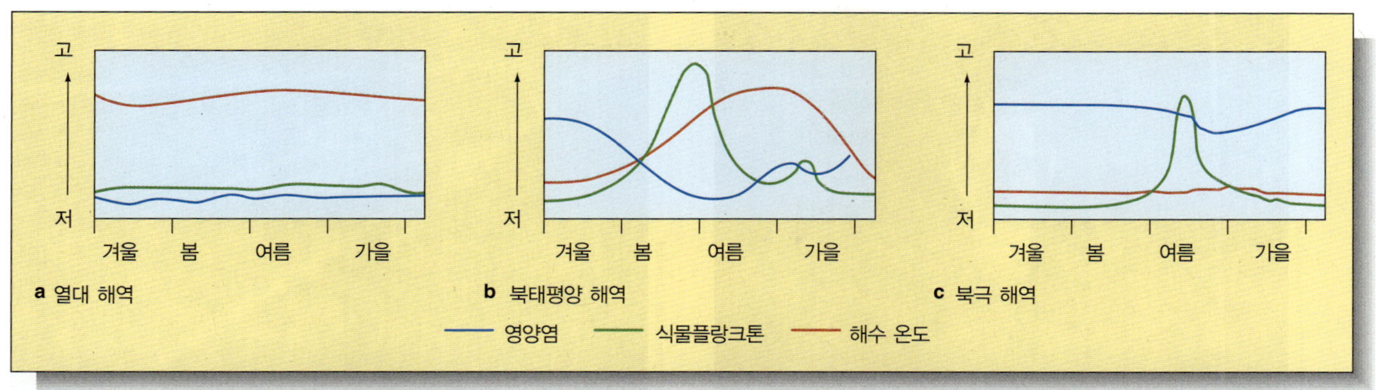

그림 14.14 계절과 위도에 따른 해양 식물플랑크톤 생산력의 변동. 각 녹색 곡선(식물플랑크톤 생체량)의 아랫부분 면적이 총 생산력을 나타낸다. (a) 열대 해역에서는 강한 수온약층이 표층으로 상승하는 영양염이 풍부한 물을 가로막고 있다. 생산력은 연중 낮다. (b) 북반구 온대 해역에서는 표층으로 상승하는 영양염이 봄과 여름의 햇빛을 받아 플랑크톤의 대발생을 야기한다. (c) 북반구 극지 해역에서는 태양이 수평선 위로 충분히 높게 떠올라 빛이 해양 표층을 투과할 수 있을 정도에 도달했을 때 짧은 동안 생산력이 급증한다.

14.8 동물플랑크톤은 일차생산자를 소비한다

일차생산자를 먹는 부유생물인 종속영양 플랑크톤을 **동물플랑크톤**(zooplankton)(*zoion*: animal)이라 한다 동물플랑크톤 생물은 해양에서 가장 수가 많은 일차소비자이다. 이들은 마치 소가 풀을 먹듯이, 영양단계 피라미드의 밑바닥에 있는 큰 남조박테리아, 돌말류, 와편모조류와 기타 플랑크톤을 초식한다(먹는다). 동물플랑크톤의 생체량은 전형적으로 식물플랑크톤의 10% 정도이며, 이들 사이에 존재하는 수확 관계에 의하면 합리적인 값이다.

동물플랑크톤의 다양성은 놀랍다. 거의 모든 중요한 동물 분류군이 포함되어 있다. 모두가 물에서 먹이를 모으는 데 전문가이다. 가장 수가 많은 동물플랑크톤 생물은 미생물 먹이고리의 아주 작은 미세편모충류와 섬모충류이다. 개체수의 70%를 차지하는 더 큰 소비자는 작은 새우 모습인 **요각류**(copepod)이다(**그림 14.15**). 요각류는 게, 바닷가재와 새우도 포함하는 갑각류의 하나이다.

모든 동물플랑크톤이 작은 것은 아니지만, 많은 종류가 1~2 cm의 범위에 속한다. 가장 큰 떠살이 동물플랑크톤은 *Cyanea* 속 해파리로 갓의 지름이 3.5 m나 된다!

대부분의 동물플랑크톤은 부유생물 군집 속에서 일생을 보내기 때문에 **종생플랑크톤**(holoplankton)이라고 한다. 그러나 일부 부유동물들은 게, 따개비, 조개, 불가사리 등과 기타 저서 혹은 유영생활을 하는 생물의 유생 단계 동물이다. 일시 방문자인 이들은 **일시성플랑크톤**(meroplankton)이라 한다(**그림 14.16**). 거의 대부분의 동물 무리들은 일시성플랑크톤 시기를 보내며, 심지어 힘 센 참치도 짧은 일시성플랑크톤 시기를 갖는다. 이렇게 편리한 구분 방법은 동물플랑크톤과 식물플랑크톤 모두에 적용될 수 있다. 가장 많은 수의 식물플랑크톤과 동물플랑크톤 종류가 종생플랑크톤이다.

가장 중요한 해양 동물플랑크톤 중 하나는 **크릴**(krill, *Euphausia* 속, **그림 14.17**)로 알려진 표영계 절지동물이며, 남극 생태계의 핵심종이다. 엄지손가락 크기의 새우와 비슷한 갑각류인 크릴은 대부분 남반부 극지 해역에서 풍부한 돌말류를 초식한다. 엄청난 수의 크릴은 다음 단계로 바닷새, 오징어, 물고기와 고래의 먹이가 된다. 5억~7.5억 미터톤의 크릴이 남극 해양에 살고 있으며 최고 농도는 생산력이 높은 웨들 해의 용승류에서 나타난다. 크릴은 규모가 수 km^2에 이르는 큰 무리로 떼를 지어 이동하며, 지구상 인간의 총 생체량보다 많다! 이들은 부유하는 갑각류라기보다 어류 무리에 가깝게 행동한다.

비록 주된 유영 방식은 연직방향이 아니라 수평이동이지만, 크릴과 일부 해파리 같은 비교적 큰 플랑크톤생물은 수층에서 하루에 약 100 m 정도를 상하로 이

그림 14.15 동물플랑크톤 요각류. 요각류는 아마도 지구에서 가장 수가 많고 넓게 분포하는 동물일 것이다. 여기에 보이는 종은 최대 크기가 0.5 mm 정도이다.

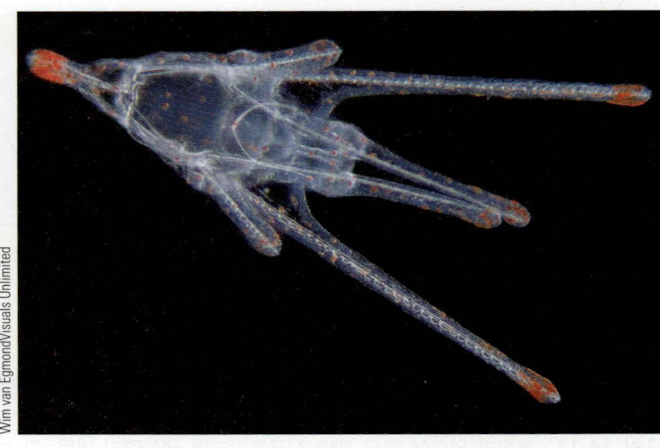

그림 14.16 성게 유생은 잠깐 동안 플랑크톤 군집에 속하기 때문에 일시성 플랑크톤이라고 한다. 성숙하면 플랑크톤을 떠나 해저 바닥에 정착한다.

동하고 있다. 최근 연구에서는 이러한 일주 수직이동이 영양염이 풍부한 심층수와 영양염이 결핍된 표층수를 혼합하는 것을 보여 주었다. 이러한 '조용한 난류'는 햇빛이 있는 표층에서 식물플랑크톤에게 영양염이 전달되는 방법으로 전에는 인식되지 않았던 것이다.

보통 '해파리'라고 불리는 종류가 플랑크톤 군집에서 가장 다양한 종류의 구성원을 잘 보여 줄 수 있을 것이다. 모든 해양에서 흔히 나타나며, 속이 비치는 투명한 동물은 해파리, 익족류, 살파와 빗해파리 등 소수의 분류군에 속한다(15장 참조). 이들은 현미경에서 볼 수 있는 정도의 크기에서 엄청나게 큰 종류까지 있고, 몸무게를 줄이고, 침강을 지연시키고, 먹이를 덫으로 잡는 등 경이로운 수준의 광범위한 적응을 보여 주고 있다. 주목할 만한 동물의 몇 종류를 **그림 14.18**에서 볼 수 있다.

작지만 중요한 부유생물 **유공충**(foraminifera)은 아메바와 근연관계이다(**그림 14.19**). 아메바처럼 긴 원형질 실(허족)을 뻗어 내어 먹이를 낚아챈다. 대부분의 유공충은 석회질 껍데기를 갖고 있다. 5장에서 본 바와 같이 거대한 석회질 연니의 백색 퇴적물은 유공충 껍데기가 바다 밑바닥에 쌓여 만들어진 것이다. 다른 식물플랑크톤 퇴적물의 경우와 같이 이들 지층의 일부가 융기하면 육상에서도 발견될 수 있다.

동물플랑크톤은 먹이와 산소 모두를 식물플랑크톤에게 의존하고 있다. 침강하는 생물 잔해물의 분해와

그림 14.17 크릴(*Euphausia superba*). 새우처럼 생긴 이 크릴(갑각류)은 실물의 2배 정도 크기이며, 전 세계 해양에 분포한다. 특히 남극 해역에 많다.

동물플랑크톤 활동으로 빛 조건이 좋은 표층 아래에 흔히 **산소최소층**(oxygen minimum zone)이 형성된다: 산소가 그 층의 동물에 의해 소비되고, 식물플랑크톤에 의해 보충되지 않는다(그림14.10 참조). 동물플랑크톤의 일부 종과 소수 유영동물은 야간에 산소최소층에서 어두운 표층으로 상승하여 표층에 부유하는 작은 생물을 먹는 연직이동을 한다.

고래상어(어류)나 수염고래(포유류)와 같은 가장 큰 해양 동물은 먹이를 잡아먹기 위해서 큰 동물을 추격하여 공격하는 데 에너지를 소비하지 않는 것이 흥미

사자의 갈기 해파리 *Cyanea* 속. 지구상에서 제일 크다. 가장 큰 것은 해파리 갓의 지름이 2.3 m였고, 촉수의 길이가 36.5 m였다.

NORBERT WU/MINDEN PICTURES/National Geographic Image Collection

관해파리 종류는 군체를 이루는 동물이며 40 cm 길이까지 자란다.

NORBERT WU/MINDEN PICTURES/National Geographic Image Collection

빗해파리(*Beroe* 속)가 북극 해역에서 먹이를 찾아 이동하고 있다. 이 동물은 호두 크기 정도이다.

PAUL NICKLEN/National Geographic Image Collection

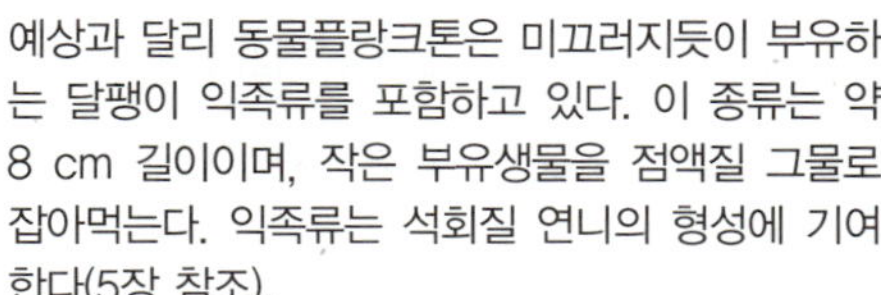

예상과 달리 동물플랑크톤은 미끄러지듯이 부유하는 달팽이 익족류를 포함하고 있다. 이 종류는 약 8 cm 길이이며, 작은 부유생물을 점액질 그물로 잡아먹는다. 익족류는 석회질 연니의 형성에 기여한다(5장 참조).

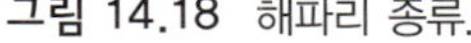

그림 14.18 해파리 종류.

그림 14.19 유공충. '창문을 가진'이란 뜻을 갖고 있다. 껍데기의 얇은 부분을 통해 빛이 비치는 모습.

롭다. 그 대신 이렇게 제일 큰 동물은 동물플랑크톤을 여과로 모아서 엄청난 양을 먹는다. 그들이 먹는 동물플랑크톤은 언제나 일차소비자인 것은 아니다. 미세 일차소비자를 다소 큰 갑각류인 크릴과 같은 이차소비자도 먹는다. 이런 방법으로 고래와 다른 큰 여과 섭식자들은 공급원에 가까운 곳에서 에너지를 수확할 수 있어서 효율과 양적인 측면에서 이익을 얻고 있다.

개념점검

22. 식물플랑크톤과 동물플랑크톤은 어떻게 다른가? 종속영양생물은 독립영양생물과 어떻게 다른가?
23. 종생플랑크톤은 일시성플랑크톤과 어떻게 다른가?
24. 산소최소층은 어떻게 형성되는가?

14.9 해조류와 해산식물은 다양하며 효율적인 일차생산자이다

모든 해양의 생산자가 단세포 플랑크톤은 아니다. 비록 해양의 일차생산력이 단세포 식물플랑크톤에 의해 생성되지만, 1~5% 정도는 해조류라고 하는 대형 해양 **다세포 조류**(multicellular algae)에 의해 생성되고 있다(**그림 14.20**).

광합성을 하지만, 해조류는 과학적으로는 진정한 식물이 아니다. 구조와 생화학적으로 해조류는 관다발식물과 너무 달라서 대부분의 식물플랑크톤이 속하는 비교적 단순한 생물체의 다양한 분류군으로 구성된 원생생물로 분류되고 있다. 진정한 해산식물은 해초와 맹그로브이며 다음 차례에 다룰 것이다. **조류**(algae)는 엽록소를 갖고 광합성을 할 수 있는 비관다발식물을 종합적으로 일컫는 용어이다.[4]

해조류는 다양한 크기와 모습을 보여 준다. 제일 큰 것은 길이가 62 m까지 자라는 것도 있다. 제일 작은 종류는 바위 표면에 살짝 발라 놓은 것처럼 보인다. 일부 대형 조류는 해저에서 바다 숲을 형성하며, 다른 종류는 단독으로 자란다. 해변에서 말라 죽은 해조류는 해변에 온 사람들에게 원래의 아름다운 모습과 우아함을 전혀 보여 주지 않지만, 해조 숲은 우아하고 아름다운 자태로, 복잡한 상호 연관성을 숨기고, 안식처인 보육장 모습을 드러내며, 영양분도 제공해 주고 있음을 다이버는 확인할 수 있다. 해조류는 광합성으로 생존에 필요한 에너지가 풍부한 화합물을 만들기 때문에 진광대보다 더 깊은 수심에서는 자라지 못한다. 대략 7천여 종의 다세포 해양 조류가 알려져 있다.

다양하고 복잡한 적응으로 해조류는 수심이 얕은 곳에서 번무하고 있다 처음 보면, 해양조류와 식물이 쉽게 살아가고 있는 것처럼 보이지만, 해양 표층에 사는 것이 위험이 없는 것은 아니다. 대형 조간대 독립영양생물은 썰물 때 대기와 햇빛에 노출되어 건조되는 영향을 받거나, 밀물 때에는 파도에 의해 바위에 후려쳐진다. 생물 자신의 물리적 특성으로 이러한 어려움을 어느 정도 견뎌 내고 있다—조류의 몸체는 유연하며 쉽게 충격을 흡수할 수 있으며, 마모에 견디고, 물의 항력을 감소시키기 위해 모습이 유선형이며, 매우 강인하다.

수온이 높고 영양염이 부족한 경우, 해조류의 성공이 제한될 수 있다. 높은 수온은 빠른 대사율을 초래하여, 따뜻한 해수의 용존 산소량은 조류가 밤에 호흡을 위해 필요한 양보다 충분하지 않을 수도 있다. 따뜻한 수온은 연약한 보조색조와 광합성 및 호흡에 필요한 단백질을 산산히 파쇄할 수 있다. 대형 조류는 따뜻하고 영양염이 부족한 해역에서는 잘 나타나지 않는다. 다이버들은 열대 해역에서 쉽게 해조숲을 찾아볼 수 없다는 것에 대하여 놀라워한다. 영양염 용승이 있는 수온이 낮은 온대와 아한대 해역에서는 간혹 두터운 조류 매트

[4] algae의 단수형은 alga이다.

갈조류 *Macrocystis*의 엽상체와 엽상부 기부에 있는 기낭의 확대 모습. 빨리 성장하고 생산력이 매우 강한 대형 해조로서, 북아메리카의 서해안에서 해조숲의 장관을 이루는 곳에서 볼 수 있는 우점종이다.

전형적 다세포 해조류의 엽상체(체형). 이 식물은 하루에 50 cm까지 성장할 수 있으며, 길이가 40 m에 이를 수 있다.

그림 14.20 해조류.

와 빽빽한 해조숲이 형성되어 있다.

또 다른 어려움은 적절한 정착지 혹은 기질이 있어야 한다는 것이다. 부착 해조류는 견고한 발판이 필요하다. 모래나 진흙의 연성 저질은 대부분의 대형 조류가 군집을 형성하기에는 부적절하다. 해조류의 성장이 가능한, 수심이 얕고 암반과 같이 단단한 저층 해역은 2%도 되지 않는다.

또한 해양 생활형도 어느 정도 장점을 제공한다. 해양조류와 식물은 건조에 전혀 노출되지 않으며 언제나 광합성에 충분한 이산화탄소를 갖고 있다. 적절한 영양염 수준과 괜찮은 부착 기질 조건이 있다고 가정하면, 햇빛만이 생산력을 결정하게 된다. 해수에 잠기는 것도 가벼운 구조의 장점을 추가로 제공한다. 해조류는 주위 해수와 거의 같은 밀도이기 때문에 튼튼한 지지 구조가 필요하지 않다. 따라서 몸 안에 갖고 있는 많은 것을 광합성에 쓸 수 있다. 사실 일부 해조 밭의 생산력은 지구상의 어떤 독립영양생물 군집 중에서 가장 크다.

많은 종류의 대형 해조류에서 해조류의 높은 일차 생산력이 놀랍게도 많이 새어 나간다는 사실은 매우 중요하다. 즉 탄수화물과 기타 광합성 산물이 엽상부와 줄기부에서 마치 차 봉지에서 차가 우려 나오듯이 확산되어 빠져나간다는 사실이 특히 강조되어야 한다. 생산된 모든 유기물질의 절반 정도까지 이렇게 소실되고 있다. 대형 갈조류 밭 주위에서 볼 수 있는 거품의 일부는 이렇게 빠져나온 물질에서 만들어진 것이다. 성게와 기타 종속영양생물은 이러한 분자들을 그들의 표피 혹은 외측 막을 통해 직접 흡수할 수도 있어, 수십 혹은 수천 미터 떨어진 곳의 대형 갈조 식물을 먹는 셈이다.

해조류는 관다발식물이 아니다 광합성 생물은 탄수화물을 만들기 위해 이산화탄소, 물, 영양염과 햇빛이 필요하다. 육상 식물은 빛과 공기에 노출된 잎 쪽으로 물과 영양염을 올려 주어야 하고, 먹이를 생성하고, 이들 중 일부를 뿌리로 되돌려 주어야 한다. 이러한 작업을 수행하기 위해 도관의 다발이 필요하다. 해조류는 이 네 가지 요구 조건을 모두 그들의 몸 안에 동시에 충족하고 있기 때문에 이러한 도관이 필요하지 않다.

일반적인 명칭인 잎, 줄기와 뿌리는 기본 구조적으로 도관이 있다는 가정에서 정의된 용어라서 해조류에는 적절하지 않다. 겉으로 보기에 잎을 닮은 구조를 **엽상부**(blade, frond)라고 하고, 줄기와 비슷한 구조를 **줄기부**(stipe), 그리고 기부에서 뿌리 모양으로 뒤섞인 구조를 **부착부**(holdfast)라고 부른다. 많은 종류들의 **기낭**(gas bladder)은 표층의 강한 빛이 있는 표층으로 도달하게 도와준다. 엽상부, 줄기부, 부착부는 개체의 몸인 **엽상체**(thallus)를 구성한다. 각 부분의 명칭을 **그림 14.20a**에 표시하였다.

조류 엽상체 형태는 소형 혹은 대형, 분지형 혹은 덤불형, 보자기형 혹은 사상체형, 포복형 혹은 신장형, 둥근형 혹은 뾰족형 등 조류 내에서도 모습이 엄청나게 다양하다. 조류 엽상체는 양면으로 대칭을 이룬 광합성 조직을 갖고 있고, 전 표피층을 통하여 기체를 흡수하고, 번식에도 참여하고 있다. 줄기부는 강하고, 광합성을 할 수 있으며, 엽상부를 하나로 묶어 외부 충격을 완화시키는 연결 부위이다. 부착부는 외형상 관다발식물의 뿌리처럼 보이지만, 기질에서 물과 영양염을 흡수하지 않고, 단지 기질에 고정시켜 붙어 있게 하고, 많은 다양한 동물들에게 부수적인 대피 장소를 제공하기도 한다.

해조류는 광합성 색소로 분류한다 해조류는 어느 정도는 조직에 있는 색소체로 분류한다. 이러한 **보조색조**(accessory pigment, 혹은 가림색소)는 빛을 흡수하는 화합물이며 엽록소 분자와 밀접하게 연관되어 있다. 이들은 엽록소와 화학적으로는 같지 않으나, 이들과 느슨하게 결합되어 있다. 이들은 깊은 곳에서 약한 청색광을 흡수하고, 이 에너지를 인접 엽록소 분자에 전달하여 광합성을 상당히 촉진시킨다. 보조색소는 갈색, 황갈색, 황록색, 혹은 적색이며, 이들이 대부분의 해양 독립영양생물 특히 해조류의 특징적인 색을 갖게 한다.

다세포 해양 조류는 몸의 색을 기초로 세 가지 분류군으로 나눈다. 가림색소가 없는 엽록소를 지닌 녹조류는 **녹조식물문**(Chlorophyta), 갈조류는 **갈조식물문**(Phaeophyta), 그리고 홍조류는 **홍조식물문**(Rhodophyta)에 속한다. 갈조류는 해안에서 가장 친숙한 해조류이며, 홍조류는 가장 수가 많다.

갈조류 대략 1,500여 종이 속하는 갈조류의 대부분은 해산이다. **대형 갈조류**(**켈프**, kelp)가 속하는 가장 큰 일부 해조는 길이가 40 m까지 자라며, 최장 기록은 60 m이다. 이렇게 크게 성장하려면, 하루에 50 cm씩 놀라운 속도로 자라야만 가능하다. 일부 갈조류는 일년생이고, 또 다른 종류는 7년까지 자라기도 한다. 갈조류의 황갈색 혹은 갈색은 보조색소에서 나온 것이며, 엽록소가 광합성을 할 수 있는 깊이보다 더 깊은 곳에서 이 색소로 광합성을 할 수 있다. 이상적 조건에서 대형 갈조류는 수심 35 m에서도 자랄 수 있다.

태평양의 대형 갈조류(켈프) 해조숲 대부분은 지구상에서 가장 크고 아름다운 *Macrocystis* 속 생물로 구성되어 있다(그림 12.20에서 볼 수 있음). 대부분의 갈조류는 위도 30도보다 고위도인 온대와 극지 해역에서 생육하고 있으나, 몇몇 종은 열대 해역에서 자라기도 한다. 지구 전체 갈조류의 분포는 **그림 14.21**에서 볼 수 있다.

홍조류 지구상 모든 해조류 중 대부분이 홍조류이다. 다른 중요 해조류 분류군을 다 합한 것보다 홍조류에 속하는 종류가 더 많다. 홍조류는 갈조류보다 크기가 작고, 더 복잡해지는 경향이 있다. 홍조류는 정교한 보조색소를 갖고 있어 흐릿한 광에서도 탁월하게 광합성을 수행할 수 있다. 이 화합물은 인간의 눈으로는 감지할 수 없는 빛 조건의 수심에서도 충분하게 빛에너지를 흡수하고 전달하여 광합성을 할 수 있다.

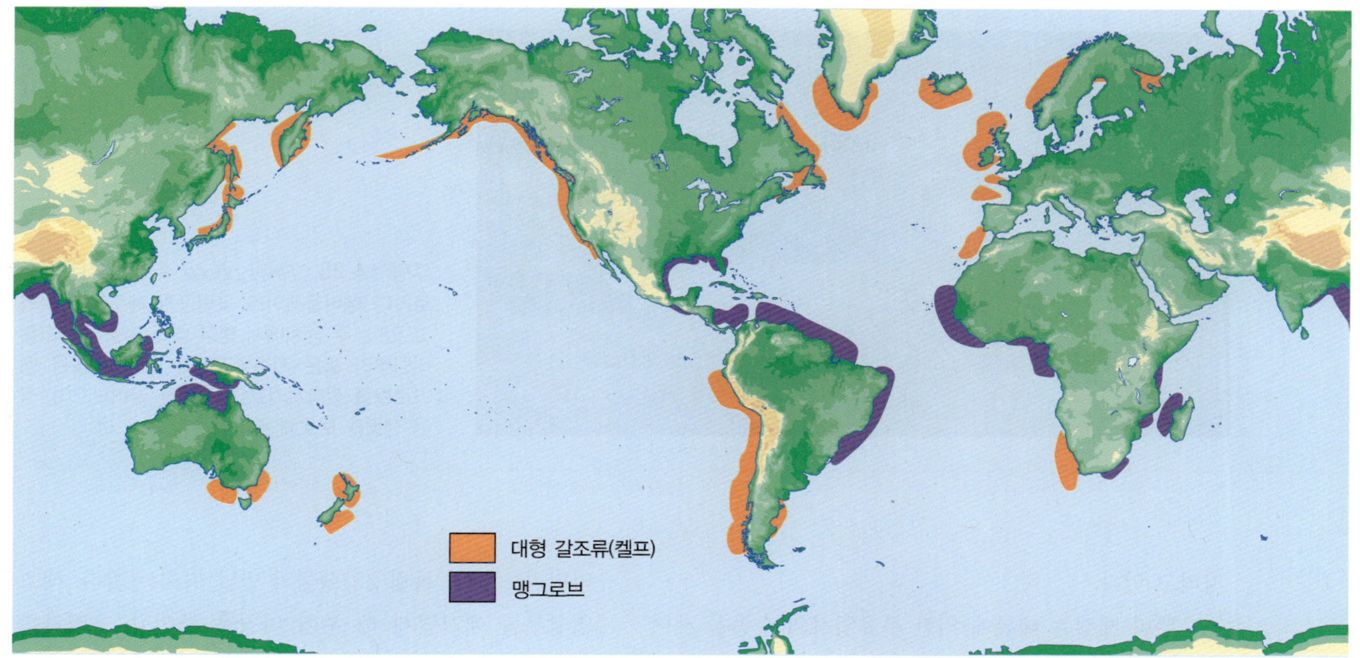

그림 14.21 대형 갈조류(켈프) 해조밭과 맹그로브 군집의 지구상 분포.

역설적이지만, 해수 표면의 갯바위에 붙어 사는 홍조류도 많다. 짙은 보조색소는 아주 밝은 빛을 가려 광합성 생산 기구를 보호하는 역할도 하고 있다. 산호조 혹은 석회조는 밝고 선명한 도자기 유약을 발라 놓은 모습, 한 조각의 산딸기 샤벳 빙과가 녹은 모습, 혹은 표면 위로 우둘두둘한 플라스틱 막을 아무렇게나 던져 놓은 모습처럼 보인다.

관다발식물이 진정한 해산식물이다 해조류가 식물처럼 보이지만, 실제로는 다세포 조류이다. 이전 단원에서 다룬 단세포 돌말류와 와편모조류는 **단세포 조류**(unicellular algae)이다. 조류는 식물이 갖고 있는 도관 및 다른 구조적, 화학적 특징을 갖고 있지 않다. 거의 모든 대형 식물은 관다발식물이다. 관다발식물의 몇몇 종만이 해양에 정착하고 있다. 모두가 육상 조상에서 기원하였으며, 얕은 연안 해역에서 생육하고 있다. 가장 눈에 띄는 해산 관다발식물은 해초류(seagrass)와 맹그로브이다.

가장 아름다운 해초는 선명한 진녹색의 갯바위 해초로 *Phyllospadix* 속이며 계절 따라 꽃도 피우고 보송보송한 열매도 맺는다. 이 식물은 온대 동아시아와 북아메리카 서해안의 사나운 파도가 휩쓸고 지나가는 조간대와 조하대에서 생육하고 있다(**그림 14.22**).

그림 14.22 조수 웅덩이 속에 있는 선명한 녹색의 갯바위 해초 *Phyllospadix*. 해초는 관다발식물이며 해조류가 아니다.

열대와 아열대 저지대 진흙 연안에는 간혹 **맹그로브**(mangrove) 나무들이 뒤엉켜 있다. 크고 꽃을 피우는 이 식물은 절대로 다 잠기지는 않지만, 해양에 친숙하게 연관되어 있기 때문에 해산식물로 다루고 있다. 이들은 퇴적물이 풍부한 인도양과 태평양, 아프리카 열대 해역, 아메리카 열대 해역의 석호, 만, 강하구에서 잘

그림 14.23 *Rhizophora* 속 맹그로브가 플로리다 에버글레이즈 국립공원 해수에서 자라고 있다. 주 둥치에서 뻗어 내려 뒤얽힌 뿌리를 버팀뿌리 혹은 지주뿌리라고 한다. 이들은 맹그로브를 정착시키고, 퇴적물을 끌어모으며, 작은 생물을 보호해 준다.

자라고 있다.

뿌리 체제는 해류에 의한 부유입자의 수송을 제어하여 식물 주위로 퇴적물을 포집하여 붙들고 있다. 따라서 맹그로브숲은 삼각주와 다른 연안역 습지의 안정화와 확장에 도움을 주고 있다. 뿌리 체제는 쉽게 침투할 수 없는 경계를 형성하여 나무 기부 주변에 안전한 장소를 제공하고 있다.

지구상에서 가장 넓게 분포하는 남플로리다의 맹그로브 군집은 주로 홍수림(red mangrove)인 *Rhizophora* 속 식물로 구성되어 있다. 펼쳐진 잎은 강한 열대 태양을 가려 주고, 뒤얽힌 뿌리는 큰 포식동물의 침입을 막아 주어, 엄청나게 많은 농게, 갯지렁이류, 해양과 육상 달팽이, 어류, 굴과 홍조류가 살고 있다. 새와 곤충도 숲 위층에 살고 있으며, 이들의 배설물이 떨어져 퇴적물을 비옥하게 한다.

맹그로브 씨는 나무에서 발아한다. 씨가 떨어질 때 썰물 조건이면, 떨어지는 힘으로 씨는 펄 바닥 위에 박혀 심겨지고 계속해서 성장하게 된다. 밀물일 경우, 씨가 물 위에 떨어지면 성장을 멈추고, 새로운 장소로 흘러가서 펄 속에 뿌리가 닿아 발판을 마련하면 다시 성장을 계속한다. 식물은 20~30년 동안 성육하여 높이가 8~10 m 정도가 된다. 새로운 맹그로브 군집이 연안에서 멀리 떨어진 펄과 모래톱에 형성되기도 한다. 이들이 이곳을 안정화해서 결국은 새로운 육지를 생성한다.

해조류는 상업적으로 중요하다 바다에 가 본 적이 전혀 없더라도 해양 독립영양생물과 만날 기회는 많다. 해조엽상부를 매끄럽게 해 주어 마찰을 줄이고, 초식자를 포기하게 만드는 데 매우 효과적인 점액질 물질을 수확하여 상업적으로 중요한 알긴(algin)이라는 생산물을 만든다. 이를 추출하여 정제한, 길고 서로 얽히는 분자는 직물을 강화하는 데 사용되고, 접착제를 생산하는 데 쓰이며, 샐러드 드레싱에서 물과 기름을 함께 섞이게 하며, 아이스크림에서 알갱이의 형성을 억제하고, 맥주와 포도주를 맑게 해 주고, 구두 착색약, 비누, 면도크림 등을 생산하는 데 사용된다. 패스트푸드 식당에서 해조류 추출물인 카라기난을 이용하여 새로 인기 있는 건강 햄버거를 만드는 데 지방의 일부를 대체하여 사용하고 있다. 이러한 해조 물질은 소화기 발포제의 거품이 흩어지지 않도록 하고, 초콜릿 우유가 냉장고에서 따로 분리되지 않도록 하며, 액상 자동차 왁스의 마모물질이 병 바닥에 가라앉지 않도록 한다. 생물학 실험실에서는 해조류에서 추출한 아가(한천)에 박테리아를 배양한다. 아마도 지금 읽고 있는 글자를 찍은 잉크도 알긴 혹은 카라기난 성분을 갖고 있을 것이다.

해산식물의 활용에 대해서는 17장 해양자원에서 다룰 것이다.

개념점검

25. 조류란 무엇인가? 모든 조류가 해조류인가?

26. 해조류는 어떻게 분류하는가? 어떤 해조류가 가장 깊은 곳에서 살고 있는가? 왜 해조 생리학에서 보조색소가 중요한가?

27. 해산 종자식물의 예를 제시하라. 이들은 관다발식물인가 혹은 비관다발 조류인가?

28. 해산 조류와 식물은 어떤 상업적 중요성이 있는가?

학생들의 질문

1. 해양 바이러스는 얼마나 많은가? 만일 내가 바다에서 수영할 때 바이러스 감염에 대하여 고려해야 하는가?

해양에 바이러스가 존재한다는 것에 대하여 알고 있었지만, 광범위한 해양 환경에 엄청나게 많은 수로 존재한다는 것이 확인된 것은 1980년대 후반이다. 얼마나 많이 있는가? 해수 1 mL에 1천만~1억 개체 정도이다. 인간에게 위험한가? 이렇게 엄청난 수의 바이러스는 오로지 작은 남조박테리아에게만 감염되는 숙주선택 바이러스로 진화된 박테리오파지이다.

2. 내용을 바로 이해하였다면, 최근 해양에서 발견된 아주 작은 미세생물(남조박테리아, 바이러스)이 정말로 대단한 사건처럼 보일 것이다. 어디에서 이러한 계통의 연구를 선도하고 있는가?

우리는 단지 겉 표면만 살짝 긁어 봤을 뿐이다. 1980년대 중반 이전에는 이러한 생물들은 그야말로 틈 사이로 다 빠져나갔다. 전통적 채집조사 방법으로는 이들을 포집할 수 없었다. 최근 논문에서 우즈홀 연구소의 소긴(Mitchel Sogin)은 해양에 존재하는 서로 다른 박테리아의 종류 수는 오백만에서 천만을 초과할 것이라고 제시하였다.[5] 이는 1 mL에 있는 개체수가 아니라 서로 다른 종류의 수이다. 소긴은 해양학자들이 이제야 겨우 알기 시작한, 아직 탐사되지 않은 서식환경의 온 누리가 존재한다는 사실을 시사하고 있다. 정말이다.

3. 왜 해양 남조박테리아는 놀랄 만큼 성공적인가?

이들은 매우 작아서 표면적 대 부피비가 매우 크다. 이들은 물질을 빨리 흡수하여 대사할 수 있다. 크기가 작기 때문에 빨리 가라앉지 않으며, 따라서 이들은 미생물 먹이고리의 생산-대사 순환이 진행되는 유광층에 오랫동안 머무를 수 있다. 원녹조류 *Prochlorococcus* 종류는 해양에서 일어나는 광합성의 반을 기여하는 것으로 보고 있다.

[5] 2009년 Proceedings of the National Academy of Sciences 논문에 게재.

4. 와편모조류에서 침입(침범) 경보 메커니즘으로 진화시킨 생물발광은 어떤 것인가?

일부 와편모조류는 동물플랑크톤의 공격을 받았을 때 섬광을 낸다. 이 빛은 동물플랑크톤을 깜짝 놀라게 하고 포식을 방해한다. 이는 큰 생물에게 동물플랑크톤의 존재를 알려서 동물플랑크톤 쪽으로 포식자를 끌어들인다. 행동연구에 의하면, 와편모조류를 먹는 초식동물은 와편모조류의 청색 섬광에 대하여 부정적으로 반응하였고, 아마도 이러한 이유에서 발광하는 것으로 생각한다.

5. 동물플랑크톤은 보상수심을 갖고 있는가? 있다면, 대부분의 식물플랑크톤의 보상수심보다 위에 있는가, 아래에 있는가, 아니면 같은 깊이인가?

보상수심 개념은 동물플랑크톤에게 아무런 의미가 없다. 보상수심은 오로지 광합성과 호흡 모두 가능한 독립영양생물에게만 적용된다. 동물은 자신의 먹이를 만들 수 없어, 즉 독립영양생물이 아니기 때문에, 결코 생산력이 소비와 같을 수가 없다.

6. 크릴이 수평적으로 상당한 거리를 유영할 수 있다고 언급하였다. 그렇다면 이들을 플랑크톤의 범주에 포함시키는 것이 부적합하지 않은가?

일본 연구팀이 사이드스캔소나를 장착한 2척의 연구선을 이용하여 유영하는 크릴을 따라 14일 동안 278 km 거리를 추적한 바 있다. 이 연구에서 파도나 해류의 흐름에 거슬러서 한 방향으로 지속적으로 이동할 수 없는 동물을 동물플랑크톤으로 분류하는 것이 크릴의 경우에는 실질적으로 적용하기 어렵다는 것을 발견했다. 비록 전통은 쉽게 잘 없어지지 않지만, 조만간에 남극 해양생태계의 핵심종인 크릴이 제1 동물플랑크톤의 지위를 잃지는 않을 것이다.

요약

이 단원에서 총괄적으로 플랑크톤이라고 알려진 해양에서 떠다니는 생물에 대하여 학습하였다. 돌말류와 와편모조류와 같은 큰 단세포 식물성 개체와 함께 박테리아와 남조박테리아도 총체적으로 식물플랑크톤이라고 하며 해양 일차생산력의 대부분을 책임지고 있다.(해조류라고 하는 대형 해양 생산자와 화학합성에 의존하는 비교적 단순한 생물들이 나머지를 차지하고 있다.)

식물플랑크톤과, 크기가 작고 떠다니거나 약하게 유영하는 동물로서 식물플랑크톤을 소비하는 동물플랑크톤은 대부분의 해양 먹이망에서 최초의 연결 고리이다. 플랑크톤은 연안 해역을 따라서, 온대 해역의 상부 유광층, 적도 용승 해역과 남반부 아극지 해역에서 가장 흔하다. 부유성 남조박테리아는 특히 큰 식물플랑크톤에게 필요한 영양염이 부족한 열대 해역과 같은 해역에서 간혹 믿기 어려울 정도로 아주 많이 존재한다.

많은 물리적, 생물학적 요인들이 해양의 일차생산력에 영향을 주고 있는데 가장 중요한 것은 빛과 무기영양염류이다. 전 세계적으로 해양의 생산력은 거의 확실하게 육상 생산력을 능가하지만, 해양에서는 육상보다 훨씬 작은 생체량으로 일차생산력을 담당하고 있으며 해양 생산자는 상당히 더 효율적으로 포도당 분자를 만들고 있다.

해조류로 알려진 큰 생산자는 색소의 색으로 세 가지 큰 무리로 분류한다: 녹조류, 갈조류, 그리고 홍조류. 갈조류의 일부는 대형 갈조류(켈프)라고 하며, 해수면 아래에서 거대한 해조숲으로 자란다. 대형 해양 독립영양생물이 모두 조류는 아니며, 일부 해초와 맹그로브는 진정한 식물이라는 것을 주목하라.

다음 단원에서는 해양 종속영양생물인 동물에 대하여 배울 것이다. 자신들의 먹이를 만들지 않아도 되는 동물은 초식, 포식, 그리고 기생에 놀랍게 적응하며 진화하고 있다.

주요 용어

갈조식물문(Phaeophyta)
기낭(gas bladder)
나노(미소)플랑크톤(nanoplankton)
남세균, 남조박테리아(cyanobacteriaum)
녹조식물문(Chlorophyta)
다세포 조류(multicellular algae)
단세포 조류(unicellular algae)
대형 갈조류, 켈프(kelp)
대형플랑크톤(macroplankton)
돌말껍데기(frustules)
돌말류, 규조류(diatom)
돌말판(valve)
동물플랑크톤(zooplankton)
맹그로브(mangrove)
미생물 먹이고리(microbial loop)
보상수심(compensation depth)
보조색소(accessory pigment)
부유생물(plankter)
부착부(holdfast)
비보존성 영양염(nonconservative nutrient)
산소최소층(oxygen minimum zone)
생물발광(bioluminescence)
석회비늘편모조류, 원석조류(coccolithophore)
식물플랑크톤(phytoplankton)
엽상부(blade)
엽상체(thallus)
와편모조류(dinoflagellate)
요각류(copepod)
유공충(foraminifera)
유영동물(nekton)
일시성플랑크톤(meroplankton)
조류(algae)
종생플랑크톤(holoplankton)
줄기부(stipe)
초극미소플랑크톤(femtoplankton)

크릴(krill)
편모(flagellum)
플랑크톤(plankton)
플랑크톤 네트(plankton net)
플랑크톤 대발생(plankton bloom)
피코(극미소)플랑크톤(picoplankton)
홍조식물문(Rhodophyta)

학습문제

익힘문제

1. 어떤 요인들이 생산력을 제한하는가? 엽록소의 광합성에 필요한 적색광의 부족에 대응하여 해양 일차생산자는 어떤 방법으로 진화하였는가?
2. 보상수심이란 무엇인가? 이 수심보다 아래에서는 식물플랑크톤에게 어떠한 일이 발생하는가? 동물플랑크톤의 경우는 어떠한가?
3. 미생물 먹이고리가 이렇게 오랫동안 간과되어 알려지지 않은 이유는 무엇인가?
4. 바다에서 플랑크톤 생산력이 가장 높은 곳은 어디인가? 그 이유는 무엇인가?
5. 비관다발 조류와 관다발식물은 어떻게 다른가? 왜 대부분의 해양 독립영양생물은 비관다발식물인가?

응용문제

1. 식물플랑크톤의 생산력은 해양 표층에서 가장 높은가? 표층 아래 수심에서 최적의 생산력 조건은 식물플랑크톤에게 어떤 장점을 제공하는가?
2. 캐나다 서해안에서 올림픽 수영장 크기 규모의 조석 작용이 뚜렷한 작은 만을 상상하라. 최적의 영양염, 안정된 저층, 그리고 여름철 태양 조건이라면, 생산력이 큰 갈조류 바다야자(*Postelsia*)가 한 달 동안 작은 만에서 생산한 해조 유기물은 습중량으로 몇 kg이나 되겠는가? 이것을 같은 면적의 알팔파 초원 생산과 비교해 보라. 우선 그림 13.4를 재검토하고, 이 단원에서 배운 해조류 생물학을 정리하라.

15 해양 동물

주요 목차

- 동물은 산소혁명이 마무리될 무렵에 탄생했다
- 무척추동물은 가장 성공적이며 풍부한 동물이다
- 벌레형 동물은 진화된 동물과 연관되어 있다
- 고등 무척추동물은 복잡한 몸과 내부 기관계를 가지고 있다
- 복잡한 척삭동물의 몸의 형성은 단단한 구조 위에 시작되었다
- 척추동물의 진화는 길고 다양한 역사를 지녔다
- 어류는 지구상에서 가장 흔하고 성공적인 척추동물이다
- 어류는 독특한 적응 능력 때문에 성공하였다
- 바다거북과 바다악어는 바다에 적응된 파충류이다
- 일부 바닷새는 세계에서 가장 효율적인 날짐승이다
- 해양포유류는 지구상에서 가장 큰 동물을 포함한다

핵심개념

1. 동물은 대기 중의 산소가 풍부해질 때까지 진화할 수 없었다. 광합성 독립영양생물(주로 남조세균)은 '산소혁명' 기간 동안 대기의 조성을 변화시켰다.
2. 초기의 다세포 동물을 포함한 모든 동물(생존하거나 화석화된 동물) 중 90% 이상이 무척추동물이다. 즉 등뼈가 없는 동물이다.
3. 어떤 기준으로 평가하든지, 절지동물(바닷가재, 새우, 게, 곤충을 포함한 그룹)은 지구상에서 가장 성공적인 동물이다.
4. 척삭동물은 단단한 구조의 척삭을 지녔다. 척추동물의 경우 이 구조는 척추로 존재한다.
5. 어류는 지구상에서 가장 풍부하고 성공적인 척추동물이다.
6. 해양포유류는 지구상에서 가장 큰 동물인 고래를 포함한다.

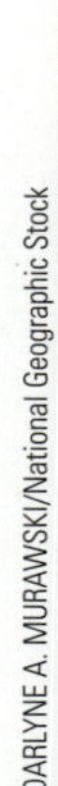

난쟁이 갑오징어(*Sepiola* 속)가 카메라를 응시하고 있다. 오징어의 사촌인 이 작은 두족류 연체동물은 인도양과 태평양에서 흔하다.

똑똑하고, 빠르고, 현란한 갑오징어는 모든 동물들을 통틀어 가장 지능적인 동물이다. 이 포식성의 해양 연체동물은 해저 부근에 살며, 10개의 팔을 이용하여 먹이를 잡는다. 팔에 붙어 있는 흡반은 작은 어류나 다른 연체동물과 갑각류를 포획하는 데 사용되며, 먹이를 분쇄하고 소화시키기 위해 강한 턱(부리)으로 전해 준다. 수관은 물을 분사하여 제트 추진을 얻기 위해 사용된다. 그리고 잉크(일부 종의 경우 발광성)는 포식자를 혼란에 빠뜨리기 위해 사용된다.

이 작은 갑오징어는 대단히 발달된 뇌와 매우 효율적인 눈을 지녔다. 갑오징어는 투명한 피부 속에 뒤집혀 있는 우산 모양의 구조를 지닌 색소세포(chromatophore)를 열고 닫음으로써 자신의 몸 색깔을 바꾼다. 이 사진에 보이는 무늬는 이 동물의 상태나 주변이 변함에 따라 수시로 변할 것이다.

지능에 있어서 갑오징어는 유인원과 일부 해양포유류를 제외하고 놀 줄 아는 소수의 동물 중 하나이다. 갑오징어를 키우는 수족관에서는 그들을 즐겁게 해 주기 위해 밝은 색깔의 장난감을 넣어 준다. 갑오징어는 방문자를 응시하면서 몇 시간을 보낸다. 그들은 싫증 나면 접촉을 피하기 위해 구석으로 후퇴한다. 어린아이들처럼 그들은 노는 것을 좋아하는 것 같다.

이 갑오징어와 같은 동물들은 우리에게 중요한 사실을 말해 준다. 어떤 구조나 행동이든지 그 종에게 유용한 것임에 틀림없다. 그렇지 않으면 그 구조나 행동은 존재하지 않을 것이다. 장기간으로 볼 때 모든 형태와 움직임은 그 생물이 성공적이 되도록 돕는다. 우리를 놀라게 하는 것은 동물들이 특정 환경에 대해 생존과 생식의 문제를 해결하기 위한 다양한 방법을 진화시킨 점이다. 이것이 동물들을 성공적으로 만들었다. 동물의 역사는 해양의 역사보다 훨씬 짧다. 오늘날 엄청나게 다양한 동물들이 존재하도록 만든 진화는 지구상에 산소가 풍부해지면서 시작되었다.

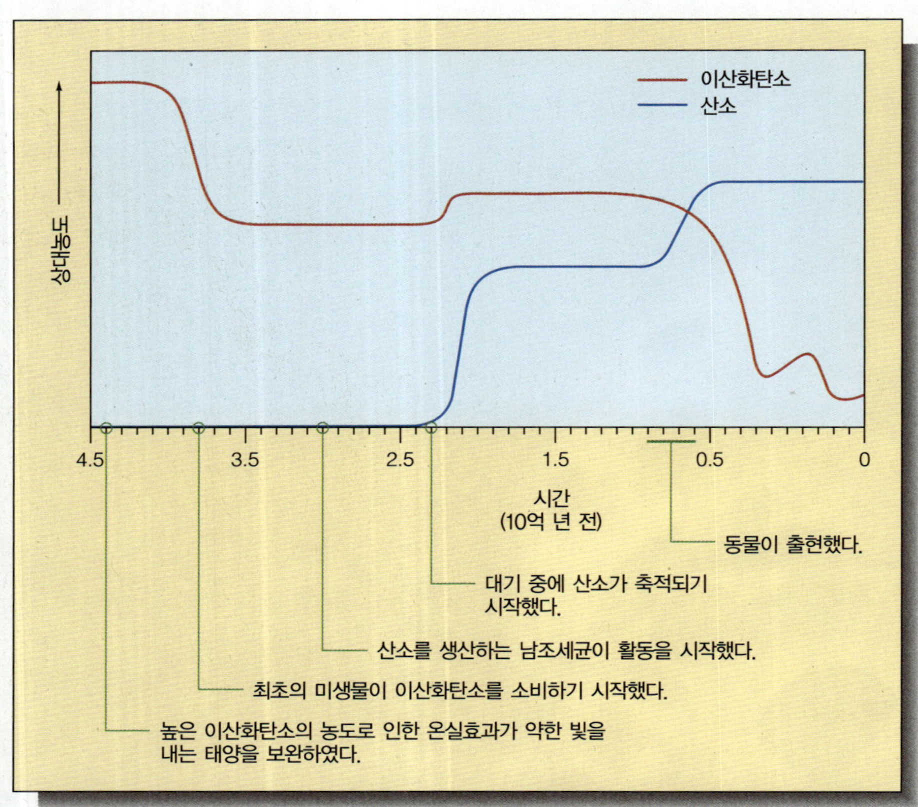

그림 15.1 약 20억 년에서 4억 년 전에 일어난 것으로 추정되는 지구 대기물질 구성의 급격한 변화를 나타내는 산소혁명을 보여 준다. 대부분 남조세균인 광합성 독립영양생물들의 활동이 대기 중의 산소함량을 급격히 증가시켰고, 그 결과 동물들의 진화를 가능하게 하였다. 동물들은 약 9~6억 년 전에 출현한 것으로 추정된다.(출처: Kasting, 2004.)

15.1 동물은 산소혁명이 마무리될 무렵에 탄생했다

2장의 내용을 상기해 보면, 지구상에 최초로 나타난 생명체는 아마도 바닷속에서 저절로 형성된 유기물을 흡수할 수 있는 작은 생물이었을 것이다. 초기 원시생명체는 이들의 먹이에 포함되어 있는 에너지를 자신들의 성장과 번식을 위해 이용하였다. 생물의 개체수가 증가함에 따라 먹이에 대한 경쟁이 점점 치열해졌다. 광합성이라는 메커니즘이 개발되지 않았다면 주변의 고에너지 분자가 고갈되면서 생물체들은 점차 사멸하게 되었을 것이다. 최초의 독립영양생물(아마도 남조세균의 초기 형태)은 태양 빛을 이용하여 주변의 무기물로부터 자신에게 필요한 유기물을 합성하게 되었고, 유기물질을 분해하여 에너지를 얻게 되었다. 이와 같은 단순한 형태의 독립영양생물의 생존이 가능해지고, 이들이 많은 양의 산소를 방출하면서부터 동물의 진화가 시작된 것이 분명하다.

최초의 동물은 단세포 생물이었다. 이들은 지구의 대기가 급격히 변화했던 시기인 '산소혁명' 기간 동안에 바다에서 번성하기 시작했다. 약 20억 년에서 4억 년 전 사이의 **산소혁명**(oxygen revolution) 기간 동안 광합성 생물인 독립영양생물의 활동이 대기의 유리 산소 농도를 1% 미만에서 현재의 수준인 약 20% 이상으로 변화시켰다(**그림 15.1**). 산소 농도의 증가는 산소호흡을 가능하게 하였고, 초기 동물들이 독립영양생물을 섭이함으로써 획득하였던 유기물 분자의 분해를 촉진시켰다. 이들 산소에서 유래된 오존은 태양으로부터 오는 대부분의 유해한 자외선을 차단시켜 주었으며, 그 결과 바다와 나중에 육지에서 많은 생물체가 성공적으로 생존할 수 있게 되었다.

동물(animal)은 자신의 먹이를 합성할 수 없는 다세포 생물이며, 움직일 수가 있다. 동물들은 그 수가 증가하면서 점차 복잡한 모습을 보이게 되었다. 번식된 이후 각기 떨어져서 사는 대신 일부 분열한 세포들이 함께 모이게 되었고, 군체(colony)를 형성하게 되었다. 이들 군체의 특수화된 세포들 사이에 역할이 분담되었으며, 결국은 이들 군체 내 세포들의 상호 의존도가 증가하면서 진정한 다세포 동물들이 진화되었다. 이들 군

a

오스트레일리아 에디아카라 언덕에서 발견된 약 5억 6천만 년 전의 체절을 가진 해양 동물 화석.

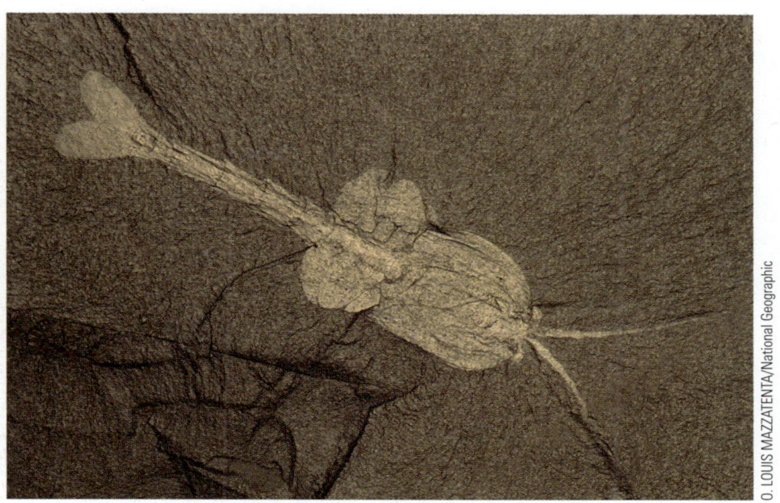

b

중국의 윈난 성 청장 지역에서 발견된 5억 1천만 년 전의 오늘날 절지동물과 유사한 해양 동물의 화석.

c

5억 년 전의 삼엽충 화석. 한때 삼엽충은 해양에 무성하였으나, 현재는 모두 멸종되고 없다.

그림 15.2 원시 해양 동물들.

체는 각 개체의 단순한 집합체가 아니라 특수한 기능을 수행하기 위한 특수화된 구조로 변화하기 시작했다.

구조와 복잡성 그리고 진화 역사에 있어서 서로 밀접한 유사성을 보이는 동물들의 무리를 **문**(phylum, 복수형은 phyla)이란 단위로 묶을 수 있다. 산소혁명 시기의 말엽에 일어난 급격한 동물 번성시기 동안 얼마나 많은 동물문이 나타났는지 아무도 모른다. 초기 해양생물들의 화석이 오스트레일리아의 에디아카라 언덕과 브리티시컬럼비아의 버제스 이판암층 그리고 중국 남서지역의 청장 지역에서 발견되었다. 이 지역은 한때 따뜻하고 퇴적물로 뒤덮인 열대해역 대륙붕의 일부였다. 이 지역에 분포하던 생물들은 아마도 저탁류의 유입으로 인해서 갑자기 퇴적물 속에 묻히게 되었고, 그들의 섬세한 몸의 형체가 그대로 보존되었다. **그림 15.2a**에 있는 생물은 약 5억 6천만 년 전의 동물이며, 체절화된(segmented) 체형을 지녔음을 보여 준다. **그림 15.2b**에 있는 생물은 5억 1천만 년 전의 동물이며, 전체적인 외형이 현존하는 종과 유사하다.

초기 해양 동물들이 모두 생존에 성공한 것은 아니다. **그림 15.2c**에 보이는 삼엽충은 한때 무성하게 번성하였지만, 현재는 완전히 멸종되었다. 사실 고대 화석층에서 발견되는 대부분의 동물들은 멸종되었는데, 이들은 변화하는 환경조건에 적합하지 않은 몸의 구조로 인하여 동물 진화의 실험장에서 실패한 경우이다.

개념점검

1. 동물이란 무엇인가? 동물이 독립영양생물과 어떻게 다른가?

2. 산소혁명이란 무엇인가? 무엇이 산소혁명을 초래했는가?
3. 왜 산소혁명이 동물의 진화를 위해 필요하였는가?
4. 문(phylum)이란 무엇인가?

15.2 무척추동물은 가장 성공적이며 풍부한 동물이다

모든 초기 다세포 동물을 포함하여 살아 있는 모든 동물과 화석 동물의 90% 이상이 무척추동물로 분류된다. **무척추동물**(invertebrate)이란 근육을 부착시키는 단단한 내부 골격구조가 없는 동물들을 말한다. 하지만 많은 무척추동물들은 외부로부터 공격을 방어할 수 있도록 연속적이거나(복족류의 패각) 체절이 있는(갑각류의 외골격) 단단한 껍데기를 갖고 있다. 이 구분은 좀 인위적이기는 하지만 편리하다. 무척추동물은 공통성이 별로 없는 다양한 문에 속하는 매우 다양한 동물들을 포함하고 있다. 무척추동물은 현미경으로만 볼 수 있을 정도로 작은 크기에서부터 10 m 이상의 대왕오징어에 이르기까지 그 크기가 매우 다양하다. 현재 적어도 33개의 무척추동물 문이 알려져 있으며, 거의 대부분의 동물 문들은 해양 종(marine species)을 포함하고 있다. 이 장에서는 9개의 대표적인 해양 무척추동물 문에 대해 살펴보기로 한다(**표 15.1**).

표 15.1 주요 동물문과 그 대표 생물들

동물문	대표 생물문
무척추동물	
해면동물문	해면
자포동물문	산호, 해파리, 말미잘
편형동물문	편충, 디스토마, 촌충
선충동물문	선충
환형동물문	갯지렁이
연체동물문	군부, 고둥, 조개, 오징어, 문어
절지동물문	게, 새우, 따개비, 요각류, 크릴
극피동물문	불가사리, 성게, 해삼
척삭동물문[a]	피낭류, 살파, 창고기
척추동물	
척삭동물문[a]	어류, 파충류, 조류, 포유류

[a] 척삭동물문에는 척추동물과 무척추동물이 모두 포함되고 있음.

해면동물은 해면을 포함한다 **해면동물문**(Porifera)에 속하는 해면(sponge)은 가장 하등한 다세포 동물이다. 약 1만 종 중 거의 대부분이 해양성 종이다. 해면은 조간대에서 심해저에 이르기까지 거의 모든 위도와 모든 저서환경에서 폭넓게 분포하고 있다. 이들의 크기는 작은 콩 크기부터 자동차 크기까지 다양하다. 기본적으로 '가지형', '꽃병형', 그리고 '피복형'의 형태를 보인다.

모든 해면은 주변의 물속에 떠다니는 플랑크톤이나 작은 유기입자를 걸러 먹는 **부유물식자** 또는 **현탁물식자**(suspension feeder)이다. 대형 해면은 하루 약 1,500리터의 물을 여과시킨다. **그림 15.3**은 위로 향해 돌출된 한 개체의 해면을 모식적으로 보여 주고 있다. 먹이와 산소를 함유한 물은 해면의 취수공으로 유입된 뒤, 불꽃세포(collar cell)의 편모에 의해서 몸의 내부를 거쳐 배수공을 통해 밖으로 빠져나간다. 이 과정에서 끈적끈적한 불꽃세포는 물속에 떠 있는 먹이를 잡아서 소화시킨다. 흡입된 영양분은 해면 몸속을 돌아다니는 아메바형 세포들에 의해서 몸의 다른 부분에 있는 세포들에게 전달된다. 해면은 소화계를 별도로 지니지 않았으며, 소화를 담당하는 개별 세포가 있을 뿐이다. 그리고 순환기관계나 호흡기관계 그리고 신경기관계는 없다. 배설이나 기체의 출입은 몸과 환경 사이에서 일어나는 확산에 의해서 이루어진다.

보다 발달된 해면의 경우 편모세포가 수백 개의 작은 방 속에 집중적으로 모여 있다. 그들 내부의 모습은 흡사 스위스 치즈와 유사하다. 석회질이나 규산질 성분으로 구성된 골편(spicule)들이 해면 내부의 방들과 관들이 와해되지 않도록 하며, '스펀진(spongin)'이라 불리는 섬유성 단백질이 그 역할을 대신하는 경우도 있다. 우리가 목욕용으로 사용하는 스펀지(공업적으로 합성된 인공 스펀지와 혼동하지 말 것)는 해면의 살아 있는 세포는 모두 없어지고 단지 이들 스펀진만이 남아 있는 경우이다.

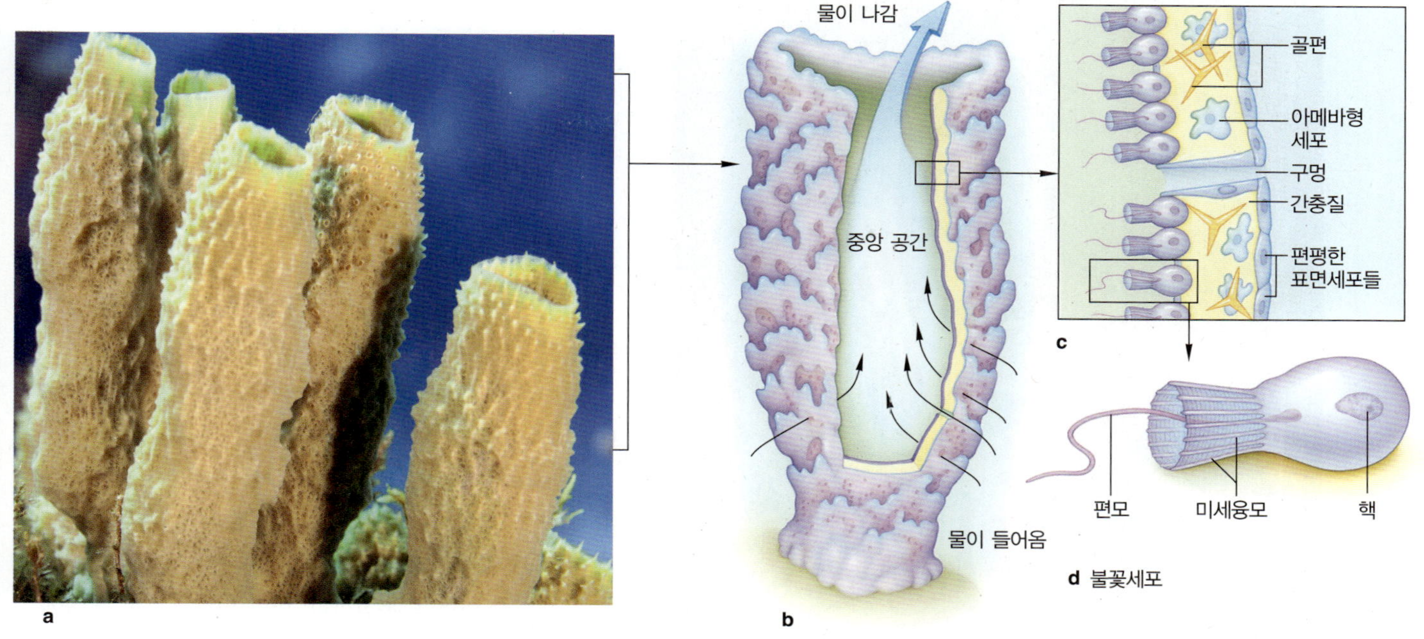

그림 15.3 (a) 해면의 모습. (b) 단순한 해면의 구조. (c) 해면의 몸을 절단한 모식도. (d) 불꽃세포의 형태.

자포동물은 자포를 지녔다 해파리[1], 말미잘 그리고 산호 등이 속해 있는 **자포동물문**(Cnidaria)은 약 9천여 종을 포함하고 있으며, 거의 전부가 해양 종이다. 과거에는 '강장동물(Coelenterata)'이라고 불렸다. 육식성의 이 무리들이 자포동물이라는 이름을 갖게 된 것은 이들의 촉수에 **자포**(cnidoblast)라고 불리는 큰 침을 지닌 세포를 지녔기 때문이다. 각각의 자포는 캡슐 속에 스프링처럼 꼬여서 압축된 침을 갖고 있어서 강력한 힘으로 발사된다(**그림 15.4**). 이렇게 발사된 침은 먹이나 적을 관통하거나 휘어 감게 되는데, 침 속에 유독 물질이 포함되어 있어서 먹이나 적을 일순간에 마비시키기도 한다. 해파리는 이렇게 포획한 먹이(주로 대형 동물플랑크톤이나 소형 어류)를 자신의 입으로 가져간 뒤, 주머니처럼 생긴 소화강(digestive cavity)으로 이동시켜 소화시킨다. 소화된 먹이는 몸 안쪽의 세포들에 의해서 흡수되며, 일부 소화된 영양분은 몸속을 돌아다니는 이동세포(migratory cell)나 확산에 의해서 다른 세포로 전달된다. 소화강은 단 하나의 출입구만을 갖고 있기 때문에 소화가 안 되는 뼈나 노폐물들은 다시 입을 통하여 배출된다.

[1] 해파리는 어류가 아니기 때문에 이 책에서는 'jellifish' 대신에 'jellies' 란 용어를 사용한다.

이 무리에 속하는 종들은 2개의 세포층으로 구성되어 있다. 위강막(gastrodermis)이라고 불리는 안쪽 층은 소화와 생식을 담당하며, 표피(epidermis)라고 불리는 바깥쪽의 층은 먹이의 포획이나 적으로부터의 방어를 담당한다. 이 두 개의 층을 연결해 주는 젤리성의 물질을 간충질(mesoglea)이라 한다. 자포동물은 **방사대칭**(radial symmetry)을 보이는데, 이러한 형태는 수레의 바퀴살이 가운데를 기점으로 방사형으로 뻗어가는 형태를 말한다. 말미잘과 산호처럼 암반에 부착하여 살아가는 종류도 있으며, 해파리처럼 물속을 자유스럽게 유영하는 종류도 있다.

자포동물은 명확한 머리나 감각기관을 지니고 있지 않지만, 원시적인 형태의 체내 신경망이 있어 주변의 자극에 대하여 반응하고 있다. 이처럼 비교적 단순한 형태의 동물들은 노폐물과 기체의 교환을 단순 확산에 의존하며, 별도의 배설기관이나 순환기관은 갖고 있지 않다.

자포동물은 **메두사**(medusa)형과 **폴립**(polyp)형의 두 가지 형태로 출현한다. 해파리는 메두사 형태의 한 예이다. '메두사'라는 용어는 그리스 신화에 나오는 몸부림치는 뱀을 머리에 두르고 있는 여인의 얼굴을 가진 괴물에서 유래된 것이다. 메두사는 자신의 종 모양

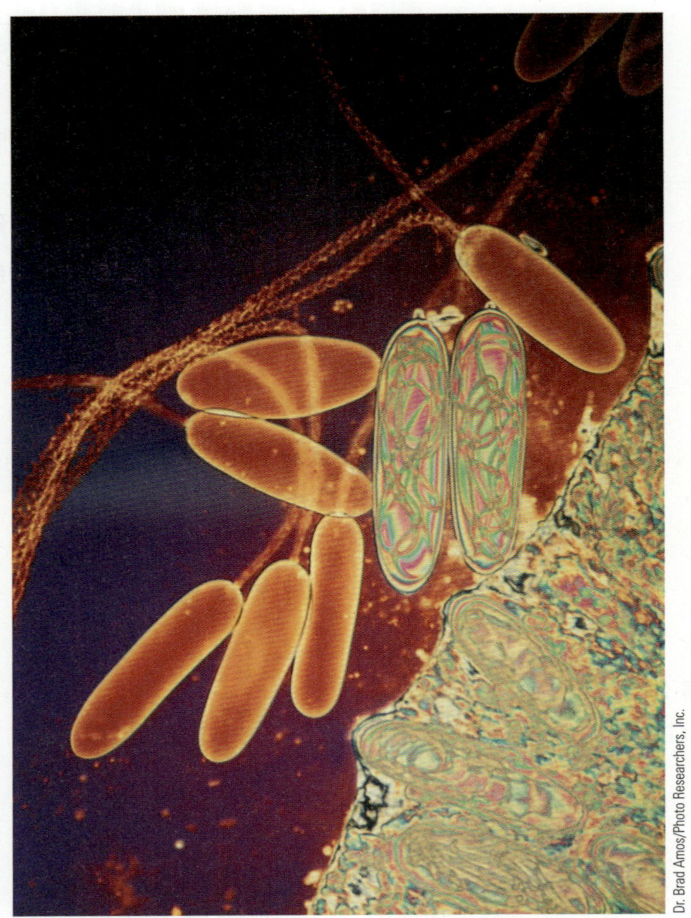
Dr. Brad Amos/Photo Researchers, Inc.

그림 15.4 자포는 나선형의 실(침)을 발사할 수 있는 캡슐을 지닌다. 일부 실은 피식자를 감싼다. 말미잘의 한 종류인 *Rhodactis*의 자포는 가시를 가졌는데, 그 가시의 속은 관을 통해 독주머니와 연결되어 있다. 자포는 해파리류, 말미잘류, 그리고 다른 자포동물들의 무기 역할을 한다.

의 몸체를 주기적으로 수축시킴으로써 유영을 한다. 그들은 자포로 무장된 촉수를 이용하여 먹이를 포획한다. 일부 메두사는 현미경으로 볼 수 있을 정도로 매우 작지만, *Cyanea* 속에 속하는 일부 큰 종은 종모양의 몸체 직경이 3.5 m에 이르며, 촉수의 길이가 18 m에 이르는 것도 있다. **그림 15.5**는 작지만 대단히 위험한 해파리 종을 보여 주고 있다.

말미잘과 산호는 고착성 폴립형의 몸을 보여 주는 예이다. 말미잘은 골격이 없지만, 기질에 단단히 부착해 있거나 끈적끈적한 기판(basal disc)으로 구멍을 파고 잠입하기도 한다. 산호는 살아 있는 조직으로 덮여 있는 석회질의 골격을 지녔으며, 기질에 영구적으로 고착하여 살아간다. **그림 15.6**은 산호 폴립의 내부 모습을 보여 준다.

일부 산호는 직경이 30 cm에 달하는 몸을 지닌 단독 개체 상태로 있지만, 500종 이상은 산호초(coral reef)라는 군체를 이루는 개미 크기의 생물이다(그림 12.26과 12.27 참조). 산호는 탄산칼슘의 결정체인 아라고나이트(aragonite)의 단단한 골격을 분비함으로써 산호초를 형성하기도 한다. 산호가 분비하여 만든 컵처럼 생긴 골격들이 모여서 군체 특유의 형태를 갖게 된다.

열대 해역에서 산호초를 형성하는 것은 **조초산호**(hermatypic coral)이며, '둑을 만든다'는 뜻의 그리스어 *hermatos*에서 유래하였다. 이들 몸 안에는 작은 **황록공생조류**(zooxanthellae)가 공생하고 있다. 이들은 단세포 식물로서 산호골격에 탄산칼슘을 축적하는 빠른 생화학 반응을 촉진한다. 영양염이 부족한 열대에서 자라는 산호의 성공은 황록공생조류와의 긴밀한 공생관계에 달려 있다. 작은 공생조류는 산호 안에서 광합성을 수행하고, 노폐물을 흡수하고 성장하여 세포분열을 한다. 산호는 안전하고 안정된 환경과 이산화탄소와 영양염을 제공한다. 한편 공생조류는 산소와 탄수화물을 제공하고, 탄산칼슘의 축적을 촉진하는 염기성 환경을 조성하여 보답한다. 산호는 때때로 유기물 섭취를 위해 공생조류인 황록공생조류를 먹어 소화시킨다.

공생조류가 꼭 필요한 조초산호는 빛에 의존한다. 산호는 5~10 m 수심의 빛이 투과하는 곳에서 가장 잘 자란다. 산호초는 90 m 깊이까지 만들어질 수 있지만 5~10 m의 최적 조건을 벗어나면 성장률이 급격히 감소한다. 최적조건에서 산호는 일 년에 1 cm 정도 자란다. 탁도가 높으면 빛 투과를 방해하고 부유 무기물 입자들은 섭식을 방해하기 때문에 산호는 깨끗한 해역을 선호한다. 산호는 자외선을 차단하는 점액질 막으로 강한 태양광으로부터 보호되고 있다.

조초산호는 평균 또는 다소 높은 염분을 좋아한다. 산호는 삼투 충격에 매우 약하며, 담수에 노출되면 치명적이다. 그러므로 얕은 곳에서 자라는 산호는 비가 치명적이기 때문에 편평한 표면을 지닌다. 담수와 부유물 때문에 강하구나 비가 많이 내리는 대륙과 섬 근처에는 산호초가 잘 만들어지지 않는다.

자포동물은 매우 성공적인 그룹이지만, 그들의 단순한 몸 구조 때문에 더 진화된 생물이 되기 어렵다. 자

그림 15.5 가장 위험한 해파리 중의 하나인 바다말벌(sea wasp). 아프리카에서 오스트레일리아 북동쪽까지 열대 해역에 살고 있는 주민들에 따르면 이 해파리에 쏘이면 3분 이내에 사망한다고 한다. 큰 개체의 경우 촉수 길이가 15 m에 이르기도 한다. 이들은 상어보다도 더 많은 사람을 죽이는 것으로 추정된다.

포동물의 소화기관인 맹낭(blind-sac)은 한 번에 한 덩어리의 먹이만을 처리할 수 있기 때문에 소화가 진행되는 동안은 기회가 와도 또 다른 먹이를 포획하기가 어렵다. 자포동물은 감각기관의 집합체인 머리 부분을 지니고 있지 않은데, 이는 순환기관, 호흡기관 및 배설기관이 없는 점과 마찬가지로 큰 결점이다. 또한 단 2개 세포층으로 구성된 것 역시 그 생물체의 구조적 복잡성이나 효율성을 제한하는 요인이 된다.

개념점검

5. 무척추동물이란 무엇인가?
6. 부유물식자란 무엇인가?
7. 자포동물의 독특한 특징은 무엇인가? 자포동물의 예를 들라.

15.3 벌레형 동물은 진화된 동물과 연관되어 있다

몸의 구조나 기능이 비교적 단순한 형태의 생물에서 고등한 형태의 생물로 변형되어 가는 과정에서 나타나는 3개의 동물문에 대해서 살펴보도록 하겠다. 이들의 몸은 방사대칭형이 아니라 **좌우대칭**(bilateral symmetry)형이다. 즉 몸은 서로 대칭형인 왼쪽 면과 오른쪽 면을 지녔다. 이 무리에 속하는 대부분의 종들은 감각기관이 한 곳에 집중된 원시적 형태의 머리 부분을 갖고 있으며, 소화기관과 순환기관과 원시적인 배설기관도 갖고 있다. 일부는 효율적인 기생충의 형태로 진화하였지만, 대부분은 자유생활형이다. 일부는 틈 사이로 잠입하여 살아가고 있으며, 일부는 해저 바닥을 기어 다니거나, 바위의 아랫면에 숨어서 살아간다.

이들 무리 중에서 가장 단순한 형태는 **편형동물문**(Platyhelminthes)이다. 촌충과 같은 일부 종들은 어류나 해양 포유류 등 척추동물의 기생충이다. 그러나 대부분의 해산 편형동물은 자유생활형의 포식자이거나 부식물식자(scavenger)이다. 이들은 보통 조간대 바위의 그늘진 아랫면이나 다른 생물들이 살고 있는 구멍 속에서 흔히 발견된다(**그림 15.7**). 일부 종은 몸의 길이가 3 cm 이상 되기도 한다.

편형동물은 중추신경계를 가진 동물 중 가장 하등한 동물이다. 일부 종의 경우 신경세포의 복합체가 흔적만 남아 있는 뇌의 형태로서 나타나며, 이러한 신경조직은 빛에 민감한 한 쌍의 안점(eyespot)과 연결되어 있다. 이 안점은 단지 빛의 유무만을 감지할 수 있는 색소체로 된 작은 컵의 형태이다. 이들은 몸이 과열되는 것을 막기 위해 빛을 피해야 하기 때문에 빛의 감지가 필요하다.

보다 덩치가 큰 편형동물은 호흡기관과 배설기관을 갖지 않기 때문에 체형이 얇고 납작해지는 것이 필수적이다. 가스 교환과 배설물의 제거는 몸 표면을 통한 확산에 의해서 이루어진다. 따라서 모든 세포가 외부로부터 멀리 떨어져 있을 수 없다.

선충류(Nematoda)는 입에서 항문으로 연결된 직

a

펼쳐진 폴립을 보여 주는 조초산호.

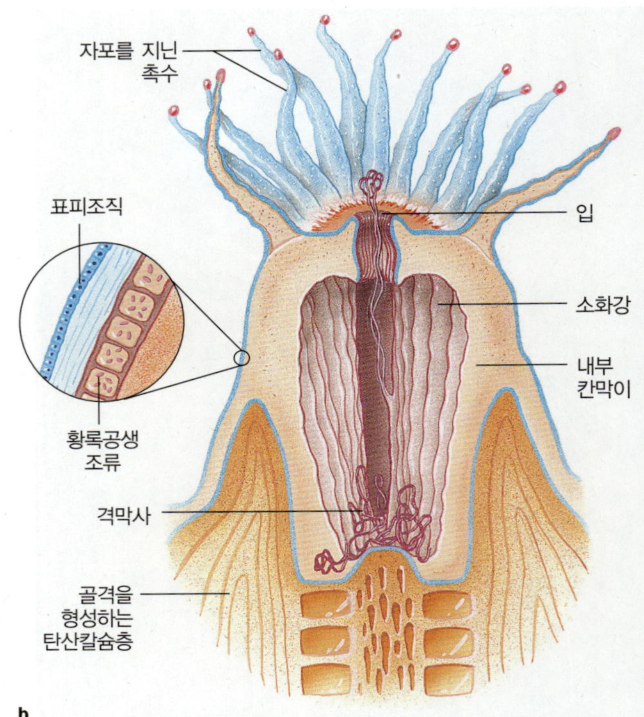

b

조초산호 폴립의 해부 모습. 확대된 그림은 외부 껍데기와 조직의 단면을 보여 준다. 광합성을 하는 황록공생조류는 이 같은 형태의 산호의 생존에 아주 중요하다.

그림 15.6 자포동물의 한 종류인 산호.

그림 15.7 한 편형동물이 바위 표면을 기어가고 있다. 이 원시적인 동물은 매우 얇아서 기체와 영양분과 폐기물이 빠르게 확산된다.

선적인 소화계를 가지는 동물 무리이다. 둥근벌레(roundworm)라고도 불리는 선충류는 가장 성공적인 벌레류이며, 육상, 해양 및 담수 어느 곳에도 서식하고 있다. 선충류는 지금까지 약 12,000여 종이 알려져 있는데, 대부분은 자유생활형이며, 크기는 작아 현미경으로 볼 수 있으며, 토양 속이나 해저에 살고 있다. 그러나 일부 종은 완전히 기생성이다. 거의 모든 척추동물과 무척추동물들이 선충류에 의해 감염되어 있다. 생선회를 즐기는 사람들은 **글상자 15.1**에 있는 어류 기생충에 관한 정보를 읽어야만 한다.

이들 선충류가 관심을 끄는 것은 연성 퇴적물 속에서 놀랄 만큼 많은 개체수가 발견되기 때문이다. 네덜란드의 한 해양생물학자는 면적 1 m^2, 깊이 4 cm의 북해 조하대 저질 시료 속에서 무려 4,420,000개체의 선충류가 살고 있음을 보고한 적이 있다. 수영을 하는 사람이나 정원을 가꾸는 사람은 수천 마리의 선충류와 마주칠 가능성이 있다. 자유생활형 선충류는 기생성이 될 수 없다.

환형동물문(Annelida)에 속하는 종들은 가장 진화가 많이 된 벌레들이다. 그들의 몸은 수많은 체절

글상자 15.1 생선회 먹을 때 기생충 주의!

생선회나 초밥을 즐기는 사람은 해양 기생충에 의해서 야기되는 질병에 걸릴 각오를 해야 한다. 약 1,200명 이상의 사람들이 해양 기생충에 감염된 적이 있다는 보고가 있다. 이들 중에는 일본뿐만 아니라 유럽과 북미의 사람들도 포함되어 있다. 이 중 약 50건에 달하는 기생충 감염이 1980년 이후 미국에서 보고되고 있는데, 이것은 아마도 생선회 초밥을 먹는 인구가 늘어났기 때문인 것 같다.

가장 위험한 기생충은 *Anisakis* 속에 속하는 선충류이다. 이 기생충은 청어, 도미, 연어, 가자미 및 일부 농어류에서 흔히 발견된다. 꼬인 몸체가 풀렸을 경우 길이가 약 4 cm 정도이다. 그들은 보통 꼬인 상태로 있는데, 그 크기가 바늘 머리 정도이며, 숙주의 근육이나 근육과 기관의 연결부위에 침투한다. 이들이 숙주에 들어 있는 모습은 숙주의 옅은 살색과 비교할 때 마치 검거나 갈색의 반점처럼 보인다.

이들이 사람의 체내로 들어가면 상당히 좋지 않은 느낌을 갖게 된다. 24시간 내로 목구멍에 불쾌감을 느끼게 되며, 토하게 되는 경우도 있다. 이들이 삼켜지게 되면 심한 복통과 구토, 고열 및 설사 등이 유발된다. 이들의 감염 증상은 위궤양의 증상과 흡사하다. 만일 이 기생충이 장을 관통하게 되면 그 사람은 상당한 위험에 처해진다. 일본의 의사들은 이러한 감염 증상을 쉽게 인식하지만, 미국 의사는 종종 이러한 감염 증상을 다른 증상(궤양, 맹장 등)으로 오진하여 적절히 치료하지 못하는 경우도 있다. 1989년에 발행된 *New England Journal of Medicine*은 한 외과의사가 기생충에 감염된 환자의 정상적인 맹장(appendix)을 제거하였다는 보고를 한 적이 있는데, 그 의사는 수술을 마치자마자 길이 약 4.2 cm의 기생충이 수술용 커튼 위를 기어 다니는 것을 보았다고 한다.

Tom Garrison

생선회를 좋아하는 사람들은 경험 있는 주방장이 요리하는 청결한 식당에서 회를 먹음으로써 이러한 기생충 감염의 가능성을 낮출 수 있을 것이다. 문어나 참치에는 기생충이 거의 없으나, 연어는 기생충 감염률이 상당히 높은 종류이다. 따라서 먹기 전에 이들의 살 조각을 조심스럽게 살펴보고, 그 속에서 무엇인가가 움직이고 있으면 절대로 먹어서는 안 된다!

이들 기생충은 적당한 냉동이나 가열에 의해서 사멸시킬 수 있다. 기생충을 죽이기 위해서는 영하 20°C 이하에서 최소 60시간 정도를 두거나, 60°C 이상에서 최소 5분 이상 끓여야 한다.(전자레인지를 사용할 경우 주의할 점: 어류의 모든 부분이 똑같은 온도로 올라가지 않는다.) 만일 어류의 살코기가 모두 고르게 익혀지거나 냉동되었으면, 안심하고 먹을 수 있을 것이다.

(segment)로 구성되어 있다. **체절화**(metamerism)되어 있는 이러한 체절들은 거의 동일한 단위체를 계속 첨가함으로써 몸의 크기를 증가시키는 효율적인 구조이다. 우리는 보다 고등한 동물에서 이러한 경향을 볼 수 있다. 환형동물의 각 체절은 거의 독립적인 순환, 배설, 신경, 근육 및 생식기관을 갖고 있으나, 머리 부분과 같은 일부 체절은 독특한 기능을 위하여 특수화되어 있다. 우리가 정원에서 흔히 만나는 지렁이들이 바로 환형동물이다.

환형동물 중에서 가장 크고 다양한 무리인 **다모류** 또는 **갯지렁이류**(Polychaeta)는 약 5,400종이 알려져 있는 가장 흔한 해양 환형동물이다(**그림 15.8**). 다모류는 보통 몸의 각 체절에서 뻗어져 나온 여러 쌍의 가시 형태의 돌기체(projection)를 가지며, 밝은 색이나 무지개 빛깔의 몸을 가지는 종이 흔하다. 그들의 몸길이는 1~15 cm의 범위를 보인다. 일부 다모류는 저질의 구멍을 파면서 그 속의 퇴적물을 섭식하거나, 먹이를 찾기 위해 저질 표면을 자유롭게 기어 다니기도 한다. 한편 일부 다모류는 석회질의 집을 만들어 몸의 대부분은 그 속에 들어가 있고 단지 머리 부분만을 밖으로 내고 있는 경우도 있다. 자유롭게 이동하는 다모류는 잘 발달된 감각기가 달린 머리를 갖고 있으며, 이를 활용하여

그림 15.8 다모류(갯지렁이류)에 속하는 해양 환형동물.

매우 효율적인 포식자로 활동한다. 또한 일부 다모류는 잘 발달된 입을 지녀서 먹이를 물어뜯기도 한다.

개념점검

8. 좌우대칭과 방사대칭은 어떻게 다른가?
9. 벌레류에서 처음으로 발견되는 고등동물의 특징은 무엇인가?

15.4 고등 무척추동물은 복잡한 몸과 내부 기관계를 가지고 있다

연체동물은 대단히 다양하다 **연체동물문**(Mollusca)은 약 80,000종을 포함하고 있는데, 절지동물문 다음으로 큰 규모의 동물문이다. 연체동물은 조개, 고둥, 문어, 낙지, 오징어 등과 같이 매우 다양한 동물을 포함하고 있다. 대부분은 해산이며, 외골격이나 내골격을 갖는다. 일부 연체동물은 정밀한 시각과 발달된 지능을 지닌다.

연체동물과 환형동물은 그들이 지닌 많은 기본적인 공통 특징으로 미루어 보아 아마도 원시적 체절체형을 가진 공통 조상에서 분리된 것 같다. 환형동물과 마찬가지로 연체동물은 좌우대칭의 체형을 보이며, 명확히 구분되는 머리와 소화관 그리고 잘 발달된 신경계를 갖고 있다. 일부 연체동물은 체절적인 몸의 특성을 보인다. 그러나 환형동물과는 달리 연체동물은 상당히 큰 몸을 가지며, 몸을 보호하기 위해 몸에 잘 맞는 껍데기(shell)를 분비한다. 매우 다양한 구조적인 다양성을 보인다.

여기서는 연체동물 중에서도 가장 흔한 세 종류인

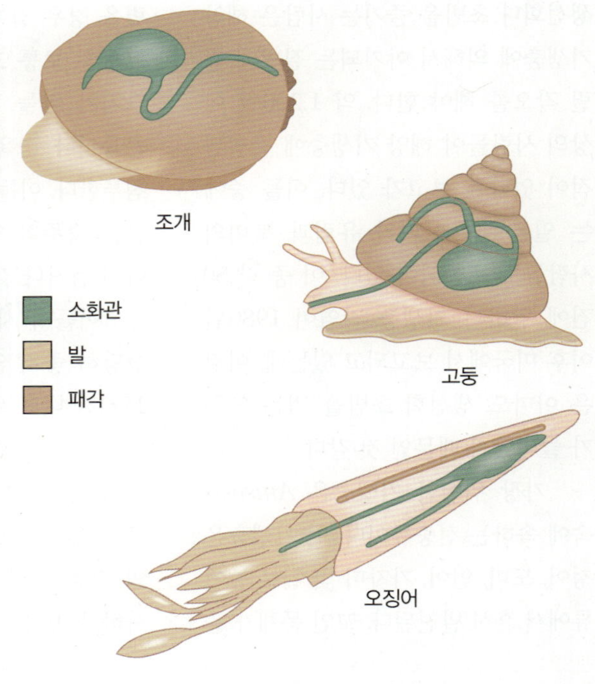

그림 15.9 연체동물 주요 무리의 기본 체형.

복족류(Gastropoda), **이매패류**(Bivalvia), 그리고 **두족류**(Cephalopoda)에 대하여 살펴보기로 한다. 외견상 매우 다른 생물처럼 보이지만, 이들 세 종류는 유사한 내부 구조를 보인다. **그림 15.9**는 이들 사이에서 나타나는 체형의 구조적 유사성을 보여 주고 있다.

복족류는 전복, 고둥, 삿갓조개 및 달팽이 등을 포함한다. 연체동물 중에서 가장 큰 무리인 이들은 비교적 큰 껍데기 속에서 살며, 위급할 때에는 이 껍데기를 자신의 도피처로 활용하고 있다. 일부는 초식성이며, 일부는 부유물식자이고, 또 일부는 육식성 포식자이다. 익족류(pteropod)와 이족류(heteropod)처럼 부유성 종도 일부 있지만, 대부분의 해양 복족류는 암반 조간대나 해저 경성저질 위를 돌아다니며 살고 있다.

복족류의 패각은 매우 아름다운 형태를 보인다(**그림 15.10**). 이들은 점차 성장하면서 패각 입구 주변에 석회질을 축적시켜 패각을 키워 나간다. 이들의 패각은 몸을 압축시키고 쉽게 움직일 수 있도록 나선형으로 꼬여 있다. 이들이 움직이는 동안 머리와 발은 패각의 밖으로 나온다. 패각은 다음과 같은 3개의 층으로 구성되어 있다. 가장 외곽의 섬유질층은 외부로부터의 충격을 완화시키는 역할을 하며, 중간에 있는 석회질

그림 15.10 복족류의 패각은 우리에게 미적 즐거움을 준다. 이들은 수 세기 동안 수집가들의 관심 대상이었으며, 여러 가지 물건을 장식하거나 우표 도안 등에도 사용되었다.

($CaCO_3$) 성분의 강한 결정체층은 패각의 강도를 높여 주며, 안쪽의 매끈한 석회층은 내부의 몸과 패각이 마찰을 일으키지 않도록 해 준다. 모든 복족류가 패각을 갖는 것은 아니다. '바다느림보(sea slug)'라 불리는 나새류(nudibranchs)는 패각을 전혀 갖지 않는 복족류이다(**그림 15.11**).

일부 복족류들이 구멍을 파기 위해서 자신의 발을 사용하는 경우가 있지만, 발은 모래나 펄에 붙어 있기가 어렵다. 따라서 복족류의 패각과 발의 형태는 퇴적물로 덮여 있는 해저에서 살아가기에는 알맞지 않다. 이매패류의 진화는 이러한 퇴적물로 덮여 있는 해저에 잘 적응하는 방향으로 진행되었다. 한 쌍의 패각으로 둘러싸여 있는 이매패류(각종 조개류, 굴, 담치, 가리비)는 자신을 보호하기 위해 이동성을 포기한 대신 주로 물속의 부유물을 걸러 먹는 여과 섭식 방법을 발달시켰다(**그림 15.12**). 잠입형 조개류는 강력한 근육질의 발을 이용하여 저질 속으로 파고들며, 물의 유입과 노폐물의 배설을 위한 수관(siphon)을 밖으로 뻗어 내고 있다. 다른 조개류의 경우 이들의 발이 다른 용도로도 사용되는데, 담치류는 발에서 족사를 분비하여 파도치는 암반에 단단히 자신을 고착시키기도 한다. 그렇게 함으로써 이매패류가 복족류의 서식지에 침범할 수 있다.

연체동물 중에서 가장 진화된 무리는 두족류로서, 앵무조개, 문어, 낙지 및 오징어와 같은 포식자들이 포함되어 있다. 두족류는 다리들로 둘러싸인 머리를 갖고 있다. 앵무조개는 아직까지 큰 나선형의 외부 패각을 갖고 있지만, 오징어는 패각이 흔적 형태로 남아 있으며, 문어는 패각이 완전히 퇴화되었다. 두족류는 바닥을 슬금슬금 기어 다닐 수 있으며, 발달된 지느러미를 이용하여 유영할 수 있고, 또한 몸통의 주기적인 수축과 이완을 통하여 체강 속의 물을 밖으로 뿜어내는 제트 추진 방식으로 재빨리 유영할 수도 있다.

대부분의 두족류들은 촉수의 끝 부분에 붙어 있는 흡착성 흡반(sucker)으로 먹이를 포획한 후, 단단한 부리로 먹이를 찢어 먹는다. 앵무조개(**그림 15.13**)는 주

그림 15.11 먹이를 찾아 돌아다니는 화려한 색깔의 나새류. 등 쪽에 솟아 있는 아가미처럼 생긴 구조는 기체교환을 돕는다. 이들의 바깥 모습은 평범하게 보이지만, 살은 독특한 쓴맛을 지녀 포식자들에게 좋은 먹잇감이 못된다.

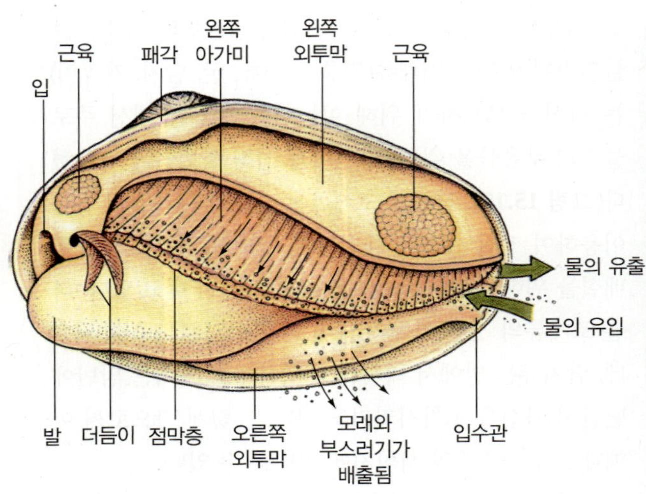

그림 15.12 부유물 여과식자인 조개류는 물속에 떠다니는 식용 가능한 입자들을 걸러 먹는다. 이 그림에서는 아가미에 붙어 있는 미세한 섬모들이 먹이 입자들을 여과해서 모으고 있는 장면을 보여 주고 있다. 아가미에서 걸러진 입자들은 점액질로 뭉쳐지고 입으로 이동되어 삼켜지게 된다.

그림 15.13 외부 골격을 지닌 현존하는 유일한 두족류인 앵무조개. 몸은 가장 외측에 위치한 방을 차지하며, 나머지 방들은 부력 조절을 위한 가스로 채워져 있다. 방들은 성장함에 따라 늘어난다.

로 외양의 깊은 수심의 바닷속에서 살아가는데, 패각의 각 방에는 가스가 차 있어서 부력 조절기구의 역할을 한다. 하지만 이들의 생활사에 대해서는 그리 많은 것이 알려져 있지 않다. 오징어와 문어는 앵무조개보다 더 진화된 두족류이다. 이들은 위급할 때 먹물을 내뿜어서 적을 혼란에 빠뜨린다. 일부 오징어는 쉽게 흩어지지 않는 먹물을 이용하여 자신의 몸체와 유사한 크기와 유사한 모양의 가짜 형상을 만듦으로써 적이 혼란에 빠진 사이에 멀리 도망쳐 버린다. 또한 유광층 아래에 살고 있는 오징어의 몇 종은 검은색의 먹물 대신 어둠 속에서 보다 효과적으로 적을 혼란시킬 수 있는 형광물질의 잉크를 뿜어낸다. 오징어는 엄청난 크기로 자랄 수 있는데, 지금까지 알려진 가장 큰 오징어는 촉수를 포함한 몸통 길이가 약 18 m 정도이다(**그림 15.14**). 그러나 대부분의 오징어는 이보다는 훨씬 작은 크기이다.

오징어는 가장 큰 무척추동물인 데 반해, 문어는 가장 지능이 높은 무척추동물이다. 문어는 강아지 정도의 지능과 매우 좋은 시각을 지녔다. 수족관에 사로잡혀 있는 문어는 금세 그 관리자를 인지하며, 한밤중에 옆의 수조로 몰래 들어가 맛있는 먹이를 먹고 다시 제자리로 돌아온다. 문어는 예민한 시각과 물 밖에서도 잠시 생존할 수 있는 능력과 지능을 이용한 것이다. 문어는 숨을 장소, 탈출구 및 좋은 사냥터 등을 기억하는 것으로 알려져 있다.

현재는 약 450여 종의 두족류만이 생존하고 있지만, 화석상으로도 그리 많은 종류가 출현하고 있지는 않다. 이와 같은 두족류의 적은 종수는 정교함이 반드시 생물학적 성공을 보장하지는 않음을 보여 준다.

절지동물은 가장 성공적인 동물 그룹이다 바닷가재, 새우, 게, 크릴 및 따개비 등이 포함되어 있는 **절지동물문**(Arthropoda)은 종수에 있어서 가장 많은 동물문이다. 100만 종 이상의 절지동물이 알려져 있다! 절지동물은 지구상의 동물문 중에서 가장 성공한 무리로, 가장 다양한 서식지에서 살고 있고, 가장 많은 양의 먹이를 섭이하며, 상상을 초월하는 개체수가 존재한다(**그림 15.15**). 지난 장에서 언급했듯이 부유성 갑각류의 한 종인 크릴은 지구상에서 가장 큰 생체량을 지녔다. 절지동물의 몸은 환형동물의 체형을 기본으로 해서 변형되었다. 몸은 명확한 체절로 이루어져 있고, 각 체절은 한 쌍 혹은 여러 쌍을 이루는 부속지를 가지고 있다. 모두 좌우대칭형이다.

절지동물은 연체동물인 두족류처럼 잘 발달된 신경계를 지니고 있지 않으며, 지능이나 시각이 잘 발달

a

최초로 촬영한 살아 있는 대왕오징어(*Architeuthis*)의 모습. 2004년 일본 과학자들이 보닌 열도 근해에서 이 사진을 촬영하였다. 이 큰 오징어가 연구팀이 둔 미끼를 잡아먹을 때 6 m 길이의 촉수 하나를 채집할 수 있었다.

b

대왕오징어보다 작지만 더 무거운 오징어인 *Mesonychoteuthis*는 약 14 m 길이와 495 kg의 체중을 지녔다.

그림 15.14 대왕오징어.

되어 있는 편도 아니다. 그럼에도 불구하고 그들은 다음과 같은 세 가지의 특징 때문에 현재 성공적으로 번성하고 있다.

- 외골격(exoskeleton): 강하고 가벼운 키틴질로 되어 있으며, 몸을 단단히 보호한다.
- 평활근(striated muscle): 빠르고, 강하고, 가벼운 근육의 형태로 되어 있으며, 빠른 이동을 가능하게 한다.
- 분절(articulation): 특정한 부분에서 부속지를 굽힐 수 있는 능력이 있다. 좀 더 원시적인 동물의 부속지는 마치 요리된 스파게티와 같이 어느 방향으로든 굽힐 수 있지만, 절지동물의 부속지는 관절에서만 굽힐 수 있다.

이 중에서 가장 중요한 것은 **외골격**(exoskeleton)이다. 복족류의 껍데기와는 달리 절지동물의 외골격은 잘 맞춰 입은 갑옷처럼 몸에 딱 맞는다. 외골격은 **키틴질**(chitin)이라 불리는 질소가 풍부한 탄수화물로 구성되어 있는데, 이것은 석회질($CaCO_3$)에 의해서 강화된다. 세 층으로 된 키틴질은 외부로부터 물이 들어오지 않도록 해 주며, 외피가 탄력과 강도를 유지하도록 만든다. 절지동물의 내부 근육은 부속지를 움직일 수 있도록 외골격에 부착되어 있다.

이 같은 배치가 이상적으로 들릴지 모르나, 절지동물이 외골격을 지님으로써 다음과 같은 문제에 직면하게 된다. 어떻게 근력이 획득될 수 있는가? 단단한 껍질로 싸여진 생물체가 살아가는 데 어려움을 겪지는 않을까? 내부의 관들과 섭이 경로가 어떻게 막히지 않고 유지될 수 있는가? 그리고 아마도 가장 중요한 문제로서, 단단한 외골격에 둘러싸인 생물체가 어떻게 성장할 수 있는가? 갑각류가 이러한 문제들을 잘 극복해 왔다는 것은 이 그룹이 성공적으로 번성하고 있는 점에서 명확해진다. 그러나 성장의 문제는 좀 더 자세히 살펴볼 필요가 있다.

우리와 같은 척추동물은 내부골격을 이루는 뼈의 길이를 증가시킴으로써 지속적으로 성장한다. 그러나 절지동물의 경우 외부골격이 성장을 제한하고 있기 때문에 성장하기 위해서는 일정한 간격으로 **탈피**(molt)를 해야만 한다. 따라서 절지동물은 지속적인 성장패턴을 갖고 있지 않으며, 그 대신에 탈피를 할 때마다 성장

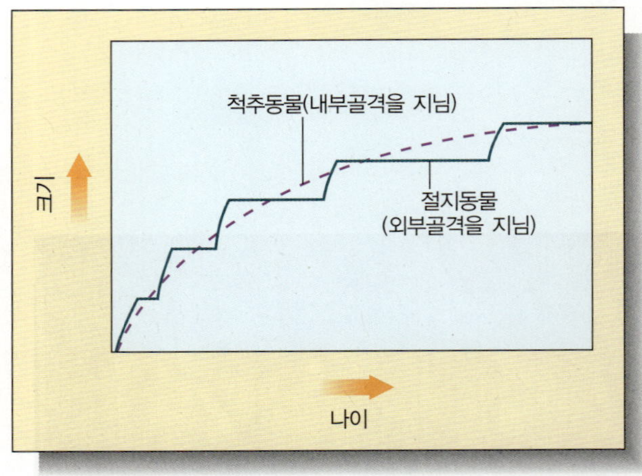

그림 15.16 절지동물과 척추동물의 성장곡선 비교. 절지동물의 성장곡선 중 수직 부분은 탈피기간을 나타낸다.

그림 15.15 절지동물은 대단히 성공적이다. 다른 동물문을 다 합친 것보다 더 많은 종수와 개체수를 지녔다. 멕시코의 바하칼리포르니아의 모래사장을 방문한 사람들은 셀 수 없이 많은 절지동물들을 보고 놀란다.

이 이루어지는 관계로 마치 계단을 뛰어오르듯 성장이 진행된다(**그림 15.16**). 절지동물은 탈피와 그 다음 탈피 사이에는 크기가 더 이상 커지지 않는다. 물속에 사는 절지동물은 탈피와 탈피 사이에 그들의 조직 내에 함유되어 있는 수분을 천천히 체물질(body mass)로 대체시킨다. 탈피 순간, 갑각류는 급속하게 주변 환경으로부터 물을 흡수하여 근육의 성장 없이 몸의 크기를 부풀리게 된다. 껍데기는 찢어져서 떨어져 나가고, 잘 조화된 일련의 선분비(glandular secretion)를 통하여 신속히 보다 커진 외골격을 다시 생성한다(**그림 15.17**).

절지동물 중에서 가장 큰 무리인 곤충류(Insecta)는 해양에는 거의 서식하지 않는다. 단지 한 속에 속하는 5종의 소금쟁이류(water striders)만이 바다에 살고 있다. 그러나 **갑각류**(Crustacea)는 30,000종의 해산종을 포함하고 있는데, 아가미로 호흡을 하는 바닷가재, 가재, 새우, 게, 요각류, 크릴, 단각류, 따개비 등을 포함한다. 몸은 보통 16~20개의 체절을 가지고 있으며, 부속지는 물체의 감지, 먹이의 처리, 걸음, 싸움, 방어 등을 위해서 특성화되어 있다. 모든 동물플랑크톤의 약 70%는 소형의 갑각류인 요각류이며(그림 14.15 참조), 이들은 규조류나 와편모조류를 잡아먹는다. 크릴은 가장 큰 수염고래류의 먹이 공급원이 되고 있다. 우리에게 친숙한 갑각류는 바닷가재, 게와 새우로 식용으로 이용되고 있다. 가장 큰 갑각류는 왕게(king crab)로 다리 길이가 3.6 m에 달하는 것도 있다. 한편 가장 무거운 갑각류는 1949년 미국 매사추세츠 주 채텀에서 잡힌 바닷가재로 22 kg이나 되며 10명이 먹었다고 한다.

부식물식자, 포식자, 기생자, 초식자로서 수십억 마리나 되는 갑각류의 중요성과 활동은 과대평가되어도 손색이 없다. 갑각류는 실제 해양동물의 세계에서 가장 우점하고 있다.

불가사리는 전형적인 극피동물이다

전적으로 해산인 **극피동물문**(Echinodermata)은 동물계의 다른 구성원들과 뚜렷한 차이가 있다. 약 6,000종의 극피동물은 눈 또는 뇌가 없으며, 5개 부속지를 기초로 한 방사대칭의 몸을 가지며(**그림 15.18**), 천천히 움직인다. 단 두 개의 종만이 기생성으로 알려져 있다.

현존하는 극피동물은 5개의 강(class)으로 나누어지는데, 그중 우리와 친숙한 것은 불가사리강(Asteroidea), 거미불가사리강(Ophiuroidea), 성게강(Echinoidea)이다.

거의 모든 불가사리류(sea stars)는 중심반(central disc)으로부터 완전히 분리되지 않은 5개 또는 그 이상의 팔을 갖고 있다(그림 15.18a). 보통 이들 팔의 위쪽은 가시와 같은 돌출물로 덮여 있고, 아래쪽은 섬세한

a

한 종류의 게(*Cancer magister*)가 외골격(오른쪽)르로부터 빠져나오고 있다.

b

그 전의 외골격을 벗어 버리고, 순간적으로 부드러운 몸을 가진 게는 주변의 물을 흡수하여 급속히 크기가 커진다. 게는 탈피 즉시 새로운 외골격을 분비하기 시작한다. 몸집이 명확하게 커진 것에 주목하라.

그림 15.17 탈피하는 절지동물.

관족(tube feet)으로 덮여 있다. 관족은 흡착컵과 같다. 이것으로 물체를 잡을 수 있고, 기체 교환에도 관여한다. 관족은 극피동물의 가장 독특한 구조이다. 불가사리의 독특한 **수관계**(water-vascular system, **그림 15.19**)는 물이 차 있는 통로와 밸브와 돌출부로 구성되어 있는데, 이동과 섭이에 관여한다. 유압장치처럼 작동되는 수관계는 한쪽 끝의 근육에 의해 생성된 힘을 다른 쪽 끝의 팔로 전달할 수 있다. 이러한 시스템을 이용하여 불가사리는 조개나 담치를 움켜쥘 수도 있으며, 비록 한두 개의 팔은 지칠지라도 패각이 열릴 때까지 몇 시간 동안 지속적으로 잡아당길 수 있다. 마침내 조개나 담치의 패각이 열리면 불가사리는 입으로부터 자신의 위를 돌출시켜 열린 패각 내부로 밀어 넣고 그 자리에서 조개나 담치의 살을 소화해 버린다.

거미불가사리(ophiuroids)는 가늘고 긴 팔을 갖고 있다. 그들의 특이한 방어전략 때문에 '깨지기 쉬운 불가사리(brittle star)' 라고도 불린다. 만일 이들이 다른 포식자에게 잡히면 자신의 팔을 쉽게 몸으로부터 떼어 버리고 도망친다. 그러나 떨어진 팔들은 후에 다시 재생된다. 거미불가사리는 해양에서 가장 넓게 분포하는 저서동물이며, 몇 종은 수심이 깊은 심해에서도 많이 발견되고 있다(**그림 15.20**). 많은 종류는 조간대나 조하대의 암반에도 살고 있다. 팔 아래쪽에 길게 파여져 있는 홈(groove)은 먹이 입자를 찾아낼 수 있도록 하며, 포획된 먹이 입자는 섬모를 이용하여 입 쪽으로 이동시킬 수 있다. 또 일부 종은 자신들의 팔을 수중으로 뻗어 플랑크톤을 잡아먹는데, 그들은 팔 위의 가시 사이에 점액질 망을 형성하여 이것을 이용하여 플랑크톤을 잡아먹는다.

성게(echinoids)는 우리에게 가장 친숙한 해안동물이다. 가시 투성이의 성게와 표면에 가시가 없는 연잎성게(sand dollar)는 이들이 5면 방사대칭이라는 극피동물문의 특징과는 관련이 없어 보인다. 그러나 자세히 관찰하면, 5면 방사대칭인 몸의 형체를 찾아낼 수 있다. 성게는 턱(그림 15.18b)을 이용하여 먹이를 뜯어서 먹거나, 자신의 몸을 덮고 있는 점액층으로 먹이입자를 흡수한 뒤 입으로 가져가기도 한다.

개념점검

10. 지구상에서 가장 성공적인 동물 그룹은 무엇인가?

11. 조개와 오징어는 같은 동물문에 속한다. 어떻게 그것이 가능한가?

12. 연체동물문의 주요 그룹에 속하는 예를 들라.

13. 절지동물은 '커지지 않으면서 성장한다' 그리고 '성장하지 않으면서 커진다' 고 한다. 이것은 무엇을 의미하는가?

14. 어떤 구조적 시스템이 극피동물문에게 독특한가?

a

불가사리.

b

성게.

그림 15.18 극피동물 두 종류에서 보이는 5방사대칭. 살아 있을 때에는 극피동물들 모두가 5방사대칭의 모습을 보인다.

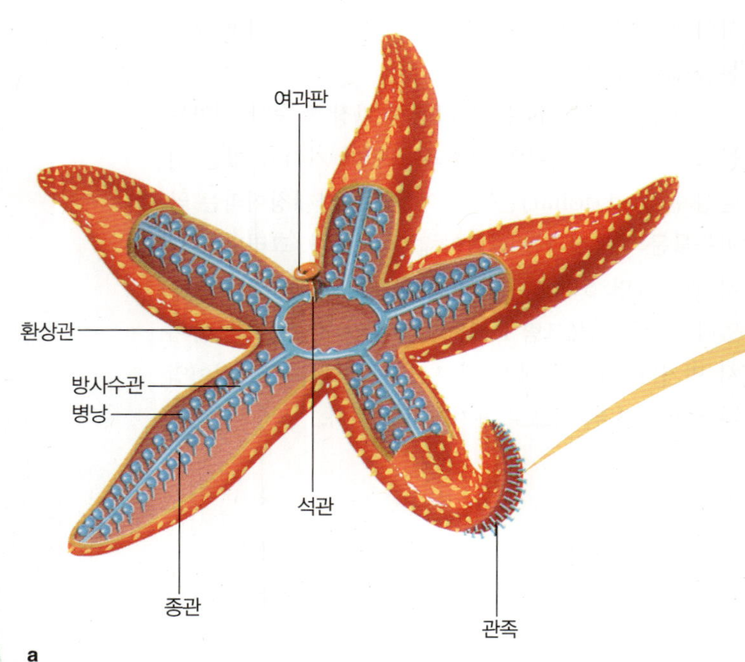

a

몸의 체판을 통하여 몸속으로 들어간 물은 이들 관을 따라 몸 전체로 퍼져 나간다.

b

근육의 수축에 의해서 이루어진 물의 이동은 위족을 확장하거나 수축하거나 휘게 할 수 있다.

그림 15.19 극피동물의 수관계.

Charles D. Hollister/Woods Hole Oceanographic Institution

그림 15.20 뉴잉글랜드 대륙사면의 퇴적물에서 먹이를 먹고 있는 거미불가사리들. 이들은 모든 저서생물 중에서 지리적으로 가장 폭넓게 분포한다.

15.5 복잡한 척삭동물의 몸의 형성은 단단한 구조 위에 시작되었다

가장 진화가 많이 된 **척삭동물문**(Chordata)에 속하는 동물들은 관상의 등 쪽 신경계인 견고한 **척삭**(notochord)을 지녔으며, 발생과정 중 일정 시기에 입의 뒤쪽 부분에 새열(gill slit)이 나타난다. 척삭이라는 구조는 진화에 있어서 매우 중요하다. 척삭은 발생 중인 배(embryo)에 견고한 발판을 제공해 줌으로써 보다 복잡한 배 발생이 이루어질 수 있게 하며, 골격과 근육의 발생을 위한 기반을 제공한다. 현생하는 45,000종 가운데 약 5%에 해당되는 종들은 발생이 진행되면서 척삭을 잃게 되었는데, 이들을 '무척추 척삭동물(invertebrate chordates)'이라 부른다. 나머지 약 95%는 성체가 되어서도 척삭을 갖고 있는데, 이들이 우리에게 친숙한 어류, 파충류, 조류 및 포유류와 같은 '척추 척삭동물(vertebrate chordates)'이다.

모든 척삭동물이 등뼈를 가지고 있는 것은 아니다 여기서는 두 종류의 무척추 척삭동물을 언급한다. 하나는 부유물식자인 **피낭류**(tunicate)이다. 그들은 얼핏 보기에는 해면동물과 형태와 기능이 유사하게 보인다. 그들의 명칭은 강하고 유연한 껍데기에서 유래되었다. 이들 피낭류를 자세히 관찰해 보면 원시적인 해면동물과는 완전히 다르다는 것을 알 수 있다(**그림 15.21**). 단독으로 있거나 군체를 형성하며 단단한 기질에 부착하여 서식하는 성체는 몸 내부의 점액질을 내는 섬모 그물을 이용하여 물속에 떠다니는 다양한 종류의 미세 입자들을 걸러 먹는다. 점액은 인두(pharynx)라 불리는 몸 내부의 바구니처럼 생긴 기관에 있는 점액선에서 만들어진다. 그물에 걸러진 먹이는 미세한 섬모들에 의해서 반대편으로 이동되어 모아진 후, 식도로 옮겨지게 된다. 동물플랑크톤 형태인 '살파(salp)'는 몸의 한쪽 끝에 있는 구멍으로 물을 흡입하여 몸속으로 지나가게 하여 먹이를 여과하며, 다른 쪽 끝으로 여과된 물을 내보낸다. 이때의 추진력으로 몸은 앞으로 나아가게 되는데, 축소판 제트 엔진과 같다. 그들의 구조와 형태를 같은 척삭동물인 갈매기나 돌고래나 사람의 구조와 형태와 비교해 볼 때 동질성을 찾아보기 어렵지만, 모든 척삭동물의 배(embryo)는 기본적으로 동일한 구조를 가진다.

또 다른 무척추 척삭동물은 '창고기(*Amphioxus*)'이다. 작고 반투명한 몸체를 지녔는데, 전 세계 해양의 얕은 연안 모래저질 속에 잠입하여 살고 있다(**그림 15.22**). 창고기는 일부 척추동물의 특성을 지닌 과도기에 있는 무척추동물이다. 그들은 물고기와 같이 몸을 좌우로 파동운동시킴으로써 움직이며, 물속의 작은 부유생물을 잡아먹는다. 이들의 중요성은 몸 등 쪽에 척추동물의 척수와 매우 유사한 잘 발달된 관상의 신경관(spinal cord)을 갖고 있다는 점이다.

척추동물은 등뼈를 가지고 있다 **척추동물**(vertebrate)은 등뼈를 갖고 있는 척삭동물문의 한 무리들이다. 척추동물이라는 용어는 '등뼈의 조각들이 연결된(*vertebratus*)'이라는 어원에서 유래되었다. 모든 척삭동물의 95% 이상에 해당되는 약 50,000종이 척추동물이다. 어류, 개구리, 도마뱀, 닭, 고양이, 개 등 우리들에게 친숙한 동물들이 이에 포함된다.

개념점검

15. 척삭이란 무엇인가?
16. 모든 척삭동물들이 등뼈를 지녔는가?
17. 척추동물과 무척추동물이 어떻게 다른가?

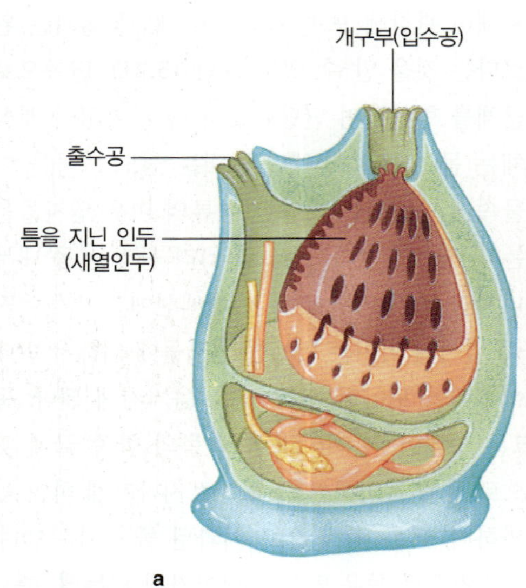

입수공을 열고 있는 모습. 입구공으로 들어온 물은 몸을 통과하면서 여과되고 먹이가 걸러진 후 배수공을 통하여 빠져나간다.

피낭류 성체의 모습.

그림 15.21 피낭류.

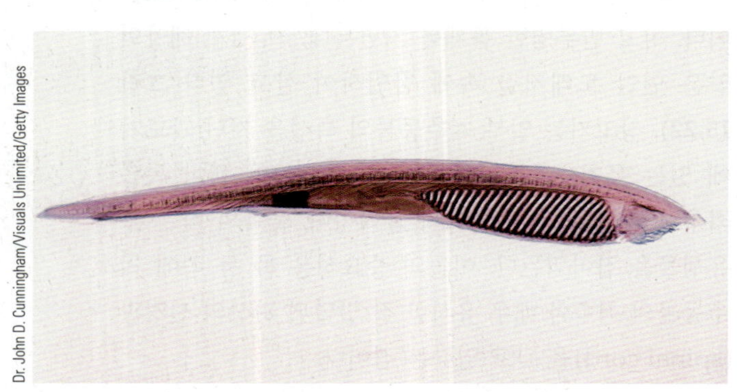

그림 15.22 무척추 척삭동물인 창고기. 이들의 등 쪽 신경관과 척삭은 무척추동물에서 척추동물로 진화되는 중간 단계를 보여 준다.

15.6 척추동물의 진화는 길고 다양한 역사를 지녔다

다른 척삭동물과 마찬가지로 척추동물은 오래전에 해양에서 진화되었다. 최초의 척삭동물은 딱딱한 척삭을 지니고 있었으나, 진정한 척추동물이 지니고 있는 등뼈가 없었다. 근대 척추동물로의 진화는 5억 년 전에 바다에 살았던 창고기와 같은 전임자의 단계를 거쳤을 것이다. 척추동물이 무척추동물과 다른 점은 등뼈를 가진 것 외에도 경골화되었거나 연골화된 내골격을 갖고 있는 점이다. 이 골격은 성장하는 동안 몸체를 지속적으로 지지해 주고, 중요한 기관을 보호해 주며, 또한 활동적인 동물의 특징인 빠른 반응이 가능하도록 근육이 부착될 수 있는 기반을 제공해 준다. 골격의 일부인 두개골은 뇌와 눈 그리고 기타 감각기관이 들어갈 수 있는 공간을 제공해 줌으로써 지능의 진화가 가능토록 하였다. 제일 단순한 척추동물은 턱이 없다. 중추신경계는 부분적으로 두개골로부터 연장되어 있는 등뼈에 둘러싸여 있으며, 척추의 마디를 통과하는 여러 쌍의 신경은 뇌와 몸의 각 부분 사이의 빠르고 효율적인 통신을 가능하게 하였다. 가장 풍부하며 성공적인 척추동물은 어류이다. 이들은 형태와 서식지에 있어 엄청난 다양성을 보인다. 해양환경에서 가장 적응하지 못한 척추동물은 양서류이다.

다른 생물의 분류와 마찬가지로 척추동물의 분류는 척추동물 진화에 대한 우리의 이해를 반영한다. **그림 15.23**은 척추동물 사이의 진화 관계를 보여 준다. 모든 고등 척추동물은 어류처럼 생긴 조상에서 유래된 것으로 알려져 있다. 진화학적인 입장에서 보면 모든 고등 척추동물(양서류, 파충류, 조류, 포유류 포함)은 고도로 변형된 네 발 달린 공기호흡 어류들이라고 말할 수 있다.

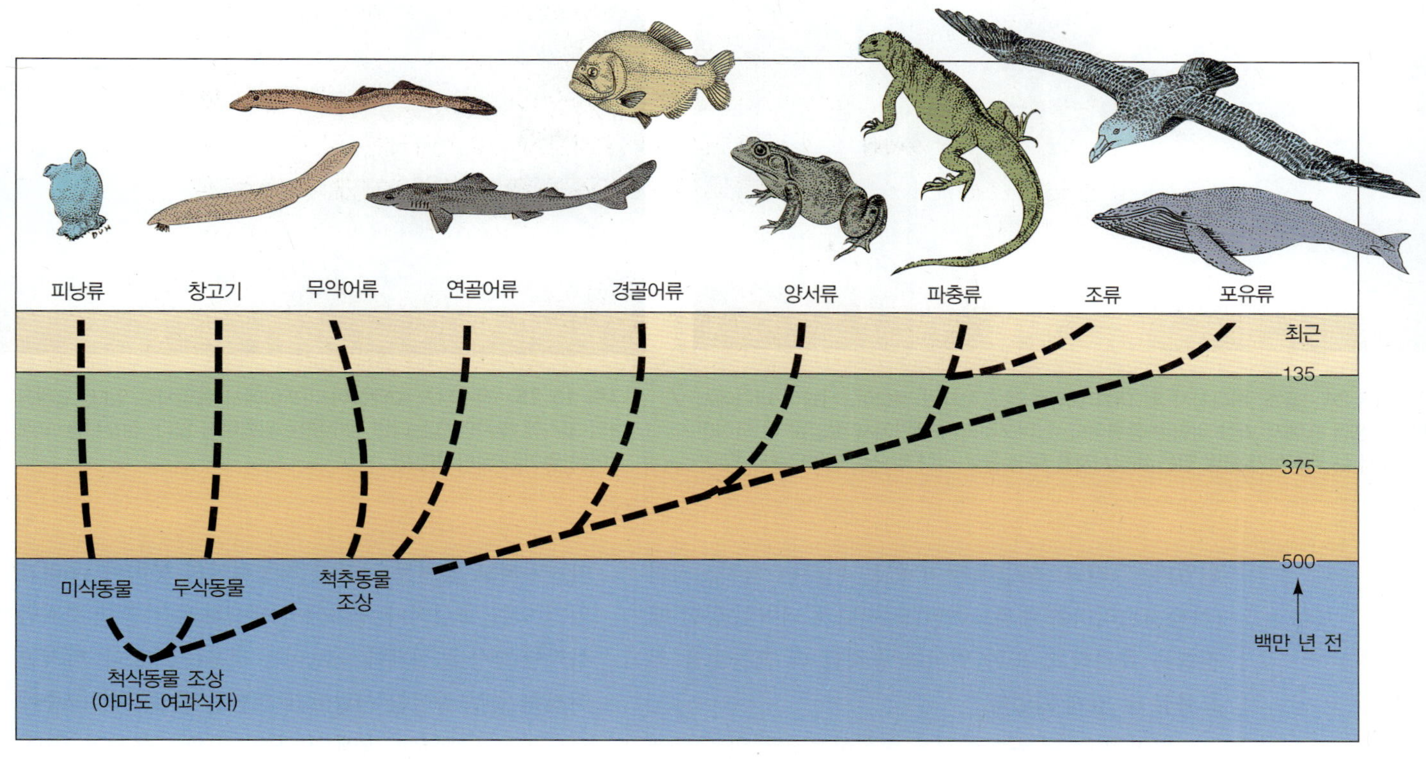

그림 15.23 척추동물과 무척추동물의 계통수.

개념점검

18. 척추동물들은 어떻게 연관되어 있는가?

15.7 어류는 지구상에서 가장 흔하며 성공적인 척추동물이다

어류(fishes)는 물속에서 생활하는 척추동물이며, 아가미로 호흡하고, 지느러미로 유영을 한다. 어류는 다른 모든 척추동물을 합한 것보다 종수가 많고, 개체수도 많은데, 이것은 지구라는 행성이 제공해 주는 거대한 해양서식처를 생각해 보면 놀랄 만한 사실은 아니다. 어류 성체의 체장은 10 mm보다 작은 것으로부터 시작하여 20 m를 초월하는 것도 있고, 무게는 0.1 g에서 41,000 kg에 이르는 것도 있다. 어떤 어류의 속도는 시속 113 km도 넘지만, 어떤 어류는 거의 움직이지도 못한다.

어류는 해수 표면에서 심해까지 분포하며, 따뜻하거나 찬물에 살기도 하며, 심지어는 얼음 속에서 언 상태로 살기도 하며, 진흙덩이 속에서 건조된 상태로 살아가기도 한다. 다른 **변온동물**(ectotherm) 즉 냉혈동물과 마찬가지로 대부분의 어류는 신진대사를 통해 발생되는 열을 이용하여 일정한 체온을 유지시킬 수 없기 때문에 일반적으로 어류의 체온은 주위환경의 온도와 같다. 30,000여 종의 어류 가운데서 40%는 일생 또는 생애의 일부를 담수에서 지내지만, 나머지 60%는 오로지 해양에서만 생활한다. 어류는 거의 모든 수중환경에 적응되도록 진화하였으며, 대륙붕 위의 생산력이 높은 곳에서 가장 풍부하게 존재한다. 어떤 종은 자신의 주위에서 발생되는 미세한 전자파의 변화를 감지할 수 있는 '제6감각기'를 지니고 있어서 먹이를 찾거나 포식자를 피할 때 도움이 된다. 전기뱀장어, 메기와 가오리는 방어와 공격을 위해 체내에서 생산되는 전기를 이용한다.

최초의 어류는 5억 년 전(고생대 오르도비스기)에 해양에서 출현하였다. 최초의 어류(무악어류)는 턱이 없으며 가슴지느러미와 배지느러미 같은 짝지느러미도 없었다. 이들로부터 턱이 있는 어류가 진화되었다. 초기의 턱이 있는 어류는 움켜잡거나 분쇄할 수 있는 입을 갖고 있어 패각이나 외골격을 가진 무척추동물도 잡아먹을 수 있었으며, 턱이 없는 선조에 비해 많이 진화

그림 15.24 물개, 바다사자 및 대형 어류들의 포식자인 백상어. 사람이 바다에서 만나는 생물 중에서 가장 위험한 종류이다. 남아프리카의 해안에서 촬영된 이 특이한 사진에서 큰 백상어가 금방 잡은 바다사자를 턱에 물고 바다 밖으로 뛰어오르고 있다.

그림 15.25 잠수부가 고래상어 가까이에서 헤엄치고 있다. 고래상어의 꼬리에 맞지만 않는다면 잠수부는 위험하지 않다. 잠수부는 고래상어의 먹이가 되지 않는다.

되었다. 그리고 초기의 턱이 있는 어류는 짝지느러미(가슴지느러미와 배지느러미)도 지니게 되어 운동할 때 평형을 유지하고, 또한 먹이를 공격할 때 흔들림을 최소화할 수 있게 되었다.

턱이 있는 어류는 골격을 형성하는 물질의 종류에 따라 연골어류(cartilaginous fishes)와 경골어류(bony fishes)의 두 개 무리로 나뉜다.

상어는 연골어류이다 상어(sharks), 가오리(rays), 홍어(skates)와 은상어(chimaeras)가 포함되어 있는 **연골어강**(Chondrichthyes) 어류들은 골격이 유연한 **연골**(cartilage)로 구성되어 있다. 일부 연골 골격이 석회화된 경우도 있으나 진정한 경골성 뼈는 가지고 있지 않다. 연골어류는 이빨이 있는 턱과 짝지느러미를 지녔으며, 왕성한 활동력을 보여 준다. 상어와 가오리는 무악어류나 경골어류보다 몸집이 훨씬 큰 경향이 있으며, 특히 상어류는 일부 고래류를 제외하고 현존하는 척추동물 중에서 몸집이 가장 크다.

약 350종의 상어와 320종의 가오리류가 현존하는 것으로 알려져 있다. 일부는 하구역에 분포하며 극히 일부는 담수에 서식하지만, 대부분은 바다에 서식한다. 예외가 있지만 상어는 외양의 표층 부근에서 헤엄치며 사는 반면, 가오리는 바다 밑바닥 위나 근처에서 산다.

상어는 사람들에게 지독히 나쁜 평판을 갖고 있다. 그러나 상어류 중 80% 이상의 종들은 성체가 되어도 몸길이가 2 m를 넘지 않으며, 나머지 20% 중에서 단 몇 종만이 사람에 대하여 공격적이다. 다른 연골어류와 마찬가지로 상어는 그다지 지능적이지 못하며, 우리가 인기 있는 소설이나 영화에서 생생하게 기술한 것처럼 사악한 행동을 실제에서 보이는 경우는 드물다. 하지만 여전히 일부 상어는 사람에게 위험한 존재이며, 그중에서도 *Carcharodon* 속에 속하는 거대한 백상어(great white shark, **그림 15.24**)는 모든 연골어류 중에서 가장 위험한 종이다.[2] 이 끔찍한 상어는 길이가 무려 7 m에 이르며, 무게가 1,400 kg에 달한다. 백상어의 실제 몸 색깔은 흰색이 아니라 위쪽은 회색빛이 감도는 갈색이거나 푸른색이며, 아래쪽은 우윳빛을 띤다. 백상어와 가까운 사촌인 '마코상어(mako shark)'는 몸길이가 약 4 m 정도에 달하는 위험한 종으로 실제 사람이 탄 보트를 공격하는 것으로 알려져 있다. 이들과 호랑이상어(tiger shark) 및 귀상어(hammerhead shark) 등 육식성 상어들은 먹이를 유인하기 위해서 물속에서 진동을 이용하는데, 그들의 피부 아래에 배열되어 있는 민감한 감각기관을 통해 물의 진동을 감지한다. 후각 역시 먹이인 어류나 포유류를 사냥하는 데 중요한 역할을 한다.

사람을 잡아먹는 상어들은 가장 큰 상어 종은 아니다. 가장 큰 상어는 *Rhincodon* 속에 속하는 고래상어(whale shark)이며, 길이가 18 m 이상이고 무게가 41톤에 달한다(**그림 15.25**). 고래상어와 다소 작은 돌묵

[2] 전 세계적으로 매년 상어에 의해 6명의 사람이 희생된다. 그런데 미국에서 개에 의해 죽는 사람의 수가 지난 100년간 상어에 의해 죽은 사람수보다 많다. 상어에 의해 한 사람이 죽는 동안 사람은 무려 1,600만 마리의 상어를 식용이나 약용으로 사용하기 위해 죽였다.

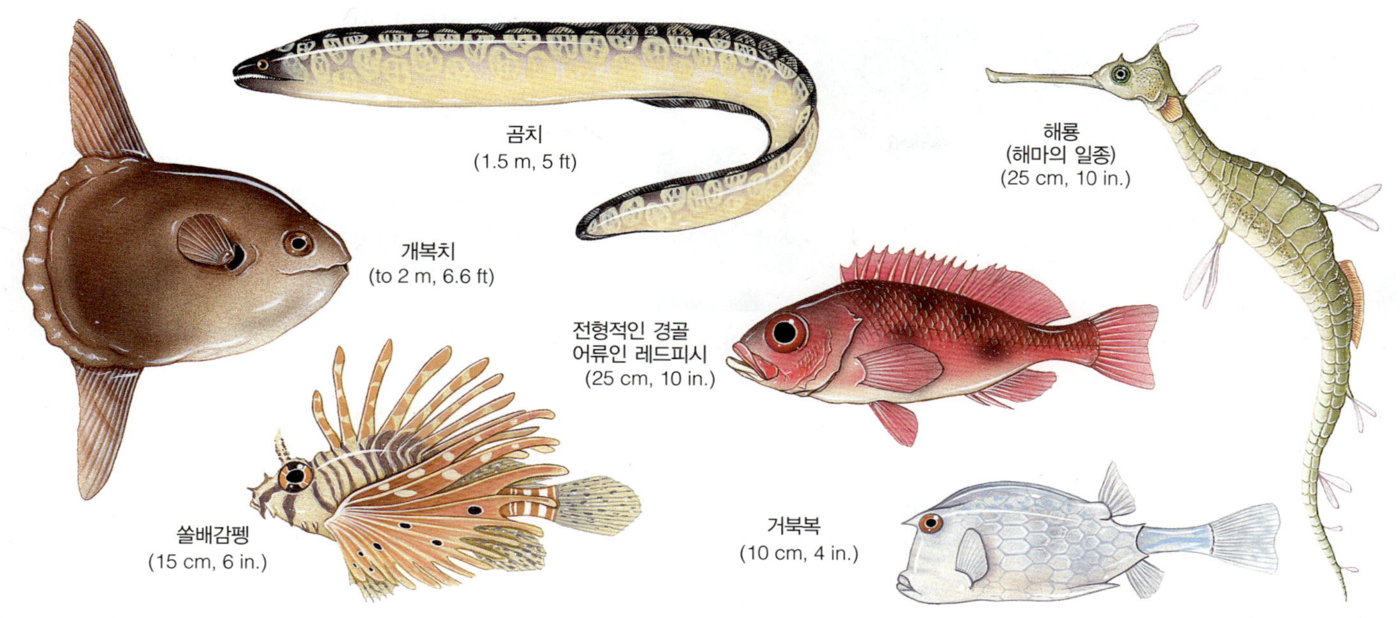

그림 15.26 다양한 경골어류들의 모습. 이 그림들은 실제 크기로 그려진 것이 아니다.

상어(basking shark)는 유순하며, 사람에게 그다지 위협적이지 않다. 고래상어는 플랑크톤을 걸러 먹기 위해 큰 입을 벌리고 수면 근처를 천천히 헤엄친다. 그들은 미세한 간격의 새파(gill raker)를 이용하여 시간당 2,500톤의 물을 여과한다. 이 과정에서 모여진 플랑크톤은 주기적으로 삼켜진다.

경골어류는 가장 풍부하고 성공적인 어류이다 27,000종 이상으로 구성된 **경골어강**(Osteichthyes) 어류들은 몸을 지탱하기 위한 딱딱하고 강하고 가벼운 골격으로 인해 생존에 성공을 거두어 왔다. 모든 척추동물 중에서 가장 수가 많고 다양한 경골어류는 조수웅덩이에서 심해에 이르기까지 거의 모든 해양의 서식지에서 발견된다. 경골어류 중에는 공기호흡을 하는 폐어(lungfish)와 실러캔스(coelacanth)가 포함되어 있는데, 이들 조상의 일부가 어류 진화의 길에서 벗어나 오늘날 육상 척추동물의 왕국을 형성하였다.

현존하는 어류의 약 90%는 **진골류**(Teleostei)에 속하는데, 대구, 고등어, 다랑어, 넙치, 금붕어, 그리고 다른 낯익은 어종이 포함된다(**그림 15.26**). 잘 통제된 유영을 위해 독립적으로 움직일 수 있는 지느러미, 먹이를 쫓거나 포식자로부터 벗어나기 위한 빠른 속도, 고도로 효과적인 위장술, 사회체제, 질서 있는 회유 능력 등 잘 발달된 특성을 지닌 다양한 어류들이 진골류를 구성하고 있다. 경골어류의 경제적 가치는 대단하다. 매년 약 1억 1,200만 톤의 경골어류가 인간에게 단백질을 공급하기 위해 바다로부터 어획되고 있다.

개념점검

19. 현존하는 어류들은 어떤 강(class)에 속하는가? 어떤 강이 가장 원시적이며, 어떤 강이 가장 진화되었는가?

20. 어떤 어류의 강(class)이 가장 큰 개체를 지녔는가? 경제적으로 가장 중요한 강은 어느 것인가?

21. 어류는 정온동물인가 변온동물인가?

22. 대부분의 상어류가 수영하고 있는 사람에게 위험한가?

15.8 어류는 독특한 적응 능력 때문에 성공하였다

해수는 이상적인 서식지처럼 보일 수 있지만, 해수 중에 사는 것 자체가 여러 가지 문제점을 제공한다. 물은 공기보다 밀도는 약 800배, 점성은 100배 더 크며, 이 같은 특성은 느린 속도로 움직일 때 효과적으로 움직임을 방해한다. 어떻게 어류는 물속에서 잘 움직일 수 있을까? 어떻게 어류는 물속에서 수직 위치를 유지할 수 있을까? 어류는 근육과 뼈의 무게를 상쇄하기 위해 끊

그림 15.27 매우 빠른 속도로 유영하는 황다랑어는 난류와 저항을 최소화하기 위해 유선형의 형태를 지닌다.

임없이 헤엄쳐야 하는가? 호흡은 어떻게 할까? 산소와 이산화탄소는 물속에서 효율적으로 교환되는가? 어떻게 포식자들을 방해할 수 있을까? 이처럼 많은 문제들이 어류에게 직면해 있는 것처럼 보이지만, 가장 성공적인 척추동물인 어류는 이들을 효과적으로 극복하기 위한 구조와 행동을 진화시켜 왔다.

이동, 형태와 추진력 일반적으로 활동적인 어류는 효율적인 유영을 위해 유선형의 체형을 지닌다. 어류의 움직임에 대한 **저항력**(drag)은 전두부(frontal area)의 면적, 몸의 굴곡, 그리고 표면의 결에 의해 결정된다. 저항력은 속도가 증가하면서 기하학적으로 증가한다. 따라서 빠르게 유영하는 어류들은 밀도가 크고 비교적 점성이 있는 유체에 의한 저항 효과를 최소화하기 위해 형태적 변형을 보인다. 물의 저항력을 최소화하는 형태는 끝이 뾰족한 어뢰 같은 몸체이다(**그림 15.27**).

어류의 앞쪽으로의 추진은 몸체와 지느러미의 복합적인 움직임으로부터 나온다. 뱀장어같이 길고 유연한 어류들의 근육은 몸을 물결치듯 만들어 S자형 파동이 머리부터 꼬리까지 내려가게 한다. 뱀이 땅을 뒤로 밀고 나가는 것처럼 뱀장어도 물을 뒤로 밀며 앞으로 나아간다. 그러나 이런 형태의 운동은 그다지 효율적이지 못하다. 고등한 어류들은 보다 짧은 거리를 빨리 물결칠 수 있도록 상대적으로 덜 유연한 몸체를 가진다. 또한 그들은 물 쪽으로 근육에너지를 효율적으로 전달하도록 낫 모양의 꼬리를 가진다. 몸길이가 짧아질수록 몸을 진행방향으로 더욱 쉽게 향할 수 있고, 저항에 따른 손실이 더욱 작아진다.

수심의 유지 어류의 밀도는 근본적으로 주변의 물보다 크기 때문에 추진력에 의해 그들의 몸무게를 상쇄하지 않거나, 기체로 채워진 부레가 없다면 몸은 점차 아래로 가라앉게 될 것이다. 연골어류는 부레가 없으며, 수중에서 자신의 위치를 유지하기 위해서 계속 움직여야 한다. 상어는 자신들의 비대칭적인 꼬리(不正尾)와 비행기 날개와 같은 역할을 하는 지느러미를 이용하여 상승력을 얻는다. 그러나 대부분의 경골어류들은 잘 발달된 부레를 지녔기 때문에 수중에서 아무런 움직임 없이 원하는 위치에 머무를 수가 있다. 부레 속에 들어 있는 기체의 부피는 어류의 무게를 상쇄시키기에 충분한 부력을 제공한다. 부레 속에 있는 기체의 양은 혈액으로부터 분출되거나 흡수됨으로써 조절되기도 하고, 수심 변화에 따른 부레 근육의 수축에 의해서도 조절된다.

기체교환 어류는 물속에서 어떻게 호흡을 할까? 산소를 받아들이고 몸속에서 발생한 이산화탄소를 방출하는 **기체교환**(gas exchage)은 모든 동물들에게 필수적이다. 얼핏 보기에는 물속에서 기체를 교환하는 것이 공기 중에서 기체를 교환하는 것보다 어렵다고 생각될지 모른다. 그러나 공기 중에서 호흡하는 동물들은 수중에서 호흡하는 동물들에 비해 한 단계의 과정을 더 거치고 있다. 즉 사람처럼 공기 중에서 호흡하는 경우 산소가 모세혈관으로 확산되기 위해서는 먼저 허파 속의 얇은 수막으로 산소를 용해시켜야 한다.

어류는 산소가 녹아 있는 물을 입으로 흡입하여 미세한 **아가미막**(gill membrane)으로 밀어 보낸다. 이 물은 뒤쪽을 향해 있는 새열(gill slit)을 통하여 몸 밖으로 빠져나간다. 이 때 물속에 용해되어 있는 고농도의 산소가 아가미막을 통하여 어류 몸속으로 확산되어 들어간다. 한편 혈액 속에 녹아 있는 고농도의 이산화탄소는 아가미막을 통하여 확산되어 외부로 빠져나간다. 아가미막 자체는 매우 얇은 막들이 겹겹이 배열되어 있는데 작은 공간에 매우 효율적으로 배열되어 있다(**그림 15.28**). 물과 혈액은 서로 반대 방향으로 흐름(역방향 흐름)으로써 기체의 확산 효율을 상승시킨다.

고등어와 같이 활동적인 어류는 많은 양의 산소를 필요로 하며, 또한 많은 양의 이산화탄소를 배출하기 때문에 이들의 아가미 표면적은 자신의 몸 표면적의 약 10배 이상이나 된다. 반면에 활동성이 적은 저서성 어

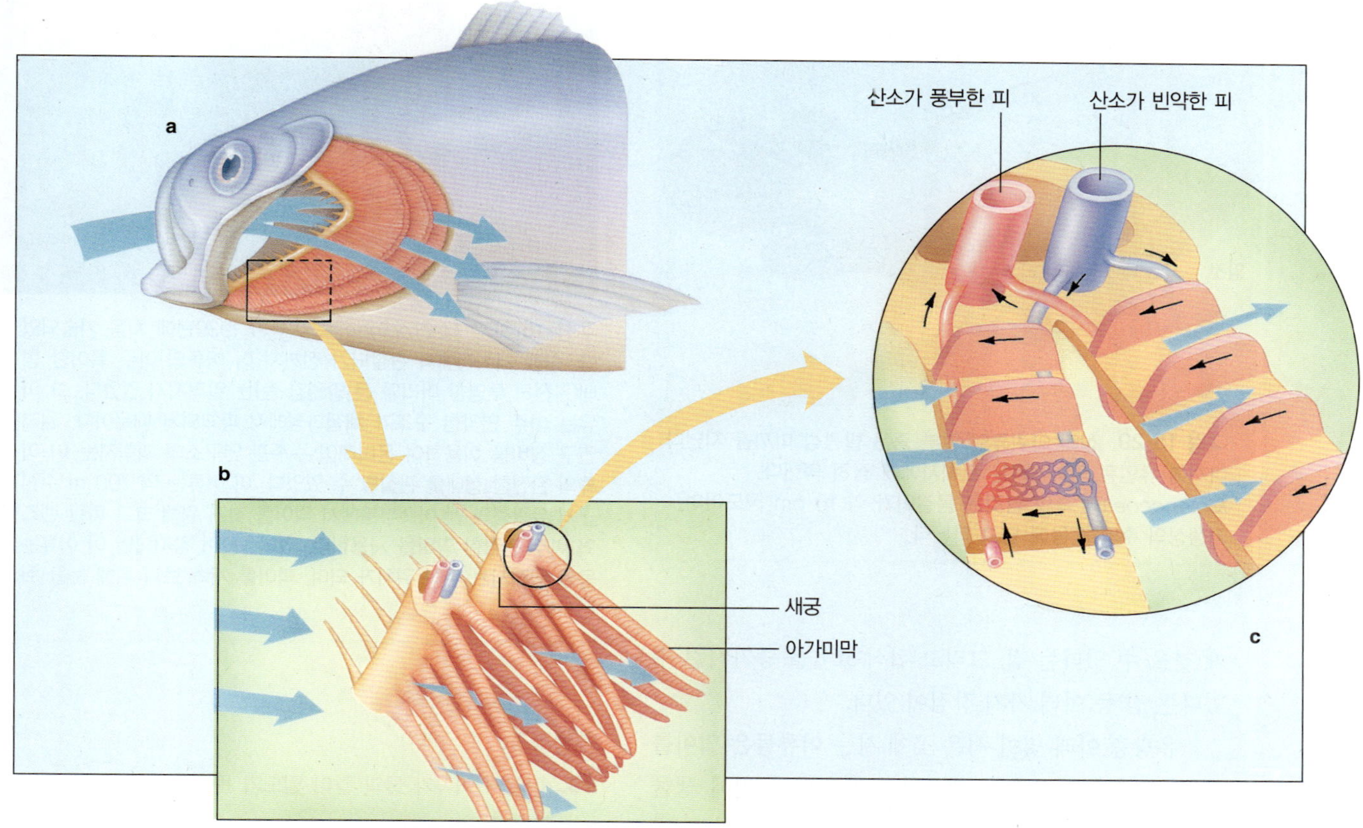

그림 15.28 고등어의 아가미 모습. (a) 아가미의 위치. (b) 물이 기체교환이 일어나는 아가미를 향해 접근한다. (c) 굵은 화살표는 아가미막 위를 흐르는 물의 흐름을 보여 준다. 작은 화살표는 물의 흐름과 반대 방향으로 흐르는 모세혈관에서의 혈액의 흐름을 나타내고 있다. 이러한 메케니즘을 역방향 흐름이라 한다.

류는 아가미 표면적이 좁다. 활동적인 어류의 경우 그들의 엄청난 아가미 표면적과 역방향 흐름을 이용하여 아가미를 통과하는 물속의 산소 중 약 85%를 몸속으로 흡수한다. 한편 공기 중에서 호흡하는 척추동물의 경우 흡입한 공기가 자신의 허파를 통과하는 동안 공기 중에 포함되어 있는 산소의 약 25%밖에 흡수하지 못한다.

섭이와 방어 여러 종류의 어류들 사이에서 형성된 경쟁 압력은 놀랄 만큼 다양한 섭이와 방어 전략을 진화시켰다. 시각은 그들의 먹이를 찾게 하거나, 포식자를 피하게 하므로 대부분의 어류에게 매우 중요하다. 유광층 아래에 사는 일부 심해어류는 배우자나 먹이를 찾기 위해 대단한 시각을 가지고 있다. 그리고 어류는 청각도 잘 발달되어 있다. 어류는 낮은 진동수의 진동을 감지하는 능력을 지니고 있다. 또한 어류는 냄새를 맡는 후각도 잘 발달되어 있다. 연어는 그들이 부화된 하천수의 특징적인 화학적 단서(물냄새)를 감지함으로써 수년 후에 자신이 태어난 하천을 찾아온다.

경골어류의 약 1/4 정도가 살아가는 동안에 특정한 시기에 **떼 짓는**(schooling) 행동을 보인다. 물고기 떼는 같은 종에 속하는 개체들이 가까이 모여 한꺼번에 움직인다. 이처럼 므리를 지어 움직이는 물고기 떼에는 인솔자가 없다. 단지 각 개체의 측선 감각기와 근육의 직접적인 상호작용에 의해 자동적으로 조절되는 것 같다. 이 같은 어류의 집단행동이 갖는 방어적 이점은 이미 입증된 바 있다. 여러 번에 걸친 잠수여행에서 가시한계를 넘어서 움직이는 큰 덩어리를 감지한 적이 있다. 그것이 하나의 큰 생물인지 혹은 물고기 떼인지는 아직도 확실치 않다. 많은 포식자들이 그것을 찾아낼 만큼 충분한 시간 동안 그 주변에 머물지는 않을 것이다. 어류가 떼를 짓는 행동은 포식자에게 포식될 기회를 줄이는 점 외에도 번식시기에 배우자를 근처에서 쉽

그림 15.29 심해 아귀류의 일부 종은 발광성 미끼를 지닌다. 미끼에 유인된 먹이생물은 포식자에게 잡혀 먹힌다. *Melanocoetus* 속의 암컷은 몸길이가 약 10 cm 정도이며, 기생성의 수컷을 몸에 달고 다닌다.

그림 15.30 *Macropinna* 속 어류가 1939년에 처음 기술되었다. 심해 서식지에서 관찰되기 전까지 이 어류의 아주 특이한 형태(완전히 투명한 머리와 큰 망원경 눈)는 알려지지 않았다. 그 이유는 아주 연약한 구조가 채집과정에서 파괴되기 때문이다. 원격 연구 장비를 이용하여 몬터레이 수족관 연구소의 과학자는 이 어류의 완전한 형태를 관찰할 수 있었다. 이 어류는 약 700 m 수심 근처 유광층의 맨 아랫부분에서 먹이를 찾기 위해 크고 파란 렌즈와 아주 민감한 망막을 사용한다. 먹이생물이 감지되면 이 어류는 몸을 회전시켜 수직 위치가 되며, 먹이를 계속 보기 위해 눈을 회전시킨다.

게 찾을 수 있다는 점, 그리고 섭식 효율을 증가시킬 수 있다는 점 등 여러 가지 장점이 있다.

유광층 아래 빛이 적은 곳에 사는 어류들은 먹이를 찾고, 포식자를 피하고, 배우자를 유혹하기 위해 생물발광(bioluminescence)을 이용한다. 일부 어류는 빛을 아래를 향해 내보내는 자체 발광기관을 지녔다. 이 빛이 그들의 그림자를 없애주기 때문에 포식자에게 눈에 잘 안 띄게 되어 포식의 위험을 줄인다. 다른 심해어류는 발광성의 미끼를 이용하여 먹이생물을 끌어들인다(**그림 15.29**). 일부 어류들은 동종의 개체에게 자신을 알리기 위해 발광기관을 이용하며, 배우자를 찾는 데도 발광기관이 매우 중요하다. 일부 생물은 포식자를 눈부시게 하거나, 놀라게 하기 위해 발광기관을 플래시처럼 이용하기도 한다.

심해어류들은 심해 생활을 위해 아주 놀랄 만한 적응을 보인다. 그중 하나가 *Macropinna* 속 어류의 머리와 눈이다. 이 어류는 먹이를 추적하기 위해 회전시킬 수 있는 큰 두 눈을 지닌 투명한 머리를 가지고 있다(**그림 15.30**). 이 투명한 머리가 사람의 관심을 끈다. 종편된 두개골 외측의 눈이 투명한가? 아니면 두개골 자체가 투명한가? 어떻게 그렇게 될 수 있는가? 머리 안에 있는 액체는 어떻게 만들어지는가? 액체는 무엇으로 구성되어 있는가? 피부 역시 투명한가? 이 같은 어류가 얼마나 많이 존재하는가? 이 특이한 어류에 관한 아주 많은 질문이 대답을 기다리고 있다.

개념점검

23. 어떻게 어류가 물과 같이 밀도가 큰 매질 속을 효율적으로 움직이는가?

24. 어류는 어떻게 호흡하는가?

25. 떼 짓는 행위가 어떻게 어류에 도움을 주는가?

15.9 바다거북과 바다악어는 바다에 적응된 파충류이다

파충류(reptiles)의 세 무리가 각기 해양 종을 포함하고 있는데, 바다거북, 바다뱀과 바다이구아나, 그리고 바다악어가 이에 속한다(**그림 15.31**). 다른 파충류와 마찬가지로 해양파충류는 변온동물이며, 허파로 공기호흡을 하고, 비교적 비투과성인 피부와 비늘을 지니고 있으며, 체액 속의 과도한 염분을 농축하고 배설하기 위한 특수한 염분비선(salt gland)을 갖고 있다. 예외적으로 해양에서 폭넓게 분포하고 있는 바다거북을 제외한 대부분의 해양파충류들은 따뜻한 열대나 아열대 해역에 주로 분포한다.

해양파충류 중 가장 잘 알려지고 가장 성공적으로 적응한 종류는 바다거북류(sea turtles)로 8종이 현존하는 것으로 알려져 있다. 육상거북과는 달리 바다거북은 몸을 움츠릴 때 머리와 다리를 집어넣을 정도의 충분한

Tom Garrison

그림 15.31 바다악어와 조련사인 고 스티브 어윈의 크기를 비교해 보라. 매우 공격적인 바다악어는 세계에서 가장 큰 악어인데, 7 m의 길이에 달한다. 그들은 열대 섬 사이의 장거리를 헤엄칠 수 있다.

체내 공간이 없는 비교적 작은 유선형의 껍데기를 갖는다. 이들의 단단한 껍데기는 효과적인 수동적 방어를 제공하기 때문에 인간을 제외하고는 바다에서 이들에 대한 포식자는 거의 없다. 바다거북의 앞다리는 마치 노처럼 변형되어 유영 시 추진력을 만들며, 뒷다리는 방향타의 역할을 한다. 녹색바다거북(green sea turtles)에 속하는 두 종이 가장 풍부하며, 넓게 분포한다. 이들은 해조류, 거북풀(turtle grass)이나 다른 식물 먹이를 찾아서 엄청난 거리를 이동한다. 현존하는 바다거북류 중에서 가장 큰 종은 장수거북(leatherback)이다(**그림 15.32**).

바다거북은 엄청난 거리를 헤엄쳐 다니는 놀라운 항해능력으로 유명하다. 바다거북은 2~4년 간격으로 산란을 위하여 자신이 부화했던 해변으로 되돌아온다. 이 같은 귀소행동(homing behavior)은 동물들에게 큰 이점을 줄 수 있다. 부모세대가 어린 시절에 그 곳에서 살아남았다면 다음 세대를 부화시키는 데도 적합한 장소일 것이다. 브라질과 아프리카 사이의 대서양 상에 솟아 있는 작은 섬인 어센션 섬으로 향하는 녹색바다거북의 귀향에 관하여 많은 연구가 이루어졌다. 연구자들은 거북의 귀소항해 시 이 섬을 찾아가는 데는 태양의 각도(위도를 추정함), 파랑의 방향, 냄새, 그리고 시각 등이 이용되고 있음을 밝혔으며, 또한 바다거북이 20년 전에 자신이 태어난 그 장소를 정확히 찾아간다는 사실을 발견하였다.

개념점검

26. 어떤 해양파충류가 대단한 항해 능력으로 유명한가?

15.10 일부 바닷새는 세계에서 가장 효율적인 날짐승이다

새(birds)는 약 1억 6천만 년 전쯤 작고 빠르게 움직이는 공룡으로부터 진화된 것으로 추정된다. 비늘이 있는 다리와 발톱 그리고 내부기관과 골격의 형태로부터 그들의 파충류 조상의 흔적을 발견할 수 있다. 8,600여 종의 많은 새들이 생존에 성공한 것은 비행 시 사용되는 깃털(파충류 비늘의 파생물)의 진화 덕분이다. 새들은 **항온동물**(endotherm)이다. 따라서 그들은 환경보다 더 높은 체온을 지속적으로 유지하기 위하여 대사열을 발생시키고 조절해야 한다.

새들은 가볍고, 가늘고, 속이 비어 있고, 지방질이 없는 뼈를 가지고 있으며, 파충류의 무거운 이빨과 턱 대신에 가벼운 부리를 가지고 있다. 효율적인 새들의 호흡계는 많은 산소를 수용할 수 있으며, 4개의 큰 방을 지닌 심장은 높은 압력하에서 혈액을 순환시킨다. 모든 새들은 육상에 알을 낳으며, 대부분 알을 부화시키고, 어린 새끼들을 보호한다. 일부 바닷새는 몇 년 동안 바다에 머물지만, 결국 알을 낳기 위해 모두 육지로 돌아온다.

지금까지 알려진 새 중에서 약 3%에 해당되는 270여 종만이 바닷새(seabirds)이다. 대부분의 바닷새는 남반구에 살고 있다. 해양파충류와 같이 바닷새는 그들의 먹이로부터 섭취된 과도한 염분을 제거하기 위하여 머리에 특수한 염분비선을 가지고 있다. 여기서 나온 소금물이 때때로 부리 끝 부분으로부터 떨어져 내린다. 바닷새는 활발한 포식자이며, 해양의 어느 곳에서나 발견된다. 진정한 바닷새는 알을 낳을 때를 제외하고는 거의 바다 위에서 산다. 이들은 모든 먹이를 바다로부터

그림 15.32 장수거북은 현존하는 가장 큰 거북이다. 경골의 껍데기 대신에 그들의 등갑은 피부와 기름기가 많은 살로 덮여 있다. 그들은 1,280 m의 수심까지 잠수할 수 있다.

획득하며, 산란을 위하여 고립된 장소를 찾는다.

4개의 바닷새 무리 중 갈매기류와 펠리컨류가 해안 근처에서 많은 시간을 보내기 때문에 가장 친근하다. 그러나 바다에 적응된 무리는 슴새류와 펭귄류이다.

100여 종의 슴새류(tubenoses)는 가장 대표적인 바닷새이다. 이들은 실제로 이름이 보여 주는 것처럼 아름답고 우아한 몸체와는 거리가 멀다. 이들의 이름은 바람의 속도를 감지하고, 냄새를 맡고, 염분비선으로부터 짠물을 분비하기 위한 기다란 부리에서 유래되었다. 강한 바람이 불고 높은 파도 속에서도 수개월 동안 바다 위에서 섭식활동을 한다. 폭풍우가 와도 아무런 피난처도 없는 망망대해에 머물면서 사람이 만든 어떠한 활공장치보다 우수한 자신들의 몸을 이용하여 먹이를 찾아 날아다닌다. 신천옹(albatross)과 그들의 친척인 바다제비(petrel)와 슴새(shearwater)는 대양 위 하늘의 황제이다(**그림 15.33a**). 그들의 길고, 얇고, 좁고, 적절하게 굽혀진 날개는 공기역학적으로 효율적인 비행을 가능하게 한다.

펭귄은 날 수 있는 능력을 완전히 상실했지만, 그들의 짧은 날개를 이용하여 물속을 자유롭게 유영한다. 이들은 비행 능력을 상실한 대신에 지방질의 절연층, 기름이 있는 꼿꼿한 깃털과 큰 몸체를 지니고 있다. 사실 이러한 열 보존 적응은 극단적으로 추운 지역에서 생존하는 동물들에게는 필수적이다. 그들의 중성 부력은 물속에서 섭식을 하는 이들에게 유리하게 작용한다. 현존하는 펭귄 중에서 가장 큰 황제펭귄(emperor penguin)은 수심 약 265 m까지 잠수하며, 약 10여 분 동안 물속에 머물 수 있다. 펭귄은 어류, 대형 동물플랑크톤, 저서성 연체동물과 갑각류, 그리고 오징어 등을 잡아먹는다. 일부 종들은 번식기와 다음 번식기 사이의 약 2년 정도를 바다에서 생활한다.

펭귄은 남반구에만 분포하며, 몸의 크기는 오리 정도부터 높이 1 m 이상 그리고 무게 약 36 kg 이상까지 다양하다. 남반구에 분포하는 해산 조류들에 의해서 섭식되는 총 먹이량의 약 86%를 펭귄이 섭식하는 것으로 추정된다. 이것은 연간 약 3,400만 톤에 달하는 막대한 양이며, 크릴과 같은 대형 동물플랑크톤성 갑각류가 주된 먹이생물이다. 크기가 작은 갈라파고스펭귄은 적도 부근의 영양염이 풍부한 훔볼트 해류 해역에서 어류를 잡아먹고 살지만, 그 외 대부분의 펭귄들은 가혹한 환경인 남극대륙에서 살고 있다. 한 예로 황제펭귄은 가장 혹독한 겨울철에 남극대륙에서 산란을 하고 새끼를

Joel Simon/Digital Vision/Getty Images

a

먹이를 찾아 남극해의 표면 위를 날고 있는 신천옹. 이 새의 날개 길이가 3.6 m에 달한다.

b

황제펭귄과 새끼. 큰 펭귄 종류인 황제펭귄은 어류와 오징어를 먹고 산다.

그림 15.33 바닷새들.

양육한다(**그림 15.33b**).

개념점검

27. 새는 어떤 그룹에서 진화되었는가?

28. 바닷새는 육지새와 어떻게 다른가?

29. 어떤 바닷새가 세상에서 가장 효율적으로 나는가?

30. 펭귄이 다른 바닷새와 어떻게 다른가?

15.11 해양포유류는 지구상에서 가장 큰 동물을 포함한다

인류를 포함하는 **포유류**(Mammalia)는 가장 진화된 척추동물이다. 약 4,300여 종이 알려져 있다. 이 중 현존하는 3개의 해양포유류 무리는 돌고래와 고래를 포함하는 **고래목**(Cetacea), 물개, 바다사자, 바다코끼리, 바다수달을 포함하는 **식육목**(Carnivora), 그리고 듀공과 매너티를 포함하는 **해우목**(Sirenia)이다.

이들 세 무리는 육상에 있는 조상으로부터 각기 독립적으로 진화되어 왔다. 이들은 온혈동물이며, 공기호흡을 하며, 새끼를 낳고, 어미의 유선으로부터 나오는 젖을 새끼에게 먹이며, 사는 동안 어느 순간에는 몸에 털을 갖는 포유류의 공통적인 특징을 갖고 있다. 그러나 다른 포유류와 달리, 해양포유류는 오랜 기간 바다에 살면서 해양생활에 적응하게 되었다.

모든 해양포유류는 다음과 같은 네 가지의 공통적인 특징을 보인다(**그림 15.34**).

- 물속에서의 유영에 알맞게 변화된 다리를 가지며, 유선형의 체형을 지녔다. 물속에서의 저항력을 감소시키기 위해 미끄러운 피부와 털을 지녔다.
- 해양포유류는 신진대사를 통해 체열을 발생시키며, 이렇게 발생된 열은 단열이 잘되는 지방층 또는 모피에 의해서 보존된다. 이들의 큰 몸체는 체적 당 표면적을 작게 하여 몸 표면을 통한 열 손실을 적게 한다.
- 해양포유류의 호흡기관계는 많은 양의 산소를 흡입하고 보유할 수 있도록 변형되었다. 혈액과 근육의 생화학적 특성은 이들이 오랫동안 깊은 수심으로 잠수할 수 있도록 해 준다.
- 해양포유류는 해양생활을 하기 위해 삼투적응 현상을 보인다. 최소량의 해수를 마시고, 농축된 고농도

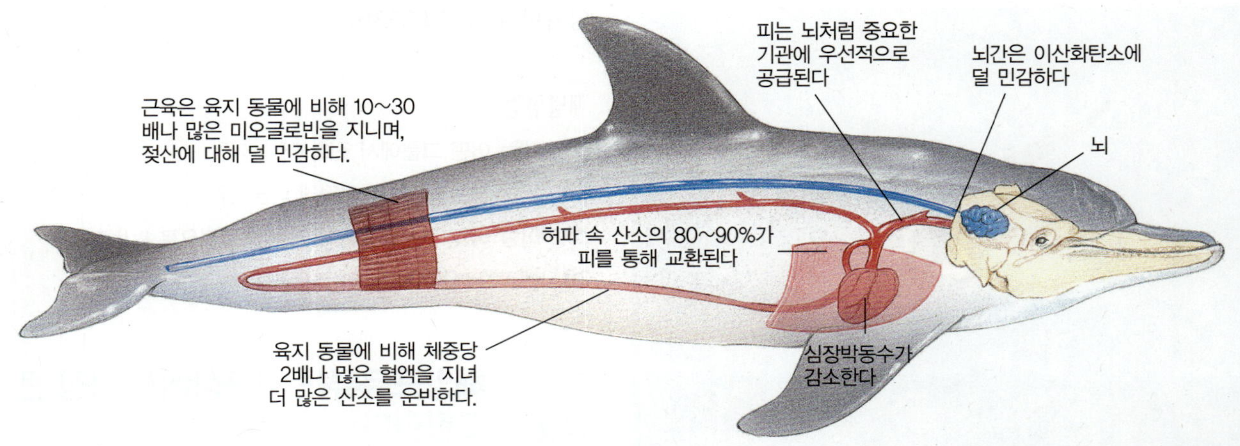

그림 15.34 해양포유류는 외해 환경에 적합한 특수한 적응을 진화시켰다. 육지 포유류 조상으로부터 생리적으로 변형된 고래는 상당히 깊은 곳까지 잠수할 수 있고, 1시간 이상 물속에 머물 수 있다.(출처: Karleskint/Turner/Small, *Introduction to Marine Biology* 3rd

의 오줌을 배설할 수 있는 신장이 있기 때문에 음식물의 산화과정에서 발생되는 수분만으로도 필요한 수분의 양을 충족시킬 수 있다.

고래류 현존하는 약 79종의 고래류는 말이나 양과 같은 유제류(발굽이 있는 동물)와 공통의 조상으로부터 갈라져 나온 것으로 생각된다. 이들은 여러 세대에 걸쳐 점차 먹이를 찾아 얕은 연안으로 침입하게 된 것 같다. 고래류는 길이 1.8 m에서부터 33 m에 이르기까지 다양하며, 몸무게가 100톤에 달하는 종도 있다. 노처럼 생긴 앞발은 주로 방향타의 역할을 하며, 뒷발은 퇴화되어 흔적으로 남아 있다. 유영을 위한 추진력은 몸의 뒤쪽에 있는 강한 근육에 의해 상하로 움직이는 꼬리지느러미로부터 발생된다. 두꺼운 지방층은 외부와의 절연 기능과 부력 제공 및 에너지 저장고의 역할을 한다. 1개 또는 2개의 비공이 머리의 위쪽에 있으며, 잠수 시 물이 코로 유입되는 것을 방지하기 위하여 특수한 밸브 구조로 되어 있다. 고래는 매우 큰 뇌를 가지고 있으며, 복잡한 가족관계와 사회적 구조를 형성하고 있다.

현생 고래류는 두 개의 무리로 나누어지는데, **그림 15.35**는 이들 두 무리의 대표적인 종들을 보여 주고 있다. 한 종류는 **이빨고래류**(Odontoceti, toothed whale)로 왕성한 포식자이며, 먹이를 깨물기 위한 이빨을 지니고 있다. 이들은 체중에 비해 상당히 무겁고 큰 뇌를 가지고 있다. 상당 부분의 뇌조직이 먹이를 찾거나 사회생활을 하는 데 필요한 소리를 발생시키고 감지하는 일에 관여하고 있다. 많은 과학자들은 이빨고래의 지능이 상당히 높은 것으로 생각하고 있다. 이빨고래에 속하는 종류들로는 범고래(killer whale)와 수족관 쇼에서 친숙하게 만나는 돌고래류(dolphin, porpoise), 그리고 가장 큰 이빨고래인 향유고래(sperm whale) 등이 있다. 향유고래는 길이가 약 18 m 정도에 달하며, 자신의 먹이가 되는 대왕오징어를 찾아서 1,140 m 이상 깊이까지 잠수하는 것으로 알려져 있다.

이빨고래는 자신들의 먹이를 찾는 데 생물학적 소나(sonar)인 **음향탐지**(echolocation) 능력을 이용한다. 즉 자신들이 만들어 내는 소리가 먹이생물에 가서 부딪쳐 돌아오는 음향을 감지, 분석하여 먹이생물의 크기와 거리를 파악한다. 이빨고래는 이러한 소리를 공격적인 용도로도 사용한다고 알려져 있다. 최근의 연구는 일부 이빨고래들이 먹이생물을 기절시키거나 심지어는 죽일 정도로 매우 큰 소리를 내는 것으로 보고하고 있다. 한 실험에서 돌고래는 229데시벨(decibel)에 달하는 소음을 발생시켰는데, 이것은 폭탄이 터질 때 발생되는 소음의 크기와 거의 비슷하다. 향유고래의 경우 약 260데시벨 이상의 소음을 낼 수도 있다! 여기서 참고로 약 130데시벨은 제트기가 최고의 속도로 우리 곁을 지나칠 때 발생되는 소음의 정도이다. 어떻게 이처

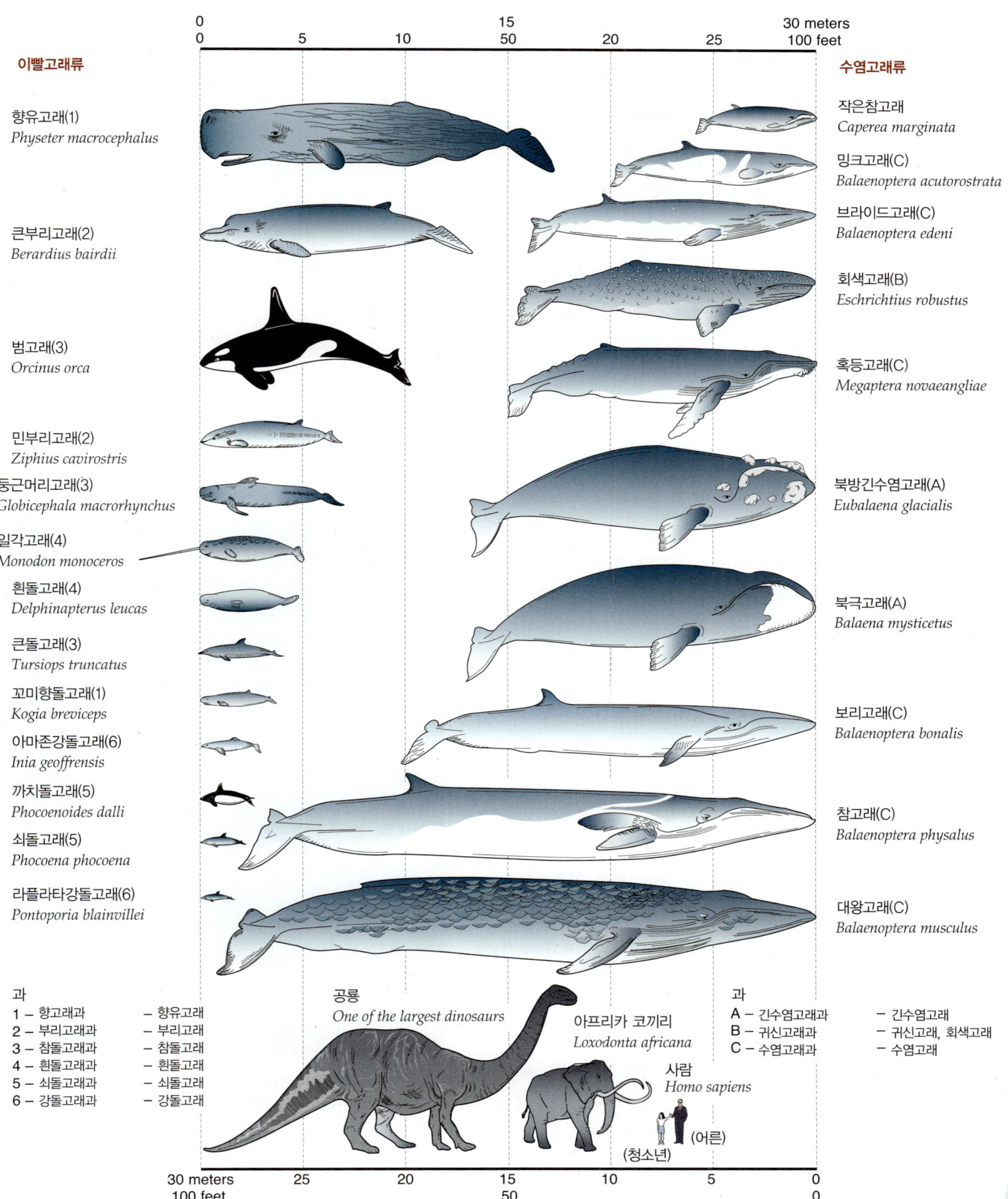

그림 15.35 고래류의 대표적인 종들.(출처: Karleskint/Turner/Small, *Introduction to Marine Biology* 3rd ed., Fig. 12.13. Copyright © 2010 Brooks/Cole, a part of Cengage Learning, Inc.)

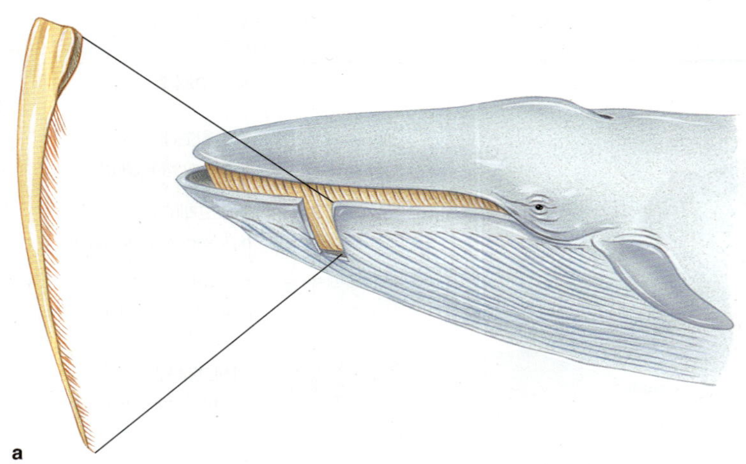

a

수염고래의 턱에 붙어 있는 수염의 모습. 수염의 구조를 명확히 관찰하기 위해서 입의 한 부분을 잘랐다.

b

한 사람이 회색고래의 입에 가까이 다가가 자세히 관찰하고 있다. 이 종류는 해저에 사는 갑각류를 걸러 먹기 위해 크고 단단한 수염을 갖고 있다.

그림 15.36 수염고래의 섭식.

럼 높은 소리가 발생되는지에 대해서는 아직까지 잘 모르고 있으며, 또한 어떻게 자신의 각종 기관에는 아무런 피해 없이 목표물에만 이러한 고음을 전파시킬 수 있는지에 대해서도 잘 모른다.

수염고래류(Mysticeti, baleen whale)는 이빨을 갖고 있지 않다. 이들은 왕성한 포식자라기보다는 여과식자로서 높은 생산성을 보이는 한대 해역 혹은 아한대 해역에서 동물플랑크톤인 새우처럼 생긴 크릴을 주로 잡아먹는다. 이들은 깊이 잠수하지 않으며, 주로 표층으로부터 수 m 아래에서 섭식을 한다. 이들의 입은 **그림 15.36**에서 보는 것처럼 길고 딱딱한 **고래수염**(baleen)을 지니고 있다. 이 고래수염을 이용하여 입속으로 가득 들어온 물로부터 동물플랑크톤을 거르거나 얕은 해저의 펄을 삼켜 그 속의 저서생물들을 걸러 먹는다. 입속에 들어온 플랑크톤은 물을 내뱉는 과정에서 수염에 걸리게 되고, 혀는 이들 플랑크톤을 쓸어 모으면서 최대한 물을 짜낸 뒤, 목구멍으로 밀어 넣는다. 지구상에 존재하는 동물 중에서 가장 큰 대왕고래(blue whale, **그림 15.37**)의 경우 섭식시기에는 하루에 약 3톤 정도의 크릴을 걸러 먹는다. 식물플랑크톤에서 동물플랑크톤으로 그리고 고래로 이어지는 짧고 효율적인 먹이사슬은 이들 고래의 생존을 위하여 필요한 엄청난 양의 먹이를 공급해 준다.

수염고래의 사회적 구조와 지능, 소리 발생 능력,

그림 15.37 물과 먹이로 가득 차 부풀어 오른 대왕고래의 입. 이들은 물을 밖으로 내보내면서 수염판을 이용해 크릴을 거른 뒤 삼킨다.

항해술과 생리 등에 대하여 아직까지 잘 모른다. 혹등고래는 동종 간의 의사소통을 위하여 다양한 소리를 이용하고 있으며, 대왕고래의 경우 저주파 음을 이용하여

a
물개 쇼에서 흔히 볼 수 있는 캘리포니아 바다사자.

Tom Garrison

b
코끼리물범들이 캘리포니아 해변에서 쉬고 있다.

그림 15.38 기각류의 대표적인 종들.

엄청나게 멀리 있는 곳까지 의사소통을 할 수 있는 것으로 알려져 있다. 일부 종들은 매년 극지방에서부터 적도 해역으로 회유를 한다. 최근까지도 고래에 대한 우리의 관심은 고기와 기름을 얻기 위해 이들을 포획하는 것이었지 이들이 가진 놀라운 능력을 연구하는 것은 아니었다. 포경에 관한 역사는 17장의 해양 자원 부분에서 살펴보게 될 것이다.

식육류 식육류는 개, 고양이, 곰, 족제비와 같은 육지 포식자를 포함한다. 대부분의 식육류는 육상에 살고 있지만, 물범, 물개, 바다사자와 바다코끼리가 속해 있는 **기각아목**(Pinnipedia) 동물들은 바다에서 살고 있다(**그림 15.38**). 고래류와는 달리 기각류는 번식과 새끼의 양육을 위해서 일정 기간 동안 육상에 올라와 산다.

물범(true seal)은 보다 유선형에 가까운 몸체를 유지하기 위하여 외이(外耳)가 퇴화되고 없는 밋밋한 머리를 갖고 있다. 이들은 짧고 거친 표피의 털을 지니고 있다. 먹이인 어류를 추적할 때면 뒷다리를 이용하여 힘차게 유영해 간다. 이들의 뒷다리는 부분적으로 융합되어 있고 몸의 꼬리 쪽 끝 부분에서는 굽어져 있다. 따라서 육상에서 움직일 때에는 뒷다리가 거의 사용되지 않는다. 큰 몸체와 긴 주둥이 때문에 이름 붙여진 코끼리물범(elephant seal)은 공기 호흡을 하는 모든 척추동물 중에서 가장 깊은 곳까지 잠수하는 기록을 갖고 있는데, 무려 1,560 m까지 잠수해 들어갈 수 있다. '물개 쇼'를 통해 친숙한 바다사자(sea lion)의 뒷다리는 유연해서 육상에서 움직일 때 잘 활용된다. 이들은 작은 외이를 지닌 유선형의 머리를 가지며, 물범과 달리 앞다리를 이용하여 유영한다. 바다코끼리(walrus)는 물범이나 바다사자보다도 더욱 덩치가 커서 몸무게가 약 2톤에 달한다.

그림 15.39 캘리포니아 해조 숲에 사는 두 마리의 바다수달. 바다수달은 포유류 중에서 가장 조밀한 모피를 가지고 있다.

그림 15.40 해우류의 일종인 서인도제도의 매너티.

열각아목(Fissipedia)은 고양이, 개, 너구리, 곰 등 많은 동물을 포함하고 있지만, 바다수달(**그림 15.39**)만이 바다에서 산다. 바다수달(sea otter)은 비교적 최근에 육지에서 해양으로 들어온 종류이다. 어떤 동물의 털보다도 조밀하고 따뜻한 모피를 지녔기 때문에 사람들이 이들을 너무 많이 포획하여 거의 멸종될 지경까지 갔었다. 현존하는 태평양 바다수달 개체군은 19세기 말과 20세기 초에 활약한 모피 사냥꾼들의 손에서 간신히 살아남은 몇 안 되는 생존자들의 후손들이다. 장난기 있고 영리한 이들의 몸길이는 보통 120 cm 정도이며 식성이 좋아서 하루에 몸무게의 약 20%에 달하는 연체동물과 갑각류 그리고 극피동물을 섭식한다. 때때로 이들은 가슴 위에 돌을 얹은 채로 물 위에 가슴을 드러내고 누워 있기도 한다. 이들은 먹이가 되는 조개의 껍데기가 깨어질 때까지 앞발로 조개를 들고 돌 위를 두드린다. 그리고 깨어진 패각으로부터 튀어나온 육질을 바닷물에 씻어 찌꺼기를 제거한 다음 먹는다. 해안가에서 바다수달을 보면서 보낸 아침은 상쾌한 아침이 될 것이다.

해우류—매너티와 친척들 해우류(바다소)는 통통하며, 가죽 같은 피부와 작은 뇌를 가진 해양포유류로 현재 듀공(dugong)과 매너티(manatee) 두 종류가 존재한다(**그림 15.40**). 이들은 유일한 초식성 해양포유류이다. 고래류와 마찬가지로 유제류(ungulates)와 비슷한 공통조상에서 갈라져 나온 것으로 추정된다. 이들은 북미, 아시아 및 아프리카의 온대와 열대지역 연안에서 해초류, 해조류, 그리고 하구역 식물 등을 뜯어먹으며 살고 있다. 일부 종은 담수역에서 살기도 한다. 가장 큰 종은 길이 약 4.5 m, 무게 약 680 kg에 달한다. 옛날 그리스인들은 매너티가 물속에서 몸을 세운 채로 새끼에게 젖을 먹이는 모습을 보고 인어로 묘사하였다. 한동안 인간들에 의해서 많은 해우류가 학살되어 현재 지구상에는 10,000마리 정도만이 생존해 있는 것으로 추정되고 있다. 현재는 이들이 보호되고 있지만, 미국의 플로리다에서는 소형 보트의 프로펠러에 의해서 상당수가 죽거나 상처를 입고 있다.

이 장에서 설명된 많은 동물들은 각각 독립적으로 살고 있는 것이 아니라, 해양 군집이라는 크고 복잡한 구조 속에서 서로가 얽힌 채 살아가고 있다. 다음 장에서는 군집 차원에서 해양생물을 살펴보기로 하자.

개념점검

31. 해양포유류의 독특한 특성은 무엇인가?
32. 지구상에 살았던 동물 중 가장 큰 동물은 무엇인가?
33. 음향탐지란 무엇인가? 고래는 이것을 무엇에 이용하는가?
34. 물범과 바다사자는 어떻게 다른가? 수족관에서 물개 쇼에 출현하는 동물은 무엇인가?

학생들의 질문

1. **연체동물문에 속하는 대표적인 종들은 가장 크고, 가장 지능적인 무척추동물들이다. 그러나 이들은 가장 성공한 무리나 진화가 가장 많이 된 무리로 간주되지는 않는다. 그 이유는 무엇인가?**

생물학적으로 성공한 무리로 구분 짓는 데 흔히 사용되는 기준은 그 무리가 얼마나 많은 종수와 개체수를 지녔는가이다. 절지동물은 연체동물에 비해 종수와 개체수가 훨씬 많으므로 절지동물이 훨씬 성공한 무리로 간주된다.

어떤 그룹이 가장 많이 진화되었느냐는 논쟁의 대상이 될 수 있다. 자동차에 비유해 보자. 현대의 자동차는 전자 연료 투입장치, 터보차저, 독립적인 완충장치, 고속 레이디얼 타이어, 멋진 스테레오 시스템 등의 많은 정교한 기술이 포함되어 있다. 이 같은 모든 혁신들을 1959년도 캐딜락 자동차에 부착할 수 있다. 하지만 오래된 자동차의 구식 디자인은 전체 패키지의 성능 발휘를 저해한다. 두족류 연체동물은 오래된 디자인이다. 우수한 눈과 비교적 높은 지능이 오래된 몸체에 덧붙여졌다. 그러나 근육의 물리적인 제약과 융합된 골격의 결핍은 이 같은 옵션의 잠재력을 충분히 발휘하지 못하도록 만든다. 화석 기록에 따르면 수많은 두족류가 지구상에 존재했던 것으로 나타나지만, 오늘날 500종 이하의 두족류들이 생존해 있다. 그들은 진화상 막다른 골목에 도달해 있다.

2. **만약 크릴이 가장 성공적인 해양 무척추동물이라면, 어떤 동물이 가장 넓게 분포해 있고 성공적인 척추동물인가?**

아마도 *Cyclothone* 속에 속하는 소형 경골어류일 것이다. 이들은 연안에서 떨어져 있는 전 세계 거의 모든 대양의 유광층 바로 아래 수심에서 발견되고 있다. 이들은 시각 범위 내로 헤엄쳐 오는 생물과 플랑크톤을 섭취한다. 일부 어류학자들은 *Cyclothone microdon*이 지구상 어떤 척추동물보다 더 많은 개체수를 지녔다고 믿는다.

3. **상어가 암에 걸리지 않는다고 들었다. 상어가 암에 걸리는 것을 막는 것이 무엇인지 찾을 수 있는가? 그 물질을 사람이 이용할 수 있도록 합성할 수 있는가?**

사실 상어도 암에 걸린다. 상어의 연골이 암을 막거나 치료한다는 잘못된 소문이 상어(특히 귀상어와 가시돔발상어)로부터 추출된 건강보조식품의 판매에 기여하고 있다. 1998년에 2,500만 달러 이상의 판매고를 올렸다. 연간 포획되는 약 1억 마리 상어의 상당 부분이 이 같은 엉터리 약을 만들기 위해 사용되었다.

4. **북극제비갈매기(arctic tern)와 신천옹 같은 조류는 아무런 표지도 없는 대양 위를 어떻게 정확히 비행할 수 있는가?**

확실한 것은 아직도 모른다. 코넬 대학에서 비둘기를 대상으로 행한 실험 결과 이들의 정확한 귀소행동은 지구 자기장과 시각적 단서를 바탕으로 이루어지고 있음이 밝혀졌다. 이러한 단서 이외에 편광과 특정한 별의 위치 등도 추가적인 단서로 이용되기도 한다. 그런데 새들의 이 같은 행동은 배운 것이 아니고 본능적인 것 같다.

5. **dolphin fish와 dolphin mammal의 차이점은 무엇인가?**

아리스토텔레스 시절부터 시작된 이들 이름에 대한 혼란은 아직도 계속되고 있다. dolphin mammal은 이빨을 가진 소형 고래류인 '돌고래'를 말하며, dolphin fish는 경골어류의 한 종인 '만새기'를 말한다. 만새기는 마히마히(mahi-mahi), 도라도(dorado) 등의 이름으로 불리며, 식당과 해산물 시장에서 볼 수 있다. 반면에 돌고래는 일부 외국 선박에 의해 참치 어획 과정에서 많은 수가 학살되지만, 그들의 고기는 미국의 식탁에는 오르지 못한다.

6. **dolphin과 porpoise는 어떻게 다른가?**

두 종류 모두 소형 이빨고래 종류이며, 다음과 같은 차이가 있다. porpoise(쇠돌고래)는 삽 모양의 이빨, 삼각형의 등지느러미, 그리고 앞쪽으로 뾰족한 머리를 가진 비교적 소형의 고래류이고, dolphin(돌고래)은 날카롭고 둥근 이빨을 가진 고래류이다. 대부분의 수족관에서 점프하는 소형 고래는 돌고래이다. 범고래(killer whale)는 돌고래의 한 종으로 가장 큰 돌고래이다. 바다를 주제로 하는 놀이동산에서 흔히 볼 수 있는 dolphin인 *Tursiops truncatus*(큰돌고래)를 장내 아나운서가 'porpoise'라고 부르기도 한다. 흔한 이름 사이의 혼란은 학명이 얼마나 유용한지를 보여 준다. 그 동물의 속명(학명)인 *Tursiops*는 명확하여 혼란의 여지가 없다.

7. 만일 고래류가 높은 지능을 가졌다면 왜 고래잡이 선박을 피하는 방법을 배우지 못했겠는가?

고래의 지능에 관한 여러 가지 이론이 있으며, 일부는 Joan McIntyre의 *Mind in the Waters*란 제목의 책에 소개되어 있다. 한때 고래의 지능이 잘 발달된 것으로 생각했었지만 사실 그렇지 않을지도 모른다. 고래류가 해양생물 중에서는 높은 지능을 가진 편이지만, 육상동물에 비해서는 지능이 떨어진다.

8. 물개나 고래가 엄청난 깊이까지 잠수할 수 있으면서도 왜 그들은 잠수병에 걸리지 않는가?

잠수병은 질소 가스가 고압하에서 혈액 속으로 용해되어 들어간 뒤 수압이 낮아지면서 혈액 속에서 방울을 형성함으로써 발생되는 고통스러운, 때때로 치명적인 질병이다. 이 상황은 소다 병의 뚜껑을 열 때 발생하는 현상과 비슷하다. 인간 잠수부는 잠수할 때 호흡할 공기탱크를 가지고 내려가며, 높은 수압하에서 공기를 마시는데 이때 혈액에 많은 양의 질소가 녹아 들어간다. 만약 그들이 오랫동안 깊은 곳에 잠수한 뒤 표면으로 올라오면 낮아지는 수압이 소다 병의 뚜껑을 여는 것과 같이 작용한다. 고래는 사람처럼 스쿠버 탱크를 사용하지 않는다. 즉 그들은 깊은 곳에서 공기를 보충할 만한 원천이 없다. 그들은 해수 표면에서 혈액과 조직에 산소를 잔뜩 공급한다. 하지만 잠수를 마칠 무렵에는 공기방울을 만들만큼 초과된 기체를 혈액에 지니고 있지 않다. 따라서 고압하에서 질소 가스가 혈액으로 용해되는 현상이 발생되지 않는다.

9. 이 책에서는 해양 양서류에 대한 언급은 없었다. 해양에 사는 양서류가 있는가?

양서류(개구리, 도롱뇽, 두꺼비)는 담수와 육지의 습한 서식지에 적응되어 있는 척추동물이다. 단지 약 2,000종의 양서류 종만 현재 발견된다. 일부 대형 남동아시아 개구리가 일시적으로 28‰까지 염분에 견딜 수 있지만 완전한 해양성 종은 없다. 양서류는 질소 폐기물을 제거하기 위한 요소 형성을 위해 그들의 피부를 통과하여 체내로 들어가는 끊임없는 물의 흐름이 필요하다. 만약 양서류를 해수에 둔다면 오히려 체내의 물이 밖으로 빠져나가게 된다. 그들의 피부가 투과성이 크기 때문에 양서류는 해양 환경에서 살기 어렵다.

요약

이 장에서 동물들은 궁극적으로 일차생산자(독립영양생물)에 먹이를 의존해야 한다고 배웠다. 독립영양생물로부터 얻은 먹이를 대사시킬 수 있을 정도로 대기 중에 산소의 농도가 증가할 때까지 동물들은 지구상에 존재할 수 없었다. 환경에 막대한 양의 산소를 공급한 것은 광합성 독립영양생물이다. 진정한 다세포 동물은 산소혁명이 끝날 무렵인 7억~9억 년 전에 출현하였다. 그들의 다양성은 놀랄만 하다. 이 같은 다양성은 수억 년에 걸친 환경과 생산자와 소비자 사이의 복잡한 상호작용의 결과이다.

해양 동물의 연구는 그들의 진화 과정을 추적하는 것이다. 초기의 그룹(문)으로부터 최근에 더 진화된 그룹으로 갈수록 동물의 복잡성은 증가한다. 모든 해양 동물은 먹이생물을 잡고, 위험을 피하고, 주변 환경과의 열과 액체 균형을 유지하고, 장소를 차지하기 위한 경쟁에서 이기기 위해 효율적으로 진화해 왔다.

다음 장에서는 이 동물들이 서로에 대해 또한 환경에 대해 어떻게 상호작용을 하는지를 배울 것이다. 지난 두 장에서 만난 생물들은 홀로 살 수 없다. 그들은 상호작용하는 생산자와 소비자와 분해자의 모임인 군집(community)을 이루며 해양환경에 분포하고 있다. 어떤 군집에서 발견되는 생물들의 종류와 다양성은 그 공간의 물리적, 생물학적 특징에 달려 있다.

주요 용어

갑각류(Crustacea)
경골어류(Osteichthyes)
고래류(Cetacea)
고래수염(baleen)
극피동물문(Echinodermata)
기각류(Pinnipedia)
기체교환(gas exchange)
다모류, 갯지렁이류(Polychaeta)
동물(animal)
두족류(Cephalopoda)
떼 짓는(schooling)
메두사(medusa)
무척추동물(invertebrate)
문(phylum)
방사대칭(radial symmetry)
변온동물(ectotherm)
복족류(Gastropoda)
산소혁명(oxygen revolution)
선충류(Nematoda)
수관계(water-vascular system)
수염고래류(Mysticeti)
식육류(Carnivora)
아가미막(gill membrane)
연골(cartilage)
연골어류(Chondrichthyes)
연체동물문(Mollusca)
열각아목(Fissipedia)
외골격(exoskeleton)
음향탐지(echolocation)
이매패류(Bivalvia)
이빨고래류(Odontoceti)
자포(cnidoblast)
자포동물문(Cnidaria)
저항력(drag)
절지동물문(Arthropoda)
조초산호(hermatypic coral)
좌우대칭(bilateral symmetry)
진골류(Teleostei)
척삭(notochord)
척삭동물문(Chordata)
척추동물(vertebrate)
체절화(metamerism)
키틴질(chitin)
탈피(molt)
편형동물문(Platyhelminthes)
포유류(Mammalia)
폴립(polyp)
피낭류(tunicate)
항온동물(endotherm)
해면동물문(Porifera)
해삼류(Holothuroidea)
해우류(Sirenia)
현탁물식자, 부유물식자 (suspension feeder)
환형동물문(Annelida)
황록공생조류(zooxanthellae)

학습문제

익힘문제

1. 최초의 진정한 동물은 언제 진화되었는가? 어떠한 대기의 변화가 동물이 출현하기 전에 발생하였는가? 초기 동물의 자손들이 오늘날 바다에 살고 있는가?
2. 절지동물은 어떻게 크기가 한정된 껍질 속에서 커질 수 있는가? 어떻게 동물이 커지지 않고 성장할 수 있는가? 또는 성장하지 않고 점차 커질 수 있는가?
3. 모든 척삭동물들이 척추동물인가? 모든 척추동물들이 척삭동물인가? 무엇이 척추동물을 구분하는가?
4. 현존하는 척추동물의 강(class) 중 한 개의 강이 해양성 종을 포함하고 있지 않다. 어떤 강인가? 왜 이 동물들은 바다에 살 수 없는가?
5. 이빨고래와 수염고래가 어떻게 다른가? 어떤 고래가 더 많이 연구되었는가?

응용문제

1. 육지와 바다 중 어디에 더 많은 종의 동물들이 살고 있다고 생각하는가? 육지와 바다 중 어디에 더 많은 개체수의 동물들이 살고 있다고 생각하는가?
2. 다른 동물 종을 다 합친 것보다 더 많은 기생성 동물 종이 존재한다. 만약 믿어지지 않는다면 얼마나 많은 동물들이 사람을 포함한 동물들에게 기생하는지 생각해 보라. 기생생물이 성공적인 이유는 무엇인가? 기생생물이 되는 것의 약점은 무엇인가?

16 해양군집

주요 목차

- 해양생물은 해양군집 내에 산다
- 군집은 상호작용을 하는 생산자, 소비자, 그리고 분해자로 구성된다
- 시간이 경과함에 따라 해양군집은 변한다
- 해양군집의 예
- 군집 내 생물들은 공생관계를 형성하면서 살기도 한다

핵심개념

1. 군집(community)은 한 장소에서 상호작용을 하는 많은 생물 개체군(population)들로 구성된다.
2. 서식지(habitat)는 군집 내에서 한 생물의 주소, 즉 사는 장소를 말한다. 각 서식지는 어느 정도 환경적으로 동질성을 갖는다. 한 생물의 생태지위(niche)는 그 생물의 직업, 즉 그 생물체가 무엇을 하는지를 나타낸다.
3. 물리요인과 생물요인들은 군집의 위치와 구성을 결정한다.
4. 안정되고 장시간 확립된 군집을 극상군집(climax community)이라고 한다. 이 같은 극상군집은 심한 외부 힘에 의해 교란되지 않는 한 변하지 않는 경향이 있다.
5. 현재 알려져 있는 동물 종의 반 이상이 자유로운 생활을 하지 않는다. 대부분 같은 군집 내의 다른 생물과 밀접한 공생관계를 형성하고 있다.

집게가 자신의 영역을 살핀다.

집게 해양군집 내에는 엄청나게 다양한 생물들이 있다. 잠시 조간대 군집 내의 집게에 대해 생각해 보자. 먹는 게와 바닷가재의 사촌인 이 작은 집게는 여러 세대에 걸쳐 해안을 방문하는 사람들의 관심을 끌어왔다. 이 집게들은 위험이 닥치면 바위 주변이나 조수웅덩이의 밑바닥을 달려가거나 버려진 패각 속으로 몸을 숨긴다. 그들의 행동이 제멋대로인 것처럼 보인다. 그러나 그들이 싸움하는 것, 기웃거리고 다니는 것, 숨는 것, 허둥지둥 가는 것은 다 목적이 있다. 다른 동물처럼 집게는 먹고, 포식자를 피하고, 짝짓기하기 위해 투쟁한다. 그들의 수백 가지의 구조적인 적응과 행동적인 적응이 성공적으로 살아가는 데 기여하고 있다. 집게의 안테나와 입 부분에 있는 감각기관이 먹이를 찾는 데 도움을 주며, 좋은 시각, 근육의 협력, 그리고 몸을 감싸는 단단한 껍데기가 빠르게 움직이는 포식자를 회피하게 한다. 그리고 다리 끝 부분 주변에 있는 밝은 파란 띠는 짝짓기 준비가 되어 있음을 알린다.

모든 집게들이 공유하는 독특한 행동적인 적응은 그들이 살아갈 임시 집의 선택과 관련되어 있다. 집게의 앞부분(안테나, 입 부분)은 위협적이다. 그러나 뒷부분은 연약하여 공격의 대상이 된다. 측면을 보호하기 위해 집게는 단단한 물체, 보통 빈 고둥류의 패각을 찾는다. 집게가 임시로 빌린 패각은 자랑거리이기도 하지만 끊임없는 어려움의 원천이기도 하다. 어떤 패각도 집게의 집으로 완전히 만족스럽지 못하다. 집게는 차지할 패각이 비어 있는지 여부를 조심스럽게 검사하며, 또한 새 패각을 취하기 위해 지금 것을 버릴 것인지를 검토한다. 적당한 크기의 빈 패각의 공급이 충분하면 집 바꿈이 상당히 순조롭게 진행된다. 그러나 먹이가 풍부할 시기에 집게가 빠르게 성장할 때 일어나는 것처럼 빈 패각의 공급이 줄어들면 문제는 심각해진다. 집게는 살아 있는 고둥 속으로 들어가기도 하는데, 이때 패각의 원주인인 고둥은 자신이 만든 패각으로부터 쫓겨난다. 반면에 집게는 집과 음식을 한 번에 얻을 수 있다. 두 집게가 하나의 패각을 차지하기 위해 몇 시간 또는 며칠 동안 싸우기도 한다. 두 집게가 버려진 벌레의 관의 양쪽 끝을 동시에 차지하기도 한다. 그들은 서로 다른 방향으로 관을 끌어당기는 일에 대부분의 시간을 보낸다. 때때로 순간적으로 패각을 교환하기도 한다. 그런데 세입자는 즉시 후회하기도 한다. 그리고 그들은 더 적합한 패각이 있는지 찾아보기 위해 패각 밖으로 나오기도 한다. 사람들은 집게가 너무 사람처럼 행동하는 것을 보고 웃지 않을 수 없다.

Tom Garrison

그림 16.1 아이리시 해의 가장자리에 있는 독특한 해양군집. 상조간대에서 밝은 색의 지의류가 장소를 차지하기 위해 경쟁을 하고 있다.

16.1 해양생물은 해양군집 내에 산다

생물들은 전 해양에 걸쳐 분포하고 있다. 같은 공간을 공유하는 생산자, 소비자, 그리고 분해자는 상호작용을 한다. 동일한 장소에 서식하는 같은 종에 속하는 생물들의 무리를 **개체군**(population)이라고 부른다. 동일한 장소에서 많은 개체군들이 상호작용을 하면서 존재하는데, 이와 같은 개체군의 모임을 **군집**(community)이라고 부른다. 군집과 그것을 구성하는 개체군들의 위치는 그들이 사는 공간의 물리학적 특성과 생물학적 특성에 달려 있다(**그림 16.1**).

가장 큰 해양군집은 태양빛이 있는 바다 표층과 깊은 해저 바닥 사이의 영구적으로 어둡고 균일한 수괴 안에 존재하는 군집이다. 그곳에는 먹이가 적기 때문에 매우 적은 수의 동물들이 살고 있으며, 매우 특이한 형태를 띤 동물들이 존재한다. 외양역의 심해에서는 섭식 기회가 매우 드물기 때문에 일부 동물들은 자기보다 큰 먹이생물을 잡아먹을 수 있다. 매우 적은 개체수의 동물들이 있기 때문에 배우자를 찾는 일이 쉽지 않다. 따라서 일부 종은 수컷과 암컷이 한번 만나면 평생 떨어지지 않는데, 수컷이 암컷 몸에 매몰되어 사는 종도 있다(그림 15.29 참조).

한편 가장 작은 해양군집은 편평하고 기복이 없는 해저바닥 위에 놓여 있는 바위 위에 형성되어 있는 군집이다. 부유성 유생들이 그 바위 위에 부착할 것이다. 이와 같이 형성된 군집은 퇴적물의 사막 한가운데에 존재하는 생명의 오아시스에 비유될 수 있다. 바위 위에 해조류들이 자라고, 벌레들이 구멍을 파며, 고둥들이 단단한 표면으로부터 먹이를 갉아먹으며, 작은 어류들이 바위 틈 사이에 자리를 잡을 것이다. 수백의 소형 식물과 동물들이 좁은 공간에서 상호작용을 하며 살아간다. 이것과 유사한 환경은 수천 m 안에는 존재하지 않는다. 다음 세대의 유생들은 그들이 살아갈 적합한 장소를 찾을 가능성이 희박한 채 떠돌아다닌다. 현미경으로 보이는 작은 군집도 존재하는데, 상호작용하는 개체군의 모임이 하나의 모래 위에도 존재할 수 있으며, 분해되고 있는 어류의 비늘 위에도 존재할 수 있다.

개념점검

1. 군집이란 무엇인가?
2. 개체군과 군집은 어떻게 다른가?
3. 가장 큰 해양군집은 무엇인가?

16.2 군집은 상호작용을 하는 생산자, 소비자, 그리고 분해자로 구성된다

군집은 이용할 수 있는 에너지의 양에 달려 있다. 13장에서 배웠듯이 생물은 새로운 에너지를 창조할 수는 없지만, 한 종류의 에너지를 다른 종류로 변형시킬 수 있다. 태양으로부터 온 에너지와 광합성(또는 화학합성) 작용을 통하여 일차생산자들은 탄소, 수소, 산소 원자들로부터 먹이 분자(보통 포도당)를 합성한다. 에너지는 먹이망(food web)을 통해 한 생물에서 다른 생물로 이전된다(그림 13.8 참조). 보통 이 같은 먹이망과 그들이 관련된 상호작용이 군집을 정의한다. 먹이망에 있는 생물들은 흔히 서식장소를 공유하며, 그들이 노출된 물리학적 요인에 대해 유사한 내성을 보인다.

하나의 군집 내에는 다양한 서식장소가 있고, 다양한 생물의 역할이 있다. **서식지**(habitat)는 군집 내에서 한 생물체의 '주소(address)', 즉 물리적 위치를 나타낸다. 각 서식지는 어느 정도 환경적으로 균질성을 지닌다. 한 생물체의 **생태지위**(niche)는 그 군집 내에서의 '직업(occupation)', 즉 그 생물체가 무엇을 하는지를 나타낸다. 예를 들면 산호초 해역에 서식하고 있는 작은 어류들은 같은 서식지를 공유하지만, 각 어종은 서로 약간씩 다른 생태지위를 지닌다. 군집 내 각 개체군들은 서로 다른 역할을 하고 있는데, 형태, 크기, 색깔, 행동, 식성, 그리고 다른 특성이 그 역할에 적합하도록 되어 있다.

생물학자들은 한 군집을 구성하는 종들의 범위(range)를 조사한다. 주어진 지역에서 종의 다양성은 **생물다양성**(biodiversity)으로 표현된다. 산호초 지역처럼 높은 생물다양성을 지닌 군집은 생물 사이에 존재하는 복잡한 상호작용으로 특징지어진다.

물리요인과 생물요인들은 군집에 영향을 미친다 물리요인과 생물요인들이 군집의 위치와 구성을 결정한다. 13장에서 보았듯이, 수온, 압력, 염분과 같은 물리요인들이 한 생물체의 성공 여부에 영향을 미친다. 차가운 물에 적응된 해조류는 비정상적으로 따뜻한 물에 오랫동안 노출되어 있으면 생존할 수 없다. 그리고 정상보다 낮은 염분은 대부분 해양 무척추동물의 삼투균형을 깨뜨릴 수 있다. 생물요인 역시 군집을 이루는 생물들에게 큰 영향을 미친다. 생물요인에는 생물의 밀도, 포식, 기생, 빛으로부터 그늘짐, 폐기물, 그리고 부족한 산소를 섭취하기 위한 경쟁 등이 포함되어 있다.

군집 내 한 생물의 성공을 제한하는 물리 또는 생물요인을 그 생물의 제한요인(limiting factor)이라 부른다. 이 같은 제한요인들은 해당 생물이 섭식하고, 성장하고, 성공적으로 번식하고, 자신을 방어하고, 또한 위험을 감지하는 것을 방해한다. 앞 절에서 보았듯이, 일부 열대 어류는 히터가 없는 어항 속에서는 죽는데, 이는 열대 어류의 생리가 보통 집의 실내온도보다 높은 수온에 적응되어 있기 때문이다.

만약 자연 상태의 열대 해역 수온이 일시적으로 크게 떨어졌을 경우 일부 어류는 너무 행동이 느려져서 빨리 움직이는 먹이를 잡지 못하며, 큰 포식자를 피하지도 못하게 된다. 온도가 그들이 성공적으로 살아가는 데 제한요인으로 작용한 것이다. 그러나 온대에 서식하는 어류들은 온도변화에 대해 비교적 쉽게 적응할 수 있다. 따라서 온도에 민감한 열대 어종에게는 온도가 제한요인으로 작용하였으나, 넓은 온도범위에 견딜 수 있는 어종에게는 제한요인으로 작용하지 않는다.

'협(steno)' 또는 '광(eury)'이라는 접두사는 어떤 요인에 대해 좁은 내성범위를 갖거나 넓은 내성범위를 갖는 종, 개체군, 또는 개체를 나타낼 때 사용된다. 열대 해역의 **협온성**(stenothermal) 어종들은 가열된 어항 속에서 잘 살지만, **광온성**(eurythermal) 어종은 온도에 대해 별로 신경을 안 써도 된다. 마찬가지로 **협염성**(stenohaline) 해양생물은 큰 변화가 없는 안정된 염분환경을 요구한다. 즉 그들은 비교적 작은 염분변화에도 견딜 수가 없다. 한편 **광염성**(euryhaline) 해양생물은 상당히 넓은 염분범위에 견딜 수 있으며, 담수에 노출되어도 살 수 있는 종도 있다. 온도와 염분은 해양환경의 많은 물리요인 중 변동을 보이는 요인들이다. 빛과 압력 역시 생물에 영향을 미치는 물리요인이다.

그림 16.2는 온도와 같이 변하는 물리요인에 대한 생물의 내성범위를 보여 준다. 광온성 생물의 최적 온도범위는 넓지만(완만한 곡선으로 표시됨), 협온성 생물의 최적 온도범위는 좁다(가파르고 협소한 곡선으로 표시됨). 똑같은 이론이 협염성 또는 광염성 종의 염분에 대한 내성에도 적용되며, 협압성(stenobaric) 또는 광압성(eurybaric) 종의 압력에 대한 내성에도 적용된다.

동물과 식물은 자연환경에서 단 한 가지의 물리요인이나 생물요인의 변동에만 노출되는 것은 아니다. 설혹 각 요인들이 내성범위 내에서 변동할지라도 여러 환경요인이 일시에 변동하게 되면 생물은 죽게 될 수도 있다. 만약 열대어가 수온과 염분의 변화에 동시에 노출되면 수온이나 염분의 변화가 작을지라도 그 생물에게 치명적이 될 수 있다.

물리요인과 생물요인의 적절한 조화는 각 생물이 성공적으로 살아가는 데 매우 중요하다. 따라서 군집의 성공에 있어서도 중요하다. 이 같은 환경요인에 관한 연구, 그리고 생물 사이의 관계 및 군집 내의 상호작용에 관해 연구를 하는 학문을 **생태학**(ecology)이라 부

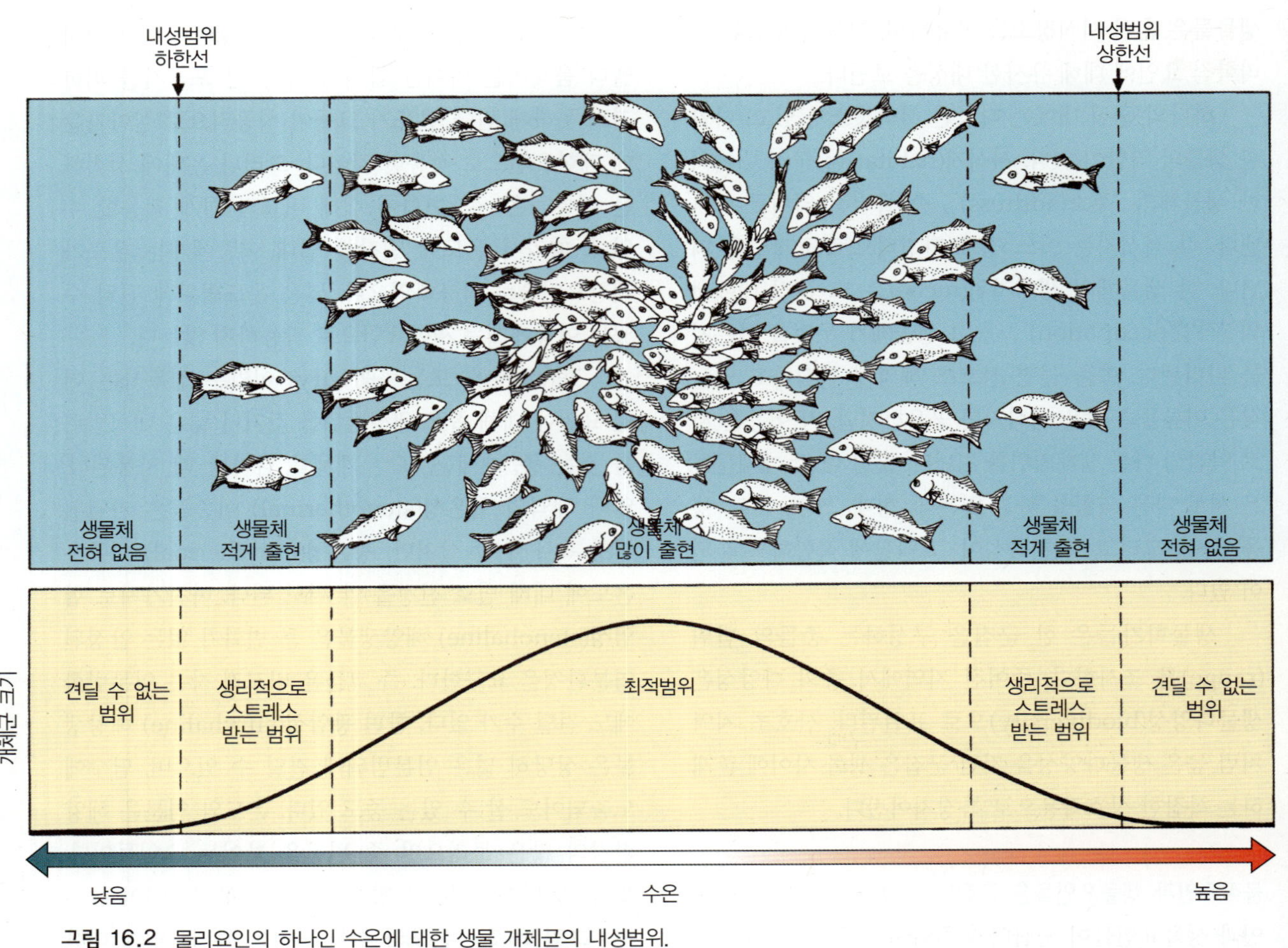

그림 16.2 물리요인의 하나인 수온에 대한 생물 개체군의 내성범위.

른다. 해양생태학자들은 해양군집 내 생물의 종류뿐만 아니라, 그들의 서식지, 생태지위, 분포, 개체수, 그리고 환경변화에 대한 반응 등을 연구한다.

군집 내 생물들은 자원을 획득하기 위해 경쟁한다 군집 내 먹이, 빛, 그리고 공간과 같은 주요 자원의 많고 적음은 군집 내 생물 개체군의 크기와 조성을 결정한다. 생존에 필수적인 자원에 대한 경쟁(competition)은 같은 종에 속하는 개체 사이에서 일어나기도 하며(종내경쟁), 다른 종에 속하는 개체 사이에서도 일어난다(종간경쟁). 물리요인이나 생물요인은 한 개체군에 잠시 동안 유리할 수 있으나, 잠시 후 다른 개체군에게 유리하도록 변동될 수 있다.

같은 종에 속하는 개체끼리 서로 경쟁할 경우, 일부 개체들이 더 크고, 더 강하고, 먹이를 모으거나 적을 피하는 데, 또는 배우자를 찾는 데 더욱 숙달되어 있다. 이 같은 개체들이 더욱 번성하게 되며 경쟁을 통해서 덜 성공적인 동료를 쫓아내거나 죽게 한다. 가장 성공적인 생물들은 생존력이 가장 높은 자손을 낳으며, 그 결과 좋은 유전자를 다음 세대로 전달하게 된다. 진화론의 논의에서 보았듯이, 이 같은 경쟁은 개체군이 환경에 대해 지속적으로 적응해 나가도록 한다.

다른 종에 속하는 개체끼리 경쟁을 할 경우, 한 종은 경쟁에서 아주 성공적이어서 경쟁상대 종을 제거한다. 안정된 군집에서 두 종은 오랫동안 동일한 생태지위를 차지할 수 없다. 결국 더욱 경쟁력이 강한 종이 경쟁력이 약한 종을 압도하게 된다. 이와 같은 종간경쟁으로 인해 초래되는 사멸은 드물지만, 종간경쟁으로 인해 개체군이 제한되는 현상은 드물지 않다. 예를 들면 암반조간대에는 조무래기따개비류(*Chthamalus*)와 삿갓조개류(*Collisella*)가 함께 서식하고 있는데, 조무래기따개비류는 조간대 바위의 가장 위쪽에 살고 있으며,

Tom Garrison

그림 16.3 두 종 사이의 경쟁은 각 종이 조간대를 많이 차지하는 것을 막는다. 작은 따개비가 바위의 대부분에서 우세하지만, 바위의 아랫부분에 있는 삿갓조개는 따개비 유생이 바닥 근처에 착저하는 것을 막는다.

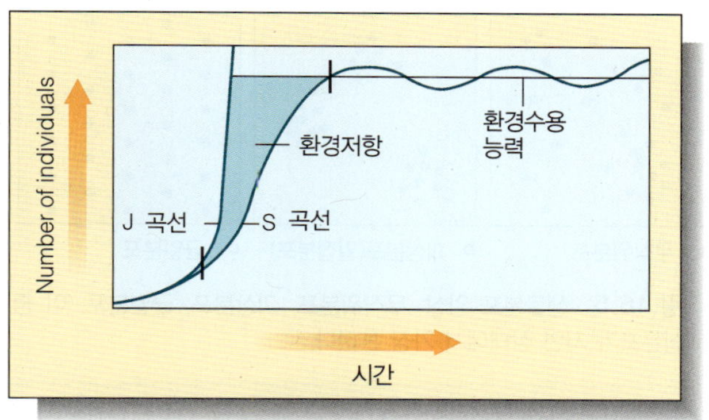

그림 16.4 한 종의 개체군 성장은 초기에는 J형 곡선을 보이나, 밀도가 증가함에 따라 환경저항이 커지면서 S형 곡선으로 전환된다. 개체군 성장을 중단시키는 데 관여하는 물리 또는 생물요인을 제한요인이라 부른다.

삿갓조개류는 조간대의 아래쪽에 살고 있다(**그림 16.3**). 두 종의 부유성 유생들은 조간대 암반의 어느 곳이나 부착할 수 있다. 그러나 하부 조간대에서는 빨리 자라는 삿갓조개류가 약한 조무래기따개비류를 바위에서 밀어낸다. 하지만 조간대의 높은 위치에서는 삿갓조개류가 건조나 햇빛의 노출에 대해 잘 견디지 못하기 때문에 생존할 수 없으며, 반면에 조무래기따개비류는 건조에 강하기 때문에 번성한다. 따라서 조간대의 맨 위쪽과 맨 아래쪽에서는 두 종이 먹이나 장소를 차지하기 위해 경쟁하지 않는다. 그러나 그들의 분포범위가 겹치는 부분에서는 경쟁이 치열하다.

성장률과 수용능력은 환경저항에 의해 제한을 받는다 먹이와 장소에 대한 경쟁자가 전혀 없는 좋은 환경으로 처음 옮겨진 생물체는 지수함수적으로 번식하게 되며, 그 결과 J형의 개체군 성장곡선을 보이게 된다. 자연상태에서는 환경조건이 이처럼 이상적인 경우는 거의 없으며, 제한요인이 개체군 성장률을 낮추기 때문에 최대 성장률로 번식하는 개체군은 매우 드물다. 이 같은 제한요인들의 종합적인 효과를 '**환경저항**(environmental resistance)'이라고 부른다. 환경저항은 최대 가능 성장곡선보다 낮은 개체군 성장곡선을 초래한다. **그림 16.4**는 시간 경과에 따른 개체수의 성장률을 보여 준다. 제한요인이 개체군에 작용될 경우 성장곡선은 S형이 된다. 즉 개체군 성장곡선은 개체수의 한계치에 도달함에 따라 기울기가 점차 완만해진다. 그 결과 최종 개체수는 해당 종에 대한 환경의 수용능력 부근을 진동하게 된다. **환경수용능력**(carrying capacity)이란 안정된 환경조건 아래서 최대로 도달할 수 있는 해당 종의 개체군 크기를 말한다.

환경조건이 변하면 수용능력은 변하게 된다. 따라서 만약 해양에서 용승현상이 중단된다면, 새로운 포식자가 도입된다면, 기후가 변하게 된다면, 먹이 공급이 축소된다면, 또는 새로운 기생충이 개체군에 침입하게 된다면, 해양생물 개체군의 크기는 급격히 감소하게 될 것이다.

개체군 밀도와 분포는 군집 조건에 달려 있다 앞에서 보았듯이, 물리요인과 생물요인들은 군집 내 생물들의 개체수와 위상에 영향을 미친다. 단위 면적당 개체수를 **개체군 밀도**(population density)라고 부른다. 희소한 개체군은 우점한 개체군에 비해 훨씬 낮은 개체군 밀도를 지닌다. 일반적으로 물리요인들이 거의 최적 상태를 보이는 좋은 서식지(산호초 해역이나 열대우림 지역과 같은 곳)에서는 더 많은 다른 종들이 존재하지만, 물리요인이 극단적인 범위를 보이는 혹독한 서식지(모

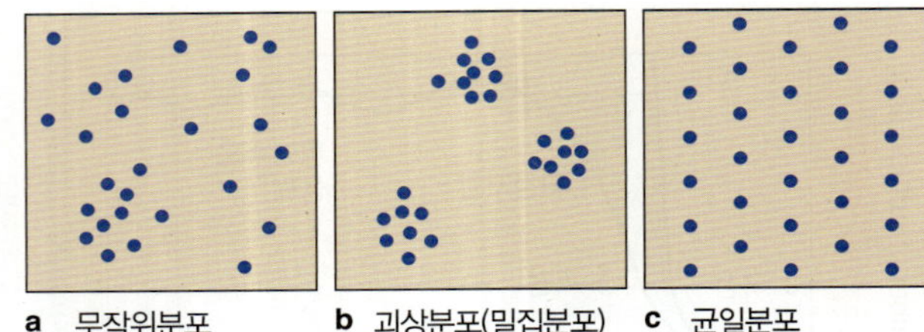

그림 16.5 생물분포 양상: 무작위분포, 괴상분포, 균일분포. 이 중 괴상분포가 자연 상태에서 가장 흔하다.

래사장이나 사막과 같은 곳)에서는 적은 종이 존재한다. 따라서 좋은 서식지는 일반적으로 높은 종다양도(species diversity)를 보이지만, 혹독한 서식지는 보통 낮은 종다양도를 보인다. 극지역의 해수 표면처럼 스트레스가 큰 환경에서는 비교적 적은 수의 종들이 살고 있지만, 열대 산호초 해역처럼 비교적 좋은 환경에서는 많은 종들이 적응해 살고 있다.

생물들은 그들의 모든 서식지에 걸쳐 무작위로 분포하는 경우는 거의 없다. **무작위분포**(random distribution)는 군집 내 각 생물의 위치가 다른 생물들에게 전혀 영향을 미치지 않는 분포이다. **그림 16.5a**에서 볼 수 있는 것과 같은 무작위분포는 환경조건이 전 서식지에 걸쳐 균일한 곳에서 가능한데, 심해평원의 저서생물 군집을 제외하고는 실제로 일어나기 어려운 경우이다.

가장 흔한 생물분포의 양상은 **괴상분포**[clumped distrubution, 또는 밀집분포(patchy distribution)]이다. 괴상분포(**그림 16.5b**)는 물리적 보호(조간대 암석 내의 틈), 영양염 농도 증가(바닥 위의 사체 부근), 초기 분산(부모의 위치 부근), 그리고 사회적 상호작용 등으로 인해 좁은 면적 내에서 성장 조건이 최적일 때 발생한다.

균일분포(uniform distribution)는 개체 사이의 간격이 일정한 분포를 말하는데(**그림 16.5c**), 모든 자연적 분포양상 중 가장 드문 경우이다. 정원뱀장어(garden eels)의 분포는 거의 균일분포를 보인다. 각 뱀장어들이 이웃 정원뱀장어와 싸움을 피하기 위해서 동일한 거리로 떨어져 있다. 그러나 그들의 분포가 사과나무처럼 완벽하게 줄 맞추어 있는 것은 아니다.

개념점검

4. 생태지위와 서식지는 어떻게 다른가?
5. 군집 내 생물들의 성공에 영향을 미치는 물리요인과 생물요인은 무엇인가?
6. 환경저항이란 무엇인가? 환경저항이 없는 서식지에 사는 생물은 어떤 종류의 성장곡선이 예상되는가?
7. 어떤 분포 양상이 가장 드문가?

16.3 시간이 경과함에 따라 해양군집은 변한다

군집을 구성하는 생물처럼 군집 자체도 시간이 경과함에 따라 변한다. 일반적으로 해양군집은 육상군집처럼 빠르게 변하지는 않는다. 이와 같은 느린 변화는 해저 확장, 기후변동, 대기 조성 등과 연관되어 있다. 새롭게 진화된 종들이 이 같은 느린 변화를 초래해 왔다. 육상에서처럼 해양군집을 이루는 종들과 군집 조성과 위치는 군집의 구성원들이 노출되어 있는 환경 요인들에 의해 변화된다. 그리고 군집 자체가 그들 환경의 물리적 특성을 점차 변화시켜 나가기도 한다. 산호초 군집이 한 예이다. 산호초 내에 산호와 퇴적물이 많이 축적되면 주변 해류를 변화시키고, 해수 수온에 영향을 미치며 용존 기체의 비율을 변화시킨다.

그러나 해양군집은 빠른 변화를 겪을 수 있다. 화산 폭발, 강을 막아 버리는 산사태, 또는 운석의 지구 충돌 등과 같은 자연재해는 해양군집을 순식간에 파괴할 수 있다. 강에 댐을 쌓아 강하구를 변형시키거나, 과도한 영양염을 연안역에 방출하거나, 또는 독성물질로 인해 해양생물들에 스트레스를 주거나 하는 등의 인간 활동 역시 해양군집의 빠르고 파괴적인 변화를 초래할 수도 있다. 예를 들면 새로 설치된 폐수 배출구 부근의 연안 군집은 급격한 변화를 겪게 된다.

안정성 있고, 오랜 기간 동안 확립되어 온 군집을 **극상군집**(climax community)이라고 부른다(**그림 16.6**). 심한 폭풍, 현저한 해류의 변동, 전염병, 또는 많은 양의 담수 유입이나 오염물질의 유입 등과 같은 심한 외적인 힘에 의해 교란을 받지 않는 한 이 같은 극상군집은 변하지 않고 유지된다. 외적 요인에 의해 교란된 극상군집은 **천이**(succession) 과정을 통해 다시 확립될 수 있다. 천이현상은 수명이 짧은 생물로부터 수명이 긴 생물로 군집의 종조성이 질서 있게 변화되는 현상을 말한다. 교란은 원래 있었던 종들에게는 나쁜

그림 16.6 맹그로브의 뿌리는 많은 개체군으로 구성된 다양한 해양군집을 유지시킨다. 이 그림은 푸에르토리코의 극상군집을 보여 준다.

환경을 만들지만, 원 군집을 형성하고 있었던 종의 제거는 빈 서식지와 빈 생태지위를 초래하게 된다. 그러면 소수의 내성이 강한 종이 그 지역으로 이동해 오게 되며, 뒤이어 그들에게 의존하는 다른 종도 이동해 오게 된다. 만약 환경이 교란에 의해 지속적으로 변하게 되면, 그 이전에 있었던 극상군집이 아닌 완전히 다른 극상군집이 확립될 것이다.

개념점검

8. 극상군집이란 무엇인가?

16.4 해양군집의 예

해양에는 많은 독특한 군집들이 있다. 우리는 14장에서 플랑크톤 군집을 살펴보았으며, 여기서는 다른 해양군집의 예를 살펴보기로 하자.

암반조간대 군집은 극심한 환경임에도 불구하고 많은 생물들이 살고 있다 암반해안에서 시간을 보낸 사람들은 대조적인 현상을 경험할 것이다. 즉 암반해안은 생물들이 살아가기에는 매우 부적절한 장소로 보이지만, 고조선과 저조선 사이의 **조간대**(intertidal zone)는 지구상에서 생물들이 가장 많이 분포해 있는 장소 중 하나이다. 수백 종에 속하는 개체들이 육지와 바다의 경계를 이루는 조간대에 도여 살고 있다.

생물들이 조간대에서 살아가는 데 불리한 점이 대단히 많다. 조석이 오르내리면서 조간대에 사는 동물과 식물들은 규칙적으로 해수에 적셔졌다가 햇빛에 노출되는 것을 수없이 반복하여 겪게 된다. 부딪치는 파도의 강력한 힘인 **파도충격**(wave shock)은 조간대 생물의 몸체를 파괴한다. 찬물이 따뜻한 생물의 몸체를 덮치거나, 태양빛이 직접적으로 공기에 노출된 생물체에 내리쪼임으로써 온도는 급격히 변할 수 있다. 고위도에서는 얼음이 해안선을 긁고 지나가기도 하며, 강한 태양빛이 암반을 뜨겁게 달구기도 한다. 고조 시에는 바다로부터 온 포식자와 초식자가 조간대에 접근하며, 한편 저조 시에는 육지로부터 온 포식자가 조간대에 접근한다. 비바람이 치는 폭풍 시에는 많은 담수가 조간대에 유입됨으로써 조간대 생물에게 삼투문제를 불러일으키기도 한다. 연안과 외양 사이에서 매년 일어나는 퇴적물의 이동은 조간대를 퇴적물로 덮기도 하고 퇴적물을 쓸어 가기도 한다. 그럼에도 불구하고 놀랍게도 암반조간대 군집은(특히 온대해역에서) 많은 종수, 높은 생산력, 그리고 높은 종다양도를 보인다. 조간대에서는 공간 경쟁이 심하게 일어나지만, 생물이 풍부하다.

암반조간대에서 높은 종다양도를 보이는 이유 중

하나는 먹이가 풍부하기 때문이다. 육지와 바다가 만나는 이곳은 생물로부터 유래된 유기물질들이 많이 축적된다. 육지로부터 강을 통해 들어오는 광물질은 조간대에 서식하는 생물뿐만 아니라 주변 해역의 플랑크톤에게도 좋은 영양소 역할을 한다. 부딪치는 파랑과 강한 조류는 영양분을 계속 물속에 떠 있도록 하며, 용존기체의 높은 농도를 유지해 줌으로써 수많은 독립영양생물에게 도움을 주고 있다. 조간대에 서식하는 수많은 유생과 성체들은 주로 플랑크톤을 먹고 산다.

조간대에서 많은 생물들이 생존에 성공한 또 다른 이유는 이곳에 수많은 서식지와 생태지위가 존재해 있다는 점이다(**그림 16.7**). 조간대 동물과 식물들의 서식지는 뜨겁고 짠물이 튀기는 조수웅덩이로부터 차갑고 어두운 돌 틈까지 매우 다양하다. 이 공간들은 숨을 공간, 쉴 장소, 부착 장소, 먹이를 구하는 장소, 짝짓기 장소를 조간대 생물에게 제공한다. 조간대 군집을 이루는 생물들의 생태지위는 매우 다양한데, 조간대를 덮고 있는 수많은 해조류들은 유기물질을 생산해 내며, 고둥은 바위로부터 해조류를 갉아먹고, 집게는 죽은 사체를 청소하고, 문어는 먹이를 잡기 위해 매복해 있다.

조간대 군집에 가장 큰 영향을 미치는 물리요인은 조석현상이다. 고조선과 저조선 사이에 사는 생물들은 저조선 밑에서 사는 생물들과는 아주 다른 환경조건을 경험한다. 조간대 내에서 생물들은 수직적 위치에 따라 다양한 침수와 대기 노출시간을 경험한다. 예를 들면 **그림 16.8a**는 캘리포니아 조간대에서의 높이(tidal height)에 따른 6개월간의 대기 노출시간을 보여 준다. 일부 생물들은 일주일 또는 한 달 정도의 오랜 대기 노출시간에도 견딜 수 있지만, 다른 생물들은 짧은 시간의 대기노출에만 견딜 수 있기 때문에 동물과 식물의 분포는 조간대 내에서 몇 개의 수평적인 띠(band)의 형태를 보이게 된다. 각 띠에는 그 위치의 환경조건에 따라 가장 잘 적응한 동물과 식물이 조밀하게 모여 있다. 각 띠들은 일반 사람에게도 쉽게 구분이 된다. 이 같은 대상구조(zonation)는 **그림 16.8b**의 암석 해안에서 명확히 나타난다.

외해에 노출되어 있는 조간대의 경우, 파도충격이 가장 중요한 물리요인이다. 주먹만 한 크기의 돌이 파랑의 힘에 의해 100 m나 공중으로 던져지기도 한다. 큰 조간대 식물들은 파랑에너지에 의해 조각나는 것을 피하기 위해서 강하고, 탄력성이 있고, 미끄러워야 한다. **이동성**(motile) 동물들은 강한 파도가 발생하는 동안에 바위 틈 사이로 움직여 몸을 피한다. **고착성**(sessile) 동물은 바위에 단단히 붙어 있는데, 자기 몸 주변으로 밀려오는 물의 격렬한 힘을 분산시키기 위해 둥글고 높이가 낮은 패각을 지닌다. 일부 고착성 동물들은 유연한 발을 지녔는데, 좁은 바위틈 사이로 그들의 발을 집어넣어 몸을 단단히 고정시킨다. 담치와 같은 동물들은 바위에 단단히 부착할 수 있는 족사를 지닌다.

대기노출에 의한 **건조**(desiccation)와 태양빛은 조간대 생물에게 엄청난 스트레스를 주는 물리요인이다. 이동성 동물들은 조수웅덩이나 갯펄의 움푹 파인 곳에 남아 있는 물속으로 움직여 갈 수 있기 때문에 큰 문제가 없다. 그러나 부착되어 있는 동물과 식물들은 낮은 곳이나 습기 찬 곳 또는 암석 위의 틈 속에 몸을 움츠리고 있거나, 패각을 꼭 닫고 있으면서 물이 들어오기만 기다려야 한다. 패각 속에 갇혀진 물은 필요한 기체의 교환을 위해 아가미를 촉촉하게 적셔 준다. 점액질 코팅은 노출된 부드러운 동물의 몸 부분과 해조류의 잎으로부터 물이 증발되는 것을 막아 준다. 날씨가 너무 뜨거워지거나 비정상적으로 오랫동안 썰물이 진행되었을 때에는 해수가 되돌아오는 것만이 조간대 생물의 생존 문제를 해결할 수 있다.

해조류군집은 생물들에게 피난처를 제공한다 켈프 숲의 피난처와 높은 생산력은 동물들에게 거의 완벽한 환경을 제공할 수 있다. 빛과 영양염 상태가 적합하면 큰 해조류들이 탄수화물 분자를 신속하게 그리고 많은 양을 만들 수 있기 때문에 마치 티백으로부터 녹차가 흘러나오듯이 당분이 조직으로부터 흘러나오게 된다. 성게(**그림 16.9**)와 같은 정착성 동물들은 그들의 표면을 통해 당분 분자를 모으고 몸속으로 직접 이동시킴으로써 빠르게 성장할 수 있다. 해조류가 나이가 들어 약해지고 생산력이 떨어지게 되면 성게의 날카로운 이빨은 해조류의 엽상체를 갈아먹을 수 있다. 다른 동물들은 해조류의 잎을 뜯어먹으며, 부착지 속에 자리 잡고 켈프의 파편을 먹는다. 그리고 바다수달이 성게를 잡아먹기 위해 이곳에 온다. 다른 모든 군집과 마찬가지로 켈프 숲은 시간이 경과함에 따라 거주자들이 들어오고 나가기 때문에 변한다.

글상자 16.1 스타인벡, 리케츠, 그리고 군집

스타인벡(John Steinbeck)은 1939년에 발표한 소설인 『분노의 포도(The Grapes of Wrath)』로 1962년에 노벨 문학상을 받은 사실을 많은 사람들이 알고 있다. 그러나 이 유명한 소설가가 조간대 생물에 관심이 많았던 해양생물학자란 사실을 아는 사람은 드물다.

그는 리케츠(Ed Ricketts)에 의해 생물이 풍부한 조간대 서식지에 관심을 갖기 시작했다. 리케츠는 후에 스타인벡의 인기 소설인 *Cannery Row*, *Tortilla Flat*, 그리고 『달콤한 목요일(Sweet Thursday)』에서 가상적인 주인공 닥(Doc)으로 나온다. 이 소설들은 몬터레이를 배경으로 했는데, 이 도시는 그 당시 중요한 북부 캘리포니아의 어항이었다. 리케츠는 생물학 실험 재료를 공급하는 작은 규모의 사업을 하고 있었다. 스타인벡과 리케츠가 치과병원에서 처음 만났는데, 그들은 서로에 대해 이미 알고 있었다. 스타인벡은 리케츠가 무척추동물학과 고전음악에 대해 관심이 많은 인물로 알고 있었고, 리케츠는 스타인벡이 장래성 있는 신문기자이며 작가임을 알고 있었다. 그들은 금방 친해졌으며, 채집여행을 여러 차례 함께 갔었다. 그들은 해양무척추동물을 채집하기 위해 캘리포니아 만 연안으로 여행한 내용을 담은 『코르테즈의 바다(The Sea of Cortez)』라는 책을 함께 쓰기도 했다. 이 책은 모험, 해학, 생생한 과학적 묘사, 그리고 개인적 철학이 잘 어우러진 책으로 평가받고 있다.

리케츠는 생물학자로서 그 시대를 앞서가고 있었다. 조간대 생물에 대한 그의 접근방식은 군집에 기초를 두었다. 그는 자연환경에서의 경험과 관찰들을 모두 결합해서 하나의 통합된 그림으로 만들었다. 오늘날 생물학자들은 하나의 군집 내에 있는 각종 생물에 영향을 미치는 물리요인과 생물요인을 함께 고려한 리케츠의 아이디어를 높이 평가한다.

1939년 리케츠는 『태평양의 조석 사이(Between Pacific Tides)』라는 기념비적인 책을 출판했다. 기존의 해안 생물에 대한 안내서와는 달리 이 책은 생물 종류의 단순한 나열이 아닌 군집의 관점에서 구성되어 있다. 그는 초판의 머리말에 "이 책의 접근방법은 생태학적이며, 귀납적이다."라고 썼다. 즉 조간대 생물들을 그들의 가장 특징적인 서식지에 따라 다루었으며, 흔한 정도, 눈에 잘 띄는 정도, 그리고 흥미로운 정도의 순으로 다루었다. 우아한 필체와 정확한 관찰들은 이 책을 빠른 시일 내에 고전으로 자리 잡게 했으며, 많은 해양생물학자들에게 큰 영향을 미친 책 중의 하나가 되었다. 이 책은 현재 제5판이 나와 있다.

캘리포니아 주 퍼시픽그로브의 조수웅덩이를 관찰하고 있는 리케츠.

리케츠는 1948년 5월에 자동차 사고로 죽었다. 스타인벡은 리케츠가 준비 중이었던 제2판의 추천문을 썼는데, 추천문에는 다음과 같이 쓰여 있었다. "조수웅덩이에는 볼 것이 많다. 그것들을 봄으로써 흥분되고 흥미로운 생각들이 머리에 떠오른다. 세상을 볼 수 있는 구멍을 엿보는 모든 새로운 눈들은 아름다움과 새로운 세상을 즐기게 된다. 사람들 마음속의 세계는 이 같은 즐거움으로 인해 비옥하게 될 것이다."

모래해안과 자갈해안 군집에는 생물이 많지 않다 일부 조간대 지역은 모래로 되어 있고, 일부는 펄로 되어 있으며, 또 일부는 자갈로 되어 있다. 일부 해안은 좁은 면적에 모든 성분이 섞여 있는 곳도 있다. 밑바닥이 단단하지 않은 기질 위에서 살아가고 있는 생물들에게는 조간대의 환경조건이 아주 나쁜 편이다. 일반적으로 사람들은 이곳이 좋은 환경조건을 지닌 것으로 알고 있는데, 소형 생물에게는 모래해안이나 자갈해안이 아주 위험한 환경이라는 사실을 알게 되면 놀랄지 모른다.

모래해안은 우리에게는 전혀 나쁜 장소로 보이지 않기 때문에 많은 사람들은 모래해안을 가장 훌륭한 서식지로 생각하기도 한다. 물범과 바다사자는 많은 시간

a
모식도.

그림 16.7 태평양 연안의 조수웅덩이와 조간대 해안.

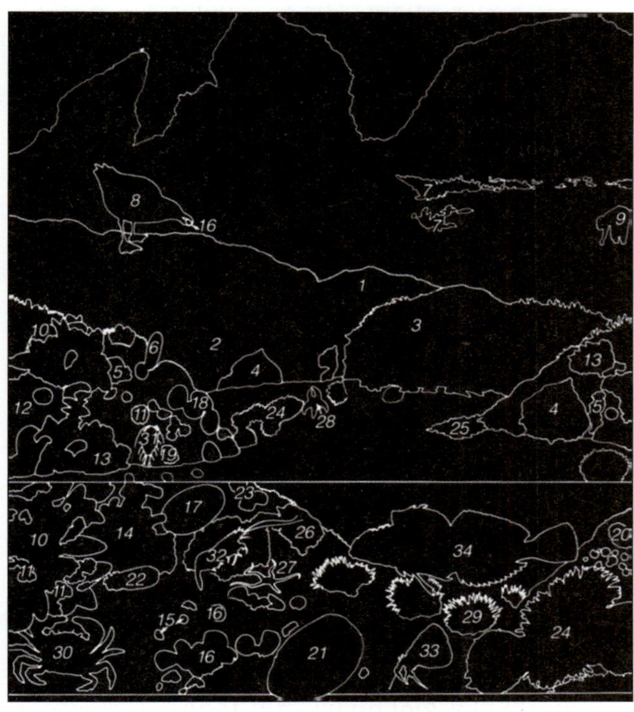

1. 홍조류, *Endocladia*
2. 녹조류, *Ulva*
3. 갈조류, *Fucus*
4. 홍조류, *Iridea*
5. 녹조류, *Codium*
6. 홍조류, *Halosaccion*
7. 갈조류, *Laminaria*
8. 갈매기류, *Larus*
9. 해양생물학자, *Homo*
10. 담치류, *Mytilus*
11. 검은큰따개비류, *Balanus*
12. 큰따개비류, *Tetraclita*
13. 거북손류, *Pollicipes*
14. 고둥류, *Aletes*
15. 총알고둥, *Littorina*
16. 고둥류, *Tegula*
17. 군부류, *Tonicella*
18. 삿갓조개류, *Collisella pelta*
19. 삿갓조개류, *Collisella scabra*
20. 구멍삿갓조개류, *Fissurella*
21. 전복류, *Haliotas*
22. 민달팽이류, *Diaulula*
23. 산호류, *Balanophyllia*
24. 말미잘류, *Anthopleura*
25. 산호말류, *Corallina*
26. 해면류, *Plocamia*
27. 거미불가사리류, *Amphiodia*
28. 불가사리류, *Pisaster*
29. 말똥성게류, *Strongylocentrotus*
30. 바위게류, *Hemigrapsus*
31. 갯강구류, *Ligia*
32. 새우류, *Spirontocaris*
33. 집게류, *Pagurus*
34. 둑중개류, *Clinocottus*

b
그림에 있는 생물의 이름.

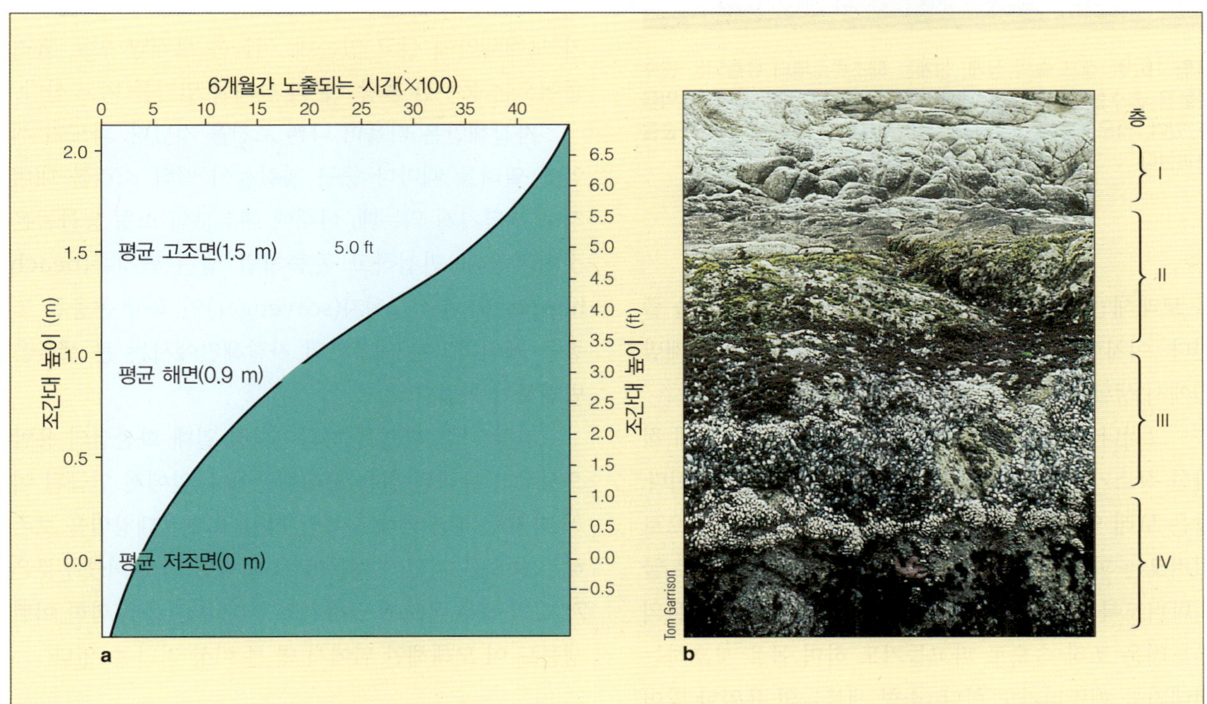

조간대에서 높이에 따른 대기 노출시간을 보여 주는 이 그림에서 높이 0.0은 최저조선을 의미한다.

4개의 명확한 층을 보여 주는 수직 대상구조. 최상층(I)은 지의류와 남조류가 우점하며, 중간층(II)은 홍조류인 *Endocladia*가 우점하며, 낮은 층(III)은 담치와 따개비가 우세하며, 바닥층(IV)은 불가사리와 말미잘이 번성한다. 사진에서의 띠들은 옆 그림에서 보여 주는 높이와 대략적으로 일치한다.

그림 16.8 암반조간대에서의 대기 노출시간과 수직 대상구조와의 관계.

그림 16.9 켈프 숲의 성게. 성게는 해조류로부터 유출되는 탄수화물을 흡수할 수 있으며, 줄기나 부착지를 이빨로 갉아서 먹을 수 있다. 많은 성게들이 켈프를 부착지로부터 분리시켜 켈프 숲을 파괴한다.

을 모래해안에서 보내며, 사람처럼 그곳에서 휴식을 즐긴다. 이처럼 사람 크기 정도의 생물들에게는 모래밭 위에서 생활하는 것이 큰 문제가 되지 않는다.

그러나 소형 생물에게는 모래밭이 결코 살기에 적합한 장소가 아니다. 모래 그 자체가 가장 큰 문제이다. 많은 모래 입자들은 날카롭고 끝이 뾰족한데, 해안으로 밀려오는 파도는 이러한 모래 입자들을 모래밭 위로 굴러다니도록 만든다. 뾰족한 끝을 지닌 모래들이 생물의 부드러운 조직 속으로 파고들기도 하며 몸을 보호하는 껍데기를 깨뜨리기도 한다. 소형 생물들의 유일한 방어책은 모래사장 밑으로 파고드는 것이지만, 이러한 행동은 튼튼한 발이 없으면 쉽지 않다. 모래의 입자 크기가 작을 때에는 모세관 힘(capillary force)이 작은 동물들을 밑으로 내려 보내고, 그들이 전혀 움직이지 못하도록 할 수가 있다. 그러나 만약 이 동물들이 모래 표면 근처에 있게 된다면, 그들은 포식자에게 노출되거나, 뜨거운 햇볕이나 얼음에 노출되거나, 비로 인한 삼투충격에 노출되기도 한다. 모래해안 위를 걷거나 기어 다니는 무거운 동물로 인해 몸이 짓이겨질 수도 있다.

또한 모래해안의 소형 동물들은 살아가기 위해서 움직이는 모래로부터 먹이를 분리시키는 어려움을 극복해야 하며, 포식자에게 그들의 위치가 노출되는 위험성과 싸워야 하며, 파괴적인 파도에 의해 모래가 파헤쳐지는 문제점과 싸워야 한다. 소수의 빨리 움직일 수 있는 동물들은 그들의 생명을 보존하기 위해 파도를 피해 달릴 수가 있다. 한 예로 일부 큰 모래게는 모래해안에 밀어닥치는 파도를 피하기 위해 좋은 시각과 빨리 달릴 수 있는 능력을 지녔다.

이와 같은 문제점 외에도 조간대 생활에 있어서 여러 가지 문제점이 추가된다. 따라서 일부 소수의 종만이 파도가 휩쓸고 가는 모래해안에 적응되어 있는 사실은 놀랄 만한 일이 아니다. **그림 16.10**은 모래해안에서 살고 있는 생물들을 보여 준다. 작고, 빠르게 구멍을 파는 조개류, 모래게류, 갯지렁이류, 그리고 소형 벌레류가 모래해안에 살고 있는데, 이들은 모래밭 위로 흘러 들어오는 풍부한 플랑크톤과 유기물 입자를 먹고 산다.

자갈해안은 더욱더 나쁜 조건을 지녔다. 파도가 해안에 밀려올 때마다 둥근 자갈들이 딱딱 소리를 내며 서로 부딪치게 되는데, 이때에 대부분의 소형 동물들은 짓이겨진다. 민첩하고 곤충처럼 생긴 단각류(beach hopper)와 부식물식자(scavenger)인 육상 곤충류 몇 종을 제외하고는 대부분의 자갈해안에서는 큰 생물을 발견하기 어렵다.

가장 나쁜 환경은 하와이처럼 열대 화산섬의 용암으로부터 유래된 검은 모래해안이다. 앞에서 언급된 여러 가지 문제점 외에도 용암 기원 모래는 태양열을 보존하는 능력을 지녔기 때문에 모래 표면 바로 아랫부분은 71°C의 높은 온도에 달하기도 한다. 사람을 포함한 어떤 생물도 이 모래해안 위에서 몇 분 이상 견딜 수 없다.

염습지와 하구역은 해양생물의 성육장이다 펄바닥의 염습지(salt marsh)는 가장 흥미로운 조간대 해안 중 하나이다. 염습지는 높은 일차생산력을 보이는데, 유기물 생산의 많은 부분은 해초류(sea grass), 맹그로브(mangrove), 그리고 다른 관속식물로부터 온다.

a

미화 10센트짜리 동전 크기의 조개(*Donax*)가 몰려오는 파랑을 기다리며 모래 표면에 올라와 있다. 그들은 해수가 밀려오면 퇴적물 속으로 자신을 파묻은 뒤 수관을 물 밖으로 내어 해수 속에 있는 먹이를 걸러 먹는다. 그러나 조류가 빠져나가면 그들은 표면으로 올라온다.

b

어린이들이 좋아하는 모래게(*Emerita*)는 몰려오는 파도를 예측하고 자신을 모래 속으로 파묻는다.

c

완보동물(tardigrade)은 간극동물의 한 예로 모래 사이의 공간에 살 정도로 크기가 작다. 맨눈으로 보기 어려울 정도의 크기이다.

그림 16.10 모래해안의 생물들.

12장에서 보았듯이, 염습지는 민물과 해수가 만나는 얕은 강 입구인 **하구역**(estuary)에서 흔히 형성된다(그림 12.30 참조). 하구역의 특징은 파도충격이 크게 감소되는 점이다. 외양역에서 발생한 파도는 연안을 따라 줄지어 있는 사주 등에 의해 하구역으로 접근이 차단된다. 하구역에서 염분은 조석에 따라 바닷물로부터 **갯물**(brackish water)을 거쳐 민물까지 변화한다. 강 입구 부근은 물이 거의 담수에 가까운 반면, 하구역 바깥에서는 거의 해수의 염분을 보인다. 따라서 하구역에 서식하는 많은 생물들은 필연적으로 광염성이다. 이 같은 염분 차이는 명확한 생물의 수평적 대상구조를 초래한다. 온도 역시 대단히 크게 변화하는데, 특히 열대 해역과 온대 해역의 여름철에 온도 변화폭이 가장 크다. 여름철에 물이 빠지게 되면 조간대 생물은 뜨거운 태양열에 노출된다. 조석이 오르내리고 강이 흘러감에 따라 강한 해류가 강하구에서 형성되기도 한다. 흐르는 물은 조간대 하구역에서 영양염과 기체의 혼합에 도움을 주기도 한다.

그림 16.11에서 보는 것과 같은 하구역 염습지는 해수에만 노출되어 있는 습지에 비해 더 큰 종다양도를 보인다. 하구역은 영양염이 풍부하고 매우 다양한 생물들이 존재하고 있으며, 강한 태양빛이 있기 때문에 하구역에서의 일차생산력은 일반적으로 대단히 높다. 빨리 성장하고 염분에 대한 내성이 강한 식물의 분해는 이 군집의 특징인 복잡한 먹이망과 빠른 영양염의 회전(turnover)을 위한 원료 물질을 공급한다. 전형적인 하구역에서의 현존량(단위 면적당 또는 단위 부피당 생물체의 질량)은 해양군집 중 가장 높다.

하구역 생물은 변화가 큰 환경에 대해 독특한 적응을 보이고 있다. 일부 하구역 식물은 그들 뿌리에 미세한 실트(silt) 입자를 붙잡는다. 따라서 해류에 의한 침식작용을 저지해 준다. 소형 식물들은 기질에 부착하기 위해서 작은 돌기를 지닌다. 좀 더 큰 식물들은 뿌리를 지니고 있어 자기 몸을 그 자리에 고정시키거나, 새로운 지역으로 침범하기도 한다. 많은 동물들이 펄 속으로 잠입하거나, 표면을 따라 빠르게 질주하거나, 식물 사이로 숨는다. 조개와 고둥은 먹이와 피난처를 동시에 얻기 위한 행동을 한다(**그림 16.12**). 갯지렁이는 지속적으로 퇴적물 속을 파고 다니며, 게는 먹이를 찾아 돌진한다. 부유성 유생은 바다로 씻겨 나가기 때문에 대

그림 16.11 하구역 염습지. 개발업자들이 종종 마리나(marina) 또는 집을 짓기 위해 연안 염습지를 파괴하지만, 캘리포니아 오렌지카운티에 있는 염습지 부근에 사는 시민들은 염습지의 자연적 가치를 인식하고 해양보호지로 지정하였다.

그림 16.12 하구역에 사는 고둥류들이 펄 표면에서 먹이를 찾고 있다.

부분의 하구역 생물들은 부유성이 아닌 유생을 만들거나, 단단한 물체 위에 알을 낳거나, 자신의 몸 위에 알을 낳아 붙이고 다닌다.

많은 어린 생물들이 하구역에서 발견되기 때문에 하구역은 흔히 성육장(nursery ground)이라고 불린다. 특히 어류에게는 이 용어가 적절하다. 많은 표영성 종들이 하구역에서 어린 시절을 보내는데, 이곳이 큰 생물로부터 보호받을 수 있으며, 먹이가 풍부하기 때문이다. 북미 대서양 쪽 연안에서 상업적으로 어획되는 어종의 대부분이 하구역을 어린 시절에 성육장으로 이용하고 있다. 그러나 개발에 대한 인간의 욕구와 오염은 하구역에 스트레스를 주어 주거종뿐만 아니라 외양역 동물의 유생기에 영향을 미친다.

하구역은 지속적인 특성을 보이지 않으며, 해수면 변동에 매우 민감하다. 미국 동쪽 해안의 하구역은 대개 지난 3,000~10,000년의 해수면 상승기간 동안 형성되었다. 하구역은 해수면이 낮았던 빙하기 때보다 오늘날 더욱 흔하게 발견된다.

산호초는 세상에서 가장 생물이 많고 다양한 군집이다

열대 해역 산호초(coral reef)는 전형적으로 파도가 강한 곳에서 만들어진다. 실제로 파도가 강한 곳은 영양염 농도가 높고 부유 유기물도 풍부하기 때문에 산호초를 동물들이 선호한다. 대부분의 산호초에서는 산호초가 만들어지는 속도와 부서지는 속도가 거의 균형을 이루고 있다. 산호초는 활발히 자라는 산호 군체들과 큰 덩어리부터 모래 크기까지 다양한 크기의 부서진 산호 조각들로 구성되어 있다.

산호가 산호초에 살고 있는 유일한 생물이 아니지만 이들은 산호초 생체량의 약 반을 차지하고 있다. 또한 산호초에는 분비물로 석회질을 서로 붙여 단단히 만들어 주는 석회조류와 다른 생물들이 셀 수 없이 많다. 다양한 종류의 생물들이 산호초를 덮거나 굴을 파고 살거나 생산하거나 소비하면서 살고 있다. 일부는 먹이를 찾으려고 산호를 파고 들어가거나 산호를 깨뜨려 산호초의 풍화에 기여한다. 산호초에 사는 생물들은 먹이, 서식 장소, 짝짓기, 그리고 포식자로부터의 보호를 위해 격렬히 경쟁을 한다. 열대 해역 생물들이 밝은 색, 보호위장, 침, 다양한 독을 갖는 것은 아마도 겉으로 아름답고 조용하게 보이는 산호초에서 살아남기 위한 처절한 몸부림과 관련되어 있을 것이다. **그림 16.13**에서 전형적인 산호초 경관을 볼 수 있다. 100만 이상의 종들이 해양의 산호초 군집에 서식하는 것으로 추정된다.

외양역 군집은 표층에 집중되어 있다 해양 전체 생체량의 약 83%가 표층 200 m 이내에 집중되어 있다. 이곳에서 대부분의 어류와 플랑크톤이 발견된다. 반면에 해양의 생체량 중 단지 0.8%만이 3,000 m 이하에서 발견된다. 거의 모든 심해 서식지에는 나쁜 환경조건으로 인해 생물이 적게 분포되어 있지만, 이처럼 열악한 환경에 적응되어 온 몇 종의 동물들은 모든 위도에 걸쳐 심해에 서식하고 있다. 빛이 없기 때문에 심해에는 광합성 생물이 전혀 없다. 열수공 군집을 제외하고는 심해의 소비자는 표층에서의 생산력에 의존할 수밖에 없다.

영구적으로 어두운 심해의 가장 상부 한계선에는 독특한 표영군집이 존재한다. 음파가 반사되는 특징으로 인해 이름 붙여진 **심해산란층(DSL**: deep scattering layer)은 태양빛의 강도에 따라 위아래로 이동하는 어류, 오징어 및 다른 동물들의 조밀한 집합체로 인해 형성된다(**그림 16.14**). 심해산란층은 보통 1개 이상 존재하는데, 북극해를 제외한 모든 대양에서 발견된다. 특히 표층의 생산력이 높은 장소에서 가장 잘 발달된다. 심해산란층은 낮 동안 가장 명확히 나타나며, 군집을 이루는 동물들이 빛이 투과되는 가장 낮은 부분에 모이게 된다. 밤에는 많은 동물들이 플랑크톤을 잡아먹기 위해 표면으로 이동해 온다. 심해산란층을 이루는 동물들은 대부분 크고, 민감한 눈을 지니고 있으며, 이 눈을 이용해서 머리 위에 있는 먹이생물의 희미한 그림자를 감지하여 먹이를 잡아먹는다. 군집을 이루는 일부 동물은 몸에 발광기관을 지녀 아래쪽으로 푸른색을 내보낸다. 이 빛이 그들 자신의 그림자를 없애 주므로 밑에 있는 큰 동물에게 감지되고 잡혀 먹힐 확률이 크게 감소된다(**그림 16.15**).

심해산란층과 해저 사이의 점심해대(bathypelagic zone)에는 생물체가 거의 살지 않는다. 이 부분에는 먹이의 양이 매우 적은데, 작은 유기물질 조각은 깊은 곳에 도달하기 전에 미생물에 의해 분해되며, 큰 생물체는 계속 해저를 향해 내려간다. 그러나 최근의 연구는 심해 환경이 패치(patchy) 상태임을 보여 준다. 즉 식물플랑크톤의 대량발생 후 잔재물의 침강과 큰 어류 개체군들의 배설물의 하강으로 초래된 영양염이 풍부한 구역은 일시적으로 수괴를 비옥하게 만들어 심해생물들이 부분적으로 많이 분포할 수 있다.

심해산란층 아래 엄청난 부피의 바닷속에는 몇 안 되는 동물들이 서식하고 있는데, 이들은 지구상에서 가장 기이하게 생긴 생물에 속한다. 큰입장어(gulper eel, **그림 16.16**)는 크게 확장될 수 있는 턱과 위를 지니고 있어 자기보다 더 큰 생물을 잡아먹을 수 있다. 이 어류가 1년에 한두 번밖에 섭식 기회가 없다는 점을 감안해 볼 때 이 같은 적응은 대단히 중요하다. 생물발광(bioluminescence) 현상은 섭식활동과 배우자를 유혹하는 데 매우 중요한 역할을 한다. 일부 심해 동물들은 빛을 내는 미끼를 이용하여 먹이생물을 끌어들인다(**그림 16.17**). 이들은 동종의 개체에게 자신을 알리기 위해 발광기관을 이용하며, 배우자를 찾는 데에도 발광기관이 매우 중요하다. 일부 동물은 포식자를 눈부시게 하거나 놀라게 하기 위해 발광기관을 플래시처럼 이용하기도 한다.

a

모식도.

그림 16.13 산호초 서식지.

b

그림에 있는 생물의 이름.

산호초 생물 서식처

1. 검은머리 갈매기, *black-capped petrek*
2. 해파리, *sea nettle*
3. 엔젤피시, *angelfish*
4. 깃산호류, *lobed corals*
5. 가지연산호와 연산호류, *sea whips and soft corals*
6. 파랑쥐치, *triggerfish*
7. 고르고니 부채산호, *sea fans*
8. 관 말미잘, *tube anemone*
9. 오렌지돌산호, *orange stone coral*
10. 이끼벌레류, *bryozoans*
11. 골산호, *brain coral*
12. 나비고기, *butterfly fish*
13. 곰치, *moray eel*
14. 청소고기, *cleaner fish*
15. 관 산호, *tube corals*
16. 뿔소라, *muricid snail*
17. 갯민숭달팽이, *nudibranch*
18. 해면류, *sponges*
19. 피낭류(멍게) 군집, *colonial tunicate*
20. 대형 조개, *giant clam*
21. 보라고기, *purple pseudochromid fish*
22. 코발트불가사리, *cobalt sea star*
23. 연산호류, *soft corals*
24. 장대수염새우, *barber pole shrimp*
25. 말미잘류, *sea anemones*
26. 열동가리, *clown fish*
27. 갯지렁이 관, *worm tubes*
28. 무늬개오지, *cowrie*
29. 고르고니 부채산호, *sea fan*

심해저는 지구상에서 가장 균일한 군집이다 심해저는 어디서나 환경조건이 거의 유사하다. 이곳은 영구적으로 어둡고, 매우 차가우며, 염분이 높고(36‰까지), 압력이 매우 높다. 이처럼 가혹한 환경은 생물의 분포를 제한할 것으로 과학자들은 한때 생각했었다. 하지만 그렇지 않다는 것이 밝혀졌다. 1980년대에 수심 1,500~2,000 m 사이의 해저를 조사한 과학자들은 1 m^2당 거의 평균 4,500개체의 생물이 있음을 발견했다. 이들은 21개 시료로부터 798종을 찾아냈는데, 그중에서 무려 46종이 신종이었다.

심해저에 살고 있는 동물들의 섭식 전략은 가혹한 환경 때문에 매우 독특하다. 삼각다리고기(tripod fish)는 지느러미와 아가미 덮개의 돌출물을 이용하여 수 m 떨어진 곳에 있는 먹이생물의 움직임을 감지한다(**그림 16.18**). 연니(ooze)의 형태와 비슷한 입을 지닌 일부 동물은 입이 살아 있는 동굴 역할을 하기 때문에 작은 동물들이 숨을 곳을 찾아 입속으로 기어 들어온다. 먹이생물들은 일방통행 통로를 따라 위까지 들어오게 되어 있으므로 포식자는 먹이를 삼킬 필요가 없다.

c

홍해의 산호초.

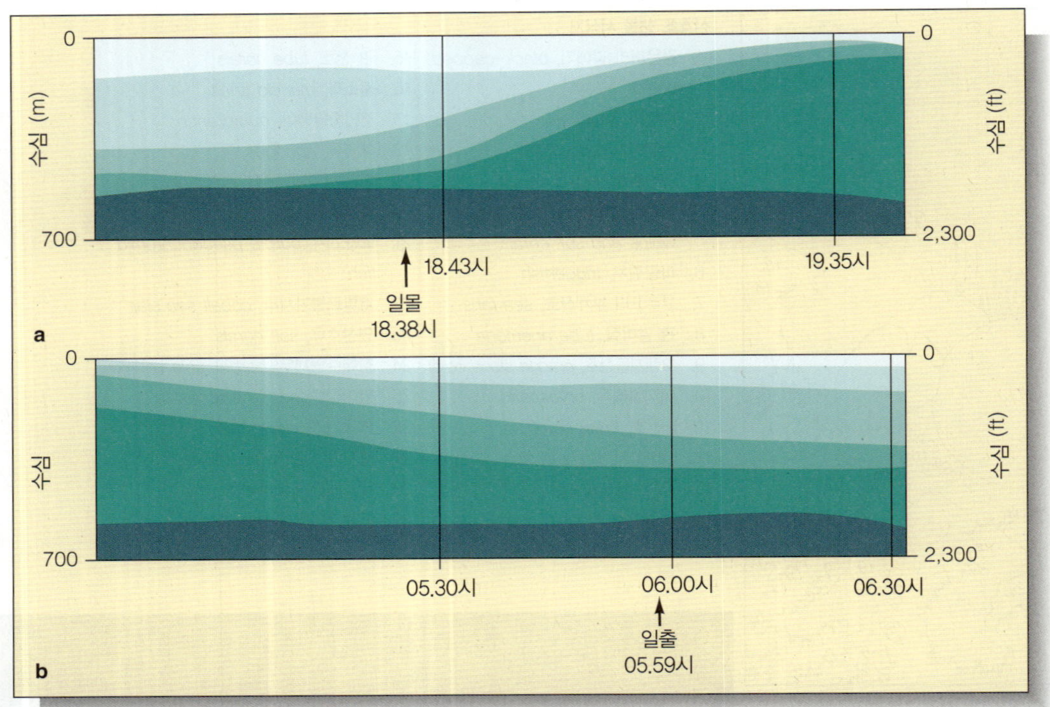

그림 16.14 음향측심기에 기록된 심해산란층의 이동. (a) 3개의 명확히 구분되는 층이 일몰과 함께 표면으로 움직인다. (b) 일출이 시작되면 심해산란층은 밑으로 이동한다. 이 같은 현상은 태양 빛의 세기가 변함에 따라 생물들이 위아래로 이동함으로써 초래된다.(두 경우 모두 맨 밑에 있는 심해산란층은 계속 일정 수심을 유지하고 있다.)

그림 16.15 발광성의 중층성 샛비늘치(lanternfish). 몸에 붙어 있는 큰 발광기관은 어류의 그림자를 감춰 주고 배우자를 찾는 데 도움을 준다. 길이는 8 cm 정도이다.

어떤 종은 밑으로 떨어지는 죽은 동물의 냄새를 멀리서 맡을 수 있으며, 수주일 또는 수개월에 걸쳐 죽은 동물을 추적해 간다. 차가운 물속에서 생물체의 신진대사율은 낮아진다. 그 결과 대부분의 심해 동물들은 비교적 적은 양의 먹이를 필요로 하고, 천천히 움직이며, 수명이 길다. 일부 동물은 일 년에 한 차례 정도밖에는 먹이를 잡아먹지 못하지만, 수백 년을 살기도 한다. **그림 16.19**는 심해 저서군집에서 흔히 발견되는 생물들을 보여 준다.

심해의 환경은 가혹한 편이지만, 그 환경에 적응된 종들에게는 경쟁 상대가 별로 없기 때문에 유리하다. 심해 환경에서 가장 잘 적응된 생물들은 어디에서나 발견되는 거미불가사리(brittle star)로 거의 모든 위도의 퇴적물 바닥에서 서식하고 있다. 이들은 작은 영양분 입자를 모아서 섭이하는데, 일부 먹이입자는 바닥에 떨어지는 데 수개월이나 걸린 것이다. 거미불가사리는 팔 밑에 있는 홈(groove)을 따라 먹이를 모으며, 입으로 먹이를 이동시켜 섭취한다. 15장에서 보았듯이, 거미불가사리는 지구상에 존재하는 동물 중 가장 널리 분포해 있는 동물의 하나이다(그림 15.20 참조).

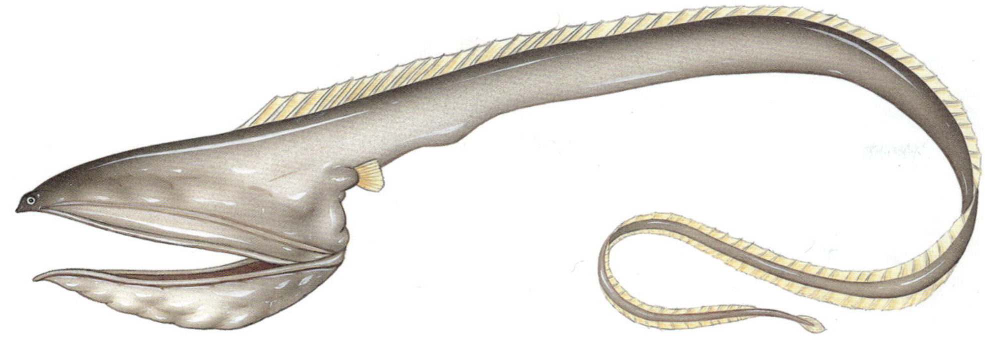

그림 16.16 심해 큰입장어 (*Eurypharynx*). 심해 어종으로 전 세계적인 분포를 보인다. 길이는 60 cm 정도이다.(출처: J. C. Briggs, *Marine Zoogeography*. © 1974 McGraw-Hill Inc.)

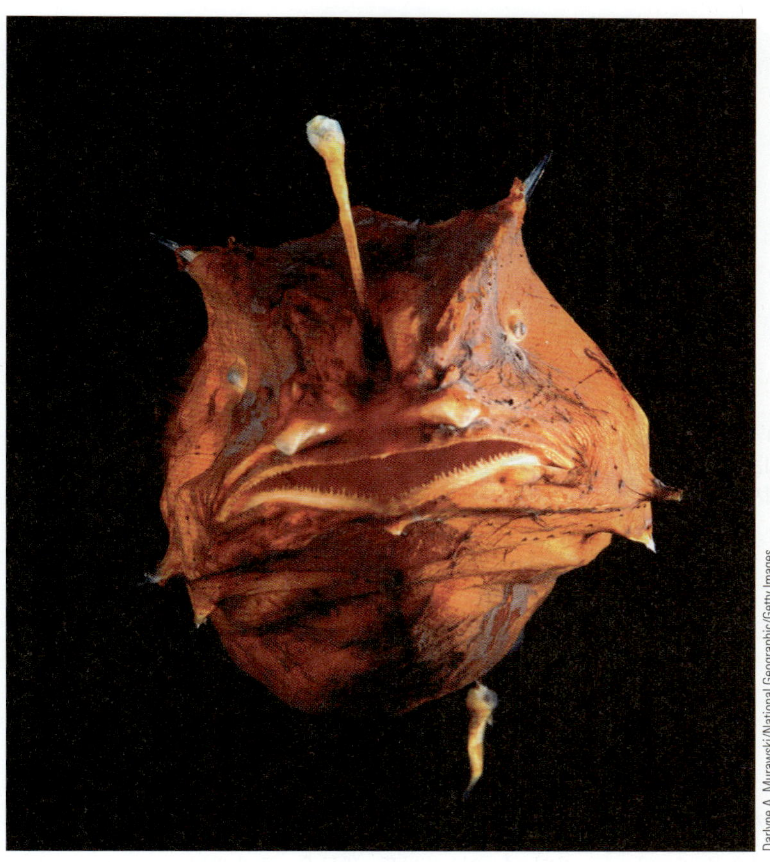

Darlyne A. Murawski/National Geographic/Getty Images

그림 16.17 일부 심해 아귀 종류는 생물발광 미끼를 지닌다. 이 어류의 길이는 10 cm 정도이다.

Charles D. Hollister, WHOI

그림 16.18 장님인 삼각다리고기는 심해 저평원에 사는 저서성 어종이다. 몸에 나 있는 길고 굴곡진 돌출물은 멀리 떨어져 있는 먹이생물의 진동을 감지하는 데 도움을 주는 것으로 알려져 있다.

심해 군집 내 동물들은 몇 가지 공통적인 흥미로운 적응을 보인다. 거대화 현상(gigantism)이 그중 하나이다. 즉 같은 과(family)에 속하는 개체라도 심해에 사는 개체가 얕은 곳에 사는 개체에 비해 훨씬 커지는 경향이 있다. 몸이 연약한 현상 역시 심해에서 흔히 나타난다. 조용한 심해 환경에서는 무거운 지지구조가 불필요할 뿐만 아니라, 비교적 낮은 수소이온농도(pH)와 높은 압력이 칼슘의 축적을 막기 때문에 골격 발달이 저해된다. 일부 동물들은 퇴적물 위에서 몸이 빠지지 않도록 가늘고 긴 다리를 지니며, 일부는 살짝 만져도

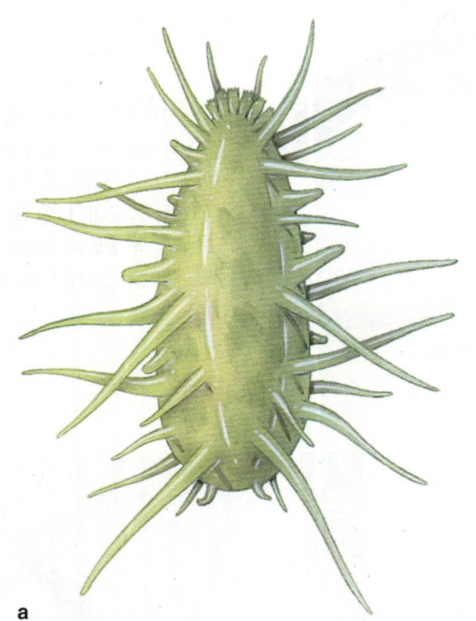

a

Oneirophanta. 북대서양 심해저평원에서 발견되는 해삼류.

b

Apseudes. 뉴질랜드 북쪽 케마르데크 해구에서 발견되는 눈이 먼 엄지손가락 크기의 갑각류.

c

*Oneirophanta*가 거미불가사리와 함께 1,000 m 수심의 대륙사면에서 먹이를 찾고 있는 모습. 사진에 보이는 것과 같은 거미불가사리는 거의 모든 심해 퇴적물 위에서 발견되는 전 세계적으로 가장 흔한 생물 중 하나이다.

그림 16.19 심해저 군집의 동물들.(출처: J. C. Briggs, *Marine Zoogeography*. © 1974 McGraw-Hill Inc.)

젤라틴처럼 떨어져 나간다. 높은 수압은 효소활동에 영향을 미치는 것을 제외하고는 이 동물들에게 큰 문제가 되지 않는다. 심해에 서식하는 생물들은 매우 높은 압력에 대해 균형을 이루며 살고 있다. 즉 그들의 내부 압력은 몸 밖의 압력과 정확히 일치한다.

극한생물들이 심해 암반군집에 산다 해저 군집이 퇴적물의 최상부 층에만 국한되지 않고 해저의 깊은 곳에서도 존재한다는 사실이 최근 연구에서 밝혀졌다. 세계에서 가장 큰 군집일지 모르는 군집들이 최근에 발견되었다. 1970년대 후반에 지하수를 연구하는 과학자들은 미생물이 퇴적물 깊은 곳과 물을 함유하고 있는 암석 속에 살 수 있음을 발견했다(그림 13.6과 **그림 16.20**). 생물학자들은 극단적인 환경조건(특히 온도와 pH)을 견딜 수 있는 이들 생물을 **극한생물**(extremophiles)이라고 이름 붙였다.

깊은 곳에서 오는 시료는 쉽게 표면 박테리아에 의해 감염될 수 있기 때문에 해저 밑일지라도 감염되지 않은 암석을 채취할 수 있는 특수한 시추기가 개발되었다. 13장에서 읽었듯이 생물학자들은 1,220 m의 시추 수심과 400°C의 온도를 지닌 암석들 속에 박혀 있는 광물질 입자 사이 공간에 존재하는 미생물 생태계를 발견해 냈다. 대양시추프로그램(Ocean Drilling Program)으로부터 확보한 코어 시료의 연구는 해저

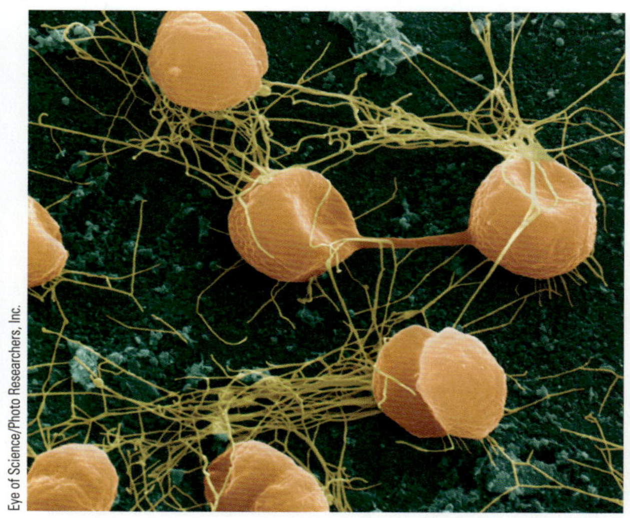

그림 16.20 심해에 서식하는 고세균 *Pyrococcus furiosus*가 열수공 주변 퇴적물 속에 살고 있다. 그들의 기능이 100℃ 정도에서 가장 활발하지만, 이 화학합성생물은 매우 높은 온도에서 견딜 수 있다.

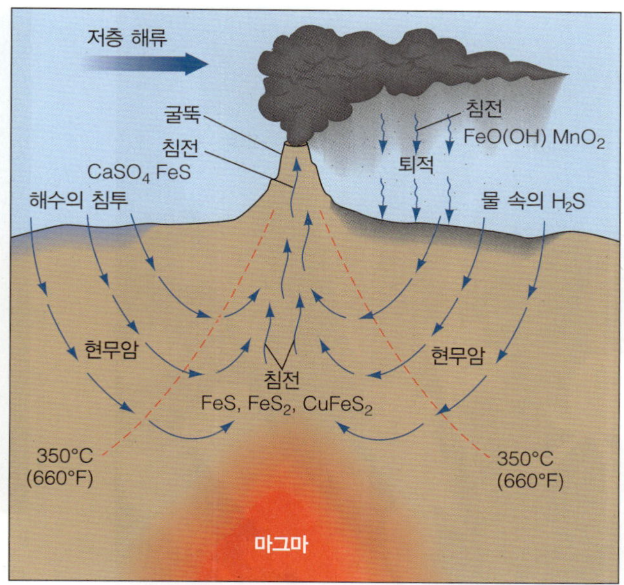

그림 16.21 열수공과 관련된 물의 이동 경로. 해수가 해저의 틈으로 들어가서 밑으로 스며드는데, 여기서 근처의 마그마 방에 의해 가열된 바위와 접촉하게 된다. 따뜻해진 물은 팽창하게 되며, 대류작용에 의해 위로 올라가게 된다. 물이 위로 올라가면서 주변에 있는 현무암으로부터 많은 광물질이 녹게 된다. 물이 해저의 약한 지점으로부터 뿜어져 나올 때, 광물질 중 일부가 응축되어 높이 20 m, 직경 1 m까지의 굴뚝을 형성한다. 물이 식으면서 금속성 황화물이 침전되어 나오고 열수공으로부터 밑으로 흘러내리는 퇴적층을 형성한다. 퇴적물 속과 주변 해수 속 그리고 특수화된 생물 몸속에 있는 박테리아는 물속에 있는 황화수소(H_2S)를 이용하여 화학합성 과정을 통해 탄소를 결합시켜 포도당을 만든다. 이와 같은 화학합성이 열수공 생물들의 먹이사슬의 기초를 형성한다.

밑 842 m 지점에서 박테리아와 고세균 군집이 존재하고 있음을 보여 주었다. 그리고 프린스턴 대학의 지질학자는 최근에 남아프리카 해안 아래 3.2 km 지점에서 채집한 물로부터 박테리아를 추출했다.

얼마나 넓은 서식지인가!

1 g의 암석에 100~1,000만 박테리아가 존재한다. 그들은 무엇을 하고 사는가? 그들은 무엇을 먹고 사는가? 그들의 서식지에 빛이 없기 때문에 독립영양생물은 화학합성을 할 수밖에 없다. 이 일차생산자들은 아주 작은 일차소비자에 섭식된다. 엄청나게 많은 생물이 존재하지만 그들의 대사율은 매우 낮을 것이다. 일부 생물들은 100~2,000년마다 한 번씩 분열할 것이다. 깊이와 압력이 증가함에 따라 암석에 존재하는 빈 공간은 더 작아지며, 화학합성을 위한 물질이 감소될 것이다. 그러나 과학자들은 이같이 감추어져 있는 군집이 지구 전체 생체량의 1/3을 차지할 것으로 믿는다.

이 같은 생산자와 소비자의 집합을 SLIMES (subsurface lithoautotrophic microbial ecosystems)라고 부른다. 아주 작은 암석 공간에 적응된 박테리아인 극미세박테리아(ultramicrobacteria)를 포함하여 새로운 박테리아 형태가 발견되고 있다. 아마도 이 단순한 세포는 지구의 첫 번째 생명의 잔재일지도 모른다. 생명이 처음 탄생했을 때 지구의 환경조건은 뜨겁고, 산소가 없었다. 이 박테리아와 고세균의 유전자 조성은 그들이 매우 서서히 그리고 다른 형태의 생명과는 다른 방향으로 진화되었음을 제시한다.

열수공과 냉수분출구는 다양한 군집을 유지시킨다 극단적인 온도와 염분에 견딜 수 있는 생물들이 최근에 발견되었다. 1976년 우즈홀 해양연구소의 연구원들이 수심 3,000 m보다 더 깊은 곳에서 완전히 새로운 형태의 해양군집을 발견한 사실이 알려지면서 전 세계 해양학계는 흥분했었다. 그들은 수중 카메라를 이용하여 갈라파고스 섬의 동북쪽 320 km 지점 해저확장 중심지를 따라 아주 차가운 해저를 탐색하고 있었다. 이 과정에

Woods Hole Oceanographic Institution

a

Riftia, 대형 관벌레로 몸속의 특수한 주머니에는 수많은 화학합성 박테리아를 지니고 있다.

Woods Hole Oceanographic Institution

b

대형 흰조개(*Calyptogena magnifica*). 어른의 구두 크기이며, 아가미막에 화학합성을 하는 박테리아를 지니고 있다.

그림 16.22 열수공 주변에서 발견되는 대형 생물들.

서 그들은 상당히 가열된 물(350°C 정도)이 대양저산맥(oceanic ridge)의 갈라진 틈으로부터 뿜어져 올라오고 있음을 발견했다. 해수가 지각의 틈 사이로 스며들어 간 뒤, 깊이 1~3 km 부근에 위치한 마그마 방(chamber)의 열에 의해 뜨겁게 가열되며, 대류작용에 의해 이 뜨거워진 물이 해저 밖으로 되돌려 보내지게 되는데, 마치 온천물이 나오듯이 뿜어져 올라온다. 이 과정에서 가열된 물에 주변 현무암으로부터 많은 광물질이 녹게 된다. 이 물이 해저 밖으로 나와 식게 되는데, 이때 일부 무기 황화물이 침전되어 색깔이 검게 변한다. '블랙 스모커(black smoker)' 란 용어가 이같이 활동적인 열수공에 적용되고 있다(**그림 16.21**과 그림 4.25).

열수공(vent) 주변에는 지금까지 전혀 알려지지 않았던 동물들이 서식하고 있었다. 이곳의 저층수는 황화수소(H_2S), 이산화탄소(CO_2), 그리고 산소(O_2)를 많이 포함하고 있었다. 그리고 이곳에는 특수한 고세균과 박테리아가 살고 있는 것으로 밝혀졌다. 이 화학합성 박테리아들이 동물로 연결되는 먹이사슬의 기초를 형성하고 있었다. 대형 게류, 조개류, 말미잘류, 새우류, 그리고 긴 양피지 같은 관 속에 들어 있는 희귀한 관벌레가 이 따뜻한 열수공 부근에서 발견되었다.

관벌레(tube worm)는 길이가 3~4 m에 달하며, 직경이 사람 팔뚝만 하다. 특이하게 생긴 이 동물은 임시적으로 유수동물(pogonophorans)로 분류되었다. 새롭게 이름 지어진 *Riftia* 속에 속하는 3종이 지금까지 발견되었다(**그림 16.22a**). 관벌레의 관은 유연하며, 관벌레가 몸을 움츠렸을 때 몸을 완전히 집어넣을 수 있다. 이들은 관의 입구로부터 촉수를 밖으로 내보내지만, 그들의 섭식 방법은 아직까지 확실치 않다. 왜냐하면 그들은 입도 없고, 소화관도 없고, 항문도 없기 때문이다. 관벌레의 몸통은 큰 섭이체(feeding body)를 지니고 있는데, 이 속에는 열수공 주변 해수나 바닥 위에서 발견되는 박테리아가 가득 차 있다. 관벌레의 촉수는 주변 해수로부터 황화수소를 흡수한 뒤, 박테리아에게 수송하며, 박테리아는 황화수소를 에너지원으로 이용하여 이산화탄소를 유기분자로 전환시킨다. 따라서 관벌레의 궁극적인 에너지 원천은 화학합성(chemosynthesis)이라고 불리는 유기물 합성과정이다. 열수공 군집을 이루고 있는 다른 모든 생물들도 마찬가지이다. 이는 어둠의 세계에서 화학합성이 광합성을 대치하고 있음을 의미한다.

열수공 군집의 조개류와 새우류 역시 특이하다. 예를 들면 대형 흰조개(*Calyptogena*)는 현무암으로 이루어진 울퉁불퉁한 언덕 위에서 자란다(**그림 16.22b**). 어른 신발 크기만 한 흰조개는 관벌레와 동일한 종류의 박테리아를 몸에 지니고 있다. 이 조개는 물을 여과할 수 있는 구조를 지녔지만, 그들의 영양분은 아가미 막(gill filament)의 세포 속에 들어 있는 특수한 박테리아로부터 얻는다. 1985년 열수공 주변에서 발견된 소형 새우는 열수공의 열을 감지할 수 있는 특수기관을 지녔음이 밝혀졌다. 이 같은 적응은 먹이를 찾기 위해 열수공으로부터 멀리 떨어져 있는 곳까지 갔다가 다시 원래 살던 장소로 되돌아올 수 있게 한다. 열수공 군집은 최근에 플로리다와 루이지애나 근해, 캘리포니아와 오리건 근해, 북해, 일본 동쪽, 그리고 다른 여러 곳에서도 발견되었다.

모든 열수공 형태의 군집들이 대양저산맥 위에 위치해 있는 것은 아니며, 뜨거운 물이 분출되어 나오는 지역에만 있는 것도 아니다. 냉수분출구(cold seep) 군집은 열수공 군집보다 덜 극적이지만, 더 넓게 퍼져 있다. 이 냉수분출구는 지각판(tectonic plate)의 가장자리와 항상 관련이 있는 것은 아니다. 현재까지 약 25개의 냉수분출구 군집이 발견되었다. 냉수분출구에서는 광물질과 황화수소와 때때로 메테인이 풍부한 고염분의 물이 해저로부터 새어 나온다. 새어 나오는 차갑고, 광물질이 풍부한 물은 황화물이나 메테인을 동화할 수 있는 화학합성 박테리아의 성장을 촉진시킨다. 메테인

그림 16.23 캘리포니아 근해의 고래잔해 군집. 이 군집은 열수공 군집을 이루는 특수한 생물들의 이동을 위한 디딤돌 역할을 할 가능성이 있다.

은 퇴적물이나 그 밑에 있는 퇴적암 속에 있는 유기물질이 분해되어 나오는 것으로 보인다. 냉수분출구에서 우점하는 큰 생물은 이매패류, 유수동물, 그리고 수종의 해면동물이다. 그러나 주인공은 이 깊고 신비스러운 곳에서 먹이사슬의 밑바닥을 형성하고 있는 화학합성 박테리아와 고세균이다.

열수공과 냉수분출구 군집에 관한 연구는 많은 질문을 던져 준다. 이 같은 군집들이 65,000 km 길이에 달하는 지구의 대양저산맥 중 활동적인 모든 중앙 열곡(rift valley)에서 발견되고 있는가? 뜨거운 열수공 또는 차가운 냉수분출공이 지구 생명체의 탄생지 역할을 했는가? 깊은 곳에 있는 열수공과 냉수분출구 군집이 그전에 생각했었던 것보다 전체 해양 생산성에 크게 기여할 가능성은 없는가? 이 같은 질문에 대한 해답을 얻기 위해 해양생물학자들은 계속해서 탐사할 것이다.

고래잔해군집은 독특한 군집을 대표한다 열수공에 서식하는 특수한 생물들이 어떻게 열수공 사이의 먼 거리를 퍼져 나갈까 궁금해 할지 모른다. 열수공의 수명이 기껏해야 수천 년에 불과하다는 최근의 지식은 문제를 복잡하게 만든다. 이같이 독특한 생물들이 어떻게 가입(recruit)이 될까? 그들은 어떻게 퍼져 나갈까?

대답은 고래잔해의 '디딤돌(stepping stones)' 역할에 달려 있는지 모른다(**그림 16.23**). 사람들이 고래

를 포획하여 그 개체수가 많이 줄어들었지만 고래의 사체는 북태평양의 경우 약 25 km 간격으로 분포해 있는 것으로 학자들이 추정했다. 고래잔해의 골격의 연구는 황산화 박테리아의 존재를 밝혀냈다. 이 박테리아에 의해 생산되는 황화물이 고래 뼈로부터 확산되어 나옴에 따라 부유성 유생들이 그것의 존재를 감지하여 정착하고, 성장하고, 생식하게 된다. 운이 좋으면 그들의 자손들이 다른 고래잔해에 표류되어 가서 이 같은 과정이 반복된다. 이처럼 많은 단계를 거쳐 새로운 또는 새롭게 활성화된 열수공에 도달할 수 있게 된다.

개념점검

9. 가혹한 환경을 지닌 암반조간대 군집에 어떻게 많고 다양한 생물이 존재할 수 있는가?

10. 파도가 치는 모래사장은 암반조간대 군집과 똑같은 조건을 지녔지만, 생물이 적게 산다. 그 이유는 무엇인가?

11. 하구역의 상업적 개발의 결과는 무엇인가?

12. 어떤 해양군집이 가장 높은 생물다양성을 보이는가? 그리고 어떤 해양군집이 가장 낮은 생물다양성을 보이는가?

13. 어떤 해양군집이 지구상에서 가장 큰가?

14. 열수공 군집에서 일차생산은 어떻게 이루어지는가?

15. 어떻게 고래잔해군집이 열수공 생물의 확산을 돕는가?

16.5 군집 내 생물들은 공생관계를 형성하면서 살기도 한다

생물학을 처음 배우는 사람들은 현재 알려져 있는 동물 중 반수 이상이 자유 생활형이 아닌 것을 알고 놀라게 된다. 대부분은 군집 내 다른 생물과 공생관계를 형성하고 있으며, 이들 관계는 대단히 복잡하고 독특하다.

공생(symbiosis)은 한 생물의 생활사가 다른 생물에 매우 가깝게 결합되어 있는 두 종 간의 관계를 말하는 생물학적인 용어이다. 한 생물이 다른 생물에 완전히 의존할 정도로 공생관계가 아주 밀접한 경우도 종종 있다.

공생관계는 상리공생, 편리공생, 그리고 기생의 세 가지 형태가 있다.

상리공생(mutualism)은 이름이 말해 주듯이 두 공생생물(symbiont)이 모두 이득을 얻게 되는 관계이다. 상리공생은 해양생물 중에는 드물지만, 몇 가지 예가 관찰된다. 한 예가 말미잘과 흰동가리(anemone fish)의 관계이다. 작고 밝은 색깔을 지닌 흰동가리가 말미잘의 촉수 사이에 자리를 잡고 산다(**그림 16.24**). 흰동가리가 말미잘의 침을 맞지 않고 살아갈 수 있는 원리에 대해서는 아직까지 잘 밝혀져 있지 않다. 생물학자들은 흰동가리가 자신의 피부로부터 분비되는 점액질을 이용해서 말미잘의 침 세포인 자포를 무디게 만들었을 것으로 생각하고 있다. 말미잘이 흰동가리를 보호해 준 대가로 흰동가리는 말미잘에게 먹이조각을 주기도 하고, 먹이생물을 말미잘의 공격 사정권 내로 유인하기도 한다.

상리공생의 다른 예는 산호와 같은 자포동물과 그 몸속에 살고 있는 와편모조류('황록공색조류'라고 불림) 사이의 관계이다. 두 생물은 서로 이득을 얻는데, 광합성 생물인 와편모조류는 안전한 집을 갖게 되고 쉽게 CO_2를 얻게 되며, 한편 자포동물은 와편모조류가 생산한 탄수화물을 얻는다. 만약 몸속에 와편모조류가 사라지게 되면, 산호는 칼슘을 침적할 수 없게 되고, 그 결과 오늘날과 같은 생물이 풍부한 열대 산호초 군집은 존재하지 못했을 것이다.

상리공생의 가장 전형적인 예는 청소공생(cleaning symbiosis)이다. 소형 어류나 새우와 같은 작은 생물들이 청소장소를 확보하고, 그곳을 방문하는 큰 어류의 피부, 입과 아가미 덮개 부분으로부터 죽은 조직이나 골치아픈 표면 기생충을 제거해 준다. 이 청소생물들이 죽은 조직과 기생충을 먹기 때문에 두 동물 모두 이익을 본다. 청소를 받는 동물들은 청소장소와 청소생물이 포식자로부터 공격받는 것을 방어해 주기도 한다.

편리공생(commensalism)은 한쪽의 공생생물은 그 관계에서 이익을 보지만, 숙주는 이익을 얻지도 해를 당하지도 않는 관계이다. 예를 들면 생물학자들은 상어와 파일럿피시(pilot fish) 사이의 관계를 한 때는 상리공생으로 생각해 왔었다. 즉 파일럿피시는 먹이가 있는 곳으로 상어를 안내하고, 그 대가로 먹이조각을 얻어먹는다고 생각했었다. 그러나 지금은 파일럿피시가 상어의 먹다 남은 먹이조각이나 섭취하는 기회주의적인 편

그림 16.24 상리공생. 말미잘의 일부 종은 흰동가리와 공생관계를 보이는데, 어류는 포식자로부터 보호를 받고, 말미잘은 어류로부터 먹이조각을 얻는다.

리공생자로 재정립되었다. 한편 상리공생 관계인 말미잘과 흰동가리의 관계는 흰동가리가 말미잘에게 먹이를 주는 현상을 관찰하기 전까지 편리공생 관계로 생각했었다.

가장 흥미로운 편리공생자 중 하나는 숙주의 서식지 안으로 들어가서 한동안 성장한 뒤, 밖으로 빠져나오지 못하는 생물의 경우이다. 한 예로 *Fabia* 속에 속하는 작은 게는 담치 패각 안쪽에 살면서 담치의 정상적인 섭식 및 호흡 활동을 위해 담치 몸 안으로 들어온 물속의 먹이입자를 먹고 산다. 시간이 지나 게가 자라게 되면, 담치 패각 사이의 공간보다 몸이 더 커지므로 담치를 떠날 수 없게 된다.

기생(parasitism)은 가장 진화된 형태이며, 가장 흔한 공생관계이기도 하다. 기생생물은 적어도 생활사의 일부를 숙주의 몸 안쪽이나 몸 위에 살며 숙주를 희생시키면서 먹이를 얻는다. 기생생물들은 일반적으로 그들의 숙주를 죽이지 않지만, 숙주의 섭식 효율을 감소시키고, 저장된 먹이를 고갈시키고, 번식 능력을 저해시키고, 질병에 대한 저항력을 감소시키고, 에너지를 착취함으로써 그들은 숙주생물에게 나쁜 영향을 준다. 숙주와 기생생물의 관계는 일반적으로 균형을 잘 이루고 있으며, 대단히 섬세하다. 기생생물은 숙주가 너무 약해서 죽게 되는 것을 피하기 위해 숙주의 건강상태를 알아야 한다. 한편 기생생물은 그들이 성공적으로 살 수 있도록 숙주로부터 가능한 한 많은 에너지를 착취해야 한다.

모든 주요 동물문들이 기생성 해양생물을 포함하고 있다. 그러나 가장 넓게 분포하고 성공적인 기생성 해양동물은 선충류(roundworm)이다. 다른 기생생물과 마찬가지로 선충류는 숙주에 대해 **종특이성 관계**(species-specific relationship)를 갖는다. 이 관계는 두 종 간의 배타적인 관계로 기생생물은 일반적으로 한 종의 숙주에만 기생한다. 만약 이 기생생물이 다른 숙주 몸에 기생하게 되면 그 기생생물은 생존하지 못할

© Norman Cole

그림 16.25 고래에 부착하는 따개비. 이 갑각류는 고래의 피부 속 3 cm 깊이까지 파고들어 갈 수 있다. 그들은 영양분의 일부를 고래의 살과 순환되는 혈액으로부터 얻는다. 일부 개체는 직경 7.6 cm까지 자란다.

것이다.

한 숙주에 한 종 이상의 기생생물이 감염될 수 있다. 선충류와 다른 기생생물들은 어류 체중의 상당 부분을 차지하고 있다. 겉보기에 건강한 바다사자가 20종의 기생생물을 2.3 kg 넘게 몸에 지니고 있기도 한다. 기생생물은 일반적으로 작지만, 일부 고래 몸속에 기생하고 있는 선충류는 길이가 무려 7 m에 달하며, 직경은 연필크기만 하다. 한편 기생생물은 다시 그들 자신 몸에 기생생물을 가질 수 있다.

이상의 세 가지 형태의 공생관계(상리공생, 편리공생, 그리고 기생)는 자연 상태에서 서로 연속적인 관계를 보인다. 편리공생 관계를 전혀 내포하지 않는 상리공생관계는 별로 없으며, 또한 기생 관계를 전혀 내포하지 않는 편리공생 관계는 거의 없다. **그림 16.25**에서 보여 주는 고래 따개비는 바다로부터 직접 먹이의 대부분을 얻는다. 그러나 그들 영양분의 일부는 숙주의 살과 피로부터 얻는다. 따라서 어디에서 한 종류의 관계가 끝나고 다른 종류의 관계가 시작되는지를 명확히 구분하기 어렵다.

개념점검

16. 공생이란 무엇인가?

17. 어떤 형태의 공생이 존재하는가?

학생들의 질문

1. 만약 암반, 모래, 또는 펄 조간대에서의 여러 환경요인이 그다지 좋은 조건이 못된다면 왜 많은 생물들이 그곳에서 서식하는가?

생물이 어느 곳에 살든지 그 장소에서 살기 위한 조건은 생물이 견딜 만하고, 먹이가 존재하며, 환경조건이 생물의 성공을 방해할 정도로 극단적으로 나쁘지 않아야 한다. 일반적으로 먹이가 충분히 있는 곳에서는 생물들이 많이 살고 있다. 먹이나, 태양 빛이나, 생물학적으로 분해될 수 있는 화합물이 있는 곳에서는 생명체가 있다. 조간대에서 적합한 생존 방법이 발달한 것은 자연선택(natural selection)의 결과이다. 조간대 환경에 적응된 생물들은 풍부한 영양분을 이용할 수 있기 때문에 그곳에서 번성하고 있다.

2. 기생 관계에 있어서 종특이성이 깨진 적이 있는가?

그렇다. 이로 인해 때때로 치명적인 결과가 초래되기도 한다. 한 예로 바다사자의 기도에 서식하는 허파디스토마는 바다사자가 약해 있거나 죽게 되면 바다사자를 떠날 것이다. 이 같은 상태에 있는 바다사자가 이따금 휴식을 취하기 위해 물 밖으로 나와 모래사장으로 나왔을 때 만약 당신의 애완견이 바다사자를 발견하고 가까이 가서 코로 냄새를 맡는다면, 기생충의 일부가 바다사자에서 애완견으로 옮겨 가게 되어 개의 허파에 자리를 잡게 되는 수가 있다. 개는 허파디스토마에 대한 종특이적 동물이 아니기 때문에 허파디스토마에 감염된 개는 수주일 내에 고통스럽게 죽을 것이다. 그리고 기생충 역시 함께 죽을 것이다.

3. 깊은 바다에 고질라(Godzilla)와 같은 거대한 바다 괴물이 존재할 수 있다고 생각되는가?

그들이 물 분자로부터 직접 에너지를 추출할 수 있지 않는 한 아마도 그 같은 괴물은 바다에 존재하지 않을 것이다! 이같이 격렬하고 공격적이며, 도시를 먹어 삼키는 파충류에게 필요한 에너지를 공급할 정도로 바다에는 먹이가 풍부하지 못하다. 과학자들은 결코 그 같은 이야기를 한 적이 없다. 그러나 고전 과학소설 영화가 상상해서 그 같은 괴물을 창조한 것이다.

4. 생태학의 역사적 기초는 무엇인가?

많은 학생들이 재활용과 같은 자연보존 노력이나 산업오염을 반대하는 환경보호 활동을 생태학과 혼동하고 있다. 이 같은 활동들은 생태학이 아니다.

'생태학' 이란 자연과학의 한 분야로, 자연의 통합된 견해에 관심이 있었던 플리니(Pliny)와 다른 로마사람으로부터 시작된 오래된 역사를 지니고 있다. 일부 유럽의 르네상스 학자들이 유사한 견해를 발전시켰다. 최근에는 프랑스 자연학자 레오뮈르(Réaumur, 1663~1757)와 뷔퐁(Buffon, 1707~1788)이 독일의 위대한 동물학자인 헤켈(Häckel)과 함께 현대 과학의 기초를 구축하였다. 헤켈은 1869년에 'oekologie' 라는 단어를 처음 만들어 사용하였다. 개체군 연구는 1927년 『동물생태학(Animal Ecology)』이라는 책을 저술한 엘턴(Elton)에 의해 시작되었다. 그리고 개체군과 군집의 현대적인 생물수리학적 분석은 오스트레일리아의 앤드류아서(Andrewartha) 등에 의해 처음 시작되었다. 일차생산력의 중요한 개념은 미국 담수생물학자인 버지(Birge)와 주데이(Juday)에 의해 발전되었다.

현대 생태학은 미국인 린드먼(Lindeman)이 생태학적 에너지학(ecological energetics)의 연구를 시작한 1942년부터 시작되었다. 생태계를 통한 에너지 흐름을 다룬 그의 연구는 생태계를 하나의 통합된 실체로 인식한 첫 번째 시도였다. 대부분의 현대 생태학 연구는 그의 통찰력을 따르고 있다.

요 약

이 장에서는 생물들이 해양환경에서 같은 서식지를 공유하며 상호작용하는 생산자, 소비자, 그리고 분해자의 그룹인 군집의 형태로 분포하고 있음을 배웠다. 특정 군집에서 발견되는 생물들의 종류와 다양성은 해당 서식지의 물리적 특성과 생물학적 특성에 달려 있다.

어떤 군집이든 정착 생물들이 환경변화에 반응함에 따라 군집조성이 변하는 역동적인 장소이다. 군집 내 생물들의 성장과 분포는 물리요인과 생물요인에 크게 영향을 받는다. 한 군집의 종수와 개체수는 환경이 상대적으로 좋고 스트레스를 주는 요인이 없느냐, 아니면 상대적으로 나쁘고 제한요인이 많으냐에 달려 있다. 몇 개의 해양 군집들이 비교되었고, 각 군집의 대표적인 생물적응에 대해 살펴보았다. 이 장에서의 중요한 원리는 '생물들이 사는 곳에서 왜 사는가?' 이다.

다음 장에서는 해양자원에 대해 배울 것이다. 해양자원은 기름, 천연가스, 건축자재, 화학물질 등의 물리자원, 해양에너지자원, 해산물, 켈프, 의약품과 같은 생물자원으로부터 운송과 레크레이션과 같은 무형자원에 이르기까지 다양하다. 세계 경제는 지금 해양자원에 의존하고 있다. 그러나 우리는 해양자원들을 파손시키지 않으면서 자원을 이용할 수 없음을 알게 될 것이다.

주요 용어와 개념

개체군(population)
개체군 밀도(population density)
갯물(brackish water)
건조(desiccation)
고착성(sessile)
공생(symbiosis)
광염성(euryhaline)
광온성(eurythermal)
괴상분포(clumped distribution)
군집(community)
균일분포(uniform distribution)
극상군집(climax community)
극한생물(extremophile)
기생(parasitism)
무작위분포(random distribution)
상리공생(mutualism)
생물다양성(biodiversity)
생태지위(niche)
생태학(ecology)
서식지(habitat)
심해산란층(DSL: deep scattering layer)
이동성(motile)
조간대(intertidal zone)
종특이성 관계(species-specific relationship)
천이(succession)
파도충격(wave shock)
편리공생(commensalism)
하구역(estuary)
협염성(stenohaline)
협온성(stenothermal)
환경수용능력(carrying capacity)
환경저항(environmental resistance)

학습문제

익힘문제

1. 개체군과 군집은 어떻게 다른가? 그리고 생태지위와 서식지는 어떻게 다른가?
2. 제한요인이란 무엇인가? 몇 가지 예를 들라.
3. 같은 개체군에 속하는 생물들끼리는 어떻게 서로 경쟁을 하는가? 그리고 다른 개체군에 속하는 생물들끼리는 어떻게 경쟁하는가? 이 같은 경쟁의 결과를 비교해 보라.
4. 어떤 요인들이 군집 내에서 생물 분포에 영향을 미치는가? 생물의 분포는 어떻게 기술되는가? 무작위분포가 드문 이유는 무엇인가?
5. 조간대 생물들은 어떤 문제들을 겪고 있는가? 이같이 나쁜 환경조건임에도 불구하고 조간대에 생물이 풍부한 이유를 설명하라.
6. 숙주와 기생생물 사이의 관계가 균형을 이루는 이유는 무엇인가? 만약 불균형이 일어나면 그 결과는 무엇인가?

응용문제

1. 열수공 군집으로부터 퍼져 나가는 유생이 새로운 열수공을 개척하기 위해 고래잔해 군집의 디딤돌이 필요한 이유는 무엇인가?(힌트: 당신은 열수공

군집이 비교적 안정된 현상이라고 생각하는가?)

2. 심해의 암석 속에서 살아 있는 생물을 발견했다면 다른 행성에서도 생명을 발견할 수 있다는 의미인가?

3. 전체 생물권 중에서 극한생물이 몇 %를 차지한다고 생각하는가? 광합성과 화학합성 중 지구상에서의 우세한 일차생산 메커니즘은 무엇이라고 생각하는가?

17 해양자원

주요 목차

- 해양자원은 수요공급의 법칙을 따른다
- 물질자원이란 바다나 해저에 있는 유용한 물질이다
- 해수운동을 이용해 에너지를 얻을 수 있다
- 해양생물자원은 인간을 위해 어획되고 있다
- 무형자원은 바다 자체를 이용한다
- 해양법이 해양자원의 분배를 지배하고 있다

핵심개념

1. 인류는 1955년 이래 그간 인류사에 기록된 것보다 더 많은 천연자원을 사용했다.
2. 석유와 천연가스는 바다에서 가장 가치 있는 자원이다.
3. 인류가 해양동식물에서 얻는 단백질은 약 4% 정도로 소량이다.
4. 29억 명 이상이 어류에서 동물성 단백질의 최소 15% 이상을 섭취한다.
5. 해양자원은 명목상 국제해양법으로 배분한다.
6. 극히 소수의 예를 제외하고 현 수준의 해양자원 개발은 불가능하다.

북대서양 폭풍과 맞서는 플랫폼 *Brent Charlie*. 2008년 전 세계 석유 소비량은 310억 배럴인데 그중 35%는 해저유전에서 채굴한 것이다.

Shell U.K. Limited

끝없는 공급? 세계 경제는 제2차 세계대전 후 비약적인 성장을 이루었다. 지도자들은 경제를 지속시키고 국민들이 필요로 하는 광물자원과 생물자원을 더 많이 공급하기 위해서 바다로 눈을 돌리기 시작하였다. 광대한 바다는 식량, 석유, 광물 등의 끝없는 자원의 원천인 것 같았다. 바다에 대해서 좀 더 알게 되면 방대한 양의 보물을 발견할 수 있을 것이라고 느긋하게 생각하였다.

그러나 생각이 짧았다. 끝이 없을 것 같았던 자원은 실제로는 불과 몇 세대 만에 고갈되었다. 예를 들어 북대서양의 가장 귀중한 자원인 수산물을 생각해 보자. 수백 년 동안 세계에서 가장 생산성이 높은 어장 중의 하나인 조지스뱅크(Georges Bank)는 북대서양 대구, 가자미, 넙치 등을 끝없이 공급할 수 있을 것처럼 보였다. 식민지 시절 미국에 이주한 사람들은 넙치가 별 볼 일 없는 생선이라 사람들이 먹기에 적합하지 않다고 생각했다. 그러나 1830년대에 넙치가 인기를 끌면서 수요가 폭등하자 조지스뱅크에서 넙치잡이를 하는 배 1척당 하루에 십 톤의 넙치를 잡아들였다! 재생산을 할 계군이 없어졌고 어장은 급속히 황폐화되고 고갈되었다. 오늘날 북서대서양에서는 넙치잡이가 아주 드문 일이 되어서 어획 통계를 기록하는 수고를 할 필요조차 없게 되었다.

좀 더 최근에 북대서양 건너편의 최소한 유럽 7개 국가 어부들이 과거에는 풍부했지만 이제 곧 기억 속에만 남아 있게 될 대구와 북대서양 대구를 잡기 위해 경쟁을 벌이고 있다. 어획이 너무 심해서 1년생 대구의 1% 미만만 산란할 때까지 살아남으며, 매년 전체 대구의 60%가 그물 속으로 들어간다. 네덜란드의 대륙붕에서는 어획이 너무 심해서 평균 1년에 1~2회/m^2 정도를 저인망이 훑고 지나간다. 1992년에 북서쪽의 대구 어장이 붕괴하면서 35,000개의 일자리가 없어졌고 (그중 뉴펀들랜드에서만 18,000개), 북서쪽의 수산업도 똑같이 벼랑에 몰려 휘청거리고 있다.

바다의 물고기는 아직도 대규모로 잡아들이는 유일한 야생동물이다. 관리만 잘하면 물고기와 그 외 생물자원들은 재생이 가능한 자원이다. 그러나 광물, 석유, 천연가스, 그리고 대부분의 물질자원들은 재생이 되지 않는다. 개발이 훨씬 쉽기 때문에 육상의 물질자원이 해양의 물질자원보다 경제적 이점이 더 많다. 육상에는 희귀원소들이 퇴적, 풍화, 기타 자연적인 작용들에 의해 광물로 농축되어 있고 우리가 바다에서 추출할 수 있는 광물보다 훨씬 다양하다. 가장 중요한 물질자원은 석유와 천연가스 같은 액체로 되어 있다. 이런 자원들은 대륙붕에서도 육상만큼 풍부하지만, 채취비용이 많이 들고 위험하기도 하다.

극히 일부 예외를 제외하면, 해양을 지속적으로 개발함으로써 인구의 증가에 따라 늘어나는 필요한 물질을 바다가 제공할 것이라는 바다의 풍요는 실현될 수 없다. 곧 알게 되겠지만, 해양의 자원이 점점 고갈되어 가면서 그 가치는 더 커지고 있다.

그림 17.1 중국 우한의 양식장에서 죽은 물고기를 제거하고 있다. 고기들은 열, 환경오염, 과밀 양식에 의해 폐사했다. 자원공급의 가속화는 가능한 일인가?

17.1 해양자원은 수요공급의 법칙을 따른다

20세기에 인구는 400% 증가했다. 인구증가와 더불어 인간의 경제활동이 4.5배 증가했고 그 결과 지구의 자원소비가 가속화되었다. 1955년 이래 인간이 소비한 천연자원의 양은 그 이전 사용량 전체보다도 더 많다.

자원은 경제활동에 의해 배분된다. 경제란 사람들이 원하거나 필요로 하는 상품과 서비스의 생산, 분배, 그리고 소비를 관장하는 체계이다. 해양경제 체제에서는 개인, 회사, 그리고 정부가 바다와 관련된 어떤 상품과 서비스를 생산하고, 어떻게, 얼마나 생산하고, 분배하고, 소비하는가를 결정한다.

실은 이론상으로만 존재하기는 하지만, 자유시장 경제체제에서는 사고 파는 것이 순수한 경쟁의 토대에서 이루어지고 판매자나 소비자 모두가 시장을 조절하거나 조작할 수 없다. 경제학적 결정은 공급, 수요, 그리고 가격에 의해서만 결정되며 판매자와 소비자 모두가 상품과 서비스의 수익성과 위험성을 근거로 한다. 이론적으로는 가격은 상품과 서비스가 환경에 미치는 영향의 비용을 반영한 것이다.

그러나 해양경제는 자유시장경제체제가 아니다. 가끔은 이러한 환경에 미치는 악영향이 가격에 반영되어 있지 않다. 소비자들은 결정에 필요한 제대로 된 정보를 거의 갖지 못한다.

지난 몇 세대에 걸쳐 자원의 채취와 활용이 증가하여 전 지구적인 해양과 대기환경에 영향을 미쳤다. 세계 경제는 이제 해양에 달려 있어서 국가 간의 경쟁이 치열하다. 우리는 심각한 환경파괴가 확실해지기 전까지는 해양자원을 포기하지 못한다. 몇 가지 예외를 제외하고는 현 상태의 해양자원에 대한 성장과 소비는 지속 가능하지 않다(**그림 17.1**).

이 장을 공부하면서 수요와 공급이 시장경제의 현상이고 장기적으로 성장이 해양자원에 의존해야 한다는 것을 알게 될 것이다.

이 장에서는 네 종류의 해양자원에 대해 공부한다.

- **물질자원**(physical resource)은 해중이나 해저에 퇴적, 집적되는 유용물질을 말한다. 대부분의 물질자원은 광물자원인데 이 중에는 생물유해로부터 만들어진 석유와 천연가스도 포함된다. 해수로부터 추출하는 담수도 물론 물질자원이다.
- **해양에너지자원**(marine energy resource)은 바닷물에서 직접 열이나 운동형태로 얻는 에너지를 말한다.
- **생물자원**(biological resource)은 인간이 이용할 수 있으며 살아 있는 동식물을 지칭한다.
- **무형자원**(nonextractive resource)은 해양의 공간이용으로서 사람과 물자이동, 휴식, 폐기물 투기 등이다.

해양자원은 재생 가능한 자원과 불가능한 자원으로 구분할 수 있다.

- **재생 가능한 자원**(renewable resource)은 해양생물의 성장 또는 자연 물질순환 과정에서 다시 만들어질 수 있는 자원이다.
- **재생 불가능한 자원**(nonrenewable resource)은 석유, 가스, 광물질처럼 양이 정해져 있어서 재생되는 데 걸리는 시간이 인간수명에 비해 오래 걸리는 자원을 말한다.

개념점검

1. 지난 세기에 폭발적으로 인구가 증가했다. 인구가 자원수요의 주원인인가?
2. 물질자원과 생물자원을 구분하라.
3. 재생 가능한 자원과 재생 불가능한 자원을 구분하라.

17.2 물질자원이란 바다나 해저에 있는 유용한 물질이다

바다의 물질자원은 석유자원(석유, 천연가스, 메테인수화물), 광물자원(골재, 마그네슘과 화합물, 각종 염, 망가니즈단괴, 인회석, 금속황화물), 그리고 담수이다.

석유와 천연가스는 가장 중요한 자원이다 세계 석유 수요는 매년 2% 이상씩 늘어난다(**그림 17.2**). 현재의 소비는 1,000갤런/초(300억 배럴/연[1])이고, 중국과 인도의 경제성장과 미국의 에너지정책 부재로 수요는 가속화되고 있다. 미국 혼자서 매일같이 세계 석유의 약 1/4을 소비하고 있다. 유가의 급격한 상승으로 수요가 약간 감소하기는 했지만 미국 사람들은 2025년에는 현재보다 석유를 25% 더 소비할 것으로 예상하고 있다. 이 해의 중국의 소비는 2배가 될 것으로 보인다.

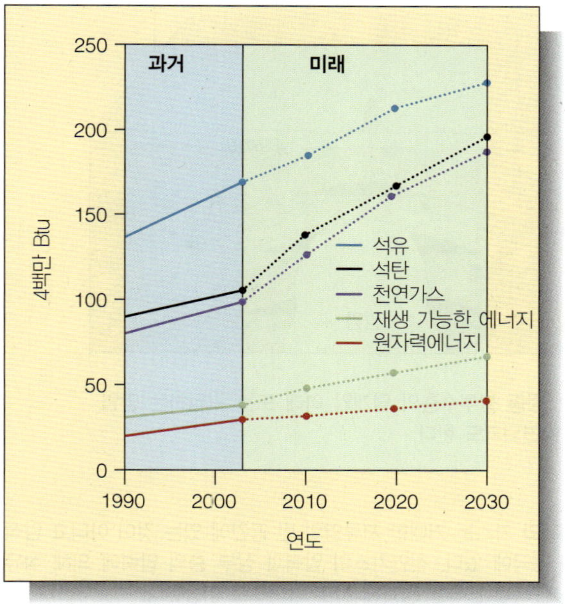

그림 17.2 수력, 풍력, 지열발전 같은 신재생에너지를 포함한 1970년에서 2030년까지의 세계 에너지 소비량(미국 에너지성의 예측).

현재의 확인 매장량은 약 1조 3천억 배럴이고 발견되지 않은 양은 2,750억~1조 4,700억 배럴 정도이다. 석유 소비량과 새로운 유전개발의 격차가 벌어지기 시작했는데 2004년에는 약 300억 배럴의 석유가 소비된 반면 80억 배럴만이 새로 발견되었다. 채굴이 용이한 대형유전은 이제 더 이상 존재하지 않는다. 이 장 표지사진에서 보듯이 석유 채취는 매우 어려운 일이다.

2007년도 통계에 의하면 전 세계 바다에서 생산하는 석유와 천연가스 총량이 약 5,800억 달러에 달하였다. 해양에서 생산되는 석유의 양은 제법 많다. 2005년도 통계에 의하면 석유는 35%, 천연가스는 28% 정도가 바다에서 조달되었다. 전 세계 확인매장량의 약 1/3이 대륙주변부에 매장되어 있다. 미국의 경우는 주로 남부 캘리포니아, 멕시코 만의 대륙붕과, 알래스카 북부 대륙사면에 둔혀 있다. 심해저에는 석유나 가스가

[1] 석유 1배럴 = 159리터 = 42갤런.

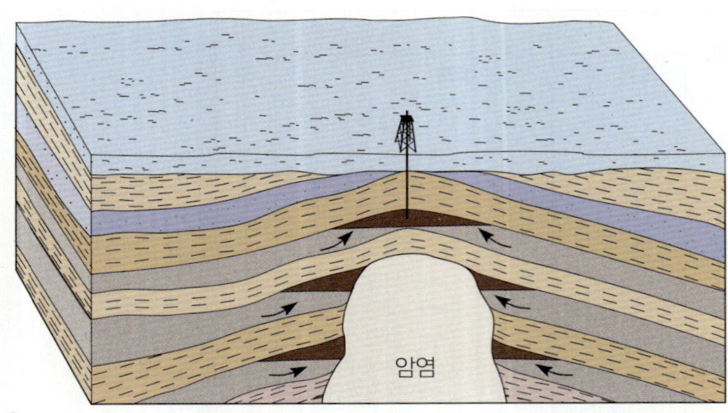

석유와 천연가스는 종종 불투수층의 덮개암 아래 또는 관입하는 암염돔 주위에서 함께 발견되기도 한다.

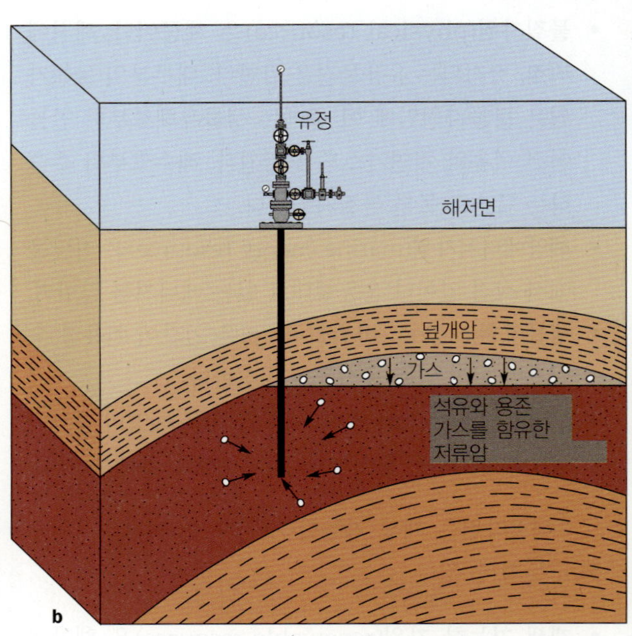

석유와 가스는 거대한 저류암의 빈 공간에 있는 것이 아니고 암석의 공극에 있다. 천연가스의 압력과 상부 층의 압력에 의해 석유는 암석의 공극을 통과해 시추 파이프로 이동한다.

그림 17.3 석유와 천연가스의 채굴.

거의 없거나 존재하지 않을 것으로 생각된다.

석유는 대부분이 탄화수소로 구성된 복합화합물이며 거의 대부분이 해양퇴적물과 관련되어 있는데 이는 과거의 해양에 살았던 유기체에서 만들어진 것임을 시사한다. 부유생물이나 박테리아 집단 등이 이에 해당한다. 이러한 생물들의 사체는 해저에 퇴적되는데 해저는 산소공급이 원활하지 않고 유기물을 먹어 치우는 생물도 별로 없는 곳이다. 혐기성 박테리아의 작용으로 원래의 조직이 단순한 비용해성 유기화합물로 바뀌게 된다. 처음에는 아마도 저탁류에 의해 매몰되지만 그 후는 지속적인 퇴적작용에 의해 묻히게 된다. 대략 퇴적층 깊이 2 km 이상에서는 온도와 압력이 높아져 탄화수소화 작용이 가속된다. 이런 식으로 석유로 변환되는 화학변화가 일어나는 데는 수백만 년 이상이 걸린다.[2]

유기물이 숙성될 때 시간이 너무 경과하거나 너무 고온으로 가열되어 석유가 만들어지지 못하면 그 혼합물은 천연가스의 주성분인 메테인으로 변한다. 깊은 퇴적층은 얕은 곳에 비해서 시간이 오래되었고 뜨겁기 때문에 그 속에는 석유에 비해 천연가스의 비율이 높다. 3 km 이하의 지하에서는 석유가 거의 발견되지 않고 7 km 이하에서는 천연가스만 발견된다.

석유는 주변 퇴적물보다 밀도가 낮기 때문에 근원암 위에 있는 공극이 많은 암석을 통해서 이동을 할 수 있다. 이 석유가 위에 있는 불투수성 암석층에 의해 더 이상 이동을 못하게 되면 저류암의 공극 속에 모이게 된다(**그림 17.3**). 석유를 찾을 때는 시추를 하기 전에 지질학자들이 땅속 지층구조에서 반사되는 음파를 사용해서 퇴적층, 깊이, 저류암의 구조 등의 징후를 조사한다.

해상석유시추는 특수한 시추장비와 운송체계를 사용해야 하므로 육상의 시추보다 훨씬 비용이 많이 든다. 대부분의 경우 석유는 수심 100 m 이내의 해양석유 퇴적층 위에 설치된 해상플랫폼에서 뽑아 올린다. 그러나 석유 수요(가격도 함께)가 계속 증가하게 되면 좀 더 멀리 외해로 나가 더 큰 플랫폼으로 더 깊은 곳의 석유를 개발하게 될 것이다(**그림 17.4**). 현재 가장 크고 무거운 플랫폼은 *Statfjord-B*로 1981년부터 북해 세틀랜드 섬의 북동쪽에 설치되어 있다. 가장 높은 것 중 하나가 *Ursa*인데 1998년에 설치된 셸 석유회사의 인장각식 플랫폼이다. 반잠수형인 *Ursa*는 1,160 m 수심에서도 떠 있을 수 있으며 16개의 81 cm강철선이 닻 역할을 해서 플랫폼의 부력과 균형을 이룬다. 총 14개의 유정에서 매일 30,000배럴의 석유와 8천만 입방피트의

[2] 석유 1갤런을 만드는 데 필요한 해양생물의 양은 얼마인가? 추측한 후 학생들의 질문 1번 문항을 읽어 보라.

Courtesy of Shell Oil Company

a

셸 석유회사의 인장각식 플랫폼. 수심은 1,160 m이고 뉴올리언스 서남쪽 108 km 해상에 위치하고 있다.

Courtesy of Shell Oil Company

b

1966년 루이지애나 외해(수심 912 m)에 설치된 플랫폼 Mars가 휴스턴 지평선을 배경으로 한 상상도. *Ursa*나 *Mars* 같은 인장각식 플랫폼은 해저에 박은 강철 케이블로 이러한 반잠수식 플랫폼이 뜨는 것을 끌어당긴다. 해저에 고정된 12개의 측면 케이블(그림에 보이지 않음)이 측면 운동을 제어한다. 두 플랫폼 모두 22 m 파도와 225 km/h의 강풍도 견딜 수 있다. 이 둘 모두 2005년 허리케인 카트리나에 의해 심각한 손상을 입었지만 2006년에 다시 작업을 개시했다.

그림 17.4 석유시추 플랫폼.

그림 17.5 대기압하에서 불을 붙이면 메테인수화물이 연소한다.

그림 17.6 어란석은 주로 탄산칼슘인 광물질이 동심원을 이루며 모래 크기로 응고된 것으로서 보통 퇴나 해빈에 분포한다. 북대서양 환류의 물이 얕은 곳으로 밀려 나온 곳에서 탄산칼슘이 용출되어 핵을 중심으로 둥글게 침전되어 생성된다. 플로리다 동쪽의 바하마 제도의 대규모 광산에서 어란석이 채굴된다.

가스를 생산한다. 총 가격은 14억 5천만 달러이다. 멕시코 만에는 이보다 더 큰 인장다리구조 플랫폼이 계획되어 있다.

엄청난 메테인수화물이 천부퇴적층에 묻혀 있다 지구상에서 가장 큰 탄화수소 저장소는 석탄이나 석유가 아니라 대륙사면 퇴적층에 묻힌 메테인을 함유한 얼음결정, 즉 메테인수화물이다. 형성과정은 거의 알려져 있지 않지만 해저면 하부 200~500 m에 존재하는데 이는 메테인수화물(methane hydrate)이 안정하게 오래 저장될 수 있는 깊이이다. 메테인수화물이 풍부한 퇴적층은 마치 찰흙장난감처럼 녹색을 띤다. 표층에 올라와서 온도가 올라가고 압력이 낮아지면 메테인이 급격하게 빠져나가 거품이 일고 불을 붙이면 바로 연소한다(**그림 17.5**).

양적으로는 풍부하지만 탐사는 비용도 많이 들고 위험하기도 하다. 퇴적층에서 메테인이 빠져나가지 않게 채취를 한다 하더라도 추출하고 사용하기에 편리하도록 액화시키는 비용이 너무 크다.

해양퇴적물에서의 메테인 방출이 과거에 지구 기후변화에 영향을 주었는가? 그렇다고 믿는 사람들도 있다. 메테인은 강력한 온실가스이다(18장 참조). 심층수 순환이 변하여 그 결과 심층수가 따뜻해지면 대규모의 메테인 방출이 발생할 수 있다. 약 5,500만 년 전 심층수 온도가 40°C 이상 증가하였다. 해저에서 방출된 엄청난 메테인이 표층온도를 급격하게 올려서 표층의 얼음이 녹고, 심층수의 용존산소를 낮추었다. 지구온난화가 진행되는 상황에서 퇴적층에서 메테인이 방출된다면 문제를 더 악화시키지 않겠는가?

바다 모래와 자갈이 건설에 활용된다 모래와 자갈은 그리 대단한 매력이 있는 해양자원은 아니지만 석유와 천연가스 다음으로 많은 경제적 가치를 갖고 있다. 1998년에는 10억 톤 이상의 모래와 자갈이 채취되었고 가격으로 환산하면 약 5억 달러 이상이다. 세계 모래와 자갈 총 생산량의 불과 1% 정도만 매년 대륙붕에서 퍼내고 있으나, 일본이나 영국 같은 도서국가에서는 사용량의 약 20% 정도를 해저에서 공급받고 있다. 세계에서 가장 큰 단일 채광작업을 하고 있는 바하마의 오션케이에서는 아라고나이트 모래를 채취하고 있다(**그림 17.6**). 흡입준설 방식으로 모래를 인공섬 위에 쌓은 다음 특수 설계된 선박에 싣는다. 이 모래는 약 97%가 탄산칼슘으로 포틀랜드 시멘트, 유리, 동물사료 보조제, 토양 산성 제어제 등으로 사용된다.

그림 17.7 캘리포니아 샌프란시스코 만 남쪽 끝에 위치한 염전. 증발과정 중 적절한 때에 남은 염수를 다른 염전으로 옮겨 각종 염을 분리한다. 염전의 색깔은 서로 다른 염분에 살 수 있는 해조류와 그 외 미생물들에 의해 결정된다. 일반적으로 염분이 최고에 달하면 적색을 띠지만 판매하기 전에 색을 제거한다.

미국에서 채광 가능한 대부분의 해양 모래와 자갈 광상은 알래스카, 캘리포니아, 워싱턴, 그리고 버지니아에서 메인에 이르는 동부 연안과 루이지애나와 미시시피 등의 연안 외해에서 발견된다. 근해 광상들은 널리 분포되어 있고, 쉽게 채취할 수 있어서 건축과 도로포장, 그리고 섬의 침식 보완 등에 사용되고 있다. 알래스카의 해상석유 유정도 거대한 인공의 자갈플랫폼으로 만들어졌고, 그 지역의 풍부한 자갈로 시추작업을 용이하게 할 수 있었다.

자갈은 시시한 자원이 아니다. 오스트레일리아와 아프리카에서는 바다의 자갈층에서 다이아몬드가 발견되었다. 1998년에 나미비아 연안에서 900,000캐럿의 다이아몬드를 채굴하였으며 이는 2억 5천만 달러가 넘는 양이었다.

마그네슘과 마그네슘 화합물을 해수에서 농축 추출한다

마그네슘은 해수에서 세 번째로 풍부한 용존물인데 주로 염화마그네슘($MgCl_2$)과 황산마그네슘($MgSO_4$) 형태의 염으로 존재한다. 이러한 염에서 화학적, 전기적 방법을 이용해 금속 마그네슘(가볍고 단단해서 비행기나 구조물 보강에 사용)을 추출한다. 전 세계적으로 금속 마그네슘의 절반 정도를 바다에서 얻고 있으며 미국 생산량의 약 60%가 텍사스에 위치한 단일 공장에서 만들어진다. 마그네슘은 미국 경제에 4억 1천만 달러를 공헌하고 있다.

마그네슘 화합물 또한 중요하다. 마그네슘염이 식량과 약의 화학처리, 토양 연화제, 고온로의 내부 처리에 사용된다. 미국에서 생산되는 마그네슘 화합물의 약 25%가 해수에서 생산되며 2000년에는 미국 경제에 약 7,600만 달러를 이바지하였다.

소금은 염호분지에서 채취한다 이미 7장에서 지적했듯이 해양의 염분은 무게 비율로 3.3~3.7% 범위이다. 해수가 증발되면 남는 주요 이온들은 서로 결합해서 탄산칼슘($CaCO_3$), 석고($CaSO_4$), 식염($NaCl$), 마그네슘과 포타슘 혼합물 등 다양한 염을 만든다(표 7.1참조). 이 중 식염이 전체 잔류 염류의 78% 이상을 차지한다.

소금은 세계 건조지대의 대형 염전에서 해수를 증발시켜 만들며 증발과정 중 적절한 때에 남아 있는 염수를 다른 염전으로 옮겨서 각종 염을 분리한다(**그림 17.7**). 마그네슘염은 마그네슘 금속과 마그네슘 화합물의 원료로 사용된다. 포타슘염은 화학제품과 비료에 사용된다. 브롬(특정 약품, 화학반응제, 휘발유의 노킹방지 등에 유용한 성분)도 역시 그 잔류물에서 추출된다. 석고는 벽면이나 다른 건축재료에 중요한 성분이다. 전 세계 식염의 약 1/3이 해수를 증발시켜 만들어지고 있다. 북아메리카에서는 소금을 눈이나 얼음을 제거하는 데도 사용하고 있다. 소금은 또한 연수제, 농업, 식품가공 등에도 사용된다. 2005년에 미국은 약 1억 6천만 달러에 해당하는 440만 톤의 식염을 해수를 증발시켜 생산하였다.

망가니즈단괴에는 유용한 광물이 농축되어 있다 5장에서 우리는 이미 둥글고 검은색의 망가니즈단괴가 특히 태평양의 심해저 평원에 흩어져 있다는 것을 배웠다(그림 5.18 참조). 이 성장이 느린 덩어리는 1874년 챌린저 탐사 때 처음 채취되었다. 망가니즈단괴에 함유된 철, 망가니즈, 구리, 니켈, 코발트 같은 성분들은 육상 자원이 미약하고 산업이 발달된 국가들에게는 특히 관심을 끌게 되었다. 미국 광산국 추정에 의하면 가장 풍부하게 분포한 태평양에 160억 톤 이상이 있고 이는 육상의 20배에 달하며 현재 사용량으로는 약 2,000년분에 해당한다.

망가니즈단괴는 드레지를 이용한 소규모 시험 채취는 했지만 상업적 생산은 하지 않고 있다. 진공청소기 원리를 포함한 여러 가지 채취 방법이 검토되고 있지만 수심이 4,000 m가 넘는 심해라서 경제성 문제를 야기하고 있다. 육상의 망가니즈, 구리, 니켈이 고갈되어 가격이 올라야 상업적 생산이 가능하다.

담수는 해수를 담수화시켜 만든다 지구의 물 중에서 불과 0.017%만이 염분이 없는 액체상태로 지표에 존재하여 인간이 쉽게 사용할 수 있다. 그 외 0.6%는 지표에서 800 m 이내에 있어 지하수로 이용이 가능하다. 불행하게도 이들 중 많은 부분이 오염이 되거나 다른 이유로 인간이 소비하기에는 부적합하다. 종종 깨끗하고 순수한 물의 가격이 휘발유보다 비싸다는 사실로 물의 희귀함과 중요성을 강조하고 있다. 자연에서는 다른 어떤 요소보다도 **음용수**(potable water, 마실 수 있는 물)의 이용 가능성이 특정 지역에 살 수 있는 인구 수, 다른 천연자원의 사용과 그들의 생활형태를 결정하게 된다.

담수는 중요한 해양자원이 되어 가고 있다. 해수에서 순수한 물을 분리하는 **담수화**(desalination)는 주로 중동, 서아프리카, 페루, 플로리다, 텍사스, 캘리포니아 등지에서 이미 진행 중이고, 현재 125개 국가에서 15,000개 이상의 담수화 시설이 하루에 총 3,200만 톤가량의 물을 생산하면서 가동 중이다. 이스라엘 아슈켈론에 있는 가장 큰 담수화 시설에서는 하루에 약 165,000톤을 생산한다.

몇 가지 담수화 방법이 현재 사용 중이다. 가장 익숙한 것이 물을 끓이는 증류법이고, 세계에서 담수화되는 물의 약 절반 정도가 이 방법으로 생산된다. 증류법은 막대한 에너지를 사용하기 때문에 비용이 많이 든다. 결빙법도 효율적이긴 하지만 역시 비용이 많이 든다. 얼음은 결정이 만들어질 때 염류를 배출하기 때문에 얼음을 얼린 후 녹여서 담수를 만든다. 태양열이나 지열을 이용하면 증류법이나 결정법에 비해 비용을 낮출 수는 있지만 좀 더 효율적이고 에너지 절약형의 방식들이 개발되고 있다. 이 중의 하나가 역삼투 담수화이다. 이 방법은 해수에 강한 압력을 가해 반투막 쪽으로 이동시켜서 막의 공극 사이로 담수는 빠져나가게 하고 염만 남기는 것이다(**그림 17.8**). 담수화되는 물 중 약 25% 정도가 이 방법으로 생산되고 있다(앞에서 언급한 이스라엘의 담수화공장도 같은 방식). 역삼투 방식은 증류법이나 결빙법보다 에너지는 적게 쓰지만 막이 찢어지기 쉽고 비싸다.

물이 오염되고 귀해져서 가치가 올라갈수록 담수화, 수자원 보존, 그리고 빙산 활용까지도 흔해질 것이다.

개념점검

4. 가장 귀중한 물질자원 세 가지는 무엇인가? 육상자원에 비해 이러한 자원들이 세계 경제에 어떻게 도움이 되었는가?
5. 석유사용 증가속도에 맞춰 새로운 유전발굴이 이루어지는가? 자연상태에서 석유채굴 속도만큼 석유가 만들어지는가?
6. 지구상에서 가장 큰 탄화수소 저류층은 무엇인가? 이 자원이 활용되지 않는 이유는 무엇인가?
7. 바다에서 채굴되거나 가능성이 있는 금속은 무엇인가?
8. 해수에서 담수를 만드는 것이 경제성이 있는가?

17.3 해수운동을 이용해 에너지를 얻을 수 있다

1973년과 1979년의 에너지파동과 2008년에 천정부지로 솟았던 원유값에 자극을 받아 새로운 형태의 에너지원을 찾게 되었다. 태양열이나 풍력같이 사용해도 소모되지 않는 에너지원이 화석연료 같은 재생 불가능한 에너지에 비해 각광을 받게 되었다. 알다시피 바다에는

Courtesy IDE Technologies Ltd

그림 17.8 현재 125개 국가에서 15,000개 이상의 담수화 공장이 운영 중이다. 이스라엘 아슈켈론에 있는 이 역삼투압 방식의 공장은 세계에서 가장 규모가 커서 매년 1억 톤의 담수 생산설비를 갖추고 있다.

끊임없이 에너지가 공급되지만 에너지를 추출하는 것은 쉽지 않은 일이다.

풍력은 효과적인 에너지자원이다 풍력은 석유의 대체에너지원 중 가장 빠르게 자리를 잡아 가고 있다. 오리건과 워싱턴주의 동부사막 고지대에는 130 km^2에 달하는 세계에서 가장 큰 풍력단지가 조성되어 있다. 460개의 터빈을 돌려 가정용 70,000세대분과 상업용 전기를 생산하고 있다. 풍력은 가장 급성장하고 있는 에너지원이다(**그림 17.9**). 석유와 가스와는 달리 무한한 자원이다. 현 추세대로라면 2025년까지는 전력공급의 12%를 차지하리라 예상된다.

풍력에너지는 연안에서 더 효율적이다. 해상의 바람은 육지에 비해 돌풍이 드물고 더 일정해서 풍력발전기의 날개와 기어 작동에 도움을 준다. 미국 해안의 잠재적인 풍력에너지는 900,000 MW인데 이는 미국 전체의 발전설비 총량과 맞먹는다.

파력과 수력을 이용한 발전이 가능하다 파도는 서핑하는 사람들을 포함한 모든 이들이 인정하는 가장 확실한 해양에너지이다. 10장에서 배웠듯이 풍파는 바람에너지를 모아서 연안으로 이동시킨다.

파도를 에너지화하기 위하여 각종 장치가 개발되었다. 일본, 노르웨이, 영국, 스웨덴, 미국, 러시아 등의 국가에서 효율을 올리기 위한 소형의 실험장치들을 만들었다. 그중의 하나는 물에 잠긴 구조물에서 파도 압력을 이용하여 발전을 하는 방식이다. 또 다른 방식은 계류시킨 관이 파도에 의해 휘게 되면 그 내부 액의 압력으로 발전을 하는 방식이다(**그림 17.10**). 펠라미스(Pelamis)라 명명된 이 장치는 바다뱀 모양인데 포르투갈 북부 해안 Agucadoura에서 2.25 MW를 발전하고 있다.

해류 역시 에너지원이 된다. 멕시코만류에 거대한 저속 터빈을 설치하는 방안이 검토되고 있지만 장치의 크기와 복잡성 때문에 비용이 커지는 문제점이 있다. 조류가 강한 특정 구역에서 소규모의 발전시도는 성공적이다(**그림 17.11**과 그림 11.22 참조).

개념점검

9. 재생 가능한 해양에너지 중 현재 세계 경제에 도움을 줄 수 있는 것은 두엇인가?

10. 공학자가 바다에서 에너지를 추출하는 기구를 설계할 때 직면하게 되는 어려움에는 어떤 것들이 있는가?

17.4 해양생물자원은 인류를 위해 어획되고 있다

전 세계의 많은 해안가에 위치한 고대 인류 집단의 주거지에서 발견되는 물고기의 뼈와 조개껍데기들은 인

그림 17.9 해안 풍력과 요트, 해양에서는 바람이 지속적이고 더 강하다.

류가 수천 년 전부터 식량과 의약품을 구하기 위해 바다를 이용해 왔음을 보여 주고 있다. 현재 지구의 인구는 공급 가능한 식량의 양보다 더 많은 양의 식량을 필요로 한다. 이처럼 현재의 식량 생산이 전 세계 70억 명의 인구를 먹여 살리기에는 부족하기 때문에 많은 국가에서 기아와 영양실조가 심각한 문제로 대두되고 있다. 과연 해양이 이러한 문제의 해결에 도움이 될 수 있을까?

육상의 생산물과 비교해 볼 때, 인간이 섭취하는 단백질 중 해양동물이나 해양식물로부터 취해지는 양은 약 4%에 불과하다(**그림 17.12**). 그 단백질의 대부분이 어류로부터 오지만, 인간이 섭취하는 전체 동물성 단백질의 약 18%만이 해양에서 얻어진다. 어류, 갑각류 및 연체동물로부터 인간이 섭취하는 동물성 단백질은 전체의 약 14.5%를 차지하며, 그 외에 부산물의 형태로 섭취되는 양이 약 3.5%이다. 그리고 어류, 갑각류 및 연체동물의 연간 어획량 중 약 85%는 해양에서 생산되며, 나머지 15%는 담수에서 생산된다. 2006년의 경우 어류는 29억 명 이상의 사람에게 1인당 섭취하는 동물성 단백질의 15% 이상을 제공하였다. 우리는 하루에 2억 3,500만 kg의 어류를 어획하고 있다.

인구 과잉에서 비롯되는 기아와 영양실조의 문제를 완화시키기 위해 해양이 지속적으로 더 많은 식량을 공급하는 것은 어려울 것 같다. 사실 인구의 증가 속도는 어떠한 생물자원의 증가 속도를 상회하게 될 것이다(**그림 17.13**). 그럼에도 불구하고 현재 이들 자원은 상당수 인간에게 식량을 제공하고 있다.

어류, 갑각류 및 연체동물은 해양의 가장 가치 있는 생물자원이다 어류, 갑각류 및 연체동물은 가장 가치 있는 해양생물자원들이다. 2006년도에 약 1억 1,200만 톤의 어류, 갑각류 및 연체동물이 어획되었다. **그림 17.14**는 어획량의 연변동과 지리적 분포를 보여 주고 있다.

수천 종에 달하는 해양 어류, 갑각류, 그리고 연체동물 중에서 약 500여 종만이 지속적으로 어획되고 있다. **그림 17.15**에 제시된 10개 주요 어종이 해양에서 이루어지는 상업적 어획량의 약 1/3을 차지한다.

어업은 전 세계적으로 약 1,500만 명 이상의 인구

Courtesy Ocean Power Delivery Limited

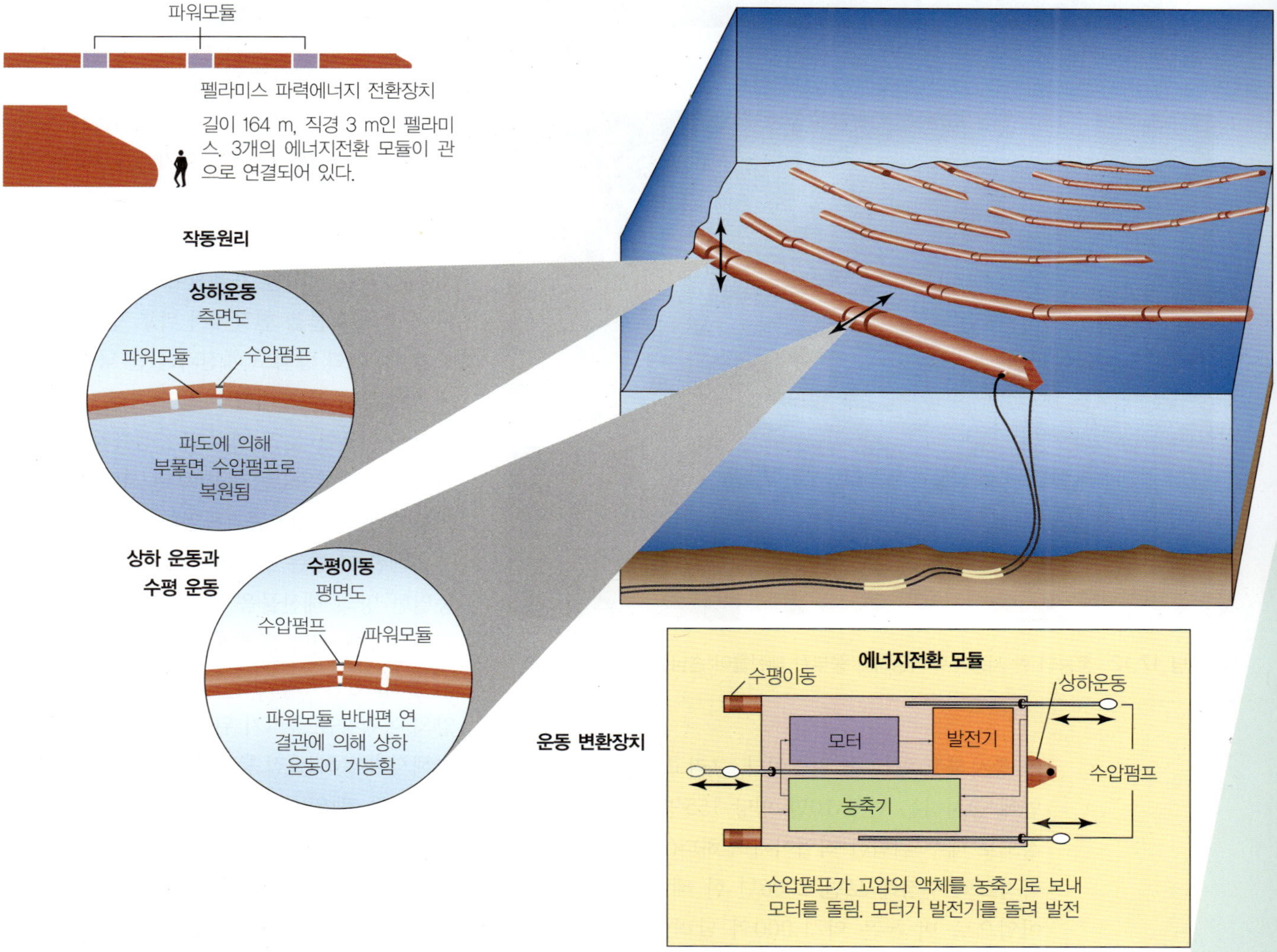

파워모듈

펠라미스 파력에너지 전환장치

길이 164 m, 직경 3 m인 펠라미스. 3개의 에너지전환 모듈이 관으로 연결되어 있다.

작동원리

상하운동
측면도
파워모듈
수압펌프
파도에 의해 부풀면 수압펌프로 복원됨

상하 운동과 수평 운동

수평이동
평면도
수압펌프
파워모듈
파워모듈 반대편 연결관에 의해 상하 운동이 가능함

운동 변환장치

에너지전환 모듈
수평이동
상하운동
모터
발전기
농축기
수압펌프
수압펌프가 고압의 액체를 농축기로 보내 모터를 돌림. 모터가 발전기를 돌려 발전

그림 17.10 해파에 의해 유동하는 거대한 관들이 장래에 발전을 가능하게 할지도 모른다.

Illustration by Diavision. Courtesy of Hammerfest Strøm

그림 17.11 노르웨이 함메르페스트의 조류터빈. 2004년 3월에 가동되기 시작한 초기형태의 조류발전기(날개길이: 10 m). 이 모식도를 그림 11.22b와 비교해 보라.

Tom Garrison

그림 17.12 홍콩의 한 시장에서 다양하고 풍부한 해산물이 손님을 기다리고 있다.

가 종사하고 있는 큰 업종이다. 그리고 미국의 경우 어업에 종사하는 인구 10만 명당 155명이 매년 사망할 정도로 매우 위험한 직업이기도 하다(**그림 17.16**).[3] 대략적으로 추정해 보면, 2006년 한 해 동안 전 세계가 어업으로 번 돈은 약 1,000억 달러에 달한다. 그림 17.14b에서 보여 주는 5개국에서 전 세계 어획량의 약 50%를 차지하고 있는데, 중국이 가장 어획량이 많다.

연간 전 세계 어획량의 약 75%는 인공위성과 항공사진 및 정찰선박 그리고 어류 떼가 있는 곳을 정확히 찾아내는 음향탐지 기술 등을 이용하여 일 년 내내 어로 활동을 하는 대형 선단에 의해 어획되고 있다. 이들 선단 뒤에는 대형 어획물 가공선이 함께 움직이면서 어획되는 각종 어획물을 현장에서 바로 냉동하거나 가공하기도 한다. 어획 방법도 예전과 같은 낚싯바늘(연승 포함)에 의존하지 않고 대형 저인망(**그림 17.17**), 선망, 또는 자망을 이용한다. 그 결과 해양생물자원은 심각한 타격을 받았는데, 1950년과 1997년 사이에 해양 어류의 어획량이 무려 5배나 증가하였다.

한편 이 같은 첨단 어로기술의 발달에도 불구하고, 동일한 양의 해산물을 얻는 데 소요되는 비용은 크게 증가하였다. 선박 운항과 가공공장 운영을 위한 유류비의 증가, 인건비의 상승, 그리고 자원 감소로 인해 같은 양의 어획량을 올리기 위해서는 선단을 더 먼 거리까지 항해시켜야 하는 점 등이 해산물의 가격을 상승시킨 요인들이다. 많은 노력에도 불구하고 1970년대에는 어획량이 정체되었으며, 해양 식량에 대한 수요의 증가와 가격 상승에 힘입어 다시 어획량이 증가하기 시작한 1980년까지 어획량에 큰 변동이 없었다. 하지만 현재 어획량을 늘리기 위해 많은 노력을 쏟고 있음에도 불구하고 어획량은 오히려 감소하고 있다. 1972년 이후 세계의 인구는 계속 증가하였기 때문에 1인당 어류의 평균 어획량은 상당히 감소하게 되었다.

[3] Sebastian Junger의 1997년도 책(2000년도 영화)인 『퍼펙트 스톰(Perfect Storm)』이 이 같은 위험성을 상기시킨다.

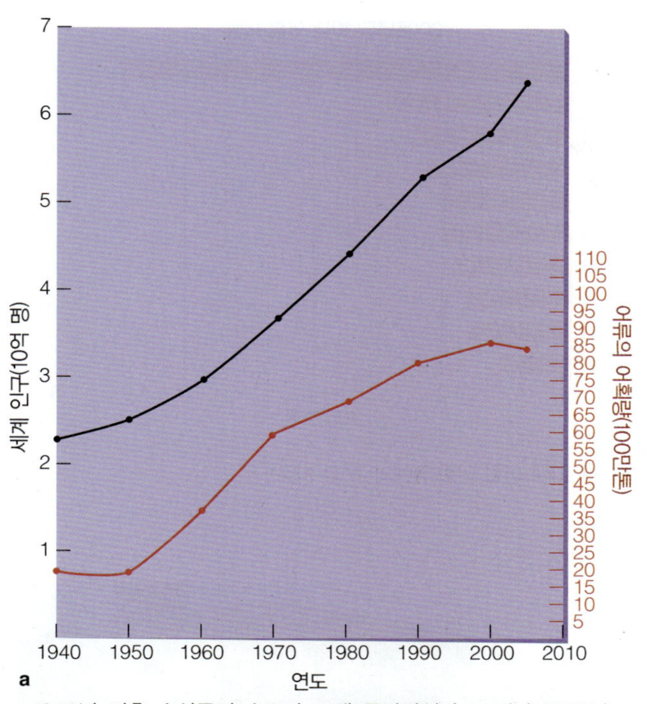

1940년 이후 수산물의 수요가 크게 증가하였다. 그러나 1950년 이후 전 세계 어류 어획량의 많은 부분이 인간보다는 가축 사료로 사용되었다.

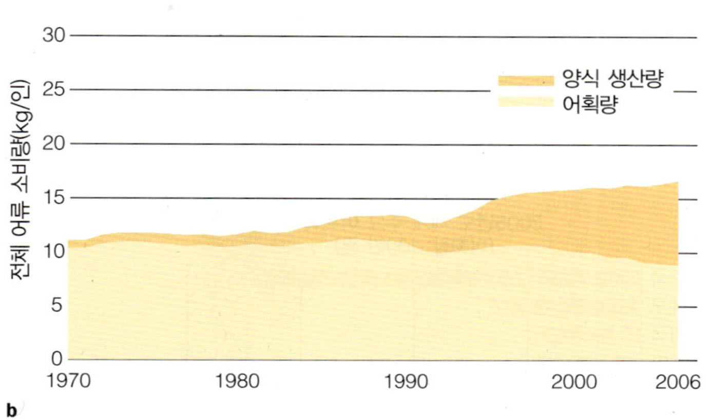

전체 어류 소비량에 대한 양식 생산량과 어획량의 상대적인 기여를 보여 준다. 수중양식 생산량이 어획량의 감소를 보충하고도 남음을 주목하라.

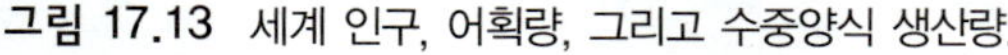

그림 17.13 세계 인구, 어획량, 그리고 수중양식 생산량.

오늘날 어업은 지속 가능하지 않다 참치, 대구 및 기타 대형 어류 자원의 약 90%가 지난 50년 사이에 사라졌다. 우리는 해양에서 매년 엄청난 양의 식량을 지속적으로 획득할 수 있을 것인가? 어류, 갑각류, 그리고 연체동물에 대한 **최대 지속가능어획량**(maximum sustainable yield)은 연간 약 1억 1,000만 톤과 1억 5,000만 톤 사이로 추정된다. 현재의 어획량은 거의 최대 지속가능어획량의 최고치에 도달해 있다. 어선들은 최근 들어 감소된 단위 노력당 어획량을 보이고 있다. 이는 우리의 수산업이 점차 붕괴의 방향으로 가고 있음을 보여 주고 있는지 모른다. 2005년 현재 해양 수산자원의 50%가 과도하게 어획되었거나 이미 고갈되었으며, 30% 이상의 수산자원이 어획 한계선에 도달하고 있다. 미국 국립해양수산연구소의 조사에 따르면 약 65%의 어류자원이 이미 과도하게 어획된 상태로 나타났다. 즉 그동안 너무 많이 **남획**(overfishing)되어 향후 세대의 유지를 위해서 필요한 생식 가능한 성체가 충분치 않다. **그림 17.18**은 최근의 어획량 변동 경향을 보여 주고 있다.

이처럼 과도한 어획의 증거가 있었음에도 불구하고 수산업자들은 합리적인 조업 방안을 추구하고 있지 않다. 비록 이들의 조업이 수산자원의 고갈을 야기하거나 생태계의 균형을 파괴한다 할지라도, 기업체적 차원에서 본다면 투자금의 조속한 회수가 더욱 중요할 수도 있다. 이는 장기간의 안정성이 단기간의 이익 추구에 의해 훼손될 수 있음을 의미한다. 만일 어획량이 감소하게 되면, 기업체는 조업 선박의 수를 늘리거나, 보다 효율적인 조업 기술을 개발하여 얼마 남아 있지 않은 자원까지도 획득하려고 노력할 것이다. 재앙이 임박한 것이 확실해지면 정부는 때때로 어획량의 상한선을 설정하거나 어업 자체를 중지시키곤 한다. 1997년 뉴잉글랜드 당국은 한때 풍부했던 대구 자원을 회복시키기 위해 메인 만의 상당 부분에 대해 어장을 폐쇄하는 계획을 승인했다. 약 2,500명의 어민과 700척의 어선이 놀게 되었으며, 연간 2,100만 달러의 어획고 손실을 가져왔다. 눈앞의 이익과 장기적인 지속적인 어업 사이의 선택에 있어서 어민들은 어업 중지를 승인한 관리를 소환하는 운동을 전개함

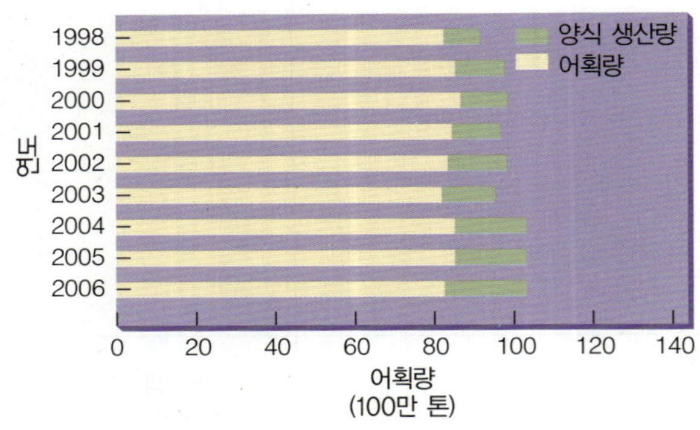

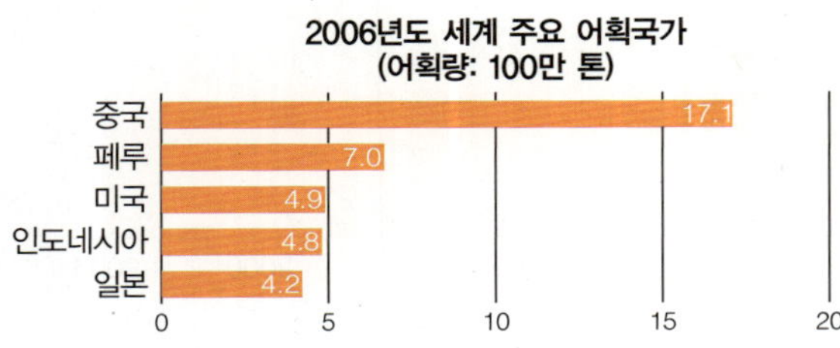

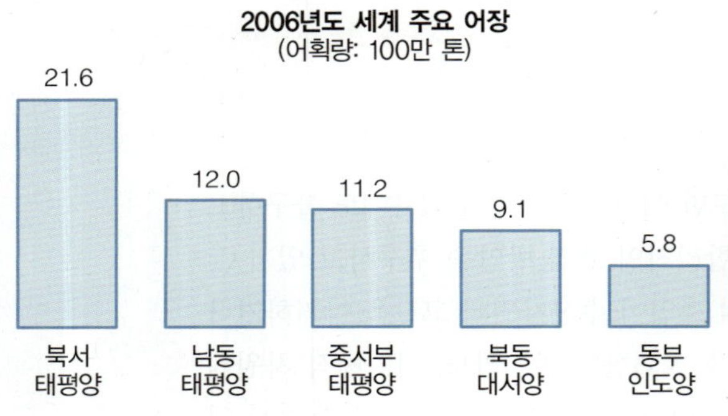

그림 17.14 세계 어획량, 수산국가들, 그리고 어획이 이루어지는 장소.

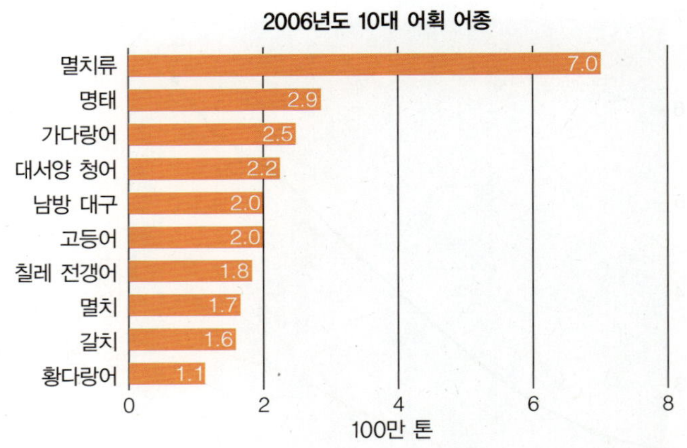

그림 17.15 2006년 10대 어획 어종(유엔의 FAO 자료).

그림 17.16 어업은 위험한 직업이다. 대게잡이 어민들이 베링 해의 나쁜 날씨에도 갑판에서 일하고 있다. 40 m 길이의 어선과 어민들이 시속 170 km 이상의 바람과 15 m 높이의 파도가 넘실거리는 겨울철 폭풍을 겪기도 한다. 파도가 욕조 속의 코르크 마개처럼 배를 들어 올리는 가운데 무게가 750파운드에 달하는 큰 철제 게통발들이 손으로 운반된다. 게잡이 어민들은 약 6주간 지속되는 한 차례의 승선에서 2만 달러를 벌 수 있다. 어업은 미국에서 가장 위험한 직업 중의 하나이다.

으로써 그들의 눈앞의 이익을 선택했다.

어획에 의한 너무 많은 어류의 제거는 해양 군집의 균형에 심각한 영향을 미친다. 해양생물학자들은 전 세계 해역에 걸쳐 해파리의 엄청난 증가를 보고하고 있다. 이 같은 증가는 해파리 유생에 대한 어류의 포식이 크게 감소하였기 때문으로 생각된다. 해파리는 수많은 어류의 알과 치어를 잡아먹기 때문에 문제를 더욱 악화시킨다.

어류 자원의 붕괴를 막기 위해 무엇을 할 수 있는가? 만약 어민들이 그에 대한 권리를 갖는다면 어류 자원은 붕괴하지 않을지도 모른다. 이 권리는 '어획 지분(catch shares)'이라고 불린다. 한 회사의 주식을 소유한 것처럼 그것은 남획하지 않은 어민에게 인센티브를 준다. 예로서 1995년에 어획 지분제도(catch share system)가 확립된 이후 알래스카의 대형 넙치

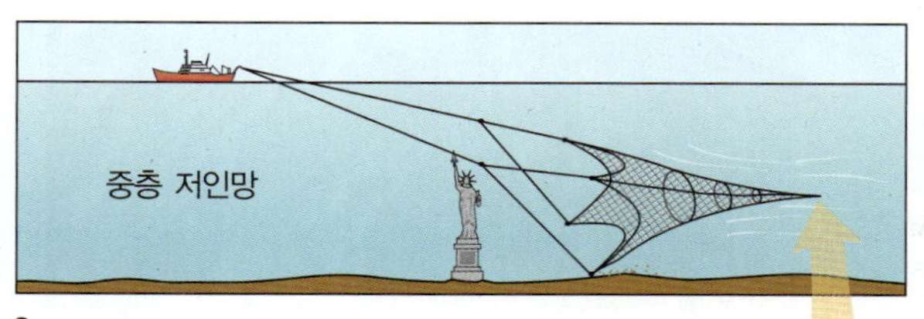

a

b

그림 17.17 선미 저인망(트롤) 어업. **(a)** 음향탐지기로 어군을 찾은 다음 폭이 122 m가 넘는 저인망을 이용하여 고기를 잡는다. 그물 앞에 달린 전개판은 그물의 입구가 충분히 열린 상태로 유지될 수 있게 해 준다. 큰 그물은 약 800 m 정도까지 뻗어 나가며, 보잉 747 제트기 열 대 정도를 감쌀 수 있을 정도의 엄청난 크기이다. **(b)** 베링 해에서 어획된 명태. 미국에서 생산되는 어류의 약 60%는 베링 해에서 어획된다. 가공하기 전 가치가 11억 달러에 달한다. 한때는 고갈되지 않을 것 같았던 명태 자원도 급격히 감소하고 있다. 베링 해 명태 자원의 약 25%가 어획되고 있는데, 이 양은 지속가능 어획을 어렵게 하는 많은 양이다.

(halibut) 어업은 더욱 효율적이 되었고, 더욱 안전하게 되었다. 알래스카 대형 넙치의 가격은 상승하였으며, 신선한 어류가 1년 내내 공급되고 있다.

상업적인 어획량의 많은 부분이 부수어획으로 버려진다 수산 어종만이 어업의 희생자가 되는 것은 아니다. 어획 목표가 되는 어종을 잡는 과정에서 함께 잡혀서 죽어 가는 많은 생물이 있는데, 이와 같은 현상을 **부수어획**(bycatch)이라 부른다. 어떤 어업에서는 부수어획을 겪는 생물의 양이 목표 어종의 어획량보다 많은 경우도 있다(**그림 17.19**). 1995년 멕시코 만에서는 새우류의 어획과정에서 1 kg의 새우를 어획할 때마다 4 kg의 부수어획이 발생하였다. 1995년 알래스카 주지사는 "작년 한 해 동안 저인망 조업 과정에서 부산물로 버려진 해양생물은 약 5천만 명의 식량이 될 수 있는 양이다."라고 언급하였다. 1995년 한 해 동안 전 세계적으로 어획 부산물로 폐기되는 해양생물의 양은 약 2,700만 톤에 달하며, 이것은 전체 어획량의 약 25%에 달하는 많은 양이다.

이러한 부수어획을 줄이기 위해 여러 방안이 검토되고 있다. 그물에 걸린 거북을 밀어내기 위한 '거북 배제장치(TED)'를 미국 해역에서 조업하는 새우잡이 어선에 의무적으로 설치하게 하고 있다.

저인망은 부수어획보다 더 큰 문제를 가지고 있다. 저인망은 저서 군집들을 황폐화한다. 저서의 생활환경 그 자체가 파괴되고, 천천히 성장하는 생물들과 복잡한 생태계가 교란을 받는다(**그림 17.20**).

유자망 어업은 특히 파괴적이다 다른 파괴적인 어로 기술도 지금까지 많이 사용되어 왔다. 한 예로 폭 7 m의 그물이 80 km에 걸쳐 수직으로 쳐지는 **유자망**(drift net)을 들 수 있다(**그림 17.21**). 유자망을 이용한 어로법은 아시아 국가들의 빈약한 수산업을 도와주기 위하여 유엔에 의해서 처음 사용되었다. 1993년까지 대만, 한국 및 일본의 어선들이 밤이 되면 무려 지구를 한 바퀴 돌고도 남을 길이인 약 48,000 km의 '죽음의 장막'을 바다에 설치하였다! 이 그물은 주로 어류와 오징어를 어획하기 위해서 설치되었지만, 그 외에도 수많은 거북과 새와 해양포유류를 포함하여 그물을 건드리는 모든 생물들이 그물에 엉키게 된다(**그림 17.22**). 듀크

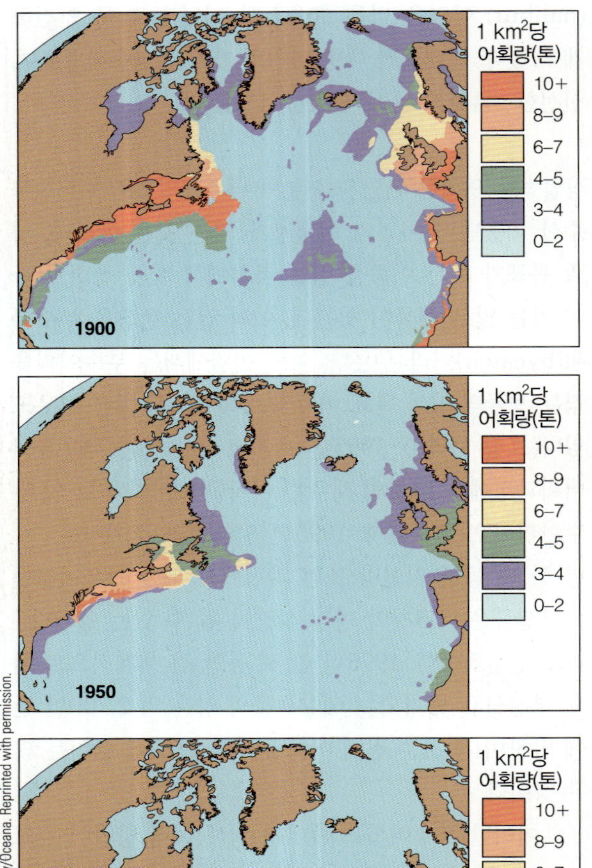

그림 17.18 한 세기에 걸친 북대서양에서의 급격한 어획 감소. 이 자료는 동물 사료용이 아닌 사람들의 식용을 위해 어획된 양을 보여 준다.

그림 17.19 물로부터 들어 올려지기 직전 저인망의 끝 부분에 몰려 있는 어류들. 이 어류들의 약 1/3이 부수적 어획이다. 즉 어민이 원하는 어종이 아니기 때문에 버려질 어류이다.

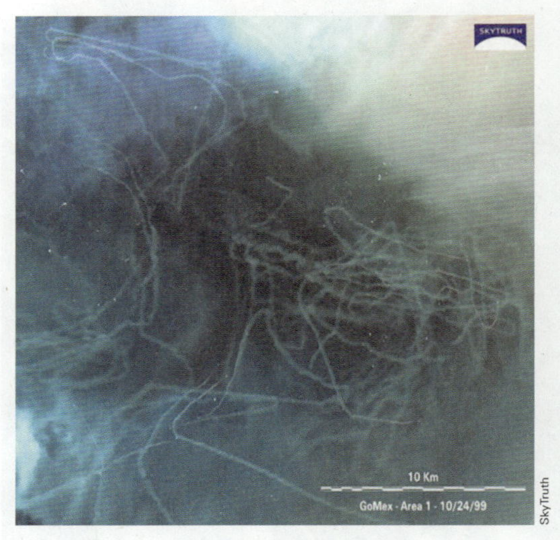

그림 17.20 멕시코 만에서 저층 저인망을 끈 자국이 우주에서도 보인다. 저층 저인망에 의해 뒤집혀진 퇴적물 자국이 27 km에 걸쳐 있다. 이 사진에서 밝은 점들은 선박과 석유와 가스를 채취하는 시추 플랫폼이다.

대학과 세인트앤드류 대학의 연구원들은 매일 약 800 마리의 소형 고래가 이 어망에 걸려 사망하는 것으로 추정했다.

유자망은 바닷속에 있는 모든 생물들을 체로 거르는 것에 비유된다. 매일 밤 약 30 km의 길이에 달하는 유자망 그물이 분실되는 것으로 추정되었는데, 이는 한 계절에 약 1,600 km 길이의 그물이 손실되고 있음을 의미한다. 이렇게 분실된 그물들은 플라스틱 재료의 특성 때문에 분해되지 않는 상태에서 '유령 그물'로 바다를 떠다니며 몇십 년 동안 어류와 다른 해양동물을 죽이고 있다(**그림 17.23**).

최근에 대규모의 유자망을 이용하는 어로는 금지되어 있지만, 불법 조업이 태평양과 대서양에서 지금까지도 지속되고 있다. 앞으로 불법 조업을 제한하지 않는다면, 귀중한 어류자원이 불법 어업자들에 의해서 심각한 피해를 입게 될 것이다.

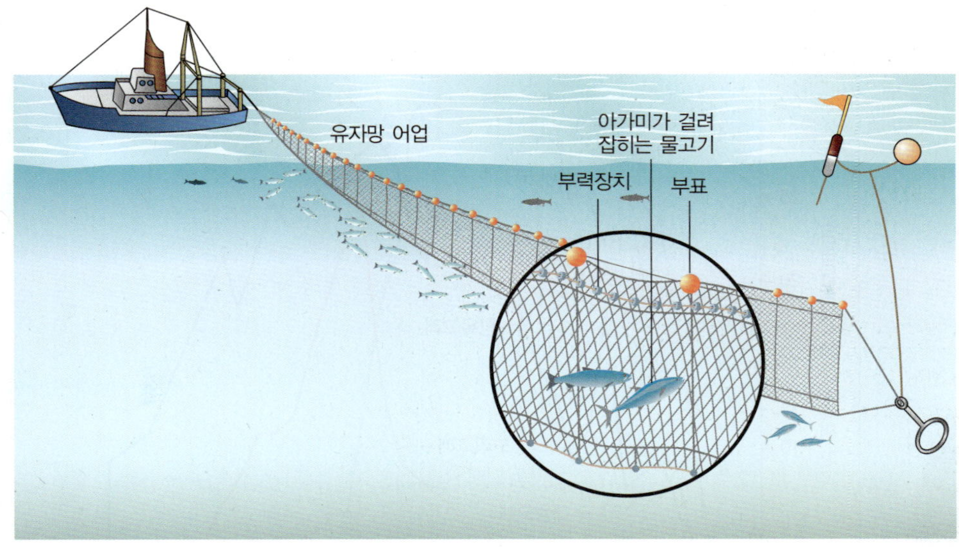

그림 17.21 유자망 어업은 어류의 아가미가 망목에 걸리게 하여 어류를 잡는다.

그림 17.22 의도적이지는 않지만 피할 수 없는 유자망 어업의 결과를 보여 준다.

그림 17.23 버려진 플라스틱 어망이 멕시코 레비야히헤도 열도의 외딴 섬인 클라리온 섬의 조간대에 널려 있다. 이곳으로 오기 전에 이 어망은 수년 동안 많은 어류와 해양포유류들을 망에 걸리게 하여 죽였을 것이다.

고래잡이(포경)는 계속된다 1880년대 이후로 고래는 지속적으로 포획되어 왔다. 고래의 고기는 인간에게 식량으로 제공되었고, 기름은 윤활유, 조명, 산업 제품, 화장품, 그리고 마가린의 원료로 이용되었고, 뼈는 비료와 식품보완재로, 그리고 고래수염은 코르셋 지지물을 만드는 데 이용되었다. 어림잡아 총 440만 마리의 대형고래들이 1900년대에 지구상에 존재하였지만, 오늘날에는 그 수가 100만 마리 정도에 불과하다. 과도한 포획으로 인해 포경업의 주된 대상이 되었던 대형고래 11종 중 8종이 상업적으로 고갈되었다. 근시안적인 수산업은 수산자원이 고갈되었다는 명백한 징후가 나타났음에도 불구하고 당장의 이익에 급급하여 조업을 계속한다(**그림 17.25**).

모든 고래 제품에 대한 대체물이 개발되었지만, 상업적인 종에 대한 포획은 포경이 비경제적이 될 때까지 멈추지 않았다. 고래 자원을 관리하기 위해 설립된 포경 국가들 간의 국제기구인 국제포경위원회(IWC: International Whaling Commission)에서는 1986년에 대형고래의 살육을 금지하는 선언을 했다. 과학연구의 목적이라는 미명하에 일본인들에 의해 행해진 좀 의심스러운 고래의 포획을 제외하고는 상업적인 포경이 1987년에 중단되었다. 그 결과 1988년에는 700마리 이

그림 17.24 싱가포르의 5센트짜리 동전에 새겨 있듯이 바다는 맹렬히 습격을 당하고 있다.

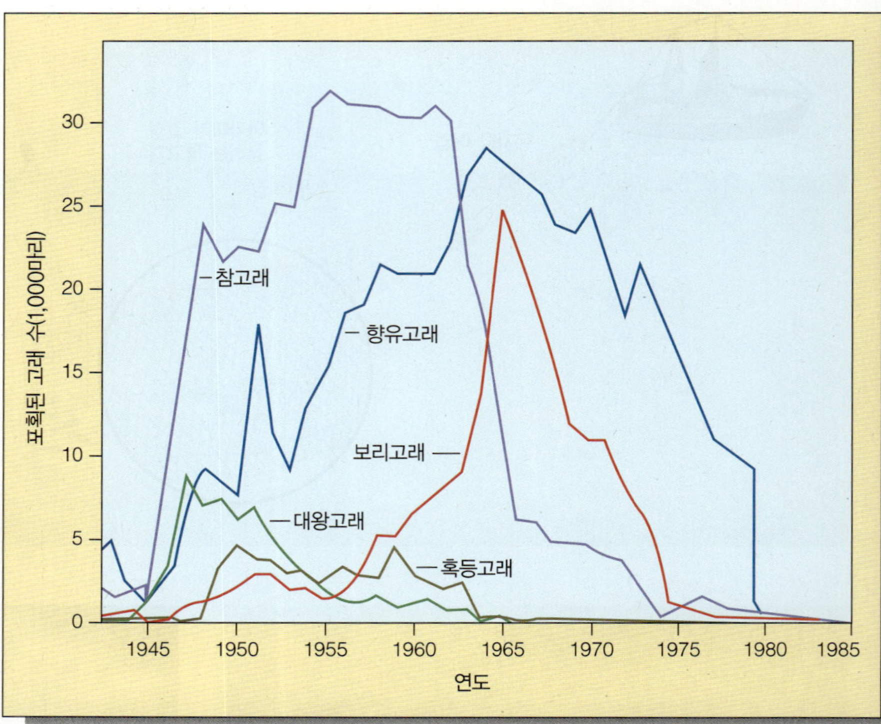

그림 17.25 1940~1985년 5종의 대형고래의 상업적인 학살. 이 그림에 포함되어 있는 5종의 고래는 상업적으로 고갈되었다. 대왕고래는 1964년에 상업적인 포경이 끝났음에도 불구하고 멸종의 위기에 처해 있다. 그 당시 약 1,000마리의 대왕고래가 살아남아 있었다. 전문가들은 이들이 회복되기에는 너무 적은 개체수가 남아 있다고 우려하고 있다.

하의 대형고래가 포획되었을 뿐이다.

지금은 포획되는 고래의 수가 증가하고 있다. 하지만 보호조치가 몇몇 종을 멸종으로부터 구하기에는 너무 늦게 취해진 듯하다. 그리고 보호조치가 단지 일시적으로만 유효할 가능성이 있다. 자국의 포경업체로부터 강력한 압력을 받고 있던 노르웨이가 1993년에 포경을 다시 시작하였다. 한편 일본은 한 번도 포경을 멈추지 않았다. 그들의 주된 목표 종은 밍크고래로 대형고래류 중에서는 가장 작으며, 수적으로 가장 많은 종류이다(그림 15.35와 **그림 17.26**). 이 고래의 고기는 값비싼 진미식품으로 일본에서는 인기가 높다. 현재 밍크고래의 개체수는 120만으로 추정되고 있는데, 지금 수준의 포획을 견디어 나갈 만한 개체수이다. 그러나 밍크고래에 대한 포경을 증대시키겠다는 일부 국가의 결정은 대부분의 다른 고래 종들의 경우처럼 밍크고래의 앞날을 어둡게 한다. 2005년 노르웨이 포경업자들은 797마리의 밍크고래를 포획했다. 같은 해 일본은 과학연구를 위한 포경을 확대한다고 발표하였으며, 1,155마리의 밍크고래 외에도 100마리의 보리고래, 10마리의 향유고래, 50마리의 혹등고래, 50마리의 참고래, 그리고 50마리의 브라이드고래를 포획하였는데, 모두 멸종위기종이다. 일본은 1987년 과학연구를 위한 포경이 시작된 이후로 10,000마리 이상의 대형고래를 포획했다. 칠레, 페루, 아이슬란드, 그리고 북한의 포경업자들이 포경에 동참했다.

그래도 희망의 불빛은 있다. 1994년 국제포경위원회에서는 남극 대륙 주변의 약 21만 km^2 해역에서 포경을 금지시켰다. 그 결과 그곳에서 먹이를 잡아먹으며 살아가고 있는 대형고래류가 보호를 받게 되었다. 그러나 이 지역에서의 포획 금지는 종종 무시되기도 한다. 밍크고래와 다른 고래를 추적하기 위해 일본과 노르웨이의 포경업자들은 포경 금지 구역을 침범했으며, 많은 고래들을 작살로 죽였다.

다른 나라에 근거를 둔 해적 포경업자 역시 남극해에서 고래를 잡아 고래 고기를 일본 시장에 팔고 있다. 그럼에도 불구하고 보호 노력이 성공을 거둔 곳도 있

그림 17.26 일본 포경선의 선원이 작살에 의해 피를 흘리며 죽어 가는 밍크고래를 쳐다보고 있다.

다. 거의 멸종 상태까지 포경이 진행된 바 있었던 캘리포니아 회색고래의 경우 한동안 외부의 포경업자들에게 포경이 제한되어 왔다. 그 결과 회색고래의 개체수가 증가하였고, 1993년에는 위험에 처해 있는 고래 목록에서 제외되었다.

소형고래들은 대형고래보다 더 많이 포획되었는데, 이는 식량과 원료를 얻기 위해서 포획되는 것은 아니다. 한 예로 돌고래는 외양에서 황다랑어 떼 위에 모인다. 어부들은 돌고래가 몰려 있는 곳에 다랑어 떼가 있다는 것을 경험상으로 알고 있다. 그런데 다랑어를 잡기 위해 던진 그물에 공기호흡을 하는 돌고래와 다른 포유류가 얽히게 되어 익사하게 된다. 이처럼 죽은 돌고래는 쓰레기로 그냥 버려진다. 6백만 마리 이상의 소형고래들이 1971년 이후 다랑어(참치) 어업과 관련해서 죽었다.

그림 17.27 인도네시아 발리 섬 해안에서 식용 해조류를 잘 정리된 양식장 구획에서 기르고 있다.

1972년 미국에서 통과된 해양포유류보호법(Marine Mammals Protection Act)은 돌고래의 사망률을 크게 감소시켰다. 1977년부터 1987년까지 미국의 참치잡이 선박의 수가 100척 이상이던 것이 34척으로 감소한 반면, 외국 선박은 10척 이하에서 70척 이상으로 증가하였다. 외국 선박의 경우 고래를 보호하기 위한 미국의 법률 규정을 항상 잘 지키는 편은 아니다. 그래서 미국 의회는 1988년에 돌고래의 사망을 줄이기 위해 새롭게 고안된 방법으로 어획하지 않은 참치의 수입을 금지시켰다. 1990년에 미국의 참치 가공회사들은 돌고래를 죽이지 않는 방법으로 어획하는 어부들로부터만 참치를 구매하는 것에 동의했다. 그 이후 미국의 어부들은 참치 가공회사의 요구를 따랐다. 보호주의자들은 앞으로 외국의 선박들도 그들의 요구를 따를 것이라고 희망한다.

해산식물자원은 다양하게 활용되고 있다 해산 조류는 상업적으로 활용되고 있다. 가장 중요한 상품은 해조류를 미끄럽게 하는 점액질 성분인 **알긴**(알긴산, algin)이다. 추출하여 정제한 알긴의 길고 서로 꼬인 분자는 섬유를 강하게 하거나, 샐러드 드레싱과 페인트와 인쇄 잉크 따위에 넣어 에멀션을 만들거나, 아이스크림에서 큰 입자 형성을 제어하거나 맥주와 포도주를 맑게 하거나, 마쇄재를 부유시키는 데 쓰인다. 해조 겔 상품은 미국에서 매년 2억 2천만 달러 이상이 생산되고 있으며, 다른 해조류 물질을 포함한 알긴으로 전 세계에서 생산된 상품의 가치는 2007년에 약 500억 달러 정도로 추정되었다.

해조류는 매일 바로 식용으로 소비되고 있으며, 일부 종은 양식되고 있다(**그림 17.27**). 일본에서는 매년

WU HONG/epa/Corbis

그림 17.28 중국 자오난의 대형 어류 양식장. 수중양식 생산이 매우 빠르게 성장하고 있다.

Courtesy Kona-Blue

그림 17.29 하와이 섬 서해안 쪽 외해에 설치된 혁신적 외해 어류 양식장의 거대한 가두리 양식장 위에 잠수부가 서 있다. 이곳에서는 생선회용 하와이산 방어(yellowtail)인 코나 캄파치를 양식하고 있다. 대형 수중양식 가두리에서 수확 가능 크기인 2~3 kg까지 양성한다. 수중양식 가두리는 지름이 24 m이며 높이는 20 m로, 해안에서 약 1 km 떨어진 수심 60 m인 수역에 위치하고 있다. 어류는 부화에서부터 수확할 때까지 성분이 조절된 사료를 먹여 키웠기 때문에 야생종에서 나타나는 체내 수은함량은 검출되지 않고 있다. 양식회사는 매주 16,000 kg의 캄파치를 수확하고 있다.

165,000톤의 김을 소비하고 있으며 미국, 영국, 아일랜드, 뉴질랜드와 오스트레일리아에서도 해조와 해조 추출물을 식용으로 한다. 해조류에 포함된 미네랄과 섬유소는 인간의 영양에 유용한 성분이다.

생물은 조절된 환경에서 기를 수 있다 **수중양식**(aquaculture)이란 조절된 조건의 수중환경에서 식물과 동물을 기르거나 재배하는 것이다. 최근 수중양식 생산은 인간이 소비하는 수산물 총량의 약 절반 정도를 차지하고 있다. 대부분의 수중양식 생산은 중국과 아시아 국가에서 수행되고 있다. 2004년의 전 세계 양식생산의 대부분은 담수산 어류와 새우류로서 약 3,400만 톤 이상이 생산되었다. 2010년에는 식량 공급원으로서의 어류 양식생산이 방목한 소의 축산 생산량을 추월할 수 있을 것이다.

해양양식(해산양식, mariculture)은 보통 강 하구, 만, 근해, 혹은 순환 해수를 이용하여 특별하게 고안된 구조물에서 해양생물을 기르는 것을 말한다(**그림 17.28**). 간혹 냉각기에서 나오는 따뜻한 해수를 이용하기 위해 해양양식 시설을 발전소의 배출구 주변에 설치하기도 한다.

전 세계 해양양식 생산은 담수(내수면) 양식생산의 약 1/8 정도로 보고 있다. 넙치와 연어를 포함한 일부 어종이 상업적으로 양식되고 있다. 해수와 기수역 어종들이 전체 생산의 2/3를 차지하고 있다. 새우 해양양식은 2006년에 200억 달러를 초과하면서, 가장 빨리 성장하고 이윤이 가장 높은 분야이다.

미국의 연간 해양양식 생산의 가치는 약 1억 6,500만 달러를 초과하고 있으며, 주로 연어와 굴 양식이 차지하고 있다. 북아메리카에서 소비되고 있는 굴의 약 반이 양식으로 생산되고 있다. 해양양식이 모두 다 식량을 생산하는 것은 아니다. 진주양식은 일본, 프랑스령 폴리네시아, 오스트레일리아 북부에서 중요한 산업이다.

해양 어류 양식은 알을 부화장에서 부화시켜서 이를 계류시킨 큰 울타리 혹은 가두리에서 기르는 것을 포함한다(**그림 17.29**). 어류 양식에서는 육식 어종이 어분과 어유를 소비하고, 양식장을 빠져나간 개체가 야생 어종의 유전적 다양성을 감소시키거나 이들과 먹이를 얻기 위한 섭식 경쟁을 할 수 있다는 잠재적인 문제에 대하여 일부 사람들은 걱정하고 있다. 일반적으로 다른 축양 생물과 마찬가지로, 가두어 기른 어류는 병에 더 취약하고, 이들의 노폐물과 사료는 가두리 시설 주변을 오염시킬 수 있다. 최근 이러한 많은 문제들은 개선된 어장 관리 전략으로 잘 해결하여 완화하고 있다. 외해양식과 같이 넓게 펼쳐진 수역에서 어류를 양식하는 것은 환경적으로 건강한 어류 양식의 기회를 더 많이 제공하고 있다.

해양양식은 어류 부화장에서 부화시켜 기른 치어를 야생에 방류하는 수산자원의 증식도 포함한다. 연어의 자연적 귀소 본능을 이용한 자원량 증식은 매우 성공적이다. 상당한 부분의 야생 연어도 원래 부화장에서 양성된 것이며, 수산업 생산에 큰 도움을 주고 있다. 실제로 부화장에서 양성된 미성어 50마리 중 오직 한 마리 정도가 방류한 곳으로 돌아오고 있다.

해양양식은 팽창하고 있는 산업이다. 전 세계 해양 수산업이 전반적으로 감소하고 있지만, 양식산업은 연간 약 8%로 성장하고 있다. 해양양식은 거의 대부분 굴과 전복 같은 고부가 가치 해산물을 생산하고 있다. 그러나 전 세계 인구가 증가하고 있고, 전 세계 수백만의 영양 결핍 인구의 단백질 요구량이 늘어나면서, 주로 낮은 가치의 잡식성과 초식성 어종에 대한 양식 요구가 점점 증가할 것이다. 양식은 단백질과 지방의 대체원으로 전 세계 어분과 어유의 대부분을 제공하는 수산업에 대한 압박을 완화할 수 있을 것이다.

그림 17.30 캘리포니아 샌프란시스코의 중국 약국에 있는 의약품. 진열된 약품의 많은 종류가 해양에서 유래한 것이다.

해양 기원인 새로운 의약품과 생물 상품이 개발되고 있다

해양생물에서 기원한 의약품을 이용한 최초의 기록은 기원전 2700년 중국 신농황제의 신수본초(新修本草)에 나타나 있다(**그림 17.30**). 현대 의약품 연구자들은 모든 해양생물의 10% 정도가 임상적으로 유용한 물질을 생산하는 것으로 추정하고 있다. 그중 하나가 카리브 해 해면동물에서 유래한 약이며, 지금도 사용하고 있다: 1982년에 처음으로 인간 사용이 승인된 항바이러스 물질인 아시클로비르(acyclovir)는 피부와 신경계의 헤르페스(포진) 감염을 치유하는 약이다. 캘리포니아 대학 연구자들이 개발한 소염제 약 종류로 알려진 슈도프테로신(pseudopterosin)도 성공적으로 사용되고 있으며 최근에 인기 있는 상업적 약용 화장품에 포함되었다.

새로 발견된 물질들도 검사하고 있다. 조그만 포복성의 무척추동물인 이끼벌레류가 강력한 항암 화학물질을 생산하는 것을 발견하였고, 자원자에 의한 검사가 진행되고 있다. 조사된 바다물총(해초류, 멍게) 종류의 30%에서 얻은 추출물이 항바이러스와 항종양 활성을 보여 주었다. 추출물 중 일부는 총괄하여 디뎀닌(didemnin)이라고 불리며, 치명적 피부암의 일종인 악성 흑색종(腫) 치료의 가능성이 있다. 또 다른 멍게 파생물인 엑테인아시딘(ecteinascidin 743, 유럽과 아시아에서 욘델리스라는 약품으로 사용이 허용되었음)은 피부암, 유방암, 폐암의 치료에 효과가 있는 것으로 나타났다. 같은 생물종에서 발견된 관련 물질인 아플리딘(aplidine)은 췌장암, 위장암, 방광암과 전립선암의 종양 축소에 가능성을 보여 주었고, 백혈병 치료에 도움이 될 수도 있다.

암만이 연구 대상은 아니다. 남세균에서 유래한 물질은 시험생물의 면역체계를 225%, 그리고 배양한 세포의 면역체계를 2,000%나 활성화하였다. 이 약은 에이즈(후천성 면역 결핍증) 치료에 도움이 될 것이다. 해면동물에서 개발된 다른 항바이러스 약품인 비다바린(vidabarine)은 에이즈 바이러스를 직접 공격할 수도

Shell Oil Company

그림 17.31 뮤렉스(Murex), 셸 정유회사 주문으로 한국 대우중공업에서 건조한 5척의 초대형 유조선(VLCC) 중의 첫 번째 선박. 이 선박은 신세대 유조선으로 처음으로 이중 선체로 설계된 선박이다. 각각은 215만 배럴의 원유를 시속 28 km의 운항속도로 운송할 것이다. 가장 큰 유조선 보다는 조금 작은 뮤렉스 유조선은 길이가 332 m이며, 만선일 경우 해수면 아래로 22 m까지 내려갈 수 있다. 최고의 신뢰성과 안전성 기준으로 건조된 뮤렉스 유조선이 1995년 1월 17일 명명식 때 모습으로, 평형수를 넣지 않아 아주 높게 떠 있다.

있다. 청자고둥(나사조개)의 독은 통증 완화뿐만 아니라 간질과 알츠하이머병과 같은 신경계 장애의 치유에 가능성이 매우 크다. 다발성 경화증, 류머티스성 관절염, 제1유형 당뇨병 등의 자가면역질환은 파괴적 세포를 봉쇄(차단)하는 말미잘 독을 사용하는 치료법으로 곧 치료를 받을 수 있다.

해양 기원 의약품은 단지 가능성이 있는 것으로 보이지만, 극한생물에서 얻은 상업용 물질은 현재 사용되고 있다. 생물공학 회사들은 심해 퇴적물과 열수공 주변에서 잘 자라는 원시적 생물에서 발견한 효소를 분리하여, 일부를 변형하였다. 이들 중 옷을 세탁하고, 설거지에 사용하는 세척 기능을 가진 효소 세제가 가장 광범위하게 사용되고 있는 상품이다. 이들은 인산염을 기반으로 한 일반 화학세제보다 낮은 수온과 낮은 농도에서도 단백질 얼룩과 기름때를 더 효율적으로 제거한다.

개념점검

11. 사람에게 필요한 영양에서 단백질 요구량 중 얼마가 해양에서 공급되고 있는가?

12. 가장 가치 있는 해양생물자원은 어떤 것인가?

13. 어획 노력은 지난 10년간 상당히 많이 증가하였다. 1인당 단위 생산도 역시 증가하였는가?

14. '남획'이란 무슨 뜻인가? 대부분의 세계 해양 어종들이 남획되고 있는가?

15. 부수어획이란 무엇인가?

16. 아직도 고래를 죽이고 있는 사람이 있는가?

17. 해양양식이 해양 경제에 중요한 기여를 할 수 있겠는가?

18. 해양에서 유래한 의약품 중에서 현재 인간 사용이 승인된 것이 있는가?

17.5 무형자원은 바다 자체를 이용한다

운송과 레크리에이션은 해양이 제공하는 중요한 무형자원이다. 사람은 수천 년 동안 해양을 운송 경로로 이용하여 왔다. 그동안 화물 운송은 여객 운송보다 훨씬 더 많은 수익을 창출하여 왔다. 현재 유조선은 어떤 화물 수송 방법보다 더 많은 양(연간 3억 4,100만 톤보다 많은)을 수송하고 있다. 유조선 선단의 수송 능력은 연간 약 1.7% 속도로 증가하고 있다. 석유는 해상 운송으로 이뤄지는 세계 교역량(가치 기준)의 약 65%를 차지하고 있으며 철, 석탄과 곡물이 나머지의 24%를 차지한다.

선박(유조선)이 전 세계에서 생산된 원유의 거의 절반을 수송하고 있다. 정유된 석유 산물의 수요가 가장 많은 지역 부근에는 원유 시추 장소가 거의 없기 때문에 유조선이 필요하다. 가장 큰 유조선은 길이가 430 m보다 길고, 폭이 66 m나 되고, 50만 톤(350만 배럴)의 원유를 수송할 수 있다(**그림 17.31**).

현대화된 항구는 운송에 필수적이다. 이제는 항만 노동자들이 화물을 하나씩 개별로 싣고 내리는 일을 하지 않는다. 최근의 항구는 자동화된 선적화물 터미널,

그림 17.32 공공 수족관과 해양 공원은 중요한 자원이다. 이 사진은 캘리포니아 몬터레이 만 수족관을 보여 준다. 이곳과 연계한 연구소에서도 해양연구를 수행하고 있다.

Tom Garrison

대형 유조선 터미널(외양 및 부두), 컨테이너 선박 설비 시설(**글상자 17.1**), 자동차 및 트럭에 화물을 적재하고 하역하는 부두, 점차 인기가 높아지고 있는 대형 유람선 크루즈 관광 여객을 위한 시설 등으로 꽉 차 있다. 이러한 특수한 시설물은 대부분 1960년대 이후 나타났다. 2005년 허리케인 카트리나가 휩쓸고 지나가기 전 뉴올리언스는 북아메리카에서 가장 큰 항구였으며, 다시 명성을 얻을 것으로 기대된다. 거의 2억 4백만 톤의 화물(대부분이 곡물이었음)이 2004년에 이 항구를 거쳐 이송되었다. 세계에서 가장 큰 컨테이너 터미널은 싱가포르에 있다. 2007년 거의 1,800만 컨테이너가 이 항구를 거쳐 나갔다![4]

운송은 때때로 휴양, 위락과 함께 진행된다. 지난 십 년간, 유람선 관광산업은 엄청나게 성장했다. 호화 정기선과 크루즈 관광선의 승객들은 북대서양을 횡단하며, 열대 섬들을 방문하거나 선박으로만 접근이 가능한 관광지를 방문하면서 며칠간의 휴식을 즐길 수 있게 되었다.(사실 관광은 최근 세계에서 가장 큰 산업이다.) 스포츠 낚시, 파도타기, 잠수, 당일 유람선 여행, 일광욕, 해변에서의 식도락과 단순한 휴식 등 해양과 관련된 레저 활동이 경제를 살리는 데 기여하고 있다. 공공 수족관과 해양공원(예: 씨월드)들은 중요한 매출 생산자일 뿐 아니라, 교육, 연구, 그리고 포획 사육 프로그램의 중심이 되고 있다(**그림 17.32**). 심지어 고래에 대한 대중의 관심과 흥미까지도 레크리에이션 수입원이 되고 있다. 2000년도 미국에서 고래 구경 여행은 약 2억 1천만 달러의 수익을 창출하였다. 또한 돌고래 전시, 고래 예술품과 서적, 보호 단체 기부금 등을 포함하여 간접적 수익 창출도 4억 달러나 되었다.

그뿐만 아니라 부동산도 간과하지 말아야 한다. 연안역의 가치가 입증되면서 사람들은 바다 가까이에 사는 것을 즐기게 되었다. 2015년까지 약 1억 6,500만 미국인들이 땅값이 7조 달러를 초과하는 연안역에서 살게 될 것이다.

개념점검

19. 해양공간에서 무형자원으로 가장 가치 있는 것은 무엇인가?

20. 컨테이너 운송의 출현이 세계경제를 어떻게 바꾸었는가?

21. 미국에서 가장 큰 항구는 어디인가? 중요한 수출품목은 무엇인가?

22. 세계에서 가장 큰 산업은 무엇인가? 해양과 관련성이 있는가?

[4] 터미널 규모에서 다음 크기는 중국의 컨테이너 터미널 세 곳이며, 총 매년 5천만 개의 컨테이너가 수송되고 있다.

글상자 17.1 컨테이너 화물, 세계 경제와 신발

지금 입고 있는 옷과 신발의 라벨을 보라. 내 것은 지구 여러 곳(도미니카 공화국, 말레이시아, 스리랑카, 이스라엘, 태국, 방글라데시) 특히 중국에서 온 것 같다. 한겨울에도 수박, 한국산 조개 통조림, 태국산 신선한 참치, 뉴질랜드산 사과가 동네 슈퍼에 진열되어 있다. 홍콩 시민들이 세계 어느 나라 사람보다도 1인당 캘리포니아산 오렌지를 더 많이 소비하고 있다. 동네 상가 전자기기 상점에는 거의 모두가 극동지역에서 생산된 DVD, MP3로 넘쳐나고 있다.

컨테이너(container)라는 해상운송의 혁명 때문에 이러한 교역 혁명이 가능하였다. 컨테이너는 화물 운송을 위해 만들어진 크고, 단단하며, 국제적으로 표준화된 금속 포장 용기(박스)이다. 컨테이너는 손상과 도난 그리고 좀도둑에 의한 손실의 위험이 없으며, 안전하고, 자물쇠로 잠근 공간에 안전하게 상품을 넣어서 운송할 수 있다. 컨테이너는 가장 효율적 공간 이용을 위해 설계되었다. 쉽게 들어 올려서 운반할 수 있고, 도로, 철도, 혹은 해상운송과 같은 모든 운송 방법으로도 실어 나를 수 있다.

컨테이너의 광범위한 출현 이전에는(약 25년 전), 대형 수송선의 경우 짐을 적재하는 데 2주일이나 걸렸고, 일정하지 않게 포장된 화물은 쉽게 손상을 입거나 그냥 분실되기도 하였다. 현재 최신 컨테이너 화물선은 2일 안에 적재할 수 있고, 중국에서 로스앤젤레스까지 16일 이내로 횡단할 수 있다.

컨테이너 규격의 표준화는 선박에 화물을 효율적으로 적재할 수 있게 하였다. 국제표준화기구(ISO)에 의해 정해진 기본 단위는 20피트 컨테이너이다. 20피트 컨테이너 규격은 길이 20피트, 폭 8피트, 그리고 높이가 8피트 6인치이며, 15~20톤의 화물을 적재할 수 있다. 더 큰 것은 길이 40피트 컨테이너로 지난 10년 사이에 더 일반적으로 쓰이고 있으며 최대 30톤까지 화물을 적재할 수 있다. 45피트 컨테이너는 특별한 목적으로 사용되고 있다. 추가적으로 일반용 컨테이너, 플랫랙 컨테이너, 벌크 화물 컨테이너, 그리고 냉장 컨테이너 등 표준화 설계로 만들어진 종류도 있다.

이러한 효용성은 수입 상품이 이전보다 더 신속하고 저렴한 비용으로 운송된다는 것을 의미한다. 해상운송 컨테이너의 출현 이후에 평균 운송비용이 상품가격의 15%를 차지하던 것에서 약 0.5%로 하락하였다.

일부 특수 컨테이너 화물선은 미 해군의 니미츠급 항공모함과 비슷한 크기이며, 한 번에 최대 4,100개의 표준형 컨테이너를 운송할 수 있도록 설계되었다. 소수의 승무원으로 안전하게 운영하고 있으며, 성능이 좋은 디젤 혹은 가스 터빈 엔진을 장착하여 운항하고 있다.

컨테이너 운송의 순환은 미국 수입업자의 대리인이 원자재와 상품생산자를 결정하면서 시작된다(**그림 a**). 첨단 기술로 만든 하키 장갑(**그림 b**)은 중국 광둥의 한 공장에서 수공업으로 생산된다. 생산 공장에서 컨테이너에 상품을 적재하고 자물쇠로 잠근다. 이들은 트럭(**그림 c**) 혹은 기차로 컨테이너 터미널로 운반한다. 이곳에서 크레인이 해상 운송을 위해 컨테이너 화물선에 적재한다(**그림 d**). 목적지에서 짐을 내려 통관절차를 마치면, 수입업자의 중앙 창고까지 철도와 트럭으로 운반한 후(**그림 e**), 자물쇠를 열어 컨테이너를 개방하고 상품을 유통시킨다. 컨테이너 화물운송은 효율적이고, 신속하고, 확실하다. 홍콩과 그 주변에서 생산된 상품을 2개월 이내에 캔자스시티에서 구입할 수 있다. 아시아로 돌아 갈 때, 컨테이너 화물선은 미국에서 가장 많이 수출하는 공기를 가득 싣고 바다에서 매우 높게 떠서 항해하기도 한다(**그림 f**).

완성된 상품을 싣고 미국에 온 컨테이너는 원자재(플라스틱 알갱이, 섬유 원단, 컴퓨터 칩, 과일, 또는 재활용 골판지까지)를 싣고 컨테이너 화물선과 공장으로 되돌아간다. 교역 순환은 반복된다.

해상 국제 교역은 폭발적 속도로 성장하고 있다. 고속도로에서 주위를 살펴보면, 어디론가 가고 있는 트럭과 기차에 실린 컨테이너 화물 운송을 볼 수 있다.[5]

[5] 지금 이 순간 바다 위에는 얼마나 많은 컨테이너가 컨테이너 화물선에 실려 있을지 상상해 보라. 그리고 당신의 답을 학생들의 질문에 있는 내용과 비교해 보라. 당신은 놀랄 것이다!

Tom Garrison

a 첨단 기술 상품의 미국 제조업자 대리인이 원자재를 검사하고 중국 남동부 광둥 공장에서 하키 장갑 상품을 생산하는 것에 대하여 협의하고 있다.

Tom Garrison

b 선별된 자재를 가지고 수작업으로 신중하게 장갑을 꿰매고 있다.

Tom Garrison

d 한국 현대상선(수송 선단 제국)의 컨테이너 화물선으로 태평양을 횡단하는 16일의 항해를 마치고 캘리포니아 로스앤젤레스 근처에 있는 미국에서 가장 큰 컨테이너 복합 부두에 장갑이 도착한다.

Tom Garrison

c 생산 공장에서 완성된 장갑을 일반형 컨테이너에 넣고 안전하게 봉인하여 트럭으로 중국의 특별경제구역을 통과하여 항구로 운반한다. 이 장갑은 세계에서 가장 붐비는 컨테이너 부두 중 한 곳에서 출항할 것이다. 1995년, 홍콩의 주 강 삼각주에 있는 정부 소유 시설에서 세계 최초로 한 달에 일백만 개의 컨테이너를 이송하였다!

Tom Garrison

e 컨테이너는 내륙 수송을 위해 트럭 또는 기차에 옮겨진다. 장갑이 생산되어 미국 중서부 도시의 시장에 나오기까지 총 소요 시간은 평균 약 8주 정도이다.

Jesper T Andersen/jtashipphoto.dk

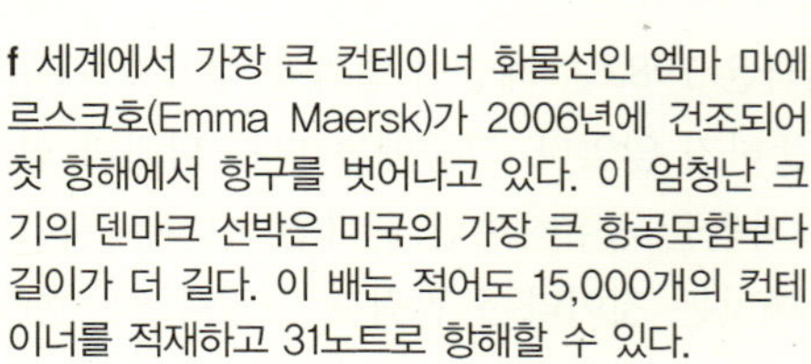
f 세계에서 가장 큰 컨테이너 화물선인 엠마 마에르스크호(Emma Maersk)가 2006년에 건조되어 첫 항해에서 항구를 벗어나고 있다. 이 엄청난 크기의 덴마크 선박은 미국의 가장 큰 항공모함보다 길이가 더 길다. 이 배는 적어도 15,000개의 컨테이너를 적재하고 31노트로 항해할 수 있다.

17.6 해양법이 해양자원의 분배를 지배하고 있다

해안에 살았던 선사시대 사람들이 최초로 해양자원을 이용하였다. 민족 국가가 세워지고 군사체제가 만들어지면서, 해양자원을 차지하려는 싸움이 시작되었다. 일부 국가에서는 해양이 모든 사람의 소유라고 주장하면서, 무해 통항권과 자원 공유에 대한 자유로운 권리를 보장받으려고 노력하였다. 또 다른 국가에서는 해양은 누구에게도 속하는 것이 아니기 때문에, 힘으로 항구와 자원을 장악하려고 하였다. 박식한 네덜란드 법학자 그로티우스(Hugo Grotius)는 1604년 포르투갈과의 분쟁에서 성공적으로 네덜란드 통상권을 방어한 네덜란드 제독의 행위를 정당화하는 *De Jure Praedae*(*On the Law of Prize and Booty*, 포상과 노획물에 대한 법)를 저술하였다. 그로티우스는 이 저서의 한 단원으로, 모든 나라가 자유롭게 해양을 이용할 수 있는 권리를 옹호한 부분을 정리하여 1609년에 *Mare Liberum*(*A Free Ocean*, 자유해양)이란 제목으로 다시 출간하였다. *Mare Liberum*(자유해양)은 모든 근대 국제 해양법의 초석을 마련하였다.

그 후 1세기 정도가 지난 1703년에야 비로소 육지와 인접한 영해의 개념이 인증되었다. 국가의 해양 경계인 영해는 연안에서 발사한 대포탄이 도달할 수 있는 거리까지인 약 5 km로 설정되었다. 5 km 영해 범위는 1945년까지 지속되었다.

국제연합(UN)이 공식적으로 해양의 국제법을 만들었다

제2차 세계대전이 끝난 뒤, 대륙붕에서도 석유와 천연가스의 탐사 기술이 가능하게 되었다. 미국의 석유회사들은 루이지애나 해안에서 5 km보다 먼 외양에서 풍부한 해저 유전을 발견하였다. 해리 트루먼(Harry Truman) 미 대통령은 미국 영토와 접속된 대륙붕에 있는 물리 및 생물자원을 미국의 소유로 하는 대륙붕선언을 공표하였다. 곧 이어서 다른 나라들도 따라서 같은 주장을 하게 되었다.

그리하여 국제연합(UN)이 관여하게 되었다. UN 총회에서 위원회를 정하여 정책을 만들기 시작하였고, 이것이 뒤에 1958년 뉴욕에서 제1차 **해양법**(Law of the Sea) 협약으로 제시되었다. 그리고 24년 동안 많은 이해 당사국들이 파견한 국가 대표단의 노력으로, 1982년 3차 해양법의 초안이 만들어졌다. 1982년 4월 UN은 이 초안을 표결에 부쳐 찬성 130, 반대 4, 기권 17로 채택하였다.(미국, 터키, 베네수엘라, 이스라엘은 반대하였다.) 1988년까지 협약의 전부 또는 대부분에 대하여 140여 국가가 인준하였다. 지금은 법적 구속력이 있는 국제법이지만, 협약 중에서 개별 조항에 대하여 각 나라들은 선택적으로 인준하거나 혹은 개별 조항을 무시하고 있다.

다음은 1982년 해양법 초안의 중요한 부분이다.

- **영해**(territorial waters)는 연안에서 12해리(22.2 km)까지로 정한다. 영해에서는 연안국이 주권적인 관할권을 갖는다. 국제항로로 지정된 해협은 국가의 영해에서 제외되어 모든 선박은 무해통항권을 갖는다.
- 연안에서 200해리(370 km)까지 **배타적경제수역**(**EEZ**: exclusive economic zone)으로 설정한다. 연안국은 EEZ 내에서 자원과 경제활동, 그리고 환경보호에 대하여 배타적 관할권을 갖는다.
- EEZ 바깥쪽은 **공해**(high seas)로 정한다. 관습적으로 공해는 모든 사람의 공동소유이며 전 세계 시민이 공유한다. 공해상 심해저 광물자원의 채굴을 관장하는 국제해저기구(International Seabed Authority)가 설립되었다.
- 해양을 보존하고 해양오염을 방지하는 가치를 보장하였다.
- 조건부로 해양과학조사의 자유를 권장하였다.

해양법 협약으로 전 지구 해양의 40% 정도가 배타적경제수역 안에 있어서 연안국의 통제하에 놓이게 되었다. 나머지 60%인 공해의 자원은 전 지구 시민이 공유하고 있다.

미국의 배타적경제수역은 연안에서 200해리까지 포함하고 있다 미국은 1982년 해양법 협약을 갖가지 이유를 근거로 인준하지 않았다. 그중에는 다른 나라와 함께 공해 상의 자원을 공유해야만 한다면, 이것은 사기업의 수익을 빼앗는 것이라는 관점도 있었다. 대신에 미국은 단독으로 200해리 안의 모든 해양자원에 대하여 일방적으로 주권적 권리와 사법권을 주장하였으며 이를 **미국의 배타적경제수역**(US EEZ)이라고 하였다.

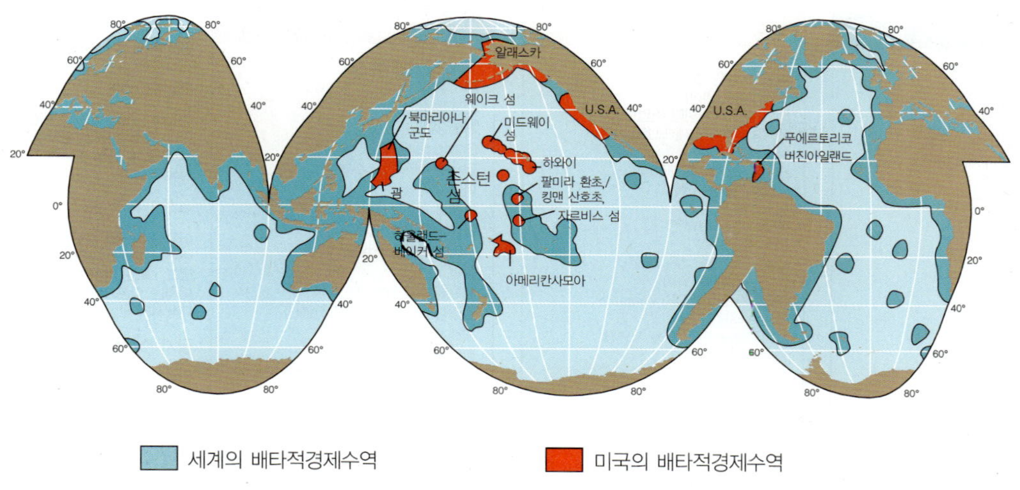

그림 17.33 미국의 배타적경제수역을 적색으로 표시하였다. 얼마나 많은 EEZ가 멀리 떨어져 있으면서도 연안국의 소유물로 되어 있는지 주목하라. 다른 국가들의 EEZ는 청색으로 표시되어 있다.

1983년 3월 10일 레이건 대통령은 1982년 유엔 조약과 대부분이 비슷하지만 공해 상의 자원 공유에 대한 조항이 빠진 선언서에 서명하였다. 미국 EEZ는 1,030만 km^2보다 넓은 면적의 대륙 연변부를 미국의 영토로 가져왔으며 이는 미국 본토 안의 48개 주 면적의 30%보다 넓고, 다양한 지질학적 및 해양학적 환경을 포함하고 있다(**그림 17.33**). 2002년에는 일부 국가가 그들의 해양 영토를 50% 또는 그 이상으로 확장하는 규칙을 국제연합(UN)에 제안한 바 있다.

새로운 해역에 대한 탐사의 첫 단계는 새로 설정된 해역에서 해저 표면의 지도를 작성하는 것이며, 지금도 계속하고 있다. 최초의 해저 탐사는 에너지와 광물 자원이 부존하고 있다고 알려진 미국 서해안 외해역에서 수행되었다. 상당량의 다양한 금속 황화물의 퇴적물이 고르다 섬과 후안데푸카 해령의 열수공에서 발견되었다. 100곳이 넘는 해저 화산이 미국 서해안 외해역 미국 EEZ 안에서 처음으로 발견되었다. 거대한 단층과 심해 산사태, 해저산과 대양저 산맥에서 해저 확장이 일어나는 정상 부분의 세부적인 자료는 지금까지 발견된 내용의 작은 일부분일 뿐이다. 최신 판구조론적 설정으로 파악한 광상 형성에 대한 지식이 육상에서 새로운 광상을 찾는 데 유용하게 활용되고 있다.

망가니즈단괴와 망가니즈각은 대서양과 태평양 연안, 하와이, 그리고 미국령 태평양 섬의 미국 EEZ 안에서 발견되었다. 망가니즈각에 있는 코발트에 대하여 이러한 퇴적물이 형성된 과정과 경제적 채굴 방안이 연구되고 있다.

또한 EEZ 계획은 기상학, 정확한 기상 예보, 환경 연구, 해저에서 지각판 이동의 영향, 채굴이 해저 생물에 미치는 영향, 해저 산사태와 지진 같은 지질학적 위험 요소에 대한 연구도 포함하고 있다. 해양 탐사와 연구의 새로운 시대에 미국은 물론 다른 해양 국가에게 편익을 제공하는 외해역 활동에서, 정보에 기반한 결정을 하게 될 것을 기대한다. 아마도 해양의 재물을 발굴하는 새로운 해양 과학기술의 발달 및 국제 협력을 기다리고 있는 귀중한 매장 자원이 해저에 있을 것이다.

개념점검

23. 해양의 자원 배분을 조정하는 법률 조항이 언제 처음으로 제안되었는가?

24. '배타적경제수역(EEZ)' 이란 무엇인가?

25. 어떤 기구가 명목상으로 해양법을 다스리고 있는가?

최선의 선택

전복(양식산)
메기(미국 양식산)
조개, 담치, 굴(양식산)
태평양대구(AK 주낙 어업)*
게, 식용 게, 대게(캐나다산)
태평양 넙치(광어)
바닷가재: 닭새우(미국)
명태(AK 자연산)*
볼락(CA, OR)
은대구(AK, BC)
연어(AK 자연산)*
정어리
도화새우(OR)
새우류(BC)
줄무늬농어(양식산)
철갑상어, 캐비아(양식산)
틸라피아(역돔, US 양식산)
무지개송어(US 양식산)
다랑어: 날개다랑어, 눈다랑어, 황다랑어 (저인망/pole–어획)
화이트 시이배스

차선 대체 선택

Basa/Tra(양식산)
조개, 굴*(자연산)
태평양 대구(저인망 어업)
게, 킹크랩(AK), 대게(US), 게맛살
돔발상어(BC)*
넙치류, 납서대류(태평양)
도다리, 서대(태평양)
쥐노래밋과 어류
바닷가재(미국/메인)
마히마히/만새기
볼락(낚시, 주낙 AK, BC)*
은대구(CA,OR, WA)
연어(자연산 CA,OR, WA)
넙치류(태평양)
새우류(미국 양식 또는 자연산)
새우(미국)
오징어
철갑상어(자연산 OR, WA)
황새치(미국)*
다랑어 날개다랑어, 눈다랑어, 황다랑어 (주낙)*
참치: 통조림 light
참치: 통조림 white/날개다랑어*

선택 금지

칠레산 농어/이빨고기*
대서양 대구
킹크랩(수입산)
돔발상어(미국산)*
Grenadier/태평양 러피
닭새우(카리브 해 수입산)
아귀
오렌지 러피*
볼락(저인망 어업)*
연어(양식산, 대서양산 포함)*
상어*
새우류(수입 양식 또는 자연산)
철갑상어*, 캐비아(수입 자연산)
황새치(수입산)*
참다랑어*

AK=알래스카 BC=브리티시컬럼비아 (캐나다 서남부 주) CA=캘리포니아 OR=오리건 WA=워싱턴 US=미국
* 수은 또는 다른 오염물질 농도에 따라 소비 제한
* 해양관리위원회에서 기준에 따라 지속 가능성 인증되었음 www.msc.org

건강한 해양을 만들기 위한 선택을 위해 이 지침서를 사용하라.

최선의 선택

이것이 당신을 위해 선택한 최선의 수산식품이다. 이들 어류는 풍부하고, 제대로 관리되고 있으며 환경 친화적으로 포획되거나, 양식되고 있다.

차선의 대체 수산식품

이들은 최선의 수산식품에 대한 차선의 대체 수산식품이다. 그러나 어떻게 이들을 어획하였고, 혹은 양식하였는지, 그리고 인간에게 미치는 다른 영향 때문에 이들의 서식처에 대해서도 관심을 가져야 한다.

금지 수산식품

이들은 적어도 지금은 소비를 하지 말아야 한다. 이들은 남획되었거나, 다른 해양생물 및 환경에 피해를 주는 방법으로 어획되었거나, 양식되고 있는 공급원에서 제공된 것이다.

(한 종류에 대하여 다른 선택 추천도 있음)

그림 17.34 추천 및 금지 수산 식품 목록. 최신 정보 및 지역 정보는 홈페이지 http://www.montereybayaquarium.org 참조.

학생들의 질문

1. 내 자동차에 넣은 휘발유 1갤런을 얻기 위해 얼마나 많은 해양생물이 죽어야 하는가?

매사추세츠 대학 생태학자인 듀크(Jeffrey Duke)는 최근 이 주제에 대하여 궁금해졌다. 식물플랑크톤의 약 2%가 해저에 가라앉아 퇴적물에 묻히는 것으로 추정하였다.

열(heat)이 식물플랑크톤 생물 질량의 75%를 기름으로 전환하지만, 이 기름의 적은 부분만이 인간이 기름으로 쓸 수 있는 곳에 축적된다. 땅에서 퍼 올린 원유의 질에 달려 있긴 하지만, 보통 반 정도만 휘발유로 정유될 수 있다. 대충 간편하게 계산하면 99톤의 식물플랑크톤이 죽어서 1갤런의 휘발유로 될 수 있다. 즉, 당신 자동차 연료통에는 1,000톤의 고대 돌말류, 와편모조류, 석회비늘편모조류, 그리고 다른 부유생물 생산자가 들어 있다.

갑자기 고급 무연 휘발유의 가격이 아주 싸게 생각된다!

2. 언제쯤 기름이 다 쓰이고 떨어지겠는가?

지구상의 원유 공급이 본질적으로 소진될 때까지 뽑아낼 기름의 총량은 1.6~2.4조 배럴 범위로 예상된다. 이 추정치가 정확하다면, 현재 수준으로 소비가 지속될 경우 2025년 즈음에는 갑자기 고갈될 것이다. 그렇지만 사실은 절대로 기름이 다 고갈되지는 않을 것이다—지구 내부 어딘가에는 추출하기 위해 엄청난 노력을 들인데 대한 보상으로 얼마쯤은 남아 있을 것이다. 그러나 이렇게 소중한 상품을 무한정으로 태워 쓰던 시절은 다 지나가고 거의 마지막 시점에 와 있다. 미래의 문명은 조상들이 실제로 윤활유와 같이 소중한 것을 모두 불태워 버렸다는 사실에 두려움을 느끼며 반드시 되돌아보게 될 것이다.

3. 석유 지질학자는 새로운 유전을 어디에서 찾으려고 하는가?

2000년에 미국 지질조사소 연구팀은 지구상에 남아 있는 원류 매장량을 이전 추정량보다 20%까지 올려서 총

6,490억 배럴로 상향 조정하였다. 아직 발견되지 않은 가장 큰 유전은 기존의 중동, 북동 그린란드 대륙붕, 알래스카와 시베리아와 중국 연안과 카스피 해, 그리고 니제르 강과 콩고 강의 삼각주에 있을 것이라고 믿고 있다. 남극 대륙 주위 대륙붕도 가장 큰 매장량을 갖고 있을 것이다.(남극에서 기름을 뽑아내는 것은 참으로 특별한 일일 것이다.)

4. 건강식품 가게에서 볼 수 있는 바다 소금은 보통 식탁 소금과 어떻게 다른가?

일반 식탁용 소금 생산자와 달리, 상업용 바다 소금 생산자는 다른 침전물을 분리하기 위하여 증발한 간수를 한 염전에서 다른 염전으로 옮기지 않는다. 따라서 바다 소금에는 원래 해수의 성분대로 NaCl이 혼합물의 78%를 차지하고 있다. 바다 소금은 칼륨(포타슘)과 마그네슘 염에서 나오는 약간 쓴맛이 있다. 일부 사람들은 바다 소금에 있는 다양한 미네랄 성분들이 몸에 이롭다고 믿고 있지만, 대부분의 사람들은 정상 식사에서 이들 미네랄 성분의 적당량을 이미 다 섭취하고 있다.

5. 미국인들이 좋아하는 해산물은 무엇인가?

2002년 새우가 통조림 참치를 밀어내고 미국인이 가장 좋아하는 해산물이 되었다. 그해 미국인들은 1인당 1.5 kg의 새우를 섭취했다. 오랫동안 챔피언 자리를 차지했던 통조림 참치는 1.6 kg에서 1.3 kg으로 소비가 감소했다. 전체적으로 2002년에 어류와 조개류의 소비는 그 전해에 비해 약 3% 감소하였다. 이 같은 감소는 가격 상승과 선호하는 어종의 어획량 감소에 기인한다.

6. 해산물이 수은을 함유하고 있다고 들었다. 그런데도 아직까지 어류를 먹을 수 있는가?

수은은 해양에서 자연적으로 출현한다. 그리고 석탄을 태우거나, 광산을 개발하거나, 공장을 가동할 때 많은 수은이 부산물로 나온다. 일단 물속에 들어오면 수은은 메틸수은 상태가 되며, 먹이사슬의 윗부분에 위치한 황새치류, 큰 고등어, 그리고 다랑어 등의 대형 어류의 조직에 농축되는 경향이 있다.

메틸수은은 태아와 어린이의 뇌 발달에 피해를 입힌다. FDA는 임산부들이 황새치, 상어, 옥돔, 동갈삼치의 섭취를 피하고, 다른 어류도 1주일에 341 g 이하로 섭취를 제한하라고 권유한다. 수은 중독의 극단적인 경우에 관한 정보는 글상자 18.1을 참고하라.

7. 남획과 부수어획에 대한 문제가 관심의 대상이 되고 있다. 해양에서 생산되는 해산물 중에서 먹지 말아야 할 것과 먹어도 되는 것은 무엇인가?

몬터레이 만 수족관에서 작성한 리스트(**그림 17.34**)가 아주 좋은 안내서이다.

8. 운송 컨테이너가 도처에 있는 것을 볼 수 있다. 그렇다면 얼마나 많은 컨테이너가 있는가? 그리고 주어진 시간에 해상에는 몇 개나 있는가?

지난 경제성장 순환과정의 최고점이었던 2007년 중반기에 연간 약 2천만 개의 컨테이너가 2억 2천만 번의 이동을 기록하였다. 이 이동 경로의 1/4 이상이 중국에서 시작하였거나 끝나는 것이었다. 2007년에는 약 90%의 벌크 화물이 아닌 화물을 특별히 고안된 컨테이너 화물선에 포개어 쌓아서 운반하고 있다.

만일 컨테이너가 해상에서 운송 시간의 반을 보낸다면, 놀랍게도 내가 제시한 대로 천만 개의 컨테이너가 해양을 횡단하며 상품을 운송하고 있는 셈이다.

요약

이 단원에서 우리는 해양 이용에 대한 양면성을 보았다. 한편으로 해양 자원은 매우 유용하고, 편리하고, 필수적이라는 것을 알게 되었다. 다른 한편으로는 근원을 손상하지 않고는 자원을 이용할 수 없다는 것도 알게 되었다. 현재 세계 경제는 해양 물질에 의존하고 있으며, 심각한 환경 손상의 확실한 징후가 나타날 때까지 우리는 사용을 포기하거나 축소하지 않을 것이다. 하지만 그때에 이르게 되면, 이를 완화하기에는 너무 늦은 것이 될 것이다.

해양 자원은 석유와 천연가스와 건축자재와 화학물질 등의 물리적 자원, 해양에너지, 수산식품과 대형 갈조류와 의약품 등의 생물자원, 그리고 운송과 레크리에이션 같은 무형자원을 포함한다. 해양 자원이 세계경제에 기여하는 정도가 매우 커져서 지금은 국제법이 이들의 분배를 총괄하고 있다.

해양 자원의 양은 엄청나지만, 전 세계적으로 필요한 원자재, 식료품, 그리고 에너지의 요구량의 단지 일부만을 제공하고 있다. 비슷한 육상 자원은 언제나 더 안전하고 적은 비용으로 얻을 수 있다. 해양 자원의 관리, 특히 생물 자원의 경우에는 장기적 편익 추구에서 거의 모두 실패하였다.

마지막 단원에서 인류가 해양 자원의 이용과 폐기물의 관리에 대하여 의도하지 않았던 전 지구적 실험을 착수하였다는 사실에 대하여 배울 것이다. 미지의 세계 속으로 진입하면서 진로의 조정을 주저하고 있다.

주요 용어

공해(high seas)
남획(overfishing)
담수화(desalination)
무형자원(nonextractive resource)
물질자원(physical resource)
미국의 배타적경제수역(U.S. Exclusive Economic Zone)
배타적경제수역(EEZ: exclusive economic zone)
부수어획(bycatch)
생물자원(biological resource)
수중양식(aquaculture)
알긴(algin)
영해(territorial waters)
유자망(drift net)
음용수(potable water)
재생 가능한 자원(renewable resource)
재생 불가능한 자원 (nonrenewable resource)
최대 지속가능어획량(maximum sustainable yield)
컨테이너 (운송)[container (shipping)]
해양법(Law of the Sea)
해양양식(mariculture)
해양에너지자원(marine energy resource)

학습문제

익힘문제

1. 석유와 천연가스는 어떻게 형성된 것으로 생각하고 있는가? 이들 물질이 어떻게 해저면에서 추출될 수 있는가? 왜 주변 암반의 물리적 특성이 중요한가?
2. 어떠한 해양 에너지 추출 방법이 실용적으로 보이는가?
3. 해양은 사람이 필요로 하는 모든 단백질 중 어느 정도를 공급하고 있는가? 동물성 단백질 중 어느 정도를 해양에서 공급하는가? 무엇이 가장 값진 생물자원인가? 가장 빨리 성장하는 어업은 무엇인가?
4. 남획의 징조는 무엇인가? 이 같은 조짐에 대해 수산업계는 어떻게 반응하는가? 그 결과는 어떻게 되는가? 부수적 어획이란 무엇인가?
5. 배타적경제수역을 공표하는 것은 어떠한 점에서 유리하고 어떠한 점에서 불리한가? 미국이 1982년 UN 해양법 협약과 별도로 자체적으로 자국의 EEZ를 선포한 것이 정당하다고 생각하는가?

응용문제

1. 어선 선단의 주인과 수산업을 관리하는 정부관리 사이의 대화를 상상해 보자. 각 사람들이 회의석상에 가지고 나올 5가지 주제를 들어 보라. 그리고 그들의 토론 결과는 어떻겠는가?
2. 13장과 14장에서 다룬 일차생산력에 대한 자료를 다시 검토하라. 1갤런의 휘발유를 생산할 수 있는 99톤의 식물플랑크톤에 맞먹는 에너지를 생산하는 밀과 알팔파(자주개자리) 초원의 표면적을 추정해 보라.

18 해양과 환경

주요 목차

- 해양 환경의 현안에 대한 소개
- 해양오염의 원인은 자연적일 수도 있고 인위적일 수도 있다
- 서식처가 교란되면 생물은 번성하지 못한다
- 해양 보호구역은 한 가닥 희망이다
- 인간활동이 전 지구 해양의 변화를 초래하고 있다
- 대응 방안은 무엇인가?

핵심개념

1. 지구 생물과 자원에 대한 인간의 요구량은 1961년 이래 두 배로 늘었으며, 이는 지구가 자연적으로 대체할 수 있는 능력을 적어도 20% 상회한다.
2. 오염물질은 직간접적으로 생물의 생화학 과정을 교란시켜 피해를 준다. 해양 오염원의 3/4은 육상의 인간활동에서 비롯된다.
3. 해양 산성화는 탄산칼슘 분비 생물들에게 치명적이다. 산호초는 특히 취약하다.
4. 성층권 오존이 줄고 오존 구멍이 생기는 것은 식물플랑크톤의 생산성을 낮출 수 있다.
5. 마지막 빙하기가 물러가기 시작한 지난 18,000년 동안 지구의 평균온도는 전반적으로 올랐는데 최근 상승속도는 크게 늘었다. 현재 우리는 급속한 지구온난화기에 접어들었으며 이 가운데 일부 또는 대부분이 인간행위에서 비롯되었다.
6. 관측된 지구온난화 가운데 몇 %가 인간행위 때문이라고 명시할 수는 없지만 안전을 위해 사람의 소행으로 보고 인류기원 온실기체의 배출을 줄이는 것이 현명하다.

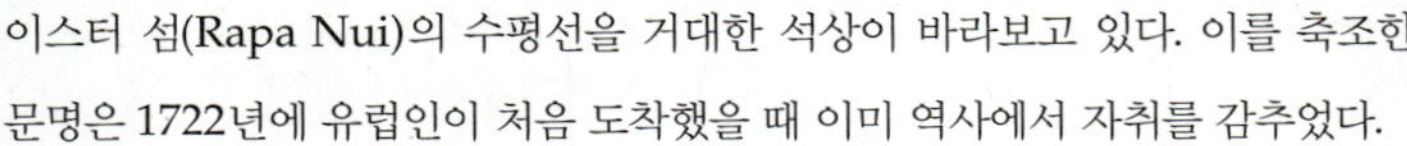

이스터 섬(Rapa Nui)의 수평선을 거대한 석상이 바라보고 있다. 이를 축조한 문명은 1722년에 유럽인이 처음 도착했을 때 이미 역사에서 자취를 감추었다.

경고성 일화 들려주고 싶은 이야기가 하나 있다. 이스터 섬(Rapa Nui)은 한때 풍부한 자원을 활용하여 고도의 문명을 일으켰던 중심이었으나 어느 날 갑자기 멸망해서 광활한 태평양에 외롭게 내팽개쳐져 으스스한 유령의 섬으로 남게 되었다. 주민들은 스스로 제 문명을 완전히 파괴시켰다.

서구인은 1722년에 처음 이스터 섬을 발견하였다. 네덜란드의 탐험가 로게벤(Jacob Roggeveen)은 탐사 항해를 하던 부활절 날 아침에 화산 분출로 만들어진 작은 섬과 마주치게 되었다. 말라비틀어진 풀과 시든 채소가 여기저기 널린 섬에는 수백 명가량으로 보이는 폴리네시아인이 굶주려 뼈가 앙상하게 드러나 보이며 옷도 제대로 걸치지 못한 채 동굴에서 살고 있었다. 하루 동안 섬을 둘러본 로게벤은 바닷가 언덕을 따라 빙 둘러 200개가 넘는 거대한 석상이 서 있는 것에 깜짝 놀랐다. 뒤에 완성되지 않고 구덩이에 누워 있는 700여 개의 석상을 더 발견했는데 마치 조금 전까지 만들다 그만둔 듯해 보였다. 로게벤은 즉각 뭔가 문제가 있음을 알아채었다. "섬에는 토목공사에 필요한 목재가 될 만한 큰 나무도 없고 튼튼한 줄도 없는데 원주민이 어떻게 저렇게 큰 석상을 일으켜 세웠는지 우리는 도저히 납득이 되지 않았다." 섬사람은 바퀴 달린 수레를 가지고 있지 않았으며, 힘센 동물도 없고, 이런 예술적이고 기술적이며 조직적인 역사를 감당할 만한 자원이 전혀 없었다. 게다가 인구도 겨우 육칠백 명 남짓한 남자와 삼십 명쯤으로 보이는 여자뿐이었다.

쿡(James Cook) 선장이 1774년에 이 섬을 방문했을 때 원주민들이 카누를 저어 배로 향해 왔다. "이들은 나무판자를 여럿 쌓고 … 판자들은 가는 실로 꼰 끈으로 솜씨 있게 묶어 놓았다." 쿡 선장이 보기에 "이들은 지식과 재료가 모자라 나무판을 제대로 잇지 못해 물이 줄줄 새서 그들이 하는 일의 반은 물을 퍼내는 일이라는 것"을 목격했다. 카누는 겨우 3미터가 채 안 되어서 한두 명밖에 타지 못했다. 그나마도 섬 전체에 고작 서너 척 있을 뿐이었다. 선장은 주민의 수를 기껏해야 200명 미만으로 추정했다. 쿡 선장이 방문했을 당시 거의 모든 석상이 쓰러져 있었다. 석상을 세우기 위해 팠던 구덩이에 넘어뜨렸거나 고의로 뾰족한 돌 위로 넘어뜨려 충격으로 얼굴을 부수어 버린 것도 있었다.

이스터 섬을 연구한 고고학자들은 아주 으스스한 이야기를 들려준다. 면적이 165 km^2에 불과한 이 섬은 지구에서 가장 외딴 섬으로 폴리네시아의 가장 변방에 위치하고 있다. 서기 350년 무렵 마르키즈 섬에서 출발한 사람들은 아마도 몇 번의 폭풍을 만나 이곳으로 표류한 것으로 보인다. 이곳은 애초에는 작은 천국이었다. 비옥한 화산재로 덮인 섬에는 야자수와 데이지, 목초와 하우하우 나무 숲이 있었고 토로미노 수풀이 있었다. 길고 곧게 자라며 물에 뜨는 야자수 목재로는 커다란 항해용 카누를 만들 수 있었으며 하우하우 나무로 만든 질긴 줄로 묶어 더욱 튼튼하게 만들 수 있었다. 토로미노 목탄으로는 새로 도착한 어부가 잡은 물고기와 돌고래를 구워 먹을 수 있었다. 숲을 일구어 토란, 바나나, 사탕수수와 고구마를 기르게 되어 인구는 크게 늘어나게 되었다.

1400년 무렵에 인구는 대략 일만에서 일만 오천 명으로 불어났다. 식량과 자원을 따거나 재배하여 분배하는 일을 감당하기 위해 복잡한 정치적 조정을 필요로 하게 되었다. 하지만 인구가 불어나며 스트레스가 쌓이기 시작했다: 농경지가 과용되고 점차 쓸려 나가면서 식량 생산이 줄게 되었고, 연안에서는 저서성 어족 자원이 줄어들어 어부들은 점점 더 먼 바다로 나가게 되었다. 인구가 늘면서 자원이 부족해지자 지배자들은 신에게 빌게 되었다. 이들은 섬의 자원을 신앙심의 상징으로 지금까지 볼 수 없던 아주 큰 석상을 만드는 데 돌렸다. 주민들은 석상을 운반하는 데 필요한 나무와 줄을 만들기 위해 나무를 더 베어 내게 되었다.

이 무렵 바닷새를 모두 잡아먹어 더 이상 둥지를 트는 새가 없어졌다. 섬으로 이주할 때 딸려 왔던 쥐도 이제는 식량으로 기르게 되었다. 야자수 열매도 고급 요리로 대접받게 되었다. 땅이란 땅은 모두 경작지로 바꾸어 놓았다. 식량과 땅이 계속해서 줄어들자 이를 차지하기 위한 싸움이 벌어지기 시작했다. 1550년 무렵이 되자 돌고래와 물고기를 잡으러 해양으로 나갈 수 없게 되었다. 야자수를 모두 베어 내어 더 이상 카누를 만들 수 없게 되었기 때문이다. 줄을 만들던 나무도 음식을 해 먹는데 모두 써 버려 멸종되었다. 한때 울창하던 숲도 사라졌다. 이제 동물성 단백질을 공급하던 동물이 모두 사라지자 곧이어 사람들끼리 서로 사냥해서 잡아먹는 세상으로 변했다.

중앙 정부의 통제는 실종되고 갱들이 설치게 되었다. 부족 간 싸움이 격해지자 잔당이 숨을 곳을 없애기 위해 풀밭 또한 불태워졌다. 수가 줄어든 부족은 동굴로 쫓겨가게 되고 거기 숨어 있다가 적들을 습격하곤 했다. 싸움에 진 부족은 잡아먹히고 이들이 세웠던 석상은 파괴되었다. 1700년 무렵에 인구는 전성기의 1/10 이하로 줄었다. 쿡 선장이 방문할 무렵에 이르러서는 제대로 서 있는 석상이 하나도 남아 있지 않았다.

생존자는 섬을 떠나고 싶어도 그럴 수 없었다. 이들을 태울 카누도 남아 있지 않았고 새로 만들 수도 없었다. 마지막 야자수를 베어 내던 이들의 선조는 무슨 생각을 하였을까? 몇 세대 지나 후손들은 대체 저 커다란 석상은 무엇을 기다리는지 의문을 품은 채 말없이 솟아 있다.

이 장을 읽으면서 여러분은 지구와 이스터 섬이 아주 닮았다는 것에 충격을 받을지도 모른다. 이 장에서 우리는 오염물질, 서식지 파괴, 생물 자원의 남용, 그리고 현재 지구의 환경에 스트레스를 가하고 있는 지구 변화를 하나씩 훑어볼 것이다. 모두 다 우울하게 만드는 명단이지만 막판에 우리는 한줄기 희망을 보게 될 것이다. 이스터 섬 사람들에겐 책도 없었고 그들은 멸망한 다른 사회의 역사에 대해서도 알지 못했다. 하지만 우리는 이들의 실수를 반면교사로 삼을 수 있을 것이다.

이 책의 첫마디는 다음과 같았다: "해양학을 해양의 전기로 보자." 이제 우리는 이야기의 마지막 부분에 이르렀으며 내가 마지막 쪽을 써 내려가기 힘들었듯이 여러분도 아마 읽기가 거북할지 모르겠다.

그림 18.1 인간이 지구 해양에 입힌 영향. 연구진은 인간이 해양 생태계에 가한 직간접적인 영향에 대한 지도를 제작하는 데 17종의 자료를 한데 모았다. 지도는 해운, 어획, 오염, 외래종 침입, 온도 변화, 자외선 변동, 그리고 해양 산성화 자료를 포함하고 있다.

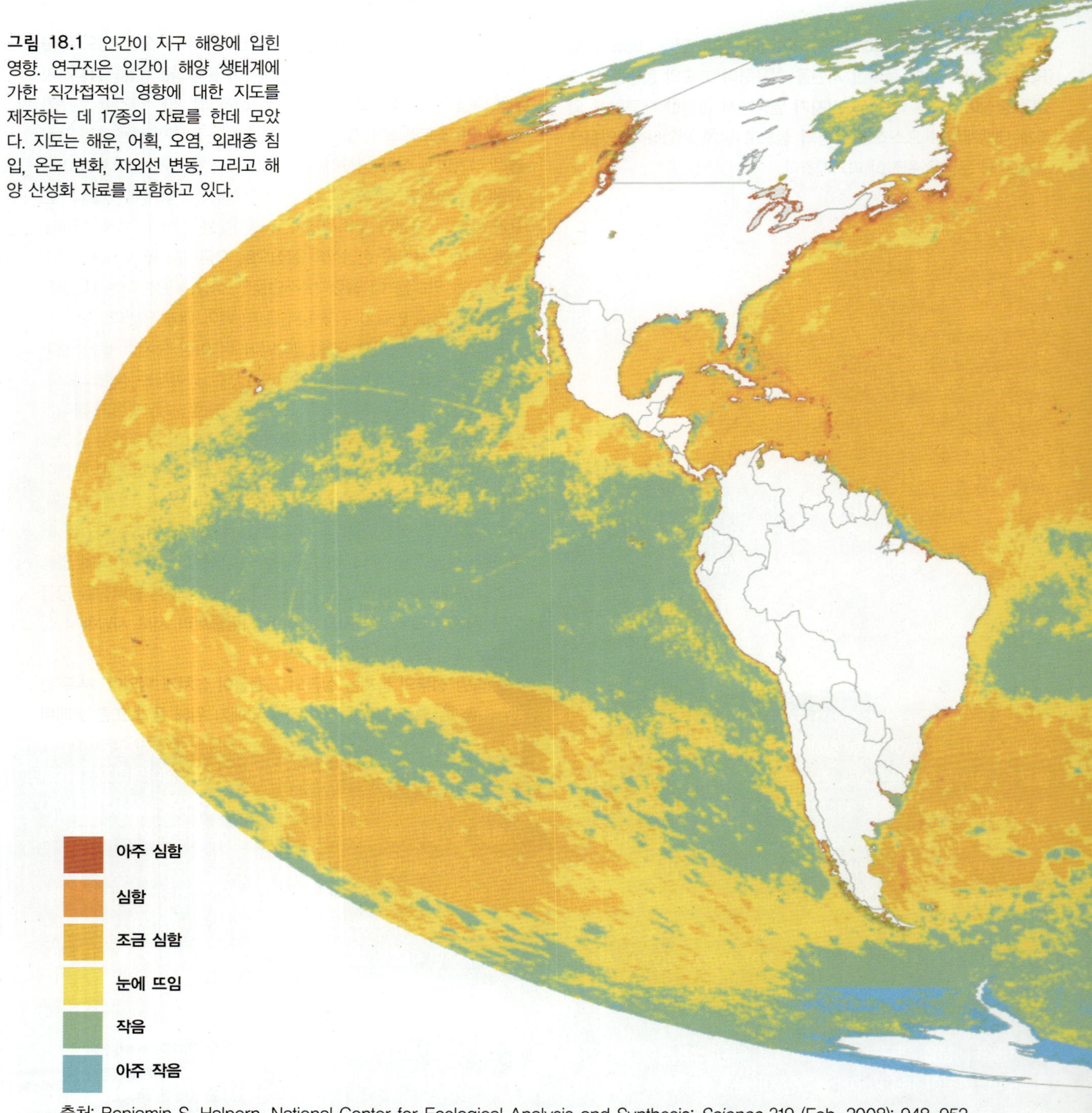

출처: Benjamin S. Halpern. National Center for Ecological Analysis and Synthesis; *Science* 319 (Feb. 2008): 948–952.

18.1 해양 환경의 현안에 대한 소개

인류는 해양자원 활용과 폐기물 관리에 있어서 의도하지 않은 지구 규모 실험을 시작하게 되었다. 우리는 불확실한 미래로 질주하면서도 마지못해 경로를 조금 틀었을 뿐이다. 2005년도 3월에 영국의 왕립학회 후원으로 세계은행이 워싱턴 D.C.에서 개최한 모임에 집결한 저명한 연구자와 경제학자들은 다음과 같은 경고문을 발표했다: "… 지구 생물을 부양하는 자연적인 작동기구 가운데 거의 2/3가 인간의 압력으로 훼손되었다." (**그림 18.1**). 다음에는 무슨 사건이 벌어질까? 해답은 불확실하지만 불행한 결말일 것으로 점쳐진다.

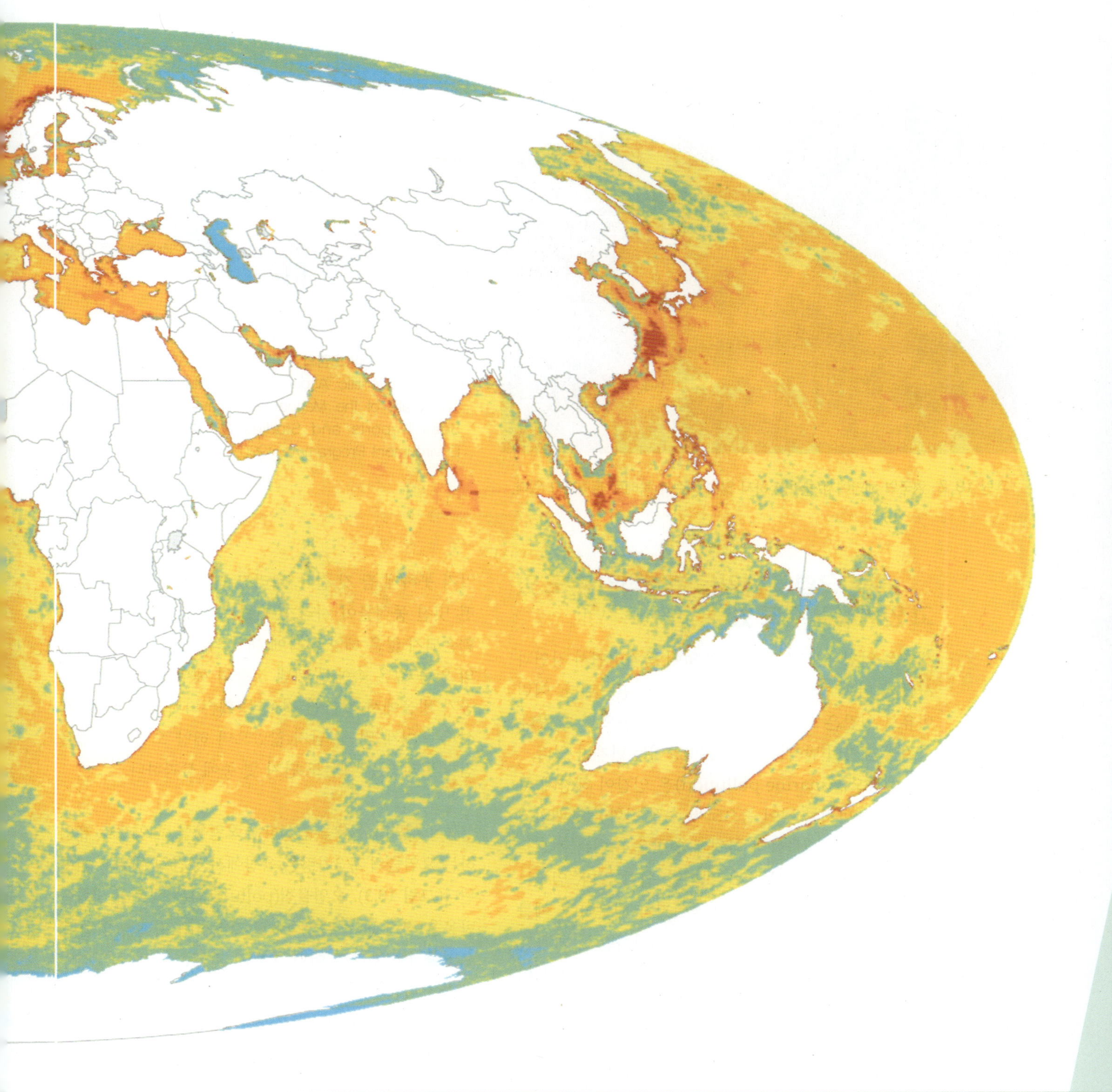

늦추어 잡아도 1980년 초반에 이미 인간의 요구량은 지구의 자원 재생 능력을 초과했다. 1961년 이래 지구 생물과 원자재에 대한 인간 요구는 두 배 이상 늘었으며 이는 지구가 자연적으로 재충전할 수 있는 능력을 최소한 20% 넘어선 것이다. 현 인류의 성장률이 지속 불가능한 것은 불을 보듯 뻔하다.

단지 지난 몇 세대가 대기와 해양을 전 지구 규모로 바꾸어 놓았다. 이 장에서는 인간이란 생물이 해양 자원을 마구잡이로 써 버리고 주변을 오염시키는 몇 가지 행태에 대해 알아보고자 한다.

그림 18.2 영국의 해안에서 처리를 하지 않은 폐수가 북해로 흘러들고 있다.

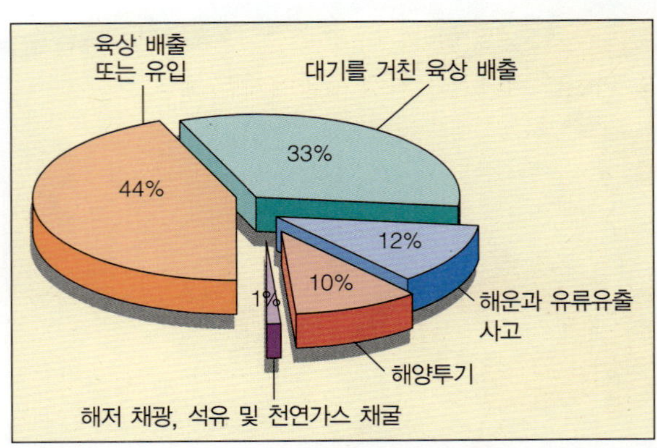

그림 18.3 해양오염의 기원.(출처: Joint Group of Experts on the Scientific Aspects of the Marine Environment, The State of the Marine Environment, UNEP Regional Seas Reports and Studies No. 115, Nairobi: U.N. Environment Programme, 1990.)

8.2 해양오염의 원인은 자연적일 수도 있고 인위적일 수도 있다

해양은 엄청나게 큰 데다가 쉼 없이 움직이면서 자연과 사람이 만든 물질들을 널리 퍼뜨리고 흩뜨린다. 이런 이유로 인간은 오랫동안 해양을 쓰레기장으로 써 왔다. 하지만 해양이 받아들일 수 있는 양에는 한계가 있다.

해양오염(marine pollution)은 인간이 해양에 물질 또는 에너지를 넣어 줌으로써 수질 변화를 초래하거나 물리, 화학, 생물학적 환경에 영향을 미치는 것으로 정의되어 있다. 오염물질을 찾기란 쉽지 않다. 일부는 자연계 안에서도 대량으로 만들어지기 때문이다. 예를 들어 화산이 폭발하면 엄청난 양의 이산화탄소, 메테인, 황 화합물, 그리고 질소산화물이 배출된다. 그런데 여기에 이들 물질을 인간이 더 배출하게 되면 지구온난화와 산성비의 원인이 된다. 이러한 이유로 천연 오염물질(natural pollutant)과 인위적인 오염물질(human-generated pollutant)을 구분할 필요가 있다.

아무도 인간이 해양을 어느 만큼 더럽혔는지 알지 못한다. 해양학자들이 처음 오염에 관심을 가지고 광역 조사를 실시했을 때는 이미 산업혁명이 한창 진행되어 변화가 꽤나 일어난 뒤였다. 인간이 합성한 물질의 흔적은 이제 해양 어느 곳에서나 발견된다.

슬픈 일이지만 때 묻지 않은 해양의 모습은 영원히 알지 못하게 될 것 같다. 그리고 인간의 활동 때문에 어떤 멋진 동식물이 사라져 버렸는지 알 길이 막막하다. 훼손되지 않은 해양 모습에 대한 약간의 지식은 극지방의 얼음 깊은 속에서 꺼낸 소량의 해수나 빙하에 갇힌 공기 방울에서 찾아낸 것이다. 훼손되지 않은 생물 서식지는 이제 몇 곳 남지 않았으며 해양 오염의 위협을 전혀 받지 않는 생물도 단지 몇 종에 불과하다.

생물의 생화학 반응을 간섭하는 오염물질 해양으로 유입하는 오염물의 2/3가량은 육상에서 인간의 행위로 비롯된다(**그림 18.3**). **오염물질**(pollutant)은 생물의 생화학 반응을 직접 또는 간접적으로 간섭하여 피해를 입힌다. 오염물질이 초래한 어떤 종류의 피해는 즉각 치명적인 반면에 다른 영향은 몇 주 또는 몇 달에 걸쳐 천천히 생물을 허약하게 만들어 동일 생물 집단의 개체수 역학에 변화를 초래하며 이어서 전체 생태군집의 균형을 무너뜨린다.

대체로 생물 개체가 특정 오염물질에 보이는 반응은 이 물질의 양과 독성에 대한 민감한 정도에 비례한다. 어떤 오염물질은 아주 낮은 농도에서도 독성을 나타낸다. 예를 들어 광합성을 하는 돌말류(diatom) 가운데 몇 종은 염화탄화수소의 농도가 일조분의 한 분자 꼴로 들어 있어도 광합성에 저해를 받는다. 다른 오염물질은 농경지에서 유출된 비료가 염하구에서 식물의 성장을 촉진하는 것으로 무해한 것으로 보이기도 한다. 또 어떤 오염물질은 특정 생물에게만 해를 입히는 경우도 있다. 예를 들어 원유를 엎지르면 이것은 동물플랑크톤의 복잡한 입 구조에 피해를 주고 새들의 깃털에도 나쁜 영향을 주지만 기름을 분해하는 박테리아에게는 진수성찬이 된다.

오염물질은 지속성 측면에서 큰 차이를 보인다. 어떤 종류는 수 천년 동안 남아 있기도 하고 어떤 것은 단지 몇 분 만에 사라지기도 한다. 어떤 종류는 스스로 분해되어 독성이 없는 물질로 바뀌는가 하면 다른 종류는 햇빛 등 물리적인 힘이 가해져야 분해된다. 어떤 경우에 오염물질은 생물 작용에 의해 제거되기도 한다. 예를 들어 어떤 생물은 오염물질을 아예 무해한 물질로 분해시켜 전혀 피해를 입지 않는다. 실제로 많은 오염물질은 **생분해성**(biodegradable)이다. 즉 자연적으로 작은 물질로 분해된다. 하지만 실제로 대부분의 오염물질은 물, 공기, 햇빛, 또는 생물에 의해 분해되지 않는다. 이들이 자연계에 있던 물질과 전혀 닮지 않은 구조로 되어 있기 때문이다.

오염물질이 대기와 해양을 변화시키는 방법에 대해서는 학자들도 갈피를 잡기 어렵다. 환경이 입는 피해는 종종 예측하기도 어렵고 설명하기도 곤란하다. 그 결과 해양학자마다 대기와 해양이 변화하는 것에 대해 의견이 분분하며 대응 방안에 대해서도 마찬가지이다. 환경 문제는 감정이 개입될 소지가 크며 언론은 대기의 변화라든가 난분해성 염화탄화수소의 효과처럼 장기간에 걸쳐 중요한 문제보다는 유류 유출과 같이 단발성이지만 눈에 띄는 사고를 더 부각시키는 경향이 있다.

다양한 경로로 유입되는 유류 기름은 해양 환경을 구성하는 천연 구성원이다. 기름이 새는 곳에서는 기름이 수백만 년 동안 상당량이 흘러나왔다. 하지만 최근에 들어 해양으로 유입되는 기름의 양은 유류의 해상 수송량이 늘고, 해상 유전, 해안의 정유 시설, 그리고 차량이 도로에 흘린 폐유에서 비롯되어 크게 늘어났다(**표 18.1**).

전 세계 원유 소비량은 눈덩이처럼 불어나서 초당 3,800리터(1,000갤런)나 되며, 이 중 반을 약간 넘는 양이 유조선(tanker)으로 수송되었다. 1990년대에는 매년 약 130만 용적톤(143만 중량톤)의 기름이 바다로 들어온 것으로 집계되었다. 자연히 새어 나오는 기름은 연간 60만 용적톤으로 약 반을 차지한다. 그리고 약 8%는 기름의 해상 수송과 관련된 것이었다. 이것은 모두 사고로 엎지른 것이 아니라 기름을 싣고 내리며 빈 유조선 내부를 씻는 과정에서 유출된 것이다. 유조선에서 나온 기름 때문에 매년 15만~45만 마리의 새가 죽임을 당하고 있다.

이보다 훨씬 많은 양의 기름이 도시의 도로에 흘린 것, 하수구에 버린 것, 쓰레기로 매립지에 몰래 묻힌 것에서 바다로 들어온다. 매년 9억 리터가 넘는 차량 폐윤활유가 바다로 들어오는데 이것은 *Exxon Valdez*가 흘린 기름 양의 22배가 넘는 양이다(**그림 18.4**). 이런 기름은 원유나 갓 정제된 기름보다 해롭다. 왜냐하면 내연기관에서 금속과 뒤섞이고 고온 고압에서 발암물

표 18.1 전 세계의 기원에 따른 연간 석유 유출량 (1990–1999년)

기원	1,000톤/년	
원유 자연 누출	600	
원유 채광	38	
유정에서 채광한 물 섞인 원유		36
해상 플랫폼		0.86
대기 침적		1.3
원유 수송 및 유화제품	153	
유조선 유출		100
유조선 세척		36
수송관 누출		12
해안 시설 누출		4.9
대기 침적		0.4
유화제품 소비	480	
대형선박의 운항 중 배출		270
육상 유입		140
대기 침적		52
공중 투하 항공유		7.5
유조선 이외의 유류 유출		7.1
놀이용 보트		3.0
합계	~1,300	

출처: *Oil in the Sea III: Inputs, Fates, and Effects*, National Academy of Science, 2003.

Tom Garrison

그림 18.4 폭우가 쏟아지면 물은 바로 강이나 만으로 흘러들어 결국 바다로 나간다. 쓰고 난 윤활유를 하수구나 공터에 쏟아 버리거나 쓰레기와 함께 내다 버리는 양이 매년 2억 4천만 갤런에 이르는데 이는 1989년에 유조선 *Exxon Valdez*가 흘린 원유의 약 22배에 이르는 양이다. 이것의 상당 부분은 여러 경로를 통해 바다로 흘러든다.

U.S. Coast Guard

말레이시아 선적 화물선 *Selendang Ayu*가 알래스카의 알류샨 섬의 Skan Bay에서 파도를 맞고 있다. 20004년 12월 사고에서 아주 소량의 연료만 회수되었다.

AP Images/Peter Cosgrove

2005년 8월에 허리케인 카트리나에 의해 뜯겨진 오일 플랫폼이 앨라배마의 Dauphin Island의 초토화된 해안에 널브러져 있다.

그림 18.5 선박과 해상 플랫폼의 충돌 사고로 새어 나온 기름.

질이 만들어져 섞였기 때문이다.

유조선이나 해안의 저유 시설 또는 유정 등에서 기름이 갑자기 흘러나왔을 때 해양 환경에 주는 영향을 일반화시켜 말하기는 어렵다(**그림 18.5**). 유류 유출의 사후 영향은 몇 가지 요인에 따라 달라진다. 사고 위치와 연안까지의 거리, 기름의 양과 종류, 계절, 해류, 날씨, 그리고 피해에 노출된 생태 군집의 종조성과 다양성 등이 여기에 해당한다. 조간대와 천해역의 조하대에 사는 생물 군집이 기름 유출에 대해 가장 취약하다.

원유를 쏟는 사고가 정유를 쏟는 사고보다 빈번하며 대략 흘린 양도 많다. 대부분의 기름 성분은 물에 쉽게 녹지 않지만 어린 해양생물은 비교적 낮은 농도에 노출되어도 치명적이다. 비휘발성 잔류물은 표면을 끈적하게 덮어 기체교환을 막고, 다 자란 생물의 섭이 기관을 막아 버리고, 어린 생물을 죽이며 광합성에 필요한 빛을 가린다. 그럼에도 원유는 생분해가 가능하며 독성이 낮은 편이다. 원유의 유출은 보기에도 끔찍하고 언론에 자주 주목을 받지만 중규모 사고 후 대개 5년이 지나면 생태계가 회복된다. 예를 들어 1991년 걸프전 동안 2억 4천만 갤런의 가벼운 원유가 페르시아 만으로 흘러들었는데 비교적 빠르게 사라져서 아마도 장기에 걸쳐 생물에 주는 피해는 심각하지 않을 것으로 예상되고 있다.

생물이 많이 사는 연안에 특히 정유를 흘리게 되면 오랫동안 더 큰 피해가 예상된다. 정유 과정에서 긴 사슬을 가진 분자는 걸러 내거나 끊어 내어 가벼운 물질

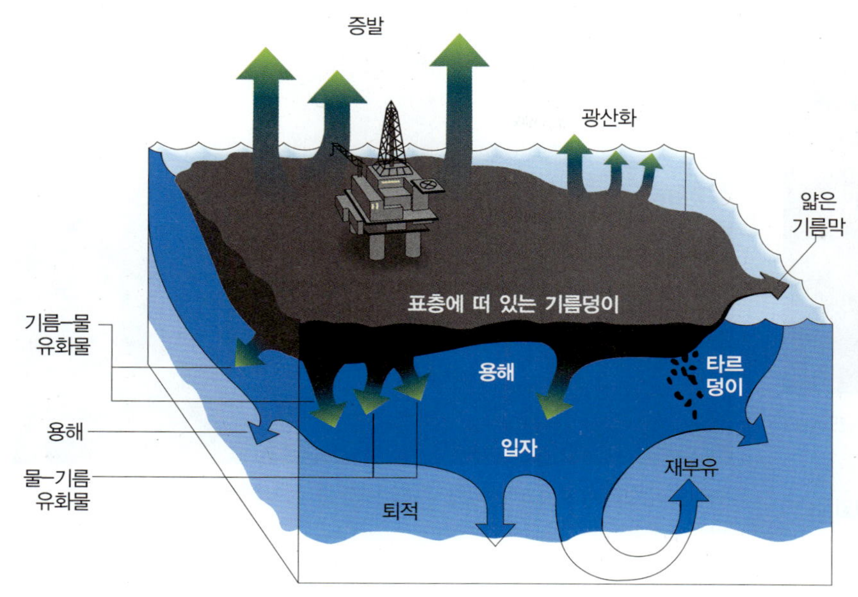

그림 18.6 유출된 기름의 행로. 분자량이 작은 것은 증발하거나 기름막 아래의 해수에 녹는다. 며칠 안에 물의 유동이 기름을 뭉치게 하여 타르 덩이와 물과 기름이 섞인 반고체 현탁물이 만들어진다. 만들어진 타르 덩이와 현탁물의 수명은 몇 달이나 된다. 원유를 그대로 두면 결국은 박테리아가 이를 분해 소비한다. 하지만 정제 과정을 거친 기름은 독성이 더 강할 수 있으며 자연 상태로 회복되는 데에도 더 오랜 시일이 걸린다.

이 농축되며 이들은 생물학적으로 훨씬 반응성이 높다. 또한 정유 시 첨가제도 독성을 강화시킨다. 정유 유출 사고는 미국의 경우에는 점점 심각한 문제로 대두되고 있다. 1980년대와 1990년대에 배로 운송하는 정유의 양이 크게 늘었기 때문이다.

유출된 기름의 휘발성 성분은 결국 대기로 증발하여 무거운 찌꺼기인 타르(tar)를 남긴다. 파도에 쓸리며 타르는 여러 크기의 공 모양으로 된다. 타르 덩이(tar ball)의 일부는 바닥에 가라앉아 바닥에 사는 생물이 먹기도 하고 퇴적물로 묻히기도 한다. 결국은 박테리아가 분해하지만 차가운 극지방에는 이것이 몇 년씩 걸리기도 한다. 기름의 찌꺼기는 특히 정유에서 나온 경우는 바닥 생태계에 오랫동안 악영향을 미친다. 유출된 기름이 거치는 경로는 **그림 18.6**에 나타내었다.

득실이 따르는 방제작업 엎질러진 기름을 거두거나 닦아 내기 위한 노력이 때로는 더 큰 피해를 불러올 수 있다. 기름을 흩뜨리고자 뿌린 유분산제는 특히 생물에게 피해를 입힌다. 초창기 유조선 사고의 하나인 *Torrey Canyon* 사고가 1969년 영국의 남쪽 해안에서 일어났다. 이 사고로 10만 톤의 원유가 쏟아졌지만 피해 규모는 이를 훨씬 능가했다. 영국 남부의 휴양지들은 2년이나 폐쇄하였는데 기름 때문이 아니라 해안을 깨끗하게 보이려고 뿌린 분산제 때문에 죽은 해양생물에서 나는 악취 때문이었다.

미국에서 사상 두 번째로 많은 기름을 엎은 *Exxon Valdez* 호 사건(이는 사상 46번째에 해당하는 대규모 기름 유출 사건임) 처리를 위해서는 훨씬 정교한 방법이 동원되었지만 역시 처리 과정에서 더 큰 피해를 불러온 것으로 판명되었다. 초대형 유조선 *Exxon Valdez* 호는 1989년 3월 24일에 알래스카의 프린스윌리엄사운드에서 좌초했다. 싣고 있던 원유의 22%인 4천만 리터가 찢긴 동체에서 흘러나왔다(**그림 18.7**). 일만 명에 달하는 인력이 동원되어 기름 차단막과 유회수선, 바닥을 훑는 배, 흡착포를 이용하여 총체적인 노력을 기울였지만 엎지른 양의 단지 17%만 회수되었다. 나머지 가운데 약 35%는 증발했고 8%는 연소되었으며, 5%는 강력한 유분산제로 처리되었고 5%는 그 후 다섯 달 동안 생물분해되었다. 처리되지 못한 30%는 기름 막을 이루어 프린스윌리엄사운드 해안선 450 km를 더럽혔다.

최근 연구 결과에 따르면 기름 방제를 한 곳이 그대로 둔 곳보다 회복 상태가 더 나쁜 것으로 드러났다. 먹이사슬의 하부를 이루던 작은 동물은 바위틈에 낀 기름덩이를 씻을 때 사용된 65도나 되는 뜨거운 물에 삶아져 죽어 버렸다. 다른 생물도 강력한 수압으로 물을 뿌린 바람에 모래와 진흙이 뒤범벅이 되면서 짓이겨져 버렸다. 지나치게 야심찬 정화 계획이 오히려 부작용을 부른 사례이다. 현장을 지휘하던 수석 과학자였던

Jeff Bennett/Peter Arnold, Inc.

1989년 3월에 알래스카 프린스윌리엄사운드에서 일어난 *Exxon Valdez* 호 유류 유출사고의 처리 광경.

그림 18.7 *Exxon Valdez* 호가 흘린 기름이 프린스윌리엄사운드의 암반 해안을 뒤덮어서 조간대 생물을 질식시켰다.

Al Grillo/Peter Arnold, Inc.

역설적이게도 유류사고에 의한 직접피해만큼 정화작업으로 다시 피해를 입었다.

표 18.2 해양에서 발견되는 합성 유기화합물

화합물명	건강에 미치는 영향
테믹(aldicarb)	신경조직에 대한 강한 독성
벤젠(benzene)	염색체 손상, 빈혈, 혈관 질환, 백혈병
사염화불소 (carbon tetrachloride)	암; 간, 신장, 폐, 중추신경계 손상
클로로포름(chloroform)	간, 신장 손상; 암 유발
다이옥신(dioxin)	피부 질환, 암, 유전적인 돌연변이
이브롬화에틸렌 (EDB)	암, 무정자증
PCB(polychlorinated biphenyl)	간, 신장, 폐 손상
TCE(trichlorinated ethylene)	고농도에서 간과 신장 손상, 중추 신경계 약화, 피부질환, 암 유발과 돌연변이
염화비닐 (vinyl chloride)	간, 신장, 폐 손상; 폐, 심장 혈관, 위장 장애; 암과 돌연변이 유발

출처: Miller, 1997.

NOAA의 얼(Sylvia Earle)은 "사정에 따라서는 생태계 참사에 대해 가장 효과적인 대처는 그대로 두는 것이다. 역설적이지만 이렇게 하기 정말 어렵다."라고 밝힌 적이 있다.

물론 기름 유출 사고에 대처하는 가장 좋은 방법은 사고를 미리 방지하는 것이다. 유조선은 기름 유출을 최소화하도록 설계가 변경되었다. 의회에서는 새 유조선을 만들 때 더욱 견고하고 이중 벽체로 된 배(그림 17.31의 유조선 뮤렉스처럼)를 만들도록 법제화를 고려하고 있다.

가장 중요한 부분은 선원 선발과 훈련 과정을 한 단계 높였다는 것이다. 이러한 노력은 이미 효과가 나타나고 있다—1970년대에 연평균 25.2회였던 유류 유출 사고가 2000년에서 2005년 기간에는 연평균 3.7회에 불과했다.

생체에 농축되는 독성 합성 유기물 다양한 합성 유기물이 바다로 흘러들어, 생물 몸체에 끼어들어 가 있다. 몇 가지 물질은 **표 18.2**에 수록하였다. 이들 물질은 아주 조금만 섭취하더라도 병들게 하고 심지어 죽게도 한다. 미국에서는 1962년 카슨(Rachel Carson)이 『침묵의 봄(Silent Spring)』을 출판하자 큰 반향을 불러일으켜 환경운동이 시작되었다(**그림 18.8**).

할로겐화 탄화수소 화합물은 염소, 브롬 또는 아이오딘을 가지고 있는 탄화수소로 살충제, (불을 끄는) 소화기, 산업용 용매와 드라이 클리닝 세제에 들어 있다. 이러한 화합물 가운데 가장 많으며 또한 가장 위험한 것은 **염화탄화수소**(chlorinated hydrocarbon)이다. 미국 뉴욕 주 연안역에서는 염화탄화수소의 농도가 너무 높아 가임 여성과 15세 미만의 어린이는 이곳에서 잡히는 파란 전갱이를 일주일에 반 파운드 이상 먹지 말라

그림 18.8 1962년도 화제작 『침묵의 봄』을 저술한 카슨. 합성 살충제의 오용을 다룬 이 작품은 미국에서 환경 운동을 탄생시켰다고 평가된다.

고 경고하였고 줄무늬 농어는 절대 먹지 말라고 하였다.

해수에서 합성 유기물의 농도는 대개는 아주 낮지만 먹이사슬에서 위에 있는 몇몇 생물의 체내에서는 농축된다. 이러한 **생태계증폭**(biological amplification)은 특히 먹이사슬의 최상위 포식자를 위협한다.

염화탄화수소 계열의 살충제인 DDT의 피해는 특히 큰 교훈을 남겼다. 1960년대 초반에 갈색 펠리컨들이 탄산칼슘 함량이 부족한 알을 낳기 시작하였다. 알은 쉽게 깨져서 병아리가 부화되지 않아 결국 둥지가 비게 되었다. 펠리컨은 서서히 자취를 감추어 갔다. 조사 끝에 주범으로 DDT가 지목되었다. 플랑크톤이 물속의 DDT를 흡수하고 물고기가 플랑크톤을 잡아먹으면서 몸 안에 축적된다. 결국 물고기를 먹은 새에게 흡수된다(**그림 18.9**). 전체 생태계가 오염되지만 생체증폭 때문에 최상위 포식자가 피해를 가장 크게 입는다. DDT와 칼슘을 분비하는 세포 사이에 일어나는 화학반응이 정상적인 알 껍데기가 만들어지는 것을 방해한다. 이 사실이 밝혀진 뒤 미국에서 DDT 사용이 금지되었고 현재 펠리컨과 수리의 수가 회복되고 있다.

염화탄화수소의 생태계증폭은 다른 생물에게도 피해를 입힌다. 각종 **PCB(폴리염화비페닐**, polychlorinated biphenyl)는 전력 장비를 냉각시키고 절연하는데 사용되거나 목재나 콘크리트 강화제로 쓰이던 액체 물질인데 캘리포니아 주 연안의 섬에 사는 물개나 바다사자의 행동 변화나 개체수 감소와 연관 있다고 보고되었다. PCB는 서부 지중해에 사는 돌고래가 치명적인 바이러스성 전염병에 걸린 것과도 관련이 있다. 이런 물질을 돌고래가 먹으면 면역력이 크게 떨어져서 병에 쉽게 걸린다. 1990년 여름에는 많게는 돌고래 일만 마리가 질병으로 죽었다. 최근 생물학자들을 경악하게 한 사실은 미국 연안에 사는 돌고래들이 모두 심각하게 오염되어 있다는 것이다. 돌고래 몸에 들어 있는 염화탄화수소의 농도는 6,900 ppm을 넘으며 이 정도면 면역체계, 호르몬 생산, 생식 기능, 신경 작용, 암 발생 억제 능력을 교란시키기에 충분하다.[1] 이러한 수치는 동물에게 피해를 준다고 규정한 50 ppm이나 인체 안전 기준인 5 ppm을 훌쩍 넘어선 것이다. 심지어 연안 가까이에는 거의 오지 않는 향고래마저도 오염되어 있다. 해양으로 들어와 농축되고 있는 다이옥신을 비롯한 기타 합성물이 자꾸 농축되며 일으키는 효과에 대해 예의 주시하고 있다.

먹이사슬을 통해 생태계증폭이 가능한 유기물이 전 세계에서 매년 1억 톤(9,100만 중량톤)이 넘게 생산되고 있다. 예상대로 1%만 해양으로 들어온다 해도 지금보다 엄청나게 넓은 해양이 오염에 시달리게 된다.

극미량이라도 위협적인 중금속 해양생물을 오염시키는 것은 합성 유기물뿐만이 아니다. 적은 양의 **중금속**(heavy metal)도 정상적인 세포의 대사를 방해하여 생물에 피해를 줄 수 있다. 수은과 납, 구리, 주석은 바다로 유입된 독성이 강한 중금속의 대표이다.

사람의 행위로 인해 수은은 자연 상태 유입량의 5배, 납은 17배나 더 해양으로 들어오고 있다. 수은과 납에 중독되어 뇌가 손상되고 어린이 행동 발달에 이상이 일어나는 사고 건수는 지난 이십 년 사이에 급격히 늘어났다. 공장 폐기물, 매립과 휘발유 연소 잔해로 배출되는 납 입자는 비가 내리면 강으로 모여 바다로 이동

[1] 만약 해변에 올라온 돌고래를 바다 쪽으로 끌어다 주었다가는 해양에 오염물 투기 혐의로 일만 달러의 벌금을 부과받을 수 있다.

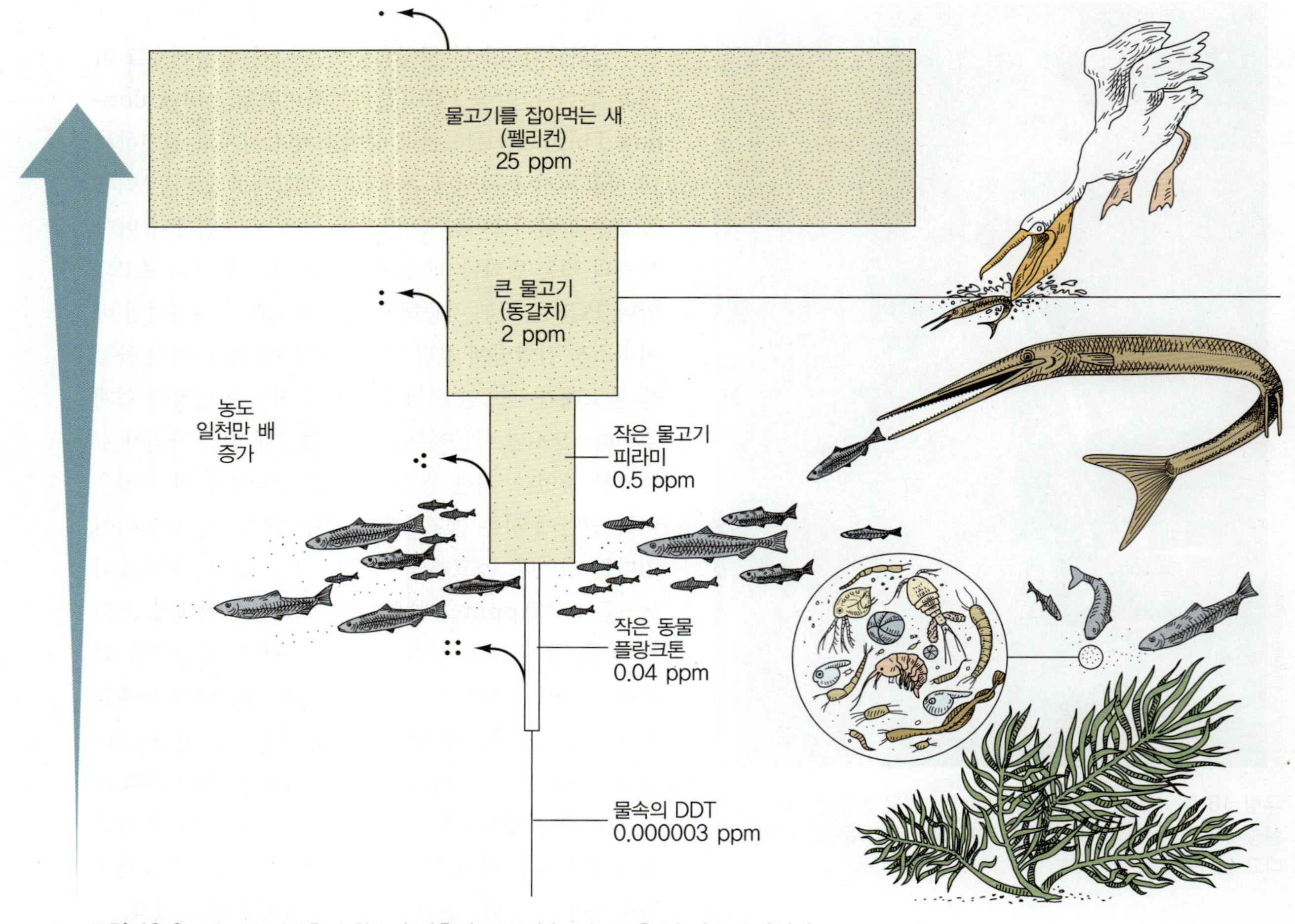

그림 18.9 생물의 지방층에 함유된 살충제 DDT의 농도는 뉴욕 시 인근 롱아일랜드사운드의 염하구 생태계에서 백만 배가량 생물학적으로 증폭된다. 그림에서 점은 DDT, 화살표는 호흡과 배설을 통해 제거되는 소량의 DDT 유실을 나타낸다.

한다. 얕은 연안역 해저에 사는 생물에 납이 농축되는 속도는 크게 우려할 수준이다.

수은은 특히 독성이 강한 오염물질이다. 자궁에 있을 때나 신생아 시기에 적은 양이라도 수은에 노출되면 심각한 신경계통 장애를 받을 수 있다(**글상자 18.1** 참조). 먹이사슬을 따라 농축되기 때문에 참치나 새치처럼 대형인 어류는 소형 어류보다 문제가 심각하다. 미 식약청은 가임여성과 어린아이들은 새치, 상어, 왕고등어와 옥돔을 절대 먹지 말고, 왕게, 대게, 날개다랑어, 참치 스테이크를 주당 6온스 이내로 제한하라고 권유하였다.

삶의 질에 관심이 높은 사람들은 물고기를 안전한 건강식품으로 여기고 있다. 그러나 육상에서 중금속이 들어 있는 강물의 유입, 대기의 오염물질을 씻어 내리는 비, 침몰한 배에서 스며 나오는 중금속의 유입이 진행 중이어서 안전한 수산물 섭취가 언제까지 보장될는지 걱정된다. 특히 산업화된 지역 인근에서 잡힌 수산물을 소비할 때 각별히 조심해야 한다.[2]

다른 생물에 유해한 종의 성장을 촉진하는 부영양화 오염물질이라고 다 생물을 죽이는 것은 아니다. 일부 용존 유기물은 식물에게 영양분이나 비료와 같은 역할을 하여 부영양화를 유발한다. **부영양화**(eutrophication)(*eu*: good, well, *trophos*: feeding)는 지나치게 많은 영양분이 물에 유입되었을 때 물리, 화학, 생물 환경이

[2] Monterey Bay Aquarium은 "Seafood Watch" 웹 게시물을 통해 안전한 수산식품과 섭취 금지 목록을 정기적으로 갱신하고 있다(http://www.mbayaq.org/cr/cr_seafoodwatch/download.asp).

글상자 18.1 미나마타의 비극

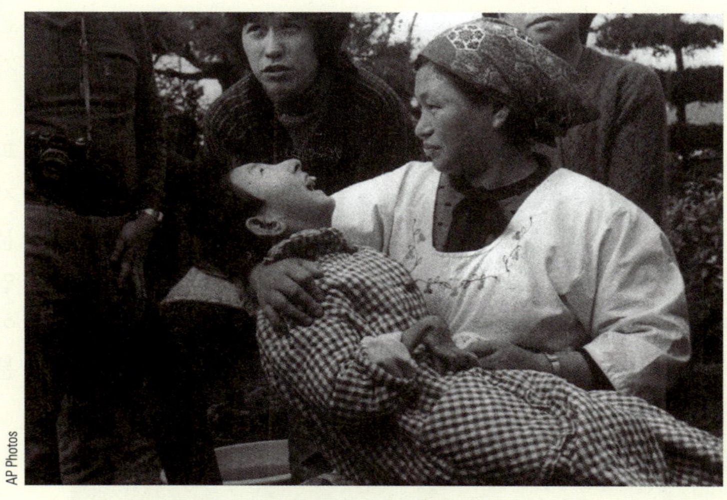
AP Photos

미나마타병의 희생자는 종종 평생 간호를 받아야 했다.

인근 공장에서 바다로 흘려 보낸 수은에 중독된 적이 있는 일본 미나마타 주민에게 중금속 중독은 잊을 수 없는 악몽이다. 미나마타 만에서 1953년과 1960년 사이에 잡은 조개를 먹은 백 명 넘는 사람에게 현재에는 미나마타병이라고 부르는 수은 중독 증세가 나타났다(**그림 a**). 이 병의 증세는 신장 손상, 운동신경 퇴행, 기형아 출산, 정신 이상 등이며 결국 목숨을 잃게 된다.

수은을 방출한 곳은 플라스틱 공장으로 만에다 쏟아 버린 폐액에 염화수은(mercuric chloride)이 들어 있었다. 박테리아는 이 물질을 해저에 사는 생물이 흡수하여 농축될 수 있는 종류의 화합물로 바꾸어 놓았다. 그리하여 조개와 굴을 먹은 주민들 가운데 특히 임산부와 어린 아이들이 큰 피해를 입었다.

이후 수은의 방류는 중단되었지만 가난한 주민에게 식량을 제공하는 중요한 역할을 해 왔던 만에서는 40년이 지나도록 어패류 채취가 완전히 금지되었다. 이런 상황은 앞으로 몇 세대가 지나도 호전되지 않을 것이다. 왜냐하면 퇴적물에 들어 있는 수은은 쉽사리 제거되지 않아 체류시간이 길기 때문이다.

마지막 희생자들은 1997년에 40년을 끌어 온 보상 문제를 매듭지었다. 문제를 일으킨 Chisso Corporation은 피해자에게 미화 24,200달러를 현금으로 보상하였다.

변화하는 것을 일컫는다. 양분 과다는 과소와 마찬가지로 생태계를 파괴한다. 부영양화는 다른 생물에 피해를 주는 몇 종류의 생물 성장을 부추겨서 해양의 생물학적 균형을 무너뜨린다. 이러한 과도한 양분의 주공급원은 하수처리시설, 공장 폐수, 토양 유실의 가속화, 그리고 육상에서 뿌린 비료이다. 주로 강물을 통해 바다로 들어오므로 강물과 바다가 만나는 염하구에 아주 많다. 부영양화는 거의 전 세계 주요 하천의 염하구에서 발견된다.

미시시피 하구는 좋은 선례를 남겼다. 2004년에 빈산소와 무산소 띠가 미시시피 삼각주의 남부와 서부의 대륙붕 15,000 km^{2}를 덮쳤다(**그림 18.10**). 그리고 강물 유입이 늘면서 이 '죽음의 띠'는 더 커졌다. 주범은 미시시피 평원에 줄지어 있는 수백만 농지에서 씻겨 나와 만으로 유입된 질소 비료였다. 정부 관리는 비료의 강물 유입을 줄이면 앞으로는 문제가 누그러들 것으로 기대하고 있다.

부영양화로 눈에 쉽게 띄는 광경은 적조, 누런 거품, 그리고 플랑크톤이 왕성하게 자라 만든 끈적한 녹색 뭉치(글상자 14.1 참조) 등이다. 이러한 플랑크톤 대번식(bloom)은 대개 한 종류의 식물플랑크톤이 폭발적으로 늘어나 다른 종을 압도하면서 일어난다. 엄청나게 많은 수의 조류 세포는 동물의 아가미를 막아 죽게도 하고 광합성을 하지 않는 밤에는 물속의 산소를 몽땅 소모해서 죽게 만들기도 하는데 이러한 상태를 **빈산소**(hypoxia)(*hypo*: low, *oxia*: oxygen)라 부른다. 연안역 빈산소화는 기름 유출사고를 포함한 다른 어떤 단일 사고보다보다도 더 많은 물고기를 죽인다. 이것은 패류 양식업자에게 가장 큰 위협이기도 하다. **그림 18.11**은 빈산소화가 창궐하고 있음을 보여 주고 있다.

산소 부족에 시달리는 곳은 연안에 국한되어 있지 않다. 지구온난화에 따라 온도가 올라가면서 심해의 산소가 부족한 물이 남미 북부와 중미 연안의 표층으로 떠오르고 있다. 이들 빈산소 물덩이는 주요 어장에서 어류를 쫓아내 버린다.

a

빈산소 해수(왼쪽)가 멕시코 만에 침투하고 있다. 농경지에서 미시시피 강으로 흘러든 비료로 촉발된 조류의 대번식이 이 해역의 산소를 고갈시켰다.

b

유해 조류 번성이 플로리다 주 리틀가스파릴라 해안을 덮친 광경.

그림 18.10 연안에 발생한 '죽음의 띠'.

해양생물을 특히 위협하는 플라스틱을 비롯한 고형 폐기물 오염물질이 모두 액체가 아니라 상당 부분은 고체 상태로 들어온다. 플라스틱은 일 년에 약 1억 2천만 중량톤이 생산되고 이 가운데 10%는 결국 해양으로 향한다. 이 가운데 15%는 선박과 해상유전에서 나온 것이고 나머지는 육상 기인이다. 미국인은 일인당 플라스틱 사용량에서 타의 추종을 불허한다(**그림 18.12**). 미국이 연간 배출하는 플라스틱 폐기물 총량은 3,400만 중량톤으로 인구당 120 kg에 해당한다. 원유 생산량의 4%가 조금 넘게 플라스틱 생산에 쓰이고 있다.

소비자에게 쓸모 있는 플라스틱의 속성인 견고함과 안정성은 해양 환경에서 문제를 빚기도 한다. 과학자들은 캔 묶음 플라스틱 같은 합성물질은 400년이나 분해를 버틴다고 추정한다. 유출유가 환경에 큰 피해를 입힐 것처럼 주목을 받지만 플라스틱이 더 심각한 위협이다. 기름은 해롭지만 플라스틱과는 달리 결국에는 생분해된다.

1997년에 뉴욕-뉴저지 해안의 쓰레기 줍기에 4,500명이 넘게 자원봉사자로 나섰다. 수거한 209톤의 쓰레기 가운데 75%가 플라스틱이었다(종이와 유리는 15%를 차지했다). 뱃전에서 던져 버렸거나 강의 홍수로 바다로 쓸려 나온 것이 쌓여 초현실적 광경을 연출하였다(**그림 18.13**).

문제는 연안에 국한되지 않는다. 북태평양의 아열대 환류는 시계 방향으로 천천히 도는데 광대한 면적에 걸쳐 있다(그림 9.8을 다시 볼 것). 이곳에서 바람은 약하게 분다. 해류는 표류하는 물건들을 에너지가 약한 환류의 복판에 모이게 한다. 이곳에는 마땅히 뭍에 오를 만한 섬들도 없어서 환류 안에 계속 머무른다. 텍사스 주의 넓이와 맞먹는 이곳을 'Asian Trash Trail', 'Trash Vortex', 또는 'Eastern Garbage Patch'라 부른다(서태평양의 하와이와 샌프란시스코 중간쯤에도 작지만 비슷한 것이 있다.) 쓰레기의 무게는 약 3백만 중량톤으로 추정되었는데 이는 LA의 연간 쓰레기 매립량과 맞먹는다.

한 해에 수백 마리의 해양 포유류와 수천 마리의 바닷새가 플라스틱 쪼가리를 먹거나 그것에 감겨 죽는다. 바다거북은 플라스틱 봉지를 평소에 즐겨 먹던 해파리로 오인하여 장이 막혀 죽는다. 물개와 바다사자는 그물에 걸리거나 캔 맥주 끈에 목이 걸리면 굶어 죽는다(**그림 18.14a**). 이 끈에 물고기나 바닷새도 걸려든다. 레이산 신천옹의 병아리도 어미가 먹이 대신 플라스틱 쪼가리를 잘 못 먹이는 바람에 매년 죽어 나간다(**그림 18.14b**).

상황은 점차 나빠지고 있다. 햇빛, 파도, 그리고 물리적인 마모와 파쇄는 계속해서 작은 플라스틱 쪼가리를 만들어 낸다. 이들 작은 쪼가리는 PCB나 다이옥신 같은 악명 높은 독성 유류 잔해물을 흡착시키는 성질을

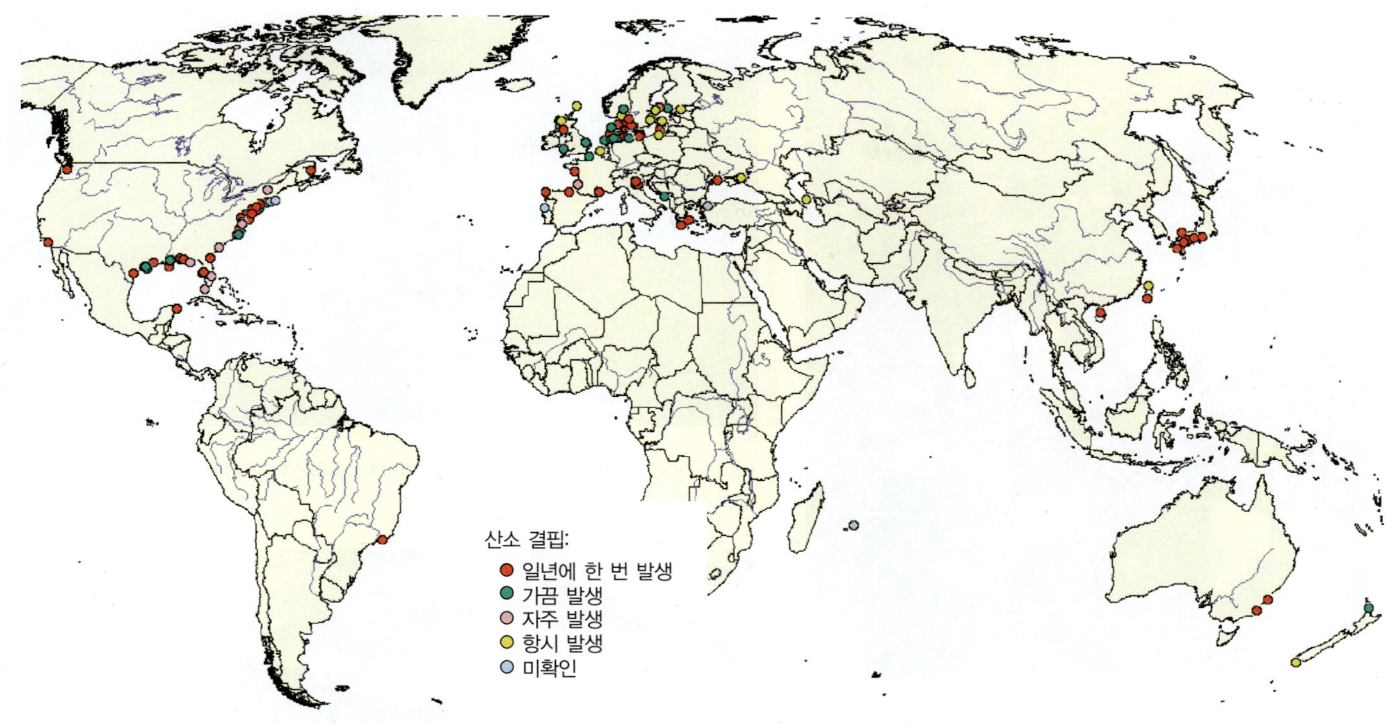

그림 18.11 전 세계의 빈산소 발생 상황. 양분의 유입이 제어되지 않는 한 죽음의 띠는 더 자주, 더 넓게 발생하게 될 것이다.

가지고 있다. 태평양 한가운데에서 플라스틱 쓰레기나 쪼가리에는 주변 해수보다 이들 독성물질이 백만 배 이상 농축되어 있다. 북태평양 아열대 환류역('East Pacific Garbage Patch')에서 채수한 물 안에는 미세한 플라스틱의 무게가 동물플랑크톤보다 여섯 배나 많았다. 이곳에서 독성 유기물질이 먹이사슬을 따라 생체 농축되어 있는 것은 놀랄 일도 아니다.

플라스틱이라 해서 모두 물에 뜨는 것은 아니다. 폐기된 플라스틱의 70%가량은 바닥에 가라앉는다. 북해에서 해저 1 km^2마다 버려진 쓰레기 110개를 셀 수 있었다. 북해에만 플라스틱 쓰레기 60만 용적톤이 널려 있다고 추정되었다. 이런 플라스틱은 저생생물을 초토화시킨다.

플라스틱을 비롯한 고형 폐기물들, 즉 유리, 종이, 일회용 기저귀, 쇠 부스러기, 건축 폐기물을 어떻게 처리해야 할까? 해양투기는 물론 어림도 없는 일이다. 하지만 이들을 묻을 장소는 점점 줄어들고 있다. 2004년에 뉴욕 시민 한 명이 일 년 동안에 버린 쓰레기는 평균 1 중량톤이 넘는다. LA와 오렌지카운티에서 단지 8일 동안 나오는 쓰레기는 다저스 구장을 채울 만한 양에 이른

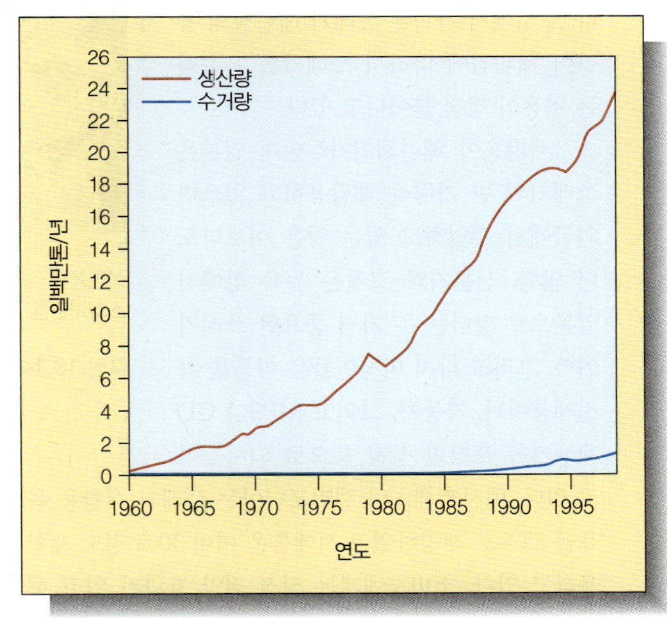

그림 18.12 1960년 이래 미국의 플라스틱 생산과 수거(재생). 일반적으로 플라스틱은 생분해성이 아니며 해양 환경에 쌓이게 된다.(출처: Algarita Marine Research Foundation.)

Shirley Richards/UNEP/Peter Arnold, Inc.

그림 18.13 버려진 플라스틱이 캘리포니아 주 롱비치의 로스앤젤레스 강 하구를 막아 버린 광경.

© SUNNYphotography.com/Alamy

a

바다사자(사진)와 물개가 한 해에 수백 마리나 플라스틱에 감겨 죽는데 특히 버리거나 잘려 나간 어망에 피해를 입는다.

Photo taken on Kure Atoll by Cynthia Vanderlip for Algalita Marine Research Foundation

b

신천옹의 부패 중인 사체가 사인을 알려 준다. 플라스틱 쓰레기(먹이로 오인됨)가 소화기관을 막았다. 미드웨이 환초에서 신천옹 40%가 이렇게 죽는다.

그림 18.14 내버린 플라스틱은 직간접적으로 위협이 된다.

다. 도시에서 가까운 쓰레기 매립장의 용량이 채워짐에 따라서 쓰레기를 운송하는 비용이 점점 불어나고 있다.

재활용이 해결책인가? 현재 일본은 쓰레기의 반 가량을 재활용하고 있으며 외국에서 수입하고 있는 양은 이보다도 더 많다. 신문지와 고철은 뉴욕 항에서 일본으로 향하는 두 가지 중요한 쓰레기이다. 그러고 나서 미국인들은 이들을 가전제품이나, 자동차, 그리고 MP3나 CD 재생기를 포장한 상자 등으로 되사들이고 있다. 매사추세츠와 캘리포니아는 쓰레기 재활용 목표를 25%로 책정하였고 시애틀은 이미 30% 정도 재활용하고 있다. 소비자에게는 직접 절약 효과가 있고 해양과 대기 환경에는 보호 효과가 있어서 매우 중요하다.

최선의 해결책은 재활용과 더불어 일상생활에서 쓰레기 배출을 줄이는 것이 될 것이다. 앞으로도 이 밖에는 별다른 대안이 없다.

해양생물에 영향을 주는 인체용 의약품 2005년도에 수행된 예비조사에서 몇몇 수컷 어류에서 암컷 성징이 발현된 것이 발견되었다. 이런 효과는 연안역에서 가장 두드러지게 나타났다. 남캘리포니아 외해에서 잡힌 수컷 가자미 90%가 난황 단백질을 생산하고 있으며 알을 낳은 개체도 하나 발견되었다. 대체 어찌된 일일까?

후속 연구에서 하수처리장에서 바다에 버린 물속에 들어 있던 호르몬이 암컷화와 관련이 있는 것으로 드러났다. 피임약을 먹은 여성에서는 에스트로젠이 오줌에 섞여 나온다. 그리고 에스트로젠 유사물질이 자외

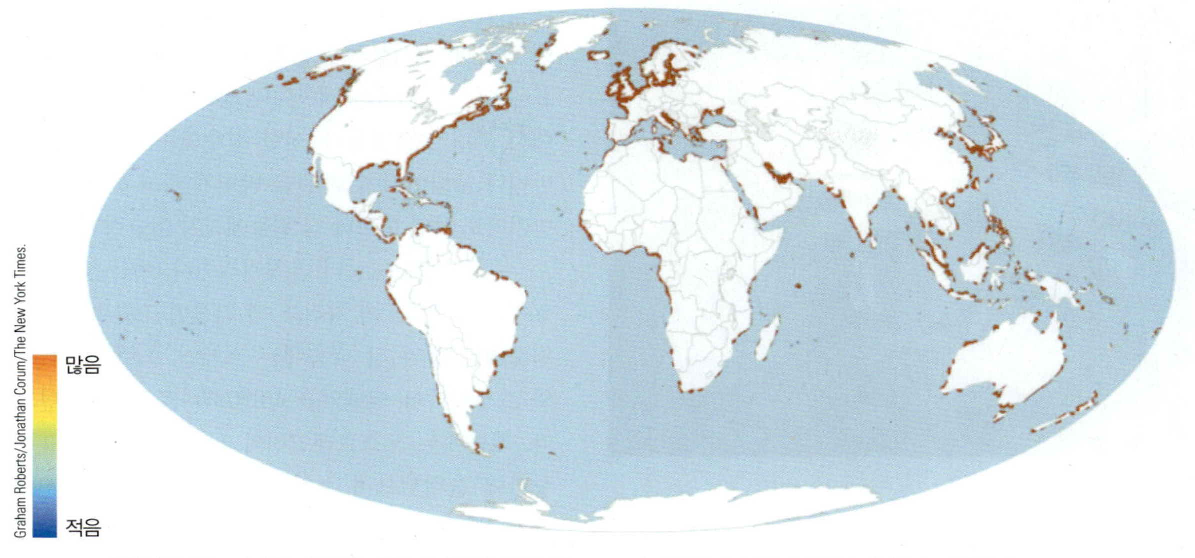

그림 18.16 외래종. 침입한 해양 외래종의 추정 분포도로서 대부분이 선박의 평형수에 실려 이동된다.

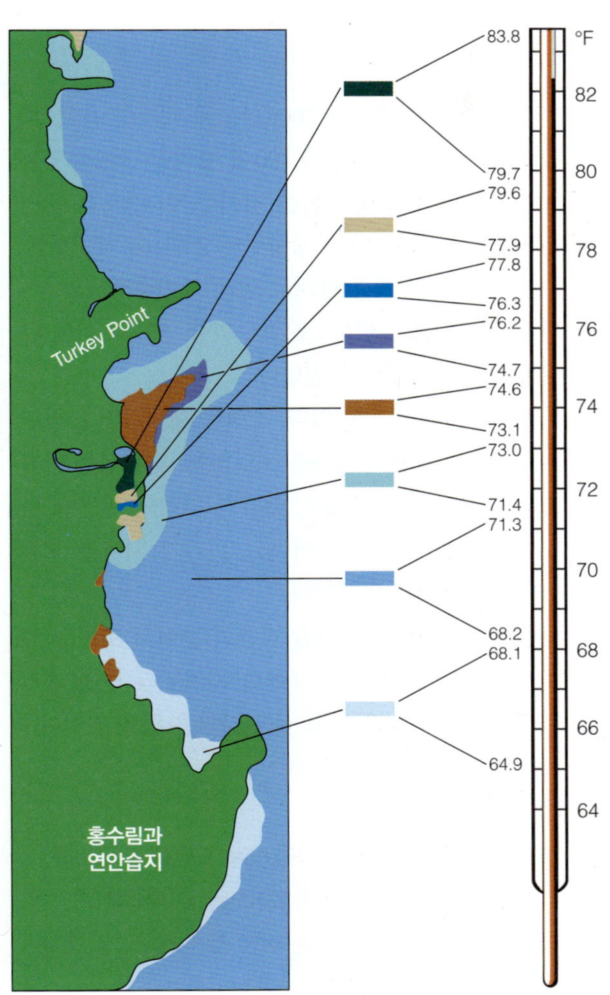

그림 18.15 플로리다 주 마이애미 근방의 터키포인트 발전소 냉각수의 폐열 자취와 온도.

선차단 크림, 비누, 그리고 몇 종류 향수에 들어 있으며, 항우울제, 진정제, 화장품, 그리고 소염제 약품의 대사를 통해서도 만들어진다. 대부분의 처리시설은 이들 화학약품의 절반가량만 제거한다. 나머지는 해양으로 배출되어서 어류와 이를 먹는 생물(아마 사람도 포함해서)의 생식주기를 억제하고, 갑상샘의 기능과 코티졸의 농도를 저하시킨다.

폐열 오염 해안에 세운 발전소는 수증기를 응결시키거나 냉각시키기 위해 바닷물을 끌어다 쓴다. 해수는 6°C 정도 데워져서 되돌아 나오는데 이 정도 수온 차이는 배수구 가까이 사는 생물에게 열 스트레스를 주게 된다. **그림 18.15**는 임해 발전소에서 나오는 온배수가 퍼져 나가는 범위를 보여 준다. 최근에 세워진 발전소는 바깥쪽의 찬물을 끌어들여 발전소 주변 수온 정도로까지만 가열시킨 뒤 내보내서 환경 영향을 줄이고 있다. 이러한 방법은 인근에 사는 생물에게 주는 피해를 크게 줄이지만 아직도 알, 유생, 플랑크톤과 같이 냉각수와 함께 빨려 들어가는 생물에게 피해를 입힌다.

생태계를 교란하는 외래종 도입 유조선이나 기타 수송 선박의 평형수에 담겨서 수천 종류의 생물이 매일 옮겨지고 있다(**그림 18.16**). 어린 해양생물들은 스스로 이동하기에 전혀 불가능한 큰 바다를 공짜로 건너와서는 새

© Arco Images/Alamy

a

Eriocheir 속의 중국참게. 강둑이나 제방에 구멍을 뚫는 이 도입 외래종은 제방을 무너뜨린다.

© Olivier Digoit/Alamy

b

Caulerpa 속의 수족관 장식용 해조. 이 종은 수조를 탈출해서 지중해, 오스트레일리아 남부, 남캘리포니아에 침입하였다.

그림 18.17 침입 외래종.

로운 곳에 정착하게 된다. **외래종**(introduced species) 가운데 일부는 토착종을 몰아내서 생물다양성을 낮추어 놓는다. 새로운 해양 질병이 이와 같은 방법으로 전파되기도 한다. 운하 건설이나 새로운 양식 어종의 도입이 잠정적으로 생태계를 위협하는 새로운 생물의 출현을 한몫 거들기도 한다.

중국산 참게(*Eriocheir* 속)와 흔한 수족관 장식용 해조(*Caulerpa* 속)는 해양 외래종이 빚은 참상의 좋은 사례이다(**그림 18.17**). 참게는 아마도 유생이 선박 평형수에 담겨서 미 서부와 유럽의 대서양 연안에 전파된 것으로 보이는데 이들은 제방이나 강둑에 마구 구멍을 뚫어대서 무너지게 만든다. 심한 경우에는 1제곱미터에 30마리나 들끓어서 수로 관을 막히게 하고 회유가 방해를 받기라도 하면 도로나 집 뒤뜰에까지 어슬렁거린다.

수족관 해조는 더 골칫거리이다. 이들은 분열법으로 번식을 한다. 이 카리브 해 원산인 조류는 1984년에 지중해로 옮겨 간 다음에는 스페인, 프랑스, 이탈리아와 크로아티아 외해역을 4,050헥타르 넘게 뒤덮고 있다. 최근에는 오스트레일리아 남부와 남캘리포니아의 항만에 출현했으며 토착종을 몰아내고 생물다양성을 크게 감소시켰다.

외래종 문제는 더 심각해지고 있다. 미국 샌프란시스코 항은 알려진 외래종만도 250종에 이르는, 침입을 가장 심하게 받은 곳이다.

오염의 대가 미국 정부는 2004년도에 대기와 육지, 해양 오염을 제어하기 위해 3,100억 달러를 지출하였는데 이는 인구당 900달러를 쓴 것이다. 이 정도는 국민총생산의 1.6%이고 미국 경상비의 2.8%에 해당한다. 같은 해에 미국은 환경 파괴로 인해 국민총생산의 4%에 달하는 피해를 입었다. 오염에 의한 경제적 피해 규모는 계속 늘어날 것이 틀림없다.

그러나 다른 비용도 있다. 오염을 제어하지 못하면 결국 육지와 해양에서 식량을 조달하는 데 위협을 받게 되고, 산업 전반이 붕괴되고, 부유한 나라와 빈곤한 나라 사이에 격차가 더욱 벌어지고, 나아가 지구촌 모든 주민의 건강이 위협받게 된다.

여기에 오염으로 망가진 경관의 값어치 또한 더해져야 한다. 기름을 덮어쓴 새에다 기저귀와 병원 폐기물 뭉치가 널린 해변을 갖고 싶은 사람은 없을 것이다.

개념점검

1. 오염을 정의하고, 위험도를 평가하는 요인을 들어 보라.
2. 유류는 어떤 경로로 해양에 들어오는가? 유류를 가장 많이 해양으로 공급하는 경로는 어떤 것인가?
3. 생태계증폭이란 무엇인가? 왜 이것이 위험한가?
4. 중금속은 어떻게 해양으로 들어오게 되는가? 그 결과는 무엇인가?

5. 부영양화를 정의하고 좋은 먹이가 어떻게 해양생물에 위험하게 되는지를 설명하라.
6. 왜 플라스틱이 해양생물에 위험한가?
7. 인체용 호르몬(또는 호르몬 효과를 흉내 내는 약품)이 해양 환경에 들어가게 되면 어떤 효과가 나타나는가?
8. 발전소와 산업 공정에서 발생하는 폐열은 해양생물군집을 교란하는가?
9. 외래종 피해에 가장 취약한 곳은 어디인가?

18.3 서식처가 교란되면 생물은 번성할 수 없다

지금까지 논의한 오염 과정은 개별 생물에게 단독으로 영향을 끼치지는 않는다. 이들은 전체 서식처, 특히 가장 복잡하고 생물학적으로 민감한 천해역 서식처에 영향을 미친다.

만과 강하구는 특히 오염의 영향에 민감하다 가장 심하게 영향을 받는 서식처는 담수와 해수가 만나는 강 어귀로, 생산력이 아주 큰 연안역인 강하구이다. 오염물질은 강을 따라 흘러 내려와 강하구에서 해양으로 유입된다. 강하구는 간혹 기름 유출의 위험이 잠재하고 있는 항구를 포함하고 있다. 기름 한 방울이 천만 개 물방울에 희석되어 있어도, 만과 강하구에 서식하는 특히 민감한 생물 종의 번식과 성장에 심각한 영향을 미칠 수 있다.

태평양 연안의 서식처는 여러 경로로 오염되고 있다. 시애틀 엘리엇 만의 저층 퇴적물은 유독성의 납, 비소, 아연, 카드뮴, 구리와 폴리염화비페닐(PCB)로 오염되어 있다. 퇴적물 위에서 생활하는 넙치 종류 잉글리쉬 소울의 간에 발병한 종양은 이러한 화합물과 관련이 있는 것으로 보고 있다. 샌프란시스코 만의 남쪽에는 오염물질이 너무 많아 거의 치사 농도에 가까운 양의 중금속이 조개나 담치에 함유되어 있다. 중앙아메리카에서 북극권으로 회유하는 철새 무리가 이곳에 머물러 섭식할 경우, 중금속에 중독될 위험이 있다. 이곳은 오염물질의 농도가 높아 사냥으로 잡은 오리를 먹을 경우 사람도 위험하다. 남부 캘리포니아 샌타바버라와 멕시코 엔세나다 사이에 있는 강하구역과 주변 수역에서 잡은 모든 어류에도 같은 경고를 하고 있다.

미국 멕시코 만 연안을 따라 나타나는 강하구와 만은 지구상에서 가장 오염된 수역 중의 하나이며 심각하게 스트레스를 받고 있다. 가장 가치가 있는 새우 어장을 포함하여 미국 대부분의 생산력이 높은 어장의 약 40%가 멕시코 만에 있다. 멕시코 만의 굴과 새우 수확 면적의 거의 60%, 약 13,800 km^2 구역이 영구적으로 폐쇄되었거나, 유독 화학물질과 **하수**(sewage)의 농도 증가로 사용이 제한되고 있다. 이전에는 미국에서 두 번째로 가장 높은 생산력 등급을 가진 강하구였던 갤버스턴 만의 절반이 하수 배출로 인해 어부들의 출입과 굴 채취가 금지되었다.

미국 동부 해안에 있는 강하구역 또한 위협받고 있다. 플로리다 남쪽에서 조지아 중부까지 325 km^{2}가 넘는 넓은 면적의 해초밭(아주 다양한 종류의 해양생물의 보육장으로 이용되고 있음)이 바이러스에 의해 사멸되었다. 과학자들은 도시와 농촌에서 흘러나온 유수에 포함된 오염물질이 해초류 식물의 저항성을 약화시킨 것으로 추측하고 있다. 체서피크 만 북쪽의 어부들은 어류와 갑각류의 급작한 풍부도 감소로 혼란에 빠졌다. 해양과학자들은 이 수역의 오염 증가에 의한 변화로 보고 있다. 미 북동부 뉴잉글랜드 지방 바닷가재 어부는 바닷가재의 꼬리와 다리 관절 부위에 종양 발생 빈도가 증가하는 것을 불안하게 지켜보고만 있다. 이러한 변화가 독성 폐기물에 의한 것일까? 캐나다 세인트로렌스 강 하구역의 흰돌고래 개체군이 1980년대 초에 붕괴하였다. 폐사한 72마리 고래를 부검한 결과, 고래가 먹은 먹이에는 PCB, DDT, 중금속 등이 생물학적으로 농축되어 있었으며, 이들이 종양, 위궤양, 호흡기 질환, 면역 체계의 장애를 유발한 것으로 밝혀졌다.

우리는 강하구를 항구나 요트계류장으로 '개발' 하고 있다. 1960년대와 1970년대에 캘리포니아주가 가장 앞서서 만과 강하구의 공간을 레크리에이션용 요트계류장으로 개발하였다. 요트 마리나 공간이 접안 시설과 시설물 창고로 채워지면서 항구는 점차 축소되었다. 150년 전에는 샌프란시스코 만의 면적이 1,131 km^{2}이었으나, 지금은 463 km^{2}만 남아 있으며 나머지는 매립되었다. 강하구의 매립은 독성 폐기물에 의해 중독되는 것과 마찬가지로 새우와 어류의 야생 번식 주기를 위협하고 있다.

일부 미국 주는 연안역 개발을 규제하고 있다. 1972년 주의 연안역 개발 제한이 시민의 주도로 캘리

그림 18.18 산호초 탈색. 환경파괴로 인해 산호충이 그들의 공생 와편모조류를 축출한다. 조건이 개선되지 않으면 산호충은 허약해지고, 해조류에 침범당해 죽게 된다.

포니아 주에 의해 통과되었다. 매사추세츠 주에서는 비록 사유지라도 모든 소택지나 강하구 공간을 매립하는 것은 불법이다. 몇몇 다른 연안역 주에서도 비슷한 법 제정이 논의 중이다.

산호초는 환경변화에 스트레스를 받고 있다 최근 카리브 해와 열대 태평양 해역에서 발생한 현상, 즉 산호충이 공생 와편모조류(zooxanthalle)를 축출하여 탈색되는 현상을 해양생물학자들은 이해하기 힘들었다(**그림 18.18**). 앞에서 언급한바, 조초 산호충은 탄수화물과 산소 요구량의 일부분을 이들 와편모조류에 의존하고 있다. 그 이유에 대해서는 잘 알려지지 않고 있지만, 해수 수온이 여름철 정상 수온보다 1°C 혹은 그 이상으로 몇 주일 동안 높게 유지될 때 산호 폴립은 조직 안의 와편모조류를 축출하고, 탈색되면서 굶주리기 시작한다. 만일 해수 수온이 몇 주 안에 정상으로 돌아오면, 산호충은 다시 조류 개체군을 되찾아 탈색 현상에서 회복하여 생존한다. 그렇지 않을 경우, 사상체 해조류 혹은 다른 분해자 생물이 폴립을 덮어 버린다. 산호초가 탈색으로부터 살아남을 수 있는 능력은 이러한 현상이 발생하기 전과 진행 기간 동안에 산호충이 견디어 내는 스트레스 수준에 달려 있다. 따뜻한 엘니뇨가 발생한 1998년에 전 세계 산호초의 약 16%가 폐사하였다. 해양이 온난화되면서, 탈색 현상은 아마도 더 광범위하게 퍼질 것이다.

기후변화가 유일한 문제는 아니다. 특히 청산가리를 사용하여 열대 어류를 수집하는 사업도 산호초를 파괴하고 있다. 어부들은 값비싼 어종을 기절시키기 위하여 청산가리(cyanide) 용액을 산호초 위로 분사한다. 많은 어류가 죽지만, 살아남은 종은 전 세계 수집가들에게 보내진다. 이때 민감한 산호초 군집의 무척추동물 개체군도 떼죽음을 당한다.[3]

해양 산성화가 서식처와 먹이그물을 위협하고 있다 해양 산성도의 증가 또한 전 세계 산호초를 심각하게 위협하고 있다(**그림 18.19**). 화석연료 연소 증가의 결과로 해

[3] 이러한 문제가 있는 사업에 대하여 학생들의 질문 8번을 보라.

양이 더 많은 이산화탄소를 흡수하면, 더 많은 탄산이 형성되어 해수 pH는 떨어진다(7장에서 논의하였음). 지난 200여 년 동안 해양은 화석연료 연소로 배출량이 증가한 이산화탄소의 약 25%를 흡수하고 있다. 해양 표면의 산성도는 17세기 이후로 30% 증가하고 있다. 해양의 평균 pH는 1990년대 초부터 0.025씩 감소하여 2100년에 pH 7.7까지 하락할 것으로 예상하며, 이는 지난 42만 년 동안에 가장 낮아진 값이다. 이로써 껍데기를 형성하는 생물에게 필요한 탄산이온이 감소할 것이다. 결국에는 산호, 플랑크톤과 기타 생물들이 단단한 골격을 형성할 수 없게 될 것이다(**그림 18.20**).

일부 산호는 산성 조건에서도 말미잘 형태로 복귀하여 생존할 수 있으며, pH 조건이 좀 더 정상적으로 회복되면, 골격 형성을 다시 시작할 것이다. 하지만 대부분은 그렇지 않다. 해양 먹이그물에 미치는 해양 산성화의 영향은 심각할 것이다—모든 탄산칼슘 형성 식물플랑크톤 생물의 수는 감소할 것이고, 이들에게 의존하는 소비자들도 다른 먹이원을 구할 수밖에 없을 것이다.

개념점검

10. 강하구는 어떠한 편익을 제공하는가? 일부 해양 강하구를 위협하는 것은 무엇인가?

11. 어떠한 위험이 산호초 군집을 위협하고 있는가?

12. 이산화탄소 흡수가 증가하면서 해양이 산성화되고 있다. 이렇게 산성화가 강화되면, 해양생물에게 어떠한 영향을 미칠 수 있는가?

18.4 해양 보호구역은 한 가닥 희망이다

1972년 초 미국 연방 정부는 12곳의 국가 해양 보호구역을 설정하였다. 이곳을 해양생물을 위한 안전한 천국으로 설립하였다. 규모는 각각 다르지만, 산호초, 고래 회유 경로, 수중 고고학 유적, 심해 협곡, 매우 아름답고 높은 생물다양성을 가진 수역 등 현재 약 41만 km^2에 이른다.

보호구역이란 이름에도 불구하고, 이 해역에서 상업적 어업, 트롤 어업이나 준설이 항상 금지된 것은 아니었다. 2005년 5월 빌 클린턴 미국 대통령은 보호구역, 야생생물 은신처, 기타 보호구역을 전부 합하여 약 1%의 미국 영해를 관리하는 국가 사업을 위해, 연방기관을 총괄하는 행정 명령을 공표하였다. 이 새로운 국가 사업은 해양 자원의 '소비적 활용'도 금지하는 생태 보존 구역을 포함하고 있다.

2006년 6월 15일 조지 부시 미국 대통령은 세계에서 가장 큰 규모의 해양 보호 해역을 설정하였다. 하와이 군도 북쪽 해안에서 멀리 떨어진 곳에 위치한 미국 영해 상의 보존 해역이며, 비교적 교란이 심하지 않은 곳으로 약 7,000여 생물 종의 삶터인 산호초 서식지 11,700 km^2를 포함하여 거의 364,000 km^2를 에워싸는 면적이다. 이 기념비적 보호해역은 미 국무성 수산야생국과 상무성의 해양대기청에서 하와이 주정부와 긴밀한 협조체제하에 관리하고 있다. 이 지정에 이어서 2009년 1월에는 태평양에 훨씬 넓은 505,775 km^2의 보호 해역을 설정하였고, 이곳은 마리아나 해구의 일부를 포함하고 있다.[4]

개념점검

13. 해양 보존 및 보호 구역이 설정된 공간의 전체 규모가 확대되고 있는가, 혹은 지난 10년간 축소되고 있는가?

14. 세계에서 가장 규모가 큰 해양 보호구역은 어디에 있는가?

18.5 인간활동이 전 지구 해양의 변화를 초래하고 있다

해양과 대기는 서로 잇닿은 권역으로 인간활동으로 대기권이 변화하고, 해양도 변화하고 있다. 대기권으로 유입된 오염물질은 해양과 지구상에 살고 있는 모든 생명체에게 전 지구적으로 영향을 미치고 있다. 잠재적으로 가장 파괴적인 대기권의 문제는 오존층의 감소(파괴)와 지구온난화이다.

지구를 보호하는 오존층은 염소를 포함하는 화학물질에 의해 파괴될 수 있다 **오존**(ozone)은 산소원자 3개로 형성된 분자이다. 오존은 자연적으로 대기 중에 존재한

[4] 이들이 세계에서 가장 큰 규모의 해양 보호구역은 아니다. 1994년 국제포경위원회에서 표결로 의해 남극대륙 주변의 약 2,100만 km^2 안에서 고래잡이를 금지하였고, 이곳에서 섭식하는 대부분의 남아 있는 큰 고래를 보호하려고 하였다. 이 포경 금지는 강제적으로 집행되고 있지 않다.

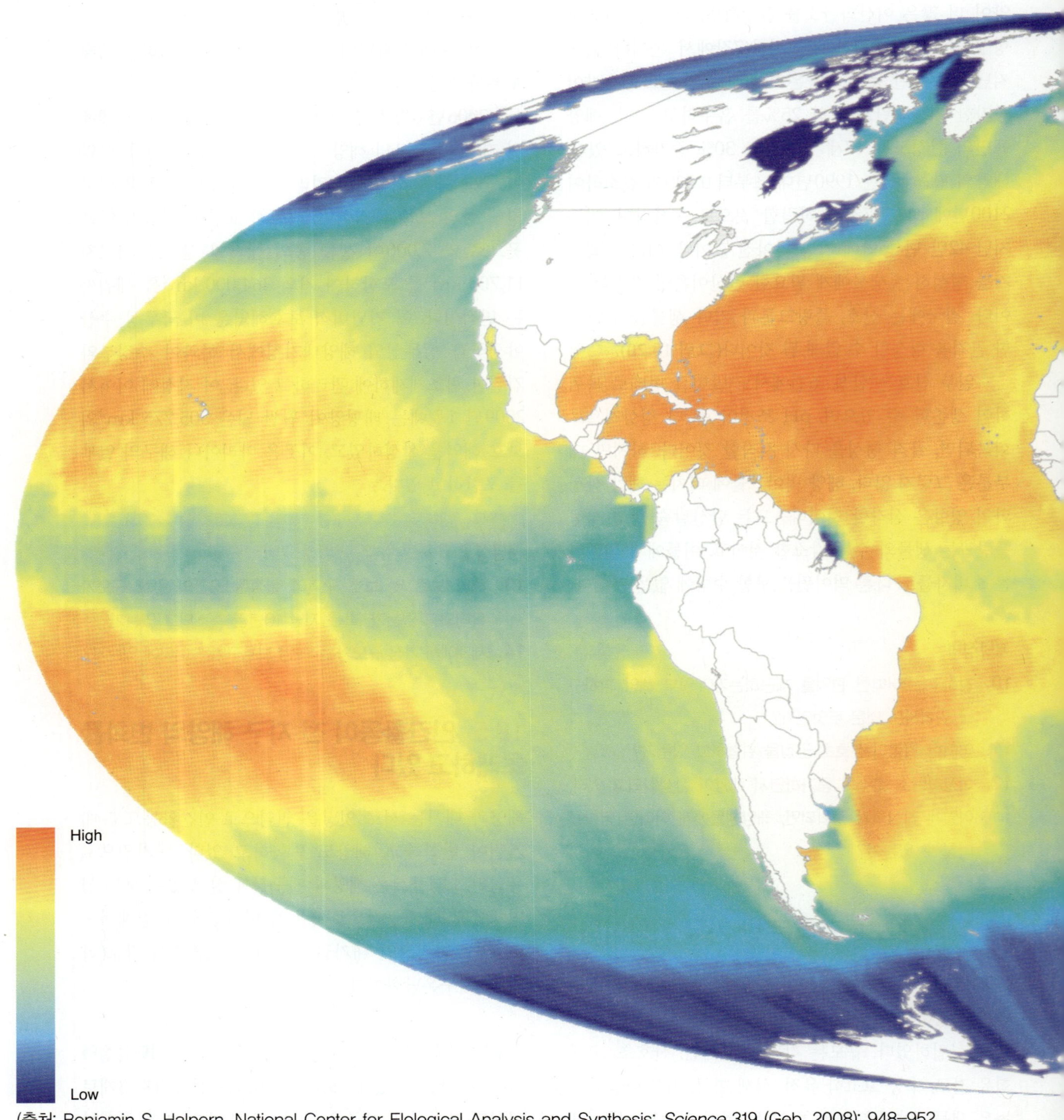

(출처: Benjamin S. Halpern, National Center for Elological Analysis and Synthesis; *Science* 319 (Geb. 2008): 948–952.

그림 18.19 해양 산성화. 해양이 대기로부터 이산화탄소를 흡수하면 해양은 점차 산성화되어, 산호초와 해양 동물의 껍데기에 피해를 주고, 새로운 개체가 칼슘 기반 구조를 형성하기 힘들게 된다. 이 지도에서는 1870년 이래로 칼슘 이온 농도로 측정하여 추정된 아라고나이트 포화 상태의 감소를 보여 주고 있으며, 이는 해양 산성화 증가와 관련되어 있다.

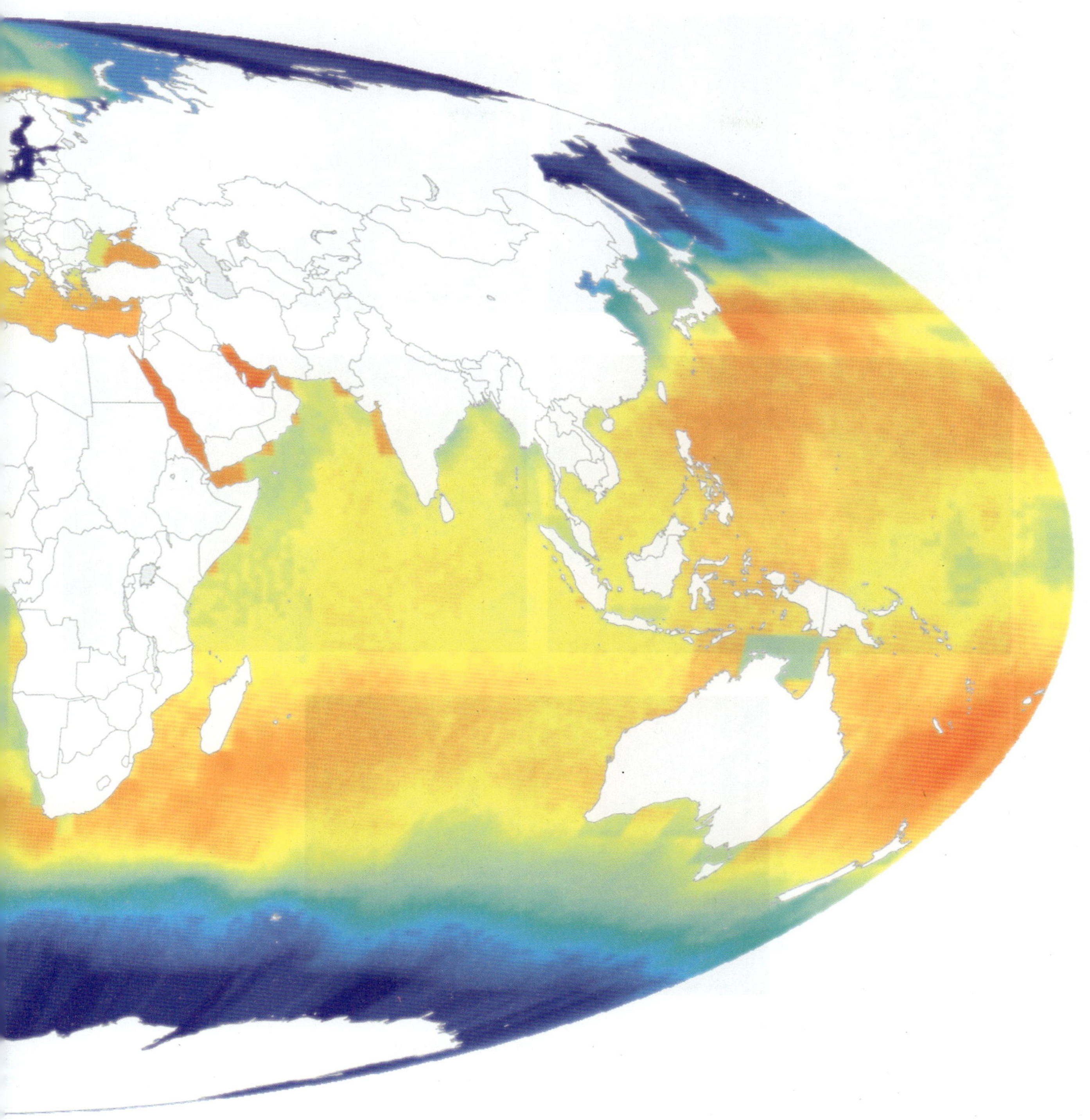

Graham Roberts, Jonathan Corum/*The New York Times*.

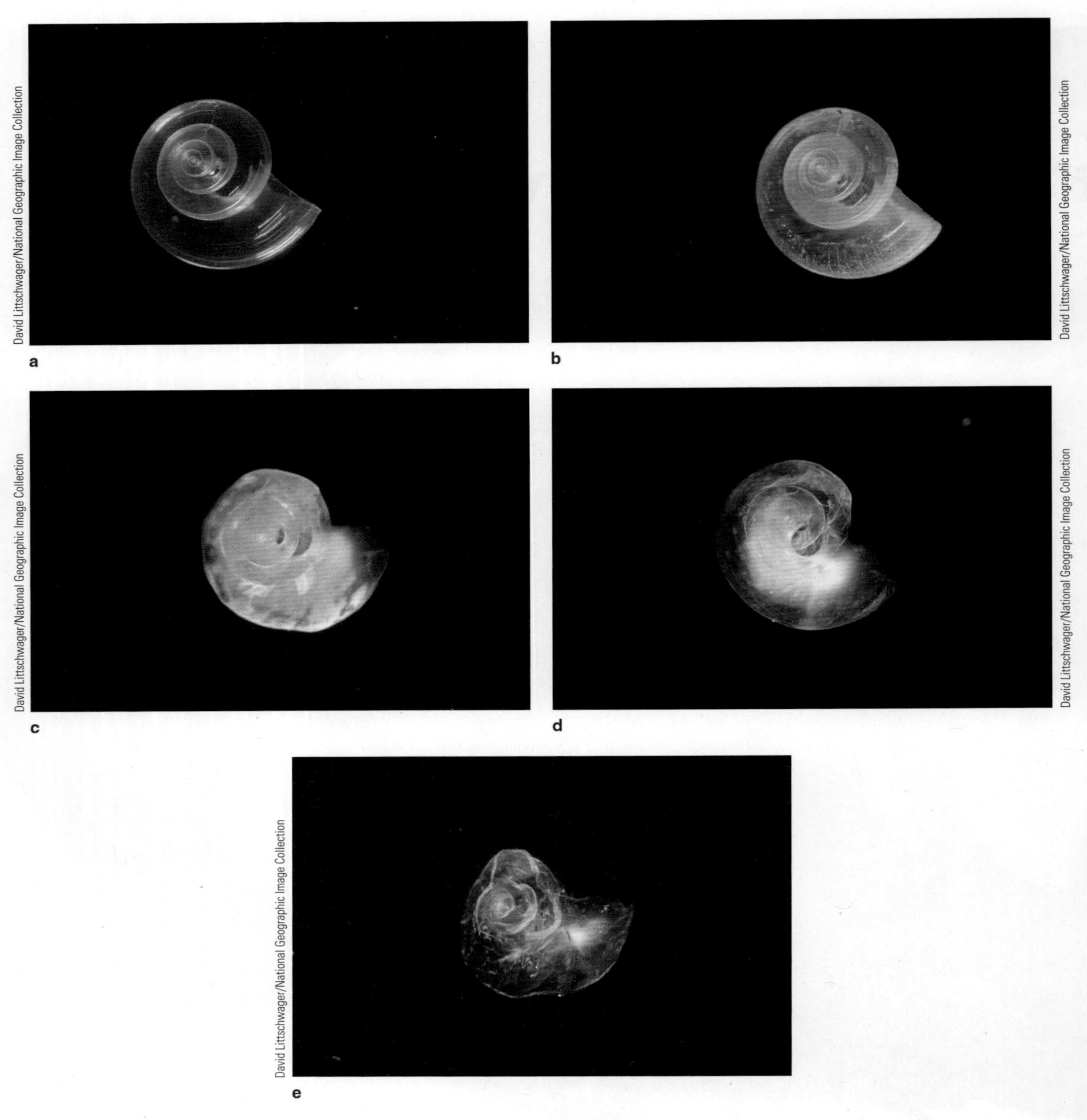

그림 18.20 산성화된 해수에서 익족류(동물플랑크톤) 조개 껍데기의 점진적인 용해 瀌

다. 다른 기체와 혼합하여 형성된 오존의 확산층인 **오존층**(ozone layer)은 지구 상층 20~40 km 상공을 둘러싸고 있다.

무해하다고 여긴 합성 화학물질들, 주로 **염화불화탄소(CFC**: chlorofluorocarbon) 종류로서 세척제, 냉매, 소화기 액, 분무캔용 압축가스, 단열재 발포제瀌로 쓰이는 합성 화학물질이 대기로 방출되어 태양 에너지에 의해 지구 대기권 상부의 오존층을 공격하는 물질로 전환되고 있다.

1970년 후반부터 지구 성층권에 위치한 전체 오존층 규모가 지속적으로 감소하기 시작하였다. 햇빛의 강도에 따라, 위도에 따라 감소량은 다르다(계절에 따라서도 다름). 성층권의 오존층이 태양에서 오는 고에너지 자외선 복사의 일부를 막아 주기 때문에, 오존의 감소에 대하여 과학자들은 경각심을 갖고 지켜보고 있다. 자외선 복사는 DNA 나선 구조를 파괴하고, 단백질 분자를 해체하여 생명체를 손상시킨다. 정상적으로 햇빛을 받는 생물은 자외선의 평균 복사량에 대응하는 방어 메커니즘을 진화시켰다. 그러나 복사량의 증가는 방어할 수 있는 수준을 초과할 수 있다. 만일 오존층이 약해진다면, 더 강하고, 잠재적으로 파괴적인 자외선에 더 많이 노출될 것이다.

그림 18.21에서 볼 수 있듯이 연구자들의 관심과 걱정은 현실로 나타났다. 성층권의 오존층 감소를 **그림 18.21a**에서 볼 수 있다. 1990년 중반까지 오스트레일리아와 뉴질랜드 상공에서 4%의 감소가 측정되었고, 남극점 주변에서는 40%가 감소된 것으로 관측되었다. CFC 수준의 증가가 확실하게 오존층을 감소시킨 원인이라고 보고 있다.

남극점 주변의 오존이 결핍된 지역은 오존구멍(**그림 18.21b, c**)이라고 불리고 있다. 훨씬 높은 에너지를 가진 자외선이 이 구멍을 통해 지구 표면에 도달할 수 있다. 이 구멍 아래 이보다 더 넓은 구역인 남극대륙 위의 자외선 수준은 20%나 상승하였다.

극지 해역의 표층 2 m 안에 생육하는 식물플랑크톤에게 위험이 있는가? 이 이론은 1990년대 초 대규모 남극해역 식물플랑크톤 조사에서 오존구멍 아래 수역에서 식물플랑크톤 생산력이 6~12% 감소한 것으로 확인되었다. 단지 10~12주 정도 지속된 오존구멍의 영향으로 생산력이 약 3% 정도 결손된 것으로 보며, 이는 주목할 만하지만 파국적 손실은 아니다.

1990년 6월 53개국의 국가 대표들이 모여 오존층을 파괴하는 화학물질의 생산과 사용을 2000년까지 금지하는 안에 합의하였다. 최근의 자료는 이 대책이 효과가 있는 것으로 나타났다. **그림 18.21a**에서 볼 수 있듯이 성층권 오존 수준은 1979년 최고 수준에서 떨어져서 최근에는 낮아진 농도 수준에서 변동하고 있다. 남극 오존구멍의 규모도 또한 평균적으로 감소하고 있다(2006년에 최고 크기를 기록한 바 있다). 남극과 북극의 오존층 파괴는 2010년과 2019년 사이가 가장 최악이 될 것이며, 그 후 CFC 이전 수준으로 천천히 회복될 것이라고 미국 항공우주국 고더드 우주연구소에

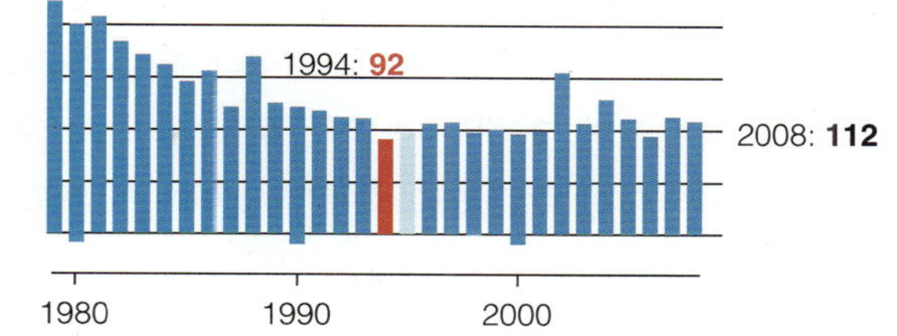

1970년대 후반부터 남극점 근처 대기권 상부의 오존층의 파괴가 가속되었다. 1994년(적색 막대) 수준은 40% 이상 더 떨어졌다.[5]

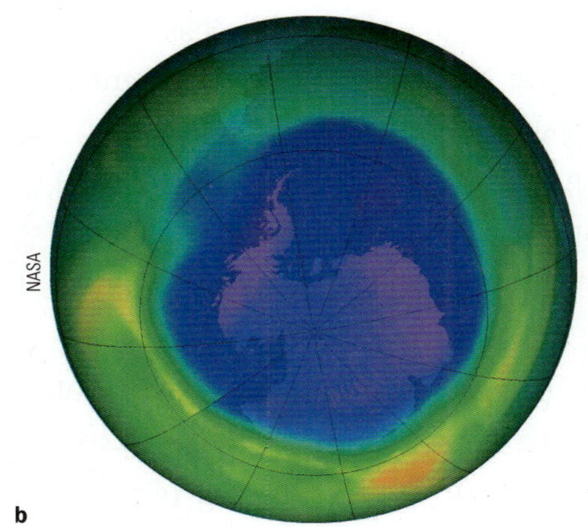

2008년 12월 남극 상층의 오존구멍. 이 지역에서 지구 표면에 도달한 자외선량은 많게는 20%나 증가하였고, 이 결과 식물플랑크톤, 유생과 기타 해양생물들에게 피해를 주었다.(미 항공우주국 제공.)

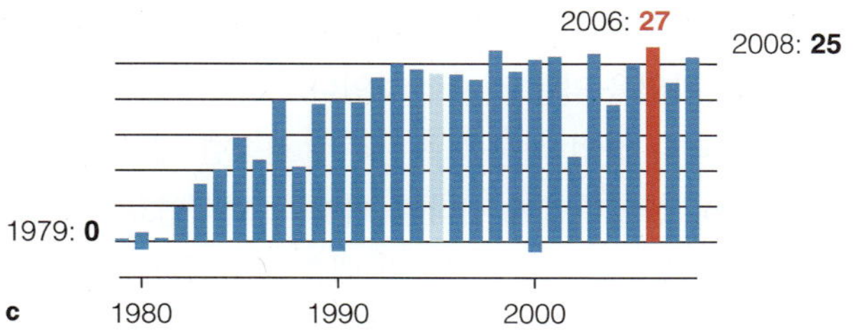

1980년부터 2008년까지 남극 오존구멍의 확장. 비록 CFC 생산은 중단되었지만, 당분간 몇 년 동안에는 구멍의 크기가 눈에 띄게 축소되지는 않을 것이다. 가장 큰 규모는 2006년의 2,700만 km^2이었다.

그림 18.21 성층권 오존층과 오존구멍.

[5] 돕슨 단위는 지구 표면에서 우주까지 대기권 기둥에 있는 총 오존의 측정값이다. 기준 함량은 220돕슨 단위이며, 오존구멍이 시작하는 값으로 선정되었다. 이는 총 오존 값 220단위보다 적은 값이 역사적으로 남극에서 1979년 이전에는 관측된 적이 없기 때문이다.

서 예측하였다.

이것이 연구와 국제적 해결방안이 환경 위험의 비상사태를 방지할 수 있는 사례이다. 만일 현재의 경향이 지속되면, 2055년까지 중위도 구역의 오존층은 1980년 이전 수준으로 회복될 것이며 고위도 해역의 플랑크톤 생산력은 증가할 것이다.

지표면 온도가 상승하고 있다 지표면의 온도는 천천히 변하고 있다. 마지막 빙하기 이후 18,000년 동안 지구 온도는 일반적으로 상승하고 있는 경향이지만, 최근에 상승 속도가 증가하고 있다. 빠른 온난화 경향은 아마도 대기에 의한 열의 포집 현상인 **온실효과**(greenhouse effect)의 영향으로 촉진된 결과일 것으로 본다.

온실 유리창은 빛은 투과시키지만, 열은 그렇지 않다. 온실 안에 있는 물체가 빛을 흡수하고, 에너지를 열로 전환시킨다. 열이 방출되지 않아 온실 안의 온도가 상승한다. 지구상에는 이산화탄소, 수증기, 메테인, 염화불화탄소 등 **온실기체**(greenhouse gas)가 유리 역할을 한다. 방출되지 못한 열이 온실기체에 흡수, 축적되어 표면 온도의 상승을 초래한다. **그림 18.22**에서 이 과정을 볼 수 있다.

온실효과는 생명현상 유지에 필수적이다. 온실효과가 없으면, 지구 평균 대기권 온도는 거의 영하 18°C 정도로 예상된다. 지구는 자연적인 온실기체에 의해 따뜻하게 유지되고 있다. 온실기체의 근원은 화산 폭발과 지열과정, 유기물의 부패와 연소, 호흡과 기타 생물학적 공급원이다. 광합성에 의한 제거와 해수의 흡수가 지구의 과열을 막는 것처럼 보인다.

그러나 산업 성장을 촉진하는 신속한 에너지 수요로, 특히 산업혁명이 시작된 이래로, 화석연료의 연소에 의한 새로운 이산화탄소가 배출되어 대기로 유입되고 있다. 2009년에는 310억 배럴의 원유, 60억 톤의 석탄과 1,000조 입방피트의 천연가스를 태워 약 300억 톤의 잉여 이산화탄소를 대기 중으로 방출할 것이다. 현재 경제성장률을 유지한다면, 이 수치는 매년 약 2%씩 증가할 것이다.

최근 이산화탄소는 해양이 흡수할 수 있는 속도보다도 더 빠른 속도로 생성되고 있다(**그림 18.23**). **그림 18.24**에서 지난 40만 년 동안 대기 중 이산화탄소 농도의 증가를 볼 수 있으며, 특히 1750년의 급작스런 증가를 확인할 수 있다. 최근 대기 중 이산화탄소의 농도는 매년 0.4%의 증가속도로 상승하고 있다. 현재 대기 중 CO_2의 농도는 부피 기준으로 약 410 ppm이다. 지난 천 년 동안 농도가 이렇게 높았던 적이 한 번도 없었다.

현재 지구는 태양에서 받은 에너지에서 우주로 방출하는 것보다 m^2당 약 0.6와트를 더 많이 흡수하고 있다. 전 세계 온도는 지난 마지막 빙하기가 끝난 시점에서 지금까지 온도가 5°C 상승하였다. 이 상승폭의 대부분은 지난 200년 사이에 일어났다. 1880년 이후 인간이 방출한 이산화탄소와 기타 온실기체가 급작스런 증가의 원인이라고 보고 있다.(곧 알게 되겠지만, 다른 요인도 기후변화에 기여하고 있다.)

그림 18.25의 적색 곡선은 지난 140년간 관측된 전 지구 대기 온도의 변화를 보여 준다. 기록상으로 가장 온도가 높았던 상위 10개년도 모두가 1997년 이후에 발생하였다. **그림 18.26**은 표면 온도 상승이 가장 높았던 지역을 보여 준다.

그림 18.27에서 볼 수 있듯이 해양도 온난화되고 있다. 관측된 결과를 보면 1950년 이후 지구 표면의 잉여 가열량의 85%가 해양에 저장되어 있다는 것을 제시하고 있다. 6장에서 검토한 바와 같이 해양이 매우 높은 비열을 갖고 있다는 점을 감안하면, 해수 수온을 올리는 데 많은 열이 필요하기 때문에 측정된 온도의 상승은 지난 50년간 0.1°C 정도로 미미하다.[6] 극지방 수역의 부빙이 녹아 검푸른 해수가 드러나면, 더 많은 햇빛을 흡수하여 빨리 녹게 된다. 수온이 오르면 해수가 팽창하여 해수면이 상승한다.

육지권 그린란드와 남극 대륙의 만년설의 용융이 촉진되어 해양에 더 많은 물이 공급되고 있다. **그림 18.28**이 문제의 실상을 보여 준다. 현재 세계 인구의 1/3이 살고 있는 항구, 연안 도시, 하구 삼각주, 습지에서 해수면이 현저하게 상승한 결과를 상상해 보라. **그림 18.29**와 12.3에서도 제시한바, 사회 비용은 엄청날 것이다.

다른 문제들도 지구온난화와 연관되어 있다. 더 심각한 문제들은 다음과 같다.

[6] 만일 해양에 있는 모든 잉여분의 열이 순간적으로 대기로 옮아갈 경우(일어날 수는 없겠지만), 대기권의 평균 온도는 약 10°C 정도 상승할 것이다.

① 태양의 단파장 복사가 우주로 반사되지 않고 지구 대기권을 투과하여 지구 표면을 데운다.

② 지구 표면은 장파장의 복사로 열을 대기권으로 방출하고, 이들 중 일부는 우주로 빠져나간다. 나머지는 온실기체와 수증기에 의해 흡수되고 다시 지구로 재복사된다.

③ 증가된 온실기체 농도는 지구 표면에서 더 많은 열을 포획하여 전반적으로 표면과 대기 온도 상승을 초래하여 지구온난화에 기여한다.

그림 18.22 온실효과는 어떻게 작용하는가? 산업혁명의 시작 이래로, 이산화탄소, 메테인, 그리고 다른 온실기체의 방출이 증가하여 왔다. 대부분의 연구자들은 이들 온실기체가 지구의 대기와 해양의 온난화에 기여한 것으로 믿고 있다.

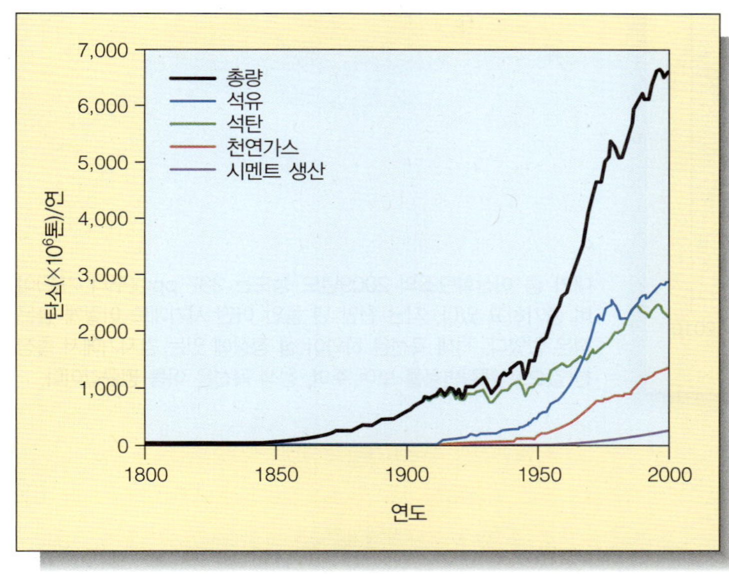

a 이산화탄소는 온실기체(메테인, 수증기, 산화이질소는 온실효과에 기여하는 또 다른 중요한 기체임)의 72%를 차지한다.

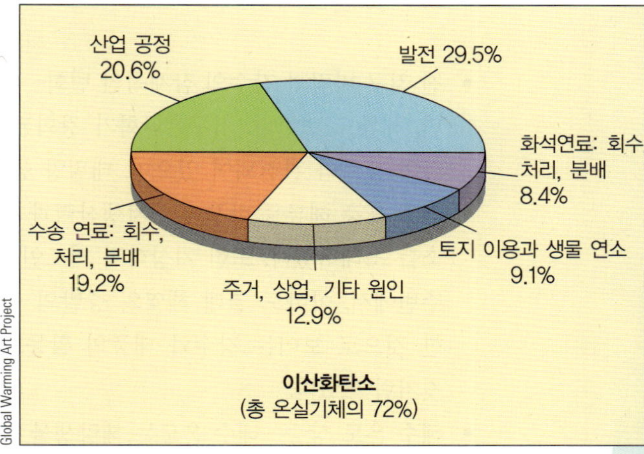

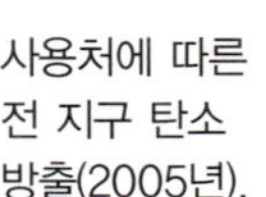

사용처에 따른 전 지구 탄소 방출(2005년).

b

그림 18.23 전 지구 탄소 배출원과 사용처.

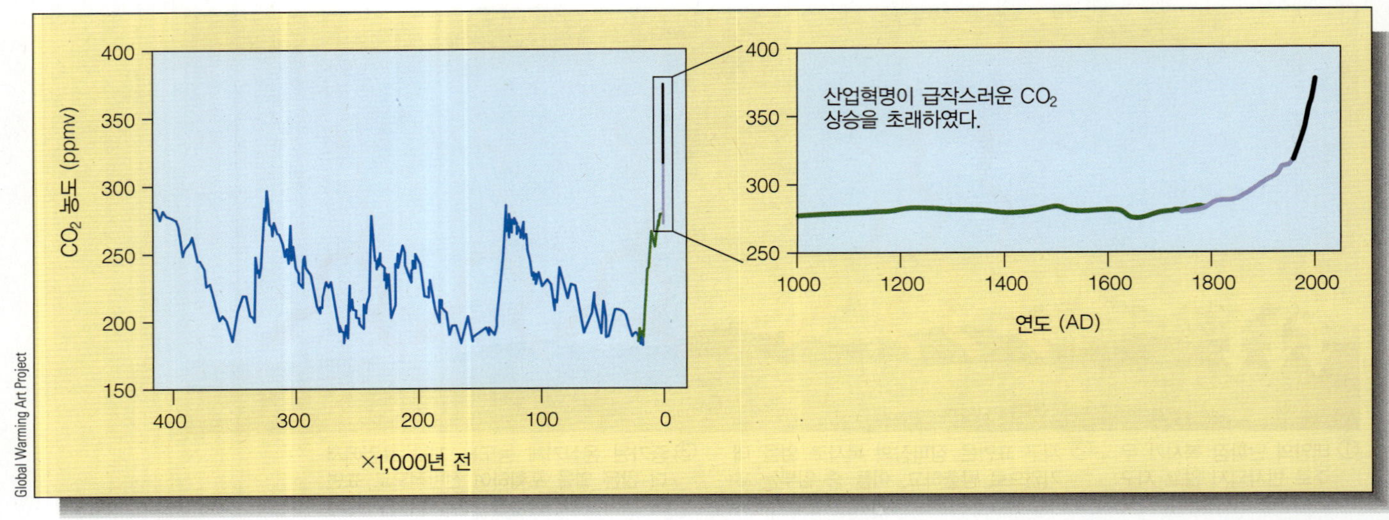

a

이산화탄소는 최근 40만 년 동안에 약 200~300 ppm(부피 기준) 범위에서 변동하였다.

b

대기 중 이산화탄소는 1750년경에 급증하기 시작하였다. 같은 시기에 산업혁명이 시작되었다. 곡선의 기울기는 최근에 급격하게 증가하였다.

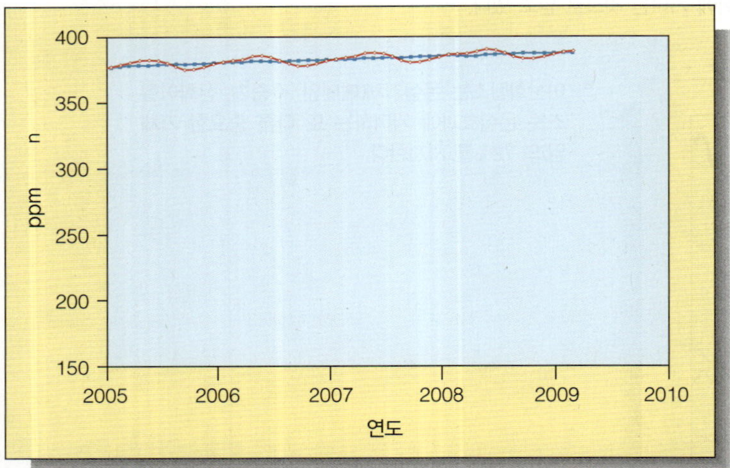

c

대기 중 이산화탄소의 2009년도 농도는 387 ppm(부피 기준)이며 증가하고 있다. 지난 천만 년 동안 어떤 시기에도 이렇게 높은 적은 없었다. 적색 곡선은 하와이 섬 정상에 있는 감지기에서 측정한 값으로 계절변화를 보여 주며, 청색 곡선은 이동 평균값이다.

그림 18.24 시간에 따른 이산화탄소의 농도 변화.

- 전 지구 바람과 강수의 잠재적인 변화—바람이 변하면, 해류도 변한다. 지구온난화가 강화된 엘니뇨 현상의 증가와 관련되어 있으며, 태평양 동부 중앙 해역의 표층 해류를 바꾸어 일차생산력과 수산업의 감소를 초래하였다. 또한 기상학적 적도인 ITCZ 안과 주변에서, 아마도 열대 해역의 증발의 증가에 기인한 것으로 보이는 강수와 태풍의 활동도 증가하는 것처럼 보였다.
- 해수 온도 상승—해수 온도는 해양생물 종의 분포를 결정하는 중요한 요인이다. 고위도 해역이 따뜻해지면, 온대 해역 종들이 극지 해역 쪽으로 이동하는 경향을 보여 줄 것이며, 고유종에게 경쟁 압박을 가할 것이다. 이러한 변화는 먹이사슬에서 광범위한 변화를 초래하거나, 고유종을 멸종시킬 수 있다.
- 용존기체 감소—온도가 상승하면 해수에 용해되는 산소의 양은 감소한다(6장에서 학습). 따뜻한 물에서는 생물의 대사활동이 촉진되어 산소 요구량이 증가된다. 이러한 조건이 겹쳐지면 소통이 원활하지 않은 해역에서는 저산소(죽음의) 해역이 광범위하게 형성될 수 있다.

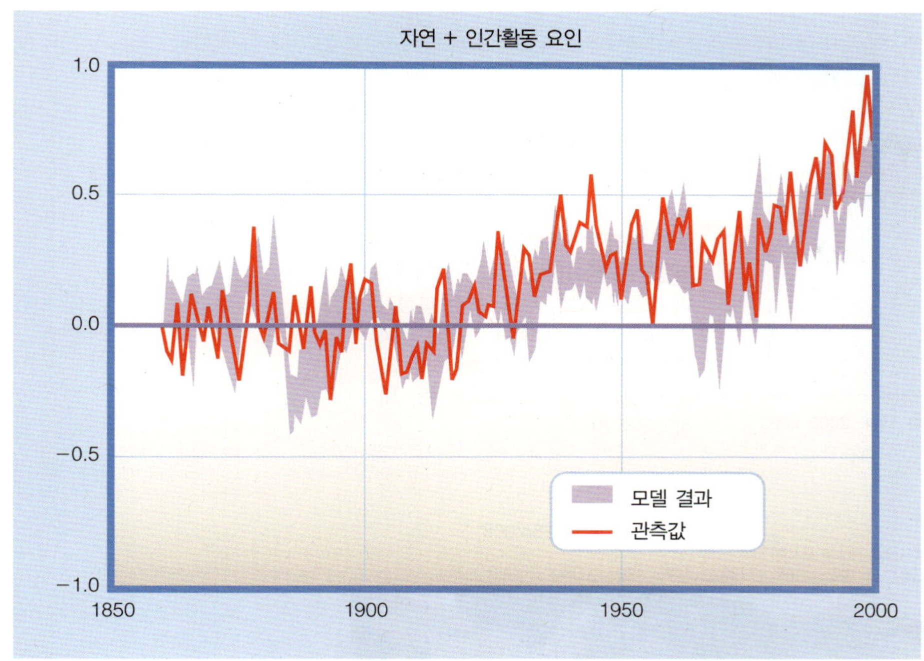

그림 18.25 1850년 이후 실제로 관측된 전 지구 온도(적색 선)와 서로 다른 예상 기후의 추정값을 이용한 전 지구 온도변화(기후 모델—어둡게 표시한 구역)와의 비교. 지난 140년 동안 모델 예측과 관측이 가장 잘 맞는 것은 모델 시뮬레이션에서 인간활동 요인과 자연 요인을 합한 것이다. 수치모델에 대한 더 자세한 정보는 그림 18.31을 보라.

- 생산력 감소—지난 20년간 북태평양 해역의 식물플랑크톤 생산력은 약 9% 감소하였고, 북대서양에서는 거의 7% 감소하였다. 이 현상은 해수 수온 상승과, 대사작용에 필요한 육상의 철분을 공급해 주던 중위도의 먼지 바람 감소를 원인으로 볼 수 있다. 우리가 살펴본 바에 의하면 자외선이 깊은 곳까지 투과할 경우에 영향을 미칠 수 있다. 식물플랑크톤이 적다는 것은 이산화탄소의 흡수 감소와 해양 생태계의 심각한 변화를 의미한다.
- 질병의 빠른 전파—모기에 의해 전파되는 전염병은 따뜻한 기후에서 모기의 번식과 섭식 기간이 연장되어 문제가 더 성가시게 될 수 있다.
- 생태계와 육상 작물생산의 교란—예를 들어 북아메리카 농부들은 겨울 밀의 경작에 적합한 땅이 북쪽으로 이동하고 있다는 점을 이미 주목하고 있다.
- 연안역 구조물의 피해—다시 해수면과 관련된 주제이다. 기후변화가 미치는 경제적 영향은 심각할 것이다. 해수면 상승에 대응하여 전 세계 항구에 설치된 엄청난 인프라 구조물을 재배치하는 것이 필요한가? 몇 조 달러에 이르는 부동산이 풍화작용으로 파괴될까?
- 잠재적으로 긍정적인 소식 하나—북극 해역의 얼음

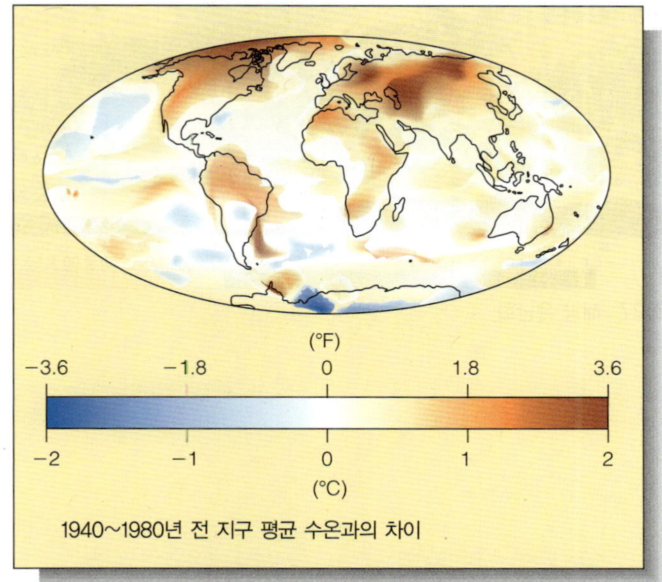

그림 18.26 평균 지구 온도(1995~2004년). 1940~1980년의 평균 표층수온에 대하여 1995~2004년의 상대적 연평균 표층수온을 표시하였다.(평균보다 따뜻한 해역은 적색, 주황색, 황색으로 표시하였다.) 이 자료는 기상관측소에서 측정한 표면 기온과 인공위성에서 측정한 해수 표면 수온 자료에 근거하고 있다.(출처: Climate Forcings in Goddard Institute for Space Studies SI2000 Simulation, Journal of Geophysical Research, 107(D18):4347, copyright © 2002)

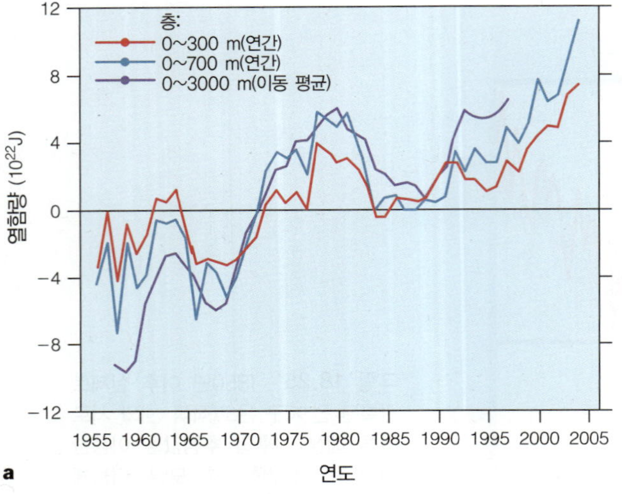

해양 열함량의 시계열 변화. 해양의 열함량은 증가하는 것으로 보인다. 이 그림은 선박, 부표, 특수 측정기기의 조합으로 관측된 730만 개의 연직 수온 분포 자료를 종합하여 요약한 것이다.(출처: Levitus 등, 미항공우주국)

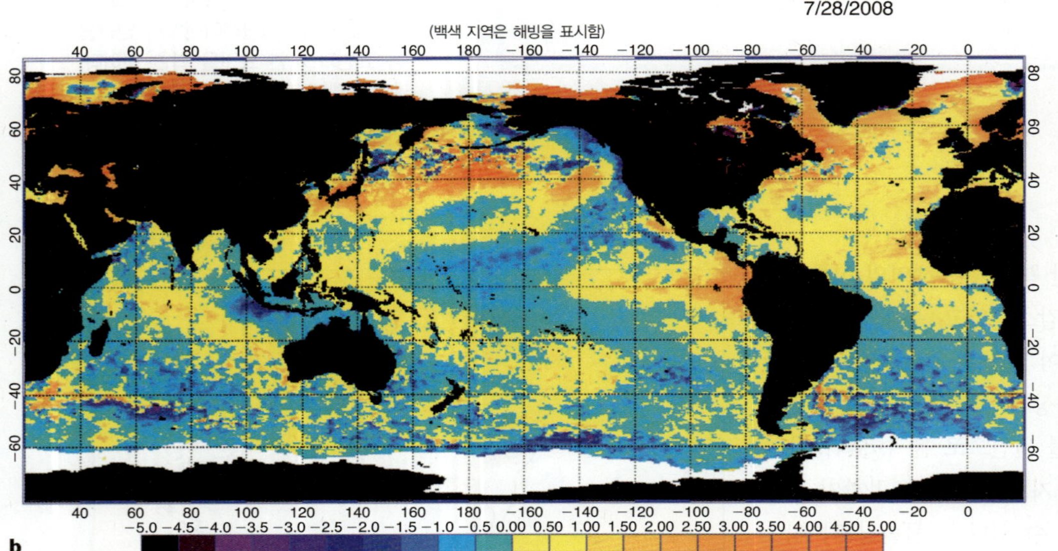

해양 표층수온의 상승. 색으로 표시한 단위가 장기적인 평균 수온에 대한 상대적 온도 변화를 나타내고 있다. 극지 해역으로 따뜻한 물이 어떻게 확장하는지 눈여겨보라.(출처: NOAA/NESDIS)

그림 18.27 해양 온난화.

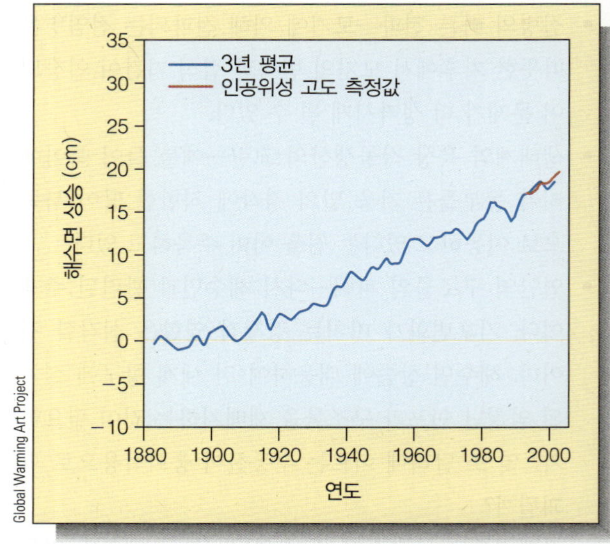

그림 18.28 1880년 이래 해수면 상승. 장기간의 기록을 보유하고 있으며, 지질학적으로 안정한 23곳의 조위 기록 장소에서 측정하였다. 해수면은 1990년 이래로 ~18.5 cm 상승하였다.

그림 18.29 몰디브(인도양의 영연방 내의 공화국)와 같은 도서 국가에서는 아주 작은 해수면 상승도 재해를 일으킬 수 있다. 인도양에 880 km로 길게 늘어 서 있는 도서 국가에 263,000명이 살고 있으며, 이들의 80%가 해발고도 1 m보다 낮은 곳에 살고 있다. 이들 국가의 총 1,180개의 섬에서 2100년 예측된 해수면 상승의 중간 값에 대하여 오로지 손에 꼽을 수 있는 정도만 살아남을 것이다. 이곳 어촌 주민들은 현 세기 동안 10~25 cm 해수면 상승의 영향을 이미 감지하고 있다.

이 녹을 경우 2020년까지 여름에 북서 항행로가 열릴 수 있으며, 이는 유럽과 아시아 사이의 해상 경로를 약 5천 해리 줄일 수 있다(**그림 18.30**).

불확실성에 직면하여 어떠한 방안으로 기후변화에 대응할지에 대한 결정을 어떻게 내릴까? 우리는 수치모델을 이용하여 실험할 수 있다.

수치모델을 미래 기후 예측에 이용한다 **수치모델**(mathematical model)은 시스템의 행동을 기술하고자 시도한 한 벌의 수식 조합이다. 우리는 계좌의 종류, 예치 기간, 다른 은행의 계좌에서 얻은 경험과 다른 요인들을 고려하여 저축예금계좌의 장래 가치를 예측하는 데 수치모델을 이용하고 있다. 기후변화에 기여하는 개별 요인에 대한 상대적 중요성을 가정한 기준을 만들고, 과거 기록과 기후 변화에 기여하는 개별 요인의 상대적 중요성에 대한 가정에 근거하여, 연구자는 미래 조건을 예측하는 대기와 해양의 상호작용 수치모델을 만들어 낸다.

예를 들어 **그림 18.31**에 나타낸 기후모델에 포함된 바와 같이 지구의 기후에 영향을 줄 것으로 생각되는 이러한 요인들을 고려해 보자.

- 화산 폭발은 가끔 엄청난 양의 기체와 입자를 대기 상층으로 주입시킨다. 이 물질은 햇빛을 반사시켜 지표면에 도달하는 햇빛을 감소시킨다. 역사상 1815년 탐보라 화산 폭발과 1883년 크라카타우 화산의 엄청난 폭발 이후 대폭발은 상대적으로 드물다.[7] 맑고 깨끗한 대기 때문에 최근의 지구온난화가 일어난 것일까? 만일 그렇다면, 우리가 측정한 지구온난화에서는 어느 정도(몇 %)가 이 요인에 의한 것일까?
- 태양은 변화하는 행성이다. 태양의 복사 조도(스펙트럼 밝기)는 많이 변하지 않는다—변화폭은 보통 11년의 태양 흑점 주기 동안 1%보다 적다. 그러나 간혹 태양 활동은 예기치 않은 변화를 초래한다. 1645년과 1715년 사이에 태양의 흑점이 예외적으로 거의 소멸된 시기가 있었고 이를 '마운더 최소(Maunder Minimum)'라고 한다. '마운더 최소'기는 유럽과 북아메리카에서 매우 추운 겨울이 있었던 시기로 일명 '소빙하기'로 불리는 가장 추운 시기와 일치한다. 태양 흑점 활동의 소멸과 겨울 온도 사이에는 어떤 인과관계가 있는 것일까?
- 대기에 부딪치는 이온화 방사선은 햇빛을 반사하는 구름 형성을 촉진하는 응결 핵을 생성할 수 있다. 태양풍(태양에서 지속적으로 불어 나오는 입자의 기류)의 변동으로 성층권에 도달하는 복사량이 변화하면서 구름의 형성도 변한다. 이러한 행성 메커니즘이 지구 기후에 영향을 미칠 수 있을까?

[7] 북미와 유럽의 기상에 끼친 엄청난 충격 때문에 1816년은 '여름이 없었던 해'로 알려져 있다. 북반구의 농작물 수확은 망쳤고, 가축은 폐사하였고, 그 결과 19세기 최악의 기아를 초래하였다. 크라카타우 화산 폭발 다음 해에는 평균 지구 온도가 1.2°C까지 하강하였다. 북반구 온도는 1888년까지 회복되지 않았다.

© Mario Garcia/NBC NewsWire via AP Images

그림 18.30 북극 온도가 상승하면서 캐나다의 누나부트 에스키모 자치구 구역에 있는 수로가 바다에서 접근이 가능하게 되었다. 유럽에서 아시아로 가는 큰 컨테이너 선박이 북아메리카 위쪽을 가로질러 항행 일정을 잠재적으로 11일이나 단축할 수 있으며, 남아메리카를 돌아가는 긴 항로를 피할 수 있어서 최대 약 80만 달러의 연료와 인건비를 절약할 수 있다.

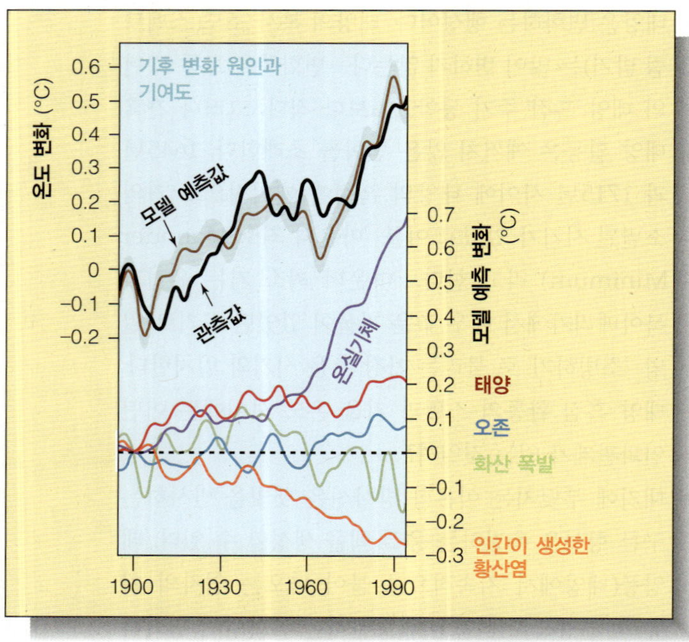

그림 18.31 기후변화의 수치모델. 변화의 예측을 제공하기 위해 기후를 변화시킬 수 있는 5가지 요인을 취합하였다(갈색 곡선). 모델을 실제 관측값(흑색 곡선)으로 검증하였다. 두 곡선이 비슷하게 잘 일치할수록, 모델이 미래 조건을 더 정확하게 예측할 수 있다고 말할 수 있다.(출처: Meehl, G. A., et al., 2004.)

- 인간은 화석연료를 연소하여 이산화탄소를 방출하고, 소는 소화과정에서 메테인을 방출한다. 우리가 본 것처럼 대기 중에 존재하는 열 포집 기체들의 양이 증가하여 온실효과는 더 강력해지고 있다. 그렇다면, 관측된 지구온난화에 기여한 인간활동의 영향은 몇 % 정도나 될까(**그림 18.32**)?
- 얼마나 빨리 대기 중의 이산화탄소가 해양으로 이동하는가? 지표면이 데워지면서, 혹은 바람 속도가 변하면서 제거 속도가 변할까?

기후 모델에서 각 요인(그리고 많은 기타 요인)에게 부여한 상대적 중요성은 모델이 예측하는 결과에 영향을 미칠 것이다. 이제 우리는 대기-해양 상호작용이 매우 복잡하다는 것은 물론, 기후 연구자가 직면한 막중한 업무도 비로소 알게 되었다. 정치가, 정책 입안자, 그리고 일반 대중은 전문가들이 미래의 기후변화에 대하여 확정적인 설명을 해 주기를 기대하고 있지만, 각 변수의 상대적 중요도도 아직 잘 알지 못하고 있는 현재의 이해 수준에서는 이러한 결론을 내리기가 매우 어렵다.

지구온난화를 축소시킬 수 있을까? 축소되어야만 하는가?

그렇다면, 관측된 지구온난화의 어느 정도(몇 %)가 인간에 의해 일어난 것인가? 아무도 확신하지 못한다. 일부 기후 연구자는 인간활동이 지금까지 관측된 온난화의 90% 이상을 설명하는 중요한 원인으로 확신하고 있다. 또 다른 사람들은 인간활동이 '사소하다' 라고도 한다. 대부분의 전문가들은 폭넓은 중간 범위에서 중립적 위치를 견지하며, 관측된 온난화에 인간활동이 실제로 기여하였다는 것을 믿는다고 시사하고 있다. 기후는 변화하고 생물은 적응한다. 그러나 우리가 기후변화에 영향을 미치는 요인에 대하여 더 많이 알게 되면(즉 우리가 더 정확하게 기후 모델을 만들 수 있으면), 안전한 편에 설 수밖에 없으며, 온실기체의 생산을 이전 수준으로 감축시켜야만 한다.

이렇게 '안전한' 대안은 많은 비용을 치르지 않고는 불가능하다. 일부 경제학자들은 온실기체 감축을 위한 비용 지출로 다른 사회 문제[전염병, 인체 면역결핍 바이러스(HIV)-후천성 면역 결핍증(AIDS), 전 세계 빈곤, 청정 수자원, 기초 교육, 영양 실조 등]를 해결할 수 없게 될 수도 있다고 주장하고 있다. 화석연료는 전 세계 경제를 움직이고 있다. 만일 화석연료의 사용을 제한하고, 그 결과 전 세계 경제 활동이 둔화된다면, 개발도상국에서 수백만 명이 피할 수 없는 불필요한 죽음을 맞이할까? 그래서 안전한 방편을 택할 수밖에 없는 선택은 중요한 인간의 재정적, 그리고 환경적 비용 없이는 되지 않는다. 결국 우리는 화석연료 사용을 줄이는 데 따르는 엄청난 비용과 온실기체를 감축하여 얻는 이점에 대하여 균형을 맞추어야 한다. 아직까지는 누구도 오염물질을 좋아하지 않는다! 이러한 어려운 결정의 근거가 되는 더 신뢰성 있고 효율적인 모델을 가질 수만 있기를 바란다.

만일 인간활동이 기후변화를 초래하는 주 원인으로 결정된다면, 이산화탄소 발생을 줄여서 지구온난화를 제한하기는 매우 어려울 것이다. 지난 수백 년 동안 산업 생산은 50배나 증가하였다. 정말 놀랄 만큼 많은 양의 화석연료를 연소하였다. 이산화탄소는 이러한 모든 탄화수소 화합물 연소의 중요 산물이다. 우리는 하루에 7,800만 톤보다 많은 이산화탄소를 매일 생산하고 있다! 전 세계의 에너지 요구량은 지금부터 2025년까지 3.5배 증가하여, 현재보다 이산화탄소 방출이 65% 증가할 것으로 예측하고 있다. 중국에서만 매년 18,000메가와트급 석탄 연소 화력발전소를 더 건설할 계획이며 이는 루이지애나 주 전체의 발전량과 같다. 매 1 kW-hr의 전기가 생성될 때 약 631 g의 CO_2가 대기 중으로 방출된다.

John Wilson Cramer IV.

그림 18.32 역청탄 연소 화력발전소에서 방출되는 오염물질은 중국 남동부에 있는 주강 삼각주의 석양을 붉게 물들이고 있다. 2025년까지 중국은 루이지애나 주 전 발전량과 같은 용량의 석탄 연소 화력발전소를 매년 추가로 건설할 계획이다.

제시된 모든 논쟁을 고려할 때, 우리는 정치적 그리고 경제적 이행 의지를 가지고 있는가? 1997년 일본 교토 회의에서 160개 나라에서 모인 지도자와 대표자들이 각 선진국의 이산화탄소 저감 목표를 설정하였다. 예를 들어 미국은 2012년까지 이산화탄소의 방출을 1990년 수준의 7%만큼 감축하겠다고 하였다. 이 목표는 경제적으로 지켜지지 않을 것으로 보여, 미국 상원은 이를 인준하지 않았다. 어떤 경우에서나 이러한 수준은 지구 기후의 온난화를 단지 지연시키는 정도일 뿐이다.

기후변화에 대한 불확실성에도 불구하고 세계 경제 수준을 유지하고 지구온난화 촉진을 저지하기 위해

NGDC/NOAA/U.S. Air Force Weather Agency

그림 18.33 지구의 밤. 인간이 만든 빛이 개발된 구역의 지표면에서 흘러넘치고 있다. 이렇게 합성된 영상은 현재의 산업화 규모와 자원의 활용을 두드러지게 보여 주고 있다.

서는 화석연료의 대안을 찾아내야만 한다. 현재 상당량의 전기를 생산하고 있는 **핵에너지**(nuclear energy)가 유일한 대체 에너지원이며, 미국에서 생산되는 전기의 약 17%를 차지하고 있다.(태양과 풍력은 2007년 미국의 총 에너지 소비의 약 0.5%만 생산하였다.) 많은 원전 반대 홍보에도 불구하고, 현재 가동 중인 가압수형 원자로는 신뢰할 수준의 전기 생산과 안전에 대한 괜찮은 기록을 보유하고 있다.[8] 핵발전소의 문제는 원자로의 일상적 운영에 있는 것이 아니라 핵폐기물의 처리에 있다. 2006년까지 약 72,000개의 고준위 핵 연료 폐기물이 깊은 냉수 저장 풀에 임시로 저장될 것이다. 이들이 환경 위험이 전혀 없는 충분히 낮은 수준에 이르기까지 만 년 동안 잘 보관하여야 한다. 방사능 물질은 세포를 통과하여 영구적으로 피해를 줄 수 있는 에너지 형태인 **이온화 방사선**(ionizing radiation)을 방출한다. 이러한 인위적 이온화 방사선 방출원은 환경에서 의무적으로 격리하게 되어 있다.

산업화된(그리고 산업화되기를 바라는) 국가의 시민들은 경제 성장을 늦추고, 인구 성장을 제한하면서, 화석연료 연소에 대한 의존도를 줄이고, 안전한 대체 에너지원을 개발하여 지구온난화의 상승 위험을 완화하는 데 동의할 수 있을까? 뉴기니, 필리핀, 브라질의 열대 우림에 있는 농장 경영자와 기업가들의 행동에서 어느 정도의 통찰력을 얻을 수 있다. 브라질 아마존의 열대우림은 시간당 12 km^2의 속도로 불 태워져 사라지고 있으며, 1년이면 웨스트버지니아 주에 해당되는 면적과 같아진다. 잉여 이산화탄소를 흡수하기 위해 육성되어야 할 엄청난 나무 둥치들이 벌목되고 있다. 정리된 땅을 농장, 소 방목 목장, 도로, 도시들이 이용하고 있다. 우선순위는 분명하다.

[8] 1986년에 폭발한 체르노빌의 (구)소련 원자로는 상당히 다른 디자인으로 되어 있었다.(역주: 2011년 3월 일본 후쿠시마 핵발전소 사고 이후 천문학적인 처리 비용과 사고 위험으로 핵발전은 대안이 아닌 것으로 인식되고 있음)

개념점검

15. 오존이란 무엇인가? 대기 성층권에 이들이 없다면 지표면 환경에 어떤 영향을 미치는가?

16. '온실효과'란 무엇인가? 온실효과의 영향은 항상 나쁜 것인가?

17. 온실효과에 어떤 기체들이 가장 책임이 있는가?

18. 지구온난화로 전 지구 기후에 어떠한 변화가 일어나겠는가?

19. 수치 기후모델은 무엇인가? 기후변화를 추정하는 데 모델이 어떻게 유용하게 쓰일 수 있는가?

20. 에너지원으로 쓰는 탄화수소의 연소에 어떤 대안이 존재하는가?

18.6 대응 방안은 무엇인가?

1968년에 생물학자 하딘(Garrett Hardin)이 쓴 "공공재의 비극(The Tragedy of the Commons)"이란 제목의 연구가 화제의 중심이 되었다. 그는 모든 거주자가 공동으로 소유하는 농업 사회에 대한 연구에서 이 논문 제목을 제시하였다. 이 사회의 주민들은 적은 식구의 가정과, 토지, 그리고 아마도 공유하는 목초지에 방목하는 소를 가졌다. 농부 개개인은 자기 소가 생산한 우유와 치즈는 자기가 갖고, 소의 공동 소유권의 비용—공유지에서 과도하게 소를 방목하고, 가축 배설물을 배출하고, 음용수 상수원을 훼손하는 등—은 모든 주민들에게 분배하였다. 이러한 처리 방식은 전쟁, 질병, 밀렵이 사람과 소의 수를 토지의 수용력보다 훨씬 낮은 수준으로 유지하면서 백 년 동안은 잘 운영되었다. 그러나 결국에는 정치적으로 안정되고 질병에서 어느 정도 벗어나면서, 사람과 소의 개체수가 증가하게 되었다. 농부는 공유지에 더 많은 소를 풀어 놓아 더 많은 이익을 획득하였다. 곧 심한 스트레스를 받은 사회는 소의 증가를 더 이상 수용할 수 없게 되었고, 공유지는 붕괴되었다. 마침내 공유지에는 한 마리의 소도 생존할 수 없게 되었다. 공유지의 비극은 인류 공동 자산에 대한 자기 이익과 권리만을 추구할 경우, 결과적으로 자신을 포함한 지구 공동체 전부가 피해를 입게 된다는 교훈을 준다.

여기서 얻은 교훈을 현재의 상황에 적용할 수 있다. 하딘은 우리의 사회체제에서 개개인은 각자의 물질적 이익을 최대로 하는 방식으로 행동하는 경향이 있다고 강조하였다. 우리들 개개인은 일의 긍정적 편익은 선뜻 가지려고 하지만, 비용은 모두에게 나눠 주려고 한다. 예를 들어 오늘 아침 나는 대학 연구실로 운전해 왔고, 내가 얻은 편익은 내 연구실까지의 편도 이동이다. 이 짧은 주행의 비용은 하이브리드차의 엔진의 연료 연소에서 생긴 대기오염이다. 배출된 매연을 호스를 통하여 내 코와 입에 딱 맞는 마스크로 보내 내가 처리했는가? 말하자면, 나의 출근 주행에 대한 편익을 나 자신을 위해 유보한 것과 같이, 나 자신을 위해 사용한 내 행동의 환경 비용을 유보한 것이지 않는가? 나는 마치 당신이 오늘 아침에 버린 오물 하수를 이웃과 공유한 것처럼, 혹은 공장에서 배출한 이산화탄소를 전 지구와 공유한 것처럼, 배출 매연을 캘리포니아 이웃 주민들과 함께 공유하였다. 정말로 세상 그 자체가 우리의 공동체이다. 현대 공동체의 비극은 이런 종류의 행동에 달려 있다.

지구 공동체의 환경수용력은 이미 초과되었다. 출생이 사망을 초당 3명, 시간당 10,400명을 초과하고 있다. 매년 미국 인구의 거의 1/3과 같은 수인 9,500만 명이 출생하고 있다. 20세기에 인구는 3배로 증가하였고, 금세기에 나타날 인구 안정기에 이르기까지 2배가 될 것으로 예상하고 있다. 다음 10년 동안에 10억이 더 증가할 것이고, 이들의 92%가 제3세계 국가에 있을 것이다(**그림 18.34**).[9] 전 세계 인구의 1/5이 이미 가난과 기아로 고통받고 있다.

이렇게 폭발적으로 증가하고 있는 인간 집단은 현재의 자원 이용을 동일한 비율로 활용하는 것에 만족하지 않고 있다. 가장 발달이 늦은 나라의 국민들은 개발된 나라들의 평균 생활 수준이 요구하는 교육과 광고의 영향을 받는다. 이들은 전 지구 인구의 4.5%밖에 되지 않지만, 원자재의 32%, 에너지의 24%를 소모하면서 산업과 관련된 이산화탄소 배출의 22%를 배출하고 있는 국가인 미국에 대하여 잘못된 질투를 나타내고 있다.

그들의 인구 수만큼 빠르게 증가할 것으로 예상하고 있는 인구를 세계가 유지할 수 있을까? 하딘이 언급한 바 "우리는 가장 많은 인구로 가장 낮은 수준의 편안함에서 살거나, 혹은 보다 작은 인구 수준에서 생활의 질을 최적화할 수 있을 것이다." 인구의 증가가 모든 환경문제 중 가장 큰 문제이다. 이것을 마지막 남은 이스터 섬 주민이 완전히 이해했었다면 좋았을 텐데.

우리는 과학이 문제를 해결할 수 있다고 기대하지는 않는다. 대부분의 결정과 필요한 행동은 순수과학을 벗어난 가치, 윤리, 도덕성, 그리고 철학의 영역에 있다. 환경문제 해결 방안이 만일 존재한다면, 이는 교육과 실천에 있다. 우리 모두 각자가 지구, 해양, 그리고 공기에 영향을 주는 문제에 대하여 논쟁하고, 증거의 가치를 따지는 것을 배우고 알아야 할 의무가 있다. 한번 알게 되면, 우리는 합리적 방법으로 실천해야 한다. 체인으로 유조선에 몸을 묶으며 반대하는 것은 합리적이지 않다. 그러나 잘 설계하여, 내구성이 있고, 책임지는 기업에서 환경 영향을 최소로 해서 생산한, 그리고 재순

[9] 미국의 경우 인구 증가가 매년 워싱턴 D.C.급 도시 4개, 3년마다 뉴저지 주 하나, 12년마다 캘리포니아 주가 하나씩 더 생기는 속도로 증가하고 있다.

SeaWiFS/NASA/ORBIMAGE

그림 18.34 두터운 연무가 세계에서 인구가 가장 많은 국가의 동부 지역 상공에 남아 있다. 전 세계의 공장인 중국은 거의 16억 인구가 살고 있다. 중국의 총 국가생산은 1980년 이래로 매년 평균 9.8%씩 증가하여 왔으며, 2020년경에는 세계의 가장 큰 경제 대국인 미국을 추월할 것이다. 만일 지금의 추세가 계속된다면, 5년 뒤 중국은 미국을 추월하여 제일의 온실기체 배출국이 될 것이다. 중국인의 새로운 기업가 정신과 사업체들의 성공은 당신의 옷, 신발, 가전제품과 가정용품, 그리고 첨단기술 컴퓨터 장치의 상표에서 명확하게 입증되었다. 이 실제 색채 영상은 2002년 1월 *OrbView* 위성에서 찍은 것이다. 2030년경에는 인도가 중국 인구를 추월할 것이다.

환이 가능한 상품을 선택하도록 우리를 변화시키는 것은(그리고 다른 사람도 그렇게 하도록 권장하는 것은) 확실하게 이성적인 행동이다.

임기응변은 가끔 잘못되기도 한다. 직면하고 있는 수많은 어려운 문제에 대하여 신뢰할 수 있는 통찰력을 제공하도록 아주 많은 연구와 작업이 필요하다. 현재의 경제와 환경 사이에서 거래의 균형은 흔히 즉각적 이득, 단기 편익, 그리고 직접적 편리성 쪽으로 강하게 기울어져 있다. 교육이 이러한 파괴적 행동을 바꿀 수 있는 유일한 방법이다. 하딘은 공동체에서 절대 자유(absolute freedom)는 모두에게 파멸을 가져올 것을 시사하였다.

도시는 붐비고, 우리의 심기도 성급해졌다. 격동의 변화 시대가 우리 앞에 와 있다. 다가올 시련의 심판은 가혹할 것이다.

무엇을 할 것인가? 우리 모두 각자가 개인적으로 나서야 할 필요가 있다. 우리는 석양과 안개, 파도타기를 즐길 수 있는 파도, 청량한 해풍으로 얼굴을 적시는 물보라, 즉 하나뿐인 세상인 바다를 보존해야 한다(**그림 18.35**). 미드(Margaret Mead)는 변화를 만들 수 있는 잠재성을 요약하였다: "사려 깊고 헌신적인 시민들의 작은 모임이 세상을 바꿀 수 있다는 것을 의심하지 말라. 정말로 지금 우리가 가진 것은 이것 하나뿐이다."

Jeanne Garrison Allen

물과 자연을 한번 잃어버린 세상은 어떠할까?
그들이 남아 있게 하라.
꼭 남아 있게 하라, 자연과 물을;
이제 잡초와 자연은 영원하리라.
—홉킨스(Gerard Manley Hopkins)

그림 18.35

지금 바로 실행에 옮겨야 한다.

개념점검

21. 하딘의 "공공재의 비극"에 내포된 '비극'이란 무엇인가?

22. 어려운 환경문제 해결 방안에 대하여 현재 우리 자신을 찾을 수 있는 해법이 있는가? 어떤 형식으로 그 해법을 택할 것인가? 다른 대안으로 어떤 것이 있는가?

23. 지금의 세계 경제 성장률이 지속될 수 있다고 믿는가? 믿지 못한다면, 인간의 요구를 수용하기 위해서는 어떠한 변화가 필요한가?

학생들의 질문

1. 개개인이 대기와 해양에 주는 피해를 최소화하기 위해 무엇을 할 수 있는가?

지구와 여기 사는 모든 생명체가 서로 연결되어 있음을 상기하자. 여기에 진정한 소비자는 없고 사용자만 있다. 아무것도 사실은 내다 버릴 수 없다(그래 봤자 지구 안이니까). 수천 년 동안 습관이었던 오염시키고 떠나 버리기 관행(pollute-and-move-on ethic)을 버려야 한다. 우리가 할 일은 자손을 두어 지구를 정복하는 것이 아니다: 우리를 유지시켜 주는 생명의 원천적인 리듬과 조화로운 사회를 만들어야 한다. 우리의 방식을 변화시키는 것은 지금이라도 늦지 않았다. 우리 자신은 변화가 구현되도록 각자 실천해야 한다. 우리는 생각은 지구 규모로 하고 행동은 사는 지역에 맞추어야 할 것이다.

2. 오염은 늘 나쁜 것인가?

오염 가운데 일부는 잠시 좋은 효과를 내기도 한다. 예를 들어 플로리다 연안에서 한때 멸종 위기를 맞았던 해우(manatee)는 연안에 세워진 발전소의 온배수의 도움으로 다시 번성하고 있다. 더 큰 규모로 살펴보면 온난화가 진행되었을 때 일부 컴퓨터 모델의 연구 결과는 중위도의 넓은 지역에서 강수량이 늘고, 작물의 생육 기간이 늘어나 수확이 증가할 것이라는 예측도 있다. 하지만 복잡한 자연계에 대해 인간의 간섭을 줄이는 것이 더 바람직하다.

3. 그 많은 플라스틱 병은 다 어떻게 되었는가?

미국은 전 세계에서 가장 안전한 물 공급 시스템을 가지고 있다. 이런 사실에도 불구하고 병에 담긴 물의 소비는 지난 5년간 65% 늘었다. 현재에는 매일 8,800만 병가량을 소비하고 있다. 걸러져서 병에 담긴 수돗물은 낡고 오래된 시설에서 공급하는 수돗물의 대체품으로 시장에서 각광을 받고 있는데 부엌의 수도꼭지에서 나오는 물보다 많게는 4,000배나 비싸기도 한다. 심지어 고급 무연 휘발유보다도 비싸다! 2004년도에 팔린 플라스틱 물통은 여섯 가운데 하나꼴로 재활용되었다. 이제는 이 병을 만드는 데 드는 유화 제품 비용에다가 배송료(어떤 물은 아주 멀리서 상점의 진열대로 온다)마저 더해 주어야 한다. 아마 지금이야말로 생수병을 재활용하여 이 병에다 물을 담아 아껴야 할 때가 아닌가 싶다.

4. 나는 지구온난화가 본질적으로 증명된 것으로 생각하였다. 인류가 생산한 많은 오염물질이 이 과정에 얼마나 많이 기여했는지 우리가 확신할 수 없다고 기술하고 있다. 무엇을 믿어야 하는가?

기후 연구자들 사이에는 분명하게 의견이 일치하고 있다: 지구 표면은 점차 따뜻해지고 있다.[10] 논란이 많은 것은 상대적 인간활동(인간이 유발한), 예를 들어 벌목, 온실기체 배출, 식량 생산, 미량 오염물질 및 지구온난화를 부추기는 물질 생산 등, 요인의 상대적인 중요성에 대한 것이다. 그것이 무엇이든지 간에 지구온난화에 대한 기여를 완화하는 것은 비용이 아주 많이 들기 때문에 상대적 기여도를 아는 것이 매우 중요하다.

5. 당신은 하계 일광절약시간, 즉 서머타임제가 지구온난화에 기여한다고 생각하는가? 일조 시간이 길수록 대기가 더 많이 가열될 것이기 때문이다.

얼토당토않다!

---

[10] 합의(의견 일치) 그 자체는 과학적 논쟁도 아니고 과학적 방법도 아니다. 그렇지만 합의한 내용은 그 자체가 과학적 논쟁과 과학적 방법에 기초를 두고 있다.

6. 전반적으로 보아 환경에 가장 큰 위협은 무엇인가?

본문에서 문제의 가장 근본적인 원인으로 첫째 인구 증가, 둘째 성장위주 경제를 지목했다. 스탠퍼드 대학의 에를리히(Paul Ehrlich) 교수는 "인구 증가를 억제하는 것이 핵 전쟁을 피하는 것 다음으로 중요한 의제이다."라고 자신의 의견을 제시했다. 현재 인구는 약 69억 명으로 인구 증가가 멎기까지 100억 명까지 늘어날 암담한 상태이다. 만약 모든 이가 꼭 같은 수의 젖소를 가지려 하면 어떤 일이 벌어질까?

7. 오염 문제에 대하여 대중의 인식이 어떠한 역할을 수행하는가?

매우 큰 역할을 한다, 정말이다! 최근에 이르러 비교적 작은 규모였지만 시각적으로 치욕스런 사건이 대중의 관심을 끌어내었고, 우리를 행동하도록 만들었다. 1969년 영국 남부 연안 외해에서 좌초하여 엉망으로 부서진 유조선 토레이 캐니언 호가 세계의 여론에 충격을 주었고, 현재의 환경 운동의 기반을 마련해 주었다. 최근 1988년 여름에 북부 뉴저지와 롱아일랜드 해변의 80 km가 해안에 떠밀려 온 의료 폐기물로 오염되어 임시로 폐쇄된 것을 알고 해변 관광객들은 공포에 떨었다. 그중 일부에서 피가 담긴 수십 개의 병, 주사기, 피가 묻은 붕대, 에이즈와 B형 간염을 일으키는 바이러스 조사에서 양성반응을 보인 수술 봉합물이 발견되었다. 비슷한 사건이 로드아일랜드와 매사추세츠에서도 발생하였다.

이런 사건은 비록 시각적으로 끔찍한 충격을 주지만, 전 해양에 미치는 장기적인 효과는 미미하다. 최근 대중의 관심은 대규모 결과를 초래하는 주제로 바뀌었다. 지난 몇 년간 여름철 가뭄과 뜨거운 여름으로 온실효과와 오존층 같은 전문 용어가 지방 일간지와 저녁 식사 화제로 등장하게 되었다. 주말에 낚시꾼들은 잡은 물고기를 먹어도 되는가에 대하여 고민하게 되었다. 이제 분명하게 나타난 것과 같이 보이지 않는 위협에 대해서도 궁금하게 여기고 있다. 인식이 바뀌고 있다.

8. 해양 수족관 어류는 어떠한가? 이들을 구매하는 것이 산호초 생태계를 파괴하고 있지는 않는가?

최근에 미래를 위한 생물종과 환경 보호에 전혀 관심이 없는 사람들에 의해 대부분의 산호초 관상 어류들이 무차별로 수집되었다. 산호초 틈새에 청산가리 용액을 물총으로 쏘아 넣어 어류를 기절시킨다. 산호초는 청산가리에 독화되고, 잡힌 어류가 새 가정 어항에 도착해서는 흔히 급성 간부전으로 폐사한다. 이제는 수족관 어류가 매우 큰 사업이며, 소비자들도 소장 관상어류의 수집 방법에 대하여 알게 되었기 때문에 많은 곳에서 바뀌고 있다.

1,471종에 속하는 어류 2천만 마리와 무척추동물 천만 개체가 매년 유통을 위해 수집되고 있으며 현재 시장 규모는 연간 3억 3천만 달러이다. 스리랑카와 같은 나라에서는 '수산업'에 대한 보호와 유지가 약 5만 명의 저소득층 인구의 일자리를 지속적으로 제공하고 있다. 교역 협회인 해양 수족관 협의회는 구매하고자 하는 어류 혹은 기타 산호초 동물을 수집한 방법에 대한 정보를 소비자에게 제공하는 인증 절차를 시작하였다. 이것은 수집상들이 주로 청산가리를 과도하게 사용해 온 필리핀과 인도네시아에게 지속 가능한 방법을 준수하거나 혹은 해양 양식으로 전환하는 것을 강제적으로 권유할 수 있다.

요약

이 단원에서 인류는 항상 자원을 소모하고 주변을 오염시켜 왔지만, 단지 얼마 되지 않은 지난 몇 세대 동안에 우리의 활동이 전 지구적 규모로 해양과 대기에 영향을 미쳤다는 것에 대하여 알게 되었다. 인위적 합성 화합물이(혹은 자연 화합물이 비정상적인 용량으로) 생물권에 유입되어–앞으로도 계속하여–원하지 않는 치명적 영향을 일으키고 있다. 해양 서식처의 파괴와 관리되지 않은 해양생물자원의 수확도 또한 정교하고 연약한 생태학적 균형을 교란하였다. 어쩌다 보니 우리는 전 지구적인 규모의 실험 시대에 진입하게 되었고, 더구나 쉽게 해결할 수 없는 어려운 상황에 처해 있다는 상황을 인식하게 되었다.

이 장은 유일하게 즐길 수 없는 불쾌한 단원이었다. 그래도 우리가 본 내용에 대하여 신중하게 생각하여 문제를 해결해야 한다. 그곳에서 어느 정도 고무적인 측면을 찾을 수 있을 것이다.

주요 용어

부영양화(eutrophication)
빈산소(hypoxia)
생분해성(biodegradable)
생태계증폭(biological amplification)
수치모델(mathematical model)
염화불화탄소(CFCs: chlorofluorocarbon)
염화탄화수소(chlorinated hydrocarbon)
오염물질(pollutant)
오존(ozone)
오존층(ozone layer)
온실기체(greenhouse gas)
온실효과(greenhouse effect)
외래종(introduced species)
이온화 방사선(ionizing radiation)
중금속(heavy metal)
폴리염화비페닐(PCB: polychlorinated biphenyl)
하수(sewage)
해양오염(marine pollution)
핵에너지(nuclear energy)

학습문제

익힘문제

1. 해양환경에 대해 정유가 원유보다 더 해로운 이유는 무엇인가? 유류가 해양에 들어온 다음에는 어떤 일이 벌어지는가?
2. 가장 위험한 중금속들은 무엇인가? 이들은 어떤 경로로 해양에 들어오는가? 해양에서 어떻게 생물과 인체로 옮겨지는가?
3. 몇몇 합성 유기물질은 해양에 아주 낮은 농도로 있어도 해롭다. 이들의 농도는 해양에서 어떻게 높아지는가? 해양 먹이사슬에 있는 생물이 이런 물질을 섭취했을 때 결과는 어떻게 되는가?
4. 성층권의 오존 감소가 플랑크톤의 생산력에 어떠한 영향을 미칠 수 있는가?
5. 온실효과란 무엇인가? 항상 유해한가? 어떤 기체들이 온실효과에 기여하는가? 왜 대부분의 과학자들은 지구의 평균 표면 온도가 다음 수십 년 동안에 상승할 것으로 믿는가? 어떤 결과가 나오겠는가?
6. 지구온난화가 어떻게 해양에 직접적으로 영향을 미치는가?
7. '공공재의 비극'이란 무엇인가? 하딘이 오래된 개념을 현재에 적용한 것이 옳다고 생각하는가? 해양과 대기에 미치는 나쁜 영향을 최소로 하기 위하여 어떠한 행동을 할 것인가?

응용문제

1. 오염과 잘못된 서식처 관리 탓에 시간이 경과한 뒤 이를 처리하는 비용은 아무 조치도 하지 않고 그냥 둔 경우보다 클 것이다. 그러나 이제는 비용이 저렴해졌다. 실용적 관점에서만 논의한다면(즉 감성적 주장을 피하면), 해양 자원에 의존하는 부유한 선진국의 산업체 법인 이사회에서 기업 활동에서 비롯된 나쁜 영향을 줄이거나 제거하자고 어떻게 설득할 수 있겠는가?
2. 같은 질문에 대하여 중국 혹은 인도와 같은 개발도상국의 법인 이사진을 어떻게 설득할 수 있겠는가?
3. 어떤 오염물질이 질량을 기준으로 십억 개당 하나로 희석된 농도에서도 영향을 준다면, 만으로 유출된 1톤의 오염물질은 얼마나 많은 해수를 오염시키겠는가? 체서피크 만 혹은 샌프란시스코 만을 고려하여 계산하라
4. 한 부부가 하와이에서 2주간의 휴가를 즐기고 돌아왔다. 하와이에서 해양의 최종 육식 소비자인 참다랑어, 날개다랑어, 황새치, 청새치를 대부분의 점심과 매끼 저녁 식사 메뉴로 먹었다. 여행에서 돌아온 후 한 달 뒤 그들은 임신했다는 것을 알고 매우 즐거워했다. 그런데 아기의 건강에 대하여 얼마나 걱정해야 하는가?

부록 I: 단위 환산표

Scientific Notation

Multiples and Submultiples	Name	Common Prefixes
$10^{18} = 1,000,000,000,000,000,000$		exa
$10^{15} = 1,000,000,000,000,000$		peta
$10^{12} = 1,000,000,000,000$	trillion	tera
$10^{9} = 1,000,000,000$	billion	giga
$10^{6} = 1,000,000$	million	mega
$10^{3} = 1,000$	thousand	kilo
$10^{2} = 100$	hundred	hecto
$10^{1} = 10$	ten	deka
$10^{-1} = 0.1$	tenth	deci
$10^{-2} = 0.01$	hundredth	centi
$10^{-3} = 0.001$	thousandth	milli
$10^{-6} = 0.000001$	millionth	micro
$10^{-9} = 0.000000001$	billionth	nano
$10^{-12} = 0.000000000001$	trillionth	pico

Conversion Factors

Area	
1 square inch (in.^{2})	6.45 square centimeters
1 square foot (ft^2)	144 square inches
1 square centimeter (cm^2)	0.155 square inch 100 square millimeters
1 square meter (m^2)	10^4 square centimeters 10.8 square feet
1 square kilometer (km^2)	247.1 acres 0.386 square mile 0.292 square nautical mile

Mass	
1 kilogram (kg)	2.2 pounds 1,000 grams
1 metric ton	2,205 pounds 1,000 kilograms 1.1 tons
1 pound	16 ounces 454 grams 0.45 kilogram
1 ton	2,000 pounds 907.2 kilograms 0.91 metric ton

Pressure	
1 atmosphere (sea level)	760 millimeters of mercury at 0°C 14.7 pounds per square inch
	33.9 feet of water (fresh)
	29.9 inches of mercury
	33 feet of seawater

Length	
1 micrometer (μm)	0.001 millimeter 0.0000349 inch
1 millimeter (mm)	1,000 micrometers 0.1 centimeter 0.001 meter
1 centimeter (cm)	10 millimeters 0.394 inch 10,000 micrometers
1 meter (m)	100 centimeters 39.4 inches 3.28 feet 1.09 yards
1 kilometer (km)	1,000 meters 1,093 yards 3,281 feet 0.62 statute mile 0.54 nautical mile
1 inch (in.)	25.4 millimeters 2.54 centimeters
1 foot (ft)	30.5 centimeters 0.305 meter
1 yard	3 feet 0.91 meter
1 fathom	6 feet 2 yards 1.83 meters
1 statute mile	5,280 feet 1,760 yards 1,609 meters 1.609 kilometers 0.87 nautical mile
1 nautical mile	6,076 feet 2,025 yards 1,852 meters 1.15 statute miles
1 league	15,840 feet 5,280 yards 4,804.8 meters 3 statute miles 2.61 nautical miles

Volume	
1 cubic inch (in.^{3})	16.4 cubic centimeters
1 cubic foot (ft^3)	1,728 cubic inches 28.32 liters 7.48 gallons
1 cubic centimeter (cc; cm^3)	1,000 cubic millimeters 0.061 cubic inch
1 liter	1,000 cubic centimeters 61 cubic inches 1.06 quarts 0.264 gallon
1 cubic meter (m^3)	10^6 cubic centimeters 264.2 gallons 1,000 liters
1 cubic kilometer (km^3)	10^9 cubic meters 10^{15} cubic centimeters 0.24 cubic mile

Temperature

$°C = \frac{(F - 32)}{1.8}$

$°F = (1.8 \times °C) + 32$

$K = °C + 273.2$

100°C = 212°F
(boiling point of water)

40°C = 104°F
(heat-wave conditions)

37°C = 98.6°F
(normal body temperature)

30°C = 86°F
(very warm—almost hot)

20°C = 68°F
(a mild spring day)

10°C = 50°F
(a warm winter day)

0°C = 32°F
(freezing point of water)

	°F	°C
Water boils	212	100
		80
	160	
		60
Body temperature	98.6	37
	80	
		20
Water freezes	32	0
	0	
		−20
	−40	−40

Time	
1 hour	3,600 seconds
1 day	24 hours 1,440 minutes 86,400 seconds
1 calendar year	31,536,000 seconds 525,600 minutes 8,760 hours 365 days

Speed	
1 statute mile per hour	1.61 kilometers per hour 0.87 knot
1 knot (nautical mile per hour)	51.5 centimeters per second 1.15 miles per hour 1.85 kilometers per hour
1 kilometer per hour	27.8 centimeters per second 0.62 mile per hour 0.54 knot

Numerical Oceanographic Data

Equivalence in Concentration of Seawater	
Seawater with 35 grams of salt per kilogram of seawater	3.5 percent 35 parts per thousand (‰) 35,000 parts per million (ppm)

Speed of Sound	
Velocity of sound in seawater at 34.85 parts per thousand (‰)	4,945 feet per second 1,507 meters per second 824 fathoms per second

Area, Volume, and Depth of the World Ocean

Body of Water	Area (10^6 km^2)	Volume (10^6 km^3)	Mean Depth (m)
Atlantic Ocean	82.4	323.6	3,926
Pacific Ocean	165.2	707.6	4,282
Indian Ocean	73.4	291.0	3,963
All oceans and seas	361	1,370	3,796

부록 II: 지질 연대표

제1장에서 본 것처럼 천문학자들이나 지질학자들은 지구가 약 46억 년 전에 만들어진 것으로 결론을 내리고, 지구의 나이를 아래 표에 나타난 것처럼 주요한 지질학적 변화나 진화과정의 변화에 대응하는 몇 개의 시대로 나누었다. 이 표에서는 지면 관계로 각 시대의 실제 기간과 표의 축척이 맞지 않게 되어 있다.

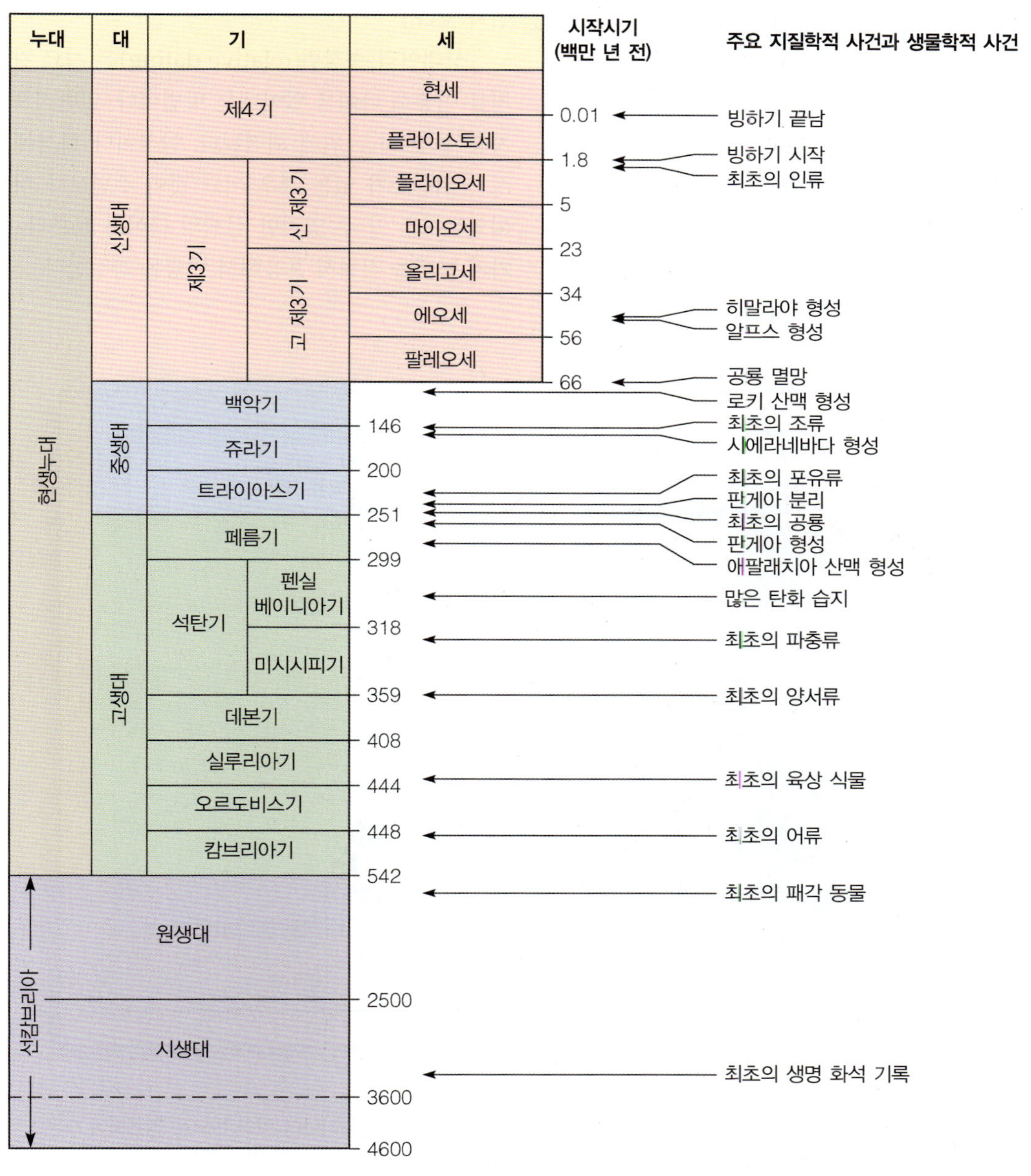

부록 III: 절대연령과 상대연령 측정

방사성 붕괴는 불안정한 원자핵이 분열하는 것이다. 붕괴할 때 열이 발생하고 이 중의 일부는 지구 내부의 열원이 되기도 하고 판구조운동에 이용되기도 한다. 방사성 동위원소는 각기 정해진 반감기가 있는데, 예를 들면 우라늄은 45억 년이고 포타슘은 84억 년이다. 각 반감기 동안에 방사성 원소의 절반이 붕괴되어 다른 원소로 바뀐다.

방사성 연대측정은 암석의 동위원소가 안정된 원소로 바뀐 비율을 이용하여 연령을 측정하는 것이다. 지질학에서는 이 방법을 절대연령 측정법(absolute dating)이라 하는데 그 이유는 1~2% 이내의 오차로 암석의 나이측정이 가능하기 때문이다. **그림**에 방법이 도시되어 있다. 지질학자들은 방사성 연대측정을 이용하여 서부 호주의 사암에 있는 지르콘의 나이를 42억 년이라고 계산하였다. 이 지르콘은 부근 대륙의 암석이 침식되어 강에 의해 운반, 퇴적되었던 것으로 생각된다.(오래된 원래의 지각은 변화될 수도 있고 다른 암석들에 의해 덮일 수도 있기 때문에 실제로는 구분하기가 쉽지 않다.)

상대연령 측정법(relative dating)은 시료 간의 위치를 이용해 나이를 알아내는 방법이다. 일반적으로 새 지층이 옛 지층 위에 퇴적된다. 암석이나 화석에 방사성 동위원소가 없는 경우 어느 것이 주변보다 더 오래되었는가는 알 수 있지만 실제의 나이는 모른다. 이 두 가지 방법을 적절히 혼용해서 연령을 측정한다.

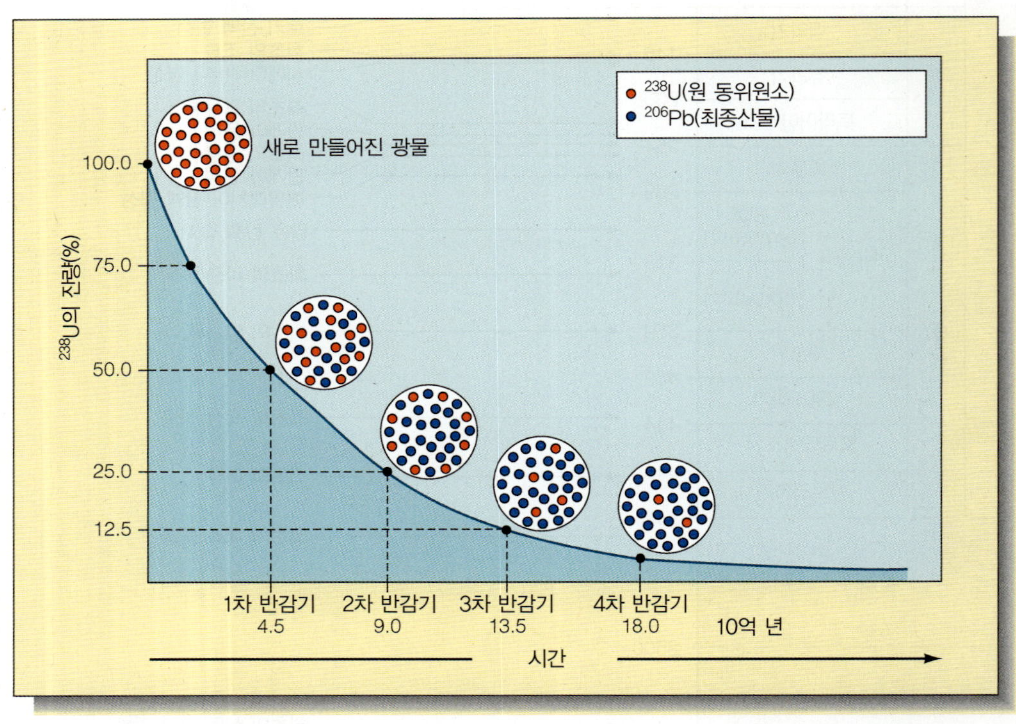

^{238}U이 ^{206}Pb으로 붕괴하는 속도. ^{238}U의 반감기는 45억 1천만 년인데 각 반감기마다 양이 반으로 감소하여 다른 원소가 된다. 전제조건은 반응과 관련된 방사성 동위원소들이 반응 중 외부로 이동하지 않는 폐쇄계를 유지하여야 한다는 점이다. 이 방법으로 측정된 대륙과 해양의 암석과 퇴적물의 절대연령은 판구조론에서 예측한 값과 같다.

부록 IV: 보퍼트 척도

	풍속			
보퍼트 계급	km/h	mil/h	해상 상태	육상 상태
0	<1	<1	거울처럼 잔잔함	고요함, 연기가 곧게 올라감
1	1–5	1–3	아주 작은 파문(표면장력파), 거품 없음	연기로 풍향을 겨우 알 수 있음, 풍향계에는 감지되지 않음
2	6–11	4–7	백파가 보이지 않는 잔물결	얼굴에 바람이 닿는 것을 느끼고 나뭇잎이 움직임, 풍향계도 감지함
3	12–19	8–12	작은 물결, 백파가 보이기 시작함	나뭇잎과 가지가 끊임없이 움직이고 깃발이 나부낌
4	20–28	13–18	작은 풍랑, 파장이 길어지기 시작하며 백파가 늘어남	모래와 나뭇잎과 종잇조각이 날림
5	29–38	19–24	중간 정도 풍랑, 백파가 많이 보이고 물이 날리기 시작함	작은 나무 전체가 흔들리기 시작함
6	39–49	25–31	거의 다 백파가 있는 큰 풍랑, 물이 많이 날림	큰 나뭇가지가 흔들리고 전선이 울기 시작함
7	50–61	32–38	풍랑이 커짐, 풍랑이 깨어져 물보라가 물줄기로 이어져 날림	나무 전체가 흔들리고 바람을 마주 보고 걷기 힘듦
8	62–74	39–46	파장이 더욱 길어짐, 파봉이 깨어져 날리는 물줄기가 더욱 뚜렷이 보임	작은 가지가 부러지고 보행이 불가능함
9	75–88	47–54	풍랑은 더욱 커지고 파봉에서 날리는 물줄기가 더욱 굵어짐, 물보라가 시야를 가리기 시작함	약한 건물에 손상이 가고 지붕의 기왓장이 날아감
10	89–102	55–63	파봉이 휘말리며 바다 전체가 백파로 뒤덮여 하얗게 보임, 시계가 더욱 나빠짐	나무가 쓰러지고, 건축물에 피해가 있음
11	103–117	64–72	매우 드문 큰 풍랑, 바다 전체가 하얗게 덮이며 시계는 앞이 겨우 조금씩 보이는 정도임	육상에서는 매우 드문 경우임, 피해가 매우 큼
12	>118	>73	태풍 수준, 하늘과 바다 전체가 흰 포말로 가득 참, 시계는 매우 불량함	건축물에 재앙 수준의 피해가 생김

출처: 미 해군에서 제공받았으며 약간 수정함.

부록 V: 기조력 계산

기조력을 계산해 보자. 지구와 달의 중심 사이의 거리를 R, 지구 반경을 r, 달의 질량을 지구의 질량으로 나눈 값을 m이라고 하자. 만유인력은 질량에 비례하고 거리의 제곱에 반비례하므로 지구상에서 달의 중력의 평균값(원심력과 같음)은 m/R^2에 비례한다.

지구상에서 달에 가장 가까운 지점을 생각해 보자. 이 지점에서 달의 중심까지의 거리는 $(R-r)$이며, 이곳에서의 달의 인력은

$$\frac{m}{(R-r)^2}$$

에 비례한다.

기조력은 원심력과 달에 의한 인력의 차이이므로 다음 식에 비례한다.

$$\frac{m}{(R-r)^2} - \frac{m}{R^2} = \frac{mR^2 - m(R-r)^2}{(R-r)^2R^2}$$

r는 R에 비해 매우 작으므로 이 식은 $2mr/R^3$으로 간략화할 수 있다. 한편 단위 질량당 지구의 중력은 $1/r^2$에 비례한다. $m=1/81.45$, $R=60r$이므로, 기조력과 지구 중력(가속도)의 비는 다음과 같이 표시된다.

$$\frac{\text{기조력}}{a_g} = \frac{2mr^3}{R^3} = 1.176 \times 10^{-7}$$

부록 VI: 해양생물의 분류

해양에 서식하지 않는 분류군(문)과 대부분의 멸종 분류군(문, 강)은 제외하였음.

DOMAIN BACTERIA(세균 영역): 한 개의 염색체를 갖고 무성 생식으로 번식하며, 활발한 대사작용의 다양성을 보여 주는 단세포 원생생물.

DOMAIN ARCHAEA(고세균 영역): 외형으로는 세균과 비슷하지만, 다른 종류의 효소를 생산할 수 있는 능력을 가진 유전자를 갖고 있다. 간혹 극한 환경에서 생육한다.

DOMAIN EUKARYA(진핵생물 영역)

KINGDOM PROTISTA(원생생물계): 단세포, 군체와 다세포 독립영양 및 종속영양을 하는 진핵생물.

PHYLUM CHRYSOPHYTA(황갈조식물문). 규조류(돌말류), 석회비늘편모조류, 규질편모조류.

PHYLUM PYRROPHYTA(나조식물문). 와편모조류, 공생와편모조류.

PHYLUM CRYPTOPHYTA(은편모조식물문). 일부 미세편모조류; 은편모조류.

PHYLUM EUGLENOPHYTA(유글레나식물문). 일부 미세편모조류; 대부분 담수산.

PHYLUM ZOOMASTIGINA(편모충문). 광합성을 하지 않는 동물성 편모충류.

PHYLUM SARCODINA(육질충문). 아메바와 근연종.

Class Rhizopodea(근족충강). 유공충.

Class Actinopodea(방사족충강). 방산충.

PHYLUM CILIOPHORA(유모동물문). 섬모충류.

PHYLUM CHLOROPHYTA(녹조식물문). 다세포 녹조류.

PHYLUM PHAEOPHYTA(갈조식물문). 갈조류, 대형 갈조류.

PHYLUM RHODOPHYTA(홍조식물문). 홍조류, 포복성 홍조류와 산호조류.

KINGDOM FUNGI(균계): 균류, 버섯, 곰팡이, 이끼류; 대부분 육상, 담수산, 혹은 조간대 상부 생육 종; 종속영양.

KINGDOM PLANTAE(식물계): 광합성 독립영양생물.

DIVISION ANTHOPHYTA(종자식물문). 현화식물(피자식물). 대부분의 종들이 육상 혹은 담수산. 해산 거머리말, 바다소풀, 말잘피, 거북풀, 염습지 초본, 맹그로브.

KINGDOM ANIMALIA(동물계): 다세포 종속영양생물.

PHYLUM PLACOZOA(판형동물문). 아메바형 다세포 동물.

PHYLUM MESOZOA(중생동물문). 두족류에 기생하는 벌레.

PHYLUM CNIDARIA(자포동물문). 해파리와 근연종; 모두 자포를 가짐.

Class Hydrozoa(히드로충강). 폴립형 동물로 고깔해파리처럼 생활사에서 간혹 해파리형 생활 단계를 가짐.

Class Scyphozoa(해파리강). 생활사에서 축소된 폴립형 혹은 폴립형 단계가 없는 해파리.

Class Cubozoa(상자해파리강). 바다말벌.

Class Anthozoa(산호충강). 말미잘, 산호충.

PHYLUM CTENOPHORA(유즐동물문). '바다 구스베리', 빗해파리; 일반적으로 둥글고, 젤라틴질, 포식자.

PHYLUM PLATYHELMINTHES(편형동물문). 납작벌레, 촌충, 흡충; 다수의 단독 포식형, 다수의 기생형.

PHYLUM NEMERTEA(유형동물문). 끈벌레.

PHYLUM GNATHOSTOMULIDA(악구동물문). 미세한 크기, 벌레형; 해양 퇴적물 입자의 간극 틈에서 생육.

PHYLUM GASTROTICHA(복모동물문). 미세한 크기, 섬모를 가짐; 해양 퇴적물 입자의 간극 틈에서 생육.

PHYLUM ROTIFERA(윤형동물문). 섬모를 가짐; 일반적으로 담수산, 부유생물, 혹은 저서 물질에 부착.

PHYLUM KINORHYNCHA(동문동물문). 작고 침을 가지고 체절을 가진 벌레; 해양 퇴적물 입자의 간극 틈에서 생육; 모두 해산.

PHYLUM ACANTHOCEPHALA(구두충문). 침 모양 머리를 가진 벌레; 모두 척추동물 내장에 기생.

PHYLUM ENTROPROCTA(내항동물문). 폴립형, 작은 저서 여과식자.

PHYLUM NEMATODA(선형동물문). 선충. 흔하며 단독 혹은 기생.

PHYLUM BRYOZOA(태형동물문). 흔하고, 작고 포복성 군체형 해양 벌레.

PHYLUM PHORONIDA(추형동물문). 천해 관벌레; 여과 섭식자; 수 cm 길이; 모두 해산.

PHYLUM BRACHIOPODA(완족동물문). 꽈리조개; 두 개 판을 가진 동물; 외형은 조개와 비슷함; 드물고 주로 심해 분포.

PHYLUM MOLLUSCA(연체동물문).

Class Moncplacophora(단판강). 삿갓조개 비슷한 조개껍질을 가진 희귀한 심해 종.

Class Polyplacophora(다판강). 군부.

Class Aplacophora(무판강). 조개껍질 없음, 모래속 굴을 파고 삶.

Class Gastropoda(복족강). 달팽이, 삿갓조개, 전복, 나새류(갯민숭달팽이), 익족류.
Class Bivlavia(부족강). 조개, 굴, 조가비, 담치, 좀조개.
Class Cephalopoda(두족강). 오징어, 문어, 앵무조개.
Class Scaphododa(굴족강). 뿔조개.
PHYLUM ARTHROPODA(절지동물문).
Subphylum Crustacea(갑각아문). 요각류, 따개비, 크릴, 등각류, 단각류, 새우, 바닷가재, 게.
Subphylum Chelicerata(협각아문). 투구게, 거미게.
Subphylum Uniramia(육각동물아문). 곤충, 지네, 노래기; 1속 5종이 해산임.
PHYLUM PRIAPULIDA(새예동물문). 작고, 드물고, 벌레 모습으로 조하대에 서식.
PHYLUM SIPUNCULA(성구동물문). 별벌레; 해산.
PHYLUM ECHIURA(의충동물문). 숟가락벌레.
PHYLUM ANNELIDA(환형동물문). 체절성 벌레; 꽃갯지렁이와 심해 수염갯지렁이가 속하는 다모류 포함.
PHYLUM TARDIGRADA(완보동물문). 완보동물; 작고 8개 발을 가짐. 장기간의 동면 기능으로 생존 가능한 동물.
PHYLUM PENTASTOMA(설충문). 설충; 척추동물에 기생함.
PHYLUM POGONOPHORA(유수동물문). 수염벌레; 소화관계 없음; 심해 관벌레; 모두 해산.
PHYLUM ECHINODERMATA(극피동물문). 가시를 가진 피부, 저서성, 방사 대칭, 대부분 수관계를 가짐.
Class Asteroidea(불가사리강). 불가사리.
Class Ophiuroidea(거미불가사리강). 거미불가사리, 사미류.
Class Echinoidea(성게강) 성게, 연잎성게, sea biscuits.
Class Holothuroidea(해삼강). 해삼.
Class Crinoidea(바다나리강). 바다나리, 갯고사리.
Class Concentricycloidea(해국강). 바다데이지.
PHYLUM CHAETOGNATHA(모악동물문). 화살벌레; 뻣뻣한 몸, 부유성, 포식성, 흔함.
PHYLUM HEMICHORDATA(반삭동물문). 의삭류; 무체절성 굴 파는 동물.
PHYLUM CHORDATA(척삭동물문).
Subphylum Urochordata(미삭동물아문). 멍게, 피낭류, 살파.
Subphylum Cephalochordata(두삭동물아문). 창고기, 활유어(Amphioxus).
Subphylum Vertebrata(척추동물아문).
Class Agnatha(무악어강). 무악어류; 먹장어, 칠성장어; 연골 골격.
Class Chondrichthyes(연골어류강). 상어, 가오리, 홍어, 톱상어, 은상어; 연골 골격.
Class Osteichthyes(경골어류강). 경골어류.
Class Amphibia(양서강). 개구리, 두꺼비, 도롱뇽; 해산 종 없음.
Class Reptilia(파충강). 바다뱀, 거북, 악어 한 종.
Class Aves(조강). 새.
Order Sphenisciformes(펭귄목). 펭귄.
Order Procellariformes(슴새목). 신천옹, 제비갈매기.
Order Charadriiformes(물떼새목). 갈매기.
Order Pelecaniformes(사다새목). 펠리컨.
Class Mammalia(포유강). 온혈, 털과 젖샘을 가짐.
Order Cetacea(고래목). 고래, 돌고래, 상괭이.
Order Sirenia(해우목). 바다소.
Order Carnivora(식육목). 해양생물이 속하는 2개 과(아목).
Suborder Pinnipedia(기각아목). 물개, 바다사자(강치), 바다코끼리.
Suborder Fissipedia(식육아목). 바다수달.
Order Primates(영장목). 자주 해양으로 들어가는 생물분류군(과).
Family Hominidae(사람과). 인간.

부록 VII: 원소의 주기율표

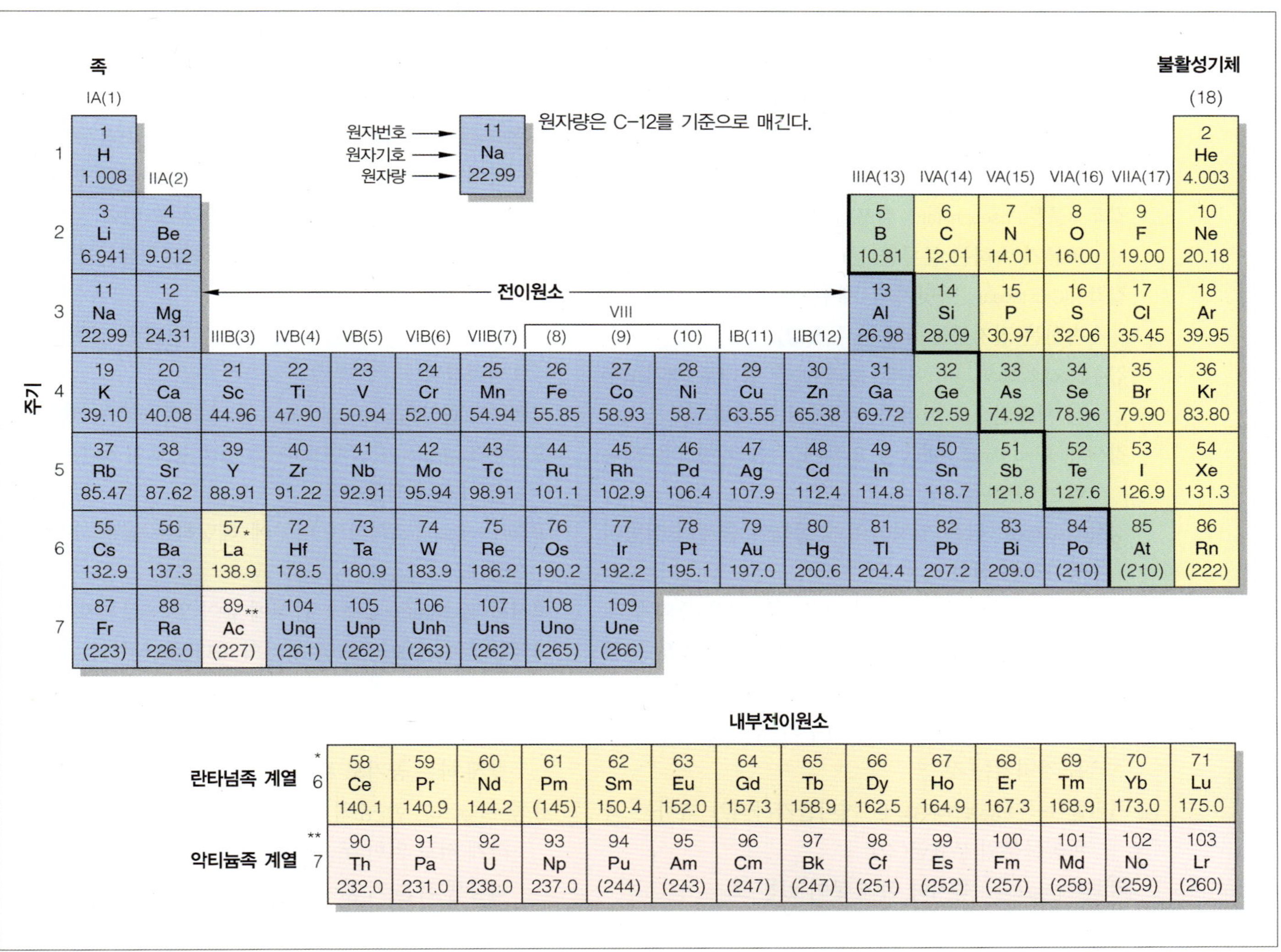

주기	족 IA(1)	IIA(2)	IIIB(3)	IVB(4)	VB(5)	VIB(6)	VIIB(7)	VIII (8)	(9)	(10)	IB(11)	IIB(12)	IIIA(13)	IVA(14)	VA(15)	VIA(16)	VIIA(17)	불활성기체 (18)
1	1 H 1.008																	2 He 4.003
2	3 Li 6.941	4 Be 9.012											5 B 10.81	6 C 12.01	7 N 14.01	8 O 16.00	9 F 19.00	10 Ne 20.18
3	11 Na 22.99	12 Mg 24.31											13 Al 26.98	14 Si 28.09	15 P 30.97	16 S 32.06	17 Cl 35.45	18 Ar 39.95
4	19 K 39.10	20 Ca 40.08	21 Sc 44.96	22 Ti 47.90	23 V 50.94	24 Cr 52.00	25 Mn 54.94	26 Fe 55.85	27 Co 58.93	28 Ni 58.7	29 Cu 63.55	30 Zn 65.38	31 Ga 69.72	32 Ge 72.59	33 As 74.92	34 Se 78.96	35 Br 79.90	36 Kr 83.80
5	37 Rb 85.47	38 Sr 87.62	39 Y 88.91	40 Zr 91.22	41 Nb 92.91	42 Mo 95.94	43 Tc 98.91	44 Ru 101.1	45 Rh 102.9	46 Pd 106.4	47 Ag 107.9	48 Cd 112.4	49 In 114.8	50 Sn 118.7	51 Sb 121.8	52 Te 127.6	53 I 126.9	54 Xe 131.3
6	55 Cs 132.9	56 Ba 137.3	57* La 138.9	72 Hf 178.5	73 Ta 180.9	74 W 183.9	75 Re 186.2	76 Os 190.2	77 Ir 192.2	78 Pt 195.1	79 Au 197.0	80 Hg 200.6	81 Tl 204.4	82 Pb 207.2	83 Bi 209.0	84 Po (210)	85 At (210)	86 Rn (222)
7	87 Fr (223)	88 Ra 226.0	89** Ac (227)	104 Unq (261)	105 Unp (262)	106 Unh (263)	107 Uns (262)	108 Uno (265)	109 Une (266)									

내부전이원소															
란타넘족 계열	* 6	58 Ce 140.1	59 Pr 140.9	60 Nd 144.2	61 Pm (145)	62 Sm 150.4	63 Eu 152.0	64 Gd 157.3	65 Tb 158.9	66 Dy 162.5	67 Ho 164.9	68 Er 167.3	69 Tm 168.9	70 Yb 173.0	71 Lu 175.0
악티늄족 계열	** 7	90 Th 232.0	91 Pa 231.0	92 U 238.0	93 Np 237.0	94 Pu (244)	95 Am (243)	96 Cm (247)	97 Bk (247)	98 Cf (251)	99 Es (252)	100 Fm (257)	101 Md (258)	102 No (259)	103 Lr (260)

용어 해설

가림색소(masking pigment) '보조색소' 참조.

간섭(interference) 파동들이 상호작용하면서 에너지가 더해지거나 빠지는 것. '생성간섭' 및 '소멸간섭' 참조.

갈조(색)소(fucoxanthin) 갈색 또는 황갈색의 보조색소로서 갈조류와 일부 돌말류에 있다.

갈조식물문(Phaeophyta) 켈프를 포함한 갈색의 다세포 조류가 속하는 분류군(문).

갑각강(Crustacea) 바닷가재, 새우, 게, 따개비, 요각류가 속하는 절지동물문의 분류군(강).

강수(precipitation) 비, 우박, 눈과 같은 형태로 대기로부터 지표면으로 떨어지는 액체나 고체의 물.

강제파(forced wave) 파동을 일으키는 힘의 영향을 계속 받는 진행파.

강착(accretion) 작은 입자들이 응집하여 물체의 질량이 증가하는 현상

개체군(population) 같은 곳에서 살고 있는 같은 종의 무리.

개체군 밀도(population density) 단위 면적에 살고 있는 같은 종의 개체의 수.

갯물(brackish) 염분이 해수와 담수의 중간에 속하는 물을 가리키는 것.

거미불가사리강(Ophiuroidea) 거미불가사리가 속하는 극피동물문의 분류군(강).

거초(fringing reef) 육지나 섬에 붙어 있는 초.

건조(desiccation) 마르는, 말리는.

격변설(catastrophism) 지구 표면이 노아의 홍수처럼 큰 힘과 초자연적인 급격한 변화에 의해 만들어졌다는 설. 격변론자들은 지구의 나이가 젊고 성경에 나오는 창조에 의해 만들어졌다고 믿는다.

결합(bond) '화학결합' 참조.

경골어류강(Osteichthyes) 경골어류가 속하는 분류군(강).

경도(longitude) 지구 위에서 남북을 향하고 양극에서 수렴하도록 일정한 간격으로 그은 가상적인 선.

계(kingdom) 생물 분류 체계에서 제일 큰 분류군의 묶음. 현재 5계로 구분되고 있다.

계절풍 몬순(monsoon) 계절에 따라 변하는 바람순환의 한 패턴. 계절풍 지역에는 우기가 있다.

계층(hierarchy) 복잡성 혹은 계급에 의해 대상물(생물)을 묶어 구분하는 것. 명명법의 계급은 분류군 안에서와 분류군 사이의 구분에 기초를 두고 있다.

고래목(Cetacea) 돌고래와 고래가 속하는 포유동물의 분류군(목).

고래수염(baleen) 수염고래 입에 달린 단단한 각질섬유 여과장치.

고에너지 연안(high-energy coast) 큰 파도에 노출된 해안.

고장액의(hypertonic) 주변보다 더 높은 농도의 용존 물질을 가진 용액을 뜻함.

고조(high tide) 조석파의 마루에 해당하는 높은 수면의 상태.

고지자기(paleomagnetism) 암석에 남아 있는 잔류자기.

고해양학(paleoceanography) 과거의 바다를 연구하는 분야.

골(wave trough) 진행파의 마루 사이에 있는 계곡.

공기주머니, 기낭(gas bladder) 다세포 조류에서 부력을 갖게 하는 공기로 채워진 구조물.

공생(symbiosis) 한 종의 생활이 다른 종의 생활과 밀접하게 서로 얽힌 두 종 간의 공존 관계. 상리공생, 편리공생 혹은 기생.

공생와편모조류, 황록공생조류(zooxauthellae) 산호와 공생하는 단세포 와편모조류. 비교적 높은 pH 환경을 만들고, 산호초의 석회 침적을 촉진하는 데 필수적인 일부 효소를 만든다.

공유결합(covalent bond) 두 개의 원자가 전자를 공유하여 형성되는 화학결합.

과잉 휘발성 물질(excess volatile) 표면 암석의 풍화로 설명하기에는 해양과 대기에 너무 풍부한 물질. 이러한 물질들은 화산활동으로 분출된 것으로 생각된다.

관다발식물, 관속식물(vascular plant) 잎, 줄기와 뿌리를 통

해 체액이 수송되는 도관을 가진 식물. 예: 해초, 맹그로브(홍수림), 은행나무.

광물(mineral) 자연적으로 형성된 무기물 결정. 독특한 화학조성과 구조를 갖는다.

광물자원(physical resource) 유용한 무생물 물질이 퇴적되거나, 침전되거나, 축적되어 만들어진 자원으로 무생물**자원**(nonliving resource)이라고도 한다.

광염성(euryhaline) 생물이 넓은 범위의 염분 변화에 견디는 것.

광온대(eurythermal zone) 계절에 따라 수온이 크게 변하는 해수표층.

광온성(eurythermal) 생물이 넓은 범위의 온도 변화에 견디는 것.

광자(photon) 빛의 가장 작은 단위 입자.

광합성(photosynthesis) 독립영양생물이 엽록소와 다른 물질의 도움으로 빛 에너지를 먹이의 화학 결합으로 고정하는 과정. 이산화탄소와 물을 원료로 이용하여 포도당과 산소를 생산한다.

괴상분포(clumped distribution) 작은 패치 집합 형태의 군집 내 생물 분포. 가장 흔한 분포 양상.

군부(chiton) 연체동물 다판강에 속하는 해양생물.

군속도(group velocity) 파동의 무리가 진행하는 속도. 심해파의 경우 무리 안의 개별적인 파동이 진행하는 속도의 절반이다.

군집(community) 서식처 한 부분을 차지하고 상호작용하는 모든 종의 개체군 집합.

굴절(refraction) 빛이나 소리가 밀도가 다른 매질로 직각이 아닌 방향으로 진행할 때 그 경로가 굽는 것.

굴절계수(refraction index) 파가 한 매질에서 다른 매질로 진입할 적에 굴절되는 정도를 비율로 표시한 값. 굴절계수가 클수록 굴절이 더 많이 된다.

궤도(orbit) 해양파동에 있어서 물 입자의 원운동 패턴. 이 궤도운동은 직각으로 교차하거나 왕복운동을 하는 순수한 횡파나 종파의 운동과 대비된다.

궤도파(orbital wave) 매질의 운동이 원운동을 하는 진행파.

규질연니(siliceous ooze) 주로 규산질의 생물 껍데기로 되어 있는 연니.

규질편모조류(silicoflagellate) 규산질 골격을 가진 작은 단세포 식물 플랑크톤.

균질분포(uniform distribution) 군집 내 생물이 같은 간격으로 분포하는 형태(과수원에 심어진 나무의 배열). 자연 상태에서 가장 드문 분포 양상이다.

극미소플랑크톤(ultraplankton) 아주 작은 플랑크톤으로 미소플랑크톤보다 작다.

극상군집(climax community) 오랜 시간에 걸쳐 형성된 안정된 군집.

극세포(polar cell) 양극을 중심으로 하는 대기순환 세포.

극전선(polar front) 각 반구의 극세포와 페렐세포 사이의 경계.

극피동물문(Echinodermata) 해양동물만이 속한 분류군이며 불가사리, 성게, 해삼, 거미불가사리가 속하는 분류군(문)이다.

극한생물(extremophile) 극한적인 환경 조건, 특히 극한적인 수온과 pH 수준에서 견디어 살아남을 수 있는 생물.

근해의(neritic) 연안이나 근해의. 대륙 주변부와 그 위의 수면, 근해의 생물을 뜻함.

기각아강(Pinnipedia) 물개, 물범, 바다코끼리가 속하는 식육강의 분류군(아강).

기단(air mass) 거의 균일한 온도, 습도, 밀도를 갖는 커다란 공기 덩어리.

기상(weather) 특정 지역과 시간에서의 대기의 상태.

기상적도(meteorological equator) 열적도라고도 부른다. 양쪽 반구의 열평형 상태에 있는 불규칙한 가상적인 선. 지리적도보다 5° 북쪽에 있으면서 계절에 따라 위치의 변동이 있는데, 북반구의 여름에는 약간 북쪽으로 이동한다.

기상조(석)(meteorological tide) 기상 요인의 영향을 받는 조석. 폭풍해일 또는 오랫동안 지속되는 해풍이나 육풍 등으로 천문조석에 의해 예보된 조시나 조위가 달라진다.

기생(parasitism) 한 종이 생활사의 한 시기나 일생 동안 다른 생물에 붙어 있거나 속에 들어가서 숙주(혹은 숙주 안의 먹이)를 영양분으로 이용하는 두 종 간의 관계. 가장 흔한 공생관계.

기요(guyot) 꼭대기가 평평하고 물속에 잠겨 있는 비활동성 화산.

기체교환(gas exchange) 반투막을 통하여 산소가 동물 안으로 이동하면서 동시에 이산화탄소는 배출되는 현상.

기파대(역)(surf zone) 쇄파대와 해안 사이의 지역.

기파력(disturbing force) 파랑을 일으키는 에너지.

기파박동(surf beat) 계속 깨어지는 파들의 간섭으로 몇 분에 걸쳐 해면이 오르내리는 현상.

기화잠열(latent heat of vaporization) 증발하는 동안에 유체에 더해지거나 응결하는 동안에 기체로부터 방출되는 열로서 온도의 변화는 없이 상태만 변화한다. 순수한 물의 경우에 100°에서 그램당 540칼로리이다.('증발잠열' 과 비교할 것.)

기후(climate) 어느 지역의 장기간에 걸친 평균적인 기상.

나침반(compass) 자석 바늘을 축에 끼워 자유로이 움직이도록 하여 자북을 가리키도록 만든 장비.

낙조류(ebb current) 조석파의 골이 접근함에 따라 수면이 내려가면서 항구나 만으로부터 물이 밀려 나가는 흐름.

난센(Nansen, Fridtjof) 노르웨이의 선구적인 해양학자이자 극지 탐험가.

남극순환류(Antarctic Circumpolar Current) 남극대륙 북쪽의 강력한 편서풍이 구동하는 해류. 모든 해류 중에서 가장 크며 방향의 변화 없이 동쪽의 흐름을 영구히 지속한다.

남극저층수(Antarctic Bottom Water) 주로 남반구의 겨울 동안에 남극의 웨들 해에서 주로 생성되는 세계에서 가장 밀도가 큰(1.0279 g/cm^3) 해수.

남방진동(Southern Oscillation) 정상적인 서태평양의 고기압과 동태평양의 저기압 사이에 기류가 반전되는 것으로서 엘니뇨의 원인이 됨. '엘니뇨' 참조.

남획(overfishing) 다시 회복할 수 없을 정도의 번식 자원만이 남겨진 상태까지 어자원을 너무 많이 수확한 것.

내부파(internal wave) 유체의 내부에서 밀도가 다른 층의 경계면에서 형성되는 파.

너울(swell) 풍랑이 생긴 지 오래되어 표면이 부드럽고 규칙적으로 해수면이 오르내리는 파도.

노드, 마디(node) 정상파에서 수면의 변동이 없는 점이나 선 '무조점' 참조.

노리스터(nor'easter): 겨울에 북아메리카의 동해안 지역을 휩쓰는 강력한 온대저기압.

노트(knot) 시간당 1해리의 속도. 1해리는 위도 1분으로 1,850 m에 해당함.

녹조식물문(Chlorophyta) 녹조류의 분류군(문) 명칭.

능동소나(active sonar) 특수한 발신기에서 수중음향을 발생시켜서 되돌아오는 메아리를 분석함으로써 지질학적, 생물학적, 혹은 군사적인 정보를 얻기 위한 장치.

능동수송(active transport) 에너지를 소비하여 반투막을 통하여 낮은 농도 구역에서 높은 농도로 분자가 이동하는 것.

다모강(Polychaeta) 환형동물에 속하는 가장 크고 다양한 분류군(강). 거의 모든 다모류는 해산이다. 갯지렁이류가 이에 속한다.

다세포성의(multicellular) 여러 개의 세포로 이뤄진.

다세포 조류(multicellular algae) 하나 이상의 세포로 구성된 조류. 예: 대형 갈조류와 녹조류.

다 자란 파(fully developed sea) 주어진 특정 풍속, 지속시간, 풍역대의 조건에서 가질 수 있는 이론적인 파고의 최댓값. 바람이 더 오래 분다고 해도 파도의 크기는 더 이상 증가하지 않는다.

단괴(nodule) 덩어리 형태의 수성기원퇴적물. 망간 또는 철망간단괴와 인회석단괴가 있다.

단세포 생물계, 원생생물계(Protista) 원생동물, 돌말류, 와편모조류가 속하는 하나의 진핵세포로 된 생물의 분류군(계).

단세포의(unicellular) 하나의 세포로 된.

단세포 조류(unicellular algae) 하나의 세포를 지닌 조류. 예: 돌말류와 와편모조류.

단열대(fracture zone) 과거에는 활성변환단층이었으나 현재는 비활성의 불규칙한 지역.

단층(fault) 암석의 깨어진 면. 이를 따라 암괴가 이동됨.

담수화(desalination) 해수나 기수에서 염류를 제거하는 과정.

대, 구역(zone) 같은 특성을 가진 해양의 구역.

대기(atmosphere) 행성의 인력에 의해 행성을 둘러싸고 있는 기체.

대기방출(outgassing) 화산 폭발로 휘발성 물질이 나오는 현상.

대기순환세포(atmospheric circulation cell) 태양에 의한 불균일 가열과 코리올리 효과에 의해서 구동되는 거대한 대기의 순환.

대량멸종(mass extinction) 대부분의 중요한 종류의 종들이 갑자기 다 죽어 버린 파국적인 사건.

대류(convection) 유체의 불균일한 가열과 냉각으로 생기는 유체 내의 운동. 대류는 유체의 질량수송이나 혼합을 일으킨다.

대류성흐름(convection current) 더운 물질이 상승하고 찬 물질이 하강하는 흐름의 폐쇄된 순환.

대륙대(continental rise) 대륙사면 하부에서 심해저평원으로 연결된 퇴적층. 주로 비활성형 대륙주변부에 나타난다.

대륙붕(continental shelf) 완만한 경사로 물에 잠긴 대륙의 바다 쪽 연장부. 주로 화강암질 암석이고 퇴적물로 덮여 있다. 부근 대륙과 구조가 유사하다.

대륙사면(continental slope) 대륙의 화강암질 암석이 해저의 현무암질 암석으로 전이되는 곳. 실제적인 대륙의 끝.

대륙이동설(continental drift) 대륙이 지구 표면 위를 서서히 이동했다는 설.

대륙주변부(continental margin) 바다로 연장되어 물에 잠긴 대륙의 끝. 주로 화강암으로 되어 있고 대륙붕, 대륙사면을 포함한다.

대륙지각(continental crust) 대륙을 형성하는 고체 부분. 주로 화강암으로 되어 있다.

대비색조(countershading) 위쪽은 어두운 색이고 아래쪽은 옅은 표피색을 갖는 위장 패턴.

대사율(metabolic rate) 생물 안에서 에너지 방출 반응이 진행되는 속도.

대양저산맥(oceanic ridge) 심해저평원에 솟아 있는 확장이 진행 중인 퇴적물이 거의 없는 젊은 해저면. 발산형 판 경계부에 해당. 실제로는 바다의 중심부에는 60% 정도 있지만 중앙산맥이라고도 불림.

대조(spring tide) 지구, 달, 태양이 직선으로 배열되어 고조와 저조의 조차가 최대가 되는 때. 사리와 조금은 2주일 간격으로 되풀이된다.

대형플랑크톤(macroplankton) 1~2 cm보다 더 큰 동물플랑크톤. 예: 해파리.

도(degree) 온도의 단위.

독립영양생물(autotroph) 광합성이나 화학합성으로 스스로 자기 먹이를 만들 수 있는 생물.

돌말껍데기(frustule) 꼭 맞는 상자의 뚜껑과 밑상자처럼 서로 맞물리는 반쪽으로 이뤄진 돌말류의 규산질 세포벽 껍질.

돌말류, 규조류(diatom) 지구상에 제일 많고 가장 번성한 단세포 식물 플랑크톤. 돌말류는 규산질로 만들어진 두 개의 꼭 맞는 껍데기를 갖고 있으며 이들은 생물기원 퇴적물이 된다.

돌말판(valve) 돌말류에서 세포를 싸고 있는 두 쪽 규산질 껍데기 중 한쪽 판. 두 쪽이 합쳐진 상태를 돌말껍데기(frustule)라고 한다.

돌발중첩파(rogue wave) 파랑의 간섭의 결과로 보통보다 훨씬 큰 마루를 갖는 파랑. 원양 선원들은 삼각파라고도 함.

돌연변이(mutation) 유전될 수 있는 개체 유전자의 변화.

동물(animal) 스스로 먹이를 만들지 못하는 다세포 생물로 이동능력이 있다.

동물계(Animalia) 다세포 종속영양생물이 속하는 분류군(계).

동물플랑크톤(zooplankton) 부유생활을 하는 동물의 무리.

동안경계류(eastern boundary current) 약하고 차며 분산되어 느리게 흐르는 해양의 동쪽 경계(대륙의 서해안)의 해류.

동역학적 조석이론(dynamic theory of tides) 유한한 수심, 해양의 공명, 그리고 대륙의 간섭을 고려하는 조석의 모델.

동일과정의 법칙(uniformitarianism) 지구의 모든 지질학적인 형태나 역사는 현재의 작용으로 설명할 수 있고 그 작용은 대단히 긴 시간 동안 작용하고 있다는 이론.

두족강(Cephalopoda) 오징어, 문어, 앵무조개가 속하는 연체동물문의 분류군(강).

등심선해류(contour current) 해저지형을 따라서 흐르는(넘어가지 않고) 밀도가 큰 해수의 저층류.

등장액의(isotonic) 주변과 같은 농도의 용존 물질을 가진 용액을 뜻함.

델타(delta) 하구에 쌓인 퇴적물의 퇴적체. 간혹 삼각형 모양이 되기도 함(그래서 이름을 그리스 문자 델타에서 따옴).

떼(무리) 짓기(schooling) 비슷한 크기와 연령을 가진 한 종류의 작은 물고기가 모여 무리를 이루는 경향. 무리(떼)는 하나의 단위로 움직여 포식자를 혼란에 빠뜨리게 하고 짝을 찾는 노력을 감소시킨다.

라니냐(La Niña) 정상적인 열대 태평양의 대기와 해양의 순환이 강화되는 사건으로서 태평양 동부의 수온이 평균치 이하로 하강한다. 대개 ENSO의 끝 부분에 발생한다. 'ENSO' 참조.

리히터 지진규모(Richter scale) 지진의 강도를 로그스케일로 정의한 것. 규모 8 이상은 대지진으로 분류한다.

린네(Linnaeus, Carolus) 스웨덴 분류학자. 근대 분류학의 아버지.

마그마(magma) 유동할 수 있는 용해된 암석. 지상으로 나오면 용암(lava)이 된다.

마이크로텍타이트(microtektite) 우주기원퇴적물 성분인 반투명하고 길다란 입자.

마젤란(Magellan, Ferdinand)(1480?~1521) 포르투갈 태생으로 스페인에서 활동한 항해사로 1519~1522년에 최초로 세계를 바다로 일주하였음, 항해 도중 필리핀에서 사망.

만 입구 사주(bay mouth bar) 만에 인접한 돌출부에 붙어서 만 입구를 가로질러 뻗어 있는 노출된 모래 구릉.

만조(high tide) '고조' 참조.

맨틀(mantle) 지각과 핵 사이의 층. 규화철과 마그네슘으로 되어 있다. 평균밀도는 4.5 g/cm^{3}이고 지구체적의 68%를 차지한다.

맨틀플룸(mantle plume) 핵과 맨틀 경계부에서 기원한 초고온의 마그마 기둥.

맹그로브, 홍수림(mangrove) 꽃을 피우는 관목으로 진흙이나 펄로 이뤄진 열대 해안에서 빽빽이 자라 숲을 이룸.

먹이(food) 생화학적 호흡반응에서 산소와 결합할 때, 종속영양생물에게 에너지를 공급해 줄 수 있는 유기물 분자의 일반적인 총칭.

먹이망(food web) 일차생산자에서 소비자를 거치면서 먹이에너지의 흐름이 진행되는 복잡한 먹이 관련 관계로 서로 얽힌 생물들의 집합.

먹이생물(prey) 포식자에 의해 먹히는 생물.

먹이 의존성(dependency) 한 생물이 특정 종만을 먹이로 먹거나 극단적인 경우로 일정 크기의 먹이만을 먹는 섭식 관련성(의존).

먹이 피라미드(trophic pyramid) 생물 간 먹고 먹히는 관계의 모식적 표현. 일차생산자가 피라미드의 바닥을 형성한다. 다른 종류를 먹는 소비자는 높은 곳에 위치하며 정점에 최종소비자가 있다.

메테오르 탐사(Meteor expedition) 1925년에 시작된 독일의 대서양 탐사. 최초로 음향측심기와 현대적인 광학적 장비 및 전자장비들이 사용되었음.

멕시코만류(Gulf Stream) 미국 동해안 근처에 있는 북대서양의 강한 서안경계해류.

모래(sand) 직경이 0.062~2 mm인 퇴적물.

모래톱(sand spit) 돌출부에서 하류 쪽으로 모래와 자갈이 쌓인 것. 모래톱은 종종 끝 부분이 휘어져 있다.

모리(Maury, Matthew)(1806~1873) 물리해양학의 아버지. 전문적인 직업으로서 체계적인 해양연구를 처음으로 수행했으며 해류와 바람과 기상이 전 지구적으로 연관되었음을 최초로 이해한 사람으로 보임.

모세관파(capillary wave) 파장이 1.73 cm 이하인 작은 파도로서 복원력이 표면장력이다. 바람이 불면 맨 처음에 생기는 파도.

무광층(aphotic zone) 빛이 투과하지 못하는 깊은 암흑의 바다.

무악어강(Agnatha) 턱이 없는 물고기 분류군(강): 칠성장어와 묵장어.

무역풍(trade winds) 해들리 세포 안의 표면 바람으로서 위도 15°에 중심을 두고 있으며 북반구에서는 북동쪽으로부터, 남반구에서는 남동쪽으로부터 분다.

무작위 분포(random distribution) 군집을 이루는 생물의 분포 양상으로 한 개체의 위치가 다른 생물의 위치에 전혀 영향을 받지 않거나, 군집 내에서 물리적 변화에 의해서만 결정되는 것. 거의 나타나지 않는 분포 양상이다.

무조점(amphidromic point) 조석파가 회전하는 해양에서의 공명, 마찰, 혹은 기타 요인에 의해서 조석이 생기지 않는 점. 세계의 해양에는 십여 개의 무조점이 있다. 마디(node)라고 부르기도 한다.

무척추동물(invertebrate) 척추가 없는 동물.

무형자원(nonextractive resource) 여객이나 화물을 해상을 통해 운송하거나, 여가를 즐기거나, 폐기물을 처리하는 것과 같이 해양을 있는 그대로 활용하는 것.

문(phylum) 비슷한 몸의 구조, 복잡성과 진화 역사를 공통으로 가지고 있는 동물계의 분류군 계층(부록 VI 참조). 복수는 phyla. 식물은 division(문)으로 표시.

물리요인(physical factor) 빛, 염분, 혹은 온도와 같이 생물에게 영향을 주는 물리환경 요인.

미국의 배타적경제수역(United States Exclusive Economic

Zone) 미국 연안에서 200해리 외해역까지의 수역으로 미국은 수역 안의 모든 해양 자원에 대하여 주권과 관할권을 주장하고 있다.

미끄럼파(spilling wave) 파도의 정상부가 앞으로 미끄러져 내리는 쇄파.

미량 원소(trace element) 바닷물에 백만분의 일 이하로 조금 들어 있는 원소들을 일컬음.

밀도(density) 단위 부피당 물질의 질량으로서 보통 g/cm^{3}으로 나타낸다.

밀도곡선(density curve) 유체의 온도, 혹은 염분과 밀도 사이의 관계를 보여 주는 도표.

밀도성층(density stratification) 하부층이 상부층에 비해 더 무거운 층을 이루는 현상.

밀도약층(pycnocline) 해양에서 수심에 따라 밀도가 급격히 증가하는 층. 이 층에서 수온은 급격히 떨어지고 염분은 증가한다.

밀물(flood current) '창조류' 참조.

바다동굴(sea cave) 해양 침식작용에 의해서 바다절벽에 깎인 해수면 근처의 동굴.

바다섬(sea island) 해수면이 낮았을 때는 중심부가 육지와 연결되어 있었던 섬. 해수면이 상승하면서 높은 지점이 육지와 분리되고 퇴적작용에 의해서 주변에 해빈이 만들어짐. '방해섬'과 비교.

바다소(해우)목(Sirenia) 매너티, 듀공과 멸종된 바다소가 속한 포유류의 분류군(목).

바다양식(mariculture) 강하구, 만, 근해 환경 혹은 특별한 해수순환 구조를 가진 축조물에서 바다생물을 기르는 것. '수중양식'과 비교.

바다절벽(sea cliff) 침식연안에서 해양침식의 육지 쪽 한계를 나타내는 절벽.

바람(wind) 공기 덩어리의 움직임.

바람의 강도(wind strength) 바람의 평균속도로서 풍랑 발달의 한 요인이다.

바람의 지속시간(wind duration) 바람이 해수면 위를 분 시간의 길이로서 풍랑 발달의 한 요인이다.

바이킹(Vikings) 스칸디나비아 반도 출신의 해적 무리로 780~1070년에 유럽 연안을 약탈하였음.

박광대(disphotic zone) 유광층의 아래쪽으로 빛은 있지만 광합성에는 부족하다. 진광대 참조.

박테리아, 세균(bacteria) 단세포 원핵생물, 막으로 구분된 세포내소기관이 없다.

반감기(half-life) 불안정한 방사성 원소의 핵이 반으로 붕괴되는 데 걸리는 시간.

반류(countercurrent) 인접한 해류와 반대방향으로 흐르는 표층해류.

반일주조(semidiurnal tide) 각 태음일마다 두 번의 고조와 저조가 있는 조석.

발산형 판 경계부(divergent plate boundary) 판이 벌어져 새로운 바다나 열곡이 형성되는 지역. 확장중심부가 이에 해당한다.

방사대칭(radial symmetry) 몸의 구조가 바퀴의 살처럼 가운데 축에서 뻗어 나간 형태를 이루고 있는 것. 예: 불가사리. '좌우 대칭성'과 비교.

방사성 붕괴(radioactive decay) 불안정한 원소의 변환. 붕괴할 때 다른 원소로 변하고 열을 방출한다.

방사성 연대측정(radiometric dating) 방사성 원소의 붕괴를 이용하여 암석의 연령을 측정하는 방법.

방사제(groin) 해빈에서 연안 수송에 의한 모래의 유실을 막기 위해서 해안에 수직 방향으로 뻗어 있는 내구성 물질로 만든 짧은 인공 돌출물. 보통 반복해서 설치함.

방산충(radiolarian) 규산질의 껍데기를 가진 부유성 아메바와 비슷한 동물의 무리로 생물기원 퇴적물 형성에 기여한다.

방파제(breakwater) 파도가 해안으로 진행하는 것을 막는 내구성이 있는 물질로 만든 인공 구조물. 항구는 종종 방파제로 보호함.

배타적경제수역(EEZ: exclusive economic zone) 1982년 유엔 해양법 초안에 제시된 외해역. 배타적경제수역은 접속수역에서 200해리 연장한 경계이다. '미국 EEZ' 참조.

백워시(backwash) 해빈으로 올라온 파도에서 바다로 되돌아가는 물.

범수면 변화(eustatic change) 해수면의 전 세계적인 변화. 지역적인 변화와는 다르다.

베게너(Wegener, Alfred, 1880~1930) 1912년에 대륙이동설을 주장한 독일의 과학자.

변온동물(ectotherm) 대사과정에서 나오는 열로 체온을 유지할 수 없는 동물로서 이들의 체온은 주위 온도와 거의 같다. 냉혈동물.

변환단층(transform fault) 수평으로 이동한 단층.

변환형 판 경계부(transform plate boundary) 판이 옆으로 미끄러지는 곳. 새로운 지각의 형성이나 소멸이 일어나지 않는다.

별, 항성(star) 수소를 헬륨과 무거운 원소로 변환시키는 에너지를 원동력으로 백열광을 내는 구형의 가스 집단.

보상수심(compensation depth) 광합성에 의한 탄수화물과 산소의 생산이 호흡에 의한 이들의 소비와 정확히 같아지는 수심. 독립영양생물의 보상점. 일반적으로 빛의 수준에 따라 결정된다.

보조색소(accessory pigment) 다양한 광합성 식물에 있는 갈조소, 홍조소, 크산토필과 같은 색소로서 빛 흡수를 도와 엽록소로 에너지를 전달한다. 가림색소라고도 한다.

보초(barrier reef) 섬을 둘러싸고 있거나 육지의 해안과 평행한 산호초로, 깊은 석호로 육지와 분리되어 있다. 초를 따라서 산호 부스러기 섬이 만들어질 수도 있다.

복원력(restoring force) 파동이 일어나고 나서 표면을 다시 평평하게 되돌리려는 힘.

복족강(Gastrophoda) 연체동물문에 속하며 달팽이와 군소가 속한 분류군(강).

부가대(terrane) 해저확장으로 운반되어 주변의 거대한 대륙에 달라붙은 분리된 해저, 호상열도, 대륙지각, 혹은 퇴적물 같은 것. 일반적으로 달라붙게 된 대륙과는 성분이 다르다.

부레(swim bladder) 일부 진골 어류에서 공기로 채워져 중립 부력을 유지하는 기관.

부력(buoyancy) 물체가 잠긴 부피에 해당하는 유체의 질량만큼 물체를 뜨게 하는 힘.

부분혼합형 하구만(partially mixed estuary) 해수가 바다로 흘러 나가는 담수의 아래로 들어오는 하구만. 경계부에서 혼합이 일어난다.

부수어획(bycatch) 원하는 생물을 채취할 때 같이 잡혀 죽게 되는 동물.

부영양화(eutrophication) 물속에 영양염이 많아져서 일어나는 물리, 화학, 생물학적 변화.

부유물식자, 여과식자(suspension feeder) 물속에 있는 플랑크톤이나 작은 먹이 조각을 걸러 먹거나 모아서 먹는 동물.

부착부(holdfast) 다양한 다세포 조류가 기질에 부착하는 복잡한 분지 구조물.

부착성의(sessile) 붙어사는. 고착성의. 이동성이 없는.

북대서양 심층수(North Atlantic Deep Water) 북극에서 형성되어 북대서양의 해저 위로 흐르는 차고 무거운 물.

분급이 불량한 퇴적물(poorly sorted sediment) 다양한 크기의 입자가 섞인 퇴적물.

분급이 양호한 퇴적물(well-sorted sediment) 퇴적물의 입자 크기가 유사한 경우.

분류(classification) 일정 기준에 의해 대상 사물을 묶어서 구분하는 방법.

분류학(taxonomy) 생물학에서 생물의 분류를 다루는 법칙과 원리를 연구하는 학문.

분산(dispersion) 파동이 발생지역으로부터 멀리 이동하면서 파장(파속)에 따라 파동의 간격이 벌어지는 것. 분산은 파장이 긴 파가 짧은 파보다 빠르게 진행하기 때문에 생긴다.

분산진화(divergent evolution) 공통 조상에서 다른 종으로 분리해 가는 진화.

분자(molecule) 화학결합으로 같이 묶인 원자의 무리. 화합물의 특성을 유지하는 화합물의 가장 작은 단위.

불가사리강(Asteroidea) 불가사리가 속하는 극피동물문의 분류군(강).

붕단(shelf break) 대륙붕과 대륙사면의 경계.

비관속식물의(nonvascular) 체액을 수송하는 관다발이 없는 광합성 독립영양생물의. 예: 조류.

비말대(supralittoral zone) 조간대 최고조선보다 위쪽으로 파도에 의해 적셔지는 지역. 해저구역으로 간주하지 않음.

비보존성분(nonconservative constituent) 해수 내 구성 비율이 생물학적 요구와 화학적 활성도에 따라 시공간적으로 변하는 원소. 예를 들어 철, 알루미늄, 규소, 미량 영양염류, 용존산소, 이산화탄소 등 짧은 체류시간을 가진 원소들.

비보존성 영양염(nonconservative nutrients) 독립영양생물의 일차생산에 필요한 물질 또는 이온으로 생물 활성에 따라 농도가 변한다.

비야크네스(Bjerknes, Vilhelm)(1862~1951) 중위도 기상변화의 대부분을 일으키는 온대저기압의 성질과 형성에 대하여 발견한 노르웨이의 선구적인 물리학자.

비조초산호의(ahermatypic) 공생 와편모조류가 없고, 산호초를 형성할 수 있을 정도의 석회질을 분비하지 못하는 산호충 종류의.

비활성형 주변부(passive margin) 판이 발산하는 곳 부근의 대륙주변부. 대서양형 대륙주변부(Atlantic-type margin)라고도 한다.

빅뱅, 대폭발(Big Bang) 우주가 기하학적인 점으로부터 팽창하기 시작한 가상적인 사건. 시간의 시작.

빙붕(ice cap) 영구적으로 덮여 있는 얼음. 공식적으로는 육지 위의 얼음을 말하지만 비공식적으로는 북극해의 얼음도 일컬음.

빙산(iceberg) 바다에 떠다니는 큰 얼음 덩어리.

빙점, 어는점(freezing point) 액체가 냉각되면서 고체로 변하기 시작하는 온도.

빙퇴구(drumlin) 빙하에 의해 만들어진 유선형의 언덕.

빙퇴석(moraine) 빙하에 의해 쌓인 퇴적물 둔덕.

빙하기(ice age) 지난 백만 년간 온도가 낮았던 몇 번의 기간(각각 수천 년 동안 지속됨). 빙하와 극의 얼음이 해수에서 만들어지기 때문에 해수면이 적어도 100 m 이상 낮아짐.

빛(light) 작고 질량이 거의 없는 입자들의 전자파 복사가 진행하는 것으로서 파동과 입자들의 흐름, 두 가지 성질을 갖는다.

사리(spring tide) '대조' 참조.

사주(sandbar) 파도의 작용에 의해서 만들어진 물에 잠기거나 노출된 일련의 모래.

산(acid) 용액 안에서 수소 이온을 내어놓는 물질.

산란(scattering) 소리나 빛이 물이나 공기 속에 떠 있는 입자들과 부딪쳐서 분산되는 것. 산란의 정도는 입자의 수, 크기, 조성에 좌우된다.

산성비(acid rain) 이산화황이나 질소산화물과 같이 산이나 산을 만드는 물질을 포함하고 있는 비.

산소최소층(oxygen minimum zone) 동물에 의해 산소가 소비되고, 식물플랑크톤에 의해 보충되지 않은 수층.

산호충(coral) 6,000종 이상 되는 작은 자포동물로, 많은 종들이 단단한 탄산염(아라고나이트, $CaCO_3$) 골격을 만들 수 있다.

삼투(osmosis) 반투막을 통하여 물의 농도가 높은 곳에서 낮은 곳으로 물이 확산되는 것.

삼투조절(osmoregulation) 몸 안의 염분 농도를 조절하는 능력.

상리공생(mutualism) 관련된 두 종 모두가 이익을 얻는 공생관계.

상업적 멸종(commercial extinction) 종을 수확하여도 이익이 생기지 않는 단계까지 생물자원이 고갈된 상태.

상태(state) 물질의 내부 형태에 대한 표현. 물은 고체, 액체 및 기체의 세 가지 상태로 존재한다. 고체는 일정한 부피와 형태를 지니고 액체는 부피는 일정하지만 형태는 일정하지 않으며, 기체는 부피와 형태 모두 일정하지 않다.

색소체(chromatophore) 확장 또는 수축하여 색을 변하게 하는 색소를 가진 표피세포.

생물기원퇴적물(biogenous sediment) 석회질 또는 규산질 유기물로 구성된 퇴적물.

생물다양성(biodiversity) 서식처 내 서로 다른 생물종류의 다양성.

생물막(membrane) 단백질과 지질로 만들어진 복잡한 구조물로서 주변과 세포를 구분하는 경계이다. 보통 일부 분자들만 통과시키고 다른 것은 통과할 수 없는 반투막이다.

생물발광(bioluminescence) 생물학적으로 만들어진 빛.

생물요인(biological factor) 포식이나 대사 폐기물과 같이 생물과 관련된 요인으로 생물에게 영향을 준다. 생물요인은 흔히 빛이나 온도와 같은 순수한 물리요인과 함께 작용한다.

생물자원(biological resource) 사람이 쓰기 위해 채취한 살아 있는 동물 혹은 식물. 생명자원(living resource)이라고도 한다.

생분해 가능한(biodegradable) 자연 분해과정으로 간단한 물질로 분해될 수 있는.

생성간섭(constructive interference) 같은 위상의 파랑 에너지가 중첩되어 더 큰 파를 만드는 간섭.

생지화학순환(biogeochemical) 영양염이 다양한 화학종의 형태로 무생물 환경에서 생물로 그리고 다시 무생물 환경으로 재순환되는 자연 현상.

생체량, 생물량(biomass) 주어진 공간(면적 혹은 부피)의 서식지 안에 살아 있는 생물들의 총 질량.

생태계증폭(농축)현상(biological amplification) DDT나 중금속 물질과 같이 지용성 화학 물질이 먹이그물에서 연결되는 영양단계를 따라 농도가 높게 증가하는 현상.

생태지위(niche) 서식처에서 생물의 기능적인 역할의 설명. 직업.

생태학(ecology) 생물 상호 간의 상호작용이나 환경과의 관계를 연구하는 학문.

생합성(biosynthesis) 지구상 생명의 최초 합성.

서식처(habitat) 개체 또는 개체군이 사는 곳.

서안강화(westward intensification) 지형류가 해양의 서쪽 경계를 따라 흐르면서 속도가 증가하는 것.

서안경계류(western boundary current) 강하고 따뜻하며 집중되어 빠르게 흐르는 해양의 서쪽(대륙의 동해안)에 있는 해류. 쿠로시오와 멕시코만류가 이에 해당된다.

서풍피류(West Wind Drift) 남극 주위의 강력한 편서풍에 의해서 구동되는 남극순환류. 모든 해류 중에서 가장 크며 방향의 변화 없이 영구적으로 동쪽으로 흐른다.

석호(lagoon) 방해섬에 의해서 바다로부터 고립되어 있는 얕은 해수. 환초 내의 물이나 역전형 하구만의 물도 역시 석호임.

석회비늘편모조류, 원석조류(coccolithophore) 생물기원 퇴적물을 형성하는 석회질 비늘 원반을 가진 작은 식물플랑크톤의 일종. '코콜리스' 참조.

석회질연니(calcareous ooze) 주로 탄산칼슘의 골격으로 구성된 연니.

선형동물문(Nematoda) 선충이 속하는 동물 분류군(문).

섭입(subduction) 암석판이 약권으로 침강하여 진입하는 현상.

섭입대(subduction zone) 암석권의 판이 약권으로 밀려 들어가는 곳. 이 결과 해저에는 긴 해구가 만들어지고 강한 심발지진이 발생한다. 와다티-베니오프대(Wadati-Benioff zone)와 동의어.

성게강(Echinoidea) 성게, 연잎성게가 속하는 극피동물의 분류군(강).

세계해양(world ocean) 지구 표면의 70.78%를 차지하는 짠물의 덩어리.

세이시(seiche) 둘러싸인 지역에서 바닷물이 진자처럼 진동하는 것. 정상파의 한 형태로서 기상학적 요인이나 지진 혹은 조석에 의한 공명 현상으로 생기기도 한다.

세포(cell) 지구에 있는 생명의 기본 조직 단위.

소나(sonar) *so*und *n*avigation *a*nd *r*anging.

소멸간섭(destructive interference) 서로 다른 위상의 파랑에너지가 중첩되어 파가 작아지는 간섭.

소비자(consumer) 종속영양생물.

소조, 조금(neap tide) 고조와 저조 사이와 차이가 가장 작은 시기로서 지구, 달, 태양이 직각을 이룰 때 생긴다. 조금은 사리와 교대로 2주일 간격으로 반복된다.

소파(sofar) 음속최소층에서의 폭발음이 매우 먼 곳에서도 들린다는 사실에 근거하여 미 해군에서 구명정에 탄 생존자의 위치를 찾기 위해 실험했던 기술.

소파층(sofar layer) 음파의 전달이 매우 효과적인 음속 최소의 층. 이 수심을 벗어난 음파는 굴절하여 되돌아온다. 소파층은 중위도에서 약 1,200 m에 생긴다.

쇄도파(surging wave) 해안에서 깨어지지 않고 밀려드는 파.

수관계(water-vascular system) 물로 채워진 관족과 관으로 이뤄진 기관으로 전형적인 극피동물문에서 발견되며, 이동과 방어, 포식에 이용된다.

수괴(water mass) 수온이나 염분, 용존기체의 양, 또는 다른 성질에 의해 확인되는 물의 덩어리.

수동소나(passive sonar) 수중에서 소리의 방향과 크기를 탐지하는 장치.

수렴대(convergence zone) 서로 다른 밀도의 물이 수렴하는 선. 수렴대는 열대, 아열대, 온대, 한대지역의 경계선이 된다.

수렴진화(convergent evolution) 다른 기원의 생물들이 같은 특성을 갖는 쪽으로 변화(진화)하는 것. 예: 돌고래와 상어의 체형이 비슷한 것.

수렴형 판 경계부(convergent plate boundary) 판들이 모여 산맥, 호상열도, 해구 등을 만드는 지역. 지진과 화산활동이 활발하다.

수성기원퇴적물(hydrogenous sediment) 해수에서의 침전으로 만들어진 퇴적물. 자생기원퇴적물의 동의어.

수소결합(hydrogen bond) 부분적으로 양전하를 띠는 수소 원자와 음전하를 띠는 산소, 불소, 혹은 질소 원자 사이에 형성되는 비교적 약한 결합.

수소이온농도(pH) 용액의 산-염기도를 측정하는 단위로 값은 수소이온농도에 상용대수를 취한 뒤 음의 부호를 붙인 값으로 표시함. 7이 중성이고 이보다 작으면 산성이고 이보다 크면 염기성임.

수심측량(bathymetry) 해저의 윤곽을 조사하고 연구하는 일.

수염고래아목(Mysticeti) 수염고래가 속하는 분류군(아목).

수온약층(thermocline) 해양의 수온이 수심에 따라 급격하게 감소하는 층. '밀도약층' 참조.

수중양식(aquaculture) 물(담수, 해수)에서 조절된 조건으로 식물이나 동물을 기르는 것. '바다양식'과 비교.

수증기(water vapor) 눈에 보이지 않는 기체상태의 물.

슈퍼플룸(superplume) 대규모의 맨틀플룸.

스베드럽(sv: sverdrup) 해양학자 스베드럽(Harald U. Sverdrup)을 기리기 위해 그의 이름을 딴 체적수송의 단위.) 고정된 위치를 초당 백만 입방미터의 물이 흐르는 것.

스워시(swash) 파도에 의해서 해빈으로 올라오는 물.

스토크스 이류(Stokes drift) 파가 전파할 때 진행 방향으로 약간 일어나는 물의 순 이동.

식물계(Plantae) 다세포 독립영양 식물이 속하는 분류군(계).

식물플랑크톤(phytoplankton) 보통 단세포로 된 식물성 부유생물 무리.

식육목(Carnivora) 물개, 물범, 바다코끼리, 해달이 포함된 포유류의 분류군(목).

실트(silt) 직경이 0.004~0.062 mm인 퇴적물 입자.

심층(deep zone) 수온약층 아래의 지역으로서 수심에 따른 밀도의 증가가 별로 없다. 세계 해수의 80%를 차지한다.

심해산란층(DSL: deep scattering layer) 음파를 반사시킬 수 있을 정도로 어류, 오징어, 중층생물 따위가 모여 있어 바닥으로 착각할 수 있음. 이들의 위치는 하루 동안에도 바뀐다.

심해잠수정(bathyscaphe) 비행선처럼 만들어진 심해용 잠수정으로 부력을 얻기 위해서 가솔린을 사용하고 바다에서 제일 깊은 해구의 바닥까지 도달할 수 있다. 어원은 그리스어 *batheos*(깊이)와 *skaphidion*(작은 배).

심해저구릉(abyssal hill) 해저확장의 결과로 생성된 사화산 또는 암석의 관입에 의해 형성된 퇴적물로 덮인 200 m 이하의 조그만 언덕. 평탄한 심해저 평원의 돌출부.

심해저평원(abyssal plain) 대륙대와 대양저산맥 사이의 수심 3,700 m에서 5,500 m까지의 퇴적물로 피복된 평탄한 대양저. 태평양보다는 대서양과 인도양에 더 발달되어 있다.

심해파(deep-water wave) 파장의 1/2보다 깊은 물에서의 파도.

썰물(ebb current) '낙조류' 참조.

쓰나미(tsunami) 지각운동에 의해서 생기는 장주기 천해파. '지진 해파' 참조.

아가미막(gill membrane) 어류 또는 수생동물의 아가미에서 피와 물 사이에 있는 얇은 경계막.

알긴, 알긴산(algin) 다세포 해조류가 생산하는 점액성 물질. 용액을 걸쭉하게 하거나 에멀션화하는 물질로 널리 사용됨.

알렉산드리아 도서관(Library of Alexandria) 알렉산더 대제가 기원전 3세기에 세운 고대 문헌을 모아 둔 도서관. 최초의 대학으로 여겨짐.

알칼리성(alkaline) 용액 안에서 수소 이온과 결합하려는 성질.

암석권(lithosphere) 지구 외부의 단단하고 차가운 층. 주로 지각과 맨틀 상부의 단단한 층으로 되어 있다.

암석화작용(lithification) 퇴적물이 압력이나 광물의 시멘트 작용으로 퇴적암으로 변하는 것.

암초(reef) 항해에 위험한 모래톱, 얕은 곳이나 물고기나 다른 해양 생물의 무리를 뜻한다.

약권(asthenosphere) 암석권 하부의 상부맨틀 중 온도가 높고 유동성이 있는 층. 지표로부터 350~650 km에 달한다. 약권에 위치한 대류환에 의해 판구조운동이 발생한다.

양성자(proton) 원자의 중심에 있는 양전하를 띤 입자.

어란석모래(oolite sand) 해수의 pH의 상승으로 인해 따뜻한 해수 중에서 침전된 탄산칼슘으로 된 수성기원퇴적물. 조개파편이나 다른 입자 주위에 구형으로 성장.

에너지(energy) 일을 할 수 있는 능력.

에라토스테네스(Eratosthenes of Cyrene)(276~192 B.C.) 그리스의 학자이며 알렉산더 도서관의 학자로 기원전 230년 무렵에 지구의 둘레를 계산하였음.

에크만 나선(Ekman spiral) 해양에서 부는 바람이 일으키는 물의 흐름에 대한 이론적인 모델. 코리올리 효과 때문에 표층은 풍향에 대해서 북반구에서는 오른쪽으로 45°, 남반구에서는 왼쪽으로 45° 편향되어 이동한다. 그 밑의 물은 차례로 더욱 편향되며 유속은 감소한다.

에크만 수송(Ekman transport) 에크만 나선에 의한 각 층의 운동을 모두 합한 총 수송. 이론적인 에크만 수송은 북반구에서는 풍향의 오른쪽 90° 방향으로 일어난다.

엔리케(Henry the Navigator)(1394~l460) 포르투갈의 왕자로 지질학, 선원 양성, 조선과 항해를 가르치는 학교를 세웠음.

엘니뇨(El Niño) 남미의 서해안에서 남쪽으로 흐르는 영양염이 부족한 난류로서 무역풍 순환의 교란 때문에 일어난다.

역류(countercurrent) 표면 해류의 흐름이 인접한 표면 해류의 방향과 반대방향으로 흐르는 것.

역전형 하구만(reverse estuary) 해수의 증발과 담수의 부족으로 인하여 바다에서 상류로 갈수록 염분이 증가하는 염하구.

연골어강(Chondrichthyes) 상어, 가오리, 홍어, 은상어가 속하는 연골어의 분류군(강).

연골질(cartilage) 단단하고 신축성 있는 조직으로 몸을 단단하게 하거나 유지시켜 준다.

연니(ooze) 생물유해가 30% 이상 포함된 퇴적물.

연안(coast) 바다에서 내륙 쪽으로 환경이 해양 작용에 의해 바로 영향을 받는 곳까지의 지역.

연안류(longshore current) 기파역에서 해안에 평행하게 흐르는 해류로 해안선에 비스듬히 입사하는 파도의 불완전한 굴절에 의해서 발생한다.

연안사곡(longshore trough) 노출된 모래 해빈에 평행하게 물속에 파인 골짜기.

연안사주(longshore bar) 물속이나 물 밖에 나와 있으며 파도에 의해 쌓여서 해안에 평행하게 놓여 있는 직선형의 모래.

연안수송(longshore drift) 파도의 에너지에 의해서 생기는 해안에 평행한 모래의 이동.

연안 순환체(coastal cell) 모래의 유입과 유출이 평형을 이루는 자연적인 연안의 부분.

연안역(neritic zone) 대륙붕 상부의 근해 해역.

연안용승(coastal upwelling) 해안에 가까운 곳에서 일어나는 용승으로 대개 바람에 의해 생긴다.

연안퇴적물(neritic sediment) 주로 육성기원퇴적물로 구성된 대륙붕퇴적물.

연체동물문(Mollusca) 군부, 고둥, 조개와 문어가 속하는 동물의 분류군(문).

열(heat) 원자나 분자의 진동으로 생기는 에너지의 한 형태.

열각아목(Fissipedia) 해달이 속하는 식육목의 분류군(아목).

열곡(rift valley) 지각의 확장에 의해 생긴 산맥들 사이의 긴 선형의 계곡.

열관성(thermal inertia) 열을 받거나 잃게 될 때 물질의 온도가 변하지 않으려는 경향.

열대(tropics) 북회귀선과 남회귀선 사이의 지역.

열대수렴대(ITCZ: intertropical convergence zone) 무역풍이 수렴하는 적도지역. 보통 기상적도에 위치한다. 적도무풍대라고도 부른다.

열대저기압(tropical cyclone) 북반구에서는 반시계방향으로, 남반구에서는 시계방향으로 회전하는 저기압의 기상시스템. 열대해역의 단일 기단에서 생기지만 수온이 충분히 높으면 온대지역까지 이동한다. 소규모 열대저기압의 이름은 열대저압부이고 더 큰 것은 열대폭풍이라 하며 매우 큰 것은 발생지역에 따라서 허리케인, 태풍, 윌리윌리라 부른다.

열수공(hydrothermal vent) 뜨겁고, 광물과 가스가 풍부한 물이 뿜어져 나오는 굴뚝 형태의 구멍. 해저확장이 활발히 일어나는 대양저산맥에 분포한다.

열수지(heat budget) 어느 기간 동안에 지구가 받은 태양에너지와 반사와 복사에 의해서 외계로 내보낸 에너지를 표현한 것.

열역학 제2법칙(second law of thermodynamics) 닫힌계에서는 시간이 경과하면서 무질서(entropy)도가 증가해야만 한다. 만일 무질서도가 감소하려면, 에너지의 소비가 있어야 한다. 우주 전체를 닫힌계로 가정한다면, 일정 부분의 질서도 상승은 다른 곳의 질서도 감소를 초래한다.

열염순환(thermohaline circulation) 수온과 염분의 변화에 의해서 생기는 해수의 순환.

열용량(heat capacity) 물질 1 g의 온도를 1°C 상승시키는데 필요한 열의 양.

열점(hot spot) 맨틀의 고정된 점에서 지구 표면으로 마그마가 기둥을 이루어 분출하는 곳.

열평형(thermal equilibrium) 행성과 같은 하나의 계에 들어오는 열의 총량이 나가는 열의 총량과 균형을 유지하는 상태.

염분(salinity) 바닷물에 녹아 있는 고체의 양으로 해수 1 kg에 들어 있는 양을 그램이나 ppt(parts per thousand)로 표기함. 표준 해수는 0°C에서 염분 35‰ 임.

염분계(salinometer) 바닷물의 전기전도도를 측정하여 염분을 알아내는 전자 장비.

염분약층(halocline) 수심에 따라 염분이 급격히 증가하는 층. '밀도약층' 참조.

염세포선(salt gland) 혈액이나 체액에서 염분을 농축하거나 잉여 염분을 배출하는 특수 조직 세포.

염소도(chlorinity) 바닷물 1 kg에 들어 있는 할로겐족 이온(염소+취소+요오드)의 무게, 여기에 1.80655를 곱하면 염분 값이 얻어짐.

염수쐐기형 하구만(salt wedge estuary) 강물이 빠르고 조차가 작아서 어귀에서 해수가 경사진 쐐기 형태로 되는 곳에 생기는 하구만.

염화불화탄소(CFC: chlorofluorocarbon) 성층권 오존을 파괴하는 것으로 알려진 할로겐화 탄화수소 물질들, 이런 물질은 기름때 세제, 냉각제, 소화기, 분무제, 단열재 발포제로 널리 쓰이고 있음.

염화탄화수소(chlorinated hydrocarbon) 할로겐화 탄화수소 부류 가운데 가장 위험한 화합물로 특히 합성한 것들은 해양 환경에 큰 피해를 입힘.

엽록소(chlorophyll) 햇빛을 고정하여 에너지를 전자로 전달하여 광합성을 시작하는 색소.

엽상부(blade) 관다발식물의 잎 모습과 비슷한 부분. 엽상체(frond)라고도 한다.

엽상체(thallus) 조류나 단순한 식물의 몸체.

영양단계(trophic level) 먹이 피라미드를 이루는 계층.

영양염(nutrient) 산소, 탄산가스와 물을 제외하고 생물의 주변 환경에서 받아들이는 필요한 물질.

영해(territorial waters) 해안으로부터 12마일까지의 해역으로서 국가가 사법권을 가진다.

옆줄(측선)신경계(lateral-line system) 어류와 일부 양서류에서 머리와 몸 가운데 있는 감각기관과 신경계로 물속의 낮은 주파수의 파동을 감지한다.

오염물질(pollutant) 생물의 생화학 반응에 직접 또는 간접적으로 끼어들어 피해를 입히는 물질.

오피올라이트(ophiolite) 섭입되는 해양판이 대륙 끝에 압등되어 노출된 것.

온대저기압(extratropical cyclone) 저기압의 중위도 기상 시스템으로서 수렴하는 바람과 상승기류가 북반구에서는 반시계방향으로, 남반구에서는 시계방향으로 회전하는 것이 특징이다. 온대저기압은 극세포와 페렐세포 사이의 전선에서 형성된다.

온도(temperature) 열에너지의 첨가나 제거에 따른 고체, 액체, 기체의 반응. 물질 속의 원자나 분자의 진동에 대한 척도로서 도(°)로 표시한다.

온도조절 성질(thermostatic property) 온도의 변화를 완화시키는 물의 성질.

온실기체(greenhouse gases) 대기 중 기체로 온실효과를 일으키는 기체들. 이산화탄소, 메탄과 CFC가 있다.

온실효과(greenhouse effect) 대기 중 열 포집. 단파장 태양광선이 대기를 통과하여 입사하지만, 방출되는 장파장 방사는 온실기체에 흡수되어 지구로 다시 재방사되어 표면 온도가 상승한다.

와다티-베니오프대(Wadati-Benioff zone) '섭입대' 참조.

와동, 소용돌이(eddy) 해류가 장애물을 통과하는 곳이나 서로 반대방향으로 흐르는 두 개의 인접한 해류의 사이, 혹은 영구적인 해류의 가장자리에서 발생하여 원형으로 회전하는 물의 운동.

와편모조류(dinoflagellate) 작은 단세포 편모조류로 전부가 독립영양생물은 아니다. 껍데기는 흔히 견고한 셀룰로오스 성분으로 되어 있다. 부유성 와편모조류는 '적조'의 원인이 된다.

완전혼합형 하구만(well-mixed estuary) 강물이 느려서 조석 난류가 담수와 해수를 전체 길이를 통해서 수직적으로 균일한 일정한 형태로 혼합하는 하구만.

완충물질(buffer) 자유 수소 이온과 결합하여 용액의 산성도가 쉽게 변하지 않도록 막는 성질을 지닌 물질들.

외골격(exoskeleton) 강하고 가벼우며 몸에 딱 맞는 절지동물의 껍데기. 외골격은 일부 키틴질로 되어 있으며 석회질로 강화되기도 한다.

요각류(copepod) 작은 갑각류 부유생물. 중요한 해양 일차소비자.

용매(solvent) 다른 물질을 녹일 수 있는 액체. '용액' 참조.

용승(upwelling) 깊은 곳의 차고 영양이 풍부한 물이 표면으로 올라오는 순환패턴. 용승은 해안에 평행하게 불거나 외해 쪽으로 부는 바람에 의해 일어난다.

용액(solution) 용질과 용매가 균질하게 섞여 있는 액체.

용질(solute) 용액에 녹아들어 있는 물질. '용액' 참조.

용해(dissolution) 암석 내의 광물이 물에 녹는 것.

우리은하(Milky Way galaxy) 태양계가 속해 있는 은하. 가끔 우리은하 속에서 태양계가 속해 있는 나선팔인 오리온 팔(Orion arm)만을 지칭할 때도 있다.

우주기원퇴적물(cosmogenous sediment) 외계기원의 퇴적물.

운동성이 있는(motile) 이동할 수 있는.

울타리섬(barrier island) 본토에 나란하고 석호나 만에 의해서 본토와 분리되어 있는, 길고 좁은 파도에 의해서 만들어진 섬. '바다섬'과 비교.

원소(element) 화학적인 방법으로 더 이상 간단한 물질로 나눌 수 없는 원자.

원양성퇴적물(pelagic sediment) 바다에서 형성되어 대륙사면, 대륙대와 심해저에 퇴적된 퇴적물.

원일점(aphelion) 태양 주위를 공전하는 지구 궤도 상에서 태양에서 가장 먼 지점 '근일점'의 반대.

원자(atom) 원소의 특징을 나타내는 가장 작은 입자.

원자력(nuclear energy) 원자핵이 자연적인 방사능의 방출이나, 핵분열, 핵융합 등과 같은 핵반응을 할 때 방출되는 에너지. 미국의 전력 생산의 약 17%가 민간 전력 회사의 우라늄 핵분열에 의해 생산된다.

원자핵(nucleus) 작고 무거우며 양전하를 띠는 원자의 중심으로서 양자와 중성자를 포함한다.

원지점(apogee) 행성 주위를 공전하는 위성의 궤도 상에서 행성에서 가장 먼 지점 '근일점'의 반대.

위도(latitude) 지구 위에 적도와 평행하게 일정한 간격으로 그은 가상적인 선.

위장색(cryptic coloration) 동물이 자발적으로 색과 모양을 조절하는 능동형과 바꿀 수 없는 수동형이 있음.

윌슨(Wilson, John Tuzo, 1908~1993) 1965년에 판구조론을 주장한 캐나다의 지구물리학자.

유공충(foraminifera) 석회질 껍데기를 가진 아메바와 같은 부유동물의 일종으로 생물 기원 퇴적물이 된다.

유광층(photic zone) 해양의 윗부분에 햇빛이 비치는 층. 유광층은 200 m보다 더 깊은 경우가 드물다. '진광대'와 비교할 것.

유로(inlet) 폐쇄된 석호나 항구 혹은 만에 바닷물이 들어갈 수 있는 통로.

유영생물(nekton) 헤엄치는 생물.

유자망(drift net) 가는 섬유로 된 그물로 수직으로 내려서 설치하며, 폭이 7 m, 길이가 80 km나 되는 것도 있다.

육계사주(tombolo) 외해 지형과 육지를 연결하는 수면 밖으로 나온 모래다리.

육성기원퇴적물(terrigenous sediment) 육지에서 기원하여 바람과 해류에 의해 바다로 이동된 퇴적물.

육풍(land breeze) 해양의 대기가 가열되어 상승하면서 육지로부터 바다 쪽으로 부는 바람.

융해잠열(latent heat of fusion) 어는 동안에 유체로부터 제거되거나 녹는 동안에 고체에 더해지는 열로서 온도의 변화는 없이 상태만 변화한다. 순수한 물 1 g당 0°C에서 80 cal이다.

은하수(Milky Way) '우리은하' 참조.

음영대(shadow zone) (1) 지진 발생지로부터 105~143° 떨어진 곳에 위치한 지진파가 거의 도달하지 않는 지역. 액체로 된 외핵에서 P파는 굴절 때문에 사라지고, S파는 흡수되어 이 지역과 진원 반대지역에서 사라진다. (2) 소나의 경우는 음파가 발산되어 잠수함이 숨을 수 있는 해역.

음용수(potable water) 마실 수 있는 물.

음향, 소리(sound) 탄성이 있는 매질에서 압력의 빠른 변화에 의해서 전파되는 에너지의 한 형태.

음향단층촬영(acoustical tomography) 수온, 염분, 해수 운동의 차이를 감지하는 저주파 음향신호에 의해서 해양의 구조를 연구하는 기술.

음향측심기(echo sounder) 음파반사를 이용해 수심을 측정하는 기구. 정확도는 해수 층의 음파속도 변화에 영향을 받는다.

음향탐지(echolocation) 주위 대상물을 음파로 감지하는 것. 고래들은 먹이를 찾거나 방해물을 피할 때 음향탐지를 이용한다.

응집성(cohesion) 수소결합 때문에 물 분자들이 서로 들러붙는 것.

이론(theory) 관찰이나 실험으로 일관되게 뒷받침되는 자연의 특성에 대한 일반적인 설명.

이매패강(Bivalvia) 조개, 굴, 담치가 속하는 연체동물문의 분류군(강).

이빨고래아목(Odontoceti) 이빨고래가 속하는 분류군(아목).

이안류(rip current) 기파역을 통해 바다 쪽으로 흐르는 강하고 좁은 표층해류.

이온(ion) 용액 안에서 원자 또는 몇 개의 원자로 이루어진 화합물이 전자를 잃거나 얻어 전하를 띠게 된 물질.

이온결합(ionic bond) 반대 전기를 띤 이온들이 서로 끌려 결합한 상태로 이때 당기는 힘은 정전기력임.

이온화 방사선(ionizing radiation) 불안정한 원자핵이 붕괴할 때 방출되어 빠르게 이동하는 입자 혹은 고에너지 전자기 방사선. 이 방사선은 충돌하는 원자의 하나 혹은 더 많은 전자를 방출시켜 이온화하기에 충분한 에너지를 갖고 있어 생명체 조직과 반응하여 피해를 준다.

이차소비자(secondary consumer) 일차소비자를 먹는 동물.

익족류(pteropod) 석회질 껍데기를 가진 작은 부유성 연체동물로 생물 기원 퇴적물 형성에 기여한다.

인위분류체계(artificial system of classification) 생존의 이유, 조상, 혹은 근원에 의하지 않고 단지 속성만으로 대상을 구분하는 방법. '자연분류체계 '와 비교.

일시부유생물(meroplankton) 생활사에서 일시적으로 부유생활을 하는 생물.

일정성분비의 원리(principle of constant proportions) 바닷물에 들어 있는 보존성 주성분 사이의 상대적 비율은 염분이 지역에 따라 변할 수 있음에도 불구하고 거의 일정하다는 사실, 발견자의 이름을 따서 Forchhammer의 원리라고도 함.

일주조(diurnal tide) 하루에 한 번의 만조와 간조가 일어나는 조석의 사이클.

일차생산력(primary productivity) 광합성이나 화학합성으로 무기물에서 유기물을 형성하는 것. 단위 면적과 단위 시간 동안 탄수화물로 합성되는 탄소의 양으로 표시한다($gC \cdot m^{-2} \cdot yr^{-1}$).

일차생산자(primary producer) 주변 환경에서 빛이나 화학물질의 에너지를 이용하여 에너지가 풍부한 유기화합물질을 생산할 수 있는 생물. 독립영양생물.

일차소비자(primary consumer) 일차생산자의 최초 소비자. 독립영양생물을 먹는 소비자. 먹이그물의 두 번째 단계.

입사각(angle of incidence) 기상학에서 태양과 수평선과의 각도.

자력계(magnetometer) 암석 잔류자기의 크기와 방향을 측정하는 기기. 잉여 휘발 성분(excess volatiles) 과잉 휘발성 물질 참조

자생기원퇴적물(authigenic sediment) 해수로부터 직접적으로 형성되어 침전된 퇴적물. 수성기원퇴적물(hydrogenous sediment)이라고도 한다.

자연분류체계(natural system of classification) 조상이나 기원을 바탕으로 생물을 구분하는 방법.

자연선택(natural selection) 주어진 환경에서 생존과 번식에 가장 잘 적응하는 생명체만이 살아남는 결과를 설명하는 진화의 메커니즘.

자유파(free wave) 파동을 일으킨 힘과 관계없이 전파되는 진행파.

자포동물문(Cnidaria) 산호, 해파리, 말미잘이 속하는 분류군(문).

자포세포(cnidoblast) 자포동물에서 자포를 포함하는 세포. 캡슐에서 방출되는 침은 먹이를 잡거나 다른 동물을 물리치는 역할을 한다.

잠류(undercurrent) 표층 해류의 아래에서 흐르는 해류로서 대개 반대방향이다.

재생 가능 자원(renewable resources) 생물의 성장으로 계절이 바뀌면서 혹은 다른 자연현상에 의해 재생되는 자원.

재생 불가능 자원(nonrenewable resource) 지구상에 한정된 양만 있으며 다시 만들어질 수 없는 자원.

저기압(cyclone) 중심에 대해서 북반구에서는 반시계방향으로, 남반구에서는 시계방향으로 바람이 부는 저기압의 기상시스템. 격렬한 폭풍우와 관련된 훨씬 작은 기상현상인 토네이도와 혼동하지 말 것. '열대저기압' 과 '온대저기압' 참조.

저서계(benthic zone) 해저 바닥구역. 참조 '표영계' 참조.

저에너지 연안(low-energy coast) 큰 파도에 거의 노출되지 않는 연안.

저장액의(hypotonic) 주변보다 낮은 농도의 용존 물질을 가진 용액을 뜻함.

저조, 간조(low tide) 조석파의 골에 해당하는 낮은 수면

의 상태.

저조대지(low-tide terrace) 해빈벽의 바다 쪽으로 평탄하고 단단한 해빈지역으로 대부분의 파도 에너지가 소모된다. 모래의 외안-내안 방향 운동이 가장 격렬한 곳이다.

저탁류(turbidity current) 퇴적물의 수중사태. 해저협곡의 침식을 일으키고 퇴적물을 심해저평원으로 운반시킨다.

저탁암(turbidite) 저탁류에 의해 퇴적된 육성기원퇴적물. 연안에서 운반된 조립질 입자 위에 세립질 입자가 퇴적된다.

적도무풍대(doldrums) 무더운 공기와 변화가 심한 바람으로 알려진 적도 근처에 상승하는 대기가 있는 지역. 열대수렴대로도 알려져 있다. '열대수렴대' 참조.

적도용승(equatorial upwelling) 지리적도의 양쪽에서 서쪽으로 흐르는 물이 양극 쪽으로 편향되면서 영양염이 풍부한 심층의 물로 교체되는 용승현상. '용승' 참조.

적응(adaptation) 유전되지 않는 구조나 행동의 변화. 적절한 적응은 생물종의 생존과 번식에 도움을 주지만 나쁜 적응은 생존과 번식 능력을 감소시킨다.

전선(front) 밀도가 다른 두 기단 사이의 경계. 밀도의 차이는 온도나 습도의 차이 때문에 생긴다.

전선폭풍(frontal storm) 두 기단이 만나서 생기는 강수와 바람으로 온대저기압과 관계 있다. 일반적으로 한 기단이 다른 기단의 위로 올라가거나 밑으로 파고드는데 그 결과 상승하면서 팽창하는 공기가 냉각되어서 그에 따라 비나 눈이 생긴다.

전안(foreshore) 해빈둔덕에서 저조선까지 바다 쪽으로 경사져 있는 모래.

전이파(transitional wave) '중간수심파' 참조.

전자(electron) 원자 내부의 음전하를 띠는 작은 입자로서 화학결합에 관계된다.

절대연령 측정법(absolute dating) 지질학적 시료의 나이를 방사성 동위원소 붕괴 또는 다른 시료와의 비교를 통하여 결정하는 방법.

절지동물문(Arthropoda) 새우, 바닷가재, 크릴, 따개비와 곤충이 속하는 동물 분류군(문)으로 지구상에서 가장 번성하고 있다.

점심해저대(bathyal zone) 200~4000 m 깊이 구역.

점착성(adhesion) 물 분자가 수소결합 때문에 다른 물질에 붙는 성질. 젖는 것.

점토(clay) 직경 0.004 mm 이하의 작은 퇴적물 입자. 퇴적물 입자 분류의 최소 단위.

정상파(standing wave) 앞으로 전진하지 않는 파동의 진동. 정상파에서는 에너지가 전파되지 않는다.

정수압(hydrostatic pressure) 운동이 전혀 없는 정지상태에서 작용하는 물의 압력.

정조(slack water) 조류와 방향이 바뀔 때 생기는 현상으로 조석에 의한 물의 흐름이 전혀 없는 시간.

제이슨 1호(Jason-1) 수면의 높이를 2 cm 이내의 정확도로 측정할 수 있는 대단히 정교한 레이더를 싣고 2001년 NASA(미항공우주국)에서 발사된 위성.

제한요소(limiting factor) 있거나 없거나 혹은 적당한 양이 아닐 경우 생물의 정상적인 활동을 제한하는 물리 또는 생물환경요인.

조간대(생물)(littoral zone) 조석의 영향으로 물에 잠기거나 드러나는 연안 구역, 조간대.

조강(Aves) 새가 속하는 분류군(강).

조개형 시료채취기(Clamshell sampler) 해저 바닥의 표층퇴적물을 채취하는 기구.

조류(tidal current) 조석파의 통과에 기인하는 해수면의 상승과 하강에 따른 물의 흐름. '낙조류', '밀물' 참조.

조류, 말(algae) 엽록소를 갖고 광합성을 할 수 있는 비관속식물의 총칭(단수는 alga).

조석(tide) 특정 지점에서의 해수면의 주기적 변화로서 인력과 관성력의 상호작용에 기인하는 장주기 진행파에 의해서 발생한다.

조석기준면(tidal datum) 조석의 높이를 측정하는 기준면.

조석보어(tidal bore) 하구 쪽으로 급하게 진행하는 조석파의 마루에 의해 생기는 높고 때로는 부서지기도 하는 파도.

조석파(tidal wave) 조석을 일으키는 파동.

조차(tidal range) 연속되는 고조와 저조의 높이 차.

조초산호의(hermatypic) 조직 내 공생 와편모조류를 갖고 있으며 석회 분비 능력이 충분하여 산호초를 만들 수 있는 산호의.

조하대(sublittoral zone) 연안의 해저 바닥. 조하대 내측은 조간대 아래에서 풍파가 영향을 미치는 곳까지이며 조하대 외측은 조하대에서 대륙붕단까지이다.

종(species) 다른 모든 무리의 생물과 생식적으로 격리되어 있고, 번식 가능한 자손을 형성할 수 있는, 실질적으로나 잠재적으로 교배 가능한 생물의 무리. 종은 단수 복수형이 같다.

종다양성(species diversity) 일정 지역에 나타나는 종의 종류 수.

종분화(speciation) 새로운 종이 형성되는 것. 다윈은 고립격리와 자연선택에 의해 종분화가 일어난다고 제안하였다.

종생부유생물(holoplankton) 일생 동안 부유생활을 하는 생물. 예: 돌말류와 요각류. '일시성 부유생물'과 비교.

종속영양생물(heterotroph) 자기 스스로 먹이를 합성하지 못하고 다른 생물로부터 먹이를 얻는 생물.

종자식물(angiosperm) 꽃을 피우는 식물로 씨를 가진 열매로 번식한다. 바다에서는 해초와 맹그로브(홍수림)가 있다.

종특이성(species-specific relationship) 두 종 간의 배타적인 관계. 기생생물은 보통 종특이적이다. 즉 이들은 보통 한 종류의 숙주에서만 기생한다.

좌우대칭(bilateral symmetry) 거의 같은 모습의 좌우 쪽을 가진 몸 구조. 예: 게, 사람. '방사대칭'과 비교.

주기(period) '파의 주기' 참조.

줄기부(stipe) 관속식물의 줄기에 해당하는 다세포 조류의 조직.

중간수심파(intermediate-depth water wave) 수심이 파장의 1/20보다 깊고 1/2보다 얕은 물에서 진행하는 파랑. 전이파(transitional wave)라고도 한다.

중력계(gravimeter) 지구 표면의 미세한 중력변화를 측정하는 기기.

중력파(gravity wave) 파장이 1.73 cm 이상이고 복원력이 중력인 파도.

중위도무풍대(horse latitude) 바람의 순환이 변덕스러운 남북위 30° 부근의 지역. 높은 고도에서 하강하는 건조기류로 육지에는 사막이 형성된다(예를 들어 사하라 사막).

증대포자(auxospore) 껍데기가 없는 돌말류 포자. 생활사에서 흔히 나타나는 유성생식 다음의 휴면기.

증발암(evaporite) 해수의 증발로 만들어진 퇴적암.

증발잠열(latent heat of evaporation) 증발하는 동안에 유체에 더해지거나 응결하는 동안에 기체로부터 방출되는 열로서 온도의 변화는 없이 상태만 변화한다. 순수한 물의 경우에 20℃에서 그램당 585 cal이다('기화잠열'과 비교할 것).

지각(crust) 지구의 가장 외곽층. 주로 화강암과 현무암으로 되어 있으며 암석권의 가장 표층에 위치한다. 밀도는 2.7~2.9 g/cm^{3}이고 지구질량의 0.4%에 해당한다.

지각평형(isostatic equilibrium) 가벼운 물질이 무거운 물질 위에서 균형을 이루는 것. 액체의 부력과 유사하다.

지도(map) 지표를 나타내는 그림으로 주로 육지를 대상으로 함.

지도 제작자(cartographer) 지도나 해도를 만드는 사람.

지리적도(geographical equator) 위도 0°. 지리적인 양극으로부터 똑같은 거리인 가상적인 선.

지점, 지일(solstice) 일 년 중 두 번 있는 태양-지구중심-적도 사이의 각이 가장 큰 시점 또는 그날.

지진(earthquake) 단층이나 화산활동으로 발생한 급작스러운 지각운동.

지진계(seismograph) 지진이나 다른 진동을 감지하고 기록하는 장치.

지진파(seismic wave) 지진에 의해 발생한 저주파. 일부는 지구 내부를 관통한다.

지진 해파(seismic sea wave) 단층을 따라 지각의 운동에 의해 생기는 쓰나미.

지형환류(geostrophic gyre) 압력경사와 코리올리 힘이 균형을 유지하는 지형류의 환류.

진골상목(Teleostei) 대구, 참치, 넙치 등 경골어류가 속하는 분류군(상목).

진광대(euphotic zone) 유광층의 위쪽으로 광합성이 호흡을 초과하여 일어나는 곳.

진앙(epicenter) 진원 바로 위의 지표면.

진행파(progressive wave) 매질의 표면이나 경계면을 따라서 한 방향으로 형태와 에너지가 움직이는 파동.

진화(evolution) 생물이 여러 세대에 걸쳐 지속적으로 환경에 적응하여, 항상 변화하는 조건에서 생명을 유지하는 현상.

질소순환(nitrogen cycle) 질소가 가장 큰 저장소인 대기에서 해양, 해양 퇴적물, 그리고 먹이그물을 거쳐서 다시 대기 중으로 돌아가는 순환.

질화박테리아(nitrifying bacteria) 기체 질소를 아질산염, 질산염, 혹은 암모늄 이온으로 고정할 수 있는 박테리아.

창조류(flood current) 조석파의 마루가 접근함에 따라 수면이 올라가면서 항구나 만으로 물이 밀려 들어오는 것.

챌린저 탐사(Challenger expedition) 1872~1876년에 있었던 최초의 해양학 탐사. 항해에 사용된 증기 군함의 이름을 딴 것임.

척삭(notochord) 척삭동물문에 속하는 생물의 생활사에서 일정 시기에 나타나는 단단한 구조.

척삭동물문(Chordata) 해초류, 창고기, 어류, 양서류, 파충류, 조류, 포유류가 속하는 동물 분류군(문).

척추동물(vertebrate) 마디로 된 등뼈를 가진 척삭동물.

천문조(astronomical tide) 태양, 달과 같은 천체 인력의 상호작용에 의해 발생하는 조석. '기상조' 참조.

천이(succession) 극상 군집으로 가는 종 구성의 변화.

천해파(shallow-Water wave) 수심이 파장의 1/20보다 얕은 곳의 파도.

체류 시간(residence time) 용존 물질이 바닷물에 머무르는 평균 시간.

체절(metamerism) 마디로 나눠진 형태로 같은 구조의 반복.

초심해저대(hadal zone) 해양에서 제일 깊은 곳으로 6,000 m보다 더 깊은 해저면.

최대 지속적 생산량(어획량)(maximum sustainable yield) 자원을 감소시키지 않고 어류나 갑각류, 연체동물을 잡을 수 있는 최대 수확량(어획량).

최종소비자(top consumer) 먹이 피라미드에서 맨 위쪽에 있는 동물로 주로 육식동물이다.

측면주사음향탐사기(side-scan sonar) 지질학, 고고학 분야의 연구 및 해저의 침몰선, 비행기 등을 찾는 데 이용되는 고해상도 음향기기.

측심(sounding) 물의 깊이를 재는 일.

층서학(stratigraphy) 암석의 층 간의 관계를 연구하는 지질학의 한 분야.

침강(downwelling) 표층의 물이 수직 아래방향으로 움직이는 흐름의 유형.

침식(erosion) 서서히 닳아 없어지는 현상.

침식연안(erosional coast) 침식작용이 퇴적작용보다 우세한 연안.

침하운동(subsidence) 지각이 밑으로 가라앉는 운동. 주로 지각운동의 결과로 생긴다.

카벨링(caballing) 밀도는 같으나 서로 다른 수온과 염분을 가진 두 수괴가 혼합하여 그 결과 밀도가 더 큰 혼합물이 만들어지는 것.

칼로리(calorie) 순수한 물 1 g의 온도를 1℃ 상승시키는 데 필요한 열의 양.

켈프, 대형 갈조류(kelp) 큰 갈조류를 일컫는 일반 명칭.

코리올리(Coriolis, Gaspard Gustave de)(1792~1843) 1835년에 회전좌표계에서 물체의 운동에 대한 수학을 만든 프랑스의 과학자. '코리올리 효과' 참조.

코리올리 효과(Coriolis effect) 물체의 운동이 회전하는 지구 위에서 측정될 때 원래의 경로로부터 벗어나는 것으로 나타나는 것. 북반구에서는 오른쪽으로, 남반구에서는 왼쪽으로 편향된다. 질량을 가진 물체의 수평운동에 대해서 편향이 일어나지만 적도에서는 효과가 없다.

코콜리스(coccolith) 아주 작은 부유성 조류의 석회질 비늘판으로 생물기원퇴적물이 된다. '석회비늘편모조류' 참조.

콜럼버스(Columbus, Christopher)(1451~1506) 1492년에 카리브 해의 섬들을 발견한 이탈리아 태생의 스페인 탐험가. 전통적으로 아메리카의 발견자로 알려져 있으나 실제로는 북아메리카 대륙을 본 적이 없다.

쿡(Cook, James)(1728~1779) 과학적 발견을 위한 최초의 유럽 항해를 이끈 영국의 해군장교.

퀴리온도(Curie point) 물질이 자성을 잃게 되는 온도의 하한선.

크로노미터(chronometer) 매우 정밀한 시계. 정확한 시각을 말할 필요는 없으나 증가율이나 감소율이 일정하고 정확하게 알려져서 흘러간 시간을 정확히 계산할 수 있다.

크릴(krill) *Euphausia superba*. 엄지손가락 크기 정도의 갑각류로 남극해에 많이 있다.

크산토필(xanthophyll) 황색 또는 갈색의 보조색소로서 일부 해양 독립영양생물이 황색이나 황갈색으로 보이게 한다.

키틴(chitin) 절지동물의 외골격을 구성하는 성분으로 질소가 풍부하고 복잡한 탄수화물.

탄산염보상수심(calcium carbonate compensation depth) 탄산

염퇴적물의 공급과 용해가 같아지는 수심. 이 이하에서는 탄산염이 용해되어 퇴적물에 탄산염이 거의 없다.

탄성파(seismic) 지진에 의한 파동.

탈질박테리아(denitrifying bacteria) 아질산염 혹은 질산염을 질소 기체로 전환시킬 수 있는 박테리아.

탈피(molt) 갑각류 등이 성장하기 위해 단단한 껍데기를 벗는 것.

태양계(solar system) 태양과 행성 그리고 그 주위를 공전하는 모든 천체들을 함께 이르는 이름.

태양성운(solar nebula) 태양이 형성되기 전의 먼지와 가스의 집단.

태양조석(solar tide) 태양과 지구의 인력과 관성의 상호작용에 의해서 생기는 조석.

태음조석, 달조석(lunar tide) 달과 지구의 중력과 관성의 상호관계로 생기는 조석.

태평양 불의 고리(Pacific Ring of Fire) 태평양 주위의 원형의 지진과 화산대.

텍타이트(tektite) 우주기원퇴적물로서 직경 1.5 mm 이하의 작고 둥근 유리질 입자. 혜성이나 운석이 지구나 달의 지각에 충돌할 때 생긴 충격으로 만들어졌다고 알려짐.

토네이도(tornado) 좁고 격렬한 깔때기 모양의 빠르게 회전하는 기류로서 대개 두 기단이 충돌할 때 생긴다. 저기압과 혼동하지 말 것. 해양에서 생기는 것은 용오름(waterspout)이다.

토펙스/포세이돈(TOPEX/Poseidon) 해양연구를 위해 1992년에 발사된 프랑스-미국 합작의 인공위성.

퇴적(deposition) 퇴적물이 쌓이는 것.

퇴적물(sediment) 고화되지 않고 쌓인 유기성 혹은 비유기성 입자.

퇴적연안(depositional coast) 침식작용보다 퇴적작용이 더 많은 연안.

파, 파동(wave) 매질을 통한 에너지의 운동에 의해 생기는 교란.

파고(wave height) 마루와 인접한 골 사이의 수직거리.

파곡(wave trough) '골' 참조.

파(동)열(wave train) 유사한 파장과 주기를 가지고 같은 방향으로 진행하는 파동의 집단. 파동열의 군속도는 개별적인 파속의 절반이다.

파랑경사, 파형경사(wave steepness) 파장에 대한 파고의 비. 심해파의 이론적인 최대값은 1:7이다.

파식대지(wave-cut platform) 침식연안에서 빠른 침식의 수중 한계를 나타내는 평탄하고 매끄러운 대지.

파의 굴절(wave refraction) 천해에서 파의 진행이 느려지고 휘는 현상.

파의 마루(wave crest) 진행파의 가장 높은 부분.

파의 반사(wave reflection) 수직으로 놓인 장애물에 진행파가 반사되는 것. 반사로 인해 약간의 에너지 손실이 생긴다.

파의 주기(wave period) 고정된 점을 2개의 연속적인 마루가 통과하는 데 걸리는 시간.

파의 진동수(wave frequency) 고정된 위치를 단위시간당 지나가는 파의 수.

파의 회절(wave diffraction) 파가 장애물 주위로 굽어지는 것.

파정(wave crest) '파의 마루' 참조.

파장(wavelength) 진행파의 연속적인 두 마루 혹은 골 사이의 수평거리.

파충강(Reptilia) 거북, 악어, 이구아나와 뱀이 속하는 파충류 분류군(강).

판(plate) 각기 독립적으로 움직이는 지구 표면을 덮고 있는 딱딱한 암석권. 지각과 그 밑에 있는 단단한 상부맨틀로 되어 있으며 약 12개가 있다.

판게아(Pangaea) 베게너가 제안한 원래의 옛 대륙. 판게아의 분리 결과로 대서양이 형성되었고 현재의 대륙배치가 이루어졌다.

판구조론(plate tectonics) 지구의 표면이 각기 상대적으로 이동하는 암석권으로 되어 있고 이들은 맨틀에 있는 대류환에 의해 움직인다는 이론. 대부분의 화산, 지진활동이 판의 경계부에서 발생한다.

판탈라사(Panthalassa) 판게아 주위의 바다.

페렐세포(Ferrel cell) 각 반구의 중위도에 위치한 대기순환세포. 이 세포의 공기는 위도 60°에서는 상승하고 30°에서는 하강한다. '편서풍' 참조.

편리공생(commensalism) 두 종 간의 공생에서 한쪽만 이익을 보지만 어느 종도 피해를 입지 않는 관계.

편모(flagellum) 작은 생물과 배우자가 움직이기 위해 쓰이는 채찍 모양의 구조물(복수는 flagella).

편서풍(westerlies) 45℃에 중심을 둔 페렐세포 내부의 표면 바람으로서 북반구에서는 남서쪽, 남반구에서는 북서쪽으로부터 분다.

편형동물문(Platyhelminthes) 납작벌레가 속하는 동물 분류군(문).

평균해면(mean sea level) 몇 년간에 걸친 해수면의 높이를 평균한 것.

평형조석이론(equilibrium theory of tides) 지구 전체가 매우 깊은 해양으로 균일하게 덮여서 태양과 달의 인력과 관성력에 즉각 반응할 수 있다고 가정하고 조석현상을 설명하는 이상화된 모델.

포유강(Mammalia) 포유류가 속하는 분류군(강).

폭풍(storm) 강한 바람과 때로는 강수를 동반하는 대기의 국지적인 교란.

폭풍해일(storm surge) 열대저기압에 수반되는 강한 바람이나 저기압의 결과 발생하는 비정상적인 해수면의 상승. 열대저기압이 육지에 도달하기에 앞서 밀려드는 물에 의해서 대부분의 인명과 재산의 손실이 생긴다.

폴립형(polyp) 자포동물문 생활형의 하나. 컵모양으로 위쪽으로 많은 촉수를 갖고 있다. 산호충은 폴립형이다.

표면장력파(capillary wave) 복원력이 물의 표면장력인 아주 작은 표면파로 파장이 1.73 cm 이하이다. 수면 위에 바람이 불 때 처음 형성되는 파의 형태.

표면적 대 부피비(surface-to-volume ratio) 세포의 크기에 따른 물리적인 강제 속성. 세포의 길이 차원이 성장하게 되면, 이에 따른 표면적의 증가는 부피의 성장률과 같은 비율로 증가하지 않는다. 표면적 대 부피비가 감소하면 외부 막의 단위 표면적은 증가하는 내부 부피를 감당해야 한다.

표영계의, 표영성의(pelagic) 외양의 심해저나 심해기원의 퇴적물 상부의 수계를 뜻함. 외양에 있는 생물을 뜻하기도 함.

표영구(pelagic zone) 외양 구역. '저서구' 참조.

표층(surface zone) 수온과 염분이 비교적 일정한 해양의 상층부. 국지적인 조건에 따라 표층은 1,000 m에 이를 수도 있고 전혀 없을 수도 있다. 혼합층이라고도 부른다.

표층해류(surface current) 해양의 표층에서 생기는 물의 수평적인 흐름.

표해수층(epipelagic zone) 빛이 투과하는 해양의 상층 구역.

풍랑(sea) 바다 표면에서 바람에 의해 여러 파장의 파가 동시에 형성되고 있는 과정의 매우 불규칙한 해파. 풍역대에서의 가장 일반적인 파의 형태.

풍성연직순환(wind-induced vertical circulation) 바람에 의해서 생기는 표층 해수의 수직운동(용승이나 침강).

풍역대(fetch) 방향의 변화 없이 방해를 받지 않고 바람이 불 수 있는 거리로서 풍랑발달의 한 요인이다.

풍파(wind wave) 바람의 에너지가 바닷물로 전달되어 형성되는 중력파. 외해에서 파장 60~150 m의 풍파가 가장 보편적이다.

플랑크톤(plankton) 물속에 떠 있거나 미약하게 헤엄치는 생물. 수평분포는 생물의 유영능력보다는 주로 수계의 흐름에 달려 있다.

플랑크톤 그물(네트)(plankton net) 플랑크톤을 채집하기 위해 나일론이나 데이크론 섬유로 만든 원추형의 그물.

플랑크톤 대발생(plankton bloom) 일정 부피의 수계에 식물플랑크톤의 개체수가 갑자기 증가하는 것.

플랑크톤생물(plankter) 부유생물을 일컫는 일반 명칭.

피낭류, 멍게(tunicate) 여과 섭식을 하는 무척추 척삭동물. 바다 물총류.

피스톤시추기(piston corer) 피스톤을 이용하여 해저퇴적물을 25 m까지 채취할 수 있는 시추기.

피식자(prey) 생물 포식자에 의해 먹히는 생물.

피오르(fjord) 원래 빙하에 의해서 깎인 깊고 좁은 하구만.

피오르형 하구만(fjord estuary) 피오르에 만들어진 하구만으로, 경사가 급하고 침수된 U자형 계곡.

피코플랑크톤, 극미소플랑크톤(Picoplankton) 아주 작은 플랑크톤 무리로서 몸 길이가 0.2~2 μm이다.

하구만(estuary) 육지에 부분적으로 둘러싸인 물로서 강으로부터 담수가 들어와 해수와 혼합되고, 생물의 생산성이 아주 높은 곳.

하부맨틀(lower mantle) 약권 하부의 단단한 맨틀.

학명(scientific name) 개체의 속명과 종명으로 표시한 학술적인 명칭.

항온동물(endotherm) 체온을 유지하기 위해 대사과정의 열을 생성하고 조절할 수 있는 동물. 조류와 포유류만이 진정한 항온동물이다. 온혈동물.

해구(trench) 섭입대에 경사가 급한 측면과 퇴적물이 채워져 바닥이 평탄하고 활처럼 휜 심해저의 깊은 곳.

대부분의 해구는 태평양에 나타난다.

해도(nautical chart) 항해에 사용되는 지도.

해들리세포(Hadley cell) 각 반구의 적도에 가까운 대기순환세포. 적도 근처에서는 강한 태양 가열 때문에 공기가 상승하고 위도 약 30°에서는 냉각으로 인하여 하강한다. '무역풍' 참조.

해류(current) 물의 질량흐름(수평운동에 적용되는 용어).

해면동물문(Porifera) 해면이 속하는 동물의 분류군(문).

해분(ocean basin) 현무암질 지각으로 구성된 심해저.

해빈(beach) 미고결(느슨한) 입자들이 수면 아래서부터 연안역 가장자리까지 뻗어 있는 부분.

해빈둔덕(berm) 해안에 평행하게 거의 수평으로 퇴적물이 쌓여 있는 곳. 파도에 의한 모래의 정상적인 퇴적 한계를 표시함.

해빈둔덕 머리(berm crest) 해빈둔덕의 꼭대기. 대부분의 해빈에서 제일 높은 부분. 대부분의 고조 동안의 파도 작용의 해안 쪽 한계를 나타냄.

해빈 벽(beach scarp) 가장 최근 고조의 육지 쪽 한계를 나타내는 다양한 높이의 수직벽. 최고조 시의 해빈둔덕에 대응됨.

해빙(sea ice) 해수가 얼어서 생긴 얼음.

해산(seamount) 높이 1 km 이상, 경사 20~25° 정도의 해저 융기부.

해삼강(Holothuroidea) 해삼이 속하는 극피동물군의 분류군(강).

해수면, 해면(sea level) 해표면의 높이. '평균해면' 참조.

해안(shore) 바다가 육지와 만나는 곳. 해도에서 고조의 한계점.

해양과학(marine science) 과학적인 방법을 해양이나 그 주변, 그리고 그 속의 생물들에게 적용하는 과정이나 결과. 해양학이라고도 부른다.

해양법(law of the sea) 해양의 상업적인 그리고 실질적인 운영을 지배하는 법과 조약의 집합적인 명칭.

해양 에너지 자원(marine energy resource) 해수의 열이나 운동에서 직접 에너지를 뽑은 결과 생긴 자원.

해양 오염(marine pollution) 인간이 물질 또는 에너지를 바다로 투입시켜 수질에 영향을 주거나 물리, 생물 환경을 변화시키는 행위.

해양지각(oceanic crust) 주로 현무암으로 구성된 해저 기반암.

해양학(oceanography) 바다를 대상으로 하는 학문의 한 분야. '해양과학' 참조.

해저협곡(submarine canyon) 대륙붕과 사면의 끝에서 해안선과 직각방향으로 V자형으로 깊게 파인 골짜기.

해저확장설(seafloor spreading) 새로운 해양지각 대부분이 해저에 있는 확장 중심부에서 만들어지고 대륙을 옆으로 이동시킨다는 이론. 그 힘은 상부맨틀에 있는 대류에 의한 것으로 생각됨.

해조(seaweed) 해산 다세포 조류를 일컫는 일반 명칭.

해초(sea grass) 해산 종자식물로 거머리말(잘피)과 말잘피가 있다. 해초는 해조류가 아니다.

해파리형(medusa) 자유롭게 헤엄치는 자포동물 생활형의 하나.

해풍(sea breeze) 육지의 공기가 가열되어 상승함에 따라 바다에서 육지 쪽으로 부는 바람.

핵(core) 지구의 가장 안쪽을 이루는 층. 주성분은 철이며 니켈과 무거운 원소들로 되어 있다. 외핵은 액체(5,000℃)이며 내핵은 고체(6,000℃)이다. 평균 밀도는 외핵이 11.8 g·cm^{-3},내핵이 16 g·cm^{-3}이다.

핵에너지(nuclear energy) '원자력' 참조.

행성(planet) 별의 주위를 도는 빛을 내지 않는 작은 천체.

허리케인(hurricane) 북대서양과 동태평양의 거대한 열대 저기압으로 풍속은 시속 118 km를 넘는다.

현무암(basalt): 해저를 형성하는 비교적 무거운 암석. 주성분은 산소, 규소, 마그네슘, 철이다. 밀도는 약 2.9 g/cm^3.

현열(sensible heat) 열의 획득이나 손실이 온도계나 다른 센서로 탐지될 수 있는 열.

협염성의(stenohaline) 염분의 넓은 변화역에 내성이 없는 생물을 뜻함.

협온성의(stenothermal) 온도의 넓은 변화를 견디지 못하는 생물을 뜻함.

호상열도(island arc) 활 모양으로 휜 형태로 연결된 화산도와 해산. 해구와 평행하다.

호흡(respiration) 먹이에 있던 화학 결합에서 저장된 에너지를 방출하는 과정. 부산물로 이산화탄소와 물이 만들어진다(호흡은 생화학 반응 과정이며 기계적으로 숨 쉬는 호흡과 다르다).

혼합물(mixture) 서로 다른 물질이 잘 섞여 있는 물체로 각 물질의 성질은 그대로 보존되어 있으며 불균질

분포를 보임. 즉 시료를 꺼내 조사할 때마다 각 물질 사이의 조성비가 달라짐.

혼합시간(mixing time) 어떤 물질이 해양에서 혼합되는 데 걸리는 시간으로 약 1,600년이다.

혼합조(mixed tide) 복잡한 조석으로서 보통 하루에 두 번의 만조와 두 번의 간조가 일어난다.

혼합층(mixed layer) '표층' 참조.

홍조(색)소(phycobilin) 홍조류에 있는 붉은색의 보조색소.

홍조식물문(Rhodophyta) 붉은색의 다세포 조류에 속하는 분류군(문).

화강암(granite) 주로 산소, 규소, 알루미늄 등으로 구성된 비교적 가벼운 암석. 대륙지각의 주성분이며 밀도는 약 2.7 $g \cdot cm^{-3}$.

화학결합(chemical bond) 전자 분포의 변화에 의해서 두 원자를 결합하는 에너지의 관계.

화학 평형(chemical equilibrium) 해양학에서는 바닷물의 단위 체적에 들어 있는 염의 양과 상대적인 비율이 일정한 상태를 이름.

화학합성(chemosynthesis) 황, 암모니아, 수소와 같은 무기물질에 있는 에너지를 이용하여 무기물질에서 유기물질을 합성하는 것으로 이 물질이 특정 생물에 의해 산화될 때 에너지가 방출된다.

화합물(compound) 2개 이상의 원소가 일정한 비율로 결합하여 만들어진 물질.

확산(diffusion) 농도가 높은 곳에서 낮은 곳으로의 열에 의한 분자의 이동.

확장중심부(spreading center) 발산하는 판의 경계부로 새로운 대양저가 만들어지는 곳. 확장대라고도 함.

환경 내성(environmental resistance) 개체군의 최대 허용 크기(즉, 환경수용능력)를 조절하기 위해 함께 작용하는 모든 제한요소들.

환경수용용량(능력)(carrying capacity) 영양염, 에너지, 생육 공간을 포함한 자원의 공급이 일정하여 어떤 환경이 안정된 상태일 때의 개체군의 최대 허용 크기.

환류(gyre) 대양의 가장자리를 도는 중위도 해류의 회로. 대부분의 해양학자들은 다섯 개의 환류와 서풍피류를 꼽는다.

환초(atoll) 산호초의 섬과 산호 부스러기가 가운데 육지가 솟아 있지 않은 얕은 석호를 완전히 혹은 거의 완전히 둘러싸고 있는 고리형태의 산호초. 환초는 종종 침강하거나 비활동성인 화산에서 만들어진다.

환형동물문(Annelida) 마디를 가진 벌레가 속하는 동물군(문).

활성형 주변부(active margin) 판 수렴대 부근의 대륙주변부. 태평양형 대륙주변부(Pacific-type margin)라고도 한다.

횡단해류(transverse current) 서안경계해류와 동안경계해류를 연결하는 동-서 혹은 서-동 방향의 해류. 북적도해류가 한 예이다.

후안(backshore) 해빈둔덕 머리에서 바다와 반대쪽으로 경사져 있는 해안 쪽의 모래.

휘말림파(plunging wave) 쇄파의 일종으로 윗부분이 앞으로 넘어지면서 바닥으로부터 멀어져서 공기 튜브를 형성한다.

흡수(absorption) 소리나 빛의 에너지가 열로 변환되는 것.

EEZ 배타적 경제수역(exclusive economic zone) 참조.

ENSO 엘니뇨와 남방진동이 결합된 현상을 가리키는 약어. '엘니뇨'와 '남방진동' 참조.

Forchhammer의 원리 '일정성분비의 원리' 참조.

GPS(Global Positioning System) 정확한 위치정보를 제공하는 위성항법시스템.

NOAA(National Oceanic and Atmospheric Administration) 미국 상무성에 해양의 상업적 이용을 활성화하기 위해서 1970년에 설립된 해양대기국.

P파(P wave) 지진에 의해 발생한 소밀파. 액체와 고체를 모두 통과함.

PCB 폴리염화비페닐(polychlorinated biphenyl) 화합물.

S파(S wave) 지진에 의해 발생한 횡파. 액체는 통과하지 못한다.

T–S 도표(temperature-salinity diagram) 수온과 염분의 수심에 따른 관계를 보여 주는 도표.

United States Exploring Expedition 1838년에 시작된 미국 최초의 해양학 탐사.

찾아보기

나

다

사

아

자

차

카

타

파

하

기호